"十三五"国家重点图书出版规划项目

乙烯装置
裂解工艺与工程

王子宗　何细藕　主编

中国石化出版社

·北京·

内　容　提　要

本书包括12章，从国内外蒸汽裂解技术发展、制取乙烯或烯烃的不同方法、乙烯裂解原料、裂解产品收率、烃类裂解原理及工艺技术、工艺设计、机械设计、裂解炉设备布置与配管、仪表及自动控制、安全环保与节能、分析与化验、裂解炉操作与维护、裂解炉制造与施工等方面对乙烯装置裂解工艺与工程做了全面系统的论述，是几代裂解技术研发、设计和生产操作人员的智慧结晶，填补了我国在该领域的空白。

本书对从事乙烯工业的科研人员、设计人员、生产技术与操作人员、项目规划人员以及高等院校相关师生等都具有很高的参考价值。

图书在版编目(CIP)数据

乙烯装置裂解工艺与工程 / 王子宗，何细藕主编.北京：中国石化出版社，2025. 1. —ISBN 978-7-5114-7302-8

Ⅰ. TE624.3

中国国家版本馆 CIP 数据核字第 20246AM226 号

中国石化出版社出版发行

地址：北京市东城区安定门外大街58号

邮编：100011 电话：(010)57512500

发行部电话：(010)57512575

http://www. sinopec-press. com

E-mail：press@ sinopec. com

北京科信印刷有限公司印刷

全国各地新华书店经销

*

787毫米×1092毫米 16开本 36. 75印张 876千字

2025年1月第1版　2025年1月第1次印刷

定价：380. 00元

《乙烯装置裂解工艺与工程》
编 写 人 员

第一章	王子宗　何细藕　金　立　杨士芳　石　莹　陈　海　杨　旭　刘亚朝　潘　珂　滕加伟　王宇鹏
第二章	王国清　张利军　周　丛　张兆斌　杨士芳　石　莹
第三章	王国清　张利军　周　丛　张兆斌　李　蔚　李宏光　王红霞
第四章	李昌力　邵　晨　林江峰　王　萌　王宇鹏　何细藕　赵永华
第五章	王国清　李昌力　何细藕　张利军　周　丛　张兆斌　刘俊杰　杨士芳　王红霞　李金科　康　翼　张　建　刘韫砚　赵永华　申海女　侯　瑞　田　州　段兆阳　杜文莉　白　飞
第六章	郭玉萍　姜炳阳　胡　鸣　林江峰　肖　佳　石　雨　何细藕　薛　磊　李　宁　张　建
第七章	陈永亮　杨庆朝　吴善超　郭　方　丁英仁　何细藕
第八章	王海青　李淑媛　王振雷　李　磊　王玉华
第九章	孙成龙　毕铁成　王宇鹏　李昌力　申海女　杨沙沙　张　建
第十章	王海青　肖在峰　李淑媛　李　磊　邵　晨
第十一章	邵　晨　李昌力　张　建　何细藕　赵永华
第十二章	李　栋　黄嗣罗　胡金旺　刘立国　刘志刚　毛凯田　刘　恒　何细藕

编写人员单位列表

姓名(按姓氏笔画)	单位
王子宗	中国石油化工集团公司
王玉华、王宇鹏、王海青、王　萌、石　雨、申海女、白　飞、毕铁成、刘亚朝、孙成龙、杨　旭、杨庆朝、李昌力、李淑媛、李　磊、肖在峰、肖　佳、吴善超、何细藕、陈永亮、陈　海、邵　晨、林江峰、赵永华、胡　鸣、胡金旺、侯　瑞、姜炳阳、郭　方、郭玉萍、潘　珂、薛　磊	中国石化工程建设有限公司
王红霞、王国清、石　莹、刘俊杰、杨士芳、杨沙沙、李宏光、李　蔚、张兆斌、张利军、金　立、周　丛	中石化(北京)化工研究院有限公司
刘韫砚、李　宁、李金科、张　建、康　翼	天华化工机械及自动化研究设计院有限公司
滕加伟	中石化(上海)石油化工研究院有限公司
王振雷、田　州、杜文莉、段兆阳	华东理工大学
毛凯田、刘立国、刘志刚、李　栋	上海卓然工程技术股份有限公司
刘　恒、黄嗣罗	茂名重力石化装备股份公司
丁英仁	北京航天石化技术装备工程有限公司

序言

40 年来，我国乙烯工业走过了一条快速发展之路，乙烯产能从 1983 年的 62 万吨/年增至 2023 年的 5292 万吨/年，位列世界第一，一批百万吨级大型乙烯装置已建成投产。我国乙烯工业的发展对于包括裂解技术在内的先进的乙烯成套技术提出了巨大需求，我国自有乙烯技术也走过了一条艰辛的创新发展之路。

裂解炉区是乙烯装置的核心功能区之一，其作用是以来自炼油或油田的烃类为原料，在高温下生产“三烯”即乙烯、丙烯、丁二烯和“三苯”即苯、甲苯、二甲苯等化工原料，属于典型的反应类装置，反应机理复杂，包含高温高压操作环境，其研究、开发、设计与建设难度极大。从学科范畴看，乙烯装置的裂解过程属于反应工程范畴，在工业实践中乙烯裂解系统包含了化工过程难度最大的反应单元操作，其能耗占乙烯装置的一半以上。因此，对于乙烯装置裂解系统的相关技术进行全面的研究，不仅可以推动我国乙烯技术的进步，为我国乙烯工业的提质增效提供支撑，还可以助推化工行业技术水平的提升，具有显著的技术、经济和社会意义。

中国石化乙烯成套技术的研发要追溯到 1983 年，彼时我国石化工业百废待兴，肩负着强国兴邦使命的中国石油化工总公司成立。时任国务院副总理的万里在总公司第一次直属企业经理(厂长)会议上指出：“有了乙烯，就可以做成各种合成材料。一个国家石油化工行业是不是很发达，其标志就是乙烯产量。”石化总公司成立之初，时任总经理的陈锦华提出了“振兴石化，科技先行”的方针，首批研发直指乙烯，又以裂解炉国产化攻关作为乙烯技术国产化的第一步，产学研联合攻关团队随即成立。

40 年两代科技人员持续奋斗，开发成功“复杂原料百万吨乙烯成套技术”，为我国乙烯工业的发展提供了技术支撑，有力地推动了我国石化产业和相关产业的发展。在乙烯技术攻关过程中，伴随着科研人员对于乙烯裂解技术的研究不断深入，一批高水平的裂解技术专家脱颖而出，我本人一直期望这些专家能够结合技术开发和实践的经验进行总结与展望，使乙烯工业裂解技术领域先进的技术和好的经验得到推广应用与分享。

今天很高兴看到《乙烯装置裂解工艺与工程》一书成稿，这是国内第一部系统介绍乙烯装置裂解技术的工程科技专著，首次对裂解系统的工艺、设备、仪表、安全、环保、工程实践、设备制造、施工与操作的技术、方法与经验进行了全面细致的总结，内容翔实、丰富且实用。该专著是多学科知识的集成，便于读者对于乙烯装置裂解系统的技术现状与未来发展进行全面的了解，可用于培养和造就乙烯技术领域工艺及工程方面的研究、设计、制造、建设、操作和管理人才。

该著作的出版，对于引领乙烯工业裂解技术的发展，促进乙烯工业结构优化、降本增效，提高国内乙烯工业技术水平、经济效益和整体竞争力具有重要意义。

袁晴棠

2024 年 12 月

前言

石油化学工业在国民经济和社会发展中占有举足轻重的地位，石油化工的发展，促进了国民经济的巨大进步。乙烯、丙烯、丁烯、丁二烯、苯、甲苯、二甲苯等是石油化工最基本的原料，是生产各种重要的有机化工产品的基础。由于乙烯装置是石油化工生产有机原料的基础，是石油化学工业的龙头，所以它的生产规模、产量和技术标志着一个国家的石油化学工业的发展水平。

自 1921 年首套乙烯装置投产以来，世界乙烯产业发展迅速，到 2023 年，全球蒸汽裂解装置乙烯产能已经达到 2. 28 亿吨/年，占总乙烯产能的 95%。中国大陆乙烯工业起步于 20 世纪 60 年代，2023 年乙烯产能已达 5292 万吨/年，居世界第一位，其中蒸汽裂解装置产能占比达到 80%，2022 年中国大陆乙烯产能跃居世界第一。据预测，未来无论在全球范围内还是中国大陆，乙烯的需求仍在不断增加，而且以蒸汽裂解技术生产乙烯的路线仍然占据绝对统治地位。

在乙烯技术方面，经过数十年的努力，自主乙烯技术取得突破性进展。80 年代自主裂解炉技术取得成功，90 年代关键装备三机、冷箱研制成功。2013 年，中韩(武汉)80 万吨/年乙烯装置的顺利投产，标志着中国已全面掌握包括裂解、分离、三机、冷箱和催化剂等的成套乙烯技术。2021 年，镇海 120 万吨/年乙烯装置一次投料成功，标志着中国首次掌握了前脱丙烷、前脱乙烷和顺序分离全系列乙烯技术。近十年来，自主技术的技术许可占比迅速增加，其中中国石化技术许可占比达到 40%，中国石油技术许可占比 15%，未来还会进一步增大。

乙烯装置裂解部分将各种烃类进行高温裂解生产出包含乙烯、丙烯、丁二烯、苯、甲苯和二甲苯等产品的裂解气供乙烯分离单元分离出乙烯、丙烯等产品，是乙烯装置的关键，俗称乙烯装置的“龙头”。为适应我国乙烯工业快速发展的需要，我们组织了数家单位的数十位乙烯裂解科研、设计和制造方面的专家和学者，编著了《乙烯装置裂解工艺与工程》一书。本书对现代乙烯技术的发展历史、裂解工艺技术原理、国内外裂解工艺技术的特点进行了论述；对各工艺系统的控制与操作、关键设备进行了细致的介绍；对乙烯裂解炉的机械设计、仪表控制、设备布置、安全、环保、分析化验、制造与施工等问题做了详细的说明；介绍了乙烯装置在节能降碳和环保方面的技术应用及效果。书中还介绍了其他制乙烯的方法，如甲醇制烯烃技术、催化裂解技术、烯烃催化裂解技术、合成气制烯烃技术等。

本书对乙烯装置裂解系统工艺与工程及制造技术进行了全面系统的归纳总结，是国内介绍乙烯裂解工艺与工程的第一本专著。本书不但对从事乙烯技术研究开发的科技人员极具参考价值，也可指导乙烯装置生产一线负责操作运行管理的管理人员、技术人员和技术工人优化操作和运行管理，又可作为高等学校石油化工专业老师和学生的重要教学和学习参考书。

本书由王子宗和何细藕负责总体框架构思设计、章节策划和提出编写要求，六十多位具有丰富经验的专家进行编写，王振维、高筠等也为本书做出了贡献。在编写过程中，中国石化工程建设有限公司、中石化(北京)化工研究院有限公司、天华化工机械及自动化研究设计院有限公司、中石化(上海)石油化工研究院有限公司、华东理工大学、上海卓然工程技术股份有限公司、茂名重力石化装备股份公司和北京航天石化技术装备工程有限公司多家单位给予了大力的支持。中国工程院袁晴棠院士为本书作序，谨在此表示感谢。

本书虽经多次审稿及修改完善，但仍难免有疏漏、不妥和失误之处，敬请读者批评指正。

目录

第一章 概论

石化工业是国民经济支柱产业，乙烯工业是石化工业基石，生产的乙烯、丙烯、丁二烯及副产的“三苯”是最重要的基本有机化工原料，下游衍生品广泛应用于各行各业，对经济、民生和国防具有重要作用。

在石油化学工业中，除由重整生产芳烃以及由催化裂化、焦化等炼油加工副产物中(近来也通过重油或渣油催化裂解生产)回收乙烯、丙烯、丁烯和丁二烯外，主要由乙烯装置生产各种烯烃和芳烃。

乙烯除少量由酒精脱水和甲醇制烯烃(MTO)等其他工艺制得外，绝大部分由石油烷烃裂解生产。乙烯装置在生产乙烯的同时，副产大量丙烯、丁烯和丁二烯、芳烃，成为石油化学工业基础原料的主要来源。以“三烯”(乙烯、丙烯、丁二烯)和“三苯”(苯、甲苯、二甲苯)总量计，约70%来自乙烯装置。因此，常常将乙烯生产作为衡量一个国家石油化工生产水平的标志。甚至可以说，没有乙烯就没有现代化工。蒸汽裂解制乙烯的裂解炉又被称为乙烯装置的龙头。“三烯”和“三苯”的多少一方面与原料有关，另一方面也与裂解炉有关，其能耗占乙烯装置的50%左右，投资占乙烯装置的1/4～1/3。裂解炉技术水平的高低不仅关系到“三烯”和“三苯”的产率，也关系到乙烯装置的能耗，裂解技术的水平高低直接影响乙烯技术的整体水平。裂解技术的发展始终就是围绕如何降低能耗及提高“三烯”和“三苯”的产率来不断提高的。

第一节 国外蒸汽裂解技术发展

一、国外乙烯技术的发展

石油经高温裂解生产烯烃的技术早在20世纪20年代就已经开始研究，1941年新泽西标准石油公司在美国巴吞鲁日建成了全球第一套管式裂解炉(箱式炉)蒸汽裂解装置，开创了以乙烯装置为龙头的石油化工历史。经过近百年的发展，全球乙烯总产能超过2×10^5kt/a。虽然有多种生产乙烯的方法，全球约98%的乙烯仍然是通过管式炉蒸汽裂解工艺获得，而且在未来一段时间内蒸汽裂解依旧是乙烯生产的主要方式。

随着技术进步、原料和市场的变化，乙烯产能分布也不断变化。国外乙烯工业从早期以北美、西欧为主的格局改变为目前以亚太为主，北美次之，中东、西欧随后的格局。单套乙烯装置的能力也不断提升，20世纪40年代，单套乙烯装置平均生产能力仅有10kt/a；50年代为50kt/a；60年代之后，随着美国鲁姆斯(Lummus)公司突破管式炉高温裂解技术，将水平管式裂解炉改为垂直悬吊式管式高温裂解炉、顺序深冷分离流程、大型离心式压缩机等工艺和制造技术，使得单套乙烯装置能力大幅提升；60年代中期到70年代，乙烯装置规模达到450kt/a；截至2024年底，单套乙烯装置规模已达到1800kt/a以上。

最初乙烯生产是以油田气中的乙烷、丙烷为原料，随着烯烃需求的增长，裂解原料开始向多元化发展。20世纪60年代后，裂解原料主要为乙烷、石脑油；70年代裂解原料又扩大到煤油、轻柴油以及重柴油，但石脑油是主要的裂解原料；到80年代，石脑油在乙烯裂解原料中约占70%；90年代后期，随着中东地区油田轻烃产量大幅增加及乙烯工业的发展，乙烷及液化石油气在裂解原料结构中的比例大幅提升；近年来，随着北美页岩气产量的增长，乙烷在裂解原料中的占比进一步增大。此外炼油装置的干气、液化气等在裂解原料中所占比重逐渐增加。

二、国外乙烯裂解技术的发展

蒸汽裂解制乙烯的裂解炉因其在乙烯装置中的特殊地位而成为乙烯装置的龙头，是乙烯装置中关键和核心工艺专利设备。在乙烯装置中，裂解炉的综合能耗约占乙烯装置综合能耗的50%~60%；而裂解炉的投资根据裂解原料的不同，约占整个乙烯装置投资的1/4~1/3。因此裂解技术的进步在乙烯技术的发展方面具有举足轻重的作用。

乙烯裂解技术的发展主要围绕提高裂解选择性、降低原料消耗、降低能耗、降低污染物排放、大型化、低投资等。

烃类通过蒸汽裂解制乙烯的反应过程是在裂解炉辐射段炉管中发生的，裂解选择性的提高主要归功于辐射段炉管构型的改进，各种炉型的发展均与辐射炉管的改进直接相关。第一阶段为20世纪60年代初期长停留时间且小能力的水平布置炉管发展到60年代后期开始采用垂直排列的辐射段炉管；第二阶段是从70年代开始采用4~6程分枝管并以停留时间缩短到0.4~0.6s为特征；第三阶段是在80年代通过采用两程或单程炉管进一步降低停留时间到0.2s左右或以下以提高乙烯、丙烯的选择性为特征。其总的趋势是炉管结构实现了裂解反应所需要的高选择性：①提高反应温度；②烃类在炉管中的停留时间短；③烃分压低。总的效果是实现了以石脑油为原料时，乙烯收率达到28%~33%。

目前国外乙烯裂解专利商有：美国的Lummus公司、Stone&Webster(S&W)公司(现已被法国Technip公司收购)、Kellogg Brown&Root(KBR)公司(美国凯洛格与布朗路特公司合并成立)和埃克森-美孚(ExxonMobile)公司，德国的Linde公司和法国的Technip公司(收购了荷兰KTI公司)。除KBR公司采用单程炉管外，其他公司液体炉均采用两程炉管为主，气体炉以多程管为主。单程炉管烯烃收率高，但运行周期短；而对于两程炉管，其性能接近，差别之处是SRT-Ⅵ型、SRT-Ⅶ型炉管及GK-Ⅵ型炉管容易弯曲。

乙烯装置规模的大型化促进了大型裂解炉的发展，20世纪70年代初，单台裂解炉的生产能力一般为(30~45)kt/a；90年代末为100kt/a；通过采用共用对流段的双辐射室设计，使得单台裂解炉产能持续提升，目前国外建成的石脑油裂解炉最大乙烯产能已达250kt/a，最大的采用乙烷原料的乙烯裂解炉乙烯产能可达350kt/a。

乙烯装置中的裂解炉由对流段、辐射段(包括辐射炉管和燃烧器)和急冷换热器(TLE)系统三部分构成。裂解反应在辐射段炉管中发生，生成乙烯和丙烯等产品。对流段回收高温烟气余热，以汽化和过热原料至反应所需的横跨温度，同时预热锅炉给水和超高压蒸汽。急冷换热器系统的作用是终止裂解二次反应并回收裂解气的高温热量以产生超高压蒸汽。总体上讲，到目前为止，蒸汽裂解技术无突破性进展，虽然S&W公司提出了陶瓷炉管裂解炉，但仍未工业化。在提高裂解性能的单元技术上仍然有不少新技术或产品不断出现。

裂解单元技术的进展是在传热、传质、流体流动、反应等方面围绕以上所述三大部分进行研究，并满足以下多方面的要求：①“四低”要求，低能耗、低物耗、低污染物排放、低维护；②与乙烯装置的大型化有关的“五高”要求，高能力、高原料适应性、高自动化程度、高可靠性、高在线率。为满足上述要求，裂解技术的发展主要在以下几个方面。

1. 与辐射炉管相关的技术进展

(1) 辐射炉管机械设计

炉管构型的进展主要在炉管排列方式和底部的连接型式上。S&W 公司提出了入口管与出口管交替排列型式(单排)以使炉管受热均匀。Linde 公司提出了在炉管底部采用对称弯管连接组合件且单排排列以消除炉管应力。Technip 公司为了克服其 GK-Ⅵ型双排布置炉管的缺点提出将炉管布置成三排，其中入口管所在平面与出口管平面对称。Lummus 公司提出了一种炉管排列方式：与裂解炉的轴线垂直(传统的炉管沿炉膛轴线排列)，但未工业化。ExxonMobile 公司提出了一种炉管排列方式：在一个炉膛内以裂解炉的轴线为对称轴布置平行的两排单排炉管。从技术上来看，单排排列更有利于裂解的工艺性能，而多排排列虽然可以缩小炉膛尺寸以节省部分投资，但带来了工艺性能上的损失。

(2) 新型炉管材料

由于实现高选择性就需要缩短停留时间和提高裂解温度，相应的裂解炉运行周期和辐射炉管使用寿命就受到限制，为解决这些问题，新炉管材料应运而生。

① 新合金材料。文献报道 Kellogg 公司研发的一种炉管 HR160，它是一种 Ni-Co-Cr-Si 合金，可以有效减少结焦。文献介绍了加拿大 Westain 表面工程产品公司在 35Cr45Ni 合金中添加了铌、钛和稀土元素，可以耐受 1150℃的高温。文献介绍了德国 Schmidt+Clemens 开发出一种新型添加了铝和微量元素铌的镍基 Centralloy HT E 合金，由于存在稳定的 Al_2O_3 致密层，因而可以耐受 1150℃以上的高温并可降低结焦速率。铁基热抗氧扩散的增强(ODS)合金由 JGC 公司和 Special Metals 公司联合研究并开发，是一种不含镍，且铝和铬含量高的铁基合金，有高的抗蠕变强度(是 HP 合金的 2~3 倍)和高的抗腐蚀性。用这种合金制造的裂解炉辐射炉管可耐 1300℃，在目前的条件下可延长乙烯裂解炉的运转周期，增加生产能力，可在高裂解深度下操作而没有不良影响。

② 采用陶瓷管代替金属炉管。由于陶瓷炉管既能耐受更高的温度，又克服了金属炉管因含镍促进结焦的缺点，抑制了在较高的裂解温度下操作形成催化结焦的物质生成，因而比普通裂解炉的转化率提高 20%以上，并且大幅度延长了裂解炉的运行周期。

S&W 公司正在研究陶瓷裂解炉(LPH 裂解技术)。采用此技术，气体原料裂解炉单炉能力可以达到 700kt/a。IFP 和 Gaz de France 公司开发了可允许工艺温度超过 1000℃、乙烷转化率超过 90%的高温陶瓷炉。这些研究还在进行中，还有一些工程问题未得到解决。

(3) 抑制结焦

抑制结焦的技术都是以降低焦的生成和提高清除焦的先兆物的速度为目标。抑制结焦的技术分为三类：一是注入结焦抑制剂将焦经催化气化为 CO 和 H_2，主要有诺瓦(Nova)公司开发的 CCA-500 抗垢剂，阿托菲纳和 Technip 公司推出的新型 CLX 抗垢剂，Nalco/Exxon Energy 化学公司开发的 Coke-less 抗垢剂；二是在炉管表面涂 Mn、Si、Al、Cr 等其他材料以防止催化反应生成焦，主要有 Westain 表面工程产品公司的 CoatAlloy 技术、Nova 化学公司的ANK400抗结焦技术、Alon表面技术公司的Alcroplex涂层技术及韩国SK公司在线和原位涂复系统的PY-COAT技术；三是采用强化传热使结焦母体不能在炉管表面停留并降低炉管表面温度以降低焦的生成速度，主要有日本久保田公司开发的MERT管及X-MERT管和英国Heliswirl技术公司开发的小幅涡漩管(此技术现已被Technip公司买断)。总体来讲结焦抑制剂对延长裂解炉运行周期有效果，但还未得到大面积的推广，主要原因是在线运行费用高；表面涂层炉管也未得到大面积推广，主要原因是涂层在使用一段时间后会变薄；只有强化传热炉管得到了大面积推广。

2. 与节能环保相关的技术进展

(1) 裂解炉与燃气轮机联合

在20世纪70—80年代，受能源危机的影响，Lummus、S&W和KBR公司均在一些乙烯装置中将裂解炉与燃气轮机联合。在总发电量相同时，裂解炉与燃气轮机联合系统比常规系统的总燃料消耗可节省约13%。但是燃气轮机系统由于受到燃料、投资和可靠性等的影响，并未成为通行的做法。

(2) 急冷换热器

为了充分回收高温裂解气余热发生超高压蒸汽，裂解气的急冷从一级急冷和二级急冷两种方式，发展到对气体原料采用二级或三级急冷。在实际应用中为了多发生超高压蒸汽以实现节能，裂解气急冷换热器的发展主要体现在以下几方面：①降低出口温度以增加高压蒸汽的产量，对气体原料采用二级或三级急冷，最低冷却到250℃，对原料出口温度已降至350℃左右。②改善裂解气分配，常规急冷换热器(Schmidt和Borsig型)、浴缸式急冷换热器等采用较少换热管和增大管径的设计以减少结焦对压降的影响，提高在线烧焦效果以提高裂解炉的在线率。③减少绝热段停留时间以降低烯烃损失，如采用浴缸式、快速急冷及线性急冷换热器。为克服线性急冷换热器长期投资高的缺点，美国Borsig公司推出了UP-DOWN线性急冷换热器。

(3) 新型燃烧器及供热方式

为减少大气污染，对NO_x排放指标要求越来越严格，因此低NO_x燃烧器应运而生，目前在以甲烷-氢为燃料时NO_x含量最低达到约$20mg/Nm^3$。为实现低NO_x排放，各燃烧器厂商均推出低能力多枪直线排列燃烧器、分级燃烧器以及烟气再循环技术以降低NO_x。Lummus公司提出了一体化燃烧器(底部燃烧器和一个安装于炉底的附壁燃烧器组成)，此外还提出了对辐射段炉管入口管和出口管采用不同供热能力的燃烧器以延长裂解炉的运行周期，以及在侧墙安装一种燃烧器以改善底部燃烧器的火焰稳定性。Technip公司提出分两段供热，底部约占55%，中部约占45%，采用阳台式(Balcony)燃烧器。此外CFD技术被用来优化裂解炉供热和对燃烧器设计进行优化。

(4) 裂解炉改造

自20世纪60—70年代以来，裂解技术不断发展，节能与环保要求也越来越高：一是对技术落后、设备陈旧和不满足环保要求的裂解炉进行改造；二是乙烯装置的扩能也需要对裂解炉进行改造。

采用最新技术以消除裂解炉原设计及实际生产中存在的问题，从而提高裂解炉的生产能力和技术指标。对老旧裂解炉进行改造通常采用高选择性炉管，降低排烟温度提高热效率，采用新耐火材料减少热损失，更换燃烧器(采用底烧)以降低空气过剩系数来减少燃料消耗，采用可靠的技术来减少非计划停车以减少能耗。除上述内容外还采用强化传热技术等延长裂解炉运行周期、降低急冷换热器出口温度以多回收超高压蒸汽。

3. 应用先进的计算机数学模型控制及优化系统

随着对乙烯装置效益的要求越来越高，在裂解炉设计已定型的情况下，裂解炉系统的控制已采用先进的 DCS 常规控制、裂解深度控制和实时优化控制（RTO）等，并可与计算机进行通信，从而与 ERP 系统、生产计划排产系统相连，实现操作管理、生产管理的一体化，使企业获得最大效益。在乙烯裂解炉上通过采用先进过程控制系统可使裂解炉在较优状态下工作，通过控制炉管出口温度和裂解深度均一化，实现裂解深度和优化控制，也确保了裂解炉能长周期运行。目前国外采用的先进控制和优化技术有 Aspen Tech、Honeywell、ROMEO。而 Aspen 公司则建立乙烯装置的一整套先进及优化控制软件，其裂解部分则是基于 SPYRO 软件。装置操作者一般用该软件进行原料选择、生产计划和裂解炉优化。

据美国 Aspen 公司提供的数据，在乙烯生产过程中采用过程建模、先进控制和优化技术，可使裂解炉效率提高 1%～2%，选择性提高 1%～2%。一套 300kt/a 的乙烯装置，每年可获得 300 万美元的效益，其中约 50%来自裂解炉的先进控制和优化。由此可见，过程建模、在线优化与先进控制技术已成为现代工业裂解炉必备的关键技术。

Naphtachimie 公司自 1991 年以来，在西班牙 Lavera 的 670kt/a 乙烯装置上，采用在线工艺控制模型，用 13 种石脑油特性，通过在线近红外分析仪（NIR）实时地调整裂解炉的操作情况，优化蒸汽裂解，效益可观。该分析方法已在石脑油裂解炉上成功运行了多年，平均利用率为 95%。

4. 原油蒸汽裂解

国际上以 Exxon 公司为首提出了原油裂解相关技术路线。具体为原料经过预处理再进裂解炉对流段预热后，通过增设的闪蒸分离器将不适合裂解的重组分进行脱除，轻组分经进一步过热后进行蒸汽裂解。

国外对原油裂解的效益进行了对比，根据权威机构的报告，与石脑油裂解比，原油制低碳烯烃工艺的每吨乙烯原料成本可省 1/3～1/2。ExxonMobil 公司在新加坡建设原油裂解装置并已投产。

除了 Exxon 公司外，国外还有美国 Lummus 公司、伊奎斯塔（Equistar）等公司开展了相关研究，到目前为止尚未工业化。

5. 电加热裂解技术

电加热裂解炉是采用电代替燃料燃烧为裂解反应供热，以减少裂解装置碳排放。根据裂解炉供热方式的不同分为反应器（或炉管）通电加热和炉膛电热元件供热。

（1）反应器（或炉管）通电加热

Linde 公司提出了采用星形电路的三相电流加热管内流体的装置。该装置可用于加热烃类化合物，发生裂解反应，产物气体达 800～880℃。巴斯夫公司提出了采用直流电加热管道中流体并裂解的装置和方法，该装置包括多个导电管道、直流电流、加热丝，加热丝用来使管道升温。巴斯夫公司和 Linde 公司共同提出了用于蒸汽裂解的电加热反应器，重点在于耐温材料和反应管的几何设计，减少高电流和高温度带来的电流馈送风险。丹麦托普索

(Topsoe)公司提出了含导电材料的3D印刷结构反应器，该反应器是一种使用结构体的紧凑电抗器，易操作，尺寸小，可用于石油烃蒸汽裂解反应。德国赢创工业公司提出了具有通道的单片组件反应堆块的电加热反应器，通道被构造为反应空间，反应器外壳具有不透气的双壁封套，双壁封套中引入惰性气体，保证其气密性。日本特电株式会社提出了通过对卷绕成螺旋状的导体管进行感应加热或通电加热的装置，该装置可产生200~1200℃温度范围内的过热蒸汽，用于乙烯裂解炉对流段。

(2) 炉膛电热元件供热：该种供热方式主要是指电加热供热元件位于反应器壁面或反应器内部，主要代表专利商为美国Lummus公司和国际壳牌研究有限公司。是通过给电热元件供电，电热元件发热，并通过热辐射提供管内裂解反应所需要的热量。裂解炉内充满保护气体，使设备更加成熟可靠。国际壳牌研究有限公司提出一种内部设置可加热到400~1400℃电辐射加热元件的电加热反应器，加热元件与反应器(管)以非直接接触的方式设置在反应器内部。

第二节　国内蒸汽裂解技术发展

一、国内乙烯技术的发展

我国乙烯工业60多年的历史，大致可分为四个阶段：起步阶段、初具规模阶段、成长壮大阶段和快速发展阶段。

1. 起步阶段

我国乙烯工业起步于20世纪60年代。1962年兰化公司5kt/a乙烯装置建成投产，标志着我国乙烯工业的诞生，其后高桥石化公司乙烯装置于1964年投产。这两套乙烯装置均采用炼厂气为原料，裂解采用方箱炉，分离采用中冷油吸收法，生产化学级乙烯。60年代后期，兰化公司引进了德国鲁奇公司以原油闪蒸馏分为原料的36kt/a乙烯装置的砂子炉裂解和深冷分离技术。

2. 初具规模阶段

随着我国原油资源的不断发现及炼油工业的发展，1973年以后陆续引进了美国Lummus公司、日本三菱油化和法国石油研究院的管式炉裂解技术，先后于1976年在燕山石化建成300kt/a乙烯装置，在上海石化建成115kt/a乙烯装置，1979年在辽阳石化建成78kt/a的乙烯装置。

1975年在兰化公司翻版建成了40kt/a的第二套砂子炉乙烯装置。其后在吉林石化翻版建成了上海石化115kt/a乙烯装置，于1982年投产。

1984年末我国乙烯生产能力达到728kt/a，形成了燕山、上海1号、兰化、吉化1号、辽化、高桥等6个乙烯生产基地，奠定了我国乙烯工业的基础。当时生产技术以燕山石化的SRT-Ⅱ型裂解炉较为先进。但由于部门分割仍未改变，乙烯企业可用原料多为常压柴油(AGO)，甚至用更重的减压柴油(VGO)，石脑油(NAP)用量很少。

3. 成长壮大阶段

1983年中国石化总公司成立，把原分属化工部、石油部和纺织部的全国炼油、石化企业(除化工部所属吉化公司和纺织部所属仪征化纤外)，都划到中国石化总公司，目的是合理利用资源，发展石化工业。中国石化总公司成立后，最大的“课题”是如何用好1亿吨原油。当时抓的一项重点工作就是恢复大庆、齐鲁、扬子和上海2号等4套300kt/a乙烯工程的建设，分别于1986年6月、1987年5月、1987年7月和1989年12月建成投产，使我国乙烯生产能力达1960kt/a(其中国石化总公司就占1820kt/a)。这4套乙烯工艺技术较为先进，采用了当时S&W和Lummus公司的先进专利技术，使我国乙烯工艺技术迈进了一大步，缩小了与世界主要乙烯生产国家的差距。

80年代兰化公司引进了Kellogg公司的毫秒炉技术，建设了1套80kt/a的毫秒炉乙烯装置，于1988年4月投产，5月份后2套砂子炉被封存并淘汰。1990年2月，我国最早的乙烯装置——兰化公司合成橡胶厂的西拉斯炉和方箱炉停产。生产能力为14kt/a的高桥乙烯装置也于1993年停产。

90年代先后建成了9套乙烯装置，其中7套小乙烯装置分别是1990年9月建成的盘锦130kt/a乙烯、1991年12月建成的抚顺120kt/a乙烯、1994年12月建成的115kt/a东方乙烯、1995年8月建成的140kt/a独山子乙烯、1995年11月建成的140kt/a天津乙烯、1996年7月建成的140kt/a中原乙烯、1997年8月建成的140kt/a广州乙烯。其实际能力均约为20t/h。除东方乙烯装置采用KTI技术和广州乙烯采用S&W技术外，其他5套装置均采用Lummus技术。两套大乙烯装置分别是于1996年8月建成的茂名300kt/a乙烯、于1996年9月建成的吉林2号300kt/a乙烯，分别采用S&W前脱丙烷前加氢和Linde前脱乙烷专利技术。

除了上述新建装置以外，还对已投产的乙烯装置进行了第一轮扩能改造，主要是在装置上消除瓶颈，扩大生产能力。

燕山石化和齐鲁石化采用的是“两头一尾”的方案，即增加一个小炉区、急冷区和裂解气压缩区，并对分离系统进行脱瓶颈改造，分别于1994年和1998年改造完成，能力均达到450kt/a。

扬子和上海2号采取的是全流程脱瓶颈方案，改造难度大，边生产边施工。改造后乙烯装置生产能力为400kt/a，但投资相对省一些，分别于1995年和1998年完成。

其他乙烯企业也进行了扩能改造，如上海1号扩能为145kt/a，辽化扩能为120kt/a，兰化扩能为160kt/a，吉化1号扩能为150kt/a，大庆扩能为350kt/a，茂名扩能为380kt/a等。

经过约15年的发展，至1999年末我国乙烯生产能力达4418kt/a，是1984年的6倍多，当年乙烯产量已达4348kt，形成了较为先进完整的乙烯工业及下游配套产品体系。

4. 快速发展阶段

1998年企业重组，按区域组建中国石油、中国石化两大集团公司(其后还成立了中国海洋石油集团公司)。两大集团均十分重视乙烯工业的发展。

中国石化抢占先机，推动了五大乙烯装置的第二轮改造。这轮乙烯装置改造的重点，除适当扩能达到经济规模外，主要目的是调整产品结构，增强企业的竞争力。

燕山石化经二轮改造乙烯装置能力达到660kt/a，于2001年11月投产。其后装置又增加1台裂解炉，能力核定为710kt/a。

上海2号和扬子的乙烯装置改造后生产能力分别扩至700kt/a和650kt/a(2006年底核定能力为700kt/a)。

齐鲁乙烯改造借鉴了燕山和扬子、上海 2 号的成功经验。改造后乙烯装置能力达到 720kt/a，其后增加 2 台裂解炉，2006 年底核定乙烯装置能力为 800kt/a。

茂名乙烯采用完全并线的方案，于 2006 年 9 月完成改造，产量扩至 1000kt/a。茂名乙烯新线采用的是中国石化和 Lummus 的合作技术，分离为前脱丙烷前加氢流程，还采用了低压激冷、三元制冷等技术，而且在乙烯企业首次实现以烧石油焦和煤的循环流化床(CFB)锅炉替代燃油的辅锅。

在五大乙烯装置改造中，国产化率不断提高。尤其是大型压缩机国产化的成功，为我国大型乙烯装备的成套国产化打下了坚实的基础。国产化率的提高，使建设投资大大节约，也增强了乙烯生产企业的竞争力。

此外，中国石化对中原、天津和广州等 3 套小乙烯装置也进行了挖潜改造。中原乙烯三机不动，增加 1 台 60kt/a CBL 型炉，主要是对急冷和热区做原料改变后的适应性改造，2000 年 12 月完成改造，能力扩至 180kt/a。天津乙烯三机换转子并增加 1 台 60kt/a CBL 型炉，2001 年 4 月完成改造，能力扩至 200kt/a。广州乙烯三机换转子，2003 年 4 月完成改造，能力扩至 210kt/a。

其间，中国石化在对现有乙烯装置改造的同时，还与国际知名石化企业合资建设世界级规模的乙烯工程。与 BP 公司合资建设的上海赛科 900kt/a 乙烯装置于 2005 年 3 月建成投产，与巴斯夫公司合资建设的扬-巴 600kt/a 乙烯装置于 2005 年 5 月建成投产。中国海油与 SHELL 公司合资建设的惠州 800kt/a 乙烯装置于 2006 年 1 月也建成投产。

同一时期，中国石油对其麾下的乙烯装置也进行了扩能改造。大庆、吉化 2 号乙烯装置分别扩能至 600kt/a 和 700kt/a。独山子、兰化、抚顺和辽化也分别挖潜扩能至 220kt/a、240kt/a、140kt/a 和 200kt/a。2006 年 10 月兰化进一步把产能扩至 700kt/a。现在属于兵器工业集团的盘锦乙烯，2006 年乙烯装置生产能力也由原通过挖潜达到 160kt/a 后，进一步提升至 180kt/a。

除对乙烯装置进行扩能改造外，原料优化得到普遍重视，目的产品收率进一步提高，乙烯收率平均已超过 30%；能耗(标油)进一步降低，降到 700kg/t 以下；非计划停工次数、时数进一步降低；装置的长周期运行水平、国产化水平越来越高，打下了进一步“做强做大”乙烯工业的坚实基础。

截至 2023 年底，中国石化拥有蒸汽热裂解制乙烯企业 17 家，分属 11 家直属企业和 6 家合资公司，总乙烯公称设计能力 14980kt/a。乙烯装置年末产能与年初相比，增加 1300kt/a，为海南炼化乙烯装置建成投产、镇海炼化 1 号乙烯扩能改造新增产能。分装置乙烯公称设计能力见表 1.2-1。

全年累计生产乙烯 13257kt(含 MTO 装置为 14314.2kt)，再创中国石化乙烯产量新高。总乙烯产量占中国大陆地区总产量 44100kt(中国石化经济技术研究院统计数据)的 32.5%。各企业乙烯产量见表 1.2-1。

表 1.2-1　2023 年中国石化乙烯产能及产量

名称	年初产能/(kt/a)	年末产能/(kt/a)	实际产量/kt
燕山分公司	710	710	697.6
上海石化 2 号	700	700	641.1

续表

名称	年初产能/(kt/a)	年末产能/(kt/a)	实际产量/kt
齐鲁分公司	800	800	756.4
扬子石化	800	800	644.8
茂名分公司	1000	1000	1040.0
镇海炼化	2200	2500	2018.0
广州分公司	210	210	202.4
天津分公司	200	200	0.0
中原石化	180	180	187.9
上海赛科	1140	1140	809.1
扬巴公司	740	740	709.3
福建联合	1100	1100	1028.7
中沙(天津)	1200	1200	1173.9
中韩(武汉)	1100	1100	1017.3
中科炼化	800	800	756.6
古雷石化	800	800	813.2
海南炼化	0	1000	760.7
合计	13680	14980	13257

截至2023年底，中国石油下属8家炼化企业共有15套乙烯生产装置，乙烯公称设计能力为8610kt/a。乙烯年末产能与年初相比增加1200kt/a，其中广东石化乙烯项目投产乙烯新增产能1200kt/a，各企业乙烯公称设计能力见表1.2-2。全年累计生产乙烯8000.7kt，同比增加376.9kt，创历史新高。各企业乙烯产能及产量见表1.2-2。

表1.2-2 2023年中国石油乙烯产能及产量

项目	年初产能/(kt/a)	年末产能/(kt/a)	实际产量/kt
大庆石化	1200	1200	1059.1
吉林石化	850	850	749.3
抚顺石化	940	940	832.0
辽阳石化	200	200	159.2
兰州石化	1500	1500	1420.0
独山子石化	1920	1920	2008.0
四川石化	800	800	726.4
广东石化		1200	1046.7
合计	7410	8610	8000.7

除中国石化和中国石油外，中国海油、民企等也新建10多套乙烯装置，2023年，我国乙烯总产能增至52920kt/a。预计到2030年，我国乙烯产能75670kt/a，产量69660kt，自给率达到77%，见表1.2-3。

表 1.2-3　近期乙烯产能

项目	实际		预测	
	2022 年	2023 年	2025 年	2030 年
产能/(kt/a)	46830	52920	67770	75670
产量/kt	39110	44100	58190	69660
开工率/%	83.5	83.3	85.9	92.1
当量消费/kt	57060	60910	79500	90700
自给率/%	68.5	72.5	73.2	76.8

我国自 20 世纪 60 年代起，一直在开展乙烯裂解与分离技术的研究，同时也在相关加氢催化剂方面开展了研究并取得一定成果。中国石化乙烯成套技术的研发要追溯到 40 年前。1983 年，我国石化工业百废待兴之际，肩负着强国兴邦使命的中国石化总公司成立。一套乙烯装置光设备就有 700 多台(套)，操作控制系统极其复杂，是石油化工技术难度最大的装置之一。乙烯装置主要包括裂解和分离两大部分，裂解反应数量有上万个，温度超过 800℃，停留时间却仅有 0.2s 左右，几乎是普通人眨眼的时间。为了抑制二次反应，高温裂解气必须快速冷却，随后的分离流程最低温度需要降到零下 165℃左右。反应过程复杂、工艺流程长、温度跨度大、操作条件严苛，对工艺和设备的设计及制造提出极高要求，注定乙烯技术开发是场持久战，不可能一蹴而就。为此，石化总公司制定了联合攻关、重点突破的策略——首先实现裂解技术突破，同时开展分离技术攻关，最终形成包括裂解技术、分离技术和关键装备设计制造技术的完整乙烯成套技术。通过百余项国家和中国石化课题攻关，创建了完备的研发平台，开发了覆盖全流程的 20 项模型并经工业验证，研发了既能高效裂解乙烷、轻烃和石脑油等轻质原料，又能高效裂解柴油和加氢尾油等重质原料，还能高效裂解高含烯烃非常规原料等复杂原料的百万吨级乙烯成套技术，使我国率先成为全面掌握涵盖裂解技术、分离技术、配套催化剂、工程设计和关键装备的复杂原料乙烯成套技术的国家。乙烯成套技术已成功应用于 25 套乙烯装置，总能力达每年 2000 多万吨乙烯，实现了全国 40%以上的市场占有率。该成套技术获得 2020 年度国家科技进步一等奖，总体技术水平达到国际领先，圆了几代石化人乙烯技术国产化的梦想!

除蒸汽裂解制乙烯外，根据地区资源禀赋不同，甲醇制烯烃、乙醇脱水制乙烯、催化裂解制烯烃、原油直接制乙烯等技术也得到不同程度的发展与应用。

二、国内乙烯裂解技术的发展

国内乙烯裂解技术是伴随着乙烯工业的发展而发展的。20 世纪 60—70 年代以北京化工研究院为代表的科研院所，以基础研究为主，开展相关小试和中试试验探索烃类裂解的机理和配合解决引进的乙烯装置的生产技术难题。

1983 年底，原中国石化总公司发展部根据国内有关单位对引进裂解技术的消化吸收和研究情况，选择原北京石化工程公司(现 SEI)、化工部北京化工研究院(现归属中国石化股份有限公司)、兰州化工机械研究院(现天华院南京智能制造有限公司)组成裂解技术北方研究小组，开发组在 20 世纪 60—70 年代大量基础理论和实验研究的基础上，建立了可用于裂解炉设计的关键模型——裂解反应模型，基于此模型在国际上首次提出了 2-1 型辐射炉管构型，于

1986 年提出了第一代自主技术的裂解炉技术方案。在原中国石化总公司党组和国务院重大技术装备办公室的重视和支持下，1987 年决定采用北方组技术在辽阳化纤公司建设一台 20kt/a 工业试验炉，称为北方炉(简称 CBL-Ⅰ型炉)，工业试验炉获得成功，主要技术指标达到了国际同类型裂解炉 80 年代先进水平，通过了鉴定并获得国家科技进步奖奖励。CBL-Ⅰ型炉工业试验炉的成功开发标志着中国石化裂解技术的开发迈出了重要一步。之后，在中国石化总公司的组织下，CBL 北方炉技术经过持续不断地研究开发、改进完善和推广应用，已发展成为具有国际领先水平的中国石化的裂解技术。在裂解炉能力、辐射炉管构型、急冷换热器、燃烧器、抑制结焦(扭曲片强化传热等)、节能环保(引风机变频调速、空气预热、降低散热损失、脱硝等)、安全运行、智能化、模块化设计、裂解炉改造技术、关键装备制造等方面取得进展，能全方位地满足新装置建设和老旧装置改造，并实现了技术与装备出口东南亚。

此外，中国石化已经完成了轻质原油蒸汽裂解工业试验，正在开展工业示范应用，并且目前也在开展加热裂解炉的工业示范。

第三节 制取乙烯或烯烃的不同方法

一、烷烃脱氢制乙烯或烯烃

1. 乙烷脱氢制乙烯

目前由乙烷制乙烯的传统方法仍然是采用热裂解法。该方法选择性高达 80%，乙烷的转化率为 65%左右，但是存在以下缺点：反应条件严苛，反应炉管长，并且会产生大量的焦炭，必须定期清除；是强吸热反应，所以相对来讲能耗也比较高；乙烷单程转化率低，需循环使用，操作复杂。为有效地开发利用乙烷这一资源，近年来乙烷制乙烯的新方法研究也日益活跃，并取得了一些进展，主要方法包括乙烷催化脱氢制乙烯、乙烷催化氧化脱氢制乙烯，下面介绍这两个方面最新的研究进展。

20 世纪 80 年代中期，美国的 UOP 公司将催化脱氢与铂重整中连续再生技术相结合，成功地开发出用于低碳烷烃催化脱氢的 Oleflex 工艺，该工艺可以用于乙烷催化脱氢。该反应的单程转化率为 25%，乙烯选择性达到 98%~99%。该方法的优点是产品单一并能副产大量的氢气。但是该反应流程受到热力学平衡的限制，收率难以提高，所以目前还没有乙烷催化脱氢制乙烯的工业化装置。

Dow 化学公司也开发出了一种乙烷催化脱氢制乙烯的工艺，该工艺是 Dow 化学公司采用稀乙烯生产乙苯工艺中的一部分。该工艺采用镓、锌改性的丝光沸石催化剂，在 700℃下进行脱氢反应，乙烷转化率为 50%，乙烯选择性为 86%。和乙烷蒸汽裂解相比，此乙烷脱氢工艺中乙烷的转化率略低，但乙烯的选择性更高。据美国斯坦福研究所(SRI)称，如果 Dow 化学公司的乙烷催化脱氢工艺用于大规模的生产装置，可能获得高于世界规模蒸汽裂解生产乙烯装置的经济效益。

乙烷氧化脱氢制乙烯(ODHE)反应与热裂解反应相比，变吸热反应为放热反应，因此可以在较低温度下进行反应(300~550℃)，在理论上该反应能够比蒸汽裂解技术降低 30%的能耗。同时由于有氧的存在，该反应也不会有积炭的生成，是一条低能耗和有效利用乙烷资源的途径。

但是由于在反应过程中有氧的存在，容易发生深度氧化和氧分子插入等副反应，易生成深度氧化产物 CO_2 和 CO，以及醇、酮、醛、酸等副产物，这些副反应在热力学上比乙烷氧化脱氢生成乙烯更为有利。所以如何在低温条件下获得乙烷氧化脱氢制乙烯高活性、高乙烯选择性就变成了一个具有挑战性的问题。

早在 20 世纪 70 年代，Union Carbide 就研发出了能在低于 300℃的条件下反应的 MoVNb 氧化物催化体系。该反应的转化率约为 20%，同时乙烯选择性达到了 70%。后来沿着该技术路线，通过掺杂 Te 等元素则可以在 400℃的温和条件下将反应的转化率提升到 59%，选择性也达到了 89%。而 López Nieto 等通过水热合成法制备的 MoVTeNbO 催化剂则可以在较为缓和的反应温度条件下(340~400℃)，将选择性和转化率同时维持在 80%以上。

如今经过半个多世纪的努力，ODHE 技术取得了长足的进步，除了 MoVNb 体系之外，还有其他多项高效的 ODHE 催化剂体系，例如过渡金属氧化混合物、稀土金属氧化物、碱金属及碱土金属氧化物等体系。例如 Wang 等制备了硫化锆担载的 LiCl 催化剂，通过 NiO 和 Nd_2O_3 等助剂的促进作用得到了超过 70%的乙烯收率。在 Dy_2O_3/MgO 载体上担载了碱金属氯化物之后，Lercher 等在 500℃条件下得到了一种具有非常高收率的 ODHE 催化剂，该催化剂的转化率最高达到了 82.4%，同时选择性也有 91%。

由于吸附在催化剂表面的氧非常容易脱附并容易与碳物种生成 CO_x 副产物，因此除了催化剂之外，其他一些反应工艺条件也被用来提高 ODHE 反应的选择性，比如膜反应器。Rebeilleau-Dassonneville 等在 $Ba_{0.5}Sr_{0.5}Co_{0.8}Fe_{0.2}O_{3-\delta}$ 膜反应器上担载了 V/MgO 催化剂，在 777℃的反应条件下实现了超过 75%的乙烯收率。此外通过毫秒级接触时间的超快反应器也可以达到提升反应效果的目的。

2. 丙烷脱氢制丙烯

丙烷催化脱氢(PDH)是将丙烷转化为丙烯的反应，该反应为强吸热的可逆反应，反应受热力学平衡限制，反应器流出物种的烯烃含量取决于反应器出口的条件。为了获得合理的丙烷转化率，反应通常采用高温和低压条件。第一批 PDH 装置投产于 20 世纪 80 年代末至 90 年代初。但是由于丙烷价格高而丙烯廉价，且该方法的投资较大，因此该工艺的使用也受到了一定的限制。

近年来随着丙烯的需求日益增加，丙烯变得越来越有价值，PDH 技术也重新回到了人们的视野之中。目前世界有 5 种主要的 PDH 工艺，分别是 UOP 的 Oleflex 工艺，Lummus-Houdry 的 Catofin 工艺，Krupp Uhde 的 Star 工艺，Linde-BASF-Statoil 的 Linde 工艺以及 Snamprogetti-Yarsintez 的 FBD-3 工艺。目前应用最广泛的两种工艺是 Oleflex 工艺和 Catofin 工艺，见表 1.3-1。

表 1.3-1 PDH 工艺

开发商	UOP	Lummus-Houdry	Krupp Uhde	Linde-BASF-Statoil	Snamprogetti-Yarsintez
工艺名称	Oleflex	Catofin	Star	Linde	FBD-3
反应器类型	移动床	固定床	固定床	固定床	流化床
催化剂	Pt/Al_2O_3	Cr_2O_3/Al_2O_3	$Pt/Sn/Zn/Al_2O_3$	Cr_2O_3/Al_2O_3	Cr_2O_3/Al_2O_3
反应条件	550~650℃，>0.1MPa	560~620℃，>0.01MPa	500~580℃，0.05MPa	590℃，>0.1MPa	540~590℃，0.1MPa

尽管这项技术已经实现了工业化，但是目前用于工业技术的催化剂仍然面临着催化剂失活较快，需要频繁连续再生等问题。针对目前应用最广泛的 Pt 系和 Cr 系催化剂，国内外也已经有了广泛的研究。

通常来讲，Pt 催化剂的失活是由两方面的因素造成：首先，也是最主要的原因就是在脱氢的时候催化剂表面会发生副反应，从而生成大量的积炭导致活性位被积炭覆盖，造成催化剂失活。其次，高温反应条件会造成催化剂的团聚长大，从而使之丧失催化活性。此外部分研究者也认为 Pt 与载体之间的相互作用也会令催化剂失活。为了抑制催化剂的失活，Sn、Ce、Cu、Zn、La、Mg、Li 等多种助剂都被用来改进催化剂的电子和几何结构，以提升催化剂的抗积炭能力。Sn 的加入可以使 Pt-Sn/Al_2O_3 催化剂的表面积炭更多地沉积在载体上，从而提高了催化剂的选择性和稳定性。Zhang 等研究了在添加 Na 基础上再添加 La 后的 Pt-Sn/Al_2O_3 催化剂的性能。结果表明 La 的添加对 PtSnNa/Al_2O_3 催化剂的反应性能影响明显。当 La 的添加量为 0.7%时，催化剂的丙烯收率最大。Cr 系催化剂由于其中的 Cr 是重金属组分，容易污染环境，因此研究报道也相对较少。

3. 其他烷烃脱氢制烯烃

异丁烷直接脱氢制备异丁烯，是一个正向吸热的可逆反应。根据可逆平衡原理，提高温度，有利于正向反应进行，促进异丁烯的生产，但是温度过高会引发裂解、异构化以及积炭等副反应的发生，进而致使催化剂失活。同时，该反应又是一个正向体积增大的反应，降低反应体系压力有利于异丁烯的生成。目前，异丁烷直接脱氢反应中所采用的催化剂主要分为四类：Pt 系催化剂为主的金属催化剂；金属氧化物催化剂；金属硫化物催化剂；碳材料催化剂。

（1）金属催化剂

工业上异丁烷直接脱氢反应所使用的金属催化剂是 Pt 催化剂。Pt 催化剂体系由于有较强的能够断裂异丁烷中 C—H 键的能力并且能够抑制副反应，从而具有最强的催化活性及选择性。Pt 催化剂体系中引入 Sn 元素，可以通过几何效应使得催化剂表面 Pt 纳米粒子尺寸减小从而提高其分散度，可以通过电子效应使得催化剂表面 Pt 纳米粒子电荷富集从而抑制积炭的吸附，促进溢流氢的发生，有利于 Pt 锚定在锡氧化物(SnO_x)上形成 Pt-SnO_x-Al_2O_3“三明治”结构从而提高催化活性。目前，Pt 催化剂体系主要以 PtSn/γ-Al_2O_3 双金属结构为主。此外，还有一些研究者为提高该催化剂的催化性能，使用碱金属、碱土金属、稀土金属等助剂对其进行修饰。

Tasbihi 等在研究异丁烷脱氢反应时，向 Pt 催化剂中添加碱金属元素 K、Li 来增强催化效果。研究发现，添加 K 助剂的催化剂选择性高于添加 Li 助剂的催化剂。适当地添加 K 助剂，可以有效地减少反应中副产物生成，降低负载的酸性。同时在催化脱氢方面发现，添加碱金属或者碱土金属的作用是相似的，都可以中和表面酸性，从而抑制裂化、低聚、环化以及焦炭化等副反应的发生，提高异丁烯的选择性。Wan 等尝试在 PtSnK/γ-Al_2O_3 催化剂中添加催化剂助剂 La，来提高异丁烷脱氢反应活性。实验结果表明，添加 La 的质量分数为 0.9%时，催化剂的性能达到最佳。作者分析指出，助剂 La 的存在，强化了 Pt-Al_2O_3、Sn-Al_2O_3 间的相互作用，稳定了氧化态的 SnO_x 化合物，提高了金属功能与酸性功能的配比从而增加了催化剂的活性以及稳定性。Zhang 等在 PtSnK/γ-Al_2O_3 催化剂体系中添加助剂 Zn 以期能够提高异丁烷直接脱氢制备异丁烯的产率。研究表明，少量添加助剂 Zn(质量分数 0.4%)可以增加 Pt 粒子的分散度，同时减少焦炭沉积，从而提高了异丁烷脱氢反应的转化率及稳定性。反应中异丁烯的选择性达到了 98%。但当继续添加助剂 Zn 时，金属与负载界面间的化学特性将发生改变，形成的 PtZn 合金对于脱氢反应不再有促进作用，反而降低了反应活性及稳定性。刘丽花等在异丁烷脱氢制备异丁烯实验研究时，在原有的 $PtSn/Al_2O_3$ 催化剂中添加了一定量的助剂 Au，发现其催化活性强于原催化剂。除此之外，在研究异丁烷脱氢反应时还有研究者尝试添加其他金属元素(Fe、Ca、Mg、Na、In)来增强其催化活性。

$PtSn/\gamma-Al_2O_3$ 催化剂虽然能够实现高活性以及高选择性，但在其他方面也存在一些不足。譬如，Pt 元素属于贵金属元素，工业上消耗 $PtSn/\gamma-Al_2O_3$ 催化剂成本较高，高温下 Pt 纳米粒子容易烧结并且催化剂的重复利用率低。为此，一些研究者进行了不同的尝试，以期改进或者寻找到代替的金属催化剂。

Dong 等以藻酸铵协助溶胶凝胶与乳液模板的方法制备了不同孔径的 Al_2O_3 球，并以液体石蜡、聚山梨醇酯 80 作为孔径增大剂与分散剂。实验结果表明，通过调整液体石蜡的添加量，可以调控 Al_2O_3 球的孔径尺寸、比表面积及孔体积。Al_2O_3 球的组织结构影响 $PtSn-La/Al_2O_3$ 催化剂在异丁烷脱氢反应中的催化活性及稳定性。随着液体石蜡从无到有质量增加到 20%，Al_2O_3 球孔径尺寸增大，其负载的 Pt 纳米粒子尺寸从 2.86nm 降低到 1.45nm，炭沉积量减少 30.6%，异丁烯产率从 42%增加到 48%。Rodemerck 等在裸露的 Al_2O_3 上进行异丁烷直接脱氢实验中提出，适当提高 Al_2O_3 催化剂的处理温度，可以提高异丁烷的转化率以及异丁烯的选择性。研究者认为，处理温度升高，Al_2O_3 表面更多的羟基官能团结合以 H_2O 分子形式脱附出去，从而形成更多的 Al_{cus} 活性中心。而 Lewis 酸性 Al_{cus} 及其邻近的晶格氧原子则是异丁烷脱氢过程的主要活性中心。

Wang 等研究了异丁烷直接脱氢反应中 Co 催化剂的催化性能。研究表明，催化剂负载种类与催化剂煅烧温度是影响其脱氢性能的主要因素。在 SiO_2、Al_2O_3、$MgAl_2O_4$ 等几种负载中，Co/SiO_2 催化剂的性能最佳。但是在较高的煅烧温度下，Co/SiO_2 催化剂的脱氢活性以及异丁烯的选择性低于 Co/Al_2O_3、$Co/MgAl_2O_4$ 等催化剂。研究者认为，高温下催化剂中的 Co 与 SiO_2 发生反应生成 CO_2SiO_4，导致活性位点减少，从而降低脱氢反应活性。Xu 等在研究异丁烷脱氢催化剂 Ni/AC(活性炭)时，发现采用等体积浸渍法引入 P 元素后，催化剂的催化性能明显提高。与催化剂 Ni/AC 相比，使用新催化剂 Ni_2P/AC 能够有效抑制异丁烷的裂解反应，提高异丁烯的选择性以及催化剂的稳定性。表征分析表明，在添加 P 元素后，部分正电荷从金属 Ni 表面分散到 Ni_2P 粒子表面，弱化了 Ni 原子与碳正离子间的 Ni—C 键。同时，研究者还发现添加适当的助剂 Cs，有利于提高异丁烯的选择性。这可能是 Cs 助剂的添加增强了 Ni_2P 粒子的分散性并且通过电荷从 Cs 转移到 Ni 降低了 Ni_2P 粒子表面的酸性中心数目及强度。

(2) 金属氧化物催化剂

$CrO_x/\gamma-Al_2O_3$ 催化剂早先被 UOP 公司开发用于工业上正丁烷脱氢制备正丁烯过程来生产高辛烷值的航空燃料。后来，其被 Houdry 公司扩展到异丁烷脱氢制备异丁烯过程中。

在 CrO_x 催化剂的异丁烷脱氢反应研究中，催化剂活性位的本质一直是研究者们关注的重点。在脱氢反应条件下，CrO_x 催化剂表面存在含有 Cr^{6+}、Cr^{5+}、Cr^{3+}、Cr^{2+} 等的多种化合物，精确确定催化剂的活性位点是十分必要的。Weckhuysen 等从氧化态、配位以及核性等角度分析，异丁烷脱氢反应的活性位应归属于 Cr^{3+} 物种。Fridman 等制备了一系列含有不同质量分数 Cr 元素的 CrO_x 催化剂，确定 CrO_x 催化剂表面的 Cr 元素物种，并在循环脱氢再生(氧化还原反应)条件下评估这些物种的稳定性。实验结果表明，在平衡的 $CrO_x/\gamma-Al_2O_3$ 上稳定的 Cr 元素物种是可以存在的，这一现象可以在氧化还原条件下通过调整新鲜催化剂表面首批 Cr 元素物种重组实现。同时，该研究者还确定了新鲜催化剂表面的 Cr 元素物种种类：孤立的单聚或多聚的铝铬酸盐、不同尺寸的非结晶或结晶的 Cr_2O_3 集群、Cr_2O_3 集群表面的重铬酸盐(Cr^{6+})以及与 Cr_2O_3 集群耦合的铝重铬酸盐(Cr^{6+})。在另一篇文章中，Fridman 以异丁烷脱氢反应为探针反应，确定了 CrO_x/Al_2O_3 催化剂表面 Cr 元素物种的活性顺序，其活性由强到弱为：$\alpha-Cr_2O_3$ 表面非氧化还原的 Cr^{3+}>孤立的单聚或多聚的铝铬酸盐中经过还原反应生成的氧化还原 Cr^{3+}、非结晶 Cr_2O_3 表面的非氧化还原 Cr^{3+}>孤立的非氧化还原 Cr^{3+} 或微小的 Cr_2O_3 分子簇>氧化还原的铝铬酸盐。其中，$\alpha-Cr_2O_3$ 表面非氧化还原的 Cr^{3+} 在新鲜催化剂中几乎不存在脱氢活性，但在平衡后的催化剂中，其对催化活性存在重大贡献。Mamontov 等在研究 CrO_x/SiO_2 催化剂时，通过等体积浸渍法制备了 SiO_2 与 ZrO_2 混合负载的 Cr_2O_3 催化剂，并应用于异丁烷脱氢反应中。实验表明，这一方法增强了高分散状态下 Cr 元素物种[Cr(Ⅴ)、Cr(Ⅵ)]的稳定性，同时提高了异丁烷脱氢反应的催化剂活性，并且避免了单独使用 ZrO_2 做催化剂负载时比表面积差、高温烧结以及造价高等问题。

尽管 CrO_x 催化剂在目前异丁烷脱氢反应的催化剂中占主导地位，但是其所含有的 Cr 元素具有一定的毒性，且会对环境造成一定的污染，部分研究者试图寻找其他的可供代替的异丁烷脱氢反应催化剂。

Tian 等通过等体积浸渍法制备了 $VO_x-K_2O/\gamma-Al_2O_3$ 催化剂，并将其应用于异丁烷脱氢反应中。结果表明，还原态的 VO_x(V^{3+}、V^{4+})物种为该脱氢反应的催化活性中心。催化剂表面 VO_x 物种的分布受到 V 元素负载量的影响。当催化剂表面低聚的 VO_x 物种分散度达到最大时，催化剂的烷烃脱氢活性最高。催化剂测试显示，当 V 元素负载达到质量分数为 10%时，异丁烯产率最高，达到 42.5%，连续 10h 脱氢反应后，在良好的催化剂稳定性前提下，异丁烯产率仍可达到 37.8%。Rodemerck 等研究了不同负载类型的 VO_x 催化剂在异丁烷脱氢反应中对异丁烯选择性的影响。在参与测试的 MCM-41、Al_2O_3 以及 $Al_2O_3-SiO_2$ 混合负载中，Al_2O_3 作为负载时催化剂的催化效果最好：异丁烯的选择性为 85%，异丁烷的转化率为 50%。而其他两组催化剂 VO_x/MCM-41、$VO_x/SiO_2-Al_2O_3$ 则对异丁烯异构化为正丁烯具有更高的活性。表征分析表明，催化剂负载表面的 Lewis 酸性活性中心以及 VO_x 聚合度是影响异构化反应的主要因素。因此，这也间接成为影响异丁烯选择性的原因。Liu 等报道了 $VO_x-K_2O/\gamma-Al_2O_3$ 催化异丁烷脱氢反应过程中积炭的生成与本质这一课题。实验研究表明，反应过程中的积炭主要分为脂肪族积炭与芳香族积炭两类。并且随着脱氢反应的进行，炭质沉积物种逐渐由脂肪族类向芳香族类转变。最终，脂肪族类积炭凝结在催化剂负载表面形成芳香烃与石墨化炭的混合物。

Wang 等在研究异丁烷脱氢催化剂时发现，与单独使用 ZnO、Ga_2O_3 作为催化剂相比，利用一定比例的 ZnO、Ga_2O_3 混合物作催化剂时，该催化剂用于异丁烷脱氢反应中催化性能更佳。研究者认为，这是由于混合的氧化物组分间存在一定的界面，这种界面在异丁烷脱氢反应中起着重要作用。通过异丁烷的程序升温脱附实验与傅里叶红外光谱分析，这种界

面作用解释为 Ga_2O_3 表面的 Lewis 酸性中心促进 ZnO 表面异丁烷中 C—H 的裂解，从而提高异丁烷的转化率。并且该催化剂可以通过空气燃烧再生，经过多次连续循环实验，其稳定性亦能得到保证。

(3) 金属硫化物催化剂

金属硫化物催化剂是由金属氧化物催化剂经过 H_2S/H_2 硫化处理得到的。这类催化剂在脱氢性能上强于金属氧化物催化剂，并且在多种金属元素上都能得到应用。Wang 等在研究异丁烷脱氢技术的新催化剂时，发现一些金属氧化物经过硫化处理后，表现出来更强的脱氢活性。在 SiO_2 负载的 ZnS、MnS、FeS、CoS、NiS、Cu_2S、MoS_2 等催化剂中，除 NiS/SiO_2 之外，其余催化剂在异丁烷的转化率上的催化活性都有明显进步。并且所有的金属硫化物催化剂在异丁烷脱氢反应中异丁烯的选择性都超过了 80%。同时，在与工业异丁烷脱氢催化剂 CrO_x 催化剂、Pt 系催化剂的对比实验中，这些催化剂在催化活性上相持平甚至略高于工业催化剂的催化活性。研究者认为，引入硫元素后，金属与硫元素间形成的 M—S 价键具有较大的空间位阻，其阻止异丁烷分子中碳原子与金属活性中心间对于 C—C 键的断裂效应，限制了异丁烷的裂化反应，从而提高异丁烷脱氢反应的性能。Wang 在另一篇文章中对此进一步探索，并将其归纳为两种效应：一种为几何效应，可以分散聚集的金属类物质同时降低氢解活性；另一种为电子效应，促进催化剂表面烯烃的脱附，从而提高异丁烯的选择性。在相继的 $Mo/MgAl_2O_4$-S、$Ni/MgAl_2O_4$-S 催化剂的异丁烷脱氢实验中，这种硫化效应得到更为详尽的说明。不过这些催化剂也存在着较为明显的缺陷，反应过程中硫元素流失明显，从而导致催化剂活性不稳定。这一问题若能解决得当，这些含硫催化剂将具有极大的应用价值。

(4) 碳材料催化剂

除了上述金属催化剂，一些研究者还将关注点放在了非金属催化剂的研究上，如：碳基催化剂。由于具有极高的比表面积、可调控的吸附性能、低廉易获取以及环保等特点，之前作为催化剂负载存在的各类碳材料被研究者直接用作催化剂进行研究。Li 等在研究各种碳材料作为高效催化剂的异丁烷直接脱氢反应中发现一类催化性能极佳的碳材料——椰壳活性炭(CSAC)。在 625℃ 反应温度下，异丁烷的转化率达到 70%。与传统催化剂相比，在保持高度的催化稳定性前提下，该催化剂的异丁烷直接脱氢制备异丁烯的选择性达到 76%。实验表征说明，该催化剂无论新鲜与否，其催化活性取决于材料的比表面积。这一结果在目前应用于异丁烷脱氢的不含其他官能团的碳催化剂中是独一无二的。Zhang 等为了研究碳基催化剂的异丁烷直接脱氢反应机理，以介孔分子筛 SBA-15 为模板，通过氧化还原处理方式，制备了一系列不同表面氧含量的有序介孔碳(OMCs)。这种仅影响其表面性质而不会明显改变碳材料原有的孔结构的处理方式，方便后续检测碳催化异丁烷直接脱氢的活性中心。实验结果表明，含氧官能团虽然可以提高催化剂活性，但碳材料表面本身的缺陷与空缺是影响其活性的主要因素。同时研究发现，反应过程中产生的积炭也具有较低水平的催化活性。Mu 等在 900℃ 下制备了氮掺杂的氧化多层碳纳米管，并将其应用于异丁烷直接脱氢反应。这种引入 N 元素的处理方式，增加了氧化碳纳米管的表面积与结构缺陷，提高了碳纳米管的催化脱氢性能。实验结果表明，经过表面氧化以及高温退火，含氮原子率 1.93%的氧化多层碳纳米管具有最佳催化性能，异丁烷脱氢反应转化率达到 51.8%，异丁烯选择性达到 45.9%。通过引入 N 元素，催化剂表面的电子富集到氮元素周围，增强异丁烷的吸附能力与异丁烯的脱附能力，从而提高了催化剂活性。

这类碳催化剂在异丁烷脱氢反应上具有极大的研究空间，但是也面临着严峻的挑战。催化剂再生是其无法避免的问题，这一问题将是催化剂能否继续研究的关键。

二、催化裂解制乙烯

1. 概述

20 世纪 30 年代开始，人们已经开始对石油烃类的裂解反应机理进行研究，按照反应工艺条件的不同可以分为蒸汽热裂解反应和催化裂解反应。后者与前者最大的差异在于，后者需要借助催化剂的作用，在相对较低的反应温度下使石油烃发生裂解反应，同时通过调控催化剂的活性和助活性组分调控产物中乙烯和丙烯的产物分布。

催化裂解工艺技术的研究主要开始于 20 世纪 50 年代，其原料种类涉及重质油、石脑油、烯烃、链烷烃等，根据催化裂解工艺原料性质的不同，可以分为以下四个部分：

一是以重质油为原料的催化裂解工艺技术，包括 UOP 公司的 PetroFCC 重油流化催化裂解工艺、德国化工研究院的 TCSC 工艺、美国 S&W 公司的 TRC 工艺、KBR 公司与 ExxonMobil 的 Maxofin 工艺、印度石油公司的 Indmax 工艺、洛阳石油化工工程公司的重质油接触裂解工艺(HCC)、中国石油化工科学研究院(RIPP)的重油深度催化裂化(DCC)、催化热裂解(CPP)工艺等。

二是以石脑油为原料的催化裂解工艺技术，包括 ABB Lummus 公司的 SCC 技术、美国 KBR 公司和韩国 SK 公司合作开发的 ACO 工艺、KTI/Technip 公司的 GK 工艺和 Linde 公司的乙烯工艺等。

三是以 C_4~C_8 低附加值烯烃副产物作为催化裂解原料，这不仅解决了实际工业化生产中副产物的处理问题，还可以在一定程度上提高企业的经济效益。国外典型的催化裂解工艺技术包括：美国 UOP 公司和法国 Atofina 公司共同开发的 OCP 技术、美国 ExxonMobil 公司的 MOI 技术、日本旭化成公司的 Omega 工艺和德国 Lurgi 公司的 Proplur 工艺为代表的固定床技术，美国 KBR 公司的 Superflex 技术为代表的流化床工艺。在国内，比较有代表性的催化裂解工艺技术主要有：中国石化上海石油化工研究院开发的 OCC 工艺、北京化工研究院开发的 BOC 工艺等。

四是以链烷烃直接作为催化裂解原料生产低碳烯烃的工艺技术。链烷烃作为催化裂解原料中的重要一员，由于其常作为燃料使用，直接以链烷烃为原料进行低碳烯烃制备的工艺技术很少有工业化的报道。

2. DCC 工艺

DCC 工艺由 RIPP 于 20 世纪 80 年代末开发成功，是一项以重质原料生产轻烯烃的工艺技术。它是采用常规催化裂化(FCC)工艺流程以及提升管加密相流化床反应器，在专门研制的择形分子筛催化剂作用下，对重质石油烃进行裂解的过程。DCC-Ⅰ型催化裂解工艺以生产最大量丙烯为目的，DCC-Ⅱ型催化裂解工艺以生产最大量丙烯、异丁烯和异戊烯，兼产高辛烷值优质汽油为目的。

DCC 工艺采用的原料是各种重质油，其中以石蜡基原料油最适宜于催化裂解。以 DCC-Ⅰ技术为例，由石蜡基原料油催化裂解可以得到高气体烯烃的产率，其三烯(乙烯、丙烯、丁烯)产率超过 40%(相对于原料)，其中乙烯 6%左右，丙烯可超过 21%。

催化裂解与蒸汽裂解的主要不同点在于它要使用专门研制的催化剂，可在低得多的反应温度下操作。DCC 工艺催化裂解反应温度比 FCC 反应温度略高 30～50℃，大约为 540～560℃，远低于乙烯装置蒸汽裂解反应温度(800℃)。与蒸汽裂解气相比，催化裂解气中含有较多的 C_3 和 C_4，较少的 C_2 以下干气；蒸汽裂解气中富含乙烯，而催化裂解气中富含丙烯；催化裂解气中丁烯含量比蒸汽裂解气中的要高得多，但丁二烯含量要少得多；催化裂解气中乙炔和 MAPD(丙炔和丙二烯)的含量远低于蒸汽裂解气。另外，由于催化裂解的原料为重质油，裂解气中硫、氮等杂质含量较高。

DCC 工艺流程与 FCC 基本相似，包括反应-再生系统、分馏系统以及吸收稳定系统。装置产品包括 DCC 干气、液化气、裂解石脑油、裂解轻油、油浆等。

DCC 干气可送入具备深冷分离条件的乙烯装置回收利用。另外，干气制乙苯技术，干气芳构化技术均可用来回收 DCC 干气中的乙烯。液化气可进入气分装置进一步分离出丙烯产品和碳四产品。DCC 碳四馏分中的异丁烯是生产甲基叔丁基醚(MTBE)的宝贵原料。

自 1990 年至今，我国已建成投产了多套不同规模的 DCC 装置。经技术转让许可，DCC 技术在泰国、沙特、印度等国家也成功获得了推广和应用。DCC 技术已成为全球丙烯和芳烃生产技术路径的一个重要补充。

3. CPP 工艺

在 DCC 工艺技术基础上，通过对工艺、工程及催化剂的进一步改进，RIPP 又开发了重油原料直接制取乙烯的催化热裂解(CPP)技术，在 2000 年成功进行了工业示范试验。2009 年 7 月，第一套工业化 CPP 装置在我国东北某石蜡化工有限公司建成投产并一次开车成功。

CPP 工艺主要目的是生产乙烯，兼产丙烯。它具有使用重质原料，反应温度介于催化裂解和蒸汽裂解之间，连续反应再生等特点。CPP 与 DCC 和蒸汽裂解的主要技术特征对比见表 1.3-2。

表 1.3-2 CPP、DCC 和蒸汽裂解的主要技术特征对比

工艺技术	催化路线		热加工路线
	催化热裂解(CPP)	催化裂解(DCC)	蒸汽裂解(SC)
化学反应	催化反应兼热反应	催化反应	热反应
反应器	提升管	提升管+流化床层	管式炉
反应机理	正碳离子兼自由基	正碳离子	自由基
烧焦模式	连续烧焦	连续烧焦	间断烧焦
原料	重油	重油	粗石脑油为主
催化剂	有	有	无
裂解反应温度/℃	610～640	540～560	800
产品中丙烯/乙烯比	0.9～1.6	3～4	0.5～0.6

RIPP 选用大庆蜡油、减压渣油以及大庆石脑油为原料，对 CPP、DCC 和蒸汽裂解三种工艺的主要产品组成分布做了比较，具体数据见表 1.3-3。

表 1.3-3 CPP 与相关技术主要产品组成分布对比

工艺技术	催化热裂解(CPP)	催化裂解(DCC)	蒸汽裂解(SC)
原料油	大庆蜡油掺 30%减压渣油	大庆蜡油	大庆石脑油
产品收率/%			
干气	41.12	11.91	52.20
氢气	0.95	0.24	0.88
甲烷	11.19	3.24	16.17
乙烯	24.27	6.10	31.30
乙烷	4.71	2.33	3.85
液化气	24.58	42.22	26.17
丙烯	14.17	21.03	15.21
丙烷	1.06	3.32	0.28
丁烯	6.77	14.22	5.49
丁二烯	2.40	0.08	5.00
丁烷	0.18	3.57	0.19
C_5~205℃	11.88	26.60	11.80
>205℃	12.87	12.67	3.86

CPP 工艺流程的前半部分与 DCC 类似，包括反应-再生系统和分馏系统，而后半部分为了获得聚合级乙烯产品需要对裂解气进行更复杂的精制与分离。

(1) 反应-再生与分馏

1) 反应-再生系统

CPP 反应-再生部分借鉴了流化催化裂化技术，采用提升管反应器以及催化剂流化输送的连续反应-再生循环方式操作。重质原料油经预热炉加热和水蒸气雾化后，通过高效雾化喷嘴进入提升管反应器的底部，与从再生器来的高温催化剂接触进行反应。在提升管底部还注入预提升蒸汽或干气以保证催化剂在提升管反应器内流化均匀，也可以采用 C_4 和/或 C_5 馏分回炼作为预提升介质。而在提升管的中部和上部注有急冷介质，急冷介质可以是水、裂解石脑油或裂解轻油。反应油气、水蒸气和带焦炭的待生催化剂在提升管顶部分离，反应油气经急冷器冷却后进入产品分离回收系统，而待生催化剂经水蒸气汽提后进入再生器内进行烧焦再生。再生催化剂经过错流短接触快速汽提器脱除携带的大部分烟气后再返回提升管底部循环使用。

2) 急冷与分馏系统

与常规催化裂化类似，分馏系统的功能是将反应部分产生的气态产物，根据组分沸点范围分割成富气、粗汽油(裂解石脑油)、轻循环油(裂解轻油)、重柴油、回炼油和油浆等馏分。

CPP 工艺由于反应温度高，反应深度大，反应产物热裂化导致缩合结焦的趋势更大，塔底油中的结焦前身物浓度更高。一方面反应部分所需热量更多；另一方面，反应油气的急冷终止过裂化与热裂化较常规催化裂化和 DCC 等工艺要求更为严格。因此，在反应器出口处设置油气急冷器，尽快将油气急冷并终止过裂化和热裂化反应。

油气急冷器的流程大致为：反应器顶旋风分离器分离出来的油气经反应器内集气室、升气管进入油气急冷器，自分馏部分来的油浆分上、下两部分进入，回炼油注入底部稀释，自上部返急冷器的油浆在油气急冷器内与高温油气逆流接触，在冷却高温油气的同时将油气中的催化剂细粉洗涤下来。急冷器下部通入搅拌蒸汽，油浆下返塔(含回炼油)注入油气急冷器底部液位以下，起搅拌作用。急冷器顶部油气温度降至 300~330℃ 进入分馏塔，急冷器底部油浆自流至分馏塔底部，进入油浆循环系统。

为降低油气分压以改善产品分布、提高目的产品产率，CPP 工艺需要注入较大量的水蒸气。在较低的反应压力下，分馏塔顶水蒸气分压的提高，使水蒸气露点和塔顶温度接近，甚至塔顶部出现游离水，导致上部塔板结盐堵塞，影响装置的正常运转，故需要在分馏塔顶冷凝冷却系统采取一些与常规催化裂化装置不同的技术措施。

由于 CPP 工艺注蒸汽量多、转化深度大、气体产率高，其分馏塔顶油气组成与常规催化裂化有很大的不同。针对油气中不凝气(H_2~C_4)和水蒸气含量大、液体产品(裂解石脑油)少的特点，则采用裂解工艺常用的油气直冷塔分离，可以有效地降低油气系统压降，减少裂解气压缩机功耗。

分馏塔顶油气(约 110℃)进入油气直冷塔，在其上部和中部分别注入急冷水，在油气直冷塔中与裂解气逆流接触。急冷塔底约 80℃，分出轻质油品(粗石脑油)和换热水。直冷塔底部换热水经换热水循环泵抽出，一部分经换热升温，送往后部烯烃分离单元作热源，换热并冷却后返回直冷塔。另一部分经冷却至 40℃ 后送往污水汽提装置。自直冷塔底分出的粗石脑油抽出后冷却至 40℃，进入分馏塔顶回流罐。回流罐底部油品经分馏塔顶冷回流泵抽出后分成两股：一股送至烯烃分离单元，另一股送至分馏塔顶部作为冷回流。从直冷塔顶出来的裂解气进入裂解气压缩机。分馏塔顶油气直冷流程示意见图 1.3-1。

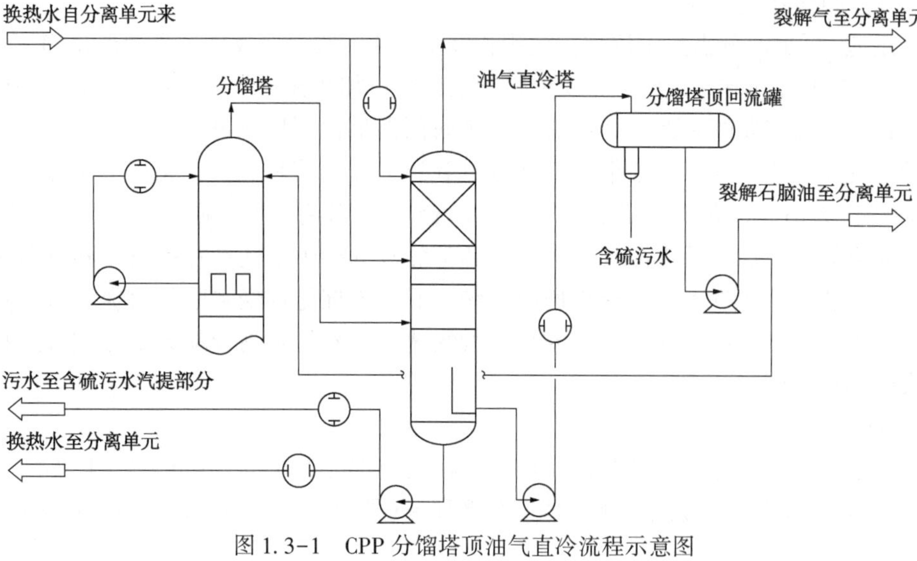

图 1.3-1 CPP 分馏塔顶油气直冷流程示意图

(2) 裂解气精制与分离

CPP 裂解气经过急冷和分馏后的组成与蒸汽裂解的裂解气相类似，从主要产品来说，不同之处主要表现在乙烯/丙烯的比例方面。通常石脑油蒸汽裂解产品中乙烯/丙烯比为2，CPP裂解气中乙烯/丙烯比为1或小于1。同时因CPP反应部分的特性，裂解气中会带来蒸汽裂解气中所没有的氧、氮氧化物等杂质。因此CPP裂解气精制与分离技术与蒸汽裂解制烯烃分离技术大同小异。主要的差别在于CPP裂解气中所含的杂质较多，因此杂质脱除的流程较复杂。主要的杂质包括：氧、氮氧化物、硫醇、羰基硫、砷、汞等。

CPP催化热裂解得到的裂解气是一个复杂的混合物，为获取聚合级乙烯和丙烯产品，并使裂解气中的其他烃类得到合理利用，必须对裂解气进行精制和分离。到目前为止深冷分离方法是分离类似裂解气最成熟和节能的途径。深冷分离是利用混合气中各组分相对挥发度的不同，用精馏法在低温下将各组分加以分离。深冷分离过程主要由三大区组成：压缩区(含裂解气压缩系统和制冷系统)、气体净化区、精馏分离区。压缩区的主要任务是将裂解气加压以及通过分别压缩乙烯和丙烯获取分离所需的不同级位冷剂，为深冷分离创造条件；气体净化区通过物理和化学的方法，去除那些含量不大但对后续操作和产品规格有影响的杂质；精馏分离区由冷箱和一系列的精馏塔组成，是分离的主体。通过精馏塔把裂解气中各有用组分进行分离，并实现生产聚合级乙烯和丙烯产品的目的。这三个区中由于各个单元操作组合所处的位置不同，形成了各种不同的深冷分离流程。目前深冷分离技术主要有顺序分离(含“渐近”分离)、前脱丙烷前加氢、前脱乙烷前加氢等三种分离技术路线。

根据CPP裂解气组成特点，由于丙烯含量较石脑油蒸汽裂解要大，并依据氧气、氮氧化物杂质脱除的反应催化剂对碳四烯烃的限制条件，CPP选择前脱丙烷流程比较合适。目前国内已建成的CPP制乙烯装置其分离部分均采用了前脱丙烷的流程。

CPP装置典型的流程简图见图1.3-2。

4. K-COT(Superflex)工艺

美国KBR公司开发的催化裂解制烯烃(K-COT)工艺技术，以烯烃含量高的C_4、C_5、焦化气为原料，采用流化催化裂化工艺生产乙烯、丙烯，其流程包括K-COT转化器、轻烃裂解炉、急冷、压缩、冷分离、C_2系统、丙烯塔及丙烯制冷、火炬系统等主要单元，是FCC技术与蒸汽裂解(裂解炉、深冷分离)技术的结合。

K-COT装置由转化部分和烯烃回收部分组成。其中，转化部分包括：

① 转化单元：提升管(反应器)，沉降器，汽提段和再生器。

② 急冷单元：急冷油塔系统，急冷水塔系统，稀释蒸汽发生系统，C_6汽油汽提，C_4精馏及C_4加氢。

烯烃回收部分包括：

① 工艺气压缩、碱洗、干燥及前脱丙烷单元。

② 冷分离单元。

③ C_2系统单元。

④ 丙烯塔及丙烯制冷单元。

⑤ 火炬系统单元。

K-COT装置流程示意图如图1.3-3所示。

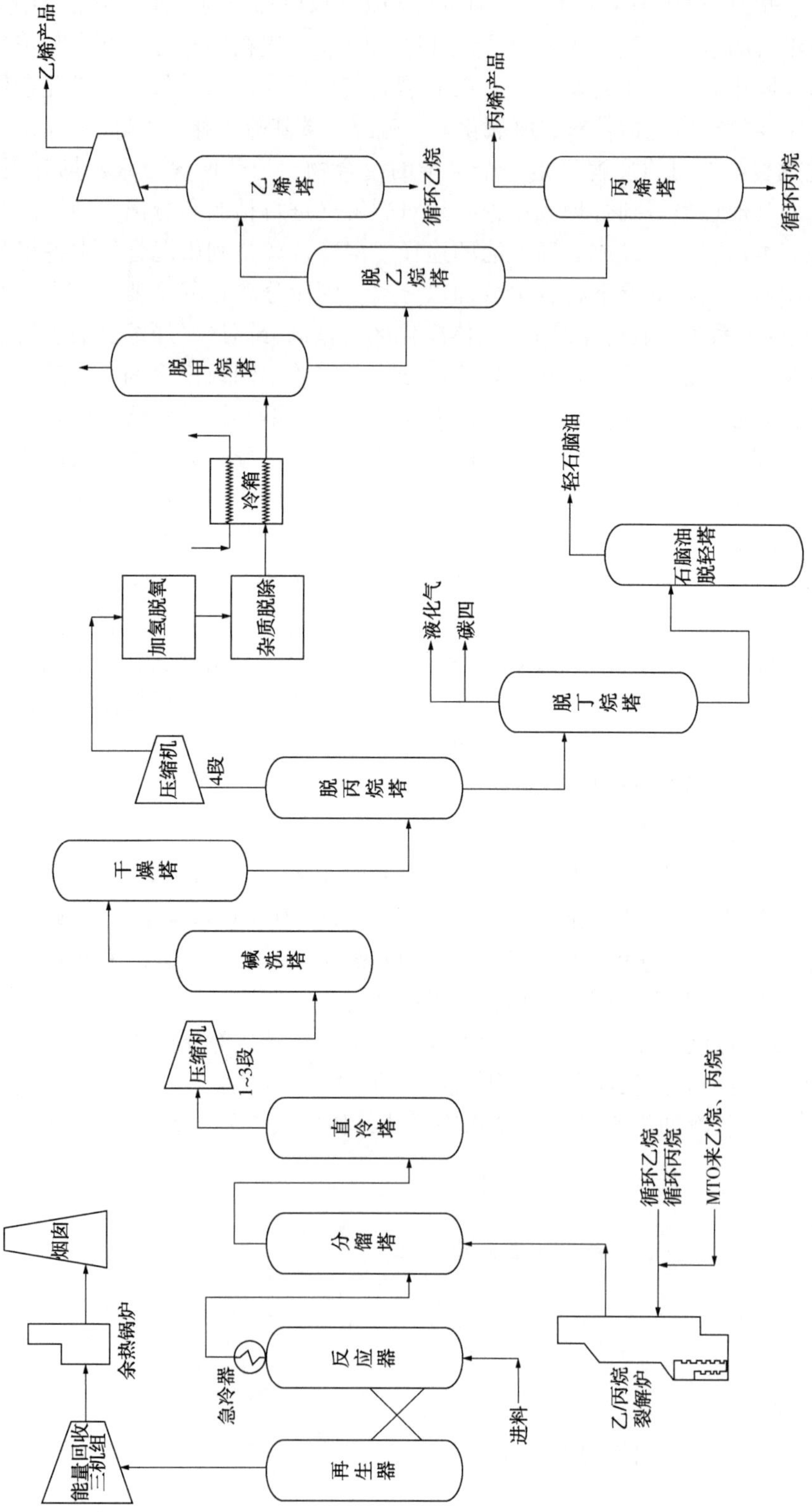

图1.3-2　CPP装置流程简图

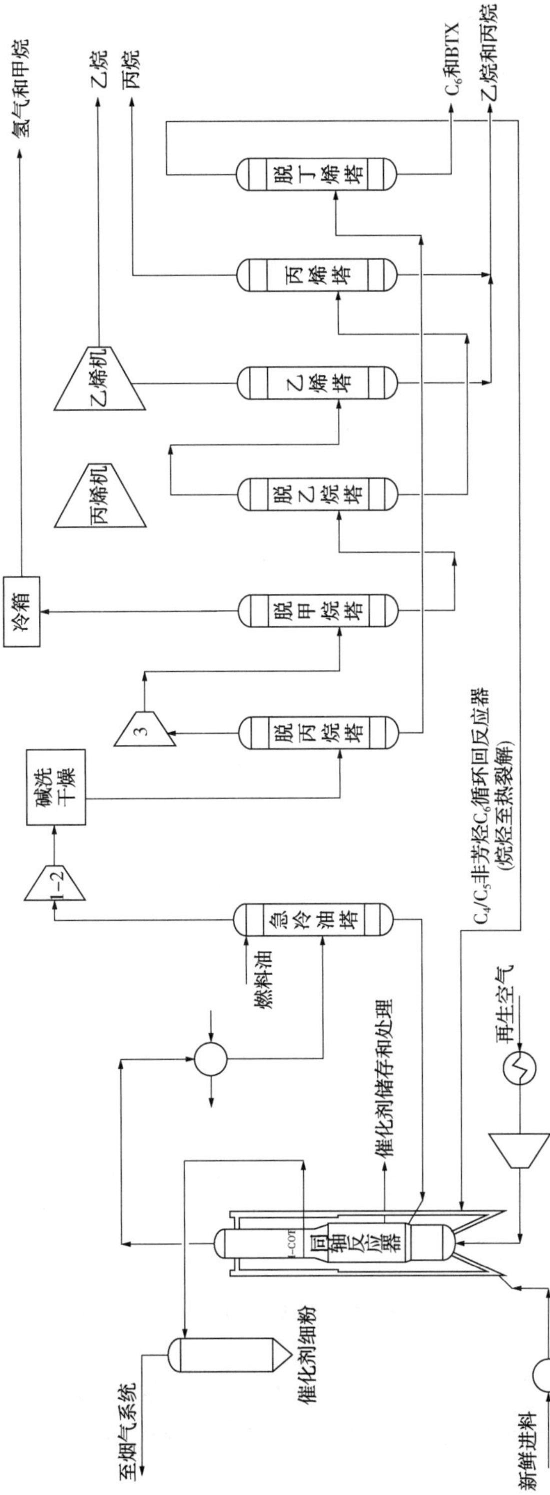

图1.3-3 K-COT装置流程示意图

图 1.3-4 K-COT 反应装置

世界第一套商业化 K-COT 装置于 2006 年在南非由 Sasol 公司建成，这套装置将高烯烃含量的原料，如 C_6、C_7 转化成丙烯和乙烯，年产丙烯 250kt。反应原料中也含有高浓度的含氧化合物，但是无须任何前处理。K-COT 反应装置如图 1.3-4所示。

5. ACO 工艺

(1) 生产技术及特点

ACO(Advanced Catalytic Olefins)工艺技术由 SK 综合化学公司和美国 KBR 公司共同开发，结合了 KBR 公司的流化催化裂化反应/再生系统与 SK 研发中心开发的专用催化剂，可以将适用于蒸汽热裂解的直馏轻质石脑油、全馏分石脑油、FCC 裂化石脑油原料以及循环催化裂解的混合 C_4、混合 C_5、C_6 非芳烃选择性地转化为乙烯、丙烯及其他副产品。KBR 公司拥有全球独家发放该技术许可证的权利。

ACO 工艺与石脑油蒸汽裂解相比，具有低碳烯烃(乙烯+丙烯)产率高、产物中丙烯/乙烯(P/E)比高、没有混合 C_4 和混合 C_5 产品(C_4、C_5 循环)、裂解汽油中芳烃含量高、反应条件温和(600~700℃)的优势，并且生焦量极低(质量分数约 0.2%)。ACO 工艺的乙烯和丙烯产率之和可达约 65%，而最先进的石脑油蒸汽裂解技术的乙烯和丙烯产率之和约为 52%(C_4、C_5 作为副产品采出，不循环)。同时，ACO 工艺的丙烯产率比蒸汽裂解高 1 倍，其 P/E 比可达约 1.2，而石脑油蒸汽裂解技术的 P/E 比最高约为 0.6。考虑到操作和原料费用，折旧以及利润部分，相比于传统的蒸汽裂解法，利用 ACO 工艺每生产 1t 乙烯可以节约 90 美元。

ACO 工艺的关键在于催化剂，由 SK 研发中心开发的专用催化剂具有较高的酸性活性，适于生产低碳烯烃和 LPG 产品；具有较高的水热稳定性，适于高温蒸汽。在大田的 SK 研发中心建有中试测试装置，该中试装置具有双提升管，可以单独处理测试循环的混合 C_4、混合 C_5、混合 C_6 非芳烃。

ACO 转化器系统基于炼厂所使用的流化催化裂化(FCC)技术。转化器是一套紧凑型装置，它将提升管、沉降器、汽提段和再生器合并成为一个单独的自支撑装置，仅支撑在混凝土基础上，不需要钢结构支撑。

ACO 装置根据工艺流程分成两大部分：ACO 流化床催化裂解、乙/丙烷裂解炉蒸汽热裂解和烯烃分离回收系统。

ACO 流化床催化裂解系统由原料汽化、预热，反应/再生(反应器)，催化剂处理，空气压缩机，工艺出料和烟气的热量回收组成。乙/丙烷裂解炉蒸汽热裂解由原料汽化预热、裂解和热量回收组成。

ACO 反应系统如图 1.3-5 所示。与 FCC 装置类似，ACO 反应系统包含提升管(反应器)、沉降器、汽提段和再生器。原料和热的催化剂从提升管的底部进入，在提升管内原料被汽化，随着催化剂一起反应上升。在提升管的末端，裂解气和催化剂在沉降器的旋风分离装置中分离。催化剂进入汽提段，通过蒸汽或者氮气将催化剂空隙内的裂解气产物吹出。汽提后的催化剂通过再生器，通入空气，将反应过程中催化剂表面生成的焦炭燃烧，再生的催化剂再通入提升管。其他附属设备单元包括空气供应、烟气处理、热量回收及催化剂储存。反应器塔顶馏出物通常被输送到初级分馏塔。

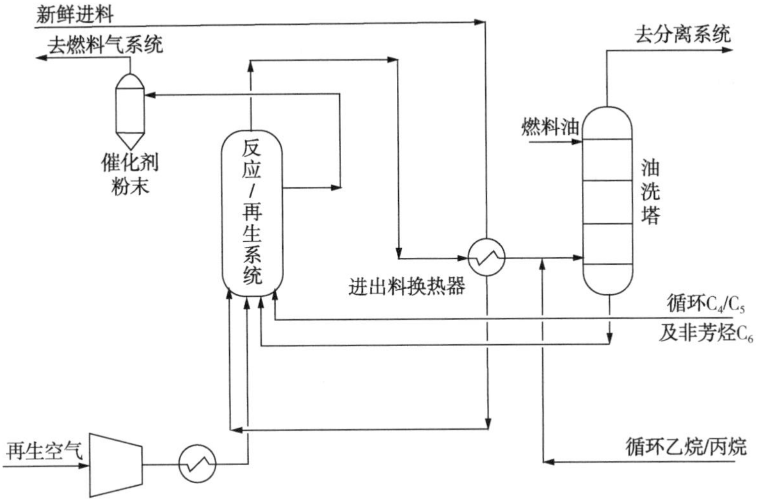

图 1.3-5 ACO 反应系统

烯烃分离回收系统由急冷系统、工艺气压缩及杂质处理系统、前脱丙烷系统、脱甲烷及冷分离系统、C_2 分离及乙烯制冷系统、C_3 分离及丙烯制冷系统、重烃分离系统等构成。

ACO 装置技术特点如下：

1）流化床催化裂解

① 双提升管反应，原料适应性广，可裂解直馏轻质石脑油、全馏分石脑油、FCC 裂化石脑油原料以及循环催化裂解的混合 C_4、混合 C_5、C_6 非芳烃。

② 低碳烯烃(乙烯+丙烯)产率高，可达约 65%；产物中丙烯/乙烯比高，最高可达 1.2。

③ 裂解温度 600~700℃，反应条件温和。

④ 裂解汽油中芳烃含量高。

⑤ C_4、C_5 循环裂解，没有混合 C_4 和混合 C_5 产品。

2）急冷油系统

设置催化剂回收措施。

3）分离技术

① 采用前脱丙烷前加氢流程。

裂解气压缩采用三段，加氢脱除杂质氧气、氮氧化物及乙炔设置在二段后，并且采用先脱硫、加氢再脱除酸性气体的流程；深冷系统采用后冷脱甲烷流程，并采用 PSA 制氢。

② 乙烯塔采用开式热泵流程，并和乙烯制冷压缩机系统组合。

③ 丙烯塔采用开式热泵流程，并和丙烯制冷压缩机系统组合。

(2) 流程简述及工艺流程简图

ACO 装置采用“两头”即直馏轻质石脑油、全馏分石脑油、FCC 裂化石脑油原料通过流化床催化裂解，乙/丙烷原料通过蒸汽热裂解；“一尾”即共用一套分离回收系统生产聚合级丙烯、乙烯等产品。ACO 工艺流程如图 1.3-6 所示。

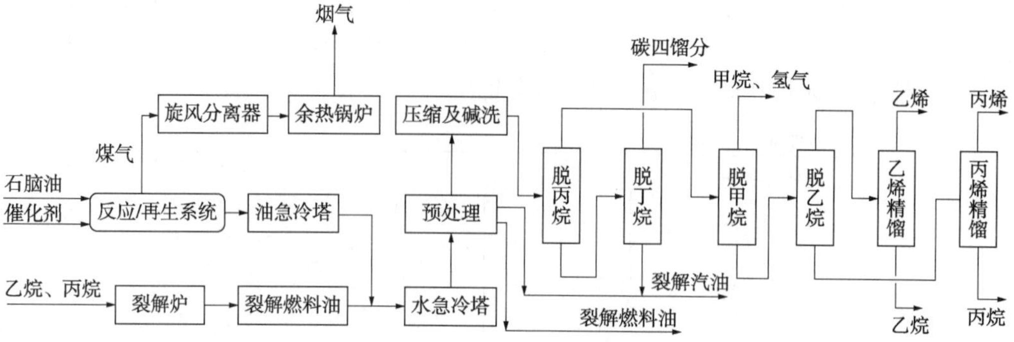

图 1.3-6　ACO 工艺流程示意图

(3) 工业化业绩

KBR 公司和 SK 综合化学公司 2008 年 9 月至 2010 年 10 月在 SK 蔚山联合 2# FCC 工厂，建设了世界上第一套 ACO 工业示范装置，如图 1.3-7 所示。处理能力为石脑油进料 67kt/a (8t/h)，可生产烯烃(乙烯+丙烯)40kt/a，装置于 2010 年 10 月 8 日投入运行。由于没有配置相应的分离回收系统，其裂解产物并入 2# FCC 装置，与 FCC 反应气一并后续处理。装置运行稳定，运行数据与中试结果吻合良好，于 2011 年 3 月 16 日完成所有试验内容后停车。

图 1.3-7　ACO 工业示范装置

ACO 示范装置完成了直馏轻质石脑油、全馏分石脑油、FCC 裂化石脑油等三种原料的测试，试验结果表明，烯烃含量高的 FCC 裂化石脑油(烯烃含量 52%)比直馏轻质石脑油和全馏分石脑油有更高的丙烯收率，单程丙烯/乙烯比达到约 1.7，转化率达到 77.5%，但是(乙烯+丙烯)双烯收率比直馏轻质石脑油和全馏分石脑油略低。

6. OCC 工艺

烯烃催化裂解(OCC)是利用催化剂，把 C_4 及 C_4 以上烯烃高选择性地转化为丙烯和乙烯的过程，该工艺具有丙烯和乙烯选择性高、烷烃选择性和结焦率低的特点。烯烃裂解技术可为建设化工型炼厂、油品升级提供技术支撑，通过与 MTO 技术集成，显著提升煤制烯烃产业的竞争力。烯烃催化裂解技术已成为连接石油、煤炭资源与丙烯、乙烯产品的重要桥梁。

OCC 工艺由中国石化开发，可以把来自 FCC、蒸汽裂解或 MTO 装置的副产低值烯烃，高选择性地转化为附加值较高的丙烯和乙烯。简化的 OCC 工艺流程如图 1.3-8 所示。

烯烃新鲜原料与循环物料混合后加热至反应温度，进入反应器发生反应，反应产物经冷却、压缩送至精馏塔分离单元，最终获得目的产物。OCC 工艺采用中国石化上海石油化

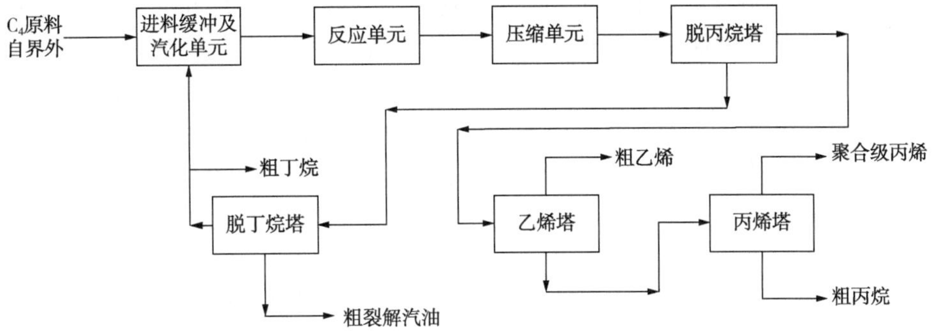

图 1.3-8 OCC 工艺流程示意图

工研究院开发的全结晶 ZSM-5 分子筛催化剂，使用绝热固定床反应器，在反应温度为 500~600℃，质量空速为 $10\sim30h^{-1}$ 的条件下反应。2009 年，采用 OCC 成套技术在中原石化建成 60kt/a 烯烃催化裂解装置，首次实现工业转化，该装置使用 OCC-100 催化剂。随后在内蒙古和安徽分别建成 200kt/a 和 100kt/a OCC 工业装置，通过与 MTO 装置集成，OCC 装置把 MTO 副产的 C_4 及 C_4 以上的烯烃转化为丙烯和乙烯，显著提升了 MTO 装置的双烯收率。

近年来，中国石化开发成功第二代高收率 OCC 技术，双烯收率显著提高。一是研发了 OCC-200 催化剂，该催化剂经过精准的酸性调控，双烯选择性显著提高；二是创新了反应工艺，进一步提高了选择性；三是集成了选择性加氢技术，将烯烃原料中的二烯烃转化为单烯烃，提高了原料的适应性。2020 年 10 月，采用第二代 OCC 技术在山东建成 90kt/a OCC 装置。此后，第二代 OCC 技术成套技术实现了多套技术许可。第二代 OCC 技术具有如下特点：一是产物收率高，双烯收率可达 80%以上；二是反应空速高，由于采用了独特的全结晶分子筛催化剂技术，反应空速是同类技术的 1.5 倍，大大缩小了反应器的体积和催化剂的用量；三是原料适应性强，MTO 装置的副产 C_4 及 C_4 以上烯烃都可以作为 OCC 的原料，实现了 MTO 副产重烃的高效利用；四是环保性能突出，反应过程中无须添加含硫的钝化剂，不会产生含硫的废气，也没有废水产生。

关于 OCC 技术将在以下方面开展更深入的工作：在催化剂方面，深入研究催化剂上烯烃裂解机理，阐明烯烃裂解反应-传递过程的构效关系，不断提高丙烯、乙烯的选择性。在原料多元化方面，开发低浓度烯烃原料的利用技术，为炼厂增产化工产品、转型升级提供技术支撑。在工程技术方面，要强化烯烃催化裂解大型化技术的开发，适应石化行业装置大型化发展的需要。展望未来，烯烃催化裂解技术必将在煤化工、石油化工、炼厂得到更广泛的应用，为建设化工型炼厂、为石化企业的降耗节能发挥更大的作用。

7. 其他

随着国民经济的快速发展，丙烯的需求不断增加，丙烯已成为全球需求增长最快的化学工业基础原料，我国每年以 7%的速度在增加，虽然每年在建新装置，但还是满足不了需求。另外，随着乙烯工业、炼油工业和煤化工的快速发展，其联产的 $C_4\sim C_8$ 烯烃产量不断增加，将 $C_4\sim C_8$ 烯烃转化为高附加值丙烯，不仅解决了企业 $C_4\sim C_8$ 烯烃的过剩问题，而且还增加了丙烯产量，企业利润大幅增加。北京化工研究院将烷烃、烯烃萃取分离、催化裂解、吸收稳定和气分等单元集成创新，开发出 $C_4\sim C_8$ 烯烃制丙烯和稳定轻烃成套技术，实现了 $C_4\sim C_8$ 烯烃的高附加值利用。在催化裂解单元，采用了自主开发的烯烃裂解催化剂 BOC-1。

BOC 工艺具有以下特点：①利用沸石分子筛与氧化物之间的协同催化效应，开发出烯烃裂解双功能催化剂。该催化剂在 $C_4\sim C_8$ 烯烃裂解制丙烯反应中低温活性好、抗杂质能力强、丙烯选择性高；②建成 100kt/a 烯烃制丙烯工业装置，并将烷烃烯烃萃取分离、催化裂解、吸收稳定和气分等单元集成创新，开发出独特的 $C_4\sim C_8$ 烯烃制丙烯技术，生产出聚合级丙烯和稳定轻烃，使 $C_4\sim C_8$ 烯烃综合利用率达到 95%以上。③该技术经济效益及社会效益显著，一套 100kt/a 烯烃制丙烯装置近三年新增利润超过 5200 万元。

$C_4\sim C_8$ 烯烃通过催化裂解的方法转化为丙烯，新型催化剂的研发是技术关键。通过对裂解催化反应的深入了解和研究，采用催化剂设计方法，利用沸石分子筛表面酸性中心与特殊氧化物分子之间的相互作用，改变沸石分子筛表面电子分布，设计出新型烯烃裂解催化剂的结构和组成。采用具有独特形貌和特殊结构的沸石分子筛与特定氧化物作为催化剂的主要组分，研发出具有自主知识产权的独特配方，依靠催化剂制备技术的创新，最终开发出用于烯烃裂解的新型双功能催化剂。

2004 年完成了 C_4 烯烃催化裂解制丙烯小试研究，2010 年完成工业侧线试验。在小试和侧线试验的基础上，进行催化剂逐步放大制备工作，放大到每批次 100kg，制备出 2t BOC-1 催化剂。对规模生产的烯烃裂解催化剂进行分析、表征并在固定床小试装置上进行评价，分析、评价结果表明：自主研发的新型双功能催化剂在 $C_4\sim C_8$ 烯烃裂解制丙烯反应中低温活性好、抗杂质能力强、丙烯选择性高。

在此基础上，开发出 $C_4\sim C_8$ 烯烃催化裂解制丙烯成套技术，实现了 $C_4\sim C_8$ 烯烃的高附加值利用。2012 年建成 100kt/a 混合 C_4 裂解制丙烯装置，考察催化剂运行情况、丙烯单程收率、聚合级丙烯收率、C_4 烯烃转化率和 C_4 烯烃综合利用率，开展烯烃裂解催化剂的应用研究。

炼厂 $C_4\sim C_8$ 烯烃综合利用工艺技术分为四部分：第一部分是炼厂 C_4 进入烷烃烯烃分离装置，采用萃取工艺，分离出 C_4 烷烃；第二部分 C_4 烯烃进入催化裂解反应装置，将 C_4 烯烃转化为丙烯、轻烃等产物；第三部分裂解反应产物进入吸收稳定装置，分出干气、轻烃和含丙烯的液化气；第四部分利用气体分离装置，得到聚合级丙烯和液化气，液化气再进入烷烃烯烃分离装置，进行循环利用，工艺流程示意如图 1.3-9 所示。

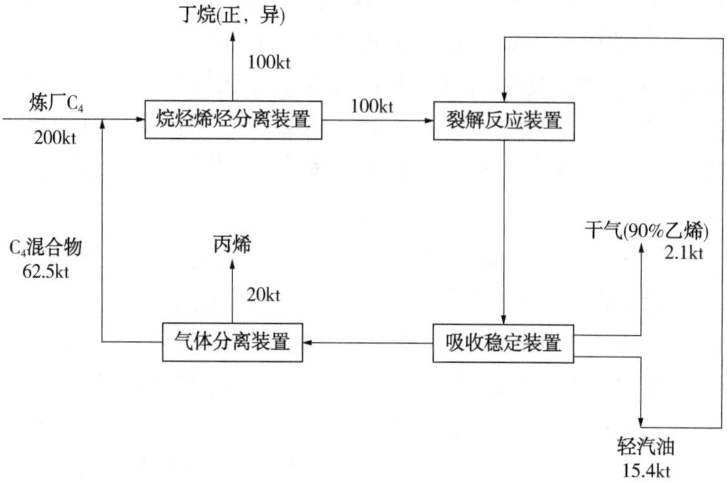

图 1.3-9　$C_4\sim C_8$ 烯烃制丙烯技术工艺流程示意图

三、甲醇制烯烃

1. MTO

(1) 生产技术

MTO(Methanol to Olefins)是甲醇制烯烃的简称，是由甲醇转化制取乙烯和丙烯的工艺技术，采用流化床的连续反应-再生方式，对甲醇进行转化，生产乙烯和丙烯等基本有机化工原料。

典型的 MTO 装置由甲醇转化部分和轻烯烃回收部分组成，其中甲醇转化部分包括：

① 进料汽化和反应-再生单元：包括原料汽化与过热，反应-再生，烟气能量回收和余热锅炉部分。

② 产品分离单元：包括工艺气急冷和分离、产品水汽提处理、氧化物回收等部分。

轻烯烃回收部分包括：

① 工艺气压缩及碱洗单元。

② 冷分离单元。

③ 热分离单元。

④ 丙烯制冷单元。

甲醇制烯烃是一个非常复杂的反应体系，除生成烯烃的主反应外，还存在分解、自催化、加氢、烷烃裂解等副反应。一般认为反应式分为两个过程：先是脱水反应，然后是裂解反应，同时伴随着各种副反应。

其反应基本机理如下：

① 脱水阶段。

$$2CH_3OH \longrightarrow CH_3OCH_3+H_2O+Q$$

② 裂解反应阶段。

该反应过程主要是脱水反应产物二甲醚和少量未转化的原料甲醇进行的催化裂解反应，包括：

a. 主反应(生成烯烃)

$$nCH_3OH \longrightarrow C_nH_{2n}+nH_2O+Q$$

其中，n=2、3 和 4 是主要反应，可以表示为：

$$2CH_3OH \longrightarrow C_2H_4+2H_2O \qquad \Delta H=-11.75kJ/mol(470℃)$$

$$3CH_3OH \longrightarrow C_3H_6+3H_2O \qquad \Delta H=-31.31kJ/mol(470℃)$$

$$4CH_3OH \longrightarrow C_4H_8+4H_2O \qquad \Delta H=-40.21kJ/mol(470℃)$$

以上各种烯烃产品均为气态。

b. 副反应(生成烷烃、芳烃、碳氧化物并结焦)

$$CH_3OH \longrightarrow CO+2H_2$$

$$CH_3OCH_3+2H_2 \longrightarrow 2CH_4+H_2O$$

$$CO+H_2O \longrightarrow CO_2+H_2$$

$$2C_3H_6 \longrightarrow C_2H_4+C_4H_8$$

$$C_4H_8 \longrightarrow 2C_2H_4$$

$$CH_3OH+C_2H_4 \longrightarrow C_3H_6+H_2O$$

$$CH_3OH+C_3H_6 \longrightarrow C_4H_8+H_2O$$

$$C_2H_4+H_2 \longrightarrow C_2H_6$$

$$C_3H_6+H_2 \longrightarrow C_3H_8$$
$$C_4H_8+H_2 \longrightarrow C_4H_{10}$$

以上产物有气态（CO、H_2、H_2O、CO_2、CH_4 等烷烃）和固态（大分子量烃和焦炭）之分。

从反应机理的角度看，整个 MTO 反应过程可分为如下三步：①在分子筛表面生成甲氧基；②生成第一个 C—C 键；③生产 C_3、C_4 及 C_5^+。

甲醇制烯烃技术包括甲醇转化部分和轻烯烃回收部分。目前，甲醇转化部分比较成熟的工艺包括：①中国石化自主开发的 S-MTO 工艺；②环球油品公司开发的 UOP 工艺；③中国科学院大连化学物理研究所开发的 D-MTO 工艺。轻烯烃回收部分比较成熟的工艺包括：①中国石化自主开发的 S-MTO 前脱乙烷工艺；②Lummus 公司的前脱丙烷流程；③KBR 公司的前脱丙烷技术等。

MTO 反应产物中富含乙烯、丙烯的气体通常称为工艺气，工艺气中包含一定量的 C_4、C_5 烯烃类，将此部分烃类进一步转化，可提高目的产品乙烯和丙烯的收率。目前，具有代表性的几种烯烃催化裂解工艺有：①Lurgi 公司的 Propylur 工艺；②UOP 的 OCP 工艺；③中国石化自主开发的 OCC 工艺。

S-MTO 工艺是由上海石油化工研究院（SRIPT）、中国石化工程建设有限公司（SEI）和北京燕山石化分公司三家单位联合开发的技术，2007 年在燕山石化建设了一套 100t/d S-MTO 中试装置。该中试装置在 2007 年 11 月 4 日至 2008 年 6 月 30 日、2010 年 10 月至 12 月期间进行了三个阶段的工业化试验，从试验中得到了完整的工业数据，积累了开工和操作经验，为大型工业化装置设计、建设和运行提供了坚实的基础和有力保障。第三个阶段试用了改进型催化剂，三个阶段的工业化试验标定表明：乙烯+丙烯选择性、甲醇转化率等均优于国内外其他的 MTO 工艺。在中国石化中原石化分公司乙烯原料路线改造项目中，采用了 S-MTO 技术，使用外购产品甲醇作为原料，由 SEI 负责实施，建设一套 600kt/a S-MTO 装置，此项目已于 2011 年 10 月顺利投产，一直正常生产。中天合创能源有限责任公司在内蒙古鄂尔多斯市采用 S-MTO 技术建设二套 1800kt/a 甲醇制烯烃装置，该项目已于 2016 年 10 月顺利投产，一直正常生产。采用 SEI 自行开发的轻烯烃回收技术的江苏斯尔邦石化有限公司 900kt/a MTO 装置（甲醇转化部分采用 UOP 工艺包）已于 2016 年 12 月开车。中安联合煤化有限责任公司在安徽淮南市采用 S-MTO 技术建设一套 1800kt/a 甲醇制烯烃装置，该项目已于 2019 年 7 月顺利投产，一直正常生产。2021 年 2 月，乌兹别克斯坦吉扎克（Jizzakh Petroleum）S-MTO 装置工艺包合同的顺利签署，使 S-MTO 工艺成为中国石化第一个走向海外的成套自有技术。另外，随着中国石化自主开发的 OCC 工艺的顺利商业化，且可兼顾利用 S-MTO 的轻烯烃回收部分的相关分离工艺，使得与 OCC 相结合的 S-MTO 工艺得以进一步升级，提高了该技术的市场竞争力。

（2）工艺流程简介

以中国石化自主开发的 S-MTO 流程为例，配合 OCC 工艺，其工艺流程简图见图 1.3-10，工艺流程简述如下。

1）甲醇转化部分

甲醇转化部分流程简图见图 1.3-11。

甲醇转化部分包括：进料汽化，反应-再生单元和产品分离单元。

产品分离单元包括：工艺气急冷和分离、产品水汽提处理、氧化物回收等部分。

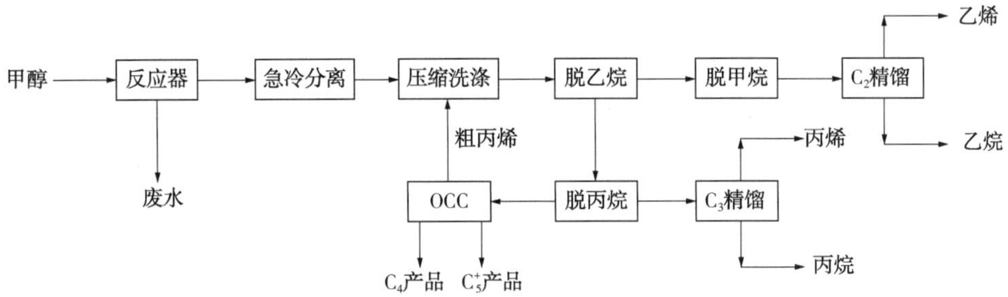

图 1.3-10　S-MTO 装置工艺流程简图

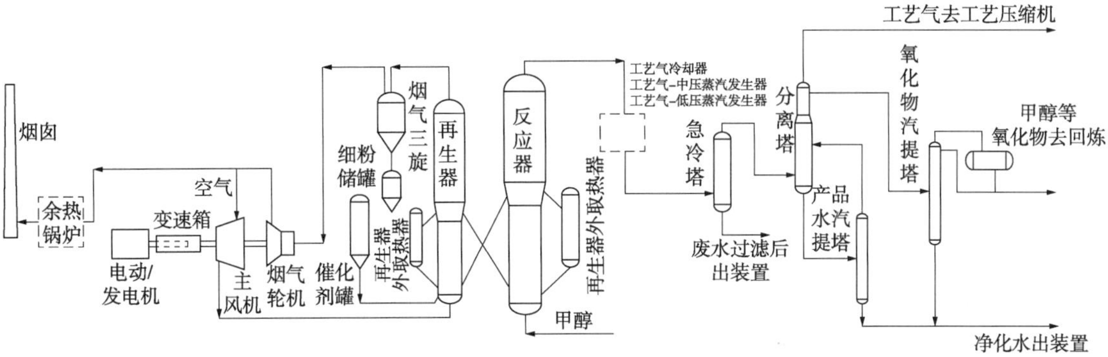

图 1.3-11　甲醇转化部分流程简图

2）轻烯烃回收部分

轻烯烃回收部分包括：工艺气压缩及碱洗单元，冷分离单元，热分离单元，丙烯制冷单元。轻烯烃回收部分流程简图见图 1.3-12。

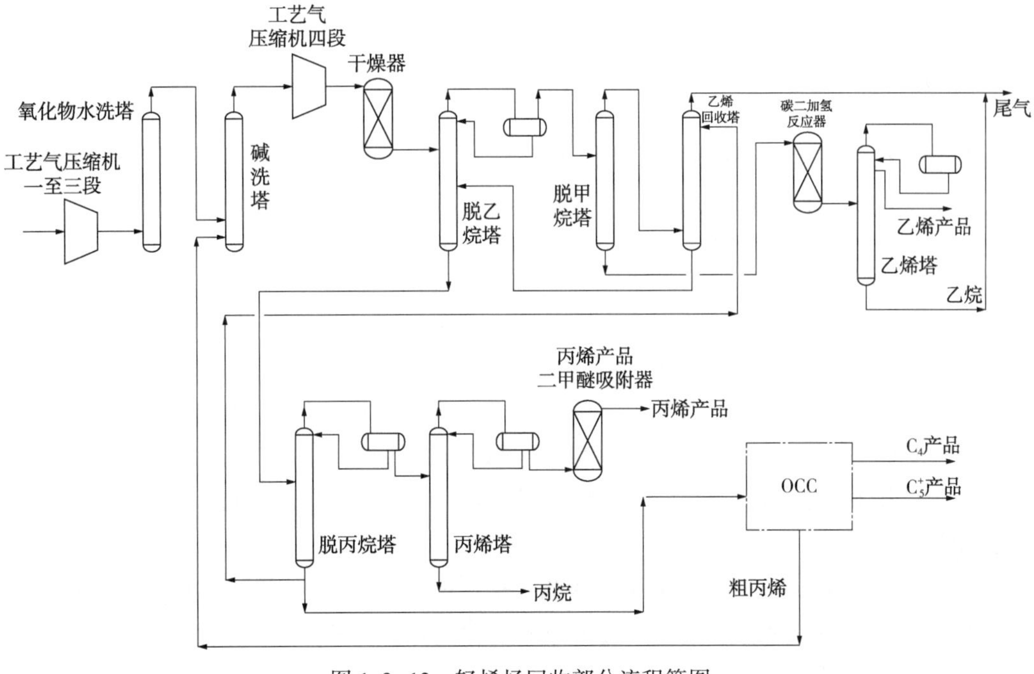

图 1.3-12　轻烯烃回收部分流程简图

3）烯烃催化裂解（OCC）工艺

OCC 工艺装置分为四个单元：第一部分为 C_4^+ 选择加氢单元，第二部分为催化裂解反应/再生单元，第三部分为压缩单元，第四部分为预分离单元。OCC 工艺流程简图见图 1.3-13。

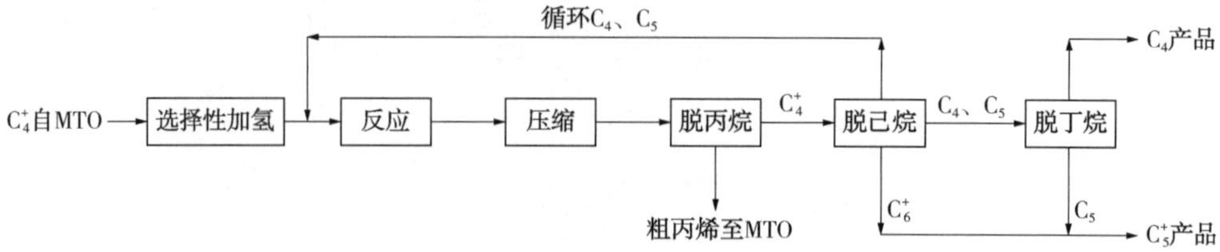

图 1.3-13　OCC 工艺流程简图

（3）经济性及前景展望

相对于其他制乙烯、丙烯工艺路线，MTO 原料大多来源于煤炭，属于煤化工范畴。

MTO 技术的经济性除受装置本身的建设成本、运行费用影响外，原料甲醇与原油价格的相对关系是一个非常重要的影响因素。目前，国内 MTO 装置的原料一般由煤气化、合成得到。因此，原料煤与原油价格的相对变化将显著影响 MTO 技术的经济性。

中国煤化工是碳排放大户，在煤制烯烃过程中，每产出 1t 烯烃，就会排放约 5.8t 二氧化碳（不包含烯烃的下游使用），而乙烷制烯烃与石脑油制烯烃的排放量分别为 0.78t 和 0.93t。即烯烃产量相同的条件下，煤制烯烃是乙烷制烯烃二氧化碳排放量的 9 倍多，是石脑油制烯烃排放量的 7 倍多。自 2014 年后，随着国家对新型煤化工项目的鼓励发展，多套 MTO 装置迅速建成投产。煤制烯烃发展迅速，随着带来的碳排放量亦是逐年增加。

2020 年 9 月 22 日在第七十五届联合国大会上，中国向世界承诺，将力争于 2030 年前达到碳排放峰值，并努力争取 2060 年前实现碳中和。因此，煤制聚烯烃在面对内部产能扩增、外部政策实施的压制下，未来挑战居多。首先，煤制聚烯烃产品低端为主，与炼化一体化装置相比，煤化工装置并不占据优势，煤化工单位产能投资大，产品结构相对单一。目前来看煤制聚烯烃仍是以生产较为低端的通用料为主，对于高端专用料虽然近几年产量有增加趋势，但总体来看占比相对有限，缺乏市场竞争优势。其次，2019 年后国内聚烯烃再度迎来扩能的高峰期，大量的炼化一体化装置投产。大型的炼化一体化大型项目的快速发展使得石油化工与煤化工产品交叉重叠，必然造成更加激烈的市场竞争。再次，为保障以及提高自身盈利水平，目前不少聚烯烃民营企业延伸产业链，同时大家也在积极调整销售模式，向下游高附加值产品延伸，整个市场竞争氛围日益激烈。

为实现 2030 年碳达峰，能耗“双控”、碳交易及绿色金融将成为重要抓手。未来煤制聚烯烃在碳排放方面将受到较大压制。目前为配合碳中和目标的实现，内蒙古等地部分煤化工企业受“双控”影响，装置有所降负荷生产。从较长时间来看，煤制聚丙烯将受到国家环保力度以及碳中和目标的影响，而碳中和前期的碳达峰过程中聚烯烃价格必将面临压制。

2. MTP

甲醇制丙烯（Methanol to Propylene，MTP）技术是通过甲醇在催化作用下进行脱水反应生成丙烯、水和其他烃类，然后经过分离得到聚合级丙烯的技术，是利用天然气和煤生产化工品的关键技术之一。

目前采用的催化剂均为分子筛类催化剂。甲醇制烯烃催化剂的研究主要集中在沸石催化剂上。早期研究发现，很多微孔分子筛都可以催化甲醇到烯烃的转化，其中大孔分子筛孔道尺寸大，择型效果较差，容易副产异构烷烃和芳香烃，导致低碳烯烃的选择性低，因此，目前甲醇制烯烃催化剂的研究主要集中在中孔和小孔分子筛，以 ZSM-5 和 SAPO 系列分子筛为代表。ZSM-5 分子筛于 1972 年由 Mobil 公司开发成功，它一直是催化甲醇制烯烃最主要的催化剂之一。对催化剂选择性有影响的因素主要是孔径、酸性和催化剂粒径。ZSM-5 催化剂为交叉孔道，孔径一般在 0.5～0.6nm，可抑制大分子如芳烃的生成，提高低碳烯烃选择性。研究表明，随着硅铝比的增加，低碳烯烃的收率也相应增加。这表明 ZSM-5 的酸量过高，较低的酸密度有利于低碳烯烃的形成，当 ZSM-5 的硅铝比达到 360 时，丙烯的选择性可以高达 51.5%（460℃，甲醇：水=1：5 进料，质量空速 $0.75h^{-1}$）。Prinz 和 Riekert 的研究表明 ZSM-5 的粒径越小，反应的烯烃选择性越高，因此，人们致力于合成更小粒径的纳米级分子筛，纳米级 ZSM-5 的反应活性和丙烯选择性都高于传统的微米级分子筛。ZSM-5 经过改性后，性能进一步提高。ZSM-5 催化剂的改进主要集中在通过各种方法来降低 ZSM-5 的酸强度和修饰分子筛的孔道。主要的改性方法有水热处理，引入磷和碱土金属等碱性物质修饰酸性，以及对分子筛孔道进行修饰等。

（1）反应机理

反应机理研究方面所提出的理论很多，获得广泛认知的有下列 5 种。

1）氧鎓内鎓盐机理

氧鎓内鎓盐机理是颇受关注的理论之一，Van den Berg 等认为二甲醚与固体催化剂 Bronsted 酸性中心作用生成二甲基氧鎓离子，进一步与另一个二甲醚反应生成三甲基氧鎓离子，三甲基氧鎓离子接着在碱性位脱掉质子形成表面相连的二甲基氧鎓甲基内鎓盐。下一步通过分子结构上的 Stevens 重排生成二甲醚或通过分子间的甲基化生成乙基二甲基氧鎓离子，两者都通过 β-消除反应生成烯烃。但也有人认为并不需要 Stevens 重排。

2）碳烯离子机理

该理论认为，在沸石催化剂酸、碱中心的协同作用下，甲醇经 α-消除反应脱水得到碳烯（CH_2），然后通过碳烯聚合反应或者是碳烯插入甲醇或二甲醚分子中。可由下式表示：

$$[Zeo\text{-}O_4^- \leftarrow H—CH_2—OH \rightarrow H—O—Zeo] \rightarrow H_2O+\text{：}CH_2$$

Salvador 和 Kladnig 认为碳烯是通过由最初的甲醇化学吸附在沸石上生成的表面甲氧基的分解反应得到的。

3）正碳离子机理

该机理由 Ono 和 Mori 提出，还没有得到实验验证。他们认为，表面甲氧基和自由甲基阳离子的作用相同，都可以插入二甲基醚的 C—H 键形成 5 价的正碳离子过渡态，继续转移掉一个质子完成反应。Smith 和 Futrell 做了相关的研究，将甲基正碳离子与甲醇反应，氢化形成甲烷和 CH_2OH^+ 为主要反应（85%～90%），甲基阳离子向甲醇的质子转移偶尔发生（7%），并未发现 C_2 物质。

4）自由基机理

由 Zatorski 和 Krzyzanowski 提出，但并未给出实验上的证明。

5）碳池机理

该理论认为，甲醇制烯烃反应过程可以分为三步：第一步是在分子筛表面生成甲氧基；

第二步是生成第一个 C—C 键；第三步是生成 C_3 及 C_4。

(2) 反应器类型

反应器类型分为固定床反应器和流化床反应器。在国内实现工业应用的技术有鲁奇 MTP 技术和清华大学的 FMTP 技术。

1) 鲁奇 MTP 技术

德国鲁奇(Lurgi)公司开发的 MTP 技术采用绝热固定床反应器、德国南方化学 ZSM-5 催化剂。其反应分两步进行，原料甲醇首先在预反应器中转化为二甲醚(DME)，然后再进入主反应器进行脱水。

主要反应如下：

预反应，甲醇转化为二甲醚：$2CH_3OH \longrightarrow CH_3OCH_3+H_2O+Q$

主反应，二甲醚转化为烯烃：$nCH_3OCH_3 \longrightarrow 2C_nH_{2n}+nH_2O+Q$

预反应温度：275℃

预反应压力：1.6MPa(G)

反应温度：400~500℃

反应压力：0.15MPa(G)

因为主反应的放热量大，考虑到尽量缓和反应器中的温升，反应器采用多股进料方式(见图 1.3-14)。反应器内的催化剂采用多层水平布置，每层厚度 500~1000mm，新鲜物料自催化剂层间进入，与反应物料混合后进入下层催化剂床层，新鲜进料起到淬冷剂的作用，可确保反应器床层温升控制在合理范围内。固定床反应器存在定期再生问题，所以必须配置备用反应器。鲁奇 MTP 技术回收分离部分采用鲁奇公司开发的前脱丙烷技术，工艺流程较为复杂。

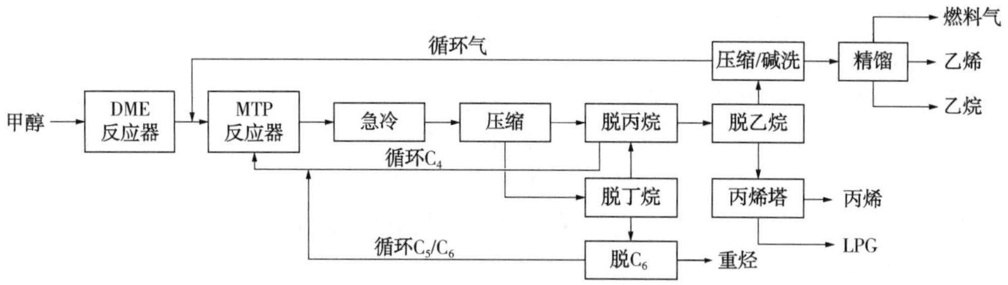

图 1.3-14 MTP 流程示意图

MTP 装置主要包括以下部分：

① 反应系统；

② 压缩系统；

③ 分离系统；

④ 制冷系统。

附属设施包括：

① 给排水系统；

② 消防和消防水分配系统；

③ 供电系统(含配电间)；

④ 蒸汽和凝结水系统；

⑤ 仪表空气和装置空气系统；

⑥ 氮气系统；

⑦ 化学品注入系统；

⑧ 放火炬系统(指装置界区内的火炬管网及放火炬分液罐)。

采用德国鲁奇技术在我国建设有两套相同规模的装置：神华宁煤 500kt/a MTP 装置于 2010 年 10 月开车，设计生产能力为 20kt/a 乙烯、474kt/a 丙烯。大唐多伦煤化工公司 MTP 装置于 2007 年 8 月开工建设，2011 年开车。

2）清华大学 FMTP 技术

流化床甲醇制烯烃(FMTP)技术由中国化学工程集团公司、清华大学和淮化集团联合开发，三方在安徽淮南建设甲醇处理量 30kt/a 的 FMTP 中试装置，于 2008 年底建成。截至 2009 年 8 月，该装置已完成 11t 催化剂生产任务，进行了二次流态化试车，全面打通了系统工艺流程。

FMTP 技术包括甲醇转化反应器(MCR)和烯烃转化反应器(EBTP)，如图 1.3-15 所示，采用 SAPO-18/34 分子筛催化剂和流化床反应器，与 MTO 工艺一样。但是通过把生成物中的丙烯分离出去，使 C_2 组分和 C_4 以上组分进入一个独立的烯烃转化反应器，进而转化成丙烯。

该技术可调节丙烯/乙烯比例，从 1.2∶1 到 1∶0(全丙烯产出)均可实现。利用该技术生产以丙烯为目标产物的烯烃产品，丙烯总收率可达 77%，原料甲醇消耗为 3t/t 丙烯。利用该技术生产以丙烯为主的烯烃产品，双烯(乙烯+丙烯)总收率可达 88%，原料甲醇消耗为 2.62t/t 双烯。

FMTP 技术主要特点：

① 采用 SAPO-18/34 交生相混晶分子筛使反应的低碳烯烃收率提高，为提高丙烯的总收率创造了条件；

② 丙烯、乙烯生产量可调节范围大，乙烯/丙烯比可在 0.02~0.85 范围内调节；

③ 可以使用粗甲醇、二甲醚等多种进料，有利于降低成本；

④ 减少了高碳烃的副产物，为通过低碳烷烃的转化进一步提高丙烯收率创造了条件；

⑤ 采用流化床反应器，使装置易于放大。

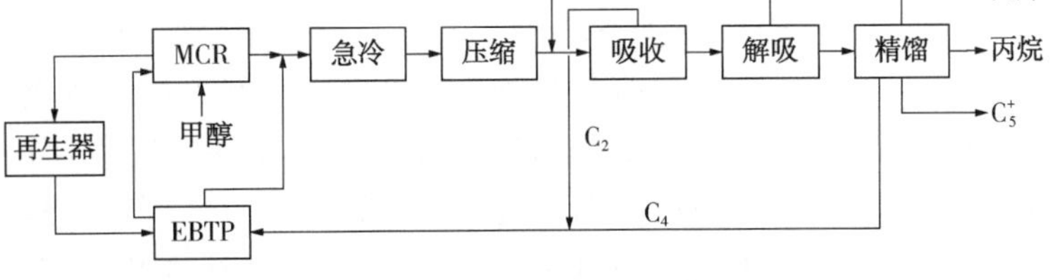

图 1.3-15　FMTP 流程示意图

2021 年 12 月 31 日，中国华能华亭煤业公司年产 200kt 的聚丙烯 FMTP 科技示范项目投料一次成功(图 1.3-16)。

图 1.3-16　FMTP 工业装置

四、乙醇脱水制乙烯

在特定的反应温度和条件下，乙醇可以通过脱水反应制备得到乙烯。而乙醇催化脱水制乙烯也是最早被应用到工业生产中的催化反应过程之一。

氧化铝是一种常见的乙醇脱水制乙烯的催化剂，也常常被用在大部分的工业反应器当中。95%的乙醇经过加热汽化进入反应器中，在 300~500℃，0.1~0.2MPa 的条件下，乙烯的转化率常常能够达到 94%~99%。目前由乙醇制乙烯的研究工作已经相对成熟，用于该反应的催化剂主要包括磷酸催化剂、氧化物催化剂、分子筛催化剂以及杂多酸催化剂。

早在 20 世纪 30 年代，磷酸催化剂就已经在工业界被用来进行乙醇脱水制乙烯的试验了。该方法制备的乙烯具有很高的纯净度，但是这种催化剂却因为积炭而很容易失活，于是在 1950 年左右，就退出了历史舞台。

在此期间，亚洲和南美开办了许多乙醇脱水制乙烯的工厂，大多采用黏土或者活性氧化铝作为催化剂。其中尤以氧化铝作为催化剂的工艺最为常见。这种催化剂相对来讲抗积炭性能更强，但是生成乙烯的纯净度则相对较低。1960 年，Lummus 在印度开办了一间乙醇脱水制乙烯的工厂，就是采用 γ-Al_2O_3 作为催化剂。该过程的转化率高达 99%，但是乙烯收率却只有 94%。20 世纪 80 年代，Halcon Scientific Design 公司成功地开发了一种混合氧化物催化剂，其主要成分是 Al_2O_3-MgO/SiO_2，这种催化剂也被命名为 Syndol 催化剂，该过程的转化率达到了 97%~99%，并且选择性也达到了 97%，催化剂的单程周期达到了 8~12 个月。后来研究者们也在此基础上开发了 Al_2O_3-Cr_2O_3、Al_2O_3-FeO_x、TiO_2-Al_2O_3 等催化剂。Yu Y X 等开发了 NC1301 球形催化剂，并应用于常州化工厂，其单程转化率可以达到 99.53%~100%，乙烯选择性为 99.57%~100%，催化剂的使用寿命可达 12~18 个月。Li Y 等开发了另外一种活性氧化铝催化剂，能够在乙醇纯度为 50%~100%的范围内使用，乙醇转化率分别可以达到 88%~98%，选择性也都在 98%以上。

虽然活性氧化铝的转化率、选择性和稳定性都已经足够好了，但是对原料的纯度要求依然比较高，而且也需要比较高的温度和较低的空速，因此带来了相对较高的能耗。

自从20世纪80年代开始，研究者就开始将分子筛应用于乙醇脱水制乙烯的反应之中，常见的分子筛包括ZSM-5、SAPO等。Le Van Mao等将HZSM-5分子筛催化剂直接和生物乙醇的发酵过程耦合起来，一步得到乙烯。这种方法也被称为B. E. T. E过程(Bioethanol-to-Ethylene)。在乙醇浓度只有15%的情况下，于400℃条件下参与反应，乙醇的转化率达到了96%，乙烯的选择性则只有49%。Pan L V等在H-ZSM5基础上开发了NKC-03A催化剂，他们采用工业乙醇作为反应原料，在反应温度只有260℃的条件下，乙醇转化率达到了98%，乙烯选择性也达到了98%~99%。Ouyang等采用La修饰了ZSM-5分子筛，并进行了长达950h的寿命试验，在这期间乙醇的转化率和选择性都高于98%。并且该催化剂还可以再生。Ramesh等通过浸渍法用P修饰了HZSM-5分子筛，经过这种方法处理后的分子筛可以在350℃的条件下以10%的乙醇为原料，将乙烯的选择性维持在98%以上。研究表明其可能的原因在于P降低了ZSM-5的酸性。

Wang等将SAPO-34分子筛应用于乙醇脱水制乙烯的研究中，研究者发现当反应温度达到260℃时乙醇的转化率可以达到90%，乙烯的选择性则为99%。Zhou T等用99.7%的乙醇作为反应物，用SAPO-11/HZSM-5混合催化剂进行反应，在240℃的条件下，乙醇的转化率达到了99.19%，乙烯的选择性达到了98.77%。当选择性和转化率都达到99%的时候，该催化剂的反应温度比单一的HZSM-5或者SAPO-11低至少60℃。

从过去的研究成果来看，分子筛催化剂的反应活性相对不高，为了得到更好的催化效果往往需要研究者调控分子筛表面的酸性以及孔径大小。经过调控之后的分子筛催化剂能够得到优于氧化铝的催化活性，反应温度也更低。但是催化剂的稳定性还有待提高，再加上相对复杂的制备方法，使其距离工业应用还有一段距离。

Vazquez等制备了磷钼和磷钨杂多酸催化剂，并将其投入96%的乙醇原料当中，在20℃的条件下，反应结果令人满意。经过反应后，催化剂可以通过离心的方法和产物进行分离。经过几个反应循环后，催化剂仍保持着很好的活性。

相对而言，使用杂多酸催化剂时，反应温度较低，但是这种方法的乙醇转化率也相对较低。再加上杂多酸通常需要担载才能使用，在反应过程中存在着活性物种的流失现象，因此仍是一种不太成熟的催化剂反应类型。

五、甲烷制乙烯

甲烷是最简单也是最稳定的一种碳氢化合物，同时它的储量也非常巨大，它在天然气中的比例高达70%~90%。根据BP的《世界能源统计年鉴》，目前世界范围内可开采的天然气资源储量为$1.87\times10^{14}m^3$，其中并未包括由于地质构造复杂而无法开采的储量以及更为巨大的可燃冰水合物的含量。由此可知，随着开发技术的进步，巨量的天然气资源将进一步被释放出来，如何高效利用天然气资源，尤其是在其中占据绝大部分比例的甲烷资源，成为一个不容忽视的命题。尽管甲烷的储量巨大，但目前甲烷的利用方法仍然停留在非常原始的阶段，大约90%的甲烷资源是被用作化石燃料直接燃烧。剩余不到10%的甲烷资源也大多被间接应用，包括将其氧化为CO制成合成气，再做进一步深加工等。

甲烷的选择活化和定向转化是一个世界性难题，被誉为是催化乃至化学领域的“圣杯”，长期以来一直是国内外科学家研究的热点。众所周知，具有四面体对称性的甲烷分子是自然界中最稳定的有机小分子，它的四个碳氢键非常稳定($\Delta H=440kJ/mol$)，因而往往需要非常剧烈的反应条件，例如在高温、超强酸等条件下才能被活化。

早在1980年Benson教授就开发了一种直接在氯气条件下将甲烷转化为乙烯的制备方法。该方法是将甲烷和氯气在1700~2000℃的高温下以极端的接触时间进行反应，首先生成CH_3Cl，然后CH_3Cl在高温下裂解生成乙烯，生成的烃类物质被分离后，剩余的HCl再进入另一反应器与O_2燃烧转化成Cl_2和H_2O，其中Cl_2循环使用。该方法可以将85%的原料甲烷转化成乙烯、乙炔、乙烷以及少量的高级烷烃，在工艺上具有一定的竞争力。但是由于一些技术难点未能形成突破，因此在过去几年里都没能引起大量的关注。

1. 甲烷氧化偶联制乙烯

甲烷氧化偶联(OCM)是指甲烷能够在氧气存在的条件下直接转化为乙烯和水的化学过程。自从1982年Keller和Bhasin发现该反应以来，就引起了各国学者的极大关注。Zavyalova等对超过2700篇文献的结果进行统计整理后发现，只有很少的技术能够在工业级别的转化率下保持较高的选择性，也就是甲烷的转化率超过30%，同时C_2的选择性超过90%。

关于OCM的反应机理，研究者们进行了大量的研究。Lunsford等最早通过EPR光谱发现了大量的甲基自由基和[Li^+O^-]的存在，提出甲基自由基是该反应的中间产物。在此基础上研究者们提出了分为两步的OCM反应机理。首先，甲烷吸附在催化剂表面，脱去一个H原子，后生成甲基自由基。当催化剂表面的甲基自由基的浓度足够高后，甲基自由基偶联生成乙烷分子，最后乙烷脱氢生成乙烯。经过多年的研究，研究者已经筛选出了数千种催化剂，目前常见的具有高活性和选择性的催化剂体系有：碱金属与碱土金属氧化物、稀土金属氧化物、过渡金属复合氧化物等。

一直以来OCM过程存在着以下一些问题，使其反应研究很难突破以达到工业要求的水准：①催化剂在活化甲烷的同时也能活化乙烷，因此导致了碳氧化物的生成，从而降低了选择性；②随着表面活性氧在反应初期被消耗后，气相氧往往会导致副产物的生成；③反应温度很高，因此甲烷在脱氢的过程中也会参与到氧化燃烧副反应中。尽管如此，经过多年的努力，研究者们还是通过多方面的努力在催化机理和工艺设计等方面取得了一定的进步，并在该反应的研究中取得了一定的进展。

碱金属和碱土金属氧化物体系的研究最早始于20世纪60年代，当时人们将NaCl负载于MgO上促进了该反应。后来Lunsford等发现Li/MgO催化剂对OCM反应具有很好的催化效果，认为Li能够在载体表面创造表面缺陷，从而利于O^-的生成，后者被认为是活化甲烷的关键。然而Li/MgO催化剂在反应条件下非常不稳定，Li的流失和催化剂的烧结被认为是催化剂失活的主要原因。为了克服这个问题，研究者提出了加入卤化物的改性方法，例如Burch等通过在反应过程中加入CH_2Cl_2和$CHCl_3$等物质，这样做可以极大地提高C_2的选择性。同时研究者也认为Cl的添加能够有效地提升碱金属在催化剂表面的分散性。这一类催化剂的C_2选择性在72%~82%，C_2收率则为16%~26%。

虽然在过去Li/MgO这种由碱金属掺杂的碱土金属氧化物被认为具有很高的应用潜力，但由于其具有不稳定性，渐渐失去了人们的重视。取而代之的是多组分协同催化的氧化物体系，例如以Mg、La等具有较强碱性的氧化物为基底，以能促进C_2选择性(Cs、Na、Ba等)和催化剂活性(Mn、W等)的金属为掺杂剂进行反应。例如Na-W-Mn/SiO_2就是一种反应活性最为优异的催化剂，该催化剂能在800~900℃的反应条件下实现20%~30%的甲烷转化率和60%~80%的 C_2 选择性。目前认为Na能促进Mn、W等活性组分向催化剂表面迁移，同时也能抑制甲烷的过度氧化。在该体系中，Na-O-W和Na-O-Mn都被认为是该反应的活性中心。次表层的Mn的含量也与甲烷的转化率和乙烯的选择性直接相关。W主要以 WO_4 的形态存在于催化剂表面，它也被认为与催化剂的选择性和活性直接相关。

由于OCM的反应温度非常高，因此如何降低反应温度也成为近年来OCM反应研究的一项新趋势。Wang等通过向 $Mn_2O_3-Na_2WO_4/SiO_2$ 催化剂中掺杂 TiO_2 的方法，能够在650℃条件下，获得22%的甲烷转化率和62%的 C_2 选择性。研究者认为在反应条件下，催化剂中生成了 $MnTiO_3$ 结构，并触发了 $Mn^{2+}-Mn^{3+}$ 氧化还原循环，促使该催化剂能够在较低温度下活化 O_2，从而能够高效地将甲烷转化为 C_2~C_3 产物。

此外不少研究者还试图通过较弱的氧化剂来参与反应，比如 N_2O 和 S_2 等。但是这种方法还是无法避免生成物的过度氧化。研究者发现采用PdS催化剂，在1050℃的高温条件下，也只有15%的转化率和19%的选择性。同时像S这样的氧化剂还会在反应中生成 H_2S 等环境不友好的反应副产物。

尽管该反应过程已经经过了长期的研究，但是目前世界范围内仍然没有成功的工业应用实例。2014年，美国的Siluria技术公司在得克萨斯州投资建设了试验工厂，成为世界上首个将OCM技术成功工业化的案例。该公司采用生物模板法制备了独特的无机纳米线结构的催化剂。Siluria公司研发的反应器分为两部分，一部分用于将甲烷氧化偶联成乙烯和乙烷，另一部分用于将副产物乙烷裂解成乙烯，裂解反应所需的热量来自氧化偶联反应放出的热量。

2. 甲烷直接催化制乙烯

在临氧条件下，甲烷在热力学上更容易被活化，但是也存在一些问题，例如，一般情况下临氧甲烷活化反应温度也比较高，氧的存在虽然能降低反应的活化能，但仍不可避免地会导致过氧化。因此也有许多研究者将研究重心放在了甲烷无氧转化方向上。由于该过程中全程都没有引入氧物种，因而避免了过度氧化的可能性。

近期Guo等发现了一种在高温下直接将甲烷转化为乙烯的方法。作者将具有高催化活性的单中心低价铁原子通过两个碳原子和一个硅原子镶嵌在氧化硅或碳化硅晶格中，形成高温稳定的催化活性中心。在反应温度1090℃的条件下，甲烷的单程转化率达48.1%，乙烯的选择性为48.4%，所有产物(乙烯、苯和萘)的选择性>99%。并且经过60h的寿命评价，催化剂仍能保持极好的稳定性。与天然气转化的传统路线相比，该研究彻底摒弃了高耗能的合成气制备过程，大大缩短了工艺路线，反应过程本身实现了二氧化碳的零排放，碳原子利用效率达到100%。

Skbodin等则利用管式 $SrCe_{0.7}Zr_{0.2}Eu_{0.1}O_{3-\delta}$ 膜反应器和Fe©SiO_2 催化剂实现了在无氧条件下的甲烷催化转化。由于膜反应器能够更好地将生成的 H_2 除去，因此极大地增加了甲烷的转化率。与此同时 C_2 和芳烃的选择性也没有受到太大的影响。该反应在1030℃的条件下维持60h仍未出现明显的催化剂失活现象，甲烷的转化率仍维持在20%，且 C_2、苯和萘的选择性高达99%。此外该方法还可以通过调节载气的种类来调变产物的分布。例如提高He气的流速就可以增加萘的选择性，如果增加 H_2 的流速则可以增加 C_2 和苯的选择性。

六、由合成气制乙烯

由合成气制乙烯主要可以分为直接和间接两种途径。直接途径是通过费托合成(FTS)的方法由合成气直接制得低碳烯烃，而间接途径则是通过合成气先生成甲醇或者二甲醚，然后再进一步合成低碳烯烃(MTO)。

1. 合成气间接方法制烯烃

甲醇制烯烃技术(MTO)是以天然气或煤为原料转化为合成气，经甲醇制备乙烯、丙烯等低碳烯烃的工艺路线。美国的Mobil公司在20世纪80年代用ZSM-5分子筛作为催化剂，将甲醇合成为汽油(MTG)。后来UOP/Hydro筛选出了SAPO-34分子筛用来进行甲醇转化制C_2~C_4烯烃。虽然UOP的MTO技术能够将90%的甲醇转化为低碳烯烃，但是催化剂很快就会因为积炭而失活。再后来Lurgi公司为了选择性地得到丙烯产品，又在ZSM-5的基础上开发出了甲醇制丙烯(MTP)技术。Lurgi的MTP过程能够得到70%的丙烯收率。刘中民等则通过两步反应，先是用γ-Al_2O_3将甲醇脱水制成二甲醚，然后再用ZSM-5将二甲醚转化为低碳烯烃。这种方法可以100%转化甲醇，得到的低碳烯烃的选择性也达到了85%(其中乙烯24%，丙烯40%)。除此之外，刘中民等还设计了另外一条由合成气直接生成二甲醚，再由二甲醚制烯烃的路线(DMTO)。该路线在热力学上比甲醇路线更有利。该工艺采用了两种催化剂，首先研究者用Cu-Zn/ZSM-5将合成气转化为二甲醚，然后再用金属修饰的SAPO-34分子筛将二甲醚转化为低碳烯烃。这种方法的二甲醚转化率达到100%，低碳烯烃选择性也达到了90%，其中60%为乙烯、20%为丙烯。由中国石化开发的S-MTO工艺的双烯收率为32.7%，产品总收率为40.9%，甲醇转化率为99.93%。

Texco工艺则是通过羧酸酯为中间体来制备低碳烯烃。首先可以通过Ru催化剂制备羧酸酯，然后再将羧酸酯热裂解得到低碳烯烃。这种方法得到的乙烯和丙烯选择性达到了55%。陶氏化学也开发了一种将合成气转化为混合醇的工艺路线，得到C_1~C_5的醇类后再将其脱水便可以得到相应的低碳烯烃。此外还可以通过费托合成制得长链烷烃，然后再将其用传统的蒸汽裂解工艺来制备低碳烯烃。

2. 合成气直接方法制低碳烯烃(FTO)

费托合成(FTS)是一种在催化剂的作用下，将CO和H_2转化为烃类和醇类的化学过程。如果想要经由FTS的方法来制备低碳烯烃，就应该尽量提高低碳烯烃的选择性，压低甲烷的产率并避免CO_2的生成。FTS合成满足ASF分布，因此C_2~C_4的选择性最多也就在40%~50%之间。但是如果提升了低碳烯烃的选择性，也会相应地提高甲烷的产率，这也是长期以来制约FTO工艺发展的一道难题。不过近年来许多研究组通过大量的实验验证，逐渐突破了ASF的限制。Galvis等制备了用Na和S修饰的Fe基催化剂，将C_2~C_4烯烃的选择性提升到了60%。研究者认为S的存在能够有效地限制碳链增长的过程，也有利于屏蔽加氢的活性位，从而有利于低碳烯烃的生成。Cheng等将FeK催化剂担载在氧化还原石墨烯上，在340℃的反应条件下低碳烯烃选择性最高达到68%的，同时烯烷比也达到了11。

虽然在过去人们常常认为Fe是有利于低碳烯烃生成的催化剂，但是近期Zhong等通过

Co 系催化剂的晶面调控，在 250℃的低温条件下实现了最高 61%的低碳烯烃选择性，同时甲烷的选择性低至 5%。研究表明，在反应过程中 Co 催化剂逐渐变成了 Co_2C 物种，其中(101)和(020)两种晶面结构可以抑制甲烷的生成，而(101)晶面有利于烯烃的生成。这一工作颠覆了许多费托合成中的传统认知，比如 ASF 产物分布限制，低碳烯烃合成需要高温以及 Co 催化剂不适用于 FTO 等。

先将合成气转化为甲醇，再经由甲醇脱水得到低碳烯烃的 MTO 过程具有较高的低碳烯烃选择性和转化率，但是其工艺流程相对较长，设备投资大。Jiao 等开发出了一种全新的复合氧化物-分子筛(OX-ZEO)双功能催化过程，其中 OX 用于活化 CO，而 ZEO 则负责将中间体转化为烯烃。研究者将 $ZrCrO_x$ 和 Meso-SAPO-34 两种催化剂耦合在一起，通过调配两种催化剂的比例和位置，使第一步反应得到的 C_1 中间体能够快速完成烯烃化的过程，从而提高了反应效率。在 400℃条件下 CO 的转化率可以达到 17%，低碳烯烃选择性高达 80%，同时甲烷的选择性只有 2%。

七、其他裂解技术

其他技术成熟且经济合理的裂解方法，尚不多见。但这些方法作为一种发展方向是有意义和有前途的，特别是从原料资源和实施途径考虑。

在其他裂解方法中，以原油等重质油为原料进行裂解的技术占有重要地位。为避免依赖于炼油厂或气体加工厂提供原料，一些公司开发出直接裂解原油的工艺。此外，由于工业烧油设备有转向烧煤的趋势，将会省出大量渣油，裂解渣油的技术也已得到开发。

管式裂解炉不适于处理高裂解深度、短停留时间和易结焦的重质原料，因而开发出的大多数原油裂解工艺都基于非管式反应器原理。例如，鲁奇(Lurgi)公司砂子炉裂解工艺，巴斯夫(BASF)焦炭流化床工艺，巴斯夫流化移动床工艺，宇部(Ube)工艺，焦炭热载体裂解工艺(K-K 工艺)，ACR(先进裂解反应器)工艺，道(Dow)工艺，TRC(热再生裂解)工艺，COSMOS(利用熔盐管式反应器)工艺，以及将雾化渣油与耐火方砖接触的 Paccal 工艺。

1. 巴斯夫焦炭流化床裂解

巴斯夫焦炭流化床工艺流程如图 1.3-17 所示。预热蒸汽和氧的混合物从反应器格栅下吹进反应器。在反应器中，焦炭作热载体，把预热的原油和循环重油送入流化床。反应器温度保持在 699~749℃之间，蒸汽与原油质量比为 1∶1，有效流速为 0.7m/s。来自旋风分离器的气体进到急冷器冷却到 299℃。焦炭流化床工艺的裂解收率列于表 1.3-4。

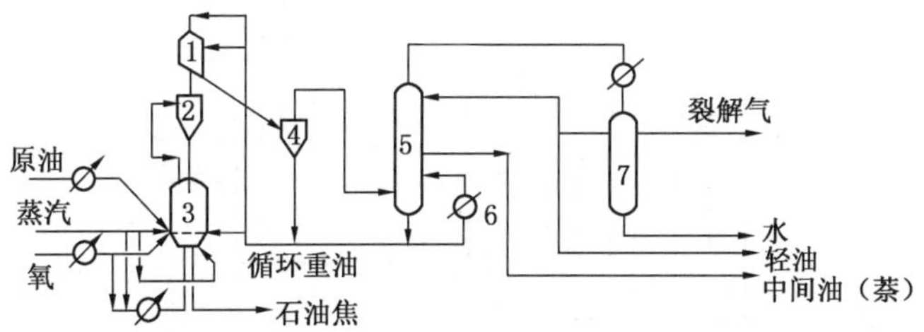

图 1.3-17 巴斯夫焦炭流化床工艺流程

1—急冷器；2—旋风分离器；3—流化床反应器；4—分离器；5、7—分馏塔；6—换热器

表 1.3-4　焦炭流化床工艺的裂解收率

项　　目	米纳斯原油	利比亚原油
裂解温度/℃	727	743
蒸汽/原油质量比	1	1
收率/%(质量)		
C_2H_4	23.0	20.6
C_3H_6	12.5	11.6
$C_4H_8+C_4H_6$	6.0	4.6
C_3H_6	4.5	4.6
裂解轻质油	14.0	16.6

2. 巴斯夫流化移动床工艺

该工艺与巴斯夫焦炭流化床裂解工艺相似，只是多一个再生器。它可以燃烧裂解反应过程中生成的焦炭，反应器消耗的热量来自再生气中燃烧产生的热量。流化移动床工艺上需要空气，其裂解温度高于流化床工艺，乙烯收率较高，中试规模流化移动床工艺的裂解收率列于表 1.3-5。其工艺流程见图 1.3-18。

表 1.3-5　流化移动床工艺的裂解收率

项　　目	米纳斯原油	利比亚原油
裂解温度/℃	760	760
蒸汽/原油质量比	1	1
收率/%(质量)		
C_2H_4	25.0	22.0
C_3H_6	11.2	10.5
$C_4H_8+C_4H_6$	5.3	5.8
C_3H_6	4.3	4.7
裂解轻质油	17.5	22.5

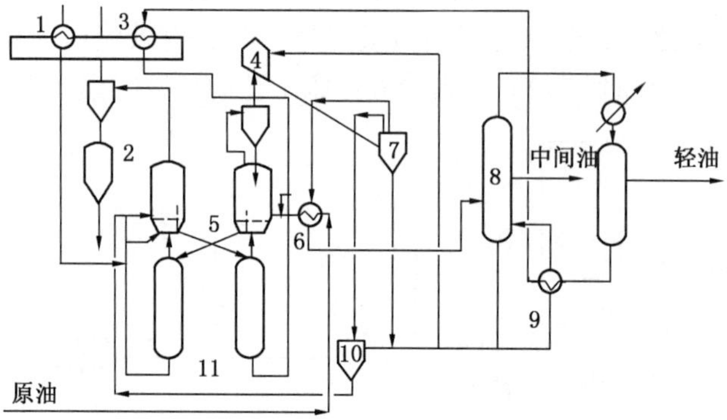

图 1.3-18　巴斯夫流化移动床工艺流程

1—预热器；2—再生器；3—蒸汽过热器；4—急冷器；5—反应器；6—原油预热器；7—分离器；8—塔；9—蒸汽发生器；10—水力旋流器；11—配料器

3. 宇部工艺

宇部工艺流程如图 1.3-19 所示。蒸汽和氧经气体分配器进到床层，无机氧化物颗粒流化床作为热载体。原油在管式炉中加热到 399℃，并送入富铝红柱石颗粒流化床底部。裂解在部分燃烧的条件下进行，裂解温度可以保持在 832~879℃，停留时间为 0.2~0.3s。气体喷射物料的速率为 25~35m/s，床中表面气体速率保持在 6~7m/s，在连续再生系统中脱除颗粒上的焦炭。中试装置宇部工艺的裂解收率列于表 1.3-6。

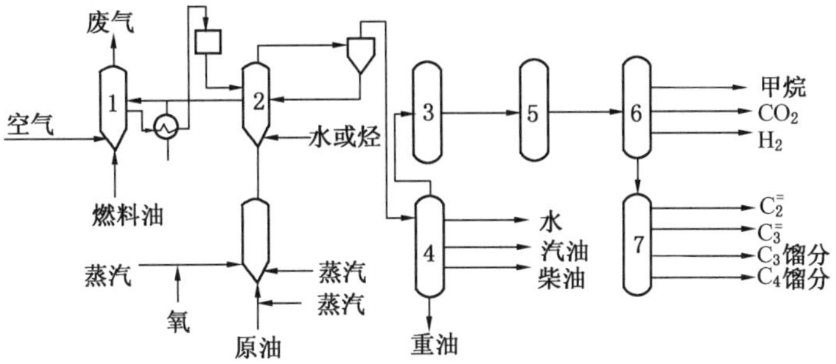

图 1.3-19 宇部工艺流程

1—再生器；2—急冷器；3—脱硫塔；4—蒸馏塔；5—CO_2 和 $C_2^=$ 分离塔；6—脱甲烷塔；7—C_2、C_3、C_4 馏分分离塔

表 1.3-6 宇部工艺的裂解收率

项 目	原 油	项 目	原 油
裂解温度/℃	840	C_3H_6	11.3
停留时间/s	0.2~0.3	C_4 馏分	8.4
收率/%(质量)		裂解汽油	12.2
C_2H_4	28.1	重油	4.4

4. 焦炭热载体工艺(K-K 工艺)

焦炭热载体工艺(K-K 工艺)流程如图 1.3-20 所示。原油在管式炉中加热到 399℃左右，把加热到 999℃左右的焦炭颗粒通入焦炭流化床反应器中，裂解在 749~799℃下进行，生成乙烯。原油中的焦油沉积在焦炭颗粒上，并在加热器中烧掉，生成的渣油用来生成低热值气体，回收热量。焦炭热载体工艺的裂解收率列于表 1.3-7 中。此法对于以原油、油砂和减压渣油作为裂解原料具有灵活性。K-K 工艺的特点如下：

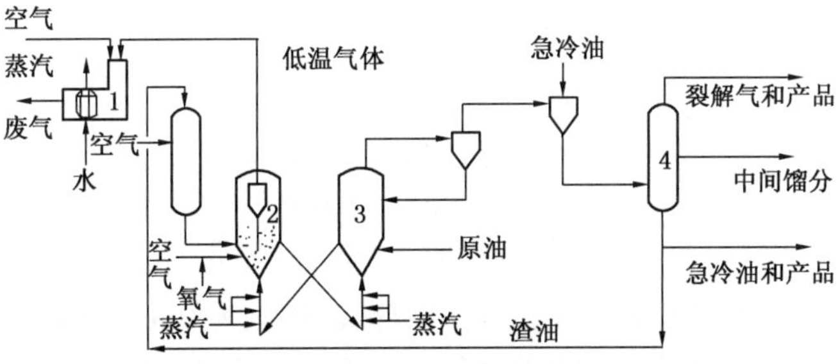

图 1.3-20 焦炭热载体工艺(K-K 工艺)流程

1—发生器；2—加热器；3—反应器；4—蒸馏塔

表 1.3-7 焦炭热载体工艺的裂解收率

项目	阿拉伯轻质油	哈夫杰原油	项目	阿拉伯轻质油	哈夫杰原油
裂解温度/℃	749	743	C_2H_2	0.3	0.3
蒸汽/原油质量比	1.06	1.05	C_3H_8	0.4	0.4
停留时间/s	1.7	2.1	C_3H_6	10.8	9.2
收率/%(质量)			C_4 馏分总量	5.7	4.6
H_2+CH_4	12.3	13.4	C_5~199℃	13.7	11.1
C_2H_6	5.5	3.4	199℃以上	27.1	30.6
C_2H_4	20.9	18.8	焦炭	3.3	8.1

① 可使用减压渣油等劣质油品生产价值较高的烯烃。

② 在原油裂解时，有焦炭生成，使之提供为热载体，并利用剩余的焦炭作为燃料。

③ 裂解产物烯烃收率较高，乙烯收率约为 20%(质量)。

④ 燃烧加热时不需要用氧气，只要空气就可以，裂解炉热效率高。

5. ACR(先进裂解反应器)工艺

ACR 工艺流程如图 1.3-21 所示。ACR 工艺是由联碳公司与吴羽化学工业公司及千代田化学工程公司共同开发的。该工艺的前身是吴羽公司的原油裂解工艺。1970 年在 Nakosa 建成一个 2000bbl/d 原油原料半工业化装置并开工。工艺的关键是温度高、停留时间短、烃分压低，以过热蒸汽为热载体，提供裂解反应所需要的热量。燃烧器烧燃料和氧气，产生 1982℃的热载体。裂解反应在 921~960℃下进行，停留时间为 0.01~0.02s，原料可以是原油或重质石油馏分。反应器与燃烧器相连接是该工艺最关键的环节。为确保反应器的流体动力学满足要求，做过大量的研究工作。冷却反应器出料的 Ozaki 急冷器是专门设计的，以避免结焦。急冷油循环条件控制着沥青的质量，如图 1.3-22 所示。

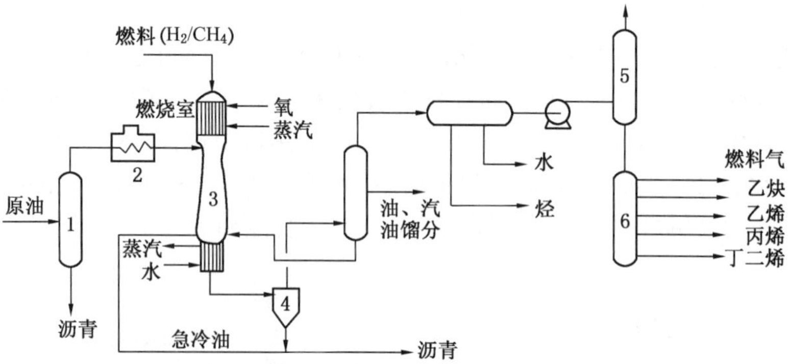

图 1.3-21 ACR 工艺流程

1—脱沥青塔；2—加热器；3—反应器；4—急冷器；
5—酸性气体脱除塔；6—气体分离塔

ACR 工艺的操作条件具有灵活性，可使丙烯/乙烯比为 0.17~0.63，乙炔/乙烯比可由 0.04 调节到 0.13。该工艺中有原油蒸馏系统，有原油生产常压和减压馏分，因而具有裂解纯原油或原油馏分的灵活性。ACR 工艺的裂解收率列于表 1.3-8。其特点如下：

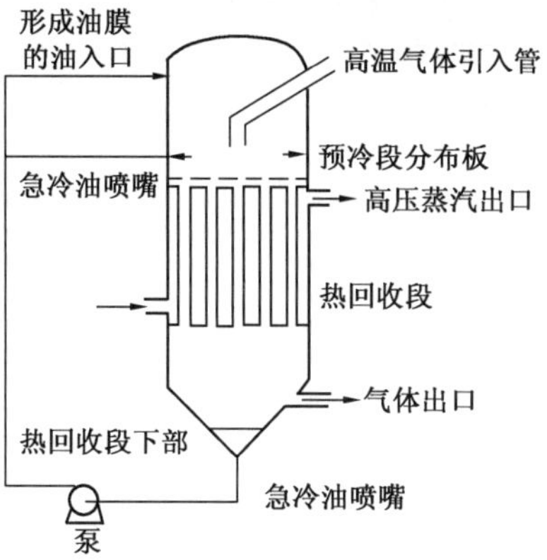

图 1.3-22 Ozaki 急冷器

表 1.3-8 ACR 工艺的裂解收率

项　　目	阿拉伯轻质原油	宾夕法尼亚原油	项目	阿拉伯轻质原油	宾夕法尼亚原油
裂解温度/℃	960	927	C_2H_4	31.8	34.0
停留时间/s	0.015	0.03	C_3H_6	6.1	12.0
收率/%(质量)			C_4H_6	2.3	5.5
CH_4+H_2	11.23	11.3	C_5~221℃	9.6	10.1
C_2H_2	4.2	2.26	221℃以上	24.1	12.0

① 乙烯收率高，有原料灵活性，柴油的裂解收率超过 60%，石脑油裂解收率超过 75%，见表 1.3-9。

表 1.3-9 原料灵活性

项　　目	石脑油	常压柴油	减压柴油	减压柴油	全部馏出油
产品收率 1%(质量)					
C_2H_4	37.5	30.9	27.7	26.4	31.7
C_3H_6	15.8	10.7	10.7	10.5	11.6
C_4H_6	10.2	8.1	7.7	7.4	7.8
裂解汽油	16.8	20.2	10.8	11.4	19.5
苯、甲苯和二甲苯	8.4	9.6	5.7	6.0	9.3
裂解燃料油	5.8	18.4	30.8	32.7	17.9
H_2/CH_4	13.9	11.7	12.1	11.6	11.5
原料来源	阿拉伯轻质油	利比亚原油	Baszah	阿拉伯重质油	阿拉伯轻质油
API 度	66.4	41.0	23.6	21.6	39.4
沸程/℃	C5~149	149~343	343~566	343~566	C_5~566

② 产品的灵活性见表 1.3-10，裂解深度与副产物收率的关系，可从高裂解深度条件下丙烯和其他副产物的下降看出。

表 1.3-10 产品灵活性①

产　　品	裂解深度		
	低	中	高
C_2H_4	26.2	28.5	31.6
C_3H_6	10.7	9.6	6.4
粗 C_4H_6	8.4	8.3	4.5
H_2、CH_4 和燃料气	9.5	11.7	15.5
裂解汽油	15.2	14.4	13.7
苯、甲苯、二甲苯	7.3	6.7	6.9
裂解燃料油	30.0	27.5	28.3

①原料来源于阿拉伯轻质油和得克萨斯原油混合油，API 度为 24.6，沸程为 249~552℃。

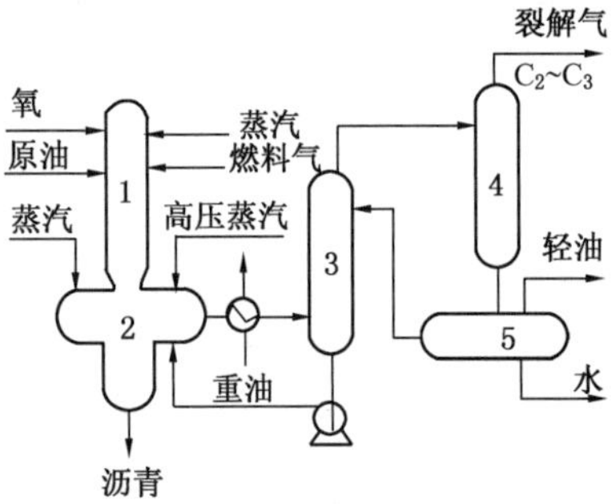

图 1.3-23 道工艺流程

1—反应器；2—急冷锅炉；3—急冷塔；4—汽提塔；5—倾注洗涤器

③ 采用 Ozaki 急冷器，可回收热能，又能得到沥青。

④ 气体分离系统可采用传统的深冷分离技术。

6. 道工艺

道工艺流程如图 1.3-23 所示。该工艺与生产乙炔的部分燃烧工艺类似。原料经预热，并用燃料和氧气燃烧产生的热量裂解。加入非管式反应器的燃料控制温度、停留时间、分压以及产品分布。自身急冷的反应瞬时发生，停留时间约为 0.1s，温度比常规裂解炉极限值高 399℃。反应器内的结焦是通过采用适当的结构、速度和混合方法加以解决的。以 1t/d 的中试装置为基础的道工艺裂解收率列于表 1.3-11。

表 1.3-11 道工艺的裂解收率

项　　目	原　　油	343℃渣油	项　　目	原　　油	343℃渣油
裂解温度/℃	比常规裂解炉极限高 399℃		C_3H_6	8.3	6.9
停留时间/s	0.1	0.1	C_4 馏分	6.6	5.1
收率/%(质量)			C_5 馏分	3.0	1.6
CH_4	14.0	12.4	C_6~C_8	20.2	14.3
C_2H_2	2.3	2.5	C_8^+ 燃料油	15.7	28.5
C_2H_4	25.2	24.4	其他	平衡	平衡
C_2H_6	1.9	1.6			

7. TRC 工艺

TRC 工艺流程如图 1.3-24 所示。该工艺使用减压渣油为原料而不是原油，不过它也可以处理原油。原料裂解所需的热量直接由流动的热的微小颗粒传递，热移动固体上生成的焦炭可以再生。TRC 工艺的停留时间与盘管裂解炉相似，蒸汽与烃之比是 0.2~0.4。固体循环管路与提升管催化流化裂化类似，由一固体加热器、多个反应器和辅助传送线组成，不存在裂解深度、原料变化和副产物循环等限制。

8. COSMOS 工艺

COSMOS 工艺流程如图 1.3-25 所示。该工艺使用熔盐(碳酸锂、碳酸钠和碳酸钾混合物)裂解原油或重油，熔盐在水煤气与焦炭反应中起催化剂的作用。使用常规管式裂解炉，在反应管的内表面上熔盐形成一种湿壁。在较高的混度下，湿壁能防止反应管堵塞。熔盐用加热到 738℃的高速蒸汽切断和雾化，并加进裂解炉；预热过的原料油和雾化蒸汽的混合物注入裂解炉进行裂解。由于湿壁作用，热裂解产生的焦炭和沥青不粘附到裂解炉管的内壁上，通过熔盐的催化作用，炭和沥青经水煤气反应气化。裂解炉出料有裂解气、蒸汽和熔盐，经过急冷器和熔盐分离器分离成气相和液相，液相熔盐循环到裂解护。COSMOS 工艺的裂解收率列于表 1.3-12。

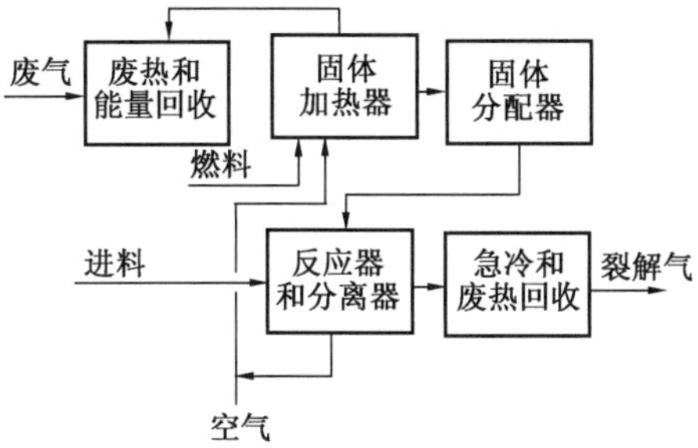

图 1.3-24　TRC 工艺流程

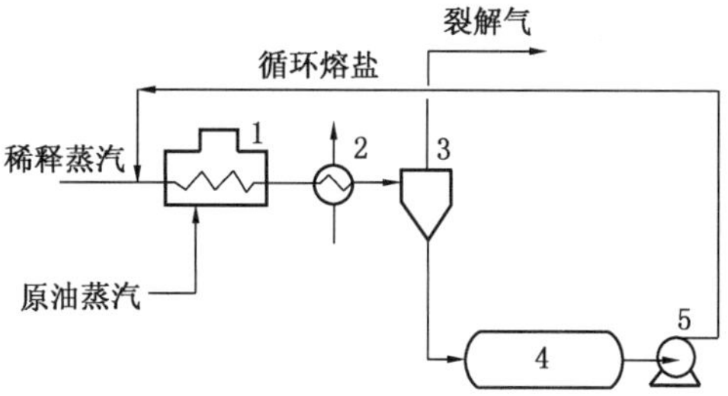

图 1.3-25　COSMOS 工艺流程

1—裂解炉；2—急冷器，3—熔盐分离器；
4—熔盐罐；5—熔盐泵

表 1.3-12　COSMOS 工艺的裂解收率

原　　料	米纳斯原油	大庆原油	原　　料	米纳斯原油	大庆原油
裂解温度/℃	799	799	C_2H_6	2.23	2.21
蒸汽/原油质量比	1.33	1.33	C_3H_6	11.71	11.19
停留时间/s	0.55	0.55	C_4 馏分	6.11	6.65
熔盐/油/%(质量)	2.0	2.0	C_5 以上馏分	9.31	8.09
收率/%(质量)			二氧化碳	11.75	15.30
H_2+CH_4	15.71	14.56	燃料油	25.86	28.39
C_2H_2	0.31	0.30	其他	平衡	平衡
C_2H_4	25.74	25.19			

9. Paccal 工艺

Paccal 工艺在内衬耐火砖的反应器中，反应和再生循环操作，把雾化渣油原料向下喷到热(1199℃以上)耐火方砖叠层床上。每次 4min 的循环包括顺序流动进料、雾化蒸汽、吹扫和再生。裂解收率列于表 1.3-13。Paccal 蓄热炉裂解技术的优点是投资小，乙烯/丙烯比高(约 3.5/1)，能处理廉价的渣油。

表 1.3-13 Paccal 工艺各种渣油的裂解收率

项 目	澳大利亚渣油	印度尼西亚渣油	中东渣油	流化催化裂化循环油
渣油性质				
相对密度	0.88	0.89	0.978	0.92
特性因数 K	12.2	12.3	11.6	11.3
C/H/%(质量)	6.4	6.3	7.7	7.3
产品收率/%				
H_2	1	1	1	1
干燃料气(C_1, C_2, C_3)	22	21	16	18
C_2H_4	21	20	15	16
C_3H_6	7	7	5	5
1,3-C_4H_6	2	2	1	1
C_4H_8	2	2	1	1
C_5~C_6 不饱和物	2	2	2	2
苯	7	7	5	6
甲苯	3	3	2	3
二甲苯	1	1	1	1
芳烃馏出液	11	13	15	18
石油沥青	13	13	22	18
焦炭	8	8	14	10

大多数原油裂解工艺的经济数据报道得极少，只有 ACR 工艺的数据比较完全，其烯经总产率可高达 40%(质量)。采用常规石脑油裂解方法，要得到 450kt 乙烯，必须有 7200kt 原油经过炼厂。但是，原油裂解炉可从 1350kt 原油得到相同数量的乙烯。ACR 工艺相对于常规石脑油工艺的优点是每磅(0.454kg)乙烯便宜 3~4 美分，TRC 工艺的价格优越性与 ACR 工艺类似。

各裂解工艺的对比如表 1.3-14 所示。鲁奇公司的砂子炉，巴斯夫公司的焦炭流化床工艺和最初称为流化反应器技术的流化移动床工艺，在 20 世纪 60 年代初期曾报道过几个工业装置，可是后来没有再建工业化装置。较新的流化床反应器工艺，如宇部工艺，乙烯收率较高，但产生大量废气；焦炭热载体工艺的操作性看来已得到完全的证实，能量平衡也非常好，但乙烯收率低。在所报道的工艺中，ACR 工艺的裂解深度最高，停留时间最短，乙烯收率最高，然而，大量沥青产品的利用可能是一个问题；COSMOS 工艺克服了管式裂解炉的结焦问题，但裂解深度和停留时间仍不如非管式反应器好。总之，原油或渣油裂解工艺的优点有如下几点：

表 1.3-14 裂解工艺比较

项 目	砂子炉	焦炭流化床工艺	流化移动床工艺	宇部工艺	焦炭热载体工艺	ACR 工艺	道工艺	COSMOS 工艺	Paccal 工艺
原料	原油	原油	原油	原油	原油	原油	原油	原油	渣油
裂解温度/℃	754	743	760	840	749	960		799	1000

续表

项 目	砂子炉	焦炭流化床工艺	流化移动床工艺	宇部工艺	焦炭热载体工艺	ACR工艺	道工艺	COSMOS工艺	Paccal工艺
蒸汽/原油质量比		1.0			1.06			1.33	
停留时间/s	0.3~0.4			0.2~0.3	1.7	0.015	0.1	0.55	
乙烯收率/%(质量)	23.1	20.6	25.0	28.1	20.9	31.8	25.2	25.7	20
丙烯/乙烯	0.55	0.56	0.45	0.40	0.52	0.19	0.33	0.45	0.33
乙烷/乙烯						0.13			
燃料油/乙烯	0.96	0.81	0.70	0.16			0.62	1.00	
沥青/乙烯					1.30	0.76			0.65
气体/乙烯									1.10
氧气	无	有	无	有	无	有	有	无	无
反应器	流化床	流化床	流化床	流化床	流化床	部分燃烧火箭座式	部分燃烧火箭座式	管式反应器使用熔盐	衬耐火砖的钢制容器

① 原料灵活性好。

② 产品范围灵活性高。

③ 反应器裂解深度高，停留时间短。

能量和投资费用的优点取决于各工艺，虽然报道 ACR 和 TRC 工艺总生产成本低，但副产品收益和维修费用对其会有长期的影响。原油或渣油裂解工艺需要解决的问题有如下几点：

① 机械可靠性。

② 长时期的操作性。

③ 能量的综合利用。

④ 收率的精确性。

⑤ 副产物的利用(特别是大量沥青、焦油和低热值气体)。

⑥ 投资。

⑦ 未来原油和渣油的价格。

总之，原油或渣油裂解工艺看来是很有吸引力的。然而，在真正的经济性确立之前，操作性能和总能量需求必须经工业装置的运转加以证实。随着从中试装置和示范装置得到的数据增多，原油或渣油裂解工艺的经济性情况会更加清楚。

对乙烷氧化脱氢制乙烯工艺也进行了研究，美国联合碳化物公司开发了一种新的乙烷氧化脱氢制乙烯工艺，使用含钼或其他金属催化剂，在 300~400℃ 和 0.1~4MPa 下进行气相氧化脱氢反应。该工艺过程简单，反应温度低于蒸汽热裂解方法，尚在进一步开发。

10. 激波裂解技术

激波反应器是一种比较理想的快速反应器，尤其适用于烃类裂解高温、短停留的场景。首先，激波反应器因其特殊的机构型式，利用激波损失现象，可在几微秒内完成气体的均匀加热；其次，针对激波管式反应器，加热气体不必考虑加热壁面的耐受温度，加热气体的温度上限高，高温反应产物温度降低快，有效减少副反应。

激波反应器根据其结构型式不同，分为管式反应器和旋转反应器。管式反应器利用激波损失现象使原料气瞬时升温，原料气直接在管内进行裂解反应。1994 年，Hertzberg 等通过建立连续的驻定波冲击波来启动原料的热裂解，驻定激波连续不动，方便持续生产烯烃。该反应器实现了将 70%的乙烷转化为乙烯，同时供应 5~7 倍于烃质量的蒸汽。2005 年，Duyvesteyn 等设计了带喷嘴的激波反应器用于裂解重质原料，通过拉法尔超音速喷嘴及特殊通道将蒸汽加速到超音速，进入反应室撞击原料气体产生激波裂解获得产品。2011 年，Salazarguillen 等设计了竖直的激波反应器，使用超音速喷嘴喷出氢气流撞击重烃，获得裂解产品。国内这项研究是由钱学森先生提出的，俞鸿儒等建立了反向射流混合加热裂解反应器，利用激波产生的热量加热蒸汽进行裂解反应。

旋转反应器通过使用特别的结构设计方法，使用激波增压的方式提高超音速压气机压比。S. Wiemann 等论证了在火花点火和均质充量压缩点火发动机中由甲烷产生合成气的一般可行性。Coolbrook 公司设计了新型的激波压缩机式反应器，利用转子高速旋转将物料加速至超音速，利用固定叶片使流体速度迅速下降，产生激波，通过激波损失现象，实现物流内供热，使其达到反应温度，发生裂解反应。以石脑油为原料时，较传统裂解炉，收率和选择性均有提高。

参 考 文 献

[1] 王松汉，何细藕．乙烯工艺与技术[M]．北京：中国石化出版社，2000.
[2] 王松汉．乙烯装置技术与运行[M]．北京：中国石化出版社，2009.
[3] 张来勇．大型乙烯成套技术[M]．北京：石油工业出版社，2022.
[4] 王强．我国乙烯工业发展历程漫谈[J]．乙烯工业，2008，20(1)：60-64.
[5] 何细藕．烃类蒸汽裂解制乙烯技术发展回顾[J]．乙烯工业，2008，20(2)：59-64.
[6] 曾森洋，张孝明，马国锋，等．中国石化 2023 年乙烯业务述评[J]．乙烯工业，2024，36(1)：1-6.
[7] 沈洋，焦丽菲，刘照辉，等．中国石油 2023 年乙烯业务综述[J]．乙烯工业，2024，36(1)：7-12.
[8] 何细藕．国外大型裂解炉的发展[J]．乙烯工业，1999，(3)：1-8.
[9] 鲁姆斯科技公司．在热解反应器中热裂化原油和重质进料以生成烯烃：中国，CN201580059837.6[P]. 2020-05-15.
[10] 伊奎斯塔化学有限公司．使用含凝析油和原油的原料生产烯烃：中国，ZL200880103088.2[P]. 2010-07-04.
[11] 埃克森美孚化学专利公司．重质烃原料的蒸汽裂化方法：中国，ZL03815733.0[P]. 2010-02-03.
[12] 何细藕．乙烯裂解炉技术进展[J]．现代化工，2001，(9)：13-17.
[13] 王子宗，何细藕．乙烯装置裂解技术进展及其国产化历程[J]．化工进展，2014，33(1)：1-9.
[14] 何细藕．中国石化 CBL 裂解技术的大型化及其应用[J]．乙烯工业，2015，27(1)：49-52+6.
[15] 何细藕．烃类蒸汽裂解原理与工业实践(一)[J]．乙烯工业，2008，20(3)：49-55.
[16] Petrochemical processes' 1999[J]. Hydrocarbon Processing，1999，78(3)：112-114.
[17] John R Brewer，David J Brown，Peter H Brucher. Cracking furnace having radiant heating tubes the inlet and outlet legs of which are paired wiyhin the firebox：US，6528027B1[P]. 2003-03-04.
[18] Schmidt Gunther (DE). Pyrolysis furnace for the thermal cracking of hydrocarbons：EP，1146105[P]. 2001-10-17.
[19] Barendregt S，Matthew Bowers，Jan den Uijl. Cracking furnace：US，7964091B2[P]. 2011-06-21.
[20] Yue Z，Zheng C W. Fine-tune cracking efficiencies for larger olefins crackers[J]. Hydrocarbon Processing，

2006，85(4)：63-65.
[21] 费尔南得斯 鲍吉 J M，奥尔巴诺 J V. 热解加热炉：中国，92104888[P]. 1994-10-05.
[22] 迪尼克兰托 尼奥 A R，斯派塞 D B，魏 V K. 带有内部有翼片的U形辐射线圈的高温分解炉：中国，1259981[P]. 2000-07-12.
[23] James Bernard Sievert. Pyrolysis furnace tubes：US，5944981[P]. 1999-08-31.
[24] Wysiekierski A G，Fisher G，Schillmoller C M. Control coking for olefin plant[J]. Hydrocarbon Processing，1999，78(1)：97-100.
[25] 张勇. 烯烃技术进展[M]. 北京：中国石化出版社，2008.
[26] 王红霞. 乙烯裂解炉及急冷换热器结焦抑制技术研究进展[J]. 石油化工，2012，41(7)：844-852.
[27] Duncan Denis A. Ceramic dip pipe and tube reactor for ethylene production：WO，99/13977[P]. 1999-03-25.
[28] Brown David J，Roberts Martyn D. Process for cracking hydrocarbon using improved furnace reactor tubes：US，7482502B2[P]. 2009-01-27.
[29] 王红霞. 乙烯裂解炉管抑制结焦在线涂层的制备研究[J]. 石油化工，2010，39(12)：1313-1318.
[30] Woerde H M，Barendregt S，Humblot F. Mitigate coke formation[J]. Hydrocarbon Processing，2002，81(3)：46-50.
[31] 王红霞，付晓阳，吴庆风，等. 重柴油裂解抑制剂工业应用试验[J]. 乙烯工业，2006，18(2)：56-59.
[32] SEP. Surface alloyed high temperature alloys：US，6268067B1[P]. 2001-07-31.
[33] SEP. Protective coating system for high temperature stainless steel：US，6475647B1[P]. 2002-11-05.
[34] SEP. Surface alloyed high temperature alloys：US，6503347B1[P]. 2003-01-07.
[35] SEP. Coating system for high temperature stainless steel：US，6585864B1[P]. 2003-07-01.
[36] Benum L W，Oballa M C，Petrone S S A. Surface on a stainless steel matrix：US，7488392B2[P]. 2009-02-10.
[37] Benum L W，Oballa M C，Petrone S S A，et al. Thermal cracking process using tubes，pipes，and coils made of Novel stainless steel matrix：US，7156979B2[P]. 2007-01-02.
[38] Benum L W，Oballa M C，Petrone S S A. Composite surface on a stainless steel matrix：US，6899966B2[P]. 2005-05-31.
[39] Benum L W，Oballa M C，Petrone S S A，et al. Surface on a stainless steel matrix：US，6824883B1[P]. 2004-11-30.
[40] Alon，Inc. Surface alloy system conversion for high temperature application：US，6537388B1[P]. 2003-03-25.
[41] SK 株式会社. 在烃裂解反应器的反应管内壁形成涂层的方法：中国，00805670. 6[P]. 2007-06-20.
[42] SK Corporation. Method of on-line coating of a film on the inner wall of the reaction tubes in a hydrocarbon pyrolysis reactor：US，6852361B2[P]. 2005-02-08.
[43] 朱耀宵，郑志，曾清泉，等. 一种热交换管及其制造方法和应用：中国，1260469 A[P]. 2000-07-19.
[44] Kubota Corporation. Cracking tube have helical fins ：US，7799963B2[P]. 2010-09-21.
[45] Colin G Caro，Philip L Birch，Williams Tallis. Piping：US，2009/0235850B2[P]. 2009-09-24.
[46] Colin G Caro，Philip L Birch，Williams Tallis. Cracking furnace：US，2009/0095594B2[P]. 2009-04-16.
[47] 李广华，何细藕，盛在行. 乙烯装置技术水平分析及节能措施[J]. 石油化工，2009，38(2)：115-123.
[48] 肖雪军，何细藕. 乙烯装置裂解炉的节能技术[J]. 石油化工，2003，32(3)：254-257.

[49] Erwin M J Platvoet, Robert J Gartside. Pyrolysis heater: US, 6685893B2[P]. 2004-02-03.
[50] Erwin M J Platvoet, Robert J Gartside, Peter Robert Ponzi, et al. Pyrolysis heater: US, 7172412B2[P]. 2007-02-06.
[51] Paul J Chapman, Erwin M J Platvoet, Robert J Gartside. Pyrolysis heater with paired burner zoned firing system: US, 6425757B1[P]. 2002-07-30.
[52] Sinke D J, Pitcher M, Martin M. Lower NO_x burner retrofit experiences in cracking furnace at DOW, Terneuzen[C], Presention at the 2013 Spring National Meeting, San Antoni, US, 2013.
[53] 陈国忠. 中国石化裂解炉能耗分析与节能改造[J]. 石油化工, 2012, 41(12): 1394-1400.
[54] Bowen C P, Jones D F. Mega-olifin plant design: Reality now[J]. Hydrocarbon Processing, 2008, 87(4): 71-80.
[55] ExxonMobile Chemical Patents, Inc. Pyrolysis furnace with an internally finned U shaped radiant coil : US, 6419885B1[P]. 2002-01-16.
[56] Erwin M J Platvoet, John V Albano, Frank D Mccarthy, et al. Cracking furnace with more uniform heating: US, 7004085B2[P]. 2006-02-28.
[57] Barendregt S, Laghate A S, Overwater K, et al. New challenges confront ethylene furnace designers [J]. Hydrocarbon Processing, 2004, 83(6): 56-60.
[58] Feigl J, Schmidt G. Consider furnace replacement for existing olinfin units[J]. Hydrocarbon Processing, 2007, 86(6): 45-54.
[59] 刘漫丹, 杜文莉, 钱锋. 裂解炉燃料气热值的模糊神经网络软测量[J]. 计算机集成制造系统-CIMS, 2003, 9(5): 412-416.
[60] 刘志勇, 刘漫丹, 钱锋. Elman 型回归神经网络在裂解深度软测量系统中的研究与应用[J]. 计算技术与自动化, 2003, 22(2): 46-49.
[61] 王振雷, 杜文莉, 钱锋. 乙烯装置裂解炉智能控制技术[J]. 化工进展, 2006, 25(12): 1454-1460.
[62] 庄敏慧, 张照娟, 王振雷, 等. 基于改进 PSO 算法和集成神经网络的裂解炉在线优化[J]. 华东理工大学学报, 2009, 35(5): 756-761.
[63] 周巍. 国产化 CBL 裂解技术及市场推广[J]. 乙烯工业, 2005, 17(2): 33-35.
[64] 张建, 李金科, 徐红兵, 等. 低 NO_x 燃烧器研究开发[J]. 乙烯工业, 2006, 18(1): 22-24.
[65] 刘丰, 张松龙, 李金科, 等. 裂解炉蒸汽发生系统[J]. 乙烯工业, 1991, 9(1): 36-41.
[66] 李金科, 徐红兵, 刘韫砚, 等. 大型裂解炉用底部燃烧器的国产化研发[J]. 石油化工, 2012, 41(3): 319-324.
[67] Maffia G J, A M Gaffney, O M Mason. Techno-economic analysis of oxidative dehydrogenation options[J]. Topics in Catalysis, 2016, 59(17): 1573-1579.
[68] Thorsteinson E M, et al. The oxidative dehydrogenation of ethane over catalysts containing mixed oxides of molybdenum and vanadium[J]. Journal of Catalysis, 1978, 52(1): 116-132.
[69] López Nieto J M, et al. Oxidative dehydrogenation of ethane on Te-containing MoVNbO catalysts[J]. Catalysis Today, 2004, 91-92(Supplement C): 241-245.
[70] Botella P, et al. Selective oxidative dehydrogenation of ethane on MoVTeNbO mixed metal oxide catalysts[J]. Journal of Catalysis, 2004, 225(2): 428-438.
[71] Wang S, et al. Oxidative dehydrogenation of ethane over zirconia-supported lithium chloride catalysts[J]. Chemical Engineering Technology, 2000, 23: 1099-1103.
[72] Kumar C P, et al. Oxidative dehydrogenation of light alkanes on supported molten alkali metal chloride catalysts[J]. Topics in Catalysis, 2008, 50(1): 156-167.
[73] Rebeilleau-Dassonneville M, et al. Oxidative activation of ethane on catalytic modified dense ionic oxygen

conducting membranes[J]. Catalysis Today, 2005, 104(2): 131-137.

[74] Moulijn J A, A E van Diepen, F Kapteijn. Catalyst deactivation: is it predictable?: What to do? [J] Applied Catalysis A: General, 2001, 212(1): 3-16.

[75] Fiedorow R M J, B S Chahar, S E Wanke. The sintering of supported metal catalysts: Ⅱ. Comparison of sintering rates of supported Pt, Ir, and Rh catalysts in hydrogen and oxygen[J]. Journal of Catalysis, 1978, 51(2): 193-202.

[76] Nagai Y, et al. Sintering inhibition mechanism of platinum supported on ceria-based oxide and Pt-oxide-support interaction[J]. Journal of Catalysis, 2006, 242(1): 103-109.

[77] Casella M L, et al. Surface characterization of Li-modified platinum/tin catalysts for isobutane dehydrogenation. Langmuir, 2000, 16(13): 5639-5643.

[78] Han Z, et al. Propane dehydrogenation over Pt-Cu bimetallic catalysts: the nature of coke deposition and the role of copper[J]. Nanoscale, 2014, 6(17): 10000-10008.

[79] Sattler J J H B, A M Beale, B M Weckhuysen. Operando Raman spectroscopy study on the deactivation of Pt/Al_2O_3 and Pt-Sn/Al_2O_3 propane dehydrogenation catalysts[J]. Physical Chemistry Chemical Physics, 2013, 15(29): 12095-12103.

[80] Yu C, et al. Propane dehydrogenation to propylene over Pt-based catalysts[J]. Catalysis Letters, 2006, 112(3): 197-201.

[81] De Cola P L, R Gläser, J Weitkamp. Non-oxidative propane dehydrogenation over Pt-Zn-containing zeolites[J]. Applied Catalysis A: General, 2006, 306(Supplement C): 85-97.

[82] Bai L, et al. Effect of magnesium addition to PtSnNa/ZSM-5 on the catalytic properties in the dehydrogenation of propane[J]. Industrial & Engineering Chemistry Research, 2009, 48(22): 9885-9891.

[83] Zhang Y, et al. Effect of La addition on catalytic performance of PtSnNa/ZSM-5 catalyst for propane dehydrogenation[J]. Applied Catalysis A: General, 2007, 333(2): 202-210.

[84] Hommeltoft S I. Isobutane alkylation: Recent developments and future perspectives[J]. Applied Catalysis A: General, 2001, 221(1): 421-428.

[85] Bocanegra S A, et al. Performance of PtSn catalysts supported on MAl_2O_4(M: Mg or Zn) in *n*-butane dehydrogenation: characterization of the metallic phase[J]. Applied Catalysis A: General, 2004, 277(1): 11-22.

[86] Zhang Y, et al. Propane dehydrogenation over PtSnNa/La-doped Al_2O_3 catalyst: Effect of La content[J]. Fuel Processing Technology, 2013, 111(Supplement C): 94-104.

[87] 谢朝钢, 汪燮卿, 郭志雄, 等. 催化热裂解(CPP)制取烯烃技术的开发及其工业试验[J]. 石油炼制与化工, 2001, 32(12): 7-10.

[88] 汪燮卿, 舒兴田, 等. 重质油裂解制轻烯烃[M]. 北京: 中国石化出版社, 2014: 296-297, 465-489.

[89] 王子宗. 乙烯、丙烯生产技术及经济分析[M]. 北京: 中国石化出版社, 2014: 79-87.

[90] Teng J, Wang R, Xie Z, et al. In new olefin production technologies in SINOPEC-SRIPT; 19th World Petroleum Congress. Forum 12: Progress in olefin production. Madrid, Spain, 2008.

[91] 谢在库, 滕加伟, 金文清, 等. C_4 烯烃催化裂解生产丙烯的方法[P]. CN: 200510028787.3.

[92] 滕加伟, 谢在库. 无粘结剂复合孔分子筛催化烯烃裂解制丙烯技术[J]. 中国科学: 化学, 2015, 45(5): 533-540.

[93] Teng J, Shi J, Xie Z. Advances in the OCC process for propylene production[J]. Hydrocarbon Processing, 2020, 99(3): 27-29.

[94] Koempel H, Liebner W. Lurgi's methanol to propylene (MTP®) report on a successful commercialisation[J].

Studies in Surface, Science and Catalysis, 2007, 167: 261-267.
[95] Bjørgen M, Svelle S, Joensen F, et al. Conversion of methanol to hydrocarbons over zeolite H-ZSM-5: On the origin of the olefinic species[J]. Journal of Catalysis, 2007, 249(2): 195-207.
[96] 林玉霞，徐德义，等．甲醇制丙烯过程研究进展[J]．化学反应工程与工艺，2021，37(4)：363-372.
[91] BP. BP Statistical Review of World Energy. 2016.
[98] Horn R, R Schlögl. Methane activation by heterogeneous catalysis[J]. Catalysis Letters, 2015, 145(1): 23-39.
[99] Tang P, et al. Methane activation: the past and future[J]. Energy & Environmental Science, 2014, 7(8): 2580-2591.
[100] Mesters C A. Selection of recent advances in C1 chemistry[J]. Annual Review of Chemical and Biomolecular Engineering, 2016, 7(1): 223-238.
[101] Schwach P, X Pan, X Bao. Direct conversion of methane to value-added chemicals over heterogeneous catalysts: challenges and prospects[J]. Chemical Reviews, 2017, 117(13): 8497-8520.
[102] Arndt S, et al. A critical assessment of Li/MgO-based catalysts for the oxidative coupling of methane[J]. Catalysis Reviews, 2011, 53(4): 424-514.
[103] Keller G E, M M Bhasin. Synthesis of ethylene via oxidative coupling of methane: I. Determination of active catalysts[J]. Journal of Catalysis, 1982, 73(1): 9-19.
[104] Schwarz H. Chemistry with methane: Concepts rather than recipes[J]. Angewandte Chemie International Edition, 2011, 50(43): 10096-10115.
[105] Kuo J C W, C T Kresge, R E Palermo. Evaluation of direct methane conversion to higher hydrocarbons and oxygenates[J]. Catalysis Today, 198, 4(3): 463-470.
[106] Schwach P, et al. Structure sensitivity of the oxidative activation of methane over MgO model catalysts: II. Nature of active sites and reaction mechanism[J]. Journal of Catalysis, 2015, 329(Supplement C): 574-587.
[107] Morales E, J H Lunsford. Oxidative dehydrogenation of ethane over a lithium-promoted magnesium oxide catalyst[J]. Journal of Catalysis, 1989, 118(1): 255-265.
[108] Lin C H, J X Wang, J H Lunsford. Oxidative dimerization of methane over sodium-promoted calcium oxide [J]. Journal of Catalysis, 1988, 111(2): 302-316.
[109] Driscoll D J, J H Lunsford. Gas-phase radical formation during the reactions of methane, ethane, ethylene, and propylene over selected oxide catalysts[J]. The Journal of Physical Chemistry, 1985, 89(21): 4415-4418.
[110] Luo L, et al. Methyl radicals in oxidative coupling of methane directly confirmed by synchrotron VUV photoionization mass spectroscopy[J]. Scientific Reports, 2013, 3: 1625.
[111] Ito T, J H Lunsford. Synthesis of ethylene and ethane by partial oxidation of methane over lithium-doped magnesium oxide[J]. Nature, 1985, 314: 721.
[112] Korf S J, et al. Oxidative coupling of methane over lithium doped magnesium oxide catalysts[J]. Catalysis Today, 1988, 2(5): 535-545.
[113] Myrach P, et al. Temperature-dependent morphology, magnetic and optical properties of Li-doped MgO[J]. Chem Cat Chem, 2010, 2(7): 854-862.
[114] Burch R, S Chalker, S J Hibble. The role of chlorine in the partial oxidation of methane to ethene on MgO catalysts[J]. Applied Catalysis A: General, 1993, 96(2): 289-303.
[115] Zavyalova U, et al. Statistical analysis of past catalytic data on oxidative methane coupling for new insights

into the composition of high-performance catalysts[J]. Chem Cat Chem, 2011, 3(12): 1935-1947.

[116] Colmenares M G, et al. Oxidative coupling of methane on the Na_2WO_4-Mn_xO_y catalyst: COK-12 as an inexpensive alternative to SBA-15[J]. Catalysis Communications, 2016. , 85(Supplement C): 75-78.

[117] Fleischer V, et al. Investigation of the surface reaction network of the oxidative coupling of methane over Na_2WO_4/Mn/SiO_2 catalyst by temperature programmed and dynamic experiments[J]. Journal of Catalysis, 2016, 341(Supplement C): 1-103.

[118] Elkins T W, H E Hagelin-Weaver. Characterization of Mn-Na_2WO_4/SiO_2 and Mn-Na_2WO_4/MgO catalysts for the oxidative coupling of methane[J]. Applied Catalysis A: General, 2015, 497(Supplement C): 96-106.

[119] Sadjadi S, et al. Feasibility study of the Mn-Na_2WO_4/SiO_2 catalytic system for the oxidative coupling of methane in a fluidized-bed reactor[J]. Catalysis Science & Technology, 2015, 5(2): 942-952.

[120] Arndt S, et al. Mn-Na_2WO_4/SiO_2 as catalyst for the oxidative coupling of methane[J]. What is really known? Applied Catalysis A: General, 2012, 425-426(Supplement C): 53-61.

[121] Ji S-f, et al. The relationship between the structure and the performance of Na-W-Mn/SiO_2 catalysts for the oxidative coupling of methane[J]. Applied Catalysis A: General, 2002, 225(1): 271-284.

[122] Ji S, et al. Surface WO_4 tetrahedron: the essence of the oxidative coupling of methane over Na-W-Mn/SiO_2 catalysts[J]. Journal of Catalysis, 2003, 220(1): 47-56.

[123] Langfeld K, et al. Comparison of oxidizing agents for the oxidative coupling of methane over state-of-the-art catalysts[J]. Applied Catalysis A: General, 2012, 417-418(Supplement C): 145-152.

[124] Zhu Q, et al. Sulfur as a selective 'soft' oxidant for catalytic methane conversion probed by experiment and theory[J]. Nature Chemistry, 2012, 5: 104.

[125] Tullo A H. Siluria's Oxidative coupling nears reality. Chemical and Engineering news[J], 2014, 92(27): 20-21.

[126] Guo X, et al. Direct, Nonoxidative conversion of methane to ethylene, aromatics, and hydrogen[J]. Science, 2014, 344(6184): 616-619.

[127] Sakbodin M, et al. Hydrogen-permeable tubular membrane reactor: promoting conversion and product selectivity for non-oxidative activation of methane over an Fe©SiO_2 catalyst[J]. Angewandte Chemie International Edition, 2016, 55(52): 16149-16152.

[128] Sundaram K M, M M Shreehan, E F Olszewski. Kirk-othmer encyclopedia of chemical technology. Ethylene [M]. New York: Wiley and Sons, 2010.

[129] Shi B C, B H Davis. Alcohol dehydration: mechanism of ether formation using an alumina catalyst[J]. Journal of Catalysis, 1995, 157(2): 359-367.

[130] Knözinger H, H Bühl, K Kochloefl. The dehydration of alcohols on alumina: XIV. Reactivity and mechanism[J]. Journal of Catalysis, 1997, 24(1): 57-68.

[131] Henne A L, A H Matuszak. The dehydration of secondary and tertiary alcohols[J]. Journal of the American Chemical Society, 1944, 66(10): 1649-1652.

[132] Takezawa N, C Hanamaki, H Kobayashi. The mechanism of dehydrogenation of ethanol on magnesium oxide [J]. Journal of Catalysis, 1975, 38(1): 101-109.

[133] Chiang H, A Bhan. Catalytic consequences of hydroxyl group location on the rate and mechanism of parallel dehydration reactions of ethanol over acidic zeolites[J]. Journal of Catalysis, 2010, 271(2): 251-261.

[134] Costa E, et al. Ethanol to gasoline process: effect of variables, mechanism, and kinetics[J]. Industrial & Engineering Chemistry Process Design and Development, 1985, 24(2): 239-244.

[135] Saito Y, H Niiyama. Reaction mechanism of ethanol dehydration on/in heteropoly compounds: Analysis of

transient behavior based on pseudo-liquid catalysis model[J]. Journal of Catalysis, 1987, 106(2): 329-336.

[136] Okuhara T, et al. Dehydration mechanism of ethanol in the pseudoliquid phase of $H_{3-x}Cs_xPW_{12}O_{40}$[J]. Journal of Molecular Catalysis, 1989, 55(1): 293-301.

[137] Xu J. Development of high selectivity catalysts for preparingethylene from ethanol dehydration[J]. Chemical Reaction Engineering and Technology, 2011, 27(1): 64-67.

[138] Kojima M A, Takahiro, A Yukio. Catalyst for production of ethylene from ethanol: US, US4302357A[P] 1981-11-24.

[139] El-Katatny E A, et al. Recovery of ethene-selective FeO_x/Al_2O_3 ethanol dehydration catalyst from industrial chemical wastes[J]. Applied Catalysis A: General, 2000, 199(1): 83-92.

[140] Chen G, et al. Catalytic dehydration of bioethanol to ethylene over $TiO_2/\gamma-Al_2O_3$ catalysts in microchannel reactors[J]. Catalysis Today, 2007, 125(1): 111-119.

[141] Yu Y X, B W Liu. Research and production of NC1301 type catalyst for ethanol dehydration to produce ethylene[J]. Journal of Chemical Industry & Engineering, 1995, 16(2): 8-10.

[142] Li Y, et al. Experimental study of the catalytic dehydration of ethanol to ethylene on a $\gamma-Al_2O_3$catalyst[J]. Journal of Beijing University of Chemical Technology, 2007, 34(5): 449-452.

[143] Le Van Mao, R T M Nguyen, G P McLaughlin. The bioethanol-to-ethylene (B. E. T. E.) process[J]. Applied Catalysis, 1989, 48(2): 265-277.

[144] Pan L R, H X Li. Research and production of new catalyst for ethanol dehydration to produce ethylene[J]. Petrochemical Technology, 1985, 14: 154-157.

[145] Pan L R, H X Li. NKC-03A catalyst for ethanol dehydration to ethylene[J]. Petrochemical Technology, 1987, 16(11): 764-768.

[146] Ouyang J, et al. Catalytic conversion of bio-ethanol to ethylene over La-modified HZSM-5 catalysts in a bioreactor[J]. Catalysis Letters, 2009, 132(1): 64-74.

[147] Ramesh K, et al. Synthesis, characterization, and catalytic activity of phosphorus modified H-ZSM-5 catalysts in selective ethanol dehydration[J]. Industrial & Engineering Chemistry Research, 2010, 49(9): 4080-4090.

[148] 王定一，李景林，范闽光. APO-34分子筛的合成及用于乙醇脱水的研究[J]. 催化学报，1992，3(3)：234-236.

[149] 周斑等. SAPO-11/HZSM-5对乙醇脱水制乙烯反应的催化性能[J]. 高校化学工程学报，2011，25(3)：453-458.

[150] Vázquez P, et al. Silica-supported heteropolyacids as catalysts in alcohol dehydration reactions[J]. Journal of Molecular Catalysis A: Chemical, 2000, 161(1): 23-232.

[151] Lunsford J H. Catalytic conversion of methane to more useful chemicals and fuels: A challenge for the 21st century[J]. Catalysis Today, 2000, 63(2): 165-174.

[152] Chen D K Moljord, A Holmen. A methanol to olefins review: Diffusion, coke formation and deactivation on SAPO type catalysts[J]. Microporous and Mesoporous Materials, 2012, 164(Supplement C): 239-250.

[153] Liu Z, et al. New progress in R&D of lower olefin synthesis[J]. Fuel Processing Technology, 2000, 62(2): 161-172.

[154] Tian P, et al. Methanol to Olefins (MTO): From Fundamentals to Commercialization[J]. ACS Catalysis, 2015, 5(3): 1922-1938.

[155] Knifton J F, Syngas reactions: V. Ethylene from synthesis gas[J]. Journal of Catalysis, 1983, 79(1): 147-155.

[156] Dupain X, et al. Production of clean transportation fuels and lower olefins from Fischer-Tropsch Synthesis waxes under fluid catalytic cracking conditions: The potential of highly paraffinic feedstocks for FCC[J]. Applied Catalysis B: Environmental, 2006, 63(3): 277-295.

[157] Chong Wang, Longya Xu, Q Wang. Review of directly producing light olefins via CO hydrogenation[J]. Journal of Energy Chemistry, 2003, 12(1): 10-16.

[158] Janardanarao M. Direct catalytic conversion of synthesis gas to lower olefins[J]. Industrial & Engineering Chemistry Research, 1990, 29(9): 1735-1753.

[159] Torres Galvis H M, et al. Supported iron nanoparticles as catalysts for sustainable production of lower olefins [J]. Science, 2012, 335(6070): 835-838.

[160] Cheng Y, et al. Fischer-Tropsch synthesis to lower olefins over potassium-promoted reduced graphene oxide supported iron catalysts[J]. ACS Catalysis, 2016, 6(1): 389-399.

[161] Zhong L, et al. Cobalt carbide nanoprisms for direct production of lower olefins from syngas[J]. Nature, 2016, 538: 84.

[162] Jiao F, et al. Selective conversion of syngas to light olefins[J]. Science, 2016, 351(6277): 1065-1068.

第二章 裂解原料

第一节 概述

全球清洁燃料发展进程加快，乙烯产能持续增长，乙烯原料轻质化、多元化进一步发展，一体化趋势也将更为显著。世界乙烯格局继续维持亚太、北美、中东和西欧四分之势，北美、亚太占比提升，西欧产能调整步伐放缓。北美页岩气、中东油田气、国内煤化工等非油路线化工业务发展迅速。

2023 年全球乙烯总产能已达 2.28×10^8t/a，较本世纪初翻一番。过去 20 年乙烯产能年均增长率为 3.5%，其中前 10 年年均增长率为 3.2%，后 10 年增速明显加快，年均增长率达 3.8%。带动近 10 年来全球乙烯产能快速增长的主要动力来自中国、美国及中东等地区（图 2.1-1）。中国在 2023 年的乙烯产能达 52920kt/a，超越美国成为全球最大乙烯生产国，影响力和地位显著提升。

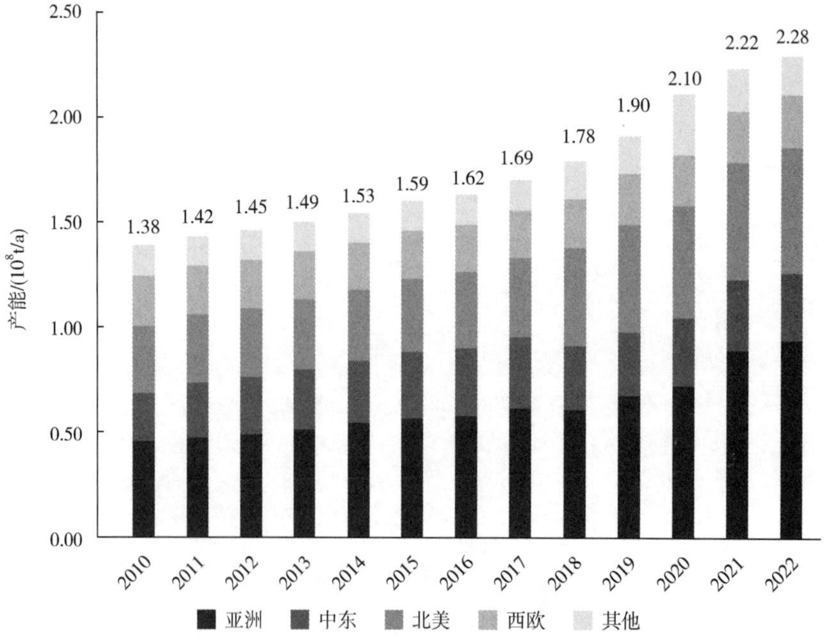

图 2.1-1 世界乙烯产能及各地区占比

2023 年，世界乙烯产能扩张速度有所放缓，新增产能规模约 6000kt/a，主要集中于亚洲地区，其中大部分新增产能来自中国，海外仅有越南龙山石化公司一套 1000kt/a 裂解装置投产。

全球乙烯产业的投资将保持稳步增长，乙烯原料更加多元化、轻质化，装置更加大型化，生产工艺技术更加多元和低碳，区域间乙烯产业发展差距拉大，竞争加剧。

近年来，我国乙烯产能不断增加，2023 年国内乙烯产能持续扩张。从开工情况来看，2023 年布伦特油价同比下调，但仍处于历史高位，以石脑油为原料的一体化裂解装置盈利不容乐观。从产能结构看，减排及环保压力不断加大，“双碳”目标相关政策的进一步深化预计对国内石化项目建设的影响会持续，部分煤化工项目被迫推迟乃至取消，煤化工等项目新增产能规模有所限制。在 2014—2018 年，几乎每年都有百万吨级的甲醇制烯烃(MTO)或煤制烯烃(CTO)项目建设投产，但从 2019 年开始，主要以大规模的蒸汽裂解装置为主。目前，单套蒸汽裂解制乙烯装置规模已经达到了 1500kt/a，乙烯规模大型化促进了大型裂解炉的发展，建成的最大的石脑油裂解炉乙烯产能达到 200kt/a，最大乙烷裂解炉乙烯产能可达 300kt/a。

2020 年底，国内石脑油裂解路线乙烯产能占比为 74.7%，煤/甲醇制烯烃(CTO/MTO)路线乙烯产能占比为 20.6%，轻烃裂解路线乙烯产能占比为 4.7%(见表 2.1-1)。

表 2.1-1　国内乙烯产能结构分布　　%

路线	2010 年	2015 年	2020 年
石脑油蒸汽裂解	98.0	86.3	74.7
CTO/MTO	2.0	13.7	20.6
轻烃裂解	0	0	4.7

尽管国内乙烯快速发展，“十三五”期间产能平均增速达 10.4%，装置开工率保持在 90%以上的高位，国内当量乙烯的自给率稳步上升至 50%以上，但对当量乙烯的需求仍有较大空间。进口产品对市场影响力较大，特别是中东和东北亚、东南亚周边地区，分别占到 2020 年国内当量消费的 21.1%和 15.0%。而美国产品对国内市场影响尚不显著，目前仅占国内当量消费的 3.2%，特别是由于中美贸易摩擦因素影响，近两年乙烯下游产品自美国进口量均出现不同幅度下降。但随着美国新建乙烷裂解项目产能大规模释放，未来对中国市场的影响将逐步显现。

世界乙烯装置规模越来越大。2020 年，全球共有 384 套乙烯蒸汽裂解生产装置，平均规模为 570kt/a，同比增长 2.1%。世界范围内，已建和在建生产能力在 1000kt/a 以上的裂解装置已达 70 套。目前世界最大的单系列乙烯装置是 2000kt/a。在建的单系列规模最大的乙烯装置是俄罗斯西布尔公司建设中的阿穆尔气体化工厂，乙烯生产规模将达到 2300kt/a。

乙烯装置的大型化刺激了大型裂解炉设计概念的发展，为了提高生产能力，但又不影响燃料气的空速和热传递效率，采用共用对流段的双辐射设计，既可以减少占地面积，又可减少散热损失，节约能量。目前已建的最大石脑油裂解炉能力为200kt/a，最大的乙烷裂解炉能力为300kt/a。

在竞争日趋激烈的形势下，世界各大石油化工公司都在寻找提高盈利能力和竞争力的途径。因此，乙烯工业基地化建设趋强，炼化一体化进程加快。基地化和炼化一体化的结合，可以在资源配置、优化互用各种物流、公用工程、环保系统以及节省储运投资等方面实现利益最大化。2016年，国务院推进"供给侧改革"，以炼化一体化开启了产业升级，投资建设高水平的石化项目，提供高品质成品油及市场需要的中高端化工产品，促进产业升级，成为石化产业"供给侧改革"的重要内容。采取炼油、乙烯、芳烃一体化联合布局，实现"宜烯则烯、宜芳则芳、宜油则油"的装置优化组合，进一步提高效率，降低成本，提高安全性，从而增强竞争力。研究表明，炼化一体化项目可节省建设投资10%以上，提高节能减排效果15%左右。我国在"十三五"期间投产了一批基地化、大型化、一体化、园区化的炼化项目，如浙江石化、大连恒力、中科炼化、中化泉州、宝来石化、惠州炼化二期。在"十四五"期间，将有浙江石化二期、盛虹炼化、裕龙石化、镇海炼化二期、广东石化等炼化一体化项目投产。

近几年炼化一体化项目在空间布局上倾向于向沿海发展，新建大型乙烯项目集中布局于东部沿海石化基地和园区，这将更加有利于产业集中和区域优化。

乙烯生产有着多种不同途径，且近年来持续发展或呈现出新的特点。从传统路线看，管式炉蒸汽裂解工艺仍是国内乙烯生产最主流的工艺，近年来发展趋势是持续进行原料结构调整，轻质化、多元化、一体化发展，并衍生出原油直接裂解等集成创新工艺；传统乙醇脱水工艺，过去以粮食乙醇为原料的装置受成本约束基本已退出市场，但随着国内煤制乙醇实现工业化，开始有企业重新探讨乙醇脱水发展乙烯的经济可行性；从基于工艺变革的新兴路线看，煤/甲醇制烯烃"十二五"以来实现工业化突破并取得快速发展，催化裂解系列技术也已实现工业化业绩，乙炔加氢制乙烯正在探索工业化进程，而甲烷直接制乙烯、合成气直接制乙烯等创新技术正在研究或小试阶段。

世界乙烯装置裂解原料进一步向多元化方向发展。第二次世界大战后，石油炼制产品中的石脑油价格低廉，资源丰富，有些地区采用石脑油为原料。20世纪60年代后，随着技术的进步，乙烷、石脑油、柴油等均可用作裂解原料。到80年代，随着欧洲和亚洲乙烯工业的发展，石脑油在裂解原料中约占70%。90年代后，中东地区开始大力发展乙烯工业，乙烷在裂解原料结构中的比例大幅提升，到2000年石脑油在裂解原料中所占份额下降到53%左右。近年来，随着北美页岩气产量的增长和天然气价格的下降，乙烷在裂解原料中的比例进一步增大，2015年乙烷和石脑油在全球乙烯装置裂解原料中的比例分别为35.5%和44.3%，2020年乙烷比例增至40.1%，而石脑油的比例降至38.6%。

目前我国生产乙烯、丙烯的起始原料基本是石油，而我国石油资源相对短缺，供不足需，2020年原油产量194000kt、表观消费量737000kt、对外依存度为73.4%，预计2025年、2030年对外依存度会达到74.0%、72.5%。随着原油对外依存度的提高、国际原油价格高位震荡、化工用油与燃料用油之间矛盾升级，以及乙烯、丙烯生产规模的不断扩大，乙烯、丙烯的原料供应问题越来越突出，依赖石油为原料路线生产乙烯、丙烯的传统方法面临新的挑战。近几年随着乙烷、丙烷等轻烃裂解制烯烃、丙烷催化脱氢制丙烯、煤/甲醇制烯烃的大力发展，促进了乙烯、丙烯生产原料的多样化。原料多元化有利于降低生产乙烯、丙烯仅仅依赖石油的原料风险，有利于降低乙烯、丙烯生产成本，有利于进一步扩大乙烯、丙烯产能，满足国民经济发展和人民生活水平提高的需要。

乙烯作为支撑国民经济和社会发展的重要基础原材料，其消费增长与宏观经济增长及消费水平有着密切关系。行业内较为普遍的认识是，乙烯消费增长与 GDP 增长呈现一定的弹性相关。过去几年全球乙烯产能年均增速达 4.4%，预计到 2025 年和 2030 年，世界乙烯产能将分别达到 246880kt/a 和 274500kt/a；表观消费量将分别达到 213170kt 和 247320kt（见表 2.1-2）。

表 2.1-2　2010—2030 年全球乙烯供需情况

时间	产能/(kt/a)	产量/kt	表观消费量/kt
2010 年	143810	122810	122810
2015 年	159280	141830	141840
2020 年	197760	167730	169860
2025 年预计	246880	212960	213170
2030 年预计	274500	247340	247320

未来几年国内仍将有大量乙烯项目投产，到 2025 年国内乙烯产能将超过 60000kt/a，当量需求量逼近 80000kt，国内满足率有望提高到 70%以上（见表 2.1-3）。预计 2025 年、2030 年中国乙烯产量和当量消费量将分别占全球的 27.7%和 37.3%、29.5%和 36.7%。中国石化预计到 2025 年权益乙烯产能将达到 16050kt/a，将成为第一大乙烯生产企业。

表 2.1-3　2010—2030 年我国乙烯供需情况

时间	产能/(kt/a)	产量/kt	表观消费量/kt	当量需求量/kt	自给率/%
2010 年	15010	14210	14990	29870	47.57
2015 年	21190	19520	21030	37610	51.90
2020 年	34780	30110	32030	58630	51.36
2025 年预计	65760	58910	60910	79500	74.10
2030 年预计	78350	72930	68000	90700	80.41

过去几年全球丙烯产能年均增速达 3.5%，预计 2025 年全球丙烯新增产能超过 40000kt，到 2025 年和 2030 年，世界丙烯产能将分别达到 191331kt/a 和 214427kt/a；表观消费量将分别达到 146008kt 和 175785kt（见表 2.1-4）。

表 2.1-4　2010—2030 年全球丙烯供需情况

时间	产能/(kt/a)	产量/kt	表观消费量/kt
2010 年	101127	80134	79649
2015 年	120619	96885	96177
2020 年	146075	114825	114975
2025 年预计	191331	147133	146008
2030 年预计	214427	175785	175785

未来几年，随着国内炼化一体化项目和丙烷脱氢(PDH)项目投产，国内丙烯产能将进一步增大，预计到 2025 年国内丙烯产能将达到 74433kt/a，当量需求量约为 59600kt(见表 2.1-5)。到2025 年自给率将达到 93%以上，到 2030 年自给率将超过 100%，丙烯产能存在过剩风险，未来竞争将更加激烈。预计 2025 年、2030 年中国丙烯产量、当量消费量将分别占全球的 38.1%和 40.8%、39.8%和 39.3%。

表 2.1-5　2010—2030 年我国丙烯供需情况

时间	产能/(kt/a)	产量/kt	表观消费量/kt	当量需求量/kt	自给率/%
2010 年	16082	13288	14812	21617	61.47
2015 年	27963	22570	25341	31345	72.01
2020 年	43392	36530	38830	45700	79.93
2025 年预计	74433	56000	57400	59600	93.96
2030 年预计	81809	70000	70000	69000	101.45

从人均乙烯当量消费水平看，目前我国仍处于稳步上升阶段，2020 年国内乙烯当量消费规模为 42kg/人，但距美国和韩国仍有较大差距，2020 年美国和韩国分别为 68kg/人和 84kg/人，且美国和韩国近 10 年平均值为 70kg/人和 83kg/人。预计到 2025 年，中国地区人均消费当量乙烯规模将追平日本，达到 45kg/人左右，并仍有继续增长的势头，预计到 2030 年将达 48kg/人左右。

为了满足日益增长的需求，以最少的代价生产所需的产品，单线装置规模向超大型方向发展，目前世界上已投产的乙烯单线规模已达 2000kt/a 乙烯(乙烷、丙烷)。国外专利商正在研究，认为单线 3000kt/a 乙烯(乙烷原料)和 2000kt/a 乙烯(液体原料)是可以达到的，并且国外正在设计 350kt/a 乙烯(乙烷原料)裂解炉。

乙烯是石油化工最重要的基础原料之一，从乙烯出发可以得到一系列产品。乙烯装置主要产品及副产品的用途见图 2.1-2~图 2.1-5。

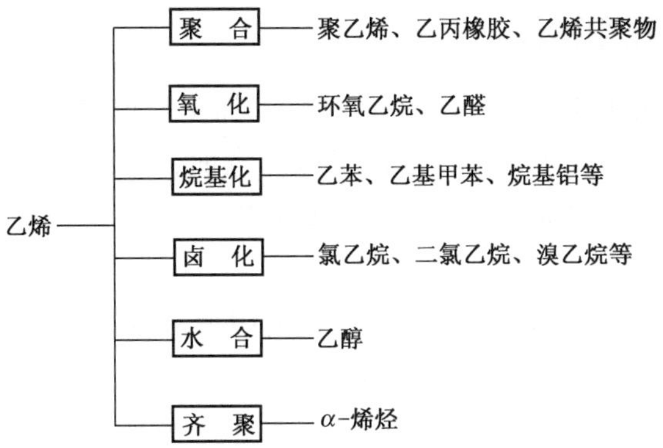

图 2.1-2　乙烯系列产品

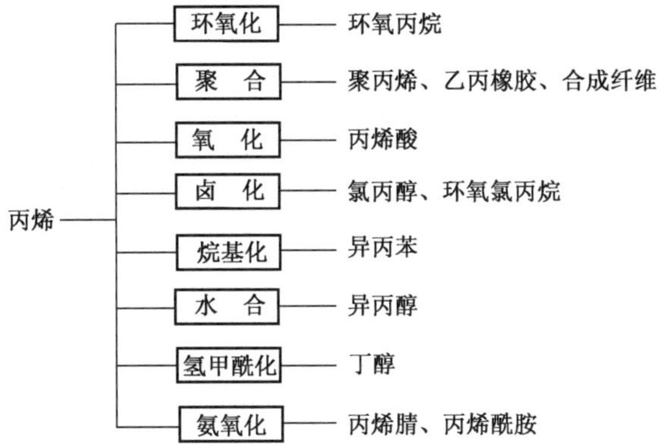

图 2.1-3　丙烯系列产品

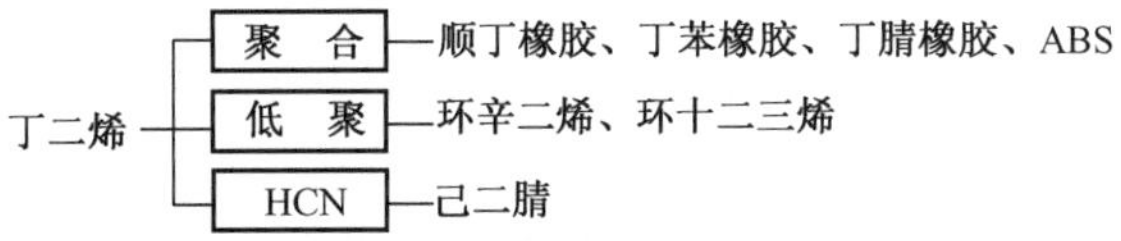

图 2.1-4　丁二烯系列产品

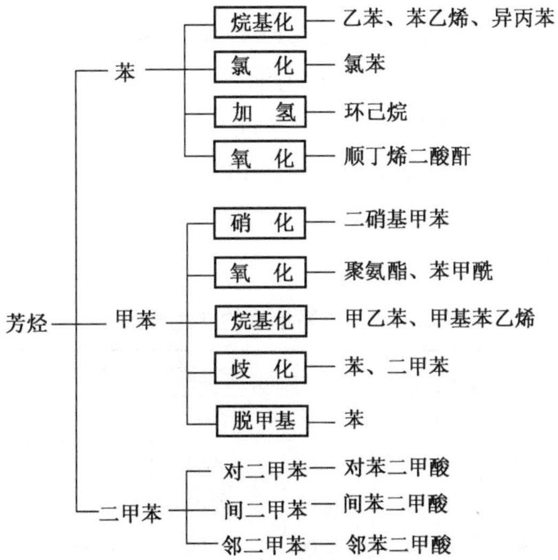

图 2.1-5　芳烃系列产品

一、乙烯原料来源和种类

裂解原料的来源主要有两个方面：一是天然气加工厂的轻烃，如乙烷、丙烷、丁烷、天然汽油等；二是炼油厂的加工产品，如炼厂气、汽油、煤油、柴油、重油、渣油等，以及炼油厂二次加工油，如焦化加氢油、加氢裂化油等。

1. 天然气

蕴藏在地层内的可燃性气体称为天然气，它的组成主要是甲烷，还含有乙烷、丙烷等低分子量烷烃，和少量 CO_2、N_2、H_2S 等非烃成分。

依化学组成不同，天然气可分为干气和湿气两种。干气的主要成分是甲烷，含甲烷在90%(质量)以上，我国三个气田的干气成分如表 2.1-6 所示。湿气含 90%(质量)以下的甲烷，其余的组分是乙烷、丙烷和丁烷等烷烃，之所以称为湿天然气，是因为 C_2~C_5 这部分可以经压缩冷却得到液态的凝缩汽油。

表 2.1-6　我国天然气干气组成　　%

相对密度	甲烷	乙烷	丙烷	硫化氢	不饱和烃	CO_2	H_2	N_2
0.6222	90.01	0.19	0.10	1.46	0.03	3.08	0.07	5.01
0.5783	97.55	0.54	0.15	0.50	—	1.0	0.04	1.33
0.5614	97.88	0.41	0.04	0.097	—	0.30	0.12	1.18

从矿藏不同分类，天然气可分为气井气、凝析井气、油田气三种。

① 气井气　开采时只出气不出油的井称为气井，开采出来的气称为气井气，其中甲烷含量较高，乙烷、丙烷含量较少。

② 凝析井气　在开采气田凝析油的同时采出凝析井气。凝析油的组成相当于轻石脑油或全沸程石脑油和粗柴油的混合物。

③ 油田气　油田气是伴随石油开采从油井中开采出来的气体，是与石油伴生的天然气，故又称为油田伴生气。油田气除了含有相当数量甲烷外，尚含有一定量的乙烷、丙烷、丁烷等。经压缩分离出气体，得到的液体部分称为液化石油气(LPG)。在油田开采中，油田气的数量很大，我国天然气量有45%左右为油田伴生气，气油比(立方米气/吨原油)一般在20~500范围内。我国大庆、胜利油田的气油比约为 40~60，大港油田的气油比约为150~200。油田气采出，其组成和气油比因地区和季节等条件而异，通常新油田的气油比较大，气体中低级烃含量较高，开采到后期气量显著减少，组成中高级烃含量增多。表 2.1-7 列出了不同地区的伴生气组成。

表 2.1-7　不同地区的伴生气组成

国家和地区	组成/%(体积)							
	C_1	C_2	C_3	C_4	C_5^+①	CO_2	H_2S	N_2
中国(1)	79.75	1.90	7.60	5.62	3.31	0	0	0
(2)	76.29	11.00	6.00	4.00	0.71	1.36	0	0.64
(3)	81.50	8.50	5.00	3.00	1.00	0	0	1.00
(4)	76.83	9.69	5.70	3.94	2.95	0.34	0	0.65

续表

国家和地区	组成/%(体积)							
	C_1	C_2	C_3	C_4	C_5^+①	CO_2	H_2S	N_2
利比亚	66.80	19.40	9.10	3.50	1.20	0	0	0
沙特阿拉伯	62.24	15.07	6.64	2.40	1.12	9.20	2.80	0
伊朗	74.90	13.00	7.20	3.10	1.50	0.30	0	0
北欧	85.90	8.10	2.70	0.90	0.30	1.60	0	0.50
委内瑞拉	85.00	8.00	4.40	2.00	0	0.40	0.20	0
尼日利亚	83.60	6.80	4.50	2.60	1.40	0.10	1.00	0

① 系指≥C_5 的组分，下同。

天然气经分离加工装置分出的乙烷、LPG、天然汽油、加工厂凝析油，总称为天然气凝析液(NGL)。天然气的分离加工如图 2.1-6 所示。

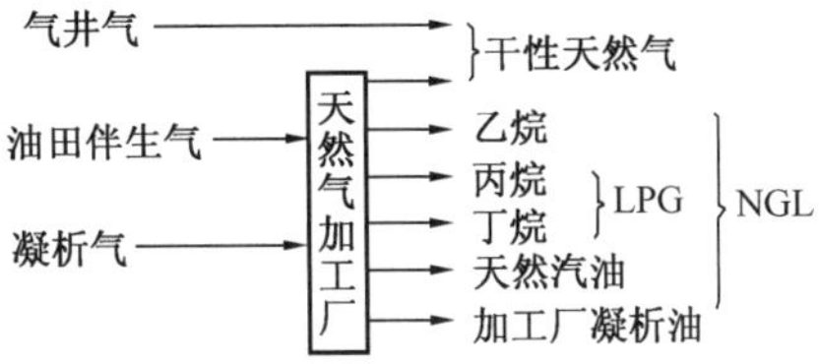

图 2.1-6 天然气分离加工示意图

世界各主要产区天然气组成列于表 2.1-8。天然气经分离加工，得到乙烷、丙烷、丁烷和它们的各种混合物，称为气体原料。其蒸汽裂解产品分布数据列于表 2.1-9。

表 2.1-8 世界各主要产区天然气组成

产地		组成/%(体积)								
		C_1	C_2	C_3	C_4	C_5	C_6^+	CO	H_2S	N_2
美国	Louisiana	92.18	3.33	1.48	0.79	0.25	0.05	0.90	—	1.02
	Kuffslde	65.80	3.80	1.70	0.80	0.50 (C5+C6)		—	—	25.60
加拿大	Alberta	87.02	9.15	2.78	0.35	—	—	0.24	—	0.46
委内瑞拉	Son Joaquiu	76.70	9.79	6.69	3.26	0.94	0.72	1.90	—	—
荷兰	Goningen	81.40	2.90	0.37	0.14	0.04	0.05	0.80	—	14.26
法国	Leaq	69.50	3.10	1.00	0.50	0.30	0.50	10.00	15.10	—
英国	Leman Bank	95.00	2.76	0.49	0.20	0.06	0.15	0.04	—	1.30
(北海)	(气井气)									
	伴生气	83.70	8.70	4.20	1.30	0.30	0.10	1.00	—	0.70
伊朗	波斯湾	76.12	11.11	6.11	2.16	0.73	0.39	3.10	0.28	—
阿尔及利亚		83.44	7.00	2.10	0.87	0.24	0.12	0.21	—	5.83
印度尼西亚 Jana 海上油田伴生气		52.25	11.00	19.80	9.25	3.14	2.15	1.02	—	1.39
沙特阿拉伯		51.50	18.50	11.50	4.40	1.20	0.90	9.70	2.20	0.50
科威特		78.20	12.60	5.10	0.60	0.60	0.20	1.60	0.10	—
前苏联	秋明伴生气	86.90	2.60	3.50	2.70	1.20 (C5+C6)		0.80	—	—
	含别林斯克凝析气	93.60	4.00	0.60	0.70	0.40 (C5+C6)		0.10	—	0.60
	巴什基利亚伴生气	41.00	19.70	17.00	7.30	3.20 (C5+C6)		0.20	—	11.60

表 2.1-9　气体原料蒸汽裂解单程产品收率

项目	乙烷		丙烷		正丁烷		异丁烷	
单程转化率/%	60		92		96		51	
膨胀率	1.53		1.91		2.20		1.54	
组成/%(质量)	进料	出料	进料	出料	进料	出料	进料	出料
H_2		32.7		13.8		9.0		13.1
CH_4		6.3		36.3		37.2		21.6
C_2H_2		0.2		0.3		0.5		—
C_2H_4	2.0	33.8		30.0		28.5		2.7
C_2H_6	95.2	24.9	0.4	5.0		6.2		1.5
C_3H_6	2.2	1.0	—	7.6		10.8		12.8
C_3H_8	0.6	0.2	98.2	4.2		0.5		3.0
i-C_4H_{10}		0.4（i-C_4H_{10}～C_2H_4合计）	—	1.2（i-C_4H_{10}～C_2H_4合计）	0.9	—	95.0	30.2
n-C_4H_{10}			1.4		97.0	1.8		0.7
C_4H_8						1.1		14.0
C_2H_4						0.8		—
C_5		0.5		1.6		3.6		0.4

凝析油是一种与天然气和油田气一起回收的液态烃，API 度在 50 以上。通常含有石脑油和柴油，石脑油的收率在 60%~80%之间，柴油收率在 20%~40%之间。和原油一样，凝析油也可分成石蜡基、中间基和环烷基，石蜡基凝析油适用于作为乙烯原料，中间基和环烷基的可作为催化重整原料。近年来，上海石化、扬子石化使用了东海油田的凝析油，其乙烯单程收率>28.6%，比常压柴油(AGO)裂解的效果要好。由于该油馏分较宽(40~380℃)，残炭值较高，直接作为裂解原料不太理想，如果经过切割，除去较重组分以后，则其裂解性能、结焦性能和运行周期都可能得到进一步改善。东海平湖凝析油和新疆凝析油组成见表 2.1-10。

表 2.1-10　东海平湖凝析油和新疆凝析油组成

项目	平湖	新疆	项目	平湖	新疆
相对密度(d_4^{20})	0.7570	0.6484	馏程/℃		
硫含量/%(质量)	0.0042	0.9	初馏点	48	20.5
残炭/%(质量)	4.60		10%	83	31.0
黏度(50℃)/(mm^2/s)	0.949		50%	174	46.0
特性因数(K)	12.3	12.92	70%	320	59.0
			终馏点	368	113

由表 2.1-10 可知，新疆油田的凝析油比平湖油田凝析油轻，其物性数据见表 2.1-11。

表 2.1-11 新疆凝析油物性数据

项目	凝析油	石脑油	项目	凝析油	石脑油
相对密度(d_4^{20})	0.6484	0.7125	特性因数(*K*)	12.92	12.6
黏度(50℃)/(mm^2/s)	0.4978	0.7647	馏程/℃		
平均分子量	76.33	97.72	初馏点	20.5	34.3
碳含量/%(质量)	83.77	85.21	10%	31.0	57.8
氢含量/%(质量)	16.23	14.79	30%	38.5	84.8
碳氢质量比	5.16	5.76	50%	46.0	108.8
硫含量/(μg/g)	0.9	50.7	70%	59.0	126.0
体积平均沸点/℃	55.10	105.2	90%	101.0	151.3
芳烃指数(*BMCI*)	1.15	11.69	终馏点	113.0	166.3

新疆凝析油的氢含量为 16.23%，碳含量为 83.77%，碳氢比为 5.16，*BMCI* 为 1.15，裂解性能很好。族组成数据也可说明这个问题，其烷烃含量为 86.86%，环烷烃含量为 11.38%，芳烃含量为 1.34%，烷烃含量很高。

世界凝析油资源比较丰富，21 世纪以来，世界凝析油的生产能力增长很快，2010 年凝析油的产量为 870 万桶/日。世界凝析油生产能力变化见表 2.1-12。

表 2.1-12 世界凝析油生产能力 千桶/日

地区	1999 年	2000 年	2002 年	2003 年	2005 年	2010 年
北美	620	640	670	665	650	640
拉丁美洲	285	325	413	485	630	830
西欧	645	710	926	949	895	925
中亚	450	475	590	690	910	1540
非洲	722	780	885	985	1175	1365
中东	563	739	1055	1192	1455	2270
远东	552	580	655	752	985	1165
合计	3837	4249	5194	5718	6700	8735

前已指出，不是所有的凝析油都适合作乙烯裂解原料。对于馏程较宽的凝析油，首先要分析其烃组成(*PONA* 值)和馏程，必要时加以切割，取其中轻馏分作为乙烯裂解原料，较重部分可作重整原料或柴油等它用。

2. 炼油装置的裂解原料

(1) 炼厂气

炼厂气是炼厂在石油加工过程中所得到的气体的总称。它主要包括催化裂化气、加氢裂化气、焦化气、重整气。这些气体经汽油吸收后可得干气、气态烃、液态烃。气态烃主要含有氢、甲烷、碳二等难凝气体，液态烃主要是碳三、碳四馏分，结果列于表 2.1-13、表 2.1-14。

表 2.1-13　炼厂主要装置的气体产率　%(质量)

装置	气态烃	液态烃	气液烃总产率
催化裂化	2~4.5	8~11.5	10~16
热裂化	6.5	2.5	9
延迟焦化	5~7	1.5~2	6.5~9
减黏裂化	1.3	—	1.3
铂重整	3(含氢气体)	—	3

表 2.1-14　典型炼厂气组成　%(质量)

组　成	常压蒸馏	催化裂化	催化重整	加氢裂化	加氢精制	延迟焦化	减黏裂化
H_2	—	0.6	1.5	1.4	3.0	0.6	0.3
CH_4	8.5	7.9	6.0	21.8	24.0	23.3	8.1
C_2H_6	15.4	11.5	17.5	4.4	79.0	15.8	6.8
C_2H_4	—	3.6	—	—	—	2.7	1.5
C_3H_6	30.2	14.0	31.5	15.3	3.0	18.1	8.6
C_3H_4	—	16.4	—	—	—	6.9	4.8
C_4H_8	45.9	21.3	43.5	57.1	—	18.8	36.4
C_2H_4	—	24.2	—		—	13.8	33.5
合计	100	100	100	100	100	100	100

炼厂气中除了含甲烷和氢气外，还有乙烷、乙烯、丙烷、丙烯和 C_4 等成分。我国炼厂干气主要由催化裂化干气组成，由于原料及工艺条件不同，催化裂化干气组成有一定的差别，一般乙烯含量在10%(体积)左右，同时含有一定数量的乙烷。由于已经经过粗气体分离，所以催化干气中 C_3 馏分不是很多。焦化干气中乙烯含量很少，乙烷含量和焦化干气相近。表 2.1-15 是几种干气的组成情况。如表所示，催化干气中除了烃类之外还有相当数量的 H_2S、N_2、O_2 和 CO_2 等杂质。这些不理想组分必须在分离之前除去。过去用经典的单乙醇胺法(MEA)干气脱硫工艺，在除去 H_2S 的同时，是能够除去干气中大部分 CO_2 的，但现在改用高效脱硫剂后，对 CO_2 基本上没有脱除效果，因此脱硫后干气还必须采取碱洗等补充脱 CO_2 措施后再进行分离。

表 2.1-15　炼厂干气组成　%(体积)

组　成	催化干气 1	催化干气 2	催化干气 3	焦化干气
H_2	24.42	40.45	39.28	20.82
N_2	15.21	13.84	11.27	0.00
O_2	0.33	0.30	0.25	0.00
H_2S	4.14	2.23	1.09	4.44
CO_2	2.40	2.37	2.89	0.32
CH_4	27.30	18.94	22.97	39.61

续表

组　成	催化干气1	催化干气2	催化干气3	焦化干气
C_2H_4	11.15	7.27	10.41	2.06
C_2H_6	13.04	7.93	9.72	11.69
C_3H_6	1.16	3.67	1.33	4.45
C_3H_8	0.24	0.51	0.31	8.36
C_4	0.53	1.92	0.45	5.30
C_5	0.08	0.57	0.03	2.95
合计	100.00	100.00	100.00	100.00

某炼厂的催化装置催化干气组成见表2.1-16。从表中数据可以看出，其中乙烯、乙烷含量较高，还有相当含量的丙烷、丙烯、丁烯等产品。我国目前催化裂化装置年产催化干气4000kt左右，仅将其中的C_2资源换算为乙烯，年产量就在百万吨以上。如果能够将催化干气资源充分加以利用，将是一个可观的资源。

表2.1-16　某炼厂催化干气组成　　%(质量)

组　成	催化干气1	催化干气2	项　目	催化干气1	催化干气2
H_2	1.85	3.44	C_2H_6	21.97	18.57
$CO+CO_2$	4.34	2.97	C_3H_6	1.59	14.94
N_2+H_2	16.15	21.05	C_3H_8	0.47	2.41
CH_4	27.43	14.04	n-C_4H_{10}	0.18	2.99
C_2H_4	25.16	14.59	i-C_4H_{10}	0.42	4.94

干气分离方法很多，主要有三种。

1）深冷分离和分凝分离器法(ARS法)

S&W公司的炼厂干气回收流程见图2.1-7。这一技术适用于既有炼油厂又有乙烯厂的情况，且炼油厂的催化裂化能力足够大时，其经济效益比较好，美国用得比较多。如美国Beaumont炼厂，1987年投用该装置，炼厂气量为$74\times10^4m^3/d(3.08\times10^4m^3/h)$，回收乙烯和丙烯所增加的年收入超过3300万美元，扣除生产费用、原料成本及税收，净收入在不到两年时间内回收装置投资。

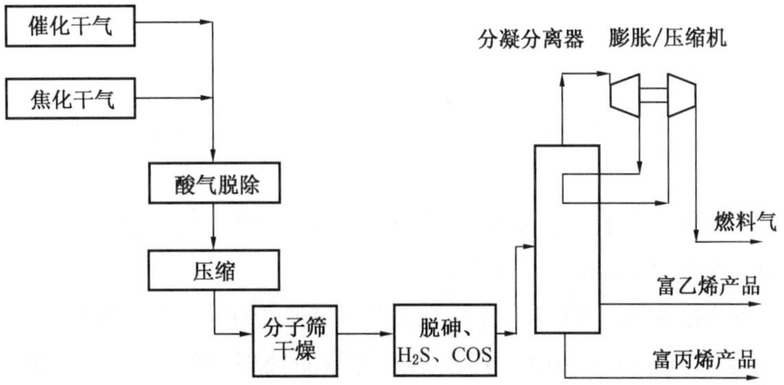

图2.1-7　S&W炼厂干气回收流程图

ARS 法回收炼厂烯烃的经济分析见表 2.1-17。

表 2.1-17　ARS 法回收炼厂烯烃的经济分析　　美元/kg 烯烃

项　目	数　据	项　目	数　据
销售价格	47.3	公用工程费	2.2
成本		其他生产费用	1.1
作为燃料的烯烃单价	9.9(2 美元/10^9J)	折旧(15%/a)	2.2
烯烃的分馏和回收(在乙烯及分馏装置中)	5.5	税费(34%税费)	8.8
		净收益	17.6

这一过程的核心是分凝分离器(Dephlegmator)，它最早是空气产品公司(Air Product Co.)进行总体设计和建造关键设备的深冷系统。分凝分离器的投资不高，和常规的深冷分离系统比较，它能在较低的能耗下达到高回收率和高纯度。

2）中冷油吸收法

中冷油吸收法又称吸收-精馏法。这是利用吸收剂对裂解气中各组分溶解度不同的一种吸收-精馏过程，先用吸收法除去甲烷、氢气，然后用精馏法把各组分逐一分离开。吸收剂一般是 C_4 和芳烃，最低操作温度为-60～-70℃，一般操作温度为-20～-40℃，不需要达到-100℃的深度冷冻，故称为中冷油吸收法。

3）PSA-深冷分离组合工艺

近年来采用变压吸附(PSA)分离回收炼厂干气中氢气的工艺发展很快，国内已经比较成熟。由于废氢回收的成本较低，广泛采用变压吸附分离回收炼厂干气中氢气是炼厂制氢降本增效的一个重要途径。在这个基础上开发的催化干气精制-PSA 提浓-深冷分离的组合工艺可有效回收干气中 C_2 馏分。

该工艺的核心是变压吸附。变压吸附的原理是利用吸附过程的以下两种特性：一是吸附剂对气体的吸附有选择性，不同的气体(吸附质)在吸附剂上的吸附量有差异；二是气体在吸附剂上的吸附量随着其分压的降低而减少。在工业上广泛采用多床吸附能保证在任何时间内都有相同数量的吸附床处于吸附状态，产品能连续稳定的输出。多床吸附能保证适当的均压次数和较高的产品回收率。该工艺能保证乙烯回收率在 70%～80%，由变压吸附出来的乙烯进一步送深冷分离系统提浓到聚合级规格所要求的纯度。

催化裂化干气中存在大量氢气，这一组合工艺在稍加改动后可同时回收其中所含的氢气和 C_2，这样经济效益更好。

（2）原油各馏分油

原油经过炼油装置得到的多种油品可作为乙烯生产的原料，炼油厂流程示意见图 2.1-8。

1）轻油

轻油包括直馏汽油、抽余油、重整拔头油等含烷烃较多的低沸点馏分油，沸点范围从初馏点至 130℃或初馏点至 200℃的汽油馏分。

① 拔头油　将初馏点至 130℃的直馏汽油馏分进行拔顶，拔出初馏点至 60℃的轻馏分，这就是拔头油，主要是 C_3～C_6 的烃，其收率约为原油处理量的 0.4%～0.6%。

② 抽余油　经过拔顶后的直馏汽油 60～130℃馏分进行重整，经过芳烃抽提，抽出芳烃

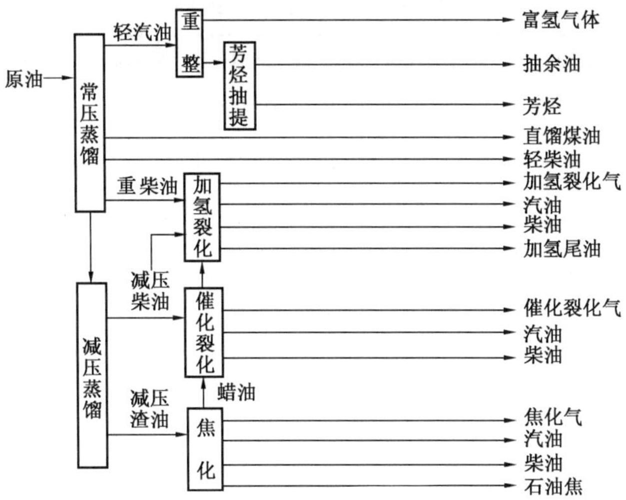

图 2.1-8　炼油厂流程示意图

以后剩下的馏分称为抽余油，主要成分是 $C_6 \sim C_8$ 烷烃和环烷烃，组成见表 2.1-18。

表 2.1-18　重整汽油抽余油组成

组　　分	含量/%(质量)	组　　分	含量/%(质量)
烷烃	61.6	芳烃	1.6
环烷烃	36.8		

③ 直馏汽油　又称为石脑油，原油经常压蒸馏分馏出初馏点至 200℃的馏分油称为全沸程石脑油，如果切取初馏点至 130℃或以前馏分称为轻石脑油。

2）煤油、轻柴油

煤油是 130~300℃之间的直馏馏分油，200~300℃的直馏馏分油为常压柴油(AGO)。柴油可分为两种，200~350℃馏分为轻柴油，250~400℃馏分为重柴油，现在将 145~360℃馏分称为轻柴油。

3）减压柴油

经减压蒸馏得到的 350~500℃馏分称为减压柴油(VGO)。

二、中国原油性质

原油是由分子量不同的各种烷烃、环烷烃和芳烃所组成的复杂混合物，还有含氮、含硫和含氧的有机化合物(噻吩、硫醇、硫醚)，以及微量的无机盐和水分。

根据原油中各种烃族的相对含量的不同，可以将原油分为三大类：一类是石蜡基原油，其中烷烃含量较高，芳烃含量较低；一类是环烷基原油，其中环烷烃和芳烃含量较高，烷烃含量较低；还有一类是混合基原油，其中各族烃的含量介于上两类之间。我国目前所产原油大多数属于石蜡基，如大庆、任丘。表 2.1-19 列出了中国主要原油的性质，表 2.1-20 列出了中国原油中各种非碳氢元素的含量，表 2.1-21 列出了中国各地油田原油相对密度和直馏馏分含量。

表 2.1-19　中国主要原油性质

项　　目	大庆	任丘	大港	辽河	胜利	中原	玉门	克拉玛依
相对密度(d_4^{20})	0.8601	0.8821	0.8826	0.8793	0.9005	0.8466	0.8700	
黏度(50℃)/cSt	23.85	43.38	17.37	21.90	83.36	10.32	32.7 (30℃)	46.3 (30℃)
胶质/%(质量)	17.96	24.74	13.10	15.50	23.20	9.50		
沥青质/%(质量)	0.12	4.78			5.10		0.14	0.01
残炭/%(质量)	2.99	6.00	3.20	3.90	6.40	3.80	5.10	3.70
硫/%(质量)	0.10	0.29	0.12	0.18	0.80	0.52	0.11	0.04
氮/%(质量)	0.16	0.28	0.23	0.20	0.41	0.17		
特性因数(K)	12.5	12.2	12.1	12.1	12.1	12.5		
原油分类	低硫	低硫	低硫	低硫	含硫	含硫		
	石蜡基	石蜡基	环烷中间基	中间石蜡基	中间基	石蜡基		

注：$1cSt=10^{-6}m^2/s$。

表 2.1-20　中国原油中各种非碳氢元素的含量

原　　油	硫/%(质量)	氮/%(质量)	钒/10^{-6}	镍/10^{-6}	铁/10^{-6}	铜/10^{-6}	砷/10^{-9}
大庆	0.12	0.13	<0.08	2.3	0.7	0.25	2800
胜利 101 油库	0.80	0.41	1	26			
孤岛	1.8~2.0	0.5	0.8	14~21	16	0.4	
滨南	0.3	0.24					
大港	0.12	0.23	<1	18.5		0.8	
任丘	0.3	0.38	0.7	15	1.8		0.220
玉门	0.11	0.3	<0.02	18.8	6.8	0.46	
克拉玛依	0.1	0.23	<0.4	13.8	8	0.7	
霸县混合油	0.1		<0.1	1.3	0.4	0.3	
陕甘一号	0.05	0.067	<1	约 2			

表 2.1-21　中国各地油田原油相对密度和直馏馏分含量　　%(质量)

油田名称	相对密度 (d_4^{20})	汽油	轻柴油	减压柴油	渣油
		初馏至 180℃	180~350℃	350~500℃	>500℃
大庆(萨尔图)	0.8615	8.0	20.8	27.1	44.1
大庆(喇嘛甸子)	0.8666	8.7	18.7	28.7	43.9
扶余	0.8565	7.7	20.6	31.9	39.8
胜利(混合)	0.9005	6.1	19.0	27.5	47.5
胜利(滨南)	0.9024	7.3	23.3	24.0(350~480℃)	45.4(>480℃)
胜利(孤岛)	0.9640	1.9	14.0	28.9	55.2
华北(任丘)	0.8837	4.9	21.1	39.9	39.1

续表

油田名称	相对密度 (d_4^{20})	汽油	轻柴油	减压柴油	渣油
		初馏至 180℃	180~350℃	350~500℃	>500℃
华北(雁翎)	0.8902	1.5	21.3	33.9	43.3
华北(霸县)	0.8386	11.3	36.5	36.3	15.9
大港	0.8826	7.8	27.1	36.4	28.7
克拉玛依	0.8708	12.2	28.0	27.4(350~480℃)	32.4(>480℃)
南疆柯参 1#	0.7727	34.9	49.2	8.4(350~420℃)	7.5(>420℃)
玉门(老君庙)	0.8662	12.3	29.2	25.2	33.2
陕甘一号	0.8456	16.5	30.9	30.7	21.9
南阳	0.8618	3.5	21.5	25.8(350~480℃)	50.2(>480℃)
河南一号	0.8310	17.5	30.1	28.5	23.9
辽河	0.8793	10.4	26.2	29.9	33.5
中原	0.8466	17.2	27.3	23.2	32.3

三、中东原油性质

中东地区为世界原油的主要产地，世界上许多地区的乙烯原料尤其是石脑油均来自中东。国内炼油厂目前炼制较多的进口原油为沙特阿拉伯、科威特以及阿曼等国的原油。下面对其分别进行介绍。

1. 沙特阿拉伯原油

沙特阿拉伯 Ghawar 油田是世界上最大的陆上油田，所产 33°~34°API 原油是轻阿拉伯原油的代表。Safaniya 油田是世界上名列前茅的海上大油田，所产为 27°~28°API 原油，是目前仅有的重阿拉伯原油。29°~32°API 原油是阿拉伯中质原油，主要产自 Khursanyanh、Abu 等油田。Berri 油田的 37°~38°API 原油是阿拉伯超轻原油的代表。这些原油的一般性质见表 2.1-22。

表 2.1-22 沙特阿拉伯原油一般性质比较

项目	超轻		轻				中		重			
	Berri		Ghawar				Khursa-nyanb		Safaniya			
API 度	37.8	38.5	33.4	33.8	33.37	34.5	30.8	30.4	27.26	27.9	28.03	28.1
密度(20℃)/(g/cm³)	0.8314	0.8280	0.8539	0.8518	0.8542	0.8482	0.8677	0.8699	0.8372	0.8835	0.8830	0.8825
硫含量/%	1.19	1.1	1.7	1.81	1.87	1.7	2.4	2.59	3.09	2.85	2.79	3.0
氮含量/10^{-6}	—	2.0	—	44	897	900	—	58	900	—	110	1600
酸值/(mgKOH/g)	—	—	—	—	0.1	—	—	—	0.17	—	—	—
倾点(凝点)/℃	-31/7	-17.8	-34.4	-15	(<-30)	-26	-15	-12.2	(-32)	-28.9	-23.3	-29
黏度/(mm²/s)												
21.1℃	5.8	—	10.2	—	—	—	16.2	—	—	37.0	—	—
37.8℃	3.86	4.4	6.25	6.7	—	—	9.41	12.1	—	19.0	23	—

续表

项目	超轻		轻				中		重			
	Berri		Ghawar				Khursa-nyanb		Safaniya			
40℃	—	—	—	—	6.39	—	—	—	—	—	—	—
50℃	—	—	—	—	4.95	—	—	—	15.06	—	—	—
80℃	—	—	—	—	2.71	—	—	—	6.83	—	—	—
残炭/%		2.0	—	3.58	4.0	—	—	5.87	7.93	—	5.79	—
钒/10^{-6}	—	2.2	—	15.5	14.8	—	—	27.9	70	—	6.75	—
镍/10^{-6}	—	0.6	—	3.2	4.5	—	—	8.4	22	—	16.7	—
蜡含量/%(质量)	—	—	—	—	3.4	—	—	—	4.16	—	—	—
收率/%(质量)												
<150℃	15.88	—	14.3	—	15.1	16.5	13.49	—	10.4	11.5	—	14.0
<200℃(<235℃)	(33.48)	—	(29.4)	—	23.7	—	(26.59)	—	16.99	(22.5)	—	20.0
<343℃(<370℃)	54.78	(62)	48.7	(56.6)	48.0	51.9	44.09	(50.9)	40.0	38.3	(45.3)	42.0
<500℃(<520℃)	—	—	—	—	74(77.49)	—	—	—	64.13	—	—	—
<535℃(<565℃)	(87.58)	58.6	80.5	79.8	—	80	(76.7)	74	—	(70.3)	66.8	64
原油基属	—	—	—	—	含硫中间基	—	—	—	含硫中间基	—	—	—

由表2.1-22可见4类原油的共同特点是硫含量高(1.1%~3.1%)，倾点或凝点低(-12℃至低于-30℃)，黏度小(21℃运动黏度5.8~37mm^2/s)，氮含量不高(0.002%~0.16%)，酸值低(0.1~0.17mgKOH/g)，蜡含量不高(3.4%~4.16%)。残炭和重金属的含量随原油由轻到重而增加，残炭从2%到7.93%(在我国原油范围之内)，但重金属钒由2.2×10^{-6}到7×10^{-5}，镍由6×10^{-7}到2.2×10^{-5}，远高于我国原油含量。

馏分油的收率随原油由轻到重而逐渐减小，收率(%)如下：

沸点	超轻	轻	中	重
<343℃	55	48~52	44	38~42
<535℃	84	80	74	64~67

但仍较我国大宗原油为高。4类原油虽有轻、重之别，但同属含硫中间基原油。

沙特阿拉伯原油直馏产品汽油和石脑油、常压柴油、减压柴油性质见表2.1-23、表2.1-24、表2.1-25。

表2.1-23 沙特阿拉伯原油汽油和石脑油馏分性质

项目	超轻Berri		轻					中		重			
沸点范围/℃	20~100	100~150	20~100	100~150	65~160	65~170	<180	20~100	100~150	20~100	100~150	<200	<130
收率/%(质量)	8.13	7.75	7.0	7.3	12.54	14.26	20.33	6.9	6.59	6.8	6.9	16.99	8.08
密度(20℃)/(g/cm^3)	0.669	0.7404	0.6690	0.7367	0.7305	0.7365	0.7177	0.6713	0.7424	0.6649	0.7332	0.7273	0.6895

续表

项目	超轻 Berri		轻					中		重			
硫含量/%	0.071	0.053	0.024	0.027	0.032	0.037	0.027	0.043	0.05	0.0069	0.024	0.04	0.008
辛烷值(净)													
RON(MON)	50	—	55	—			(50.5)	54.5		58.6	—	(38)	
组成/%(体积)													
链烷烃	87.4	65.5	86.88	68.3	64.08	63.28		85.3	68.5	89.3	69.3	—	81.5
环烷烃	11.2	20.4	10.7	19.0	25.17	24.91		12.3	18.8	9.6	20.2	—	15.4
芳烃	1.4	14.3	2.5	12.7	10.74	11.78		2.4	12.7	1.1	10.5	—	3.1
酸度/(mgKOH/100mL)	—	—	—	—	0.46	0.52	0.31	—	—	—	—	1.14	—
芳潜/%	12.1①	33.8①	12.7①	30.9①	34.5	35.2	—	14.2	30.7	10.3	29.8	—	16.9
BMCI	—	—	—	—	13.8	15.4	8.7	—	—	—	—	10.14	6.6

① 为估计值，芳潜=95.8%环烷烃+芳烃。

表 2.1-24 沙特阿拉伯原油常压柴油馏分性质

项目	超轻 Berri	轻		中	重		
沸点范围/℃	235~343	235~343	220~370	235~343	235~343	200~320	200~350
收率/%(质量)	21.3	19.3	26.16	17.5	15.8	19.23	23.83
密度(20℃)/(g/cm^3)	0.8339	0.8380	0.8462	0.8405	0.8444	0.8287	0.8377
硫含量/%	0.72	1.03	1.26	1.24	1.3	1.20	1.32
倾点(凝点)/℃	-12.2	-15	(-16)	-9.4	-15	-25	-21
苯胺点/℃	71.7	70.7	—	69.4	67.8	—	—
黏度/(mm^2/s)							
20℃	—	—	6.2	—	—	3.975	4.92
37.8℃	3.4	3.35	—	3.53	3.45	—	—
98.9℃	1.28	1.3	—	1.32	1.21	—	—
酸度/(mgKOH/100mL)	—	—	2.0	—	—	7.10	9.70
BMCI	—	—	32.2	—	—	28.7	30.6
实际胶质/(mg/100mL)	—	—	60	—	—	10.4	18.4

表 2.1-25 阿拉伯原油减压柴油的性质

项目	超轻 Berri		轻				中		重		
沸点范围/℃	343~565	370~535	343~565	370~535	370~520	450~520	343~565	370~535	343~565	370~535	350~500
收率/%(质量)	32.8	23.6	31.8	23.3	24.3	11.0	32.7	23.1	32.0	21.5	23.31
密度(20℃)/(g/cm^3)	0.8966	0.9060	0.9126	0.9195	0.9141	0.9306	0.9186	0.9250	0.9247	0.9250	0.9170
硫含量/%	1.83	2.07	2.41	2.48	2.61	2.72	2.91	2.72	2.92	2.91	2.91
黏度(98℃)/(mm^2/s)	6.25	5.4	6.89	5.9	6.93	42.0	6.4	6.5	8.46	6.9	6.872
倾点(凝点)/℃	35	27	35	27	(34)	—	37.8	29	35	35	(30)
苯胺点/℃	88.9	91	82.2	85	—	—	80	79	78.3	80	—

续表

项目	超轻 Berri		轻				中		重		
折射率											
67℃	—	1.48647	—	1.49203	—	—	—	1.49584	—	1.50236	—
70℃	—	—	—	—	—	—	—		—	—	1.4960
20℃	—	—	—	—	1.5138	1.524	—	—	—	—	—
残炭/%	—	0.05	—	0.10	0.12	0.24	—	0.12	—	0.15	0.15
氮含量/%(质量)	—	0.032	—	0.058	0.0778	0.1031	0.07	0.065	—	0.078	0.07
氧含量/%(质量)	—	0.51	—	0.57	—	—	—	0.65	—	0.67	—
碳含量/%(质量)	—	85.00	—	84.97	85.56	85.66	—	85.05	—	85.02	—
氢含量/%(质量)	—	12.33	—	11.92	11.69	11.29	—	11.47	—	11.33	—
分子量	—	360	—	371	378	439	—	399	—	429	383
饱和烃/%	—	55.5	—	51.0	65.8	56.7	—	42.6	—	40.7	—
芳烃/%	—	40.8	—	44.5	31.6	39.7	—	52.3①	—	54.0	—
胶质/%	—	3.7	—	4.5	2.6	3.6	—	5.1①	—	5.3①	—
镍(钒)含量/%	—	—	—	—	—	—	0.02 (0.08)	—	—	—	0.52 (0.07)

① 差值。

从表2.1-23、表2.1-24、表2.1-25可看出轻、中阿拉伯原油石脑油的*BMCI*值和芳烃含量均不高，是较好的裂解原料。柴油的*BMCI*值则很高，不适合作裂解原料。而减压柴油的饱和烃含量为50%左右，需加氢才可作为裂解原料。

2. 科威特原油

科威特石油和天然气蕴藏量丰富，科威特原油一般性质见表2.1-26、馏分油性质见表2.1-27、表2.1-28。可以看出科威特原油属含硫环烷烃中间基。科威特原油的石脑油和柴油馏分是蒸汽裂解制乙烯的理想原料。

表2.1-26 科威特原油一般性质

项目	数据	项目	数据
API度	31.4	沥青质/%	1.97
密度(20℃)/(g/cm^3)	0.8650	蜡含量/%	2.73
黏度/(mm^2/s)		金属含量/10^{-6}	
40℃	9.39	铁	0.2
50℃	7.31	镍	9.4
凝点/℃	-20	铜	<0.1
硫含量/%	2.3	钒	39.4
氮含量/%	0.14	铅	<0.1
残炭/%	5.69	轻烃含量/%(质量)	
水分/%	痕迹	$<C_2$	0.05
盐含量/(mgNaCl/L)	8.03	$<C_3$	0.58
酸值/(mgKOH/g)	0.066	$<C_4$	2.08
胶质/%	7.74		

表 2.1-27　科威特原油石脑油馏分性质

项　目	沸点范围/℃		
	15~145	15~180	15~200
密度(20℃)/(g/cm³)	0.6956	0.7152	0.7242
硫含量/%	—	—	0.123
辛烷值　马达法	—	61.3	60
研究法	—	65.0	63.2
馏程/℃			
初馏点	34	45	51
10%	48	66	73
30%	79	97	145
50%	97	117	126
70%	111	136	151
90%	123	156	174
终馏点	154	182	197
族组成/%(体积)			
链烷烃	77.39	72.69	
环烷烃	15.88	16.34	
芳烃	6.73	10.97	

表 2.1-28　科威特原油柴油馏分性质

项　目	沸点范围/℃		
	180~300	200~320	200~350
密度(20℃)/(g/cm³)	0.8093	0.8213	0.8283
黏度(20℃)/(mm²/s)	2.57	3.42	4.39
凝点/℃	-37	-28	-21
苯胺点/℃	65.2	68.4	70.1
柴油指数	63.4	61.9	60.8
十六烷值指数	51	52.7	53.5
BMCI	32.3	25.39	26.41
硫含量/%	—	—	0.881
馏程①/℃			
初馏点	191	214	217
10%	204	226	231
30%	220	241	253
50%	233	255	271
70%	250	271	293
90%	267	288	316
终馏点	282	304	335

① GC 模拟蒸馏法分析。

3. 阿曼原油

阿曼原油及其主要直馏产品的性质见表 2.1-29、表 2.1-30。

表 2.1-29 阿曼原油一般性质

项　目	数　据	项　目	数　据
API 度	36.3	倾点/℃	-26.1
密度(20℃)/(g/cm³)	0.8392	黏度(15.6℃)/(mm²/s)	12.3
硫含量/%	0.79	≤45℃收率/%(体积)	3.63
雷氏蒸气压/kPa	28.96		

表 2.1-30 阿曼原油直馏产品

项　目	轻石脑油	重石脑油	轻柴油
沸点范围/℃	45~104.4	104.4~198.9	232.2~343.3
API 度	70.4	55.3	37.5
密度(20℃)/(g/cm³)	0.6961	0.753	0.8332
硫含量/%	0	0.03	0.42
氮含量/10^{-6}	—	—	31
倾点/℃	—	—	-9.4
苯胺点/℃	—	—	75.7
族组成/%(体积)			
链烷烃	77.0	68.6	—
环烷烃	18.2	21.3	—
芳烃	4.8	10.1	1

从表 2.1-30 中可看出阿曼石脑油是很好的乙烯裂解原料。

4. 中东其他地区原油

中东地区主要原油性质及其产品性质比较见表 2.1-31、表 2.1-32。

表 2.1-31 中东地区主要原油典型性质

项　目	沙特阿拉伯		伊　朗		伊拉克		阿联酋		科威特出口原油
	轻质原油	重质原油	轻质原油	重质原油	轻质原油	重质原油	乌姆谢夫	迪拜(Faleh)	
API 度	33.4	27.9	33.2	30.9	33.7	24.7	37.4	31.3	31.4
密度(20℃)/(g/cm³)	0.8575	0.8871	0.8554	0.8707	0.8559	0.9052	0.8372	0.8699	0.8680
主要馏分组成/%									
C_5~190℃	21.58	16.66	21.78	20.88	21.92	17.0	26.76	20.83	19.49
190~360℃	27.44	21.91	26.46	24.87	25.94	23.55	28.25	26.83	24.02
360~565℃	32.09	32.17	31.43	30.09	33.62	32.23	29.83	34.89	32.01
>565℃	17.70	27.65	18.44	22.69	17.04	27.63	13.35	16.18	22.54
黏度/(mm²/s)									
21℃	10.2	37.0	10.5	16.8	10.6	50	4.7	12.34	15.7

续表

项目	沙特阿拉伯		伊朗		伊拉克		阿联酋		科威特出口原油
	轻质原油	重质原油	轻质原油	重质原油	轻质原油	重质原油	乌姆谢夫	迪拜(Faleh)	
37.8℃	6.25	19.0	6.41	9.4	6.5	24	3.6	7.48	9.7
硫含量/%	1.79	2.85	1.35	1.73	1.95	3.5	1.51	2.0	2.52
氮含量/%	0.098	0.168	0.17	0.23	0.095	—	0.061	0.17	0.12
倾点/℃	-34.4	-28.9	-28.9	-15	-15	-30	-30	-8.9	-15
残炭/%	3.58	7.9	3.5	5.25	4.18	9.73	2.2	4.62	5.3
镍含量/10^{-6}	4.4	18.0	13.0	30.5	5.0	11	0.8	14.0	8.0
钒含量/10^{-6}	20.5	57.0	35.0	115.0	18.0	90	3	42.0	30.0

表 2.1-32 中东原油常压馏分性质

项目	沙特阿拉伯		伊朗		伊拉克		阿联酋		科威特
	轻质原油	重质原油	轻质原油	重质原油	轻质原油	重质原油	乌姆谢夫	迪拜(Faleh)	出口原油
轻石脑油	20~100℃		C_5~65℃		C_5~65℃		C_5~80℃		<60℃
收率/%	7.0	5.9	3.0	2.6	3.7	2.6	6.4		2.8
密度(20℃)/(g/cm³)	0.6690	0.6642	0.6512	0.6420	0.6410	0.6431	0.6547		0.6362
硫含量/%	0.024	0.0059					0.103		0.04
辛烷值(*RON*)	55.0	58	72.4	73.0	83	83	65		71.8
族组成/%(体积)					(+0.4gPb/L)				
链烷烃	86.8	88.2	94.4	93.5					
环烷烃	10.7	10.2	4.8	5.7					
芳烃	2.5	1.2	0.8	0.8					
重石脑油	100~150℃		65~149℃		65~175℃		80~150℃	15~145℃	80~154℃
收率/%	7.3	5.6	12.2	12.3	16.2	12.2	12.1	12.9	11.7
密度(20℃)/(g/cm³)	0.7367	0.7321	0.7341	0.7346	0.7328	0.7359	0.7369	0.6805	0.7263
硫含量/%	0.027	0.016	0.04	0.088			0.052	0.0193	0.03
辛烷值(*RON*)	—	—	—	—	54	55	—	55.6	—
族组成/%(体积)					(+0.4gPb/L)				
链烷烃	68.3	70.8	57.5	53.4	73	69.6	—	68.4	70.1
环烷烃	19.0	19.5	31.1	33.1	17	21.0	—	23.1	20.8
芳烃	12.7	9.7	11.4	13.5	10	9.5		8.5	9.1
煤油	150~235℃		149~262℃		175~225℃		150~230℃	145~230℃	154-271.1℃
收率/%	15.1	11.0	19.2	16.8	8.2	6.9	14.9	15.0	16.9
密度(20℃)/(g/cm³)	0.7837	0.7819	0.7986	0.7999	0.7913	0.7953	0.7862		0.7933
硫含量/%	0.084	0.16	0.198	0.289	0.10	0.38	0.095	0.25	0.39

续表

项目	沙特阿拉伯		伊朗		伊拉克		阿联酋		科威特
	轻质原油	重质原油	轻质原油	重质原油	轻质原油	重质原油	乌姆谢夫	迪拜（Faleh）	出口原油
结晶点/℃	-57.2	-55	-49	-50.0	—	—	-53		-42.8
烟点/℃	23	26	24	23	—	—	23	22	26
黏度(37.8℃)/(mm²/s)	1.13	1.14	—	—	—	—	—		—
芳烃/%(体积)	20.6	18.9	18.0	17.8	—	—	21.0	19.2	—
轻柴油	235~243.3℃		262~352℃		225~360℃		230~375℃	145~350℃	271.1~360℃
收率/%	19.3	15.8	15.4	14.6	22.9	21.6	26.3	35.0	14.8
密度(20℃)/(g/cm³)	0.8380	0.8444	0.8559		0.8396	0.8678	0.8484	0.8278	0.8568
硫含量/%	1.03	1.30	1.05	1.22	1.20	1.95	1.18	1.04	1.98
黏度/(mm²/s)									
37.8℃	3.35	3.45	—	—	—	—	—	1.99	5.25
98.9℃	1.3	1.3	—	—	1.35	1.42	—	—	—
倾点/℃	-15	-15	-4.4	-4	-12	-16	-12	—	-6.7
十六烷值	—	—	53	52	—	—	51.2	51.0	54.3

从表2.1-31、表2.1-32可看出中东原油及其产品在性质上有的相似，有的则相差较大。先分以下两点进行比较：

(1) 原油一般性质

上述5个国家除科威特外，原油均可划分为轻质、中质和重质3类。从API度和密度来看，比我国胜利和辽河原油轻得多，胜利原油相当于中东5国最重的重质原油。大庆原油API度和密度虽然介于中东轻质与中质原油之间，但由于大庆原油是典型的石蜡基原油，其相同沸点馏分的密度明显低于中间基或环烷基原油。因此，从馏分组成看，中东原油轻组分收率和蜡油收率一般均比我国原油高，这是中东原油最明显的优势。中东原油的黏度和倾点比我国原油低得多，倾点全部为负值，易于储存和输送。硫含量都比较高，轻质原油硫含量一般在1.5%~2.0%，中质和重质原油硫含量均在2.0%以上，有的重质原油硫含量高达3.5%以上，这是中东原油特点之一。除此之外，中东原油重金属含量非常高，尤其是钒含量远远高于镍含量，这为深度加工，特别是重油加工带来了新的问题。

(2) 常压馏分性质

中东原油一般含有较高收率的轻石脑油，这些轻石脑油是制氢或蒸汽裂解制乙烯的好原料。

重石脑油有两类：一类含有较多的链烷烃，适合作为乙烯原料，如沙特阿拉伯、伊拉克、科威特出口原油等；另一类环烷烃和芳烃组分比例较高，适合作为催化重整原料，如伊朗原油和部分阿联酋原油。

煤油馏分产率较高，一般都在10%以上，经过精制(主要是脱硫)，可以生产喷气燃料和灯用煤油。

柴油馏分(LGO)馏分倾点较低，十六烷值都在50以上，硫含量均在1.0%~2.0%之间，需要较深加氢精制才能作为 0 号或-10 号柴油组分。

四、世界乙烯原料发展趋势

1. 乙烯原料变化趋势

生产乙烯的原料最初是油气田中的轻烃，到 20 世纪 60 年代，乙烯裂解原料主要是乙烷和石脑油，70 年代又扩大到轻柴油等馏分，但石脑油是主要原料。80 年代，石脑油在乙烯原料中约占 70%左右，亚洲和欧洲乙烯生产主要使用石脑油。90 年代后期，随着中东油田轻烃产量大幅增加，乙烷在裂解原料中的占比大幅提升。近年来，随着美国页岩气产量大幅增加，乙烷在裂解原料中的占比快速提升。除了蒸汽裂解制乙烯外，根据各国和地区资源禀赋的不同，煤制烯烃、甲醇制烯烃、可再生原料制乙烯等途径的发展使乙烯原料更加多元化。从各种途径看，目前蒸汽裂解仍是主要能力，占全部产能的 96%，煤/甲醇制烯烃占 3%左右，其他途径占比仍很小。

进入 21 世纪以来，全球乙烯原料的多元化、轻质化趋势明显，石脑油在乙烯原料中的占比已经从 2010 年的 62. 8%下降至 2022 年的 47. 6%左右，而乙烷原料占比从 17. 3%增至 21. 4%，煤/甲醇原料占比从 0. 1%提升至 8. 4%。其他原料方面，从 2010 年至 2022 年，液化石油气原料占比从 13. 8%升至 16. 8%，粗柴油占比从 5. 6%略降至 5. 2%，另有其他原料占比维持在 0. 5%左右(图 2. 1-9、图 2. 1-10)。从原料所生产的乙烯产量看，由石脑油生产的乙烯产量占全部乙烯产量的份额从 2010 年的 49%下降到 39%，由乙烷生产的乙烯产量份额从 31%增长到 37%。从各种原料乙烯的收率看，乙烷裂解制乙烯流程短，乙烯收率也最高，平均收率在 80%左右，石脑油制乙烯的收率在 35%左右，液化石油气原料制乙烯收率为 42%，煤制乙烯收率为 15%，甲醇制乙烯平均收率在 33%左右。

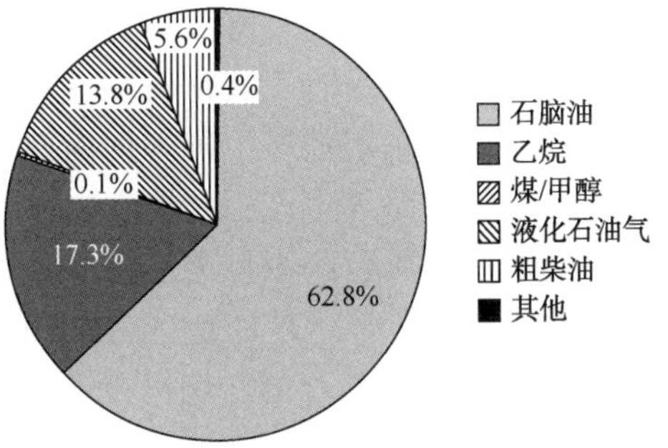

图 2. 1-9 2010 年全球乙烯原料占比情况

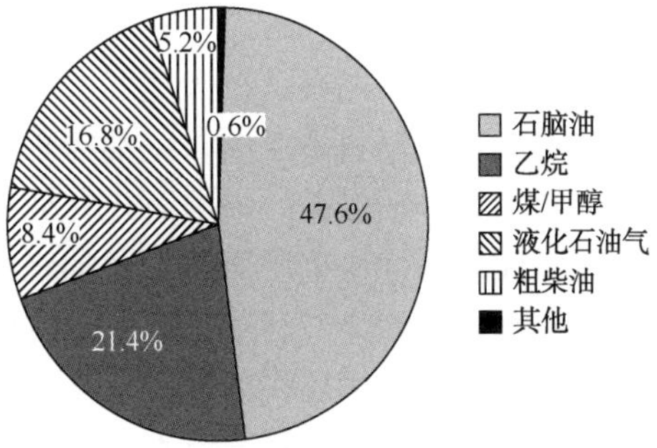

图 2. 1-10 2022 年全球乙烯原料占比情况

全球各地区乙烯原料成本存在较大差异，乙烷等轻质原料成本明显低于石脑油及其他重质原料。亚洲和西欧乙烯原料以石脑油为主，而美国乙烷价格远低于西欧和亚洲石脑油价格，美国乙烷价格随原油价格的波动幅度也较小，美国乙烷裂解产乙烯具有明显成本优势。美国乙烷基乙烯较亚洲石脑油基乙烯的成本优势已经从 2013—2014 年的 800 美元/t 下降至 2021 年的 400 美元/t 左右，随着美国乙烷价格的提高，乙烷与石脑油之间的原料成本差距会逐渐缩小，但这种成本优势将长期存在。2010—2021 年欧美及中国乙烯原料成本对比见图 2. 1-11。

原料成本是影响区域乙烯产业发展的重要因素，原料的低成本对于石化厂商的效益提

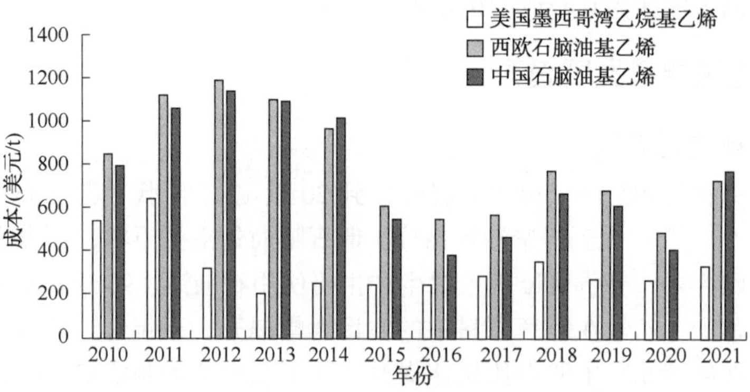

图 2.1-11　2010—2021 年欧美及中国乙烯原料成本对比

升至关重要。原料成本高企，对欧洲乙烯产业造成冲击。2008—2015 年，受中东地区低价乙烯产品的冲击，加之东北亚地区乙烯产业迅速发展以及美国页岩气革命带来的石化产业复兴，欧洲乙烯失去竞争力，多套乙烯装置关停，2015 年逐渐稳定，很多乙烯装置通过改造采用石脑油加轻烃混合进料，混合进料的产能占比近 60%，只用石脑油的占比在 21%。一些公司在装置中加入美国乙烷进料。目前欧洲只有 1 套纯乙烷进料的乙烯装置，埃克森美孚公司和壳牌公司各占 50%的股权。

近年来，中国乙烯生产商也在发展低成本乙烯，原料已经不仅仅局限在石脑油，煤/甲醇制烯烃、乙烷制乙烯得到重视和发展。中国已经建成并计划新建一批乙烷裂解和轻烃裂解项目。国际大型石化公司也通过降低乙烯成本来提升化工业务的竞争力，例如埃克森美孚在中国广东新建原油直接制乙烯装置，走原料低成本化、产品高端化路线，抢占中国国内市场。

从发展前景来看，石脑油与液化石油气原料交替竞争，液化石油气将更加受欧洲和亚洲乙烯厂商的青睐，尤其是在天然气价格不断上涨的情况下。长远看，液化石油气将成为一种优于石脑油的原料。亚洲石脑油需求将继续增长，印度、东南亚、中国炼厂新建和升级产能将增加石脑油供需。中国石化行业将不断优化蒸汽裂解路线生产乙烯原料，扩大利用低价轻质原料和优质重质原料，增加轻柴油、加氢尾油等重质裂解原料进乙烯装置的比例，不断提高炼厂副产气利用程度，具有较好进口条件和产业承接条件的地区将利用更多的进口轻质原料。中国还将适度发展煤/甲醇制烯烃。中东和美国生产的乙烷仍将成为主要的乙烯原料，丰富的资源将继续支撑乙烷相对石脑油的优势。

2. *具有原料灵活性的乙烯装置*

为了适应乙烯原料资源、供应和价格经常变化的形势，从 20 世纪 70 年代末开始，对乙烯装置设计、工艺过程、设备结构的研究改进，出现了一套装置可以裂解多种原料的灵活性装置。这种装置可以根据原料供应和价格的变化，以及下游产品的需求情况，选用价格便宜、转化率高、能耗又低的原料生产乙烯，以提高装置的经济效益。

国外的乙烯装置，特别是在美国，使用单一原料的已是少数，美国有 40%(按生产能力计)的乙烯装置可以使用从乙烷到柴油的四种原料。日本和西欧仍主要使用石脑油，但使用多种原料的装置也在增加。发展中国家新建的乙烯装置，如沙特阿拉伯、墨西哥，只采用单一的乙烷为原料，这是由其本国资源决定的。

总之，目前乙烯生产原料的发展趋势有两个，一是原料趋向多样化，二是原料中的轻烃比例增加。

第二节 评价裂解原料特性的主要指标

生产乙烯的裂解原料范围很广，可分为气体和液体两大类：气体原料包括油田伴生气、页岩气、炼厂气和各种其他途径得到的饱和轻烃；液体原料包括来自原油一次或二次加工得到的石脑油、柴油、加氢尾油以及 F-T 合成油、生物烷烃等。原料组成因产地和加工方法不同差别很大，而组成又对裂解产品分布和工艺有着决定性的影响，因此很难用统一的指标来表征所有原料的裂解特性。针对不同原料，研究者总结了一套采用多种组合表征裂解原料特性的公认指标(见表 2.2-1)。这些指标有原料的化学组成，石油馏分的物性(馏程、密度、平均分子量、特性因数、芳烃指数、折射率等)，含氢量和杂质含量等。这些指标可用色谱、质谱和核磁共振仪和其他专门仪器测定，或由计算式(或图表)和关联式得到。这些指标与原料裂解特性和工艺结果有一定的关联关系。

表 2.2-1 评价裂解原料的参数

评价指标	气体原料	液体原料			
	乙烷、丙烷、丁烷、C_5 烃	石脑油馏分 30～200℃	常压柴油馏分 160～360℃	减压柴油馏分 250～560℃	加氢尾油 250～540℃
化学组成					
详细烃组成	●				
烃族组成		●	○	○	●
n-P/*i*-P		●			
统计平均分子			●	●	●
结构族组成			●	●	●
氢含量或碳氢比		●	●	●	●
平均分子量		●	●	●	●
含硫量	●	●	●	●	○
物性指标					
馏程		●	●	●	●
相对密度		●	●	●	●
特性因数		○			
BMCI			●	●	●
折射率		○	○	○	○
黏度		○	○	○	○
残炭、沥青质			●	●	●
溴价或碘值		○	○	○	○
其他杂质	○	○	●	●	●

注：●—重点指标；○—一般指标。

一、石油烃的化学组成

裂解原料中的主要成分是各种碳数不同的烃类的混合物。各种烃由于化学结构不同，所表现的裂解反应性能也不尽一致。石油中烃类组成一般有以下几种表示法。

1. 烃的详细组成

一种裂解原料的裂解性能主要取决于它是由哪些烃所组成以及这些烃在混合物中的含量，因此裂解原料的烃详细组成是表征其裂解性能最根本的数据。由于作为裂解原料的石油馏分碳数分布很广(从 C_2~C_{40})，因此，此种烃组成表示法只限于用作表征气体原料(乙烷，丙烷，丁烷，C_5 烃)裂解特性的指标。因为气体烃组成相对简单，通过气相色谱测定也比较容易。气体烃裂解几乎不生成液体产品：乙烷裂解主要生成乙烯、氢和甲烷，是生成乙烯和氢选择性最高的裂解原料(乙烯选择性约为 80%)，但生成甲烷选择性较其他原料低；丙烷裂解的主产物为乙烯、丙烯、甲烷和氢，生成乙烯选择性可达 43%左右；正丁烷裂解主产物为乙烯、丙烯、甲烷、丁烯和丁二烯，生成乙烯选择性可达 42%左右，但异丁烷裂解生成乙烯选择性只有 20%左右；C_5 正构烷烃裂解主产物与正丁烷大体一致，但它会生成少量的液体产品；C_5 异构烷烃和环烷烃裂解生成乙烯的选择性比 C_5 正构烷烃低，而生成的液体产品比正构烷烃高。

而对于组分繁多的液体石油馏分，一般采用下面几种简化而实用的方法来表征该种原料的大致化学组成。

2. 族组成(*PONA* 值)

石油馏分主要由烃组成，其结构可分为链烷烃、烯烃、环烷烃和芳烃四大类，一般用 *PONA* 值表示。*PONA* 值的含义为：

P——链烷烃(Paraffin)；

O——烯烃(Olefin)；

N——环烷烃(Naphthene)；

A——芳烃(Aromatics)。

各族烃类的裂解性能不尽相同，但大体上符合以下规律。

链烷烃：链烷烃较易裂解生成乙烯和丙烯，其中正构烷烃裂解的乙烯收率比异构烷烃高，甲烷、丙烯、丁烯、芳香烃的收率比异构烷烃低。因此，在烷烃分析中尚需分别测定正构烷烃(n-P)和异构烷烃(i-P)的含量(即正/异构比，n-P/i-P)。值得注意的是，正、异构烷烃的裂解性能差异随着烷烃碳数的减少越发显著。链烷烃是裂解制乙烯、丙烯等主产品最主要的成分，一般裂解原料中 P 含量>60%，而 P 含量>70%(n-P/i-P ≈ 1)的石脑油为优质的裂解制乙烯原料。

烯烃：裂解原料中一般烯烃含量低于 3%。烯烃的裂解性能一般不如相应碳数的烷烃，但它是生成炉管焦的重要母体。二次加工石油馏分烯烃含量较高，需经过加氢处理后方可作为裂解原料。

环烷烃：裂解原料中一般环烷烃含量为 10%~30%。环烷烃裂解的乙烯、丙烯及碳四烯烃收率不如烷烃，而且比烷烃易于生成芳烃。环己烷裂解生成乙烯、丁二烯和芳烃，环戊烷裂解生成乙烯和丙烯。

芳烃：裂解原料中一般芳烃含量在 15%以下。芳环和短侧链芳烃裂解时几乎不生成气体产物，芳烃发生的最重要的反应是缩聚反应，形成高分子量的化合物，成为裂解焦油的主要组成，如果缩聚反应严重则会造成结焦和积炭。长侧链芳烃的侧链在裂解时对生成乙烯、丙烯是有贡献的，并随着侧链长度增加而增加。

PONA 值在一定程度上可以反映原料的裂解性能，一般用作表征石脑油馏分裂解性能的主要指标。表 2.2-2 列出了三种石脑油的 *PONA* 值，图 2.2-1 为它们裂解的主要产品收率。

表 2.2-2　三种石脑油的 *PONA* 值

烃	石脑油 1				石脑油 2				石脑油 3			
	n-P	*i*-P	N	A	*n*-P	*i*-P	N	A	*n*-P	*i*-P	N	A
C_3	0.1	—	—	—	0.8	—	—	—	—	—	—	—
C_4	2.8	0.3	—	—	3.8	0.8	—	—	0.1	—	—	—
C_5	15.9	10.4	1.4	—	5.6	3.6	0.4	—	0.4	0.4	—	—
C_6	11.4	14.4	5.2	1.0	5.8	6.2	3.0	0.6	0.8	0.7	0.8	0.3
C_7	5.9	8.0	3.8	1.8	5.9	6.5	4.9	1.6	11.8	4.8	6.5	5.2
C_8	2.5	4.9	2.3	2.2	6.3	7.5	4.5	5.0	8.7	16.5	8.7	11.1
C_9	1.3	1.1	0.4	1.2	5.4	3.4	0.9	7.0	6.1	6.1	2.2	3.5
C_{10}	0.6	1.2	—	—	3.5	7.0	—	—	1.8	3.5	—	—
合计	40.5	40.3	13.0	6.2	37.1	35.0	13.7	14.2	29.7	32.0	18.2	20.1

从表 2.2-2 和图 2.2-1 三种石脑油的对比结果可以看出，石脑油 1 烷烃含量较高，乙烯、丙烯、丁二烯收率亦最高，石脑油 2 次之，石脑油 3 最低。而副产物如裂解汽油和燃料油的收率规律正好与之相反。所以，*PONA* 值是一个表征原料(特别是石脑油)裂解性能的简单而实用的参数。

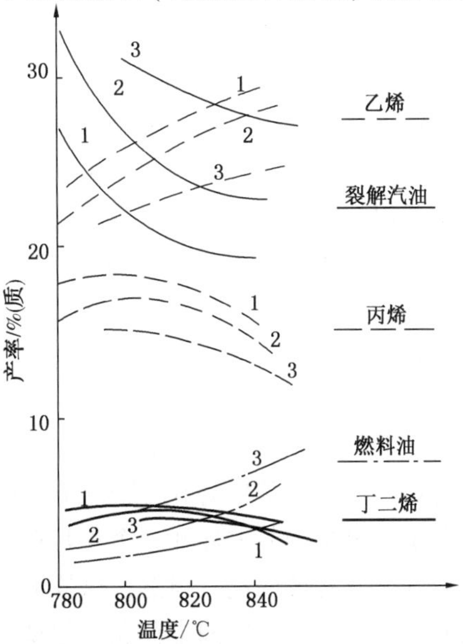

图 2.2-1　三种石脑油裂解主要产品分布

裂解条件：稀释比 0.7，

流速 13.5g/(cm² · s)，入口温度 580℃

原料油品的族组成 *PONA* 值通常由实验测得，当无实验数据时，可由下列方法估算。

$$P=a+bR_i+cVG \qquad (2.2-1)$$

$$N=d+eR_i+fVG \qquad (2.2-2)$$

$$A=g+hR_i+iVG \qquad (2.2-3)$$

其中，

$$R_i=n-\frac{d_4^{20}}{2} \qquad (2.2-4)$$

$$I=\frac{(n_D^{20})^2-1}{(n_D^{20})^2+2} \qquad (2.2-5)$$

VG 的计算如下：

对重馏分

$$VG=\frac{10d_{15.6}^{15.6}-1.0752\lg(\nu_{100}-38)}{10-\lg(\nu_{100}-38)} \qquad (2.2-6)$$

或 $$VG=\frac{d_{15.6}^{15.6}-0.24-0.022(\nu_{210}-35.5)}{0.755} \qquad (2.2-7)$$

对轻馏分

$$VG=-1.816+3.484d_{15.6}^{15.6}-0.1156\ln\nu_{100} \quad (2.2-8)$$

或

$$VG=-1.948+3.535d_{15.6}^{15.6}-0.1613\ln\nu_{210} \quad (2.2-9)$$

式中 a，b，c，…，i——常数，其取值见表 2.2-3；

n_D^{20}——原料在 20℃、101.3kPa 时的折射率；

M——原料的平均分子量；

d_4^{20}，$d_{15.6}^{15.6}$——原料在 20℃和 15.6℃、101.3kPa 下的相对密度；

ν_{100}，ν_{210}——原料在 100℉(37.8℃)和 210℉(98.9℃)的运动黏度，$10^{-6}m^2/s$。

d_4^{20} 也可由下式计算：

$$d_4^{20}=2.83085M^{0.03975}I^{1.13543} \quad (2.2-10)$$

表 2.2-3 族组成 *PONA* 值的计算系数

常数	轻馏分	重馏分
a	-13.359	2.5737
b	14.4591	1.0133
c	-1.41344	-3.573
d	23.9825	2.464
e	-23.333	-3.6701
f	0.81517	1.96312
g	-9.6235	-4.0377
h	8.8739	2.6568
i	0.59827	1.60988
适用范围(分子量)	70~200	200~600

3. 统计平均分子结构

统计平均分子结构是林德公司开发的一种用来预测柴油裂解产品收率的方法。统计平均分子的概念是：假设柴油是由具有不同结构基团的平均分子组成的，不管这些基团在分子中的组合方式如何，只要各种结构基团含量相同，裂解时将会得到相同的裂解产物分布。这些结构基团分别为芳香族环数，环烷烃的环数，烷烃碳原子数，同烷烃碳原子结合的甲基数，芳环上取代基数和支链指数。由这些结构基团就可表示该种石油馏分的统计平均分子结构。

我们可以用 1mol 苯和 1mol 环已烷混合物来解释统计平均分子的概念。通过结构基团分析，此混合物的平均分子的平均碳数为 6，其中，芳香烃碳原子数为 3，烷烃碳原子数为 3，与烷烃结合的甲基数为 0，芳烃环上的取代基数为 0，支链指数为 0。因此上述混合物的平均分子是由半个芳香环和三个烷烃碳原子组成，平均分子中没有甲基，并且平均分子的芳烃环部分没有被取代。当然，这样的分子实际上是不存在的，它只是一种具有统计意义的说明方法，表示了柴油中存在的键型情况。

统计平均分子结构表征原料组成与 *PONA* 值分析表征法有很大差别。以二甲苯和三取代苯为例，差别如表 2.2-4 所示。从表中可以看出二甲苯用 *PONA* 值分析为 100%的芳烃碳，而结构分析表明只含 75%的芳烃碳；柴油中所含的三取代苯用 *PONA* 值分析芳烃碳含量为 100%，而结构分析表明则只有 37.5%的芳烃碳。

表 2.2-4 *PONA* 值和结构分析的差别

组分	*PONA* 值分析	结构分析
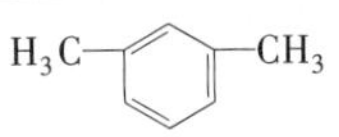	100%芳烃碳 0%链烷烃碳	75%芳烃碳 25%链烷烃碳
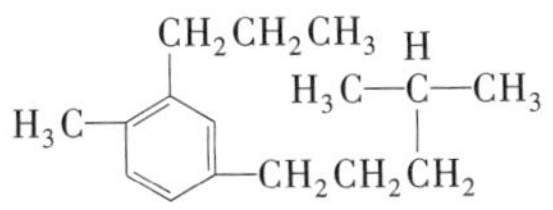	100%芳烃碳 0%链烷烃碳	37.5%芳烃碳 62.5%链烷烃碳

PONA 值分析认为分子是一个整体。石脑油的芳烃侧链短，对乙烯的贡献可以忽略不计，因而可用来准确预计石脑油的裂解结果。柴油由于芳烃侧链长，对乙烯的贡献不容忽视，而结构分析表明分子是各结构基团的总和，因而用来预测柴油裂解收率比 *PONA* 值更为合适。

结构分析中的支链指数为平均分子中甲基碳原子与链烷烃碳原子总量之比。由于支链指数区别了各种芳烃和烷烃碳的位置，所以成为准确预测产品分布的一个重要指标。

柴油的结构基团是由气相色谱、高压液相色谱和 H-核磁共振波谱仪测定的，表 2.2-5 列出了一个常压柴油结构分析的实例。

表 2.2-5 某常压柴油结构分析实例①

馏分位置②	单环芳烃			多环芳烃			饱和烃			计算结果		
	C 数 芳烃	H 数 芳烃	C/%	C 数 芳烃	H 数 芳烃	C/%	C 数 芳烃	H 数 芳烃	C/%	C 数 芳烃	H 数 芳烃	C/%
C_A(未取代)	2.9	2.9	19.6	5.4	5.4	34.8				1.1		7.0
C_A-CH_2(取代)	2.2		14.9	1.9		12.3				0.6		3.8
C_A-CH_3(取代)	1.1		7.4	1.2		7.7				0.3		1.9
C_A(缩合物)	0.0		0.0	2.6		16.8				0.3		1.9
C_A	6.2		41.9	11.1		71.6				2.3		14.6
C_P-α-CH_2	2.2	4.3	14.9	1.9	3.7	12.3				0.6	1.2	3.7
C_P-α-CH_3	1.1	3.4	7.4	1.2	3.7	7.7				0.3	0.9	1.8
C_P-CH_2	4.4	8.5	29.7	0.9	4.3	5.8	12.7	21.9	79.4	10.0	17.6	63.5
C_P-CH_3	0.9	2.6	6.1	0.4	1.3	2.6	3.3	10.0	20.6	2.6	7.8	16.4
C_P	8.6		58.1	0.4		28.4	16.0	31.9	100	13.4		85.4
支链指数	0.23			0.36			0.21					

① 芳烃含量=28%(其中单环芳烃 16%，多环芳烃 12%)。

② C_A、C_P分别表示芳烃环上和链烷烃上碳原子；C_A(未取代)表示芳烃环上碳原子的氢原子未被取代；C_A—CH_2(取代)、C_A—CH_3(取代)分别表示芳烃环上碳原子的氢原子被—CH_2 和—CH_3 取代；C_A(缩合物)表示碳原子处在稠合芳烃环的环间联结位置上；C_P-α-CH_2、C_P-α-CH_3 分别表示链烷烃 α 位置上碳原子的氢原子被—CH_2 和—CH_3 取代。

从表 2.2-5 的结果可以看出，该柴油单环芳烃中的 41.9%的碳和多环芳烃中 71.6%的碳都结合在芳环中，余下的碳，即单环芳烃组分中 58.1%的碳和多环芳烃中 28.4%的碳连接在烷基侧链上，而柴油中只有 14.6%的碳分布在芳烃环上。该柴油的平均分子由 2.3 个芳烃碳原子和 13.4 个烷烃碳原子组成；有 2.9 个甲基，其中 0.3 个直接与芳烃碳连接；2.3 个芳烃碳中有 1.1 个未被取代；在取代的芳烃碳基团中，0.6 个芳烃碳被亚甲基取代，0.3 个芳烃碳被甲基取代，0.3 个芳烃碳处在缩合芳烃环的环间连接位置上。平均分子的支链指数为 0.216。

4. 结构族组成

除了上述几种烃类组成表示法外，还有一种很有实际意义，也比较容易测定的烃类组成表示方法，称为结构族组成表示法。

众所周知，高沸点石油馏分由于分子量较大，结构复杂，往往在一个分子中同时含有芳香环、环烷环及相当长的烷基侧链。若按上述族组成法表示，准确性就有问题。例如，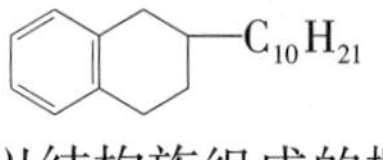就很难用族组成概念准确说明它究竟是属于烷烃、环烷烃还是芳香烃。如以结构族组成的概念，我们就可以认为此化合物是由芳香环、环烷环、烷基侧链三种结构单位组成。这三种结构单位在分子中所占的分量，可以用芳香环上的碳原子数占分子总碳原子数的百分数(C_A)、环烷环上的碳原子数占分子总碳原子数的百分数(C_N)和烷基侧链上的碳原子数占分子总碳原子数的百分数(C_P)来表示。在上面的例子中：

$$C_A\% = \frac{6}{20} \times 100 = 30 \quad (2.2-11)$$

$$C_N\% = \frac{4}{20} \times 100 = 20 \quad (2.2-12)$$

$$C_P\% = \frac{10}{20} \times 100 = 50 \quad (2.2-13)$$

除了三种结构碳原子数分布百分数外，再加上分子中的总环数($R_T=2$)，分子中芳香环数($R_A=1$)和分子中环烷环数($R_N=1$)，就可较好地描述此分子的结构。

石油馏分中的烃类组成方法也可以用这种方法表示，只是要把整个石油馏分当作一个平均分子看待，此时 C_A、C_N、C_P、R_T、R_A、R_N 的定义和含量都是相对平均分子而言。

通过进一步的研究发现，石油馏分的相对密度、折射率、分子量、黏度等物理常数与其结构族组成有着密切关系。各族烃中：芳香烃的相对密度和折射率最大，而且随着芳香环环数的增加其相对密度和折射率也增加；烷烃的相对密度和折射率最小，环烷烃的相对密度和折射率介于二者之间。因此，我们可以用 $n-d-M$ 法(折射率-相对密度-分子量关联法)和 $n-d-\nu$ 法(折射率-相对密度-黏度关联法)通过物性数据来计算石油馏分的结构族组成。

馏分油结构族组成与其 n、d、M 的关系可用以下通式表示。

$$C = a\Delta d + b\Delta n + \frac{c}{M} \quad (2.2-14)$$

$$R = a_1 M\Delta d + b_1 M\Delta n + c_1 \quad (2.2-15)$$

$$\Delta d = d_4^{20} - 0.8513 \quad (2.2-16)$$

$$\Delta n = n_D^{20} - 1.4752 \quad (2.2-17)$$

式中　　　　　　C——芳香环或环烷环上碳原子的百分数；

R——芳香环或环烷环的环数；

a、b、c、a_1、b_1、c_1——常数。

表 2.2-6 列出了我国大庆、大港的中间馏分油结构族组成数据。由表中可以看出，随着沸点的增加，其芳环的环数也在增加，这对所有的油品都是一种普遍规律。随着沸点的增高，这两种原油中间馏分侧链上碳原子百分数也逐渐增加，并且侧链比环增加的份额要大。

结构族组成与平均分子结构概念有很多相似之处，但它的分析比较简单易行，故在馏分油分析中常被采用。

表 2.2-6　大庆、大港中间馏分油结构族组成

原油种类	馏分范围/℃	结构族组成					
		R_A	R_N	R_T	C_P/%	C_N/%	C_A/%
大港原油	200~250	0.3	1.0	1.3	38.6	44.2	17.2
	250~300	0.4	1.1	1.5	50.0	32.2	17.9
	300~330	0.5	1.1	1.6	56.0	28.0	16.0
	330~360	0.6	1.0	1.6	57.6	25.6	16.8
大庆原油	200~250	0.15	0.43	0.58	68.5	25.5	6.0
	250~300	0.22	0.6	0.82	74.0	18.0	8.0
	300~350	0.28	0.58	0.86	74.5	16.5	9.0

5. 各族烃类在石油中分布规律

各种结构不同的烃类在石油中的分布，大体上存在以下规律：

气体烃中的 C_2、C_3 烃中只含有正构烷烃和烯烃，而 C_4 烃中含有正构烷烃、异构烷烃和烯烃，C_5 烃中除了含有正构烷烃、异构烷烃和烯烃外，还含有一定量的单环环烷烃和烯烃。气体烃中一般不含芳烃。对烷烃而言，在汽油馏分(低于 200℃的馏分)中含有 C_5~C_{11} 的正构烷烃和异构烷烃；煤油、柴油馏分中(200~350℃)含有 C_{11}~C_{20} 的正构烷烃和异构烷烃；减压柴油馏分中(350~500℃)含有 C_{20}~C_{36} 的正构烷烃和异构烷烃；异构烷烃的沸点一般比同碳数的正构烷烃低。对环烷烃而言，汽油馏分中主要包含单环环烷烃(重汽油馏分中有少量双环环烷烃)；煤油、柴油馏分中除含有较汽油馏分侧链更长或更多的单环环烷烃外，还含有双环和三环环烷烃；而更高沸点馏分中则包括了单、双、三环以及三环以上的环烷烃。就芳烃而言，汽油馏分中主要含有单环芳烃(苯系)；而煤油、柴油和减压柴油馏分都含有单环芳烃，只是随着沸点增高其侧链增长或侧链数目增多；双环及三环芳香烃存在于煤油、柴油和更高沸点馏分中；三环及多环芳烃主要存在于高沸点馏分中。总之，随着馏分沸点的增加，其分子量、碳原子数以及分子中环数均增加。图 2.2-2 表示了某代表性原油馏分中，各族烃分布的相对含量。从此图可以看出各族烃含量随沸程增加的大致分布规律。

二、密度和相对密度

1. 石油馏分的密度和相对密度

石油馏分的相对密度为其密度与规定温度下水的密度之比，无因次。因为水在 4℃时的

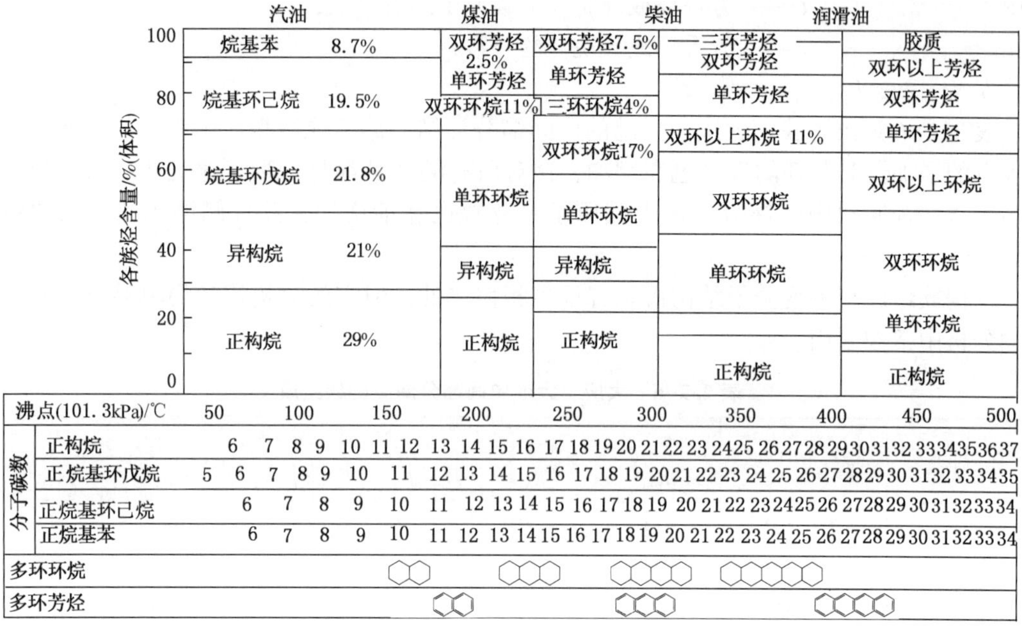

图 2.2-2 各族烃、碳数和环数在一种代表性原油的馏分油中的分布

密度为 1g/cm^3，所以常用 4℃时的水作为基准。石油馏分在 t℃时的密度与 4℃水的密度之比(即相对密度)以 d_4^t 表示，数值上等于该馏分油在 t℃时的密度。我国常用的相对密度是 d_4^{20}，是根据《石油产品密度测定法》(SY 2206—1976)，用石油密度计或相对密度瓶测定。

在工艺计算中，常常需要 15.6℃时的相对密度。此时，可用表 2.2-7 中的校正值将 d_4^{20} 换算为 $d_{15.6}^{15.6}$。此外，d_4^t 与 $d_{15.6}^t$ 之间的关系也可用式(2.2-18)换算：

$$d_4^t = 0.9990 d_{15.6}^t \tag{2.2-18}$$

表 2.2-7 相对密度(d_4^{20} 与 $d_{15.6}^{15.6}$)换算表①

相对密度 $d_{15.6}^{15.6}$ 或 d_4^t	校正值	相对密度 $d_{15.6}^{15.6}$ 或 d_4^t	校正值
0.700～0.710	0.0051	0.840～0.850	0.0043
0.710～0.720	0.0050	0.850～0.860	0.0042
0.720～0.730	0.0050	0.860～0.870	0.0042
0.730～0.740	0.0049	0.870～0.880	0.0041
0.740～0.750	0.0049	0.880～0.890	0.0041
0.750～0.760	0.0048	0.890～0.900	0.0040
0.760～0.770	0.0048	0.900～0.910	0.0040
0.770～0.780	0.0047	0.910～0.920	0.0039
0.780～0.790	0.0046	0.920～0.930	0.0038
0.790～0.800	0.0046	0.930～0.940	0.0038
0.800～0.810	0.0045	0.940～0.950	0.0037
0.810～0.820	0.0045	0.950～0.960	0.0037
0.820～0.830	0.0044	0.960～0.970	0.0037
0.830～0.840	0.0044	0.970～0.980	0.0036

① $d_4^{20} = d_{15.6}^{15.6}$-校正值；或者 $d_{15.6}^{15.6} = d_4^{20}$+校正值。

(1) 液体石油馏分相对密度与温度、压力的关系

与一般液体相似，液体石油馏分的相对密度随温度升高而减小。在 20℃±5℃温度范围内，其密度随温度的变化可近似看作线性关系，可用式(2.2-19)求得 20℃或者 t℃时的密度。

$$\rho_{20}=\rho_t+\gamma(t-20) \tag{2.2-19}$$

式中 ρ_{20}、ρ_t——20℃、t℃时的密度，g/cm^3；

γ——平均密度温度系数[g/(cm^3·℃)]，其值随温度变化(见表 2.2-8)。

表 2.2-8 石油产品的平均密度温度系数 γ

ρ_{20}	γ	ρ_{20}	γ
0.6500~0.6599	0.00097	0.8000~0.8099	0.00073
0.6600~0.6699	0.00095	0.8100~0.8199	0.00071
0.6700~0.6799	0.00093	0.8200~0.8299	0.00070
0.6800~0.6899	0.00091	0.8300~0.8399	0.00069
0.6900~0.6999	0.00090	0.8400~0.8499	0.00068
0.7000~0.7099	0.00088	0.8500~0.8599	0.00066
0.7100~0.7199	0.00086	0.8600~0.8699	0.00065
0.7200~0.7299	0.00085	0.8700~0.8799	0.00064
0.7300~0.7399	0.00083	0.8800~0.8899	0.00063
0.7400~0.7499	0.00081	0.8900~0.8999	0.00062
0.7500~0.7599	0.00080	0.9000~0.9099	0.00061
0.7600~0.7699	0.00078	0.9100~0.9199	0.00060
0.7700~0.7799	0.00077	0.9200~0.9299	0.00059
0.7800~0.7899	0.00076	0.9300~0.9399	0.00058
0.7900~0.7999	0.00074	0.9400~0.9499	0.00057

若温度和 20℃相差较大时，上述换算方法不够准确，可查阅 SY 2206—1976《石油产品密度测定法》中的换算表。一般工业上的计算，相对密度随温度的变化可由图 2.2-3 查得。

在一般情况下，压力对液体石油馏分密度的影响可以忽略。但在某些情况下需要对常温下液体石油馏分密度进行温度和压力的校正时，可参考相应文献中公式进行校正计算。

(2) 混合石油馏分的相对密度

当两种或两种以上液体石油馏分混合时，其混合物的相对密度可近似地按可加性进行计算。

$$d_{\text{mix}}=\sum_{i=1}^{m}v_i d_i \tag{2.2-20}$$

或

$$d_{\text{mix}}=\frac{1}{\sum_{i=1}^{m}w_i d_i} \tag{2.2-21}$$

式中 d_{mix}——石油馏分的混合相对密度；

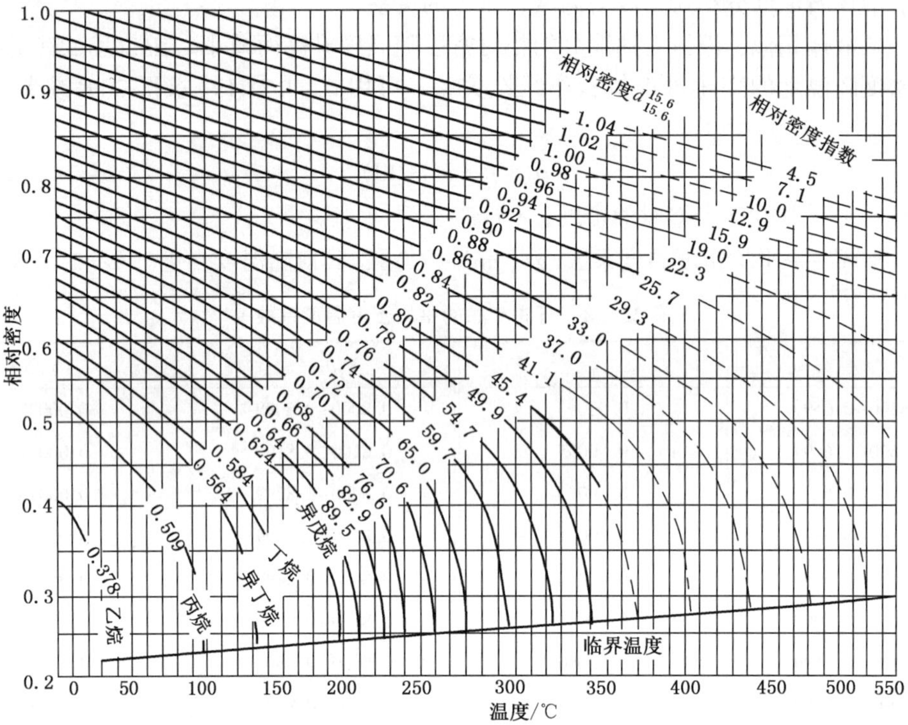

图 2.2-3　石油相对密度图

v_i——混合物中组分 i 的体积分数；

d_i——混合物中组分 i 的相对密度；

w_i——混合物中组分 i 的质量分数。

一般情况下，按式(2.2-20)和式(2.2-21)做工程计算是允许的，但当密度相差很大或属性相差很大的两组分混合时，体积不具有加和性，体积可能收缩(例如原油和低分子烃混合)或增大(如己烷和苯混合)，其体积收缩率可从有关图表中查找。

(3) 相对密度指数(API 度)

相对密度指数与相对密度的关系如下：

$$\text{API 度}=\frac{141.5}{d_{15.6}^{15.6}}-131.5 \tag{2.2-22}$$

2. 石油馏分相对密度与馏程及化学组成的关系

液体石油馏分的相对密度取决于组成烃类分子的大小和结构。同一原油的各馏分，随着沸点的上升，分子量和相对密度随之增大。若原油性质不同，则相同沸程的两个馏分的相对密度会因其化学组成不同而产生较大的差别。

碳原子数相同而分子结构不同的烃类分子具有不同的相对密度(见图 2.2-4)。分子中含环烷环或芳香环的环数对相对密度影响较大，同沸点的烃，其环烷环、芳香环的环数越多，则相对密度越大(见图 2.2-5，图 2.2-6)。

结构组成、馏程对烃类裂解的产品分布和炉管结焦均有较大的影响，因此相对密度是评价石油馏分裂解性能的一个易得的常用指标。

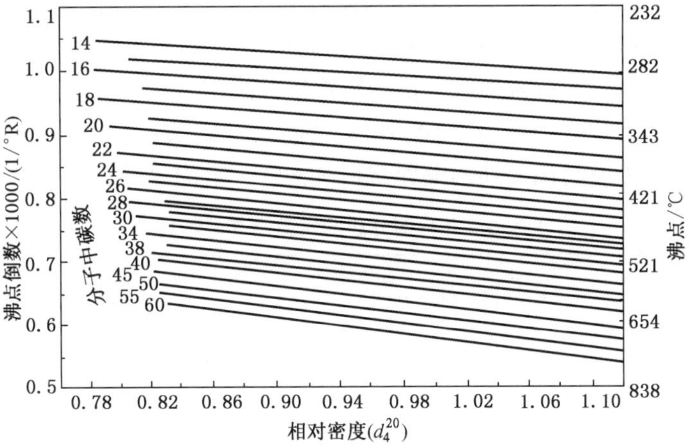

图 2.2-4　烃类分子碳数与相对密度、沸点倒数的关系

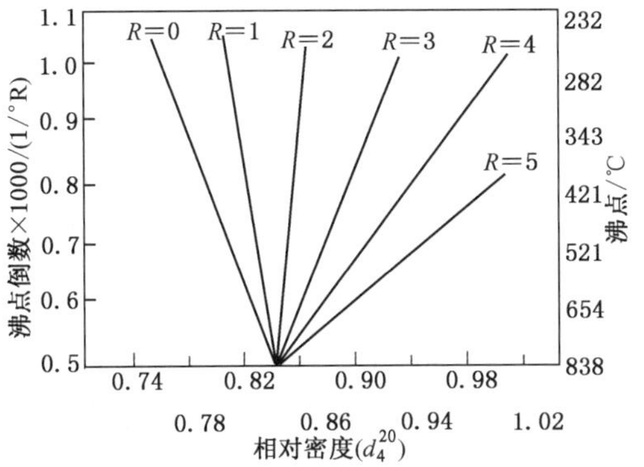

图 2.2-5　饱和烃的环数与相对密度、
沸点倒数的关系

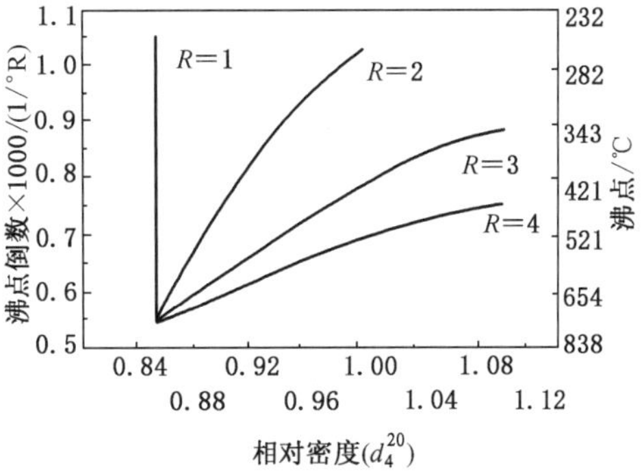

图 2.2-6　芳香烃的环数与相对密度、
沸点倒数的关系

三、沸点、馏程及平均沸点

1. 沸点

沸点是每个化合物的重要物理常数之一。在一定的压力下，每一个单一烃只有一个沸点值。一般而言，分子量愈大，其沸点也愈高。

2. 馏程

液体石油馏分是各种烃类的混合物，因此其沸点不是一个值，而是一个较宽的温度范围，故通常用馏程或沸程来表示。

馏分油的沸点范围因所用蒸馏设备不同，其测定数值也有差别。用精密分馏设备蒸馏时，馏出的气相温度接近馏出物的沸点。在生产控制和工艺计算中常用的蒸馏数据是用简单的蒸馏设备测得的。馏分油在这种蒸馏设备中蒸馏时，馏出第一滴冷凝液时的气相温度称为该馏分油的初馏点(简称 IBP)，馏出液体体积为 10%、50%、90%时相应的气相温度分别称为 10%点、50%点和 90%点，蒸馏达到最高的气相温度称为终馏点或干点(简称 EBP)。初馏点至终馏点这一温度范围则称为馏程或沸程。蒸馏设备和蒸馏操作是有条件性的，其标准各国不完全统一。国际上一般采用美国的 ASTM 标准，我国采用的是恩氏蒸馏标准。

由于这种蒸馏方法的精馏效果很差，因此不能真实代表该馏分油的沸点范围。一般初馏点高于馏分油中最轻组分的沸点，终馏点则比最重组分的沸点低。但由于它简单、易得，能用于对馏程做相对比较，大致判断馏分油中轻重组分的相对含量，因而被广泛采用。

液体石油馏分的平均分子量与馏程、相对密度有一定关系，平均分子量愈大，馏程和相对密度也愈高。几种原料馏分油的馏程与相对密度、平均分子量的关系见表 2.2–9。

表 2.2–9 几种馏分油的馏程及其他物理性质

项　目	石脑油			煤柴油	轻柴油	重柴油
	1	2	3			
恩氏蒸馏/℃						
初馏点	27	28	97	149	175	225.1
10%	48	60.5	108	173	206	268.1
30%	59.5	93.5	113.5	219	242.5	317.8
50%	71.5	116	122	259	284.5	341.1
70%	89.5	136.5	128.5	294	316.5	362.5
90%	120	160.5	138	344	346	502.8
终馏点	145(95%)	170(95%)	153	363	361	415.0
馏出量/%(体积)	97	97	100	100	100	100
相对密度(d_4^{20})	0.683	0.717	0.748	0.8075	0.8144	0.868
平均分子量				205		280
氢含量/%(质量)	15.5	15.1	14.0	14.5	14.4	13.0

我国轻质石油产品的馏程用 GB 255—1977 标准方法测定(国际上普遍采用 ASTM D86 标准)，而蜡油、原油等重馏分油的馏程用 GB/T 9168—1997《石油产品减压蒸馏测定法》(国际上普遍采用 ASTM D1160 标准)测定。减压测定的馏程可根据操作时的蒸气压和温度用图 2.2–7 和图 2.2–8 换算为常压下的馏程。

3. 平均沸点

恩氏蒸馏(或 ASTM 蒸馏，下同)数据在工艺计算中往往不能直接应用，为了表示某一馏分油的特性，需要用平均沸点来进行某种工艺计算。平均沸点有体积平均沸点、质量平均沸点、立方平均沸点、分子平均沸点、中平均沸点几种表示法，各有各的用途，但都可根据恩氏蒸馏得到的体积平均沸点换算求得。

(1) 体积平均沸点 t_v

体积平均沸点 t_v 的定义为：

$$t_v = \frac{t_{10\%} + t_{30\%} + t_{50\%} + t_{70\%} + t_{90\%}}{5} \tag{2.2-23}$$

(2) 质量平均沸点 t_w

质量平均沸点 t_w 的定义为：

$$t_w = \sum_{i=1}^{n} w_i t_i \tag{2.2-24}$$

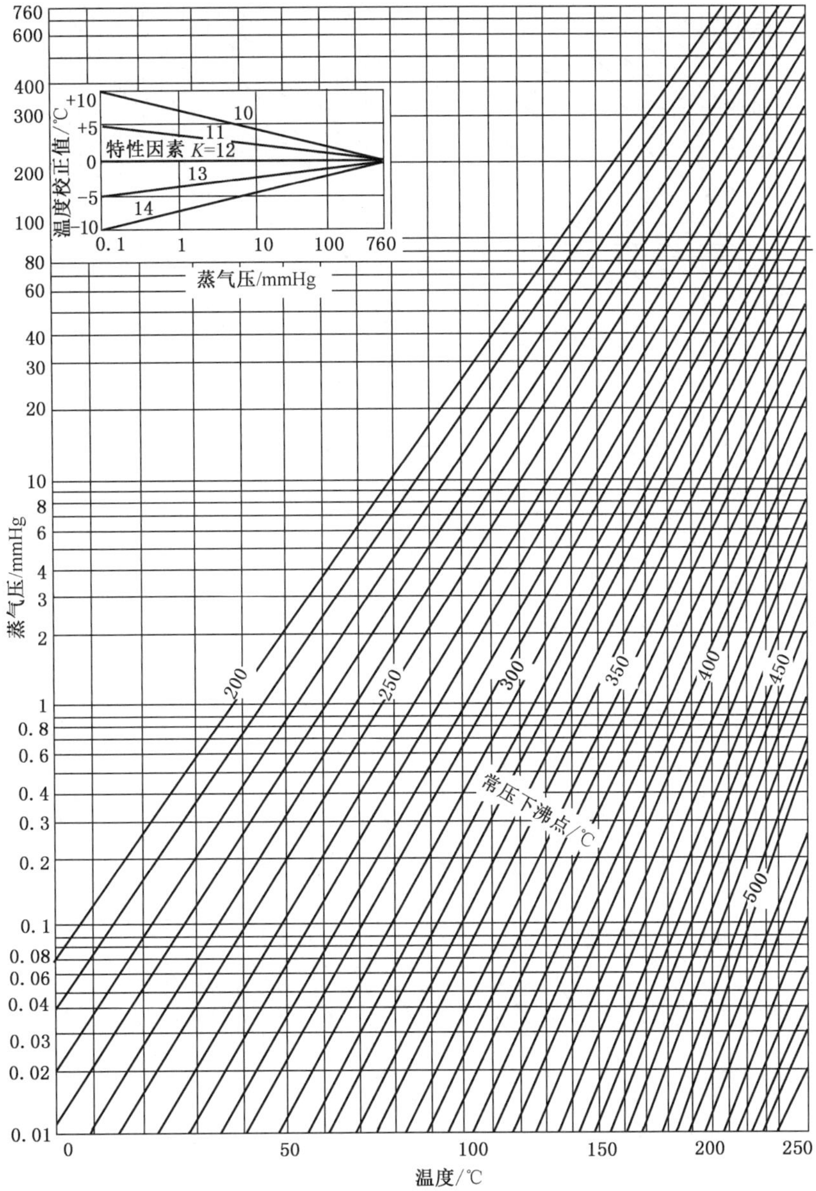

图 2.2-7　烃类减压下沸点、蒸气压与常压下沸点关系图(0~250℃)

(3) 立方平均沸点 t_c

立方平均沸点 t_c 的定义为：

$$t_c = \left(\sum_{i=1}^{n} x_i t_i^{1/3}\right)^3 \tag{2.2-25}$$

(4) 分子平均沸点 t_m

分子平均沸点 t_m 的定义为：

$$t_m = \sum_{i=1}^{n} x_i t_i \tag{2.2-26}$$

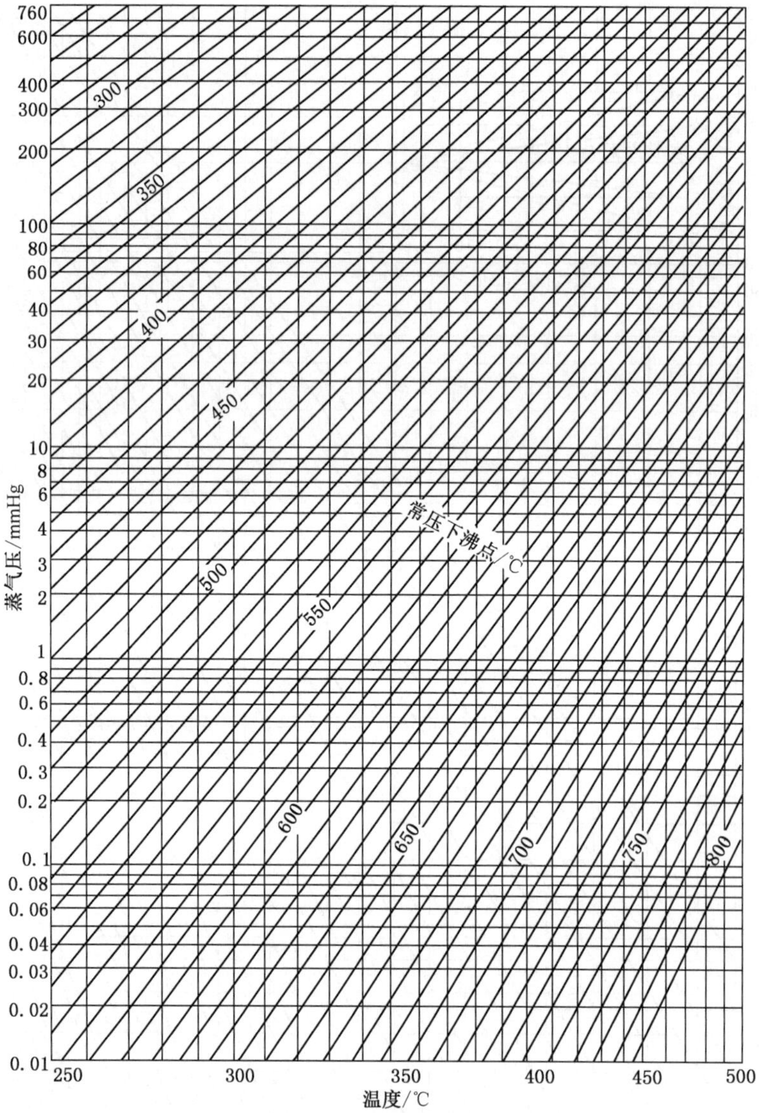

图 2.2-8　烃类减压下沸点、蒸气压与常压下沸点关系图(250~500℃)

(5) 中平均沸点 t_{ME}

中平均沸点 t_{ME} 的定义为:

$$t_{ME}=\frac{t_c+t_m}{2} \tag{2.2-27}$$

式中 t_v——体积平均沸点,℃;

$t_{10\%}$, $\cdots t_{50\%}$, $\cdots t_{90\%}$——恩氏蒸馏 10%, …50%, …90%的温度,℃;

t_w——质量平均沸点,℃;

t_i——i 组分的沸点,℃;

w_i——i 组分的质量分数;

t_c——立方平均沸点,℃;

t_m——分子平均沸点，℃；

x_i——i 组分的摩尔分数；

t_{ME}——中平均沸点，K。

考虑到油品在蒸馏加热过程中的裂化作用，恩氏蒸馏温度高于 246℃时，常需用式(2.2-28)进行校正。但对于馏出温度从减压蒸馏数据换算得来者则无须进行校正。

$$\lg D = 0.00852t - 1.691 \qquad (2.2\text{-}28)$$

式中　D——温度校正值，加到馏出温度 t 上，℃；

t——馏出温度，℃。

实际上，由于石油馏分组成复杂，不可能对组分进行详细分析，所以除体积平均沸点外，上述其他平均沸点实际上均无法按照上述公式计算。为了求得这些平均沸点，可由体积平均沸点和斜率借助平均沸点校正图 2.2-9 换算和由有关公式计算求得。

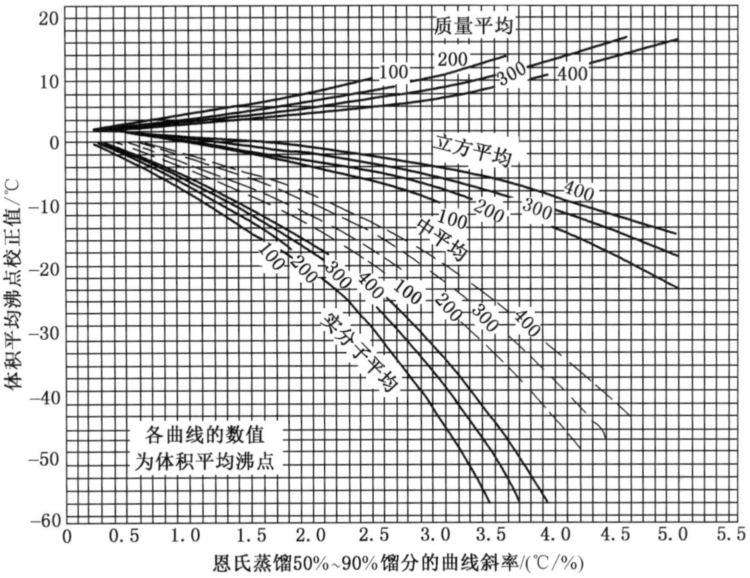

图 2.2-9　平均沸点温度校正图

四、特性因数 *K*

特性因数的符号为 K_{UOP} 或 UOP-K，简写为 K。它是表征烃类及石油馏分油化学组成的一个重要指标，对于烃组成未知的石油馏分或混合烃类，其特征因数可由沸点(T)和相对密度 $d_{15.6}^{15.6}$ 按下式计算：

$$K = \frac{1.216T^{1/3}}{d_{15.6}^{15.6}} \qquad (2.2\text{-}29)$$

式(2.2-29)中的沸点 T(K)，最早使用分子平均沸点，后改用立方平均沸点，近来又建议用中平均沸点。

各种纯烃的特性因数见表 2.2-10，可以看出，烷烃的特性因数最高，芳香烃特性因数最低。对于石油馏分来说，K 值越高，相应的烃饱和度越大。

石油馏分的特性因数可由中平均沸点和相对密度从图 2.2-10 查取，但对高分子量石油馏分，由于常压蒸馏时裂化反应的干扰，难以取得可靠的平均沸点数据，此时可由图 2.2-11 根据易于得到的黏度值查找高分子石油馏分的特性因数。

表 2.2-10　各种烃的特性因数 K

烃类名称	K	烃类名称	K	烃类名称	K
烷烃		正壬烷	12.67	异丙基环戊烷	11.48
甲烷	19.54	正癸烷	12.68	环己烷	10.99
乙烷	18.38	正十一烷	12.70	甲基环己烷	11.36
丙烷	14.71	正十二烷	12.74	乙基环己烷	11.37
正丁烷	13.51	正十三烷	12.77	1,1-二甲基环己烷	11.35
异丁烷	13.82	正十四烷	12.81	芳香烃	
正戊烷	13.04	正十五烷	12.80	苯	9.73
2,2-二甲基丙烷	13.06	正十六烷	12.90	甲苯	10.15
正己烷	13.39	正十七烷	12.95	乙苯	10.37
2-甲基戊烷	12.82	正十八烷	12.98	邻二甲苯	10.28
3-甲基戊烷	12.83	正十九烷	13.03	间二甲苯	10.43
2,2-二甲基丁烷	12.65	正二十烷	13.07	对二甲苯	10.46
2,3-二甲基丁烷	12.64	环烷烃		正丙基苯	10.62
正庚烷	12.72	环戊烷	11.12	异丙基苯	10.57
2-甲基己烷	12.71	甲基环戊烷	11.33	正丁基苯	10.84
3-甲基己烷	12.58	乙基环戊烷	11.40	异丁基苯	10.84
3-乙基己烷	12.40	1,2-二甲基环戊烷	11.41	仲丁基苯	10.74
正辛烷	12.68	正丙基环戊烷	11.53		

对于已知组成的烃类混合物，其特性因数可用式(2.2-30)计算。

$$K = \sum_{i=1}^{n} w_i K_i \tag{2.2-30}$$

式中　w_i——组分 i 的质量分数；

K_i——组分 i 的特性因数。

因为芳烃比烷烃、环烷烃的氢含量低，而 K 值又是表征芳香性的一个因数，所以 K 值与氢含量有一定的关系，见图 2.2-12。

因为特性因数表征了芳香性，所以它也可和原料的裂解性能进行关联，K 值愈高的原料芳烃含量愈少，乙烯和丙烯收率则愈高。图 2.2-13 粗略地表示了这种关系。

特性因数 K、平均沸点、相对密度指数(°API)和分子量四者之间存在着一定的关系，只要知道石油馏分其中两个参数，就可以通过图 2.2-14 查得其余的两个参数。

五、黏度

液体石油馏分的黏度与组成和馏程有很大关系：随着馏分馏程的升高，分子量也愈大，黏度也愈高；而且同碳数烃中，链烷烃的黏度最大，芳烃最低。从前文可知，黏度又与石油馏分的化学组成(见 $n-d-M$ 和 $n-d-\nu$ 关联法)和特性因数(见图 2.2-11)有密切的关系。同时，黏度又是评价石油馏分流动性(特别是高沸点石油馏分)的重要指标。因此黏度也是评价裂解原料特性和工艺计算中常用的重要指标之一。

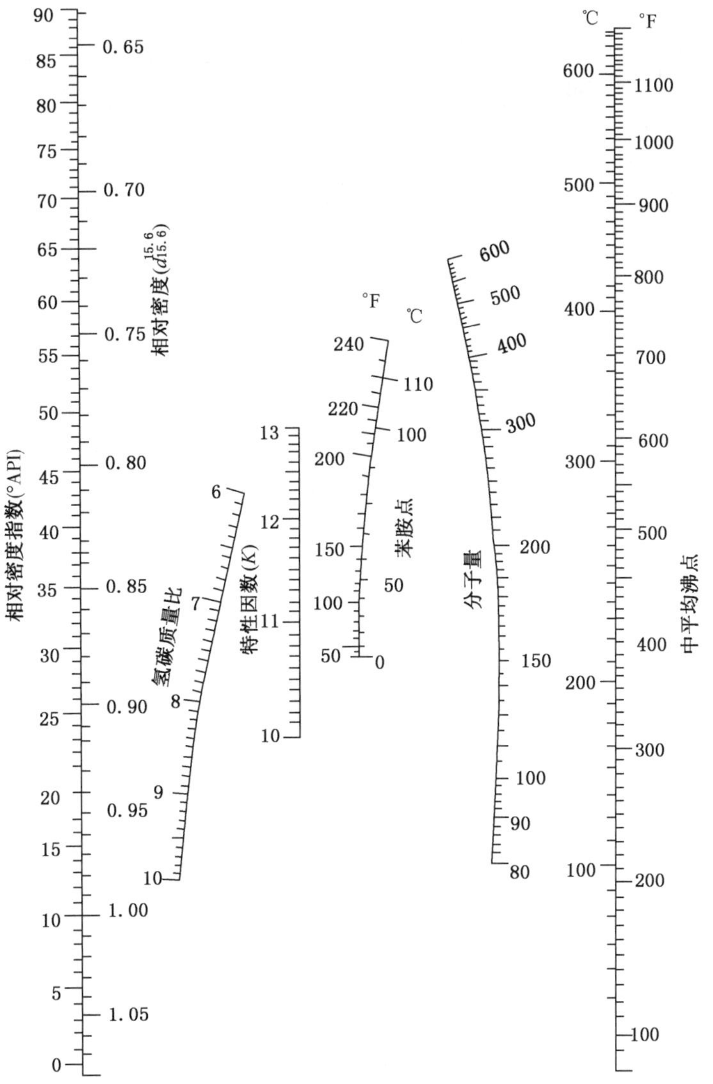

图 2.2-10　石油馏分分子量和特性因数图

石油馏分黏度的测定方法分为绝对黏度测定和相对黏度(条件黏度)测定两大类。绝对黏度测定分为动力黏度测定和运动黏度测定两种；相对黏度测定有恩氏黏度测定、赛氏黏度测定和雷氏黏度测定等几种方法。石油馏分的运动黏度通常用逆流法测定。

液体石油馏分的黏度随温度升高而下降。在裂解原料的表征中，一般给出 37.8℃(310.93K)和 98.9℃(372.04K)的黏度值。其他温度下的黏度值，可以根据下式计算：

$$\ln\ln(\nu_T+0.6)=a+b\ln T \tag{2.2-31}$$

$$b=\frac{\ln\ln(\nu_1+0.6)-\ln\ln(\nu_2+0.6)}{\ln T_1-\ln T_2} \tag{2.2-32}$$

$$a=\ln\ln(\nu_1+0.6)-b\ln T_1 \tag{2.2-33}$$

式中　ν_T——石油馏分在温度 T 下的黏度，mm^2/s；

T——温度，K；

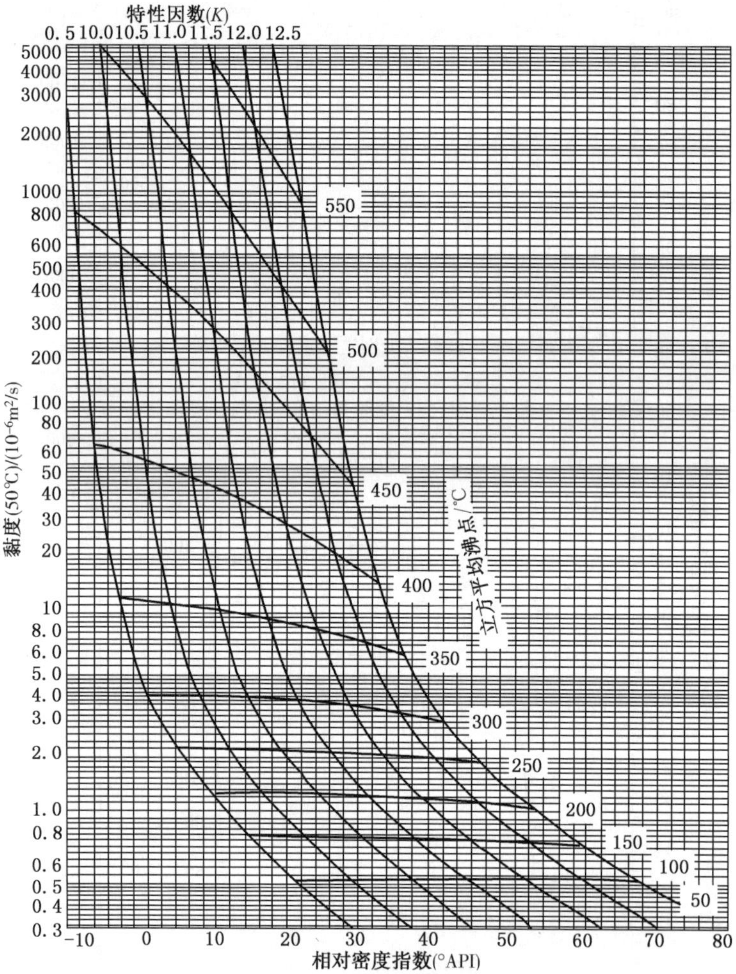

图 2.2-11　油品相对密度指数、特性因数与黏度关系图(50℃)

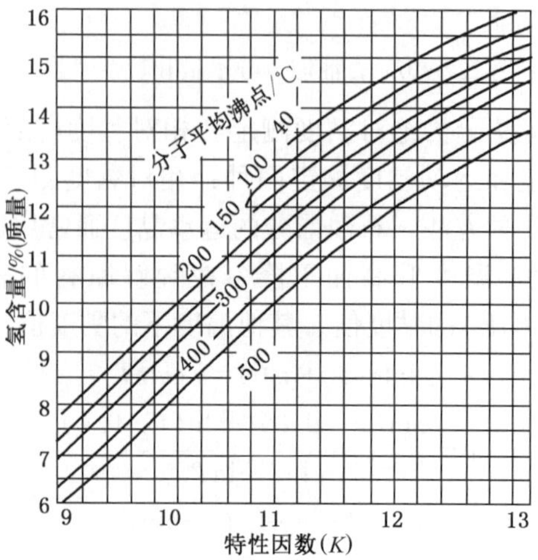

图 2.2-12　特性因数与氢含量的关系

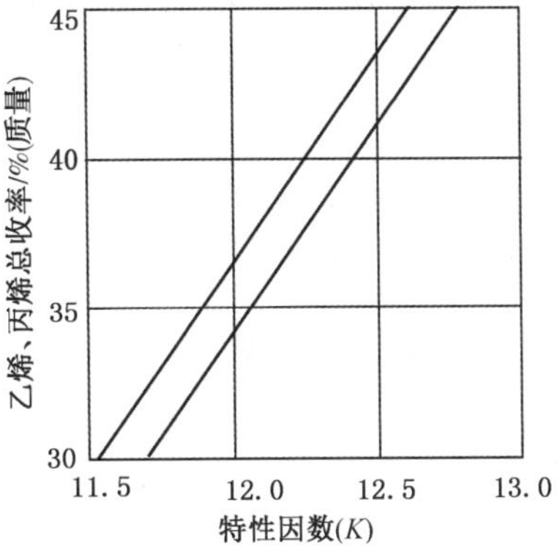

图 2.2-13　不同特性因数的原料裂解时的乙烯、丙烯总收率(在工业试验条件下)

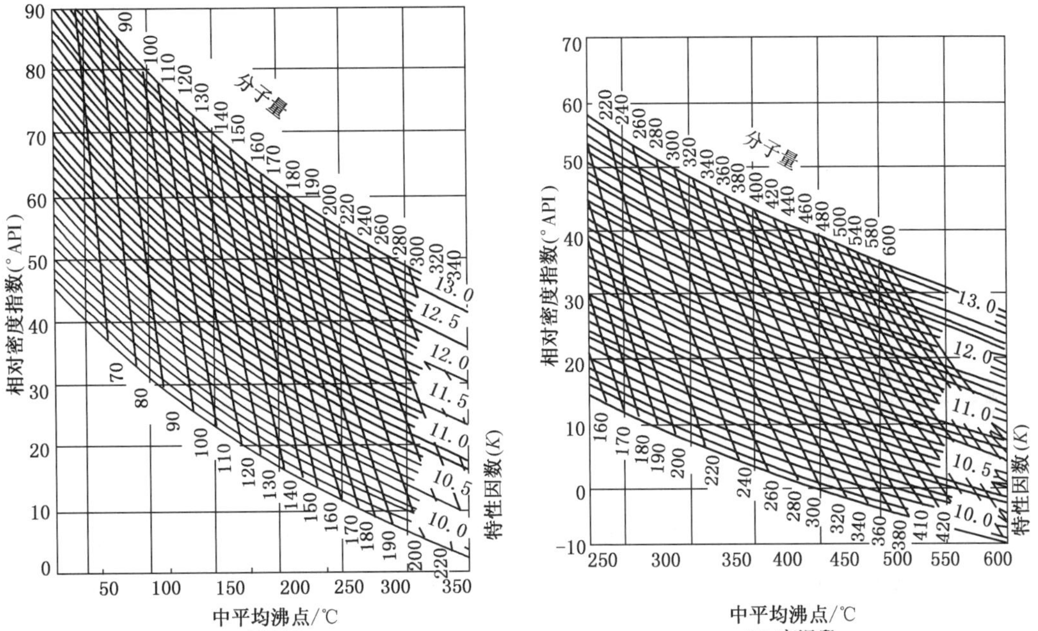

(a) 低温段　　(b) 高温段

图 2.2-14　特性因数、平均沸点、相对密度指数、分子量关系图

ν_1，ν_2——石油馏分在温度 T_1，T_2 下的黏度，mm^2/s；

T_1，T_2——黏度 ν_1，ν_2 相对应的温度，K；

a，b——方程系数。

值得指出的是，该方法在高温下(高于 245℃)的黏度估算会发生偏差；在低温下，也会产生较大误差，一般而言，在 0~100℃范围内更为精确。

油品在 310.93K 和 372.04K 两个温度下的黏度可以由下式计算：

$$\nu=\nu^{(r_1)}\left[\frac{\nu^{(r_2)}}{\nu^{(r_1)}}\right]^{0.5(K-10)} \tag{2.2-34}$$

$$\ln(\nu^{(r_i)})=C_1+\frac{C_2}{T_b}+C_3\ln T_b+C_4T_b+C_5{T_b}^3+C_6{T_b}^6 \tag{2.2-35}$$

式中　　ν——石油馏分在 310.93K 和 372.04K 时的黏度，mm^2/s；

$\nu^{(r_i)}$——参考流体为 r_i 在 310.93K 和 372.04K 时的黏度，mm^2/s；

r_1，r_2——两个参考流体的标号；

T_b——石油馏分的沸点，℃；

C_1，C_2，…，C_6——在温度 310.93K 和 372.04K 时，$K=10$ 和 $K=12$ 的两个参考流体的系数，其值如表 2.2-11 所示。

表 2.2-11　黏度计算系数

特性因数	系数	温度	
		372.04K	310.93K
$K=10$	C_1	-258.131	-234.362
	C_2	11124.9	7831.91
	C_3	40.4918	38.3044
	C_4	-0.0356499	-0.0430100
	C_5	0.281192×10^{-8}	0.555144×10^{-8}
	C_6	0.468001×10^{-18}	0.841988×10^{-18}
$K=12$	C_1	-243.268	-509.138
	C_2	11787.9	22615.7
	C_3	37.3558	80.4388
	C_4	-0.0283454	-0.0763095
	C_5	0.162873×10^{-8}	0.819108×10^{-8}
	C_6	0.406341×10^{-18}	0.244956×10^{-18}

六、折射率

折射率是评价裂解液体原料特性的重要物理性质之一，通常以 20℃ 下的折射率（以 n_D^{20} 表示）表示。某些公司（如林德公司）用它来预测裂解原料的裂解性能。尤其对重质油品，折射率显得更重要一些。表 2.2-12 列出了一些裂解原料的折射率实测值。

表 2.2-12　裂解原料的折射率

项　目	石脑油	轻柴油	重柴油	加氢尾油
相对密度	0.7331	0.8333	0.8251	0.7939
平均分子质量	115	234.7	261.1	230
氢含量/%（质量）	15.04	14.21	13.9	14.26
BMCI	13.46	25.38		7.66
折射率（20℃）	1.4193	1.4645	1.459	1.445
馏程/℃				
初馏点	44	216	195	202
10%	80	243	285	236
30%	106	263	315	261

续表

项　　目	石脑油	轻柴油	重柴油	加氢尾油
50%	123	279	332	282
70%	142	299	356	312
90%	161	331	380	365
终馏点	175	338	415	405

折射率除了可由仪器实验测得外，还可采用下述公式由沸点、液体密度和分子量时推算求得。

$$n_D^{20}=[(1+2I)/(1-I)]^{0.5} \tag{2.2-36}$$

$$I=3.587\times10^{-3}T_{中}^{1.0848}(M/d_4^{20})^{-0.4439} \tag{2.2-37}$$

式中　n_D^{20}——20℃折射率；

I——20℃时 Huang 特性指数；

M——石油馏分分子量。

折射率与裂解原料特性的关联见前面文章的相关部分。

七、氢含量和碳氢比

裂解原料的氢含量为烃类分子中的含氢量，它对裂解结果的影响趋势与 *PONA* 值是一致的，但它的测定方法较 *PONA* 值分析简单；而且裂解液体产品的氢含量又可与裂解深度进行关联。因此原料的氢含量和裂解液体产品的氢含量常用作评价原料裂解性能和裂解深度的重要指标之一。

裂解原料通过裂解反应，生成氢含量较高的 C_4 和 C_4 以下气相组分以及氢含量较低的 C_5 和 C_5 以上液体组分。因此，从氢平衡可以判定：裂解原料氢含量愈高，获得的 C_4 和 C_4 以下轻烃的收率也愈高，相应的乙烯和丙烯收率一般也高。显然，根据裂解原料的氢含量既可以判断原料可能达到的裂解温度，也可以评价该原料裂解所得 C_4 和 C_4 以下产品的收率。图 2.2-15 表示了裂解原料的氢含量与可能达到的乙烯收率的关系。可见，当裂解原料的氢含量低于 13%时，可能得到的乙烯收率将低于 20%。这样的馏分油作为裂解原料很可能是不经济的。裂解液体组分的氢含量随裂解深度的提高而下降，因此，为保证辐射段炉管和急冷锅炉有一合理的运转周期，需对裂解深度加以限制。通常，裂解深度以裂解液体产品的氢含量不低于 8%为限。

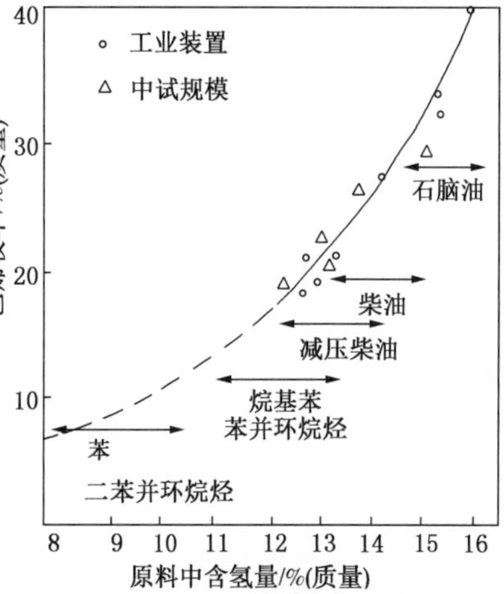

图 2.2-15　原料油氢含量与乙烯收率的关系

1. 氢含量与氢饱和度

烃类分子可用通式 C_nH_{2n+z} 来表示，其中 n 为分子中的碳原子数，$2n+z$ 为氢原子数，z 为氢饱和度。z 的最高值为+2，此时称之为氢饱和。链烷烃的 $z=2$，氢含量最高；单环环烷烃和单烯烃的 $z=0$，氢含量较链烷烃低；多环环烷烃、双烯烃、炔烃、芳烃

的 z 值小于零(为负值)。z 值愈小，则该原料的氢含量愈低。随着环烷烃、芳烃的环数增加，z 值也愈来愈小，因此原料的氢含量也随环数的增加而下降。各种烃的分子式与 z 值的关系见表 2.2-13。

表 2.2-13　各种烃的含氢量和氢饱和度

物质名称	分子式	分子量	氢含量/%(质量)	氢饱和度(z)
甲烷	CH_4	16.04	25	2
乙烷	C_2H_6	30.07	20	2
烷烃	C_nH_{2n+2}	$14n+2$	$(n+1)/(7n+1)\times100$	2
单环环烷烃	C_nH_{2n}	$14n$	14.29	0
双环环烷烃	C_nH_{2n-2}	$14n-2$	$(n-1)/(7n-1)\times100$	-2
三环环烷烃	C_nH_{2n-4}	$14n-4$	$(n-2)/(7n-2)\times100$	-4
烷基苯	C_nH_{2n-6}	$14n-6$	$(n-3)/(7n-3)\times100$	-6
甲苯	C_7H_8	92.13	8.7	-6
苯	C_6H_6	78.11	7.7	-6
苯并环烷	C_nH_{2n-8}	$14n-8$	$(n-4)/(7n-4)\times100$	-8
苯并双环烷	C_nH_{2n-10}	$14n-10$	$(n-5)/(7n-5)\times100$	-10
烷基萘	C_nH_{2n-12}	$14n-12$	$(n-6)/(7n-6)\times100$	-12
萘	$C_{10}H_8$	128.16	6.25	-12
苊	$C_{12}H_{10}$	154.12	6.5	-14
萘并环烷	C_nH_{2n-14}	$14n-14$	$(n-7)/(7n-7)\times100$	-14
三环芳烃	C_nH_{2n-18}	$14n-18$	$(n-9)/(7n-9)\times100$	-18
二苯并环	C_nH_{2n-16}	$14n-16$	$(n-8)/(7n-8)\times100$	-16
蒽	$C_{14}H_{10}$	178.22	5.62	-18
焦			可低到 0.3~0.1	

氢饱和度与氢含量也有不同之处：对同一分子式所能代表的各种烃其氢饱和度为常数，而氢含量则不然，如烷烃和带烷基的环烷烃和芳烃的氢含量是随碳原子数增加而下降。此种差别可从表 2.2-13 所示数据看出。各种烃的氢含量随氢原子数的变化关系如图 2.2-16 所示。

2. 碳氢比

原料中氢含量的大小有时也用碳氢比来表示。碳氢比为烃分子中 C 和 H 的比值(文献中常用的碳氢比有两种，一种为质量比，另一种为原子比)。碳氢比愈大，则原料氢含量愈低。当原料碳、氢以外的元素含量很少时，对于分子式为 C_nH_{2n+z} 的石油烃，其原料含氢量与碳氢比的关系可用下式进行近似换算。

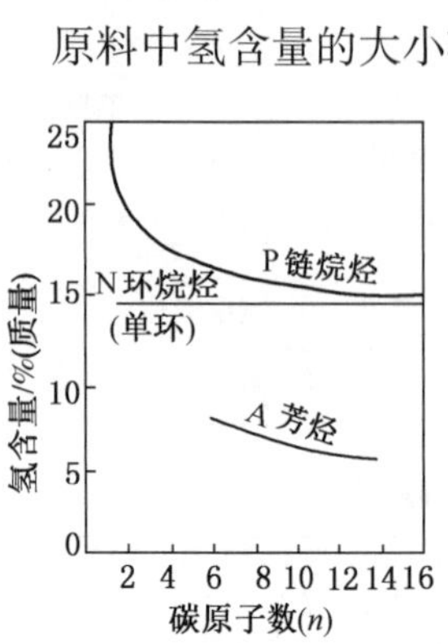

图 2.2-16　各种烃的含氢量

$$w_H=\frac{2n+Z}{2n+z+12n}\times100 \tag{2.2-38}$$

$$n_C/n_H=\frac{n}{2n+z} \tag{2.2-39}$$

$$m_C/m_H=\frac{12n}{2n+z}=\frac{100}{w_H}-1 \tag{2.2-40}$$

式中　w_H——原料的氢含量,%;

n_C/n_H、m_C/m_H——碳氢原子比和质量比。

碳氢比通常由实验测得，也可由公式计算：

对于分子量为70~300，正常沸点26.7~343.3℃的石油馏分：

$$m_C/m_H = 17.220\exp(8.25\times10^{-3}T_b + 16.94d_{15.6}^{15.6} - 6.94\times10^{-3}T_b d_{15.6}^{15.6})T_b^{-2.725}\cdot d_{15.6}^{15.6-6.796} \tag{2.2-41}$$

对于分子量为300~600，正常沸点为343.3~537.8℃的石油馏分：

$$m_C/m_H = 3.408\times10^{-22}\exp(4.684\times10^{-3}T_b + 103.12I - 0.0152T_b I)T_b^{-0.786}\cdot I^{-21.567} \tag{2.2-42}$$

$$I = 2.341\times10^{-2}\exp(6.464\times10^{-4}T_b + 5.144d_{15.6}^{15.6} - 3.289\times10^{-4}T_b d_{15.6}^{15.6})T_b^{-0.786}\cdot I^{-3.333} \tag{2.2-43}$$

式中　T_b——正常沸点,°R;

$d_{15.6}^{15.6}$——15.6℃相对密度;

I——Huang特性参数。

$$I = (n^2-1)/(n^2+1) \tag{2.2-44}$$

3. 混合物的氢含量

单一烃的氢含量可按其分子式中的氢原子数和碳原子数来计算，而混合烃的氢含量则可采用加和规则由下式计算。

$$w_H = \sum_{i=1}^{n} w_i w_{H,i} \times \frac{1}{100} \tag{2.2-45}$$

式中　$w_{H,i}$——原料中各组分i的氢含量,%;

w_i——原料中组分i的含量;

n——混合物中组分数。

4. 原料氢含量与裂解性能的关系

原料氢含量常用作衡量裂解原料裂解性能和乙烯潜在收率的重要尺度。一般来说，氢含量高有利于烃类裂解生产轻质气体产品(包括所希望的烯烃)。由于氢含量随z值减小而降低，因此高负z值的芳烃化合物生产乙烯的可能性相当小，而生成高沸点重质燃料油的可能性却很大，如图2.2-17所示。此外，假设典型裂解气体组成的氢含量为16.7%，乙烯收率占气体的40%，根据氢平衡原理，对各种C_{16}烃的乙烯和燃料油潜在收率进行半理论计算，结果列于表2.2-14。从表中数据可以看出，如果原料的z值很小，液体和裂解燃料油总收率就迅速提高，而乙烯收率随气体产率降低而减少。烷烃生产的乙烯收率很高，而燃料油收率则相当低；纯环烷烃化合物预期可得到适当高的乙烯收率，但燃料油收率比烷烃高，约为11%~28%。用$z=-6$

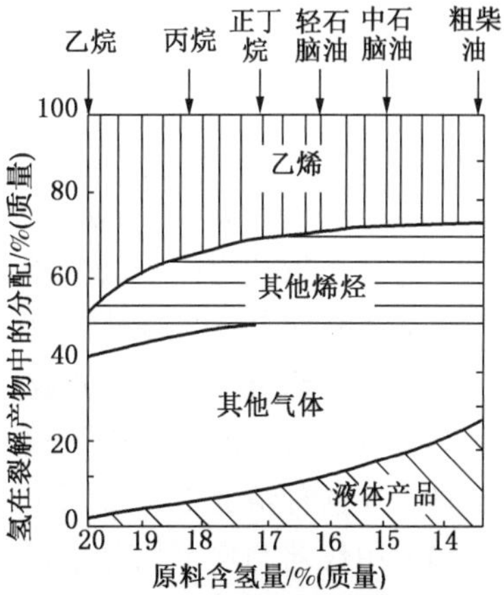

图2.2-17　原料氢含量在裂解产物中的分配

和更低的芳烃化合物作原料，燃料油收率可达37%~75%，显然用这样的原料生产烯烃在经济上是毫无吸引力的，因此它的潜在乙烯收率很低，只有1.5%~4.0%。

表2.2-14　从204.4~343.3℃柴油馏分的 C_{16} 组分得到的乙烯和燃料油的半理论收率

化合物类型	在 C_nH_{2n+z} 中的 z 值	C_{16} 化合物			假设的 C_6^+ 液体		近似收率/%			乙烯	燃料油/乙烯（质量比）
		分子式	分子量	w_H/%	n_C/n_H（摩尔比）	w_H/%	气体	C_6^+ 液体	204.4℃以上燃料油		
烷烃	2	$C_{16}H_{34}$	226.4	15.13	1	7.74	82.8	17.2	2.2	33.1	0.07
单环烷烃	0	$C_{16}H_{32}$	224.4	14.37	1	7.74	74.2	25.8	10.8	29.7	0.36
双环烷烃	-2	$C_{16}H_{30}$	222.4	13.59	1	7.74	65.5	34.5	19.5	26.2	0.74
三环烷烃	-4	$C_{16}H_{28}$	220.4	12.8	1	7.74	56.7	43.3	28.3	22.7	1.25
苯	-6	$C_{16}H_{26}$	218.4	12	1	7.74	47.7	52.3	37.3	19.1	1.95
苯并环烷烃	-8	$C_{16}H_{24}$	216.4	11.18	1	7.74	38.5	61.5	46.5	15.4	3.02
苯并双环烷烃	-10	$C_{16}H_{22}$	214.4	10.34	1	7.74	29.1	70.9	55.9	11.6	4.82
萘	-12	$C_{16}H_{20}$	212.3	9.49	1.25	6.29	30.8	69.2	54.2	12.3	4.41
萘并环丙烷	-14	$C_{16}H_{18}$	210.3	8.62	1.25	6.29	22.5	77.5	62.5	9	6.94
二苯并环丙烷	-16	$C_{16}H_{16}$	208.3	7.74	1.25	6.29	14	86	71	5.6	12.7
三环芳烃	-18	$C_{16}H_{14}$	206.3	6.84	1.4	5.66	10.7	90.3	75.3	4.3	17.5

综上所述，原料中氢含量愈高，生产乙烯的潜在能力也愈大，并且不易结焦。因此，一般说来原料愈轻，乙烯收率愈高，裂解焦油愈少，这与原料氢含量的多少是一致的。根据裂解的一般经验，当液体裂解产物的氢含量降低到7%~8%时，裂解炉管和急冷设备会很快结焦，甚至发生堵塞现象。当采用氢含量较少的裂解原料时，比较早地就达到这个极限，所以裂解深度应适当控制，以保证装置有适当的运转周期。

八、平均分子量

分子量是化合物的主要物理化学参数，每个单一烃只有一个分子量。对已知组成的混合物，则用各组分的分子量平均值来代表该混合物的平均分子量。混合物的平均分子量（M_m）可按下式计算。

$$M_m = \frac{1}{\sum_{n=i}^{n} \frac{w_i}{M_i}} = \sum_{i=1}^{n} x_i M_i \tag{2.2-46}$$

式中　M_i——组分 i 的分子量；

M_m——混合物的平均分子量；

w_i——组分 i 的质量分数；

x_i——组分 i 的摩尔分数。

对于液体石油馏分，由于很难逐一测定各组分含量，故而实际无法利用上式计算平均分子量。在这种情况下，可用三种方法确定液体石油馏分的平均分子量。

（1）用仪器测定平均分子量

对于馏程≤380℃的液体石油馏分，一般采用冰点下降法测定其平均分子量；对于馏程>380℃的重质馏分，则可采用蒸气压渗透法求取分子量。

(2) 利用石油馏分的其他性质查图求得平均分子量

利用石油馏分的平均沸点、相对密度、碳氢比、特征因数、苯胺点、黏度中的任何两个参数均可从有关图表中近似地查得该油品的平均分子量(见图 2.2-10、图 2.2-18、图 2.2-19)。

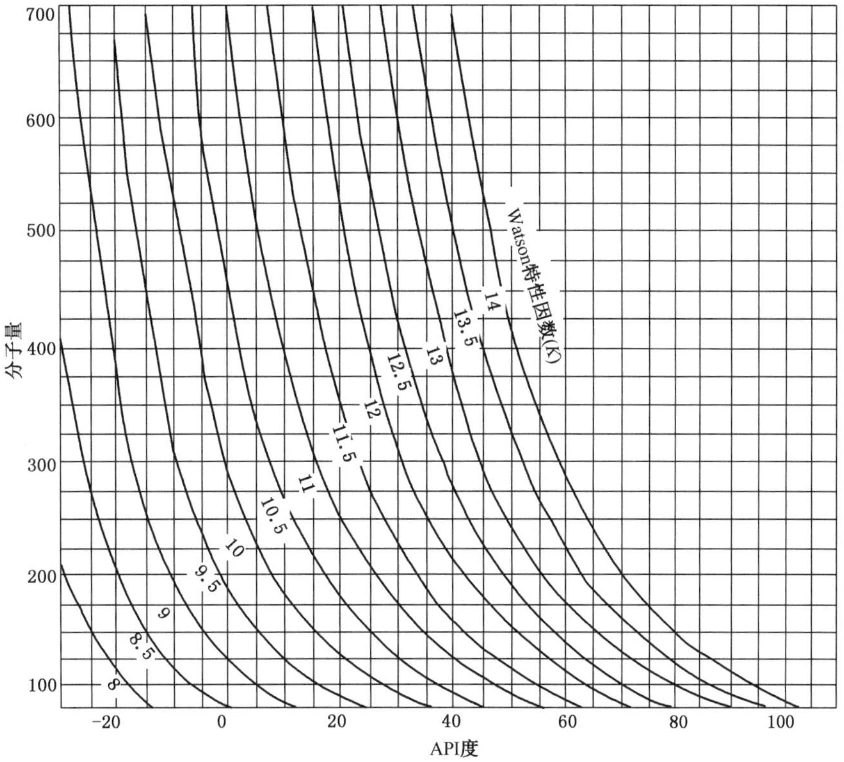

图 2.2-18　分子量、API 度、特性因数图

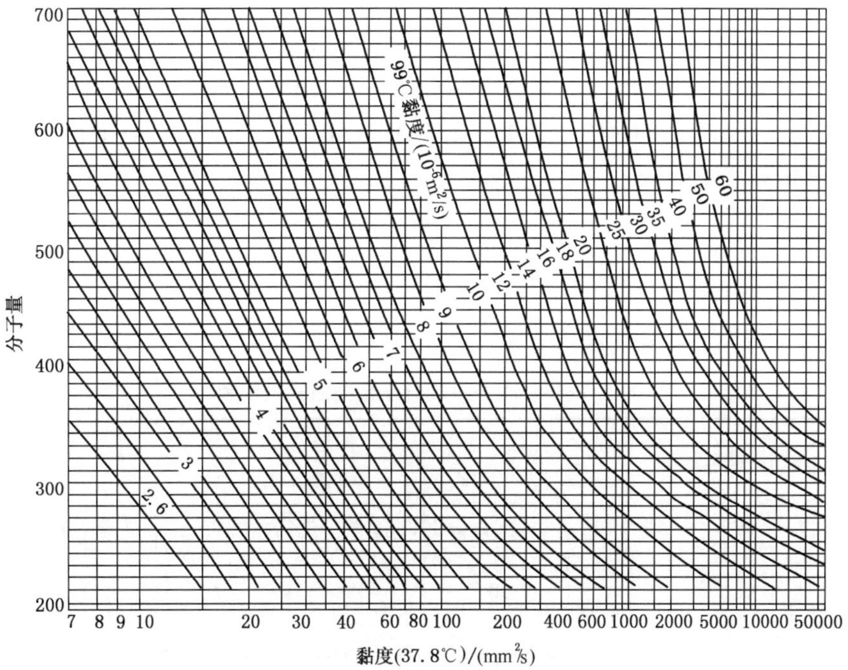

图 2.2-19　重质石油馏分分子量图

(3) 用关联式求石油馏分的平均分子量

为了适应计算机的发展，国外许多学者将一些查找石油馏分平均分子量的图表拟合成多种关联计算式，下面重点介绍几种。

① O. H. ariv R. 和 C. Sage 按 Winn 列线图拟合的公式：

$$\lg M_m = \sum_{j=0}^{2}\sum_{i=0}^{2} A_{ij}\ (1.8t_B + 32)^i K^j \qquad (2.2-47)$$

② B. I. Lee 和 M. G. Kesler 的关联式：

$$\begin{aligned}M_m = &-12272.6+9486.4d_{15.6}^{15.6}+(4.6523-3.3287d_{15.6}^{15.6})1.8T_B+\\&[1-0.77084d_{15.6}^{15.6}-0.02058(d_{15.6}^{15.6})^2]\times(1.3437-\\&720.79/1.8T_B)\times10^7/1.8T_B+\\&[1-0.80882d_{15.6}^{15.6}+0.02226\ (d_{15.6}^{15.6})^2]\times\\&(1.8828-181.98/1.8T_B)\times10^{12}/(1.8T_B)^3\end{aligned} \qquad (2.2-48)$$

③ M. R. Riazi 和 T. E. Daubert 的关联式：

$$M_m=4.5673\times10^{-5}(1.8T_B)^{2.1962}(d_{15.6}^{15.6})^{-0.931} \qquad (2.2-49)$$

④ W. J. Sim 和 T. E. Daubert 的拟合式：

$$M_m=5.805\times10^{-5}T_m^{2.3776}(d_{15.6}^{15.6})^{-0.931} \qquad (2.2-50)$$

⑤ Bouhoba 提出的关联式：

$$M_m=(40.28K-411.6)+(2.0977-0.2038K)T_m+(0.0003K-0.00245)T_m^2 \qquad (2.2-51)$$

对于正构烷烃和石蜡基窄馏分油可采用下式：

$$M_m=52.63-0.246T_m+0.001T_m^2 \qquad (2.2-52)$$

⑥ Keper 提出的平均分子量近似计算式：

$$M_m=44.29d_{15.6}^{15.6}/(1.03-d_{15.6}^{15.6}) \qquad (2.2-53)$$

式中 t_B——平均沸点，℃；

A_{ij}——常数，其值如下：

$A_{00}=0.6670202$ $A_{10}=4.583705\times10^{-3}$ $A_{20}=-2.698695\times10^{-6}$

$A_{01}=0.1552531$ $A_{11}=-5.755585\times10^{-4}$ $A_{21}=3.875950\times10^{-7}$

$A_{02}=-5.378496\times10^{-3}$ $A_{12}=2.500584\times10^{-5}$ $A_{22}=-1.566228\times10^{-8}$；

$d_{15.6}^{15.6}$——相对密度；

t_B——正常沸点，K；

T_m——分子平均沸点，K；

K——特性因数。

上述各式误差见表 2.2-15。

表 2.2-15 国外平均分子量关联式的误差①

关联式	催化裂化馏分油			催化、焦化、重整抽余油及生成油			直馏油和二次加工油			直馏油			国内数据	
	误差/%	均方差/%	数据量	误差/%	均方差/%	数据量	误差/%	均方差/%	数据量	误差/%	均方差/%	数据量	误差/%	数据量
式(2.2-45)	11.25	17.69	48	8.43	10.89	95	9.04	10.83	252	9.89	11.42	174	6.6	330
式(2.2-46)	9.01	16.54	48	7.65	10.04	95	9.41	11.51	252	10.85	12.69	174	20.46	330

续表

关联式	催化裂化馏分油			催化、焦化、重整抽余油及生成油			直馏油和二次加工油			直馏油			国内数据	
	误差/%	均方差/%	数据量	误差/%	均方差/%	数据量	误差/%	均方差/%	数据量	误差/%	均方差/%	数据量	误差/%	数据量
式(2.2-47)	14.66	19.7	48	10.61	12.44	95	9.05	10.8	252	8.49	10.44	174	8.44	330
式(2.2-48)	9.92	17.23	48	8.1	10.44	95	9.12	11.09	252	10.28	12.09	174	6.68	330
式(2.2-49)	10.22	17.52	48	8.24	10.77	95	9.91	11.74	252	11.18	12.7	174	7.64	330
式(2.2-50)	9.1	15.47	48	7.7	10.16	95	8.08	10	252	9.02	11.01	174	5.4	330
式(2.2-51)	15.62	20.74	48	15.41	22.92	95	20.02	24.09	252	23.18	26.45	174	19.5	330

① 误差 $=\frac{1}{n}\sum_{i=1}^{n}\left|\frac{\text{实验值}-\text{计算值}}{\text{实验值}}\right|\times 100$，均方差 $=\left\{\frac{1}{n}\sum_{i=1}^{n}[(\text{实验值}-\text{计算值})\times 100/\text{实验值}]^2\right\}^{1/2}$，其中二次油不包括重整生成油和抽余油。

⑦《°API Techninal Data Book—Petroleum Refining》1987 版的分子量计算公式为：

$$M_m=20.846[\exp(1.165\times10^{-4}T_{ME}-7.78712d_{15.6}^{15.6}+1.1582\times10^{-3}T_{ME}d_{15.6}^{15.6})]\times T_{ME}^{1.26007}(d_{15.6}^{15.6})^{4.98308} \tag{2.2-54}$$

式中 T_{ME}——中平均沸点，°R，其他符号同上。

该公式使用范围为：

分子量	70~700
沸点/℃	32.2~565.6
API 度	14.4~93.1
$d_{15.6}^{15.6}$	0.63~0.63

当分子量 $M_m<300$ 时，误差为 3.4%；当 $M_m>300$ 时，误差为 4.7%。

国内研究者也提出了一些由中沸点、特性因数、密度、黏度求取馏分油平均分子量的关联式。

对于石油馏分，有时可以假设为一具有平均分子量的单一烃，此假设的单一烃的分子量为此石油馏分的平均分子量，氢含量为石油馏分的氢含量，其平均分子式为 C_nH_m。n 和 m 数值可用下式求得。

$$m=M_mH_F/100 \tag{2.2-55}$$

$$n=(M_m-m)/12 \tag{2.2-56}$$

式中 m——平均分子式中氢原子数；

n——平均分子式中碳原子数；

H_F——该石油馏分的氢含量。

九、关联指数 *BMCI*

关联指数 *BMCI* 是以相对密度和沸点组合起来的一个参数，其定义如下。

$$BMCI=\frac{48640}{t+273}+473.6\times d_{15.6}^{15.6}-456.8 \tag{2.2-57}$$

由于沸点和相对密度易测，所以 *BMCI* 可以方便得到。正己烷的 *BMCI*=0，苯的 *BMCI*

=100，故它是一个芳香性指标，其值越大，芳香性越高，乙烯收率越低，因此 *BMCI* 也称为芳烃指数。各种单一烃的 *BMCI* 值见表 2.2-16。各种石油馏分的 *BMCI* 值见表 2.2-17。

表 2.2-16　各种烃的关联指数(*BMCI*)

烃的名称	分子式	氢饱和度	沸点/℃	相对密度 $d_{15.6}^{15.6}$	关联指数 *BMCI*
直链烷烃		+2			
正戊烷	C_5H_{12}		36.1	0.361	-0.6
正己烷	C_6H_{14}		69.3	0.665	0.2
正辛烷	C_8H_{18}		126	0.707	0.2
正十五烷	$C_{15}H_{32}$		270	0.773	-1.2
支链烷烃		+2			
戊烷	C_5H_{12}		27.8	0.625	0.6
2-甲基庚烷	C_8H_{18}		60.6	0.658	0.7
2-甲基壬烷	$C_{10}H_{22}$		167.8	0.731	-0.3
2,3,3-三甲基戊烷	C_8H_{18}		110	0.720	11.3
2,3,4,5-四甲基己烷	$C_{10}H_{22}$		155.8	0.745	13.4
单环烷烃		0			
环戊烷	C_5H_{10}		49.6	0.750	49.4
甲基环戊烷	C_6H_{12}		71.6	0.745	41.4
乙基环戊烷	C_7H_{14}		103	0.771	37.5
环己烷	C_6H_{12}		80.9	0.783	51.7
甲基环己烷	C_7H_{14}		101.2	0.774	39.8
乙基环己烷	C_8H_{16}		131.4	0.791	38.5
双环烷烃		-2			
萘烷	$C_{10}H_{18}$		195.2	0.898	72.3
单环芳烃		-6			
苯	C_6H_6	-6	80.3	0.884	99.8
甲苯	C_7H_8	-6	110.6	0.872	82.9
乙苯	C_8H_{10}	-6	135.9	0.872	74.9
对二甲苯	C_8H_{10}	-6	138.6	0.886	71.4
正丁苯	$C_{10}H_{14}$	-6	183.1	0.865	59.3
多环芳烃					
茚满	C_9H_{10}	-8	178.1	0.969	109.8
萘满	$C_{10}H_{12}$	-8	207.3	0.975	106.1
萘	$C_{10}H_8$	-12	218.2	1.032	131.0
菲	$C_{10}H_{10}$	-18	340.2	1.119	152.5
1-甲基蒽	$C_{15}H_{12}$	-18	200.1	1.102	168.0

表 2.2-17 各种石油馏分的关联指数（*BMCI*）

序号	油品名称	原油产地	流程/℃	相对密度 $d_{15.6}^{15.6}$	*BMCI*
1	煤油	阿拉伯	204～269	0.805	20.1
2	轻柴油	阿拉伯	182～335	0.830	24.3
3	轻柴油	科威特	229～274	0.832	25.1
4	轻柴油	阿拉伯	207～363	0.844	25.8
5	柴油	委内瑞拉	171～338	0.826	26.7
6	柴油	阿拉伯	219～341	0.836	28.1
7	柴油	阿布扎比	249～363	0.845	29.3
8	柴油	埃斯塞德尔	199～332	0.836	29.5
9	柴油	阿加贾里	199～343	0.848	30.3
10	轻柴油	尼日利亚	171～277	0.826	31.3
11	柴油	西德克隆斯	238～346	0.857	33.3
12	重柴油	科威特	277～396	0.872	35.0
13	柴油	加什隆南	249～341	0.855	38.1
14	柴油	尼日利亚	210～335	0.854	38.4
15	柴油	尼日利亚	202～343	0.876	43.3
16	轻柴油	中国大庆	172～343	0.807	17.95
17	轻柴油	中国胜利			
18	轻柴油	中国盘锦	223～364	0.8638	39.4
19	减压柴油	中国任丘			26.0

由表 2.2-16 和表 2.2-17 可以看出以下规律：

① 直链烷烃或结构接近于直链烷烃的支链烷烃（如第二个碳原子上带一个甲基的烷烃），*BMCI* 值接近于零。支链较多的烷烃 *BMCI* 值约为 10～15。*BMCI* 值随侧链烷基化程度增大而升高。

② 单环环烷烃的 *BMCI* 值稍大，无烷基侧链的单环环烷烃 *BMCI* 值约为 50（即正己烷和苯之间值的一半），随着单环环烷烃侧链烷基化程度的增大，*BMCI* 值越小。

③ 单环芳烃上如有烷基，其 *BMCI* 值比苯的小，*BMCI* 值随烷基化程度增大而减少，其规律与环烷烃相同。

④ 多环芳烃的 *BMCI* 值高于单环芳烃，环越多则 *BMCI* 值越大。

相对密度 $d_{15.6}^{15.6}$对 *BMCI* 值的影响比平均沸点的影响显著。因此，同一种原油所得柴油，如改变馏程，对 *BMCI* 值影响较小（如表 2.2-17 中的 2 和 4）。当馏程相似而原油产地不同，$d_{15.6}^{15.6}$变化较大时，对 *BMCI* 值影响较大（例如表 2.2-17 中的 4 和 16）。

BMCI 值增加的规律与烃类化合物芳香性增强规律是一致的，即正构链烷烃<支链烷烃<烷基单环环烷烃<无烷基单环环烷烃<双环环烷烃<烷基单环芳烃<无烷基单环芳烃（苯系）<双环芳烃<三环芳烃<多环芳烃。

烃的关联指数 *BMCI* 值与氢饱和度 z 有一定关系。大体上说，z 值越小，则 *BMCI* 值越大。原料的氢含量越高，*BMCI* 值越小，图 2.2-20 给出了二者之间的关系。

BMCI 值常常用于表征柴油及重柴油裂解性能，是重质油裂解性能评价的一个重要参数。图 2.2−21 表明了 *BMCI* 值对乙烯产率影响的大致变化趋势。*BMCI* 值愈小，表示脂肪性愈强，芳香性愈弱，乙烯产率愈高；反之，*BMCI* 值愈大，表示脂肪性愈弱，芳香性愈强，乙烯收率愈低，而且炉管和废热锅炉中的结焦也愈严重。

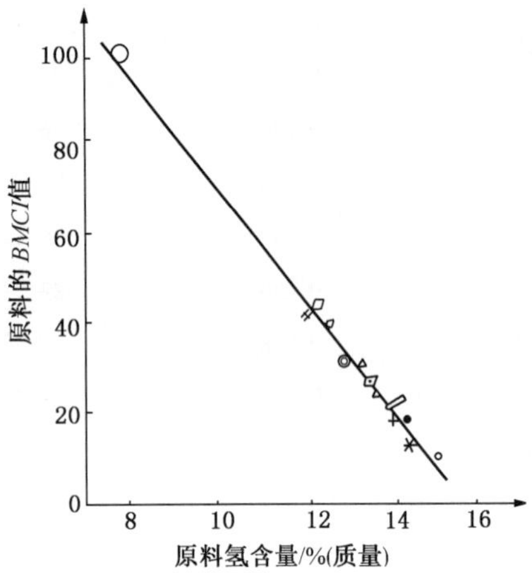

图 2.2−20　原料 *BMCI* 值与氢含量的关系

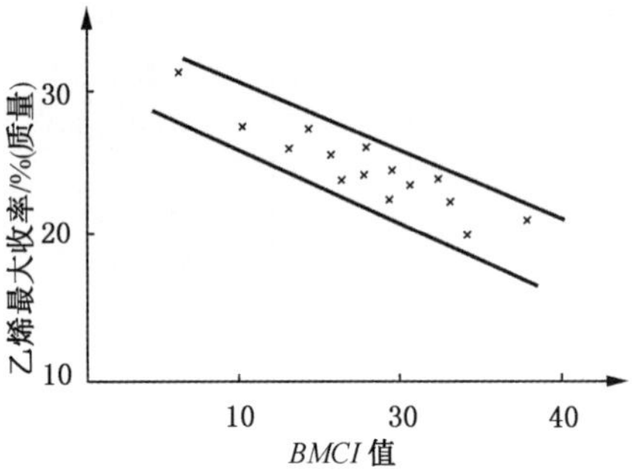

图 2.2−21　工业条件下柴油的 *BMCI* 值与乙烯最大收率的关系

十、残炭值、沥青质和溴价

馏分油的残炭值为一定时间内将油品隔离空气的条件下进行加热后，残存的炭量所占油品总质量的百分数。

由于试验方法的不同，馏分油的残炭值分为康氏残炭值和兰氏残炭值，二者之间对比如表 2.2−18 所示。

表 2.2−18　康氏残炭值与兰氏残炭值对比表

康氏残炭值	兰氏残炭值	康氏残炭值	兰氏残炭值	康氏残炭值	兰氏残炭值
0.00	0.06	1.63	1.20	5.44	4.00
0.02	0.10	1.80	1.30	6.08	4.50
0.14	0.20	1.99	1.40	6.70	5.00
0.27	0.30	2.20	1.50	7.90	6.00
0.40	0.40	2.23	1.60	9.10	7.00
0.535	0.50	2.46	1.70	10.25	8.00
0.672	0.60	2.60	1.80	11.35	9.00
0.82	0.70	2.73	1.90	12.43	10.00
0.97	0.80	2.86	2.00	13.50	11.00
1.13	0.90	3.52	2.50	14.56	12.00
1.20	1.00	4.17	3.00	15.60	13.00
1.45	1.11	4.81	3.50	16.50	14.00

馏分油的残炭值与馏分油裂解时的结焦性能有关，残炭值越高，裂解时结焦现象越严重。对轻柴油而言，一般以最后10%馏分的康氏残炭值表示，对减压柴油则以全馏分的康氏残炭值表示。作为裂解原料，通常要求全馏分康氏残炭值低于0.1%(质量)。

馏分油的沥青质或胶质含量也是评价该油品裂解时结焦趋势的重要指标之一。一般，沥青质含量或胶质含量越高，则该油品裂解结焦的趋势越严重。

馏分油的溴价或碘值反映了油品中不饱和烃的含量，馏分油的溴价或碘值愈高，表示其中不饱和烃的含量愈高，裂解时愈易发生结焦反应。溴价或碘值过高的原料，甚至可能在对流段产生结焦。

因此，残炭值、沥青质和溴价是衡量原料裂解结焦性能的重要指标。

十一、裂解原料杂质及脱除方法

硫是石油的重要组成元素之一。不同的原油硫含量差别很大，从万分之几(例如我国克拉玛依原油含硫量只有0.04%)到10%左右(如委内瑞拉原油硫含量高达5.48%，我国华北某原油硫含量高达9.5%~11.3%)。由于硫含量对石油加工和裂解制乙烯的裂解反应、产品精制有很大影响，因此也是评价裂解原料性能的一项重要指标。

通常将硫含量高于2%的原油称为中、高硫原油，硫含量小于0.5%的石油称为低硫原油，介于0.5%~2%之间的称为含硫原油。我国原油大部分属于低硫原油(如大庆、大港、克拉玛依等原油)和含硫原油(如胜利等原油)，孤岛原油则为高硫原油(含硫高达2.2%)。

硫在石油馏分中已确定的存在形态有单质硫(S)、硫化氢(H_2S)、硫醇(RSH)、硫醚(RSR′)、环硫醚(、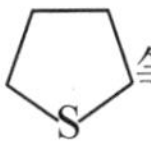等)、二硫化物(RSSR′)、噻吩()及同系物等。

石油馏分中的元素硫和硫化氢多是其他含硫化合物的分解产物(在120℃左右温度下，有些含硫化合物已开始分解)。硫醇在原油中含量不多，由于它们的沸点较相应的醇类要低得多，因此多存在于低沸点馏分中。

单质硫、硫化氢及低分子硫醇都能与金属作用而腐蚀设备，它们统称为活性硫化物。硫醚为石油中含量较多的硫化合物之一，其含量随馏分沸程上升而增加，大量集中在煤油、柴油馏分中。硫醚为中性液体，热稳定性较高，与金属不发生作用。二硫化物在石油馏分中含量较少，而且集中于高沸点馏分中。二硫化物也是中性的，不与金属发生作用，但它的热稳定性差，受热后可分解成硫醚、硫醇或硫化氢。环硫醚的热稳定性相当高，在蒸馏过程中不会发生分解，对金属也没有作用，但它能与重金属盐生成络合物。噻吩及其同系物是一种芳香性的杂环化合物。它的热稳定性较高，是石油中主要硫化物之一。

直馏汽油中的含硫化合物为有机硫化物，它们主要为硫醇(包含苯硫酚)、硫醚(包括环硫醚)，此外还有少量的二硫化物和噻吩。汽油馏分中还含有少量的无机硫化合物，如硫化氢和单质硫。直馏汽油中所含的各类硫化物如表2.2-19所示。

表2.2-19　直馏汽油中的含硫化合物

含硫化合物名称	沸点/℃	含硫化合物名称	沸点/℃
乙基硫醇 C_2H_5SH	35	二甲基硫醚 $H_3C—S—CH_3$	37.3

续表

含硫化合物名称	沸点/℃	含硫化合物名称	沸点/℃
正丁硫醇 C_4H_9SH	98.4	甲基乙基硫醚 $H_3C—S—C_2H_5$	67
异丁硫醇 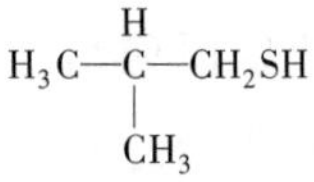	64.2	二乙基硫醚 $C_2H_5—S—C_2H_5$	92.1
正己硫醇 n-$C_6H_{13}SH$	138.9	正丙基异丙基硫醚 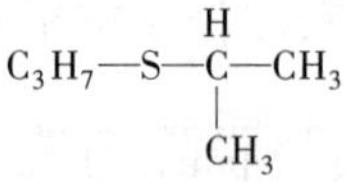	132
环己硫醇 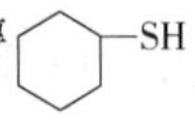	158.8	二丙基硫醚 $C_3H_7—S—C_3H_7$	142.8
苯硫酚 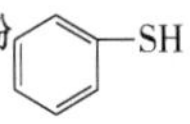	168	单脂环硫醚 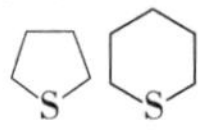	121，140
邻甲苯硫酚 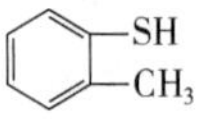	194	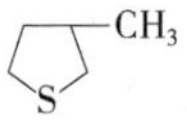	133
噻吩 	84	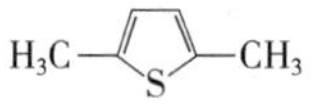	142
2,5-二甲基噻吩 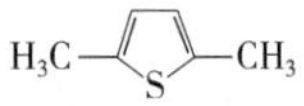	134	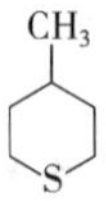	158
四甲基噻吩 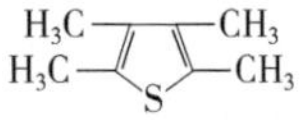	182~184	二硫醚 $C_2H_5—S—S—C_2H_5$	159

直馏中间馏分中硫化物主要是硫醚和噻吩类。硫醇在直馏馏分中较少，一般出现在二次加工产物中。表 2.2-20 示出了中间馏分中硫化物及其含量情况。

表 2.2-20　几种中间馏分的硫化物含量　　　　%(质量)

硫化物类型	航煤馏分(原油 1) 176~260℃馏分	260~343℃柴油馏分		
		原油 1	原油 2	原油 3
苯并噻吩类 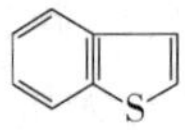	1.2	1.2	3.7	8.0
二苯并噻吩类 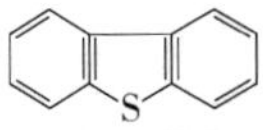		0.4	0.5	
烷基硫醚 RSR′	3.1（烷基硫醚与芳香基硫醚合计）	0.9	4.6	20.7
芳香基硫醚			0.4	0.9
烷基噻吩类		0.1	1.2	3.1

石油高沸点馏分中的含硫化合物与芳香烃的性质很相似，从结构上来看大部分也是稠环化合物，硫原子也多在环结构上。例如，已鉴定出的具有双环芳香烃性质的硫化物有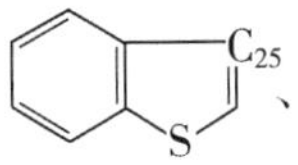、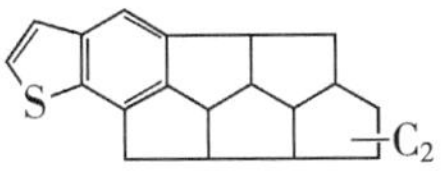等。具有多环芳烃性质的硫化物有

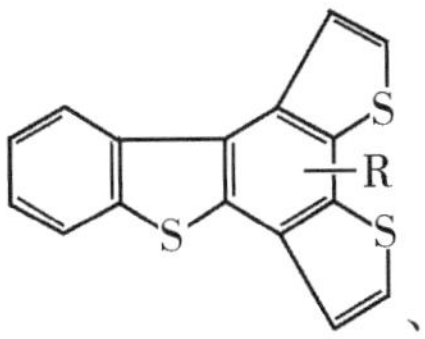、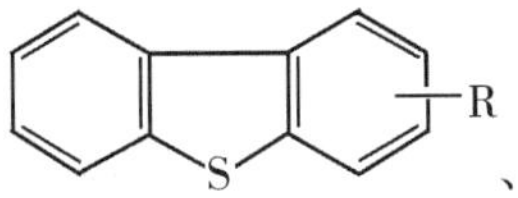、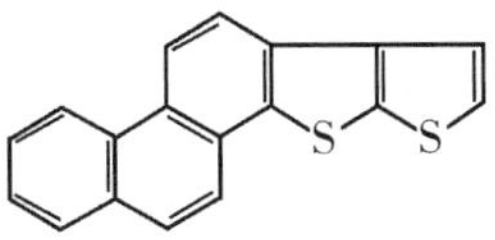等。

在高沸点馏分中的含硫化合物，其分子类型多的通式可归纳表示为 $C_nH_{2n+z}S_2 \sim C_nH_{2n-30}S_2$ 以及 $C_nH_{2n-z}S \sim C_nH_{2n-34}S$ 等。

裂解原料中的硫含量对裂解结果有较大的影响。如果裂解原料已完全脱硫(例如循环裂解的乙烷和加氢精制二次加工油等)，则总是可以观察到裂解产物中有较多的 CO、CO_2 生成，很明显这是由于炉管壁材料中的金属镍催化的水蒸气重整反应的结果。原料中含少量的硫可以抑制管壁上镍的催化效应，因此在缺硫的原料中必须加入少量的硫化物(其量为原料的 0.005%~0.2%)。加入的硫化物可以是 CS_2、H_2S、$(CH_3)_2SO$、$(C_4H_9)SO_2$、$(CH_3)_2S_2O_8$、KHS_2O_4、噻吩、Na_2S 水溶液、$(NH_4)_2S$、$Na_2S_2O_3$、$(NH_4)_2S_2O_8$、硫黄和水、$(CH_3)_2SO$ 和水等，工业上多采用 CS_2 和 H_2S。例如，在以无硫的直馏汽油作为原料时，在原料中加入 0.2% 的$(CH_3)_2SO$，可使结焦量由 3.6%(质量)降到 0.12%(质量)。但是，如果原料中硫含量太高，不但增加了后续精制系统的麻烦，而且也会增加结焦速度。例如，某减压柴油(流程为 366.1~497.8℃)硫含量为 3.01%，在 898.9℃裂解时(停留时间为 0.075s)，53min 的结焦量达 23.4mg；而某 H-VGO(馏程 322.2~483.9℃)，由于硫含量只有 0.007%，在相同裂解条件下裂解，120min 的结焦量只有 5.62mg。

裂解原料中往往还含有一些其他杂质，如金属铅、钠、汞、铝、钒和铜等，非金属砷、氯、磷、氧及胺和氨等，非金属氧化物，如氮氧化物、氯化物和氟化物等，稠环芳烃和不饱和烃等。这些杂质对裂解的影响如下：

① 原料中的金属渗透到裂解炉管内，极易引起对流段及辐射段炉管结焦。

② 氧促进对流段中焦的形成；微量含氧化合物如甲基叔丁基醚、甲醇对裂解产物无明显影响，产物中的甲醇主要存在于工艺污水中，丙酮则可分布在工艺污水和裂解焦油中。

③ 铅含量大于 0.1×10^{-6}会使催化剂中毒，且引起腐蚀。

④ CS_2 和 COS 大于 10^{-6}使催化剂中毒。

⑤ 钠会加速由钒引起的腐蚀，对炉管材质造成破坏。

⑥ 原料中汞含量太高($>5\times10^{-9}$)会在板翅式换热器中积累，可能会引起板翅式换热器的损坏。可通过增加活性炭吸附床将汞在加氢前除去。

⑦ 原料中砷含量太高会引起乙炔、丙炔、汽油加氢催化剂中毒，通常要求加氢催化剂的进料烃中砷含量低于 5×10^{-9}。因此裂解原料中砷含量要求低于 20×10^{-9}，否则原料要进行脱砷。砷在裂解原料和裂解各馏分中的分布见表 2.2-21。

表 2.2-21　砷含量在原料和裂解产品中的分布概况　　10^{-9}(质量分数)

原料	液态原料	裂解汽油	碱洗后裂解气	碳二加氢入口	碳三加氢入口	中压甲烷	低压甲烷
砷含量	160~180	80~120	20~30	15~20	20~30	2~6	5~15

第三节　乙烯原料的选择和优化

一、裂解原料性质与产品收率

石油烃的热裂解反应十分复杂，复杂烃混合物石油馏分的裂解过程更加千变万化，因此，裂解产率的分布除与操作参数有关外，还与原料的性质息息相关。

1. 原料性质指标与产品收率

选用具有代表性的原料性质指标对裂解产物收率进行关联，是预测裂解产物分布的最为简洁高效的办法。下面介绍几种常用的原料性质的评价指标与其裂解产物分布关系的研究成果。

(1) 原料烃族组成——*PONA* 值

PONA 值是表征石脑油等馏分裂解性能最重要的指标。一般来说，裂解原料均为烃类混合物，由烷烃(P)、烯烃(O)、环烷烃(N)、芳香烃(A)等组成，其百分含量组成了 *PONA* 值。表 2.3-1 列出了不同 *PONA* 值的石脑油裂解产品组成，表 2.3-2 列出了国内外某些典型石脑油的性质及裂解性能。从多产乙烯、丙烯和不易生焦来衡量，原料优劣顺序为烷烃>环烷烃>单环芳烃>多环芳烃。

表 2.3-1　不同 *PONA* 值石脑油裂解产品组成

项　　目	石脑油 1	石脑油 2	石脑油 3	石脑油 4
原料性质				
相对密度	0.67	0.712	0.69	0.673
馏程/℃	42~49	51~176	43~159	45~99
族组成/%(质量)				
P	87.6	69.5	76.0	81.9
O	—	—	—	—
N	10.9	23.5	19.9	15.0
A	1.5	6.5	4.1	3.0
工艺条件				
出口温度/%	800	800	820	870
稀释蒸汽比	0.6	0.6	0.6	0.6
出口压力/MPa(G)	0.135	0.135	0.1	0.1
产品组成/%(质量)				
H_2	0.8	0.7	0.8	1.05
CH_4	14.5	13.0	13.7	19.2
C_2H_2	0.25	0.2	0.3	0.6
C_2H_4	28.0	22.8	26.1	32.2

续表

项　目	石脑油 1	石脑油 2	石脑油 3	石脑油 4
C_2H_6	5.2	5.0	4.0	4.7
C_3H_4	0.3	—	0.5	0.6
C_3H_6	17.6	17.4	16.0	14.6
C_3H_8	0.4	0.6	0.5	0.4
$\sum C_4$	9.8	12.2	12.4	7.65
C_5^+	23.15	28.0	25.6	19.0

表 2.3-2　国内外某些典型石脑油的性质及裂解性能

项　目	大庆	胜利	管输	辽河	哈萨克斯坦	阿联酋	印尼	阿曼
馏程/℃	71~194	92~208	44~178	55~213	48~88	15~146	82~149	81~187
族组成/%(质量)								
P	68.88	59.24	61.87	65.21	52.20	68.4	55.2	65.71
O	—	—	—	—	—	—	0.9	—
N	23.26	27.84	26.99	25.68	38.76	23.1	39.0	24.12
A	7.86	12.93	11.23	9.1	9.04	8.5	4.9	10.17
炉型	SW-16	SRT-3	SRT-3	F.W	SRT-3	SW-28	SRT-4	SRT-3
裂解温度/℃	830	830	830	830	835	840	830	835
水油质量比	0.60	0.65	0.65	0.65	0.60	0.66	0.50	0.60
收率/%(质量)								
甲烷	15.49	12.10	12.89	13.02		11.76	13.74	
乙烯	29.96	23.3	22.81	24.68	25.30	29.96	26.96	29.21
丙烯	15.02	10.91	13.39	12.89	14.35	16.42	15.35	15.11
丁二烯	4.80	4.69	4.69	3.89	4.12	5.01	5.58	4.65

混合烃的热裂解过程复杂，原料烃类在一定条件下发生裂解反应，随着裂解过程的进行，一次裂解反应所生成的产物可发生二次反应，进一步裂解或发生加氢、脱氢、聚合、缩合、环化、芳构化及结焦等反应。在反应过程中，不同族组成烃所发生的化学反应不尽相同。

对烷烃而言，其一次反应主要是碳-碳键断裂的分解反应，生成低分子烷烃和烯烃，这是生成乙烯的目的反应，因此烷烃较易生成乙烯和丙烯。如正丁烷：

$$C_4H_{10} \begin{cases} \nearrow C_3H_6 + CH_4 \\ \searrow C_2H_6 + C_2H_4 \end{cases}$$

烷烃的碳链长度对所发生的反应也将产生影响。烷烃产生断裂反应时，烷烃的分子量越大，热稳定性越差，分解速度也越大。低分子烷烃在高温下发生脱氢反应也是生成烯烃和氢气的主要目的反应，烷烃分子量增加，脱氢反应速度减慢。如丁烷脱氢反应是：

$$C_4H_{10} \longrightarrow C_4H_8 + H_2$$

在分子量相同时，异构烷烃分解速度大于正构烷烃。正构烷烃裂解的乙烯收率比异构烷烃高，而甲烷、丙烯、丁烯、芳香烃的收率比异构烷烃低。

环烷烃的热稳定性比相应烷烃要好，但也可能产生碳-碳键的断裂和脱氢反应生成烯烃、二烯烃和芳烃，环烷烃裂解的二次反应主要是生成芳烃。总的来说，环烷烃裂解的乙烯、丙烯及 C_4 烃收率不如烷烃，比烷烃易于生成芳烃。

芳香烃是热稳定性最好的烃类，不容易裂解，易于产生缩合反应，裂解时几乎不生成气体产物。随着缩合反应的加深，形成焦炭的前身物。但带有烷基侧链的芳烃和环烷烃，和烷烃的裂解性能相似，可产生侧链断裂反应。图 2.3-1 为芳烃含量对裂解产品的影响。

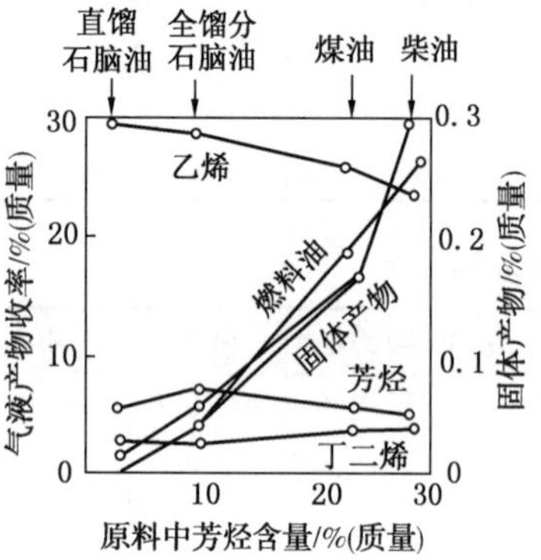

图 2.3-1　原料中芳烃含量对裂解产物收率的影响

(2) 原料氢含量

原料氢含量是衡量该原料裂解性能和乙烯潜在含量的重要特性。一般低沸点物料比重质原料有较高氢含量，从乙烷到柴油，分子量越来越大，氢含量依次降低，乙烯收率愈来愈小。在裂解时，当液体组分的氢含量低于 7%～8%(质量)时，生成的焦炭和沥青使裂解炉的炉管和急冷器很容易结焦，从而使设备停止运转。因此，原料氢含量较小时就会较早地达到结焦极限量。

烷烃的氢含量最高，环烷烃次之，芳烃较低。环越多，氢含量越低，多环烃比单环烃裂解性能更差。氢含量越低的原料裂解性能越差，对于烷烃或带有烷基的环烷烃和芳烃，则氢含量随碳原子数的增大而减小。

计算氢含量不同的原料产气率公式如下：

$$w_{H,f}=\frac{Z_g}{100}w_{H,g}+\frac{100-Z_g}{100}w_{H,l} \qquad (2.3-1)$$

式中　$w_{H,f}$——原料氢含量,%；

$w_{H,g}$——气态产物氢含量,%；

$w_{H,l}$——液态产物氢含量,%；

Z_g——产气率,%。

当 $w_{H,g}$ 为 18%、$w_{H,l}$ 为 8%时，可得表 2.3-3 数据。氢含量越高的原料，产气率和乙烯产率越高，如表 2.3-4、图 2.3-2 所示。

表 2.3-3　不同含氢量原料的裂解产气率

$w_{H,f}$	Z_g	$w_{H,f}$	Z_g
18.0	100	14.0	60
17.0	90	13.5	55
16.5	85	13.0	50
16.0	80	12.5	45
15.5	75	12.0	40
15.0	70	11.5	35
14.5	65	11.0	30

表 2.3-4　裂解产物与原料烃分子量和氢含量关系

项　　目	乙烷	丙烷	石脑油	粗柴油	原油
分子量	30	44	97	200	310
原料氢含量/%(质量)	20.0	18.2	15.5	13.6	13.2
产物收率/%(质量)					
乙烯	77.0	43.0	31.4	21.0	22.0
C_3 馏分	2.9	16.0	12.4	12.5	14.8
C_4 馏分	2.6	3.0	5.7	10.2	6.2
C_5 以上馏分	2.7	8.0	30.1	43.7	43.4
除乙烯外的副产	23.0	57.0	68.6	79.0	78.0

(3) 芳烃关联指数 *BMCI* 值

芳烃关联指数 *BMCI* 值是由该馏分的体积平均沸点 *T* 和密度相关联后的一个条件参数。乙烯原料的芳香性越强，*BMCI* 值越高。苯的 *BMCI* 值为 100，而直链烷烃的 *BMCI* 值很低，正己烷的 *BMCI* 值为 0.2，正戊烷的 *BMCI* 值为-0.6。各种主要烃类的 *BMCI* 值见表 2.2-16，表 2.2-17 是各种石油馏分的 *BMCI* 值。*BMCI* 值可间接表征裂解原料烃族组成的情况，*BMCI* 值和烃类芳香性增强的规律是一致的，即正构链烷烃<支链烷烃<烷基单环环烷烃<无烷基单环环烷烃<双环环烷烃<烷基单环芳烃<无烷基单环芳烃<双环芳烃<多环芳烃。原料裂解性能和上述排序恰巧相反。

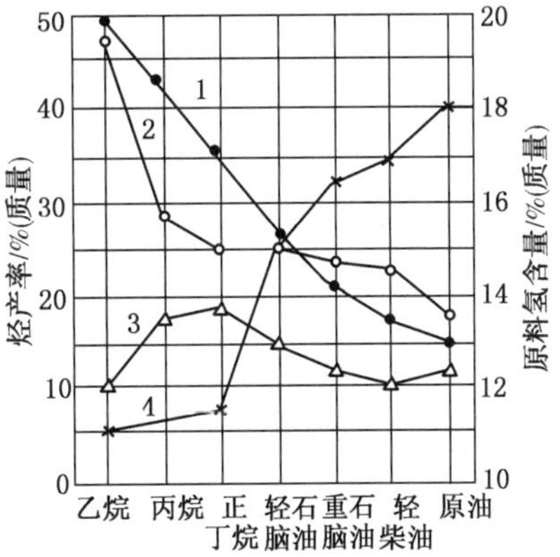

图 2.3-2　原料氢含量对裂解产物产率的影响

1—原料氢含量；2—乙烯产率；3—甲烷产率；4—C_5^+产物产率

BMCI 值常用于表征柴油、重柴油以及加氢尾油的裂解性能，是重质油裂解性能评价的一个重要参数。图 2.3-3 是加氢尾油的不同 *BMCI* 值与乙烯收率之间的关系曲线。总的来说，*BMCI* 值越小，烷基性越强，裂解性能越好，乙烯收率越高。反之，则乙烯收率相对较低，而且结焦现象也会比较严重。

2. 不同类别原料与产品收率

我国的乙烯原料来源复杂，不同来源的同类原料其性质差距较大，因此其裂解产品收率也千差万别。表 2.3-5 和表 2.3-6 给出了各种常用乙烯原料的典型裂解产物分布。

表 2.3-5　不同类别原料的裂解典型产品收率①

原　　料	产品				
	乙烯	丙烯	丁二烯	芳烃(苯、甲苯、二甲苯)	其他
乙烷	84.0	1.4	1.4	0.4	12.8
丙烷	44.0	15.6	3.4	2.8	34.2
正丁烷	44.0	17.3	4.0	3.4	30.9
轻石脑油	40.3	15.8	4.9	4.8	34.2

续表

原　料	产品				
	乙烯	丙烯	丁二烯	芳烃(苯、甲苯、二甲苯)	其他
全馏分石脑油	31.7	13.0	4.7	13.7	36.9
重整抽余油	32.9	15.5	5.3	11.0	35.3
轻柴油	28.3	13.5	4.8	10.9	42.5
重柴油	25.0	12.4	4.8	11.2	46.6
蜡油	28.3	16.3	6.4	4.5	44.5
拔头油	21.0	7.0	2.0	11.0	59.0
原油	32.8	4.4	3.0	14.4	45.4
加氢尾油	31.70	15.0	5.41	9.1	38.8

①包括乙烷循环。

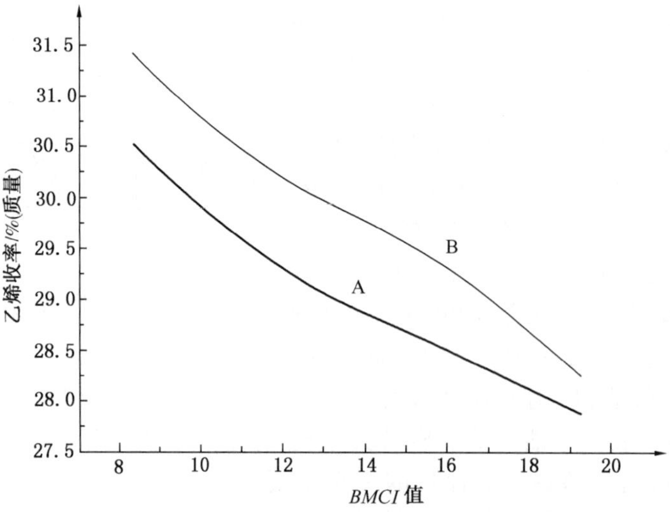

图 2.3-3　加氢尾油 *BMCI* 值与乙烯收率关系曲线

A—COT 为 810℃；B—COT 为 820℃

表 2.3-6　鲁姆斯公司提供不同原料的典型产品收率①

项　目	乙烷	丙烷	正丁烷	石脑油	常压柴油	减压柴油
每吨乙烯原料消耗/t	1.29	2.37	2.50	2.98	3.86	4.88
产品/%(质量)						
氢	8.82	2.27	1.57	1.56	0.94	0.78
甲烷	6.27	27.43	22.12	17.20	11.19	8.75
乙烯	77.73	42.01	40.00	33.62	25.92	20.49
丙烯	2.76	16.82	17.27	15.53	16.15	14.07
丁二烯	1.81	3.01	3.50	4.56	4.56	5.38
丁烷、丁烯	0.82	1.29	6.72	4.21	4.84	6.26
苯	0.87	2.47	3.02	6.74	6.03	3.73

续表

项目	乙烷	丙烷	正丁烷	石脑油	常压柴油	减压柴油
甲苯	0.12	0.53	0.83	3.34	2.90	2.90
C_8 芳烃	—	—	0.35	1.76	2.17	1.87
抽余油	0.80	3.62	2.92	6.78	7.30	10.77
重质残油	—	0.55	1.70	4.70	18.00	25.00

①包括乙烷循环。

3. 不同原料性质与产品收率

我国的油气资源较少，原油的来源和加工工艺复杂，因此不同来源的同类别乙烯原料其性质也存在着较大差异，导致其裂解产品的分布差别较大。表 2.3-7 给出了几种不同产地柴油的特性，表 2.3-8~表 2.3-11 分别给出了我国主要直馏汽油、柴油性质，减压柴油性质，常压柴油和减压柴油的族组成。我国各地的石脑油、轻柴油、减压柴油等裂解性能列于表 2.3-12~表 2.3-14。

表 2.3-7 不同产地柴油特性

油源	科威特 AGO	美国 AGO	利比亚 AGO	中东 AGO	前苏联罗什金 AGO	鲁姆斯使用 AGO	西拉斯使用 AGO	美国加氢使用 AGO	伊朗 VGO	特威特 VGO	鲁姆斯使用 VGO
相对密度	0.836	0.853	0.872	0.843	0.836	0.830	0.855	0.821		0.904	0.918
馏程/℃											
初馏点	204	214	307	230	240	230	203	165		370	330
50%	275	292	366					259	370	410	
终馏点	365	325	412	361	360	360	379	345	535	470	582
族组成/%(质量)											
A	22.0	21.1	19.5	21.0	28	22	30.3	25	49	46	42.5
P					47	48			51	19	
N					25	30				35	

注：AGO—常压柴油；VGO—减压柴油。

表 2.3-8 我国主要原油直馏汽油、柴油性质

项目	直馏汽油						直馏柴油					
	大庆 初~180℃	任丘 初~180℃	大港 初~180℃	辽河 初~180℃	胜利 初~180℃	中原 初~180℃	大庆 200~300℃	任丘 180~350℃	大港 230~350℃	辽河 200~350℃	胜利 200~340℃	中原 200~350℃
相对密度	0.7257	0.7386	0.7730	0.7568	0.7409	0.7416	0.8030	0.8040	0.8501	0.8473	0.8220	0.8160
50%馏出温度/℃	123	137	149	137	125	128	253	248	277	279	307	280
硫含量/%	—	—	0.0059	0.05	0.015	0.024	0.055	—	—	—	—	0.15
辛烷值	37	37	50	52	55	55	—	—	—	—	—	—

续表

项目	直馏汽油						直馏柴油					
	大庆 初~180℃	任丘 初~180℃	大港 初~180℃	辽河 初~180℃	胜利 初~180℃	中原 初~180℃	大庆 200~300℃	任丘 180~350℃	大港 230~350℃	辽河 200~350℃	胜利 200~340℃	中原 200~350℃
族组成/%(质量)												
烷烃	56.0	50.0	35.6	39.8	48.9	57.2	56.0	64.4	41.0	52.1	59.7	66.7
烯烃	1.1	—	0.4	—	—	—	—	—	—	—	—	—
环烷烃	38.4	46.5	47.7	48.1	41.6	22.2	33.1	26.2	35.8	27.2	29.6	16.9
芳烃	4.5	3.5	16.3	12.1	9.5	15.5	10.9	9.4	23.2	20.7	19.0	16.4
收率/%(对原油)	10.7	5.9	9.8	12.8	7.6	19.8	17.3	22.5	25.1	23.2	16.2	25.1
特性因数	12.22	12.15	11.73	11.83	11.99	11.80	12.16	12.10	11.66	11.71	12.27	12.16
关联指数	12.13	14.03	26.86	23.45	17.70	18.12	13.92	19.54	36.32	34.72	17.58	19.82
氢含量/%	14.8	14.6	13.5	13.8	14.2	13.9	14.2	14.1	12.8	13.2	14.5	14.1

表 2.3-9　我国主要减压柴油性质

项　　目	大庆	华北	胜利	大港	中原
密度(20℃)(kg/cm³)	858.4	869.0	887.6	889.2	856.0
馏程/℃	350~500	350~500	350~500	350~500	350~500
凝点/℃	42	46	39	40	43
残炭值/%	0.061	0.061	0.17		0.04
平均分子量	370	369	382	353	400
硫含量/%	0.16	0.27	0.47	0.13	0.35
氮含量/%	0.04	0.09	0.11		0.042
特性因数	12.4	12.3		12.0	12.5
族组成/%(质量)					
烷烃	70.1	68	62	59.5	74
环烷烃	20.15	20.5	25	26.1	16
芳烃	9.75	11.5	13	14.4	10
金属含量/10^{-6}					
Ni	0.3		0.6	1.86	0.2
V	<0.08	0.2	0.5	<0.1	0.01
Pb	<0.5	<1.9			
Mo	0.04				
Fe	0.4		20		1.0

表 2.3-10　我国几种常压柴油的族组成　　%(质量)

项　　目	大庆	胜利	任丘	陕甘一号	大港	燕翎
轻柴油馏分馏程/℃	145~350	145~350	145~360	轻柴油	145~350	145~350
烷烃	62.6	53.2	65.4	60.2	44.4	75.7

续表

项　　目	大庆	胜利	任丘	陕甘一号	大港	燕翎
正构	41	23	30	29		37.0
异构	21.6	30.2	35.4	31.2		38.7
环烷烃	24.2	28.0	23.8	26.7	34.4	18.6
一环	16.4	19.6	17.4	15.8	20.6	15.1
二环	5.6	7.0	5.4	9.4	10.4	3.0
三环及三环以上	2.2	1.4	1.0	1.5	3.4	0.5
芳烃	13.2	18.8	10.8	13.1	21.2	5.7
一环	7.0	13.5	7.2	8.6	13.2	4.0
二环	5.3	5.0	3.4	4.3	7.3	1.6
三环	0.9	0.3	0.2	0.2	0.7	0.1

表 2.3-11　我国主要减压柴油的族组成　　%(质量)

项　　目	大庆			任丘			东濮			长庆			胜利			羊三木		
馏程/℃	350~400	400~450	450~500	350~400	400~450	450~500	350~400	400~450	450~500	350~400	400~450	450~500	350~400	400~450	450~500	350~400	400~450	450~500
链烷烃	63.1	52.8	44.7	62.9	38.8	27.9	61.1	49.1	41.4	50.9	32.2	22.0	43.6	27.5	20.3	2.9	0.8	0
环烷烃	24.8	33.2	39.0	20.8	43.8	48.1	21.7	31.5	35.4	32.0	48.2	52.3	29.9	45.6	48.5	47.5	51.9	53.4
一环	11.8	13.6	17.4	9.2	5.6	8.1	11.9	9.9	10.8	11.4	9.5	9.6	13.7	7.4	8.1	6.7	1.6	0
二环	6.8	8.4	10.6	5.0	5.3	4.7	5.1	5.4	5.6	9.0	13.8	14.1	7.4	7.5	6.5	12.2	10.9	8.3
三环及三环以上	6.2	11.2	11.0	6.6	32.9	35.3	4.7	16.2	19.0	11.6	24.9	28.6	8.8	30.7	33.9	28.6	39.4	45.1
芳烃	12.1	14.0	16.3	16.3	17.4	24.0	17.2	19.4	23.2	17.1	19.6	25.7	26.5	26.9	31.2	49.6	47.3	46.6
一环	6.5	7.8	9.0	5.6	6.8	7.2	8.2	8.3	11.2	8.7	9.9	13.4	11.9	9.5	11.1	16.6	14.6	10.0
二环	3.2	3.3	3.8	4.3	4.7	6.5	3.8	4.3	4.6	5.0	4.8	6.7	6.6	6.2	7.1	17.5	12.1	11.4
三环及三环以上	2.4	2.9	3.5	6.4	5.9	10.3	5.2	6.8	7.4	3.4	4.9	5.6	8.0	11.2	13.0	15.5	20.6	25.2

表 2.3-12　不同原油的石脑油裂解性能

项　　目	任丘	胜利	鲁宁管输	盘锦
原料性质				
相对密度($d_{15.6}^{15.6}$)	0.7217	0.7613	0.7386	0.7941
平均分子量	134	143	112	148
氢含量/%	15.53	15.02	14.98	13.84
BMCI	6.50	21.13	18.16	25.80
芳烃含量/%	5.80	7.40	11.20	15.90
产品收率/%				
甲烷	17.42	13.17	12.89	11.01
乙烯	30.73	23.60	22.81	18.10

续表

项　目	任丘	胜利	鲁宁管输	盘锦
丙烯	12.24	12.54	13.39	12.98
丁烯	3.21	3.60	4.12	4.77
丁二烯	3.24	4.52	4.38	4.34
炉出口温度/℃	840	840	840	820

表 2.3-13　不同原油的轻柴油裂解性能

项　目	大庆	任丘	胜利	鲁宁管输	盘锦
原料性质					
相对密度($d_{15.6}^{15.6}$)	0.8070	0.8080	0.8217	0.8259	0.8418
平均分子量	203	209	251	206	233
氢含量/%	14.31	14.22	14.20	13.56	13.39
BMCI	17.95	15.20	18.00	25.67	32.80
芳烃含量/%	15.76	11.49	15.80	16.60	26.86
产品收率/%					
甲烷	10.28	9.62	9.31	8.73	9.40
乙烯	26.73	25.16	23.98	23.11	17.20
丙烯	16.05	16.71	16.36	15.26	10.42
丁烯	5.65	5.59	5.90	5.49	4.81
丁二烯	6.14	5.29	5.19	4.83	4.46
炉出口温度/℃	800	800	800	800	790

表 2.3-14　不同原油的减压柴油裂解性能

项　目	任丘	胜利	鲁宁管输	科威特
原料性质				
相对密度($d_{15.6}^{15.6}$)	0.8690	0.8661	0.8742	0.9040
平均分子量	369	345	321	339
氢含量/%	13.70	13.30	13.20	12.40
BMCI	26.00	29.40	33.24	
芳烃含量/%	11.5	20.0	27.9	46.0
产品收率/%				
甲烷	9.67	8.25	8.63	9.10
乙烯	22.72	21.36	20.24	16.60
丙烯	17.25	15.64	14.06	13.30
丁烯	5.50	6.38	4.90	5.10
丁二烯	4.97	5.00	4.23	4.10
炉出口温度/℃	760	780	780	780

从表 2.3-12 至表 2.3-14 可看出，不同性质的同类原料其裂解产物分布存在着较大差

异，原料的裂解性能与生产该原料的原油来源和生产工艺有关。其中，

① 大庆、任丘原油炼制的石脑油、轻柴油、减压柴油裂解时，三烯收率高，结焦周期长，是很好的裂解原料。

② 胜利原油石脑油、轻柴油裂解，烯烃收率低于大庆、任丘原油，其减压柴油裂解烯烃收率低，且运转周期短，尚存在对流段结焦问题。

③ 鲁宁管输原油成分复杂，裂解性能略低于胜利原油。

④ 盘锦原油芳烃含量高、含氢低，不适合做裂解原料。

二、原料的选择和优化

乙烯生产原料的选择和优化是一个重大技术经济问题。由于原料及其裂解难易程度不同，乙烯和副产物的收率也不相同。这不仅影响乙烯装置的投资和生产成本，而且也会影响石油化学工业的生产组织和管理、产品生产工艺路线的选择、装置的稳定生产，以及生产能力和投资效果的发挥。

1. 原料优化目标的转变

以往在制定裂解原料优化方案时，多选用乙烯、双烯等主要裂解产物收率作为优化的目标。但随着裂解炉的大型化，高附加值的副产品已经达到了经济分离规模，主、副产品的价格差逐渐地缩小，主要产物收率的变化规律已经不再能够准确地反映收益的变化规律。也就是说，当主产物收率最大时，对应的装置收益并非是最大收益，甚至与最大收益差距较大。图 2. 3-4 和图 2. 3-5 分别给出了丙烷、液化气、轻石脑油、石脑油和加氢尾油 5 种原料的裂解乙烯收率和这 5 种原料在原油价格为 87. 55 美元/桶时所对应的价格体系下的装置经济收益情况。由图可见，乙烯收率最高的原料，所对应的装置收益并非最佳。因而，一味地追逐乙烯、丙烯等主要目的产物高收率的做法并没有准确地反映市场信号，以装置收益最大化作为评价目标来制定企业原料的优化方案更加贴近市场，更能实际反映装置的效益。

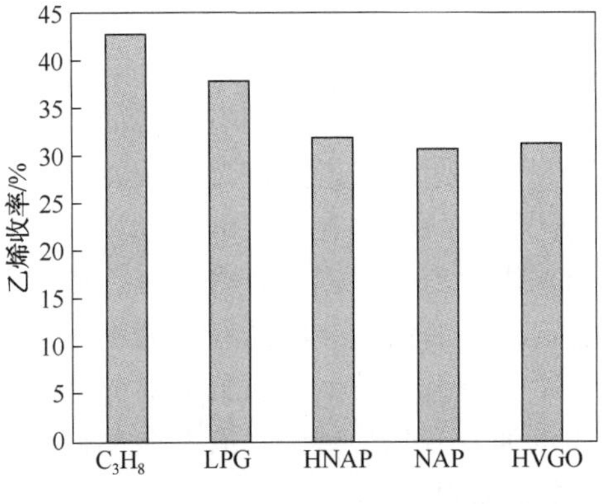

图 2. 3-4　不同原料的裂解乙烯收率

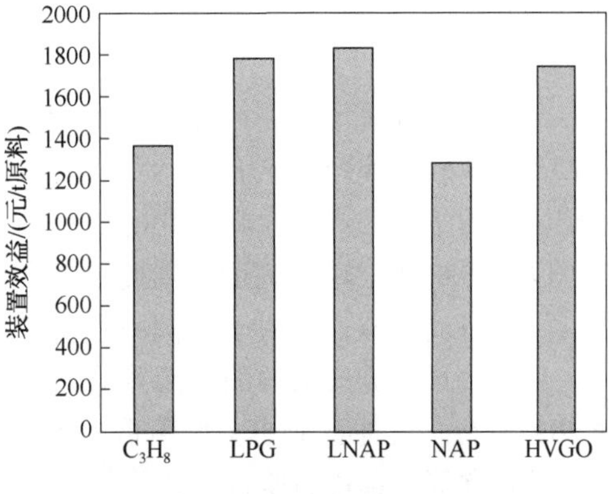

图 2. 3-5　不同原料裂解时装置效益

此外，裂解产物的分布除了与原料的性质有关外，还与操作参数息息相关。因此，在优化选择裂解原料的同时，还要针对所选择的原料进行相应的工艺条件的优化。乙烯装置操作条件的优化一直是装置提高效益的重要措施。在各操作条件中最为重要的是裂解温度，裂解温度直接影响裂解深度。图 2. 3-6 给出了扬子石化石脑油原料的装置收益指数及主产

物收率与裂解温度间的变化关系。由图中的规律可见，装置收益随裂解温度的变化规律与乙烯、双烯、三烯及三烯三苯收率的变化规律基本一致，均是先增大后减小，因此存在着最大价值下的裂解温度操作点。但最大收益操作点与最高主产物收率操作点的位置却差异较大，最大价值下的操作温度普遍低于最高主产物收率下的操作温度。也就是说，当主产物收率最大时，对应的裂解收益相对较低。因而，一味地追逐乙烯、丙烯等主要目的产物高收率的做法没有反映市场的价格信号，以全部产品价值为基础的装置收益最大作为评价指标来制定企业优化操作的方案更贴近市场。

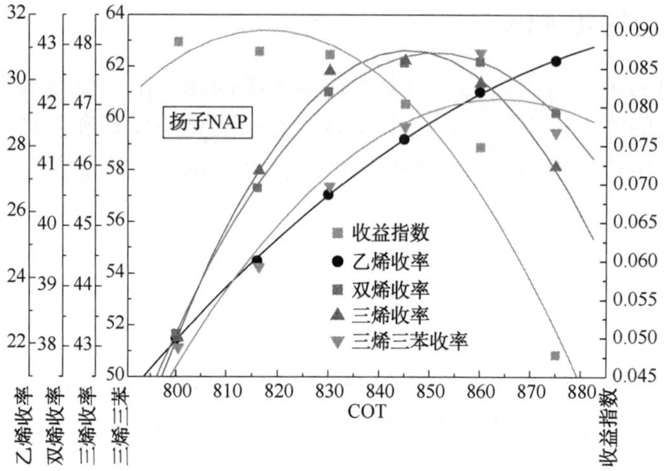

图 2.3-6　收益指数及主产物收率随 COT 的变化

基于以上研究成果，中国石化北京化工研究院建立了裂解炉价值优化模型用以实现裂解原料的优化和裂解炉的操作优化。

2. 乙烯原料的选择

在优化选择乙烯原料时，除了以装置效益为标尺进行计算评估之外，还要综合考虑以下重要因素。

（1）资源条件

一个国家究竟采用哪一种原料，资源条件是首先考虑的因素。美国有丰富的湿性天然气资源，富含轻质烷烃，又有发达的天然气加工工业，长期以来就是以湿性天然气中回收的轻质烃作为生产乙烯的原料。北海沿岸国家(如英国、挪威等)在开发北海油田气的过程中，可以获得一部分轻质烷烃，因此这些国家利用它作为乙烯原料。有些国家，如日本虽然本国没有石油资源，但由于从国际上能够获得稳定的石油供应，因此有可能利用进口的石油。西欧、日本进口的油品主要来自中东，中东原油轻组分较多，石脑油馏分通常占原油的 20%左右。这种石脑油辛烷值低，不宜作车用汽油，石脑油曾经是有剩余的馏分，这是日本、西欧等国选用石脑油作为乙烯原料的一个主要原因。

（2）原料对装置投资的影响

在烯烃生产中，采用不同的原料建厂，投资差别很大。采用乙烷、丙烷原料，由于烯烃收率高，副产品很少，工艺较简单，相应地投资较少。重质原料的乙烯收率低，装置炉区较大，副产品数量大，分离较复杂。如果硫含量、芳烃含量较高，可使装置容易结焦和腐蚀，必须采取原料预处理及附加清焦处理，设备还要采用优质材料，所以投资增加。不同原料投资比较列于表 2. 3-15 和图 2. 3-7。

表 2. 3-15 不同原料生产烯烃投资

项目	乙烷	丙烷	石脑油	AGO	VGO
转化率/%	60	92	中~高	高	
乙烯收率/%	78	44. 6	28. 2~31. 1	24. 6	
烃原料/(t/h)	72. 7	127. 2	201~181. 3	230. 5	
稀释蒸汽/(t/h)	25. 4	44. 5	120. 7~109. 4	230. 5	
燃料/(kJ/h)	934	1088	148	1758	
相对投资	0. 81	0. 93	1. 0	1. 16	1. 21

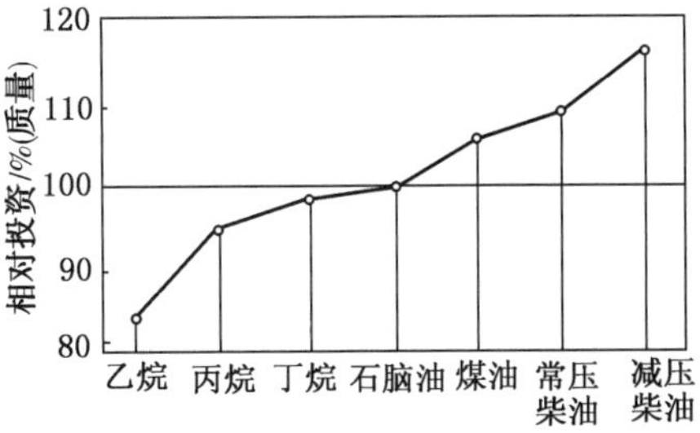

图 2. 3-7 不同裂解原料投资图

造成投资差异的直接原因是设备费用、操作费用和公用工程费用不同。不同原料的乙烯装置公用工程单耗见表 2. 3-16。

表 2. 3-16 不同原料的乙烯装置公用工程单耗

公用工程	每千克乙烯耗量				
	乙烷	乙烷/丙烷	石脑油	轻柴油	天然气凝析液(NGL)
电力/kW · h	0. 0168	0. 040	0. 078	0. 0889	0. 0639
天然气/MJ	15. 82	19. 79	32. 37	36. 79	28. 40
冷却水/m^3	0. 1719	0. 2345	0. 4282	0. 4790	0. 3600

随着国际上原料供求的变化，原料的价格也经常波动。因此，近来设计的乙烯装置，或对老装置进行改造，均提高了装置的灵活性，相应乙烯装置的投资也有所增加。乙烯装置原料灵活性投资系数见表 2. 3-17。

表 2. 3-17 乙烯装置原料灵活性投资系数

基本原料①	乙烷	石脑油
乙烷	1. 00	1. 03
丙烷	1. 27	1. 03
丁烷	1. 24	1. 01
全馏程石脑油	1. 57	1. 00
常压柴油	1. 84	1. 07
适用所有原料	1. 67	1. 11

① 以美国海湾价格为基础。

采用不同裂解原料时，裂解炉及急冷系统投资差异最大，裂解气压缩机等部分的影响相对较小。采用不同裂解原料时各工序的相对投资比较见表 2. 3-18。

表 2. 3-18　采用不同裂解原料时各工序的相对投资比较

裂解原料	裂解炉和急冷系统	裂解气压缩机	分离冷区	分离热区	制冷系统	界区内公用工程	合计
乙烷	25. 8	12. 4	17. 4	1. 6	9. 7	10. 1	77. 0
丙烷	28. 0	12. 5	15. 5	6. 3	13. 6	10. 1	86. 0
正丁烷	33. 0	12. 6	15. 5	7. 6	13. 2	10. 1	92. 0
轻石脑油	35. 7	12. 7	15. 8	7. 9	13. 4	10. 1	95. 6
全沸程石脑油	40. 2	12. 6	15. 8	7. 9	13. 4	10. 1	100. 0
轻柴油	47. 2	12. 3	15. 6	9. 7	12. 7	10. 1	107. 6
减压柴油	63. 0	13. 2	16. 3	10. 8	13. 6	10. 1	127. 0

从表 2. 3-18 中可以看出，如果工厂采用多种原料，工厂的总投资将会相应增加。然而原料灵活性不但可以减轻市场原料供应的冲击，而且增加了选择价格相对便宜原料的余地，从而可以用降低原料费用创造的利润来抵消投资费用的增加，缩短投资回收期。

（3）副产物的综合利用

烃类裂解副产物的综合利用程度是衡量裂解装置经济合理性的重要条件之一。裂解副产物约占整个产品组成的 60%～80%左右，对其进行有效的利用，可使乙烯成本降低 1/3 或更多。裂解副产物的综合利用，必须对副产品市场、价格对乙烯成本的影响和综合利用程度作综合考虑，因为这些也是原料选择的特别重要因素，如表 2. 3-19 所示。

表 2. 3-19　乙烯成本比较①　　美分/磅乙烯

项　目	乙烷		石脑油		常压柴油		减压柴油	
	（1）②	（2）③	（1）	（2）	（1）	（2）	（1）	（2）
原料费	1. 31	13. 1	3. 05	3. 05	4. 15	4. 15	3. 21	3. 21
操作费	1. 06	1. 06	1. 52	1. 52	2. 01	2. 01	2. 11	2. 11
副产品价格	0. 41	0. 18	3. 58	1. 98	3. 88	2. 26	4. 33	2. 57
产品价格	1. 96	2. 19	0. 99	2. 56	2. 28	3. 90	0. 99	2. 75
利润	0. 78	0. 78	0. 91	0. 91	1. 08	1. 08	1. 10	1. 10
总产品价格	2. 74	2. 97	1. 90	3. 50	3. 36	4. 98	2. 09	3. 85

① 以年产 450kt 乙烯装置为基础。

② 优质副产。

③ 燃料用副产。

从表 2. 3-19 中可看出，当减压柴油裂解的副产物作为优质副产物使用时，每磅(1 磅=0. 4536kg)乙烯总产品价格只有 2. 09 美分；但是作为低值燃料使用时，其价格增到 3. 85 美分/磅，增高了 88. 53%，可见副产品价格对成本影响之大。所以选择裂解原料时，应重视副产品综合利用价值。

（4）原料与乙烯成本

原料对乙烯生产的技术经济影响综合反映在乙烯生产成本上，它对生产成本起决定性的作用。一般原料费用在乙烯生产成本中约占 70%左右，如表 2.3-20、表 2.3-21 所示。在不同地区使用不同原料的乙烯成本也有很大差异，如表 2.3-22 所示。

表 2.3-20　乙烯生产成本　%(质量)

项　目	日　本	德　国	美　国
原料	石脑油	石脑油	轻柴油
原材料费	78	78	72
原料费	64	65	56
公用工程辅助材料费	14	13	16
固定费	22	22	28
生产成本	100	100	100

表 2.3-21　采用不同原料的乙烯生产成本　欧元/t

项　目	乙烷	丙烷	正丁烷	石脑油	馏分油
美国原料价格	145.96	394.34	470.39	669.58	667.46
西欧原料价格	612.44	612.16	638.80	671.67	698.12
沙特阿拉伯原料价格	46.28	480.49	475.40	708.56	698.50
俄罗斯原料价格	296.54	549.61	546.01	564.64	620.65
乌克兰原料价格	549.67	560.91	564.83	613.42	620.65

数据来源：2013 年欧盟统计局统计各地区原料价格。

表 2.3-22　不同地区不同原料每吨乙烯成本　美元/t

国家或地区 原料	中东地区 乙烷	北美地区 乙烷	北美地区 石脑油	北美地区 LPG	中东地区 石脑油/LPG	西欧 LPG
总成本	180	380	540	700	810	900
国家或地区 原料	世界其他 地区平均	亚洲 LPG	西欧 石脑油	亚洲 石脑油	中国 CTO	中国 MTO
总成本	920	960	980	1050	1050	1100

数据来源：2023 年 Wood Mackenzie 公司提供。

乙烯原料的选择直接关系到乙烯工业的正常运转和经济效益。原料性质不同，直接影响到乙烯和联产的各种产品的收率、乙烯装置的投资和生产成本、工艺路线的选择、生产装置的稳定操作以及生产能力和投资效益的发挥。

3. 乙烯原料的优化

(1) 坚持原料轻质化和优质化

轻质化是指大力提高轻烃、石脑油在乙烯原料中所占比例，提高乙烯收率，降低乙烯生产成本。优质化是指采用国内外市场的优质原料，最大限度地满足现有装置对原料的要求，实现本企业、本地区和集团公司的效益最佳化。原料对乙烯生产的影响综合反映在乙烯生产成本上，乙烯原料的优劣对乙烯装置的能耗、物耗、成本有着重要影响。乙烯装置使用轻质的、优质的原料，低碳烯烃收率较高，分离流程相对简单，设备投资少，运转周期长，物耗、能耗低，操作费用低。轻烃和石脑油的设计能耗、生产成本相对于其他原料具有明显优势。通过优化裂解原料配置结构，优化炼油加工方案，增加轻质、优质乙烯原料的供应，改善原料结构和整体品质，可以提高乙烯收率，降低生产成本，提高装置效益。

国外大型石化公司为了降低乙烯生产成本，主要采用乙烯原料轻质化、优质化的措施，其乙烯原料构成见表 2.3-23、图 2.3-8。

表 2.3-23 部分国外大型石化公司乙烯原料构成

公司	地点	产能/(kt/a)	原料	投产时间	备注
Bayport Polymers	Port Arthur，TX	1000	乙烷	2022 年	道达尔/诺瓦/北欧化工合资
Shell Chemical	Monaca，PA	1500	乙烷	2022 年	
Gulf Coast Growth	Portland，TX	1800	乙烷	2022 年	由埃克森美孚/沙比克合资
英力士 INEOS	Alvin，TX	240	混合	2023 年	扩能
美国信科	Plaquemine，LA	170	乙烷	2023 年	扩能
LACC	LakeCharles，LA	400	乙烷	2023 年	扩能
Lummus	Baltic	3000	乙烷/丙烷	待定	2020 年签署合同

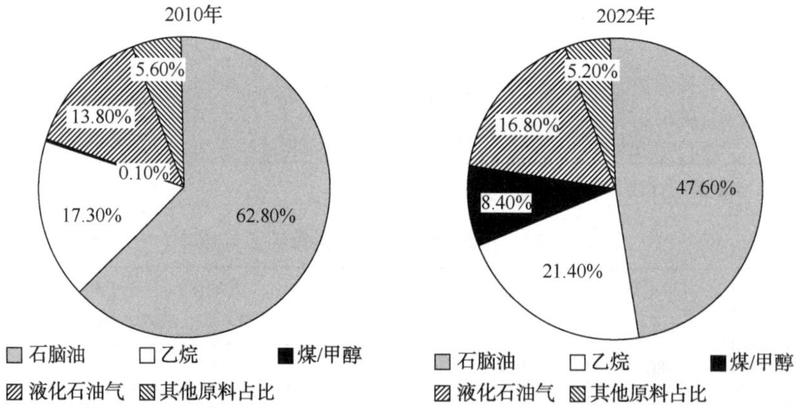

图 2.3-8 全球乙烯原料多元化、轻质化趋势明显

从表中可以看到，这些企业的乙烯装置基本上采用的是轻质原料，而且原料构成保持稳定。轻质化、优质化的乙烯原料为其降低乙烯成本提供了有利条件。

近年来，我国乙烯原料优化工作的重点是减少柴油使用，增加石脑油用量。我国乙烯原料中石脑油比重增长显著，目前已占 65%以上，柴油所占比例也已低于加氢尾油。乙烯原料结构的调整不仅给石化企业增加了效益，替代下的柴油还缓解了燃料市场的急需。

(2) 走原料多样化路线

我国轻质油资源相对缺乏，在乙烯原料优质化、轻质化的同时，必须兼顾多样化，充分利用炼厂、油田以及乙烯厂自身的各种资源，拓宽乙烯原料来源。

炼厂可利用的资源较多，包括炼厂气、气体分馏得到的 C_3/C_4 LPG 等轻烃资源；油田可利用的资源主要包括油田气经分离加工得到的油田轻烃(包括乙烷、C_3/C_4 LPG)、C_5 馏分和凝析油等。

我国原油中重组分比例大，因此，走原料多样化路线不仅要重视轻质原料，也要重视开发重质油作为乙烯原料。炼厂的二次加工油，如减压柴油、减压渣油经加氢裂化或缓和加氢裂化得到的加氢裂化轻石脑油，加氢裂化尾油、减压柴油、催化柴油经加氢改质得到的加氢尾油，减压渣油经延迟焦化-加氢精制得到的焦化加氢汽油、焦化加氢柴油等，都是优质的裂解原料。这些技术不仅用于生产优质煤、柴油以及重整原料，还可以兼顾提供优质的乙烯裂解原料，适应国内市场不同时期的不同需求，提高企业经济效益。

(3) 发挥上下游一体化优势，合理利用乙烯原料资源

当今世界石化行业发展的大趋势是炼化一体化，以提高原料使用的灵活性。把炼油厂和乙烯厂结合起来，既可实现原料和产品互供，又可优化乙烯原料。炼油厂生产的石脑油、重整拔头油和抽余油、加氢尾油、轻烃等是乙烯装置的优质原料，通过优化原料配置，可以减少乙烯装置的原料消耗，还可以从干气中回收可观的乙烯。而乙烯装置副产的氢气和甲烷氢，可以提供给炼厂作为氢源或制氢原料，以减少石脑油制氢的原料消耗。这种炼油化工一体化的组合，不仅可提高乙烯装置原料的灵活性和对市场的应变能力，而且可增加企业效益。

炼化一体化的两大核心是原料的优化和原料自给。优选原料品种、优化原油品种是从源头上优化乙烯原料。在进行原油特别是进口原油的油品选择和加工分配时，既要考虑油品生产需要，又要尽量满足乙烯原料量和质量的要求。充分发挥炼化一体化的优势，合理分配炼油和乙烯原料，要做到宜油则油，宜化则化，扬长避短，优化乙烯原料结构，尽可能达到优质化和轻质化，细化操作，实施分储分炼，对不同油品进行分炉裂解，不同原料采用不同的裂解深度，使目的产品达到预期的最大收率。

从长远来看，受国内原油资源的限制，今后我国原油产量难以大幅度增加，仅立足于国内原油资源，难以满足我国乙烯工业不断发展的需要，乙烯原料仍将面临资源紧缺的局面。近年来，炼油厂通过增加进口原油加工量，使得石脑油数量有所增长，但石脑油资源依然不足；加氢裂化尾油是较好的乙烯原料，但其资源受到加氢裂化装置投资昂贵的制约，若专门为获取乙烯原料而建设则并不经济，最好是配合炼油产品的需要。因此，大力发展炼化一体化，已成为我国优化乙烯原料来源、降低乙烯成本的重要途径。

总之，能否选择既可大量供应又廉价的原料，不仅直接影响乙烯装置的稳定生产，还关系到石油化工的发展速度，同时也关系到国家能源消费平衡和其他国民经济部门的能源供应。当确定乙烯生产原料路线时，必须考虑国家的资源、能源消费的平衡、炼厂结构和石化产品的供需、原料的性质以及技术水平和产品结构等各种因素，并在此基础上进行综合分析。

4. 石脑油作为乙烯原料的优化问题

世界上大部分乙烯是用石脑油生产的，在 2005 年世界乙烯原料构成中，石脑油占 53%。因此，在乙烯原料优化中石脑油原料的优化占有重要的位置。并非所有的石脑油都适合做乙烯裂解原料，无论是石脑油的品种还是馏分轻重都存在优化问题。

石脑油裂解的一般规律是：直馏石蜡基石脑油裂解时乙烯收率最高，如大庆石脑油，是乙烯生产理想的原料；异构烷烃裂解时，乙烯收率低，甲烷收率较高。炼厂二次催化加工的石脑油，其异构烷烃含量较高，如果要作为乙烯裂解原料，就应该注意这个问题。炼厂热加工的石脑油没有这个问题。

除带侧链的芳烃外，芳香烃本身是不能生成烯烃的。因此，芳烃含量高的石脑油不宜作为乙烯生产原料，一般要求芳烃含量不大于 10%。

(1) 用作乙烯裂解原料的石脑油产品标准

判断某种石脑油能否很好地作为乙烯裂解原料的定量标准应该成为该产品的规格。表 2.3-24 是中国石化集团公司 2001 年企业标准和新加坡乙烯裂解石脑油质量标准的比较。目前中国石化新的企业标准基本上和新加坡标准是一样的，都是以烷烃含量作为基准。从另一个角度来看，芳烃不是制乙烯的好原料，因此，限制裂解原料中的芳烃含量同样也可以作为一种指标。

表 2.3-24　石脑油质量标准对比

项　　目	新加坡(Open Spec)	中国石化集团公司(Q/SHR 011—2001)
密度/(g/cm^3)	0.65~0.75	0.65~0.75
族组成/%(质量)		
P	≥65	≥65
O	实测	报告
N	实测	报告
A	≤1.0	≤1.0
硫/10^{-6}	≤800	≤800
铅/10^{-9}	≤150	≤150
砷/10^{-9}	≤20	≤20
色度(Saybolt)	>20	>20
馏程/℃		
初馏点	>25	≥25
50%点		
终馏点	≤204	≤204

目前国内乙烯装置所用的石脑油实际质量低于国外水平，主要表现在烷烃含量低，芳烃含量高，平均密度大等。

(2) 裂解原料用石脑油的质量和价值相关性

研究石脑油质量和价格的关联模式有两种方法：一种是按乙烯收率来代表石脑油质量分析和裂解产物相关价值的相关性方法；另一种是按石脑油中烷烃含量分析和裂解产物价值的相关性方法。表 2.3-25 是 8 种国外原油的直馏石脑油的烷烃含量与裂解产物的相关性数据，并据以作成图 2.3-9。需要注意的是，这些所用的石脑油终馏点都比较低，说明轻质石脑油的乙烯收率和经济效益比较好。

表 2.3-25　石脑油烷烃含量与裂解产物价值的相关性

油　　源	P/%	N/%	A/%	乙烯收率①/%(质量)	裂解产物价值/(元/t 原料)	裂解产物相对价值
塔皮斯(Tapis)	45	29	26	21.8	2076	85.3
印尼辛塔(82~149℃)	55.2	39	4.9	27	2371	97.4
伊朗 C_5~177℃	65	25	10	30.1	2435	100
利比亚阿曼(C_5~160℃)	68	28	4	30.4	2448	100.5

续表

油　　源	P/%	N/%	A/%	乙烯收率[①]/%(质量)	裂解产物价值/(元/t原料)	裂解产物相对价值
迪拜(C_5～145℃)	68.4	23.1	8.5	30.0	2445	100.4
沙轻(C_5～177℃)	74	16	10	31.6	2468	101.4
科威特(C_5～177℃)	78	14	8	31.6	2468	101.4
沙重(C_5～177℃)	79	14	7	31.7	2475	101.6

① 乙烯收率为单程收率。

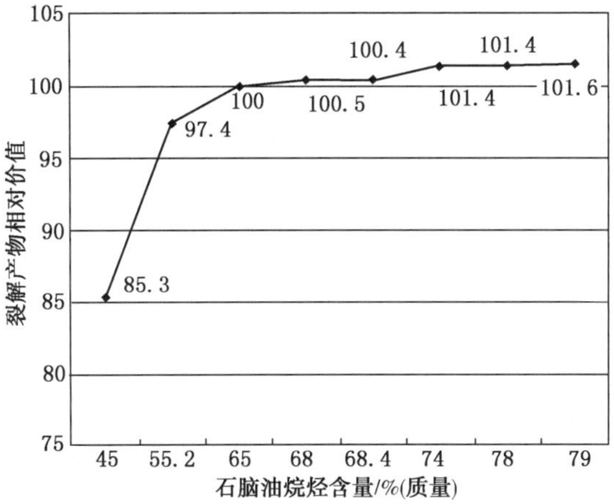

图 2.3-9　链烷烃(P)含量与裂解产物价值的相关性

由图 2.3-9 可见，石脑油烷烃(P)含量和裂解产物综合价值的关联模式是非线性的。当 P 含量>65%以后，随着 P 含量的增高，裂解产物的综合价值虽然有所增加，但增长的幅度是很平缓的。当 P 含量<65%时，随着 P 含量的下降，裂解产物价值下降开始非常快。曲线在 P 含量为 65%左右出现一个“拐点”，这就是国际上石脑油(裂解用)的烷烃含量为什么要求在 65%的原因。石脑油的烷烃含量和产物的经济价值有密切的关系。

(3) 石脑油优化作为乙烯原料

1) 石脑油吸附分离技术——MaxEne 工艺

正构烷烃是最优质的乙烯原料，而作为重整原料却是芳性最差的，也是辛烷值最低的原料；异构烷烃作为乙烯原料，乙烯收率很低，却是很好的重整原料，有利于汽油辛烷值的提高；环烷烃作为乙烯原料，具有中等水平的乙烯收率，而作为重整原料则非常理想；芳烃作为乙烯原料，不仅很不易裂解，而且还是炉管结焦的重要原因，但它是很好的重整原料，有利于芳烃的提高。

石脑油中既有宜于乙烯生产的正构烷烃，也有宜于重整生产的芳烃、环烷烃和异构烷烃，如果能把这部分原料实施分离，把宜于乙烯生产的正构烷烃分离出来，作为乙烯原料，其余部分作为重整原料，这样实现原料互补。基于这一思路，从 20 世纪 70 年代到 80 年代，联碳公司曾推出吸附分离工艺，采用 5A 分子筛，从轻质直馏汽油中分离出正、异构组分，已得到工业应用。UOP 公司提出一种 MaxEne 工艺，采用选择性吸附的吸附剂，在模拟逆流移动床中进行吸附分离。这种工艺可看作石脑油蒸汽裂解装置的一个预处理工序，

它将 $C_5 \sim C_{11}$ 的全馏分石脑油中的正构烷烃分离出来作为乙烯裂解原料，从而提高乙烯收率，另外一种富含异构烷烃、环烷烃和芳烃的石脑油馏分的辛烷值和芳烃含量将得到提高，可作为重整原料或汽油调和组分。实施 MaxEne 技术对石脑油裂解产品影响列于表 2.3-26，对炼油厂平衡影响列于表 2.3-27。

表 2.3-26 实施 MaxEne 技术对石脑油裂解产品影响 kt/a

裂解产品	未采用 MaxEne 技术	采用 MaxEne 技术
乙烯	247	330
丙烯	131	130
丁烯	73	59

表 2.3-27 实施 MaxEne 技术对炼油厂平衡的影响 kt/a

产品	产品产量(未采用 MaxEne 技术)	产品产量(采用 MaxEne 技术)
轻汽油	229	713
重整汽油	1188	1246
液化气	119	88

从表中可以看出，采用 MaxEne 技术后，乙烯产量从 247kt/a 提高到 330kt/a，增加了 30%以上，而丙烯产量保持不变。采用 MaxEne 技术还可以增加轻汽油和高辛烷值重整汽油的产量。采用 MaxEne 工艺效益预测如表 2.3-28 所示。

表 2.3-28 采用 MaxEne 工艺效益预测 百万美元/a

项目	增加产品收入	增加原料费用	增加公用工程	利润	投资	税前投资回报率/%
数据	108.2	70.6	9.0	28	80	36

采用 MaxEne 装置，所得正构抽余石脑油为乙烯原料效益十分明显。石脑油吸附分离技术可以优化乙烯装置和重整装置的原料，缓解乙烯装置和重整装置原料供应的矛盾。

2）石脑油切割轻馏分石脑油为乙烯原料

某些汽油馏分的族组成如表 2.3-29 所示。

表 2.3-29 某些汽油馏分的族组成 %(质量)

原料来源	馏程/℃	烷烃		环烷烃	芳烃
		正构	异构		
大庆	60~145	38	15	43	4
	初~200	57		39	4
胜利	60~145	17.5	32.5	42	8
	60~180	49		42	9
任丘	初~145	56		42	2
大港	初~145	18.5	22.5	47	12
	60~180	38		46	16
克拉玛依	初~200	58		33	9

续表

原料来源	馏程/℃	烷烃		环烷烃	芳烃
		正构	异构		
南疆柯参	初~200	72.9		22.4	4.7
科威特	40~200	70		21	9
米纳斯	16~204	59		40	1
美国加州惠灵顿	50~210	35		54	11
美国宾夕法尼亚	40~200	70		22	8
伊朗	45~200	70		21	9

从表中可以看到，有些石脑油芳烃含量比较高，直链烷烃含量低，不适合作为乙烯原料，可以作为重整原料；不过有些全馏分石脑油在切去重馏分后，所得轻直馏石脑油可以作为乙烯原料。一般规律是终馏点越高，芳烃含量越高，烷烃含量下降，乙烯收率减少。表 2.3-30 为几种国外石脑油切割后的组成情况。

表 2.3-30　几种国外石脑油切割后的组成　　%(质量)

项目	卡宾达			阿曼			沙特		
馏程/℃	C_5~82	82~154	C_5~154	C_5~82	82~154	C_5~154	C_5~82	82~154	C_5~154
族组成									
链烷烃	86.68	54.22	64.29	90.52	65.77	74.68	93.02	66.86	76.82
环烷烃	12.32	39.13	30.82	8.00	25.84	19.42	5.16	21.90	15.67
芳烃	1.01	6.64	4.90	1.48	8.39	5.90	1.21	11.24	7.51
收率	31.03	68.97	100	43.64	56.36	100	60.34	29.66	100

从表中可以看出，轻石脑油烷烃含量很高，芳烃含量较低，适合作为乙烯原料，美国有的乙烯厂根据这个原理，使用轻石脑油作为原料，而不是全馏分石脑油作为原料。我国有些全馏分石脑油裂解性能不好，也可以先进行切割出 C_5~82℃、C_5~154℃的轻石脑油进行物性分析，并进行裂解性能评价，如果能符合要求，则作为乙烯裂解原料。所以，利用石脑油切轻工艺可能是一种劣质石脑油裂解性能改变的一种比较简便的方法，是扩大乙烯原料来源的一个有效方法。

3）石脑油芳烃抽提优化乙烯原料

石油烃的裂解反应特征与它的族组成有密切关系。正构烷烃最易生成乙烯等烯烃产物，芳烃具有强的热稳定性，在裂解过程中不会发生开环反应，仅发生侧链断链反应，并在高温下易发生聚合，脱氢形成焦油并进一步生成焦炭。将石脑油先送到芳烃抽提装置进行抽提，分离出芳烃组分，得到抽余石脑油，作为裂解原料，称为前抽提流程。该流程可减少裂解炉结焦，延长乙烯装置运行周期，提高乙烯收率，并降低乙烯装置综合能耗。与常规流程相比，前抽提流程的乙烯装置进料量下降约 12%。

芳烃抽提技术的核心是萃取剂的选择，必须有很好的选择性和溶解度，与原来的待分离组分不生成恒沸物且沸点比待分离组分高，才易再生和回收，而且还应有合适的黏度、密度、表面张力、比热容和蒸发潜热，以提高塔板效率并降低能耗。目前，成熟的芳烃抽提技术主要有美国 GTC 公司的 GT-BTX 芳烃抽提技术，采用 *N*-甲基吡咯烷酮的 NMP 技术，采用 *N*-甲酰基吗啉溶剂的 NFM 技术，采用传统的二甲基亚砜溶剂的 DMSO 技术和市场占有率最高的环丁砜技术。

乙烯咨询公司推出一种新的专用工艺，可改进石脑油进料，优化乙烯裂解装置的操作，称为 NAPEX 工艺，将乙烯裂解和芳烃抽提装置组合在一起，可将石脑油中芳烃抽提，只含极少芳烃。芳烃抽提装置可产生热解汽油抽余物非芳物料和脱芳石脑油送至乙烯裂解炉。工艺流程见图 2.3-10。

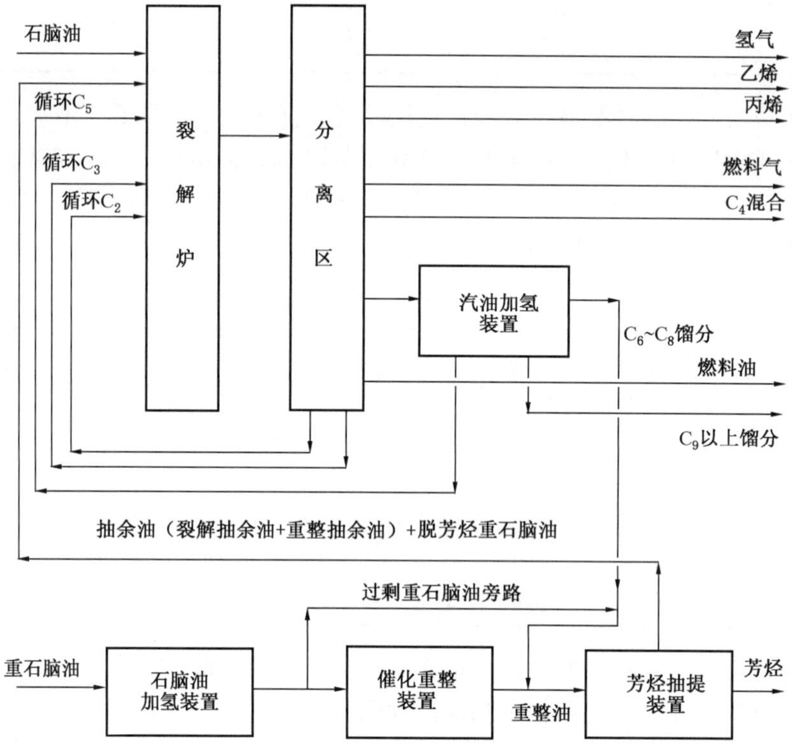

图 2.3-10　NAPEX 工艺流程示意图

三、扩大乙烯原料来源

扩大乙烯原料来源的方法很多，目前研究较多的是甲醇制烯烃、甲烷氧化偶合制乙烯、烷烃脱氢制烯烃、重油催化裂解制烯烃。作为管式炉蒸汽裂解原料的研究介绍如下。

1. 页岩油作裂解原料

美国从 20 世纪 80 年代开始开发页岩油，中国也很早开始了页岩油的开发。页岩油与一般原油不同，含有机氮化物较多，因此要进行深度加氢脱氮。但是页岩油的硫含量低，链烷烃含量高，是理想的蒸汽裂解原料。裂解小试验表明，裂解温度为 704～871℃，停留时间为 0.4～1.2s，蒸汽与油比为 0.4～1.2，其乙烯最大收率为 24.2%，丙烯收率为 10.8%。

2. SRC-Ⅱ工艺

SRC-Ⅱ工艺（溶剂精制煤工艺）是一项煤直接液化工艺，海湾石油公司与原联邦德国、日本进行合作研究。

煤粉与熔剂混合成浆液，在 H_2 存在下，循环煤灰作催化剂，反应温度为 400～450℃，操作压力为 14MPa，煤粉在溶解器中直接转化为液体产品，如图 2.3-11 所示。

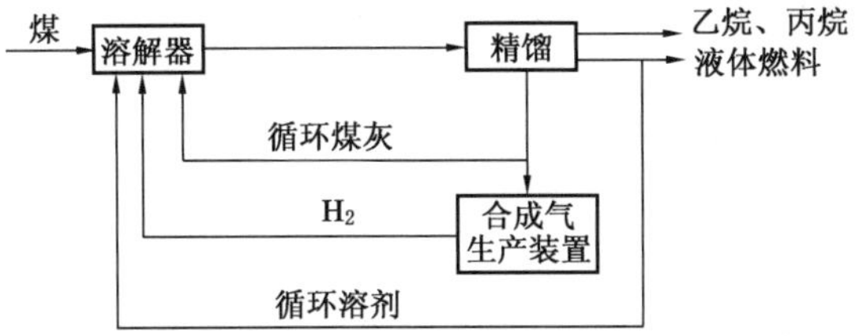

图 2.3-11　SRC-Ⅱ工艺流程示意图

循环煤灰在溶解器中液度愈高，反应转化率愈高。SRC-Ⅱ工艺所得产品组成见表 2.3-31，产品约有 70%为液体、30%为气体(管道气、乙烷、丙烷和丁烷)。可见，煤日处理量为 30kt 的工业装置，产乙烷和丙烷共 2.62kt/操作天，蒸汽裂解得乙烯 500kt/a、丙烯 50kt/a。液体产品中的石脑油经加氢后作为裂解原料，得到轻质烯烃 209kt/a。此外，这种石脑油也是良好的芳烃来源，可产苯、甲苯、二甲苯芳烃 450kt/a。

表 2.3-31　SRC-Ⅱ工艺产品组成

原料及产品组成	日历天量	操作天量
煤原料	30000t	30230t
管道气	$1.26\times10^6m^3$	$1.3\times10^6m^3$
乙烷、丙烷	$5626.5m^3$	2616t
混合丁烷	$17.17m^3$	283t
石脑油(C_5～200℃)	$149.45m^3$	3592t
轻质燃料油(200～290℃)	$145.48m^3$	3916t
重质燃料油(>290℃)	$124.0m^3$	3516t
乙烷以上合计	$6062.6m^3$	13923t

经济分析表明，SRC-Ⅱ工艺为乙烯装置提供原料很有前途。

3. 延迟焦化

延迟焦化的汽油、柴油经加氢精制后，可作为蒸汽裂解原料。延迟焦化在国内是成熟工艺，许多炼油厂都有不同规模的装置。延迟焦化工艺流程如图 2.3-12 所示。

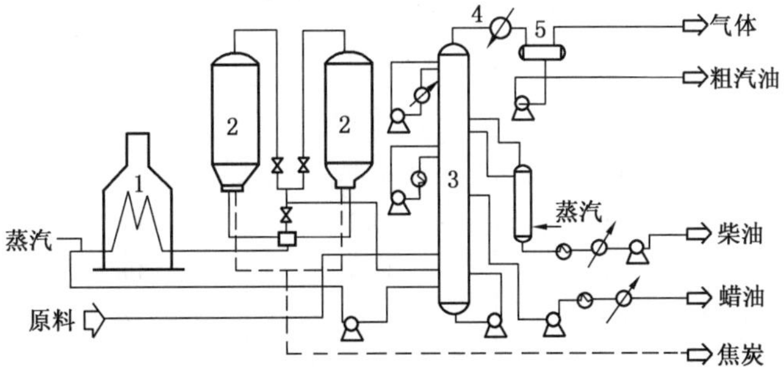

图 2.3-12　延迟焦化装置流程示意图

1—加热炉；2—焦炭塔；3—分馏塔；4—冷却器；5—回流罐

工艺条件：

炉对流段出口温度　400℃

加热炉辐射段出口温度　495~505℃

分馏塔底温度　375~395℃

分馏塔顶温度　100~110℃

柴油抽出线温度　275~285℃

辐射段进料压力　3.4MPa

焦炭塔顶压力　0.25MPa

充焦时间　24h

延迟焦化装置有较大的灵活性，它的原料可以是重油、渣油，甚至沥青，通过焦化装置可以提高轻质油收率。以大庆减压渣油、胜利减压渣油为原料，所得产率如表2.3-32所示。

表2.3-32　焦化装置收率分布　　%

项　目	大庆减压渣油	胜利减压渣油
焦化富气	6.4	6.5
焦化汽油	16.0	16.0
焦化柴油	35.0	28.0
焦化蜡油	21.5	25.6
焦炭	20.1	23.0
硫化氢		0.40
损失	1.0	0.5
合计	100	100

从表中可看出，焦化后液体收率达70%左右，其中焦化汽油、柴油收率达40%~50%，占原油的20%左右。延迟焦化所得的油品中不饱和烃含量比较多，需经加氢精制，目的是使油品中烯烃饱和，并脱除其中硫、氮、氧及金属杂质，提高油品质量，使之适于作裂解原料。胜利焦化加氢汽、柴油与相应直馏油性质见表2.3-33。焦化加氢汽、柴油的性质与直馏油相近，原料含氢量比直馏油高，*BMCI*值比直馏油小，因此是很好的裂解原料。其裂解结果比较列于表2.3-34，工业装置所得焦化汽、柴油裂解结果列于表2.3-35。

表2.3-33　焦化加氢油与直馏油性质比较

项　目	胜利石脑油	胜利焦化加氢汽油	胜利轻柴油	胜利焦化加氢柴油
相对密度($d_{15.6}^{15.6}$)	0.7374	0.7400	0.8125	0.8080
平均分子量	118	122	198	200
氢含量/%	15.0	15.2	14.0	14.4
BMCI	14.8	11.4	19.2	19.0
氮含量/10^{-6}	17.7	5.5	51.5	18.2
馏程/℃				
初馏点	60	57	154	120

续表

项目	胜利石脑油	胜利焦化加氢汽油	胜利轻柴油	胜利焦化加氢柴油
50%	123	142	267	252
终馏点	198	205	352	333
族组成/%				
链烷烃	67.0	66.9	62.3	60.6
环烷烃	26.6	26.4	26.6	22.9
总芳烃	6.4	6.7	14.9	16.3

表 2.3-34 不同原料裂解产品收率比较

项目	胜利石脑油	胜利焦化加氢汽油	胜利轻柴油	胜利焦化加氢柴油
炉出口温度/℃	840	840	800	800
停留时间/s	0.396	0.396	0.397	0.390
蒸汽/油比	0.65	0.65	0.75	0.75
产品收率/%				
H_2	0.86	0.95	0.58	0.66
CH_4	14.25	14.85	9.47	10.50
C_2H_4	24.84	29.24	22.78	25.40
C_3H_6	14.14	13.15	15.28	14.78
C_4H_6	4.59	4.24	5.11	4.70
苯	7.00	6.59	3.95	4.85
裂解汽油	26.95	23.40	27.15	20.74
裂解柴油	2.27	3.80	4.48	7.39
燃料油	3.02	2.69	4.96	6.84

表 2.3-35 工业装置裂解产品收率

项目	胜利焦化加氢汽油	胜利焦化加氢柴油
相对密度($d_{15.6}^{15.6}$)	0.7346	0.8303
氢含量/%	15.09	13.77
BMCI	10.05	26.35
产品收率/%		
H_2	0.86	0.56
CH_4	12.72	8.38
C_2H_4	27.06	23.73
C_3H_6	15.21	14.32
C_4H_6	4.92	4.72

以胜利原油为原料，每年生产300kt乙烯的两种原料方案比较，见图2.3-13、图2.3-14。图2.3-13是以直馏石脑油、轻柴油为原料，图2.3-14是以除直馏石脑油、轻柴油外，还有

焦化加氢汽、柴油为裂解原料。

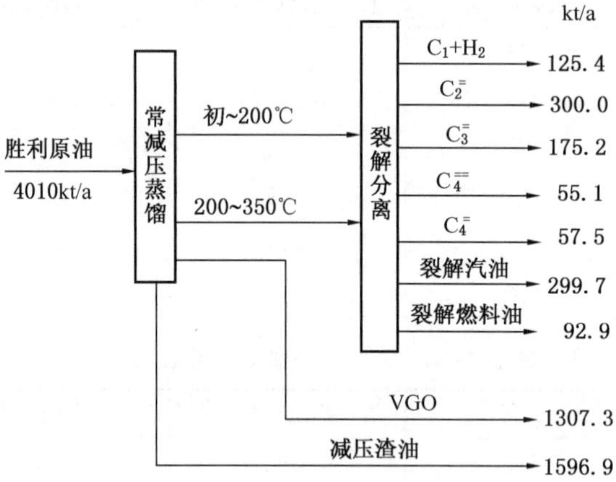

图 2.3-13　方案 1

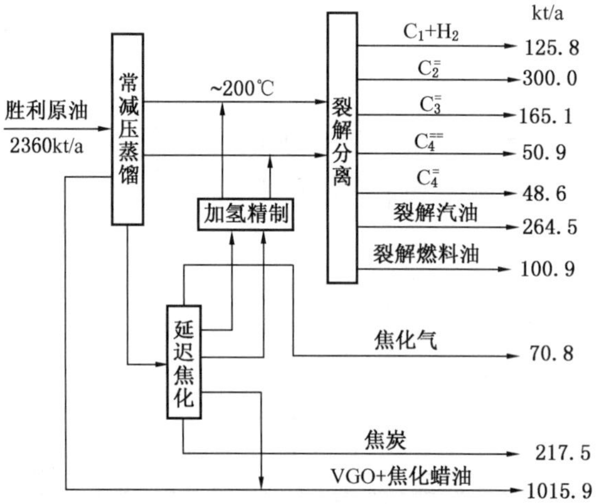

图 2.3-14　方案 2

两个方案比较见表 2.3-36。方案 2 比方案 1 少用裂解原料 50kt 左右。以原油用量比较，方案 2 比方案 1 减少原油 40%左右。因此，方案 2 节省原料、提高经济效益有重要意义。

表 2.3-36　1300kt/g 乙烯原料方案比较

项　　目	方案 1	方案 2
胜利原油/kt	4010	2360
石脑油/kt	280.7	165.2
轻柴油/kt	826.1	486.2
焦化加氢汽油/kt	—	147.3
焦化加氢柴油/kt	—	257.7
裂解原料油/kt	1106.8	1056.4
原油/(t/t 乙烯)	13.37	7.87
裂解原料油/(t/t 乙烯)	3.7	3.5

4. 加氢裂化

加氢裂化是20世纪60年代初期发展起来的炼油新工艺。加氢裂化使原料脱硫、脱氮、芳烃饱和，使多环烷烃加氢开环，从而增加烷烃含量和芳烃含量，使重油轻质化，将减压馏分油及渣油转化为汽油、中间馏分油和加氢尾油等。

国外从20世纪80年代开始发展缓和加氢裂化工艺(MHC)以及中压加氢裂化工艺(MPHC)。美国、荷兰、德国、法国等国以及我国均做了大量的研究、开发工作。目前，国外高压加氢裂化技术已经成熟，我国的中压加氢技术则处于世界领先水平。世界各国加氢裂化装置所用的技术，主要是UOP公司、Chevron公司、Mobil石油公司、Criterionn催化剂公司和FP(Pyrocatalyse)公司、AKZO公司等。我国加氢裂化装置所用技术主要由中国石化抚顺石油化工研究院(FRIPP)和石油化工科学研究院(RIPP)提供。

MHC工艺的特点是可以使用催化重整副产氢，且氢耗不高，投资不多，灵活性大，不仅生产部分汽油、柴油，而且所得加氢尾油(大于350℃)是优良的裂解原料。MHC工艺流程见图2.3-15。

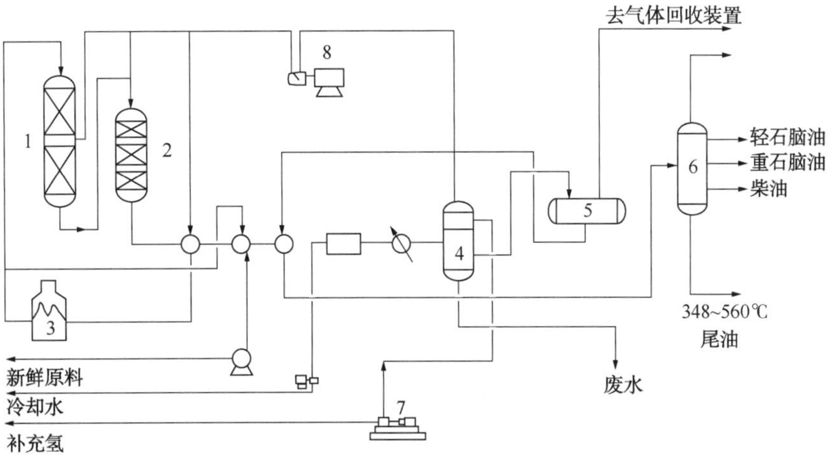

图2.3-15 MHC工艺流程示意图

1—加氢预精制；2—加氢裂化；3—循环氢加热炉；4—高压分离器；
5—低压分离器；6—分馏塔；7—补充压缩机；8—循环氢压缩机

鲁姆斯公司对轻质阿拉伯原油的VGO(芳烃含量约50%，其中多环芳烃约24%，多环环烷烃为20%左右)进行了加氢裂化，不同转化率所得各馏分油的产率及性质见表2.3-37。从表中物性可以看出，其重石脑油和轻柴油中环烷烃和芳烃含量较高，不适合作乙烯原料。

表2.3-37 轻质阿拉伯原油VGO加氢裂化(MHC)产品产率与性质(40%转化率)

项　目	$<C_4$	轻石脑油	重石脑油	轻柴油	>343℃尾油
馏分/℃		C_5~85	85~193	193~343	343~565
产率/%	4.3	2.35	13.77	23.97	57.73
相对密度		0.6852	0.7848	0.8504	0.8519
ASTM蒸馏/℃					
初馏点			102	225	362

续表

项　　目	$<C_4$	轻石脑油	重石脑油	轻柴油	>343℃尾油
10%			119	231	409
30%			132	248	432
50%			143	272	453
70%			158	300	478
90%			167	334	521
终馏点			203	354	566
PONA/%(体积)					
i-P		51.1	16.0		
n-P		24.5	9.4	17.4	32.8
N		19.9	59.3	58.8	58.3
A		4.5	15.3	23.8	8.9
氢含量/%		15.3	13.98	13.39	14.19
氢耗/(Nm^3/桶)①					
化学氢耗			30.7055		
溶解氢			4.9525		

① 1 美桶=158.987dm^3，氢气体积以标准状态计。

齐鲁石化公司缓和加氢裂化装置所得加氢尾油通过在 SRT-Ⅲ裂解炉上运转，结果表明 MHC 尾油是优良的裂解原料。表 2.3-38 列出了胜利 VGO 及加氢尾油性质。表 2.3-39 列出了胜利加氢裂化尾油、MHC 尾油、石脑油、AGO、VGO 裂解产品收率。

表 2.3-38　胜利加氢裂化尾油的性质

项　　目	VGO	MHC 尾油	加氢裂化尾油
相对密度($d_{15.6}^{15.6}$)	0.8823	0.8450	0.8350
氢含量/%	13.5	14.3	14.4
残炭/%	0.047	0.005	0.0005
硫含量/%	0.278	0.07	0.06
BMCI	31.6	14.0	12.8
族组成/%			
烷烃	43.6	61.7	98.1
环烷烃	32.1	31.1	
芳烃	24.3	7.2	1.9

表 2.3-39　裂解收率比较

项　　目	石脑油	AGO	VGO	MHC 尾油	加氢裂化尾油
炉出口温度/℃	840	800	800	840	840
停留时间/s	0.39	0.38	0.39	0.38	0.38
蒸汽/油比	0.64	0.74	0.75	0.75	0.75

续表

项　　目	石脑油	AGO	VGO	MHC 尾油	加氢裂化尾油
主要产品收率/%					
H_2	13.13	9.10	8.89	10.62	11.33
C_2H_4	23.60	23.72	20.49	28.21	30.31
C_3H_6	12.54	16.09	13.96	14.94	16.13
C_4H_6	4.52	5.20	4.80	5.81	6.39

从表中数据可看出，加氢尾油裂解三烯收率提高幅度比较显著，与石脑油相比，三烯收率提高 8%～10%，比 VGO 裂解三烯收率提高 10%～14%。

但是 MHC 工艺对于原料选择有较高要求（VGO 终馏点不能太高），另外，MHC 尾油的芳烃含量较高，因此结焦量较大，影响裂解炉运行周期。

20 世纪 80 年代在改造催化裂化原料油预处理的加氢脱硫装置成为缓和加氢裂化装置时，有些国家进行了开发工作，适当提高操作压力，使用活性更高的催化剂，这样可以克服 MHC 工艺存在的问题，达到加工更重的原料、同时提高单程转化率的目的。这种在中压控制下转化率较高的工艺过程就是中压加氢裂化。中压加氢裂化装置操作压力一般为 8.0～10.0MPa，不仅对提高劣质催化裂化柴油的品质有良好效果，而且可以重油改质，提供适于裂解制乙烯的加氢尾油。表 2.3-40 为中压加氢尾油性质和模拟装置裂解试验结果。

表 2.3-40　中压加氢尾油性质和模拟装置裂解试验结果

项　　目	1#中压加氢尾油	2#中压加氢尾油
收率/%（质量）	35.754	35.505
密度（20℃）/（g/cm^3）	0.8148	0.8261
氢含量/%（质量）	14.49	14.53
硫含量/10^{-6}	30	59
氮含量/10^{-6}	4.9	4.8
馏程/℃	95～415	95～427
BMCI	7.8	8.5
族组成/%（质量）		
P	63.8	63.9
N	34.6	35.4
A	1.6	0.7
模拟裂解试验炉型	SRT-III	
炉出口温度/℃	820	820
主要产品收率/%（质量）	73.83	74.53
氢气	0.66	0.66
甲烷	11.16	11.32
乙烯	30.49	30.57
丙烯	15.79	15.85

续表

项　　目	$1^{\#}$中压加氢尾油	$2^{\#}$中压加氢尾油
丁二烯	6.33	6.36
裂解油收率/%(质量)	26.17	25.47
苯	4.09	3.86
甲苯	2.93	2.78
二甲苯	0.63	0.55

传统的加氢裂化即高压加氢裂化装置操作压力一般为8.0～12.0MPa，该工艺具有很高的转化深度，可以使用更重的原料，因此其反应压力和循环氢都明显增加，但同时其产品质量和催化剂寿命也有大幅度提高。不过其装置投资要高于MPHC工艺。在加氢裂化装置工艺的选择上，要通过全面的技术经济比较加以确定。

5. 裂解产品作裂解原料

裂解装置的副产品乙烷、丙烷、混合C_4、裂解C_5、C_6～C_8非芳烃，通过处理后可直接返回到裂解炉作为乙烯装置的原料。丙烯精馏塔塔底馏出物C_3主要成分为丙烷，可直接循环裂解；混合C_4可根据其下游产品的经济效益来决定是否对其进行分离，如果其中的烯烃未经分离，则经过加氢后可作裂解原料。混合C_4馏分的组成与裂解原料和裂解操作条件有关，表2.3-41是典型的混合C_4馏分的组成。

表2.3-41　混合碳四馏分组成

原　　料	石脑油裂解/%(摩尔)	轻柴油裂解/%(摩尔)
甲基乙炔	0.22	0.22
丙二烯	0.18	0.18
丙烯	0.05	0.05
丙烷	0.05	0.05
1,3-丁二烯	50.82	51.31
1,2-丁二烯	0.28	0.29
丁炔	0.16	0.16
乙烯基乙炔	0.64	0.65
1-丁烯	13.74	13.93
顺式2-丁烯	4.10	4.15
反式2-丁烯	4.81	4.87
异丁烯	21.87	22.17
正丁烷	1.73	0.98
异丁烷	0.87	0.49
碳五馏分	0.50	0.50

裂解汽油加氢后，可副产加氢C_5、C_6～C_8非芳烃，它们均可作为乙烯装置的裂解原料。裂解装置副产品裂解时，乙烯及其他产品的收率列于表2.3-42。

表 2.3-42 裂解装置副产品裂解时的产品收率分布 %

产品	乙烷(65%转化)	丙烷(93%转化)	混合 C_4	循环 C_5	$C_6 \sim C_8$
H_2	4.06	1.35	0.45	0.82	1.09
CH_4	3.10	24.59	12.34	14.99	11.06
乙炔	0.35	0.46	0.77	0.80	0.43
乙烯	53.95	39.04	17.84	20.97	25.94
乙烷	35.00	3.66	0.69	2.20	2.57
丙炔、丙二烯	0.06	0.46	1.34	1.56	0.84
丙烯	0.82	13.46	21.06	13.96	16.16
丙烷	0.16	7.10	0.03	0.30	0.28
丁炔					0.08
丁二烯	1.12	3.72	10.98	7.39	7.71
丁烯	0.18	0.87	13.48	8.95	5.22
丁烷	0.20	0.10	0.19	0.20	0.03
ΣC_5	0.26	1.40	4.25	8.23	
$C_6 \sim C_5$NA	0.37	0.16	3.58	1.22	2.24
苯	0.29	1.99	3.25	3.53	8.95
甲苯	0.08	0.38	2.48	1.01	15.69
二甲苯+乙苯		0.05	1.25	0.30	15.69
苯乙烯		0.32	0.24	0.40	15.69
$C_9 \sim 200℃$		0.83	4.33	3.80	15.69
PGO/PFO①		0.15	1.45	9.37	1.71

① PGO 为裂解柴油，PFO 为燃料油。

从表中可看出，除混合碳四外，均是较好的乙烯装置原料。是将它们返回裂解装置，还是将它们作为其他工艺装置的原料或直接销售，关键取决于经济效益。

6. VGO 溶剂抽提改变原料性质，扩大原料来源

重油改质优化扩大乙烯原料来源的主要途径有加氢裂化的工艺技术，但加氢裂化装置的投资费用较高，生产技术较为复杂，需充足的氢源，而且不宜加工太重的 VGO，终馏点一般不超过 410℃。

采用溶剂抽提芳烃的方法，改变原料组成，采用物理过程的溶剂抽提工艺具有装置投资费用少和操作简便的优点。

(1) VGO 溶剂抽提前后原料性质的变化

VGO 经过 NMP(*N*-甲基吡咯烷酮)溶剂抽提，VGO 与抽余油的原料物性见表 2.3-43。

表 2.3-43 VGO 与抽余油物性(200t/a 抽提装置)

项目	大庆减一线油		大庆减二线油	
	抽提前	抽余油	抽提前	抽余油
平均分子量	285	277	340	323
密度(20℃)/(g/cm³)	0.8450	0.8316	0.8537	0.8431

续表

项　　目	大庆减一线油		大庆减二线油	
	抽提前	抽余油	抽提前	抽余油
黏度(50℃)/(mm²/s)	6. 501	6. 018	13. 06	0. 965
馏程/℃				
初馏点	277	253	335	252
终馏点	440	437	490	462
BMCI	21. 94	13. 95	20. 24	15. 14
族组成/%				
芳烃	18. 50	2. 50	18. 0	5. 30
链烷烃	43. 9	55. 2	44. 3	52. 1
环烷烃	37. 2	42. 3	36. 3	42. 6
胶质	0. 4	0	1. 4	
脱芳烃率/%(质量)	87		70	
脱胶质率/%(质量)	100		100	

从表中所见，VGO 经抽提后所得抽余油的密度、平均分子量、馏程、黏度均有所下降，脱芳烃率：减一线油为 87%、减二线油为 70%，脱胶质率则为 100%。因此，抽余油中芳烃含量较少，大庆减一线油芳烃含 18. 5%，而抽余油中芳烃仅为 2. 5%，大庆减二线油芳烃为 18%，脱芳后，抽余油中芳烃含量仅为 5. 3%，所以抽余油的 *BMCI* 值也降低，减一线油从抽提前 21. 94 降低到 13. 95，减二线油 *BMCI* 值从 20. 24 减少到 15. 14。

糠醛精制油和加氢尾油(HVGO)原料物性见表 2. 3-44。从表中数据看出糠醛精制减二线油、减三线油与 HVGO 原料油基本相近。

表 2. 3-44　工艺装置糠醛精制油和 HVGO 原料物性

项　　目	大庆减二线油	糠醛精制减二线油	糠醛精制减三线油	HVGO
相对密度($d_{15.6}^{15.6}$)	0. 8580	0. 8457	0. 8594	0. 8414
馏程/℃				
初馏点	335	374	348	152. 1
50%点		421	472	393. 6
终馏点	490	(95%)456	(95%)505	503. 5
平均分子量	340	387	448	338. 4
氢含量/%(质量)		14. 13	13. 90	14. 08
BMCI	20. 24	13. 70	15. 56	14. 76
族组成/%(质量)				
链烷烃	44. 3	47. 3	37. 2	50. 6
环烷烃	36. 3	48. 0	57. 1	44. 6
芳烃	18. 0	4. 7	5. 7	4. 8
胶质	1. 4			

（2）蒸汽模拟裂解实验结果

模拟裂解的工艺条件及结果列于表 2.3-45。裂解进料为 200t/a 装置抽提实验原料油、抽余油，以及参比的北京燕山石油化工有限公司工业乙烯装置 1990 年用优质常压轻柴油（简称燕化 AGO）。表 2.3-45 结果表明，抽余油的裂解气总收率，乙烯、丙烯和丁二烯收率均比抽提原料油甚至参比的燕化 AGO 显著提高。乙烯和三烯的收率分别达到 27%和 50%以上，裂解油收率则有所减少，因此 VGO 的 NMP 抽余油是增产乙烯和三烯，保持 BTX 和减少重焦油的优良裂解原料。

表 2.3-45　NMP 抽提改质 VGO 的蒸汽裂解结果

项　目	大庆减一线油		大庆减二线油		燕化 AGO
	抽提前	抽余油	抽提前	抽余油	
炉出口温度/℃	785	785	785	785	785
炉出口压力/kPa	207	207	207	207	207
停留时间/s	0.47	0.47	0.47	0.47	0.47
水油质量比	0.80	0.80	0.79	0.80	0.75
裂解气收率/%（质量）	65.48	72.85	67.74	71.22	67.87
乙烯	25.06	27.55	25.54	27.12	25.73
丙烯	15.08	17.22	15.62	17.06	15.70
丁二烯	5.33	5.98	5.23	5.82	4.82
三烯	45.47	50.75	46.30	50.00	46.25
裂解油收率/%（质量）	34.52	27.15	32.26	28.78	32.05
C_5~180℃	17.59	17.77	15.93	16.21	19.90
180~240℃	1.04	1.41	0.99	1.95	
204~288℃	3.41	4.16	2.91	4.71	5.50
>288℃	12.48	3.81	12.43	5.91	6.65
BTX	7.38	7.07	7.54	8.33	9.26

除产物收率外，蒸汽裂解原料的另一重要性质是其裂解结焦行为。上述裂解模拟实验过程中，在 785℃运行 96h 后，收集裂解炉管对流段、辐射段、急冷段各部位的结焦量，以燕化 AGO 结焦量为 100%进行相对比较，结果见表 2.3-46。从表中可知，减一线油和减二线油经 NMP 抽提后，裂解炉管各部位结焦并均有较大幅度下降，因此，NMP 抽提改质 VGO 的结焦状况仍然符合裂解原料要求。

表 2.3-46　NMP 抽提改质 VGO 裂解结焦实验结果

项　目	大庆减一线油		大庆减二线油		燕化 AGO
	抽提前	抽余油	抽提前	抽余油	
结焦实验工艺条件					
炉出口温度/℃	785	785	785	785	790
停留时间/s	0.47	0.47	0.47	0.47	0.387
水油质量比	0.80	0.80	0.80	0.80	0.80
运行时间/s	96	96	96	96	96

续表

项　目	大庆减一线油		大庆减二线油		燕化 AGO
	抽提前	抽余油	抽提前	抽余油	
相对结焦量/%					
对流段	125	104	147	117	100
辐射段	189	150	328	183	100
急冷段	108	82	131	97	100

糠醛精制减二线油、减三线油和 HVGO 在模拟裂解装置上裂解试验结果列于表 2.3-47，从表中数据可以看出，精制油裂解乙烯收率高于 HVGO 裂解收率，三烯收率基本相近。因此 VGO 经糠醛溶剂抽提后，所得抽余油是优良裂解原料。

表 2.3-47　燕化公司糠醛精制油和 HVGO 模拟炉蒸汽裂解结果

项　目	糠醛精制减二线油	糠醛精制减三线油	HVGO
炉出口温度/℃	815	815	820
炉出口压力/MPa	0.190	0.190	0.210
停留时间/s	0.22	0.22	0.24
水油质量比	0.80	0.80	0.75
裂解气 C_4^- 收率/%(质量)	72.63	71.14	72.62
氢气	0.44	0.45	0.54
甲烷	8.78	8.90	9.91
乙烯	29.89	28.65	27.29
丙烯	16.67	16.21	16.14
丁烯	5.69	5.69	5.82
丁二烯	6.58	6.53	7.75
$\sum C_2^= + C_3^= + C_4^=$	53.14	51.39	51.18

（3）经济核算

通过溶剂抽提芳烃，改质蒸汽裂解原料，可以明显提高乙烯产量，以 100kt/a 乙烯裂解炉为例，用大庆减一线油、大庆减二线油抽余油和燕化 AGO 相同数量原料，则所产烯烃比较列于表 2.3-48，从表中数据比较可见，用大庆成一线油抽余油，比燕化 AGO 多产乙烯 7.1kt/a，多产三烯 17.4kt/a，大庆减二线油的抽余油，比燕化 AGO 多产乙烯 5.4kt/a，多产三烯 14.5kt/a。

表 2.3-48　100kt/a 乙烯裂解装置不同原料产品产量比较

项　目	燕化 AGO	大庆减一线油抽余油	大庆减二线油抽余油
原料量/(kt/a)	388.7	388.7	388.7
产品收率/%(质量)			
乙烯	25.73	27.55	27.12
丙烯	15.70	17.22	17.06

续表

项目	燕化 AGO	大庆减一线油抽余油	大庆减二线油抽余油
丁二烯	4.82	5.98	5.82
$\sum C_2^= + C_3^= + C_4^=$	46.25	50.75	50.00
产量/(kt/a)			
乙烯	100.0	107.1	105.4
丙烯	61.0	66.9	66.3
丁二烯	18.7	23.2	22.6
$\sum C_2^= + C_3^= + C_4^=$	179.7	197.2	194.3

重质原料 VGO 经溶剂抽提芳烃所得抽余油，原料性质得到改质，符合优质裂解原料要求；采用溶剂抽提芳烃工艺，不仅工艺成熟，并且所得抽余油为原料，可以节省能耗，提高烯烃收率，增加产量，在经济上也是有价值的。通过溶剂抽提改质获得优良的乙烯原料油，是一条扩大乙烯原料来源的可行途径。

7. 抽余油作裂解原料

抽余油主要分为两大类：一类是由重整反应生成物经芳烃抽提后所得抽余油，其中芳烃和环烷烃含量均很小，适合作乙烯裂解原料；另一类抽余油是乙烯裂解装置本身产生的裂解汽油经加氢、芳烃抽提后所得到的抽余油，这类抽余油终馏点也较低，烃族组成中烷烃含量较高，其中异构烷烃的含量较高，故乙烯收率低于直馏石脑油，但仍不失为一种较好的裂解原料。这种抽余油是乙烯厂本身的副产品，工厂内部比较易于提供，也可作为乙烯原料。表 2.3-49 是石脑油、抽余油物性，表 2.3-50 是抽余油裂解评价结果。

表 2.3-49 石脑油、抽余油物性

项目	石脑油	抽余油	项目	石脑油	抽余油
密度(20℃)/(g/cm³)	0.6878	0.6796	*BMCI*	5.18	3.77
氢含量/%(质量)	15.43	15.87	族组成/%(质量)		
馏程/℃			*n*-P	40.62	22.90
初馏点	35.0	61.0	*i*-P	31.61	65.54
10%	54.5	72.0	N	22.34	8.50
50%	90.0	83.0	O	0.1	3.24
90%	127.0	98.0	A	5.27	0.17
终馏点	160.0	127.0			

表 2.3-50 抽余油裂解评价结果

项目	石脑油	抽余油
COT/℃	840	840
水油质量比	0.50	0.45
收率/%(质量)		
氢气	1.14	1.22

续表

项　　目	石脑油	抽余油
甲烷	14.55	17.43
乙烷	3.43	3.84
乙烯	29.55	27.96
丙烷	0.43	0.55
丙烯	14.10	15.49
C_4	7.98	9.53

8. 生物烷烃作裂解原料

生物烷烃多为长直链饱和烃组分，具有良好的裂解性能，是潜在的优质乙烯原料。生物烷烃主要来自生物油脂中，油脂的主要成分是脂肪酸甘油三酯，其中的脂肪酸多为饱和长直链结构，碳数和柴油馏分接近，但其中还包含大量杂质，经加工脱除后可获得较纯净的生物烷烃，可用以替代化石原料，扩大乙烯原料来源。

能用于生物烷烃生产的油脂原料极其丰富，包括植物油、动物油和工业及餐饮废油等。在我国2140多万公顷经济林中木本油料类4335万亩。另外，我国油菜总产量居世界第一。农科院培育的“中油-0361”油菜新品系，种籽含油量高达54.72%，亩产达180kg，产油量可达每亩98kg。同时，7×10^8t的农作物秸秆经加工也能转化为1.17×10^8t燃料油或1.67×10^8t石油，数目可观。动植物油的成本相对较高，而地沟油作为废油脂，前身是天然动植物油脂，我国年产约为4000~8000kt，是廉价的生物油脂。它在水体中经生物化学反应，产生醛、酸等恶臭物质，污染大气破坏水源，如进入食物链，将严重威胁生命安全。因而为地沟油资源找到合理利用的出路具有经济、环保、卫生及食品安全上的重要意义。目前对生物油脂的利用主要有三种方式：一是制备无磷洗衣粉；二是水解分离出各种脂肪酸，直接作为低档的工业油酸和工业油脂等；三是酯交换制取生物柴油。但目前这些生物油脂利用技术的产业链短，能带来丰厚利润的下游产品研制严重不足。

人们对生物油脂加工生产生物烷烃技术展开了大量研究，T Dijkmans等最早报道了利用油脂加氢生产烷烃作为蒸汽裂解原料制取烯烃的研究结果，而后在我国北京石油化工学院恩泽生物质精细化工北京市重点实验室开发了以废弃油脂(地沟油、酸化油)或动植物油脂为原料生产生物基烯烃的生产技术。该技术针对废弃油脂的高杂质含量和蒸汽裂解原料需求等特性，分别开发了由废弃油脂制备基本不含磷、碱金属和碱土金属杂质的脂肪酸甲酯清洁工艺，由油脂和脂肪酸甲酯缓和加氢脱氧制备正构生物烷烃的催化剂及工艺，以及由生物烷烃缓和加氢脱除微量非碱性氮化物催化剂及工艺，利用以上技术获得生物烷烃并用作了蒸汽裂解原料。裂解实验结果显示，以废弃油脂制备的生物基烷烃与传统石脑油蒸汽裂解相比，乙烯收率可由26%提高到36%~40%，丙烯收率由13%提高到17%~19%，1,3-丁二烯收率由3.5%提高到7%左右，而三苯收率基本保持不变。由此可见，利用生物油脂生产低碳烯烃，可降低烯烃生产对化石资源的依赖，拓展低碳烯烃生产原料来源，提高低碳烯烃收率，同时降低传统低碳烯烃生产过程中的能耗和二氧化碳排放。它将成为未来扩大乙烯原料来源的重要新途径。

参考文献

[1] 王松汉. 乙烯工艺与技术[M]. 北京：中国石化出版社，2000.

[2] 徐海丰. 全球乙烯产业格局变化及发展前景分析[J]. 国际石油经济，2023，31(1)：65-70.

[3] 中国石化集团经济技术研究院有限公司. 2024 中国能源化工产业发展报告[M]. 北京：中国石化出版社，2023.

[4] 陈乐怡. 世界乙烯工业的发展趋势[J]. 中外能源，2007，12(1)：65-70.

[5] 徐海丰. 2021 年世界乙烯行业发展状况与趋势[J]. 国际石油经济，2022，30(4)：55-62.

[6] 周春艳. 国内外乙烯市场分析[J]. 化学工业，2021，39(4)：87-91.

[7] 何盛宝，侯雨璇，王红秋. 双碳目标下乙烯生产技术发展趋势[J]. 现代化工，2022，42(8)：60-64.

[8] 徐海丰. 2019 年世界乙烯行业发展状况与趋势[J]. 国际石油经济，2020，28(5)：48-54.

[9] 曹杰，池东训. 中国乙烯工业发展现状与趋势[J]. 国际石油经济，2019，27(12)：53-59.

[10] 张兴福，张春祥，姜昌泉. 关于优化乙烯裂解原料的探讨[J]. 化工科技，2004，12(1)：50-52.

[11] 王基铭，袁晴棠. 石油化工技术进展[M]. 北京：中国石化出版社，2002.

[12] 周鑫. 国内外乙烯产业发展趋势研判[J]. 当代石油化工，2019，27(8)：22-29.

[13] 张健. 我国丙烯下游产业发展现状及趋势分析[J]. 石化技术与应用，2022，40(1)：66-71.

[14] 陈永利，陈浩，郭振宇. 丙烯产业发展现状及趋势分析[J]. 炼油技术与工程，2019，49(12)：1-5.

[15] 赵文明，张倩. 丙烯国内市场发展趋势及原料多元化对市场的影响[J]. 化学工业，2013，31(11)：1-5.

[16] 赵岩，何小荣，邱彤，等. 乙烯裂解炉模拟平台的开发及应用[J]. 计算机与应用化学，2006，23(11)：1065-1068.

[17] L. F. 奥尔布赖特等. 裂解理论与工业实践[M]. 黄立钧，曾清泉等译. 北京：烃加工出版社，1990.

[18] 杨元一，曾清泉，许世兴，等. 重质油裂解数学模型——裂解反应动力学模型[J]. 石油化工，1984，13(11)：703-710.

[19] 黄文，邹芝光，李月英，等. 重质油裂解数学模型——裂解炉辐射段炉管工艺计算模型[J]. 石油化工，1986，15(1)：1-9.

[20] 黄格省，师晓玉，张彦，等. 国内外乙烯裂解制乙烯发展现状及思考[J]. 现代化工，2018，38(10)：1-5.

[21] 赵文明. 对我国乙烯原料路线多元化发展现状及趋势探讨[J]. 化学工业，2018，36(2)：1-13.

[22] Paul A Willems，Gilbert Froment. Kinetic modeling of the thermal cracking of hydrocarbons. 1. Calculation of frequency factors[J]. Ind. Eng. Chem. Res.，1988，27(11)：1959-1966.

[23] Paul A Willems，Gilbert Froment. Kinetic modeling of the thermal cracking of hydrocarbons. 2. Calculation of activation energies[J]. Ind. Eng. Chem. Res.，1988，27(11)：1966-1971.

[24] L P Hillewaert，J L Dierickx，Gilbert Froment. Computer generation of reaction schemes and rate equations for thermal cracking[J]. AICHE Journal，1988，34(1)：17-24.

[25] Marco W M van Goethem，Florian I Kleinendorst，Cor van Leeuwen，Nils van Velzen. Equation-based SPYRO model and solver for the simulation of the steam cracking process[J]. Computers and Chemical Engineering，2001，25(4-6)：905-911.

[26] 解冬梅，钱锋，俞金寿. SRT-Ⅲ型裂解炉中石脑油裂解的工艺数学模型——清洁管模型与计算[J]. 石油化工，1993，22(12)：813-819.

[27] 徐强，陈丙珍，何小荣，等. 石脑油在 SRT-Ⅳ型工业炉清洁辐射管中裂解的数学模拟[J]. 计算机与应用化学，2001，18(3)：223-228.

[28] 胡益锋，何细藕，徐用懋. 基于常规物性参数的石脑油组成预估方法[J]. 石油化工，2004，33(2)：

161-165.
[29] 胡益锋，李炜明，徐用懋，等．Kumar 模型一次选择性系数的随机调整算法[J]．计算机工程与应用，2003，39(32)：10-12.
[30] 李敬．乙烯裂解炉对流段的模拟[D]．华东理工大学学位论文，1998.
[31] 李国威，杨利斌，田亮．乙烯裂解炉的结焦及其抑制技术[J]．石化技术与应用，2007，25(1)：75-79.
[32] 胡益锋，徐用懋，何细藕．石脑油裂解炉动态建模与仿真研究[J]．石油学报(石油加工)，2004，20(6)：51-57.
[33] 韩云龙，章名耀，程相杰，等．乙烯裂解炉内燃烧、传热与裂解反应的模拟计算[J]．石油学报(石油加工)，2006，22(6)：63-68.
[34] 黄祖祺．石油化工管式炉的模拟与计算机计算[M]．北京：化学工业出版社，1993.
[35] Niaei J Towfighi，S M Sadrameli，et al. The combined simulation of heat transfer and pyrolysis reactions in industrial cracking furnaces[J]. Applied Thermal Engineering，2004，24：2251-2265.
[36] M E Masoumi，S M Sadrameli，J Towfighi，et al. Simulation，optimization and control of a thermal cracking furnace[J]. Energy，2006，31：516-527.
[37] 何琨，马紫峰，吴德荣，等．大型乙烯裂解炉辐射传热的研究[J]．化工进展，2004，23(7)：767-770.
[38] 钱家麟．管式加热炉[M]．北京：中国石化出版社，2003.
[39] 沙利，蓝兴英，高金森，等．热裂解制乙烯裂解炉的工艺数学模型和模拟[J]．化工生产与技术，2002，9(5)：7-10.
[40] 张艳芳，李玉平．文丘里除尘器喉管结构的优化设计[J]．环境工程，2006，24(4)：42-44.
[41] 胡益锋．石脑油裂解炉建模技术研究[D]．清华大学学位论文，2005.
[42] 黄一俞．乙烯裂解炉过程建模与操作优化[D]．北京化工大学学位论文，2005.

第三章　烃类蒸汽裂解的化学反应

第一节　烃类裂解反应

裂解是指石油烃在高温条件下，发生碳链断裂或脱氢反应生成烯烃及其他产物的过程。裂解目的是以生产乙烯、丙烯为主，同时还副产丁烯、丁二烯等烯烃和裂解汽油、柴油、燃料油等产品。

众所周知，石油烃裂解的化学反应是强吸热反应，而且石油烃裂解反应有一次反应和二次反应之分。一般来说，一次反应是烃分子由大变小，即链烷烃进行脱氢和断链反应、环烷烃和芳烃进行脱氢开环反应，通过一次反应生产乙烯、丙烯等烯烃产品；二次反应是烃分子由小变大，即烯烃、炔烃进行聚合、脱氢缩合反应以及环烷烃和芳烃进行脱氢缩合和脱氢稠环化反应等。二次反应导致生成焦炭，这一点对于裂解炉的正常运转尤其不利，因为生成的焦炭附着在裂解炉管内壁，既增加了导热阻力，也增加了反应系统的阻力。所以要求裂解反应在炉管中进行一次反应后尽量减少二次反应，在发生一次反应后就降低温度结束反应，这就要求较短的停留时间。另外，由于裂解反应是体积增大的反应，所以低压有利于反应的正向进行。综上所述，裂解反应有四个重要特点：是强吸热反应；反应温度高；停留时间短；烃分压低。

由于这样的特点，所以工业上实现裂解反应要求比较高，要达到下述要求：

① 要在较短时间内对反应物料供给大量的热；

② 要使系统处于高温、短停留时间下，这样有利于生成烯烃的一次反应进行；

③ 高温裂解气要在很短时间内将物料迅速降温(急冷)，快速终止二次反应；

④ 由于烃分压低有利于生成烯烃的反应进行，所以要在原料烃中配入水蒸气或其他气体作为稀释剂。

能满足上述要求的设备是裂解炉、急冷设备和与之相配的其他辅助设备。其中裂解炉是裂解过程的核心，裂解反应就是在这里进行的。裂解炉的关键就是要能在较短时间内将大量热量传递给反应物料，使之能在高温下发生裂解反应。

随着乙烯技术的发展，对于裂解产品的利用不只限于乙烯、丙烯等传统产品，优化原料、优化裂解工艺也不只限于提升乙烯产品的收益，针对不同的原料、采用综合产品效益更佳的工艺条件、提升装置的综合收益，成为生产追求的目标。要达到这样的目标，需要开发新的炉型、提升装置技术水平、根据原料的变化和目标产物需求的变化调整操作条件，而这都需要有准确的裂解炉反应模型进行指导。

裂解反应模型是裂解炉的核心技术。进行裂解反应数值模拟，研究裂解反应机理，描述原料在裂解炉的反应情况，才能准确预测裂解炉的运行状况、产品组成，指导裂解炉开发和操作优化。裂解反应模型是优化裂解炉设计、提升裂解炉操作的重要理论基础。

第二节 结焦反应

气相裂解反应主要是自由基反应，其中焦炭的生成是一个有重大影响的副反应，会大大降低裂解效率。现有文献报道中，通过实验研究和焦炭样品的分析发现，焦炭生成反应主要通过三种机理：首先，当裂解原料与金属表面接触时，金属表面的金属元素作为活性中心，主要发生催化结焦反应，此过程中形成了丝状焦；其次，随着裂解反应的进行，金属表面逐渐被焦炭覆盖，金属表面的催化活性逐渐减弱，非均相非催化机理占据主要作用，此过程中炉管表面已存在的结焦层和气相中的结焦前驱体通过自由基反应生成焦炭，该种焦炭结焦速率稳定，生成了致密的焦炭层；另外，在高温或者重质原料裂解过程中均相非催化机理表现显著，该种机理中多环芳烃作为中间物，通过气相反应生成焦炭。在裂解炉管内的高温下，焦炭以液滴或固体颗粒的形式存在，它们通过撞击炉管表面并黏附在炉管表面上，最终夹杂在结焦层中。

一、催化结焦反应

Reyniers 和 Froment 报道过裂解原料在蒸汽裂解中的催化结焦反应。蒸汽裂解过程中的催化结焦如图 3.2-1 所示。

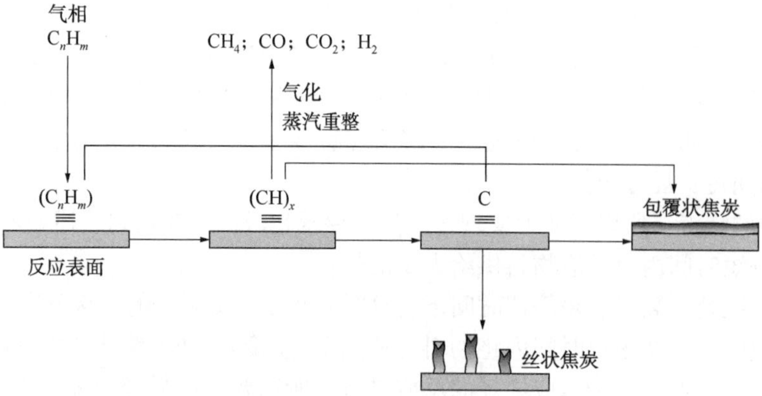

图 3.2-1 蒸汽裂解中催化结焦过程示意图

首先烃分子被化学吸附到金属微晶上形成 CH、CH_2、CH_3……，这些基团失去氢原子并重新组合、解吸进入气相中，这样碳原子在炉管表面生成并通过金属粒子融入、渗透到基体中。沉积在金属粒子间的炭会在错位和晶界之间引起压力聚集，当压力超过金属间的拉伸力时，金属粒子会迁移到金属表面和焦炭丝的顶部，焦炭丝不断增长而金属粒子则保持在焦炭丝的顶部。沉积的炭会在焦炭晶体中产生晶相缺陷，进而在丝状焦炭的表面生成活性中心，烃自由基和分子会吸附到活性中心并在丝状焦炭的横向生成焦炭，这样就生成了由丝状焦炭编织而成的多孔焦炭层。当金属粒子的迁移速率保持恒定时，多孔结构会使丝状焦炭顶部的金属粒子更容易接触烃类，进而导致结焦加速。随着结焦的增多，焦炭逐渐覆盖了金属粒子，从而阻止了结焦进一步增多。

二、非均相非催化结焦反应

Albright 和 Marek 报道了非均相非催化结焦机理。在热裂解过程中生成的焦炭层不是惰性的。在气/固接触面的多环芳烃没有完全脱氢，在接触面处多环芳烃会和气相中的自由基发生脱氢反应。氢、甲基自由基和乙基自由基是最活泼的活性中心。焦体表面的自由基会和气相中自由基、烃分子通过加成反应生成焦炭层。例如，甲基自由基和焦体表面自由基反应生成焦炭的过程如图 3. 2-2 所示。

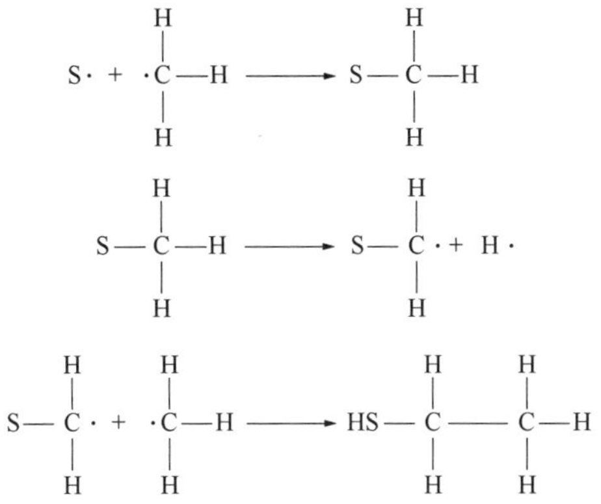

图 3. 2-2　甲基自由基和表面自由基化学反应步骤示意图

图 3. 2-3 展示了 1-己烯前驱体的反应过程。脂肪烃的长链发生分解，余下的部分通过几个步骤的反应生成环状结构，其中的脱氢反应过程非常迅速。

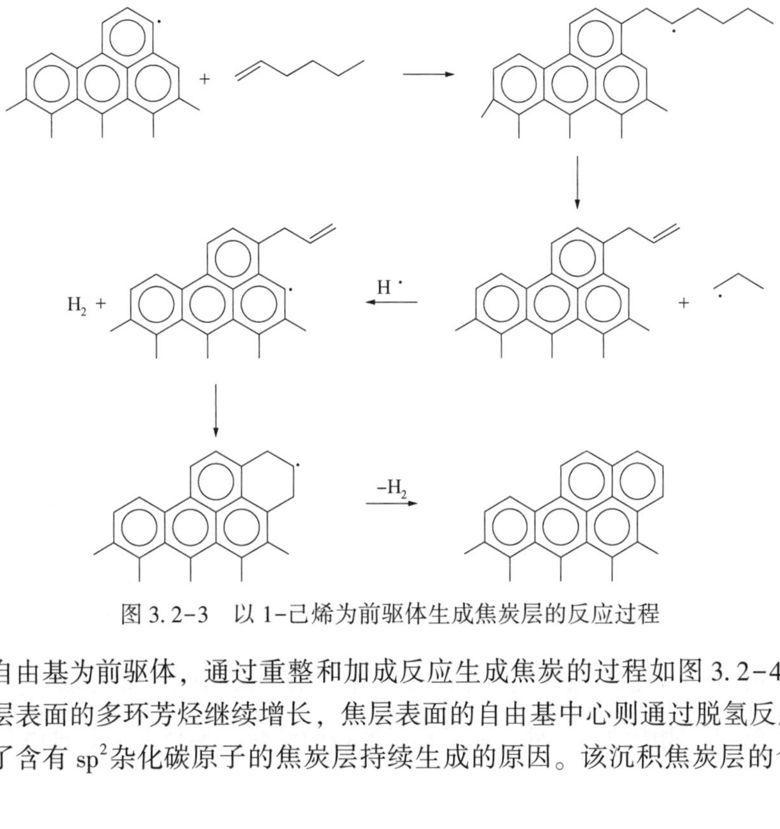

图 3. 2-3　以 1-己烯为前驱体生成焦炭层的反应过程

苯甲基自由基为前驱体，通过重整和加成反应生成焦炭的过程如图 3. 2-4 所示。通过该路径，焦层表面的多环芳烃继续增长，焦层表面的自由基中心则通过脱氢反应重新生成。该机理解释了含有 sp^2 杂化碳原子的焦炭层持续生成的原因。该沉积焦炭层的含氢量很低，这与工业裂解炉中的结焦情况是一致的。图 3.2-5 展示了其他的反应路径，该路径中生成了石墨结构，芳烃层的交联反应解释了工业炉管中焦层非常坚硬的原因。

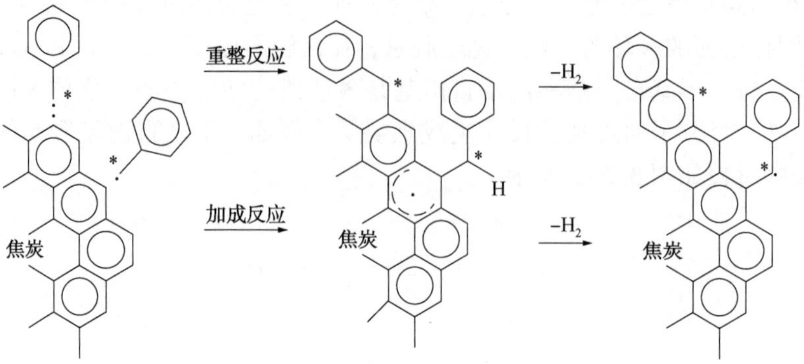

图 3.2-4　苯甲基自由基和焦炭表面的反应过程(* 是 C^{14}原子)

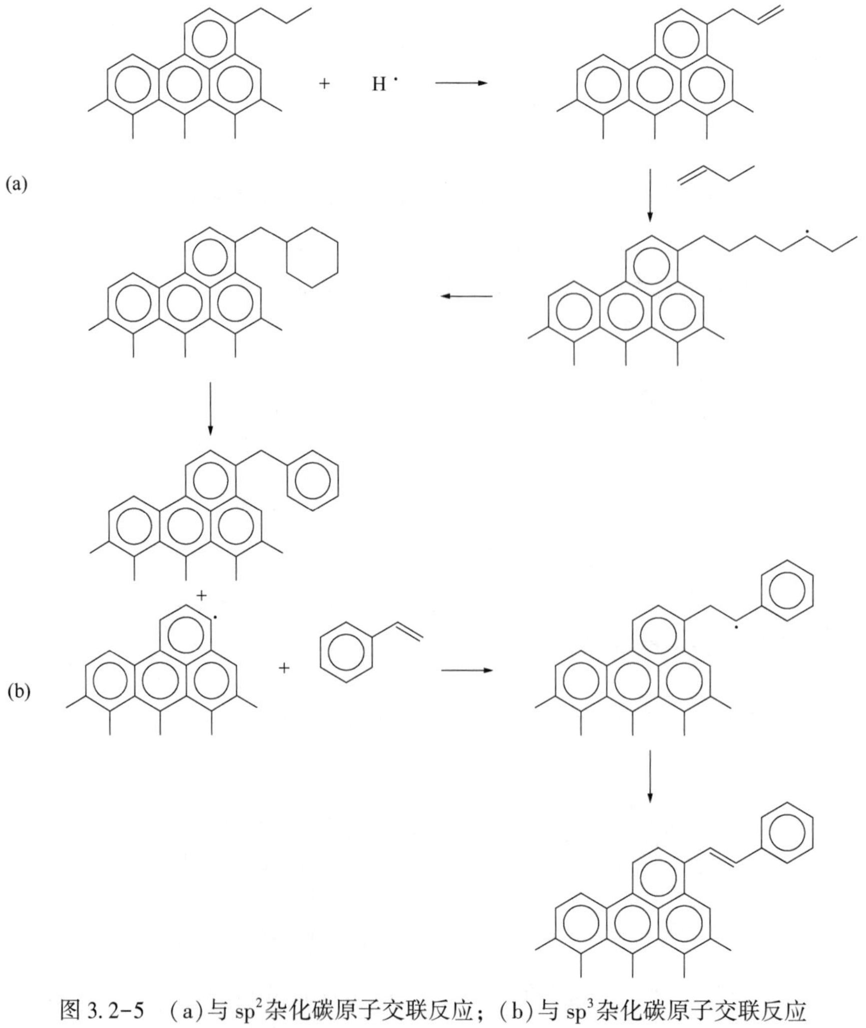

图 3.2-5　(a)与 sp^2杂化碳原子交联反应；(b)与 sp^3杂化碳原子交联反应

理论上讲气相产物中的每一种烃分子都是潜在的结焦前驱体，但是自由基、不饱和烃

(乙烯、乙炔、丁二烯……)和芳烃是最重要的结焦前驱体。通过 C^{14} 追踪观察结焦反应，得出了如下的结焦能力顺序：

甲烷<乙烷<苯<乙烯、链烷烃、甲苯<丙烯、苯乙烯、二甲苯、环烷烃<单环、双环烷烃<单烯烃(C_4^+)、丁二烯<三环烷烃、环戊二烯<炔烃(碳原子大于3)<甲基萘<蒽<甲基蒽≤乙炔。

三、均相非催化结焦反应

均相非催化结焦反应又称作气相结焦反应，该结焦来源于气相中形成的小液滴。由于裂解炉管中悬浮大量小液滴，裂解气呈现雾状或气溶胶状，用电子显微镜可以观察到小液滴会碰撞炉管表面。当液滴碰撞炉管表面时，一部分会黏结在炉管表面，一部分会返回到裂解气中，而黏结在炉管表面的液滴会进一步发生脱氢反应而生成焦炭。

气相结焦前驱体的化学性质是一个非常复杂的问题，现在多环芳烃是普遍接受的重要中间体，按照此观点首先要生成简单结构的芳烃化合物。烃类蒸汽裂解时随着裂解深度的增加，乙烯、丙烯和丁二烯的收率首先增加，达到最大值后逐渐降低，而氢气、甲烷和芳烃的收率则随着裂解深度的增加一直增加。这说明在裂解过程中主要的烯烃产物不断地被转化成氢气、甲烷和芳烃。芳烃可以通过如下几种路径生成：

① 丁二烯和烯烃化合物通过加成反应生成六环化合物，进而脱氢生成芳烃。

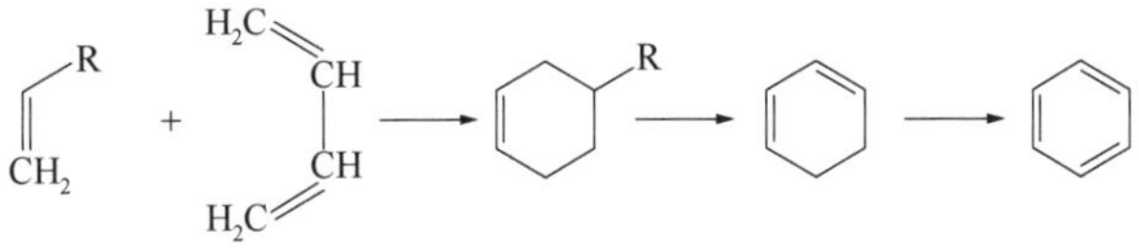

R 代表甲基或氢

② 烯丙基自由基和烯烃化合物反应生成五环化合物，进一步反应生成芳烃。

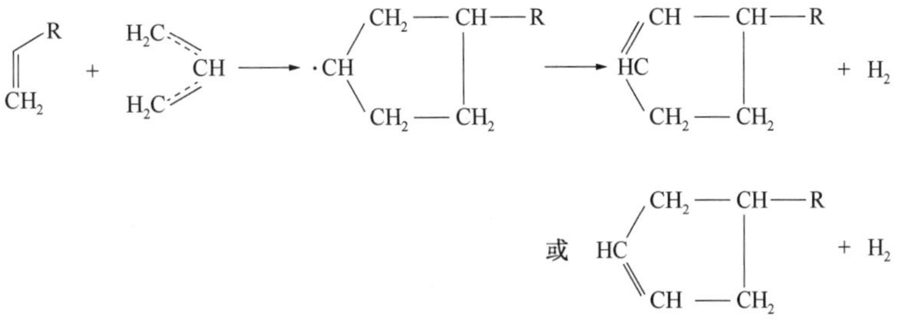

③ 乙烯和乙炔和环戊二烯通过环化加成反应生成芳烃。

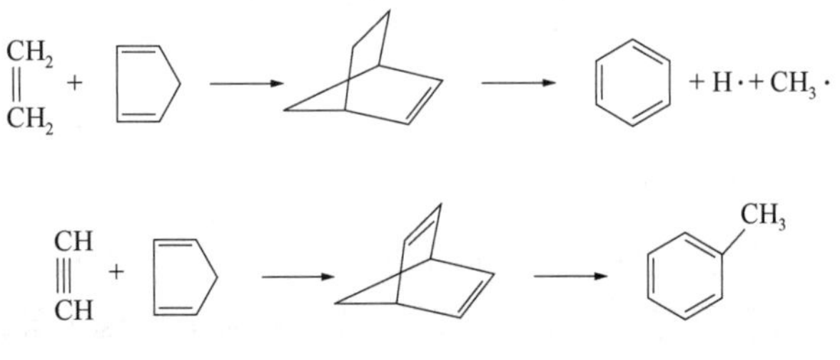

④ 烯丙基自由基和丁二烯反应生成环烯烃，进一步转化成苯或甲苯。

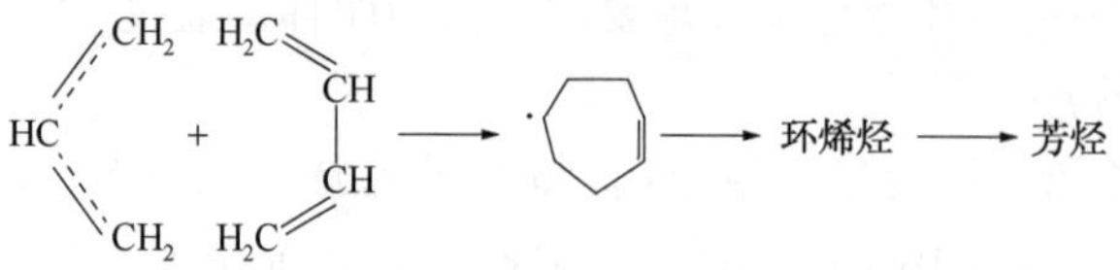

⑤ 长链烯烃通过环化反应生成芳烃。

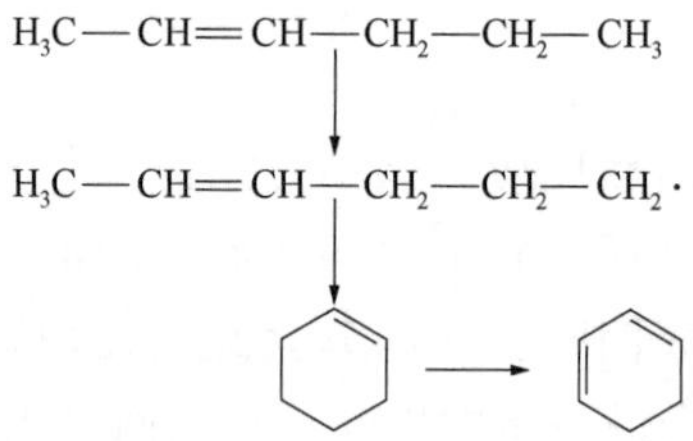

Frenklach 研究了苯的裂解过程。苯首先生成联苯，紧接着的乙炔加成反应是生成多环芳烃的关键步骤。如图 3.2-6 所示。

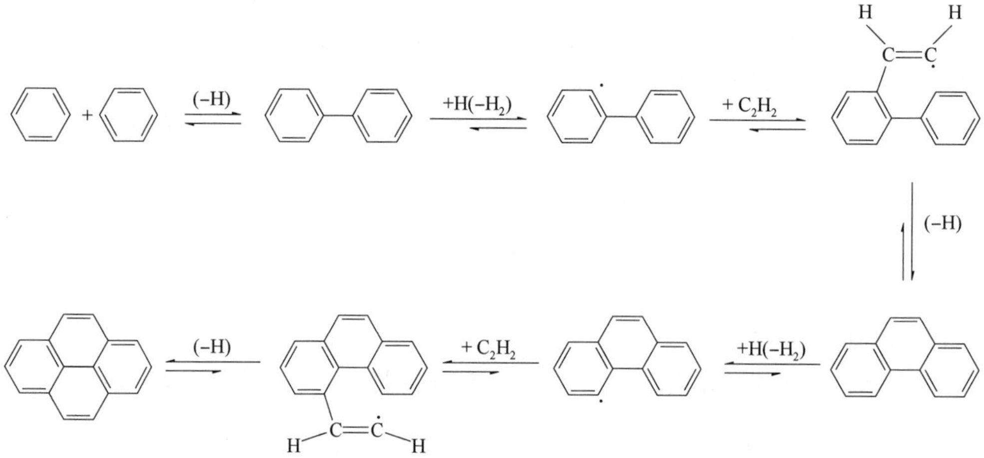

图 3.2-6　苯裂解过程中生成多环芳烃的关键路径示意图

Lahaye 提出了多环芳烃进一步生长成为焦炭的路径如下：

$$n\mathrm{Ar{-}H}\xrightarrow{-H_2}\text{多核芳烃(焦油)}\xrightarrow{\text{成核和凝结}}\text{焦状液滴}\xrightarrow{-H_2}\text{半焦油状液滴}\xrightarrow{-H_2}\text{焦炭颗粒(烟灰)}$$

在气相中多环芳烃通过成核和缩合逐渐形成焦油液滴，进一步脱氢形成半焦油状液滴，直至生成焦炭。

第三节　裂解反应模型

一、裂解反应动力学模型

在裂解炉中发生的烃类裂解反应，包括了诸如分解、缩合等众多复杂反应。裂解反应模型的建立，需要对裂解反应有全面、深入的了解，从而准确模拟裂解反应的进行。裂解反应模型的建立过程，从反应物到产物的反应过程模拟是关键步骤，需要通过构建反应动力学模型来完成。裂解反应动力学模型是裂解反应模型的核心。裂解反应动力学模型一直是国内外研究者关注的重点。石油烃热裂解反应动力学模型的研究从 20 世纪 30 年代起步，众多学者投身其中，总体来说，反应动力学可以分为三类：经验模型、分子模型以及机理模型。

1. 经验模型

经验模型通常以裂解炉操作条件的一个或几个参数(如温度或者温度与停留时间)以及具体原料物性参数(如相对密度、族组成)直接与产品收率进行关联得到。此类模型从理论上讲不够严格，但由于有大量的试验数据和实际生产数据做基础，在一定范围内可靠性较好，模型的建立相对较简单。

该类模型的实质是将裂解产品分布与某些参数关联，采用哪些参数、如何进行关联则是各种模型间的主要不同之处。美国西拉斯公司提出了用分子碰撞参数(以 MCP 表示)关联裂解产率分布的方法、林德公司提出的平均分子来预计裂解产品分布的方法等。张殿华等建立的石脑油裂解收率预测模型，采用工业装置数据回归建立，可以通过裂解炉出口温度(COT)，石脑油相对密度、原料族组成中正、异构烷烃比例等参数计算得到产品收率。熊国华等则综合考虑了原料特性和操作条件两方面的影响因素建立了石脑油、常压柴油、减压柴油等馏分油裂解时乙烯收率计算模型，模型中关联了 COT、芳烃指数(*BMCI*)、停留时间等与产品收率之间的关系。

随着计算机数据处理技术的不断发展，出现了大量如神经网络、小波网络、模糊系统、粗糙集理论和粗糙规划以及支持向量基等数据处理方法，可以在完备的试验数据基础上得到模型，对裂解产物收率给出较为准确的预测。王国清等应用 BP 神经网络对石脑油裂解产物收率进行模拟，该模型以大量的试验数据为基础，通过模型的学习和训练，其模型的预测值与试验值的误差仅为 5%。与通常的回归模型相比，该模型计算精度略高，但同样的，超出模型的学习和训练范围，模型的预测值与试验值差距较大。Sadrameli 等建立了一套分析半经验模型(ASEM)，利用模拟裂解试验装置，建立了石脑油的产品收率计算模型，反映了裂解温度对于不同产品收率的影响。崔德春等利用神经网络的方法建立的石脑油和重质油裂解数学模型也归属于这一类模型。

虽然这类模型的缺点比较明显：①模型的建立需要广泛的试验工作，求取大量必要的试验数据，作为建立关联模型的基础。②一旦模型建立，它的有效性严格地局限在特定的原料和特定的炉型内。精确的预测仅在一定的操作条件范围内可行，而外推则不可靠。③此模型不适用于解决设计和改造问题。④试验范围以外的原料、工艺条件需要补充试验研究。但是，它也具有模型便于建立、运行迅速的特点。由于模型建立基于大量的试验数据，对于数据范围内的具体原料以及操作情况可以作出较为准确的预测。

经验模型发展初期，往往是以少数几种原料或者工艺参数与乙烯、丙烯收率等关联，需要大量试验数据来得到关联参数，这种建立模型的方法简单但实用。近年来，随着数学和计算机技术的发展，更多的研究者开始重新审视这种建立模型的简单实用的方法，利用神经网络等新技术来建立模型，能够关联更多的输入参数和输出参数，同时能够应用工业数据进行模型的学习和校正，使得这类模型在自动控制及优化等方面重新焕发了生机。但由于经验模型具有的明显缺点，因此经验模型的应用主要集中在裂解炉的自动化控制以及裂解炉设计的初步核算中。

2. 分子模型

分子模型实质上是将若干个自由基反应步骤归并为分子反应历程，或将若干分子反应历程合并为平均分子的反应历程，通过求取相关的动力学参数，得到相对简化的动力学模型。

分子动力学模型是以裂解反应的化学计量方程式为基础，对其进行动力学计算的模型，一般由一个或几个总括一次反应式和若干个二次反应式组成。一次反应式的生成物及其化学反应计量系数需要根据原料的实际组成进行相应的调整，二次反应则基本不变。

分子反应动力学模型的研究思路主要有三种：一是对于单组分或已知组成的原料按一次分子反应、二次分子反应的历程进行模拟；二是将石脑油等原料视为若干组分的混合物，分别研究其一次分子反应、二次分子反应的历程，再通过试验数据关联的方法消除共裂解对裂解产物分布的影响；三是将组分难以分析的原料视为一种虚拟的单组分，然后按照一次反应、二次反应的历程进行模拟。对于石脑油而言，对其组成做全面分析并非易事，因此，石脑油的分子反应动力学模型常常将原料假设为单一组分或几种组分构成，分子反应通常只有一个或者几个一次反应。石脑油沿炉管反应的程度为一个合适的深度指数及原料特性参数的函数，产物分布可与裂解程度关联，而所用的总化学计量系数取决于所采用的原料。

日本的 Hirato 等提出的动力学模型是将原料假设具有平均分子式 C_xH_y 的单一烃，分为一次反应和二次反应，其中一次反应系数因不同原料变化而不同。其一次反应的系数与原料性质密切相关，因此对不同的原料需试验得到相应的一次反应系数才能得到准确的产物分布。二次反应系数与原料性质等无关，但其裂解反应的频率因子和活化能随着原料的变化也发生变化，对于不同的原料没有取相同的数值。尽管该模型存在诸多问题，但在一定的范围内应用还是能够达到足够的精度。国内张海燕等对该模型进行改进，在试验基础上，将原料油的相对密度和特性因数与模型的相关参数进行关联，这样就在日本的 Hirato 等提出的动力学模型基础上加入了油品性质与模型的相关参数关联，一定程度上增加了该模型的通用性。

国内的王宗祥等对轻质油进行了分析和研究，针对日本的 Hirato 等提出的动力学模型的不足进行了改进，提出了不采用将原料看作单一烃的概念，而是对原料中各种烃写出各自的一次反应式，这样对模型的通用性有利，在裂解原料组成发生变化时，就不需要对模型进行修改。但这样的处理假定了原料中各种烃类组分一次反应的可迭加性，这也是一种近似的处理方法。王宗祥等根据上述思想建立了轻质油的裂解反应动力学模型，其一次反应数目超过 20 个，二次反应数目也超过了 10 个，模拟结果与实际基本相符。

近年应用较多的分子反应模型是 1985 年由 Kumar 和 Kunzru 提出的。Kumar 模型也是由一个一次反应和若干个二次反应组成。一次反应的产物系数需要根据石脑油组成变化进行一定的调整，但其二次反应的系数及动力学参数保持基本不变，因此该模型克服了 Hirato 模型扩展性差的问题，在较宽的裂解条件范围内能比较准确地描述裂解过程和操作特性，可用于预测裂解产物分布，此外该模型还能够结合结焦动力学方程模拟裂解结焦过程。

由于 Kumar 模型的一次反应系数需要根据石脑油的组成变换进行一定的调整而二次反应系数基本不变，因此，应用 Kumar 模型的主要工作就在于建立石脑油性质与一次反应系数的关联。高晓丹等提出了一种给予模糊匹配的 Kumar 模型一次反应系数的估算方法，其方法首先根据石脑油裂解试验数据建立标准数据库，然后定义模糊匹配的隶属度函数，以表征待估物料与标准物料间的相似程度，通过匹配找出与待沽物料隶属度函数较大的标准物料，从而得到待沽物料的一次反应选择性系数。胡益锋等提出了一种随机搜索算法，该方法是根据石脑油性质和生产数据，对一次反应选择性系数进行调整。夏禹杰等提出了一种主成分分析法，该方法是将一次反应选择性系数的多种影响因素转换为不相关的几个综合因素，同时保留尽可能多的原始信息。

目前，分子反应模型的研究主要集中在模型与原料性质的联系上，这是由于裂解反应模型的精度主要由模型参数与原料性质的联系好坏决定，而分子反应本身影响模型精度已经很小。实质上分子反应模型与原料性质的联系就是分子反应模型一次反应系数的确定，而一次反应系数的估算则是采用了建立经验模型的方法，即根据已有的试验数据，采用不同的规则(比如氢平衡、乙烯丙烯产率准确性等)得到一次反应系数，这种方法既建立了分子反应模型，也降低了建立模型的难度，目前的分子反应模型大多采用这种方法也是基于这种考虑。

同经验模型相比，分子模型的优点是描述了反应器的工艺参数分布，将裂解反应过程与动力学参数进行了一定的关联，一定范围内可用于裂解炉的开发、设计。但是总包反应模型的内在经验性决定了此种模型的缺点，即需要有充足的试验数据为基础，外推应用时须慎重。分子反应动力学模型尽管不算完善，但它将裂解过程与裂解动力学参数建立了一定的关系，因此，在一定范围内可以用于裂解炉的开发、设计，也可被用户直接用作操作和优化装置的工具。

3. 机理模型

机理模型即自由基反应动力学模型，该模型从最基本的自由基反应出发，包含烃类裂解反应中的各类自由基反应以及一些分子反应。

机理模型基本原理由 Rice 在 1934 年提出来并在后来的试验中得到证实。按照 Rice 的理论，烃类裂解是通过中间高活性自由基而进行的，大致上可以分为三个步骤，即链引发、链增长以及链终止。对链增长反应而言，可以分为氢夺取反应、自由基加成反应、自由基分解反应以及自由基异化反应。事实上，在自由基反应发生的同时，常常伴有一些重要的分子反应发生(见表 3.3-1)。

表 3.3-1　自由基反应的主要反应类型

反应类型	反应式	反应类型	反应式
链引发反应	单分子反应 R—R′⟶R·+R′· 双分子反应 RH+R′H⟶R·+R′H·	链终止反应	自由基化合反应 R·+R′·⟶R-R′· 歧化反应 R·+R′·⟶RH+R″H
链增长反应	氢夺取反应 R·+R′H⟶RH+R′· 自由基分解反应 R·⟶RH+R′· 自由基加成反应 R·+R′H⟶R″·	分子反应	RH+R′H⟶R″H-R‴H·

建立机理模型的瓶颈是计算量以及试验量的限制，因此建立机理模型的重要问题就是：①如何在众多的自由基反应方程或者分子反应方程中选择性地剔除次要的反应以减少模型计算量。②如何用尽可能少的试验量求得众多的自由基反应或者分子反应方程中的动力学参数；也基于减少计算量的目的，机理模型通常按照基元反应来分类，这是因为相同类型的反应具有相似性，而反应的相似性可以将机理模型众多的动力学常数的求取减少到具有实现可能的数量。

Froment 等认为，建立机理模型的最困难的工作就是求取模型中每个反应的动力学参数，即每个反应的指前因子和活化能。但显然通过试验数据来回归这些参数是不现实的，因此作者认为需要建立一个计算的方法，该方法中需要通过试验数据回归的参数尽可能少。在作者介绍的该方法中，指前因子的计算以过渡态理论和统计热力学为基础，通过分子的配分函数计算得到过渡态中间产物和反应物的熵，从而得到指前因子的数值，从计算值与文献值的对比看，该方法比较有效。Froment 等利用 Benson 等的基团贡献法求得自由基反应模型中每个反应的活化能，通过与文献值的比较说明该方法较为有效。

Froment 等建立了名为 CRACKSIM 的裂解反应模型，其包含了 1054 个反应，其中链引发反应 56 个，夺氢反应 572 个，自由基加成和分解反应各 126 个，异构化反应 6 个，剩余的 56 个为链终止反应。Eunjung Joo 等则建立了名为 CRACKER 的裂解炉模拟模型，其采用的裂解反应模型，包含了 358 个反应，共涉及 84 个组分。

目前，乙烯工业中最成熟的商业化软件是 TECHNIP 公司的 SPYRO，其最初由 M. Dente 开发，后来由包括 M. Dente 和 E. Ranzi 在内的小组开发，在 20 世纪 70 年代末开始商业化，并在之后的应用中逐步完善。SPYRO 通过求解方程组来模拟管式裂解反应过程，该方程组中不仅包括描述反应物消失和产物生成的质量方程，也包括描述反应器内压力变化的动量方程以及描述热量传递的能量方程。

对于单组分和组成简单的轻烃原料，机理模型一般以原料详细组成为基础，直接按自由基连锁反应机理构建反应网络；对于组成复杂的液体原料，则根据原料的基本性质，先虚拟出一定数量的组成后再构建模型反应网络。这类模型的反应网络大，求解时间长，而且随着原料组分的数量增加使反应网络变得十分庞大。即使乙烷单组分裂解，反应数量也可多达百个以上；石脑油裂解则多达千个以上，重质馏分油裂解甚至多达数千乃至上万个反应。

在自由基反应模型的实际应用过程中，如何将裂解原料的性质(密度、馏程、*PONA* 值等)转化为该原料的详细组成是模型应用的关键问题。众多研究者都做了各自不同的假设来模拟裂解原料的详细组成，如利用 Shannon 的熵原理和高斯分布从裂解原料的性质推导出裂解原料的详细组成，利用实验数据对裂解原料性质和裂解原料组成进行关联。不过上述研究都仅仅从物理性质方面的吻合来推导裂解原料的详细组成，仍处于经验的阶段，这也成为自由基反应模型应用的一个难点。

总之，基于自由基链反应机理的模型对于人们深刻认识烃类裂解反应的基本规律有着十分重要的意义，目前这方面所取得的进展主要包括：①能够合理描述和解释低碳烷烃的裂解过程，但对于复杂的混合烃类如石脑油等仅限于描述该过程，解释该过程尚有困难；②对于裂解深度较高情况下的产物分布和收率预测目前仍然不尽如人意，而且结焦机理仍然没有研究清楚；③随着计算机技术的发展，计算方法越来越精确，如采用动力学模型与工艺模型写入同一个方程组并同时求解等；④自由基反应的参数如活化能、指前因子等计算尚不完善，仍需大量借助试验数据。尽管如此，由于机理模型拥有无可比拟的优势，比如，机理模型良好的外延性能等，因此机理模型常常被用于新型裂解炉的开发等方面。

4. 计算机辅助化学反应建模

研究化工复杂体系的动力学过程中，研究和揭示反应过程中的基元反应以及参与其中的化学物质被视作一种基本手段，常被应用于过程优化和控制中。其中内插值的方法最为常见，而随着模型的改善，其越来越多地用于外推和预测，如帮助指导研发新的工艺。同时也有反应动力学模型被应用在公共政策决策中，如清洁空气法案制定过程。一些著名的反应机理模型包括在烃类蒸汽裂解中应用的 SPYRO 机理，以及应用于氧化过程的 GRI 机理、针对庚烷和辛烷的燃烧 LLNL 机理等。

虽然反应机理模型已应用在不同领域，但是要构建机理模型，需要深入研究和大量的计算工作。在看似简单的一个化学反应过程中，其反应网络可能包含数以千计的化学反应。要列出所有可能的反应、建立反应系统，如果只依靠人工完成，需要巨量的人力投入且难以保证计算准确性。因此，借助计算机构建反应模型成为必然的选择。

在构建化学反应机理模型的历史中，由两个主要阶段构成。第一阶段，研究反应机理模型主要是由实验入手，测量各种重要组分的动态变化过程，研究其逐个反应途径上的动力学过程。在这一过程中，计算机主要被用作对反应过程定量分析的辅助手段，对于少量化合物和反应组成的基元反应机理模型，则由研究者手工构建。但是这样建立机理模型还存在诸多不足。首先，这种方法只能构建中间物质的数量有限的反应网络轮廓，而且受实验测量中存在的不确定性的影响，构建的反应网络准确性也会受到影响。其次，人工建造的基元反应机理模型中可能会错过一些重要的中间产物或者反应路径，这样可能造成在反应网络中使用一些误导性的动力学数据。所以，通过这类手段得到的反应机理模型往往只能作为一个定性的描述，难以用作定量的依据。最重要的一点，构建基元反应机理模型的过程要求投入大量的人力和时间，对于较为复杂的反应该方法就难以应用了。

随着计算机硬件、软件技术在 20 世纪下半叶的蓬勃发展，众多新的计算机技术在化学反应机理模型研究领域得到了应用。不同于第一阶段仅仅将计算机程序作为拟合动力学数据一些小工具，在第二阶段中，包含更多代码、拥有更强大功能的计算机软件已经成为人们计算化学性质、研究反应机理的重要工具。多种通过软件构建复杂反应机理的模型被成功开发出来。

为了保证计算机模型的预测结果的准确性，众多反应机理分析计算工具，如模型简化、敏感性分析、不确定性分析等得到应用，帮助研究者分析反应模型的属性。在这个阶段中，实验研究并没有退出舞台，它与量子化学预测和自动机制生成方法结合在一起，提供理论建模的必要数据校核，并用于对通过化学动力学难以准确解释的现象进行描述。

反应机理生成软件一般具备以下四个基本特征：

① 化学物质具有唯一独特且明确的表示。

② 分子的操作和反应信息的管理具有规则。

③ 通过估计方法以获得化学物质热化学和动力学数据。

④ 由热力学方法和动力学的标准对机理中不重要的反应进行修剪。

在早期的模型代码中，大部分的工作集中在为分子创建唯一而独特的表示领域中。通过设计易于处理化学反应过程的规则以及建立有效的和有意义的反应终止判据，来预防反应网络生成过程中组合可能性的爆炸式增长。

1992 年，Quann 和 Jaffe 提出“结构化的团块”描述烃类化学反应，采用一个 22 元的向量来表示分子，每个元素代表一种结构模式的构建块，在 22 元向量中通过每一维矢量元素数量的增减表示结构化团块的添加或者删除，并且能够通过分子结构的变化反向生成相应的向量。不过该模型无法区分结构化团块的重排。Yoneda 1979 年提出了第一个反应自动生成器 GRACE，将每个化合物的结构表示为一个方阵，通过组合算法重新排列各矩阵元素，以此搜寻基元反应。由于在定义中无法表示反应的类型，该方法可能产生无意义的反应。Froment 等以布尔关系矩阵为基础构建反应网络，用来剔除机理模型中那些重复的反应和不必要的反应，从而建立计算时间较短的裂解过程的反应矩阵。不过对于某些反应，布尔代数迭代性会造成矩阵的维度提升，从而使模型消耗大量计算资源，而且同分异构现象在模型中未被考虑。

这些前期的反应网络生成模型为构建机理提供了极具价值的基本工具，但是这些程序在相对化学结构的计算机定义、反应类型的分类以及热/动力学参数评估等方面仍有进一步改进的余地。在此基础上，基于图论的分子表示被开发出来，通过替换矩阵和布尔代数的定义，能够对内在分子结构不同的化合物生成不同的数据表示。

Chevlier 等使用逻辑语言 LISP 生成了包含脂族烃的氧化反应机理模型，模型中采用的反应类型的数量有限。在此模型中，非环状化合物被表示为一个具有奇点作为根节点的树，因此它能够识别等效的分子。Blurock 开发了基于 X-window 平台的程序 REACTION，来操作、管理和生成分子和反应信息。程序的输入是一组由 MOL 文件表示的分子反应。利用图差分算法，Blurock 导出反应物和产物之间的原子-原子对应关系(即反应模式)。反应模式是与反应物的结构相匹配的，而当反应模式作用于反应物分子后，将产生特定的反应。.

Broadbelt 等采用电子(BE)矩阵来表示反应物和反应，不过反应矩阵仅含有参与反应的原子。非对角线元素表示键的形成或断裂，而对角线元素包含失去或得到的自由价电子信息。一个图结构不变且唯一的字符串代码将衍生出构建结构明确的分解树来表示分子的非环状和环状结构。这样，独特串码的逐一比较可以无歧义地判断化合物的唯一性。

Prickett 和 Mavrovouniotis 开发了一种基于语意的计算机语言，用于描述在模型生成过程中能够灵活定义任何反应体系的一般性反应类型，并且可以调整或删减特定反应网络的复杂度水平。这项工作中的代表性分子具有两种形式：在反应内部使用一个具有对象或图概念的表示以及在输入和输出时使用的用符号表示原子、化学键和电荷的线性有序列表。

通过量子化学手段计算物质化学参数技术手段也不断发展。根据量子化学和统计热力学理论，一个反应的速率常数决定于反应过渡态和作用物间的自由焓之差，只要得到反应的过渡态的准确结构，通过光谱分析计算得到过渡态和作用物之间的能量和熵的差值，即可计算得到反应速率常数等反应动力学参数。但是反应过程中过渡态的存在时间极短，很难通过实验得到相关的结构和数据。

受益于计算机技术和量子化学方法的飞速发展，通过量子化学计算搜寻反应过渡态的方法已比较成熟。因此，通过量子化学方法理论计算反应的动力学参数是完全可行的，并且不受反应体系和实验条件的限制。量子化学计算的理论依据是 Schrödinger 方程(又称薛定谔波动方程)。计算复杂体系时，可对体系的状态波函数和能量做一些近似，以减少计算量。目前应用较为广泛的量子化学计算方法有 Hatree-Fock(HF)方法、密度泛函(DFT)方法、微扰理论(MP)方法、组态相互作用(CI)方法等。这些方法随着复杂程度的提高，对计算量的需求也大大提高。

近年来量子化学计算在有机合成、生物化学、催化反应领域中的应用越来越广泛。比如著名的 Gaussian 软件，通过运用量子力学的基本规律构建的分子模型，可以让人们预测化学分子的能量、优化分子结构，并估算分子体系的部分重要属性。结合量子力学、统计力学以及过渡态理论，量化软件发展成为能够计算得到复杂分子的热力学数据及基元反应动力学参数的工具。

二、裂解炉结焦模型及周期模拟

1. 裂解炉管的结焦机理

裂解炉辐射段内的焦可以从原料，也可以从产品中形成。辐射段炉管内的结焦过程很复杂，一般认为烃类裂解结焦有两个途径：一是通过乙炔途径结焦，即裂解过程中得到的不饱和中间体部分在炉管内进一步脱氢，从而形成焦炭附着在炉管表面，这个途径的反应主要在 900~1100℃的高温下进行；二是通过芳烃途径结焦，即裂解过程中的乙烯、丙烯与高碳二烯烃环化后生成苯环或原料中的芳烃，发生脱氢缩合反应形成多环芳烃，最后形成类似焦炭的物质，这个途径的反应主要在 500~900℃的较低温度下进行。但具体的结焦机理目前仍有争论，一般认为主要有三种结焦机理：催化结焦、自由基结焦和焦油结焦。

(1) 金属催化结焦

此机理涉及金属催化反应，其中金属碳化物可能是中间体，炉管材料中的铁和镍是催化剂，催化生成的纤维状焦炭经常含有 1%~2%的金属，这些金属颗粒主要位于纤维状焦炭顶端。纤维状焦炭在光洁不锈钢表面形成速度很高(主要在 400℃~至少 1050℃的温度范围内)，当金属表面被焦炭层覆盖后，结焦速率快速下降到一个稳定值，但由于焦炭顶端仍含有微量金属，微弱的催化结焦作用仍然存在。

(2) 自由基非催化结焦

此机理是公认的最重要的对所有原料都适用的结焦机理。在炉管内的气/焦炭界面上，焦表面的聚芳烃层并未完全脱氢，焦炭表面与气相中的自由基反应脱去氢，自由基中的碳原子与焦表面碳原子结合生成焦炭。甲基和乙炔基是最活跃的自由基。气相中所有未饱和分子都是潜在的焦前兆体。不饱和分子中的长脂肪烃链很容易分解，分解后剩余的部分在经过几步反应之后形成环结构，而在这过程中脱氢反应进行得非常快。通过这种途径，焦炭表面的芳环结构持续增长，焦炭表面上自由基的晶格点得到更新。此种结焦机理贯穿整个运转周期。

(3) 焦油结焦

气相中多环芳烃一些是通过自由基反应形成的，一些是芳烃通过多元聚合反应形成的，而芳烃可能是最重要的中间体，这些多环芳烃大分子在气相中增长形成焦油液滴。在高温裂解管中的焦油液滴可能是液体或者甚至是固体，部分焦油液滴冲击管壁表面时，一些可能反弹进入气相中，更多的则是黏附在管内壁表面的焦油液滴与焦炭层融合，刚融合后的焦油液滴外表面并未完全脱氢，它能同气相中自由基反应脱氢形成焦炭，或者在高温下脱氢形成焦炭。这种机理仅在裂解重液体原料(如常压柴油和重柴油)，或者当温度超过700℃时才很重要。

2. 影响裂解炉管结焦的因素

在裂解炉辐射段炉管中，裂解过程结焦的影响因素有很多，一般包括裂解原料的性质、裂解温度、停留时间、烃分压以及裂解炉管的材质等。

(1) 原料性质的影响

裂解原料不同，裂解过程中形成的焦量以及焦的形态、性质也不同。从结焦机理可知，裂解焦主要由原料中的芳烃化合物以及裂解气二次反应物形成。一般工业裂解原料主要是以烷烃、环烷烃为主，并含有少量的芳烃，有时含有极少量的烯烃。气体原料多为烷烃，因此以催化和自由基结焦为主，焦的密度较大，比较致密。而液体原料(特别是高沸点原料)含有相当量的芳烃(特别是多环芳烃)，上述的三种结焦机理共存，因此一般液体原料的结焦速率也可能越大。

(2) 裂解温度的影响

裂解深度、结焦母体的浓度及结焦反应的活性均随裂解温度升高而增加，因此是影响结焦的主要因素之一。

(3) 停留时间的影响

停留时间也是影响结焦的主要因素之一。裂解原料在裂解管内滞留的时间越长，二次反应发生的概率就越大，结焦前兆体生成焦炭的几率和结焦速度也就随之增加，因此在管内结的焦量也越多。

(4) 烃分压的影响

降低烃分压对减少炉管结焦十分有利。在烃类原料裂解时，都要加入一定的水蒸气作为稀释剂。采用水蒸气作为稀释剂有许多优点：一是降低烃分压可提高生成乙烯和降低生成芳烃的选择性；二是降低烃分压也可降低裂解气中结焦前兆体的浓度而降低炉管结焦速度；三是可抑制管壁结焦。此外，水蒸气在高温下(尤其温度超过 850℃时)可与生成的炭产生水煤气反应而清除少量的焦炭，而且还可使裂解炉管基体中的 Cr、Si、Mn 元素氧化并迁移到炉管内表面而生成一层氧化膜，减少 Fe、Ni 催化结焦活性中心的存在。因此降低烃分压，提高稀释蒸汽比，可以减小结焦速率。

(5) 炉管内表面材质的影响

运转初期炉管结焦以催化结焦为主，因此，炉管表面材质对焦的生成影响极大。合金钢管中的大多数金属都具有催化结焦的作用，其对结焦的影响顺序如下：Ni>Fe>Cu>Cr、Co、Si、As、Sb 影响较小，Pt 影响最小，与石英的相当。由于 Al 容易被氧化，在其表面生成致密的氧化膜，所以 Al 的影响很小。

3. 裂解结焦模型

由上述可知，裂解过程的结焦受到裂解原料、裂解温度、停留时间、烃分压以及裂解炉管表面材质的影响，在裂解炉管材质和裂解原料确定的情况下，由裂解过程的工艺参数来求取其过程结焦速率大小的模型称为结焦模型。由于结焦过程本身的复杂性，结焦的机理尚不十分明确，因此，目前已经建立的结焦模型都是通过试验得到的与裂解反应模型相联系的经验模型。这种模型通常以某些裂解产物作为结焦母体，通过试验或工业数据将它们的浓度、工艺条件与结焦量进行关联，回归确定结焦动力学参数和结焦速度式。目前一般认为烯烃、二烯烃、炔烃以及芳香烃是主要的结焦母体。对于不同的裂解原料，结焦母体可能各不相同。

1985 年，Kumur 和 Kunzru 在石脑油裂解反应模型的基础上，对石脑油裂解建立了分别以原料、芳烃、C_6^+、1,3-丁二烯、乙烯、丙烯以及芳香烃为结焦母体的七种结焦反应模型，并求得了相应的结焦速率动力学参数(见表 3.3-2)。

表 3.3-2　石脑油裂解结焦模型和动力学参数

模型	反应	频率因子/[kg 焦/(m^2·h·kmol/m^3)]	速率常数	活化能/(MJ/kmol)	反应级数
Ⅰ	石脑油$\xrightarrow{k_1}$产品				
	石脑油$\xrightarrow{k_2}$焦	8.33±6.27	k_2	196.75±96.31	0.11±0.34
Ⅱ	石脑油$\xrightarrow{k_1}$产品				
	芳烃$\xrightarrow{k_3}$焦	2.07±0.22	k_3	212.26±9.74	1.97±0.08
Ⅲ	石脑油$\xrightarrow{k_1}$产品				
	$C_6^+\xrightarrow{k_4}$焦	2.21±1.66	k_4	176.19±22.36	1.82±0.20
Ⅳ	石脑油$\xrightarrow{k_1}$产品				
	1,3-$C_4H_6\xrightarrow{k_5}$焦	3.86±5.45	k_5	189.56±55.26	1.77±0.55
Ⅴ	石脑油$\xrightarrow{k_1}$产品				
	$C_2H_4\xrightarrow{k_6}$焦	6.92±1.56	k_6	212.59±25.75	2.19±0.26
Ⅵ	石脑油$\xrightarrow{k_1}$产品				
	$C_3H_6\xrightarrow{k_7}$焦	5.26±3.19	k_7	200.89±79.80	0.26±0.23
Ⅶ	石脑油$\xrightarrow{k_1}$产品				
	芳烃$\xrightarrow{k_8}$焦	6.43±1.44	k_8	211.55±26.50	1.85±0.21
	$C_6^+\xrightarrow{k_9}$焦	2.09±20.41	k_9	175.94±310.62	3.50±4.00

研究结果表明，以芳香烃为结焦母体的计算结果与试验值最为接近，其结焦速率方程为：

$$r_c = A\exp\left(\frac{-E}{RT}\right)c_A^a \tag{3.3-1}$$

炉管内的结焦量为：

$$C_T = \left(\int_0^L \pi d_{in} r_c \mathrm{d}z\right)\Delta t \tag{3.3-2}$$

式中　r_c——结焦速率，kg/(h·m^2)；

c_A——芳烃浓度，kmol/s；

T——焦层表面温度，K；

A——结焦反应的指前因子；

E——结焦反应的活化能，J/(mol·K)；

a——结焦反应的级数；

C_T——炉管内的结焦量，kg；

L——炉管长度，m；

d_{in}——炉管内径，$d_{in}=d_{out}-2\delta_B-2\delta_C$，m；

δ_B——炉管壁厚，m；

δ_c——管内焦厚，m；

d_{out}——炉管外径，m；

t——运转时间，h。

4. 裂解炉运转周期的模拟

裂解炉运转周期的模拟是炉子设计必不可少的工作，有利于在设计阶段选择炉区炉子的备用系数，在操作中合理安排炉子的切换运行。

由前述可知，烃类裂解过程会不可避免地在裂解炉管内表面生成一层焦炭，而且其厚度随着裂解时间的持续而增加，且沿炉管长度的空间分布也不相同。炉管结焦一是会引起传热阻力增加，管壁温度升高；二是使得炉管内径减小，引起烃分压增加；三是在管壁温度达到极限需要停炉清焦，清焦次数的增加对乙烯生产、燃料消耗以及炉管寿命都会产生不利的影响。因此在对裂解炉进行模拟时，如果能够加入对裂解炉结焦过程的动态模拟，也就是裂解炉的全周期模拟，对准确模拟裂解过程，优化裂解工艺会带来积极的作用。但在实际的模拟计算中，由于结焦反应是时间与空间的函数，需要用复杂的偏微分方程来描述，而偏微分方程的求解又是非常耗时的过程，因此在实际工作中，根据过程中结焦速率相对裂解反应速率要慢很多这一特点，通常把结焦反应模型与裂解反应模型分开考虑。

根据上述分析，在进行裂解炉全周期模拟时，通常采用拟稳态假设，即裂解炉全周期模拟是对裂解过程中不同的结焦状态的稳态模拟。具体的说就是从清洁炉管开始，在给定的原料参数和入口工艺参数下，模拟一段时间的裂解结果后，然后根据结焦模型，结焦母体浓度和运行时间计算沿炉管焦量和厚度分布，并用更新后的管内焦层厚度，计算该状态下的裂解结果，如此循环直至整个周期模拟的结束。全周期模拟计算的框图如图 3.3-1 所示。图 3.3-2 给出了乙烷不同运转时间沿管长结焦速度和焦层厚度的模拟结果。

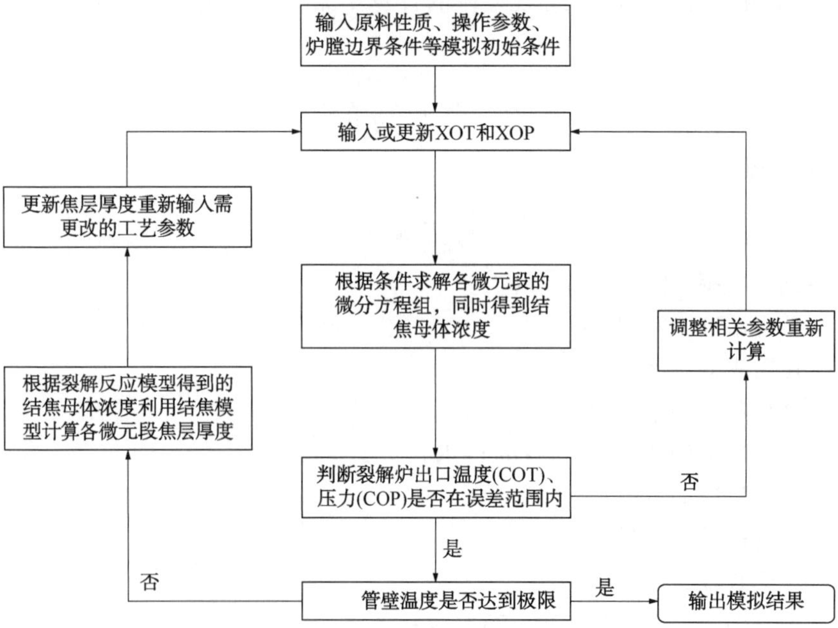

图 3.3-1　全周期模拟计算框图

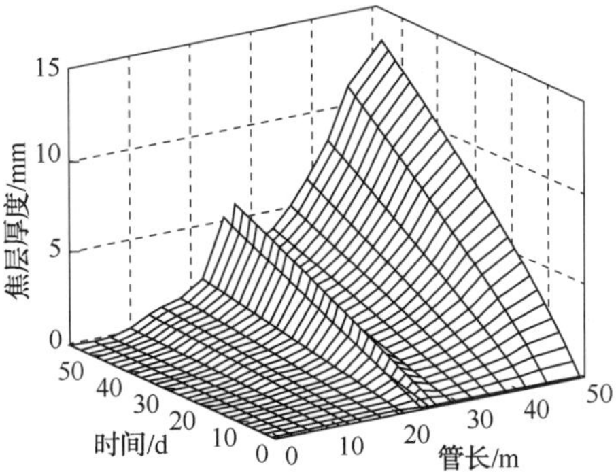

图 3.3-2　沿管长结焦速度的分布模拟结果

参　考　文　献

[1] 赵岩，何小荣，邱彤，等．乙烯热裂解炉模拟平台的开发及应用[J]．计算机与应用化学，2006，23(11)：1065-1068.

[2] 奥尔布赖特，等，著．黄立钧，曾清泉，译．裂解理论和工业实践[M]．北京：烃加工出版社，1990.

[3] 邹仁鋆．石油化工裂解原理与技术[M]．北京：化学工业出版社，1982.

[4] 张殿华．不同石脑油原料乙烯收率的估算与裂解炉调优方向[J]．石油化工，1987，16(6)：426-429.

[5] 熊国华，郝红，王桦，等．烃类热裂解的乙烯产率计算[J]．化学反应工程与工艺，1996，12(2)：161-165.

[6] 许皖，俞金寿．基于多模型结构的裂解炉产品质量软测量研究[J]．世界仪表与自动化，2004，8(3)：40-42.

[7] 钱锋．大型乙烯装置中裂解炉模型化与优化的研究[D]．上海：华东理工大学，1995.

[8] 吕翠英，华贲．乙烯生产装置优化人工神经网络模型的建立[J]．石油炼制与化工，1997，28(1)：48-51.

[9] 李振民，陈洪志．大型乙烯生产装置产品分布预测[J]．齐鲁石油化工，1998，26(2)：93-94.

[10] 王景芳．乙烯生产装置遗传网络模型的建立[J]．化工自动化及仪表，2005，32(5)：18-20.

[11] 庄晓峰，俞金寿．裂解深度的建模及应用[J]．自动化仪表，2004，25(6)：31-35.

[12] 黄一俞．乙烯裂解炉过程建模与操作优化[D]．北京：北京化工大学，2005.

[13] 王国清，等，应用 BP 神经网络预测石脑油热裂解产物收率[J]．石油化工，2007，1：39-41.

[14] Sadrameli S M，Green A E S. Systematics and modelling representations of naphtha thermal cracking for olefin production[J]. Journal of Analytical & Applied Pyrolysis，2005，73(2)：305-313.

[15] 崔德春，王艳斌．人工神经网络方法建立石脑油裂解评价模型[J]．乙烯工业，2004，16：168-173.

[16] 崔德春，王艳斌．人工神经网络方法建立重质油原料裂解评价模型[J]．乙烯工业，2006，18：254-258.

[17] 王松汉．乙烯装置技术[M]．北京：中国石化出版社，1994.

[18] 平户瑞穗，吉冈进．石脑油、煤油和轻柴油管式炉裂解反应的模拟[J]．石油学会志，1972，15(10)：14-20.

[19] 张海燕，王宗祥．大庆馏分油热裂解制乙烯反应动力学数学模型[J]．大庆石油学院学报，1985，(1)：1-10.

[20] 王宗祥，等．油田轻质油热裂解制乙烯反应动力学数学模型的初步探讨[J]．大庆石油学院学报，1978，(1)：1-13.

[21] 王宗祥，等．油田轻质油热裂解制乙烯反应动力学数学模型Ⅰ[J]．大庆石油学院学报，1978，(2)：1-23.

[22] 陈红，王宗祥．轻烃轻质油热裂解制乙烯裂解炉工艺数学模型Ⅱ[J]．大庆石油学院学报，1984，23(3)：70-88.

[23] 王宗祥，等．油田轻质油热裂解制乙烯反应动力学数学模型Ⅱ[J]．大庆石油学院学报，1980，(1)：8-25.

[24] Pramod Kumar，Deepak Kunzru. Modeling of naphtha pyrolysis [J]. Ind. Eng. Process Des. Dev.，1985，24：774-782.

[25] 高晓丹，陈丙珍，何小荣．石脑油裂解过程一次反应选择性系数的估计[J]．计算机与应用化学，2005，22(12)：1119-1122.

[26] 胡益锋，李炜明，徐用懋，等．Kumar 模型一次选择性系数的随机调整算法[J]．计算机工程与应用，2003，39(32)：10-12.

[27] 胡益锋，石脑油裂解炉建模技术研究[D]．北京：清华大学，2005.

[28] 夏禹杰，邱彤，陈丙珍．主成分分析法在估算石脑油裂解参数中的应用[J]．计算机与应用化学，2006，23(1)：25-28.

[29] 胡益锋，何细藕，徐用懋．基于常规物性参数的石脑油组成预估方法[J]．石油化工，2004，33(2)：161-165.

[30] 解冬梅，钱锋，俞金寿．SRT-Ⅲ型裂解炉中石脑油裂解的工艺数学模型Ⅰ清洁管模型与计算[J]．石油化工，1993，22(12)：813-818.

[31] 徐强，陈丙珍，何小荣，等．石脑油在 SRT-Ⅳ型工业炉清洁管中裂解的数学模型[J]．计算机与应用化学，2001，18(3)：223-228.

[32] Rice F O. The thermal decomposition of organic compounds from the start point of free radicals 4，The dehydrogenation of paraffin hydrogenations and the strength of the c-c bond [J]. American Chemical Society，1933，55：4245-4247.

[33] Paul A Willems，Gilbert Froment. Kinetic modeling of the thermal cracking of hydrocarbons. 1. Calculation of frequency factors[J]. Ind. Eng. Chem. Res.，1988，27(11)：1959-1966.

[34] Paul A Willems，Gilbert Froment. Kinetic modeling of the thermal cracking of hydrocarbons. 2. Calculation of activation energies[J]. Ind. Eng. Chem. Res.，1988，27(11)：1966-1971.

[35] K M Sundaram，G F Froment. Modeling of thermal cracking kinetics. 3. Radical mechanisms for the pyrolysis of simple paraffins，olefins and their mixtures[J]. Ind. Eng. Chem. Fundam，1978，17(3)：174-182.

[36] Eunjung Joo，Sunwon Park，Moonyong Lee. Pyrolysis reaction mechanism for industrial naphtha cracking furnaces[J]. Ind. Eng. Chem. Res.，2001，40：2409-2415.

[37] Eunjung Joo，Kihong Lee Park，Moonyong Lee，et al. CRACKER—A PC based simulator for industrial cracking furnaces[J]. Computers and chemical engineering，2000，24(2)：1523-1528.

[38] S Barendregt，P J M Valkenburg，E S Wagner，et al. History and recent developments in SPYRO[C]. 14th Ethylene Producers' Conference，2002.

[39] Marco W M van Goethem，Florian I Kleinendorst，Cor van Leeuwen，et al. Equation-based SPYRO model and solver for the simulation of the steam cracking process[J]. Computers and Chemical Engineering，2001，25(4-6)：905-911.

[40] Kevin M Van Geem，Damien Hudebine，Marie Francoise Reyniers，et al. Molecular reconstruction of naphtha steam cracking feedstocks based on commercial indices[J]. Computers and Chemical Engineering，2007，31：1020-1034.

[41] Quann R J，Jaffe S B. Structure-oriented lumping：Describing the chemistry of complex hydrocarbon mixtures

[J]. Industrial & Engineering Chemistry Research, 1992, 31: 2483-2497.
[42] Quann R J, Jaffe S B. Building useful models of complex reaction systems in petroleum refining[J]. Chemical Engineering Science, 1996, 51(10): 1615-1635.
[43] Yoneda Y. An estimation of the thermodynamic properties of organic compounds in the ideal gas state, i. acyclic compounds and cyclic compounds with a ring of cyclopentane, cyclohexane, benzene, or naphthalene[J]. Bulletin of the Chemical Society of Japan, 1979, 52(5): 1297-1314.
[44] L P Hillewaert, J L Dierickx, Gilbert Froment. Computer generation of reaction schemes and rate equations for thermal cracking[J]. AICHE Journal, 1988, 34(1): 17-24.
[45] P J Clymans, G F Froment. Computer-generation of reaction paths and rate equations in the thermal cracking of normal and branched paraffins[J]. Computers and Chemical Engineering, 1984, 8: 137-142.
[46] Froment G F. Kinetics and reactor design in the thermal cracking for olefins production [J]. Chemical Engineering Science, 1992, 47(9-11): 2163-2177.
[47] Chevalier C, Warnatz J, Melenk H. Automatic generation of reaction mechanisms for the description of the oxidation of higher hydrocarbons[J]. Bes. Buns. Phys. Chem., 1990, 94: 1362-1367.
[48] Blurock E S. Computer-aided synthesis design at RISC-Linz: Automatic extraction and use of reaction classes [J]. J. Chem. Inf. Model., 1990, 30: 505-510.
[49] Blurock E S. Reaction: System for modeling chemical reactions[J]. J. Chem. Inf. Comput. Sci., 1994, 35: 607-616.
[50] Witt M J D, Dooling D J, Broadbelt L J. Computer generation of reaction mechanisms using quantitative rate information: Application to long-chain hydrocarbon pyrolysis[J]. Industrial & Engineering Chemistry Research, 2000, 39: 2228-2237.
[51] Prickett S E, Mavrovouniotis M L. Construction of complex reaction systems 1: Reaction description language [J]. Computers & Chemical Engineering, 1997, 21: 1219-1235.
[52] Prickett S E, Mavrovouniotis M L. Construction of complex reaction systems 2: Molecule manipulation and reaction application algorithms[J]. Computers & Chemical Engineering, 1997, 21: 1237-1254.
[53] Prickett S E, Mavrovouniotis M L. Construction of complex reaction systems 3: An example: alkylation of olefins[J]. Computers & Chemical Engineering, 1997, 21: 1325-1337.
[54] 林梦海. 量子化学计算方法与应用[M]. 北京: 科学出版社, 2004.
[55] 徐光宪, 黎乐民, 王德民. 量子化学: 基本原理和从头计算法[M]. 北京: 科学出版社, 2007.
[56] 徐强, 陈丙珍, 何小荣, 等. SRT-Ⅰ型裂解炉裂解石脑油的全周期生产数学模拟[J]. 计算机与应用化学, 2001, 18(4): 303-306.
[57] T Gal, B G Lakatos. Modeling and simulation of steam crackers[J]. Computer Aided Chemical Engineering, 2004, 18(4): 655-660.
[58] M E Masoumi, S M Sadrameli, J Towfighi, et al, Simulation, optimization and control of a thermal cracking furnace[J]. Energy, 2006, 3: 516-527.
[59] 沙利, 张红梅, 高金森, 等. 乙烯裂解炉管内流动反应历程的数值模拟(Ⅰ)二维流动反应数学模型的建立[J]. 化工学报, 2003, 54(3): 392-397.
[60] K M Van Geem, G J Heyndericks, G B Marin. Effect of radial temperature profiles on yields in steam cracking[J]. AICHE Journal, 2004, 50, 173-183.
[61] Geraldine J Heyndericks, Gilbert F Froment. A pyrolysis furnace with reactor tubes of elliptical cross section [J]. Ind. Eng. Chem. Res., 1996, 35: 2183-2189.
[62] Mohammad Ghashghaee, Ramin Karimzadeh. Dynamic modeling and simulation of steam cracking furnaces [J]. Chem. Eng. Technol., 2007, 30: 835-843.

[63] X Lan, J Gao, C Xu, et al. Numerical simulation of transfer and reaction process in ethylene furnaces[J]. Chemical Engineering Research and Design, 2007, 85: 1565-1579.

[64] Niaei, J Towfighi, S M Sadrameli, et al. The combined simulation of heat transfer and pyrolysis reactions in industrial cracking furnaces[J]. Applied Thermal Engineering, 2004, 24: 2251-2265.

[65] Arno J M Oprins, Geraldine J Heynderickx, Guy B Marin. Three-dimensional asymmetric flow and temperature fields in cracking furnaces[J]. Ind. Eng. Chem. Res., 2001, 40: 5087-5094.

[66] 韩云龙，章名耀，程相杰，等. 乙烯裂解炉内燃烧、传热与裂解反应的模拟计算[J]. 石油学报(石油加工), 2006, 22(6): 63-68.

[67] 蓝兴英，高金森，徐春明. 乙烯裂解炉内传递和反应过程综合数值模拟研究Ⅲ. 炉膛内燃烧和传热过程的数值模拟[J]. 石油学报(石油加工), 2004, 20(1): 46-51.

[68] 韩云龙，章名耀，肖睿，等. 乙烯裂解炉石脑油裂解反应的数值模拟[J]. 化学反应工程与工艺, 2006, 22(3): 265-270.

第四章　蒸汽裂解工艺

第一节　蒸汽裂解工艺过程

石油馏分裂解制取乙烯的方法很多，管式炉蒸汽裂解具有技术成熟、结构简单、运转稳定性好和烯烃收率高等优点，目前世界上约有90%以上的乙烯是由管式炉蒸汽裂解方法生产的。乙烯裂解炉是乙烯装置的龙头，其能耗占装置能耗的50%~60%，根据裂解原料、裂解炉的先进性及工艺流程等因素有一定差别。裂解炉的能耗水平决定了乙烯装置的能耗水平。

蒸汽裂解是指烃类原料在高温条件下，发生碳链断裂或脱氢反应，生成烯烃及其他产物的过程。裂解目的是以生产乙烯、丙烯为主，同时还副产丁二烯、苯、甲苯、燃料油等产品。裂解反应有以下四个重要特点：

① 裂解反应是一个强吸热反应。

② 反应温度高。

③ 停留时间要短。

④ 烃分压要低。

因此，工业上实现上述裂解反应，要达到下述要求：

① 对反应物料供给大量热量。

② 系统处在高温下进行反应。

③ 由于停留时间短，要在短时间内使反应物料得到反应所需的大量热量，并要在短时间内将反应物料迅速降低到二次反应温度以下。

④ 由于反应要求低烃分压，需在原料烃中配入蒸汽或其他气体作为稀释剂。

管式炉是在炉膛布置一定排列形式的金属炉管，管内通以原料，管外用燃料燃烧供热，通过炉管管壁的传热，将热量传递给管内的反应物料。

管式炉问世于1910—1911年间，当时仅用于炼油厂加热过程。管式炉裂解制乙烯技术，开始于19世纪20—30年代。1941年，第一个管式炉裂解工业装置在美国巴吞鲁日投产。19世纪40年代时，辐射炉管是贴壁水平排列，后改为单组或多组布置于炉中央，其支架位于炉膛内，由于支架受耐高温限制，1964年起改为立式炉管，即垂直悬吊式管，其优点是吊架不在高温区，炉温可不受吊架材质的限制；立式炉管可自由伸缩，容易吸收高温热应力；采用炉膛中心单排立管排布，双面辐射结构，可提高热强度，炉管受热均匀，管内不易过热结焦，并可延长操作周期和炉管使用寿命。此后，管式炉裂解技术得到了迅速发展，成为目前广泛采用的生产乙烯的方法。

管式裂解炉按外形分，有方箱式炉、立式炉、门式炉、梯台式炉等；按炉管布置方式分，有横管式和竖管式；按燃烧方式分，有直焰式、无焰辐射式和附墙火焰式；按燃烧器位置分，有底部燃烧、侧壁燃烧，顶部燃烧和底部侧壁联合燃烧等。

管式炉虽有不同的类型，但从结构上看，都是由炉管、管架、燃烧器、炉墙等组成，主要分为对流段和辐射段两部分。裂解原料与水蒸气混合后进入对流段炉管内被加热升温到横跨温度后，进入辐射段炉管发生高温裂解反应；生成的裂解气进入急冷换热器。燃料燃烧后生成的高温烟气，先经辐射室，然后进入对流室，烟道气从烟囱排空。

烃类原料经高温裂解，可生成乙烯、丙烯、丁烯、丁二烯、炔烃和芳烃等组分。这些组分在高温下，其化学热力学状态很不稳定，在高温区会发生二次反应，使烯烃的收率降低，重质焦油量增加。因此，为了提高裂解反应目的产物的收率，并有利于裂解操作的正常进行，需要采取有效的工艺措施将裂解气迅速冷却，以降低二次反应的发生，并回收裂解气热量。

烃类蒸汽裂解，包括轻烃和重质原料，其选择性主要与裂解温度、物料在辐射管内停留时间和烃分压有关。蒸汽裂解的工艺过程，首要确定的是裂解反应条件、选择性和裂解深度的相互关系。

一、裂解温度、停留时间和烃分压

1. 裂解温度和停留时间

根据反应动力学，升高裂解反应温度，经裂解生成乙烯的反应速度大于烃类分解为碳和氢的反应速度；在动力学上，烃类裂解生成乙烯的反应更占优势。要获得较多的乙烯，必须充分发挥烃类裂解生成乙烯的动力学优势，去克服烃类分解为碳和氢在热力学上所占的优势。根据反应热力学，反应温度愈高，愈易结焦，同时温度愈高，对炉管材料的要求也愈高。因此，寻找适当的反应温度和停留时间是很重要的。

裂解温度还与原料有关，不同的裂解原料具有不同的最适宜的裂解温度。一般较轻的原料其裂解温度较高，较重的裂解原料其裂解温度较低。

停留时间长将促进一次反应，但同时二次反应也将充分进行，这样将使一次反应生成的乙烯通过二次反应大量消失，使乙烯收率下降。停留时间过短，一次反应进行不充分，原料转化不完全。因此，要获得较高的乙烯收率需选择适宜的停留时间，既能使一次反应充分进行，又能抑制二次反应进行。

裂解反应温度和停留时间有密切关系，既互相依赖，又互相制约。图 4.1-1 和图 4.1-2 是轻柴油裂解炉管出口温度和停留时间对乙烯收率的影响。从图中可看出，没有适当的高温，停留时间无论怎样变动也得不到较高乙烯收率；反之无适当的停留时间，即使高温也得不到高收率的乙烯。裂解反应的特点是高温、短停留时间，以便减少二次反应，提高裂解选择性。

作为一般规律，提高温度、缩短停留时间对裂解产物分布有如下的影响：

① 有利于正构烷烃生成更多的乙烯，丙烯及以上的单烯烃收率有所下降。

② 有利于异构烷烃生成低分子量的直链烯烃，而支链烯烃的收率下降。

③ 不利于芳烃的生成，裂解汽油收率也将减少。

④ 乙烯/丙烯比、烯烃/副产饱和烃比、炔烃/单烯烃比、二烯烃/单烯烃比均增大。

总之，高裂解深度，即乙烯、甲烷、氢气和芳烃收率高，丙烯和丁二烯收率低；高选择性，即乙烯、丙烯和丁二烯收率高，甲烷、燃料油和芳烃收率低。

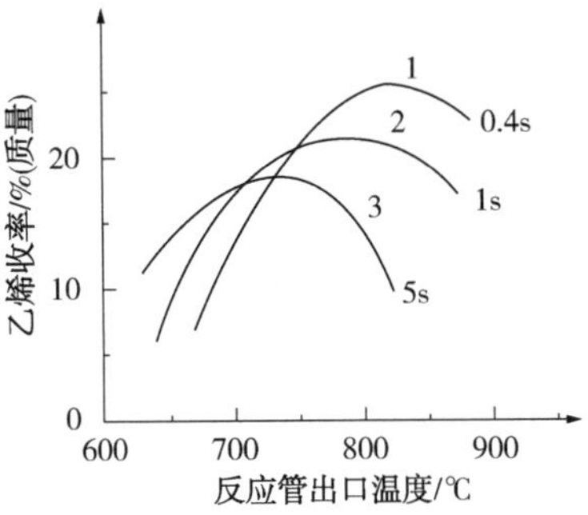

图 4.1-1 轻柴油裂解温度与乙烯收率的关系

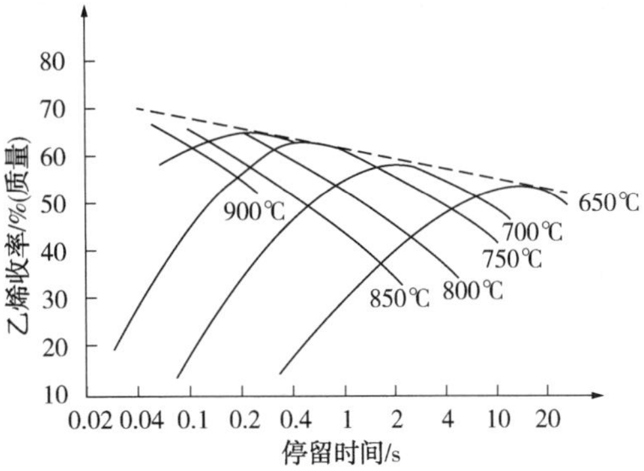

图 4.1-2 轻柴油裂解温度、停留时间与乙烯收率的关系

表 4.1-1 是石脑油裂解时温度和停留时间对产品收率的影响。由表 4.1-1 可知，提高温度缩短停留时间可以提高乙烯收率，丙烯和裂解汽油的收率下降。所以可以根据生产上对各种产物比例的要求和技术经济指标，选择裂解温度和停留时间的合理指标。

表 4.1-1 石脑油裂解温度和停留时间对烯烃收率的影响[稀释蒸汽比例 0.6%(质量)]

出口温度/℃	760	810	850	860
停留时间/s	0.7	0.5	0.45	0.4
乙烯收率/%(质量)	24	26	29	30
丙烯收率/%(质量)	20	17	16	15
裂解汽油/%(质量)	24	24	21	19

2. 烃分压

裂解过程中的一次反应，不论是脱氢反应还是断链反应，都是产物体积增加的反应，从化学平衡观点分析，降压，平衡向气体物质的量较多的方向移动，所以降低烃分压，有利于提高乙烯的平衡转化率。对缩合、聚合等二次反应则是反应产物体积减小的反应，故降压可以抑制这些反应的进行。

从反应动力学角度看，压力又可通过浓度影响反应速度。压力下降能减少反应物的浓度，可降低一次反应和二次反应的速度，对一次反应、二次反应都不利。由于一次反应是一级反应，二次反应一般是二级反应，压力对高级反应的影响比对一级反应影响大得多，所以降低压力可以增大一次反应对于二次反应的相对速度。降低压力可以抑制缩合、聚合反应，减轻结焦程度，降低烃分压在热力学和动力学上对一次反应均是有利的。图 4.1-3 表示了烃分压对乙烯收率的影响。

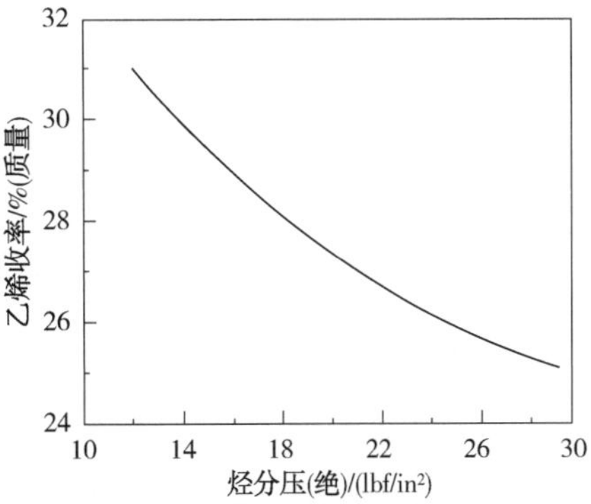

图 4.1-3 石脑油裂解烃分压与乙烯收率的关系

注：$1lbf/in^2=6894.757Pa$

加入稀释剂的一个作用是可以降低烃分压，从

而提高乙烯收率。加入稀释剂的另一个作用是防止裂解炉管内壁的结焦。从管式炉管内气体流动来看，其径向流速是不均匀的，在近管壁处形成滞流层。滞流层内的烃，因流速慢，其停留时间相对较长，在高温下易于在层内发生二次反应而结焦，使滞留层温降增大，从而影响传热，影响炉管寿命。滞留层的厚度与气体流速有关，增大流速可以减薄其厚度，加入稀释剂可以增大管内流体流速，从而可降低管内壁的结焦趋势。

蒸汽作为稀释剂除了能起上述各种作用以外，还有下述作用：

① 稳定裂解温度：水蒸气热容量较大，当操作供热不平稳时，可以起到稳定温度的作用，还可以起到保护炉管防止过热的作用。

② 保护炉管：如裂解原料中含微量硫，可以保护炉管，但含硫稍多，合金钢管中的铬在裂解温度下易被硫侵蚀。当有水蒸气存在时，即使含硫量高达2%(质量)，也没有观察到炉管有硫化现象，这是由于高温蒸汽有氧化性，可以抑制裂解原料中所含的硫对炉管的腐蚀。

③ 脱除结炭：炉管中的铁和镍能催化烃类气体的生炭反应，水蒸气对铁和镍有氧化作用，可抑制它们对生炭反应的催化作用，而且水蒸气对已生成的炭有一定的脱除作用，水蒸气可与焦炭反应生成 CO 和 H_2。

采用蒸汽为稀释剂时稀释比也不宜过大，如果过大，也会带来一些不利的影响：

① 急冷速度降低，急冷介质用量增大。

② 蒸汽消耗量增大，炉管处理原料烃的能力下降。

③ 由于稀释蒸汽比增大，炉管内流体的速度增大，滞留层温降减少，但管径、管长、管重、热负荷都要增大。

适宜的稀释蒸汽比与裂解原料有关，容易结焦的原料可适当增大稀释比。不同原料的稀释蒸汽比见表 4.1-2。

表 4.1-2　不同原料的稀释蒸汽比

裂解原料	稀释蒸汽比	裂解原料	稀释蒸汽比
乙烷	0.3~0.35	石脑油	0.5~0.6
丙烷	0.3~0.4	轻柴油	0.7~0.8
丁烷	0.4	重柴油	0.8~1.0
轻石脑油	0.45~0.5	加氢尾油	0.75~1.0

综上所述，对于一定的裂解原料，裂解温度和停留时间是影响烃类裂解的主要因素，同时也影响目的烯烃及其他有用产品的收率，烃分压对裂解也有一定的影响。对不同的原料，为了得到尽可能多的烯烃，都有其最适宜的裂解温度和停留时间。

二、裂解选择性

裂解选择性的一种含义是以裂解的单位数量原料为基准的某产物的产率，称为该产物的选择性。选择性的另一种含义是指一次反应(烯烃生成)的速度对二次反应(烯烃消失)的速度之比。

选择性还有一种含义，是指甲烷质量产率与乙烯质量产率之比，简称甲烷乙烯比。

甲烷乙烯比可作为裂解选择性的总标志。其值越小，表示选择性越高，其值越大，表

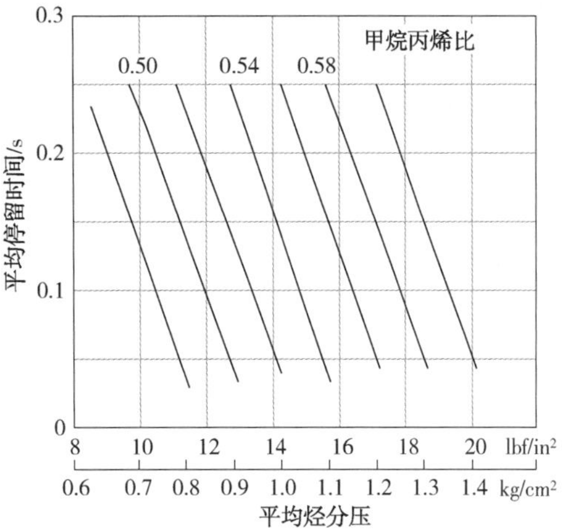

图 4. 1-4　裂解选择性

示选择性越低。决定甲烷乙烯比大小的因素主要有两个：平均停留时间和平均烃分压。对于不同的裂解原料可以作不同的关联图。

对于一种原料烃，以甲烷乙烯比作为选择性指标，Lummus 公司在试验装置和工业炉上进行了各种平均烃分压、停留时间的试验，然后绘制了选择性曲线图，如图 4. 1-4 所示。

由图可见，当乙烯产率一定时，缩短停留时间和降低烃分压，均可导致甲烷乙烯比减小，即乙烯选择性提高，反之情况相反。

平均停留时间和平均烃分压是决定裂解炉选择性的两个重要参数。不论裂解炉炉管的几何构型如何，管径多大，温度分布怎样不同，只要平均停留时间和平均烃分压变动，都落在同一条等选择性线上，则其甲烷乙烯比完全相同。这样，在设计时如果对产物分布的要求已定，则甲烷乙烯比即可确定，就可在对应于该等选择性线上寻找出相应的平均停留时间和平均烃分压的配对值。在考虑了其他工艺因素后，可在该等选择性线上选取一个最佳点，以确定最佳的平均停留时间和平均烃分压。

甲烷乙烯值小(即乙烯选择性高)，则乙烯、丙烯和丁二烯的产率高，甲烷、乙烷、丁烷、裂解汽油组分和燃料油的产率低。这说明选择性高时，乙烯和有价值的副产物产率高，气体生成量小，重质产物少，结焦可能性小。如只求乙烯高产率，可提高裂解深度，但随之而来的是裂解产气率增大，使分离负荷增大；如提高选择性，可多得副产物，少产气，降低分离的能量消耗。所以，对于轻柴油一类的氢含量较低的裂解原料，以中等裂解深度和高选择性裂解比较合理，不宜追求高的裂解深度；以氢含量较高的轻烃为原料，裂解深度可以适当高一些，当然这要根据具体情况加以确定。

三、裂解深度

裂解深度是指裂解反应进行的程度，是裂解反应的重要控制参数，其主要指标包括原料转化率、甲烷产率、乙烯丙烯的收率比、甲烷丙烯的收率比、裂解液体产品的氢含量等。其他如动力学裂解深度函数、出口温度等也可表示裂解深度，在下一章有详细描述，在此不再赘述。

第二节　典型商业化裂解工艺

一、概述

蒸汽裂解制乙烯裂解炉自 20 世纪 60 年代以来，陆续发展了蓄热炉、流动床裂解炉、管式炉等多种型式，前两种因投资高、物耗能耗高、污染严重等被淘汰，管式炉具有技术成熟、结构比较简单、运转稳定性好和烯烃收率高等优点，成为目前工业装置乙烯生产的主流方法。管式炉裂解是以间壁加热方式为烃类裂解提供热量。裂解炉一般由对流段、辐射段和急冷系统三部分构成。对流段的作用是回收高温烟气余热，以用来预热原料烃，并将其过热至横跨温度，送入辐射段进行热裂解，多余的热量用来预热锅炉给水和过热由急冷系统发生的高压蒸汽。辐射段的作用是在高温下使原料吸热发生热裂解反应生成目的产品乙烯和丙烯。反应所需的高位能热量是在辐射段通过燃料燃烧的方式提供的。急冷系统的作用是回收离开辐射段的高温裂解气的能量以产生蒸汽。

1. 辐射段

乙烷、丙烷直到常压柴油、减压柴油和加氢尾油等烃类裂解原料，在裂解炉中加热到高温时，会发生碳链断裂的化学反应，产生低分子量烯烃产品。热裂解过程是个十分复杂的多种反应的组合，除去生成所希望的烯烃(如乙烯、丙烯、丁二烯)以外，同时还会发生脱氢、异构化、环化、叠合和缩合等二次反应，因此，裂解反应产物是组分众多的混合物。如何控制反应条件，使反应产物中所希望的烯烃为最多，对此国内外进行了长期研究。结果表明，烃类裂解在高温、短停留时间、低烃分压的条件下，对生产烯烃是有利的。因此，在考虑裂解炉的辐射炉管结构时，大多从管径、路数和炉管的长短等方面来满足裂解反应的需要。在反应的初期，由于转化率低，低分子产物少，管内流体体积增大不多，以致线速度增大不多，从压力降方面看，管径较小时压力降不至于太大，不会严重影响平均烃分压的增加；从热强度方面看，由于原料升温，转化率增长快，需要大量吸热，所以要求热强度高，较小管径可使比表面积增大，满足供热要求；从结焦趋势看，转化率较低，二次反应发生较少，结焦不明显，可以允许管径小一些。在反应后期，由于转化率的提高，管内流体体积增大较多，以致线速度增大较多，从压力降方面来看，较小管径将带来压力降提高明显，故以采用较大管径为宜；从热强度方面来看，随着转化率提高，对热强度要求相对平缓，故采用较大管径，对传热的影响不显著；从结焦趋势方面来看，由于转化率提高，二次反应进行明显，结焦趋势明显，故要用较大管径，以延长运行周期。综上所述，入口段反应初期时宜采用较小管径，出口段反应后期时宜采用较大管径。

为了实现“高温、短停留时间、低烃分压”的目标，几乎所有构型的新炉管均采用了缩短管长的办法，如 Lummus 公司的 SRT-Ⅰ型发展到 SRT-Ⅵ、SRT-Ⅶ型炉，管长由 10 程约 100m 缩至 2 程约 25m；S&W(斯通-韦伯斯特，现被法国 Technip 公司收购)公司的 USC 型炉由 M 形 4 程约 60m 缩短为 U 形 2 程约 21m；荷兰 KTI 公司(现被法国 Technip 公司收购)的 GK 型炉则由 GK-Ⅲ型 4 程约 40 多米缩短至 GK-Ⅴ型 2 程约 25m；Linde 公司的 Pyrocrack 炉管则由 4-2 型 6 程约 70m 缩短至 2-1 型 2 程 20 多米，停留时间由 0.5s 以上降低到 0.15~0.25s；而 KBR(凯洛格布朗路特)公司的毫秒炉采用单程炉管，炉管长度缩短为 12m 左右，停留时间降至 0.1s 左右。

缩短管长同时也降低了炉管中物料的压降，压降从原来的 0.15MPa 左右降到 0.04MPa 或更低，由于烃分压下降，使选择性提高。但缩短管长也带来了传热面积降低，为解决这个问题，一方面可增加比表面(缩小管径)，另一方面也可寻求更耐高温的炉管材料，提高炉管表面的热强度。例如，炉管材料从 HK-40(耐温 1020℃)发展到 HP-40(耐温 1065℃)和 28Cr48Ni 钢(耐温 1200℃)。

经过改进，各炉型乙烯收率均有明显提高(见表 4.2-1)，20 世纪管式裂解炉技术的发展见表 4.2-2。

表 4.2-1　几种炉型乙烯收率对比

炉型	SRI-Ⅱ	SRT-Ⅳ	SC-1	IFP	GK-Ⅲ
裂解原料	AGO	AGO	AGO	NAP	AGO
管程数	6	4	1	7	4
炉管构型	4-2-1-1-1-1	8-4-1-1	1	1-1-1-1-1-1-1	4-4-2-2
乙烯单程收率/%(质量)	25.1	28.5	29.9	22.37	28.2

表 4.2-2　管式裂解炉技术的发展(20 世纪)

项　　目	1960's	1970's	1980's~1990's
特点	中等深度	高深度、高选择性	高深度、高选择性、大能力
裂解温度/℃	760~780	800~860	800~920
停留时间/s	0.8~1.2	0.25~0.6	0.1~0.5
单炉乙烯生产能力/(kt/a)	10~15	25~35	60~120
单程乙烯收率/%(质量)(NAP)	18~24	23~30	24~34
辐射炉管平均热强度/(kW/m^2)	~45	60~80	80~100
炉膛热强度/(kW/m^3)	45~90	55~175	175~300
炉膛温度/℃	950~1000	1000~1100	1100~1250
炉管金属最高温度/℃	950	1000~1050	1050~1150
炉管配置	卧式	立式	立式
炉管形状	等径管	等径管、变径管	等径管、变径管、椭圆管
炉管材料	Cr18Ni8	Cr25Ni20	Cr25Ni20，Cr25Ni35，Cr28Ni48，Cr35Ni45
适应原料	石脑油、气体原料	石脑油、柴油	石脑油、柴油、减压柴油、加氢尾油

进入 21 世纪，蒸汽裂解技术并无突破性进展，主要围绕裂解炉大型化技术进行开发。为实现扩大裂解炉的能力，单组炉管处理量不变情况时增加组数，则需要延长炉膛长度、对流段宽度等。由于机械设计的限制，裂解炉规模扩大后多采用双辐射段、单对流段的结构。如 Lummus 公司的 SRT-Ⅶ型双炉膛裂解炉；Linde 公司的 Pyrocrack 1-1 型双炉膛裂解炉；S&W 公司的 USC 192U、224U 及 240U 型双炉膛裂解炉；中国石化 CBL-Ⅶ/CBL-Ⅸ及 CBL-R 型双炉膛裂解炉，能力达到 200~300kt/a。截至目前液体原料单台裂解炉乙烯生产能力已达到 200kt/a 以上，乙烷裂解炉乙烯生产能力已达到 300kt/a 以上。

为了增大裂解炉的处理能力，又能合理地使管径和质量流速不超过允许范围，就要增加辐射炉管的路数和组数。在相同质量流速下，辐射炉管越长，压降越大，因此烃分压增加，且停留时间也增加，这对裂解反应是不利的。S&W、Lummus、凯洛格、KTI 等公司从裂解基本原理出发，研究辐射炉管的管径、路数和炉管的长度等，提出了不同结构的炉型。

立管式裂解炉的辐射盘管大多采用单排管，由此保证辐射盘管双面辐射受热均匀。也有采用双排盘管的，可在较低投资前提下获得较大的单炉乙烯生产能力。综合单排盘管和双排盘管的优缺点，也有采用混排辐射盘管的。不同排布示意见图 4.2-1。

单排布置的辐射盘管因受均匀的双面辐射，传热效果最好，但在同样长度的辐射室中，所布置的炉管数最少；双排布置的辐射盘管因互相之间受到影响和遮蔽，其传热效果最差，不同炉管之间表面管壁温度差较大，容易引起炉管变形，进而影响运行周期和炉管寿命，但可在相同炉膛长度下布置较多的炉管；而混排布置则介于上述两者之间。

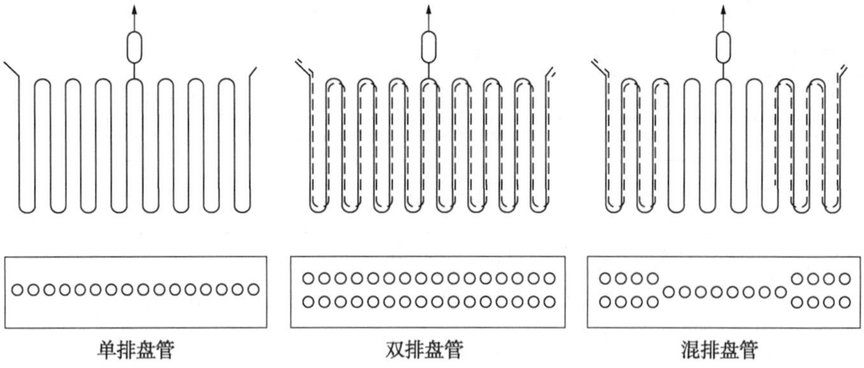

图 4.2-1　辐射盘管排列方式

2. 高温裂解气的急冷和热量回收

裂解炉辐射盘管出口的裂解气温度高达 800℃以上，为抑制二次反应的发生，需将辐射盘管出口的高温裂解气快速冷却。

冷却高温裂解气的方法有两种：一种是用急冷油(或急冷水)直接喷淋冷却；另一种是用换热器进行冷却。用换热器冷却时，可在回收高温裂解气的热量同时副产高位能的超高压蒸汽，常称为急冷换热器(又称急冷锅炉)。在管式裂解炉裂解轻烃、石脑油和柴油的情况下，目前均采用急冷换热器冷却裂解气并副产超高压蒸汽。经急冷换热器冷却后的裂解气温度尚在 350℃以上(馏分油裂解时)，此时可再由急冷油直接喷淋冷却。在下游急冷系统中可进一步回收急冷油的热量，副产低位能的中、低压蒸汽。

不同裂解原料裂解时急冷换热器末期出口温度大不相同，裂解原料越重，急冷换热器末期出口温度越高。根据裂解原料的情况，对高温裂解气冷却和热量回收有图 4.2-2 所示的四种方案。

(1) 方案一

如图 4.2-2(a)所示，设置一级急冷换热器。裂解炉辐射盘管出口的高温裂解气进入一级急冷换热器，在此裂解气被高压锅炉给水冷却，并副产高压蒸汽。经一级急冷换热器冷却后的裂解气进入油急冷器，在此用急冷油直接喷淋而进一步冷却后送入急冷系统。

轻烃裂解装置中往往不设急冷油系统，此时，急冷换热器出口气体可集中用急冷水喷淋冷却后或者直接不经冷却送入水洗塔。石脑油裂解时，急冷换热器出口温度可限制在 460℃以下，此时可将多台裂解炉经急冷换热器冷却后的裂解气集中送入一台油急冷器用急冷油喷淋冷却。柴油或者加氢尾油裂解时，急冷换热器出口温度一般初期在 400℃左右，末期可达到 500~650℃，此时大多在每台裂解炉单独设置油急冷器，经急冷油喷淋冷却后的裂解气再汇合于裂解气总管，然后送入急冷系统。通常一级急冷方式采用传统式固定管板换热器。

(2) 方案二

如图 4.2-2(b)所示，设置二级急冷换热器。裂解炉辐射盘管出口的高温裂解气进入第一级急冷换热器，在此冷却至 580℃左右(随裂解原料不同而有所变化)并副产超高压蒸汽。

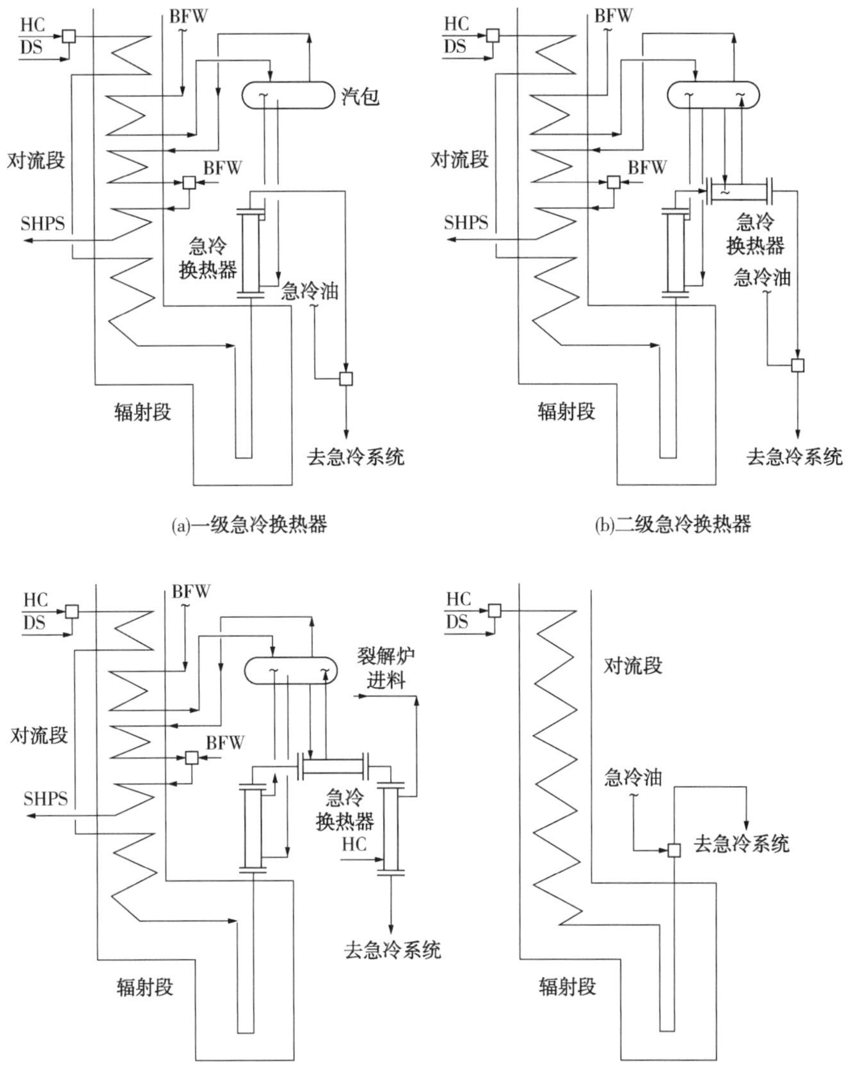

(a)一级急冷换热器　(b)二级急冷换热器

(c)三级急冷换热器　(d)无急冷换热器

图 4. 2-2　高温裂解气热量回收方案

HC—烃进料；DS—稀释蒸汽；BFW—锅炉给水；SHPS—过热超高压蒸汽

经第一级急冷换热器冷却后的高温裂解气再送入第二级急冷换热器继续冷却裂解气，并副产超高压蒸汽。第二级急冷换热器出口裂解气进入急冷器用急冷油进行喷淋冷却，与方案一相同，对不同裂解原料，急冷器的设置也有所不同。

二级急冷换热器与采用小管径辐射盘管的裂解炉相匹配。为了缩短停留时间并提高裂解温度，裂解炉辐射盘管向短长度、小管径的方向发展。相应地，为达到给定的单炉生产能力，单炉的辐射盘管数大大增加。在这种情况下，为降低辐射盘管出口至急冷换热器入口之间高温裂解气的停留时间，提高裂解的选择性，一级急冷换热器采用与辐射炉管直接连接的线性急冷，裂解气的进一步冷却则采用二级急冷换热器是行之有效的方法。S&W、凯洛格、布朗路特(Brown&Root)等公司均曾采用二级急冷换热器与其单程或两程的小管径辐射盘管的裂解炉配套。

（3）方案三

如图4.2-2(c)所示，设置三级急冷换热器。在轻烃裂解装置中，可在二级急冷换热器的基础上设置第三级急冷换热器以进一步回收高温裂解气的热能。在轻烃裂解的情况下，通过二级急冷换热器可使裂解气冷却至400℃以下，为进一步冷却裂解气，第三级急冷换热器不再副产超高压蒸汽。第三级急冷换热器回收的热量多用于预热裂解原料，或用于预热锅炉给水，或用于发生中压蒸汽。布朗路特公司在裂解轻烃、乙烷、丙烷时就采用三级急冷换热器的方法来回收热量。

经三级急冷换热器冷却的裂解气温度可降至190~240℃(根据裂解原料有所不同)，此时无须设置油急冷器，可将裂解气直接送入急冷系统。

（4）方案四

如图4.2-2(d)所示，不设置急冷换热器，在裂解炉出口直接用急冷油喷淋冷却裂解气。在裂解*BMCI*值较高的重质裂解原料时，急冷换热器末期出口温度可高达650℃以上，此时，急冷换热器可以回收的热量占高温裂解气总热量的份额大大减小，从投资和效益的比较来看设置急冷换热器未必经济。此时可以不设置急冷换热器而采用直接喷淋急冷的方案。

采用直接喷淋急冷而不设置急冷换热器时，高温裂解气的热量回收全部转移至急冷油系统。从回收的总热量看，与设置急冷换热器的情况并无差别，但回收热量的能位是不同的。设置急冷换热器可回收部分高位能热量(副产超高压蒸汽)，不设置急冷换热器时只能回收低位能热量(副产中、低压蒸汽)。

综上所述，一级急冷具有压降低、布置简单及投资省的优点，二级急冷则具有提高乙烯收率、快速中止二次反应及多回收超高压蒸汽的优点。

3. 裂解炉供热方式

管式裂解炉的供热由燃料燃烧来实现，燃烧器因其所安装的位置又分为底部燃烧器和侧壁燃烧器。裂解炉的供热方式有以下三种：

（1）全部由侧壁燃烧器供热方式

裂解炉全部采用侧壁燃烧器供热时，炉膛温度较为均匀，炉膛宽度可以较小，但是燃烧器数量多，燃料气配管复杂，投资高，操作调整及维修工作量大，并且只能使用气体燃料(包括汽化后的C_3和C_4液化气)。

（2）全部由底部燃烧器供热方式

全部由底部燃烧器供热的裂解炉，由于燃烧器的数量减少，使燃烧器的布置和燃料配管的设计大为简化，且投资省，操作调整简便，维修工作量少。此外，可使裂解炉对燃料的灵活性增加，适应乙烯装置与燃气轮机的联合。但是，由于底部燃烧器的供热高度有限，全部采用底部燃烧器使炉膛高度受到限制，温度分布不够均匀。因此，要采用一定措施改善炉膛内沿高度的温度分布。

（3）由底部燃烧器和侧壁燃烧器联合供热方式

由于侧壁燃烧器供热方式中燃烧器数量多，而底部燃烧器供热方式中炉膛温度又不够均匀，底部燃烧器和侧壁燃烧器联合供热方式则克服了上述两种方式的缺点。采用底部燃烧器和侧壁燃烧器联合供热的方式时，在辐射段上部的侧墙上通常设置几排侧壁燃烧器，在炉膛底部设置底部燃烧器。侧壁燃烧器使用气体燃料，底部燃烧器可为油气联合，可以烧油也可以烧气。底部燃烧器供热的能力范围一般为40%~90%。裂解炉中燃烧器的排布可参考

图 4.2-3(底部供热)、图 4.2-4(侧壁供热)，也可采取两者结合的排布方式，见图 4.2-5。

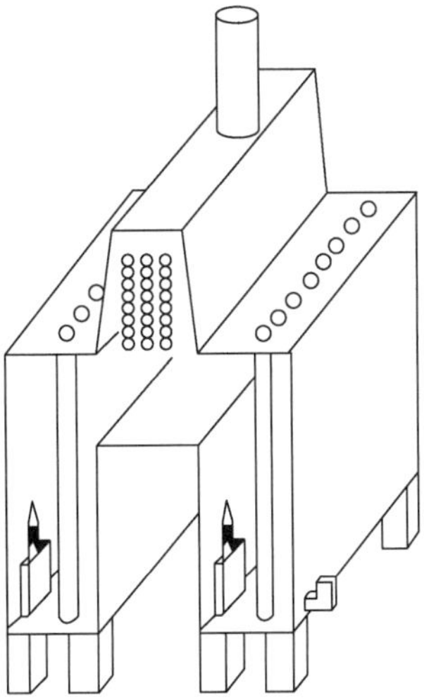

图 4.2-3 底部供热燃烧器排布

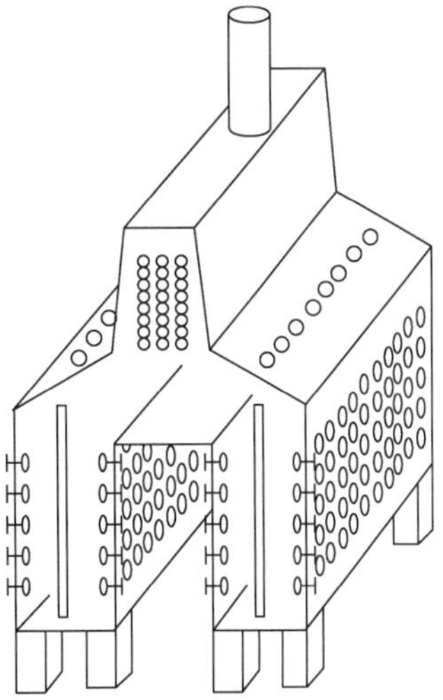

图 4.2-4 侧壁供热燃烧器排布

4. 对流段、辐射段及急冷换热器之间的配置

对流段与辐射段之间的配置有以下两个方面：一是对流段中物料的流路(通道)与辐射段炉管组数的关系，对流段中物料的流路数一般为 4 或 6 的倍数，相应辐射段中的炉管组数也设置为 4 或 6 的倍数与对流段对应，但也有的专利商采用对流段出口集合再分配的方式，此时辐射段炉管组数与对流段的流路数可不直接对应；二是一个对流段配置几个辐射段，早期通常一台裂解炉由一个对流段和一个辐射段组成，此时，大多采用两台裂解炉布置成“门”字形，这样可以一台裂解炉设置一台引风机，也可以两台炉共用一台引风机。少数工厂也有采用多台裂解炉共用一个烟囱的方案，不过这种方式现在已很少采用。随着单台裂解炉生产能力的提高，大能力裂解炉多采用两个辐射段共用一个对流段的配置方案。

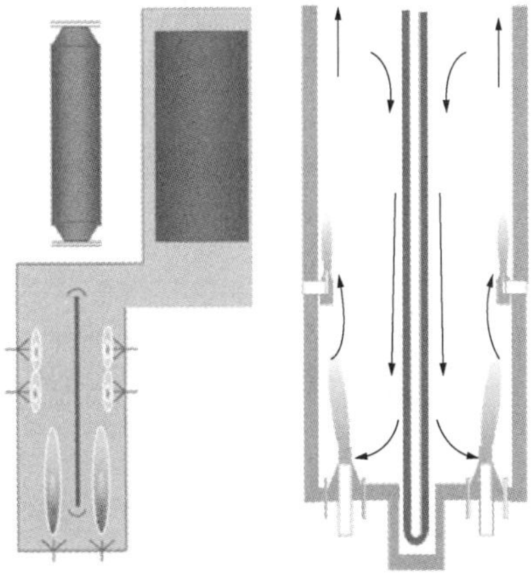

图 4.2-5 底侧联合供热燃烧器排布

急冷换热器的数量通常与辐射炉管组数，也即对流段的物料流路数或进料调节阀的数量有关，当采用对流段出口集合再分配方案时，急冷换热器数量与对流段物料流路数不一致，二级急冷换热器则一般每个辐射段设置一台或者每台裂解炉设置一台。

20 世纪 70 年代单台裂解炉的乙烯生产能力一般为 30~60kt/a。目前，单台裂解炉的乙烯生产能力可达 200kt/a 以上(以石脑油进料计)，乙烷原料可达 300kt/a。裂解炉的台数应根据装置生产能力、原料种类和工艺技术来选定。考虑到裂解炉的清焦周期和日常维修，原则上乙烯装置应设置至少一台备用裂解炉。为保证装置的小时乙烯产量，裂解炉的生产能力、配置及操作有以下几种方案：

① 设置一台备用炉，当一台裂解炉清焦或维修时，备用炉投入生产以保持产量不变。

② 不设置备用，所有裂解炉投用，当一台裂解炉清焦或维修时，把其余裂解炉的投料

量/产量提高以维持产量不变。

③ 不设置备用，当一台裂解炉清焦或维修时，裂解炉的总产量减少，当清焦或维修完毕后，裂解炉总产量则超过100%。

为了降低裂解炉的备用系数，降低工程建设投资，有的公司采用第二个方案。经验表明，在目前裂解炉操作条件已经十分苛刻的条件下，这种方案实际难于实施。而林德公司有时采用第三个方案，当乙烯产量富余时则用低温储罐储存，当裂解炉清焦或维修时，不足的乙烯则由储罐补充。采用此方案，由于进入压缩分离系统的物料经常波动，使得操作不稳定，给操作带来麻烦。

在馏分油裂解时，一般需将副产的乙烷、丙烷循环返回裂解炉进行裂解，由此提高装置的乙烯综合收率。乙烯装置单独设置循环乙烷裂解炉，此时，乙烷转化率可根据装置负荷控制。在运转负荷较低时可控制较低的转化率，在运转负荷提高后可相应提高转化率。但是，较小规模的乙烯装置通常不设置额外的乙烷裂解炉，当乙烷裂解炉烧焦期间，此时为裂解循环乙烷，或采用乙烷和馏分油共裂解的方案，或采用一台裂解炉中分组裂解不同裂解原料的方案。从操作灵活性和可靠性考虑，采用共裂解方案居多。百万吨级乙烯装置，一般设置1~2台裂解炉可以在乙烷炉烧焦期间单独裂解循环乙烷。

在乙烯装置有多种原料时，为保证最佳的操作条件，原则上每台裂解炉裂解单一原料，或者将性质相近的原料在同一台裂解炉中裂解，性质相差较多的原料则在另外的裂解炉中裂解，即分炉裂解，如原料为循环乙烷、丙烷（C_2/C_3R），石脑油（NAP）、柴油（AGO）、加氢尾油（HVGO）的原料分配方案如图4.2-6所示。

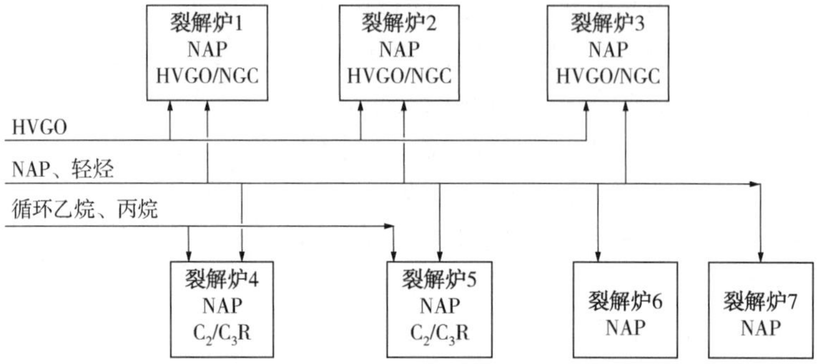

图4.2-6　裂解炉原料分配方案示意

5. 裂解炉单炉能力

随着乙烯装置规模的不断扩大，乙烯装置裂解炉单炉能力也相应扩大。国内各年代乙烯装置能力与相应的裂解炉单炉能力比较见表4.2-3。

表4.2-3　裂解炉单炉能力比较

年代	乙烯装置规模/(kt/a)	裂解炉单炉能力/(kt/a)	代表装置
1960's~1970's	100~300	20~30	辽化、吉化
1970's~1980's	300~600	30~60	燕山、齐鲁、茂名1#
1980's~2000's	600~800	60~100	燕山、扬巴、茂名2#
2000's~2020's	800~1200	100~150	武汉、独山子、镇海、天津中沙
2020's至今	1500~2200	150~250	南山裕龙、华锦、中海壳牌3#

由表4.2-3可以看出，裂解炉大型化是当今世界上裂解炉专利商发展的大趋势，也是各专利商技术开发的重点。裂解炉大型化有以下优点：

① 可节省约10%以上的投资。

② 裂解炉台数减少，便于管理、维修。

③ 更有利于实现优化控制。

④ 操作费用亦可相应降低。

当裂解炉大型化之后，为了确保装置的长期平稳运行，在材料选用、工程设计方面也有相应提高。主要特点包括以下几个方面：

① 采用线性急冷换热器或采用二级急冷，以减少机械清焦次数。

② 采用火焰向上的侧壁燃烧器或采用一、二排常规侧壁燃烧器，以降低侧壁燃烧器的供热比例甚至全部采用底部燃烧器供热的方式。

③ 采用更好的合金钢，如35Cr45Ni或28Cr48Ni，以能耐更高温并改善其蠕变性能；改善辐射炉管的支撑系统，如Lummus公司的SRT-Ⅵ的A-H型支吊架。

④ 采用先进控制，以优化裂解深度、裂解炉负荷、稀释蒸汽比、各组裂解炉出口温度(COT)平衡、供热控制等。

裂解炉的大型化是随着乙烯装置规模的大型化一起发展的。由于裂解炉运行周期的延长及裂解炉分炉膛裂解技术的发展，目前乙烯装置裂解炉区仅需设置一台备用裂解炉即可满足乙烯装置平稳运行的需要。这就大大节约了投资，同时由于裂解炉台数减少简化了裂解炉的操作，对乙烯装置的稳定生产、节能降耗、提高优化控制水平意义重大。目前世界乙烯装置(液体原料裂解)已达到1600~1800kt/a的规模。

由于大型裂解炉占地面积小、节省投资，目前多家裂解炉专利商均在发展大型裂解炉。但是，裂解炉大型化发展也有一定的限制因素，在单台裂解炉停车检修时，如果单台裂解炉规模过大将引起下游的分离装置的波动，不利于装置的平稳运行。因此要根据乙烯装置规模、原料种类、操作等各方面来综合确定，不能盲目追求大型化。

结合乙烯装置的大型化，开发与之相配的大型化裂解炉，是各裂解工艺专利商技术和工程开发工作的重点。

二、SRT型裂解炉

美国Lummus公司开发建设的SRT(Short Residence Time，短停留时间)型裂解炉，具有物料在辐射段停留时间短、裂解温度高、烃分压低的特点，因此选择性高。

随着裂解技术的不断发展，SRT型裂解炉已经发展到SRT-Ⅶ型，SRT-Ⅹ型裂解炉也在开发过程中。同时，为了配合不断扩大的乙烯装置生产能力，单台裂解炉的乙烯生产规模也相应提高，从早期20kt/a发展到现在的250kt/a以上。在炉管构型方面，为了适应“高温、短停留、低烃分压”的需要，由早期的多程炉管发展为目前的双程炉管，炉管总长度也由60多米缩短到20多米，相应停留时间也由0.4s左右缩短到0.2s左右。

急冷换热器形式由早期SRT型炉采用的传统急冷换热器发展到浴缸式急冷换热器、快速急冷锅炉等多种急冷形式。

SRT型裂解炉通常一个对流段配置一个辐射段，对流段布置在辐射段上部的一侧，对流段顶部设置烟囱和引风机。对流段内设置原料、稀释蒸汽和锅炉给水预热管束。从SRT-

Ⅳ型炉开始，对流段还设有超高压蒸汽过热管束，因而取消了蒸汽过热炉。SRT 型裂解炉通常采用一次蒸汽注入，即将未经对流段过热的稀释蒸汽注入经预热或未经预热的原料中，再进入对流段进一步预热至横跨温度。当裂解重质原料时，也可采用二次蒸汽注入的方案：未经对流段过热的一次稀释蒸汽与预热后的原料混合后，进入对流段进一步预热，然后与经对流段过热的二次稀释蒸汽混合使原料完全汽化并过热，之后进入对流段进一步过热至横跨温度。

早期 SRT 型裂解炉多采用全部由侧壁烧嘴供热的方案，为适应裂解炉烧油及降低投资、减少维修的需要，目前多采用侧壁和底部烧嘴联合供热的方案。底部烧嘴最大供热量可占总热负荷的 85%。

SRT 型裂解炉通常采用四大组或六大组进料控制系统，与之相对应，对流段预热原料或稀释蒸汽的管束排布通常为：

① 每排 4 根或 8 根。

② 每排 6 根或 12 根。

对锅炉给水或超高压蒸汽管束的布置则视对流段宽度而定，而急冷换热器的数量通常为 2 台(30~40kt/a)、3 台或 4 台(45~60kt/a)、6 台(80kt/a 左右)。

SRT 型裂解炉的炉管构型及其特点见表 4.2-4。

表 4.2-4　SRT 型裂解炉辐射盘管

炉型	SRT-Ⅰ	SRT-Ⅱ	SRT-Ⅲ
开发时间	1953—1964 年	1972 年	1974 年
炉管排列	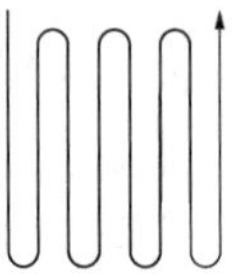	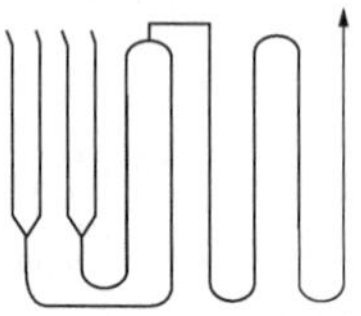	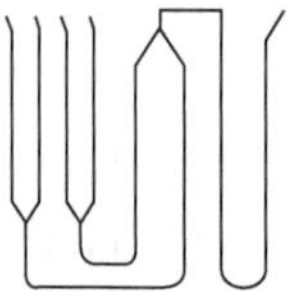
程数	8(1-1-1-1-1-1-1-1)	6(4-2-1-1-1-1)	4(4-2-1-1)
管长/m	80~90	约 62	约 52
管内径/mm	75~133	64　96　152 1 程　2 程　3~6 程	64　89　146 1 程　2 程　3~4 程
表观停留时间/s	0.6~0.7	0.47~0.6	0.38~0.45
适用原料	从乙烷到石脑油	从乙烷到柴油	从乙烷到重柴油
单台生产能力/(kt/a)	20~30	30~40	45~50
炉管组数/台	4	4	6
炉型	SRT-Ⅳ(HC)	SRT-Ⅴ	SRT-Ⅵ
开发时间	1984 年	1985—1987 年	1994—1999 年
炉管排列	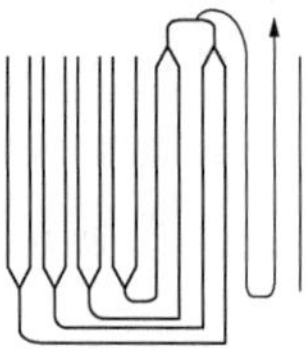	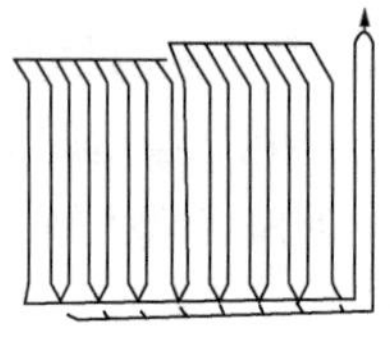	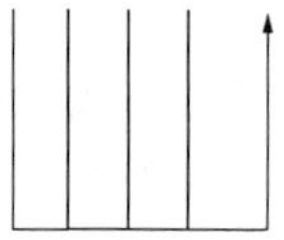
程数	4 程(8-4-1-1)	2 程(16-2)	2 程(4-1)
管长/m	~48	21.9	21~28

续表

炉型	SRT-Ⅰ	SRT-Ⅱ	SRT-Ⅲ
管内径/mm	63.5　88.9　165.4 1程　2程　3~4程	41.6　116 1程　2程	>50　>100 1程　2程
表观停留时间/s	0.4~0.5	0.21~0.3	0.2~0.3
适用原料	乙烷到加氢尾油	乙烷到加氢尾油	乙烷到加氢尾油
单台生产能力/(kt/a)	30~60	30~60	50~100
炉管组数/台	4~6	4~6	16~24

由表4.2-4可以看出，除SRT-Ⅰ型炉外，其他构型炉管均采用分枝变径管，在辐射段前一部分采用小口径管，提供了较高的炉管A/V(表面积/体积)之比，并缩短停留时间，使原料进入裂解炉管后，快速升温到裂解温度，迅速加大热强度。在炉子出口部分采用较大管径，以使烃分压较低，使裂解气迅速离开高温区，以减少二次反应，提高乙烯收率并延长清焦周期。SRT型的发展，就是根据这一原则开发新型裂解炉的，管径由粗变细，枝管逐渐增多，停留时间由0.6s缩短到0.2s左右，以轻柴油为原料，裂解温度从低于800℃提高到约840℃。

1. SRT-Ⅰ型裂解炉

SRT-Ⅰ型炉是20世纪50—60年代开发的，主要用于乙烷或轻烃裂解。SRT-Ⅰ型炉用于裂解乙烷、丙烷和丁烷。

最早的SRT-Ⅰ型炉采用四组10程等径的炉管，每两组合并进入一台斯密特型急冷锅炉。对流段的物料组数与辐射段炉管组数一样为四大组。原料及稀释蒸汽预热管为每排布置4根炉管，裂解炉采用底部与侧壁联合供热的方案。裂解炉管的规格及工艺参数见表4.2-5和表4.2-6。

表4.2-5　SRT-Ⅰ型乙烷裂解炉炉管结构设计参数(一)

项　目	管子外径×壁厚/mm	管子数/根	管心距横向/竖向/mm	管子受热面积/m^2	热强度/[MJ/(m^2·h)]	总吸收热/(GJ/h)
辐射管	133×8.5	40	242	167	204.8	34.28
下部物料混合预热	114×6	16	220/170	55	96.1	5.27
中部物料混合预热	114×6	20	220/170	465	28.5	13.25
上部物料混合预热	114×6	12	220/170	277	27.8	7.73
上部锅炉给水预热	89×8	42	152/216	656	10.4	6.81

表4.2-6　SRT-Ⅰ型乙烷裂解炉工艺设计参数(二)

项　目	辐射室	对流室	
		物料混合预热	锅炉给水预热
物料名称	乙烷/蒸汽	乙烷/蒸汽	锅炉给水
物料流量/(kg/h)	11585/3475	11585/3475	15610
物料含硫量/10^{-6}	100	100	—
入口条件			
温度/℃	677	111	159
压力(G)/kPa	259	395	12640
汽化率/%	100	100	0

续表

项　　目	辐　射　室	对　　流　　室	
		物料混合预热	锅炉给水预热
分子量	26.1	26.1	18
出口条件			
温度/℃	847	677	254
压力(G)/kPa	107	259	12500
汽化率/%	100	100	0
分子量	20	26.1	—
计算阻力降(G)/kPa	152	136	140
热负荷(有效)/(GJ/h)	32.9	25.3	6.8
总热负荷(有效)/(GJ/h)	65.1①		

① 炉子总热负荷(燃料热值)为 74.8GJ/h，热效率为 87%。

20 世纪 70 年代末期 Lummus 公司对 SRT-Ⅰ型炉作了改进，辐射段炉管由 10 程改为 6 程，对流段增加了换热面积，降低了排烟温度，热效率由 87%提高到 93%。改进后的 SRT-Ⅰ型炉的结构示意见图 4.2-7。

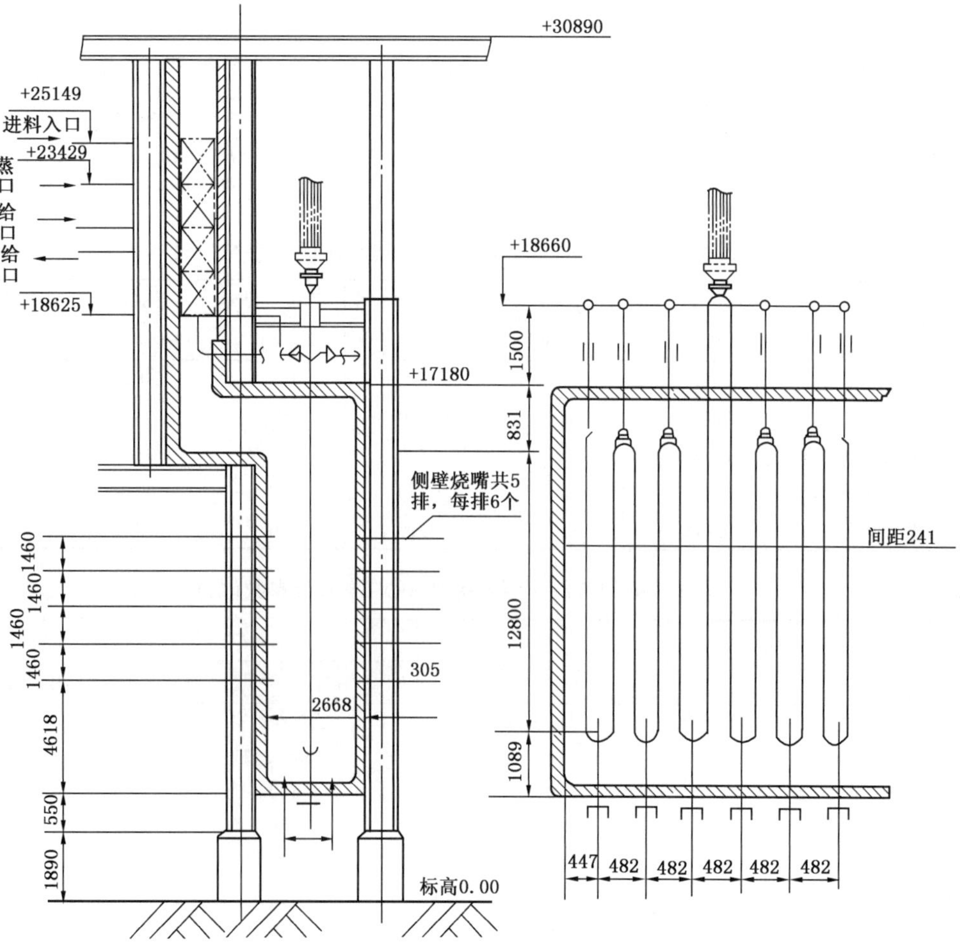

图 4.2-7　乙烷裂解炉结构示意图

2. SRT-Ⅱ、SRT-Ⅲ型裂解炉

（1）SRT-Ⅱ、SRT-Ⅲ型裂解炉的比较

SRT-Ⅰ型裂解炉辐射盘管为多程等径管，其停留时间为 0.6~0.7s，适用于轻烃和石脑油原料的裂解。由于停留时间长，不仅难以继续改善石脑油裂解的产品收率分布，也不能适应柴油裂解的需要。为此，Lummus 公司在 20 世纪 70 年代初期开发了 SRT-Ⅱ型裂解炉。它采用分枝变径管并缩短炉管的长度，以达到缩短停留时间的目的。由于采用分枝变径管改善了温度分布和热强度分布，管径减为 6 程，管长缩短，停留时间可控制在 0.4~0.5s。新型的 SRT-Ⅱ型辐射盘管应用于轻柴油裂解取得成功，使管式裂解炉对原料的适应范围大幅度拓宽。SRT-Ⅱ型裂解炉结构示意见图 4.2-8。

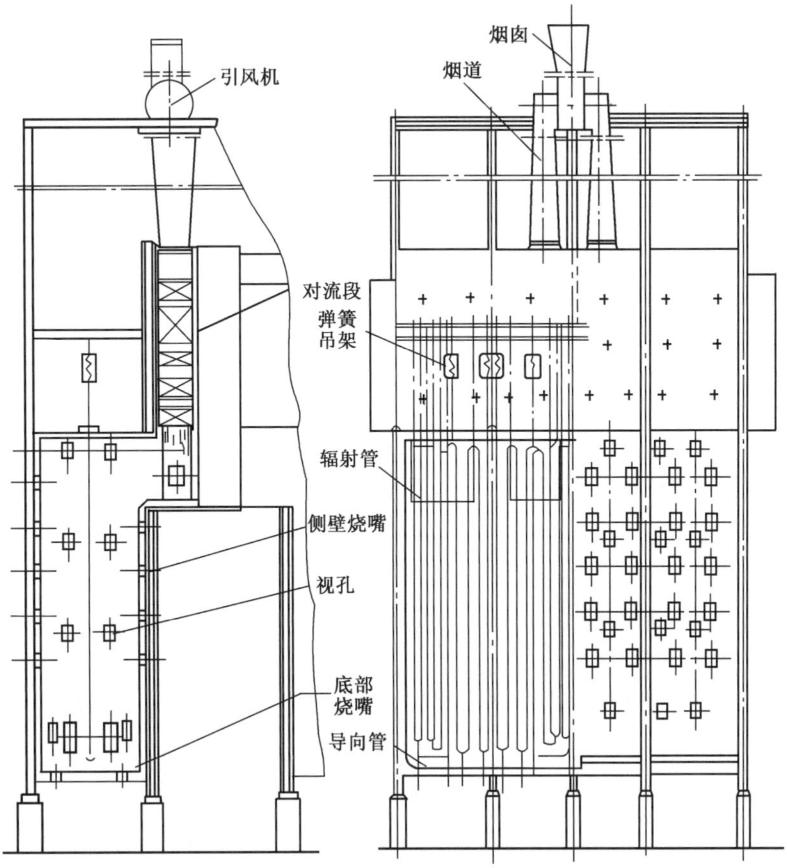

图 4.2-8　SRT-Ⅱ型裂解炉结构示意

为适应管式裂解炉裂解减压柴油的需要，Lummus 公司在 SRT-Ⅱ型裂解炉基础上于 70 年代末期研究开发了 SRT-Ⅲ型裂解炉。与 SRT-Ⅱ型裂解炉相比，主要在两方面作出了较大改进：一是在对流段增设了高压蒸汽过热段，相应取消了蒸汽过热炉；二是进一步改进了辐射盘管。新的辐射盘管材质由原来采用的 25Cr25Ni(HK) 系列合金钢改为采用 25Cr35Ni(HP) 系列合金钢，使炉管耐热温度提高了 50~80℃。同时，在多程分枝变径管的基础上进一步缩短管长（管长 50~60m），其中停留时间降至 0.4s 以下。SRT-Ⅲ型裂解炉结构示意如图 4.2-9 所示。

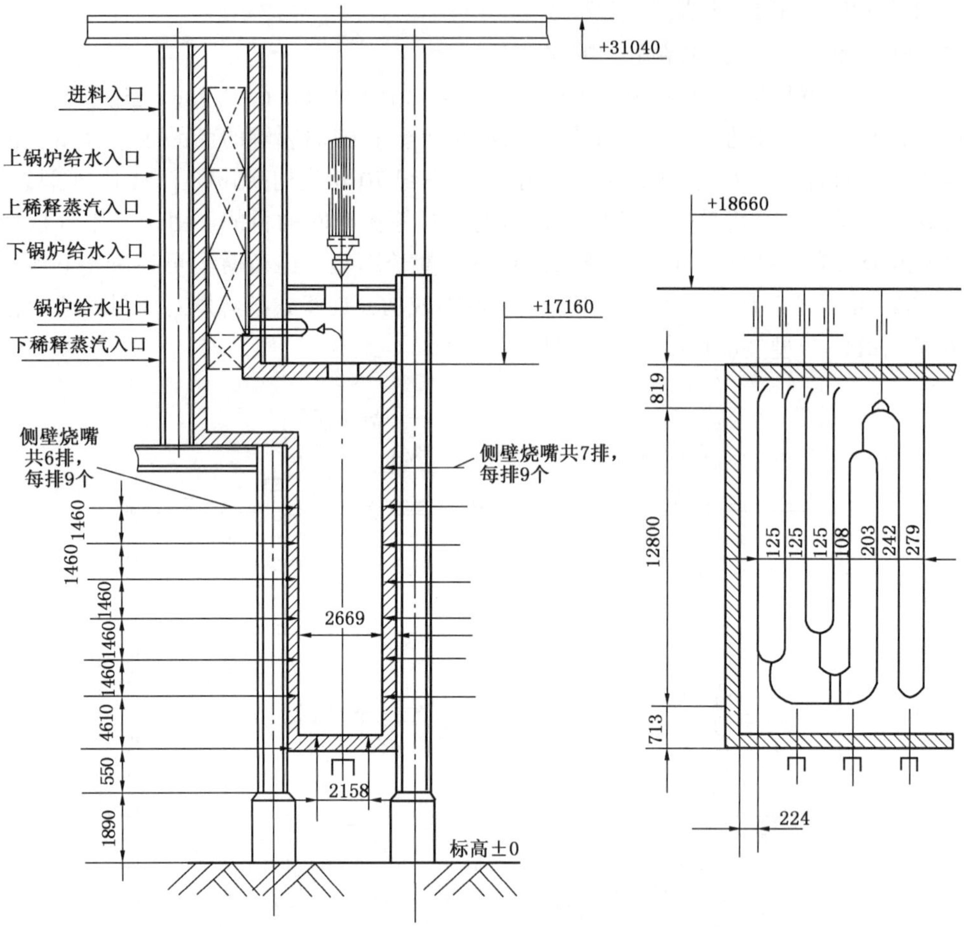

图 4.2-9　SRT-Ⅲ型裂解炉结构示意

SRT-Ⅱ型和 SRT-Ⅲ型裂解炉的辐射盘管分为两类：一类是高选择性盘管(HS 型)，多采用 4 程盘管，管长约 50m，其裂解选择性相对较高但处理量相对较低；另一类是高生产能力盘管(HC 型)，多采用 6 程盘管，管长超过 60m，其裂解选择性略低但处理量相对较大。

SRT-Ⅱ型和 SRT-Ⅲ型裂解炉的主要参数见表 4.2-7，其产品收率见表 4.2-8。

表 4.2-7　SRT-Ⅱ型和 SRT-Ⅲ型裂解炉盘管结构和特性

项　目	SRT-Ⅱ(HC)	SRT-Ⅲ			
盘管型号①	6P33	6P40	4P33	4P40	
各程管内径/mm	64　96　152 1程　2程　3~6程	89　114　178 1程　2程　3~6程	76　102　152 1程　2程　3~4程	64　89　146 1程　2程　3~4程	
盘管长度/m	60.6	73.2	40	51.8	
裂解原料	轻柴油(*BMCI*=16~18)			轻柴油(*BMCI*=24)	减压柴油(*BMCI*=32)
乙烯收率②/%	25	26.15	27.5	24.5	22.5
每组盘管投油量/(t/h)	4	5.57	2.8	3.82	3.93
每台裂解炉组数	4	6	6	6	6

续表

项　　目	SRT-Ⅱ(HC)	SRT-Ⅲ			
稀释蒸汽比(质量)	0.75	0.75	0.75	0.75	0.75
物料横跨温度/℃	538	566	566	576	565
炉出口温度/℃	798	815	820	802	800
初期最高管壁温度/℃	970	1010	—	983	976
表观停留时间/s	0.47	0.40	0.381	0.378	0.388
平均停留时间/s	0.231	0.2635	0.1828	0.1835	0.1889
炉出口压力(G)/MPa	0.105	0.071	0.071	0.078	0.078
平均烃分压(G)/MPa	0.0656	0.0636	0.0539	0.070	0.063
出口流速/(m/s)				188.1	188.2

① 盘管型号中6P33表示6程盘管，单管管长为10m(33ft)；其余以此类推。

② SRT-Ⅱ型的乙烯收率为实际生产值，而SRT-Ⅲ型的乙烯收率为设计值。

表4.2-8　SRT-Ⅱ型和SRT-Ⅲ型裂解炉的产品收率(设计值)

项　　目	SRT-Ⅱ			SRT-Ⅲ			
炉　管　型　号	6P33	6P40	6P40	6P40	4P40	6P40	4P40
裂　解　原　料	轻柴油	轻柴油	石脑油	轻柴油	轻柴油	减压柴油	减压柴油
裂解原料含氢量/%	14.6			14.8	14.1	14.3	13.6
裂解原料*BMCI*值	16~18	31.4		18	24	28~30	32~34
裂解炉出口温度/℃	800		838	820	800	810	800
裂解炉出口压力/MPa	0.191		0.203	0.203	0.204	0.200	0.204
	(1.95)		(2.07)	(2.07)	(2.08)	(2.04)	(2.08)
稀释蒸汽比(质量)	0.75		0.65	0.75	0.75	0.75	0.75
产品收率/%							
H_2	0.7	0.67	0.88	0.73	0.6	0.64	0.52
CH_4	11.0	10.88	17.20	12.50	11.1	10.48	10.10
C_2H_2	0.3	0.3	0.63	0.5	0.4	0.33	0.35
C_2H_4	24.5	21.69	29.70	25.5	24.5	23.5	22.5
C_2H_6	4.2	4.96	4.21	3.95	4.0	4.08	3.9
C_3H_4	0.6	0.07	1.14	0.93	0.7	0.83	0.55
C_3H_6	14.4	14.28	14.93	12.8	14.1	15.49	13.9
C_3H_8	0.4	0.8	0.32	0.2	0.3	0.44	0.3
C_4H_4	5.3	4.5	4.83	4.3	4.8	5.24	5.0
C_4H_6	5.6	5.69	5.48	3.7	4.3	4.91	4.5
C_4H_{10}	0.1	0.12	0.19	0.12	0.1	0.1	0.1
ΣC_5	5.6		4.02	3.4	2.6	2.82	3.0
C_6~C_8NA		17.79	1.54	1.15	2.1	2.07	2.2
BTX	15.24		9.31	10.97	11.5	10.8	11.3
C_9~250℃			0.89	2.75	2.1	2.38	2.3
燃料油	12.06	18.30	4.73	16.50	16.8	15.89	19.48

从表4.2-8可知，以轻柴油为原料，乙烯收率设计值约为23%，20世纪70年代末期设计的SRT-Ⅲ型裂解炉，以轻柴油为原料，乙烯收率设计值约为25%，以减压柴油为原

料，乙烯收率为23%。

（2）SRT-Ⅱ型裂解炉

SRT-Ⅱ型炉辐射段采用4组炉管，每两组炉管合并进入一台斯密特型急冷换热器，全炉共两台急冷换热器。对流段物料流路数与辐射段炉管组数相一致，采用四大组进料。预热原料及稀释蒸汽的换热管束，每排布置4根或1根炉管。对流段采用一次蒸汽注入方式，稀释蒸汽不过热，直接与原料油在炉外混合后进入对流段预热。

辐射室内炉管采用单行竖式排列，有4组管，为双面辐射，每组管是按6P33考虑的，即第1管程采用4根并列的小口径炉管，合并成第2程管的2根中等口径炉管，再并成第3管程，从第3程管至第6程管，均是一根大口径的炉管，第6管程中每根管子的有效长度约为10m(33ft)。这种组管叫作“6P33”。管径选择标准是使每一管程的总截面基本相同。第1、第2管程采用较小口径的炉管，是因为小口径管子有较大的受热表面，可以更迅速均匀地使进料达到反应温度，以进行裂解反应。后边采用大管径，是为了减少二次反应，提高乙烯收率。

在辐射室的两侧还有窥视孔，底部两侧端墙设有检修门等。

在裂解炉底部，设有16个油、气联合烧嘴，烧嘴型号为FFC-30P，其特点是可以烧油，也可以烧气，但不能在一个烧嘴中同时烧油和烧气，火焰呈扁平状。所用的燃料，可以是C_5燃料油，也可以是裂解轻柴油或减压侧线油。当烧C_5燃料油时，油枪为SA型蒸汽混合式油枪，蒸汽压力保持在0.42MPa(G)，蒸汽量为油量的20%。当烧轻柴油及减压侧线油时，油枪为EA型蒸汽雾化式油枪，蒸汽压力比油压力高0.18MPa(G)，蒸汽量为油量的30%。

每个FCC-30P型烧嘴的正常容量为2.48GJ/h，最大容量为5.31GJ/h，最小容量为1.25GJ/h。

裂解炉采用侧壁与底部联合供热方案，侧壁与底部供热之比为6∶4。

SRT-Ⅱ型炉的结构示意如图4.2-8所示，裂解炉的工艺参数见表4.2-9。

表4.2-9　SRT-Ⅱ型轻柴油裂解炉工艺设计参数

项　目	辐　射　室	对　流　室	
		物料混合预热	锅炉给水预热
物料名称	轻柴油/蒸汽	轻柴油/蒸汽	锅炉给水
物料流量/(kg/h)	15944/11958 (15944/15944)	15944/11958 (15944/15944)	20430 (22586)
物料含硫量/%	0.022	0.022	
入口条件			
温度/℃	538(546)	153(153)	159
压力(G)/kPa	207(207)	387(400)	12600(12900)
汽化率/%	100(100)	50.8②50.5③	
分子量	37.9(33.28)	37.9(33.28)	18
出口条件			
温度/℃	798(806)	538(546)	326
压力(G)/kPa	107(107)	207(207)	12500

续表

项　　目	辐　射　室	对　　流　　室	
		物料混合预热	锅炉给水预热
汽化率/%	100	100	17.8
气体分子量	25.3(24.04)	37.9(33.28)	18
计算阻力降/kPa	100(152)	180(193)	100(400)
热负荷(有效)/(GJ/h)	47.43 (49.70)	30.38 (30.99)	21.25 (23.98)
总热负荷(有效)/(GJ/h)	98.98④　(104.67)		

① 括号内的数字为烃∶蒸汽=1∶1时的情况。

② 100%水蒸气和14%烃蒸气。

③ 100%水蒸气和17%烃蒸气。

④ 炉子总热负荷(燃料热值)为113.74GJ/h，热效率为87%。

(3) SRT-Ⅲ型炉

目前，世界上采用的SRT-Ⅲ型裂解炉是采用变径管组，管组的最后几根材质是HP-40合金，每台炉有6组管，每两组炉管用一台急冷换热器(TLE)。

由于SRT-Ⅲ型炉采用了HP-40合金炉管，具有了更好的高温机械性能，使用HP合金后，管壁最高允许温度由Ⅱ型炉的1040℃提高到1100℃。为了改进炉管的抗应力疲劳和渗碳性能，有时在合金中加入钨、铌等元素，将使用温度提高到了1150℃。采用HP合金炉管后，每组炉管投资比HK炉管投资增加10%~15%。但由于每台炉采用6组炉管，因此以生产能力相比投资费用反而有所下降。据Lummus公司资料，SRT-Ⅲ型炉与1973年设计的装置相比，乙烯装置炉区投资节省7%，占地节省10%。

采用HP合金后，炉膛温度升高到1200℃左右。为此，Lummus公司在SRT-Ⅲ型炉上使用了一种可塑性耐火材料，耐温高达1320℃。

SRT-Ⅲ型炉的热效率高达93.5%，远远高于Ⅱ型炉的热效率，主要措施是降低排烟温度。为此，Lummus公司对对流段做了改进，即将对流段原来Ⅱ型炉的3组换热器改为4组，柴油在40~60℃下直接进入对流段(原设计要用急冷油加热到150℃)，由急冷换热器产生的高压蒸汽直接进入对流段过热至510℃(省掉高压蒸汽过热炉)。离开最后对流段的烟气温度最终可降至100℃左右，烟气温度更低，烟气中的三氧化硫将与水化合生成硫酸，腐蚀管壁和烟道。因此，SRT-Ⅲ型炉要求燃料中的硫含量低于相应排烟温度所允许值。

SRT型炉采用约翰津克(John Zink)型烧嘴。Lummus公司认为底部烧油烧嘴供热高度为6.6m(20ft)，再往上为侧壁烧嘴供热。对于过去设计的高10m左右的炉管最大烧油量可达60%，对于SRT-Ⅲ型炉，由于炉管长度达14.8m(45ft)，最大烧油量为40%。

辐射段供热采用侧壁与底部联合供热的方式。底部烧嘴分两排布置共12台，可烧气也可烧油；侧壁共布置117个烧嘴，每排布置9个，其中一侧布置6排，另一侧布置7排。其排布见图4.2-8。

3. SRT-Ⅳ(HC)型裂解炉

为了提高乙烯的收率，20世纪80年代初期开发了新的SRT-Ⅳ(HC)型裂解炉，辐射炉管为8-4-1-1排列，材质为HP-40Nb(25Cr-35Ni-Nb)，如图4.2-10所示，炉膛温度分布如图 4.2-11 所示。

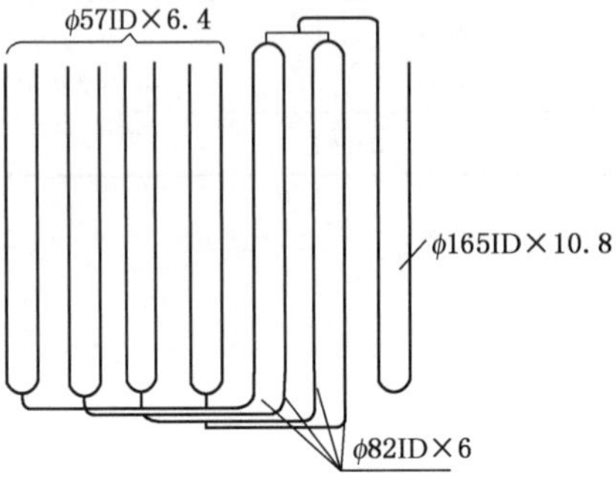

图 4.2-10　SRT-Ⅳ(HC)型裂解炉示意
ID—内径

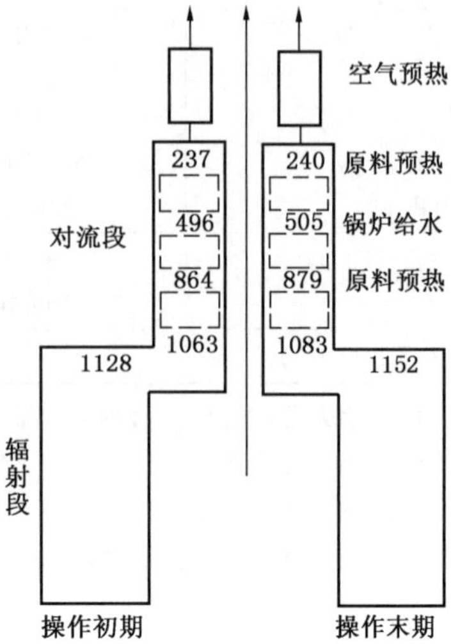

图 4.2-11　SRT-Ⅳ型裂解炉膛温度分布

当使用表 4.2-10 所示的柴油裂解时，用于由 SRT-Ⅱ型炉改造的Ⅳ型炉在最大裂解深度时的投料量为 15.05t/h，裂解炉出口温度为 829.9℃，出口压力为 0.0935MPa(G)。当稀释蒸汽比为 0.75 时，裂解炉出口乙烯收率为 29.4%，每台炉乙烯产量为 4.43t/h，比过去设计的收率[23%(质量)]每台炉产量增加 21%。

表 4.2-10　轻柴油性质

项　目	数　据	项　目	数　据
碳/氢比	5.93	终馏点	360
硫含量/%	0.24	相对密度(d_4^{20})	0.795
馏程/℃			
初馏点	78	*PONA* 值/%	
10%	148	P	65.3
30%	242	N	25.1
50%	283	A	8.0~11.0
70%	310	O	0.4
90%	342		

当裂解条件改变为中等裂解深度时，炉的投料量为 16.5t/h，裂解炉出口温度为 806.4℃，出口压力为 0.0935MPa(G)，稀释蒸汽比为 0.75，乙烯收率为 26.34%。每台裂解炉的乙烯产量为 4.35t/h，比原裂解炉设计产量增加 18%。

SRT-Ⅳ型裂解炉，当裂解温度为 829.2℃时，乙烯、丙烯、丁二烯(三烯)总收率为 52.10%，当裂解温度为 806.4℃时收率为 51.01%(包括乙烷返回裂解收率)。三烯总收率比过去的 SRT-Ⅱ型炉设计值收率[46.09%和 1985 年实际操作收率(40.55%)均有较多增加]。当裂解温度为 810℃时，裂解炉的投料量与目前操作投料量相当，三烯的总收率为 51.4%，与目前 SRT-Ⅱ型炉操作数据相比，也有较多增长。另外，苯、甲苯、二甲苯、乙苯、苯乙烯的总收率与操作数据相比基本不变。

综上所述，SRT-Ⅳ型与 SRT-Ⅱ型裂解炉相比，主要由于辐射段入口管的分枝增多，管径变小，增加了比表面积，从而使乙烯收率有较大增长，并比 SRT-Ⅱ型每吨乙烯节省能量 5480MJ。因此，用 SRT-Ⅳ型(HC)炉管改造 SRT-Ⅱ型炉所获得的经济效益是非常明显的。

4. SRT-Ⅳ(HS)和 SRT-Ⅴ型裂解炉

前面介绍的为采用多程分枝变径管的 SRT-Ⅱ、Ⅲ和Ⅳ(HC)型裂解炉。这几种构型的炉管处理的原料量均较大，每组炉管年产乙烯 7500～10000t，所以又称其为大容量的炉管，其停留时间在 0.4s 左右。通常采用两组辐射炉管合并进入一个双套管型急冷(斯密特型)，对流段的物料组数或流路数(指原料、稀释蒸汽)与辐射段炉管组数一致。由于这几种类型的炉管处理量大，炉管程数又较多，因此其压降较大，通常在 0.1MPa 左右。由以上可知这几种裂解炉停留时间长，压降较大(相应其烃分压较高)，裂解温度较低，因而裂解性能较差，其乙烯收率较低。这几种炉型中 SRT-Ⅳ(HC)型裂解炉性能最好，其裂解产品乙烯收率也较高。见图 4.2-12。

Lummus 公司为克服上述炉型的缺点，以实现“高温、短停留、低烃分压”这一目标，在 20 世纪 80 年代中期相继开发了 SRT-Ⅳ(HS)(现在又称 SRT-Ⅴ)型及 SRT-Ⅴ(现在又称 SRT-VF)型裂解炉，为便于与国内说法相一致，以下通称 SRT-Ⅳ(HS)型及 SRT-Ⅴ型，这两种炉管为两程高选择性炉管(HS 型)。SRT-Ⅴ型与 SRT-Ⅳ型裂解炉辐射炉管的排列和结构相同。SRT-Ⅳ型为光管，而 SRT-Ⅴ型裂解炉的辐射炉管为带内翅片的炉管。内翅片可以增加管内给热系数，降低管内传热的热阻，由此相应降低管壁温度，并延长清焦周期。

采用双程辐射盘管可以将管长缩短到 22m 左右，其停留时间可缩短到 0.2s 左右，相应地，裂解选择性进一步得到改善。

SRT-Ⅳ(HS)型及 SRT-Ⅴ型裂解炉每一小组炉管，由第 1 程 6～12 根小口径炉管通过一个联箱合并进入第二程一根较粗的炉管，这种构型的炉管管径常采用 8 根第 1 程小口径炉管和第二程大口径炉管，称其为 8-1 型炉管。其主要特点是辐射管为 2 组 8-1 交叉排列，见图 4.2-11。在出口管端合二为一，紧接着两大组盘管的出口又合二为一，出炉进入 TLE。SRT-Ⅴ型裂解炉辐射盘管第 1 程炉管内表面为“梅花”形状的拔制炉管，其翅数及翅型为 8 翅直型。由于入口管数量多，进一步增加了传热面积。支管的直径一般为 40～50mm，材料为 HPM 或 HKM，出口管直径为 100～130mm，材料为 HP。SRT-Ⅴ型比 SRT-Ⅳ型裂解炉生产能力一般提高 10%，以石脑油为原料、中等裂解深度为例，乙烯收率约为 31%～32%，清焦周期为 70～90 天。

5. SRT-Ⅵ型裂解炉

(1) SRT-Ⅵ型裂解炉

从 1994 年，Lummus 公司推出了 SRT-Ⅵ型裂解炉。SRT-Ⅵ型裂解炉采用单辐射段、单对流段结构，其吊架和炉管布置分别如图 4.2-13 与图 4.2-14 所示。辐射炉管为 4-1 型或 5-1 型炉管构型，单台炉子的生产能力可以达到 100～120kt/a。急冷换热器采用浴缸式或传统型。供热方式采用底部、侧壁联合供热，底部供热比例约占总供热量的 80%～85%。稀释蒸汽注入方式根据原料性质决定。对于气体原料及轻质液体原料，稀释蒸汽在对流段采用一次注入方式；对于重质液体原料，稀释蒸汽在对流段采用二次注入方式。其中，一次稀释蒸汽不过热，而二次稀释蒸汽则在对流段过热后注入。另外，由于装置内取消了蒸汽过热炉，在对流段设置超高压蒸汽过热段，将满足需要的过热超高压蒸汽送出装置。

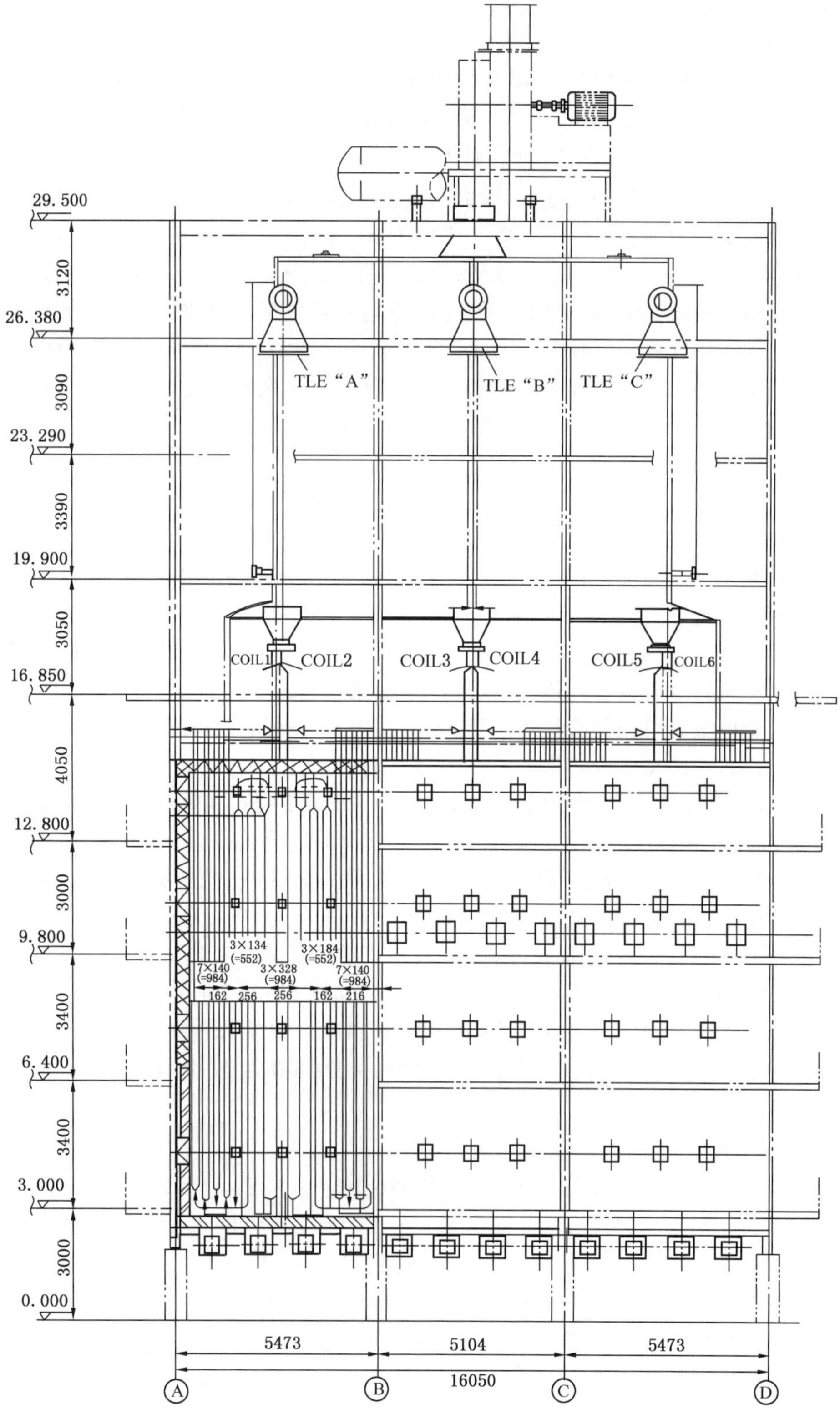

图 4.2-12　60kt/a SRT-Ⅳ型炉结构示意

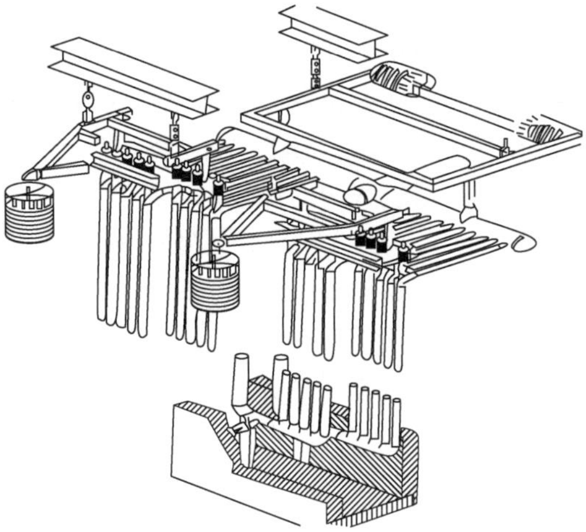

图 4.2-13 SRT Ⅵ型裂解炉 A、H 吊架

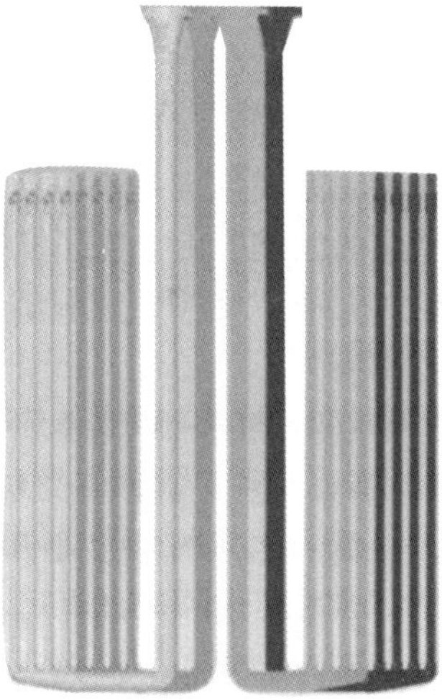

(a)侧视图

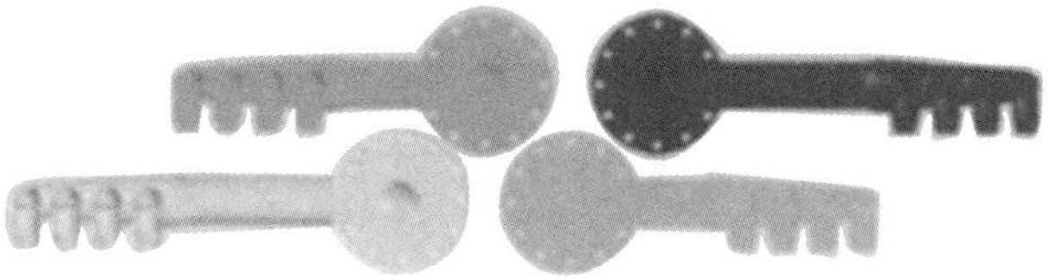

(b)俯视图

图 4.2-14 SRT Ⅵ型裂解炉辐射段炉管

SRT-Ⅵ型裂解炉推荐浴缸式急冷换热器，也可以选择传统型急冷换热器，当采用传统型急冷换热器时，由于急冷换热器入口处的绝热反应体积不同，乙烯、丙烯收率会降低 0.05~0.1 个百分点。其主要性能参数如表 4.2-11 所示。

表 4.2-11 SRT Ⅵ型裂解炉主要性能参数

项　目	轻质油炉	重质油炉
单台炉生产能力/(kt/a)	100	100
裂解原料	NAP/LNAP/乙烷	HVGO/AGO/NAP
专利商	SINOPEC/Lummus	SINOPEC/Lummus
注气方式	一次注气	二次注气
设计运转周期/d	50~70	60~65
热效率/%	94	93

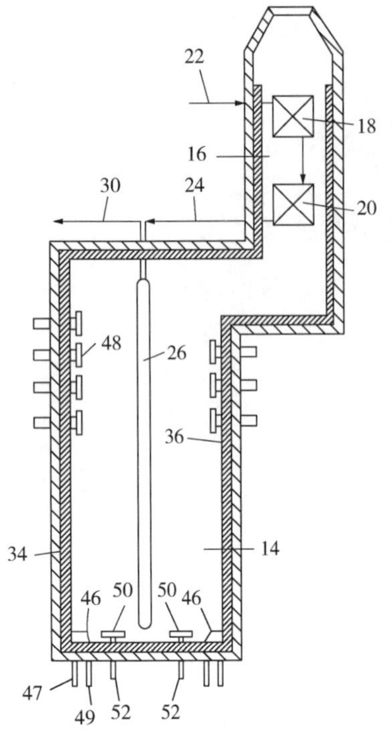

图 4.2-15　SRT-Ⅵ型裂解炉底侧联合供热

14—辐射加热区；16—对流加热区；22—烃进料预热；18，20—热交换表面；24—预热后的烃进料；26—加热盘管；30—裂解产物排出；34，36—炉壁；46—炉底板；47—空气供给；49—燃料

SRT-Ⅵ型裂解炉采用底部、侧壁联合供热，如图 4.2-15所示，图中 48 所示为侧壁燃烧器，50 所示为底部燃烧器。底部供热比例约占总供热量的 80%~85%。

(2) SRT-Ⅵ型裂解炉与 SRT-Ⅰ、Ⅱ、Ⅲ、Ⅳ、Ⅴ型裂解炉的比较

SRT-Ⅳ(HS)型和 SRT-Ⅴ型裂解炉第 1 程盘管一般为 6~12 根炉管，用入口文丘里以使对流段进料均匀分配到辐射盘管。第 1 程炉管汇集于汇总管，然后进入 2 根第 2 程盘管。由于第 1 程炉管数较多，汇总管线相对较长(约 2~4m)。为避免汇总管线因端部流速小而可能发生过热，汇总管线尚需与辐射室隔离并保温。这就导致裂解气在汇总管线内于绝热条件下进行裂解反应，在此，裂解气大约形成 10~25℃左右的温降。为解决这个问题，Lummus 公司又开发了 SRT-Ⅳ型裂解炉。新炉型的辐射盘管为 8-2(或 4-1)排列的双程分枝变径盘管，第 1 程为 8 根炉管，第 2 程为 2 根炉管。改进后盘管第 1 程的汇总管长度缩短，并用变径方式彻底解决了汇总管端部可能因传热差而造成过热的问题，汇总管不必再隔离保温，相应克服了汇总管中因绝热反应而使裂解气温度下降的问题。

SRT-Ⅵ型与 SRT-Ⅳ(HS)型、SRT-Ⅴ型裂解炉相比，其共同点是均为两程高选择性炉管。其改进之处为：由第 1 程炉管合并进入第 2 程炉管之间的集合管，由原来的等径管变为变径管；炉管的吊架由原来的平衡重锤系统改为“A”型支架；急冷锅炉系统也由原来的斯密特型换热器改为快速急冷换热器或浴缸式多个入口分布系统的改进斯密特换热器。此外，SRT-Ⅵ型裂解炉全部采用底部烧嘴供热方案，进一步降低了投资，减少了维修工作量。SRT-Ⅵ型裂解炉进一步保留了 SRT 型裂解炉的特点，即每组炉管的处理量大。对流段物料的进料组数与一大组炉管 4 组 4-1(又称 16-4)相对应。通常一台裂解炉布置 4 大组(16 小组 4-1)或 6 大组(24 小组 4-1)炉管，每一大组炉管配一个急冷换热器。裂解炉的能力为年产 50~100kt。

Lummus 公司从 20 世纪 60 年代至今，其 SRT 型裂解炉由 SRT-Ⅰ型发展至现在的 SRT-Ⅵ型。这些裂解炉中：SRT-Ⅰ型裂解炉采用多程等径辐射炉管，从 SRT-Ⅱ型裂解炉开始，SRT 型裂解炉均采用分枝变径管辐射炉管，随着炉型的改进，辐射盘管的程数逐步减少。其中Ⅳ(HS)型、Ⅴ型、Ⅵ型裂解炉均采用双程分枝变径盘管。

分枝变径盘管是在入口段采用多根并联的小口径炉管，而出口段则采用大口径炉管，沿管长流通截面积大体保持不变。由于小管径炉管单位体积的表面积大，相应可以提高入口段炉管单位体积的热强度，由此加快辐射段入口段物料温升速度，并将热量更多转移到入口段，降低了高温出口段热负荷。这就使沿管长的热负荷分配更趋合理，沿管长的物料温度和管壁温度趋于平缓，相应可以保证缩短停留时间并提高裂解温度。曾对两种辐射盘

管进行比较，盘管 1 为等径多程盘管，管程为 4 程，管内径为 57mm，总管长为 35.3m。盘管 2 为分枝变径管，管程为 4 程，总管长为 35.3mm。第 1 程为 4 根内径 57mm 并联管，第 2 程为两根内径 89mm 并联管，第 3 和第 4 程为内径 127mm 单管。比较结果如表 4.2-12 所示。与等径盘管相比，分枝变径盘管停留时间长，但处理量大得多。

表 4.2-12　不同辐射盘管裂解工艺性能比较

项　　目	盘管 1（等径盘管）	盘管 2（分枝变径管）	项　　目	盘管 1（等径盘管）	盘管 2（分枝变径管）
烃进料/(kg/h)	740	3190	平均烃分压/kPa	94	86
出口气体温度/℃	875	833	出口流速/(m/s)	277	227
初期最高管壁温度/℃	972	972	出口质量流速/[kg/(m^2·s)]	80	70
平均停留时间/s	0.09	0.16	预测清焦周期/d	45	60
压力降/kPa	15	12			

自从 SRT-Ⅱ型裂解炉采用分枝变径盘管之后，SRT 型裂解炉改进的主要途径是在分枝变径基础上逐步减少管程，缩短管径。从 SRT-Ⅳ型裂解炉开始，基本形成双程分枝变径管的格局。随着辐射盘管的改进，其裂解工艺性能也随之改善。

6. SRT-Ⅶ型裂解炉

Lummus 公司于 2007 年开发出 SRT-Ⅶ型裂解炉。SRT-Ⅶ型裂解炉采用双辐射段、单对流段结构。辐射炉管两程 8-1 型炉管构型，单台炉子的生产能力可以达到 150kt/a。急冷换热器采用浴缸式急冷换热器或传统型。供热方式采用底部、侧壁联合供热或者全部底部供热。裂解原料包括气相的循环乙烷、丙烷，LPG 及液相的石脑油、加氢尾油等。

以石脑油为裂解原料时，8-1 型炉管的长度 15~18m，运行周期 40~50 天。目前可以设计的最大能力的气体炉为 375kt/a；最大能力的液体炉为 275kt/a。急冷换热器仍然采用传统急冷换热器。

7. SRT-Ⅹ型裂解炉

为了适应乙烯装置的进一步大型化发展的需要，Lummus 公司正在开发新的裂解炉型——SRT-Ⅹ型。在 SRT-Ⅹ型裂解炉中，辐射段炉管沿着垂直于裂解炉周向方向排布，采用多排炉管设计。这样可以在相同裂解炉长度的情况下，通过改变辐射段炉管的排数，实现提高裂解炉生产能力的目的。这解决了裂解炉的能力受到裂解炉长度的限制的影响问题。对流段换热管的排布方向与辐射段炉管的排布方向垂直，与其他 SRT 型裂解炉是一致的。由于辐射段炉管排布的变化，燃烧器排布方式也有所改变，排布多排底部烧嘴，如图 4.2-16 所示。

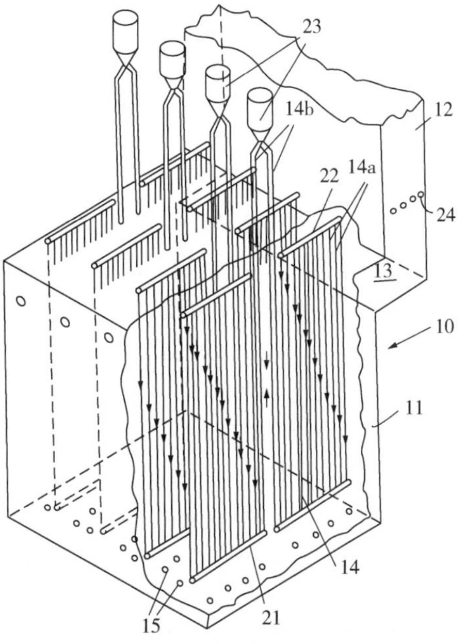

图 4.2-16　SRT Ⅹ型裂解炉底部多排烧嘴排布

10—辐射段；11—辐射段墙面；12—对流段；13—横跨段；14—辐射盘管；14a，14b—辐射段立管；15—燃烧器；21，22—水平歧管；23—热交换器

三、USC 型和 GK 型裂解炉

斯通-韦伯斯特(Stone-Webster，S&W)和荷兰国际动力学技术公司(KTI)是国际知名的裂解炉专利商，目前均已被 Technip 公司收购，隶属于 Technip 旗下。S&W 和 KTI 的代表炉型分别是 USC 型裂解炉和 GK 型裂解炉。

1. USC 型裂解炉

(1) 概述

S&W 公司在 20 世纪 60 年代末期在西拉斯裂解炉基础上开发了 USC(Ultra Selective Conversion)裂解技术，即超选择性裂解炉。USC 裂解技术是根据其裂解温度、停留时间及烃分压的选择，裂解产品乙烯收率较高，副产品相对较少而命名的。

S&W 公司的 USC 型裂解炉通常为单排双辐射立管式裂解炉，气体炉辐射盘管可采用 M 形、W 形，液体炉一般采用 U 形盘管。由于采用的炉管管径较小，因而单台裂解炉盘管数相对较多(12~240 组)。液体炉每小组或者 2 组辐射盘管配一台 SLE 型(线性急冷)一级急冷换热器换热管，多台 SLE 换热管组合为一台线性急冷换热器。气体炉每组或者 2 组辐射盘管配一台 USX 型一级急冷换热器，多台一级急冷换热器出口裂解气再汇总送入一台二级急冷换热器。

在 20 世纪 70—80 年代，单台裂解炉的乙烯年产量在 30~60kt，USC 型裂解炉通常采用 16~24 组 W 形盘管或 32~48 组 U 形盘管，因而一台裂解炉通常由一个辐射段和一个对流段构成，对流段布置在辐射段上部的一侧。随着裂解炉能力的提高，当单炉乙烯年产能在 100kt 左右时，USC 型裂解炉通常采用两个辐射段共用一个对流段的布置。

USC 型裂解炉对流段通常采用两大组、四大组或者八大组进料，对流段内设有烃进料预热、稀释蒸汽过热、锅炉给水预热、超高压蒸汽过热以及原料和稀释蒸汽混合过热。对于轻质原料通常采用一次过热蒸汽注入方式；而对于重质原料则采用二次蒸汽注入方式，此时一次及二次蒸汽均经过过热。

最早的 USC 型裂解炉，当采用气体燃料时，通常采用侧壁燃烧器供热方案；当采用气体燃料和液体燃料混合燃烧时，则多采用侧壁燃烧器与底部燃烧器联合供热方案，此时底部燃烧器可以烧气也可以烧油，其供热量占总热负荷的 60%~70%。现代的 USC 型裂解炉为简化燃料系统的配管和操作、控制及维修，多采用全部底部燃烧器供热的方案。

由于 USC 型裂解炉辐射盘管为短管长、小管径炉管，所以单管处理能力较低，每台裂解炉盘管数较多。为保证对流段进料能均匀地分配于每根辐射盘管，在辐射盘管入口设置了文丘里流量分配器。

USC 型裂解炉的控制方案示意及对流段的简要结构见图 4. 2-17 和图 4. 2-18。

随着裂解技术的不断发展，USC 型裂解炉的生产能力也不断提高。USC 裂解炉的发展见表 4. 2-13。USC 型裂解炉的裂解原料广泛，可以裂解从循环乙烷、丙烷到加氢尾油等多种原料。大型化后 USC 型裂解炉采用双辐射段、单对流段结构。

表 4. 2-13　USC 裂解炉发展史

年　代	裂解炉规模/(kt/a)	年　代	裂解炉规模/(kt/a)
20 世纪 70 年代	30~40	21 世纪 00 年代	100~150
20 世纪 80 年代	50~60	现在	150~235
20 世纪 90 年代	80~90	将来	235~350

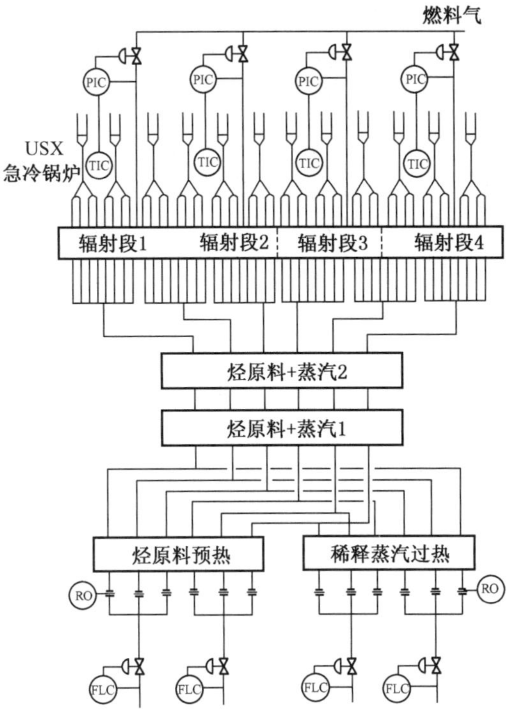

图 4.2-17 USC 型裂解炉的控制方案示意

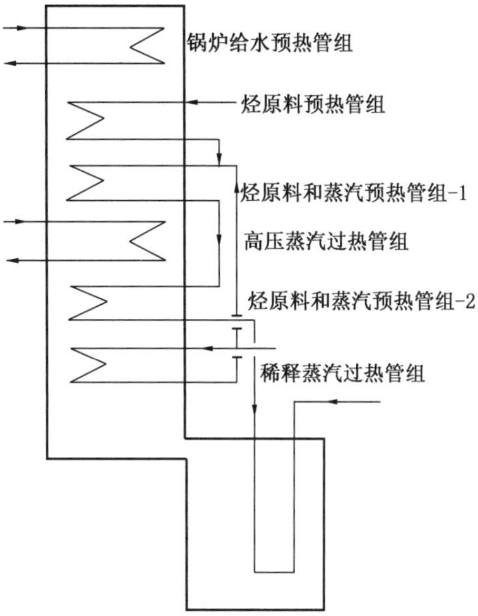

图 4.2-18 USC 型裂解炉对流段简要结构

(2) 辐射段炉管构型

1) 炉管构型比较

USC 型裂解炉的特点之一为其辐射段炉管。S&W 公司从 20 世纪 60 年代后期开始开发的 USC 型裂解炉采用的炉管构型有 U 形、W 形和 M 形，其中 U 形及 W 形炉管采用管径小、管程短的构型，U 形为 2 程，W 形为 4 程。U 形炉管管长较短，单组炉管处理能力较小，但其停留时间短、裂解选择性较高，现代设计多采用 U 形炉管。W 形炉管管长较 U 形炉管长，其单组处理能力也较 U 形炉管大，此种炉管多在 20 世纪 70—80 年代采用，近年来多用于气体原料裂解。而 M 形炉管则采用较大口径的炉管，多采用 6 程炉管，其单组炉管处理能力最大，停留时间最长，通常用于气体原料的裂解。USC 型裂解炉不同炉管构型的比较见表 4.2-14。

表 4.2-14 S&W 公司裂解炉不同炉管的比较

炉 管	管内径/mm				管长/m	停留时间/s
	第 1 程	第 2 程	第 3 程	第 4~6 程		
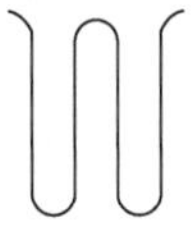	63.5	69.9	76.2	82.9	43.9	0.35
	63.5	73	82.6	89	43.9	0.304
	65~95				35~45	0.3~0.4
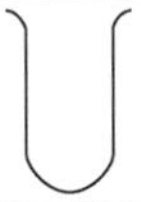	51	63.5			26.9	0.2~0.25
	35~65				20~30	0.15~0.25
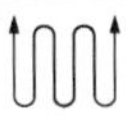	100~125				60~80	0.5~0.6

20 世纪 80 年代中期，S&W 公司推出了新式的 USC 型裂解炉，仍采用 W 形炉管。但管径变细，以轻柴油为原料，裂解炉出口温度为 808℃，停留时间约 0.3s，乙烯收率为 27.7%，丙烯收率为 13.05%。80 年代末 90 年代初该公司推出了 U 形裂解炉，第 1 程管径为 45mm，第 2 程为 56mm，每程管长为 10.5m，停留时间为 0.2~0.25s，乙烯收率进一步提高。

S&W 公司认为，低烃分压的条件下，停留时间对裂解选择性的影响远比烃分压的影响更为显著。停留时间与质量流速成反比，与辐射盘管长度成正比。由于质量流速的提高受阻力降的限制，因此，缩短停留时间最有效的途径就是缩短辐射盘管的管长。

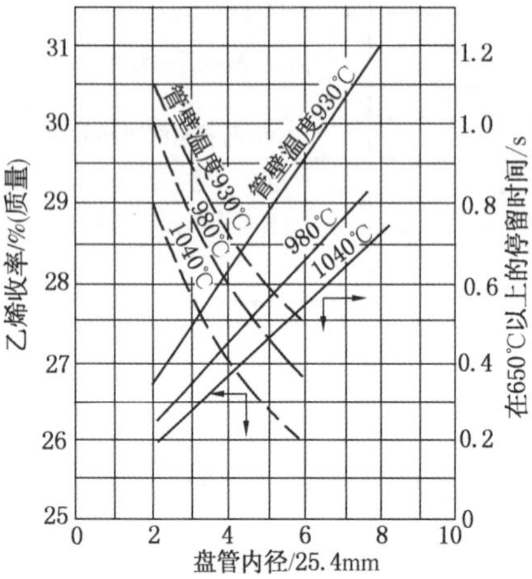

图 4.2-19　盘管内径与停留时间及乙烯收率的关系

然而在相同管径和相同质量流速之下，为达到给定的裂解深度，辐射盘管的热强度和管壁温度将随管长的缩短而提高。为此，需要在缩短管长的同时相应减小管径，由此通过增加表面积与容积之比以补偿管长缩短所增加的表面热强度。在相同裂解深度和质量流速下，限定辐射盘管管壁温度时，盘管内径与停留时间的关系如图 4.2-19 所示。显然，在限定的辐射盘管管壁温度下，小管径炉管可以达到更短的停留时间。

S&W 公司在研究原型炉操作数据的基础上得出：辐射盘管的结焦速率与裂解深度、原料烃分压和质量流速相关。在裂解深度和原料烃分压一定的前提下，结焦速率与质量流速的 0.8 次方成正比。又由于热强度与质量流速成正比，因此管壁温度与质量流速的 1.8 次方成正比。由于辐射盘管内的结焦是传质控制过程，传质速率与管内径的 0.2 次方成正比，因此盘管内径对结焦速率的影响不大。乙烯收率和质量流速相同的条件下，由于热强度的不同，小管径的清焦周期较大，管径的清焦周期更长。在某一给定裂解深度和质量流速下，计算内径分别为 61mm、68mm、76mm、102mm 的 4 种辐射盘管的清焦周期，结果分别为 60d、43d、30d、14d。

采用小管径辐射盘管的主要问题是单组炉管生产能力较低，对相同生产能力的裂解炉而言，所需盘管数量相应增加。由于入口段辐射盘管物料温度较低，盘管可以承受较大的热强度，又由于入口段体积流量较低，因而可以采用较小的管径。由此采用入口段管径小于出口段管径的变径管。与分支变径管不同，USC 型裂解炉的 W 形和 U 形盘管均为不分支变径管，随着管径的增大其截面积也随之增加。以 W 形不分支变径管与截面积基本保持不变的分支变径管进行比较(表 4.2-15)，在入口截面积相同的条件下，不分支变径管处理量最大，停留时间短，平均表面热强度低，烃分压低，仅阻力降略高。

USC 型裂解炉的辐射段炉管构型有 U 形、W 形和 M 形。根据裂解原料性质的不同，选用不同的炉管形式。各种炉管构型的原料使用情况及裂解炉能力比较见表 4.2-16。USC 型裂解炉辐射段炉管参数见表 4.2-17。针对辐射段炉管在裂解炉运行过程中会出现弯曲、变形的现象，S&W 公司对两程炉管的连接结构进行了改进，推出第二代 U 形管。第二代 U 形管各组炉管采用了对称的连接结构，使各组炉管的换热管长相同，受热均匀。这种结构，可以使各组物料的停留时间相同，在相同的裂解工况下操作，从而运行周期也相近，实现有效延长整台裂解炉的运行周期。第一、二代 U 形管构型见图 4.2-20。

表 4.2-15　不分支变径辐射炉管与分支变径炉管的比较

项　目	盘管 1	盘管 2	项　目	盘管 1	盘管 2
盘管形式	不分枝变径管（W 形）	分枝变径管（4 程）	最大清洁管管壁温度/℃	974	974
			平均表面热强度/[MJ/(m² · h)]	352.54	403.09
总管长/m	39.6	42.7	出口处表面热强度/[MJ/(m² · h)]	280.12	357.68
管材	HK-40	HK-40	平均烃分压/kPa	65	70
允许最高管壁温度/℃	1065	1065	最大烃分压/kPa	74	81
稀释蒸汽比	0.7	0.7	停留时间/s	0.2235	0.2577
每组盘管投油量/(kg/h)	1545	1114	清洁管压力降/kPa	150	130
炉管出口压力/MPa	0.184	0.184	乙烯收率比较/%	+0.63	基准
物料横跨温度/℃	565	565			

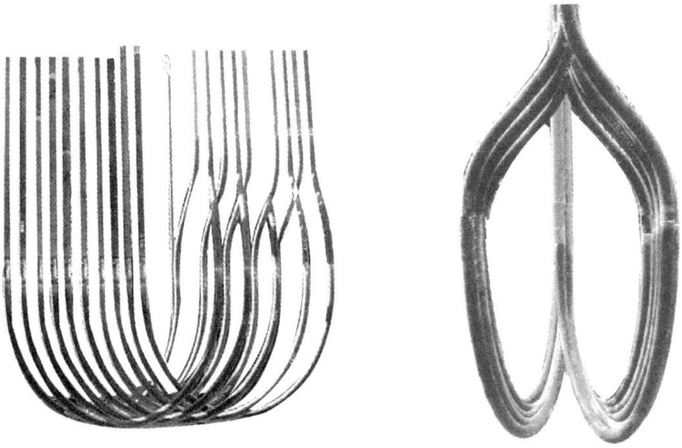

第一代U形管

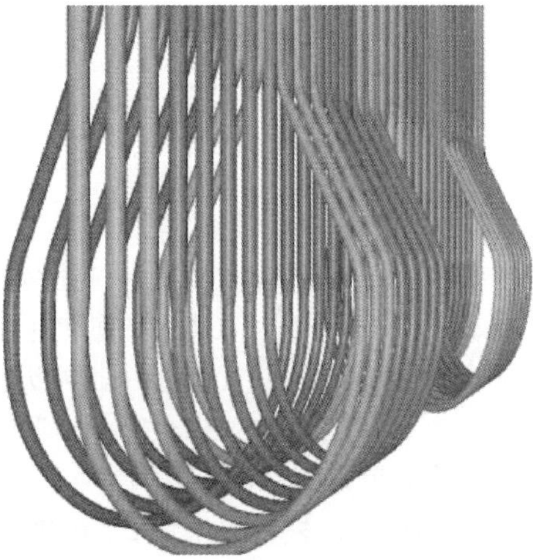

第二代U形管

图 4.2-20　第一、二代 U 形管构型

表 4.2-16　各种炉管构型的原料使用情况及裂解炉能力

炉型	炉管构型	组数	能力/(kt/a)	原料种类
U	1-1	28~240	40~235	LPG~HVGO
W	1-1-1-1	24~96	60~275	C_2，LPG
M	1-1-1-1-1-1	12~48	80~250	C_2，C_3

表 4.2-17　USC 型裂解炉辐射炉管参数

项　　目	U　形	M　形	炉　管　构　型	U　形	M　形
炉管长度/m	20~30	55~80	停留时间/s	0.15~0.25	0.4~0.6
炉管内径/mm	35~65	85~115	单组处理量/(kg/h)	300~700	1100~3000

2）USC 型裂解炉的配置

USC 型裂解炉 U 形炉管的典型配置见表 4.2-18。

表 4.2-18　U 形炉管裂解炉的配置

炉管组数	辐射段数量(单炉)	裂解炉能力/(kt/a)	炉管组数	辐射段数量(单炉)	裂解炉能力/(kt/a)
28U	单	20	132U	双	~100
32U	单	30~40	160U	双	~120
48U	单	40~60	176U	双	~130
64U	单或双	50~80	192U	双	150~175
72U	单或双	60~80	224U	双	175~200
80U	双	60~80	240U	双	200~235
96U	双	70~90			

U 形炉管与急冷换热器的配置有以下几种形式，见图 4.2-21。

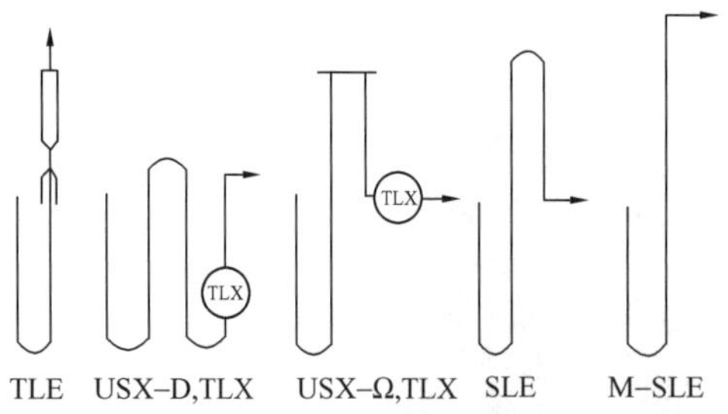

图 4.2-21　急冷换热器配置

TLE—急冷换热器；USX-D—D 型双套管急冷换热器；USX-Ω—Ω 型双套管急冷换热器；TLX—管壳式急冷换热器；SLE—线性急冷换热器；M-SLE—改进型线性急冷换热器

USX 与 TLX 急冷换热器的特点如下：

① USX 急冷换热器直接与炉管相连，裂解气在管线中的停留时间极短，减少了二次反应和生焦量。

② 裂解气在进入急冷换热器时有分配均匀且具有平稳的速度分布。因为 USX 是套管式换热器，直接用管道与炉管连接，仅在 USX 入口处稍有一点管径扩大，因此线速度基本平稳变化。对于传统急冷换热器由于入口有一个封头，造成裂解气速度急剧变化，会产生一些涡流，因而增加结焦机会，同时由于入口封头的存在，各换热管流量分配存在一定偏差。

③操作周期较长，S&W 公司的急冷换热器采用石脑油时，操作周期可达 100 天，而采用轻烃原料时可达 240 天。

SLE 与 M-SLE 急冷换热器克服了 USX 与 TLX 急冷换热器的缺点(USX 与 TLX 之间的连接较为复杂)。通常采用一个 U 形炉管与一个 SLE 或 M-SLE 换热管相连，使得炉管与急冷换热器之间的连接及急冷换热器内部的连接更加简单。M-SLE 与 SLE 相比，SLE 为倒 U 形，而 M-SLE 为直线形，其结构更为简单。

USC 型裂解炉，不同的炉管采用不同的急冷换热器形式。W 形和 M 形炉管，第一级急冷采用套管式急冷换热器，第二级急冷和第三级急冷采用管壳式急冷换热器；U 形炉管，第一级急冷一般采用 SLE 线性急冷换热器，根据情况设置第二级急冷换热器，第二级急冷采用管壳式急冷换热器。

此外，针对传统的管壳式急冷换热器存在高温裂解气绝热体积大，目的烯烃损失，以及高温管板热应力大、容易结焦等问题，S&W 公司的线性急冷换热器由多个双套管式换热管组成，不需高温管板，避免了结焦问题；每组或 2 组辐射段炉管直接对应一根急冷换热器换热管，绝热体积减小，有效减少了目的烯烃的损失；而且，由于换热管管径较大，裂解气在急冷换热器内的压降降低，有利于裂解反应的进行，也降低了结焦敏感性。

3）USC(W)型裂解炉

USC(W)型裂解炉的主要特点如下。

① 热强度高，停留时间适中，裂解选择性较高。

② 单排管双面辐射，炉管受热均匀。

③ 采用多组小管径炉管，增加比表面积。

④ 采用不分支变管径结构，从进口到出口，管径逐程增加，有利于降低烃分压。

⑤ 采用底部燃烧器供热或者底部侧壁联合供热。USC(W)型裂解炉炉管由多组 W 形炉管组成，通常为 16 组、24 组、32 组、64 组、96 组，为了使每组炉管中物料流量相同，在每组炉管的辐射段入口处设计和安装了文丘里流量分配器。

每组 W 形炉管由 4 程不同管径的炉管组成，前两程材质为 HK-40，后两程为 HP40，均为离心浇铸管，内壁机械加工。在 180°弯头处改变管径，弯头为静态铸造，内壁一般不加工，炉管寿命为 8~10 年。

USC 型裂解炉辐射段的侧墙和端墙采用耐火砖和隔热砖的砌砖结构及陶瓷纤维复合结构，在火焰直接冲刷部位采用耐火度较高的耐火砖(28 级耐火砖)，在非火焰直接冲刷部位，则用隔热性能好一些的耐火砖(23 级砖)或陶瓷纤维模块复合结构。辐射段炉顶衬里采用复合陶瓷纤维模块，用金属杆吊挂固定，使用效果良好。

某装置裂解炉系统共有 7 台 S&W 公司的超选择性裂解炉(USC 型炉)，其中一台备用，每台 USC 型炉有 16 组三次变径炉管。USC 型炉的结构参数及裂解产物分布见表 4.2-19 和表 4.2-20。

表 4.2-19　USC 型裂解炉 W 形盘管的结构参数

结构型式	裂解原料	管内径/mm				平均热强度/[MJ/(m²·h)]	平均停留时间/s	平均烃分压/kPa	乙烯平均收率/%(质量)	总长度/m
		第 1 程	第 2 程	第 3 程	第 4 程					
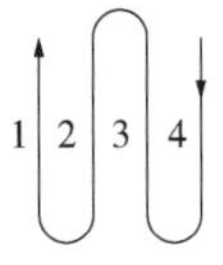	石脑油	63.5	69.85	76.2	82.55	322.384	0.35		30.5	
	轻柴油	63.5	73	82.6	89	303.543	0.304	75.9	24.7	43.9

表 4.2-20　USC 裂解炉产品收率

项　目	石　脑　油		轻　柴　油	减　压　柴　油
原料油相对密度($d_{15.6}^{15.6}$)	0.73～0.74	0.71～0.73	0.8125	0.885
原料油馏程/℃				
初馏点	40	40	171	340
50%	120	110	270	410
终馏点	210	180	347	480
产品收率/%(质量)				
H_2	0.76	0.89	0.58	0.41
CH_4	11.70	13.94	9.67	6.85
C_2H_2	0.30	0.47	0.33	0.11
C_2H_4	25.60	28.37	24.76	19.63
C_2H_6	3.52	3.60	3.58	3.29
C_3H_4	0.76	1.21	0.58	0.23
C_3H_6	15.08	13.42	15.31	13.95
C_3H_8	0.43	0.48	0.38	0.11
C_4H_8	4.52	4.35	5.40	5.05
其余 C_4 馏分	5.72	4.20	5.90	8.05
C_5	4.80	3.68	4.46	5.14
B	4.20	5.60	4.37	2.84
T	2.65	3.05	3.22	2.57
X	3.15	3.35	1.99	2.02
C_6～C_8 非芳烃	8.60	5.40	1.96	4.23
C_9 以上	8.21	7.99	17.51	25.52

该装置的 USC 型裂解炉，对流段位于辐射段上部，管束从底向上排列，有稀释蒸汽过热、烃和蒸汽混合预热、超高压蒸汽过热、烃原料预热和锅炉给水预热。超高压蒸汽在送到独立的蒸汽过热炉之前，先在对流段超高压蒸汽过热管束预热到规定温度。

该 USC 型裂解炉可采用燃料气和燃料油，装置设计燃料油最大用量为炉子总热负荷的30%。USC 型炉控制系统设计是使 16 组裂解炉管在相同的裂解深度下操作。稀释蒸汽和烃均分 4 股进入对流段，在分成 4 股流之前有 1 台流量控制器，然后通过流量元件。每组对流管在进入辐射段之前又分成 4 组管，在进入辐射段前设有文丘里流量分配器，以保证流量均匀分布。

该 USC 型炉辐射炉管为 16W 形、3 次变径炉管，每组炉管有 4 程 4 根炉管，炉管总长为 43.9m，炉管内径分别为 63.5mm、69.85mm、76.2mm、82.55mm。每台炉处理能力为17.486t/h(共裂)、16.759t/h(轻烃)、22.463t/h(轻柴油)和 19.098t/h(乙烷、丙烷)。

该 USC 型裂解炉采用约翰-辛克公司的 FFC 型炉底燃烧器(16 个)和 PMC 型炉壁燃烧器(80 个)联合供热。

该装置中采用 S&W 公司的裂解气急冷系统，由 USX 急冷换热器和 TLX 两级急冷换热器组成。USX 是超选择性急冷换热器，是 S&W 公司的专利，TLX 是管壳式换热器，每台炉 16 组炉管，每两组管配 1 台 USX 急冷换热器，1 台炉共配 8 台 USX 急冷换热器，然后汇总到一台 TLX 管壳式换热器中，USX 和 TLX 共用一个汽包。

W 形 USC 型裂解炉的结构示意见图 4.2-22。

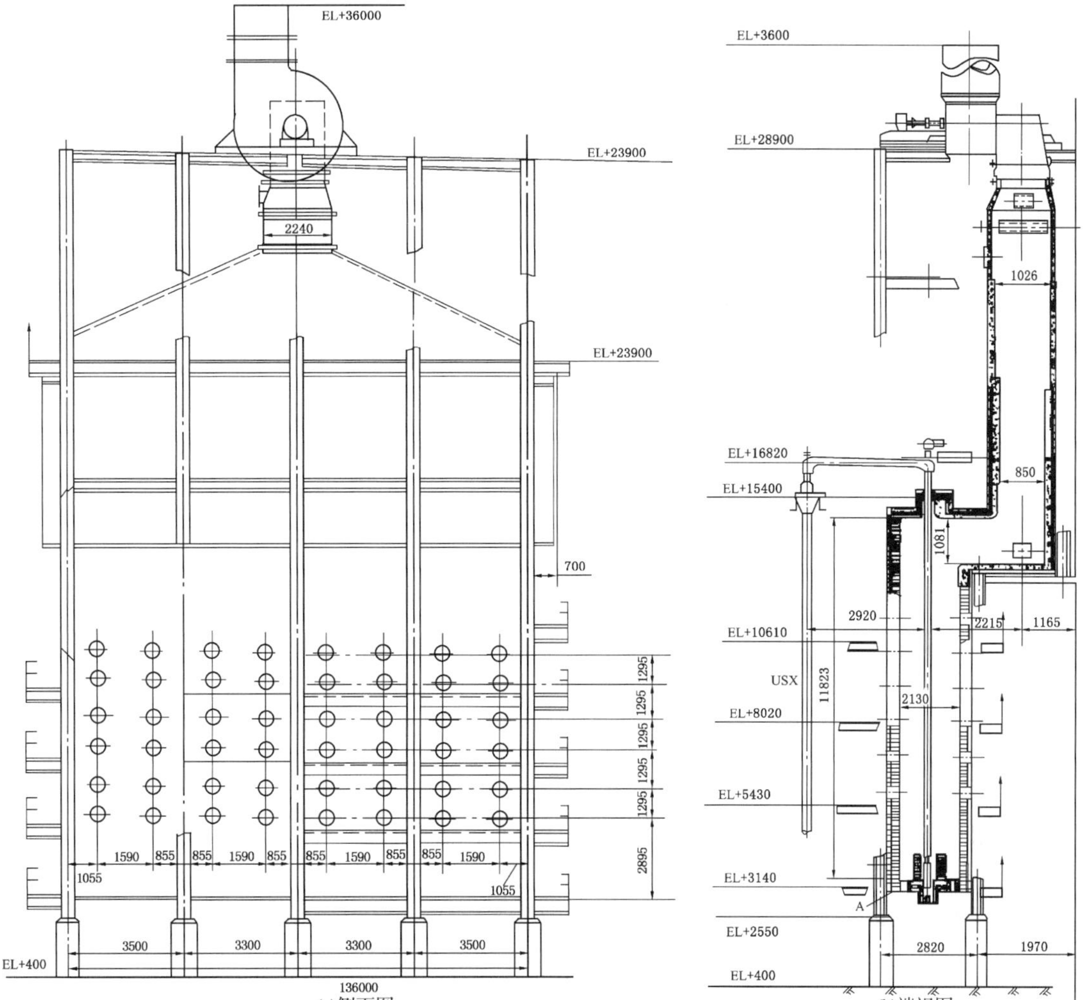

(a)侧面图　　(b)端视图

图 4.2-22　W 形 USC 裂解炉结构示意(图中数据单位为 mm)

S&W 公司 W 形 USC 裂解炉工艺数据如表 4.2-21、表 4.2-22 所示。

表 4.2-21　共裂解工艺数据[1]

项　　目	Ⅰ	Ⅱ
原料	LTHC[2]+NGL+C_2/C_3	LTHC
类型	共裂解	轻烃
负荷：每炉烃进料/(kg/h)	17486	16759
蒸汽/烃质量比	0.42	0.50
裂解深度	KSF-A40	KSF-A3.5
乙烯收率/%	38.42	33.57

续表

项　　目	Ⅰ	Ⅱ
丙烯/乙烯收率比	0.303	0.469
总停留时间/s	0.281	0.296
烃分压(A)/kPa	115.5	103.7
炉数(操作/安装)	4/4	4/4
炉管出口质量流速/[kg/(m^2·s)]	80.51	78.41
炉管出口压力/kPa	177.3	176.7
炉管压力降/kPa	128.6	123.5
横跨温度/℃	674	645
炉管出口温度/℃	861	849
炉管金属温度/℃	987	980
辐射段机械数据		
炉型	16W	16W
管内径/m	2.5/2.75/3.0/3.25	
冷管长/m	10.73/10.63/10.62/10.72	
热盘管长/m	43.9	43.9
前二管/第三、四管材质	HK40/25-35	HK40/25-35
前二个/第三个回弯头材质	HK40/25-35	HK40/25-35
出口集合管	Incoloy-800H	Incoloy-800H
传热		
辐射吸热/(GJ/h)	51.24	47.61
辐射热强度/[kJ/(h·m^2)]	274157.8	255017.6
炉膛温度/℃	1129	1112
辐射效率/%	38.55	39.76
热负荷/(GJ/h)	132.93	119.74
工艺效率/%	68.69	70.38
总效率/%	91.8	91.79
急冷系统		
换热器类型	USX/TLX	USX/TLX
每炉换热器台数	8/1	8/1
流出物温度(入/出)/℃	840/329	826/330
流出物压力(入/出，A)/kPa	172.6/154.9	172.6/154.9
每台设备热负荷/(GJ/h)	40.52	38.09
锅炉给水温度/℃	315.6	315.6
锅炉给水压力(A)/kPa	10588	10588

①为大庆石化300kt/a乙烯装置最终设计数据。

②LTHC表示轻烃。

表4.2-22　柴油裂解炉工艺数据①

项　　目	Ⅰ	Ⅱ
原料	AGO	NGL+C_2/C_3
相对密度	0.8123	
初馏点/50/终馏点/℃	171/270/347	

续表

项　目	Ⅰ	Ⅱ
每炉烃进料/(kg/h)	22463	19098
蒸汽/烃质量比	0.7	0.35
裂解深度	1.3	4.0
乙烯单程收率/%	24.76	40.37
丙烯/乙烯	0.618	0.240
总停留时间/s	0.304	0.279
烃分压(A)/kPa	74.4	121.0
炉数(操作/安装)	2/3	2/3
炉管出口质量流速/[kg/(cm^2·s)]	106.75	72.06
炉管出口压力(A)/kPa	185.0	173.0
炉管压力降/kPa	104.8	120.8
横跨温度/℃	549	678
炉管出口温度/℃	781	862
炉管金属温度/℃	933	1006
辐射段机械数据		
炉型	16W	16W
管内径/cm	2.5/2.875/3.25/3.5	2.5/2.875/3.25/3.5
冷管长/m	10.73/10.63/10.61/10.31	10.73/10.63/10.61/10.31
热盘管长/m	43.9	43.9
前二管/第三、四管炉管材质	HK40/25-35	HK40/25-35
前二个/第三个回弯头材质	HK40/25-35	HK40/25-35
出口集合管	Incoloy-800H	Incoloy-800H
传热		
辐射吸热/(kJ/h)	59.31	55.47
辐射热强度/[kJ/(h·m^2)]	303167	287120
炉膛温度/℃	1103	1151
辐射效率/%	40.10	37.78
热负荷/(GJ/h)	147.89	146.07
工艺效率/%	69.33	67.71
总效率/%	92.38	92.37
急冷系统		
换热器类型	USX/TLX	USX/TLX
每炉换热器台数	8/1	8/1
流出物温度(入/出)/℃	762/408	842/391
流出物压力(入/出，A)/kPa	117.5/154.9	
每台炉热负荷/(GJ/h)	38.48	38.79
锅炉给水温度/℃	315.6	315.6
锅炉给水压力(A)/kPa	10588.2	10588.2

① 为大庆石化 300kt/a 乙烯装置最终设计数据。

4）USC(U)型裂解炉

随着裂解原料、生产能力的不同，USC 型裂解炉辐射盘管的结构参数相应有所变化。为提高裂解选择性，USC 裂解炉近来更多采用 U 形辐射盘管，单台裂解炉盘管数可多达

240组，石脑油裂解的单台裂解炉乙烯产量可达200~235kt/a。

图4.2-23所示U形两程不分支变径辐射盘管为某馏分油裂解炉采用的盘管。该裂解炉可适应石脑油和轻柴油原料裂解，并可以将馏分油与乙烷、丙烷进行共裂解。馏分油裂解时单炉乙烯产量为32kt/a。图4.2-24为采用U形炉管的USC型裂解炉结构剖面图。

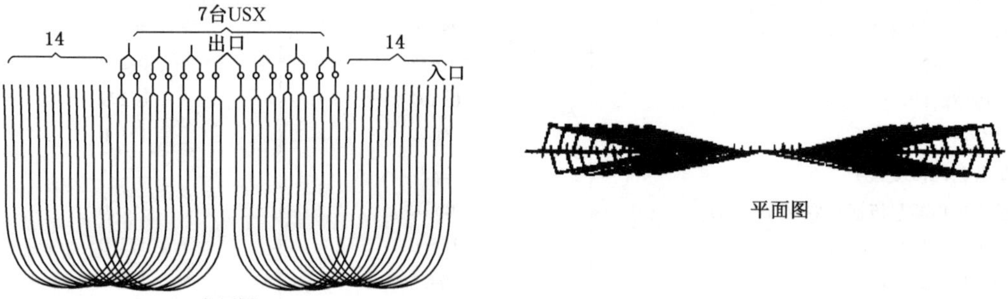

图4.2-23　USC型裂解炉U形盘管排布

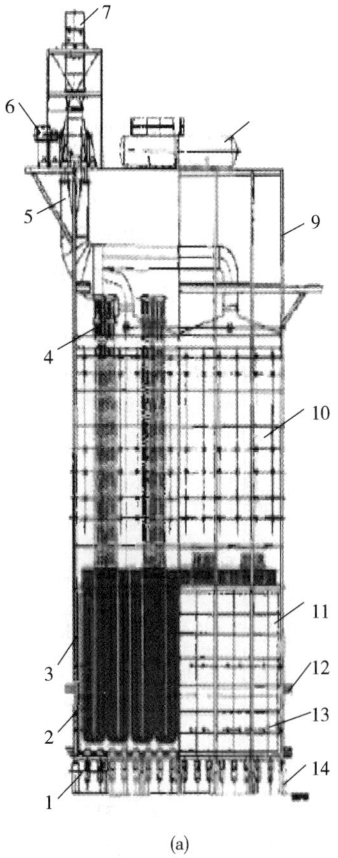

(a)

1—燃烧器；2—辐射段盘管；3—耐火衬里；4—换热器；5—烟道；6—引风机；7—烟囱；8—汽包；9—炉体；10—对流段；11—辐射段；12—平台；13—看火孔；14—基础

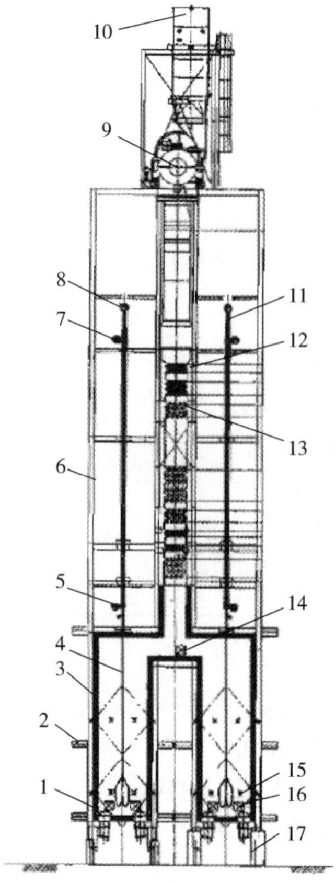

(b)

1—燃烧器；2—平台；3—耐火衬里；4—辐射段盘管；5—水侧入口；6—炉体；7—水侧出口；8—裂解气出口；9—引风机；10—烟囱；11—急冷换热器；12—对流室；13—对流段盘管；14—横跨段人孔；15—看火孔；16—检修门；17—基础

图4.2-24　USC型裂解炉结构剖面

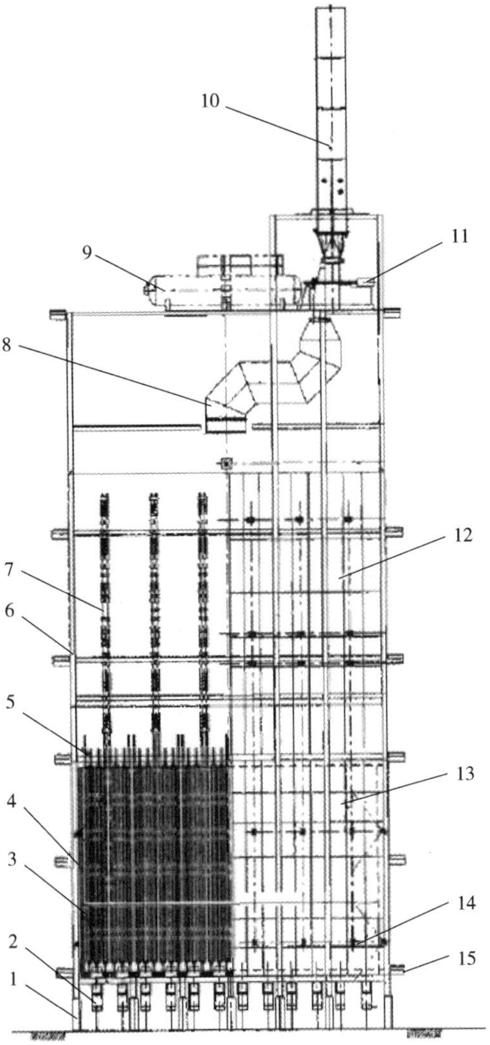

(c)

1—基础；2—燃烧器；3—辐射段盘管；4—耐火衬里；5—定位管；6—炉体；7—急冷换热器；8—烟道；9—汽包；10—烟囱；11—引风机；12—对流段；13—辐射段；14—看火孔；15—平台

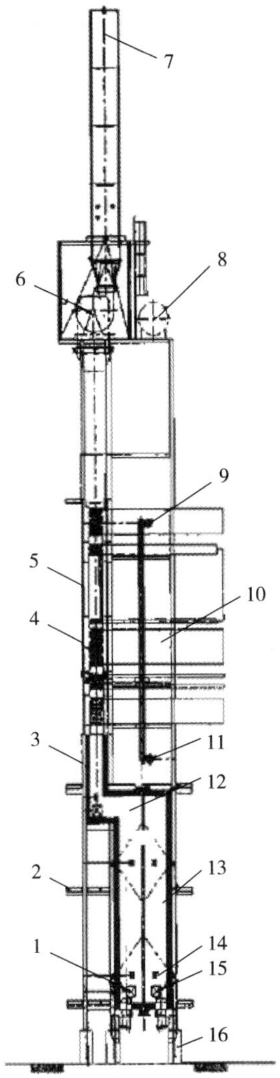

(d)

1—燃烧器；2—平台；3—耐火衬里；4—对流段盘管；5—炉体；6—引风机；7—烟囱；8—汽包；9—水侧出口；10—对流段；1—水侧入口；12—横跨段；13—辐射段；14—看火孔；15—检修门；16—基础

图 4.2-24　USC 型裂解炉结构剖面(续)

该装置所用 U 形两程辐射盘管第 1 程管内径为 51mm，管长为 12.163m，管间距为 160mm，管中心距炉墙为 1520mm。第 2 程盘管内径为 63.5mm，管长为 12.163m，管间距 160mm，管中心距炉墙为 1520mm。弯头内径为 51mm，管长为 2.129mm，管中心距炉墙为 1230.5mm。急冷换热器入口与辐射管出口之间的连接管线内径为 63.5mm，管长为 2.349m。入口段、出口段、弯头、连接管的外表面积分别为 65.3m^2、85.1m^2、11.4m^2、16.5m^2。

第 1 程辐射盘管材质为 HK40 合金钢管，弯头为 HP-Mod；第 2 程辐射盘管材质为 HP40，出口连接管材质为 HP-Mod。该辐射盘管在不同裂解原料和不同操作工况下的工艺参数如表 4.2-23 所示。

表 4.2-23　USC 型裂解炉(U 形盘管)操作参数示例

项　目	石脑油和乙烷		轻柴油和乙烷		轻柴油		蒸汽开车	
稀释蒸汽比	0.55	0.55	0.80	0.80	0.80	0.80		
KSF	2.91	2.91	2.0	2.0	2.0	2.0		
操作工况	初期	终期	初期	终期	初期	终期	低过剩空气	高过剩空气
流量/(kg/h)								
馏分油进料	14953	14953	15032	15032	17437	17437	0	0
循环乙烷	1820	1820	1705	1705	0	0	0	0
稀释蒸汽	9255	9225	13390	13390	13950	13950	9352	9352
锅炉给水	20667	19362	22853	17007	23335	16966	4817	8109
过热蒸汽	21454	21096	22668	18699	23505	18961	4709	8140
烟气	50191	52021	51254	52857	53049	53789	9025	31115
热负荷/MW								
对流段(工艺物料)	9.46	10.15	8.99	9.72	9.59	10.27	1.60	2.46
对流段(BFW-EHPS)	7.30	7.95	7.87	8.22	8.17	8.28	0.45	4.09
辐射段	14.22	13.86	14.74	14.28	14.79	14.17	2.02	1614
总热负荷	33.38	34.59	34.08	35.15	35.28	35.77	4.53	9.34
急冷换热器	10.19	9.22	10.64	7.05	10.96	7.13	2.58	2.58
温度/℃								
物料横跨温度	566	591	527	552	552	580	467	623
急冷换热器入口	853	859	831	836	831	834	816	816
急冷换热器出口	384	443	391	553	393	558	364	364
炉膛	1085	1128	1074	1118	1096	1136	847	829
排烟	145	149	148	163	151	165	119	171
过剩空气系数	1.15	1.15	1.15	1.15	1.15	1.15	1.50	2.55

该裂解炉可以部分烧油，对燃料油的要求为：硫含量小于 1.0%，镍、钒含量均小 10μg/g，钠含量小于 50μg/g。由于燃料油硫含量较高，相应排烟温度较高(145~165℃)，裂解炉热效率为 92.5%~93%。除排烟损失外，其辐射室损失率为 1%，对流段损失为热负荷的 0.5%。

图 4.2-25 为 W 形盘管各工艺参数(总传热系数、管壁温度、物料温度、热强度、烃分压)沿管长的分布。图中也表示出结焦对各工艺参数的影响。

(3) 新技术进展

S&W 公司除了以上介绍的 U 形、W 形及 M 形 USC 裂解炉外，还对其他型式的裂解炉进行了研究，包括结合燃气轮机和空气预热器的裂解新构型。尤其是近年来针对“碳达峰”和“碳中和”，该公司也针对性地提出了降低 CO_2 排放量的新型裂解炉技术方案。

通过布置在对流段顶部的空气预热器(APH)，利用裂解炉烟气将所需助燃空气充分预热，最高可以节省 20%左右的燃料，从而降低裂解炉的温室气体排放，结合广泛采用的选择性催化还原(SCR)脱硝技术，在对流段布置脱硝段，可以将烟气中的 CO_2 降低到规范允许的浓度以下。由于采用该技术后总的燃料消耗量降低，为保持合适的辐射段供热和热通量要求，通常辐射炉管采用多排布置方案。

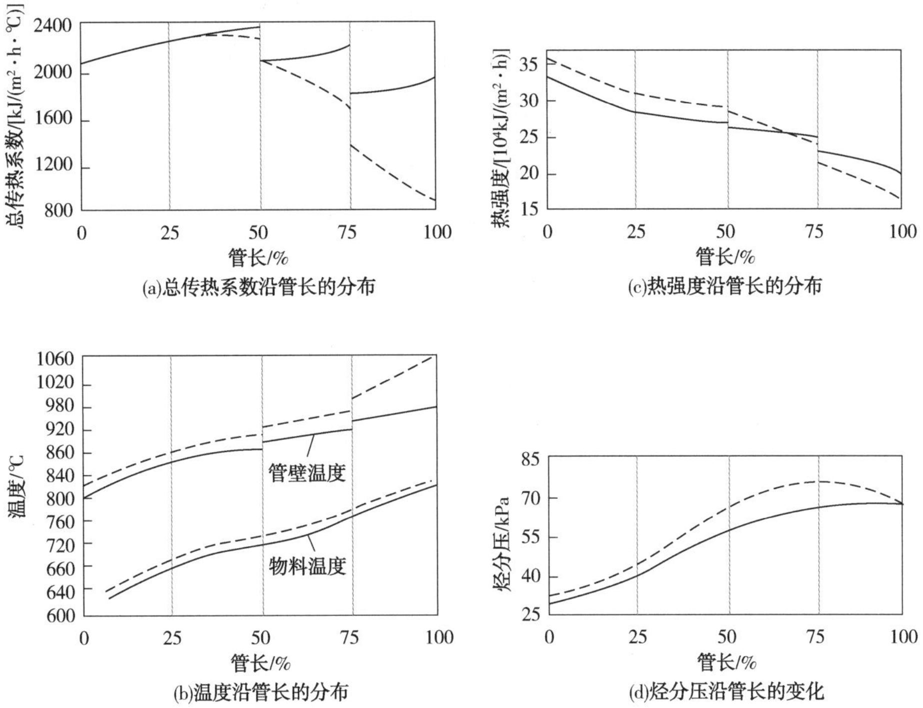

图 4.2-25　USC 型裂解炉(W 形盘管)工艺参数沿管长的分布
(实线为干净管，虚线为结焦后炉管情况)

另外 S&W 还在 WO2021/052642 专利中公开了新型裂解炉在对流段顶部采用空气预热，通过鼓风机将热风送往底部燃烧器，通过过热原料烃和发生超高压蒸汽组合的方案将高温裂解气热量回收，见图 4.2-26。

2. GK 型裂解炉

原 KTI 公司在 20 世纪 60 年代初开发的裂解炉为 SD 型炉，裂解反应停留时间为 0.6~0.8s。在 1963 年以前，SD 型炉辐射管为水平直管，1963—1967 年逐步发展为垂直布置不变径多程管(简称 MK 型)，1967—1970 年改为变径管。为适应原料选择性的需要，KTI 公司在 70 年代开发了梯度动力学裂解炉(Gradient Kinetic Furnace)，简称 GK 裂解炉。GK 裂解炉具体开发历程如下：1973 年开发出 GK-Ⅰ、GK-Ⅱ型裂解炉，炉管程数为 6 程，其中 GK-Ⅱ型反应停留时间为 0.4s；为进一步降低停留时间，后又相继开发了 GK-Ⅲ~GK-Ⅵ型裂解炉，其中 GK-Ⅲ、GK-Ⅳ型裂解炉炉管程数为 4 程；GK-Ⅴ、GK-Ⅵ型裂解炉炉管程数进一步减少到 2 程。辐射段炉管的反应停留时间随着裂解炉管程数减少由 0.4s 缩短到 0.2s 以内。同时针对气体原料，KTI 公司在 MK 型炉管构型的基础上发展出适合气体裂解的 SMK 炉管构型。

根据原料种类的不同，KTI 公司推荐采用的炉管构型不同。KTI 公司裂解炉辐射盘管构型与原料见表 4.2-24。

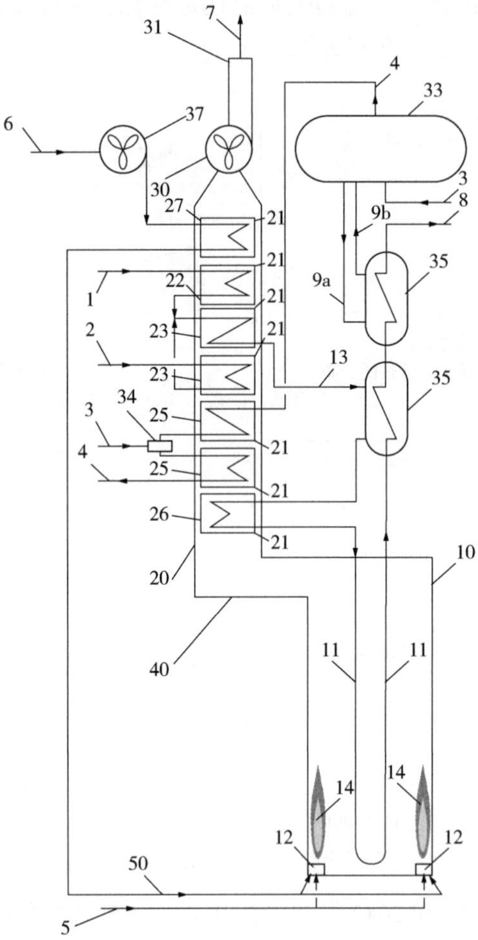

图 4.2-26　SW 的新型裂解炉示意图

1—烃原料；2—稀释蒸汽；3—锅炉给水；4—超高压蒸汽；5—燃料气；6—燃烧空气；7—烟道气；8—裂解气；9a—汽包下降管；9b—汽包上升管；10—辐射段；11—辐射盘管；12—燃烧器；13—原料稀释蒸汽混合物；14—燃烧区；20—对流段；21—对流管束；22—进料预热段；23—烃与稀释蒸汽混合器；24—稀释蒸汽过热段；25—超高压蒸汽过热段；26—烃与稀释蒸汽过热段；27—空气预热器；30—引风机；31—烟囱；33—汽包；34—减温增湿器；35—初级换热器；36—次级换热器；37—强制通风机；40—裂解炉系统

表 4.2-24　KTI 公司裂解炉辐射盘管构型与原料

盘管构型	GK-Ⅱ	GK-Ⅲ	GK-Ⅳ	GK-Ⅴ
炉管排列图	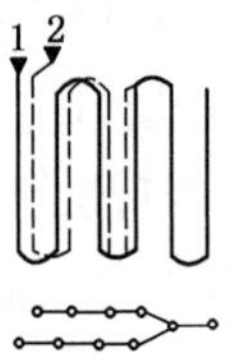	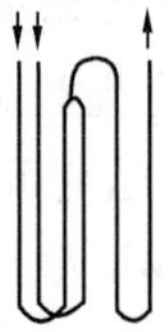	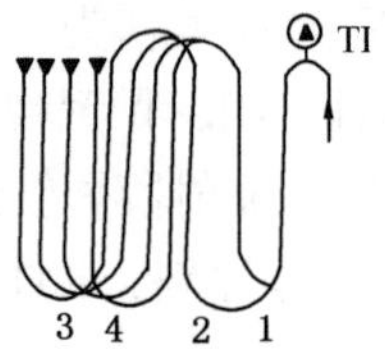	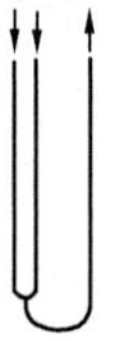
炉管排列		4-4-2-2	4-4-2-1	2-1
停留时间/s	0.4	0.4	0.3	0.2

续表

盘管构型	GK-Ⅱ	GK-Ⅲ	GK-Ⅳ	GK-Ⅴ
适合主要原料	气/液体原料	气/液体原料	气/液体原料	液体原料
选择性	较差	中等	中等	高
盘管构型	SD/GK-Ⅰ	MK	SMK	GK-Ⅵ
炉管排列	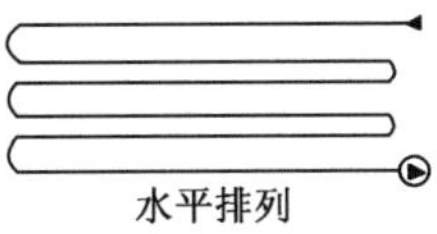	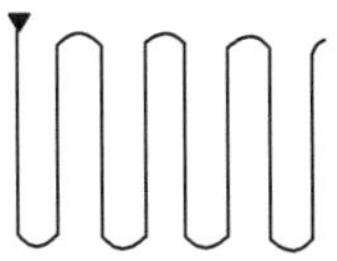	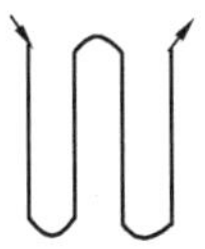	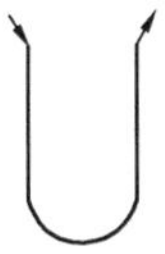
炉管排列		1-1-1-1-1-1-1-1	1-1-1-1	1-1
停留时间/s	0.6~0.8	0.7	~0.35	0.2
适合原料	气/液体原料	气/液体原料	气/液体原料	液体原料
选择性	差		中等	高

上述炉管构型，由于 GK-Ⅰ、GK-Ⅱ型裂解炉停留时间长，选择性较差，已经很少采用。但是当原料范围较宽时，特别是有轻柴油、加氢尾油等重质原料时，KTI 公司推荐采用 GK-Ⅴ、GK-Ⅵ炉管构型的裂解炉。GK-Ⅴ型一程炉管由 2 根管组成，2 程炉管二合一为 1 根炉管，即 2-1 炉管构型；GK-Ⅵ型为 U 形炉管构型，即第 1、2 程炉管由 1 根管组成，辐射段炉管为一进一出。对于气体原料的裂解，KTI 公司推荐采用 SMK 炉管构型的裂解炉。SMK 型炉管构型共有 4 程，每程炉管只有 1 根炉管，即 1-1-1-1 炉管构型。这种炉管构型特点是程数多，炉管长度长，可应用于循环乙烷、丙烷等气体原料。

GK 型裂解炉急冷换热器配置方案一般多采用一级急冷方式回收裂解气热量，一级急冷换热器采用传统急冷换热器，也可以采用线性急冷换热器。

对于 SMK 型的气体裂解炉急冷换热器配置方案，通常采用二级急冷配置方案，一般一级急冷换热器采用套管式。不同炉管构型的配置见表 4.2-25。

表 4.2-25　不同炉管构型的配置

炉管构型	GK-Ⅲ	GK-Ⅴ	GK-Ⅵ	SMK
生产能力	高	中等	高	高
适应原料	液体原料	液体原料	液体原料	气体原料
停留时间/s	0.35	0.2	0.2	0.35
选择性	中等	高	高	高
急冷换热器型式		传统或线形 TLE	传统或线形 TLE	二级急冷

KTI 公司的裂解炉供热方案通常采用底侧联合方式。

KTI 公司目前已经设计出许多大型炉。这些大型炉大多采用 GK-Ⅲ、GK-Ⅴ、GK-Ⅴ型炉管构型，当 GK-Ⅴ、GK-Ⅵ型炉管组数超过 48 组或 GK-Ⅲ型炉管组数超过 16 组时，设计采用两个辐射段配置一个对流段的布置。低于上述组数则采用单辐射段、单对流段结构。

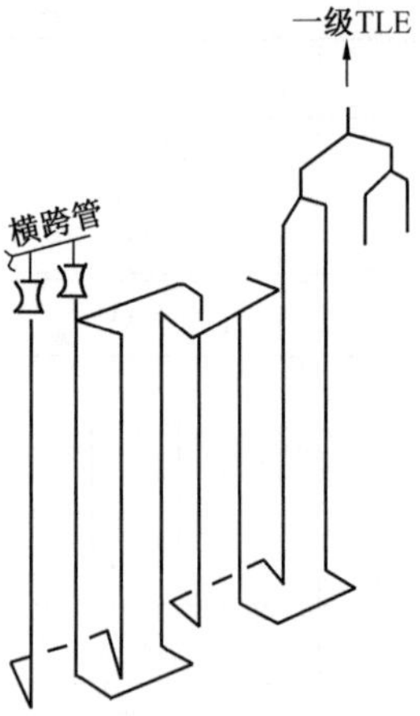

图 4.2-27　SMK 型炉管结构

（1）气体裂解炉设计

KTI 公司在裂解气体时通常采用 SMK 型炉管，即炉管排列为 1-1-1-1，通常 4 组 SMK 型炉管合并进入 1 台一级 TLE。SMK 型炉管结构见图 4.2-27。对流段设计方面，稀释蒸汽一般不过热，裂解气冷却采用二级急冷方式回收裂解气热量。裂解气体原料时对流段流程见图 4.2-28。

（2）液体裂解炉设计

KTI 公司在裂解液体时，通常采用 GK 型裂解炉，一般辐射室可设置 4、6、8 大组辐射盘管，每组辐射盘管有 4 或 8 小组盘管，其出口的裂解气合并进入一台急冷换热器。对于液体原料，一般采用一级急冷换热器回收裂解气热量。典型的 GK-Ⅲ型炉管结构见图 4.2-29，典型的 GK-Ⅴ型炉管结构见图 4.2-30。在 US7964091B2 专利中公开了一种 GK-Ⅵ型裂解炉辐射段炉管三排的排布形式，如图 4.2-31 所示。当裂解石脑油或轻柴油原料时，一般采用一次稀释蒸汽注入，但稀释蒸汽在对流段过热后再注入原料。当裂解重质原料时采用二次稀释蒸汽注入的方式，即一次蒸汽不过热，二次蒸汽在对流段过热。GK 型裂解炉裂解液体原料的流程见图 4.2-32。GK-Ⅴ型裂解炉结构示意如图 4.2-33 所示。

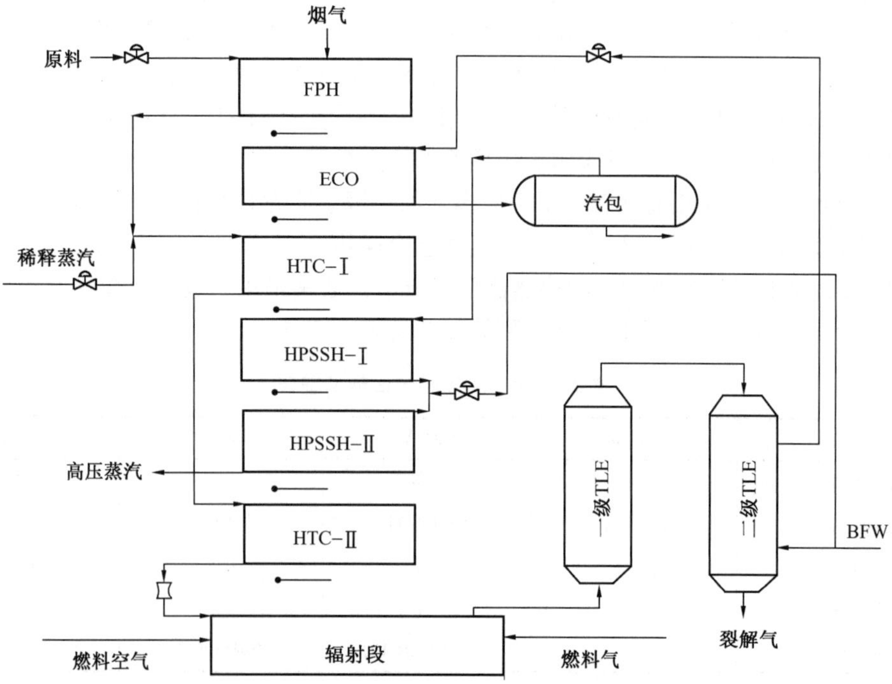

图 4.2-28　裂解气体原料时流程示意

GK 型裂解炉随着炉管结构的改进，其裂解选择性及工艺参数随之改善。表 4.2-26 是不同 GK 型裂解炉特性的比较。GK 型裂解炉分枝变径管均保持沿管长方向截面积大致不变，即各程炉管不同管程的炉管总截面积相等。在最高管壁温度大体相同的条件下，随着管程的减少，管长的缩短，其停留时间随着缩短，裂解温度相应提高，裂解产品的烯烃收率也随之提高。表4.2-27为GK-Ⅴ型裂解不同原料性能的比较。

图4.2-29 GK-Ⅲ型炉管排列

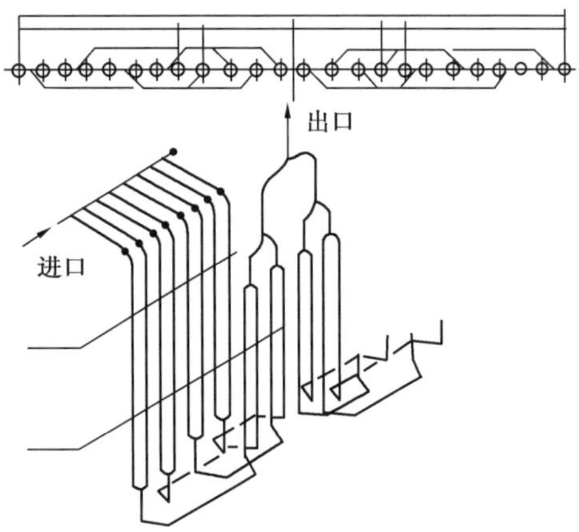

图4.2-30 GK-Ⅴ型炉管排列

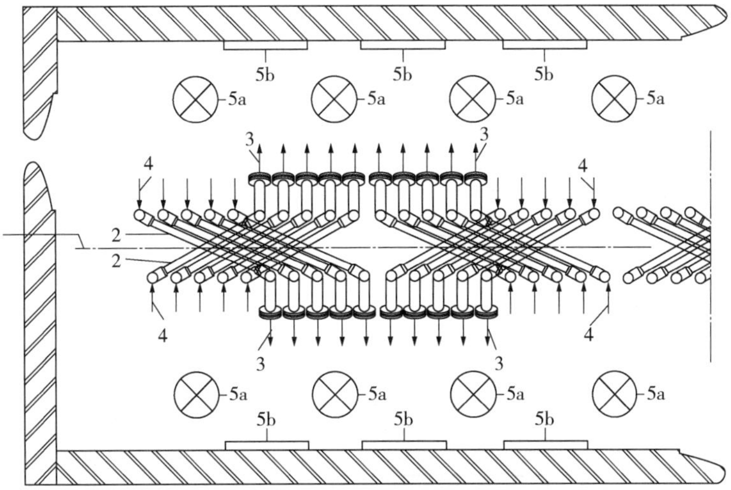

图4.2-31 GK-Ⅵ型炉管排列

2—辐射炉管；3—炉管出口；4—炉管入口；5a—底部燃烧器；5b—侧壁燃烧器

表4.2-26 不同GK型裂解炉特性的比较

项 目	GK-Ⅲ	GK-Ⅳ	CK-Ⅴ	CK-Ⅵ
炉管排列	4-4-2-2	4-4-2-1	2-1	1-1
盘管组数	8	8	32	48
废热锅炉台数	2	2	4	3
石脑油裂解收率/%(质量)				
CH_4	16.54	16.02	15.42	14.29
C_2H_4	29.96	30.45	31.00	29.93
C_3H_6	14.96	15.20	15.54	15.18

续表

项　　目	GK-Ⅲ	GK-Ⅳ	CK-Ⅴ	CK-Ⅵ
C_4H_6	5.10	5.29	5.62	4.31
烃进料量/(t/h)	26.70	26.27	25.80	29.5
稀释蒸汽比	0.6	0.6	0.6	0.55
停留时间/s	0.428	0.296	0.193	
炉出口温度/℃	845	845	858	840
压降/kPa	59	61	57	
炉膛高度/m	11.06	15.35	13.40	
清洁管最高管壁温度/℃	1027	1026	1026	1115
运转末期结焦厚度/mm	3.4	3.4	2.7	
管壁温度平均温升/(℃/d)	2.4	2.4	2.7	
平均热通量/[kJ/(m^2·h)]	353055	373825	292920	
辐射盘管总重/t	15.1	12.7	12.35	

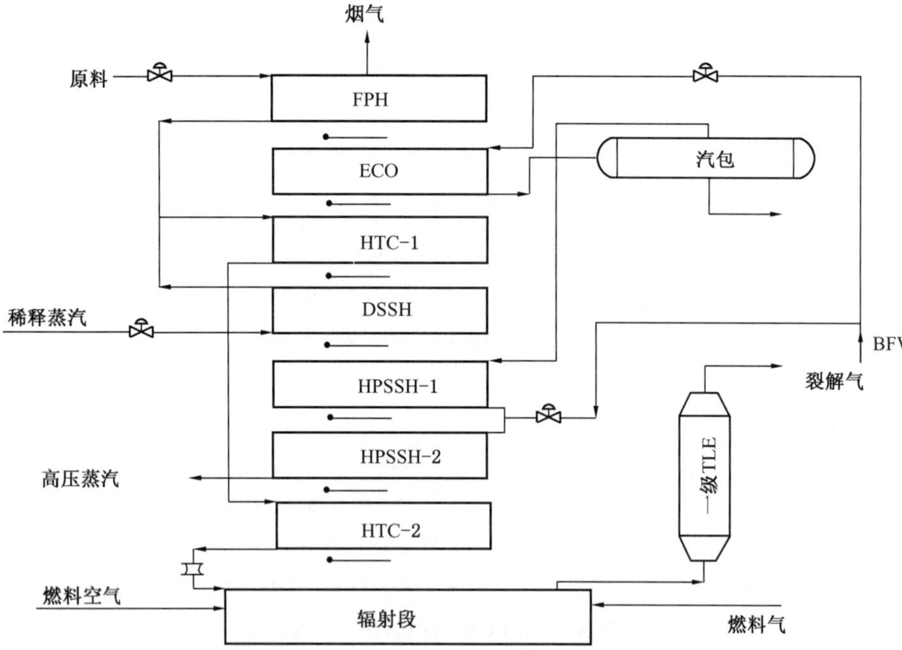

图 4.2-32　裂解液体原料时流程示意

表 4.2-27　GK-V 型炉裂解不同原料的比较

项　　目	乙烷/丙烷	丙烷	丁烷	轻柴油	石脑油	加氢尾油
稀释蒸汽比	0.35	0.35	0.40	0.60	0.45	0.7
裂解深度	65%	92%	96%	P/E[①]=0.55	P/E[①]=0.52	P/E[①]=0.60
原料量/(t/h)	23.59	29.5	29.5	30.85	29.50	25.6
炉出口温度(COT)/℃	869	879	879	849	868	807
乙烯产量[②]/(t/h)	11.60	11.31	11.48	9.00	8.70	

续表

项　目	乙烷/丙烷	丙烷	丁烷	轻柴油	石脑油	加氢尾油
丙烯产量②/(t/h)	0.76	4.14	4.45	5.00	4.52	
燃料消耗②/(GJ/h)	219.7	242.0	250.1	249.1	232.4	
热效率②/%	91.7	91.6	91.4	92.8	93.5	
运行周期/d	45	60	75	60	85	60

① 丙烯对乙烯的产量比。

② 初期和末期的平均值。

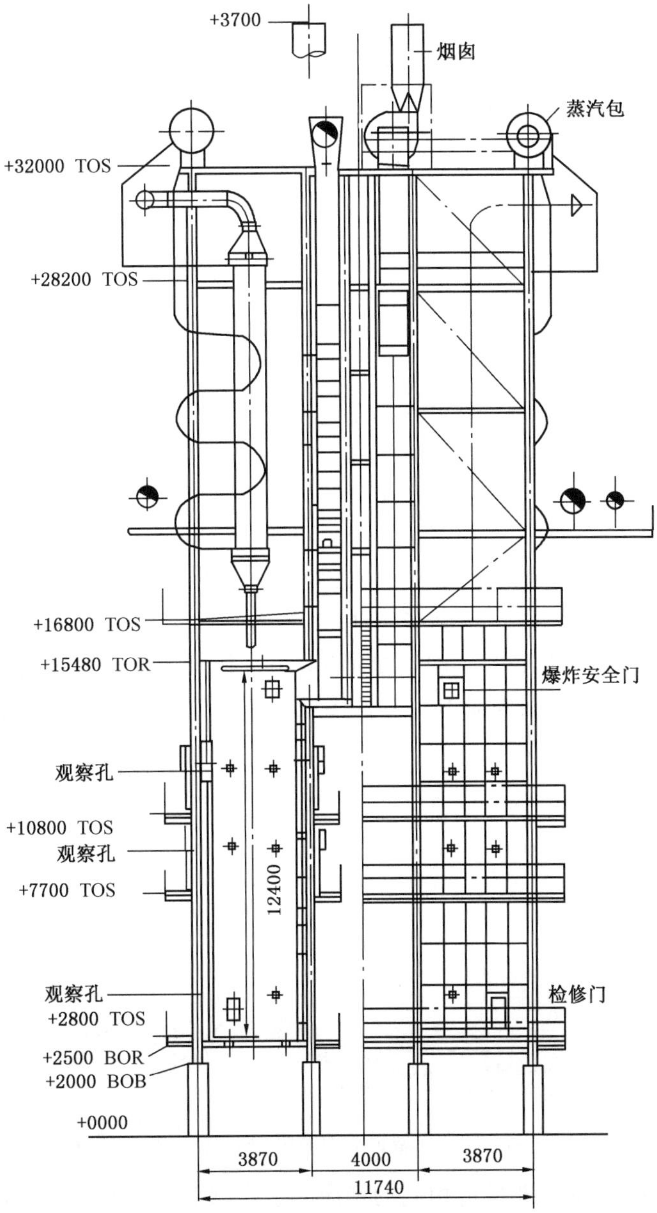

图 4.2-33 GK-Ⅴ型裂解炉结构示意(图中单位为 mm)

GK 型裂解炉裂解不同原料的裂解参数如表 4.2-28 所示。

表 4.2-28　GK 型裂解炉裂解不同原料的裂解参数

裂解原料	炉出口温度/℃	稀释蒸汽比	运转周期/天	
			停留时间 0.15~0.25s	停留时间 0.25~0.4s
乙烷	840~860	0.3	50~60	70~100
丙烷/丁烷	860~870	0.35~0.4		
石脑油	850~870	0.5	40~50	60~90
轻柴油	800~820	0.65~0.75	30~40	40~50
加氢减压柴油	830~850	0.8	35~45	50~70

随着裂解炉大型化的发展，KTI 公司从 20 世纪 70 年代末也开始设计出大型裂解炉，炉管构型多采用 GK-Ⅲ、GK-Ⅳ、GK-Ⅴ及 SMK。当采用 4-4-2-2 炉管构型(GK-Ⅲ)时，一般采用 16 组炉管，对应为 4 台 TLE；当采用 2-1 型(GK-Ⅴ)或 1-1 型(GK-Ⅵ)炉管时，一般采用 48 组或 96 组炉管，对应 6 台 TLE。此时裂解炉均为单辐射段、单对流段结构。但是当炉管组数超过 32 组(SMK)、48 组(GK-Ⅴ)或 96 组(GK-Ⅵ)炉管时，则采用双辐射段配置一个对流段的布置方式。

综合 KTI 型裂解炉的特点，总结如下：

① 停留时间短。

② 较高的选择性。

③ 配置二级急冷(气体)或一级急冷(液体)。

④ 稀释蒸汽一次或两次注入。

⑤ 热效率较高，热效率可达 94%以上。

(3) GK-Ⅶ型裂解炉

在 GK-Ⅵ型裂解炉的基础上，KTI 公司开发了 GK-Ⅶ型裂解炉，新开发的 GK-Ⅶ型裂解炉炉管同 GK-Ⅵ型裂解炉一样也采用 1-1 炉管构型，但是炉管采用 SFT(Swirl Flow Tubes)技术，且 SFT 技术具有可变化的振幅和节距，新的炉管构型可提高裂解选择性，更长的运行周期及更大的物料处理能力。炉管构型如图 4.2-34、图 4.2-35 所示，具有右侧两程管的第二程采用 SFT 技术。

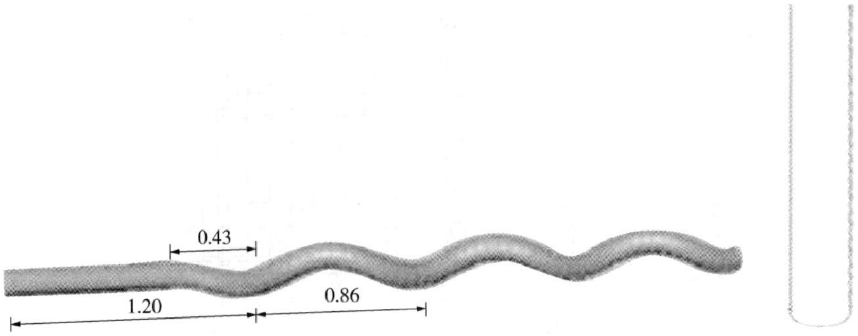

图 4.2-34　GK-Ⅶ型裂解炉采用 SFT 技术的炉管示意

在运行同种原料及原料进料量相同的情况下，在线运行 50 天，运用 SFT 技术的炉管 TMT(Tube Metal Temperature)比光管低 50℃。

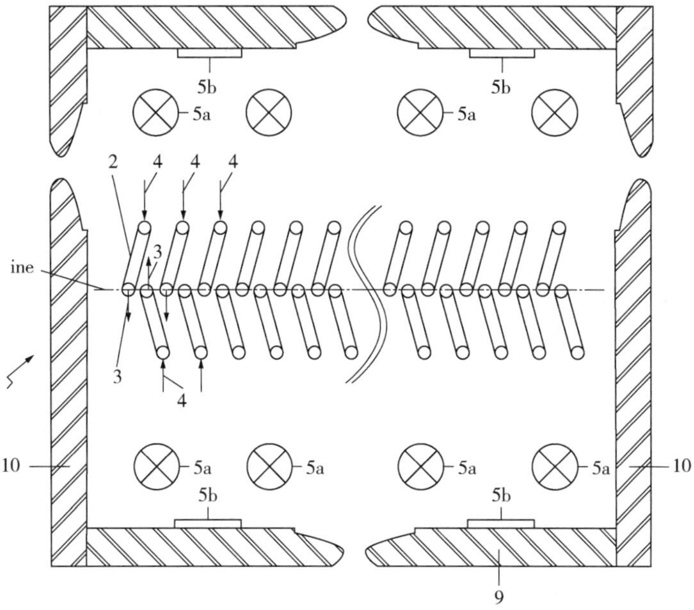

图 4.2-35　GK-Ⅶ型裂解炉炉管布置俯视图

2—辐射炉管；3—炉管出口；4—炉管入口；5a—底部燃烧器；5b—侧壁燃烧器；9，10—辐射段侧壁

GK-Ⅶ型相比 GK-Ⅵ型裂解炉有如下的改进：

① 入口管管间距更大。

② 出口管在一条直线上。

③ 入口/出口管之间的炉管表面温度差异较小。

④ 对称炉管布局。

⑤ 炉管维护更方便。

四、SC 型裂解炉

Kellogg Brown & Root 公司(以下简称 KBR 公司)于 20 世纪 70 年代开始开发毫秒炉裂解技术。毫秒炉裂解技术与其他常规裂解技术相比，在裂解炉的结构及裂解产物的分布方面有较大的不同。物料在毫秒炉辐射段炉管内的停留时间仅为 0.05～0.1s，比其他裂解炉的停留时间短，而单程乙烯收率有所提高。毫秒裂解炉结构如图 4.2-36 所示。

从 20 世纪 70 年代至今，KBR 公司开发出了 SC(Selective Cracking)裂解炉型，包括 SC-1、SC-2、SC-4 三种。裂解原料从循环乙烷、丙烷到轻柴油。SC 型裂解炉结构参数参见表 4.2-29。

表 4.2-29　SC 型裂解炉结构参数

炉型	SC-1	SC-2	SC-4
炉管构型	单程	U 形	W 形
炉管简图		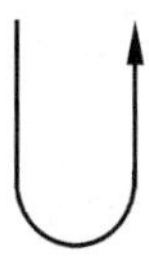	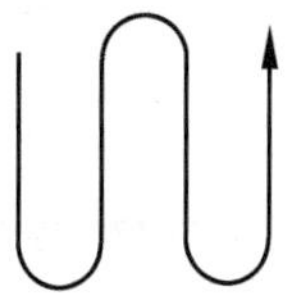

续表

炉型	SC-1	SC-2	SC-4
炉管长度/m	~12	45~49	21~24
停留时间/s	0.08~0.12	0.20~0.25	0.35~0.45
运行周期/d	30~35	35~56	50~80

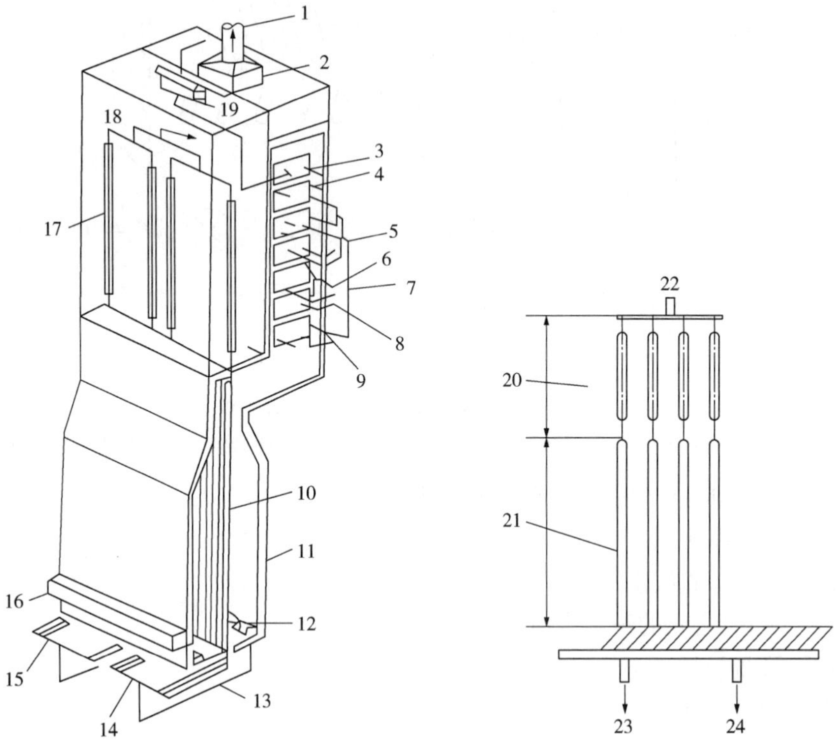

图 4.2-36　毫秒裂解炉结构

1、8—高压蒸汽；2—引风机；3、6—锅炉给水；4—原料油；5—稀释蒸汽；7—过热高压蒸汽；9、13—横跨管；10—辐射炉管；11—炉体；12—燃烧器；14、15—猪尾管；16—助燃空气管道；17—第一废热锅炉；18—裂解气；19—汽包；20—第一急冷换热器；21—反应管；22—至第二急冷换热器；23、24—物料出口

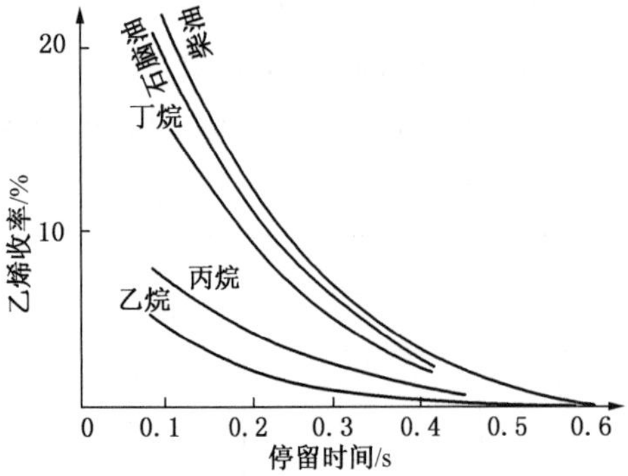

图 4.2-37　停留时间与乙烯收率的关系

1. 辐射段

对于大型裂解炉，KBR 公司采用 SC-1 型裂解炉，生产能力为年产乙烯 200kt。裂解炉结构为双辐射段、单对流段，辐射段炉管采用单程炉管构型。物料的管内停留时间仅为 0.08~0.12s，随着停留时间的缩短，裂解炉的选择性随之提高，烯烃收率也相应提高。停留时间与乙烯收率的关系见图 4.2-37。

辐射段炉管采用梅花型(内翅结构)，称为 MERT 管。这种炉管改变了炉管内流体的流动情况，可以减少焦的形成，从而有效延长辐射段炉管的运行周期。换热管径为 51~58mm(外径)，换热管长约为 12m。换热管材质为 25-35 合金钢。由于辐射段炉管采用单程换热管的设计，在辐射段中，物料下进上出，与急冷换热器连接。

2. 急冷换热器

对于裂解石脑油等原料的 SC-1 型裂解炉，采用二级急冷换热器。一级急冷换热器采用套管式急冷换热器，二级急冷换热器采用管壳式急冷换热器。急冷换热器配置方案见图 4.2-38。

3. 供热系统

SC-1 型裂解炉的供热系统为全部底部供热，只有底部烧嘴，不设侧壁烧嘴。

图 4.2-39 为典型的 SC-1 型裂解炉的布置图。

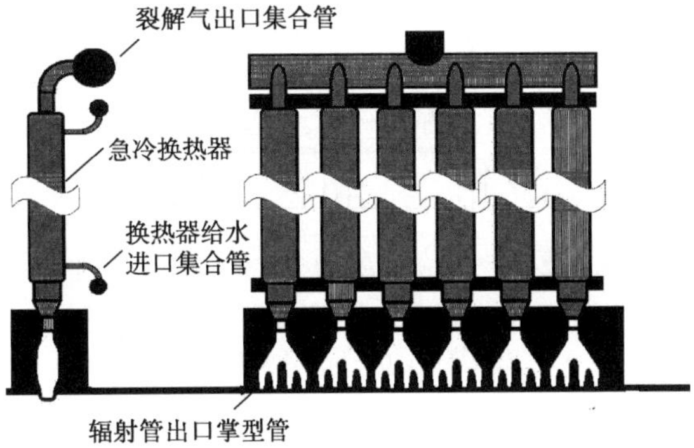

图 4.2-38　SC 型裂解炉急冷换热器配置方案

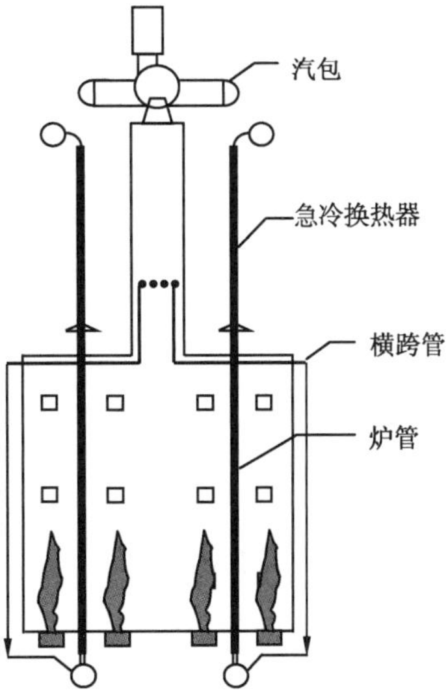

图 4.2-39　SC-1 型裂解炉典型布置

五、Pyrocrack 型裂解炉

1. 概述

林德(Linde)公司从 20 世纪 60 年代开始与西拉斯(Selas)公司合作从事裂解技术的开发，后来于 70 年代自行开发了其自己的裂解技术。Linde 公司最早的裂解炉称为 LSCC 型(Linde-Selas-Combined Coil)，现在改称为 Pyrocrack 型。Pyrocrack 型裂解炉通常为双辐射段、单对流段结构。

Pyrocrack 型裂解炉的结构见图 4.2-40 及图 4.2-41。

2. 辐射段

Pyrocrack 型裂解炉的辐射段炉管为分支变径管，构型有：Pyrocrack 4-2 型、Pyrocrack 2-2 型和 Pyrocrack 1-1 型。Linde 公司针对不同的炉管构型均做了相关专利布局，见图 4.2-42。

不同炉管构型的选择，根据原料情况确定。一般情况下，当裂解原料为气体时，通常采用 Pyrocrack 4-2 型或 Pyrocrack2-2 型炉管；液体原料可采用 Pyrocrack 1-1 型炉管。Pyrocrack 1-1 型炉管可以获得较高的烯轻产量，而 Pyrocrack 4-2 型炉管的裂解炉生产能力较高。

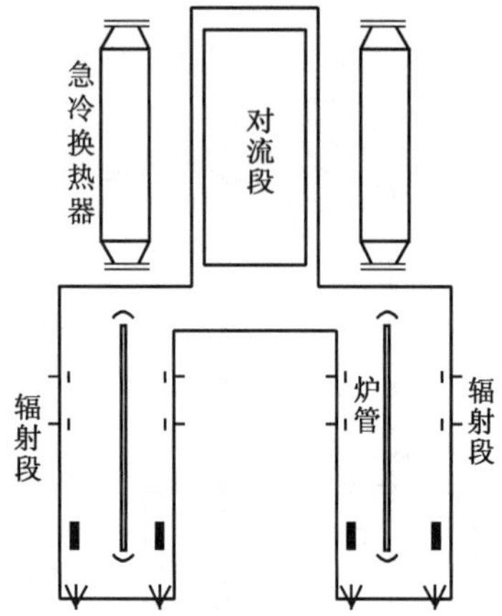

图 4.2-40 Pyrocrack 型裂解炉结构示意图一

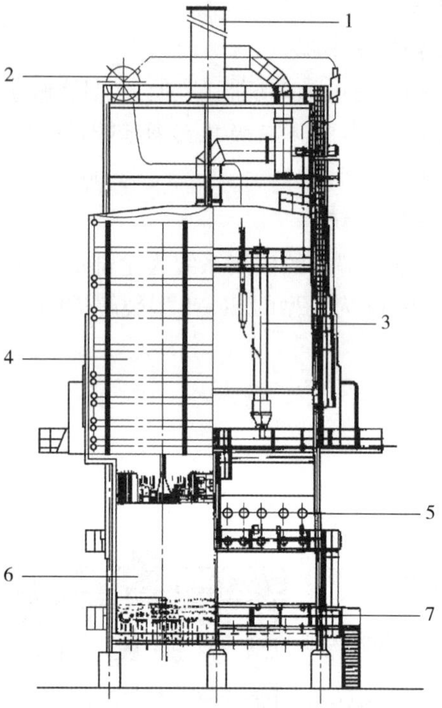

图 4.2-41 Pyrocrack 型裂解炉结构示意图二

1—烟囱；2—汽包；3—废热锅炉；4—对流段；5—侧壁烧嘴；6—辐射段；7—底部烧嘴

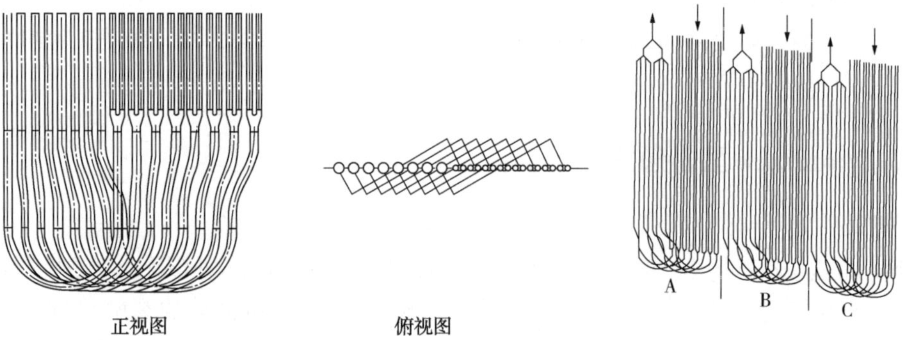

(a)EP 1146105A2 (b)US 5271809

图 4.2-42 Linde 公司申请的炉管专利附图

Pyrocrack 型裂解炉的炉管构型、相应的适用原料及裂解炉规模见表 4.2-30。

表 4.2-30 Pyrocrack 型裂解炉的炉管构型、相应的适用原料及裂解炉规模

项 目	C_2	C_2	NAP/HGO
炉管构型	Pyrocrack 4-2	Pyrocrack 2-2	Pyrocrack 1-1
炉管组数	24	40	96

续表

项　目	C_2	C_2	NAP/HGO
辐射段类型	双辐射段	双辐射段	双辐射段
投油量/(t/h)	58	61	74
供热负荷/MW	140	136	152
单炉能力/(kt/a)	240	249	165

各种 Pyrocrack 型裂解炉的炉管构型简图见图 4.2-43。

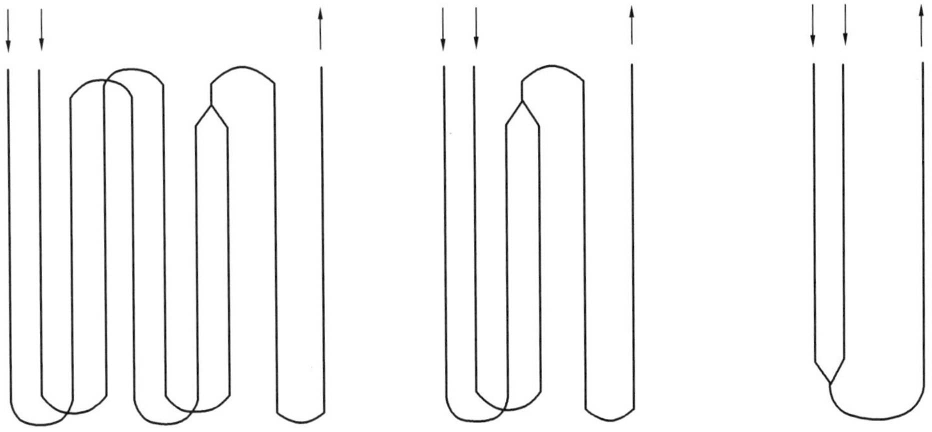

4-2　　2-2　　1-1

图 4.2-43　Pyrocrack 型裂解炉的炉管构型简图

由图 4.2-42 可知，Pyrocrack 4-2 型炉管共有 6 程，前 4 程炉管由 2 根管组成，第 5、6 程炉管只有 1 根炉管，即 2-2-2-2-1-1 炉管构型。Pyrocrack 2-2 型炉管共有 4 程，前 2 程炉管由 2 根管组成，后 2 程炉管只有 1 根炉管，即 2-2-1-1 炉管构型。由于这两种炉管构型程数多，炉管长度较长，适应气体原料的裂解。Pyrocrack 1-1 型炉管构型则为 2 程炉管，第 1 程炉管由 2 根管组成，第 2 程炉管只有 1 根炉管，即通常所说的 2-1 炉管构型。三种构型炉管结构参数及工艺参数的对比见表 4.2-31。

表 4.2-31　三种构型炉管结构参数及工艺参数的对比

项　目	Pyrocrack 4-2	Pyrocrack 2-2	Pyrocrack 1-1
炉管构型	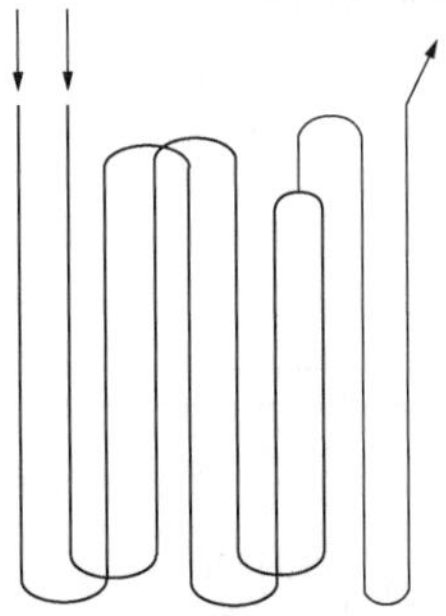	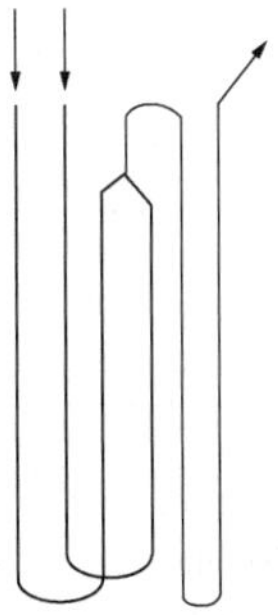	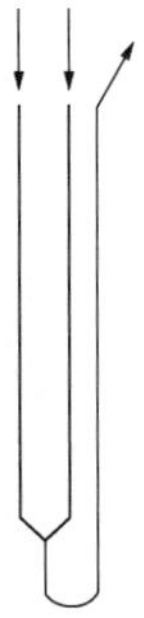

续表

项　目	Pyrocrack 4-2	Pyrocrack 2-2	Pyrocrack 1-1
炉管直径/mm	ϕ65(1~4 程) ϕ135(5、6 程)	ϕ78(1、2 程) ϕ112(3、4 程)	ϕ43(1 程) ϕ62(2 程)
炉管总长度/m	55	36~42	17~19
每台炉炉管组数	8	16	48~64
每台炉 TLE 台数	2	4	6~8
在炉管内的停留时间/s	0. 40~0. 50	0. 25~0. 30	0. 15~0. 20
横跨温度/℃		石脑油 604 常压柴油 537	石脑油 604 常压柴油 537
炉管最高允许温度/℃		1100	1100
炉出口温度/℃		石脑油 853 常压柴油 824	石脑油 857 常压柴油 828
评述	能力最高	高能力、高选择性	选择性最高

在前期的设计中，辐射段两程炉管之间的连接采用长弯头或短弯头结构，这种连接方式存在一些缺点。对于短弯头连接，炉管柔性差，应力较小；而长弯头连接，炉管柔性较好，但应力较为集中。这在裂解炉运行过程中，容易导致辐射段炉管弯曲变形，影响炉管的使用寿命；同时，也会使各种炉管受热不均匀，物料处于不同的裂解深度条件下，从而缩短裂解炉运行周期。针对这些问题，Linde 公司开发了改进的两程炉管之间的连接形式，即采用 S 形连接。这种连接形式，提高了炉管的柔性，同时降低了炉管的应力，可以取消炉底导向的设置。

图 4. 2-44 和图 4. 2-45 分别为 Pyrocrack 1-1 型和 Pyrocrack 2-2 型已完成工程实施的辐射盘管炉管布置图。由于 Pyrocrack 1-1 型辐射盘管管长进一步缩短，停留时间缩短到 0. 2s 以内，其裂解选择性明显得到改善。表 4. 2-32 是 Pyrocrack 1-1 型和 Pyrocrack 2-2 型辐射盘管裂解性能的比较。表中原料油消耗是以混合馏分油为基础，其中石脑油约占 57%，轻柴油约占 28%，加氢裂化尾油约占 15%。

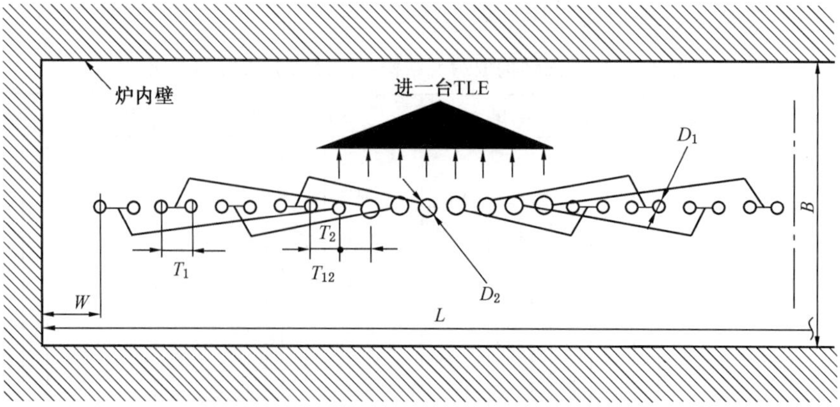

D_1=43mm(壁厚6mm)　T_1=94mm　L=10434mm　W=240mm
D_2=62mm(壁厚6mm)　T_2=126mm　B=2700mm

图 4. 2-44　Linde 公司工程实施的 Pyrocrack 1-1 型裂解炉炉管排列和尺寸

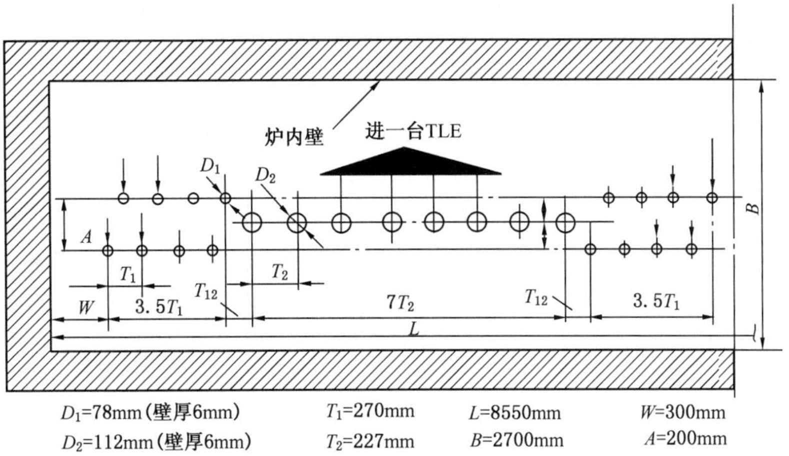

图 4.2-45 Linde 公司工程实施的 Pyrocrack 2-2 型裂解炉炉管排列和尺寸

表 4.2-32 Pyrocrack 1-1 和 Pyrocrack 2-2 型辐射盘管的比较

项 目	Pyrocrack 1-1	Pyrocrack 2-2
裂解炉特性		
单台裂解炉盘管数	64	16
每台裂解炉 TLE 数	8	4
每组盘管进料量/(kg/h)		
石脑油进料时	476	1982
轻柴油进料时	468	1945
加氢尾油进料时	417	1737
炉出口温度/TLE 入口温度/℃		
石脑油进料时	857/851	853/850
轻柴油进料时	828/822	824/820
加氢尾油进料时	838/834	834/832
产品收率(含乙烷循环裂解)/%		
富氢气体	0.82	0.85
甲烷	13.95	15.07
乙烯	31.18	29.98
丙烯	15.62	15.02
丙烷	0.78	0.81
丁二烯	5.53	5.29
其余 C_4	4.05	3.81
C_5 馏分	3.38	3.04
芳烃	14.97	15.97
C_6~C_8 非芳烃	3.27	3.24
燃料油	6.45	6.92
300kt/a 乙烯原料消耗量/(t/a)	962914	1001325

综上所述，Linde 公司三种构型的炉管各有其特点：Pyrocrack 1-1 型选择性最高，停留时间最短，单组炉管处理能力最小；Pyrocrack 4-2 型选择性较差，停留时间最长，单组炉管处理能力最大；而 Pyrocrack 2-2 型则介于这两者之间。Linde 公司在 20 世纪 80 年代设计的裂解炉主要采用 Pyrocrack 4-2 型和 Pyrocrack 2-2 型炉管以及介于它们之间的炉管构型，在 90 年代设计的裂解炉则主要采用 Pyrocrack 1-1 型炉管。

随着乙烯装置的大型化及为了降低投资和维护费用的需要，Linde 公司的裂解炉也朝着大型化的方向发展。根据需要其选择裂解炉的规模在 60~120kt/a 不等。裂解原料适应范围从轻烃一直到加氢尾油均可，其最大能力的裂解炉规模在 100kt/a 左右，采用的典型炉管布置为 38 组 Pyrocrack 2-2 型炉管或 64 组 Pyrocrack 1-1 型炉管，通常采用双辐射段炉型(即门式炉)。

3. 对流段

Pyrocrack 型裂解炉对流段通过 2~4 大组进料控制，对流段炉管排布通常为每排布置 8~16 根炉管。对流段的物料通过文丘里管均匀分配到每组辐射段炉管中。

根据不同的裂解原料性质，采用不同的对流段排布方式。当原料为气体原料或轻质液体原料时，对流段采用稀释蒸汽一次注入方式，而对于加氢尾油等重质液体原料，则采用稀释蒸汽二次注入方式。典型的裂解加氢尾油的对流段排布为：锅炉给水预热器(ECO)、上原料预热器(FPH-I)、稀释蒸汽过热器(DSS)、下原料预热器(FPH-Ⅱ)、超高压蒸汽过热器(HPSSH)、上混合预热器(HTC-I)和下混合预热器(HTC-Ⅱ)。为了适应重质原料的性质，既要满足物料在进入下混合预热器之前已经完全汽化，同时又保证在上混合预热器出口的物料汽化率不能过高，以免在对流段结焦，稀释蒸汽分为两次注入。在稀释蒸汽过热器过热的稀释蒸汽分为两部分，其中 20%注入经过下原料预热器预热的物料，剩余的 80%注入经上混合预热器预热的物料、蒸汽混合物。

4. 急冷换热器

Linde 公司的急冷换热器型式包括传统急冷换热器和线性急冷换热器两种。另外，不同的裂解原料，所配置的急冷换热器也不一样。对于气体原料，采用两级急冷型式；对于液体原料，采用一级急冷型式。线性急冷换热器是针对传统式急冷换热器存在的问题开发出来的，其优点在于：

① 由于每个辐射段炉管对应一根急冷换热器换热管，可以节省辐射段的静态铸造管件。

② 取消传统急冷换热器入口的带衬里的封头。

③ 取消传统急冷换热器中的管板，避免了管板腐蚀的现象。

Pyrocrack 型裂解炉急冷换热器配置见表 4. 2-33。

5. 供热系统

经过对裂解炉三种供热系统(全部侧壁供热，全部底部供热以及底部、侧壁联合供热)的 CFD 模拟、分析，Linde 公司认为，侧壁、底部联合供热方式可以提供较为均匀的供热曲线，有益于各种物料在相近的裂解操作条件下运行。

Pyrocrack 型裂解炉供热方式采用底部供热与侧壁供热相结合的供热方案，侧壁约占 40%，底部约占 60%。

表 4.2-33　Pyrocrack 型裂解炉急冷换热器配置情况

配置	一级传统急冷换热器(气体原料裂解，并设有锅炉给水预热器)	线性急冷换热器、第二级急冷换热器以及锅炉给水预热器(气体原料裂解)	线性急冷换热器(液体原料裂解及高选择性炉管)
流程示意图	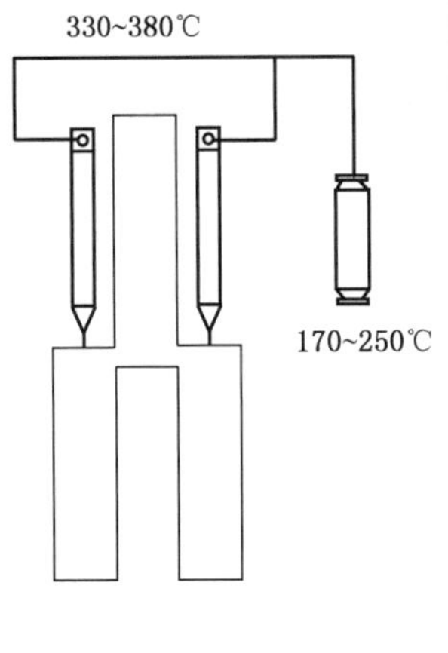	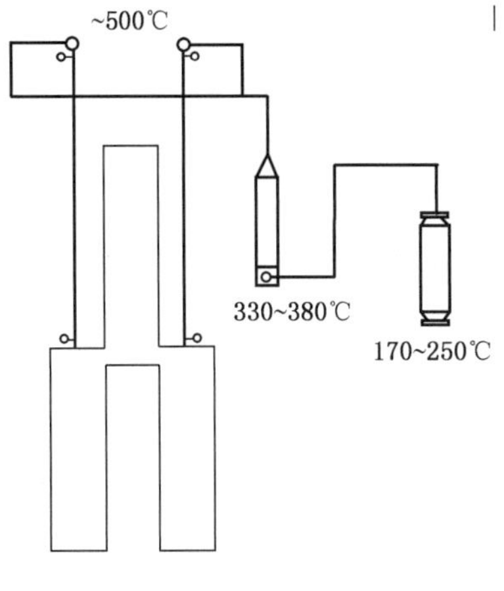	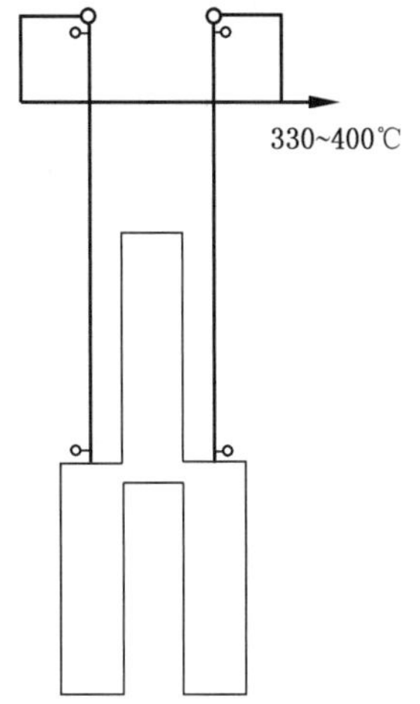

6. 绿色降碳

在全球“双碳”的大背景下，除了传统的蒸汽裂解装置，Linde 公司同时在关键核心技术创新上布局。2018 年，Linde 公司发布的专利(US 9908091 B2)公开了一种对于含烃物料，优选为甲烷进料的蒸汽重整炉，包括燃烧室、用于容纳催化剂并使进料流通过的反应管、用于控制装置加热反应器的燃烧器控制装置和至少一个电压源。该电压源连接到多个反应器管，产生电流以加热反应器管，见图 4.2-46。

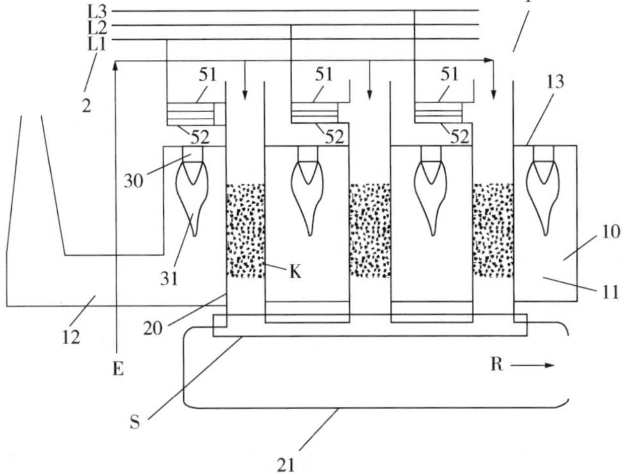

图 4.2-46　Linde 公司申请的绿色降碳专利附图

1—电加热炉；2—电压源；10—燃烧室；11—辐射段；12—对流段；20—反应管；21—反应歧管；30—燃烧器；51、52—电缆

2021 年，Linde 公司与巴斯夫、沙特基础工业公司共同签署了一项联合协议，计划共同开发并推广蒸汽裂解装置电加热解决方案。方案旨在加热过程中使用可再生电力替代传统化石燃料气体开展概念性研究。通过在“加热”这一石化行业的核心工艺里引入创新举措，

赋能化工行业，大幅减少二氧化碳的排放。若使用可再生资源的电力，这项具有颠覆性的革新技术有望实现高达90%的减排比例。传统裂解炉与电加热蒸汽裂解炉的对比如图4.2-47所示。近期，由巴斯夫、沙特基础工业公司和Linde公司携手打造的全球首座大型电加热蒸汽裂解炉示范装置已启动建设。

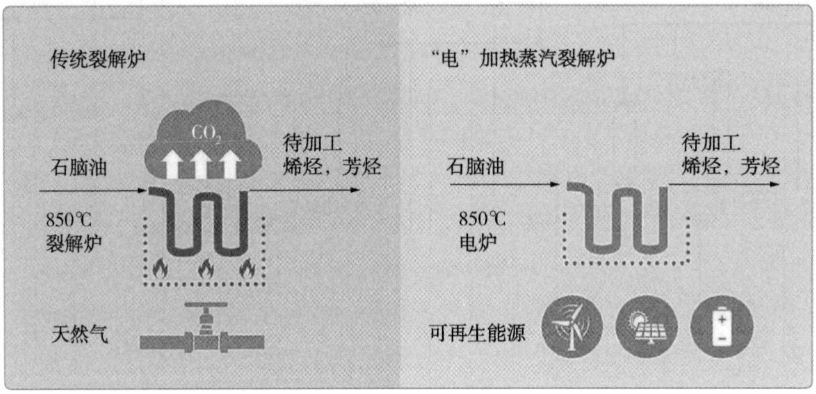

图4.2-47　传统裂解炉与电加热蒸汽裂解炉的对比

六、CBL型裂解炉

1. CBL裂解技术开发及系列化

乙烯生产专利技术由于工艺复杂，半个世纪来一直由Lummus、S&W、KBR、Linde和KTI五大专利商垄断。鉴于乙烯生产技术的重要性，原中国石化总公司从1983年成立伊始，就把开发乙烯裂解技术确定为重点科技开发项目，在“振兴石化，科技先行”方针指导下，于1984年组建了由原北京石化工程公司(现中国石化工程建设有限公司SEI)、北京化工研究院、兰州化工机械研究院(现兰州天华公司南京工业炉研究所)为代表的裂解炉研发小组，开始了中国石化乙烯裂解技术的开发工作。

经过40多年的不断研发，最终实现了CBL裂解技术的系列化及烃类蒸汽热裂解工艺技术、工程设计技术及设备的国产化，也使中国在20世纪80年代成为第三个掌握裂解技术的国家，中国石化在2011年成为国际专利商之一。下面是CBL型裂解炉的发展历程：

“七五”期间(1986—1990年)，中国石化CBL研发小组在研究裂解原理和消化吸收引进国外裂解技术的基础上，提出了2-1型炉管构型、稀释蒸汽二次注入和二级急冷为代表的北方炉(CBL型裂解炉)设想方案，并验证了此设想的可行性。1987年5月中国石化总公司决定在辽阳石化乙烯厂建设1台年产20kt乙烯的工业试验炉(CBL-Ⅰ型)，并得到国务院重大技术装备办公室的支持。经各方努力于1988年10月建成，11月投油试运。经过1年的运行、测试、标定，该裂解炉于1991年1月通过国家鉴定，主要技术指标达到了国际同类型裂解炉20世纪80年代先进水平。以2-1型炉管、二次注气和二级急冷为技术特点，以石脑油为原料，三烯(乙烯、丙烯、丁二烯)收率达到49.66%。随后应用该技术，在齐鲁石化烯烃厂、吉林石化有机合成厂各建成1台CBL-Ⅰ型裂解炉(图4.2-48)。

“八五”期间(1991—1995年)，在齐鲁和吉化2台CBL-Ⅰ型炉推广应用的基础上，实现了CBL裂解技术的工业应用和工程设计水平的进一步提升。1993年4月在兰州召开的中国石化“十条龙”攻关会议上正式确定由CBL开发组继续开发CBL-Ⅱ型炉，规模为40kt/a，并列入

“十条龙”攻关计划，1993年10月正式定点在辽阳石化。1995年11月和1996年9月，年产乙烯40kt的CBL-Ⅱ型裂解炉分别在辽阳石化乙烯厂(图4.2-49)和抚顺石化乙烯厂建成并投油成功。与CBL-Ⅰ型裂解炉相比，保留了2-1炉管、二级急冷两个特点，由于仅裂解石脑油原料将稀释蒸汽注入改为一次过热注入，以简化流程和节省投资。在工艺指标上，以石脑油为原料，热效率92.9%(排烟温度140℃)，比CBL-Ⅰ型炉提高2.5个百分点，运行周期72天，三烯收率达到53.77%。与引进的GK-Ⅲ型炉相比，乙烯及三烯收率分别高0.12和4.81个百分点，主要技术指标达到了国际同类型裂解炉20世纪90年代初先进水平。

图4.2-48 CBL-Ⅰ型裂解炉

图4.2-49 CBL-Ⅱ型裂解炉

“九五”期间(1996—2000年)，从1995年开始，为适应乙烯装置的规模进一步提高，中国石化总公司组织开发60kt/a CBL-Ⅲ、CBL-Ⅳ型炉，以实现CBL裂解技术的初步大型化及重质原料的裂解。1996年CBL-Ⅲ型裂解炉工程技术开发和工业试验列入国家科技攻关计划专题，并与CBL-Ⅳ型裂解炉开发共同列入中国石化“十条龙”攻关项目。燕山石化CBL-Ⅲ型炉(图4.2-50)于1998年8月6日17：00投料，于1999年通过了中国石化集团公司组织的鉴定和国家的验收。CBL-Ⅲ型与CBL-Ⅱ型炉相比，单台炉乙烯生产能力由40kt/a提高到60kt/a，二级急冷换热器由卧式改为立式。在工艺指标上，以石脑油为原料，热效率达到94.43%(排烟温度105℃)，比CBL-Ⅱ型炉提高1.5个百分点以上。与引进的SRT-Ⅳ型炉相比，在较缓和的裂解深度下，乙烯及三烯收率比其高0.09和0.54个百分点，主要技术指标达到了国际同类型裂解炉90年代末先进水平。CBL-Ⅳ型炉于1999年4月21日在辽阳石化公司化工一厂一次投料成功，于2000年通过了中国石化集团公司组织的鉴定。以两程4-1型炉管、二级急冷和稀释蒸汽二次注入为主要特点，适合裂解重质油品，如加氢裂化尾油等。在工艺指标上，热效率达到93.8%(加氢裂化尾油，排烟温度小于120℃)~94.11%(石脑油，排烟温度96℃)，比CBL-Ⅱ型炉提高1.0~1.5个百分点，裂解石脑油时三烯收率达到52.46%。

“十五”期间(2001-2005年)，在这期间，结合齐鲁石化720kt/a乙烯改扩建，开发了CBL-R型乙烷裂解炉(图4.2-51)，采用2-1-1-1型炉管，之后CBL-R型裂解炉在武汉石化、中沙石化等多个项目中应用。结合中原石化SRT-Ⅳ型裂解炉改造，开发了CBL-Ⅴ型裂解炉，并在茂名1000kt乙烯改造项目2号乙烯装置中应用此技术新建了两台110kt/a裂解炉(图

4.2-52)，于2006年10月8日投料。至此，CBL技术在系列化方面迈出了关键的一步，拥有了气体原料裂解技术和裂解炉改造技术。在气体原料裂解方面，首创运行周期突破100天的记录。在裂解炉改造方面掌握了小改、中改及大改的技术，单位产量投资比国外技术低33%~50%。项目的开发成功，为中沙石化、镇海炼化1000kt/a新建乙烯装置采用CBL裂解技术建设及为后续样板炉开发和裂解炉实施样板炉改造、实施原料灵活性改造打下了基础。2012年采用CBL-Ⅴ型裂解技术在中韩石化武汉分公司建设7台120kt/a裂解炉，分为轻油炉和重油炉两种炉型，轻油炉裂解原料为石脑油和拔头油，重油裂解原料为石脑油和加氢尾油。

“十一五”期间(2006—2010年)，结合镇海炼化1000kt/a乙烯建设，开发了150kt/a规模的CBL-Ⅶ型裂解炉(图4.2-53)，其主要技术特点是双炉膛采用2-1型炉管配线性急冷换热器。并于2010年7月27日投入使用，具有分炉膛烧焦及投料的灵活性，于2010年11月4日至6日完成了性能考核，并通过了中国石化组织的鉴定，各项技术指标达到了国际先进水平，在运行周期方面达到国际领先水平。结合扬子石化SRT-Ⅲ型裂解炉改造、广州辐射炉管更换开发了CBL-Ⅵ型裂解炉。CBL-Ⅶ型裂解炉采用双炉膛结构，具有原料灵活性强、操作灵活的优点，可以分炉膛裂解和分炉膛烧焦。它的开发成功标志着中国石化掌握了裂解炉大型化技术，为更大型裂解炉开发打下了坚实的基础。

图4.2-50　CBL-Ⅱ型及CBL-Ⅲ型裂解炉

图4.2-51　CBL-R型裂解炉

图4.2-52　CBL-Ⅴ型裂解炉

图4.2-53　CBL-Ⅶ型裂解炉

“十二五”期间(2011—2015 年)，在马来西亚采用 CBL 技术建设 1 台 90kt/a 乙烷原料裂解炉，并成功投产，实现了 CBL 裂解技术走出国门，使中国石化成为国际上裂解专利商之一。结合镇海炼化 1000kt/a 乙烯扩能到 1100kt/a 和炼厂气利用，开发了 200kt/a 乙烷原料裂解炉，并在该炉上首次实现了中国石化自主开发的 SCR 脱硝技术的应用。中国石化实施的裂解炉样板炉改造已得到国家有关部门的支持，并于 2013 年通过了国家的验收。通过采用 CBL 裂解技术对茂名石化 1 号乙烯 1 台 40kt/a 原 S&W 公司设计的 48U 裂解炉和扬子石化新区 1 台 SRT-Ⅵ型炉实施节能改造，取得了良好的效果。其中茂名石化裂解炉运行周期达到 100 天以上，热效率在 95%~96%；扬子石化样板裂解炉运行周期达到 80 天以上，热效率达到 95%，各项技术指标达到国际领先水平。此改造技术已陆续在上海石化、天津石化、齐鲁石化、茂名石化、福建联合石化、广州石化和扬子石化等乙烯装置中得到应用并取得了预期效果。

“十三五”期间(2016—2020 年)，结合湛江石化 800kt/a 乙烯建设，开发了 300kt/a 乙烷原料裂解炉(图 4.2-54)，并于 2021 年 1 月投产，为世界上最大能力的裂解炉；结合中韩 1100kt/a 乙烯改扩建，开发了 200kt/a CBL-Ⅸ型液体原料裂解炉(图 4.2-55)，并于 2021 年 1 月投产；结合燕山石化乙烯裂解炉改造正开发的 CBL-VⅢ型裂解炉于 2023 年 5 月投产。这些裂解炉的各项技术指标均达到国际领先水平。目前，镇海 300kt/a 双炉膛 CBL-Ⅹ型液体裂解炉正在开发设计中。这些技术的开发将为未来提升 CBL 技术的竞争力打下基础。

图 4.2-54 CBL-R 型 300kt/a 乙烷裂解炉

图 4.2-55 CBL-Ⅸ型裂解炉

综上所述，自 1984 年开发至今，CBL 技术实现成套化、系列化和模块化，CBL 裂解炉从 CBL-Ⅰ型发展到 CBL-Ⅸ型，能力从最初的 20kt/a 发展到 300kt/a；原料可以适应从乙烷到加氢尾油。同时，随着乙烯装置规模的扩大，尤其是百万吨级规模乙烯装置的出现，对裂解炉单炉能力提出新的要求。裂解气体原料的气体裂解炉和裂解液体原料的液体裂解炉，都已得到大面积推广应用，目前超过 260 台裂解炉采用了 CBL 技术，总能力超过 30000kt/a。

在系列化方面，主要有以下内容：

① 技术系列化：辐射段、对流段、急冷换热器、供热、工程、裂解炉改造、强化传热技术、节能及减排等。

② 炉型系列化：主要体现在炉管构型系列化。在炉管构型方面，采用新型大弯管设计的各种炉管构型已申请几十项专利。CBL 各型裂解炉辐射炉管构型情况见表 4.2-34。

表 4.2-34　CBL 各型裂解炉辐射炉管构型情况

炉型	CBL-R1/R2	CBL-Ⅰ/Ⅱ/Ⅲ	CBL-Ⅳ	CBL-Ⅴ	CBL-Ⅵ	CBL-Ⅶ	CBL-ⅤⅢ	CBL-Ⅸ、Ⅹ
炉管构型	2-1-1-1/1-1-1-1	2-1	4-1	2/1-1	1-1	2-1	单程	2-1

③ 炉膛结构系列化：单炉膛、双炉膛。

④ 能力系列化：20kt、40kt、60kt、80kt、100kt、110kt、120kt、150kt、200kt、300kt。

⑤ 按原料分类的系列化：气体原料裂解炉、重质液体原料裂解炉、轻质液体原料裂解炉。

⑥ 关键设备系列化方面：急冷换热器有一级、二级和三级 3 种急冷方式，可根据不同原料来选择。其结构有线性、U 型和管壳式；供热方式有全底部供热和底侧联合供热，燃烧器有系列化低 NO_x 燃烧器和不同结构的燃烧器。

2. CBL 裂解技术特点

20 世纪 80 年代，CBL 开发小组提出了三个“2”的 CBL 技术特点，即 2-1 型炉管，二级急冷，稀释蒸汽二次注入。随着对裂解原理的进一步研究，并对引进的裂解技术反复消化吸收，同时在裂解炉设计、建设过程中不断积累经验，在原有的 CBL 技术基础上有所更新。CBL 型裂解炉炉膛多采用单辐射段，单对流段结构；当单炉生产能力高于 150kt/a 时，为了缩短辐射段长度，可采用双辐射段、单对流段结构。为了有效延长运行周期，提高裂解炉的在线生产率，在辐射段炉管内加装了扭曲片。急冷换热器采用一级急冷或二级急冷型式；根据原料情况以及所采用的炉管构型情况，配置传统急冷换热器或线性急冷换热器。供热系统采用侧壁和底部联合供热或全部底部供热。对流段稀释蒸汽注入方式则视原料性质而定，当裂解原料为轻柴油或加氢尾油等重质原料时，则采用 CBL 炉的二次注入方式；当裂解原料为石脑油等轻质原料或气相原料时，则采用一次注入方式。

（1）液体原料裂解

目前用于设计的炉管构型有 2-1 型、改进 2-1 型及 4-1 型等高选择性两程炉管，单程炉管也已工业应用。1 程采用小直径炉管快速升温；2 程采用较大直径炉管，以利于降低烃分压。技术人员可根据不同裂解原料和能力要求，选用相应的炉管构型。

2-1 型、改进 2-1 型、4-1 型及 1-1 型炉管，均有较大的比表面积，单程变径炉管的比表面积最大。炉管的比表面积大，可以加快物料在入口端的升温速度，提高了炉管前端的管壁温度，缩小了整个炉管的管壁温差，有效利用了整体炉管。其中 2-1 型、改进 2-1 型、1-1 型及单程变径炉管可配置线性或 U 型急冷换热器。

上述几种高选择性炉管均很好地体现了高温、短停留时间、低烃分压的特点。炉管构型参数选择符合世界裂解技术发展趋势，其选择性相近，均具有良好的裂解选择性和适宜的运行周期。

① 急冷方式：二级或一级。

② 稀释蒸汽注入方式：一次(轻质油或重质油)/二次(重质油)。

③ 供热方式：底部与侧壁联合供热，通常底部占 70%左右。

④ 引风机可采用变频调速。

（2）气体原料裂解

采用停留时间适中的 4 程炉管(2-1-1-1 或 1-1-1-1)，设计的主要出发点为 1 组 4 程炉管与 1 台线性急冷换热器相连接，急冷方式可以是线性或传统高效急冷换热器。

（3）原料适应性及能力

在原料适应性方面，CBL 裂解技术已涵盖气体原料到加氢裂化尾油。裂解炉能力从 20kt/a 到 300kt/a 以上。

CBL 型裂解炉辐射段炉管构型如图 4. 2-56、图 4. 2-57 所示。

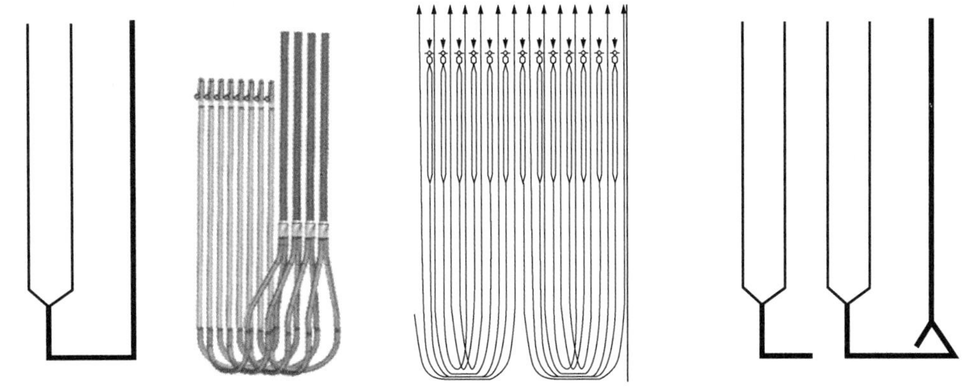

（a）2-1　　（b）2/1-1　　（c）4-1

图 4. 2-56　CBL 液体原料裂解炉辐射段炉管构型

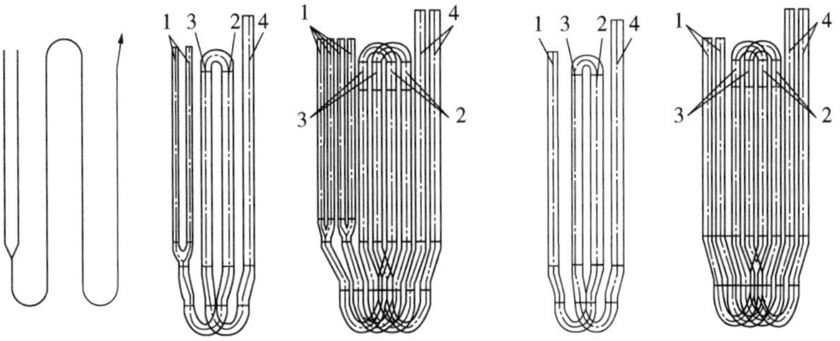

(a)2-1-1-1　　(b)1-1-1-1

1—第1程管；2—第2程管；3—第3程管；4—第4程管

图 4. 2-57　CBL 气体原料裂解炉辐射段炉管构型

参 考 文 献

[1] 王松汉，何细藕．乙烯工艺与技术[M]．北京：中国石化出版社，2000.

[2] 王松汉．乙烯装置技术与运行[M]．北京：中国石化出版社，2009.

[3] 李薇，潘有江．管式加热炉[M]．北京：中国石化出版社，2021.

[4] 张勇．烯烃技术进展[M]．北京：中国石化出版社，2008.

[5] 涂国华，张磊．SRT-Ⅵ型炉辐射炉管改造技术探讨[J]．化工设备与管道，2012(增刊一)：61-65.

[6] Lummus. Pyrolysis heater[P]. US6685893B2. 2004. 03. 03.
[7] Lummus. 加热更均匀的裂解炉[P]. CN1659257A. 2005. 08. 24.
[8] Technip Energies. Cracking furnace system and method for cracking hydrocarbon feedstock therein[P]. CN1659257A. 2005. 08. 24.
[9] 唐迪平. 优化操作提高 GK-Ⅵ型裂解炉的生产能力[J]. 乙烯工业，2006，18(4)：27-32.
[10] Linde. Pyrolysis furnace for the thermal cracking of hydrocarbon[P]. EP01108733. 2001. 04. 06.
[11] Selas Kirchner Gmbh. Pyrolytic furnace for the thermal cracking of hydrocarbons[P]. US5271809. 1993. 12. 21
[12] 何细藕. 国外大型裂解炉的发展[J]. 乙烯工业，1999，(03)：1-8.
[13] Guotai Zhang，Bruce Evans. Progress of modern pyrolysis furnace technology[J]. Advances in Materials Physics and Chemistry，2012(02)，169-172.
[14] Stephan D. 蒸汽裂解炉装置的电气化[J]. 流程工业，2023，(03)：22-23.
[15] 何细藕. 烃类蒸汽裂解制乙烯技术发展回顾[J]. 乙烯工业，2008，(02)：59-64+18.
[16] 王子宗，何细藕. 乙烯装置裂解技术进展及其国产化历程[J]. 化工进展，2014，33(01)：1-9.
[17] 何细藕. 中国石化 CBL 裂解技术的大型化及其应用[J]. 乙烯工业，2015，27(01)：49-52+6.
[18] 何细藕，李昌力，侯瑞，等. 双炉膛 CBL 裂解炉开发及其应用[J]. 乙烯工业，2017，29(01)：38-41+5-6.
[19] 何细藕. 中国石化 CBL 裂解技术开发及其标准化设计[J]. 乙烯工业，2018，30(04)：49-52+6.
[20] 何细藕，李昌力，周丛，等. 中国石化 CBL 气体裂解炉开发及工业应用[J]. 乙烯工业，2020，32(04)：5-9+75.

第五章 裂解炉的工艺设计

第一节 裂解炉工艺设计常用的基本参数

一、裂解基本工艺参数

1. 裂解温度

一般，我们将裂解炉辐射段炉管的出口温度称为裂解温度，而将辐射段炉管的进口温度称为横跨温度。裂解温度的选择取决于原料的组成、炉型和裂解深度。裂解温度的高低大体符合以下规律：碳数愈少的原料裂解温度愈高；单管裂解炉>二程管裂解炉>多程管裂解炉(即停留时间愈短裂解温度愈高)；高裂解深度>中裂解速度>低裂解深度。相同炉型时原料的组成愈轻，裂解温度愈高；而横跨温度只与原料的组成有关；裂解原料愈轻，横跨温度愈高，一般横跨温度接近原料的起始裂解温度。

从裂解反应机理分析，在相同原料转化率下，提高裂解温度有利于提高一次反应所得低碳烯烃的收率。810℃和860℃下正戊烷和异戊烷一次反应的产品收率如表5.1-1所示。

表5.1-1 温度对一次裂解反应的影响

裂解产物组分	收率/%(质量)			
	正戊烷裂解		异戊烷裂解	
	810℃	860℃	810℃	860℃
H_2	0.55	1.02	0.82	1.25
CH_4	6.29	12.03	16.55	24.51
C_2H_4	20.03	37.34	15.15	24.06
C_3H_6	14.31	16.81	18.65	16.26
其他	58.82	32.8	48.83	33.92
总计	100.0	100.0	100.0	100.0

从裂解反应的化学平衡也可以看出，提高裂解温度有利于低碳烯烃的生成，并相对减少了低碳烯烃消失的反应，从而有利于提高裂解的选择性。但裂解温度超过某一值后，低碳烯烃的收率不再增加甚至开始减少，因此，裂解温度需要控制在一定的范围内。

2. 参考温度和当量反应器体积和长度

(1) 参考温度(T_e)

对于一个非等温反应，为了简便起见，可以把它处理成为一个拟等温反应。可以选取

一个参考温度 T_e，假设在此温度下进行等温反应，其转化率与实际非等温反应的转化率相同。一般以裂解炉管出口温度作为参考温度。

(2) 当量反应器体积(V_e)

一个非等温反应器，当原料进料流率不变时，在参考温度 T_e 下进行等温反应，而能获得与非等温反应相同转化率反应器体积，称为当量反应器体积，以符号 V_e 表示。当量反应器体积 V_e 可由式(5.1-1)计算。

$$V_e = \frac{\int_0^{V_r} \exp[-E/RT(l)]\mathrm{d}V_r}{\exp[-E/RT_e]} \tag{5.1-1}$$

式中 V_r——实际反应器体积；

E——反应活化能；

R——气体常数；

$T(l)$——实际反应器长度 l 处的温度。

(3) 当量反应器长度(L_e)

当量反应器体积与管式反应器截面 S 之比称为当量反应器长度 L_e。L_e 可以根据豪根-华生公式(5.1-2)计算。

$$L_e = \exp[E/RT_e]\int_0^L \exp[-E/RT(l)]\cdot \mathrm{d}l \tag{5.1-2}$$

对于一个设有若干测温点的非等温反应器，也可以近似地用式(5.1-3)求取当量反应器长度 L_e。其中，i 为测温点。

$$L_e = \exp[E/RT_e]\sum_{i=1}^{n}\frac{\exp[-E/RT_{i-1}] + \exp[-E/RT_i]}{2}(L_i - L_{i-1}) \tag{5.1-3}$$

3. 稀释比

稀释比是指在裂解反应物料中，加入的稀释剂与裂解原料的比例，有质量比和摩尔比两种表示法，一般工业上多采用质量比。在裂解原料中加入稀释剂的目的是：① 降低裂解时的烃分压：从化学平衡来分析，烃类裂解的一次反应是一个分子数增多的过程，对于这样的反应过程，降低烃分压对提高目的产物的收率有利；烃类裂解的二次反应是分子数减少的过程，降低烃分压可以减少非目的产物的生成；从化学反应动力学来看，降低压力可以增大一次反应对于二次反应的相对速度。② 烃类裂解总会伴随结焦反应的发生，加入水蒸气作为稀释剂有利于焦汽化生成 CO 和 CO_2 的水煤气反应，因此对延长炉管运转周期有利。③ 加入稀释剂对稳定裂解温度和保护炉管也是有益的。图 5.1-1 给出了稀释比与裂解乙烯收率和结焦的关系。

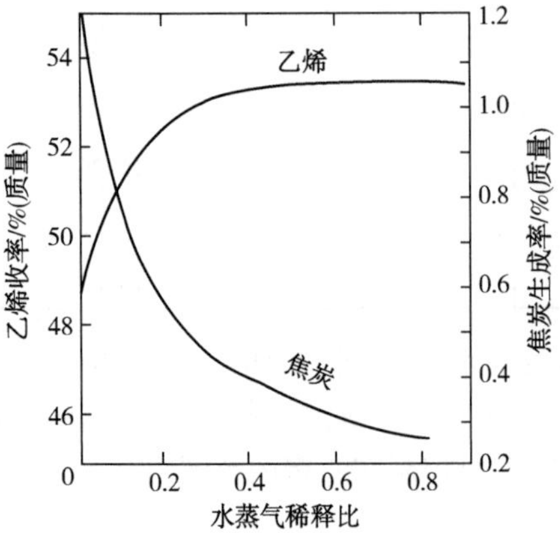

图 5.1-1 稀释比与乙烯收率、结焦程度的关系

在烃裂解工艺中，可选择的稀释剂应为对裂解反应惰性的气体，如氢、氮、甲烷、氩、水蒸气等。较为成熟的方法是利用水蒸气作稀释剂，因此烃裂解也称为蒸汽裂解。采用水蒸气作稀释

剂的优点是它易得，去焦作用明显，从裂解产品中分离容易。稀释比愈高对裂解反应愈有利，但过大也会带来一些不利的影响，如水蒸气消耗量增大，使裂解炉生产能力下降，同时影响急冷速度，急冷剂的用量加大等，使能耗增加。因此原料的合适稀释比应根据产物收率、裂解炉能力和能耗综合因数选择。表 5.1－2 列出了几种常用原料的水蒸气稀释比。

表 5.1－2　几种常用原料的水蒸气稀释比

裂解原料	原料氢含量/%(质量)	结焦难易程度	稀释比	裂解原料	原料氢含量/%(质量)	结焦难易程度	稀释比
乙烷	20	不易	0.25～0.4	石脑油	14.16	较易	0.5～0.8
丙烷	18.5	不易	0.3～0.5	粗柴油	约 13.6	较易	0.75～1.0
正丁烷	17.24	中等	0.4～0.5	原油	约 13	很易	3.5～5.0

4. 停留时间

（1）真实停留时间（θ_T）。

从反应开始到达某一转化率时，反应物料在反应器中所经历的反应时间称为真实停留时间。对于流动管式反应器，真实停留时间 θ_T 与转化率 x 的关系可由式(5.1－4) 计算。

$$\theta_T = \int_0^x \frac{dx}{r_A RT(1 + n_I + \delta x)/p} \tag{5.1-4}$$

式中　r_A——裂解反应速度；

n_I——稀释比(摩尔比)；

x——转化率；

p——压力；

δ——膨胀率，其定义是裂解 1mol 的烃，反应从转化率 $x=0$ 开始进行到转化率 $x=1$ 时所增加的衡物质的量，mol。

（2）表观停留时间（θ_B）

表观停留时间又称整体停留时间，其定义为：

$$\theta_B = \frac{V_r}{V} = \frac{SL}{V} = \frac{L\rho}{G} \tag{5.1-5}$$

式中　V——气态反应物(包括惰性稀释剂)的实际体积流率，m^3/s；

V_r——反应器体积，m^3；

L——反应管长度，m；

S——反应管截面积，m^2；

ρ——反应物料密度，kg/m^3；

G——质量流速，$kg/(m^2 \cdot s)$。

反应物料的体积流率 V 一般有如下几种取法。

① 取反应器进口值，即 $V=V_{in}$

② 取反应器出口值，即 $V=V_{out}$

③ 取反应器进、出口算术平均值，即

$$V=(V_{in}+V_{out})/2 \tag{5.1-6}$$

④ 取反应器进、出口对数平均值，即

$$V=\frac{V_{out}-V_{in}}{\ln\dfrac{V_{out}}{V_{in}}} \tag{5.1-7}$$

⑤ 取某一点的值按微元处理，即

$$dV_r=Sdl \tag{5.1-8}$$

上述式中的 V_{in}、V_{out} 可按以下两式计算：

$$V_{in}=\frac{RT_{in}}{p_{in}}(N_{HC}+N_s)=\frac{RT_{in}}{p_{in}}\cdot q\left(\frac{1}{M_{HC}}+\frac{W_s}{M_s}\right) \tag{5.1-9}$$

$$V_{out}=\frac{RT_{in}}{p_{in}}(N_s+N_g+N_0)=\frac{RT_{out}}{p_{out}}\cdot q\left(\frac{W_s}{M_s}+\frac{W_g}{M_g}+\frac{W_0}{M_0}\right) \tag{5.1-10}$$

式中 N_{HC}、N_s、N_g、N_0——原料烃、稀释蒸汽、裂解气、裂解焦油的流率，kg·mol/s；

M_{HC}、M_s、M_g、M_0——原料烃、稀释蒸汽、裂解气、裂解焦油的分子量；

W_g、W_0——水蒸气稀释比，质量比；

q——原料烃进料流率，kg/s；

R——气体常数，8.047kPa·m³/(kmol·K)；

p_{in}、p_{out}——进、出口压力，Pa(A)；

T_{in}、T_{out}——进、出口温度，K。

(3) 当量真实停留时间和当量表观停留时间

用参考温度 T_e，当量反应器体积 V_e 和当量反应长度 L_e 概念处理非等温反应的真实停留时间即为当量真实停留时间，此时的表观停留时间即为当量表观停留时间。

当量表观停留时间以符号 θ_e 表示，有两种表示法。

① 反应物料溶剂流率取反应器出口值，即

$$\theta_e=\frac{V_e}{V_{out}}=\frac{SL_e}{V'_{out}} \tag{5.1-11}$$

$$V'_{out}=\frac{RT_e}{p}(N_s+N_g+N_0) \tag{5.1-12}$$

式中 V'_{out}——参考温度 T_e 下的出口体积流率。

所以

$$\theta_e=\frac{PSL_e}{(N_e+N_g+N_0)RT_e} \tag{5.1-13}$$

② 反应物料体积流率取某一点值，即

$$\theta_e=\frac{V_e}{V'}=\frac{SL_e}{V'} \tag{5.1-14}$$

$$V'=\frac{N_{HC}RT_e}{p}(1+n_1+\delta x) \tag{5.1-15}$$

式中 V'——参考温度 T_e 下的容积流率。

所以

$$\theta_e=\frac{PSL_e}{(N_e+N_g+N_0)N_{HC}RT_e} \tag{5.1-16}$$

(4) 平均停留时间

平均停留时间 θ_A 可由下式计算：

$$\theta_A = \frac{1}{x_0}\int_0^{x_0}\theta \mathrm{d}x \tag{5.1-17}$$

式中　x_0——反应器出口处的原料转化率；

x——沿管长的原料转化率；

θ——任一种停留时间。

所以平均停留时间亦称积分停留时间。将它表达为原料转化率的函数形式，是衡量裂解选择性的重要参数。如果停留时间偏长，反应产物乙烯、丙烯有可能裂解为 H_2、CH_4 气和氢含量低的燃料油，从而使选择性降低。

二、裂解深度参数

裂解深度是指裂解反应进行的程度。裂解深度愈高，表示裂解反应进行得愈深，原料的转化率愈高，气相产物量愈大，残余液相产物的氢含量愈低。因此裂解深度是裂解反应的一个重要的控制参数，如何来度量裂解深度，有多种不同的度量方法，下面一一介绍。

1. 原料转化率

原料转化率是指裂解过程中发生反应的裂解原料占裂解反应前的原料的比率。对于单一烃的裂解反应深度，可以比较方便地采用转化率来表示。例如乙烷裂解，根据原料中乙烷的量以及裂解产物中未发生反应的乙烷的量即可计算出乙烷的转化率：

$$x = \frac{N_0 - N_1}{N_0} \tag{5.1-18}$$

式中　x——转化率(一般用摩尔分数表示，生产上常用百分率表示)；

N_0、N_1——某烃反应前和反应后的物质的量，mol。

对于混合物裂解的转化率，常常选其中一个烃为代表来计算转化率。如乙烷-丙烷混合物裂解，以丙烷为代表来计算转化率比较方便，因为乙烷在裂解过程中几乎不产生丙烷，所以分析反应前后的丙烷量，由上式计算出的转化率可以反映裂解反应进行的程度。反之，如果以乙烷为代表则不然，因为丙烷在裂解过程中生成乙烷，所以由上式计算得到的转化率不能完全反映裂解反应的进行程度。对于轻石脑油，由于在其裂解过程中几乎不生成正戊烷，所以以正戊烷为代表来计算转化率能够反映裂解反应进行的程度。

对于较重的液体原料，如柴油、加氢尾油等，确定准确的转化率就比较困难，因为各种烃类裂解性能不同，裂解深度也各异，其中某一烃不但在反应中消失，也可能在反应中由别的烃生成，所以无法以转化率作为裂解反应进行程度的度量。有时采用一些粗略的计算方法，常用的方法有两个，分述如下：

一是以产气率 x_g 来近似代替转化率，用质量分数表示。在裂解深度较低和中等时，此方法能够较好地度量裂解深度。但在裂解深度较高时，往往会出现较大的偏差，原因在于产气率并非总是随着裂解深度的增加而增加的。

二是考虑到原料油中烷烃和环烷烃发生裂解反应而芳烃几乎不发生反应，因此可以用产气率除以烷烃和环烷烃的分率作为转化率。但当裂解深度较高时，尚需做一定的校正。

$$x_{P+N}=\frac{x_g}{N+P} \tag{5.1-19}$$

式中 x_g——C_4 气相产物产率，质量分数；

P——烷烃质量分数；

N——环烷烃质量分数。

2. 甲烷收率

试验表明，甲烷收率总是随着反应进程而单值增大的。原因在于甲烷比较稳定，在工业裂解温度下，基本上不参加二次反应，只有生成没有消失。因此，甲烷收率的高低可以反映裂解反应深度的高低。

考虑到链烷烃、环烷烃比芳烃易于发生裂解反应，在工业裂解条件下，芳烃的芳环基本上不参加裂解反应生成乙烯和甲烷。所以，对于芳烃含量不同的原料来说，如以原料的全部组分的质量作为基准来计算甲烷收率，则甲烷收率的大小往往因原料中的芳烃含量的大小而异，不能真正反映裂解深度。为了消除芳烃含量不同的这种影响，可扣除原料中的芳烃而以烷烃和环烷烃的质量为计算甲烷产率的基准，按式(5.1-20)计算：

$$C^0_{1(P+N)}=\frac{C^0_1}{N+P} \tag{5.1-20}$$

式中 $C^0_{1(P+N)}$——无芳烃甲烷产率,%(质量)；

C^0_1——以原料全部质量为基准的甲烷产率,%(质量)。

考虑到关联指数 *BMCI* 是反映原料芳香性的指标，所以为了消除原料烃族组成的影响，还可以用原料的 *BMCI* 值处理甲烷产率，计算如式(5.1-21)所示：

$$C^B_1=\frac{C^0_1}{100-BMCI} \tag{5.1-21}$$

式中 C^B_1——以 *BMCI* 值处理后的甲烷产率,%(质量)。

3. 乙烯/丙烯的收率比

对多数裂解原料而言，其基本不含乙烯和丙烯，所以对裂解产物进行分析得到乙烯和丙烯的量，可以很方便地获得乙烯对丙烯收率的比值。

在工业裂解范围内，乙烯收率随着裂解反应的加深而逐步增加，而丙烯收率随裂解深度增加到中等裂解深度的最大值后则随着深度继续增加而下降，因此乙烯对丙烯的收率比也是随裂解速度的增加而单值上升的。由于裂解产物中乙烯和丙烯比可在线测定，因此，常常用作能反映裂解深度的灵敏指标。

每种原料的裂解深度随乙烯和丙烯收率比增加而增加，但不同原料的乙烯和丙烯收率比却不能完全反映它们的裂解深度高低，如在同等裂解原料转化率下，异构烷烃的乙烯和丙烯收率比会显著低于正构烷烃；一般石脑油达到高裂解深度的乙烯和丙烯收率比为 0.45 左右，而加氢尾油的高裂解深度指标却为 0.55 左右。因此，在用此指标作为衡量不同原料的裂解深度时，还应考虑原料的种类差别。

4. 甲烷/丙烯的收率比

由前述可知，裂解反应中随着反应进程的加深，甲烷收率总是增大的，而且稳定的甲烷基本不参加二次反应，因此甲烷对丙烯的收率比也是随裂解深度上升而单值增加的。由于它们易测定，因此也常常用作衡量裂解反应深度的参数。但值得注意的是，在达到中等裂解深度后，丙烯收率在达到最高值后开始下降，甲烷对丙烯的收率比上升，随裂解深度增大较敏感，能够灵敏地反映裂解深度的变化。因此，通常用甲烷对丙烯的收率比来作为衡量高裂解深度的指标。而在较低的裂解深度条件下，由于甲烷和丙烯收率均呈上升趋势，因此用甲烷对丙烯的收率比来度量裂解深度的敏感性下降。

5. 裂解液体产品的氢含量

由前面的讨论可知，随着裂解进程的加深，裂解原料的氢逐渐向气态产物转移，液体产物的氢含量逐渐下降。

C_5^+ 液体产物的氢碳原子比$(n_H/n_C)_L$是度量炉管结焦倾向的重要指标。图 5.1-2 给出了裂解深度与 C_5^+ 液体产物的氢碳原子比$(n_H/n_C)_L$、烯烃产率的关系。可以看到，随着裂解深度的增加，乙烯的产率逐渐增大，丙烯产率达到最大值后会急剧下降，液体产物氢含量不断降低。生产实践的经验表明，不论何种原料，当 C_5^+ 液体产物的氢碳原子比$(n_H/n_C)_L$低于 0.96[即氢含量 8%(质量)]时，裂解炉管容易发生结焦问题。所以可以控制 C_5^+ 液体产物的氢碳原子比$(n_H/n_C)_L$小于 0.96，从而来掌握裂解深度。可以看出，C_5^+ 液体产物的氢碳原子比$(n_H/n_C)_L$能够作为度量裂解深度的一个指标。

对于不同的原料，为了防止结焦，可以使裂解反应进行到$(n_H/n_C)_L=0.96$左右。由图 5.1-2 可见，轻柴油(曲线 1)由于其$(n_H/n_C)_L$比值较低，裂解反应进行到 a 点，C_5^+ 液体产物的氢碳原子比$(n_H/n_C)_L$已经降到 0.96，不能再加深裂解深度了；而石脑油(曲线 2)由于其$(n_H/n_C)_L$比值较高，裂解反应进行到 b 点，$(n_H/n_C)_L$才降到 0.96，裂解进行的程度可深一些；氢含量比石脑油高的原料(曲线 3)裂解反应可进行到 c 点，离开乙烯最高产率所对应的 d 点要近一些。由此可知，氢含量高的原料，其可裂解性较高，裂解深度较高。这样，控制了 C_5^+ 液体产物的氢碳原子比$(n_H/n_C)_L$这项指标，便可对不同的原料掌握到合适的裂解深度。

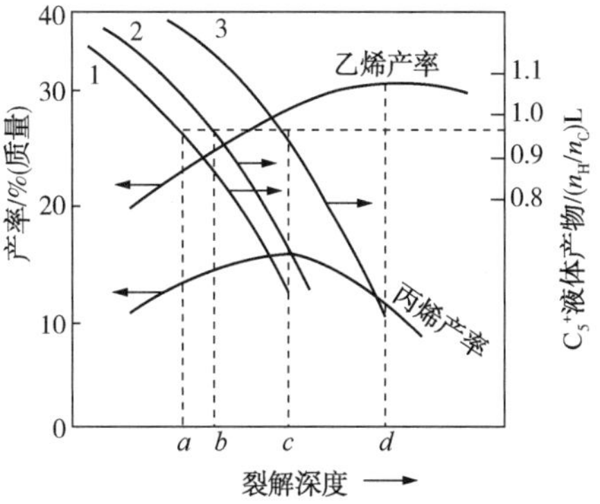

图 5.1-2　裂解深度与 C_5^+ 液体产物的氢碳原子比$(n_H/n_C)_L$、烯烃产率的关系

6. 出口温度

裂解炉的出口温度也是衡量裂解深度的重要参数之一。但用该指标作为裂解深度指标的缺点是没有反映出温度分布和停留时间的情况。同样的原料在温度分布不同的炉型和不同的停留时间下操作，虽然出口温度相同，裂解深度和产物收率分布是不同的。

但在原料和炉型确定的情况下，生产中以出口温度作为控制裂解深度的指标还是有其应用价值的。因为在一定的炉型下，炉管几何参数已定，炉膛结构已定，炉管排布、燃烧器位置已定，则沿管长的温度分布也已经确定，在原料处理量一定的情况下(即停留时间一定)，出口温度的高低基本上反映了裂解深度的高低。工业上由于出口温度测量容易，现在还在广泛地使用这个指标。

同种炉型，裂解温度愈高，裂解深度也愈高。

7. 动力学深度函数(Kinetic Severity Function, KSF)

前面介绍的几项指标都是从原料和产物的性质和数量关系方面来反映裂解深度的，而不涉及反应条件，所以可以看作是裂解深度的内部度量。而动力学裂解深度函数 KSF 是从原料性质和反应条件两方面来反映裂解深度的，是内部度量和外部度量在一定程度上的结合。也就是说，动力学裂解深度函数 KSF 既能反映出温度-时间关系，又能与原料烃的裂解反应动力学联系起来；既考虑了操作条件，又考虑了原料性质。其定义如下：

$$KSF = \int k\mathrm{d}\theta \tag{5.1-22}$$

式中 k——反应速度常数，s^{-1}；

θ——时间，s。

裂解反应按一级反应进行，其反应速度为：

$$-\frac{\mathrm{d}N}{\mathrm{d}\theta} = kN \tag{5.1-23}$$

积分得：

$$-\int \frac{-\mathrm{d}N}{N} = k\mathrm{d}\theta \tag{5.1-24}$$

由上得：

$$KSF = \int_0^{\theta} k\mathrm{d}\theta = -\int_{N_1}^{N_2} \frac{\mathrm{d}N}{N} = \ln \frac{N_1}{N_2} \tag{5.1-25}$$

如果能将原料烃分子在反应前后的量 N_1 和 N_2 分析测定出来，就可按上式计算出 KSF 值；如果不能直接测量，则可由原料烃分子的反应速度常数来计算。反应速度常数 k 计算式如下：

$$k = A\exp(-E/RT) \tag{5.1-26}$$

当停留时间从零增加到 θ 秒时，原料烃的衡摩尔数由 $N=1$ 降低到 $N=1-x$，则

$$KSF = \int_0^{\theta} k\mathrm{d}\theta = -\int_0^{1-x} \frac{\mathrm{d}N}{N} \tag{5.1-27}$$

对于等温过程，上式可变为：

$$KSF = k\theta = \ln \frac{1}{1-x} = -\ln(1-x) \tag{5.1-28}$$

式中 E——活化能；

A——指前因子；

R——气体常数；

T——反应温度。

动力学裂解深度函数 KSF 是以动力学的方法组合了原料的裂解反应动力学性质、温度与停留时间的关系，它的大小反映了原料烃分子参加裂解反应进行的程度。

三、裂解炉的性能指标

1. 裂解炉的能力指标

(1) 生产能力和炉子的备用系数

生产能力通常以化工装置在单位时间内生产的产品量或处理的原料量来度量。在乙烯

工业中，一般以每年生产的乙烯的量来表示生产能力。

炉区的生产能力等于单台炉的年生产能力与运转炉子台数的乘积，或者等于单位时间炉区的生产能力与年运转时间的乘积，单位为万吨乙烯/年。近年来技术的进展和规模效益的推动使炉区的生产能力从20世纪80年代的(10～20)万吨乙烯/年发展到现在的100万吨乙烯/年以上。一般，炉区的生产能力大于乙烯装置的能力，而炉区各台炉子的总生产能力和又大于炉区的生产能力，因为炉子需要周期性的停炉清焦，因此炉区的裂解炉必须有一定数量备用系数。裂解炉的备用系数是指炉区内备用裂解炉的生产能力占炉区总生产能力的百分比。在设计中，合理的裂解炉的备用系数在10%～15%。

(2) 单炉生产能力

单炉的生产能力为单位时间的生产能力与年运转时间的乘积，以一台裂解炉每年生产的乙烯的量来表示。随着金属材料、自动控制等技术的不断发展，裂解炉的单炉生产能力从20世纪80年代的30～60kt乙烯/a发展到目前的100～150kt乙烯/a，最大的单炉生产能力甚至达200kt乙烯/a以上。设计中一般采用的炉子年运转时间为8000h(或7560h等)。随着裂解炉单台生产能力的不断提高，裂解装置的裂解炉配置台数也不断减少，从而简化了操作和控制，节省了投资和占地面积。由此可见，单炉生产能力的提高为乙烯的大规模生产奠定了基础。

(3) 裂解炉的运转周期

裂解炉的运转周期为每次裂解炉两次清焦间连续投料运转的时间，一般以天作为单位。裂解炉的运转周期由炉管的运转周期和急冷换热器的运转周期决定，二者中只要一个达到限制指标裂解炉就必须停炉清焦。

炉管的运转周期的限制因数为炉管壁温和压降。由前述可知，裂解反应进行过程中伴随着结焦反应，随着操作时间的延长，在炉管内壁上渐渐形成一层焦，其厚度也逐渐增加。结焦增加导致炉管热阻不断上升，在所需热量不变的情况下，热阻增加从而导致管壁温度不断提高，当管壁温度达到金属材质允许的极限温度时，裂解炉就必须停止运转，进行清焦。此外，焦层厚度的增加使炉管内径变小，压降不断增大，当压降增大到使裂解选择性受到较大影响时，裂解炉也必须停止投料运转，进行清焦。

急冷换热器的运转周期一般受急冷换热器出口温度限制。急冷换热器出口温度随运转时间延长而不断上升。当出口温度升高到规定允许值时，急冷换热器也应进行清焦处理。

轻烃和石脑油原料的裂解炉运转周期的限制因素一般为炉管最高壁温，而重质裂解原料的裂解炉运转周期的限制因素一般为急冷换热器的出口温度。

(4) 原料灵活性

为了适应裂解原料的变化，设计裂解装置时需要考虑具有能裂解多种原料的灵活性。裂解装置原料灵活性有两种可选择的方案：炉区的原料灵活性和单炉的原料灵活性。

炉区的原料灵活性是将炉区的多台炉子按原料类型分成几类，每类炉子只裂解性质相近的原料，原料灵活性可由不同类型的炉子完成。这种方案的炉子设计和操作均可按各自的优化条件选择，在条件允许时是一种节约投资、操作方便经济的首选方案。

但很多时候，某台裂解炉仅仅适应一种裂解原料往往无法满足炉区原料灵活性的需要，这就要求单台裂解炉也要有裂解多种原料的灵活性。单炉原料灵活性也可有几种方案：

① 炉子在不同时间裂解不同的原料：这种方案操作相对容易，但原料切换时有波动。

② 炉子同时在同组反应管中裂解多种原料：这种方案一般只能按最重原料或主要原料选择条件，另一种原料必在非优化条件操作。如乙烷-石脑油共裂解时，一般按石脑油选择工艺条件，而乙烷的单程转化率只有30%左右。

③ 炉子同时在不同组反应管中裂解多种原料：这种方案一般也只能按主要原料选择操作条件，其他原料的条件选择范围有限。

由前述可知，不同原料的裂解反应速度常数大小不同，产物分布(如乙烯收率)也有很大差别，所需的裂解条件(如稀释比，横跨温度，裂解温度，停留时间，投料量等)也是不同的。因此，一台具有多种原料灵活性炉子在设计时就必须满足多种原料的基本要求和有宽范围的调节能力。原料灵活性愈大的炉子投资愈高(一般增加投资5%~20%)，而且会对装置的经济性和操作带来一些影响。

为了适应原料的供应变化，适当的原料灵活性炉子设计是必需的。多种原料灵活性是以增加投资或降低效能为代价的。

(5) 裂解炉的操作弹性

裂解炉的投料量(或乙烯产量)在一定范围内是可以浮动的。最小的投料量(下限)和最大的投料量(上限)之间的幅度就是裂解炉的操作弹性。裂解炉的操作弹性与以下因素有关：

① 燃烧器的操作弹性：一般以气相烃类为燃料的燃烧器的供热能力的上下限比为(3.5~5.5)：1，而以液相烃类为燃料的燃烧器的供热能力的上下限比要小一些，约为3：1。

② 炉膛温度和炉管温度：增加炉子的投料量会受管壁温度、运转周期和燃烧器供热能力的限制。减少炉子的投料量虽对操作安全性有利，但又势必会增加能耗。因此，裂解炉的处理量不能无限变化。

③ 炉管内流体压降：前面已经讨论，裂解炉投料量增大会使流体在炉管内的压降增加，裂解选择性下降。减少炉子的投料又可能使各组炉管流量分配不均，从而影响裂解炉的正常操作，因此裂解炉的处理量也不能无限变化。

④ 停留时间：裂解炉投料量过大或过小，则停留时间就会过短或过长，在其他条件不变的情况下就会造成裂解深度不够或过度裂解，从而影响裂解炉的正常运转。

为了保证裂解炉的安全运转，操作弹性的上下限一般不能过宽，如果以100%作为正常操作的投料量，一般而言，裂解炉操作的下限为70%，上限为110%。

(6) 原料消耗定额

原料消耗定额是指生产单位产品所消耗的原料量，乙烯工业中一般定义为生产单位乙烯产品所消耗的原料量。

$$\text{原料消耗定额}=\frac{\text{原料量(t)}}{\text{乙烯产量(t)}}$$

原料消耗定额主要取决于原料性质，乙烷循环裂解消耗定额最低(可达1.2t乙烷/t乙烯)，而劣质原料的消耗定额可高达4.0t乙烷/t乙烯以上。裂解工艺参数原料消耗定额也有较大的影响：石脑油高温、短停留时间和低烃分压裂解的原料消耗定额可比低温、长停留时间和高停留时间降低1/3左右。而操作也对原料消耗定额有一定影响。因此应尽量选择优质裂解原料、先进工艺技术和优化操作来提高装置的经济性。

2. 裂解炉的热性能指标

(1) 辐射段炉管热强度

辐射段炉管热强度是衡量炉子的设计水平的重要指标。炉管单位面积和时间内所能传递热量的能力称为辐射段炉管的热强度(也称热通量，一般以管表面积作为计算标准)。沿炉管长度的热强度变化称为辐射段炉管的热强度分布。一般，炉管入口段的热强度最大，可达 110kW，炉底热强度最低。整组炉管的热量的能力与总传热面积比称为平均热强度，随着材料耐温性能的提高，现代裂解炉向高热强度方向发展，可达 120kW 以上。

辐射段炉管的热强度与炉管材料、构型、供热布置和供热均匀性等因素有关。此外，采用强化传热措施(如内螺旋管、MERT 管、扭曲片管等)也可达到提高热强度的目的。

(2) 炉子的热负荷与辐射段/对流段热负荷比

单位时间内由燃料向裂解炉提供的热量称为炉子的热负荷，它是衡量裂解炉能力大小的重要指标。

裂解炉所吸收的热量主要用于辐射段的反应热和对流段的换热。辐射段吸收的热量与对流段所吸收的热量比称为辐射段/对流段热负荷比，一般为 4/6 左右。

(3) 底部供热与侧壁供热比

裂解炉所需的热量主要由燃烧器来提供，根据炉型的不同，燃烧器的布置方式也有所不同，概括起来有三种布置方式：全部由侧壁燃烧器供热、全部由底部燃烧器供热以及底部与侧壁联合供热。

采用全侧壁燃烧器供热的优势在于传热均匀性好，但由于侧壁燃烧器数目较多，其维护费用较大，使用比例较小；采用全底部燃烧器供热的缺点是传热均匀性较差，对燃烧器的设计要求高，但由于操作简单，维护费用小，因而被许多用户采用。裂解炉的设计最广泛的供热方案为底部与侧壁燃烧器联合供热，这样就会结合前二者的优势。在设计过程中，需要确定底部供热量与侧壁供热量的比值，一般底部供热与侧壁供热的比值在 0.5~0.9 之间。

(4) 燃料消耗定额

燃料消耗定额是指生产单位产品所消耗的燃料量，乙烯工业中一般定义为生产单位乙烯产品所消耗的燃料量，因为燃料的热值随燃料组成变化，所以一般以需要的热量单位来计算(以 kJ/t 乙烯计)。

$$\text{燃料消耗定额}=\frac{\text{燃料提供的热量}}{\text{乙烯产量}}$$

燃料消耗定额主要取决于原料性质，乙烷裂解乙烯选择性最高，稀释比最低，燃料消耗定额也最低；随着原料的变重，燃料消耗定额也不断提高。

燃料消耗定额是衡量乙烯工业经济性的重要指标之一。

(5) 排烟温度

裂解炉的排烟温度是指裂解炉的烟气离开对流段最上端的管排(一般为原料预热段)时的温度。

排烟温度与裂解炉的热效率有着密切的关系。图 5.1-3 显示了裂解炉排烟温度与热效率的关系。从中可以看出，随着排烟温度的降低，裂解炉的热效率逐渐提高。但排烟温度不能无限制的降低，排烟温度要受到裂解炉烟气酸露点(与燃料中的硫含量有关)、换热物

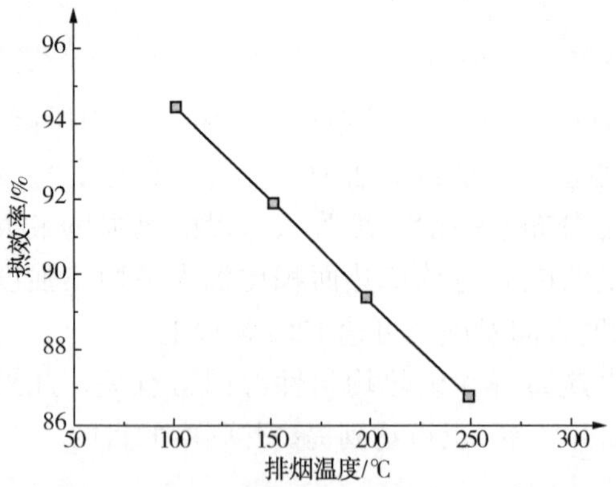

图 5.1-3　裂解炉排烟温度与热效率的关系

料最低温度和排烟露点的限制。现代裂解炉设计的排烟温度一般为 105~130℃。

(6) 裂解炉的散热损失

裂解炉的散热损失主要是指通过裂解炉的外表面向周围介质散热的损失。

据测算，当裂解炉外表面温度达到 450℃时，其散热损失可达到裂解炉热负荷的 3%左右。所以采用保温性能好的材料做裂解炉外墙材料对减少裂解炉散热损失相当重要，目前的裂解炉的散热损失一般占裂解炉热负荷的 1%~2%。

(7) 裂解炉热效率

裂解炉热效率是衡量裂解炉体系热量利用有效程度的一个重要指标。它等于有效热量除以供给热量的百分数。热效率 η 的定义可用下式来表示：

$$\eta=\frac{q_f}{Q}=\frac{q_r+q_c}{Q}\times100\% \tag{5.1-29}$$

或

$$\eta=\left(1-\frac{q_1+q_2+q_3}{Q}\right)\times100\% \tag{5.1-30}$$

式中　q_f——炉子的有效热量；

q_r——炉子传递给辐射段的热量；

q_c——炉子传递给对流段的热量；

q_1——辐射段炉壁的散热量；

q_2——对流段段炉壁的散热量；

q_3——排烟带走的热量；

Q——总供给热量。

在对热效率进行计算时，首先要确定计算基准。下面介绍裂解炉热效率计算的基准。

① 有效热量是指体系向外界输出的已经被利用或可以被利用的热量，即各种被加热介质自进入体系起至离开体系止从体系所获得的热量之和。

② 供给热量是指外界供给体系的热量的总和，供给热量包括燃料的低发热量、燃料的显热、空气的显热等。

③ 损失热量是指在体系供给热量中未被利用的部分，它等于排烟损失、燃料不完全燃烧损失和散热损失之和。

热效率的计算方法有两种：一是正平衡法，即直接计算有效利用的热量占总热量的百分数(如式 5.1-29)；二是反平衡法，即先计算损失热量占总热量的百分数，由此反推出有效利用热量占总热量的百分数(如式 5.1-30)。

近年来，由于在裂解炉设计过程中重视裂解炉能量综合利用，所以裂解炉的热效率已经提高到 94%~95%。提高裂解炉热效率主要通过降低排烟温度、降低空气过剩系数、加强保温、改进设计等措施达到。

四、裂解选择性指标

1. 裂解产品收率分布

裂解产物中各组分的产率分配称为裂解产品收率分布。裂解产品收率分布随原料组成、裂解条件而变化。裂解产品分布不但决定了裂解原料和燃料的耗量，也决定了副产物的量，对后续热回收系统和分离系统的设计及副产物综合利用及装置的经济性有很大影响。

2. 裂解选择性

裂解选择性有多种含义：第一种含义是以已裂解的单位原料为基准生成的某产物的产率，称为该产物的选择性。如常用的裂解生成乙烯或丙烯的选择性，乙烯或丙烯产率愈高，裂解选择性愈好。第二种含义是指生成烯烃的一次反应速度对消耗烯烃的二次反应速度之比，比值愈大，裂解选择性愈好。这种指标不能直观得到，一般用于研究中，工业上使用不多。第三种含义是用已裂解的单位数量原料为基准生成三烯(乙烯、丙烯和丁二烯)的总产率，工业上常采用此法，三烯产率愈高，裂解选择性愈好。

裂解选择性还有一种表示方法，即用甲烷产率与乙烯产率之比(简称甲烷乙烯比，$C_1^0/C_2^=$)作为裂解选择性的总标志。$C_1^0/C_2^=$ 值小，表示选择性高；反之，则表示选择性低。通常情况下，乙烯、丙烯和丁二烯的产率随 $C_1^0/C_2^=$ 值减小而增加，而甲烷、乙烷、丁烷、非芳烃汽油组分和燃料油的产率降低，因此 $C_1^0/C_2^=$ 值也是常用和易得的裂解选择性重要指标。

决定 $C_1^0/C_2^=$ 大小的工艺因素主要有两个：平均停留时间和平均烃分压。不论裂解炉炉管的几何构型如何，管径多大，温度分布如何，只要平均停留时间和平均烃分压在同一条等选择性线上变动，则其 $C_1^0/C_2^=$ 值就完全相同。这样，在裂解炉设计时如果对产物分布的要求已经确定，则 $C_1^0/C_2^=$ 的值就已经确定，这样就可以在对应于该 $C_1^0/C_2^=$ 值的等选择性线上寻找出相应的平均停留时间和平均烃分压的配对值。综合考虑其他工艺因素后，可在该选择性线上选取一个最佳点，以确定最佳的平均停留时间和平均烃分压。

3. 烃分压和平均烃分压

烃在混合气体(包括稀释剂)中的压力称为烃分压，以符号 p_{HC} 表示。烃分压可由下式计算：

$$p_{HC}=\frac{N}{N_t}p \tag{5.1-31}$$

式中　N——烃衡物质的量，mol；

N_t——总衡物质的量，mol；

p——系统总压。

如要计算不同转化率时的烃分压，可用

$$p_{HC}=\frac{1+\delta_x}{(1+n_I+\delta_x)}p \tag{5.1-32}$$

式中　n_I——水蒸气稀释摩尔比，无量纲；

δ_x——转化率为 x 时对应的膨胀率，无量纲。

平均烃分压的定义

$$p_{HCA}=\frac{1}{x_0}\int_0^{x_0}p_{HC}\mathrm{d}x \tag{5.1-33}$$

式中 p_{HCA}——平均烃分压；

p_{HC}——沿管长的烃分压。

烃裂解是物质的量增多的过程，降低烃分压不但对提高乙烯平衡组成有利，而且可增大一次反应对二次反应的相对速度，所以烃分压是衡量裂解选择性的重要参数。

第二节　裂解炉辐射段工艺设计

管式裂解炉由对流段和辐射段组成。裂解原料和稀释蒸汽首先在对流段炉管内加热，将原料汽化并过热至起始裂解温度(俗称"横跨温度")，然后进入辐射段炉管裂解。在工业裂解炉辐射段内，通常排布了若干组构型相同的炉管。管内裂解原料(烃类和稀释蒸汽)由管外的燃料燃烧放出的热量提供反应所需的热量。管式裂解炉的工艺设计主要是根据所选定的裂解原料去确定合适的裂解条件，确定产品收率分布，选择合适的辐射段炉管构型、结构参数和组数，设计反应管和排布对流段炉管，进行炉体和烧嘴设计及自动控制设计等。裂解炉的设计过程和每个阶段的设计项目与要求如图 5.2-1 所示。本节只讨论辐射段工艺设计中的主要有关问题，对流段的设计将在下节中叙述。

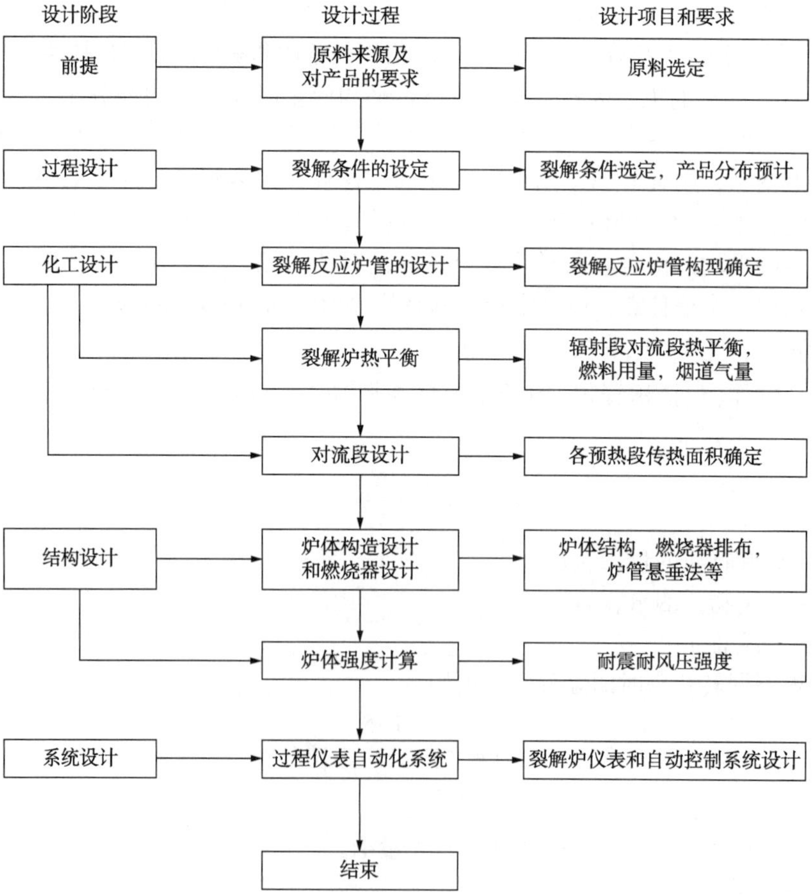

图 5.2-1　管式裂解炉设计过程示意图

一、辐射段技术的发展

影响乙烯装置的经济性除了原料组成外，还与装置的投资、原料单耗、能耗、操作成本等有关。而烃类热裂解是在排布在裂解炉辐射段中的反应器中(炉管)进行的，因此裂解反应器设计对乙烯装置的经济性起着重要作用。自乙烯技术问世至今(特别是20世纪60年代以来)，裂解炉辐射段设计技术有了很大的改进。根据裂解原理的研究成果，许多乙烯技术研究者和工程设计公司开发了多代高温、短停留时间、低烃分压的高选择性裂解炉，具有多种原料灵活性(可裂解多种原料)的裂解炉和大生产能力的裂解炉；在设计中采用了许多开发的先进技术，使裂解技术水平上了一个新台阶，目的烯烃的收率和运转周期大大提高，原料和能量单耗、单位产量的投资和运转成本大大降低。

1. 装置和裂解炉能力向大型化方向发展

乙烯装置生产能力的不断提高，促使裂解炉的单炉生产能力也不断扩大。在20世纪60年代以前，乙烯装置的生产能力为100kt/a以下，单炉乙烯生产能力只有20~30kt/a；后来乙烯装置的生产能力扩大到300~450kt/a，单炉乙烯生产能力逐渐扩大到40~80kt/a；现在单系列单炉乙烯生产能力也发展到1000kt/a以上，单炉乙烯生产能力发展到100~150kt/a，最大的裂解炉达到200kt以上。如加拿大NOVA工厂1270kJ/a乙烯装置，采用S&W技术建成了生产能力达210kt/a的气体裂解炉；S&W技术的液体裂解炉，生产能力也可达175kt/a；Linde公司已设计建立了生产能力达200kt/a的裂解炉；KBR可设计生产能力达280kt/a的裂解炉；中国石化和Lummus公司合作多年来已设计建立了几十台100kt/a级生产能力的大型裂解炉。

大型裂解炉有单辐射段和双辐射段两种，单辐射段大型裂解炉与小型炉结构基本相似，但辐射段内的平行反应器炉管达百组以上，辐射段总长度达25m以上，对炉内各组炉管物料和热量的均布设计和控制水平有了更高的要求。双辐射段为两个辐射段共用一个对流段和汽包、引风机等设备的新型裂解炉。此种裂解炉具有很大的操作灵活性：两个炉膛可以同时裂解不同原料；甚至一个炉膛也可在不同组或同组炉管中同时裂解两种原料；也可以实现一个炉膛在投料，另一个炉膛在烧焦的运行工况。

与小型炉相比，大型裂解炉结构紧凑，占地面积小，操作、维修成本降低，投资省。据称，一台150kt/a的裂解炉的投资费用比2台75kt/a的裂解炉节省10%~15%。

2. 裂解炉型技术的发展

老式裂解炉都是采用单面辐射水平排列构型炉管。这种构型炉管受热不均，裂解温度低，反应停留时间长，热强度低，裂解选择性差[石脑油裂解温度800℃，停留时间约1s，乙烯收率只有20%左右，炉管平均热强度约为100MJ/(h · m^2)]，炉子占地面积大。随着裂解技术和材料技术的发展，从20世纪70年代开始，新一代的双面辐射垂直排列的多种构型裂解炉管被开发，较好地解决了高温、短停留时间、低烃分压和高热强度结合问题，使裂解技术指标上了一个新台阶，石脑油裂解温度提高到860~900℃，停留时间缩短到0.2~0.1s以下，乙烯收率提高到30%~33%，平均热强度高达200MJ/(h · m^2)以上，大大地提高了炉子能力，使裂解原料消耗、能耗和生产成本大大降低。

与此同时，为了适应炉子向高热强度和大型化发展的需要，多种炉膛结构和炉管排布方法的炉子结构不断涌现。已经工业化的炉膛结构有：梯台炉，倒梯台炉，传统单辐射段单排管炉，单辐射段双排管炉，双辐射段炉，错排管裂解炉，全侧烧炉，全底烧炉和底/侧烧联合供热炉等。

3. 裂解原料的扩展和灵活性裂解炉的开发

20 世纪 70 年代以前，裂解原料多采用轻烃和石脑油。随着世界对乙烯、丙烯需求量的上涨和能源的供应紧张，只用轻烃和石脑油原料已不能满足乙烯工业发展的需要，因此从 70 年代以来，开发了重质油的裂解技术，将常压柴油馏分和改质的减压馏分(包括一次加工馏分和二次加工馏分)用作管式炉裂解原料，大大地缓解了裂解原料的紧张状态。乙烯开发商和研究者开发了可裂解多种原料的灵活性裂解技术和裂解炉，如：乙烷和石脑油同炉分管裂解，乙烷和石脑油同管共裂解，石脑油-柴油同炉裂解以及多种原料分时或同时裂解等。

4. 炉子供热技术的发展

20 世纪 70 年代以前，裂解炉几乎采用 100%的侧壁燃烧器供热。70 年代以后裂解炉引入了底部燃烧器，采用侧壁/底部联合供热，并且，随着年代的延续，底部燃烧器的供热比例不断提高，从 30%提高到 85%，现在已有许多裂解炉完全采用底部燃烧器的供热。随着底部燃烧器的供热比例不断提高，对燃烧器的设计也提出了新的要求，供热比例大的大能力底部燃烧器除了必须能满足不同部位炉管热量分布外，还应满足环境保护指标不断提高的要求。目前开发的低 NO_x 燃烧器，可使烟气中的 NO_x 降至 40×10^{-6}(体积)。

底部燃烧器能力大，单炉台数少，大大简便了操作和维修，而且节省投资，因而受到了不少用户的欢迎。特别是裂解炉与燃气轮机匹配时，只能与底部燃烧器联合。

5. 炉管强化传热技术的发展

裂解炉强化传热技术可分为管内和管外两种方法：对于管外强化传热，常常采用的是增大炉管比表面积的方法，可以通过改变管径、改变管的形状或者添加管外构件的手段来实现。对于管内强化传热，通常采用改变管内结构的方法实现。

目前炉管外强化传热研究较多，已在工业上应用的炉管构型有小直径管、椭圆管等。小直径管由于管径降低，炉管的比表面积增大，受热面积变大，可使管内流体迅速升温，在一定的处理量下缩短了流体的停留时间。小直径管结构简单，裂解选择性好，这种强化传热思想在工业实际应用中体现较多，譬如分支变径管、单程小直径管等。

椭圆形炉管也是通过扩大炉管比表面积来提高传热的应用实例之一。早在 20 世纪 70 年代初，日本三菱油化公司在工业炉上就采用了椭圆炉管。对于同样大小的横截面积来讲，椭圆管的比表面积比圆形炉管大，而且椭圆管的短轴垂直于热源而长轴面向热源，可增加受热面积，增大辐射传热量。另外，该炉管的周向热强度分布比较均匀，管外壁温度和管内物流温度分布比圆管好，原料处理能力约提高 30%~50%。由于此种管截面是椭圆形，在制作上和对材料的要求上，比圆形截面的管子高。

另一种裂解炉强化传热管(图 5.2-2)是在炉管外壁添加钉头、直翅或者肋片来提高传热效率，这些钉头、直翅或肋片也可以相应地添加在管内。根据试验结果，外加钉头的强化传热炉管与相应光管比较，前者的流体升温曲线在炉管初始段明显高于后者，但是到出口段时，两者流体温度曲线差别不大。该炉型生产能力可提高 10%，当以石脑油为原料时，烧焦周期为 60 天，但是乙烯收率没有显著变化。

由于裂解炉管外强化传热方法比较单一，现在这方面的研究不如管内强化传热多。

梅花管(图 5.2-3)能够有效增大传热面积，同时也可以改善炉管内物料的流动状况，此类管一般有螺旋型和直翅型两种。螺旋型炉管是最早在工业上应用的管内强化传热管，20 世纪 70 年代，Kellogg 公司将其应用在毫秒炉上代替了普通光滑圆管，这种炉管的使用，使裂解炉管壁温下降 20~30℃，投料负荷提高 20%~25%，炉管清焦周期延长 1 倍多；Lummus 公司在开发的 SRT-Ⅴ型裂解炉辐射盘管第一程炉管内采用了 8 翅直形“梅花”形状的拔制炉管，该型炉一般比 SRT-Ⅳ型生产能力提高 10%，乙烯收率提高到 31%~32%(石脑油裂解)，清焦周期延长至 70~90 天。现在这种炉管广泛应用于新设计的装置中，Exxon 公司在 LRT-2 型炉上也采用了类似结构的炉管。

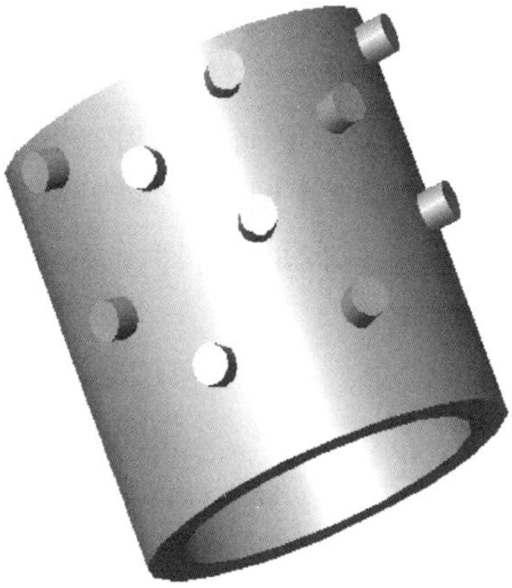

图 5.2-2 外加钉头管

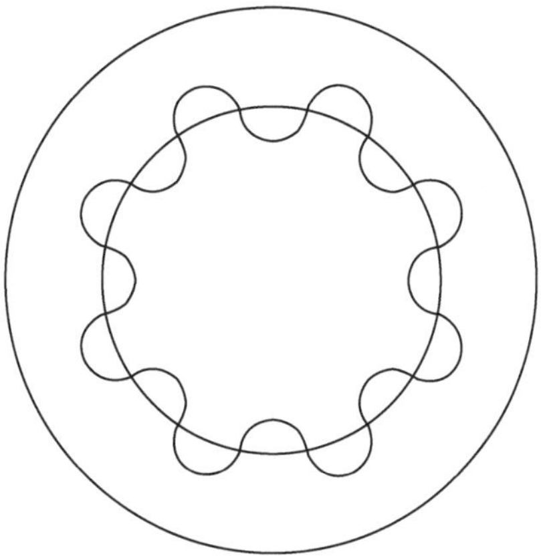

图 5.2-3 梅花管

Kubota 公司推出的 MERT 炉管(图 5.2-4)在 20 世纪 90 年代市场占有率较大，从 1996 年开始到 2000 年，已经在日本、韩国等地的 44 台裂解炉上使用此种炉管。据他们提供的数据，该炉管与光管相比，传热系数提高 20%~50%，内表面积增加 2%，相同裂解深度下，装置的运行周期为光管的 2 倍，但是压降增大 2~3.5 倍。

无论是梅花管还是 MERT 管，由于其内部结构的复杂性，其炉管的加工过程比较复杂，而且其在使用过程中，容易造成烧焦的不彻底，因此针对上述缺点，曾清泉等发明了内置扭曲片热交换管，扭曲片在热交换管内布置如图 5.2-5 所示。这种炉管除了能使传热系数提高，炉管壁温下降外，本身还有一个显著特点，由于扭曲片的存在，管内物料旋转前进，产生的横向流动对管壁形成强烈的冲刷，不仅使边界层厚度减薄，提高了对流传热系数，更使表面不易形成结焦，延长了装置的运转周期。小试、中试和工业试验结果表明，当乙烯收率和运行周期相同时，裂解炉的处理量可提高 10%左右，壁温下降 20℃左右；在处理量不变的情况下，可以使结焦量大大减少，延长炉管使用寿命和清焦周期，运行周期变长。该种炉管现已在国内大型乙烯生产厂得到广泛的应用。

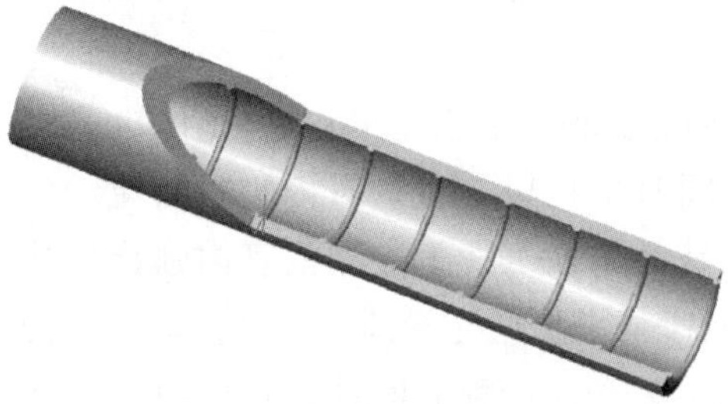

图 5.2-4　MERT 炉管

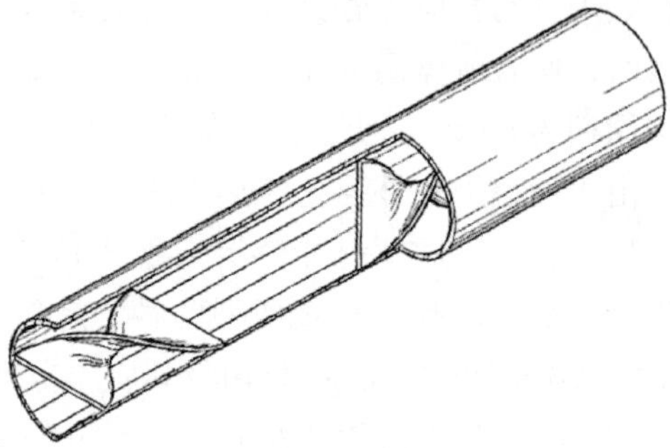

图 5.2-5　扭曲片强化传热管

6. 抑制辐射段炉管结焦技术的发展

辐射段炉管的结焦是影响裂解炉运行时间的最重要的原因，如何抑制结焦是近年来研究的热点课题，目前已经应用或正在开发应用的抑制结焦技术包括原料的优质化技术、炉管表面处理技术和结焦抑制剂技术。原料的优质化技术可以参见本书的相关章节，这里仅介绍炉管表面处理技术和结焦抑制剂技术的发展。

由前述可知，催化结焦主要是金属炉管表面含有活性中心，因此对炉管表面进行处理，减少或覆盖表面催化活性中心，可达到减少或消除催化结焦的作用。表面处理技术包括在炉管内壁形成玻璃或陶瓷涂层或形成合金涂层。涂层材料应具有如下特性：

① 不含有对裂解反应有害的物质；

② 能承受高温并在高温下不发生有害的物理或化学变化，在高温和热冲击条件下保持稳定；

③ 热膨胀性与炉管金属材料相适应，在温度变化情况下不易脱落；

④ 表面涂层的加工温度应低于金属所能承受的最高温度，保证加工过程对炉管不造成损害；

⑤ 涂层能紧密附着在管壁上，均匀无空隙，完全覆盖炉管表面的催化活性中心。

加拿大 Nova 公司在炉管内壁用纳米尖晶石构成涂层来抑制焦炭生成，在加拿大阿尔伯特省 Joffre 的工业炉试用表明，在同样的裂解条件下，有涂层的炉子与无涂层的炉子相比运行周期可增加 10 倍左右。

加拿大 Westaim SEP 公司开发了涂层合金技术。该公司和美国 KBR 公司合作，在美国 UTP 公司位于路易斯安那州 Geismer 的乙烷裂解炉上进行了工业应用，其压降增加的速率不到无涂层的三分之一，经过 1 年的运行，炉管表面没有明显的渗碳腐蚀，证明能有效地减少结焦的形成。

韩国 SK 公司开发了一种在线涂层技术，可以在高温下用载气携带涂覆物依次在炉管内壁形成过渡层、扩散层和除焦层。由金属醇盐和含铬化合物组成的过渡层可以缓冲金属炉管与无机扩散层的热膨胀性和机械性能差异，保持整个涂层的稳定不易脱落；无机扩散层可以有效覆盖金属活化中心，抑制金属催化结焦；在扩散层外面沉积一层碱金属除焦层可以促进结焦层发生煤气化反应，达到抑制裂解结焦的效果。在 KBR 毫秒炉中试验，其压降增长速率只有无涂层的二分之一，证明能有效减少结焦的形成。

日本 Daido Steel 公司与荷兰 Shell 公司合作开发了一种涂覆技术。该技术把 Daido Steel

公司的等离子焊接技术与粉末冶金技术结合起来，将2~4mm的合金涂层沉积在炉管内形成镜面状表面，可使乙烯装置的操作周期延长1倍，使炉管寿命延长3倍。

中国石化洛阳石油化工工程公司开发了一种抑制和减缓乙烯裂解炉管结焦的方法，先用液氨分解后产生的混合气为还原气，对炉管进行气氛处理，然后用配制好的合金粉和黏结剂对炉管表面进行处理，在炉管表面形成可抑制和减缓结焦的合金层。用这种方法处理的炉管，其合金层厚度达100μm以上，实验室结焦试验表明可有效减少结焦50%~90%，抑制和减缓结焦比较明显。

中国石油化工股份有限公司石油化工科学研究院开发了一种乙烯炉管表面涂层的制备方法。在氩气保护下，通过变温粉末包渗法给炉管内壁表面涂覆一层金属惰性材料，涂层与炉管内壁之间具有很好的结合力，不易脱落，并且不损伤原有的力学性能，从而大大提高了炉管抑制结焦性能，一般可降低高温裂解生焦50%以上。

加入结焦抑制剂是一种减少结焦的常用方法。早期的结焦抑制剂有含硫化合物、碱金属盐、含磷化合物等。在裂解条件下，硫化物分解生成的硫氢基与金属表面反应，形成的硫铁化合物使炉管表面钝化，既可阻止焦炭附着，又可屏蔽Fe和Ni的催化结焦反应。碱金属可催化焦的水煤气反应，使焦不断转化成CO和CO_2，从而减少焦炭的沉积量，达到抑制结焦的效果。此外碱金属盐还具有覆盖、钝化炉管和屏蔽金属催化结焦反应的作用。磷化物在裂解条件下发生分解，分解产物在金属表面形成一层致密的磷化物膜，可抑制金属表面的催化结焦反应，同时磷化物可改变焦的结构，使焦疏松易于清除。好的抑制剂应具备如下多种功能：

① 表面钝化作用。与炉管金属表面进行反应使之钝化，抑制催化结焦。在装置运行初期，结焦反应主要是金属催化结焦，此时的结焦速率也最高，加入钝化剂可有效地抑制结焦反应。

② 阻聚作用。通过加入添加剂，消除或抑制自由基化合物，通过改变或终止结焦的自由基反应历程来减少结焦生成。

③ 气化作用。合适的添加剂可以加速焦炭的气化反应，达到减少结焦量的目的。

④ 焦炭改性作用。有些添加剂可改变焦炭的物理形态，使焦的结构疏松易碎，难以附着在炉管壁上而便于消除。

⑤ 分散作用。分散焦油粒子使其不易附着在炉管壁上而被高速气流带出，从而起到减少结焦的作用。

⑥ 防腐功能。提高炉管防腐能力，至少不对炉管造成腐蚀。

⑦ 低污染。对下游产品分离和再加工不造成影响。

美国Nalco公司开发了一系列以有机硫、磷复合物为主的结焦抑制剂，经过其研究发现硫、磷复合物协同作用，可以更有效地钝化炉管表面，如硫代亚磷酸二乙酯作结焦抑制剂可降低结焦量92%。在上述抑制剂中加入环烷酸或脂肪酸与聚胺反应制得的咪唑啉类化合物，能在炉管形成防腐保护膜，使防腐作用得到较大提高。

美国Tetra公司开发了一种含有乙酸钙、碳酸钾、硼酸铵的抑制剂，在乙烯裂解炉上试用，以乙烷为原料，加入抑制剂的质量分数为$(1\sim50)\times10^{-6}$，裂解炉运行周期可由40天提高到180天以上。

国内各乙烯厂在裂解循环乙烷、循环丙烷时普遍采用注硫抑制结焦法，取得了较好的效果；馏分油裂解的结焦抑制剂经过工业实验，也获得了一些有益的成果。陕西省西安市航萍公司研制的 YHCS 含硫抑制剂对辐射段结焦具有相当好的抑制能力。对于如加氢裂化尾油这种含硫质量分数较低(小于 10×10^{-6})的重质裂解原料，当加入量为 100×10^{-6}时，结焦量可降低 70%左右。其可适用于各种原料，根据含硫量不同，工业应用时适宜的添加量为$(80\sim120)\times10^{-6}$。

中国石化北京化工研究院开发的含磷和胺的复合物(Ⅰ型)和含硫磷胺和碱金属的复合物(Ⅱ型)，加入量为$(50\sim400)\times10^{-6}$，可使炉管和急冷换热器的结焦量减少 25%~90%。

抚顺石油学院开发的 PCI-Ⅱ结焦抑制剂主成分为磷酸二异丁酯的环己胺盐，通过在实验室裂解炉及盘锦乙烯工业公司 SRT-Ⅳ型裂解炉上的工业应用证明其具有良好的性能，在石脑油裂解过程中加入 PCI-Ⅱ可在炉管内形成一层金属保护膜，阻止催化结焦，同时改变结焦性状，使其容易脱落除去，效果明显优于常用的二甲基二硫(DMDS)。

华东理工大学开发的 HY-99 系列复合结焦抑制剂含有钝化金属、分散结焦母体、阻聚及促进焦层气化的各种成分，抑制结焦效果明显。在上海石化 2#乙烯 SRT-Ⅲ裂解炉试验，可使裂解炉运行周期由 50 天延长至 130 天以上。中国石化扬子石化公司开发的结焦抑制剂由除焦剂和抑焦剂两部分组成。除焦剂为碱金属盐和碱土金属盐；抑焦剂为钾、锂硅酸盐、硼酸盐或有机硅氧烷。先将除焦剂溶于水中，与水蒸气一同加入待清焦的炉管进行除焦，在投料前再向水蒸气中加入抑焦剂 1~3h，然后投料，并在投料时持续加入抑焦剂，可以抑制结焦量约 50%。其代号为 N-360 的结焦抑制剂在中国石化扬子石化公司烯烃厂乙烷炉(SRT-Ⅰ)上进行了 4 个周期的工业应用试验，能显著抑制炉管结焦，将乙烷炉的运行周期延长到 100 天以上。

7. 裂解控制技术的发展

裂解炉的主要目的就是生产乙烯和丙烯等低碳烯烃，因此，裂解炉控制技术需要尽量减少影响裂解低碳烯烃收率的干扰因素，并使其控制在一个较高的稳定的水平上。一般而言，影响裂解低碳烯烃收率的干扰因素包括裂解原料情况的变化、稀释蒸汽情况的变化、炉管结焦情况的变化和燃料情况的变化等。裂解炉的控制技术就是围绕这些变化展开。

目前，裂解炉控制中较重要的是裂解深度和选择性的控制，通常在生产过程中，采用相对简单的 COT 控制来保证裂解的深度和选择性。产生裂解炉出口温度波动的主要因素是：裂解炉烃、汽流量，原料烃组成以及提供给裂解炉的热量。显然，通常在裂解炉烃、汽流量及原料烃组成相对稳定的情况下，提供给裂解炉的热量是影响炉出口温度的主要变量。因此建立裂解炉热值软测量模型，并根据热值实测数据对软测量模型进行在线实时校正，根据校正后的热值前馈控制裂解炉出口温度；利用人工智能、专家系统等技术对裂解炉侧壁和底部燃烧热量进行分配，确保裂解炉炉管出口温度稳定与均衡。

为了提高乙烯和丙烯收率并使装置长周期运行，需要将裂解深度控制在一个较优的数值。裂解深度的控制首先应及时准确测量裂解炉出口乙烯浓度和丙烯浓度，然而由于在线分析仪存在很大的测量滞后(一般为 8min 左右)，而裂解炉反应停留时间只有 0.2~0.4s，若直接采用在线分析仪的测量信息控制裂解炉的操作，不但存在滞后，而且在线仪表的测量可靠性也为控制系统的投运带来难度。因此，必须对裂解炉出口裂解气中丙烯和乙烯的浓度进行实时估计，利用软测量技术克服分析滞后对控制系统性能影响。在此基础上，通过调节裂解炉平均炉管出口温度来实现裂解深度的控制。

先进控制技术在裂解炉控制上的应用在近年来成为主流，其主要通过减少波动、提高产率和有价值产品的收率来实现。更具体的内容请参考本书相关章节。

二、辐射段工艺模型

1. 裂解反应模型

乙烯、丙烯、丁二烯、芳烃是基础的化工原料，这些基础化工原料大多是通过石油烃在裂解炉中以蒸汽热裂解方式产生。石油烃原料与高温蒸汽混合后，在裂解炉炉管内吸收来自炉膛的热量，通过热裂解反应生成各种不同碳链长度的小分子不饱和烃类，经过后续的分离过程得到氢气、甲烷、乙烯、丙烯、丁烯、丁二烯、芳烃、裂解汽油以及裂解柴油等产品。生产过程中不同的工艺条件，如投油量、水油比、炉管出口压力(COP)以及炉管出口温度(COT)等，均会影响石油烃的热裂解反应，并最终影响各种化工产品的分布情况。因此，建立各种工艺条件和石油烃裂解各种产物收率之间的数学模型对于裂解炉管设计、实际工业生产条件优化等都是十分重要的。

一般的裂解反应动力学模型由化学动力学反应网络、相关动力学参数和反应速率方程等几个部分组成，是裂解炉模型的重要组成部分。烃类热裂解过程的反应机理十分复杂，其完整的反应机理至今尚未弄清，并且参与裂解反应的原料构成难以准确测定，造成了裂解反应动力学模型研究的困难。但是研究者们通过对复杂研究对象的简化和参数分离，已经建立了各类不同的烃类热裂解反应动力学模型，并能够较为准确地描述裂解炉中石油烃的反应情况，这为裂解炉的设计和平稳运行都提供了关键性的指导数据。石油烃热裂解反应模型的发展从简单到复杂，已经经过了三个不同的阶段：经验模型、半经验半理论的分子模型以及自由基机理模型。

从石油烃热裂解反应模型发展的三个阶段看，经验模型仅仅是将某些工艺参数与裂解的重要产物收率通过实验测定的方法进行线性或者非线性的关联，虽然模型计算简单，但是适应性差，对于实验测定范围以外的条件延展性差；半经验半理论模型则是将混合的石油烃虚拟成为单一的分子，然后通过实验测定其反应的动力学参数以及各产物的收率情况，使用反应动力学方法建立的数学模型，其适应性强于经验模型，能够适用于同一类原料，不同裂解装置的模拟，可以应用于裂解炉管的工艺设计，但在原料适应性上还是有所欠缺；自由基机理模型是对石油烃原料中各组分按照基元反应进行的反应动力学模型，由于其构成的反应网络复杂、需要测定的各反应动力学参数数量巨大等等因素限制了该类模型的发展，但是随着计算机运算性能的提高，反应网络构建方法和反应动力学参数估算方法的发展，目前越来越多的学者将目光放在自由基机理模型的开发上。

(1) 石油烃热裂解自由基模型的构成

自从 20 世纪 30 年代 Rice 提出自由基反应机理以来，就倍受研究者的关注。Rice 通过一系列有机物热分解的研究，从自由基的角度描述和总结了有机物分解反应的过程，并将这一过程划分为自由基生成的链引发反应、自由基数目增长的链增长反应以及自由基相互耦合形成稳定分子的链终止反应。

现在一般认为所有烃类裂解几乎都是按自由基机理进行的。此机理包括下面三个阶段的反应：①链引发——反应系统中引入自由基。裂解反应是热引发的，典型的链烷烃裂解的链引发为碳-碳键的断裂，这也是裂解的开始阶段。从能量上看，链引发反应的活化能较大，一般在 293~335kJ/mol 以上。②链增长——一系列的反应使反应物转化为产物，但自由基的浓度不变。典型的链增长过程包括自由基分解，自由基异构化，氢转移和自由基加成。链增长反应的活化能较链引发要小，一般为 42~167kJ/mol。③链终止——自由基化合生成稳定的产物。链终止反应无需多少活化能，一般取为零。其主要反应类型见表 5.2-1（其中包括了少量的分子反应）。

表 5.2-1　石油烃热裂解的主要自由基反应

1. 链引发反应 单分子反应： R-R′⟶R· +R′·（例如：$C_2H_6 \longrightarrow 2CH_3\cdot$） 或双分子反应（R′H 为一不饱和烃）： RH+R′H ⟶R· +R′H·（例如：$C_2H_6+C_2H_4 \longrightarrow 2C_2H_5\cdot$）
2. 氢夺取（复分解）反应 R· +R′H ⟶RH+R′·（例如：$CH_3\cdot+C_2H_6 \longrightarrow CH_4+C_2H_5\cdot$）
3. 自由基分解反应 R· ⟶RH+R′·（例如：$n\text{-}C_3H_7\cdot \longrightarrow C_2H_4+CH_3\cdot$）
4. 自由基加成反应 R· +R′H ⟶R″·（例如：$CH_3\cdot+C_2H_4 \longrightarrow n\text{-}C_3H_7\cdot$）
5. 链终止反应 通过自由基再化合： R· +R′· ⟶R-R′（例如：$CH_3\cdot+C_2H_5\cdot \longrightarrow C_3H_8$） 通过自由基歧化反应： R· +R′· ⟶RH+R″H（例如：$C_2H_3\cdot+C_2H_5\cdot \longrightarrow 2C_2H_4$）
6. 单纯分子反应 RH+R′H ⟶R″H+R‴H 即四中心位协调反应（例如：$C_2H_6 \longrightarrow C_2H_4+H_2$） 六中心位协调反应（例如：1-戊烯⟶$C_2H_4+C_3H_6$）
7. 自由基异构化反应 R′· ⟶R″·（例如：$CH_3CH_2CH_2CH_2\cdot \longrightarrow CH_3CH_2C\cdot HCH_3$）

（2）石油烃热裂解自由基模型的研究

早期的石油烃热裂解自由基模型研究是从较为简单的乙烷裂解开始的，其模型如表 5.2-2所示。由于乙烷的自由基反应过程简单，学者可以通过特定条件的实验对各基元反应的动力学参数进行测定，其反应网络的构成也相对简单，通过实验手段对其反应网络进行调整的自由度较低，能够较为容易地调整得到与实验数据相吻合的参数。Sundaram 和 Froment 等运用类似的方法研究了乙烷、丙烷、丁烷以及它们的混合物的自由基反应过程，并分别开发出了各轻烃自由基机理的裂解动力学模型。

表 5.2-2 乙烷热裂解的自由基机理模型

反应阶段	基元反应	指前因子 A/[cm^3/(mol·s)]	活化能 E_a/(kcal/mol)
链引发	$C_2H_6 \longrightarrow 2CH_3\cdot$	6.3×10^{16}	86.0
链增长	$CH_3\cdot + C_2H_6 \longrightarrow CH_4 + C_2H_5\cdot$	2.5×10^{11}	10.8
	$C_2H_5\cdot \longrightarrow C_2H_4 + H\cdot$	5.3×10^{14}	40.8
	$H\cdot + C_2H_6 \longrightarrow C_2H_5\cdot + H_2$	3.8×10^{12}	7.0
链终止	$H\cdot + C_2H_5\cdot \longrightarrow C_2H_6$	7.0×10^{13}	0.0

注：1kcal=4.1868kJ。

通过轻烃热裂解自由基反应模型的研究发现，虽然自由基机理模型具有良好的适应性和外延性，但是在将自由基模型扩展至石脑油、加氢尾油等长链烷烃构成的混合裂解原料时，由于其组分的复杂性以及裂解过程的复杂性，要完全探明裂解反应机理是非常困难的。获得具有一定实用价值的石油烃热裂解自由基机理模型需要有效地解决好下面的问题：①石油烃热裂解反应网络的构建；②获取各反应动力学参数(指前因子和活化能)；③有效地模拟由大量反应构建的反应网络在实际裂解装置中反应的过程。

1）石油烃热裂解自由基反应网络的构建

采用人工构建方法构建自由基机理反应网络仅仅适合于 C_4 以下烷烃构建几百个反应的情况。而随着烷烃链长的增加，其可能发生反应的位点增加，导致了所需要考虑的自由基基元反应的数目会迅速增长，因此传统人工方式构建自由基反应网络的方法将不能适应大量增长的反应网络规模。

基于使用图论算法对分子进行计算机描述后，通过反应矩阵操作这些数字化的分子图形，能够由计算机通过穷举的方法，按照事先定义的反应规则，进行自创建机理反应网络，这样能够通过计算机得到合适的反应网络。并且通过 2D/3D 的分子结构转换程序，可以将穷举得到的分子构型转变为量子化学计算软件识别的结构，自动地调用量化软件优化构型，计算或者配合使用反应动力学参数和热力学参数数据库给出各反应的指前因子和活化能数据。最终通过合适的筛选指标，即能够自动优化得到达到预定模拟计算精度要求的自由基机理模型。图 5.2-6 给出了完整的计算机自创建自由基机理反应网络的程序结构图。

2）石油烃热裂解自由基反应网络中各反应动力学参数的估算

根据阿伦尼乌斯反应速率常数公式，使用反应的反应活化能(E_a)和指前因子(频率因子，A)能够求算出该反应在各种温度下的反应速率常数。在构建自由基反应网络后，需要求取构成反应网络的各个基元反应的反应活化能(E_a)和指前因子(A)等反应动力学参数；为了在动力学模型中构建反应的能量平衡方法，还需要求取各反应的反应热($-\Delta H$)以及反应中各物质的热容(c_p)等反应热力学参数。

对于构成自由基机理模型中大量反应方程的热力学参数和反应动力学参数的求取，开始往往是通过实验的方法进行定量地测定，这样的方法获得的反应动力学参数虽然在实验条件下极为准确，但是过于耗费时间和试剂。并且对于很多中间过程的自由基反应因为缺乏稳定的试剂而无法进行实验的测定。因此通过严格的量子化学方法也能够计算得到相关反应的各种热力学及反应动力学参数，并具有较高的可靠性。这些方法能够为建立模型节省大量的时间成本和减少物料的消耗。

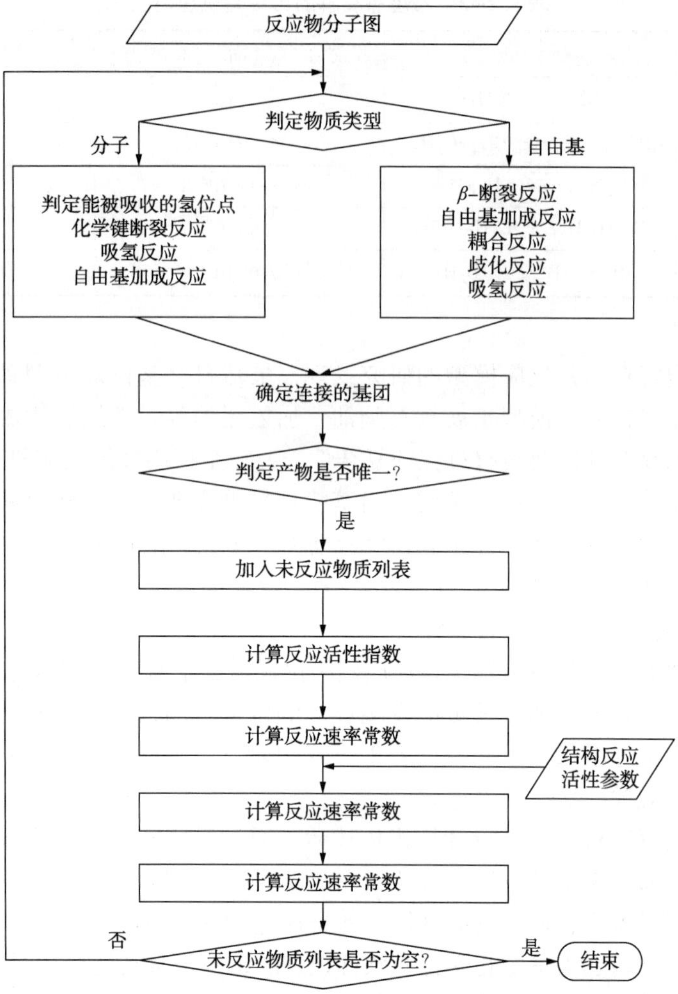

图 5.2-6　计算机自创建自由基机理反应网络的程序结构图

根据过渡态理论(transition state theory，TST)，参与化学反应的反应物首先形成反应物络合物，然后获取能量激发，反应物络合物的结构发生变化，形成反应过渡态络合物。由于反应过渡态络合物处于不稳定的高能态，其将会迅速转变成为产物构成的络合物，并进一步离解成相应的产物。而在这个过程中，反应的活化能(E_a)和指前因子(A)可以根据下列式子进行计算：

$$k_{\infty}=\kappa(T)\left(\frac{V_m k_B T}{h}\right)\exp\left(\frac{-\Delta G^{\neq}}{RT}\right)=\kappa(T)\left(\frac{V_m k_B T}{h}\right)\exp\left(\frac{\Delta S^{\neq}}{R}\right)\exp\left(\frac{-\Delta H^{\neq}}{RT}\right) \tag{5.2-1}$$

与阿伦尼乌斯公式对比，可以将上述式中的前半部分合并进频率因子 A 中，而活化焓($\Delta H^{\neq}$)则等同于阿伦尼乌斯公式中的活化能，因此反应的活化能可以使用量化计算的热力学参数进行计算。而频率因子 A 则可以使用下面的式子进行计算：

$$A=\frac{k_B T}{h}\exp(1-\Delta\nu^{\neq})\exp\left(\frac{\Delta S^{\neq}}{R}\right) \tag{5.2-2}$$

式中　k_{∞}——过渡态理论计算得到的反应速率常数，s^{-1}(单分子反应)或 $m^3/(mol\cdot s)$(双分子反应）；

$\kappa(T)$——Wigner 隧道效应校正因子，无量纲；

V_m——摩尔体积，mol/m^3；

T——反应温度，K；

k_B——Boltzmann 常数，1.3806505×10^{-23} J/K；

h——普朗克常数，6.626196×10^{-34} J·s；

$\Delta G^{\neq}$——过渡态的吉布斯自由能变，kJ/mol；

$\Delta S^{\neq}$——过渡态的熵变，kJ/mol；

$\Delta H^{\neq}$——过渡态的焓变，kJ/mol；

$\Delta v^{\neq}$——反应前后的摩尔变化，无量纲。

通过从头算的量子化学方法计算反应的动力学参数和热力学参数，对于较小的分子体系能够使用精准的基组来逼近分子的实际情况，能够获得准确的计算结果。随着研究体系的扩大，这些计算方法将会消耗大量的计算时间和计算机硬件资源。因此也需要对计算方法进行优化，找到适合较大分子体系计算而又不会过多损失计算精度的计算方法来处理碳五及更大分子反应的计算方法。另外，也可以根据反应类型的不同，通过"基团贡献法"来计算更大分子的各种热力学参数，并以此来估算反应的动力学参数。

3）石油烃热裂解动力学模型的建立

根据上述建立的反应网络模型，假设由 R_n 个自由基基元反应和 M_n 个分子及自由基组分构成，则各反应的反应速率可以由以下的式子进行计算：

$$r_j=\begin{cases}k_jN_m & （一级反应）\\ k_jN_mN_n & （二级反应）\end{cases} \tag{5.2-3}$$

$$k_j=A_j\exp\left(-\frac{E_{aj}}{RT}\right) \tag{5.2-4}$$

式中　r_j——第 j 个反应的反应速率，$mol/(m^3\cdot s)$；

k_j——第 j 个反应的反应速率常数，s^{-1}（单分子反应）或 $m^3/(mol\cdot s)$（双分子反应）；

N_m——第 j 个反应的第 m 个反应物的浓度，mol/m^3；

A_j——第 j 个反应的指前因子，s^{-1}（单分子反应）或 $m^3/(mol\cdot s)$（双分子反应）；

E_{aj}——第 j 个反应的活化能，kJ/mol。

得到各反应的反应速率后，可以在所选取的 dL 反应管微元（如图 5.2-7 所示）内，根据反应计量系数计算物料中各组分的改变，并可以由以下式子计算物料第 k 组分改变后物料的体积流速等宏观物理量：

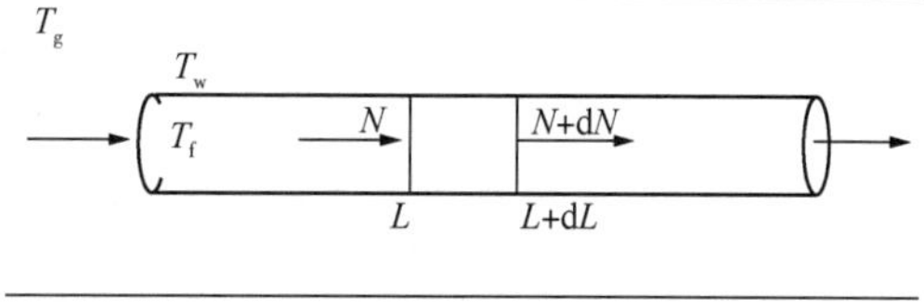

图 5.2-7　反应管微元示意图

$$\frac{dN_k}{dL}=-F\sum_{j=1}^{R_n}V_{kj}r_j \tag{5.2-5}$$

$$F=3600\times S\times V \tag{5.2-6}$$

式中　F——质量流量，kg/h；

S——密度，kg/m^3；

V——体积流量，m^3/s。

$$V=R\cdot NT\cdot/p \tag{5.2-7}$$

$$N=N_{H_2O}+\sum_{k=1}^{M_n}N_k \tag{5.2-8}$$

式中 R——理想气体状态常数，8.314J/(mol·K)；

N——物质的量，mol；

T——温度，K；

p——总压，Pa；

N_{H_2O}——蒸汽物质的量，mol；

N_k——第 k 个物种的物质的量，mol。

由炉管微元的热量传递过程，还能够建立 $Q_1=Q_2=Q_3$ 的能量平衡方程组：

$$Q_1=C_sH_s\pi[(T_g/100)^4-(T_{wi}/100)^4]+H_{RC}A_i(T_g-T_{wi}) \tag{5.2-9}$$

$$Q_2=K\pi[T_w-T_f]D_o\mathrm{d}L \tag{5.2-10}$$

$$K=\frac{1}{\dfrac{D_o}{\alpha_i(D_o-2\delta_B)}+\dfrac{D_o\delta_B}{\lambda_B(D_o-\delta_B)}} \tag{5.2-11}$$

$$\alpha_i=\frac{0.167\lambda^{0.6}C_p^{0.4}(w_f-w_{H_2O})^{0.8}}{\mu^{0.4}(D_o-2\delta_B)^{1.8}N^{0.8}} \tag{5.2-12}$$

$$\lambda_B=[11.5+0.0075(T_w-273.15)]\times1.1628 \tag{5.2-13}$$

$$Q_3=H_o+H_r-H_i \tag{5.2-14}$$

$$H_r=\sum_{i=1}^{M_n}\Delta H_{fi}^o\Delta N_i \tag{5.2-15}$$

式中 Q_1——炉管外表面的吸热速率，W，可通过本章的“裂解炉辐射段炉膛传热模型计算”；

Q_2——炉管外表面到管内物料的传热速率，W；

K——炉管外表面到管内物料的总传热系数，$W/(m^2\cdot K)$；

D_o——炉管外径，m；

δ_B——炉管厚度，m；

α_i——管内物料的对流传热系数，$W/(m^2\cdot K)$；

λ_B——炉管的导热系数，W/(m·K)；

λ——管内物料的导热系数，W/(m·K)；

$C_p^{0.4}$——管内物料的比热容，J/(KG·K)；

w_f——烃流量，kg/h；

w_{H_2O}——蒸汽流量，kg/h；

μ——物料黏度，Pa·s；

Q_3——管内物料进出口焓差，W；

H_o——管内物料到达反应温度的吸热量，W；

H_r——管内物料发生反应的总焓变，W；

H_i——管内物料发生反应后到达出口温度的放热量，W。

在裂解过程中，物料气流流过反应管时，必然会产生一定的压力损失，由此可以建立炉管微元的动量衡算方程：

$$\frac{\mathrm{d}p}{\mathrm{d}L}=-\frac{2fG^2E}{\rho D_i} \tag{5.2-16}$$

$$f=a+b/Re^{0.42} \tag{5.2-17}$$

$$Re=\frac{D_i u\rho}{\mu} \tag{5.2-18}$$

$$E=(L+\varphi D_i)/(L+L_b) \tag{5.2-19}$$

由上述方法建立的自由基链式反应机理所建立的微分方程式组，由于方程数目很多，往往包含几百甚至几千个自由基反应式，且由反应动力学参数和裂解工艺条件决定的方程式系数差别较大，一般容易得到刚性很强的微分方程，求解十分困难，需要采用 Treanor 法、Gear 法或者拟稳态法等方法进行一定条件的假设约束，才能方便求解。这些方法使用时进行的一定范围假定，在一定程度上会限制模型用于实际工业过程的模拟精度。

(3) 石油烃热裂解自由基机理模型的展望

目前，能够用于实际裂解装置的自由基机理模型较少。SPYRO 是唯一一个被广泛使用的基于自由基机理开发的商业裂解软件，出于保密原因，其反应模型未被公开报道。从一些介绍该软件的资料看，该软件是由包含了 3500 多个反应的网络、100 多种自由基和分子构成，在输入原料详细组成的情况下，该软件能够较为准确地模拟出从乙烷到加氢尾油的热裂解产物的收率分布。另外，Eunjung Joo 等忽略裂解性能差的芳香化合物和原料中不到 5%(质量)的复杂烃类，而提出由 13 种直链烷烃、支链烷烃以及环烷烃构成的包含 231 个反应、83 种分子和自由基的石脑油裂解自由基机理模型，针对其当地原料油取得了较好的仿真结果。

随着学者们对石油烃热裂解自由基机理模型的深入研究，包含更为精确详细的机理、反应数量更多以及使用条件约束更少的自由基机理模型将会被陆续开发出来。而随着自由基机理模型越来越精确，其输入项——各种原料成分的含量将会越来越影响自由基机理模型的计算精度，现有的石油烃原料成分分析得到的 ASTM 蒸馏曲线、*PONA* 值以及 *BMCI* 值等将无法满足模型的要求，这就需要更为精准的石油烃原料成分分析，特别是各种组分的同分异构体含量的分析。这些将成为石油烃热裂解自由基机理模型研究的新挑战。

2. 裂解炉辐射段炉膛传热模型

(1) 裂解炉辐射段炉膛传热模型的发展

裂解炉炉膛辐射段传热受到多种复杂因素的影响，如炉膛的结构和尺寸、燃料种类及供热方式、燃烧器的种类、炉管的构型和布置等。裂解炉炉膛的传热包括三种传热方式：辐射、对流和热传导，其中辐射传热是裂解炉炉膛的主要热传递方式，其传热量占到整个辐射段传热总量的 80%以上。在裂解炉炉膛传热计算方法的开发过程中，通常要对影响传热的复杂因素加以归纳和简化，才能形成可以用数学方法对过程进行求解的传热数学模型。显然，归纳和简化时考虑的条件不同，得出的模型种类、复杂程度和计算精度也不同。总体上，裂解炉辐射段炉膛传热模型是从简单向复杂、高精度方向发展，大体可分为零维模型和多维模型两大类。

1）零维模型和一维模型

1939 年，Lobo 和 Evans 提出了加热炉辐射传热的零维模型计算方法。其核心是假设烟气在辐射室内搅动良好，因此在炉膛中烟气的温度可以简化为等温。他们认为，辐射室中的传热主要是由高温火焰及烟气以辐射传热方式传给炉管的（包括直接辐射传给炉管和烟气辐射传给炉墙，再由炉墙反射给炉管的间接辐射）。因此，Lobo 和 Evans 将炉膛内的传热模型简化为一个气体区、一个反射面、一个受热面，由此推导出计算火焰和高温烟气对受热面的传热速率，从而得到炉管面积等设计所需的参数的零维模型。1974 年，有学者在此基础上提出了温度梯度炉的算法，将炉膛沿高度方向分为若干等温烟气区，而且每个区都符合 Lobo 和 Evans 的假设，但不同区的温度是有差别的，从而将零维模型演化为一维模型。

1941 年，别洛康也提出了另一种零维模型计算方法。该方法设想炉膛的辐射传热是在两个面积相等、相距很近、互相平行的绝对黑表面之间进行的，其中一个表面的温度等于炉管管壁的平均温度，另一个代表火焰、烟气的直接辐射和炉墙的反射作用。因此只要计算出两个平面之间的辐射传热速率就可计算得到烟气及炉墙对炉管的传热速率。

2）多维模型

多维模型主要有区域法、Monte-Carlo 法和热通量法等。

1954 年，H. C. Hottel 首先提出了区域法的概念，此后，在 1958 年 H. C. Hottel 和 E. S. Cohen，1967 年H. C. Hottel 和 A. F. Sarofim 将区域法进行了改进，使得这种方法更加系统和完善。

区域法认为：管式加热炉的封闭系统由若干表面和烟气区组成。表面与表面、表面与气体、气体与气体之间都存在辐射热交换。而每个烟气、表面区为具有相同物理化学性质的等温区，每个区可用其中的点（称为热源）来代表，这些点为参与整个系统热交换的热源，因此只要根据能量平衡建立每一区和其他各区的热交换，就可得到整个炉膛的传热模型。这种方法在求取直接交换面积中，由于采用了计算量比较大的多重积分，因此早期应用不多。随着计算机技术的快速发展和使用，现在该法已被大量推广应用于设计中。由于区域法原理简单，对工业炉的模拟效果与实际符合较好，受到很多使用者的欢迎。但该法也有一些缺陷：首先，对于具有复杂几何结构炉型的直接交换面积计算很难，或者计算量太大，超过了可以承受的计算时间；其次，把区域法的求解过程与湍流方程和能量方程（通常用有限差分法求解）的求解过程有机地联立起来也有一定的困难。

1968 年，Howell 将 Monte-Carlo 法引入辐射传热计算。Monte-Carlo 法的首要任务就是要构造一个相似的概率模型，代替原来的数学解析式，然后再按照随机性问题进行求解。

Monte-Carlo 法沿用了区域法将整体来看具有不均匀的物理量和性质的炉膛是由若干具有均匀物理量和性质区组成的这一做法，计算时把系统分为若干表面区和气体区。Monte-Carlo 法将辐射能看成由能束或能离子组成，这些能束的性质类似于光子，但在数量上后者比前者大得多，且每一能束所具有的能量不随温度、波长以及发射点的位置改变而改变。Monte-Carlo 法的主要思想是：假定辐射热流量是由具有相同能量的若干能束组成，这样就可用能束来模拟辐射传热中的发射、反射、吸收等实际物理过程，而且能束从发射开始直到最后被表面或气体吸收的全部历程可由一系列随机数来决定，这些随机数决定了发射位置、方向、光谱区间、行程长度以及反射和吸收。

在 Monte-Carlo 法中，必须取足够多的能束才会得到较准确结果，而且对于几何结构复杂的炉型也可在接受的时间内求解。然而该法的缺点是：得到的结果总是受到一些统计误差的影响，而且求解方法与湍流方程的求解同样难以有机结合。

1967 年，Roesler 将热通量法应用于管式炉的传热计算。该方法的主要理论是：辐射强度是空间位置、辐射传播方向和辐射波长的函数。在通常情况下，如果将所有可能的方向和空间位置同时加以考虑，将使辐射问题变得很复杂。因此，热通量法将辐射强度随方向的变化与随空间位置的变化分开考虑，假定在给定的空间立体角中辐射强度均匀，即辐射强度不随方向变化，从而把复杂的积分微分方程简化为一些耦合的线性微分方程。这些微分方程的因变量则是平均的辐射强度或称辐射热流。

根据假定的辐射强度均匀的空间立体角数目不同，可得到双通量法、四通量法或六通量法等。显然，通量数越多，该通量法也越精确。空间的立体角不仅可以均匀划分，也可以不均匀划分，划分方法的不同就构成了不同的热通量方法。离散坐标法(DOM 法)是热通量法中一种较为流行的方法。离散坐标法首先是在研究一维天体物理问题时提出来的，后来由 Fiveland 等进行改进后将其应用于辐射传热问题的求解。离散坐标法既保持了热通量法计算工作量小的特点，计算精度也大大提高，其结果已逼近区域法和 Monte-Carlo 法。正因为有这样的特点，所以该法特别适合进行流动、燃烧和传热过程的耦合计算，是一种较有前途的炉内辐射传热计算方法。离散坐标法求解辐射传播方程时，先将网络节点向空间的辐射强度用相应的权值离散到有限的坐标方向上(方程中的积分项用数值积分求得)，这样对任一节点在每一个离散坐标方向上都可以列出离散化的辐射传播方程，求解这些方程就可求出计算空间的辐射强度和温度分布。

3）流动燃烧传热相结合的全面模拟

由于现代化加热炉的技术发展和新型大功率烧嘴的应用，工艺、机械、投资等原因对炉子设计要求日益严格、电子计算机的发展和计算技术的进步，以及流体流动、传热、燃烧等规律的研究进展，使得管式炉炉膛内的理论计算从只偏重于传热方面发展到对炉内的流动、燃烧和传热等互相依赖、不可分割的过程进行全面模拟。自 1969 年 Spalding 和 Gosman 等发表文章以来，许多研究者从传热、传质、动量等基本方程出发，将炉膛内的湍流模型、燃烧模型和辐射传热模型相结合，用相应的数值求解方法来对管式炉炉膛进行全面的模拟。这种流动、燃烧、传热相结合的全面模拟是迄今为止在理论上较为完备的计算方法，因为它们能提供更多的炉膛内信息，诸如流速场、温度场、热流场、浓度场和压力场等，这对于改进现代大型炉的设计和优化炉子结构，防止炉管损坏，节省能源，降低材料消耗，以及减少污染等都能提供有利的手段。当然，这种模型尚在发展中，特别是其中的液体燃料的燃烧模型和湍流模型还有待于完善。20 世纪 80 年代以来，随着计算流体力学(CFD)越来越普及，及相应软件的商业化，使流动燃烧及传热相结合的全面模拟得以在加热炉的模拟中成功应用。随着计算机的容量和计算速度的加快，以及软件的功能越来越完善，CFD 模拟将会越来越多地取代传统的模拟方法。

（2）常用的炉膛传热模型

1）等温模型

等温模型是一种零维模型，也称为完全搅合模型(Well-stirred Model)。其基本假设是：假定整个炉膛中的火焰和高温烟气完全混合均匀，因此火焰及高温烟气只有一个温度，而且这个温度不随炉膛空间的坐标而变。常用的零维模型有 Lobo-Evans 法、别洛康法等。

① Lobo-Evans 法　Lobo 和 Evans 法认为，辐射室中高温火焰及烟气在单位时间内传给辐射管的热量由两部分组成：一部分是火焰及烟气以直接辐射方式和间接辐射方式(通过炉墙)传给受热面(炉管)；另一部分是烟气以对流方式传给受热面(炉管)。烟气对辐射室炉墙的对流传热速率和辐射室炉墙对外界的散热损失都较小，为简化计算，假设二者相等。因此，由火焰及烟气以辐射方式传给炉墙的热量便由炉墙间接传至辐射管。

Lobo-Evans 法基本假设如下：

a. 整个辐射室中，气体只有一个温度，它是辐射传热的热源。

b. 吸热面只有一个温度，反射面也只有一个温度。

c. 反射面是指这样的表面，当辐射能投射至这种表面时，它被表面全部反射出来。

d. 烟气为灰气体，吸热面为灰表面。

在炉膛内，烟气以辐射传热方式对炉管的传热速率可以用式(5.2-20)表示：

$$Q_{Rr}=\sigma\alpha A_{cp}F(T_g^4-T_w^4)=5.72\alpha A_{cp}F\left[\left(\frac{T_g}{100}\right)^4-\left(\frac{T_w}{100}\right)^4\right] \tag{5.2-20}$$

烟气以对流方式对炉管的传热速率可用式(5.2-21)计算：

$$Q_{Rc}=h_{Rc}A_R(T_g-T_w) \tag{5.2-21}$$

于是炉膛的传热速率方程式可以写成：

$$Q_R=Q_{Rr}+Q_{Rc}=5.72\alpha A_{cp}F\left[\left(\frac{T_g}{100}\right)^4-\left(\frac{T_w}{100}\right)^4\right]+h_{Rc}A_R(T_g-T_w) \tag{5.2-22}$$

式中　Q_{Rr}——烟气以辐射方式直接或通过其他反射面间接对炉管的传热速率，W；

σ——Stefan-Boltzman 常数，建议取值 5.67×10^{-8} W/(m^2·K^4)；

T_g——炉膛内烟气平均温度，K；

T_w——炉管外壁平均温度，K；

α——有效吸收因素，无因次；

A_{cp}——冷平面面积，m^2；

F——总交换因素，它是考虑了火焰的黑度、反射墙的布置、炉膛的体积等因素的一个校正因素；

Q_{Rc}——烟气以对流方式对炉管的传热速率，W；

h_{Rc}——炉膛内烟气对炉管表面的对流传热膜系数，W/(m^2·h)；

A_R——辐射管外表面积，m^2。

Lobo-Evans 法是一种半经验半理论方法，由于它将非等温的炉膛火焰和烟气简化为等温，因此模拟精确度较低，但因计算量小、求解快，在适当条件下用于裂解炉的在线控制简单实用，至今仍被人们采用来进行炉子初算和精度要求不高的计算。后来人们发展了一种改进的 Lobo-Evans 法，对辐射室按竖向方向分为多个烟气混合良好的子区，每个子区按传统的 Lobo-Evans 法计算该区的参数及辐射传热速率，使模拟精度得到了一些改进。

② 别洛康法　该方法是别洛康在 1936—1941 年间相继发表关于锅炉及管式加热炉的计算方法的论文中提出的。别洛康法与 Lobo-Evans 法基本原则相同，只是辐射室中火焰及烟气对辐射管的传热速率方程式不同。

别洛康认为辐射室中，辐射管接受的辐射热是火焰及烟气的直接辐射与炉墙的反射之和，其中火焰及烟气的辐射是主要的，炉墙的反射则居于次要地位。此外，辐射炉管还受到烟气的对流传热，而这种对流传热属于自然对流传热，其传热量约占辐射室总传热量的10%~20%左右。

该方法的特点是引入了当量绝对黑表面的概念。设想辐射室中辐射换热是在两个面积相等、相距极近、互相平行的绝对黑表面之间进行的。其中一个平面的温度等于管壁的平均温度，它代表管排的作用；另一个平面的温度等于离开辐射室烟气的温度，它代表火焰、烟气的直接辐射及炉墙的反射作用。这种平面称为当量绝对黑表面，两个当量绝对黑表面间的辐射传热速率恰好等于火焰、烟气及炉墙对辐射管的辐射传热速率，其传热速率为：

$$Q_R=Q_{Rr}+Q_{RC}=h_{RC}\alpha_k(T_g-T_t)+C_SH_S\left[\left(\frac{T_g}{100}\right)^4-\left(\frac{T_t}{100}\right)^4\right] \tag{5.2-23}$$

$$H_S=\frac{\varepsilon_V}{\varphi(T)}(\varepsilon_HH_A+\beta\varepsilon_FF) \tag{5.2-24}$$

$$H_A=K'H \tag{5.2-25}$$

$$\beta=1/\left(1+\frac{\varepsilon_V}{1-\varepsilon_V}\cdot\frac{1}{\varepsilon_H\rho_{FH}}\right) \tag{5.2-26}$$

式中　Q_R——辐射室的总传热量，为辐射传热 Q_{Rr} 和对流传热 Q_{RC} 的和，kJ/h；

C_S——绝对黑体辐射常数，20.76kJ/(m^2·h·K^4)；

H_S——当量绝对黑表面，m^2；

T_g——辐射室出口温度，K；

T_t——管壁平均温度，K；

α_K——对流传热系数，$\alpha_K=1.8\times\sqrt[4]{T_g-T_t}$，kW/(m^2·K)；

h_{RC}——对流传热有效面积，m^2；

$\varphi(T)$——辐射室温度分布函数，$\varphi(T)\approx0.80\sim0.85$；

ε_V——吸收介质黑度，$\varepsilon_V\approx2/(1+2.15\alpha)$；

α——空气过剩系数；

ε_H——辐射管表面黑度，$\varepsilon_H=0.90\sim0.95$；

ε_F——辐射室炉墙黑度，$\varepsilon_F=0.85\sim0.90$；

H_A——辐射管有效传热面积，m^2；

K'——辐射管的形状系数，$K'=f(S/d_H)$；

S——管间距，m；

d_H——管外径，m；

H——辐射管平面面积，m^2；

F——辐射管炉墙有限面积，m^2；

ρ_{FH}——辐射室炉墙与辐射管的互视角系数：

$$0<\frac{F}{H_A}\leqslant1.0\text{时},\rho_{FH}=\frac{H_A}{\sum F} \tag{5.2-27}$$

$$3<\frac{F}{H_A}\leqslant6.5\text{时}\rho_{FH}=\frac{H_A}{F} \tag{5.2-28}$$

2）区域法

区域法是空腔理论中的一种传热模型。它的基本思想就是将空腔内的表面及气体分成很多温度及其物理性质均一的小表面区及气体区。区与区之间的辐射换热可以根据辐射传热的基本理论求出区与区之间的直接交换面积、总交换面积及定向流面积，进而求得区与区之间的辐射传热速率，然后对每个区域做能量衡算，最后得到每个区的温度和对外散热速率。如果空腔中的气体是等温的，则区域法可简化为零维模型。如果空腔中气体的温度只沿一个方向变化，则区域法便简化为一维模型，依此类推，可以用区域法建立二维和三维的辐射传热模型。区域法是一种计算空腔中表面或吸收性气体非等温及表面各个部分对外散热速率不同的辐射传热的有效的方法。

管式加热炉炉膛中的烟气、炉墙、炉管的温度、性质分布是不均匀和不相同的。如果把它们分成若干足够小的块，并把每一块称为一个区，这样每一区的温度、性质必趋于相同。每一区在发射辐射能的同时又接受来自其他各区的辐射能。如果该区为管表面区，它将传递一定的热量给管内介质；如果该区为炉墙表面区，它将传递一定的热量给周围介质；如果该区为燃料燃烧区，它将接受一定的燃烧热。这样，计算炉膛的辐射热交换就变成了具体的计算各区之间的辐射热交换。计算出各区的温度，也就得到了相应的炉膛温度分布。将区域法用于管式炉炉膛的传热计算时，由于炉膛内的燃料燃烧，烟气流动以及管内被加热物料的流动、传热及组成，沿管程物料的物理性质及温度均随空间坐标而变化。因此，还需要匹配描述这些过程的流动模型，燃烧模型和管内被加热物料的流动、传热和化学反应的数学模型。区域法用于管式炉炉膛的传热计算时，其计算步骤如下：

a. 由燃料燃烧计算得到烟气的组成和烟气量。

b. 由估计的烟气平均温度和炉子特征尺寸计算烟气的衰减系数(吸收系数)。

c. 将炉子划分区，然后通过高斯积分法或概率积分法求取直接热交换面积。

d. 由耐火墙、当量管表面区的黑度、反射率、面积，解线性方程组求总交换面积。

e. 计算权因子，求定向通量面积。

f. 由燃料的燃烧模型、烟气流动模型、烟气的对流传热、管壁对管内介质的对流传热、耐火墙与周围介质的传热，建立每区的热平衡方程。

g. 解非线性方程组，得到各区的温度和炉膛的温度分布。

在上述建模步骤中，各步之间是有序的联系着，前一步是后一步的基础，依次类推。

概括起来说，分区仅仅是把炉膛中从整体看来是不均匀的量变成局部均匀的量的一种方法，而局部均匀就可以用通常的简单方法来建立该区的数学模型，通过将所有局部均匀的区域所建立的方程组联立求解，就可求得整体不均匀炉膛的各种参数分布。对于区与区之间的联系则是通过引入交换面积的概念来计算它们之间的辐射传热，得到受热区接受发射区的热量，所以计算各种交换面积是区域法的核心。

① 直接交换面积的计算　假定空腔的表面是黑表面，没有反射，空腔中的气体为灰气体，也不能反射辐射能，任意两个黑表面之间的净辐射换热，只有通过直接辐射的方式进行。因此，在有灰气体存在时，两个黑表面之间的交换面积称为直接交换面积。直接交换面积有如下性质：

a. 任何两区之间净辐射交换热量可表示如下：

$$Q_{S_i \Leftrightarrow S_j} = \overline{S_i S_j} \sigma T_{S_i}{}^4 - \overline{S_j S_i} \sigma T_{S_j}{}^4 \qquad (5.2\text{-}29)$$

b. 在热平衡的条件下，即 $T_{S_i}=T_{S_j}$时，由于净辐射传热量为零，可证得：

$$\overline{S_iS_j}=\overline{S_jS_i} \tag{5.2-30}$$

c. 若封闭系统中，有 n 个表面区，m 个气体区。假设指定 S_i 为发射区，其面积为 A_{S_i}。易证得：

$$\sum_{j=1}^{n}\overline{S_iS_j}+\sum_{j=1}^{m}\overline{S_ig_j}=A_{S_i} \tag{5.2-31}$$

式中 $\overline{S_iS_j}$——S_i 区域到 S_j 区域的直接交换面积，m^2；

σ——黑体辐射常数，5.670W/($m^2\cdot K^4$)；

T_{S_j}——S_i 区域的温度，K。

上式表示了直接交换面积的完整性。这一性质可用于判断直接交换面积的计算是否正确，或用于求自身直接交换面积。

对于裂解炉，直接交换面积的计算公式如下：

a. 平行平面间的直接交换面积$\overline{S_iS_j}$：

$$\overline{S_iS_j}=\frac{1}{\pi}\iiiint\limits_{x_iy_ix_jy_j}\frac{\Delta z^2}{r^4}e^{-Kr}dy_jdx_jdy_idx_i \tag{5.2-32}$$

b. 两垂直表面间的直接交换面积：

$$\overline{S_iS_j}=\frac{1}{\pi}\iiiint\limits_{x_iy_iy_jz_j}\frac{\Delta x\cdot\Delta z}{r^4}e^{-Kr}dz_jdy_jdy_idx_i \tag{5.2-33}$$

c. 气体与表面之间的直接交换面积：

$$\overline{g_iS_j}=\frac{K}{\pi}\int\!\!\int\!\!\int\!\!\int\!\!\int\limits_{x_iy_iz_iy_jz_j}\frac{\Delta x}{r^3}e^{-Kr}dz_jdy_jdz_idy_idx_i \tag{5.2-34}$$

d. 气体与气体之间的直接交换面积：

$$\overline{g_ig_j}=\frac{K^2}{\pi}\int\!\!\int\!\!\int\!\!\int\!\!\int\!\!\int\limits_{x_iy_iz_ix_jy_jz_j}\frac{1}{r^2}e^{-Kr}dz_jdy_jdx_jdz_idy_idx_i \tag{5.2-35}$$

② 总交换面积的计算　总交换面积与直接交换面积一样，只与区域的大小和相对位置有关。在引出直接交换面积概念时，曾假定在充满灰气体的黑体界面内进行辐射传热，也就是在没有反射的条件下热源射向热汇的辐射传热量。这一概念将用于总交换面积的计算，也是提出直接交换面积的意义所在。在工程计算上，管式加热炉的管表面、炉墙均可看作服从 Lambert 定律的灰表面，为了计入表面区的反射作用，下面讨论灰表面内充满灰气系统的辐射传热规律。

a. 比反射热流密度。由热辐射基本性质可知，封闭系统中物体的辐射与吸收是同时进行的。任何一区辐射传热的净结果，是该区与所有各区辐射传热净结果的代数和，即稳定状态时具有叠加性。基于此，可把问题分解开来讨论。

设系统中任一表面区为 S_j，当 S_i、G_i 分别为系统中的唯一热源时，其所吸收的热量为：

$$Q_{S_iS_j}=\overline{S_iS_j}\sigma T_{S_i}{}^4 \tag{5.2-36}$$

$$Q_{G_iS_j}=\overline{G_iS_j}\sigma T_{G_i}{}^4 \tag{5.2-37}$$

鉴于 S_j 表面为灰体，当 S_i 为热源时，则反射热流量 Q_R 为：

$$Q_R = {}_{S_i}R_{S_j}A_{S_j}\sigma T_{S_i}{}^4 \tag{5.2-38}$$

式中　A_{S_j}——表面区 S_j 的面积，m^2；

$_{S_i}R_{S_j}$——比反射热流密度，前标记录产生它的热源，后标记录其离开的表面区，无因次。

由定义式可知，比热流密度是反映单位面积反射辐射热流量与热源黑体辐射力之间的关系的比例系数，当 $\sigma T_{S_j}=1$ 时，它在数值上等于 S_j 区单位面积反射的辐射热流量。

同理，当气体区 G_i 为热源时，有

$$Q_R = {}_{G_i}R_{S_j}A_{S_j}\sigma T_{G_i}{}^4 \tag{5.2-39}$$

假定表面区的反射率为 ρ，吸收率为 α，黑度为 ε（对灰体而言），表面透过率为零，由 α、ρ 的定义可得：

$$\frac{\text{表面区吸收的热量}}{\text{表面区反射的热量}} = \frac{\alpha}{\rho} \tag{5.2-40}$$

由上式并代入相关公式可得：

$$\overline{S_iS_j} = \frac{A_{S_j}\varepsilon_{S_j}}{\rho_{S_j}}S_iR_{S_j} \tag{5.2-41}$$

$$\overline{G_iS_j} = \frac{A_{S_j}\varepsilon_{S_j}}{\rho_{S_j}}G_iR_{S_j} \tag{5.2-42}$$

在上两式中，ε_{S_j}、ρ_{S_j} 均特指 S_j 区的性质，如果设法知道 $_{S_j}R_{S_j}$，$_{G_j}R_{S_j}$ 的数值，就可求得 $\overline{S_iS_j}$、$\overline{G_iS_j}$。

b. 气体区为热源。假定系统中 g_i 为唯一热源，对其中所有的表面区，包括炉墙区 S_1、S_2、S_3 等做辐射热平衡。对 S_1 区而言，由 g_i 区直接射向 S_1 区的辐射热流流量为 $\overline{g_iS_1}\sigma T_{gi}^4$，由于 g_i 的存在，各表面区反射辐射热流量为 $A_{S_1\,g_j}R_{S_1}\sigma T_{g_j}^4$，$A_{S_2\,g_j}R_{S_2}\sigma T_{g_j}^4$ 等。根据直接交换面积的定义，离开表面的上述这些热量中射向 S_1 表面区的应为 $\overline{S_1S_1}{}_{g_j}R_{S_2}\sigma T_{g_j}^4$，$\overline{S_2S_1}{}_{g_j}R_{S_1}\sigma T_{g_j}^4$。由上分析可得下述方程组：

$$\begin{cases} (\overline{S_1S_1}{}_{g_i}R_{S_1} + \overline{S_2S_1}{}_{g_i}R_{S_2} + \cdots + \overline{g_iS_1})\rho_{S_1} = A_{S_1\,g_i}R_{S_1} \\ (\overline{S_1S_2}{}_{g_i}R_{S_1} + \overline{S_2S_2}{}_{g_i}R_{S_2} + \cdots + \overline{g_iS_2})\rho_{S_2} = A_{S_{21}\,g_i}R_{S_2} \\ (\overline{S_1S_3}{}_{g_i}R_{S_1} + \overline{S_2S_3}{}_{g_i}R_{S_2} + \cdots + \overline{g_iS_3})\rho_{S_3} = A_{S_3\,g_i}R_{S_3} \\ \quad\vdots \qquad\qquad \vdots \qquad\qquad\qquad \vdots \qquad\qquad \vdots \end{cases} \tag{5.2-43}$$

合并同类项，考虑直接交换面积的互换性，线性方程组用矩阵表示为：

$$\begin{bmatrix} \overline{S_1S_1}-\dfrac{A_{S_1}}{\rho_{S_1}} & \overline{S_1S_2} & \overline{S_1S_3} & \cdots\cdots \\ \overline{S_1S_2} & \overline{S_2S_2}-\dfrac{A_{S_2}}{\rho_{S_2}} & \overline{S_2S_3} & \cdots\cdots \\ \overline{S_1S_3} & \overline{S_2S_3} & \overline{S_3S_3}-\dfrac{A_{S_3}}{\rho_{S_3}} & \cdots\cdots \\ \vdots & \vdots & \vdots & \vdots \end{bmatrix} \begin{bmatrix} {}_{g_i}R_{S_1} \\ {}_{g_i}R_{S_2} \\ {}_{g_i}R_{S_3} \\ \vdots \end{bmatrix} = \begin{bmatrix} -\overline{g_iS_1} \\ -\overline{g_iS_2} \\ -\overline{g_iS_3} \\ \vdots \end{bmatrix} \tag{5.2-44}$$

$$_{g_i}R_{S_j}=\frac{_{g_i}D_{S_j}}{D} \tag{5.2-45}$$

式中，D 为线性方程组的系数行列式，以右端项代替 D 中 S_j 列，得分子行列式$_{g_i}D_{S_j}$。

$$D=\begin{bmatrix} \overline{S_1S_1}-\frac{A_{S_1}}{\rho_{S_1}} & \overline{S_1S_2} & \overline{S_1S_3} & \cdots\cdots \\ \overline{S_1S_2} & \overline{S_2S_2}-\frac{A_{S_2}}{\rho_{S_2}} & \overline{S_2S_3} & \cdots\cdots \\ \overline{S_1S_3} & \overline{S_2S_3} & \overline{S_3S_3}-\frac{A_{S_3}}{\rho_{S_3}} & \cdots\cdots \\ \vdots & \vdots & \vdots & \vdots \end{bmatrix} \tag{5.2-46}$$

气体区与气体区之间的总交换面积亦可由此导出，设 g_i 为发射区，g_m 为接受区，则

$$\overline{G_iG_m}=\overline{g_ig_j}+\sum_j {_{g_j}R_{S_i}}\,\overline{S_jg_m} \tag{5.2-47}$$

上式右端第一项为 g_i 区对 g_m 区的直接辐射，第二项为各表面区在 g_i 为热源时反射的辐射能射向 g_m 区并为之吸收的部分代数和，它体现了在 g_i 区对 g_m 区的辐射传热中各表面区的反射作用。

c. 表面区为热源。假定系统中任一表面区 S_i 为热源，对所有表面区做辐射热平衡，每一表面对应一个方程式：

$$\begin{cases} (\overline{S_1S_1}{_{S_i}R_{S_1}}+\overline{S_2S_1}{_{S_i}R_{S_2}}+\cdots\cdots+\overline{S_iS_1}({_{S_i}R_{S_i}}+\varepsilon_{S_i})+\cdots\cdots)\rho_{S_1}=A_{S_1}{_{S_i}R_{S_1}} \\ (\overline{S_1S_2}{_{S_i}R_{S_1}}+\overline{S_2S_2}{_{S_i}R_{S_2}}+\cdots\cdots+\overline{S_iS_2}({_{S_i}R_{S_i}}+\varepsilon_{S_i})+\cdots\cdots)\rho_{S_2}=A_{S_{21}}{_{S_i}R_{S_2}} \\ (\overline{S_1S_3}{_{S_i}R_{S_1}}+\overline{S_2S_3}{_{S_i}R_{S_2}}+\cdots\cdots+\overline{S_iS_3}({_{S_i}R_{S_i}}+\varepsilon_{S_i})+\cdots\cdots)\rho_{S_3}=A_{S_3}{_{S_i}R_{S_3}} \\ \quad\vdots \qquad\qquad \vdots \qquad\qquad\qquad \vdots \qquad\qquad \vdots \end{cases} \tag{5.2-48}$$

用矩阵表示上述线性方程组，则

$$\begin{bmatrix} \overline{S_1S_1}-\frac{A_{S_1}}{\rho_{S_1}} & \overline{S_1S_2} & \overline{S_1S_3} & \cdots\cdots \\ \overline{S_1S_2} & \overline{S_2S_2}-\frac{A_{S_2}}{\rho_{S_2}} & \overline{S_2S_3} & \cdots\cdots \\ \overline{S_1S_3} & \overline{S_2S_3} & \overline{S_3S_3}-\frac{A_{S_3}}{\rho_{S_3}} & \cdots\cdots \\ \vdots & \vdots & \vdots & \vdots \end{bmatrix}\begin{bmatrix} {_{S_i}R_{S_1}} \\ {_{S_i}R_{S_2}} \\ {_{S_i}R_{S_3}} \\ \vdots \end{bmatrix}=\begin{bmatrix} -\varepsilon_{S_i}\overline{S_iS_1} \\ -\varepsilon_{S_i}\overline{S_iS_2} \\ -\varepsilon_{S_i}\overline{S_iS_3} \\ \vdots \end{bmatrix} \tag{5.2-49}$$

$$_{S_i}R_{S_j}=\frac{_{S_i}D_{S_j}}{D} \tag{5.2-50}$$

③ 定向流面积　在上面的讨论中曾假定系统中充满灰气，但炉膛内烟气与灰气性质不同，因此，在计算辐射传热中应考虑到它们的差别。

a. 计算烟气性质的虚拟灰气组分加权法。灰气吸收介质的衰减系数不随波长而变，吸收率与黑度相同，与行程长度 l 的关系为

$$\varepsilon_g = \alpha_g = 1-\exp(-k'pl) \tag{5.2-51}$$

式中 k'——比衰减系数，$atm^{-1} \cdot m^{-1}$；

p——吸收组分的分压，atm；

l——射线的行程长度，m。

真实气体(例如水蒸气及二氧化碳等)只能吸收和发射不连续的光带，其吸收系数是波长及温度的函数；而且，真实气体对辐射能的吸收具有选择性：即对某些波段的吸收能力强，对某些波段的吸收能力差，对某些波段甚至不吸收，因此当辐射能穿过真实气体时，不仅会改变辐射线的强度，而且改变了它的性质。当辐射线多次通过真实气体层后，可吸收波长的射线就被滤掉，而剩下的射线在气层中的透过率便接近于1。因此，采用灰气体假定将会导致气体与表面间换热的计算值偏大，而表面与表面间换热的计算值偏小。

在烟气中，除氮、氩、氧这些在炉温下不吸收也不发射电磁波的“透明气”外，还有二氧化碳、水蒸气等。为了便于计算机的数值计算，Hottel把真实气体的黑度及吸收率表示为若干个灰气体及一个透明气体的黑度及吸收率的加权和。当气体为发射源时，真实气体的黑度为：

$$\varepsilon_g = a_{g,0}(1-e^{-k_0pl}) + a_{g,1}(1-e^{-k_1pl}) + a_{g,2}(1-e^{-k_2pl}) + \cdots\cdots = \sum_{n=0}^{n} a_{g,n}a_{g,n}(1-e^{-k_npl}) \tag{5.2-52}$$

$$\sum_{n=0}^{n} a_{g,n} = 1 \tag{5.2-53}$$

式中 ε_g——真实气体的黑度；

$a_{g,n}$——当气体为发射源时的加权因子；

k_0——透明气体的吸收系数，$k_0=0$；

$-k_1\cdots\cdots k_n$——灰气体的比吸收系数；

p——真实气体中吸收性气体分压之和。

在工程应用上，真实气体的黑度可以用一个灰气体及一个透明气的黑度加权和来近似表示，此时，上式可以化简为：

$$\varepsilon_g = a_{g,0}(1-e^{0pl}) + a_{g,1}(1-e^{-k_1pl}) = a_{g,1}(1-e^{-k_1pl}) \tag{5.2-54}$$

设已知某一给定形状的真实气体在行程长度 l 和两倍行程长度 $2l$ 时及一定温度下的黑度分别为 $\varepsilon_{g,l}$、$\varepsilon_{g,2l}$则代入上式得：

$$\varepsilon_{g,l} = a_{g,1}(1-e^{-k_1pl}) \tag{5.2-55}$$

$$\varepsilon_{g,2l} = a_{g,1}(1-e^{-2k_1pl}) \tag{5.2-56}$$

联解上面两式，可得拟合公式中的 $a_{g,1}$ 及 k_1pl：

$$a_{g,1} = \frac{\varepsilon_{g,l}{}^2}{2\varepsilon_{g,l}-\varepsilon_{g,2l}} \tag{5.2-57}$$

$$k_1pl = \ln[\varepsilon_{g,l}/(\varepsilon_{g,2l}-\varepsilon_{g,l})] \tag{5.2-58}$$

当表面为发射源时，气体的吸收率可用类似的方法表示为：

$$a_{g,s} = \sum_{n=0}^{n} a_{s,n}(1-e^{-k_npl}) \tag{5.2-59}$$

$$\sum_{n=0}^{n} a_{s,n} = 1 \tag{5.2-60}$$

式中　$a_{g,s}$——真实气体的吸收率，约为0.9；

$a_{s,n}$——当表面为发射源时的加权因子，约为0.448。

我们知道，真实气体的黑度是气体温度及 pl 的函数，当 pl 一定时，不同的气体温度将得出不同的 $a_{g,n}$ 和 k_n，这样在用区域法计算直接交换面积和总交换面积时便遇到麻烦。例如，在炉膛中各处烟气的温度不同，因而各处烟气的 k_n 也不同。换言之，任意两个区域之间气体的吸收系数是随距离变化的，使得两个区域之间的交换面积难以计算。为了避免这一麻烦，Hottel 把吸收系数看作常数，即不随温度而变，而把温度对黑度的影响在拟合公式中全部加到加权因子 $a_{g,n}$ 上。这样可在未知系统温度分布的条件下，假设某一温度，计算直接交换面积和总交换面积。

b. 定向通量面积。管式加热炉可近似看作在灰体界面中充满烟气的系统。假定系统中任意表面区 S_i、S_j 和气体区 g_i、g_j 的温度分别为 T_{S_i}、T_{S_j} 和 T_{g_i}、T_{g_j}，定义由一区传向另一区的单向辐射热流量为：

$$Q_{S_iS_j} = \overrightarrow{S_iS_j}\sigma T_{S_i}^{\ 4} \tag{5.2-61}$$

$$Q_{g_iS_j} = \overrightarrow{G_iS_j}\sigma T_{g_i}^{\ 4} \tag{5.2-62}$$

$$Q_{S_ig_j} = \overrightarrow{S_iG_j}\sigma T_{S_i}^{\ 4} \tag{5.2-63}$$

$$Q_{g_ig_j} = \overrightarrow{G_iG_j}\sigma T_{g_i}^{\ 4} \tag{5.2-64}$$

式中　$Q_{S_iS_j}$，$Q_{g_iS_j}$，$Q_{S_ig_j}$，$Q_{g_ig_j}$——下标前区传向下标后区的单向辐射热流量；

$S_iS'_j$，$G_iS'_j$，$S_iG'_j$，$G_iG'_j$——对应两区之间的定向通量面积，它具有方向性，即：

$$\overrightarrow{G_iS_j} \neq \overrightarrow{S_jG_i} \tag{5.2-65}$$

由于烟气性质可以由虚拟灰气与透明气加权得到，对于同一系统又可写出

$$Q_{S_iS_j} = \sum_n a'_{g,n}\,(\overline{S_iS_j})_{k_n}\sigma T_{S_i}^{\ 4} \tag{5.2-66}$$

$$Q_{g_iS_j} = \sum_n a_{g,n}\,(\overline{G_iS_j})_{k_n}\sigma T_{g_i}^{\ 4} \tag{5.2-67}$$

$$Q_{S_ig_j} = \sum_n a'_{g,n}\,(\overline{S_iG_j})_{k_n}\sigma T_{S_i}^{\ 4} \tag{5.2-68}$$

$$Q_{g_ig_j} = \sum_n a_{g,n}\,(\overline{G_iG_j})_{k_n}\sigma T_{g_i}^{\ 4} \tag{5.2-69}$$

比较上述对应各式，得

$$\overrightarrow{S_iS_j} = \sum_n a'_{g,n}\,(\overline{S_iS_j})_{k_n} \tag{5.2-70}$$

$$\overrightarrow{G_iS_j} = \sum_n a_{g,n}\,(\overline{G_iS_j})_{k_n} \tag{5.2-71}$$

$$\overrightarrow{S_iG_j} = \sum_n a'_{g,n}\,(\overline{S_iG_j})_{k_n} \tag{5.2-72}$$

$$\overrightarrow{G_iG_j} = \sum_n a_{g,n}\,(\overline{G_iG_j})_{k_n} \tag{5.2-73}$$

上述各式中，$(\overline{S_iS_j})_{k_n}$，$(\overline{G_iS_j})_{k_n}$，$(\overline{S_iG_j})_{k_n}$，$(\overline{G_iG_j})_{k_n}$ 为具有吸收系数为 k_n 的第 n 个灰气体计算得到的总交换面积。当 $k_n=0$ 时，即透明气，从直接交换面积计算式中可以看出，

凡涉及气体区，其值必为零，相应的总交换面积亦必为零。

当一灰气和一透明气两虚拟组分加权与烟气等效时，上述各式又可写为：

$$\overrightarrow{S_iS_j}=a'_{g,1}(\overline{S_iS_j})_{k_1}+(1-a'_{g,1})(\overline{S_iS_j})_{k=0} \tag{5.2-74}$$

$$\overrightarrow{S_iG_j}=a'_{g,1}(\overline{S_iG_j})_{k_1} \tag{5.2-75}$$

$$\overrightarrow{G_iS_j}=a_{g,1}(\overline{G_iS_j})_{k_1} \tag{5.2-76}$$

$$\overrightarrow{G_iG_j}=a_{g,1}(\overline{G_iG_j})_{k_1} \tag{5.2-77}$$

利用上述各式可求两区之间的净辐射传热量：

$$Q_{S_i\Leftrightarrow S_j}=\overrightarrow{S_iS_j}\sigma T_{S_i}{}^4-\overrightarrow{S_jS_i}\sigma T_{S_j}{}^4 \tag{5.2-78}$$

$$Q_{g_i\Leftrightarrow S_j}=\overrightarrow{G_iS_j}\sigma T_{g_i}{}^4-\overrightarrow{S_jG_i}\sigma T_{S_j}{}^4 \tag{5.2-79}$$

$$Q_{g_i\Leftrightarrow g_j}=\overrightarrow{G_iG_j}\sigma T_{g_i}{}^4-\overrightarrow{G_jG_i}\sigma T_{g_j}{}^4 \tag{5.2-80}$$

④ 能量方程的建立　计算辐射传热是计算温度分布所必需的，但要准确计算温度场还必须已知燃料燃烧模型、烟气流动模型等。这里燃烧模型采用 Roesler 提出的燃烧模型，而烟气流动模型则采用活塞流模型。

在炉膛的 Z 方向采用的燃烧模型计算式如下：

当 $0\leqslant l_i\leqslant L_f$ 时：

$$f_i=3\left(\frac{l_i}{L_f}\right)^2-2\left(\frac{l_i}{L_f}\right)^3 \tag{5.2-81}$$

当 $L_f\leqslant l_i\leqslant H$ 时：

$$f_i=1 \tag{5.2-82}$$

式中　f_i——自火焰底端到 l_i 之间的燃料燃烧分率，无因次；

l_i——自火焰底端计的火焰高度，m；

L_f——火焰高度，m(假设火焰高度为 6m)；

H——辐射室高度，亦即炉管长度，m；

在上述模型都已知的条件下，可建立计算温度分布的能量方程组。

管表面区的能量平衡式为：

$$\sum_j \overrightarrow{S_jS_i}\sigma T_{S_j}^4+\sum_j \overrightarrow{G_jS_i}\sigma T_{g_j}^4-A_{S_i}\varepsilon_{S_i}\sigma T_{S_i}^4+Q_C-Q_n=0 \tag{5.2-83}$$

系统中表面区的数目与所能建立的能量平衡方程数目相同。烟气区的能量平衡式为：

$$\sum_j \overrightarrow{G_jG_i}\sigma T_{g_j}^4+\sum_j \overrightarrow{S_jG_i}\sigma T_{S_j}^4-4kV_{g_i}a_{g,i}+Q_f-Q_C=\Delta H_{g_i} \tag{5.2-84}$$

同样，方程的数目与系统中烟气区的数目相同，联立求解所有方程式，就可得到温度分布。

在上两式中，Q_C 表示烟气区 g_i 或与表面区 S_i 毗邻的烟气区以对流方式传到表面区的热量；Q_n 表示传至管表面区的热量或者表示通过耐火墙传至环境的热损失；Q_f 表示在该烟气区中燃料燃烧放出的热量；ΔH_{g_i} 表示烟气进出 g_i 区的焓差。

⑤ 计算框图　区域法计算炉膛温度分布的框图见图 5.2-8。图中左边是管内计算流程，右边是管外计算流程，也就是区域法计算流程。一般而言，先对管内进行计算，而后再计算管外。

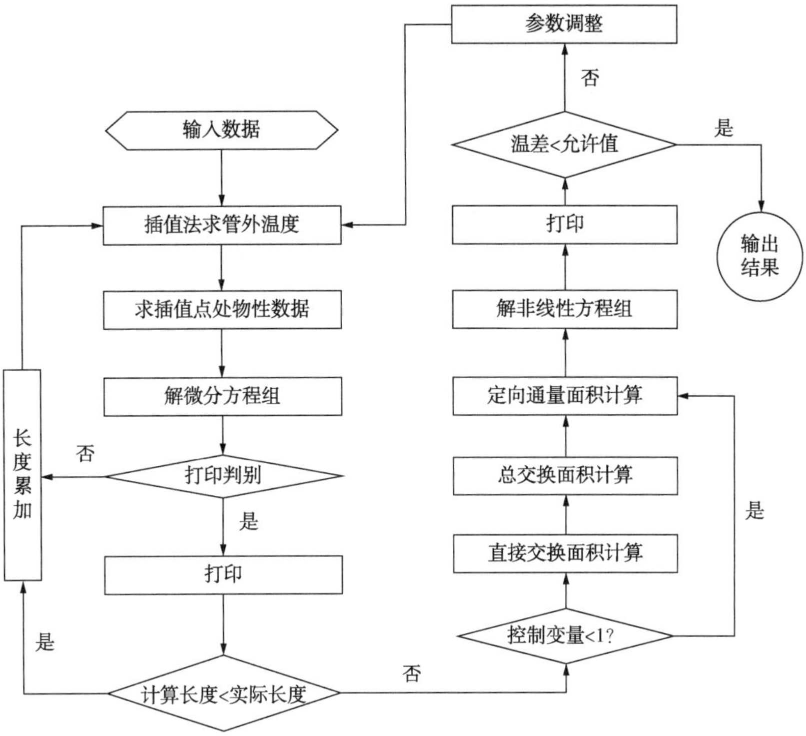

图 5.2-8　区域法计算框图

计算的详细过程如下：先假定温度分布，作为初始值，在已知各区温度的条件下，可以求得任意点的温度，并可求解微分方程组，得到温度压力浓度沿管长的分布。同时计算得到炉管各表面区的热负荷，作为管外计算的边界值。

在管外，先求定积分得到直接交换面积。而后求解线性方程组计算得到总交换面积，在求得虚拟灰气组分的权后，直接求得定向通量面积，求解非线性方程组，得出温度分布。如果每个区域计算值与前一次的值满足精度要求则结束，否则按照一定的方法调整温度重新迭代计算。

3）CFD 法

计算流体力学(Computational Fluid Dynamics，CFD)是近代流体力学、数值数学和计算机科学结合的产物，它是以电子计算机为工具，应用各种离散化的数学方法，对流体力学各类问题进行数值实验、模拟和分析研究。它从 20 世纪 80 年代发展起来，成为一门具有强大生命力的边缘交叉科学。

CFD 是用数值方法来求解非线性联立的质量、能量、组分、动量和自定义的标量的微分方程组，求解结果能预报流动、传热、传质、燃烧等过程的细节，这也使得 CFD 成为过程装置优化和放大的有力工具。计算流体力学的基本特征是数值模拟和计算机实验，它从基本物理定理出发，在很大程度上替代了耗资巨大的流体动力学实验设备，在科学研究和工程技术中产生巨大的影响。目前比较流行的 CFD 软件有：Fluent、CFX、Phoenics、Star-CD 等。

随着计算机技术和计算流体力学等技术的发展，CFD 的应用越来越广泛，最早许多乙烯专利商在 20 世纪 90 年代开始将 CFD 技术应用于裂解炉的计算，许多研究者也在利用 CFD 对裂解炉的炉膛、炉管及管内的三维流场(温度场、浓度场和流动场)进行详细分析以求进一步改进和优化炉子设计。如根特大学的 Oprins 等利用 CFD 技术对裂解炉进行的三维流场和压力场的模拟反映炉管对炉膛内的流动没有产生严重的影响；国内王国清等利用 CFD 技术对裂解炉进行的模拟结果表明，裂解炉炉管周向温度分布与炉膛内的燃烧器位置有着密切的关系。CFD 商业软件包括了上述的多种辐射传热计算模型，如区域法、热通量法等。

① CFD 软件的构成　流体力学 CFD 商业软件是用流体流动基本原理来进行流场详细分析、计算和预测的专用工具。它可以显示整个研究体系中流体流动过程中发生的现象和变化过程，深刻地了解问题产生的机理。研究者可以根据多种模拟结果，求取以往需用大量模拟试验才能得到的最佳参数，节省试验所需的时间、人力和财力，为流动理论研究工作者在实际应用中提供了很大应用空间。

CFD 软件一般包含前处理模块(Pre-processor)、解算模块(Solver)、后处理模块(Post-processor)等三个模块。各模块具有各自独立的功能，同时又与其他模块相联系，其中最重要的模块是解算模块，前处理模块和后处理模块都是为解算模块服务的。

前处理模块主要是根据模拟对象建立相应的几何模型，根据几何模型进行网格化处理，设置模拟对象的边界条件，提供模拟介质的特性参数和数据库等。

解算模块是 CFD 软件的核心部分，它既可为使用者提供已有的大量数学模型，也可以为使用者提供自编接口程序和接口命令，同时还为使用者提供了模拟过程中所需的计算方法、数学离散化方法、收敛方法和准则，形成模拟命令程序(Command File)。

后处理模块与基本图形处理工具(Graphical View and Plotting)结合，为使用者提供模拟计算结果，数据存储和各种参数图的输出各种参数图，是模拟计算结果处理的重要环节。

② CFD 的应用　前述可知，常用的计算流体力学软件一般分为前处理、迭代计算和后处理三个模块。利用 CFD 软件进行模拟时，首先利用前处理模块对计算区域建立几何模型并进行网格划分，选择合适的数学模型，给出初始条件和边界条件；再在解算模块给出计算控制和迭代收敛条件，同时启动求解器对前处理确定的问题进行求解；最后利用后处理模块对求解结果进行整理分析和图形化。

我们可以根据 CFD 对裂解炉内三维浓度场、压力场和温度场的模拟结果，进行以下两方面的研究工作：

a. 用 CFD 作为工具，在计算机上通过试验数据来检验建立的模型，并利用模型进行广泛的数值试验并确定改进方向，从而完善模型，这样可大大减少试验次数，节约人力和试验的费用。图 5.2-9 给出了 CFD 作为检验功能的应用流程。

b. 用 CFD 作为工具，对不同方案进行优化比较，解决工业实际中存在的问题或者为设计过程提供优化的解决方案。图 5.2-10 给出了 CFD 作为优化功能的应用流程。

③ CFD 模拟实例

a. 基本条件。本例模拟对象为一台生产乙烯的工业裂解炉的辐射段。辐射段炉膛的几何尺寸为长×宽×高=19160mm×4220mm×13088mm，炉膛中央排布有 6 大组炉管，每大组炉管由 4 个 4-1 型炉管组成，呈交错排列。裂解炉由底部烧嘴(占供热量 85%，分为两排，每排 12 个烧嘴，共 24 个烧嘴)和侧壁烧嘴(占供热量 15%，每侧两排，每排 12 个烧嘴，共 48 个烧嘴)联合供热。裂解原料为石脑油。投料量为 41200kg/h，稀释比为 0.5，裂解温度为 830℃。由于该炉膛内的辐射炉管和烧嘴采用对称排列，因此仅对炉膛的一半进行模拟。烧嘴的燃料组分及工艺参数见表 5.2-3。在本模型的求解过程中，需要事先给出裂解炉炉管

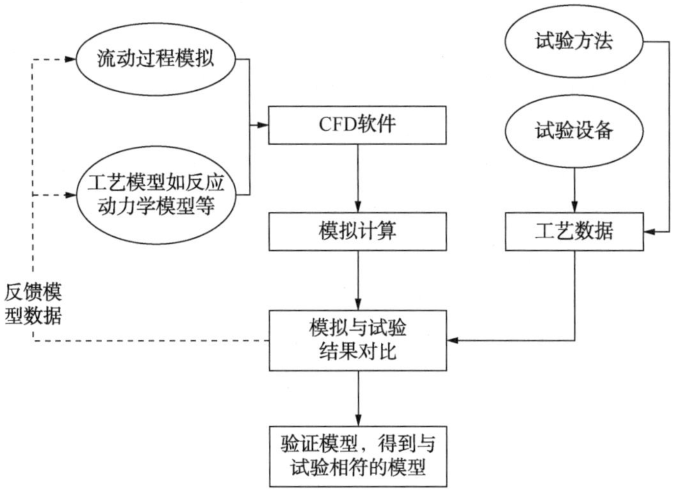

图 5.2-9　CFD 模型检验功能应用流程

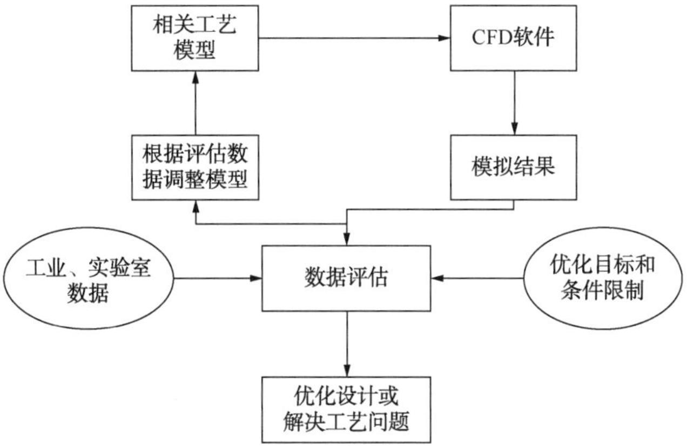

图 5.2-10　CFD 优化功能应用流程

的管壁温度分布或者炉管的管壁热通量分布，因此在计算前，将管内计算的热通量结果通过程序赋给计算模型作为边界条件。由于第一程的 4 根炉管的热通量分布差别不大，因此本书为简化计算，假定第一程的 4 根管热通量分布相同。

表 5.2-3　燃料的组分及工艺参数

项　目	指　标	项　目	指　标
燃料组成/%(体积)		低热值/(kJ/kg)	49172
H_2	8.85	压力/MPa	0.1
CH_4	75.08	燃料温度/℃	25
C_2H_6	1.10	过剩空气系数/%	10
C_2H_4	2.10	底部烧嘴进料量/(kg/s)	1.5088
C_3H_6	1.13	侧壁烧嘴进料量/(kg/s)	0.2508
C_3H_8	5.3		
C_4H_{10}	6.37		

b. 模型的选择和网格的划分。模拟中湍流模型采用标准的 $k-\varepsilon$ 模型；燃烧模型采用 Finite Rate/Eddy Dissipation Model 气相燃烧模型；化学反应机理由用户来定义；考虑到计算时间及内存等因素，辐射计算采用 P1 辐射模型；采用 SIMPLE 算法求解压力-速度耦合方程；反应管壁面及炉墙均采用标准的壁面函数处理；在计算过程中，由于模拟对象的尺度差异较大，故采用非结构化网格，对烧嘴以及炉管附近的网格进行加密处理，炉膛共划分了约 100 万网格。

c. 模拟计算结果。模拟计算时间约为 300CPU 小时。模拟结果表明，裂解炉炉膛内的最高温度为 1500K，横跨段烟气温度为 1388K，与工业实际的炉子较为接近。

燃料气从烧嘴射入，产生高速射流，使炉膛内流动状况变得非常复杂，特别是在烧嘴附近，由于燃料气高速射流卷吸而在烧嘴射流核心区周围形成回流(图 5.2-11)。

烟气温度在炉膛的各个方向上都存在较大的梯度，特别是在炉膛上部和下部区域(图 5.2-12)。燃料气射流流动引起了组分分布的变化，影响了燃烧反应的进行，从而影响了烟气的温度分布。沿炉膛高度方向，随着气体扩散作用的加剧，燃料和空气混合得越来越好，高温烟气面积逐渐扩大，温度分布逐渐趋向均匀。一方面随着燃烧反应的进行，燃料和 O_2 的量逐渐降低，燃烧释放的热量逐渐减少；另一方面反应管不断地从炉膛内吸收热量，使得烟气温度逐渐降低，在炉膛高 5~9m 之间的烟气温度为炉膛内的高温区域，温度分布也较为均匀。随着高度的增加，由于底部烧嘴已经无法产生影响以及由于炉管的反应吸热，9m 以上的炉膛温度开始逐渐降低，这时，侧壁烧嘴的燃烧对于炉膛内的温度均匀性起到了很好的补充作用，也可以看出侧壁烧嘴加入的位置是恰到好处。

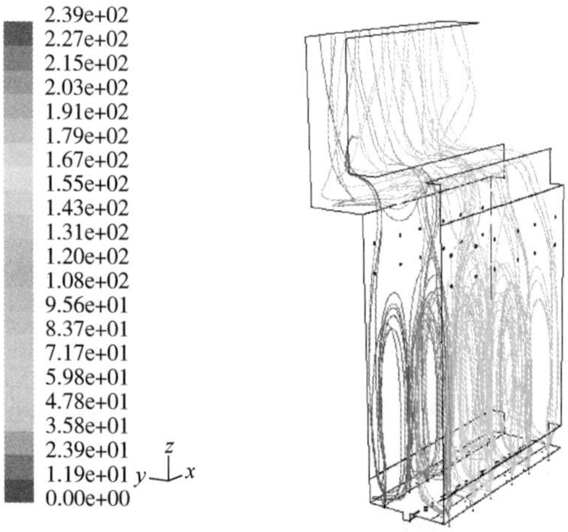

图 5.2-11　炉膛内烟气流动流线图

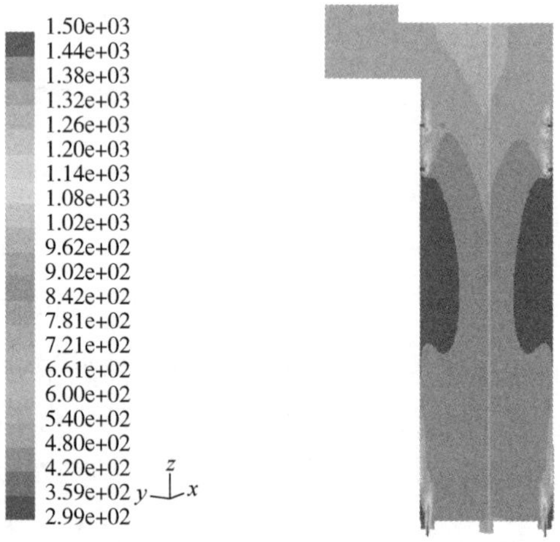

图 5.2-12　烧嘴纵截面的温度分布

烧嘴位置对炉管周向的影响，对于正对着烧嘴炉管面，其温度高一些，而对于那些背着烧嘴的炉管面，其温度要低大约 15~20℃(图 5.2-13)。

通过 CFD 对裂解炉炉膛流动、传热以及燃烧的模拟，能够详细了解裂解炉炉膛内烟气流动、传热以及燃料燃烧的细节，能够对裂解炉的设计及优化起到指导的作用，从而为裂解炉未来技术的发展奠定坚实的基础。

3. 模拟软件介绍

(1) BCM 模型

BCM 模型是由中国石化北京化工研究院研发的一款乙烯裂解炉模拟软件，其反应动力

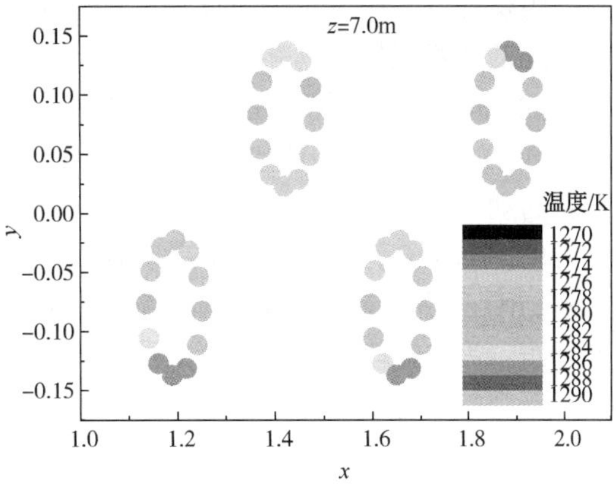

图 5.2-13　炉管周向温度分布

学网络包含数千种分子和自由基以及数万种基元反应。软件可以模拟轻烃、石脑油、加氢尾油等多种裂解原料的裂解反应。该软件功能包括裂解原料等效分子组成预测、裂解产物收率预测及优化、裂解炉运行周期预测等。

裂解原料等效分子组成预测功能基于机器学习回归模型。机器学习回归模型由涵盖各种裂解原料的宏观物理性质-详细分子组成的数据集训练得到，用户输入密度、馏程、PIONA 等数据模型可计算得到裂解原料的等效分子组成。此外，对于缺失的部分输入数据，模型可自动补全计算。

裂解产物收率预测功能可实现对裂解反应动力学及炉膛辐射传热的模拟计算。自由基机理反应网络由图论算法自动生成。软件基于反应规则，枚举原料分子所有可能的反应，自动创建机理反应网络；通过调用量化工具优化分子构型，计算热力学参数，进而计算得到反应动力学参数，提供给反应网络模型参数数据库；最终通过优化的筛选指标，使模型生成达到预定模拟需求的自由基反应网络。炉管内采用一维平推流模型，并耦合炉膛燃烧及辐射传热过程，可实现对不同炉型的模拟计算。软件可以优化辐射段进出口温度、压力、流量及水油比等操作条件，以实现三烯烃收率及裂解产物总体经济效益等优化目标的最大化。

裂解炉运行周期预测功能可计算不同类型裂解原料在不同炉型及不同操作条件下的结焦速度，进而预测裂解炉运行周期；并且耦合裂解产物收率预测功能，可计算同一裂解周期内不同时间的裂解产物收率等信息。裂解炉运行周期预测模型融合了结焦反应机理模型与工业装置大数据模型，可以较为准确地预测炉管表面温度分布和管内结焦厚度的分布，从而预测裂解炉辐射段运行周期。

BCM 模型根据实际需要可以对裂解反应网络进行裁剪和优化，从而减小模型规模，提高模型运算速度，因而具有广泛的适用性。目前，BCM 模型已经成功应用于蒸汽裂解装置的 PIMS(流程工业模型系统)模型及 RTO(实时优化)模型，基于 BCM 模型的蒸汽裂解装置裂解产物价值最大化软件为多家炼化企业提供了优化指导。目前最新版的 BCM 软件采用 BS 架构，软件部署在企业云端，可通过企业实时数据库读取装置远传仪表的实时数据与历史数据，从而实现数据共享、协同管理与远程操作，真正实现装置的云边端协同。用户也可以在任何已连接互联网的设备上运行本软件，而无须下载或安装软件本身，可大大提高工作效率和操作便利性。软件还具有友好的图形用户界面(GUI)，用户可以通过 GUI 设置计算参数、实时监控工艺流程和导出计算结果报告。

(2) SPYRO 模型

SPYRO 软件是由荷兰 KTI 公司在乙烯裂解过程半机理模型的基础上开发的乙烯裂解模拟软件，是目前应用较为广泛的裂解炉模拟优化软件之一，广泛用于乙烯裂解原料及进口原油馏分分析和裂解性能评价；乙烯装置重质油、轻质油等原料的评价；不同性质的裂解原料的跟踪计算，作为裂解温度调整的依据，达到优化裂解炉运行周期，提高乙烯和丙烯收率，降低装置能耗、物耗的目的。

以SPYRO模型为代表的机理模型中，主要软件产品有SPYRO、SHELL公司的ECU、KBC公司的OlefinSim和清华大学开发的PYRO-SimP等，其中最成功的当属SPYRO模型，其最新的动力方案包含了涉及大约240个自由基和分子品种(或当量组分)的超过7000个反应，可以预测从C_2到加氢裂化尾油(HVGO)的裂解产品收率。

SPYRO程序计算分成两个阶段：第一阶段采用简化动力学模型，计算压力分布和物料温度分布；第二阶段采用自由基反应机理，根据之前计算得到的温度分布结果进行焓平衡和基元反应的动力学计算。通过与流程模拟软件集成，联动SPYRO迭代计算，优化过程中的多方案计算和生产数据的动态模拟，更为准确地反映生产运行情况，最终达到优化乙烯裂解原料和产物结构以及节能增效的目的。采用此模型对裂解炉进行操作管理、原料选择和生产过程最优化，预计能够提高乙烯收率1%~4%。

在实际使用过程中，SPYRO软件以效益最大化为原则，可用于乙烯裂解原料和裂解炉运行参数的优化。在裂解产品市场价值最大化的原则下，结合乙烯、丙烯、丁二烯等目的产品的市场价格，建立相应的价格体系，通过所建立的数学模型进行计算。在裂解原料确定的前提下，可对裂解炉出口温度、稀释蒸汽比和裂解炉炉管出口压力等操作工艺条件进行优化，同时预测裂解炉运行周期，由此得到裂解炉最佳操作工艺条件。除此之外，SPYRO软件还可用于对裂解原料进行优化组合，指导生产计划和原料采购计划，最终实现提高乙烯装置效益的目的。SPYRO软件自1978年首次投入工业应用以来，在乙烯领域逐渐发展成为乙烯产量预测的世界标准。KTI公司利用SPYRO软件及自己的经验开发并设计出先进的GK-V型裂解炉，该裂解炉为两程炉管，第一程具有较大比表面积，第二程具有较大的流通面积，从而有利于降低烃分压。该种类型的裂解炉可以提高升温段管壁的热强度，减少反应物的停留时间，降低烃分压，进而提高烯烃收率。

由于商业化因素，SPYRO软件对用户进行了严格的限制，只能针对特定的裂解炉炉型及裂解原料进行模拟计算，无法实现对多成分混合裂解原料的裂解过程进行准确模拟。为了实现对上述过程的模拟，用户在实际使用过程中，多采用将SPYRO软件与过程工业模型系统(PIMS)相结合，具体方式有两种：①将SPYRO软件直接与PIMS软件连接；②利用SPYRO软件计算得到不同原料质量指标对乙烯收率影响的对比值，输入到PIMS模型中。无论采用哪种方式，都可以实现对生产数据的动态模拟，使得生产运行情况得到更为准确的反映，实现乙烯裂解原料和产物结构的优化，最终达到炼油与化工生产计划整体优化的目的。

(3) COILSIM模型

20世纪70年代，比利时根特大学开始乙烯裂解过程的研究，基于自由基反应机理理论，开发了模拟辐射段炉管反应的COILSIM 1D软件。2010年左右，华东理工大学与根特大学合作，丰富和完善适应国内复杂原料的反应动力学模型，并经过长期的基础研究和应用实践，独立开发了炉膛和炉管耦合模拟、对流段模拟等新功能，在COILSIM 1D软件的基础上开发了新一代专用于乙烯裂解炉系统的模拟软件包——COILSIM-CRAFT。该软件包的反应系统包含800种详细组分、13000个以上的反应，可实现裂解原料分子表征、裂解产物全组分收率预测、裂解炉运行周期预测、急冷换热器(TLE)出口温度预测、辐射段炉膛燃烧和管内反应耦合模拟、对流段换热过程模拟以及裂解过程操作条件优化等。该软件可以方便地和其他化工模拟软件如 KBC、Aspen 等软件连接，对化工全过程进行模拟，是目前最先进的乙烯裂解炉系统模拟软件之一。以下详细介绍 COILSIM-CRAFT 软件的功能与性能。

原料表征是决定裂解炉模拟软件预测精度高低与否的一个关键因素。COILSIM-CRAFT 的裂解原料表征模块采用两种方法对裂解原料组成进行表征，第一种为基于神经网络的回归模型，神经网络训练的数据库包含了全球范围内采集的 700 种以上裂解原料的物性数据。用户通过提供工业指标(馏程、*PIONA* 值和密度)即可获得裂解原料的详细虚拟组分；如果所输入的工业指标不包含于数据库中，软件将自动采用第二种方法，即最大香农熵法对裂解原料进行表征计算。该模块包含三种不同的裂解原料特性的输入方法(第一种：*PIONA* 值、馏程和密度等；第二种：详细 *PIONA* 值分布；第三种：详细组成)。该模块可表征从最轻的乙丙烷到石蜡油范围(覆盖碳原子数 1~45)内所有原料的属性，几乎涵盖了工业生产中可能遇到的所有类型的裂解原料。原料表征模块如图 5.2-14 所示。对 3 种石脑油原料的表征结果如表 5.2-4所示。由表可知，与实际实验结果相比，原料分子重构后 *PIONA* 值最大绝对误差不超过 0.25。

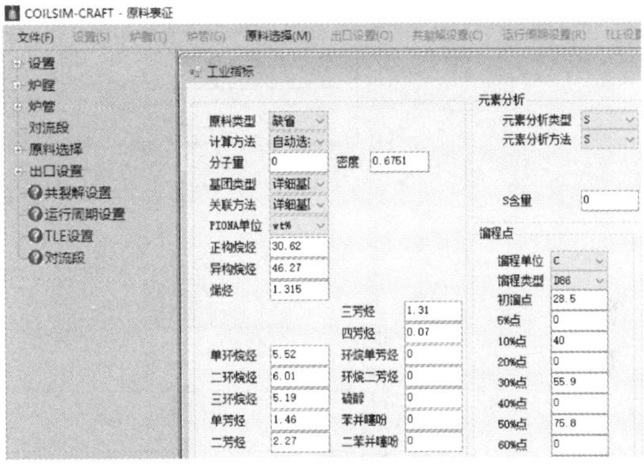

图 5.2-14　原料表征模块

表 5.2-4　石脑油原料表征结果

PIONA/%(质量)	石脑油样品Ⅰ		石脑油样品Ⅱ		石脑油样品Ⅲ	
	实际	COILSIM-CRAFT	实际	COILSIM-CRAFT	实际	COILSIM-CRAFT
P	32.97	33.00	34.73	34.75	31.09	31.09
I	39.77	39.89	42.30	42.47	41.17	41.29
O	0.05	0.05	0.00	0.00	0.00	0.00
N	16.75	16.51	14.71	14.46	15.74	15.52
A	10.46	10.55	8.26	8.32	12.00	12.10
最大绝对误差	—	0.24	—	0.25	—	0.23

COILSIM-CRAFT 软件的核心模块之一是辐射段炉管模拟模块。该模块可实现对裂解反应动力学的模拟和裂解反应产物收率的预测。该模块的裂解反应动力学模型基于自由基反应机理，反应系统包含 μ 和 β 两个反应网络系统，前者描述 C_6 以上分子内或分子间的断键反应、夺氢反应和基团加成；后者描述 C_5 以下的分子、基团反应以及 C_6 以上的 β 和 βμ 自由基反应，包含 2000 个以上的反应和 100 种以上的物质。在整个反应网络中，共包含 800 种不同的分子、基团、虚拟组分和 13000 个以上的反应，是目前最全面的反应动力学网络。反应所需要的活化能和指前因子通过分子模拟和中试实验验证的方法获得。在裂解反应模型中，管内采用一维反应管模型并采用活塞流假设，即假设温度、分子组成、压力等参数

在反应管内沿径向均匀分布，沿轴向梯度分布。该模块可以模拟任意炉管构型、任意操作条件下的裂解反应过程。图 5.2-15 为模拟的关键产物收率沿管长的变化曲线。图 5.2-16 为软件预测的产物收率与实际数据比较。由图可知，COILSIM-CRAFT 预测的裂解产物全组分收率与实际数据非常吻合。

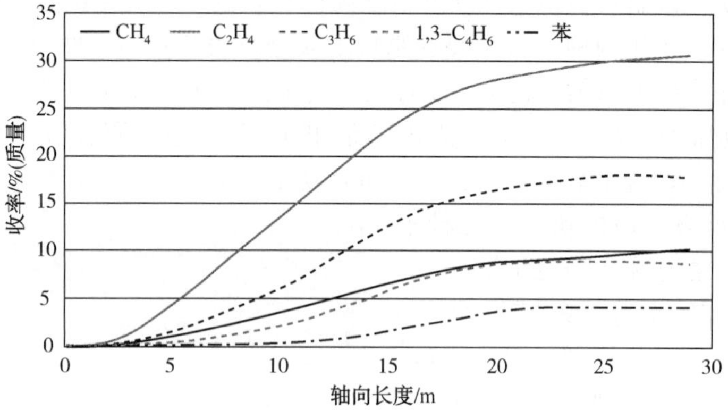

图 5.2-15　产物收率沿管长分布

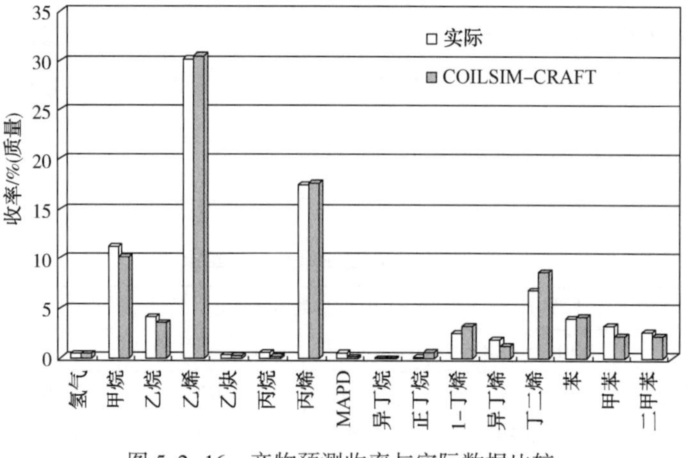

图 5.2-16　产物预测收率与实际数据比较

除了反应动力学模型和原料特性表征两个核心模块以外，COILSIM-CRAFT 软件还包括废热锅炉模块、运行周期模块、炉膛模块、炉膛和炉管耦合模拟模块、共裂解模块、对流段模块、操作条件优化模块、产物归集自定义模块。各模块的功能简述如下：

废热锅炉模块：包括四种计算方法，即基本 TLE 模拟、规定锅炉给水(BFW)流量预测 TLE 出口温度、规定蒸汽质量预测 BFW 流量和 TLE 热虹吸模拟。该模块考虑了裂解气在 TLE 中的反应和结焦情况，实现对 TLE 出口温度和裂解气组成的预测。

运行周期模块：进行运行周期模拟需对结焦模型参数进行规定。模块分别采用 Plehiers 等和 Reyniers 等人的结焦速率模型对不同类型的裂解原料在反应管内的结焦进行描述。运行周期模拟可设置两种限定条件：炉管最大外壁温度和炉管最大压差，软件运行过程中达到上述任一限定条件，运行终止并计算出运行周期及相应参数。

炉膛模块：裂解炉膛采用区域法方法进行模拟计算。该模块可模拟底烧或底侧联合燃烧供热的炉膛。需要用户提供燃料气与空气的组成、温度、压力、流量、空气过剩系数等，还需要设置炉膛尺寸参数、辐射传热特性参数、炉管排布形式、烧嘴排布等。通过对裂解炉膛的模拟计算，可获得燃料气消耗量、热负荷、过剩氧含量、横跨段烟气温度、炉膛温度场分布等。

耦合模拟模块：该模块结合炉膛与炉管模拟实现对炉膛内热场分布和炉管裂解反应的同时模拟。炉膛模拟采用区域法结合燃烧模型，炉管反应采用自由基裂解反应动力学模型。该模块可以实现两种不同的计算需求，一是在给定的燃料气量和空气过剩系数并结合工艺参数预测炉管出口温度和裂解产品收率分布；二是在给定裂解反应的出口条件下预测裂解反应所需燃料气量和产品收率。同时，该模块可提供炉膛的温度分布、管壁温度分布、热通量等信息。

共裂解模块：实现对不同裂解原料混合裂解的模拟。该模块可以与炉管模拟结合，也可与炉膛结合进行耦合模拟等，实现对炉膛信息和混合裂解时产品收率的预测及操作条件优化等。

对流段模块：实现对裂解炉对流室内热场分布和炉管传热的同时模拟。该模块中，对流室采用区域法结合对流传热模型方式进行，炉管传热针对原料在炉管流动过程中的不同流动形态，主要采用单相流和气液两相流两种不同形式下的传热系数模型。计算中，需要用户提供原料的工业指标、流量、温度、压力和燃料气与空气的组成、温度、压力、流量、空气过剩系数以及各模块进口条件(稀释蒸汽、锅炉给水)等，还需要设置对流室尺寸参数、炉管尺寸参数等。该模块可以提供对流室的烟气温度分布、对流室排烟温度、烟气压降、每一段炉管的出口温度、物料的温度分布、管内压降、管壁温度分布、热通量分布等信息。

操作优化模块：根据用户设置自动优化计算出达到优化目标时的最优工艺参数。该功能主要包含 4 个内置的优化目标，即最大化双烯收率、三烯收率、高附加值产品收率和效益最大化。用户也可以自定义优化目标。优化界面提供 3 个可操作的变量，分别为原料流量、汽烃比和出口温度(COT)，用户可以选择其中的任意一个或者全部变量，并设置寻优过程中变量的上下限，软件会在该范围内自动计算出最佳操作点。

除了上述基本功能模块外，COILSIM-CRAFT 还配置了产物归集自定义模块。该模块实现根据用户需求对 700 种产物自由归集，自定义输出裂解产物收率呈现方式。例如，用户可将 C_{10}~C_{17}组分收率之和归集为乙烯焦油。

COILSIM-CRAFT 软件的原料适应范围宽(C_1~C_{45})，裂解反应动力学网络全面、详细(700 种组分、100 种自由基，13000 个以上基元反应)，适应任意炉型结构(炉膛、炉管)，用户可自行建模(自定义炉型结构)，具有工艺参数优化功能，已在国内多家大型乙烯生产企业、研究院等单位应用。

COILSIM-CRAFT 软件还可以通过直接集成或经由输出文件间接导入的方式与 Aspen Plus、KBC Petro-SIM 等通用化工过程模拟软件连接，对化工全过程进行模拟预测，从而应用于实时优化等更多智能化应用场景。通过将软件与原料信息数据、统计数据、财务系统、装置实时数据库等集成形成计划排产模型，基于模型开发自主 MVC 平台，还可进一步开发展示最优原料选择情况、产品出厂情况、装置加工负荷、经济效益情况的乙烯原料资源优化系统。

三、辐射段设计要点

1. 辐射段炉管构型的类型和选择

目前工业装置上广泛采用的辐射段炉管构型主要有四种：①不分枝等径管；②分枝变径管；③不分枝变径管；④单程小直径管。

表5.2-5示出了这几种炉管的各种结构简图。不分枝变径管[如表5.2-5中的(1)、(6)为第一代垂直双面辐射炉管，它们垂直悬挂于炉子辐射段中央，由两面的侧壁和底部烧嘴双面供热。每组炉管约有7~8程，管径100mm左右，总长约70m。法国的IFP梯台炉和鲁姆斯公司的SRT-I型炉，为典型的这种构型炉管。这种炉管的停留时间较长(0.5s以上)、压降大，目前还广泛地应用于轻烃(如乙烷、丙烷等原料)裂解。

鲁姆斯公司的SRT-Ⅱ、Ⅲ、Ⅴ、Ⅵ型炉和KTI公司的GK-Ⅱ、Ⅲ、Ⅴ型炉管，我国开发的CBL-I、Ⅱ、Ⅲ、Ⅴ型炉为具有代表性的分枝变径炉管。这种炉管的特点是入口端采用多根(2~10根)小直径管，而后逐程放大管径并减少管数，至出口变成1~2根大直径炉管。此种炉管约有2~6程，长度约为20~60m，停留时间约为0.2~0.46s，压降约为0.025~0.1MPa。

斯通-韦伯斯特公司开发的USC-W、U炉和KTI公司的GK-Ⅵ炉为典型的不分枝变径炉管。此种构型炉管约有2~4程，每程管径逐程放大，但每程的管数不变。这类构型炉管的管径较上述两种炉管小，单组炉管处理能力较低，因此每台炉辐射段中排布的炉管组数较多，停留时间约为0.15~0.3s。

毫秒炉采用多根并行的单程小直径炉管，它是由凯洛格公司开发的。这种构型的炉管管长只有约12m，管径25~38mm，停留时间可达0.1s以下。每根炉管处理量小，需要用特殊的设计(如文氏管、猪尾管等)来保证流量分配均匀。由于炉管管径小，因此对结焦敏感，运转周期较短，清焦较上述几种构型炉管频繁。

从裂解原理分析，高温、短停留时间、低烃分压对裂解生成乙烯等目的产品的一次反应有利。上述各种炉管尽管构型不同，但所采取的手段都是为了达到同一目标，即提高烃类裂解的选择性。

为了在保证裂解深度的前提下提高裂解温度，必须缩短反应的停留时间，这无疑会使炉管的热强度提高。此问题可用两种办法来解决：一是提高炉管的壁温，增加传热温差，因此炉管材质的耐热能力历年来不断提高(从20世纪的HK材料耐温1070℃提高到现在HP材料耐温1115℃左右)，以保证运转周期的需要；另一个办法就是用缩小管径的办法来提高单位反应器体积的传热面积(即增加比表面积)来增加传热量，变径分支管，等径分支管和单程小直径管就是根据这种思路开发的。从表5.2-5中的参数可以看出，SRT-Ⅱ、Ⅲ、Ⅵ炉管由于在入口处采用了多根小直径管，因而比表面积由SRT-Ⅰ型炉管的$34m^2/m^3$提高到$40m^2/m^3$左右；CBL型的2-1、4-1型炉管的比表面积达到$60\sim70m^2/m^3$；USC-W、U炉的比表面积达到$55\sim84m^2/m^3$左右，而毫秒炉炉管由于内径只有25mm，因而比表面积可高达$160m^2/m^3$，为一般分枝变径管的3.2~4.0倍。比表面积增大为提高供热量、缩短停留时间创造了条件。

表5.2-5　各种裂解炉管构型及参数

裂解炉管构型示意图		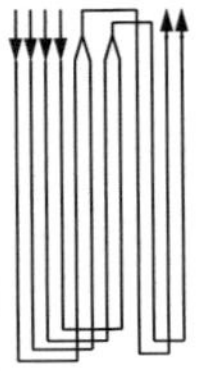	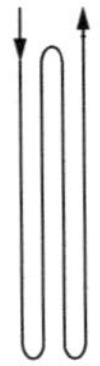			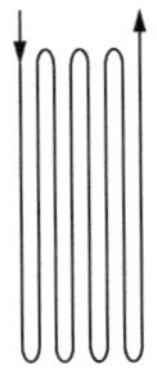	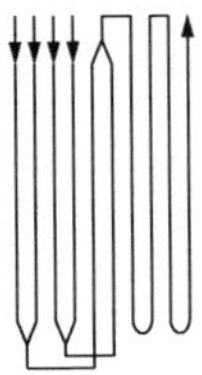	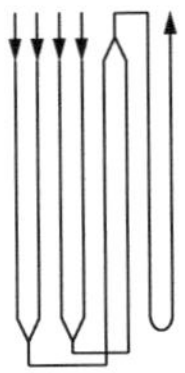	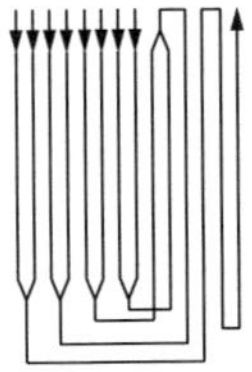	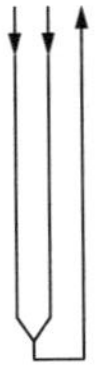	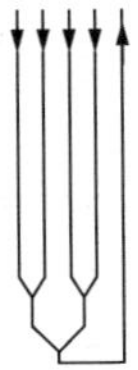	
序号	1	2	3	4	5	6	7	8	9	10	11	12
炉管名称	IFP单一直径炉管	GR-Ⅲ分支变径管	SW-W不分支变径管	SW-U不分支变径管	毫秒管	SRT-Ⅰ单一直径管	SRT-Ⅱ分支变径管	SRT-Ⅲ分支变径管	SRT-Ⅳ分支变径管	CBL-Ⅰ分支变径管2-1	CBL-Ⅱ分支变径管4-1	逆分支变径管
管程数	7	4	4	2	1	8	6	4	4	2	2	2
炉管内径/mm	95	80/114	64/69/76/83	38/64	25	116	63/95/149/149	64/89/146/146	57/90/165/165	51/63	51/108	451/38
炉管排布方式	1-1-1-1-1-1-1	4-4-2-2	1-1-1-1	1-1	1	1-1-1-1-1-1-1-1	4-2-1-1-1-1	4-2-1-1	8-4-1-1	2-1	4-1	1/2
总管长/m	68	48	45	21	12	73		55	44	25	27	13
$S/V/$(m^2/m^3)	42	45	55	84	160	34.5	33.5	38.6	40.6	55	60	140

虽然对高温有利于提高裂解选择性的问题没有争论，但对于如何达到高温的升温曲线却存在两种不同意见：一种意见认为物料在辐射段入口就应快速升温，其理由是这样可相应降低后段管的供热量和管壁温度，对减少后部管段的结焦和延长运转周期，缩短停留时间以提高选择性，减小炉管前后端温差是有利的。分枝变径管就是按此思路开发和设计的。另一种意见(Plehiers 和 Froment 等人)则认为物料只有在辐射段出口端升温加快才对选择性有利，他们认为目的烯烃的损失反应主要发生在炉管的后部，提高后部的升温速度并缩短物料在此区的停留时间会使乙烯生成与消失速率比上升，这样才有利于提高选择性。逆分枝变径管和 USC-W、U 炉管就是按照此种思想开发的。逆分枝变径管是将一般分枝变径管倒过来，在入口采用大直径的单根管，而后逐程增加管数并缩小管径，因此后面的炉管比表面积最大。逆分枝管前期升温最慢，但出口温度比其他构型炉管高，从原理上分析对裂解选择性是有利的。但由于出口管结焦速度快，小管径对结焦又很敏感，因而运转周期较短，因此这种炉管未被工业实际采用。而 USC-W、U 构型炉管却较好地解决了前段炉管升温慢、后段炉管升温快、后段炉管管径大、对结焦敏感性小的问题。但这种构型炉管处理量较小，压降较大，使运转周期受到一定的影响。

缩短停留时间可用提高炉管的处理量、缩小炉管管径和减少管长的办法来实现。但是，采用前两种办法也会使压降相应增加，因而使停留时间减少的效果部分被抵消，而且由于压降增大后也会造成裂解选择性下降，因此很少单独采用。缩短停留时间的最好选择是减少管长，由于炉子高度一般是基本维持不变的，所以缩短管长实际上是用减少管程数来实现的。停留时间>0.5s 的裂解炉管一般程数为 6 程以上，4 程裂解炉管的停留时间约为 0.35~0.5s，2 程裂解炉管的停留时间约为 0.17~0.3s，单程裂解炉管的停留时间可达 0.1s 以下。

上述各种构型炉管原则上均可用于各种裂解原料。在设计或开发过程中如何选定则应根据装置的裂解原料构成、裂解炉灵活性、运转周期、产品收率、装置经济性等和炉管构型的综合关系及用户要求确定。一般而言，气体裂解原料多选停留时间较长的炉管构型(如 4~8 程数的炉管构型)，因为这种构型炉管单组处理量较大，裂解条件(裂解温度)相对缓和，可以达到较长的运转周期，原料的单程转化率也可较高，循环裂解的物料量少，炉膛内炉管组数少，容易控制，而压降较大的缺点对轻烃裂解选择性影响比液体原料小。液体裂解原料则相反，一般选用 1~2 程的高选择性炉管构型，因为这种构型炉管烃分压较低，而液体裂解原料(特别是轻柴油和重柴油)的裂解选择性和结焦速度受烃分压的影响显著，所以现在很少使用多程炉管设计。现代使用 1~2 程的高选择性炉管构型裂解轻烃的设计也很多，但运转周期或单程转化率一般会受到影响。

2. 裂解原料灵活性设计的主要原则

由于装置规模不断扩大，原料供应又受市场影响大，因此现代裂解炉辐射段在设计时一般均考虑了原料灵活性的问题。在设计时，类型差别较大的原料尽可能安排在不同炉中裂解，这样可降低设计和控制难度，降低投资和操作成本；如类型差别较大的原料必须安排在同炉中裂解，首选方案是分时裂解，其次是分管裂解，最后是同管共裂解，这样可降低原料和燃料单耗。一台炉子的原料灵活性最好不要过大，因为完全灵活性的炉子辐射段设计一般是以牺牲某些指标(如投资，裂解选择性，运转周期，操作弹性，原料和燃料单耗等)为代价的。此外，设计时应以一种主要原料作为设计基础，然后再通过调整和改进使其他原料或组合工况也尽可能达到各自的优化条件。

3. 裂解工艺参数的选定

投料量、裂解温度、稀释比、裂解深度等参数根据裂解原料质量和灵活性、炉管构型、运转周期、原料和燃料单耗等综合因素确定。其中原料质量和灵活性是最主要的，因为原料的裂解性能和结焦性能对其他因素都有重要影响。几种原料同管裂解一般以较重原料的裂解温度、裂解深度和稀释比为基础(如乙烷-石脑油裂解一般采用石脑油合适的裂解工艺参数，石脑油-柴油裂解一般采用柴油合适的裂解工艺参数)；同馏分油裂解一般以劣质油裂解工艺参数为基础。

4. 供热方案的确定

随着单炉生产能力的不断扩大，采用全部侧烧供热的裂解炉已经很少，因为每台炉的燃烧器可达数百台，操作和维修量太大。现代裂解炉主要采用底/侧联合供热和全底烧供热两种方案。底/侧联合供热方案一般以底部供热为主，达总热量的60%~90%，在正常操作情况下，基本采用定量和压力控制；侧壁燃烧器布置在辐射段的上部，其作用除了补充底部供热量外，主要用来调节裂解温度，以维持裂解深度和均衡炉膛温度，因此供热比较均匀，控制容易，常常被炉膛高的裂解炉采用。全底烧供热方案则对燃烧器的沿炉膛高度的热量分布有更高的要求。底部燃烧器一般为长火焰烧嘴，原则上可以使用气体、液体或油/气联合燃料，但由于制乙烯裂解炉对温度的控制比较严格，实际上一般多采用气体燃料。侧壁燃烧器采用预混式无焰烧嘴，只能使用气体燃料。

5. 裂解炉的控制方案

由于裂解深度受原料组成、裂解温度、停留时间的影响很大，辐射段中又排布了多组平行炉管，各组炉管如果裂解深度不均不但降低了目的烯烃的收率，也提高了燃料和原料的单耗，缩短了炉子的运转周期。因此，在设计时采用了多种控制手段来保证和均衡炉子的裂解深度，这些控制手段有：采用调节阀和特殊结构流量分配器结合来维持全炉和各大组烃流量及均衡各小组烃流量；采用稀释比控制来维持各组反应器裂解烃分压恒定；采用燃料控制或燃料/原料控制来维持裂解温度控制；采用离线原料组成和裂解产品分析来调节裂解温度；采用在线原料组成和裂解产品分析和控制模型来实现炉子或炉区的优化控制。

四、辐射段工艺设计的主要内容

辐射段工艺包设计主要包括：

① 确定炉区的设计原则(乙烯生产能力，年操作时间，原料灵活性等)。

② 根据选定的裂解原料性质和种类确定各种原料的裂解深度和乙烯收率。

③ 根据炉区总乙烯生产能力、年运转时间和乙烯收率确定年和小时总原料量和各种原料的分量。

④ 选择合理的炉子备用系数，确定炉区炉子台数。

⑤ 根据原料性质、原料种类和灵活性方案，选定炉型和急冷锅炉(TLE)：包括炉膛结构，炉管构型，TLE类型。

⑥ 根据原料种类、供应情况和原料灵活性方案确定炉区运行工况，各台炉在各种运行工况下的小时和年投料量和乙烯产量。

⑦ 确定各台炉的炉管大组数和每大组炉管的分组数，排布炉管和确定炉管结构尺寸，进而确定炉膛结构尺寸。

⑧ 选择炉管材料和炉膛材料。

⑨ 确定炉子供热方案，选择底部和侧壁燃烧器种类和数量，布置方案和燃料的空气过剩系数。

⑩ 确定各台炉子辐射段炉管出口压力，辐射段物料入口温度和稀释比。

⑪ 在确保裂解深度前提下，进行基础设计运行方案，SOR(运行起始条件)操作工况的物料、热量、动量平衡工艺计算：包括沿炉管的产品，物料温度，停留时间，压力和烃分压，热量和管壁温度及热强度分布，物性分布；确定炉膛的燃料量，总供热量，烟气组成和总烟气量；确定炉膛温度和压力分布和横跨烟气温度。

⑫ 在确保裂解深度前提下，进行基础设计运行方案，EOR(运行末期条件)操作工况的物料、热量、动量平衡工艺计算：包括沿炉管的产品，物料温度，停留时间，压力和烃分压，热量和管壁温度及热强度分布，物性，结焦厚度分布；确定炉膛的燃料量，总供热量，烟气组成和总烟气量；确定炉膛温度和压力分布和横跨烟气温度。根据结焦模型确定炉子的运行周期和控制炉子运行周期的限制指标。

⑬ 将⑪和⑫的计算结果作为对流段设计的条件进行对流段的工艺计算，再用对流段计算得到的辐射段物料入口温度(SOR/EOR)进行辐射段的工艺计算。反复迭代直至收敛。

⑭ 给出单台炉基本设计运行操作工况下的小时和年物料衡算和热量衡算表，并作出整个炉区的小时和年平均物料衡算热量衡算表。

⑮ 如果计算的运转周期达不到到预定的指标，则调整炉膛和炉管结构，继续进行以上计算直至运转周期达到预定的指标。

⑯ 进行其他运行方案下，SOR 和 EOR 操作工况的工艺计算，内容同⑪~⑮。

⑰ 确定炉子烧焦工艺参数，操作安排，得到烧焦工况的计算结果。

⑱ 确定炉子的控制方案和安排控制点。

⑲ 确定炉子操作方案：包括升温，热备，投料，正常操作，工况切换，烧焦及停车的控制指标和操作程序。

⑳ 确定炉区和各台炉在基本工况和其他工况下的原料、燃料、公用工程消耗定额，小时和年消耗量。结合对流段计算结果得到炉子的热效率。

㉑ 给炉子的机械设计、公用工程设计、仪表控制设计等专业提供设计条件。

五、辐射段的工艺计算

烃类裂解过程为均相反应，在变温变容反应器中进行，设计计算中必须综合考虑反应动力学、传热、传质及流体力学的关系。首先，根据原料特性和所选定的炉管构型，经过简单的工艺计算，初步确定管程、管径、每炉的管组数、排列方式和管长；然后根据投料量和产量要求，选择合适的工艺条件，考虑合适的反应动力学模型，计算各工艺参数随运转时间和炉管长度的变化情况，例如，沿管长的热强度分布，物料压力、温度，烃分压，管壁温度，产品收率的变化，沿炉管及时间的结焦变化等。在计算中，一般采用积分法或逐段计算法，推算出各段的物料衡算、热量衡算和动量衡算，得到沿炉管的参数分布。

1. 物料衡算

(1) 辐射段设计模型的选择

裂解辐射段设计模型包括求解沿炉管物料、热量、动量和结焦量分布的管内裂解产品反应器动力学模型，结焦模型，炉膛燃料燃烧和传热模型，烟气流动模型。从上文介绍可知，这些模型有许多种类。因此各乙烯设计商采用的辐射段设计模型也不尽相同，采用的简化手段也有很大差别，有机理型和简化机理型的，也有半理论型和经验型结合的。其中对裂解反应动力学模型而言，从工艺计算的角度，由于经验模型的计算速度较快，因此很适用于简单的工艺计算，例如对辐射段的管径、管长等参数进行初步确定等，但此模型又有很多局限性，因此在辐射段的优化工艺计算阶段一般采用分子模型或者机理模型。而分子模型及机理模型在工艺计算中初期应用则会占用较多的计算资源。对炉膛燃烧模型而言，设计准备和初期阶段，等温模型多用于炉管结构和工艺参数的初选，复杂的非等温模型则用于设计的后期阶段，以提高设计精度。CFD 模型由于计算工作量很大，现阶段主要用于设计的改进和提高上。

(2) 裂解产物分布计算

在裂解炉设计过程中，由于物料速度很快，可假设辐射炉管内气体流动属于活塞式流动(即每一质点始终向前运动而无逆向混合，径向浓度差和温度梯度可忽略不计)，则工艺参数可用一维模型求得。这样，转化率随管长的变化可由式(5.2-85)求得。

$$\frac{\mathrm{d}x}{\mathrm{d}L}=k\left(\frac{1-x}{1+n_1+\delta x}\right)\frac{p}{RT}\cdot\frac{\pi}{4}\cdot\frac{d_i^2}{F} \tag{5.2-85}$$

式中 F——原料进料流率，kmol/s；

k——反应速度常数，s^{-1}；

d_i——管内径，m；

p——压力，MPa；

n_1——以物质的量计的稀释比；

δ——膨胀率；

x——原料转化率。

裂解物料在管内的停留时间分布可由式(5.2-86)求得。

$$\frac{\mathrm{d}\theta}{\mathrm{d}L}=\frac{p\cdot\pi d_i^2}{4F(1+n_1+\delta x)RT} \tag{5.2-86}$$

根据转化率和停留时间沿炉管的变化，就可由采用的产率分布模型计算出沿管长的产率分布。式(5.2-87)就是一种求产率分布的模型。

$$y_i=f(k\theta) \tag{5.2-87}$$

近年来，由于模型技术和计算机技术的发展，对裂解炉管内物料流动采用二维或者三维的模型进行模拟已经在工程设计逐步开始得到应用，该方法主要是将物料流动的连续性方程与动力学模型相结合，计算得到径向温度产物浓度等分布状况。

2. 热量衡算

烃类裂解为强吸热反应，每一微元段物料升温和裂解反应所需的热量应等于管壁传给物料的热量，亦等于由炉膛辐射和对流传给裂解炉管的热量，即下面等式成立。

$$H_i+H_R-H_0=k\pi D_{on}N(T_w-T)\mathrm{d}L=Q_R \tag{5.2-88}$$

式中 H_i——进入各微元段物料的焓，kJ/h；

H_0——出微元段内的反应热，kJ/h；

H_R——物料在微元段内的反应热，kJ/h；

k——管内总传热系数，kW/(m² · K)；

D_{on}——炉管外径，m；

N——每程管的管数；

T_w——管壁温度，K；

T——物料温度，K；

Q_R——辐射室传给微元段的热量，kJ/h；

$\mathrm{d}L$——微元段的长，m。

（1）管内传热计算

1）管内总传热系数 k 的计算

辐射段管内传热过程包括炉管管壁的导热、炉管内焦层的导热以及管内流体的对流传热，由此可计算管内的总传热系数 k。

$$k=\frac{1}{\dfrac{D_{on}}{a_{in}(D_{on}-2\delta_B-2\delta_C)}+\dfrac{D_{on}\cdot\delta_B}{\lambda_B(D_{on}-\delta_B)}+\dfrac{D_{on}\cdot\delta_C}{\lambda_C(D_{on}-2\delta_B-\delta_C)}} \tag{5.2-89}$$

式中 a_{in}——管内对流传热系数，kW/(m² · K)；

δ_B——管壁厚，m；

δ_C——焦层厚，m；

λ_B——管壁导热系数，kW/(m² · K)；

λ_C——焦层导热系数，kW/(m² · K)。

① 管内对流传热系数 a_{in}

$$a_{in}=\frac{0.0167\lambda^{0.6}c_p^{0.4}(w_f+w_{H_2O})^{0.8}}{\mu^{0.4}(D_{on}-2\delta_B-\delta_C)^{1.8}N^{0.8}} \tag{5.2-90}$$

式中 λ——物料导热系数，kW/(m² · K)；

c_p——物料比定压热容，kJ/(kg · K)；

μ——物料黏度，Pa · s；

w_f——烃流量，kg/h；

w_{H_2O}——水蒸气流量，kg/h。

② 管壁导热系数 λ_B λ_B 与炉管的材料有关，当辐射管材质为 HK-40 时，λ_B 与管壁温度 T_w 有如下关系：

$$\lambda_B=[11.5+0.0075(T_w-273.15)]\times1.1628 \tag{5.2-91}$$

③ 焦层导热系数 λ_C 和焦层厚度 δ_C 焦层导热系数与裂解原料性质有关，乙烷裂解时焦层致密而硬，其导热系数比重质原料大。沿管长的焦厚是变化的，越接近炉管出口焦愈厚，且随时间不断增长。焦层厚度可由结焦模型求取。炉管内的结焦量可由下式求算。

$$r_C=A\exp\left(\frac{-E}{RT}\right)c_A^a \tag{5.2-92}$$

$$C_T = \left(\int_0^L \pi d_{in} r_C \mathrm{d}z\right) \Delta t \tag{5.2-93}$$

式中　r_C——结焦速率，kg/(m^2·h)；

A——指前因子；

E——活化能，J/(mol·K)；

c_A——结焦母体的浓度，kg/m^3；

a——反应级数；

C_T——炉管内的结焦量，kg；

L——炉管长度，m；

d_{in}——管内径，$d_{in}=D_{on}-2\delta_B-2\delta_C$，m；

t——运转时间，h。

只要知道结焦量 C_T，就可由焦层密度和管径求出焦层厚度 δ_C。

2）裂解反应热 H_R 的计算

裂解反应为吸热反应，反应过程虽然极为复杂，但根据 Hess 定律，反应过程的热效应的数值与反应途径无关，只取决于反应的始终状态。因此，可利用微元段进出口组成的生成热计算过程的反应热。反应基准一般取 25℃或 827℃。反应热可由式(5.2-94)求取。

$$H_R = \sum_{j=1}^{n} H_{oRj} - \sum_{j=1}^{n} H_{iRj} \tag{5.2-94}$$

式中　H_{oRj}，H_{iRj}——微元段出口、进口物料组分 j 的生成热；

n——物料的组分数。

原料和产品的生成热可以利用生成热数据表、含氢量或分子量、*PONA* 值来计算。下面仅介绍根据石油烃的含氢量计算生成热的方法。

石油烃主要由饱和烃、芳烃、环烷烃组成，其生成热可采用下式计算。

$$H_{827,f} = (1400.0-150.0W_{Hf}) \times 2.3262 \tag{5.2-95}$$

式中　$H_{827,f}$——原料在 827℃时的生成热，kJ/kg；

W_{Hf}——原料的含氢量，%(质量)。

裂解液相产品主要是烯烃、二烯烃和芳烃，其生成热的计算式为：

$$H_{827,P} = (2500.25-228.59W_{HP}) \times 2.3262 \tag{5.2-96}$$

式中　$H_{827,P}$——裂解液相产品的生成热，kJ/kg。

W_{HP}——裂解液相产品的含氢量，%(质量)。

裂解气各组分的生成热可由有关手册查得。

3）原料和裂解产物焓的计算

① 石油烃馏分油蒸气焓　对于不知详细组成的馏分油，可用下式计算它的气相焓值。

$$H = H_L + \left\{B_1(T-0.8T_{pc}) + B_2(T_2-0.64T_{pc}^2) + B_3\left[T_3-0.512T_{pc}^3 + \frac{RT_{pc}}{M}(4.507+5.266w)\right]\right\} \tag{5.2-97}$$

式中　H_L——对比温度等于 0.8 的液相焓，Btu/lb(1Btu/lb=2326J/kg)；

T——物料温度，°R；

T_{pc}——石油馏分假临界温度，°R；

R——气体常数，$R=1.986\text{Btu}/(1\text{b}\cdot\text{mol}\cdot{}^\circ\text{R})$；

w——偏心因子；

M——分子量；

$$B_1=10^{-3}\left[-356.44+29.72K+B_4\left(295.02-\frac{248.46}{d_{15.6}^{15.6}}\right)\right] \quad (5.2-98)$$

$$B_2=10^{-6}\left[-146.24+(77.62-2.772K)K-B_4\left(301.42-\frac{253.87}{d_{15.6}^{15.6}}\right)\right] \quad (5.2-99)$$

$$B_3=10^{-9}(-56.487-2.95B_4) \quad (5.2-100)$$

$$B_4=\left[\left(\frac{12.8}{K}-1.0\right)\left(1.0-\frac{10.0}{K}\right)(d_{15.6}^{15.6}-0.855)(d_{15.6}^{15.6}-0.7)10^4\right]^2 \quad (5.2-101)$$

式中 K——石油烃的特性因素。

B_4 计算式适用于 $10.0<K<12.8$，$0.7<d_{15.6}^{15.6}<0.885$，超出此范围时 $B_4=0$。

H_L 采用下式计算：

$$H_L=A_1(0.8T_{pc}-259.7)+A_2[(0.8-T_{pc})^2-259.7^2]-A_3[(0.8-T_{pc})^3-259.7^3] \quad (5.2-102)$$

式中

$$A_1=10^{-3}\left(-1171.26+(23.772+24.907d_{15.6}15.6)K+\frac{1149.82-46.533K}{d_{15.6}^{15.6}}\right) \quad (5.2-103)$$

$$A_2=10^{-6}\left[(1.0+0.82463K)\left(56.086-\frac{13.817}{d_{15.6}^{15.6}}\right)\right] \quad (5.2-104)$$

$$A_3=10^{-9}\left[(1.0+0.82463K)\left(9.6857-\frac{2.3753}{d_{15.6}^{15.6}}\right)\right] \quad (5.2-105)$$

② 裂解产物各组分的焓　对于已知组成的原料和产物可用下式计算各组分的焓 H_i(kJ/kg)：

$$H_i=A_i+B_iT+C_iT^2+D_iT^3+E_iT^4+F_iT^5 \quad (5.2-106)$$

式中 A_i，B_i，C_i，D_i，E_i，F_i——与组分有关的系数，可由有关手册查得。

混合物的焓 H(kJ/kg)由加和法计算。

$$H=\sum_{i=1}^{n}y_iH_i \quad (5.2-107)$$

式中 y_i——组分 i 的质量分数。

4）其他物性的计算

① 比热容　裂解气各组分的比热容计算式为

$$c_{pi}=B_i+2C_iT+3D_iT^2+4E_iT^3+5F_iT^4 \quad (5.2-108)$$

式中 c_{pi}——组分 i 的比热容，kJ/kg·K。

混合物的比热容 c_p 可根据加和原则求得。

$$c_p=\sum_{i=1}^{n}c_{pi}y_i \quad (5.2-109)$$

原料油蒸气比热容 c_{pf}[kJ/(kg·K)]按下式计算。

$$c_{pf}=B'_1+B'_2T+B'_3T^2 \quad (5.2-110)$$

式中

$$B'_1=-0.35664+0.02972K+B'_4(0.29502-0.24846/d_{15.6}^{15.6}) \quad (5.2-111)$$

$$B'_2=-(10^{-4})[2.9247-(1.5524-0.05543K)K+B'_4(6.0383-5.0694/d_{15.6}^{15.6})] \tag{5.2-112}$$

$$B'_3=-(10^{-7})(1.6946+0.0884B'_4) \tag{5.2-113}$$

$$B'_4=\left[\left(\frac{12.8}{K}-1.0\right)\left(1.0-\frac{10.0}{K}\right)(d_{15.6}^{15.6}-0.885)(d_{15.6}^{15.6}-0.7)10^4\right]^2 \tag{5.2-114}$$

式中　T——温度,°R。

上式适用于 $10.6<K<12.8$，$0.7<d_{15.6}^{15.6}<0.885$ 的情况，在其他情况下 $B'_4=0$。

② 黏度　水蒸气的黏度按下式计算。

$$\mu_{H_2O}=(0.407T+80.33895)10^{-4} \tag{5.2-115}$$

式中　T——水蒸气的温度,℃

μ_{H_2O}——水蒸气的黏度，mPa·s。

其他各组分的黏度按下式计算：

$$\mu_j=0.001989\frac{(M_jT)^{0.5}}{\sigma_j^2\Omega_{jv}} \tag{5.2-116}$$

$$\sigma_j=0.7402\frac{(M_jV_{cj})^{0.3}}{z_{cj}^{1.2}} \tag{5.2-117}$$

$$\frac{1}{\Omega_{jv}}=\sum_{i=1}^{7}A_i\left[\ln\left(10\frac{K_jT}{\varepsilon_j}\right)\right]^i \tag{5.2-118}$$

$$\frac{K_j}{\varepsilon_j}=65.3T_{cj}z_{cj}^{3.6} \tag{5.2-119}$$

式中　σ_j——Lennard-Jones 碰撞直径；

Ω_{jv}——组分 j 黏度碰撞积分次数；

M_j——组分 j 的分子量；

$A_1=9.1426362\times10^{-1}$；

$A_2=-1.066936$；

$A_3=0.68077797$；

$A_4=-2.1208677\times10^{-1}$；

$A_5=3.4487186\times10^{-2}$；

$A_6=-2.8188225\times10^{-3}$；

$A_7=9.1590342\times10^{-5}$；

$\frac{K_j}{\varepsilon_j}$——Lennard-Jones 势能参数；

z_{cj}，T_{cj}——组分 j 的临界压缩因子和临界温度。

混合物的黏度按式(5.2-120)计算：

$$\mu=\frac{\sum_{i=1}^{n}M_i^{0.5}y_i\mu_i}{\sum_{i=1}^{n}M_i^{0.5}y_i} \tag{5.2-120}$$

③ 导热系数　水蒸气的导热系数 λ_{H_2O}[kW/(m·K)]按式(5.2-121)计算：

$$\lambda_{H_2O}=15.133272\times10^{-3}+5.0472902\times10^{-3}T+0.8942388\times10^{-7}T^2-3.877901\times10^{-11}T^3 \tag{5.2-121}$$

其余各组分的导热系数按式(5.2-122)计算：

$$\lambda_j=\frac{\mu_j}{M_j}[3.52+1.32(c_{pj}M_j-1.987)]\times3.6 \tag{5.2-122}$$

混合物的导热系数按式(5.2-123)计算：

$$\lambda=\frac{\sum_{i=1}^{n}(M_i)^{1/3}y_i\lambda_i}{\sum_{i=1}^{n}M_i^{1/3}y_i} \tag{5.2-123}$$

(2) 炉膛传热计算

裂解炉炉膛的传热过程是以辐射传热方式为主、对流传热方式为辅的传热过程，在工业中，裂解炉膛辐射传热量与对流传热量之比一般为 85：15 甚至更高，因此炉膛的传热计算主要以辐射传热计算为主，辐射传热模型的选择就成为炉膛传热计算的关键之一。

1) 传热模型的确定

如前所述，裂解炉膛传热模型的确定主要是辐射传热模型的确定。一般而言，在裂解炉设计初期，主要选用零维(等温)模型进行计算，其优点在于计算速度较快，能够适应设计初期计算速度快的要求。在裂解炉需要进行详细设计计算时，一般采用三维模型(如区域法)进行计算，其优点是能够体现出裂解炉中三维的温度分布，但其计算速度较慢。随着计算机技术的不断发展，三维模型也已经达到了一定的速度，近年来，许多设计者在设计初期也开始采用该方法进行设计计算。

2) 燃料燃烧和炉膛烟气组成、温度分布计算

裂解炉的燃料有液体燃料和气体燃料。液体燃料有裂解 C_5 馏分、裂解轻焦油等，为底部油烧嘴的燃料。气体燃料主要为本装置富产甲烷、氢馏分和 C_3 馏分，可作为侧壁和底部气烧嘴的燃料。燃料由碳(C)、氢(H)、氮(N)、硫(S)、灰分(A)和水分(W)构成，其中前五种成分称为有机质。

① 液体燃料的燃烧计算

a. 燃料的发热值　燃料的发热量取决于燃料的成分。燃料的发热量是指单位质量或单位体积的燃料完全燃烧时所释放出的热量，以 kJ/kg 或 kJ/Nm³ 计。燃料的热值分为高热值和低热值。当燃料完全燃烧，并使燃烧产物冷却至燃料初始温度，且燃料燃烧生成的水蒸气完全冷凝时，所释放出的热量为燃料的低热值或操作热值。在实际计算中，所用的通常为低热值。

液体燃料发热值的计算方法有如下几种。

a) 已知燃料成分求低热值　已知燃料成分可按门捷列夫公式求低热值。

$$Q_H^P=4.1868[81w_C+246w_H-26(w_O-w_S)-6w_W] \tag{5.2-124}$$

式中　w_C、w_H、w_O、w_S、w_W——燃料中碳、氢、氧、硫和水分的质量分数,%；

Q_H^P——为燃料的低热值，kJ/kg。

b）已知相对密度指数求热值　已知液体燃料相对密度指数，可查图 5.2-17 求燃料的高、低热值。

c）已知燃料的相对密度求低发热值　如已知燃料的相对密度，则可用式（5.2-125）粗略地计算该燃料的低热值。

$$Q_H^P = 4.1868(10090 - 2100d^{15} + 755d^{15}) \quad (5.2-125)$$

式中　d^{15}——燃料在 15℃时的相对密度。

d）已知燃料组成求总低热值　如已知各组分的含量，则按加和规则求混合燃料的总低热值。

$$Q_H^P = \sum_{i=1}^{n} y_i Q_{Hi}^P \quad (5.2-126)$$

式中　y_i——燃料中组分 i 的质量分数，%；

Q_{Hi}^P——组分 i 的低热值（见表 5.2-6），kJ/kg。

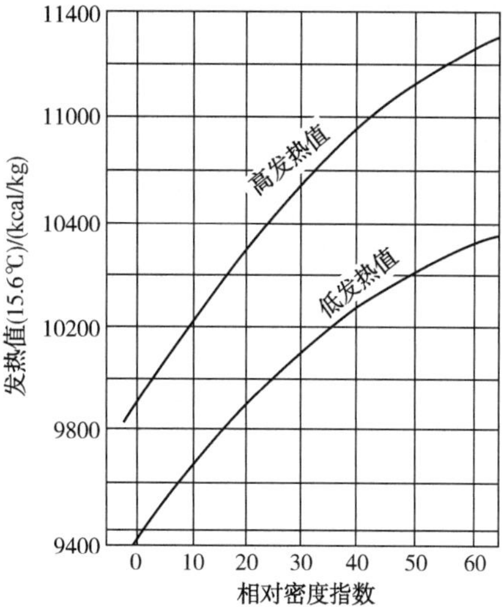

图 5.2-17　燃料的高、低热值

1kcal = 4.1868kJ

表 5.2-6　液体燃料所含组分的总、低发热量

组分名称	分子式	总发热量/(kJ/kg)	低发热量/(kJ/kg)
正戊烷	C_5H_{12}	49195	45427
己烷	C_6H_{14}	48358	44673
正庚烷	C_7H_{16}	48483	44631
苯	C_6H_6	42421	40692
甲苯	C_7H_8	42504	40570
二甲苯	C_8H_{10}	42915	40779
丁烷	C_4H_{10}	50325	46599
萘	$C_{10}H_8$	40361	38937
蒽	$C_{14}H_{10}$	39616	
辛烷	C_8H_{18}	48148	44589
乙醇	C_2H_5OH	29726	26796
甲醇	CH_3OH	22483	19385

b. 理论空气量　燃料按化学燃烧反应所需氧量而供给的空气量，叫作理论空气量。燃烧 1kg 液体燃料所需理论空气量为：

$$L^o = 0.116w_C + 0.348w_H + 0.0435(w_S - w_O) \quad (5.2-127)$$

$$V^o = 0.089w_C + 0.267w_H + 0.033(w_S - w_O) \quad (5.2-128)$$

式中　L^o——燃烧 1kg 液体燃料所需的理论空气量，kg/kg；

V^o——燃烧 1kg 液体燃料所需的理论空气量，Nm^3/kg。

c. 实际空气量和空气过剩系数　为了保证燃料燃烧完全，实际所需空气量要比理论空

气量多。实际空气量与理论空气量之比叫作空气过剩系数，即

$$\alpha=\frac{L}{L^{\circ}}=\frac{V}{V^{\circ}} \tag{5.2-129}$$

式中 $L(V)$——每千克燃料所需实际空气量，kg/kg(Nm³/kg)；

α——空气过剩系数，一般，$\alpha=1.0\sim1.5$。

d. 燃烧产物量的计算　当空气过剩系数大于1时烟气中各组分的量分别为

$$N_{CO_2}=0.000834w_C \tag{5.2-130}$$

$$N_{SO_2}=0.000313w_S \tag{5.2-131}$$

$$N_{H_2O}=0.000w_H+0.0555G_{雾}+0.000555w_W+0.0000555\alpha V\cdot g_{H_2O}^{干} \tag{5.2-132}$$

$$N_{O_2}=\frac{0.21V\cdot(\alpha-1)}{22.4} \tag{5.2-133}$$

$$N_{N_2}=\frac{\alpha V^{\circ}\times0.79}{22.4}+\frac{1}{28}\cdot\frac{w_N}{100} \tag{5.2-134}$$

式中 $G_{雾}$——雾化蒸汽量，一般为每千克燃料0.3~0.5kg；

$g_{H_2O}^{干}$——干空气中水分的饱和含量，g/Nm³；

N_{CO_2}，N_{SO_2}，N_{H_2O}，N_{O_2}，N_{N_2}——烟气中CO_2、SO_2、水蒸气、O_2、N_2的量，kmol/kg。

② 气体燃料的燃烧计算

a. 低热值　气体燃料的低热值可按加和原则计算。

$$Q_H^P=\sum_{i=1}^{n}y'_iQ_i \tag{5.2-135}$$

式中 y'_i——燃料中组分 i 的体积分数；

Q_i——燃料中组分 i 的低热值，kJ/Nm³(可查表5.2-7)。

表5.2-7　各组分的热值与密度

组分名称	密度/(kg/Nm³)	低热值/(kJ/Nm³)	组分名称	密度/(kg/Nm³)	低热值/(kJ/Nm³)
氢	0.090	10798	戊烷	3.218	146077
硫化氢	1.520	23383	乙炔	1.160	56451
一氧化碳	1.25	12636	乙烯	1.251	59063
甲烷	0.716	35818	丙烯	1.877	86001
乙烷	1.342	63748	丁烯	2.503	113508
丙烷	1.967	91251	戊烯	3.30	138374
丁烷	2.593	118646	苯	3.485	146375

b. 理论空气用量和空气过剩系数　上述液体燃料的燃烧计算同样适用于气体燃料。燃烧1Nm³气体燃料所需理论空气用量为：

$$V^{0'}=0.0476\left[0.5\varphi_{H_2}+0.5\varphi_{CO}+1.5\varphi_{H_2S}+\sum_{i=1}^{k}\left(m+\frac{n}{4}\right)\varphi_{C_mH_n}-\varphi_{O_2}\right] \tag{5.2-136}$$

式中 $V^{0'}$——燃烧1Nm³气体燃料所需理论空气量，Nm³/Nm³；

m——碳氢化合物中碳原子数；

n——碳氢化合物中氢原子数；

φ_{H_2}，φ_{CO}，φ_{H_2S}，$\varphi_{C_mH_n}$，φ_{O_2}——燃料气中 H_2、CO、H_2S、碳氢化合物组分和 O_2 的体积分数,%。

对于有焰燃烧，空气过剩系数 $\alpha=1.1\sim1.25$；而无焰燃烧时，$\alpha=1.05\sim1.1$。

c. 燃料产物的量、组成和密度　当空气过剩系数 $\alpha>1$ 时，烟气中各组分的体积为

$$V_{CO_2}=0.01\left[\varphi_{CO_2}+\varphi_{CO}+\sum_{i=1}^{k}m\varphi_i(C_mH_n)\right] \tag{5.2-137}$$

$$V_{SO_2}=0.01\varphi H_2S \tag{5.2-138}$$

$$V_{H_2O}=0.01\left[\varphi_{H_2}+\varphi_{H_2S}+\sum_{i=1}^{k}\frac{n}{2}\varphi_i(C_mH_n)+0.124\alpha V^{o'}g_{H_2O}^{干}\right] \tag{5.2-139}$$

$$V_{O_2}=0.21(\alpha-1)V^{o'} \tag{5.2-140}$$

$$V_{N_2}=0.01\varphi_{N_2}+0.79V^{o'} \tag{5.2-141}$$

总烟气量为

$$\sum V_n^o=V_{CO_2}+V_{SO_2}+V_{H_2O}+V_{O_2}+V_{N_2} \tag{5.2-142}$$

式中　V_{CO_2}，V_{SO_2}，V_{H_2O}，V_{O_2}，V_{N_2}——烟气中的 CO_2、SO_2、H_2O、O_2、N_2 的体积，Nm^3/Nm^3。

燃烧产物的密度 ρ_n^0 为

$$\rho_n^0=\frac{44V_{CO_2}+64V_{SO_2}+18V_{H_2O}+32V_{O_2}+28V_{N_2}}{22.4\times100} \tag{5.2-143}$$

3. 动量衡算

管内物料流动计算：

物料通过直管段的压降为

$$\Delta p=p_2-p_1=-\frac{2fG^2l_s}{\rho(d_i-2\delta_c)} \tag{5.2-144}$$

式中　p_2、p_1——直管出口、入口处的压力，Pa；

G——直管段内质量流速，$kg/(m^2\cdot s)$；

l_s——直管段长度，m；

d_i——管内径，m；

δ_c——焦层厚，m；

f——范宁摩擦系数，无因次；

ρ——管内流体的密度，kg/m^3(为原料转化率、温度、压力的函数)。

弯头中物料的压力降远比相同长度的直管段大，在工业计算中一般将弯头部分用当量长度的办法加以处理。所谓当量长度，就是把弯头的阻力看作相当于某长度直管的阻力，则此长度称为该弯头的直管当量长度，以 l_0 表示。对于180°的回弯头，其当量长度为

$$l_0=(50-70)d_i \tag{5.2-145}$$

当用计算机进行计算时，可将炉管的段数分得很多，为简化起见，常常把直管部分的压降和回弯头部分的压降均匀分配来处理，为此需引进一折算系数 E。E 的含义为一根直管加一个回弯头的当量长度对其几何长度之比，即

$$E=\frac{l_S+(50-70)d_i}{l_S+l_b} \tag{5.2-146}$$

式中 l_b——一个回弯头的几何长度，m。

对于每一根直管带一个回弯头的反应管，其几何长度乘以 E 即可转化为当量长度。这样，压降计算式可表示为

$$\Delta p=\frac{-2fG^2E\Delta l}{\rho(d_i-2\delta_c)} \tag{5.2-147}$$

其微分长度的压降，随管长的压降变化率为

$$\frac{dp}{dl}=\frac{-2fG^2E}{\rho(d_i-2\delta_c)} \tag{5.2-148}$$

摩擦系数与雷诺系数有关，可由有关图表查找或由公式计算。

4. 管内外耦合计算

前面介绍了裂解炉辐射段模拟的两个子模型：管外模型和管内模型，建立这两个模型的三个基本要素是反应机理及动力学、模型技术以及数学方法。通常情况下，管内模型的建立主要依靠反应机理及动力学，管外模型的建立主要依靠模型技术，而裂解炉辐射段管内和管外是相互影响的，因此管内外的耦合计算是必要的。管内外的耦合计算主要依靠数学方法。耦合计算的数学方法主要有两种：一是模块化方法，也称为顺序法；另一是方程组方法，也称同时法。

模块化方法首先是指在计算系统中有多个迭代循环时，由里及外按照顺序进行迭代的过程。更进一步，模块化方法是在要模拟的系统不止一个子系统时，按照子系统的先后顺序进行模拟。

模块化方法的缺点是进行全局优化时存在一定的缺陷；对于多次计算，需要重复一些计算过程，这样会浪费计算资源；每个子系统的模型必须独立地收敛，对于多重迭代，外层循环的准确性必须依赖与里层循环的准确性。

模块化方法的优点是模型易于建立，尤其是建立复杂模型时，可以将其分解成一个连续的子过程。

方程组方法是指将所有模型的方程写入一个方程组(open-equation form)中，同时对该方程组进行求解并得到收敛的结果。该方程组的一般形式如下：$f(x)=0$；实际中该方程组写为如下形式：$f(x)=$ residual。求解该模型就是使得 residual 趋于 0，对该模型进行求解的是求解器(mathematical engine)。

方程组方法的优点是模型可以用于多个方面，同样一个模型可以用于模拟、数据核对、参数估计以及全局优化等方面；另外，由于模型并不关心哪些参数是已知，哪些是未知的，因此，可以在采用模型时任意制定需要计算的参数。

目前，裂解炉模型的管内外耦合计算采用上述两种方法的都有，但趋势是逐渐转向用方程组方法，如 SPYRO 软件在其发布的 SPYRO 新版本中就开始采用方程组方法。

5. 裂解炉工艺设计的计算程序和实例

过去裂解炉辐射段多采用简单的手工计算，现在世界各设计公司均用电子计算机计算。根据选用的反应动力学模型，结合物料质量衡算、热量衡算、动量衡算就可计算出沿辐射段炉管长度的产率分布、流体温度分布、管壁温度分布、物料压力和烃分压分布、结焦分布、停留时间分布、热强度分布等。图 5.2-18 给出了一个辐射段工艺计算模型的计算框图。表 5.2-8 为采用该模型乙烯厂加氢尾油裂解炉的计算结果。

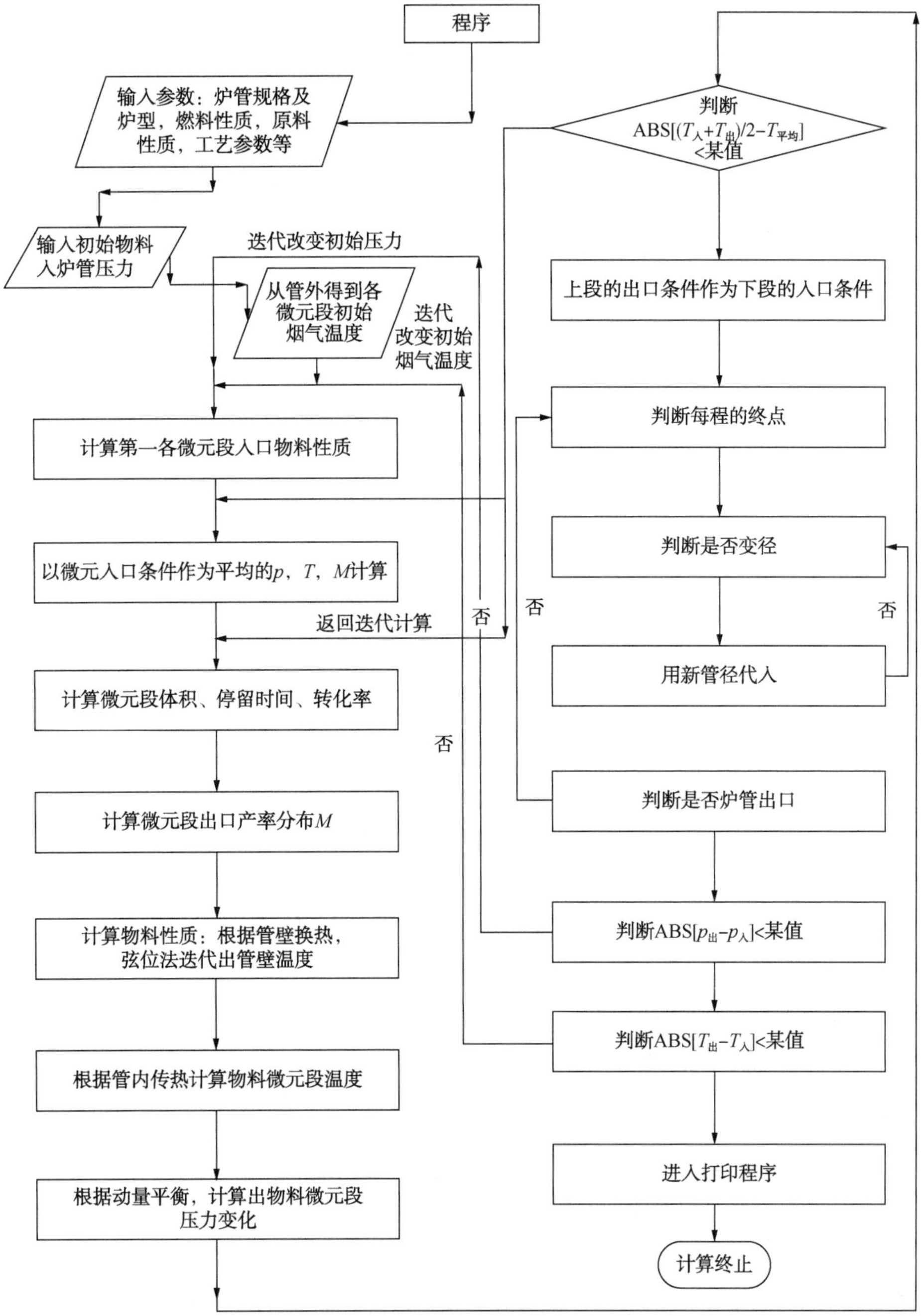

图 5.2-18 裂解炉工艺设计计算流程

表 5.2-8 加氢尾油裂解炉计算结果

项　　目	计算(运行初期)	生产
原料进料量/[kg/(h·炉)]	44483	44500
稀释蒸汽比	0.80	0.80
辐射段吸热量/(GJ/h)	139.5019	

续表

项　　目	计算(运行初期)	生产
最高管壁温度/℃	910	
炉管平均热强度/[kJ/(m^2·h)]	258985.30	
炉管压降/MPa	0.0688	
炉管入口温度/℃	548	550
炉管出口温度/℃	798	795
产品收率/%(质量)		
氢气	0.56	0.52
甲烷	10.11	10.31
乙烷	3.51	3.67
乙烯	29.12	29.47
乙炔	0.39	0.29
丙烷	0.50	0.54
丙烯	17.42	17.95
丙炔+丙二烯	0.55	0.57
丁烷	0.10	0.14
丁烯	5.27	7.52
丁二烯	6.46	7.54
其他	26.01	21.48

第三节　裂解炉对流段的工艺设计

一、对流段的功能和结构发展

裂解炉辐射段一般只能吸收燃料总放热量的40%~45%，其余的热量则以1100℃左右的高温烟气进入对流段，再被水平布置在对流段中的换热管排吸收绝大部分的热量后排入大气。对流段回收的热量主要用于两个方面：一是将裂解原料预热、汽化并过热至初始裂解温度(横跨温度)；二是预热锅炉给水，过热稀释蒸汽和超高压蒸汽或其他物料(如预热空气)。20世纪60年代以前的裂解炉，其对流段一般与辐射段平行排布，现代裂解炉的对流段一般布置在裂解炉辐射段的侧上方(也有少数裂解炉将对流段布置在辐射段下方，如倒梯台炉)。对流段的设计任务，就是在满足裂解工艺需要的前提下，考虑整个裂解系统的热量平衡，利用布置在对流段的多组换热管排尽可能回收烟气余热，以提高裂解炉热效率和降低装置能耗，同时优化结构以降低投资。

20世纪70年代以前，由于裂解炉的单炉生产能力小，原料比较单一，对能量回收的要求不高，因此对流段设计比较简单，主要是满足将原料预热的要求，在对流段布置的管排较少，只有原料预热、过热段和空气过热段。而且采用高烟囱自然排烟，因此裂解炉的高度很高，投资大，排烟温度高(200~300℃)，热效率低(80%~90%)，热利用率很差。

为了适应裂解技术不断提高的要求，对流段的结构和设计技术发生了很大变化，主要表现在以下几个方面：

① 为了配合裂解气急冷技术的引入，对流段增加了高压锅炉给水预热段，这样不但可用锅炉给水来回收裂解气热量，而且可提高急冷换热器发生的高压蒸汽量，还可达到调节对流段运转初期和末期的热量变化的目的。

② 裂解原料的重质化促使研究者开发了几种对流段稀释蒸汽二次注汽技术，在对流段不同位置设置了稀释蒸汽过热段，在炉外设置了采用专利技术的烃与蒸汽的混合器，利用过热蒸汽提供的热量和烃分压降低，使石油烃物料与蒸汽在混合器内快速混合并全部汽化。此种二次注汽技术解决了原有一次注汽技术用于重质原料或劣质原料时，原料在对流段汽化中可能出现的结焦问题，为裂解原料的扩大提供了基础，加氢尾油(HVGO)及相似原料裂解时普遍采用了此种技术。

③ 裂解原料的多样化大大提高了对流段的设计难度，促使研究者开发了根据原料特性和种类将对流段的管排设计成更精细的多段结构，并将原料多点引入对流段的技术(如乙烷和石脑油原料同时裂解时，石脑油可从对流段最上端引入，而乙烷可从中间相应点引入)，以满足不同原料汽化区域，汽化温度及所需热量变化组合的需要，也同时满足了有限压降控制的需要。对流段各段的设计排布随原料灵活性增加而更加复杂、考虑更精细。现在，各乙烯裂解专利商已根据原料多样化需要开发了多种复杂的对流段管排组合技术，以满足裂解炉适应多种原料裂解的需要。

④ 为了合理地利用热量和防止油品在汽化过程中因出现雾状流时可能使重质油或劣质油在对流段出现结焦问题，现代裂解炉大多将原有的饱和蒸汽一次注汽技术改为过热蒸汽一次注汽技术，使原料在汽化危险区域的停留时间大大缩短，同时也降低了原料汽化区域的压降。因此，现代裂解炉的对流段一般均设置了将送入本装置的稀释蒸汽进行过热的一次稀释蒸汽过热段。

⑤ 现代裂解炉在对流段采用了超高压蒸汽多段过热技术，即将超高压蒸汽过热分为2~3段超高压蒸汽过热段来过热急冷换热器产生的饱和超高压蒸汽，在对流段采用段间注水控制出口温度。在20世纪90年代以前，每个裂解装置都设有一台超高压蒸汽过热炉来过热本装置裂解炉产生的超高压蒸汽，90年代以后，超高压蒸汽过热一般由本裂解炉的对流段来完成。这样，不但使炉区省去了专用的超高压蒸汽过热炉，节省了投资和占地面积，而且提高了对流段高品位热量的回收。同时也有效地降低了对流段热量分布随运行周期变化带来的影响。

⑥ 现代裂解炉均采用了引风机排烟技术来代替高烟囱自然排烟技术，不但使烟囱高度、裂解炉总高和重量大大降低，而且使裂解炉排烟温度从以前的300℃左右降低到110℃左右，使裂解炉的热效率提高到了一个新高度，同时使炉膛操作压力、空气过热系数的可操作性更好，也改善了燃料的燃烧状况。

⑦ 为了适应现代裂解炉采用小流量高选择性炉管的需要，利用流体力学理论开发了文丘里和猪尾管的流量分配技术，解决了高选择性裂解炉管因入口管太多、采用常规手段(如调节阀)难以控制多组平行反应管流量的难题。文丘里流量分配器利用流体通过文丘里管时的临界特性来保证流量的均布，而猪尾管则是利用小直径管的压降始终大于炉管压降的原理来达到流量均布。这两种设计技术已被现代高选择性裂解炉广泛使用，使裂解炉的投资

更低且操作稳定性更好。

⑧ 为了进一步保证多组裂解反应管入口物料温度和压力的均匀性，有些设计在对流段出口采用了将各组物料重新混合后再通过流量分配器引入辐射段的设计(如林德公司通过集合管再混合技术)，进口温度和压力的均匀性进一步改善了裂解深度的均匀性，不但提高了裂解选择性，也延长了裂解炉运转周期。

⑨ 随着单台裂解炉能力的提高以及双辐射室裂解炉的出现，裂解炉长度和进料组数大大增加，采用常规的与辐射段等长的对流段结构会造成因对流段过宽或过长带来的烟气在对流段分布不均、传热效果降低的问题。为此，设计者开发了对流段与辐射段不等长，且分步收缩长度的对流段结构，提高了烟气在对流段的速度和分布均匀性，提高了传热性能，也降低了大型炉因对流段过宽或过长，对流段管板机械设计的难度。

⑩ 随着环保要求提高，特别是对烟气氮氧化物排放浓度要求的提高，仅通过采用低氮氧化物燃烧器难以满足 NO_x 的排放要求，只有在对流段设置烟气后处理脱硝设施才能满足 NO_x 的排放要求。如在对流段加入选择性催化还原脱硝(SCR)系统，降低氮氧化物排放。加入 SCR 系统增加了对流段的烟气侧压降，同时对流段高度增加，对对流段的结构设计产生影响。

综上，随着技术进步，裂解炉对流段分段越来越多，即回收高温烟气余热的能位划分越来越细，从有效能观点出发，这是合理的，可以在提高热效率的同时降低投资。同时逐渐增加了可调节区段：锅炉给水预热段和超高压蒸汽过热段，并将超高压蒸汽过热段区分为 2~3 段，中间采用注水的方式，调节过热器出口蒸汽的温度；同时随着原料多样化及重质化，对流段稀释蒸汽的注入方式也发生变化，根据原料的情况可采用不同的注入方式，如一次注汽技术及二次注汽技术。

现代裂解炉结构设计比老式裂解炉有了明显的改进，使对流段在保证工艺安全性的前提下管排的段数大大增加，流路安排更精细，原料适应性广，按品位高低回收热量更合理，不但满足辐射段、裂解气急冷技术发展的需要，而且使裂解炉热效率大大提高，设计的排烟温度可降低到 80~130℃，裂解炉的热效率提高到 93%~96%。各专利商在改进对流段设计时侧重点各有不同，因此对流段有多种设计方案，在不违反设计原则的前提下，尽可能优化设计方案，以达到满足各种工艺要求、提高热效率、降低投资、方便操作和维护的目的。

二、对流段工艺模型

裂解炉对流段所起的作用为回收高温烟气的热量，用于加热各种工艺和公用工程物料，本质上相当于多个换热器的组合，但其结构与一般换热器有很大区别。对流段换热过程，包括原料烃在对流段的预热和汽化过程、锅炉给水在对流段的预热过程、稀释蒸汽和超高压蒸汽在对流段的过热过程等。所有的换热过程均是与烟气进行换热。

对流段的主要工艺模型如下：

$$Q_w = G_w(H_o - H_i) \tag{5.3-1}$$

$$Q_g = G_g(H_{gi} - H_{go}) - Q_{lost} \tag{5.3-2}$$

$$Q_w = Q_g = KA\Delta T_m \tag{5.3-3}$$

式中　Q_w——物料侧的吸热量，kcal/h；

G_w——物料的质量流量，kg/h；
H_o，H_i——物料出口和入口的焓值，kcal/kg；
Q_g——烟气侧的放热量，kcal/h；
G_g——烟气的质量流量，kg/h；
H_{go}，H_{gi}——烟气入口和出口的焓值，kcal/kg；
K——传热系数，kcal/kg·℃；
A——换热面积，m^2；
ΔT_m——对数平均温度,℃；
Q_{lost}——烟气热损失，kcal/h。

根据对流段的实际排布情况，可联立迭代求解多个换热管段的计算方程。进入对流段的烟气温度和烟气流量由辐射段计算得到。对流段上面换热管段的烟气入口温度即为下面换热管段的烟气出口温度。超高压蒸汽的发生量则根据急冷换热器的热负荷和通过对流段预热后进入汽包和急冷换热器的锅炉给水温度以及对应汽包操作条件下的汽化潜热计算得到。

$$Q_{TLE}=G_S[(H_V-H_L)-H_I] \tag{5.3-4}$$

式中 Q_{TLE}——急冷换热器的热负荷，kcal/h；
G_S——蒸汽发生量，kg/h；
H_V——汽包饱和压力下蒸汽焓值，kcal/kg；
H_L——汽包饱和压力下水的焓值，kcal/kg；
H_I——对流段预热后进入汽包锅炉给水的焓值，kcal/kg。

通常，计算产汽量时，还需要考虑急冷换热器的热损失以及汽包连续排污带走的热量损失。

在对流段各段的联立求解中，还需要计算各段物料和烟气的压降，以得到烟气通过对流段各段的压降以及物料通过对流段的压力分布情况。管内物料、管外烟气侧的传热系数以及液体原料在对流段汽化过程的两相流判别和计算方法，在本节“对流段的工艺计算”中有详细描述。

三、对流段工艺设计的基本原则

对流段的设计是一个十分复杂的问题：首先工艺上必须满足裂解反应的要求；然后尽可能合理地考虑热量回收；同时因为现代裂解炉的能力较大，降低投资也是必须面对的问题。要设计一台裂解炉的对流段，首先要确定设计基础，并对综合条件进行组合分析，确定方案后再进行各段管排的布置，尺寸初选，工艺计算，调整和优化，以满足各种工况的需要。设计中主要考虑的问题有：原料的灵活性，原料规格，稀释比和注汽工艺，锅炉给水和超高压蒸汽的界区条件(温度、压力)以及物料进入辐射段的温度、压力要求，裂解炉区的相关工艺和机械限制条件等。

1. 对流段工艺设计的总原则

① 对流段设计首先必须满足将各种裂解原料和稀释蒸汽安全地预热到设定的条件后再引入辐射段，在对流段不能出现结焦问题，对流段各段排布不能超出该段的限制条件(如温度、压降等要求)。

② 原料灵活性。对流段设计一般以单一原料的设计条件作为优化基础，但进行管排排

布时，也必须考虑其他原料在各种工况下也能尽量靠近各自的优化条件，并尽可能在对流段内调节解决相关问题(确有困难也可在炉外增添设备解决)。

③ 能量回收要遵循的基本原则是应按温度、品位高低来进行换热段排布，尽可能多回收高品位热量。段数的多少及精细程度应结合投资、维护和操作便利性等综合因素确定。通常，原料预热段放在最后以回收低能位热量；中能位的烟气余热则由锅炉给水预热段和稀释蒸汽过热段来回收；高能位烟气余热可用于超高压蒸汽过热和二次稀释蒸汽过热；能位最高的余热用于将原料烃和稀释蒸汽混合物最终过热至横跨温度。

④ 原料组数和流路数的确定应与辐射段炉管组数和急冷换热器的数量相匹配，以便于流量的分组控制。锅炉给水预热段和稀释蒸汽过热段及超高压蒸汽过热段应尽量用单股逆流布置。对流段最下部几排管一般不用翅片管，因为此处烟气传热以辐射传热方式为主，用翅片管则因翅尖温度高而选用高等级翅片材料，不经济。对流段各段换热管的直径和单程长度应根据投资、压降、方便操作和维护等综合因素确定。

2. 对流段原料灵活性的设计原则

原料灵活性要求给对流段的设计带来了很大难度，因为不同原料的汽化过程、稀释蒸汽比例、各段所需的加热温度和热量均有很大不同。对流段的原料灵活性设计，除了满足上述的总原则外，各换热段的设计原则为：

(1) 原料预热段

当以石脑油或更重的油品为裂解原料时，一般按石脑油达到合适汽化率所需热量来设计管排。为了适应重质原料的需要，如换热管排面积不够时，可在对流段石脑油进料的上部再增加一些换热管排来预热重质原料(实在有困难可在炉外另设预热器进行补充)，这样可使两种原料在此段中的压降均不至过大，可以保证两种原料各自达到要求的横跨温度。

(2) 混合加热段

设计时一般以最重原料为基准来进行管排排布。投轻质原料时不从对流段的最上部引入或不在炉外预热就直接进入对流段，这样可保证横跨温度不超温。

(3) 稀释蒸汽过热段

按最重原料的稀释比为基准考虑设计管排面积。改用轻质原料时，因稀释蒸汽量减少，稀释蒸汽过热温度可适当提高，但提高幅度应保证在允许范围内，否则应适当减少该段管排换热面积。

(4) 超高压蒸汽过热段

通常按轻质原料设计管排面积。改用重质原料时，超高压蒸汽产量会因急冷换热器出口温度的升高而下降(约降低20%)，这样可将该段管排分为多段，并采用段间分级注入适量的锅炉给水来保证管排不发生过热问题，并满足达到指定过热温度的要求。

(5) 锅炉给水预热段

锅炉给水预热管排面积的确定应以初始运转预热温度低于该压力下水的汽化温度，运转末期此段提供的热量也最多只能使少部分水汽化为原则，以便适应因原料改变或急冷换热器产汽量变化时，利用汽化热来调整烟气温度的目的。

(6) 混合过热段

以主要原料能达到起始裂解温度来设计管排面积，当改用其他原料时，也应通过各段换热面积的调整，尽可能靠近该原料的起始裂解温度。

3. 稀释蒸汽注入点和注入工艺的确定

稀释蒸汽的注入不仅对降低裂解烃分压，减少辐射炉管结焦，提高裂解反应选择性有利，而且也降低了烃类在对流段炉管中的汽化温度，对防止油品在对流段结焦有利。

液体原料在对流段预热至横跨温度的过程中经历了由液相转变为气相的过程，在此过程中不可避免地会出现两相流。在特定的情况下，两相流区域的油品会因管壁温度过高而出现结焦，结焦趋势与油品性质、汽化率和管壁温度相关。随着裂解技术发展，对流段稀释蒸汽注入方式也不断发展。目前裂解炉对流段稀释蒸汽注入方式大致分两类四种情况：即稀释蒸汽一次注入和两次注入两类。稀释蒸汽一次注入又分为稀释蒸汽一次直接注入和稀释蒸汽过热后一次注入两种。稀释蒸汽二次注入则分为过热的稀释蒸汽分两个注入口注入和部分稀释蒸汽直接注入，部分稀释蒸汽过热后注入两种。

对于轻烃和石脑油等轻质原料，由于其组成较轻，终馏点较低，比较容易汽化。为了降低投资，通常选用稀释蒸汽一次直接注入方式，稀释蒸汽不过热。稀释蒸汽一般注入未汽化的原料油中，注入后原料油部分汽化，其大部分汽化过程在对流段换热管中进行。由于稀释蒸汽的注入，降低了原料油的汽化温度，同时也降低了换热管管壁的温度。由于油品质量好，重组分少且管壁温度低等因素，通常不会出现结焦情况。蒸汽注入点最好选择在原料烃初始汽化点之后和汽化率达60%之前，以便尽可能缩短油品加热的两相区，减少易结焦组分滞留于此段炉管中结焦的可能性。

在以重质油和劣质石油馏分为原料时，如果在汽化段炉管中同时出现雾状流和高管壁温度的情况，对流段结焦的风险将大大提高。稀释蒸汽的注入方式选择对于避免其在对流段结焦有着非常重要的作用。为了解决这一问题，开发了稀释蒸汽二次注入工艺：在保证总的稀释比例不变的前提下，将稀释蒸汽分为两部分，一部分稀释蒸汽直接注入经过预热的原料烃，可以降低其汽化起始点的温度，使部分原料汽化，同时又可降低该段对流段换热管管壁温度以防止结焦。混合气回到对流段经进一步预热，通常控制其汽化率小于80%后从对流段引出，再在炉外专有混合器中注入另一部分已在对流段过热的稀释蒸汽(二次蒸汽)，利用二次蒸汽提供的热量和烃分压降低的作用使油品在混合器中迅速完全汽化并稍过热，然后再引入对流段。该工艺可大大降低重质油和劣质石油馏分汽化时在对流段结焦的可能性。一次蒸汽的比例较小，约占总蒸汽量的30%左右，二次蒸汽的过热温度约为450~550℃，具体条件根据原料特性和热量平衡后确定。

图5.3-1和图5.3-2分别为轻质液体原料裂解炉和重质液体原料裂解炉的典型排布，其中轻油炉为稀释蒸汽一次注入，重油炉为稀释蒸汽二次注入(二次蒸汽过热)。

4. 横跨温度的确定

在设计上，把物料从对流段炉管进入辐射段炉管的温度称为横跨温度。这个温度因裂解原料不同而有不同要求。

通常情况下，对流段主要是解决物料汽化和升温的问题，辐射段内主要是进行裂解反应。但实际上二者不可能划分得十分清楚，因为物料在对流段内也可能会有部分反应发生。在设计裂解炉时，把反应速度常数 $k=0.002s^{-1}$ 时的温度作为该原料裂解反应的起始点，并将这个温度定义为该原料的标准横跨温度。如果设计的横跨温度比标准横跨温度高，则裂解反应提前在对流段炉管中发生，这样可能会在对流段炉管内发生少量结焦，而且由于原料在对流段的升温速度大大低于辐射段，对裂解选择性不利。如果设计的横跨温度低于标准横跨温度，则辐射段炉管的前段部分炉管的作用就如同对流段的过热段(即部分预热任务转移到辐射段)，这样，不但增加了辐射段炉管的负荷，而且为了保证预定的裂解深度，必须用提高裂解温度来弥补，从而使燃料用量和辐射段的烟气温度提高，不利于延长运转周期，也是不经济的。表 5.3-1 列出了乙烷作为裂解原料时，不同的横跨温度对裂解反应过程的影响。可以看出，辐射段的热负荷和热通量随着物料横跨温度的提高而降低，而裂解炉的运行周期却有所延长，在一定范围内，对辐射段炉管出口乙烯收率的影响不显著。

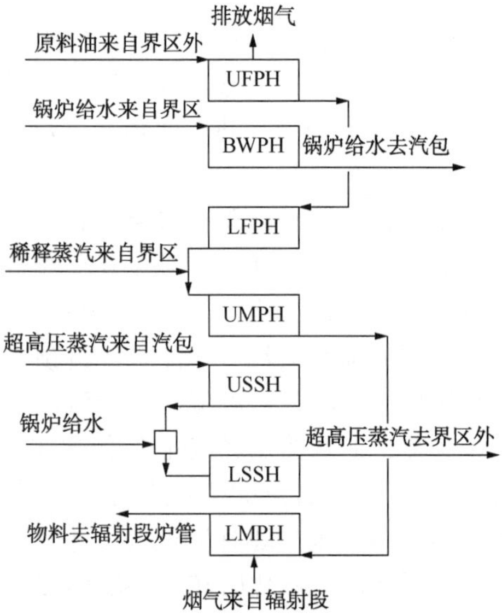

图 5-3.1 SRT-IV(HS)轻油裂解炉对流段排布

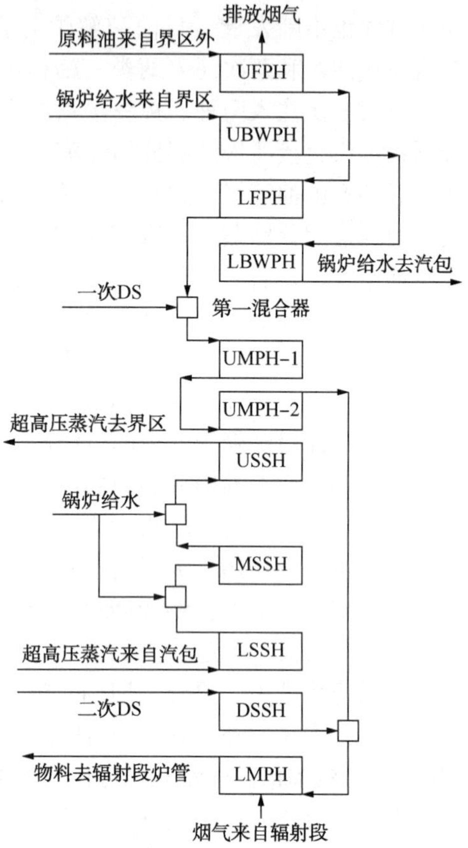

图 5-3.2 SRT-IV(HS)重油裂解炉对流段排布

UFPH—原料预热上段；BWPH—锅炉给水预热段；
UBWPH—锅炉给水预热上段；LBWPH—锅炉给水预热下段；
LFPH—原料预热下段；UMPH—混合过热上段；
USSH—超高压蒸汽过热上段；MSSH—超高压蒸汽过热中段；
LSSH—超高压蒸汽过热下段；DSSH—稀释蒸汽过热段；
LMPH—混合过热下段

表 5.3-1 不同横跨温度对裂解反应过程的影响

横跨温度/℃	对流段出口乙烯收率/%	对流段出口的结焦速率/(mm/月)	辐射段平均热通量	裂解炉热负荷	裂解炉运行周期/天	辐射段出口乙烯收率/%
691	0.5	0.001	100%	100%	基准	55.56
704	1.0	0.004	98%	97%	+5	55.55
718	2.3	0.022	94%	92%	+11	55.54
732	5.5	0.068	88%	84%	+19	55.49

因此，在设计中应尽量使横跨温度与标准横跨温度相近。此外，在考虑原料的设计横跨温度时，要结合运行周期对该温度的影响和原料灵活性来选定横跨温度。各种裂解原料裂解的难易程度有较大差别，一般原料越重相对容易裂解，因此标准横跨温度亦随原料而异。常用裂解原料的标准横跨温度如表 5.3-2 所示。特殊原料的标准横跨温度最好通过反应动力学研究确定。

表 5.3-2　不同原料的标准横跨温度

原　　料	标准横跨温度/℃	原　　料	标准横跨温度/℃
乙烷	680	石脑油	590
丙烷	630	煤柴油	580
异丁烷	620	减压柴油	540
正丁烷	610	加氢尾油	540
石油液化气	620		

5. 排烟温度的选择

裂解炉的热效率与排烟温度有直接关系。随着节能要求的提高，要求裂解炉排烟温度越来越低。但如果排烟温度过低，则可能造成低温露点腐蚀，使对流段某些换热管排发生腐蚀泄漏，所以排烟温度应适当。此外，排烟温度也应结合当地的气象条件考虑。

低温露点腐蚀主要由燃料中的硫所引起，硫的燃烧产物为 SO_2。在氧过剩的条件下，少量的 SO_2 会进一步转化为 SO_3(约占 SO_2 总量的 0.5%~3%，不超过 5%)。在高温下烟气中的 SO_3 气体不会腐蚀金属，但当烟气降至 400℃以下时，SO_3 将与烟气中的水蒸气化合生成硫酸蒸气。当硫酸蒸气凝结在炉管受热面上时，就会发生低温硫酸腐蚀。而且，这些凝结在受热面上的硫酸液体，还会黏附烟气中的灰尘形成不易清除的积垢。

烟气露点温度与燃料中的硫含量、过剩空气系数和烟气中的水蒸气含量有关。燃料中硫含量越高，则烟气的露点越高，其关系如表 5.3-3 所示。过剩空气系数越大，SO_3 的生成量越多，烟气露点也越高。其关系如图 5.3-3 和图 5.3-4 所示。为了防止换热管的腐蚀，设计的排烟温度一般要比烟气露点高 30℃。

表 5.3-3　燃料中硫含量与烟气露点的关系

燃料硫含量/%(质量)	0.5	1.0	1.5	2.0	2.5
实际露点/℃	133	138	142	144	144.5
推算露点/℃	105.5	117.5	125	128.5	132.5

烟气的露点温度可根据以下几种方法得到：

(1) 根据烟气组成求露点温度

当空气过剩系数为 1.1~1.2，燃料油中含硫量为 1%时，一般烟气中 SO_2 的体积含量为 500×10^{-6}。因此，如已知燃料组成，则可先计算出燃烧后烟气中 SO_2 的含量，再计算得到烟气中的 SO_3 含量(一般 SO_3 的量可按 SO_2 转化率为 3%计)。烟气中的水蒸气含量也可由燃烧计算得出后，再由图 5.3-5 查出烟气的露点温度。

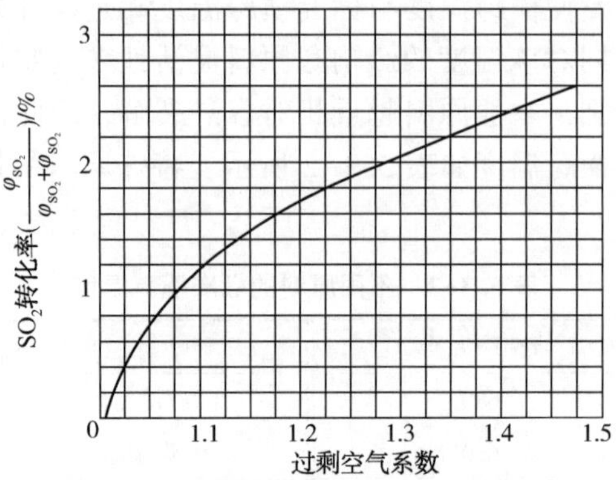

图 5.3-3　过剩空气系数与 SO_2 的转化率

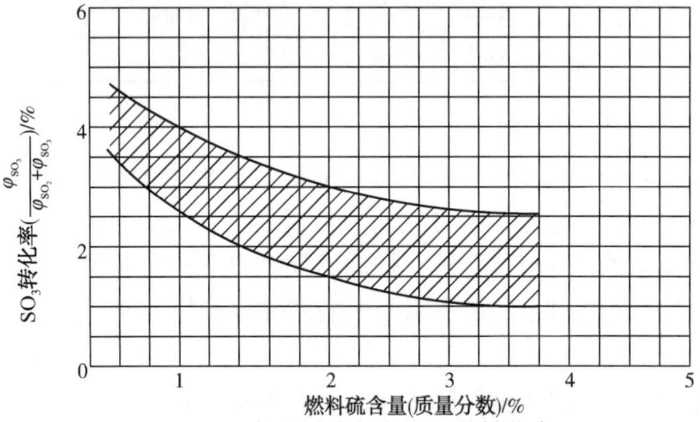

图 5.3-4　燃料硫含量与 SO_3 的转化率

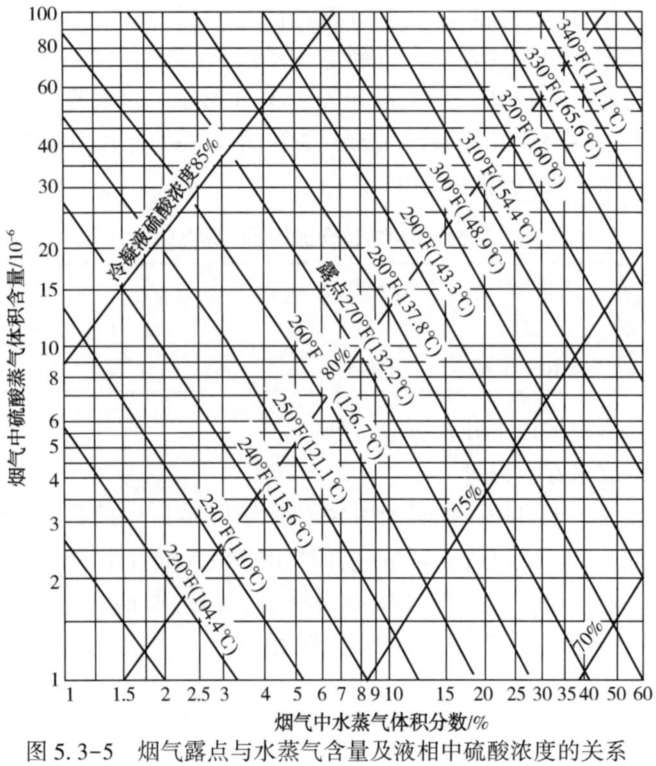

图 5.3-5　烟气露点与水蒸气含量及液相中硫酸浓度的关系

（2）由公式求烟气露点温度

烟气的露点温度 $T_{露}$ 可根据烟气中 SO_2 的分压由式（5.3-5）计算：

$$T_{露}=476.41+27.61gp'_{H_2O}+10.33\lg p'_{SO_3}+1.06(\lg p'_{SO_3}+8.0)^{2.19} \quad (5.3-5)$$

式中　$p'_{H_2O}=p_{H_2O}/1.013\times10^5$，Pa；

$p'_{SO_3}=p_{SO_3}/1.013\times10^5$，Pa。

SO_2 转化为 SO_3 的平衡常数为：

$$K_p=\frac{p_{SO_3}}{p_{SO_2}p_{O_2}^{1/2}} \quad (5.3-6)$$

K_p 与反应温度 T 的关系为：

$$\ln K_p=\frac{1.212\times10^{-4}}{T}\left(1-0.942\times10^{-3}T+0.702\times10^{-7}T^2-0.108\times10^{-4}T\ln T-\frac{3.1}{T}\right) \quad (5.3-7)$$

（3）根据燃料的硫含量查露点温度

当只知道燃料中的硫含量时，可从图 5.3-6 和图 5.3-7 查得大致的露点温度。当烧气体燃料时，可用式（5.3-8）将燃料气中的 H_2S 含量换算成 S 含量后，再查图 5.3-6 和图 5.3-7求算露点温度。

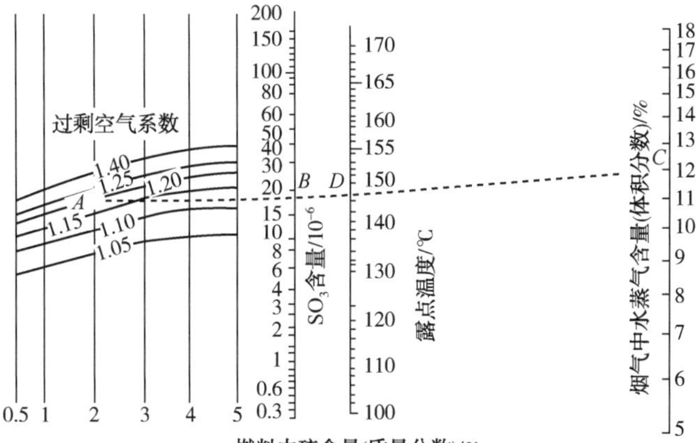

图 5.3-6　烟气露点温度列线图

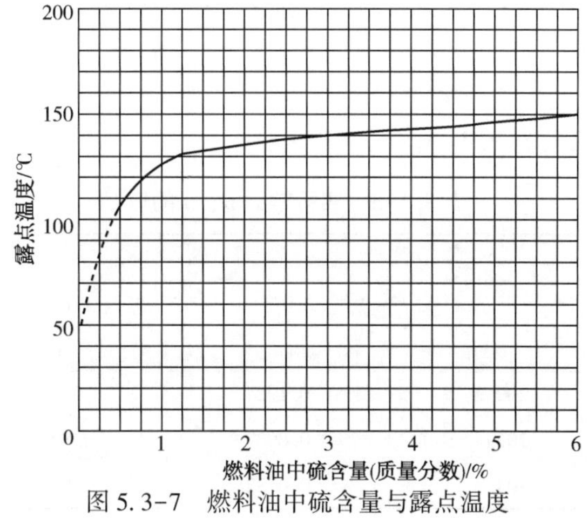

图 5.3-7　燃料油中硫含量与露点温度

$$w_S = 0.44 w_{H_2S} \frac{V_{油}}{V_{气}} \tag{5.3-8}$$

式中　w_S——燃料气中硫的含量(质量分数),%;

w_{H_2S}——燃料气中 H_2S 的含量(质量分数),%;

$V_{油}$,$V_{气}$——1kg 油和 1kg 气燃烧后的烟气体积,m^3/kg。

(4) 由关联方程式求酸露点

常见的酸露点关联方程式如表 5.3-4 所示。

表 5.3-4　常见酸露点关联式

来　源	酸露点关联式
前苏联锅炉热力计算标准经验式	$t_{adp} = \frac{\beta \sqrt[3]{S}}{1.05^{ed} b^A} + t_{dp}$
Muller 曲线拟合式	$t_{adp} = 116.5515 + 16.06329 \lg V_{SO_3} + 1.05377(\lg V_{SO_3})^2$
Halstead 曲线拟合式	$t_{adp} = 113.0219 + 15.0777 \lg V_{H_2SO_4} + 2.0975(\lg V_{H_2SO_4})^2$
A. G. Okkes 式 A	$t_{adp} = 10.8809 + 27.6 \lg p_{H_2O} + 10.83 \lg p_{H_2O} + 1.06(\lg p_{H_2O} + 2.9943)^{2.19}$
A. G. Okkes 式 B	$t_{adp} = 203.25 + 27.6 \lg p_{H_2O} + 10.83 \lg p_{H_2O} + 1.06(\lg p_{H_2O} + 8)^{2.19}$
Verhoff & Branchero 式 A	$\frac{1000}{t_{adp} + 273.15} = 1.7842 + 0.0269 \lg p_{H_2O} - 0.1029 \lg p_{SO_3} + 0.0329 \lg p_{H_2O} \lg p_{SO_3}$
Verhoff & Branchero 式 B	$\frac{1000}{t_{adp} + 273.15} = 2.9882 - 0.1376 \lg p_{H_2O} - 0.2674 \lg p_{SO_3} + 0.3287 \lg p_{H_2O} \lg p_{SO_3}$
日本电力工业中心研究所估算式	$t_{adp} = 20 \lg V_{SO_3} + a - 80$
含实验常数的估算式	$t_{adp} = t_{dp} + B(p_{H_2SO_4})^n$
Haase & Borgmann 式	$t_{adp} = 255 + 18.7 \lg P_{H_2O} + 27.16 \lg P_{SO_3}$
И. А. Варанова 估算式	$t_{adp} = 186 + 20 \lg V_{H_2O} + 26 \lg V_{SO_3}$
冯俊凯估算式	$t_{adp} = \frac{\beta \sqrt[3]{0.42S}}{1.05^{0.42a} b^A} + t_{dp}$
李鹏飞等的修正式	$t_{adp} = \frac{1.1\beta \sqrt[10]{S}}{1.05^a b^A} + t_{dp}$

实验常数 B、n 的值见表 5.3-5。

表 5.3-5　实验常数 B、n 的值

压力/atm	$p_{H_2O} + p_{SO_3}$			
	版本 A		版本 B	
	B	n	B	n
0.02	200.2	0.1224	289.9	0.0987
0.04	202.4	0.0907	289.3	0.1014
0.06	204.2	0.0732	288.7	0.1038

续表

压力/atm	$p_{H_2O}+p_{SO_3}$			
	版本 A		版本 B	
	B	n	B	n
0.08	206.3	0.0659	288.7	0.1063
0.12	210.2	0.0622	286.9	0.1107
0.16	214.2	0.0636	285.6	0.1145
0.2	218.3	0.0661	284.4	0.1178
0.28	226.4	0.072	281.9	0.1229
0.36	234.0	0.078		

上述关联式中，p 为分压，atm；V 为体积分数，$\times10^{-6}$；α 是与烟气中水蒸气含量有关的常数，其体积分数为 5%、10%、15%时，α 分别取 184、194、201；S、A 为燃料折算硫含量，g/MJ；β 为与烟气过剩空气系数有关的常数，苏联《锅炉机组热力计算标准方法》建议取 125。也有建议在 $\alpha=1.4\sim1.5$ 时，β 取 129，$\alpha=1.2$ 时，β 取 121。

四、对流段的工艺计算

在进行对流段工艺计算时，需要用到焓、比热容、黏度、导热系数、表面张力等油品物性。纯化合物的这些性质是特定的，由于石油馏分没有固定的组成和沸点，上述物性只能根据油品的 ASTM 馏程、相对密度、平均沸点、特性因子、临界性质、偏心因子、平均分子量等参数进行计算，然后再根据相应的关联式得到原料油品的流动性质、热力学性质进行石油馏分的相平衡、传热和压降计算。石油馏分的流动性质和热力学性质的计算比较成熟，篇幅较大，可参考有关文献，下面重点介绍石油馏分的相平衡和对流段的传热、压降计算的有关问题。

1. 石油馏分的相平衡计算

由于石油馏分组分十分复杂，组分很难一一测定，因此不能用一般混合物的计算方法来计算石油馏分的相平衡。为了解决这一问题，许多作者提出了不少计算石油馏分气-液平衡的方法，目前广泛采用的有两种，即经验法和虚拟组分法。

(1) 经验法

经验法有图表法和回归公式法两种。早期采用图表法(最普遍采用的是 Maxwell 和 Edmister所导出的图解法)由计算石油馏分恩氏蒸馏数据推算出实沸点(TBP)蒸馏曲线，再由实沸点蒸馏曲线计算平衡蒸发(EFV)曲线，从而得到平衡蒸发组图，这样通过比例内插法就可得到给定温度和压力下的汽化率；随着计算机的普遍使用，在图表法的基础上建立了回归公式法，使计算时间大大缩短。下面只简略介绍用公式法计算平衡蒸发曲线的主要过程。

1) 由常压恩氏蒸馏温度求实沸点蒸馏温度

先根据下式由常压恩氏蒸馏 50%点温度求实沸点蒸馏 50%点温度(TBP_{50})：

$$TBP_{50}=X+Y \tag{5.3-9}$$

式中　X——恩氏蒸馏馏出体积为 50%的温度,℉；

Y——实沸点蒸馏50%馏出温度与恩氏50%馏出温度的差值，℉。

然后以实沸点蒸馏50%点温度为基点，依次用前一个实沸点蒸馏点温度减差值 Y_i 得到30%点、10%点和0点的实沸点蒸馏温度；用加差值 Y_i 得到70%点、90%点和100%点的实沸点蒸馏温度，计算误差小于2℃。Y、Y_i 用多项式计算。其详细计算过程、使用条件参见《乙烯工艺与技术》。

2）由常压恩氏蒸馏50%点温度求平衡闪蒸50%点温度

先由恩氏蒸馏10%~70%斜率 s 通过内插法求出公式的系数 A_i，再由下式计算平衡闪蒸50%温度与恩氏蒸馏50%温度之差和平衡闪蒸50%点温度 EFV_{50}。

$$Y=A_0+A_1X+A_2X^2+A_3X^3+A_4X^4+A_5X^5+A_6X^6 \tag{5.3-10}$$

3）由平衡闪蒸50%点温度求平衡闪蒸温度

以平衡闪蒸50%点温度为基点，依次用前一个平衡闪点温度减差值 Y_i 得到30%点、10%点和0点的平衡闪蒸温度；用加差值 Y_i 得到70%点、90%点和100%点的平衡闪蒸温度，计算误差在小于1℃。

4）由10mmHg绝压下恩式蒸馏温度计算10mmHg绝压下实沸点温度

10mmHg绝压下50%点的实沸点温度等于10mmHg绝压下50%点的恩式蒸馏温度，然后以实沸点50%点温度为基点，依次用前一个实沸点温度减差值 Y_i 得到30%点、10%点和0点的实沸点温度；用加差值 Y_i 得到70%点、90%点的实沸点温度，计算误差小于14℃。

5）由10mmHg绝压下恩氏蒸馏温度计算10mmHg绝压下的平衡闪蒸温度

先由10mmHg绝压下恩氏蒸馏50%点温度求10mmHg绝压下50%点的平衡闪蒸温度。

$$EFV_{50}=ASTM_{50}+\Delta \tag{5.3-11}$$

式中 $ASTM_{50}$——10mmHg绝压下恩氏蒸馏50%的温度，℉；

Δ——10mmHg绝压下 $ASTM_{50}$ 与 EFV_{50} 的差值，℉。

再以平衡闪蒸50%点温度为基点，依次用前一个平衡闪点温度减差值 Y_i 得到30%点、10%点和0点的平衡闪蒸温度；用加差值 Y_i 得到70%点、90%点的平衡闪蒸温度，计算误差小于1℃。

6）平衡闪蒸气相产品的常压恩氏蒸馏温度

根据下式由进料恩氏蒸馏温度计算平衡闪蒸气相产品常压恩氏蒸馏温度：

$$ASTM_V=ASTM-\Delta \tag{5.3-12}$$

式中 $ASTM_V$——平衡闪蒸所得气体的恩氏蒸馏各馏出温度，K；

$ASTM$——进料恩氏蒸馏各相应馏出温度，K；

Δ——进料恩氏蒸馏温度与所得气体相应的恩氏蒸馏馏出温度之差值，K。

7）平衡闪蒸液相产品的常压恩氏蒸馏温度

根据下式由进料恩氏蒸馏温度计算平衡闪蒸液相产品常压恩氏蒸馏温度：

$$ASTM_V=ASTM+\Delta \tag{5.3-13}$$

式中 $ASTM_V$——平衡闪蒸所得气体的恩氏蒸馏各馏出温度，K；

$ASTM$——进料恩氏蒸馏各相应馏出温度，K；

Δ——进料恩氏蒸馏温度与所得气体相应的恩氏蒸馏馏出温度之差值，K。

8）平衡闪蒸液相产品和气相产品的相对密度

平衡闪蒸液相产品的相对密度计算式如下：

$$d_{V}^{15.69}=141.5/(°API_{V}+131.5) \quad (5.3-14)$$

$$°API_{V}=X_3+B_2Y+C_2Y_2 \quad (5.3-15)$$

平衡闪蒸气相产品的相对密度计算式如下：

$$d_{L}^{15.6}=141.5/(°API_{L}+131.5) \quad (5.3-16)$$

$$°API_{L}=X_3+B_2Y+C_2Y^2 \quad (5.3-17)$$

式中　$d_{V}^{15.6}$，$d_{L}^{15.6}$——15.69℃平衡闪蒸气相产品和液相产品的相对密度；

$°API_{V}$，$°API_{L}$——气相产品和液相产品的相对密度指数；

X_1——进料蒸发体积分数，%；

X_2——进料恩氏蒸馏10%~30%斜率，℉/%；

X_3——进料的相对密度指数。

（2）虚拟组分法

随着计算机的广泛应用，目前对石油馏分的相平衡，也采用了纯组分混合物相平衡的计算方法来处理。为此，首先将液体石油馏分按沸程分为若干个（一般为奇数个）虚拟组分（此虚拟组分实际为一个窄馏分），然后以每个虚拟组分的平均沸点、相对密度来计算此虚拟组分的平均分子量、临界数据，以及在相平衡计算中所需的物性参数。一旦这些数据确定后，虚拟出的若干个组分（若干个馏分）就可按纯化合物处理来进行平衡闪蒸计算。拆分虚拟组分的数目越多，计算精度也越高。

各虚拟组分性质计算公式如下：

1）平均沸点 T_i

$$T_i=\frac{T'_i+T'_{i+1}}{2} \quad (5.3-18)$$

式中　T'_i——窄馏分的初沸点，℃；

T'_{i+1}——窄馏分的终沸点，℃。

2）相对密度 $d_{15.6}^{15.6}$

$$d_{15.6}^{15.6}=T_i^{1/3}K_{UOP}^{-1} \quad (5.3-19)$$

3）分子量 M

$$\lg M=\sum_{j=0}^{2}\sum_{j=0}^{2}A_{ij}\,(1.8T_i+32)^iK_{UOP}^j \quad (5.3-20)$$

式中　K_{UOP}^j——原油特性因数，UOP 的 K 值；

$A_{00}=0.6670202$，$A_{01}=0.1552531$；$A_{02}=-5.378496\times10^{-3}$，

$A_{10}=4.583705\times10^{-3}$，$A_{11}=-5.755185\times10^{-4}$；$A_{12}=2.500584\times10^{-5}$，

$A_{20}=-2.698693\times10^{-6}$；$A_{21}=3.875950\times10^{-7}$；$A_{22}=-1.566228\times10^{-8}$。

4）临界温度 t_c（℃）

$$t_c=85.66+0.9295D-0.0003959D^2 \quad (5.3-21)$$

$$D=d_{15.6}^{15.6}(1.8t_i+32) \quad (5.3-22)$$

5）临界压力 p_c（atm）

$$\ln p_c=5.6758-\frac{0.0566}{d_{15.6}^{15.6}}-\left(0.43639+\frac{4.1216}{d\,(_{15.6}^{15.6})^2}\right)\times10^{-3}T_B$$

$$+\left(4.7579+\frac{11.819}{d_{15.6}^{15.6}}+\frac{1.5302}{(d_{15.6}^{15.6})^2}\right)\times10^{-7}T_B^2-\left(1.4505+\frac{9.9010}{(d_{15.6}^{15.6})^2}\right)\times10^{-10}T_B^3 \quad (5.3-23)$$

式中 T_B——平衡沸点，K。

6）偏心因子 ω

$$\omega=\frac{3}{7}\left(\frac{\lg p_c}{T_c/T_B^{-1}}\right)-1 \quad (5.3-24)$$

石油馏分虚拟组分的相平衡常数，可采用 Lee-Erbar-Edmister、Chao-Seader、Gray-Son-Stread 三种方法中的一种来进行计算。

当调整温度时，使下述函数为零的温度，即为混合物的泡点。

$$f(t)=1.0-\sum_{i=1}^{I}x_iK_i \quad (5.3-25)$$

当满足下述函数为零时的温度，即为露点温度。

$$f(t)=1.0-\sum_{i=1}^{I}y_i/K_i \quad (5.3-26)$$

式中 K_i——组分 i 的相平衡常数；

x_i——液相中组分 i 的摩尔分数；

y_i——气相组分 i 的摩尔分数。

图 5.3-8 给出了石油馏分虚拟组分性质的计算框图。

按虚拟组分计算相平衡的过程与方法与纯组分混合物的计算相同，在此不再赘述。

2. 两相流流型判别方法

裂解炉对流段换热管均为水平布置。原料预热汽化段、锅炉给水预热段都会或可能出现两相流。当流体温度达到泡点时，管内开始出现气相，随着温度的提高，气相所占的比例也随之提高，两相流初始呈气泡流，之后逐步发展为块状流，最后为雾状流。水平管中两相流流型的判别方法有许多，但普遍采用的是早年由 Baker 提出的流型判别图（图 5.3-9）。图中判断流型的两个坐标 x、y 的计算公式为：

$$x=210.5352\times\frac{G_L\rho_L^0\mu_L^{0.33}}{G_V\times10^{-5}\sigma_L\rho_L^{0.167}} \quad (5.3-27)$$

$$y=0.183\times10^{-2}\times\frac{G_V}{(\rho_V\rho_L)^{0.5}} \quad (5.3-28)$$

式中 G_L，G_V——液相和气相的质量流量，kg/h；

ρ_L，ρ_V——液相和气相的流体密度，kg/m^3；

μ_L——液相黏度，Pa·s；

σ_L——液相表面张力，N/cm。

3. 对流段的传热计算

对流段传热以对流传热为主，同时也存在部分辐射传热。物料在对流段有预热、汽化和过热段，因此涉及单相流和两相流的传热问题，下面简述传热计算中的有关问题：

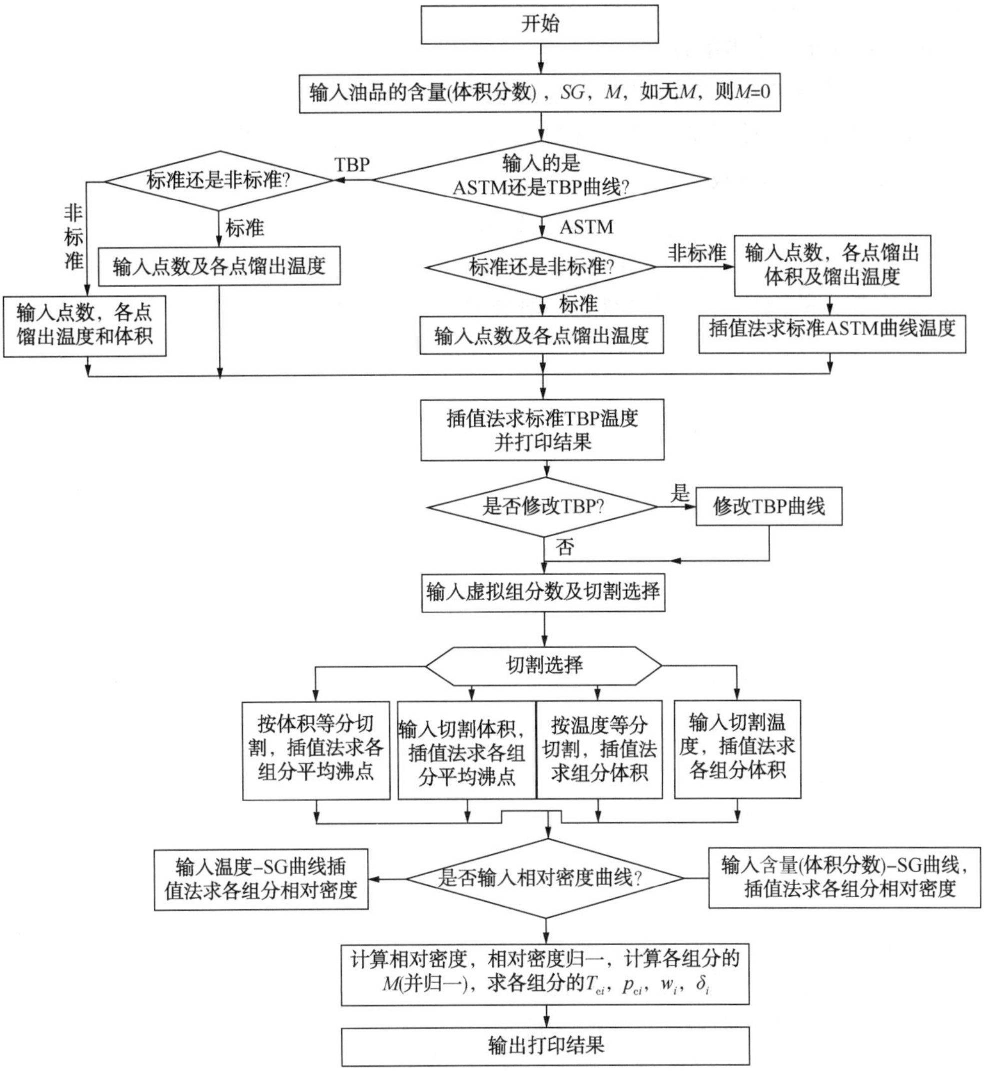

图 5.3-8　计算石油馏分虚拟组分性质框图

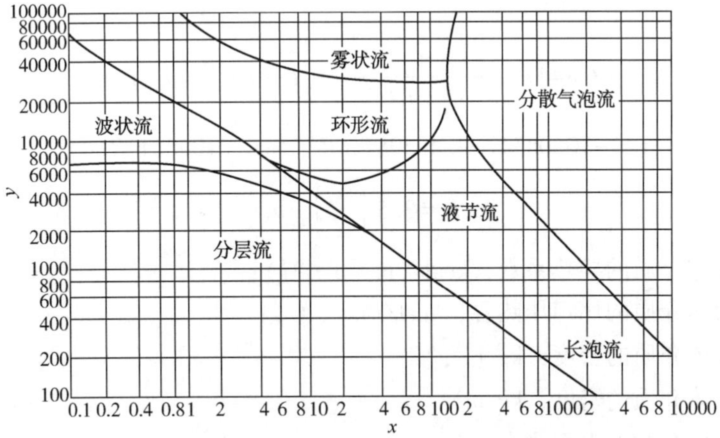

图 5.3-9　水平管流型判别图

(1) 管内膜传热系数

1) 管内单相流的传热系数

物料在对流段预热过程中温度尚未达到泡点温度或者高于露点温度时，管内仅为液相或气相，为单相流。流体运动一般为湍流，对于一般流体，可用 Dittus 和 Baelter 提出的准数方程式计算内膜传热系数。

$$Nu=0.023Re^{0.8}Pr^{0.4} \tag{5.3-29}$$

适用条件为 $Re>10^4$，$0.7<Pr<100$，$L/D_i>60$。

对于黏度较大的流体，如石油馏分，则采用 Sieder 和 Tate 的公式：

$$Nu=0.027Re^{0.8}Pr^{1/3}(\mu/\mu_w)^{0.14} \tag{5.3-30}$$

式中 Nu——努塞尔数，$Nu=h_iD_i/k_i$；

Re——雷诺数，$Re=D_iG_i/\mu$；

Pr——普兰特数，$Pr=c_i\mu/k_i$；

μ，μ_w——管内流体在平均温度和管壁温度下的黏度，kg/(m·h)；

h_i——管内膜传热系数，W/(m²·h)；

D_i——管内径，m；

G_i——管内流体质量流率，kg/(m²·h)；

c_i——管内流体比热容，kg/(kg·K)；

k_i——管内流体导热系数，W/(m²·K)。

适用条件为 $Re>10^4$，$0.7<Pr<16700$，$L/D_i>60$。

2) 管内两相流的传热系数

两相流综合传热系数由下式求取：

$$h_{tc}=\alpha\tau_t h_n+h_t \tag{5.3-31}$$

式中 h_{tc}——两相流综合传热系数，W/(m²·K)；

α——与两相流流型有关的核沸腾系数校正因子，可参阅相关图表；

h_n——核沸腾传热系数，W/(m²·K)；

h_t——两相流强制对流传热系数，W/(m²·K)；

τ_t——两相流强制对流核沸腾干扰系数。

h_n，τ_t，h_t 分别由下式计算：

$$h_n=8.8447\times\frac{k_L^{0.79}c_L^{0.45}\rho_L^{0.49}}{\sigma_L^{0.5}\mu_L^{0.29}H^{0.24}\rho_V^{0.24}}(T_w-T)^{0.24}(p_w-p_s)^{0.75} \tag{5.3-32}$$

$$\tau_t=-10.08547+3.43598(\ln Re_t)^2+0.01038(\ln Re_t)^3 \tag{5.3-33}$$

$$h_t=3.5\left(\frac{1}{X}\right)^{0.5}h_L \tag{5.3-34}$$

式中 k_L——液体介质的导热系数，kcal/(m·h·℃)；

c_L——液体介质的比定压热容，kcal/(kg·℃)；

ρ_L——液体介质的密度，kg/m³；

ρ_V——气体介质的密度，kg/m³；

σ_L——液体介质的表面张力，dyn/cm($1\text{dyn/cm}=10^{-3}\text{N/m}$)；

μ_L——液体介质的黏度，cP($1cP=10^{-3}Pa/s$)；
H——液体的汽化潜热，kcal/kg；
T_w，T——壁面和流体的温度，℃；
p_w，p_s——介质在壁温和饱和温度下的蒸气压，kgf/cm^2；
Re_t——两相流的雷诺数；
h_L——液相的给热系数，kcal/(m·h·℃)；
X——马丁参数。

$$Re_t=Re_L\varphi^{1.25} \tag{5.3-35}$$

$$Re_L=\frac{G(1-\theta)D_i}{3.6\mu L} \tag{5.3-36}$$

马丁参数 X 为：

当 $Re_L>2000$，$Re_V>2000$ 时：

$$X=(G_L/G_V)^{0.9}(\rho_V/\rho_L)^{0.5}(\mu_L/\mu_V)^{0.1} \tag{5.3-37}$$

当 $Re_L>2000$，$Re_V<1000$ 时：

$$X=0.053479(G_L/G_V)^{0.9}(\rho_V/\rho_L)^{0.5}(\mu_L/\mu_V)^{0.5}Re_L^{0.4} \tag{5.3-38}$$

当 $Re_L<1000$，$Re_V>2000$ 时：

$$X=18.6548(G_L/G_V)^{0.9}(\rho_V/\rho_L)^{0.5}(\mu_L/\mu_V)^{0.5}Re_L^{0.4} \tag{5.3-39}$$

当 $Re_L<1000$，$Re_V<1000$ 时：

$$X=(G_L/G_V)^{0.5}(\rho_V/\rho_L)^{0.5}(\mu_L/\mu_V)^{0.5} \tag{5.3-40}$$

两相流雷诺数校正系数 φ 为：

$$\varphi=1.000493+1.6325X^{-1}-0.0486023X^{-2}+0.0951951\times10^{-3}X^{-3}-0.0558388\times10^{-5}X^{-4} \tag{5.3-41}$$

$$Re_V=G\theta D_i/(3.6\mu_V) \tag{5.3-42}$$

式中 Re_V——气相的雷诺数；
Re_L——液相的雷诺数；
θ——汽化率；
G_L——液相的质量流量，kg/h；
G_V——气相的质量流量，kg/h。

(2) 管外膜传热系数

烟气与换热管的外膜传热系数，应根据换热管种类以及烟气流向与换热管的相互关系，采用不同的计算公式。裂解炉的对流段炉管一般为光管和翅片管，烟气的流动方向与换热管束垂直。因此，下面仅简述这几种情况下的管外膜传热系数的计算。

1)烟气流动方向与管束垂直的光管外膜传热系数

该情况下，烟气通过换热管束的管外膜传热系数，可采用 Fishiden 和 Saunder 提出的方程式求取：

$$h_o=0.33C_H\varphi(k_g/D_o)(D_oG_{max}/\mu_g)^{0.6}(C_g\mu_g/k_g)^{0.3} \tag{5.3-43}$$

式中 h_o——管外膜传热系数，kcal/(m^2·h·℃)；
C_H——系数，与管束排列、管心距/管外径及雷诺数有关(见图 5.3-10、图 5.3-11)；
φ——管排数校正系数，管排>10 时，$\varphi=1$；在 10 排以下时由图 5.3-12 查得；

D_o——管外径，m；

G_{max}——烟气在最小截面处的质量流速，kg/(m^2·h)；

C_g——烟气的比热容，kcal/(kg·℃)；

k_g——烟气的热导率，kcal/(m^2·h·℃)；

μ_g——烟气的黏度，Pa·s。

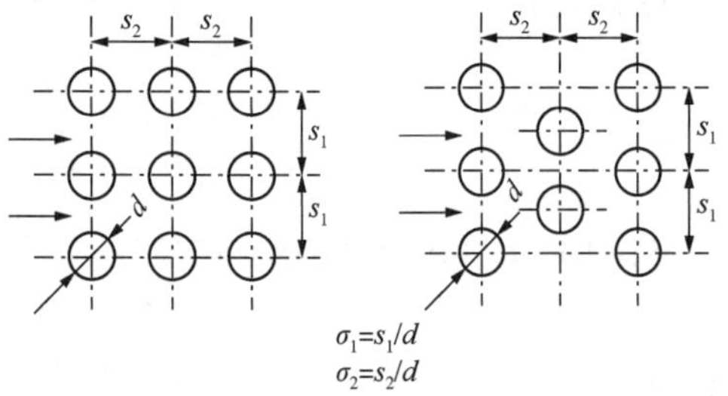

图 5.3-10　换热管束的排列形式

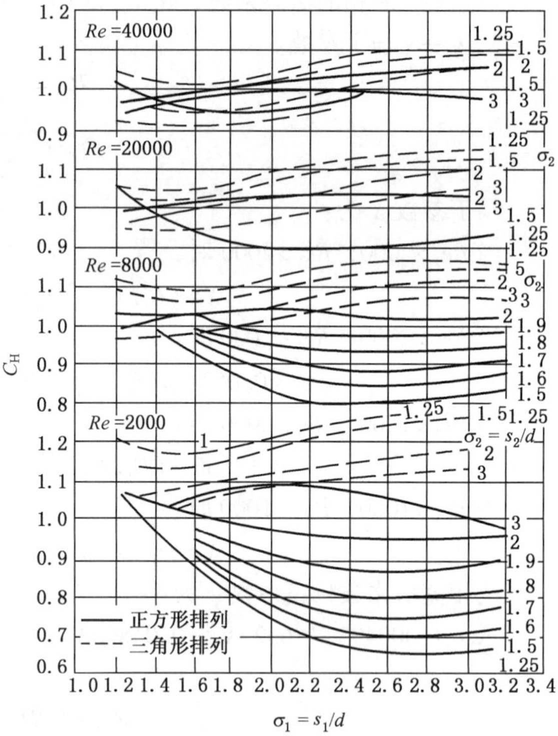

图 5.3-11　系数 C_H 值

2）翅片管表面传热系数

烟气流动方向与环形翅片管垂直的正三角形排列的管束，可由 Briggs 提出的方程计算表面传热系数。

$$h_r = 0.1378(k_g/D_b)Re_G^{0.713}Pr_G^{1/3}(d_p/i)^{0.296} \tag{5.3-44}$$

式中　h_r——翅片管的表面传热系数，kcal/(m^2·h·℃)；

D_b——翅片管根部的换热管直径，m；

Re_G——烟气的雷诺数，$Re_G = D_o G_{max}/\mu_g$；

d_p——翅片间隙，m；

Pr_G——烟气的普朗特数，$Pr_G = C_g\mu_g/k_g$；

i——翅片高度，m。

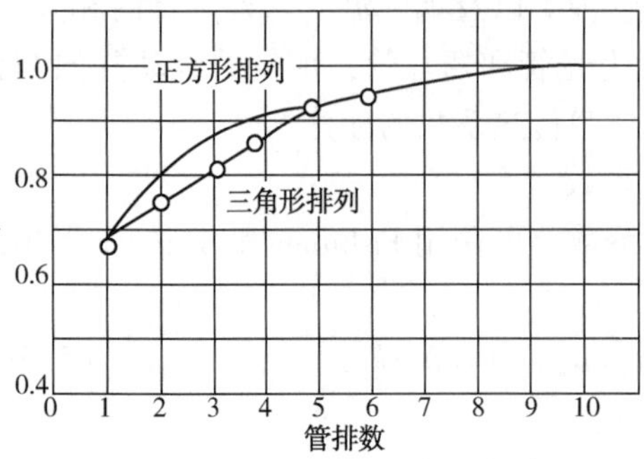

图 5.3-12　管排数的校正系数

3）对流管的管外膜综合传热系数

包括烟气辐射和炉墙辐射在内的对流管外综合传热系数为：

$$h_{rc}=(1+f)(h_c+h_{rg}) \tag{5.3-45}$$

式中　f——炉墙辐射校正系数；

h_{rc}——管外综合传热系数，kcal/(m^2·h·℃)；

h_{rc}——光管的外膜传热系数或翅片的表面传热系数，kcal/(m^2·h·℃)；

h_{rc}——烟气的辐射系数，kcal/(m^2·h·℃)。

（3）遮蔽管的辐射传热

在对流段烟气入口处的几排炉管，由于其位于辐射段与对流段的交界处，所以，它和辐射段一样能够接受炉膛中高温烟气的直接辐射，同时又接受烟气流动的对流传热，称之为遮蔽管。遮蔽管接受的炉膛直接辐射的热量不能忽略。这里对遮蔽管的传热计算方法做简单介绍。

1）辐射段传热速率

$$Q_r=Q_{rt}+Q_{rs}=5.72(\alpha A_{cp})_r F\left[\left(\frac{T_g}{100}\right)^4-\left(\frac{T_w}{100}\right)\right]^4=5.72(\alpha A_{cp})_s\times F\left[\left(\frac{T_g}{100}\right)^4-\left(\frac{T_{ws}}{100}\right)^4\right]+h_{Rc}(T_g-T_w)A_R \tag{5.3-46}$$

2）辐射段热平衡方程式

$$Q_r=\left(1-\frac{q_1}{Q_n}-\frac{q_2}{Q_n}\right)Q_n \tag{5.3-47}$$

式中　Q_{rt}——辐射段的热负荷，W；

Q_{rs}——遮蔽管接受来自辐射段的辐射热量，W；

$(\alpha A_{cp})_r$——辐射管的当量冷平面面积，m^2；

$(\alpha A_{cp})_s$——遮蔽管的当量冷平面面积，m^2；

$(A_{cp})_r$——遮蔽管的冷平面面积，$(A_{cp})_r=n_w S_c L_c$，m^2；

n_w——遮蔽管的每排炉管数；

S_c——遮蔽管的管心距，m；

L_c——遮蔽管的长度，m；

α——有效吸收因数，对遮蔽管而言取值为1；

F——总交换因数，可与辐射段相同；

T_g——烟气的温度，K；

T_w——辐射段管外表面温度，K；

T_{ws}——遮蔽管外表面温度，K；

h_{Rc}——烟气对辐射管的对流传热系数，W/(m^2·℃)；

A_R——辐射段炉管外表面积，m^2；

q_1/Q_n——辐射段的热损失，%；

q_2/Q_n——烟气出辐射段带走的热量比例，%；

Q_n——燃料总发热量，W。

原料进入遮蔽管段时的温度可以通过迭代的方法求得。具体方法是：首先计算出遮蔽管的辐射热量及对流热量，根据遮蔽管每排的有效吸收因素的大小，分配每排遮蔽管所吸收的热量，根据对流段总排数及总对流传热量求得每排管吸收的对流传热量。由遮蔽管吸收的辐射传热量和对流传热量以及遮蔽管出口处原料的温度，根据热平衡便可求出进入遮蔽管处原料的温度，迭代计算几次即可达到要求，然后就可以求出相应的遮蔽管的炉管表面热强度。

(4) 对流管的总传热系数

如以换热管外表面为基础，则对流管的总传热系数 K_c 的计算式为：

光管

$$\frac{1}{K_c}=\frac{1}{h_i}\cdot\frac{A_o}{A_i}+R_i+\frac{\delta}{K_w}\cdot\frac{A_o}{A_m}+R_o+\frac{1}{h_{rc}} \tag{5.3-48}$$

翅片管

$$\frac{1}{K_c}=\frac{1}{h_i}\cdot\frac{A_o}{A_i}+R_i\frac{A_o}{A_i}+\frac{\delta}{K_w}\cdot\frac{A_o}{A_m}+R_o+\frac{A_o}{A_i+\Omega A_f}+\frac{1}{h_{rc}}\cdot\frac{A_o}{A_t+\Omega A_f} \tag{5.3-49}$$

式中 A_i，A_o，A_m——管内、管外和平均面积，m^2；

A_t，A_f——翅片管光管部分和翅片部分的面积，m^2；

δ——管壁厚，m；

K_w——管壁热导率，kcal/(m^2·h·℃)；

Ω——翅片效率；

R_i，R_o——管内、管外垢层热阻；

K_c——对流管总传热系数。

4. 对流段的压降计算

(1) 管内单相流的压力降

单相流的压力降 Δp 包括摩擦压降 Δp_f(Pa)和位能变化的压降 Δp_z(Pa)，即：

$$\Delta p=\Delta p_f+\Delta p_z \tag{5.3-50}$$

$$\Delta p_f=2f(L_e/d_i)u^2\rho \tag{5.3-51}$$

$$\Delta p_z=H\rho g \tag{5.3-52}$$

式中 f——范宁摩擦系数，为雷诺数、炉管内径和换热管粗糙度的函数；

u——介质的流速，m/s；

ρ——介质的密度，kg/m^3；

L_e——炉管的当量长度，$L_e=n_1L+n_2\varphi'd_i$，m；

$\varphi'=\xi/(4f)$（ξ 为局部阻力系数）；

n_1——每程炉管的根数；

n_2——炉管的弯头数；

H——换热管段出入口的高度差。

过渡区和完全湍流区的 f 由下式计算：

$$f=\frac{1}{4\times\left[-2\left(\frac{\varepsilon}{d_i}+\frac{1.26}{\mathrm{Re}f^{1/2}}\right)\right]^2} \tag{5.3-53}$$

式中 ε——换热管的粗糙度，一般取 0.00015m，结垢炉管取 0.00305m。

(2) 管内两相流的压力降

1) 两相流的持液量 R_L

$$R_L=(1+21/X+1/X^2)^{0.5} \tag{5.3-54}$$

$$R_V = 1 - R_L^{-1} \tag{5.3-55}$$

$$X = (W_L/W_V)^{0.9}(\rho_V/\rho_L)^{0.5}(\mu_L/\mu_V)^{0.1} \tag{5.3-56}$$

式中 W_L，W_V——气、液两相的质量流量；

ρ_V，ρ_L——气、液两相的密度；

μ_L，μ_V——气、液两相的黏度。

2）两相流的综合压降 Δp_t

$$\Delta p_t = \Delta p_f + \Delta p_a + \Delta p_s \tag{5.3-57}$$

3）两相流的摩擦压降 Δp_f

$$\Delta p_f = \varphi^2 \Delta p_L \tag{5.3-58}$$

4）两相流的加速度损失 Δp_a

$$\Delta p_a = \frac{1}{1.27\times10^{12}} \times \left[\left(\frac{G_L^2}{R_l\rho_L} + \frac{G_V^2}{R_V\rho_V}\right) - \left(\frac{G_L^2}{R_l\rho_L} + \frac{G_V^2}{R_V\rho_V}\right)_0\right] \tag{5.3-59}$$

5）两相流的静压头损失 Δp_s

$$\Delta p_s = (\rho_{tp})_a \Delta H \tag{5.3-60}$$

式中 $(\rho_{tp})_a$——两相流有限平均密度，kg/m^3；

ΔH——高度差，m；

φ——两相流压降强化因子，由图 5.3-13 查得。

（3）对流段的烟气流速及压降计算

烟气在流动过程中的压降一般包括下列各项：烟气沿直通道流动的压降；烟气通过挡板、转弯或截面变化等的局部压降；烟气流过换热管排的压降以及烟气通过空气预热器、脱硝催化剂等的压降。

烟气流动的压降与流速的平方成正比。一般是先选择一个合适的烟气流速进行对流段结构设计，然后计算实际流速及各项压降，最后根据压降计算结果进行引风机或烟囱设计。

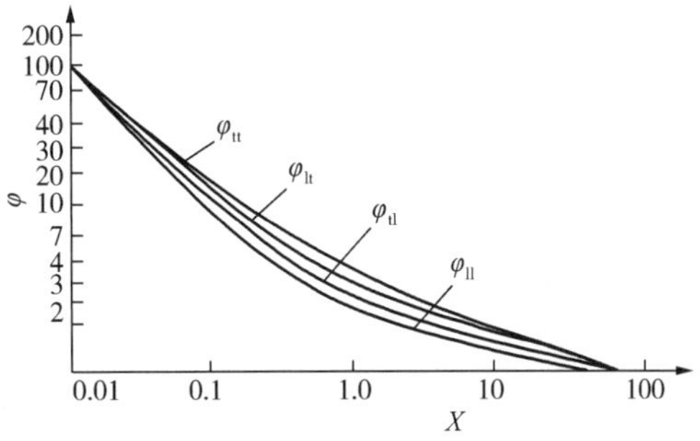

图 5.3-13 两相流压降强化因子 φ

φ_{tt}—气液两相均湍流；φ_{lt}—液相滞流，气相湍流；φ_{tl}—液相湍流，气相滞流；φ_{ll}—气液两相均滞流

1）烟气流速

烟气在对流室和空气预热器中的流速选择需从传热和压降两方面考虑。高流速可提高传热系数，减少传热面积和减少投资；但高流速又使压降成平方关系增加，导致引风机能耗增加或烟囱增高，增加了运行成本或投资。因此，烟气流速选择要从压降、投资和运行等因素综合考虑。另外，为了避免大风时外界空气倒灌进烟囱，烟气流速还有一个下限。目前设计中推荐的烟气流速见表 5.3-6。

表 5.3-6 推荐烟气流速

烟气通过部位	质量流速/[kg/(m²·s)]	线速度/(m/s)
对流段光管	1~2.5	
对流段钉头管	2~4	
对流段翅片管	2~4	

续表

烟气通过部位	质量流速/[kg/(m^2·s)]	线速度/(m/s)
砖烟道		1~4
有内衬的钢烟道		与烟囱相同
自然通风的烟囱		
最大负荷		8~12
最小负荷		2.5~3
机械通风的烟囱		
最大负荷		18~20
最小负荷		4~5

2）烟气沿直通道流动的压降

为了适应烟气流动的特点，裂解炉中烟气沿直通道(烟道或烟囱等)流动的压降采用改写的一般压降式计算：

$$\Delta p_A = 2f(L/d_i)(G_g{}^2/\rho_g) \quad (5.3-61)$$

$$Re = 1000 d_e G_g/\mu_g \quad (5.3-62)$$

式中 Δp_A——烟气沿直通道流动的压降，Pa；

f——范宁摩擦系数，可按雷诺数 Re 和相对粗糙度 ε/D_g 由相应图表查得；

μ_g——烟气黏度，mPa·s；

L——烟气直通道长度，m；

d_e——烟气直通道当量直径，d_e=(4×通道截面积)/通道周长，m；

ρ_g——烟气在平均温度 T_g 下的密度，kg/m^3；

G_g——烟气质量流速，kg/(m^2·s)。

在裂解炉的设计计算中，f 按下列取值，可以满足计算精度要求。

新的金属通道　f=0.006~0.008

氧化较轻的金属通道　f=0.009~0.01

氧化较重的金属通道　f=0.011

砖或轻质衬里的通道　f=0.013

裂解炉烟气分子量一般可近似取值为29，则

$$\rho_g = (29\times273)/(22.4T_g) = 353.44/T_g \quad (5.3-63)$$

这样，烟气沿直通道流动的压降可简化为：

$$\Delta p_A = fLG_g{}^2T_g/(176.7d_e) \quad (5.3-64)$$

3）烟气局部阻力降

裂解炉烟气近似取分子量为29，则烟气流过挡板、转弯或截面积发生变化等处产生的局部阻力降可按下式计算。

$$\Delta P_B = \xi\frac{u_g^2}{2}\rho_g = \xi\frac{G_g^2}{2\rho_g} = \xi\frac{G_g^2T_g}{706.9} \quad (5.3-65)$$

式中 ξ——局部阻力系数。

4）烟气流过换热管排的压降

对流段换热管一般包括光管和翅片管两类，钉头管在裂解炉对流段中已经基本不采用。通

常换热管采用错列排布。下面就两种不同情况的烟气通过换热管的压降计算公式做简要描述。

① 烟气通过错列光管的压降　烟气通过对流段管排的流动，一般均为湍流。此时，烟气通过错列光管管排的压降可以按下列公式计算：

$$\Delta p_c = 1.4922 \times \frac{G_g^2 N}{\rho_g}\left(\frac{d_p G_g}{\mu_g}\right)^{-0.2} \tag{5.3-66}$$

烟气分子量近似取29，上式可以简化为：

$$\Delta p_c = \frac{T_g G_g^2 N}{236.8} \times \left(\frac{d_p G_g}{\mu_g}\right)^{-0.2} \tag{5.3-67}$$

式中　Δp_c——烟气流过错列光管管排的压降，Pa；

N——光管管排数；

d_p——换热管间隙，m；

μ_g——烟气黏度，mPa·s。

② 烟气通过错列环形翅片管的压降　烟气分子量近似取为29，则烟气流过正三角形排列的环状翅片(见图5.3-14)，换热管排的压降可按下式计算：

$$\Delta p_E = \frac{f' L' G_g^2}{760.9 D_V} \times \left(\frac{D_V}{S_c}\right)^{0.4} \tag{5.3-68}$$

$$L' = 0.866 S_c N_c \tag{5.3-69}$$

式中　Δp_E——烟气流过错列环形翅片管管排的压降，Pa；

L'——烟气流过的管排高度，m；

f'——摩擦系数，可根据 Re 查图5.3-15得到；

S_c——对流段换热管管心距，m；

N_c——计算的对流段换热管管排数；

D_V——容积水力直径，D_V=(4×净自由体积)/摩擦表面积，m。

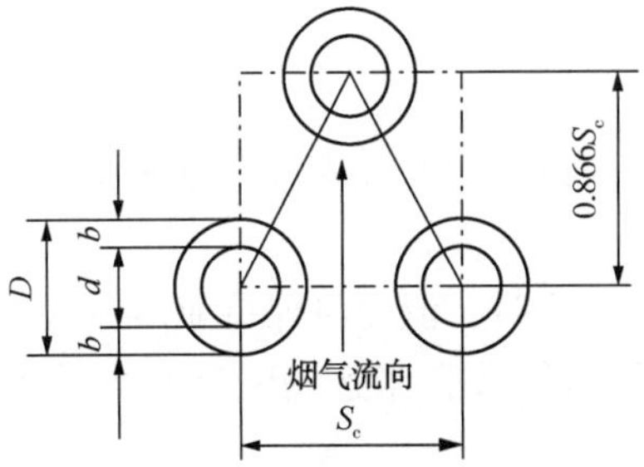

图5.3-14　环形翅片管排列图

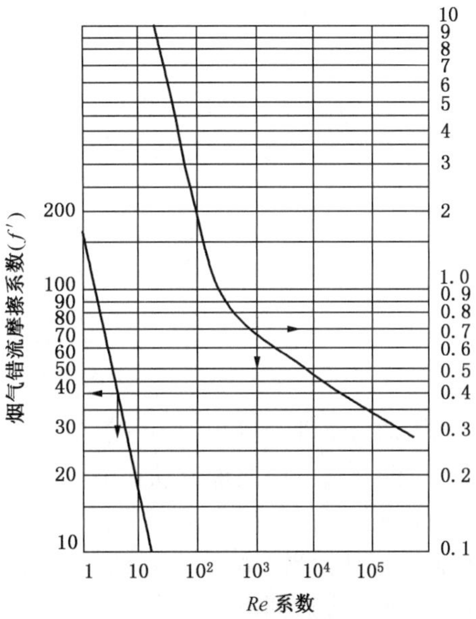

图5.3-15　烟气通过错列管排的摩擦系数

5）烟气下行产生的压降

在某些特殊情况下，烟气需要下行，此时烟气需要克服浮力才能流动，此种情况下的压降为：

$$\Delta p_g = h(\rho_a - \rho_g) \tag{5.3-70}$$

式中 Δp_g——烟气下行产生的压降，Pa；

ρ_g——烟气在计算高度 h 范围内平均温度下的密度，kg/m^3；

ρ_a——空气密度，kg/m^3；

h——烟气下行烟道的高度，m。

空气与烟气的分子量近似均取 29，压力近似均取一个大气压，则上式简化为：

$$\Delta p_g = 353.44hg(T_a^{-1} - T_g^{-1}) \tag{5.3-71}$$

式中 g——重力加速度；

T_a——空气温度，K；

T_g——烟气在计算高度 h 范围内的平均温度，K。

5. 流量分配器的设计

根据工艺需求，裂解炉辐射段内布置有多组炉管，由于布置原因以及加工偏差，物料在各组炉管的流动阻力不可避免地存在一定偏差，将影响各组炉管中流体流量分配的均匀性；特别是在裂解炉运行一段时间后，由于热裂解反应的不一致导致炉管结焦的不一致性，进而造成各组炉管管内流动阻力的差异加大，影响到各组炉管流量的偏差也将越来越大，实际反映在各组炉管裂解气出口温度将出现偏差，使得反应条件难以控制，造成裂解产品和裂解深度与设计值形成较大的偏差。

为了均衡各炉管裂解原料流量分配，在设计上，裂解原料由对流段进入辐射段炉管前，通常安装节流装置。节流装置的使用显然增加了整个流程中的系统阻力，但起到了流量均匀分配的作用，对辐射段管内压力（烃分压）没有产生影响。

常用的节流装置有文丘里管、猪尾管等。下面详细介绍目前裂解炉上使用较多的文丘里流量分配器。

如图 5.3-16 所示，文丘里管是一种变截面的流动管道元件，流体由管道入口 A 截面进入，经过管道收缩变化，到达最小截面 B，然后管道面积逐渐扩张，流体也由 B 截面流至出口截面 C。

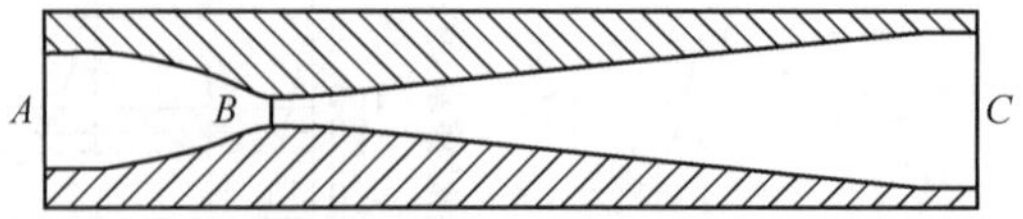

图 5.3-16 文丘里管示意图

由气体动力学理论可知，当气流流过文丘里管时，入口压力维持恒定，不断降低出口压力时，可能出现下述四种流动状态：

① 亚声速流动：当文丘里管前后压力比大于临界压力比时，流动将保持亚声速状态。

② 临界流动：当下游压力降到某一数值时，气体收缩等熵膨胀达到喉部临界压力比，此时喉部流速增大达到声速。

③ 超声速流动：进一步降低下游压力，不会改变上游压力与喉部压力之间的临界压力

比，但会使扩压管内的流速增大而成为超声速，扩压管内形成激波。

④ 激波波阵面下移：如果再降低下游压力，激波波阵面的位置会逐渐移向下游，直到扩压管内不再发生激波为止，这样，整个文丘里管内气体的流动一直被加速，在收缩管内为亚声速，喉部为声速，而扩压管内为超声速。

临界流动的特点是当喉部达到声速时，流量就不再受下游压力变化的影响。其原因在于微小的压力波动的传播是以声速进行的，当下游压力变化时，它借助气流为载体，以声速传播到上游喉部，但当喉部的气流是以声速向下游流动时，这样的压力变化就无法传到喉部。

对于裂解炉辐射段炉管，由于裂解炉实际操作的背压的限制，在扩张管出口不可能达到超声速。根据气体动力学理论可知，对于文丘里管的收缩-扩张流动，喉部尺寸决定了气体的流量，在达到临界条件时，将达到其最大流量。因此，在设计过程中，可以根据通过文丘里管的气体流量范围来确定喉管的直径。

根据气体动力学理论可以得到文丘里管的流量方程式：

$$q_{\mathrm{m}}=\frac{ACC^{*}p_0}{\sqrt{(R/M)T_0}}=ACC_{\mathrm{R}}\,(p_0\rho_0)^{0.5} \tag{5.3-72}$$

式中 q_{m}——质量流量，kg/s；

A——文丘里喉部截面积，m^2；

C——流出系数；

C^{*}——临界流函数(实际气体，一维等熵流)；

C_{R}——临界流系数，$C_{\mathrm{R}}=C^{*}Z_0^{0.5}$；

Z_0——文丘里管入口滞止条件下实际气体压缩系数；

p_0——文丘里管入口处绝对滞止压力，Pa；

ρ_0——文丘里管入口处气体滞止密度，kg/m^3；

T_0——文丘里管入口处滞止温度,℃；

M——气体分子量。

上式中的流出系数、临界流函数、流动状态与滞止状态的温度、压力、密度等可以通过气体的性质参数、流动参数等计算得到，因此，由上式可以对已知喉部管径的文丘里管进行气体流量的计算，同样，也可以通过迭代的方法用气体流量计算得到喉部的管径。详细的计算过程可以参考相关的设计手册。

五、对流段工艺设计的计算实例

对流段由于分为多个换热单元，因此在计算过程中需逐段迭代计算，一般先进行热量衡算。热量衡算收敛后，再进行压降收敛计算。一般情况下，物料从低温预热到高温的总体流向与烟气从高温到低温总体流向是逆向的。在计算过程中，可以从烟气进入对流段条件开始(此时物料从对流段出来进入辐射段)，计算到烟气出对流段为止。下面是对流段进行工艺计算的输入条件：

机械数据：对流段炉膛的尺寸，对流段盘管的结构参数(包括管径、壁厚、翅片规格、是否翅片管、有效长度等)，管间距、管路与管排配置等；

物料数据：进入对流段物料流量(包括原料、锅炉给水、稀释蒸汽等物料)和工艺条件

(温度、压力)及原料规格;

烟气数据：烟气流量、烟气组成、温度、压力；

计算数据：给定物料(分段计算需要)初值(温度、压力)；

传热数据：各段热损失、换热管热阻、热传导系数，TLE 热负荷等。

利用某程序计算对流段的计算框图见图 5.3-17。程序计算需各换热管排吸收的总热量与烟气传入的总热量达到平衡，计算结束判断标志为：跨越点烟气压力、物料压力和其他各段的压力与假设值之间的误差小于规定误差。

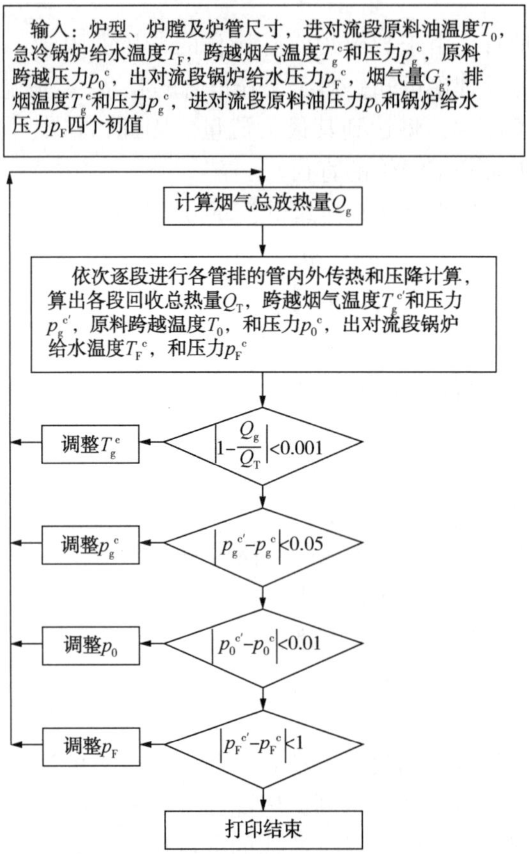

图 5.3-17　对流段工艺计算框图

利用此程序对几个不同规模的炉子计算结果列于表 5.3-7 中。为了观察程序的可靠性，表中还列出了实测值，二者相符良好。

表 5.3-7　对流段计算结果

项　目	115kt/a 乙烯装置		10kt/a 试验裂解炉		300kt/a 乙烯装置	
	实　测	计　算	实　测	计　算	实　测	计　算
烟气量/(kg/h)	32000	32000	14600	14600	66600	68620
跨越烟气温度/℃	974	974.38	1050	1053.65	1060	1060.92
跨越烟气压力/mmH_2O	-35	-33.52	-37	-39.46	-30	-32.44

续表

项目	115kt/a 乙烯装置		10kt/a 试验裂解炉		300kt/a 乙烯装置	
	实测	计算	实测	计算	实测	计算
原料油进对流段温度/℃	160	160	30	30	60	60
原料油进对流段压力/(kg/cm^2)	4.40	4.51	4.10	4.16	4.44	
每组管原料油流量/(kg/h)	3030	3030	2800	2800	3814.7	3814.7
BW 进对流段温度/℃	130	130	60	60	174	174
BW 进对流段压力/(kg/cm^2)	87	87.00	88	87.81	125.4	125.4
BW 流量/(kg/h)	11810	11810	10200	10200	17664.5	17664.5
物料跨越温度/℃	496	518.86	625	631.07	576	579.44
物料跨越压力/(kg/cm^2)	—	3.73	—	3.77	3.20	3.51
BW 出对流段温度/℃	300	299.32	212	211.26	326	326.43
BW 出对流段压力/(kg/cm^2)	86.70	86.70	83	83.26	125	125.33
BW 出对流段汽化率/%	—	2.8	—	3.77	5.3	4.24
排烟温度/℃	190	195.30	110	117.58	145	155.52
排烟压力/mmH_2O	-43	-50	-49	-46	—	-55
对流段总热负荷/($10^5kcal/h$)	7.55	7.50	4.21	4.18	19.52	19.15

第四节 裂解气急冷换热器的工艺设计

一、概述

裂解气急冷换热器是乙烯裂解装置中工艺性非常强的关键设备，又称为传输线换热器(transfer line exchanger，简称 TLE)或急冷锅炉，它担负着将裂解气迅速冷却以终止二次反应减少烯烃损失和回收裂解气的热量产生高位热能的双重任务。因此，它一方面要求在尽可能短的时间内将高温裂解气迅速冷却到终止二次反应的温度以下，避免目的烯烃损失和结焦；另一方面要求最大限度地回收裂解气的高位热能、降低能耗，提高乙烯裂解炉的开工率和经济性。

通常，裂解气急冷换热器采用间壁换热方式，即高温裂解气走管内，冷却介质走管外，使高温裂解气迅速冷却，同时产生高压蒸汽。

急冷换热器在运行过程中，最不受欢迎又不可避免的是换热管内结焦，结焦导致了急冷换热器的压力降和出口温度升高，运行周期缩短，高压蒸汽产量减少，到达一定程度后，必须进行烧焦或水力清焦。

目前世界上裂解气急冷换热器从工艺上讲主要有一级急冷技术和二级急冷技术。对于气体原料有时也采用三级急冷技术。广泛使用的是一级急冷技术，它具有压降低及布置简单的优点。从结构上讲，主要有线性急冷换热器、传统式急冷换热器(传统双套管型、Borsig 型、OLMI 型和管壳式急冷换热器等)、浴缸式急冷换热器和快速急冷换热器等。特别是线性急冷换热器具有易与炉管连接、绝热段停留时间小、操作周期长等优点而被广泛采用。通常二级急冷技术或三级急冷技术，只是将上述急冷换热器结构中的任何一种或两种型式进行二级或三级串联。目前第二急冷换热器应用最为广泛的是卧式或立式大换热面积管壳式急冷换热器。

二、裂解气急冷换热器的工艺特点

裂解气急冷换热器的工艺气是从裂解炉顶部或底部出来的高温裂解气，它具有高温和易结焦的特点。

急冷换热器的结焦可以归纳为两种形态：一种是高温裂解气在急冷换热器内因发生二次反应而析出的游离碳附着于壁面结焦，这样的焦垢发生于裂解气温度在600℃以上的区域，因此称之为“高温气相结焦”。另一种焦垢生成的形态是裂解气中的高沸点组分在低于其露点的壁面冷凝，冷凝的液膜与高温裂解气长时间接触而发生脱氢、聚合反应，附着于壁面上的这些聚合物逐步重质化，形成含氢量很低的焦垢。壁面上形成的焦垢，由于不断与含有大量水蒸气的高温裂解气接触，因而部分焦垢将因水煤气反应而气化。“高温气相结焦”与裂解气组成及停留时间有关。据文献报道，如能将高温裂解气在0.03s内冷却至550℃以下，则二次反应结焦可忽略不计，并推荐将冷却时间控制在0.015~0.03s之内作为防止裂解气急冷换热器“高温气相结焦”的对策。因此，只要适当控制高温裂解气的停留时间，就可以将“高温气相结焦”控制在较低的水平上。急冷换热器的结焦过程主要为高沸点组分的冷凝和冷凝物的脱氢、聚合，而相反的过程则是焦垢因水煤气反应而气化。由于管壁结焦，使管壁表面温度逐渐上升，急冷换热器出口温度也相应上升。随着管内壁温度的上升，裂解气中可冷凝于管壁上的高沸点组分也相应减少，因此，急冷换热器出口温度的增长速度也相应减缓。当管壁的结焦使管壁内表面温度上升至某一温度 T_{we}，在此温度下，裂解气中高沸点馏分冷凝结焦的量正好与焦垢气化量相平衡，此时，出口温度也趋于平衡，不再继续增长，这时的 T_{we} 为平衡温度，其值与裂解气露点温度相当。

平衡温度和裂解气露点温度是裂解气组成和压力的函数，随着裂解原料的重质化和裂解深度的提高，裂解气中燃料油含量增多，平衡温度和裂解气露点温度随之上升。

急冷换热器的结焦与裂解原料、裂解深度和运行时间密切相关。虽然急冷换热器的结焦不可避免，但是只要对急冷换热器进行合理的设计，就可以缩短裂解气在高温段的停留时间，减缓急冷换热器结焦，延长其运转周期。图5.4-1为裂解大庆石脑油时关联的急冷换热器出口温度与运行天数之间的关系。

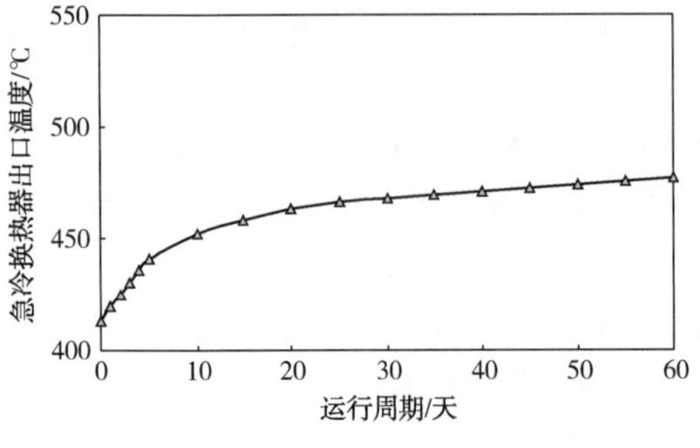

图5.4-1　急冷换热器出口温度与运转天数的关系

高温裂解气的急冷可以采用二种方式，即一级急冷和二级急冷。选择急冷工艺与炉管构型、裂解原料性质、对裂解选择性的要求、单组炉管的处理量、运转周期、投资等因素有关。一般来讲，对于优质裂解原料，采用小容量高选择性炉管时，可采用一级急冷或二级急冷换热器，而对于重质裂解原料或大容量炉管应采用一级急冷换热器。为了方便，以石脑油原料为基础，在急冷换热器出口条件一致的情况下，对各种不同型式的裂解气急冷换热器进行了比较。裂解气急冷换热器的性能比较见表 5.4-1，裂解气急冷换热器冷却过程比较见图 5.4-2，急冷换热器换热管内壁温度分布比较见图 5.4-3。

表 5.4-1　几种不同型式急冷换热器性能比较

急冷换热器型式	快速急冷	浴缸式	传统式	二级急冷换热器	线性急冷换热器
绝热段停留时间	小	较小	基准	很小	很小
二次反应	少	较少	多	很少	很少
乙烯收率	增加较多	增加较少	基准	增加较多	增加较多
丙烯收率	增加较多	增加较少	基准	增加较多	增加较多
裂解气入口流量分配	需特殊结构	较均匀	不均匀	第一急冷换热器 无流量分配问题	无流量分配问题
清焦	几个周期以后需水力清焦			第一急冷换热器 无须停炉进行水力清焦	裂解轻质原料时 无须水力清焦
开工率	低			高	高
压力降	较高	稍高	基准	高	略高

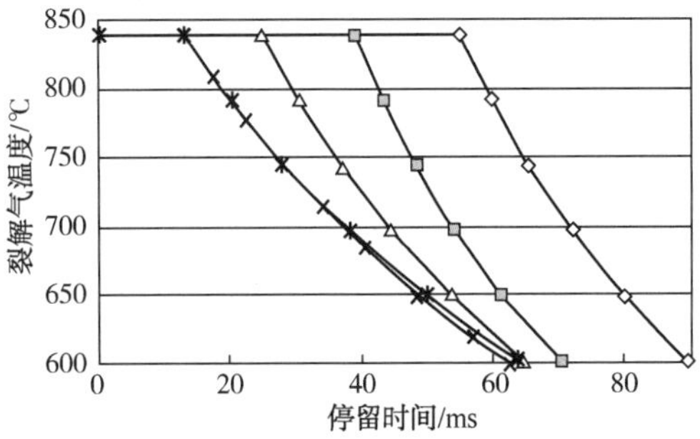

图 5.4-2　急冷换热器冷却过程比较

—◆—传统双套管；—■—浴缸双套管；
—△—快速急冷；—×—一废+二废；
—▣—线性急冷

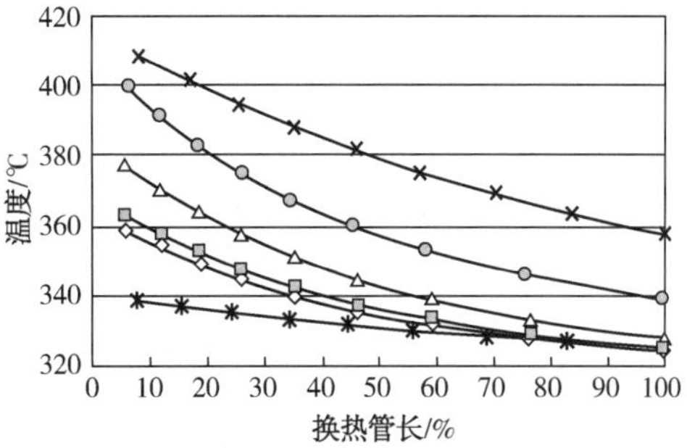

图 5.4-3　急冷换热器换热管内壁温度分布

—◆—传统双套管；—■—浴缸双套管；
—△—快速急冷；—×—一废；
—✳—二废；—▣—线性急冷

从表 5.4-1 和图 5.4-2 中可以看出，二级急冷换热器和线性急冷换热器在绝热段的停留时间最短，快速急冷换热器、二级急冷换热器和线性急冷换热器能够较快地将裂解气冷却到 600℃以下。由此可见，快速急冷换热器、二级急冷换热器和线性急冷换热器能够迅速终止二次反应，高温气相结焦较少。

从图 5.4-3 可以看出，第一急冷换热器(一废)和线性急冷换热器换热管管壁温度较高，使总的冷凝结焦趋势大大减缓，且在较高的管壁温度下，生成的焦较为疏松，易在炉管烧焦时一并除去。快速急冷换热器、浴缸式急冷换热器和传统式急冷换热器管壁温度低，高温气相结焦和冷凝结焦倾向大，且焦层致密，炉管烧焦时无法将急冷换热器的焦层烧干净，几个周期以后仍需水力清焦。

三、裂解气急冷换热器的工艺计算

根据裂解气流量、急冷换热器入出口温度以及裂解气的物性，根据式(5.4-1)可以得到急冷换热器的热负荷，相应地可以计算出急冷换热器的蒸汽产量。

$$Q=mc_p\Delta t \tag{5.4-1}$$

式中 Q——急冷换热器的热负荷，W；
m——裂解气流量，kg/h；
c_p——裂解气比热容，kJ/(kg·℃)；
Δt——急冷换热器裂解气入出口温差，$\Delta t=t_i-t_o$；
t_i——急冷换热器裂解气入口温度，℃；
t_o——急冷换热器裂解气出口温度，℃。

考虑到散热损失，急冷换热器的净热负荷按式(5.4-2)计算。

$$Q_{net}=(1-\eta)Q \tag{5.4-2}$$

式中 Q_{net}——急冷换热器的净热负荷，W；
η——散热损失率，通常取1%~2%。

急冷换热器的蒸汽产量按式(5.4-3)计算。

$$D=\frac{Q_{net}}{r} \tag{5.4-3}$$

式中 D——急冷换热器的蒸汽产量，kg/h；
r——饱和温度 t_s 下锅炉给水的汽化潜热，kJ/kg。

急冷换热器的总传热系数 K 按式(5.4-4)计算。

$$K=\frac{1}{\frac{1}{\alpha_i}\frac{d_o}{d_c}+\frac{d_o}{2\lambda_w}\ln\frac{d_o}{d_i}+\frac{d_o}{2\lambda_c}\ln\frac{d_i}{d_c}+\frac{1}{\alpha_o}+\frac{1}{R_o}+\frac{1}{R_i}} \tag{5.4-4}$$

式中 K——总传热系数，W/(m²·℃)；
α_i——换热管内裂解气的给热系数，W/(m²·℃)；
α_o——换热管外高压水的沸腾给热系数，W/(m²·℃)；
d_o——换热管外径，m；
d_i——换热管内径，m；
d_c——焦层内径，m，$d_c=d_i-2\delta_c$；
δ_c——焦层厚度，是裂解原料、裂解深度、质量流速、表面温度、换热管直径、运行时间等的函数；
λ_w——换热管管壁的导热系数，W/(m·℃)；
λ_c——焦层的导热系数，W/(m·℃)；
R_o——换热管外侧污垢热阻，W/(m²·℃)；
R_i——换热管内侧污垢热阻，W/(m²·℃)。

换热管内裂解气的给热系数 α_i 按式(5.4-5)计算：

$$\alpha_i=0.023\frac{\lambda_g}{d_i}Re^{0.8}Pr^{1/3}\left(\frac{\mu_g}{\mu_w}\right)^{0.14} \tag{5.4-5}$$

式中 λ_g——裂解气的平均导热系数，W/(m·℃)；

Re——雷诺数，$Re=\dfrac{\rho w d_i}{\mu_g}$；

ρ——裂解气密度，kg/m³；

w——管内平均流速，m/s；

μ_g——裂解气在管内平均温度下的黏度，kg/(m·s)；

Pr——普朗特数，$Pr=\dfrac{c_p\mu_g}{\lambda_g}$；

c_p——裂解气比热容，kJ/(kg·℃)；

μ_w——裂解气在壁温下的黏度，kg/(m·s)。

换热管外高压水的沸腾给热系数 α_o 按式(5.4-6)进行计算，它与平均热流密度和沸腾绝对压力有关。

$$\alpha_o=2.462q^{0.7}p_s^{0.15} \tag{5.4-6}$$

式中 q——平均热流密度，W/m²；

p_s——锅炉给水的绝对压力，MPa。

裂解气急冷换热器的换热面积 F 按式(5.4-7)计算。

$$F=\frac{Q}{K\cdot\Delta t_m} \tag{5.4-7}$$

式中 F——换热面积，m²；

Δt_m——对数平均温差,℃。

对数平均温差按式(5.4-8)计算：

$$\Delta t_m=\frac{(t_i-t_s)-(t_o-t_s)}{\ln\dfrac{(t_i-t_s)}{(t_o-t_s)}} \tag{5.4-8}$$

式中 t_s——高压水的饱和温度,℃。

急冷换热器压力降 Δp 按式(5.4-9)计算：

$$\Delta p=f\frac{l}{d_c}\rho\frac{w^2}{2g} \tag{5.4-9}$$

式中 Δp——急冷换热器压力降，kPa；

f——阻力系数；

l——换热管长度，m；

g——重力加速度，取9.81m/s²。

由于急冷换热器进出口裂解气温度变化范围较大，温度变化对流体物性的影响比较显著，如果将裂解气的物性作为常数处理会导致明显误差。对于这种情况最好的方法是逐段计算，即将急冷换热器分成许多微段，每一微段上传热系数分别计算并视为常数。具体计算时，可以将传热面沿换热管长度分段，也可以将流体进出口温度的变化范围分段，分段的数量依据传热系数随流体温度的变化程度而定。根据热量平衡，管段 dL 内的裂解气进出口温度 t_i 和 t_o 与热负荷 Q 的关系可表示为式(5.4-10)。

$$dQ = m dH_i = K\pi d_o \frac{(t_i - t_s) - (t_o - t_s)}{\ln \dfrac{(t_i - t_s)}{(t_o - t_s)}} dL \tag{5.4-10}$$

式中 H_i——裂解气焓值，kJ/kg。

采用分段计算的方法可以计算出急冷换热器沿管长的物料温度、热流密度、换热管内壁温度的分布曲线。

第五节 供热系统的设计

一、概述

燃烧器是裂解炉的一个重要组成部分。裂解炉所需的热量通过燃料在燃烧器中燃烧获得。燃烧器的型式、性能和配置都影响裂解炉的工艺性能。燃烧器的优劣直接关系到裂解炉能否长周期安全稳定运转。随着裂解炉的大型化及对环保的日益重视，对燃烧器提出了更高的要求，如火焰长度、火焰形状、炉内热通量分布、NO_x 排放等。而燃烧器的设计和运行维护是关键，设计又是重中之重。

以下为裂解炉燃烧器的主要设计原则：

① 燃烧器与燃料特点相适应。根据给定的燃料性质，以及燃料的操作参数，在规定的热负荷条件下保证燃料的完全燃烧。

② 满足裂解炉的工艺要求。燃烧器能力满足裂解炉热负荷要求，具有一定的调节比，燃烧过程稳定，火焰不舔炉管、不翻卷、不交叉，炉膛热量分布均匀，确保炉管不致局部过热。

③ 燃烧器与炉型相匹配。不同的炉型要求不同的燃烧器与之匹配，燃烧火焰的方向、外形、刚性和铺展性符合炉型要求。

④ 燃烧器的合理布置。裂解炉辐射段的受热均匀性与燃烧器的布置密切相关。为了改善炉内温度分布，随炉型的不同，燃烧器也有不同的配置方式。大多数裂解炉采用了侧壁燃烧器和底部燃烧器联合供热的方式，这种配置方式可获得较均匀的炉管轴向温度分布。

⑤ 节能环保要求。燃烧器应满足节约能源的要求，在尽可能少的过剩空气量下达到完全燃烧，即实现低氧燃烧。燃烧器燃烧产生的 NO_x 是污染物，为了满足环境保护方面的要求，需要采用低 NO_x 燃烧技术及使用低 NO_x 燃烧器。

二、燃料

裂解炉中使用的燃料主要是气体燃料，亦称燃料气。常用的燃料气为乙烯装置自产的甲烷尾气，补充燃料有天然气及石油化工装置的副产燃料气。

1. 燃料气的优点

燃料气具有以下优点：

① 燃烧方法简单，易于控制。

② 燃烧热强度大，容积热负荷高，可实现无焰燃烧。

③ 燃烧效率高，一般能在较少的过剩空气下充分燃烧。

④ 硫含量低或无硫，燃烧完全，有利于环境保护和污染物脱除。

⑤ 烟道气的热量高效回收。

⑥ 容易进行均匀加热或集中加热，燃料系统配置较为简单，便于调节控制以获得预期的炉内温度分布。

2. 燃料气的性质

燃料气中的主要成分是 H_2 和 $C_1 \sim C_2$ 的烃类气体。其组成一般用体积分数表示。燃料气性质可按各组分的体积分数和各组分的性质计算得到。燃料气中各单一气体的性质见表 5.5-1。

表 5.5-1　单一气体的性质

名称	分子式	分子量	密度/(kg/m^3)	绝热指数(K)	低热值/(MJ/m^3)	理论空气量/(m^3/m^3)	烟气量/(m^3/m^3)	最大火焰传播速度时可燃气体的含量/%	最大火焰传播速度①/(m/s)	理论燃烧温度②/℃
一氧化碳	CO	28.01	1.250	1.40	12.64	2.38	2.88	45.0	1.25	2370
氢气	H_2	2.02	0.090	1.407	10.74	2.38	2.88	38.5	4.83	2230
甲烷	CH_4	16.04	0.716	1.308	35.71	9.52	10.52	9.8	0.67	2030
乙烷	C_2H_6	30.07	1.342	1.193	63.58	16.66	18.16	6.5	0.85	2097
乙烯	C_2H_4	28.05	1.252	1.243	59.06	14.28	15.28	7.1	1.42	2284
乙炔	C_2H_2	26.03	1.162	1.238	56.45	11.9	12.4			2632
丙烷	C_3H_8	44.09	1.968	1.133	91.03	23.8	25.8	4.6	0.82	2110
丙烯	C_3H_6	42.08	1.879	1.1538	86.02	21.42	22.92			2224
丁烷	C_4H_{10}	58.12	2.595	1.094	118.41	30.94	33.44	3.6	0.82	2118
丁烯	C_4H_8	56.10	2.504	1.1051	113.52	28.56	30.56			2203
戊烷	C_5H_{12}	72.15	3.221	1.1074	145.78	38.08	41.08			2119
戊烯	C_5H_{10}	70.13	3.131	1.0801	138.37	35.7	38.2			2189

① 最大火焰传播速度是在直径 25.4mm 管内测定的。

② 理论燃烧温度未考虑空气中水分的影响。

3. 燃料气的燃烧计算

(1) 单一气体的燃烧计算

单一气体在空气中完全燃烧时燃烧反应方程式及各种量的关系见表 5.5-2。

表 5.5-2　单一气体的燃烧计算表

燃料		燃烧反应方程式	完全燃烧需要量/(m^3/m^3)			燃烧生成气组成及湿、干气量/(m^3/m^3)				
名称	分子式		O_2	N_2	空气	CO_2	H_2O	SO_2	湿气量	干气量
氢气	H_2	$2H_2+O_2 = 2H_2O$	0.5	1.88	2.38	—	1	—	2.88	1.88
一氧化碳	CO	$2CO+O_2 = 2CO_2$	0.5	1.88	2.38	1	—	—	—	2.88
甲烷	CH_4	$CH_4+2O_2 = CO_2+2H_2O$	2	7.52	9.52	1	2	—	10.52	8.52

续表

燃料		燃烧反应方程式	完全燃烧需要量/(m^3/m^3)			燃烧生成气组成及湿、干气量/(m^3/m^3)				
名称	分子式		O_2	N_2	空气	CO_2	H_2O	SO_2	湿气量	干气量
乙烯	C_2H_4	$C_2H_4+3O_2 = 2CO_2+2H_2O$	3	11.28	14.28	2	2	—	15.28	13.28
乙炔	C_2H_2	$2C_2H_2+5O_2 = 4CO_2+2H_2O$	2.5	9.4	11.9	2	1	—	12.4	11.4
一般碳氢化合物	C_xH_y	$C_xH_y+(x+y/4)O_2 = xCO_2+y/2H_2O$	$x+y/4$	$3.76(x+y/4)$	$4.76(x+y/4)$	x	$y/2$	—	$4.76x+1.44y$	$4.76x+0.94y$

(2) 燃烧所需的氧气量和空气量

燃料气在燃烧时，需要一定量的氧气助燃。不考虑 CO_2 和其他惰性气体的存在时，氧气所占空气体积为21%，则空气与氧气的体积比为：1/0.21=4.76。

理论氧量(m^3/m^3)：

$$V_{O_2}^0 = 0.5V_{H_2} + 0.5V_{CO} + 1.5V_{H_2S} + 2V_{CH_4} + \sum (x + y/4)V_{C_xH_y} - V_{O_2} \tag{5.5-1}$$

理论空气量(m^3/m^3)：

$$A_0 = 4.76V_{O_2}^0 \tag{5.5-2}$$

为保证燃烧完全，一般实际空气量(A)总是大于理论空气量(A_0)，二者的比值称为空气过剩系数，用 α 表示。

$$\alpha = \frac{A}{A_0} \tag{5.5-3}$$

(3) 燃烧产生的烟气量

理论干烟气量(m^3/m^3)为燃料中各组分燃烧生成的二氧化碳量及燃料、空气中的氮气之和。

$$V_{do} = V_{CO} + V_{CH_4} + V_{H_2S} + V_{CO_2} + \sum xV_{C_xH_y} + (1 - 0.21)A_0 + V_{N_2} \tag{5.5-4}$$

燃烧所产生的水蒸气量(m^3/m^3)：

$$V_w = V_{H_2} + 2V_{CH_4} + V_{H_2S} + \sum (y/2)V_{C_xH_y} + V_{H_2O} \tag{5.5-5}$$

实际烟气量(m^3/m^3)：

$$V = V_{do} + (\alpha - 1)A_0 + V_w \tag{5.5-6}$$

式中 V_{H_2}、V_{H_2O}、V_{N_2}、V_{CO}、V_{CO_2}、V_{H_2S}、V_{CH_4}、$V_{C_xH_y}$——各种气体在燃料中的体积分数,%；

x——碳氢化合物中碳原子数；

y——碳氢化合物中氢原子数。

(4) 燃烧计算实例

甲烷(95%)+氢(5%)在10%过剩空气下($\alpha=1.1$)完全燃烧时烟气的组分：

理论空气量：$A_0=4.76[2V_{CH_4}+0.5V_{H_2}]=9.163$($m^3/m^3$)

实际空气量：$A=\alpha A_0=10.079$(m^3/m^3)

烟气中水蒸气量：$V_w=V_{H_2}+2V_{CH_4}=1.950$($m^3/m^3$)

烟气中二氧化碳量：$V_{CO_2}=V_{CH_4}=0.950$(m^3/m^3)

烟气中氮气量：$V_{N_2}=0.79A=7.962$(m^3/m^3)

烟气中氧气量：$V_{O_2}=0.21(\alpha-1)A_0=0.192$($m^3/m^3$)

烟气总量：$V=11.054(m^3/m^3)$

水蒸气含量：$\frac{V_w}{V}\times100\%=17.641\%$

二氧化碳含量(干基)：$\frac{V_{CO_2}}{V-V_w}\times100\%=10.435\%$

氮气含量(干基)：$\frac{V_{N_2}}{V-V_w}\times100\%=87.456\%$

氧气含量(干基)：$\frac{V_{O_2}}{V-V_w}\times100\%=2.109\%$

(5) 过剩空气系数的验算

在保证燃料完全燃烧的同时，为了控制炉内温度，通过分析烟气成分，验算过剩空气系数，使之不超过设计指标。

$$\alpha=\frac{21}{21-79\times\frac{V_{O_2}-0.5V_{CO}-0.5V_{H_2}-2V_{CH_4}}{100-(V_{CO_2}+V_{SO_2}+V_{O_2}+V_{CO}+V_{H_2}+V_{CH_4})}} \tag{5.5-7}$$

式中　V_{O_2}、V_{CO}、V_{H_2}、V_{CH_4}、V_{CO_2}、V_{SO_2}——干烟气中 O_2、CO、H_2、CH_4、CO_2、SO_2 组分的体积分数,%。

4. 火焰传播速度

完全均相的可燃混合物着火后在着火处形成了燃烧焰面。焰面之后是高温的燃烧产物，之前是尚未燃烧的可燃混合物。由于可燃混合物的热传导和所产生的温度差，热量便开始向前传播，邻近未燃气层的温度升高，达到着火温度后就形成了新的燃烧焰面。这种焰面不断向未燃气体方向传播的现象叫作火焰的传播过程，垂直于燃烧焰面的传播速度在一定条件下可用实验方法测得。这个速度称为法向火焰传播速度或火焰传播的基本速度。

火焰传播速度与可燃气体的物理化学性质、预热温度、浓度、压力和燃烧火孔直径以及可燃气体中惰性气体含量等有关。

5. 脱火

燃料与空气的混合物在燃烧焰面法线方向的速度分量大于该混合物的火焰传播速度，火焰被推出火孔，开始离焰，直到火焰被吹跑造成火焰熄灭，即脱火。脱火与燃料气性质、一次空气系数、燃料气离开火孔的速度等因素有关。

裂解炉用燃料气或燃料气与空气的混合物离开火孔的速度一般都较高，都超过其火焰传播速度。但燃烧器在结构上都有相应的措施保证不会发生脱火现象，使火焰稳定地燃烧。这些措施是在混合燃料气出口设有炽热的烧嘴砖或设有回流装置使炉内高温烟气的一部分在混合燃料气出火孔处造成回流区。所以，尽管混合燃料气喷口速度较高，仍能保证火焰稳定地燃烧，不发生脱火现象。

6. 回火

燃料气与空气的混合物在燃烧焰面法线方向的速度分量小于该混合物的火焰传播速度，则火焰会发生反向传播，也就是说火焰缩入火孔的内部，这就是回火现象。回火会引起爆鸣声和噪声。

回火现象与下列因素有关：燃料气性质，一次空气系数，燃料气与空气混合物通过火孔的流速，火孔直径，燃烧器头部被加热的温度和燃料气与空气混合物被预热的温度，燃烧孔的材料导热性等。由表 5.5-1 可知氢气的最大火焰传播速度较高，因而氢含量较高的燃料气容易引起回火。

防止回火可采取多种措施：在燃烧器最低负荷时保证火孔速度大于火焰传播速度；使混合燃料气出火孔时速度场分布均匀；冷却燃烧器头部，降低火焰传播速度等。

脱火和回火现象都将破坏火焰的稳定燃烧，在设计和操作时都应避免。

7. 燃料气的燃烧方式

燃料气的燃烧方式根据其在燃烧前与空气的混合情况可分为三种类型，即扩散燃烧、预混燃烧和半预混燃烧。燃料气与空气的混合方式不同，燃烧状态也不同。

(1) 扩散燃烧

燃料气未与空气预先混合而进行的燃烧为扩散燃烧。燃料气直接通入炉膛中与助燃空气边混合边燃烧，便是典型的扩散燃烧。

扩散燃烧火焰稳定性好，不会发生回火现象，脱火的可能性也很小。只有当气流的初速度超过某一极限值，周围的空气又供应不足或分子扩散的空气量过多、燃料气被空气冲淡时才可能发生脱火。

扩散燃烧的优点是可在较大范围内改变燃料气出火孔速度，使负荷变化范围大。但扩散燃烧火焰较长，容积热负荷较小，需要过剩空气量较大，容易造成燃烧不完全。

(2) 半预混燃烧、预混燃烧

燃料气在燃烧前就部分地或全部地与空气均匀地混合好，这种燃烧方式为半预混燃烧或预混燃烧。

观察燃料气从扩散燃烧逐步地改变成半预混燃烧的变化过程可以更加清楚地了解半预混燃烧、预混燃烧的特点。

扩散燃烧时，火焰的形状是长火炬形，火焰内部是燃料气，外部是助燃空气，燃料气与空气的混合依靠扩散方式进行。当开始预混空气后，火焰的形状开始发生变化。当一次空气系数 $\alpha<1$ 时，火焰由两个锥体组成。内锥体燃料气与空气是预混的，为动力燃烧，外锥体则是燃料气与空气的扩散燃烧。

随着一次空气系数 α 的增大，火焰逐渐变短。当燃料气与空气在燃烧前已全部混合均匀时，如果火焰出口处有高温火源，就形成无焰燃烧。

三、燃烧器介绍

1. 型式及特点

燃烧器按燃料不同可分为燃料油燃烧器、燃料气燃烧器和油-气联合燃烧器。裂解炉主要使用燃料气燃料。燃烧器的分类方法很多，各种分类方法都反映出燃烧器的主要特点。

① 按燃烧方式分为扩散式、半预混式和预混式燃烧器。

② 按火焰形状分为有焰(长火焰、扁平火焰、短火焰)、无焰燃烧器。

③ 按助燃空气的供给方式分为自然供风(自吸式)、强制供风燃烧器。

④ 按燃料气压力分为低压、高压燃烧器。

⑤ 按安装位置分为侧壁燃烧器、底部燃烧器和顶部燃烧器。

最常用的分类方法是按燃料的燃烧方式分类。

(1) 扩散式燃烧器

气体燃料未与空气预先混合而进行的燃烧为扩散燃烧。扩散式燃烧器是按扩散燃烧的原理设计的。燃料由气体喷头喷到炉膛中，助燃空气在炉膛中与燃料混合并燃烧。

扩散式燃烧器特点是燃烧稳定，不存在回火问题，运行可靠，结构简单，并可利用低压燃料气，但火焰较长，需要较大的燃烧空间。扩散式燃烧器为了能使燃料与空气混合较好，一般都是将燃料分成多股细流，使其与空气接触面增大，或者是空气与燃料气之间有一定的交角或呈旋流状态，增大相互间的扰动，从而使燃料气与空气更好地混合。图 5.5-1 为一种安装于裂解炉底部的扩散式燃烧器简图。

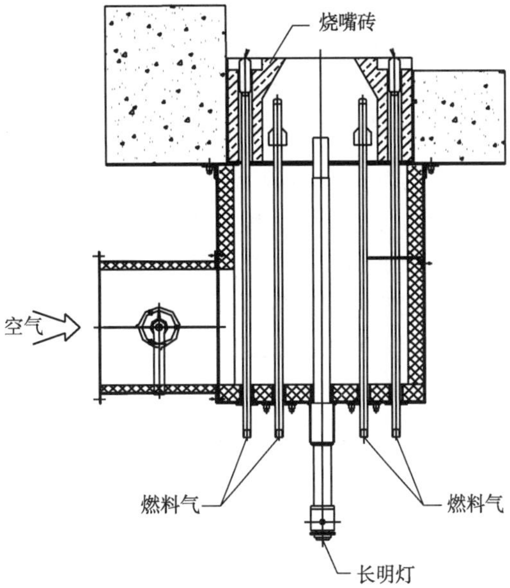

图 5.5-1 扩散式燃烧器

(2) 半预混式燃烧器

半预混燃烧是燃料气在燃烧前已预先与部分空气混合，一次空气系数 $\alpha<1$，在燃烧的过程中气体燃料还将在炉膛中以扩散的方式进行混合燃烧。实现这种燃烧方式的燃烧器称为半预混式燃烧器。

气体燃料与空气的混合方式较多。通常采用的方法是用引射器进行混合，用从喷嘴中喷出的高速燃料气引射空气，在引射器的混合段燃料气与空气进行混合，使浓度场、温度场、速度场趋于一致。半预混燃烧速度较快，与扩散燃烧相比较，火焰相对短些。半预混式燃烧器的火焰形状及长度可以根据需要设计成不同的形式，火焰可以长，也可以短，也可以形成与炉墙平行的侧壁燃烧的火焰。改变燃烧器喷头的形状或混合燃料气出火孔速度就可实现需要的火焰形状。图 5.5-2 为一种安装于裂解炉侧壁的半预混式燃烧器简图。

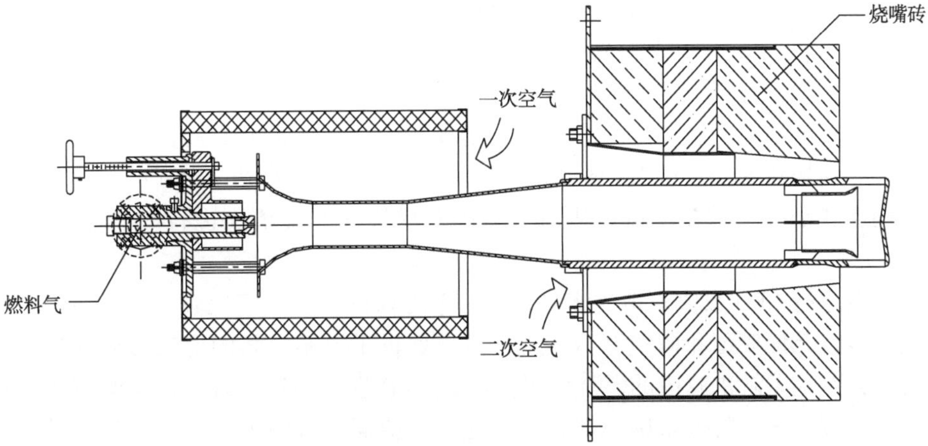

图 5.5-2 半预混式燃烧器

(3) 预混式燃烧器

燃料气和空气预先混合均匀后再燃烧的燃烧器称为预混式燃烧器。其燃烧火焰非常稳定且紧凑。燃料和空气混合物离开喷头处的速度必须大于火焰的传播速度，否则火焰会返回文丘里管发生回火。预混式燃烧器的燃料/空气混合情况比扩散式燃烧器好，它可在较低的过剩空气系数下操作。其特点是燃烧速度快，燃烧剧烈。

2. 燃烧器设计

考虑到裂解炉的燃料来源、工艺要求和炉型特点，燃烧器的主要设计原则为：

① 燃烧器与燃料特点相适应，即需要考虑燃料的来源、性能及操作参数，并在规定的热负荷条件下保证燃料完全燃烧。②满足裂解炉的工艺要求，燃烧器能力满足裂解炉热负荷要求，具有一定的调节比，燃烧过程稳定，炉膛热分布均匀，确保炉管不致局部过热。③燃烧器的合理布置、燃烧火焰的方向、外形、刚性和铺展性符合裂解炉炉型要求。底部和侧壁联合供热方式可获得较均匀的炉管轴向温度分布。④燃烧器应满足节约能源的要求，在尽可能少的过剩空气量下达到完全燃烧，即实现低氧燃烧，为了满足环保方面的要求，需要采用低 NO_x 燃烧技术。⑤在满足供热均匀和低 NO_x 排放的同时尽可能地减少燃烧器数目，进而降低建设和维护费用。

燃烧器设计采用理论分析、模拟计算、试验研究和热性能测试相结合的技术路线。通过 CFD 软件对裂解炉用燃烧器进行燃烧模拟和结构研究，获得不同结构燃烧器的燃烧情况和热通量分布情况，并采用热态试验加以验证。

燃烧器的火焰形状及火焰长度、大小都受制于裂解炉膛的空间尺寸，火焰的形状和长度对裂解炉的温度分布、运转周期以及炉管和炉墙的安全至关重要。裂解炉炉管一般是单排、错排或双排布置，管排两侧为辐射墙，为了有利于管排传热和安全，裂解炉用燃烧器布置在辐射炉炉管两侧，通常要求底部燃烧器提供扁平扇形的火焰。

火焰长度的调整一般是在燃料种类、燃料量以及过剩空气系数不变的前提下进行的。根据已有经验，可以通过以下方法进行火焰尺寸的调整：①喷嘴方面：对于燃气燃烧器，多孔喷头喷射燃料比单孔喷头喷射燃料形成的火焰短；喷嘴喷孔与垂直方向的夹角越小，火焰越长；燃料分级后与助燃空气混合燃烧形成的火焰较长。②配风方面：助燃空气直流时比旋流时形成的火焰长；过剩空气系数越小，火焰越长；采用扩散式燃烧有助于增加火焰长度；助燃空气分级后与燃料混合燃烧所形成的火焰较长；助燃空气和燃料都分级燃烧所形成的火焰更长，分级燃烧应特别注意空气和燃料的混合问题，混合不好会影响火焰刚性，造成火焰发飘，甚至“舔”炉管。

燃烧器在裂解炉内的燃烧是一个复杂的物理化学过程，影响它的因素很多，如燃烧器的结构型式、燃烧器的安装位置、炉膛的几何尺寸、燃料的组成、燃料的流量等，其中燃烧器的结构型式是一个重要的影响因素，因此对燃烧器燃烧情况进行 CFD 数值模拟至关重要。

对燃烧器进行 CFD 数值模拟的优势在于：①可以进行多方案比较。设计方案之间的区别可以通过修改几何模型和调整网格实现，这就保证了方案之间的比较可以快速高效地进行。②可以详细地了解炉膛内的燃烧情况。通过 CFD 软件的后处理功能，炉膛内的火焰形状、流场、温度和压力的分布场等都可通过建立等值面、云图等手段直观地表达。③经济性。对燃烧器的 CFD 数值模拟完全在计算机上进行，相比于传统的试验方法可以大大降低研发费用。

通过 CFD 模拟多方案比较，得到燃烧器最佳结构型式，以获取良好的炉内温度场分布及热通量曲线，满足裂解炉工艺要求。

燃烧器的设计不仅要满足裂解炉的工艺要求，还要满足日益苛刻的环保要求。对于裂解炉而言，燃烧完全的情况下，主要是控制 NO_x 的排放。NO_x 是对环境有危害的物质，通常认为 NO_x 的排放与臭氧的减少及其他环境问题有关。在其他条件相同时，NO_x 的生成量随着燃烧温度的升高而增大。

根据燃料和燃烧条件不同，在燃烧过程中生成的 NO_x 主要可分为三种，即热力型 NO_x、燃料型 NO_x 和快速型 NO_x。气体燃料燃烧主要生成热力型 NO_x 和快速型 NO_x，它们都是空气中的氮在高温下与氧化合而成，但快速型 NO_x 产生在火焰面内，是富碳氢类燃料在过剩空气系数小于 1 时燃烧特有的现象。为了降低 NO_x 排放，通常改进燃料和空气的进入方式，以延迟混合、降低 O_2 的有效性和火焰峰值温度。

低 NO_x 燃烧技术主要有三种。第一种是空气分级，使助燃空气分流以建立贫氧的第一燃烧区，从而减少 NO_x 的形成，在第二燃烧区将剩余部分的空气引入，从而完成整个燃烧过程。第二种是燃料分级，助燃空气一次全部引入第一燃烧区，但在第一燃烧区只有部分燃料被燃烧，剩余的燃料被引入到第二燃烧区，利用第一燃烧区过剩的氧进行燃烧。在这种燃烧器中，第一燃烧区过剩的空气稀释了燃料，燃烧温度较低，从而减少 NO_x 的形成。第三种是烟气再循环，利用助燃空气或燃料气流产生的低压区，使烟气再循环到燃烧区域中，惰性烟气冷却火焰，降低氧分压，从而减少 NO_x 的形成。此外还有通过物理方法降低燃烧火焰温度，进而降低 NO_x 的生成。

选择低 NO_x 燃烧技术时还应考虑燃烧器的火焰形状、火焰直径、热通量分布以及日常维护等诸多因素的要求。最终要求燃烧器的结构不很复杂，并且在宽泛的操作范围内提供稳定的性能。

热态试验可以验证燃烧器工艺和环保方面的性能，了解燃烧器的火焰特征、燃烧性能和调节比，测量 NO_x、CO、噪音等污染物的排放数据，获取燃烧器工艺性能曲线，并验证 CFD 模拟所设参数的正确性。热态试验装置燃烧炉膛的高度及燃烧器的布置与实际装置完全相同。

3. 技术进展

随着对环境保护的日益重视，NO_x 含量的高低成为衡量燃烧器燃烧性能的重要指标之一，世界各大乙烯公司都十分关注裂解炉 NO_x 的排放量，燃烧器专利商也相继开发了各种类型的低 NO_x 燃烧器。

美国 John Zink 公司开发了一种柱状火焰低 NO_x 燃烧器。该燃烧器包含一个带有内部平台且内外表面有一定斜度的环形烧嘴砖，烧嘴砖伸入炉膛并在其内部形成混合区。烧嘴砖上至少有一个通道通入混合区，一部分燃料气通过一级喷头喷入这一通道，与同时被吸入的炉膛烟气一起进入混合区，燃料气和烟气的混合物在混合区呈旋流状，并与全部的助燃空气混合后，在炉膛内的一次反应区进行贫燃料燃烧，生成低 NO_x 的烟气。剩余部分的燃料气通过二级喷头喷入混合区以外的炉膛，借此和烟气、炉膛中剩余的空气混合并且在二次燃烧区内燃烧，也生成低 NO_x 的烟气。图 5.5-3 为一种柱状火焰低 NO_x 燃烧器结构简图。

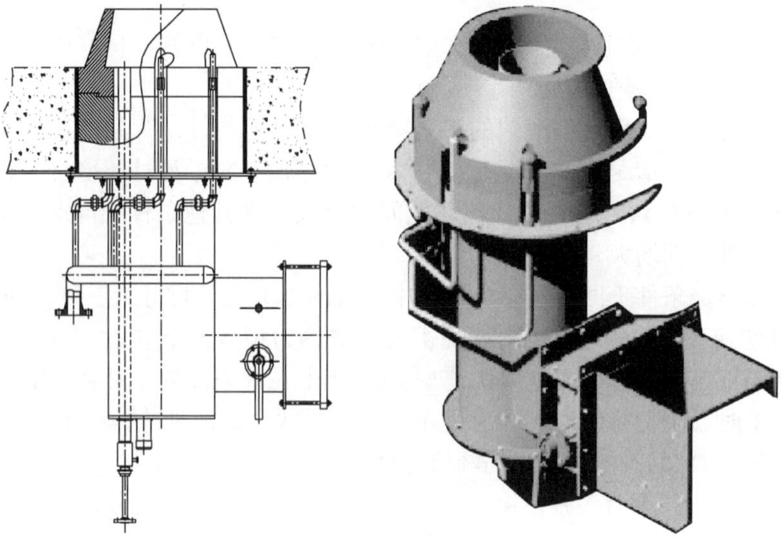

图 5.5-3　一种柱状火焰低 NO_x 燃烧器

美国 John Zink 公司还开发了一种扁平火焰低 NO_x 燃烧器。该燃烧器有多个扩散喷头和预混喷头，分别对称布置在烧嘴砖的两侧和中心；每个扩散喷头设计不同数量和不同角度的喷孔，中间喷头和左右喷头间形成错落高差，使气体燃料从喷头喷出后，与从烧嘴砖中部进入的助燃空气一起，组织起良好的分级燃烧；烧嘴砖斜面延迟了燃料混合，阻止了火焰相互干涉，增强了燃料枪对烟气夹带作用；中心预混喷头应用文丘里引射装置，使烟气通过烧嘴砖和风箱内的烟道形成自循环，降低氧气浓度和火焰峰值温度，从而达到降低 NO_x 排放目的。图 5.5-4 为一种扁平火焰低 NO_x 燃烧器结构简图。

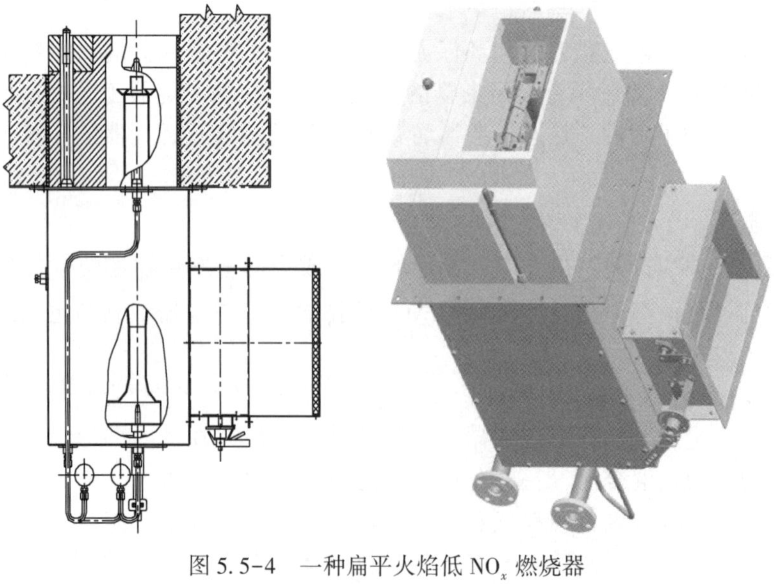

图 5.5-4　一种扁平火焰低 NO_x 燃烧器

美国 Callidus 公司开发了一种低 NO_x 燃烧器。该燃烧器烧嘴砖助燃空气流道由两部分组成，入口端流道垂直向上且横截面为矩形，出口端流道向炉侧墙倾斜；一级燃烧器穿过风箱，伸入助燃空气流道内，位于远离炉侧墙的一侧；二级燃烧器穿过风箱和烧嘴砖上的孔道，直接伸入炉膛内，二级燃料经燃料喷孔向两个方向喷射，第一个方向是喷射到烧嘴砖向炉侧墙倾斜的外侧上部，第二个方向是平行于烧嘴砖向炉侧墙倾斜的外侧方向喷射到炉膛内。利用燃料分级扩散燃烧降低 NO_x 排放，火焰扁平，操作稳定性高。图 5.5-5 为一种低 NO_x 燃烧器结构简图。

近年来，随着国内燃烧器专利商的研发手段与国际水平的进一步接轨，开发出了各种具有自主知识产权的低 NO_x 燃烧器，完全满足裂解炉的工艺和环保要求。

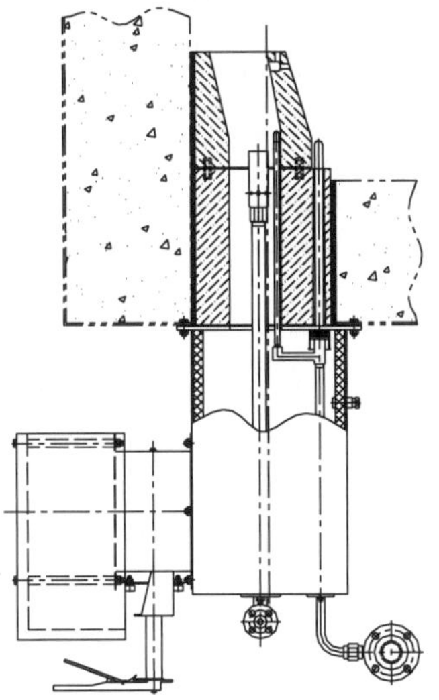

图 5.5-5　一种低 NO_x 燃烧器

国内开发了一种用于裂解炉底部的低 NO_x 排放的气体燃烧器。该燃烧器采用了分级燃料燃烧技术、烟气再循环技术，以降低燃料燃烧温度，利于裂解炉内热场的均匀分布。烧嘴砖中心处为助燃空气流道，一级燃料喷头和二级燃料喷头分别布置在助燃空气流道周围的多个孔道中；每个一级燃料喷头侧面均开有与助燃空气流道连通的侧向通道，侧向通道与一级燃料的喷出方向相同，一级燃料喷头喷出的燃料气由此进入烧嘴砖助燃空气流道，同时吸引炉膛内的惰性烟气进入燃烧区域，由于惰性烟气冷却了火焰，并降低了氧分压，从而减少 NO_x 的生成。图 5.5-6 为一种用于裂解炉底部的低 NO_x 排放的气体燃烧器结构简图。

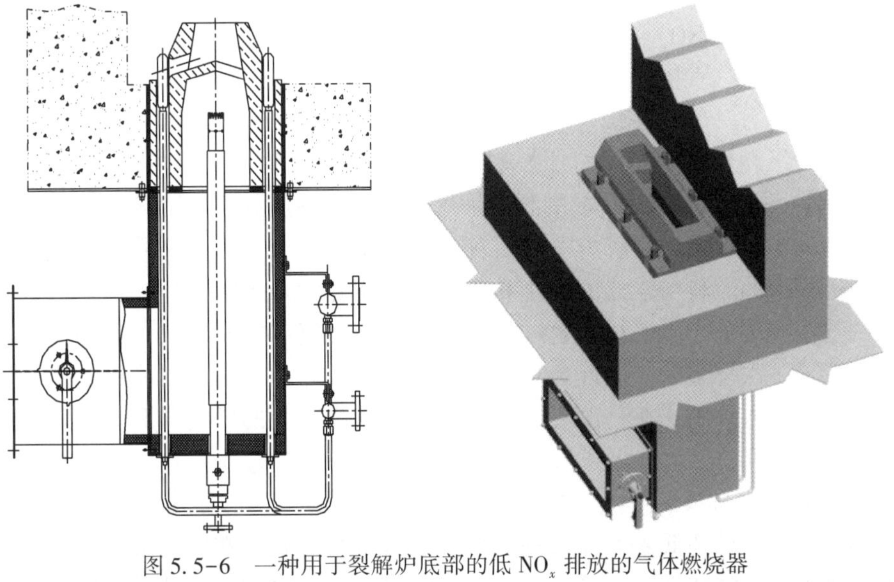

图 5.5-6　一种用于裂解炉底部的低 NO_x 排放的气体燃烧器

为了进一步提高上述底部燃烧器在低负荷时燃烧火焰的稳定性，对燃烧器结构进行了优化。一级燃料经由一级燃料喷头喷入烧嘴砖助燃空气流道，与全部助燃空气混合后在炉膛内进行贫燃料燃烧；二级燃料经由二级燃料喷头直接喷入炉膛，与剩余的助燃空气在一级燃料燃烧区域的下游完成燃烧，火焰的最高温度低于普通燃烧器的火焰温度。烧嘴砖中部开有引射孔，以便烟气再循环。烧嘴砖上部设有稳焰结构，该结构位于烧嘴砖出口的两内侧有凹槽，槽的上部有纵向延伸到烧嘴砖顶部的齿状通道，槽上有水平的通孔连接到烧嘴砖的外侧面，利于燃烧稳定。图 5.5-7 为一种燃烧稳定的底部低 NO_x 气体燃烧器结构简图。

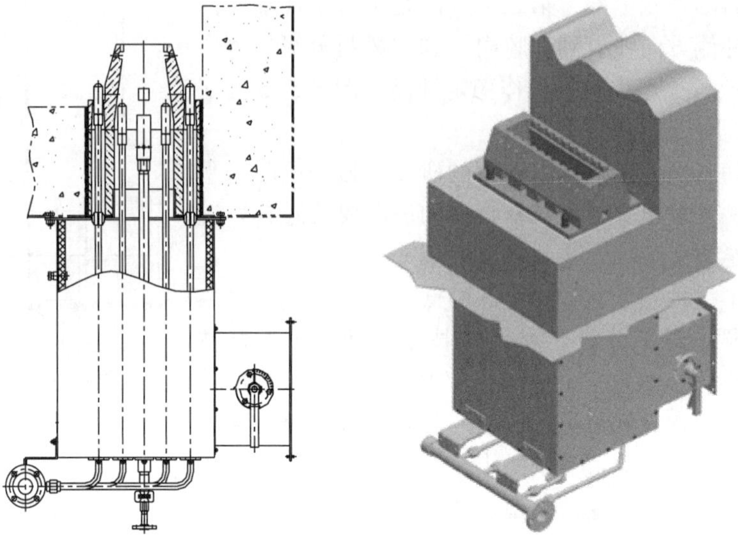

图 5.5-7　一种燃烧稳定的底部低 NO_x 气体燃烧器

国内还开发了一种预混式低 NO_x 排放的裂解炉用底部气体燃烧器。该燃烧器除分级燃烧技术外还采用了超贫预混燃烧技术，预混的燃气-空气混合物在最小的化学当量下燃烧，降低了火焰峰值温度和 NO_x 含量。烧嘴砖的所有开孔在炉子底端是封闭的，仅限于穿过各燃烧喷头，无助燃空气直接通过；部分一级燃料通过引射器引射全部助燃空气并与之混合后进行预混燃烧。另一部分一级燃料经一级扩散喷头直接注入炉膛燃烧并稳定燃烧火焰，二级燃料通过二级燃料喷头进入一级燃料燃烧区下游，与炉内剩余的助燃空气混合燃烧。图 5.5-8 为一种预混式低 NO_x 排放的裂解炉用底部气体燃烧器结构简图。

国内又开发了一种用于裂解炉底部低 NO_x 排放的空气分级气体燃烧器。通过准确地控制燃烧器附近区域的燃料与空气的混合和空气量以阻止生成 NO_x，同时保持较高的燃烧效率和良好的热流密度分布。燃料气通过燃料喷头喷入烧嘴砖的一次空气通道中，与一次助燃空气混合形成一次燃烧区，进行贫氧燃烧，降低了 NO_x 生成量。二次助燃空气经烧嘴砖的二次空气通道进入炉膛，在一次燃烧区下游，与燃烧剩余的燃料气和烟气混合，完成全部燃烧并形成二次燃烧区，降低了火焰温度，同样降低了 NO_x 生成量。图 5.5-9 为一种用于裂解炉底部低 NO_x 排放的空气分级燃烧器结构简图。

国内还开发了一种超低 NO_x 排放的裂解炉用底部燃烧器。在使用分级燃烧和烟气再循环技术的基础上，在烧嘴砖的助燃空气流道中布置水汽喷头，向火焰中喷射水或水蒸气，利用水的蒸发潜热和水蒸气使火焰温度降低，引起氧、氮分压的降低，进一步降低 NO_x 生成量。虽然在相同的流量下，喷射水相比喷射水蒸气降低 NO_x 更有效，但实际应用时多采用后者，这是由于当水喷射到燃烧火焰中，要吸收大量的热成为蒸汽，会给工艺增加很大的热负荷。另一个原因是水蒸气已经是气态，容易与燃料气混合，水必须通过雾化喷嘴喷入形成细雾，才能与燃料气混合均匀。

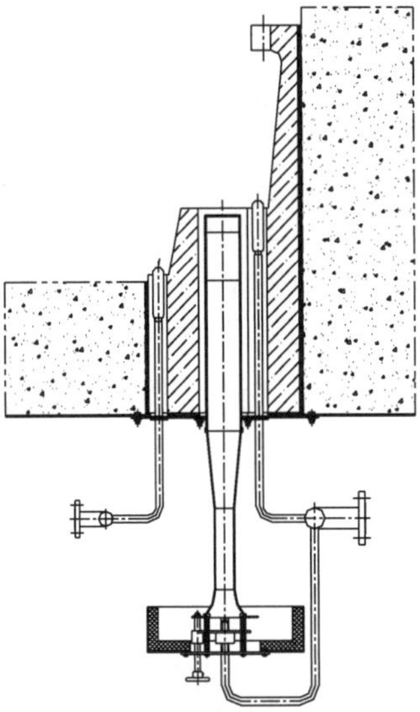

图 5.5-8 一种预混式低 NO_x 排放的裂解炉用底部气体燃烧器

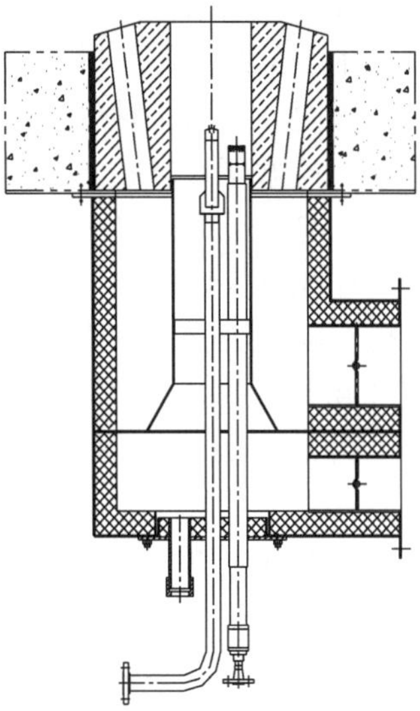

图 5.5-9 一种用于裂解炉底部低 NO_x 排放的空气分级燃烧器

国内近年来还开发了一种低氧低 NO_x 的底部气体燃烧器，使用燃料分级和烟气再循环技术降低 NO_x 排放。燃烧器助燃空气流道横截面为圆形，烧嘴砖上端出口段向内收缩并形成锥形状的空气收缩流道，在空气收缩流道的圆周方向设有若干个侧向通道，侧向通道与中心空气流道相连通，在每个侧向通道的外端口处设置一个燃料喷头。燃料喷头上的一部分喷孔喷出的燃料气进入侧向通道中，并吸引炉膛内的烟气进入中心空气流道与全部助燃空气混合燃烧。另一部分喷孔喷出的燃料气喷向烧嘴砖外壁面的上端及炉膛，与燃烧剩余的助燃空气和烟气混合燃烧。烧嘴砖流道的出口处设置稳焰结构，在相邻的各级燃料喷头之间周向布置隔筋。图 5.5-10 为一种低氧低 NO_x 的底部气体燃烧器结构简图。

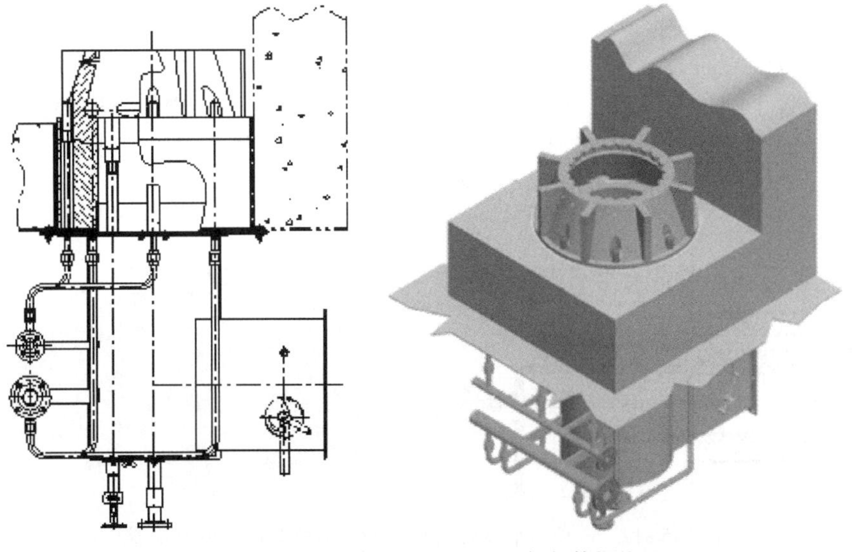

图 5.5-10 一种低氧低 NO_x 的底部气体燃烧器

随着底部燃烧器运用新技术降低了 NO_x 排放，侧壁燃烧器成为影响乙烯裂解炉 NO_x 排放的主要设备。由于传统的侧壁燃烧器通常采用半预混燃烧，单位空间内燃烧强度大，NO_x 排放相对较高。国内开发出一种可降低 NO_x 排放的侧壁气体燃烧器，在传统侧烧基础上采用燃料分级和烟气再循环燃烧技术，燃料分为二级进入燃烧区，一级燃料通过文丘里管吸入一次助燃空气，与之混合后经一级燃烧器进入炉膛燃烧，二次助燃空气通过烧嘴砖与一级燃烧器之间的环隙进入炉膛参与燃烧。一级燃料与全部助燃空气在炉膛燃烧区进行半预混燃烧。二级燃料经二级燃烧器直接喷入炉膛，利用二级燃料气流产生的低压区，使烟气再循环到燃烧区域中，在进入燃烧区之前，二级燃料先与烟气混合，并与过剩的助燃空气进行扩散燃烧。图 5.5-11 为一种可降低 NO_x 排放的侧壁气体燃烧器结构简图。

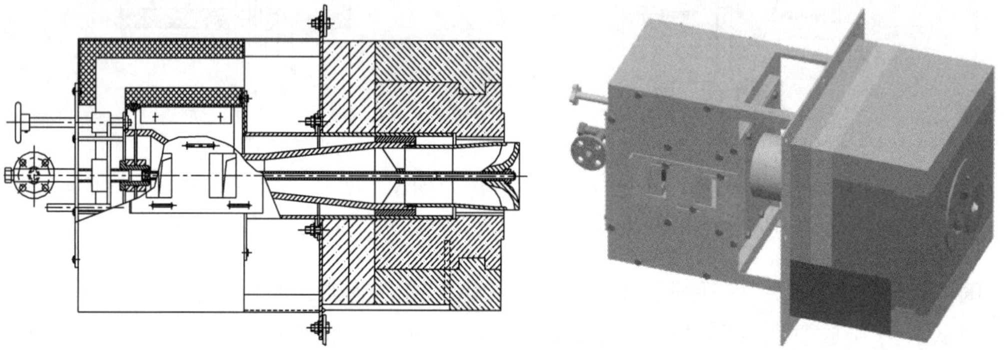

图 5.5-11　一种可降低 NO_x 排放的侧壁气体燃烧器

但上述燃料分级侧烧的一级燃烧器仍采用半预混燃烧，峰值火焰温度相对于扩散燃烧较高，NO_x 排放仍有降低的空间；另外贴壁的火焰形状限制了燃烧器的能力及排布，不能有效减少侧壁燃烧器的个数，进而影响到建设和维护费用。

国内又开发了一种扁平长火焰的低 NO_x 裂解炉用侧壁燃烧器，采用扩散式分级燃烧，有效地解决了上述问题，不仅能减少侧壁燃烧器的数量，还能满足燃烧能力、火焰形状、NO_x 排放以及热通量分布的要求。该侧壁燃烧器烧嘴砖的助燃空气流道为 L 型通道，入口段水平，出口段竖直向上。烧嘴砖底部开有通向助燃空气流道的烟气再循环通道。燃烧器一级燃料喷头置于助燃空气流道内，二级燃料喷头置于炉膛内，燃料和助燃空气在炉膛内进行分级扩散混合燃烧，利用分级燃烧和烟气再循环技术来降低 NO_x 生成量。图 5.5-12 为一种扁平长火焰的低 NO_x 裂解炉用侧壁燃烧器结构简图。

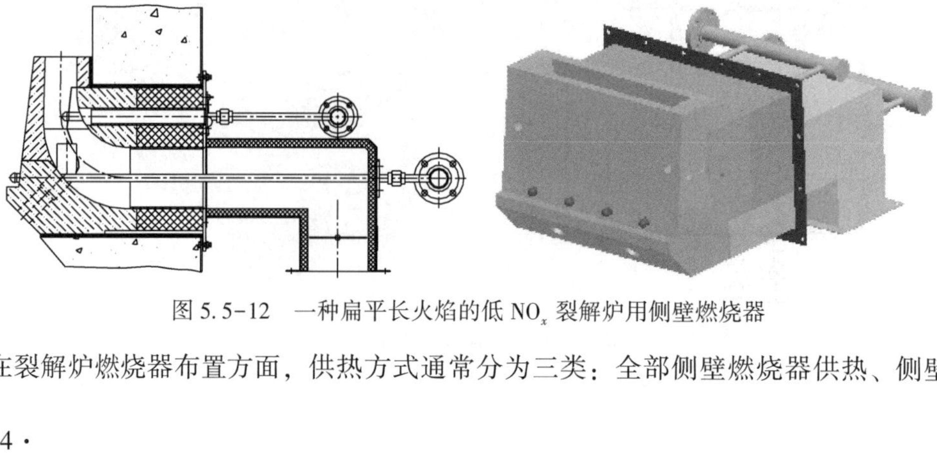

图 5.5-12　一种扁平长火焰的低 NO_x 裂解炉用侧壁燃烧器

在裂解炉燃烧器布置方面，供热方式通常分为三类：全部侧壁燃烧器供热、侧壁和底部燃烧器联合供热、全部底部燃烧器供热。

早期的裂解炉多采用全部侧壁燃烧器供热方式，其优点是供热均匀、炉膛宽度可以适当减小，但侧壁燃烧器数量较多，燃料气管线复杂，操作和维护工作量大，目前已经逐步淘汰。

现在已有许多裂解炉采用全部底部燃烧器供热方式，大幅减少了燃烧器的数目，操作简单，维护费用少。但要求炉膛不宜过高，且单台燃烧器能力相对较大，供热的均匀性较差。

大多数裂解炉采用了侧壁燃烧器和底部燃烧器联合供热的方式，这种配置方式可获得较均匀的炉管轴向温度分布。不同的裂解炉设计其底部和侧壁供热所占比例也不同，一般底部供热比例在50%~90%。传统侧壁燃烧器采用半预混燃烧形式，火焰贴壁，能力较小，放置在炉侧墙上部，布置的排数也随供热比例的变化而不同，通常侧烧布置1~5排。如果减少侧壁燃烧器数量，底部供热比例势必增大，单台底烧能力相应也增大，不利于裂解炉的 NO_x 排放以及热流密度分布。

国内开发了一种乙烯裂解炉燃烧器的排布结构，特点是侧壁燃烧器布置在裂解炉的侧墙中部并且为单排，底部燃烧器和侧壁燃烧器均为扁平长火焰燃烧器，采用阶梯式供热，底部侧壁供热比例可在7∶3到3∶7范围内。与目前常用的燃烧器排布相比，燃烧器数量较少，降低了建设和维护费用。底部燃烧器能力相对降低，侧壁燃烧器能力相对提高，燃烧火焰垂直向上且较长，火焰温度峰值降低，NO_x 排放低。而且，裂解炉在维护和控制上更加简单，允许裂解炉的操作者在优化和稳定的热通量特性下操作。图5.5-13为一种乙烯裂解炉燃烧器的排布结构。

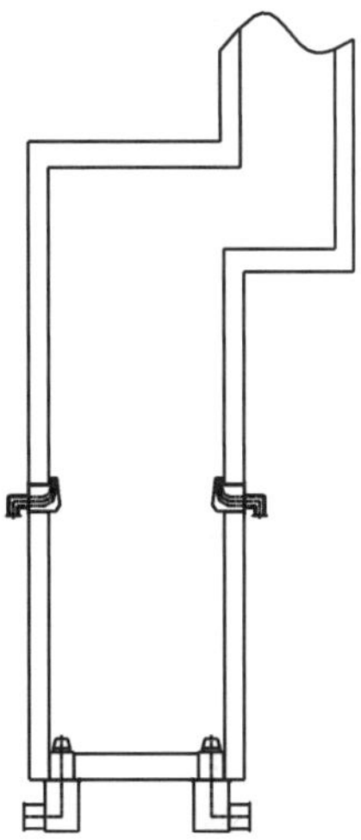

图5.5-13　一种乙烯裂解炉燃烧器的排布结构

4. 燃烧器的维护问题

了解燃烧器日常操作中面临的各种维护问题，是裂解炉安全、稳定、长期运行的关键因素之一。燃烧器常见维护问题如下：

（1）燃料喷孔堵塞

燃烧器最重要的维护问题就是燃料喷孔堵塞。喷孔堵塞将限制燃料的流量，减少供热量，增加 NO_x 排放，并损害燃烧器稳定性。喷孔堵塞的其他影响还包括：不均匀的火焰形状，燃烧器元件过热，喷头结焦，火焰不稳定。燃料喷孔堵塞主要来自两个方面：燃料及管线中的颗粒如氧化皮、污垢等，以及燃料中液态烃在喷头热表面裂解而留下的焦炭。堵塞的喷孔必须尽快地清洗，以免发展成更为严重的维护问题，如火焰冲击，热通量分布不合理等。

（2）喷头结焦

燃烧器喷头结焦会限制或妨碍燃料的流动，它在扩散式和预混式两种燃烧器喷头内侧产生。如果燃料中包含重烃、不饱和化合物等液态物质，它们碰到喷头热表面时会裂解并留下焦炭，在喷头内部结焦并能堵塞燃料喷孔。另外当燃料喷孔被其他颗粒堵塞时，喷头内部停滞的燃料也会被裂解而结焦。随着燃料系统变脏，很难辨别喷头结焦是由其自身结焦或是由喷孔堵塞引起的。防止结焦最好的方法是确保燃料系统清洁，并保证通过燃烧器喷头的冷却气流不受限制。

燃料喷头需要每隔一段时间进行清洗，特别是当测得的燃料压力比相同负荷下的设计压力高时，或当燃烧器出现与喷孔堵塞相关的操作问题时。清洗出现维护问题的喷头时最好同时清洗裂解炉上其他所有的燃烧器喷头，这是因为燃烧器喷头和喷孔或多或少都有结焦或堵塞，仅仅清洗某些喷头会导致那些未清洗的喷头燃料流量相对变小，这样会出现火焰不均匀等问题，影响炉子热通量分布。

(3) 燃料线流动限制

如果裂解炉的燃料管线中有异物积聚，管道系统压降将增大且燃料流动受限。当管线开始阻塞，到裂解炉燃烧器的燃料压力必须增大时，燃烧器和炉子能力将受到限制。通常，氧化皮、污垢和燃料中的焦油是燃料线堵塞的主要原因，此外在维护时，外来杂物如焊渣、碎屑也可能进入燃料线。采用燃料过滤系统可有效地防止燃料管线阻塞，并减少喷孔堵塞问题，但要充分考虑其自身带来的压降问题。

(4) 空气流动阻碍

当外来杂物进入燃烧器空气流道或文丘里管时，会发生空气流动阻碍。有时这些杂物甚至来自燃烧器本身，如消音器中破损的消音材料。燃烧器运行区域的某些轻油雾，能在预混文丘里管内侧形成一层薄油膜，空气中的灰尘很容易粘贴在这层膜上，阻碍空气流动。减少的助燃空气气流限制了燃烧器能力，并可能导致燃烧器元件过热、回火、火焰翻卷以及较高的 NO_x 排放。

(5) 炉子漏风

对于在负压下操作的裂解炉，甚至很小的缝隙也能使大量的空气漏入炉子。此类问题非常严重，因为装置现场烟气氧含量是一个错误的读数，实际上燃烧器可能在缺少空气的情况下运行。当炉子漏风量大时，来自燃烧器的空气不足以让燃料完全燃烧，导致火焰增长并可能冲击到炉管。这种情况下，将不得不在较高的过剩氧含量下运行裂解炉，牺牲炉子效率来防止火焰冲击。炉子漏风来自多处，包括穿管、视火孔、防爆门、燃烧器接缝、炉壁板接缝、采样口和未使用的燃烧器。为了防止漏风干扰正常的炉子和燃烧器操作，密封一切明显的缝隙是非常重要的。当炉子停车时，可通过在炉子内部建立正压并释放烟雾来查找缝隙，烟雾从炉子漏出的位置需要密封或修补。

(6) 喷头过热

当某台燃烧器停用时，在炉内高温环境下喷头金属会逐步升温并开始氧化脱皮，氧化作用将腐蚀喷头金属并导致喷孔的变形或尺寸变化，改变了燃烧器能力和火焰形状。因而，当一台侧壁燃烧器停用时，它的风门不能完全关闭，要使少量的空气流经燃烧器并冷却喷头，以防止氧化脱皮。燃烧器运行时，燃料和空气的流动可冷却燃烧器喷头，防止其过热。但有时喷头内部结焦会使喷头与燃料和空气的冷却气流绝缘，也会出现喷头过热，同时又进一步加剧了喷头结焦。通常，如果炉内的燃烧器喷头出现发亮，说明它过热并应进行维护。

燃烧器喷头过热的另一种情形是预混火焰回火，燃料在预混燃烧器喷头或文丘里管内部燃烧，过热的喷头可能歪曲、低垂或破裂，如不及时处理，整个喷头会烧起来甚至跌落，使火焰冲击到辐射炉管并引起炉管结焦，进而影响裂解炉运行周期和炉管寿命。

(7) 烧嘴砖损坏

烧嘴砖有大块的缺损或开放性缝隙，会影响燃料和空气的混合流动，进而影响燃烧火焰形状、NO_x 排放和火焰稳定性。烧嘴砖的损坏还可以导致燃烧器安装板及其邻近炉壁板的过热，可能使裂解炉壳体弯曲。通常烧嘴砖表面的细小裂纹不会影响燃烧器性能，但应注意观察它们是否会发展成大的开放性缝隙。裂解炉运行时，如果发现燃烧器安装板或裂解炉炉壁板过热，应着手准备修补或替换烧嘴砖。

（8）火焰冲击

当燃烧器火焰在辐射炉管表面燃烧，这种情况称为火焰冲击。火焰冲击对燃烧器自身没有影响，但能引起炉管结焦以及损坏，进而导致产量损失或炉管最终失效。燃烧器火焰冲击会在以下情况时出现，燃烧器间的火焰相互作用，体现为大火焰云团的形成，以及燃料喷孔堵塞、耐火层损坏、空气流动阻碍或炉子漏风等维护问题引起的火焰冲击炉管。当裂解炉出现火焰冲击时，操控人员应及时找出原因并采取相应措施。

四、裂解炉供热系统设计

1. 裂解炉的供热方式

裂解炉所需要热量由燃烧器燃烧供给，燃烧器根据其安装位置分为底部燃烧器和侧壁燃烧器。裂解炉的供热方式通常可分为三类：全部侧壁燃烧器供热方式，侧壁和底部燃烧器联合供热方式，全部底部燃烧器供热方式。

（1）全部侧壁燃烧器供热方式

早期的裂解炉多采用全部侧壁燃烧器供热方式，其优点是供热均匀。炉膛宽度可以适当减小，但侧壁燃烧器数量较多，燃料气管道复杂，操作和维护工作量大，目前已经逐步趋于淘汰。

（2）侧壁和底部燃烧器联合供热方式

为克服侧壁燃烧器数量过多、操作调节工作量大等缺点，20 世纪 70 年代后多采用侧壁和底部燃烧器联合供热方案。不同的专利商设计的裂解炉其底部和侧壁供热所占比例不同，一般底部供热比例在 50%～90%之间。供热均匀性适中，燃烧器个数适中。

（3）全部底部燃烧器供热方式

目前，已有多个专利商采用全部底部供热的方案，裂解炉只设置底部燃烧器，大大减少了燃烧器的个数，操作简单，维护费用少。但相对来讲，供热的均匀性较差，对燃烧器的设计要求较高。

裂解反应非常复杂，在辐射炉管的不同位置其加热要求和热裂解反应进行所需要的热量有很大差别。辐射炉管内吸热量和管外壁温度对裂解的工艺性能有直接影响，通常要求辐射炉膛内温度均匀分布，这就对燃烧器供热提出了很高的要求，尤其是对沿炉膛高度方向上的热量分布的均匀性。从工艺要求上来讲，采用多个侧壁燃烧器更容易获得均匀的热量分布，而仅采用底部燃烧器达到的热量均匀分布效果最差，但其投资费用及操作维护工作量最小，且对燃烧器的设计要求更高。随着技术的进步，现代裂解炉多采用底部供热占较大比例的供热方式或全部底部供热的方式。近年来，有专利商采用双段供热方案，采用类似底部燃烧器的附墙燃烧器代替侧壁燃烧器，也可以有效地减少侧壁燃烧器的个数，减少维护操作工作量。降低了单个燃烧器的设计负荷，有利于炉膛的热量分布均匀。

对于不同的供热方式，裂解炉的燃烧器布置方案也有不同考虑。采用底部和侧壁联合供热时，应选取适当的底部和侧壁的负荷比例，确保底部燃烧器之间以及底部燃烧器与侧壁燃烧器之间不存在火焰的相互干扰或者火焰叠加，造成局部过热，从而影响裂解炉的工艺性能及炉管的使用寿命。而采用全部底部供热方案时，同样需要注意燃烧器的排列间距，相邻燃烧器之间不能出现火焰的叠加和相互干扰。

由于裂解炉的供热对于裂解炉的工艺性能有直接影响，燃烧器的布置方案以及燃烧器本身的设计都会对供热产生影响，从而影响裂解炉的工艺性能，尤其对裂解炉的运行周期和辐射炉管的使用寿命造成很大影响。

2. 裂解炉供热验证

（1）燃烧器测试

为保证燃烧器的设计能够满足裂解炉的热量供给要求，通常要求燃烧器厂家在大批量制造之前进行燃烧器的热性能测试。测试在制造厂的特制测试炉上进行，测试炉的高度接近实际裂解炉的高度，以模拟测试燃烧器在实际操作环境中的燃烧情况。通常要求进行多个燃烧器的联合测试，以模拟实际裂解炉的燃烧情况，验证燃烧器的设计是否满足设计要求以及燃烧器之间是否存在火焰的相互干扰和热量重叠。详细试验要求、项目及步骤在相关规范中有详细规定。

（2）CFD 模拟验证

由于裂解炉的实际操作工况十分复杂，燃烧器的供热问题会导致各种问题，如炉膛局部温度偏高，造成运行周期缩短甚至辐射炉管断裂损坏等情况。而近年来随着计算机硬件及计算机模拟软件技术的进步，在裂解炉供热验证、燃烧器的设计以及实际供热问题的解决上大量使用计算流体力学（CFD）模拟技术。通过 CFD 模拟，可以得到燃料的燃烧状况、烟气在炉膛内的流动分布情况以及辐射炉膛内的传热情况，甚至可以与辐射炉管内的裂解反应相结合，以了解传热对裂解反应的影响。目前，CFD 技术在燃烧器的设计以及裂解炉设计上应用十分广泛。燃烧器制造厂应用 CFD 技术对燃烧器的具体结构进行模拟计算，可以对燃烧器的火焰形状、燃烧状况以及 NO_x、CO 的排放作出较为准确的预测，可以节省大量的实际燃烧试验的时间。裂解炉的专利商应用 CFD 技术对辐射炉膛进行模拟计算，可以为确定燃烧器的布置以及判断燃烧器的性能是否满足要求提供帮助，有助于解决实际生产中遇到的问题，同时通过模拟，了解炉膛内的烟气流动情况，可以作为依据对炉膛的局部结构进行设计优化工作。

3. 裂解炉热效率计算和测定

裂解炉的热效率是衡量裂解炉先进性的重要指标之一。裂解炉的燃料消耗在整个乙烯装置中占有很大比例，其能耗占到乙烯装置的 50%～60%。因此，提高裂解炉的热效率，减少燃料消耗，对降低乙烯装置能耗具有十分重要的意义。

（1）裂解炉热效率计算

1）热效率计算体系的确定

热效率计算之前应首先明确体系的划分，裂解炉热效率计算的体系是指通过热量平衡对其进行热效率计算的对象，体系应有明确的边界线，以确定进行热量平衡的范围。裂解炉通常可划分为以下三种体系。

① 无预热燃烧用空气体系，体系内仅有裂解炉本体。见图 5.5-14。

② 用外界热源预热燃烧用空气体系，体系内仅有裂解炉本体。见图 5.5-15。

③ 用自身热源预热燃烧用空气体系，体系内除了裂解炉本体外，还包括用烟气直接或间接预热燃烧用空气的换热设备。见图 5.5-16。

2）热效率计算基准温度

在进行热效率计算时，焓差计算都与计算基准温度有关，原则上以距离炉子周围 1m 处的平均环境温度为基准温度，也可以采用其他温度作为基准温度。各国采用的热效率计算基准温度不尽相同，API 560《一般炼油装置用火焰加热炉》规定的基准温度为 16℃（60°F），SH/T 3036《一般炼油装置用火焰加热炉》规定的基准温度为 15℃。

（2）热效率计算

裂解炉热效率计算方法可以分为正平衡法和反平衡法。正平衡法和反平衡法计算公式如下：

正平衡法：$$\eta=\frac{\text{有效热量}}{\text{总供热}}\times100\% \qquad (5.5-8)$$

反平衡法：$$\eta=\left(1-\frac{\text{损失热量}}{\text{总供热}}\right)\times100\% \qquad (5.5-9)$$

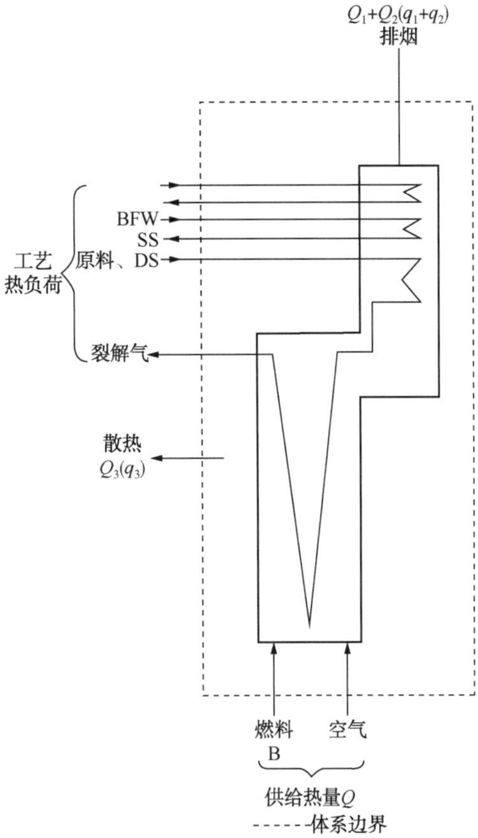

图 5.5-14　无预热燃烧空气体系

BFW—锅炉给水；SS—超高压蒸汽；DS—稀释蒸汽

用正平衡法计算热效率时，需计算出裂解炉的有效热量，即工艺热负荷以及燃料的总供热，如果不考虑燃料总供热的误差，假定由于各种原因造成的裂解炉工艺热负荷的误差为 1%，则裂解炉热效率的误差也为 1%。但用反平衡法计算热效率时，由于各种损失热量占的比例一般较小，如损失热量所占的比例为 10%，即使其测定误差仍为 1%，对裂解炉热效率的影响也只有 0.1%。所以，采用反平衡法计算裂解炉的热效率比较准确，且测定也比较方便。以下仅对反平衡法进行介绍。反平衡法计算热效率的公式如下：

$$\eta=\left(1-\frac{Q_1+Q_2+Q_3}{Q}\right)\times100\%=(1-q_1-q_2-q_3)\times100\% \qquad (5.5-10)$$

式中　η——裂解炉热效率，%；

Q——总供热，kJ/h；

Q_1——排烟热损失，kJ/h；

Q_2——不完全燃烧损失，kJ/h；

Q_3——炉墙散热损失，kJ/h；

q_1——排烟损失率，%；

q_2——不完全燃烧损失率，%；

q_3——炉墙散热损失率，%；

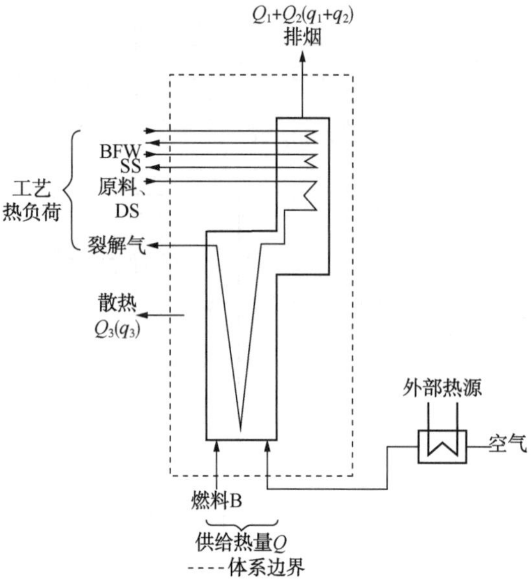

图 5.5-15　用外界热源预热燃烧空气体系

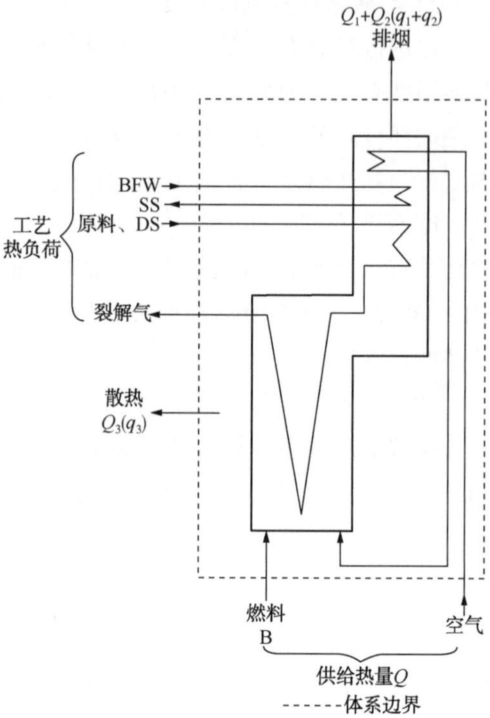

图 5.5-16　用自身热源预热燃烧空气体系

1）总供热 Q

总供热是外界供给体系的热量总和，包括以下内容：

① 燃料的发热量　即燃料完全燃烧所产生的反应热，燃料的发热量有高位发热量和低位发热量之分，热效率计算应采用低位发热量。

② 燃料的显热　燃料进入体系时的温度与计算基准温度之间的焓差。

③ 空气的显热　助燃空气进入体系时的温度与计算基准温度之间的焓差。

④ 雾化介质的显热　雾化介质进入体系时的温度与计算基准温度之间的焓差。

2）排烟热损失 Q_1

排烟热损失 Q_1 是烟气离开体系时的温度（排烟温度）与计算基准温度之间的焓差，排烟热损失按下式计算：

$$Q_1 = BV_y b(H_1 - H_0) \tag{5.5-11}$$

式中　Q_1——排烟热损失，kJ/h；

B——燃料量，m^3/h 或 kg/h；

V_y——完全燃烧时总烟气量，m^3（烟气）/m^3（燃料）或 kg（烟气）/kg（燃料），通过燃料燃烧计算求得；

b——不完全燃烧时烟气量修正系数；

H_1——排烟温度下烟气的焓值，kJ/m^3 或 kJ/kg；

H_0——基准温度下烟气的焓值，kJ/m^3 或 kJ/kg。

当过剩空气系数 $\alpha \geqslant 1$ 时，b 按下式计算：

$$b=\frac{100}{100-0.5\varphi_{CO}-0.5\varphi_{H_2}} \tag{5.5-12}$$

当过剩空气系数 $\alpha<1$ 时，b 按下式计算：

$$b=\frac{100}{100+1.88\varphi_{CO}+1.88\varphi_{H_2}+9.52\varphi_{CH_4}-4.76\varphi_{O_2}} \tag{5.5-13}$$

式中　φ_{CO}，φ_{H_2}，φ_{CH_4}，φ_{O_2}——干烟气中各成分的体积分数,%。

3）化学不完全燃烧热损失 Q_2

化学不完全燃烧热损失是由于烟气离开体系时含有可燃气体（CO、H_2 和 CH_4 等）造成的。化学不完全燃烧热损失按下式计算：

$$Q_2=BbV_n(126\varphi_{CO}+108\varphi_{H_2}+358\varphi_{CH_4}+589\varphi_{C_mH_n}) \tag{5.5-14}$$

式中　Q_2——化学不完全燃烧热损失，kJ/h；

B——燃料量，m^3/h 或 kg/h；

V_n——完全燃烧时干烟气量，m^3（烟气）/m^3（燃料）或 kg（烟气）/kg（燃料），通过燃烧计算求得；

b——不完全燃烧时烟气量修正系数。

当过剩空气系数 $\alpha\geqslant1$ 时，b 按下式计算：

$$b=\frac{100}{100-0.5\varphi_{CO}-1.5\varphi_{H_2}-2\varphi_{CH_4}} \tag{5.5-15}$$

当过剩空气系数 $\alpha<1$ 时，b 按下式计算：

$$b=\frac{100}{100+1.88\varphi_{CO}+0.88\varphi_{H_2}+7.52\varphi_{CH_4}-4.76\varphi_{O_2}} \tag{5.5-16}$$

式中　φ_{CO}，φ_{H_2}，φ_{CH_4}，$\varphi_{C_mH_n}$，φ_{O_2}——干烟气中各成分的体积分数,%。

化学不完全燃烧损失率 q_2 也可按下式近似计算：

$$q_2=0.0004\varphi_{CO} \tag{5.5-17}$$

式中　q_2——化学不完全燃烧损失率,%；

φ_{CO}——干烟气中 CO 的体积分数，10^{-6}。

4）炉墙散热损失 Q_3

裂解炉体系的散热损失主要是炉墙散失于大气中的热量。炉墙散热损失计算时应把炉墙分割为若干个区域分别计算。计算公式如下：

$$Q_3=\sum_i(Q_iA_i) \tag{5.5-18}$$

式中　Q_3——炉墙散热损失，kJ/h；

Q_i——第 i 区域炉外墙的表面热流密度，kJ/(m^2·h)，可用热流计直接测出；

A_i——第 i 区域炉墙外表面积，m^2。

如无法直接测出炉墙外表面的表面热流密度，也可测量炉墙外表面温度后，按下式计算：

$$Q_i=20.43\varepsilon\left[\left(\frac{273+t_{bi}}{100}\right)^4-\left(\frac{273+t_o}{100}\right)^4\right]+\alpha_{di}(t_{bi}-t_o) \tag{5.5-19}$$

式中　Q_i——第 i 区域炉外墙的表面热流密度，kJ/(m^2·h)；

ε——炉外表面黑度；

t_{bi}——第 i 区域炉外表面温度,℃;

t_o——基准温度,℃;

α_{di}——第 i 区域的对流给热系数, kJ/(m² · h · ℃)。

无风时的对流传热系数按下式计算:

散热面向上: $$\alpha_{di}=11.7(t_{bi}-t_o)^{\frac{1}{4}} \tag{5.5-20}$$

散热面向下: $$\alpha_{di}=6.3(t_{bi}-t_o)^{\frac{1}{4}} \tag{5.5-21}$$

散热面垂直: $$\alpha_{di}=9.2(t_{bi}-t_o)^{\frac{1}{4}} \tag{5.5-22}$$

有风时对流传热系数按下式计算:

当风速 W_i<5m/s 时, $$\alpha_{di}=22.2+15.1W_i \tag{5.5-23}$$

当风速 W_i<5m/s 时, $$\alpha_{di}=27W_i^{0.78} \tag{5.5-24}$$

(3) 裂解炉热效率测定

1) 热效率测定方案的制定

根据热效率计算标准制定热效率测定方案, 其内容应包括: 热效率测定体系的确定、需测参数和测量方法的选定、测定工况的确定、测定数据记录表的制定以及拟订热效率测定计划。

2) 裂解炉热效率测定

裂解炉的热效率测定主要是为调整和考核裂解炉操作状况而进行的。一般需进行排烟损失、散热损失和化学不完全燃烧损失的测定。

裂解炉的排烟损失测定包括燃料气成分分析、烟气采样分析、排烟温度测量。排烟温度可以在体系出口(对流段出口)处测量, 也可以采用控制室 DCS 数据。烟气采样分析应在体系出口(对流段出口)处进行实测, 按下式计算裂解炉的实际过剩空气系数。

$$\alpha=\frac{21}{21-79\times\dfrac{\varphi_{O_2}-0.5\varphi_{CO}-0.5\varphi_{H_2}-2\varphi_{CH_4}}{100-(\varphi_{CO_2}+\varphi_{SO_2}+\varphi_{O_2}+\varphi_{CO}+\varphi_{H_2}+\varphi_{CH_4})}} \tag{5.5-25}$$

式中 φ_{CO}, φ_{H_2}, φ_{CH_4}, φ_{CO_2}, φ_{O_2}, φ_{SO_2}——干烟气中各成分的体积分数,%;

α——裂解炉的过剩空气系数。

根据计算的实际过剩空气系数、排烟温度和燃料量(采用控制室 DCS 数据), 通过燃料燃烧计算可以确定裂解炉的排烟热损失。同时根据烟气分析结果中的可燃物成分可以计算确定裂解炉的化学不完全燃烧热损失。散热损失可以通过测定裂解炉外壁温度、环境风速来计算确定。

第六节 CFD 技术在裂解炉设计中的应用

一、概述

近年来随着我国经济的持续发展, 乙烯装置的规模不断扩大, 对裂解炉的大型化要求也不断提高。随着计算机技术的迅猛发展, 计算流体力学(Computational Fluid Dynamics, CFD)技术在航空航天、车辆及船舶工程等领域早已广泛应用, 近年来也广泛应用于石油化工领域, 且发展迅速。CFD 技术应用于乙烯裂解炉的设计, 可以优化设计方案, 助力标准化设计、提高设计水平。CFD 技术作为一种有效的方法，不但能节省大量的试验经费、节约成本、提高效率，还可以对裂解炉设计方案的优化和改进提供有力的数据和技术支持。随着裂解炉的大型化发展，对裂解炉关键设备的大型化要求也越来越高。借助 CFD 技术，可完成关键设备大型化的设计、研究和开发工作。此外，应用 CFD 技术还可以为乙烯裂解炉的操作提供指导，对运行操作中的问题进行故障诊断和技术指导。

目前国外众多乙烯专利商都已将 CFD 技术应用于乙烯裂解炉的设计、模拟和方案优化过程。国产化 CBL 裂解技术也越来越多地应用了 CFD 技术，在 CBL 裂解炉的大型化设计、关键技术的开发、优化等方面发挥了极其重要的作用。

二、设计实例

1. 某裂解炉燃烧器 CFD 模拟

(1) 项目背景

模拟对象为某乙烯装置轻油裂解炉用燃烧器，模拟工况为底部燃烧器、侧壁燃烧器联合供热时裂解炉内的燃烧情况，供热比例为底部：侧壁 = 70：30，每台裂解炉共有底部燃烧器 36 台，侧壁燃烧器 108 台。燃烧器设计能力见表 5. 6-1。

表 5. 6-1　燃烧器能力数据表

供热比例(底烧：侧烧 = 70：30)				
燃烧器	台数/个	设计能力/MW	正常能力/MW	最小能力/MW
底部	36	2. 469	1. 932	0. 309
侧壁	108	0. 353	0. 276	0. 071

本次模拟采用商用计算流体动力学软件对武汉裂解炉燃烧情况进行数值模拟，通过数值仿真模拟，了解裂解炉内的燃烧情况，考察底部燃烧器、侧壁燃烧器的工作参数及燃烧器的布置位置是否合理，并得出辐射段内燃烧火焰的形状、炉膛温度分布和辐射强度分布等。

在采用商用计算流体动力学软件模拟时，采用对底部燃烧器、侧壁燃烧器和炉膛整体进行数值模拟的方法。模拟时利用炉膛的对称性，炉膛长度方向取 1/3，炉膛宽度取实际宽度，高度取实际高度作为计算域。下文介绍了应用商用软件进行乙烯裂解炉数值模拟的方法和过程，考虑了燃烧器的布置位置、供热比例和燃料组成，给出了辐射段炉膛、底部燃烧器和侧壁燃烧器内的流动以及温度分布情况。

(2) 计算内容、工况条件

底部燃烧器由一个空气入口、两个中心燃料气入口、4 个周边燃料气入口、连接到炉膛的出口以及底部燃烧器内的空气流道组合而成。

侧壁燃烧器主要由 1 个燃料气入口、两个一次风空气入口、4 个二次风空气入口、燃料气和一次风混合气体喷头、二次风出口以及连接的部件组成。本次模拟对侧壁燃烧器进行简化，对燃料气和空气通过侧壁燃烧器喷头时的流动情况进行了模拟。

底部燃烧器、侧壁燃烧器联合供热时，对炉膛的计算包含了 12 个底部燃烧器及 36 个侧壁燃烧器。

计算时采用的燃料气组成(体积分数)如下：

H_2：15.32%

CH_4：84.68%

过剩空气取10%。

（3）计算方案

为了节省资源，并对重要的部分加强网格，由于炉膛本身的对称性，模拟针对1/3炉膛进行。

底部燃烧器和侧壁燃烧器各自自成体系，而且其尺寸与炉膛整体的尺寸差距很大。

本次模拟对模型划分的网格类型包括了四面体、五面体和六面体网格，原因如下：

若全部采用六面体网格，则可采用结构化网格划分方法，网格的质量较易控制，计算的精度能得到保证，但由于炉膛尺寸同燃烧器喷孔的尺寸差距过大，势必导致划分网格困难，若保证了喷孔处的网格数量，则整个炉膛内的网格数量都会增加，使炉膛网格过密，这样需要花费很长的时间和大量资源来进行计算及调试，很不经济；如果不增加喷孔处的网格，则喷孔处过稀的网格不能反映流动的真实情况，而喷孔处的流动情况对整个炉膛流动情况的影响是不可忽视的，从而会导致模拟的结果失真。因此不适合全部采用六面体网格。

本次模拟采用了六面体网格为主，四面体、五面体网格为辅的网格划分方法，模型大部分区域采用六面体网格进行划分，局部过渡区域采用了四面体网格，四面体网格同六面体网格之间用五面体网格进行连接过渡，这样既保证了在大部分区域内网格质量较易控制，同时也控制了总体的网格数量，并且在关键部位如喷孔等处的网格数量也得到了保证，确保了计算的精度。

（4）计算模型

CFD技术是模拟流动和燃烧的强大并有效的工具。它是基于Navier-Stokes方程或Reynolds传输方程，耦合了质量方程、不同的热传递模型和湍流反应模型、辐射模型等。

热传递模型主要包括：等温模型(Isothermal)、热能模型(Thermal Energy)和总能量模型(Total Energy)。

湍流模型主要包括：层流模型(Laminar)、k-ε湍流模型(k-Epsilon)和剪切应力输运模型(Shear Stress Transport)等。

反应模型主要包括：涡流耗散模型(Eddy Dissipation)、有限速率反应模型(Finite Rate Chemistry)和有限速率涡流耗散模型(Finite Rate Chemistry and Eddy Dissipation)。

辐射模型主要包括：罗斯兰模型(Rosseland)、P1模型、离散传递模型(Discrete Transfer)和蒙特卡洛模型(Monte Carlo)。

（5）计算过程及结果分析

1）前处理

计算的前处理是构建模型和划分网格。

① 底部燃烧器计算几何模型　如图5.6-1所示为底部燃烧器流道示意图，底部燃烧器共有一个空气进口，两个中心燃料气进口和四个周边燃料气进口，在不影响流动和燃烧的前提下，忽略长明灯和风门等一些辅助部件，其余几何尺寸根据实际图纸给出。图5.6-2所示为底部燃烧器喷嘴的计算几何模型图。

② 底部燃烧器和侧壁燃烧器网格　由于底部燃烧器流体包括了燃料气和空气，网格根据流体不同分为多个部分，燃烧器喷头处喷孔尺寸最小仅为$\phi 2.0$mm，相对于炉膛尺寸来说相当

小，对喷头处采用特别加密处理，单个底部燃烧器的网格总计 291166 个网格。图 5. 6-3 为底部燃烧器喷头网格，图 5. 6-4 为底部燃烧器喷头与炉膛交界处网格。

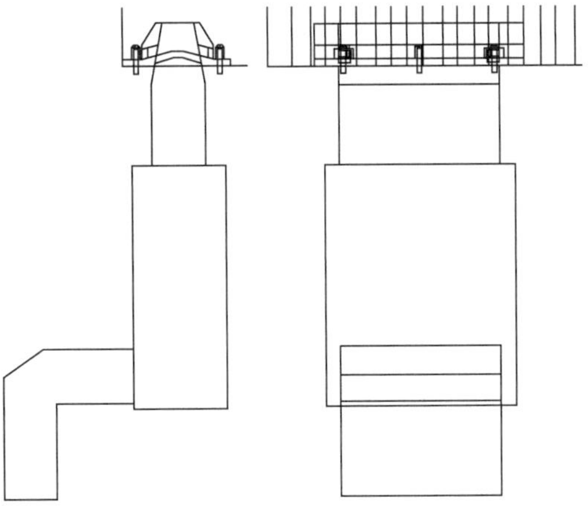

图 5. 6-1　底部燃烧器流道示意图

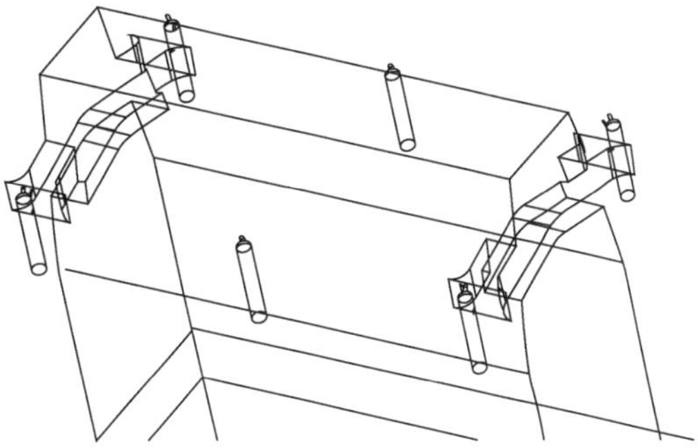

图 5. 6-2　底部燃烧器喷嘴的计算几何模型图

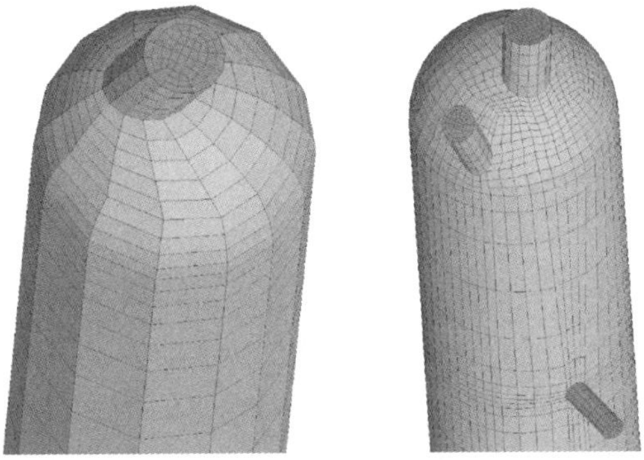

图 5. 6-3　底部燃烧器喷头网格

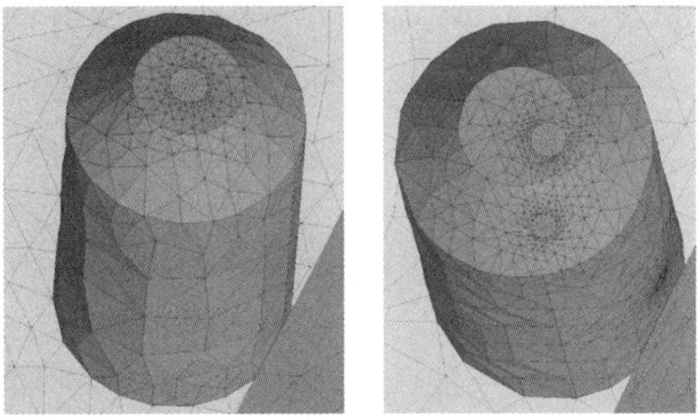

图 5. 6-4　底部燃烧器喷头与炉膛交界处网格

由于侧壁燃烧器的流道对燃料的喷射方向几乎没有影响，模拟整个炉膛时，为了节约计算时间，仅绘制了侧壁燃烧器喷嘴处的网格。图 5. 6-5 为侧壁燃烧器喷头网格，图 5. 6-6 为侧壁燃烧器同炉膛连接处的网格。

③ 炉膛计算模型和边界条件处理　在模拟侧壁燃烧器、底部燃烧器联合供热时，炉膛几何图形可以简化为 1/3 炉膛，共有 36 个侧壁燃烧器和 12 个底部燃烧器。按照底部燃烧器和侧壁燃烧器的安装位置建立几何模型，裂解炉整体模型如图 5. 6-7 所示。

炉膛为整体绘制，绘制时在底部燃烧器、侧壁燃烧器与炉膛相连接的部位网格较密，各底部燃烧器接口、侧壁燃烧器接口处采用了四面体网格，并用五面体网格过渡，较好地保证了网格的对称性和均匀性。炉膛网格总计 3769802 个。模型整体网格总计 8433038 个。图 5. 6-8 为底部燃烧器与炉膛交界处的网格视图。

2）边界条件设定

① 燃烧器计算边界条件　底部燃烧器采用甲烷空气非预混流动燃烧，同时考虑了氢气与空气的反应，计算采用 $K-\varepsilon$ 紊流模型、Methane Air WD2 和 Hydrogen Air 反应模型，Finite Rate Chemistry and Eddy Dissipation 燃烧模型。

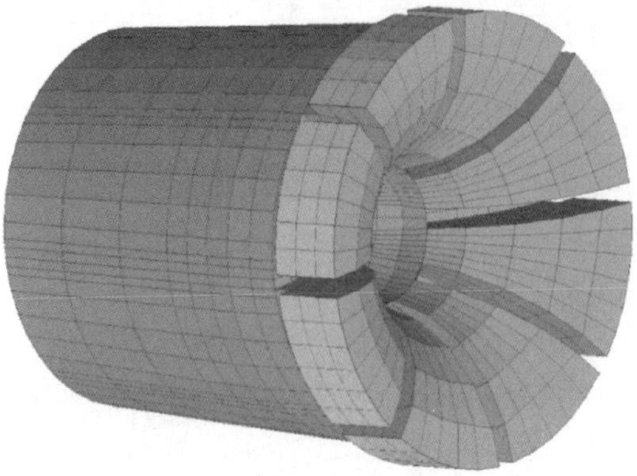

图 5.6-5　侧壁燃烧器喷头网格

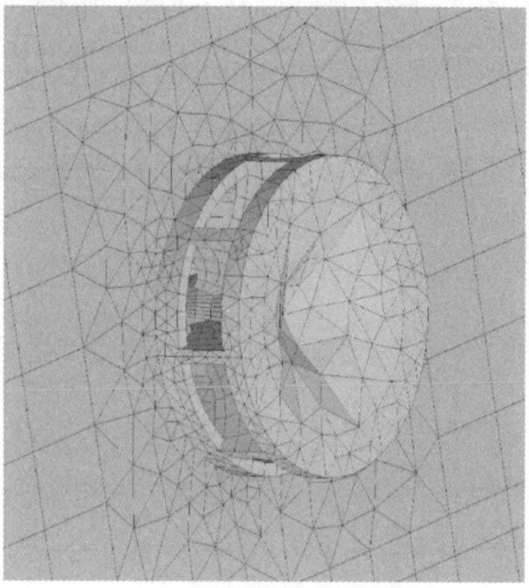

图 5.6-6　侧壁燃烧器同炉膛连接处的网格

底部燃烧器和侧壁燃烧器联合供热时：
燃料量/(kg/s)(单个底烧)：0.03734
总空气量/(kg/s)(单个底烧)：0.72204
燃料量/(kg/s)(单个侧烧)：0.00533
总空气量/(kg/s)(单个侧烧)：0.10315

图 5.6-7　裂解炉整体模型

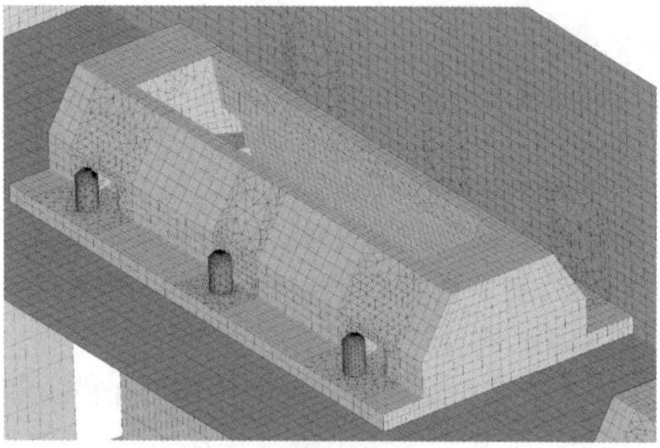

图 5.6-8　底部燃烧器与炉膛交界处的网格视图

② 裂解炉炉膛边界条件　本项目给出了裂解炉在正常运行工况下的数值模拟和分析，具体的边界条件如下：

a. 侧壁燃烧器、底部燃烧器进口：给出燃料和空气的质量流量即可。

b. 出口：负压平均值(2.5mm 水柱)。

c. 对称面：由于炉子几何和物理现象具有对称性，为提高计算速度，只模拟 1/3 的炉子，炉膛两侧面设为对称面。

d. 默认壁面：绝热。

e. 炉管面：给出沿炉管高度方向上的温度分布。

3）计算结果

炉膛部分的模拟是底部燃烧器和侧壁燃烧器联合燃烧时的模拟，在靠近燃烧器的壁面附近形成一个平行于炉管壁面的高温区域，这样一方面高温烟气不会因流过炉管而将炉管烧坏，另一方面有利于高温区域向炉管辐射热量。图 5.6-9 和图 5.6-10 为炉膛内的火焰形状，图 5.6-11 和图 5.6-12 为炉膛内的温度分布，图 5.6-13 为炉膛内的流场，图 5.6-14 为炉膛内的流速分布云图。

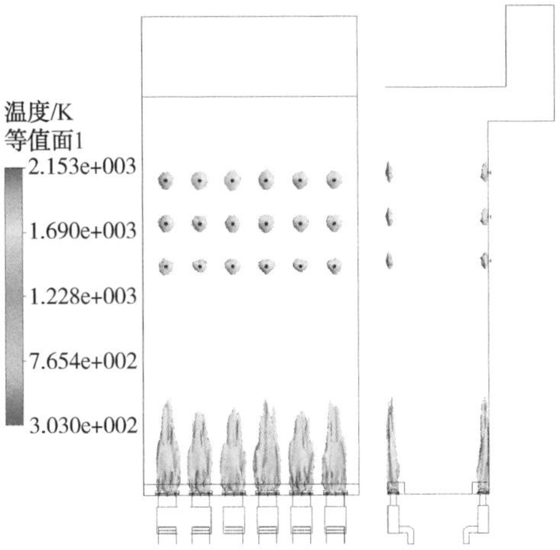

图 5.6-9　炉膛内的火焰形状

CO 摩尔浓度 = 0.0012 的等值面

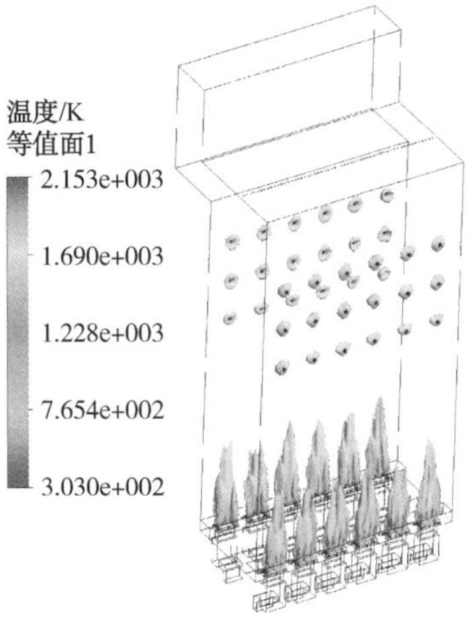

图 5.6-10　炉膛内的火焰形状

CO 摩尔浓度 = 0.0012 的等值面

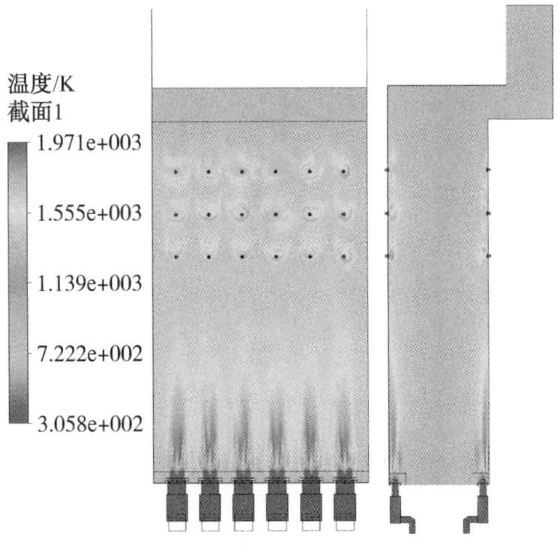

图 5.6-11　炉膛内的温度分布一

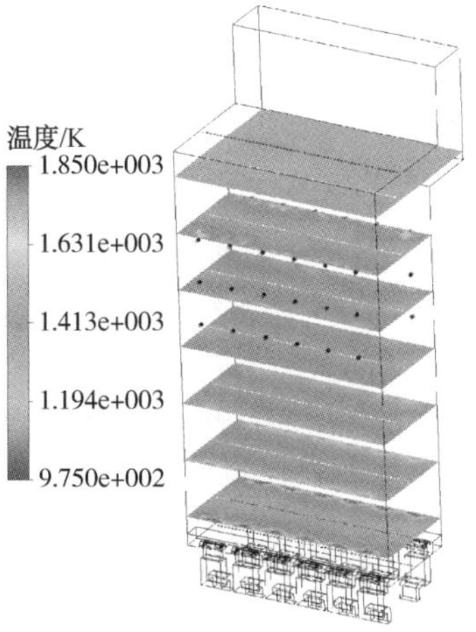

图 5.6-12　炉膛内的温度分布二

从上面两幅图可以看出底部燃烧器火焰扁平，燃烧状况良好。

从流线图可以看出炉膛内的流动情况，从底部燃烧器中燃料高速喷射，使炉膛内的烟气不断循环，有利于降低燃烧区内的温度从而降低 NO_x 排放。

通过速度分布云图，可以清楚地看出燃料喷射的情况。

在裂解炉炉膛 1m、3m、5m、7m、9m、11m 分别取平面，做出各平面上的 CO 摩尔浓度分布云图，如图 5.6-15 所示。

从图中可以看出 CO 摩尔浓度较大的区域都是贴近火焰区域，远离炉管区域的，由此可见不会发生火焰翻卷现象。

在裂解炉炉膛 1m、3m、5m、7m、9m、11m 分别取平面，做出各平面上的 O_2 摩尔浓度分布云图，如图 5.6-16 所示。

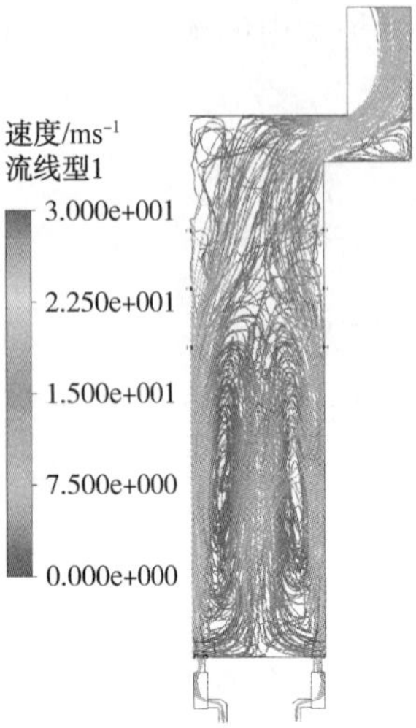

图 5.6-13　炉膛内的流场

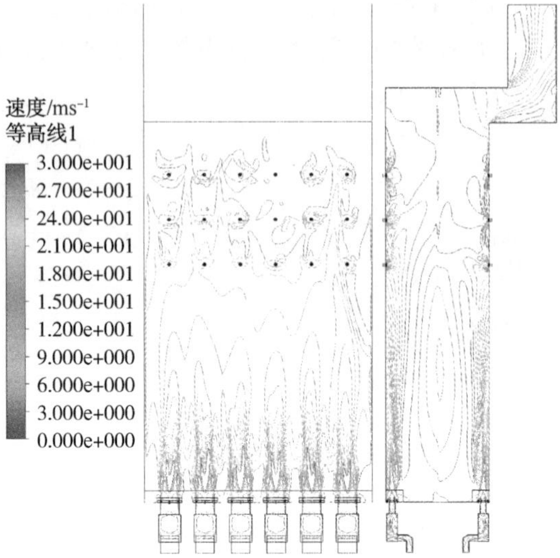

图 5.6-14　炉膛内的速度分布云图

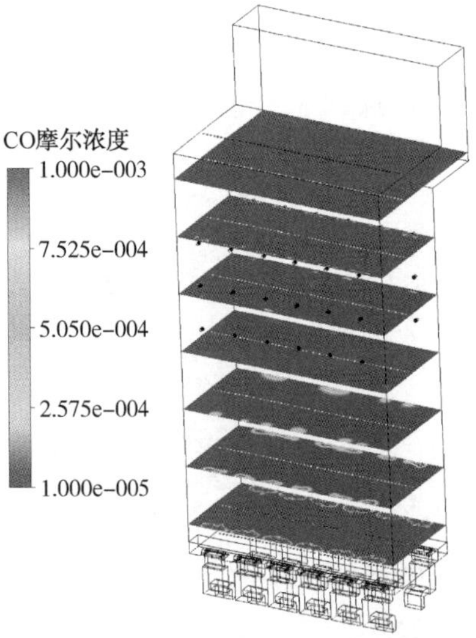

图 5.6-15　CO 摩尔浓度分布云图

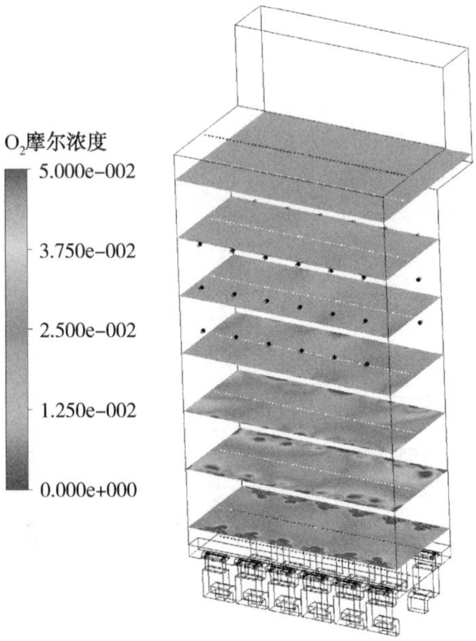

图 5.6-16　O_2 摩尔浓度分布云图

从 O_2 摩尔浓度分布可以看出在靠近炉膛出口处氧含量较低。在炉膛出口处得 O_2 的体积分数为 1.81%。

(6) 结论

借助于商用流体分析软件，以数值计算为基础，对裂解炉内燃烧过程进行了较系统全面的计算，揭示了炉膛内的燃烧情况。模拟的结果给出了炉膛内的火焰形状和温度分布等，可以清晰和深入了解燃烧状况。

从炉膛内的火焰形状、流场和辐射强度分布来看，使用底部燃烧器、侧壁燃烧器联合供热的方式可提供均匀的辐射强度分布，使炉管面受热均匀，有利于延长裂解炉的运行周期。

2. CFD 技术在裂解炉掌型管中的应用

在某乙烯工程裂解炉装置设计中，由于轻油炉炉管构型的特殊性，辐射段炉管出口的五合一掌型管被首次使用，为了能对该构件内部流场的流动状况有一清晰的了解，并针对不同结构型式进行优化对比，优选出较佳的参数配比，为设计和制造提供参考，应用商用软件开展五合一掌型管流道结构的 CFD 计算。图 5.6-17 和图 5.6-18 分别为不同结构的速度云图及压力云图。经过对比计算及分析确定其最优设计结构。

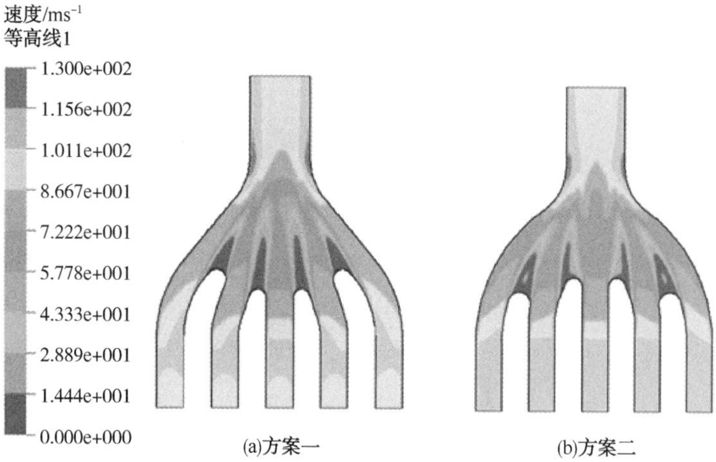

图 5.6-17　不同方案速度云图

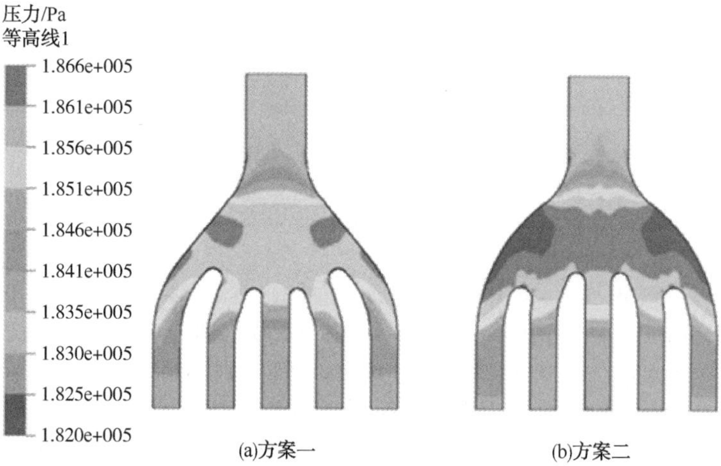

图 5.6-18　不同方案压力云图

3. CFD 技术在研究增加空气预热器对裂解炉燃烧状态的影响中的应用

作为乙烯装置的能耗"大户"，裂解炉的能耗约占整个乙烯装置能耗的 60%左右。因此，提高裂解炉热效率，减少燃料气消耗量，是降低乙烯装置能耗的重要手段。裂解炉能耗与进入裂解炉的空气温度密切相关，当进入裂解炉的空气温度较高时，可减少加热空气的燃料消耗。乙烯装置存在大量的低温热源，利用这些低温热源加热裂解炉燃烧器所用的空气，既可减少裂解炉燃料消耗，又能降低循环冷却水的用量，起到节能的作用。运用 CFD 技术模拟裂解炉膛温度场，掌握增加空气预热器前后不同的操作条件下温度场的变化规律，了解不同的温度场分布对反应的影响，图 5.6-19 和图 5.6-20 分别为沿炉膛宽度方向及高度方向炉膛截面温度分布云图。结合部分工业裂解炉的实际操作测试数据，对工厂增加空气预热器后的裂解炉操作条件提出建议，或者对裂解炉进行整改，以获得满意的操作效果，使裂解技术不断进步。

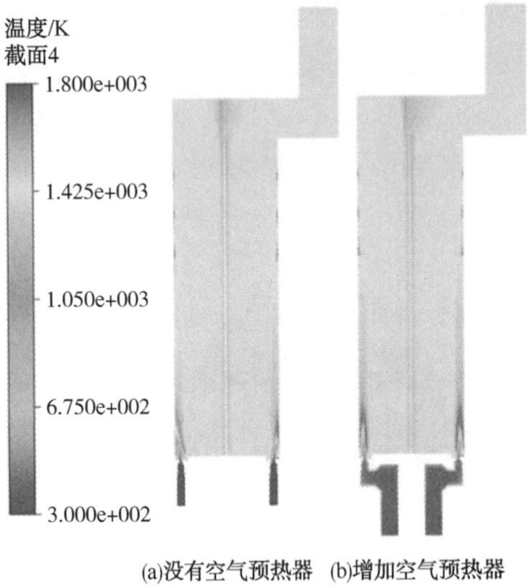

图 5.6-19　沿炉膛宽度方向截面温度分布

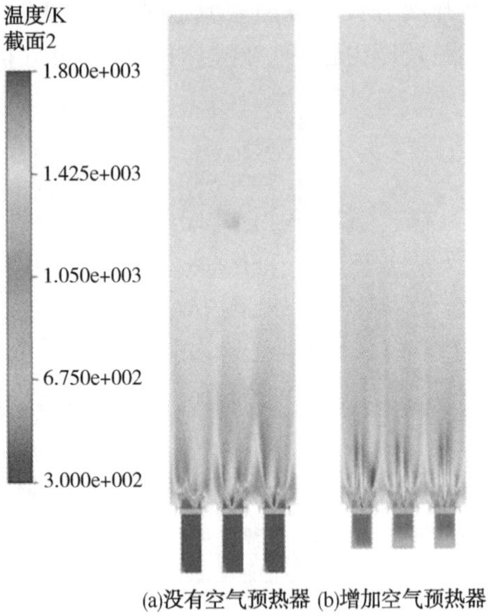

图 5.6-20　沿炉膛高度方向截面温度分布

参 考 文 献

[1] Rice F O. The thermal decomposition of organic compounds from the start point of free radicals 4，the dehydrogenation of paraffin hydrogenations and the strength of the c-c bond [J]. American Chemical Society，1933，55：4245-4247.

[2] Sundaram K M，Froment G F. Two dimension modeling of simulation of tubular reactor for thermal cracking [J]. Chem. Eng. Sci.，1980，35：364-371.

[3] Broadbelt L J，Stark S M，Klein M T. Computer generated pyrolysis modeling：On-the-fly generation of species，reactions，and rates [J]. Ind. Eng. Chem. Res，1994，33：790-799.

[4] Matheu D M，Dean A M，Grenda J M，et al. Mechanism generation with integrated pressure dependence：A new model for methane pyrolysis [J]. J. Phys. Chem. A，2003，107：8552-8565.

[5] Van Geem K M，Reyniers M F，Marin G B，et al. Automatic reaction network generation using RMG for steam cracking of n-Hexane [J]. AIChE J.，2006，52：718-730.

[6] 李华，张兆斌．热裂解链引发-终止反应的计算——C—H 键的断裂-形成[J]．石油化工，2006，35：643-648.

[7] 张兆斌，李华，张永刚，等．丁烷热裂解自由基反应模型的建立和验证[J]．石油化工，2007，36：44-48.

[8] Li H，Chen B Z，Huang M B. CASPT2 investigation of ethane dissociation and methyl recombination using ca-

nonical variational transition state theory[J]. Int. J. Chem. Kinet., 2008, 40: 161-173.
[9] 李蔚，王国清，杜志国，等．石油烃热裂解反应速率常数估算方法的研究进展[J]．乙烯工业，2009，21：1-7.
[10] 徐士良．C 常用算法程序集[M]．北京：清华大学出版社，1994.
[11] 倪力军，张立国，倪进方．乙烷工业炉裂解动力学模型与模拟[J]．石油学报，1995，13：70-77.
[12] Blakemore J E, Corconan W H. Validity of the steady-state approximation applied to the pyrolysis of n-butane [J]. I&EC Proc. Des. Dev., 1969, 8: 206-209.
[13] Tomlin A S, Polling M J, Merkin J H. Reduced mechanism for propane pyrolysis [J]. Ind. Eng. Chem. Res., 1995, 34: 3749-3760.
[14] Dente M, Pierucci S, Ranzi E. New improvement in modeling kinetic scheme for hydrocarbons pyrolysis reactors [J]. Chem. Eng. Sci., 1992, 47: 2629-2634.
[15] Goossens A G, Dente M, Ranzi E. Simulation program predicts olefin-furnace performances [J]. The Oil and Gas J., 1978, 76: 89-104.
[16] Goossens A G, Dente M, Ranzi E. Improve steam cracker operation hydrocarbon processing [J]. The Oil and Gas J., 1978, 76: 227-236.
[17] Joo E, Park S, Lee M. Pyrolysis reaction mechanism for industrial naphtha cracking furnace [J]. Ind. Eng. Chem. Res., 2001, 40: 2409.
[18] Dente M Ranzi E. Detailed prediction of olefin yields from hydrocarbon pyrolysis through a fundamental simulation program SPYRO. Comp. Chem. Eng., 1979, 3: 61.
[19] Rao M V R, Plehiers P M, Froment G F. The coupled simulation of heat transfer and reaction in a pyrolysis furnace. Chem. Eng. Sci., 1988, 43: 1222.
[20] Reyniers M F, Froment G F. Influence of metal surface and sulfur addition on coke deposition in the thermal cracking of hydrocarbons. Ind. Eng. Chem. Res., 1995, 34: 773-785.
[21] Stefanidis G D, Merci B, Heynderickx G J, et al. CFD simulations of steam cracking furnaces using detailed combustion mechanisms[J]. Computers & Chemical Engineering, 2006, 30(4): 1779-1789
[22] Van Damme P S, Willems P A, Froment G F. Temperature, not time, controls steam cracking yields, Oil & Gas Journal, 1984, 68-73.
[23] Van Goethem M W M, Kleinendorst F I, Van Leeuwen C, et al. Equation-based SPYRO® model and solver for the simulation of the steam cracking process[J]. Comp. Chem. Eng., 2001, 25: 905-911.
[24] Van Geem K M, Reyniers M F, Marin G B, et al. Automatic network generation using RMG for steam cracking of n-Hexane[J]. AIChE Journal, 2006, 52: 718-730.
[25] Wauters S, Marin G B. Kinetic modeling of coke formation during steam cracking[J]. Ind. Eng. Chem. Res., 2002, 41: 2379.
[26] Hu G H, Yuan B F, Zhang L, et al. Coupled simulation of convection section with dual stage steam feed mixing of an industrial ethylene cracking furnace[J]. Chem. Eng. J., 2016, 286: 436-446.
[27] Hu G H, Schietekat C M, Zhang Y, et al. Impact of radiation models in coupled simulations of steam cracking furnaces and reactors[J]. Ind. Eng. Chem. Res., 2015, 54: 2453-2465.
[28] Hu G H, Wang H G, Qian F, et al. Coupled simulation of an industrial naphtha cracking furnace equipped with long-flame and radiation burners[J]. Comput. Chem. Eng., 2012, 38: 24-34.
[29] Hu G H, Wang H G, Qian F. Numerical simulation on flow, combustion and heat transfer of ethylene cracking furnaces[J]. Chem. Eng. Sci., 2011, 66(8): 1600-1611.
[30] Hu G H, Wang H G, Qian F, et al. Comprehensive CFD simulation of product yields and coking rates for a floor-and wall-fired naphtha cracking furnace[J]. Ind. Eng. Chem. Res., 2011, 50(24): 13672-13685.

[31] Yuan B F, Zhang Y, Peng X, et al. Simulation of the evaporation tube banks in the convection section of a steam cracking furnace using an evaporation model[J]. Ind. Eng. Chem. Res., 2017, 56(38): 10813-10825.
[32] Zhang Y, Reyniers P A, Schietekat C M, et al. Computational fluid dynamics-based steam cracking furnace, optimization using feedstock flow distribution[J]. AIChE J., 2017, 63(7): 3199-3213.
[33] Zhang Y, Reyniers P A, Du W L, et al. Incident radiative heat flux based method for the coupled run length simulation of steam cracking furnaces[J]. Ind. Eng. Chem. Res., 2017, 56: 4156-4172.
[34] 王松汉，何细藕．乙烯工艺与技术[M]. 北京：中国石化出版社，2000.
[35] 王松汉．乙烯装置技术与运行[M]. 北京：中国石化出版社，2009.
[36] 胡杰，王松汉．乙烯工艺与原料[M]. 北京：化学工业出版社，2017.
[37] 钱家麟，等．管式加热炉[M]. 北京：中国石化出版社，2003.
[38] 何细藕．乙烯工业，裂解炉对流段及蒸汽注入方式的发展，1998，10(3)：1-7.
[39] 何细藕，方邦铻，邵晨．裂解炉对流段模拟软件的开发与应用[J]. 石油化工设计，2001，18(3)：1-6.
[40] 何细藕，李昌力．裂解炉对流段的设计[J]. 石油化工设计，2001，18(3)：1-6.
[41] 王子宗，何细藕．乙烯装置裂解技术进展及国产化历程[J]. 化工进展，2014，33(1)：1-9.
[42] 何细藕．中国石化 CBL 裂解技术的大型化及其应用[J]. 乙烯工业，2015，27(1)：49-52.
[43] 黄祖祺，等．石油化工管式炉的模拟与计算机计算[M]. 北京：化学工业出版社，1993.
[44] 王少南．浅谈裂解炉横跨管系统设计、施工及运行维护[J]. 乙烯工业，2015，27(3)：42.
[45] 岑可法，姚强，骆仲泱，等．高等燃烧学[M]. 杭州：浙江大学出版社，2002：555-580.
[46] 钱家麟．管式加热炉(第二版)[M]. 北京：中国石化出版社，2003：223-225.
[47] 徐旭常，周力行．燃烧技术手册[M]. 北京．化学工业出版社，2008：1368-1384.
[48] API Publication 535. Burners for fired heaters in general refinery services (Second Edition). Washington D. C.: API Publishing Service, 2006
[49] 李金科，徐红兵，刘韫砚，等．大型裂解炉用底部燃烧器的国产化研发[J]. 石油化工，2012，41(3)：319-324.
[50] 张建，李金科．裂解炉用低 NO_x 燃烧器国内技术进展[J]. 化工机械，2012，39(6)：681-685.
[51] 李昌力．裂解炉供热与燃烧器[J]. 乙烯工业，2010，22(3)：61-64.
[52] 张建．裂解炉燃烧器的操作维护[J]. 化工机械，2013，40(2)：257-260.
[53] 中国石油化工股份有限公司，天华化工机械及自动化研究设计院有限公司．一种可降低氮氧化物排放的侧壁气体燃烧器：中国，ZL 201010296282.6[P]. 2012-05-23.
[54] 天华化工机械及自动化研究设计院有限公司．一种用于裂解炉底部低氮氧化物排放的空气分级气体燃烧器：中国，ZL 201220246514.1[P]. 2012-12-12.
[55] 中国石油化工股份有限公司，天华化工机械及自动化研究设计院有限公司．一种预混式低氮氧化物排放的裂解炉用底部气体燃烧器：中国，ZL 201220661754.8[P]. 2013-05-29.
[56] 中国石油化工股份有限公司，天华化工机械及自动化研究设计院有限公司．一种超低 NO_x 排放的裂解炉用底部燃烧器：中国，ZL 201320044213.5[P]. 2013-08-07.
[57] 天华化工机械及自动化研究设计院有限公司．一种扁平长火焰的低 NO_x 裂解炉用侧壁燃烧器：中国，ZL 201420574712.X[P]. 2015-01-28.
[58] 天华化工机械及自动化研究设计院有限公司．一种乙烯裂解炉燃烧器的排布结构：中国，ZL 201520895806.1[P]. 2016-06-22.
[59] 天华院(南京)智能制造有限公司．一种低氧低 NO_x 的底部气体燃烧器：中国，ZL 201910702307.9[P]. 2021-07-06.

第六章　裂解炉的机械设计

第一节　裂解炉本体

一、概述

乙烯装置裂解炉(以下简称裂解炉，见图 6.1-1)本体是指本体壁板(包括加强用的型钢)及其内部的结构和附件。按位置不同分包括辐射段和对流段；按材料不同分包括盘管、钢结构、衬里及附件。炉本体投资约占整个裂解炉总投资的 30%~35%，是裂解炉的重要组成部分。其机械设计直接影响到裂解炉的投资和运行成本、安全可靠性等诸多方面。本节仅简单地将各主要部分的设计原则和材料选用加以介绍，以便对裂解炉的本体机械设计有一个概括性的了解。

图 6.1-1　乙烯装置裂解炉全貌

二、盘管

乙烯裂解炉设有辐射盘管和对流盘管。盘管最小壁厚按照工艺介质的不同而采用相应的标准进行设计。

1. 辐射盘管

裂解炉的辐射盘管(图 6.1-2)是裂解原料发生化学反应生成裂解产物的部位。改进辐射盘管的结构是管式裂解技术发展的核心。不同的专利商选用的盘管构型各不相同，但都是为了达到提高裂解选择性的目的。通常需考虑材料、几何参数和吊挂系统，它们对盘管的使用寿命有决定性的影响。

由于辐射炉膛烟气温度在 1200℃左右，要求炉管材料强度高，特别是高温持久强度；抗氧化、耐腐蚀性能良好；抗渗碳性能良好；高温组织稳定性符合裂解炉操作条件；热加工性能良好，特别是可焊性；经济合理。通常选用 25Cr-35Ni 和 35Cr-45Ni 等高合金的离心铸造管，通过静态铸造的管件连接。

辐射盘管的结构参数主要有长度、管间距、管径和几何构型。辐射盘管的直管长度取决于材料本身的强度和炉膛燃烧供热方式；辐射盘管的管间距和管径及几何构型受到工艺条件和炉管机械条件的限制。

裂解炉辐射盘管在材质、长度、管间距、管径和几何构型等均已确定的情况下，影响炉管使用寿命的内在因素也已经确定。但是，并不是说只有这些因素起决定性作用。在使用过程中，炉管的吊架设计和燃烧的稳定性，同样也起着决定性的作用。

设置辐射盘管吊挂系统应以上部吊挂支承、底部设置导向(如果需要)为原则，除了平衡炉管及物料的重量外，主要目的是消除在高温操作条件下炉管产生的热应力等二次应力，延长炉管的使用寿命。

2. 对流盘管

裂解炉的对流盘管(图 6.1-3)的主要作用是通过对流传热方式加热或过热工艺介质以回收烟气热量，提高炉子的热效率，降低装置能耗。同时，完成对原料介质的汽化并达到进入辐射盘管的起始温度要求。由于对流盘管按烟气温度(能位)高低合理安排换热管，烟气温度跨度从 1200℃左右降到 100℃左右，因此换热管材料选择涵盖了碳钢、铬钼钢、不锈钢等。个别炉型的下原料蒸汽混合过热段也选用高铬镍镍基合金钢，而回收低温位热能的上原料预热段换热管则按需要选用防硫酸露点腐蚀的材料。

图 6.1-2　辐射盘管

图 6.1-3　对流盘管

三、耐火材料

耐火材料是用于热工设备中抵抗高温作用的结构材料，属于无机非金属材料。耐火和隔热材料(简称耐火材料)的选择应依据预期的操作温度和材料的分类温度。裂解炉用耐火材料通常选用陶瓷纤维、轻质耐火隔热砖和轻质耐火浇筑料三种。

1. 陶瓷纤维

陶瓷纤维作为一种炉衬材料，由 20 世纪 60 年代传入中国。70 年代初已先后在石化行业输油管线和炼油厂加热炉上使用。90 年代初开始应用到乙烯裂解炉。陶瓷纤维可加工成毯、毡、板、纸、带等用于裂解炉膛的炉衬设计中。到目前为止，陶瓷纤维制品以层铺、模块等炉衬结构形式在大型石化企业新建或改造裂解炉上得到了广泛应用(图 6.1-4、图 6.1-5)。

裂解炉炉衬设计中通常选用 23 级和 26 级含锆陶瓷纤维。参照 GB/T 3003—2017《耐火纤维及制品》，即在规定的 1260℃/1450℃试验温度下，经 24h 加热后，加热线收缩不大于 4%。

图 6.1-4　陶纤模块衬里

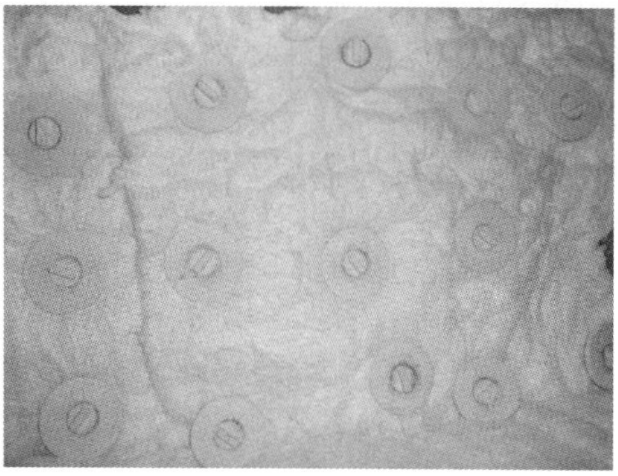

图 6.1-5　陶纤层铺衬里

2. 轻质耐火隔热砖

轻质高铝耐火砖的氧化铝含量大于 48%，具有良好的高温结构强度和抗熔渣侵蚀性能，是裂解炉炉衬最传统的设计。从使用寿命的角度讲，如果没有砖本身及施工质量问题，砖结构的炉衬是裂解炉选用的耐火材料中最耐久和相对经济的。尤其是在烟气流速大或受火焰冲刷的部位，效果显著。轻质高铝耐火砖在裂解炉中无论是干砌施工或耐火泥浆湿砌施工，均要与陶瓷纤维毯和/或板作为背衬复合使用。耐火泥浆应选用气硬型泥浆。随着裂解炉设计的大型化，轻质高铝耐火砖在炉衬中使用的范围正在逐步缩小(图 6.1-6、图 6.1-7)。

图 6.1-6　轻质耐火隔热砖衬

图 6.1-7　轻质耐火浇注料衬里

3. 轻质耐火浇注料

轻质耐火浇注料是由骨料、结合剂及若干添加剂配制而成，是一种应用广泛的传统耐火隔热材料。不同温度等级的轻质耐火浇注料应用在乙烯裂解炉的对流段和辐射段炉底。该种材料可单独或与其他材料复合使用，热面层的最小厚度应为 75mm，锚固件应支撑住每层衬里。它的优点：施工较为简便、成本低、整体性能较好。缺点：浇注料施工后要进行养护；运输过程中容易出现开裂现象；使用前需要进行一定时间的烘炉；使用过程中锚固件部位容易出现热点。裂解炉炉衬设计中主要采用带背衬和不带背衬的浇注料炉衬结构。

四、炉本体钢结构

裂解炉本体钢结构的设计和施工应保证最小空气渗透。裂解炉本体钢结构材质的选用应按 GB 50017 或 SH/T 3070 的规定。裂解炉本体钢结构壁板的最小厚度应为 5mm，且应设加强筋以防翘曲。若壁板用于承受弯曲应力，其最小厚度应为 6mm。炉底板和辐射室顶板最小厚度应为 6mm。

炉壁板的外部焊缝应为连续密封焊，以防空气和水渗入。所有炉管和弯头的荷载应由钢结构支承，不得传到耐火隔热炉衬上。

炉顶设计应考虑雨水排放，通过布置构件和排水口等达到排水要求。

炉管穿过炉壁的部分，为便于炉管的安装及检修，应设计为可拆卸的活动壁板。

除非另有规定，辐射段和对流段外部密封即安装接缝应从外部进行密封焊接。

裂解炉钢结构及设备的布置允许在不影响临近炉管和管件情况下更换单根炉管。

五、对流段模块

近年来，随着裂解炉的大型化和节能减排及安全要求的不断提高，对流段技术发展又出现一个显著的特点：对流段分段数越来越多，即回收高温烟气余热的能位分得越来越细，对现场组装施工技术和制造材料要求越来越高。传统施工方法是，由换热管及管配件制造厂为施工现场提供换热管及弯头、管板、管座等配件，施工人员进行露天高空现场组装，这样造成现场工作的劳动强度大、安全性差，现场焊接工作受环境因素影响较大，质量保证困难，现场施工安装进度慢等。针对上述问题，采用对流段模块化设计，已成为裂解炉设计的发展趋势。

对流段模块主要由换热管(光管或翅片管)、管件(弯头和三通)、管板(端管板和中间管板)、部分盘管组的进出口通过集箱汇集在一起，四周再组对上钢结构框架、壁板、弯头箱并砌筑炉衬(耐火隔热材料)等构成。

在设计思路上依旧是按照盘管、耐火材料、钢结构分别进行机械设计。设计的思路不同，对流段模块的安装顺序也可能不同。

此外，对流段模块的大小需考虑运输和吊装的要求，因而同一台裂解炉其对流段各模块合成的高度尺寸可能会有所不同(图 6.1-8、图 6.1-9)。

图 6.1-8　对流段模块

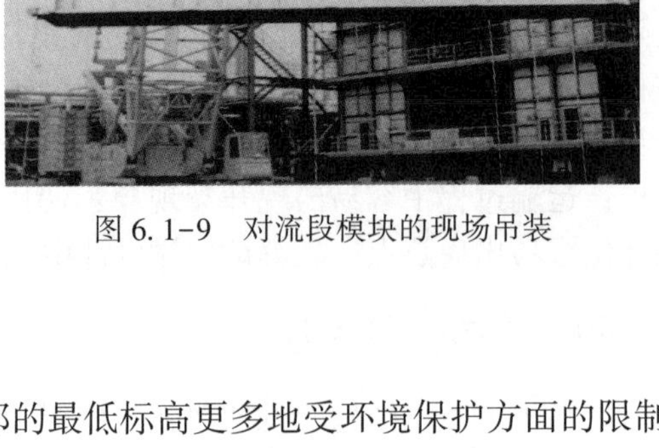

图 6.1-9　对流段模块的现场吊装

六、烟囱及烟道

烟囱及烟道位于裂解炉的最顶端，烟囱顶部的最低标高更多地受环境保护方面的限制。

位于顶部的烟囱通常采用内部衬有隔热浇注料，且为自支撑，通过螺栓连接于钢结构框架上。

以上为管式裂解炉本体机械设计的概括性的描述，它具有结构简单、运行稳定性好和烯烃收率高等优点，在世界乙烯装置生产中发挥着巨大的作用。

第二节　蒸汽发生系统

裂解炉蒸汽发生系统主要分为三个部分：急冷换热器，上升下降管和高压汽包。裂解炉辐射炉管出来的高温裂解气体，直接进入急冷换热器迅速降低温度而终止化学反应，并回收高温热量以发生高压蒸汽，所产生的饱和高压蒸汽通过上升管进入高压汽包进行水汽分离。急冷换热器、上升下降管和高压汽包采用自然循环的方式组成了裂解炉蒸汽发生系统。

一、急冷换热器

1. 急冷换热器的结构型式和参数

急冷换热器运行情况的好坏，直接影响乙烯装置的蒸汽平衡。另外，由于急冷换热器的运行周期和裂解炉的运行周期是互为牵制的，所以延长急冷换热器的运行周期，可以提高乙烯产量，并减少升温过程，从而可提高炉管寿命。

急冷换热器一般要求具有如下性能：

① 结焦少，能长期连续运转。

② 可回收高压蒸汽，热效率高，经济性能优良。

③ 结构简单，机械问题少，稳定性好。

④ 投资低。

根据裂解气在冷却过程中容易产生二次反应和容易结焦的特点，要求急冷换热器必须具备：

① 高质量流速。裂解气体很快通过急冷换热器，以避免重组分和二次反应物在管壁上沉积，使结焦轻微。日本有关资料介绍质量流速一般为50~120kg/(m^2·s)。当裂解重质油时，质量流速约为40kg/(m^2·s)。

② 高压力水汽。水和蒸汽压力高，在换热过程中，使管壁温度不致降到裂解气的露点温度以下，同时可使结焦轻微。国外目前采用的压力一般在8.33~11.8MPa之间。

③ 短停留时间。这个指标是和高的质量流速相一致的，但在保证质量流速的同时，管子也不能无限制地长，使出口温度太低。管子太长，阻力将太大，可影响裂解深度，所以停留时间一般控制在0.05s左右。

④ 低压力降。低烃分压有利于提高裂解炉的选择性。通常裂解气压缩机入口压力为一定值，因此急冷换热器的压力降低有利于降低辐射段炉管出口的压力，从而提高裂解的选择性。通常急冷换热器的最大压降(末期)为0.10MPa左右。

高温裂解气的急冷主要采用二种方式，即一级急冷、二级急冷。对于气体原料有时也采用三级急冷。

(1) 一级急冷换热器

一级急冷换热器主要有传统双套管急冷换热器、浴缸式急冷换热器、U 型套管式急冷换热器、Borsig 加强薄管板急冷换热器、环形椭圆集流管的双套管急冷换热器、OLMI 急冷换热器以及线性急冷换热器等。

1) 传统双套管急冷换热器

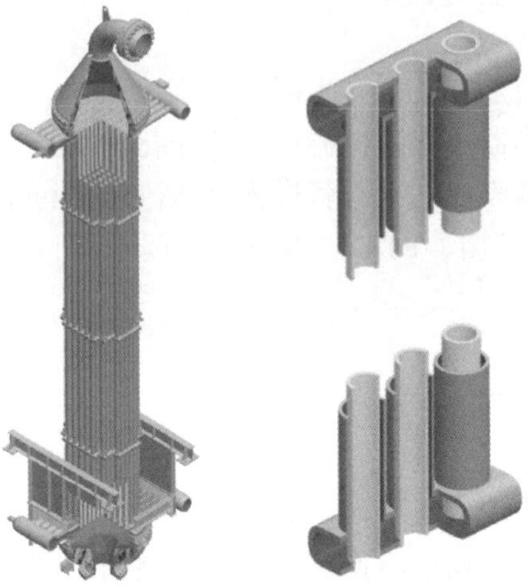

图 6.2-1　传统双套管急冷换热器

传统双套管急冷换热器其换热单元为椭圆形集流管、内管和外管。内管走裂解气，高压给水通过下降管引入到双套管急冷换热器下部的椭圆集流管，而后进入外管和内管之间的环隙，与裂解气进行换热，形成的汽水混合物由上部的椭圆集流管引出，通过上升管进入高压汽包。其主要特点是以椭圆形集流管代替管板，可以在一定程度吸收内管和外管之间的温差应力，同时避免了高压高温条件下使用厚管板和厚壁容器。其结构简单、制造方便、应用广泛。传统双套管急冷换热器的结构型式见图 6.2-1。

传统双套管急冷换热器工艺参数实例见表 6.2-1。

表 6.2-1　传统双套管急冷换热器工艺参数实例

项　　目	传统双套管急冷换热器	
	管间	管内
介质	水、蒸汽	裂解气
流体总流量/(kg/h)		11700
操作压力/MPa	12.4	0.109
急冷换热器入口温度/℃	326	789
急冷换热器出口温度/℃	326	412

急冷换热器中，高温裂解气流经管子中的气量对传热和相应的热膨胀有决定性的影响。良好的气体分布可保证每根管子中的流量基本相同，并能减少管内的结焦。因此，必须设计合理的气体分配器。由于输送管横截面小于管板面积，因此必须注意使进入的气体尽可能均匀分布在管板上，以保证所有管子里的气体流量相同。

传统双套管急冷换热器存在入口封头因气流返混造成裂解气在高温下停留时间较长的缺点。其停留时间大约为 60ms，其中入口封头处的停留时间约为 40ms，相对乙烯裂解炉辐射盘管停留时间降至 0.1~0.2s 的情况，急冷换热器入口封头处停留时间的影响显然更为敏感。

2) 浴缸式急冷换热器

为了解决传统双套管急冷换热器流量分配不均匀的问题，Lummus 公司和 SHG 公司合作开发了浴缸式急冷换热器，因入口封头形似浴缸，故称为浴缸式急冷换热器。浴缸式急冷换热器的换热单元与传统双套管急冷换热器相同，仍由椭圆形直排集流管、内管和外管组成。为了解决传统双套管急冷换热器入口封头因气流返混造成裂解气在高温下停留时间较长和流量分布不均的问题，浴缸式急冷换热器在裂解气入口处进行了改进，将传统双套管急冷换热器采用的单头进料方式改为多头进料，一般每台浴缸式急冷换热器有 2 个或 4 个裂解气入口。裂解气入口通道主要由扩压器、分配空间、分配板(防焦挡板)等组成，大大减小了裂解气入口区域的流动死区，使裂解气可以更均匀地分配到每一根换热管中，提高了换热管的利用率，并减少了裂解气在绝热段的停留时间，与单入口传统双套管急冷换热器相比，流量分配均匀，延长了运行周期，乙烯损失少。国内乙烯装置中，燕山石化、扬子石化 100kt/a 大型裂解炉分别采用了 2 个和 4 个入口的浴缸式急冷换热器。典型的浴缸式急冷换热器见图 6. 2-2。双入口浴缸式急冷换热器封头见图 6. 2-3。

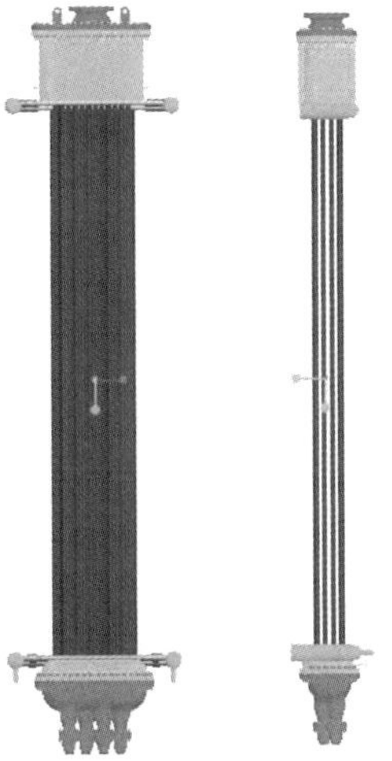

图 6. 2-2　浴缸式急冷换热器

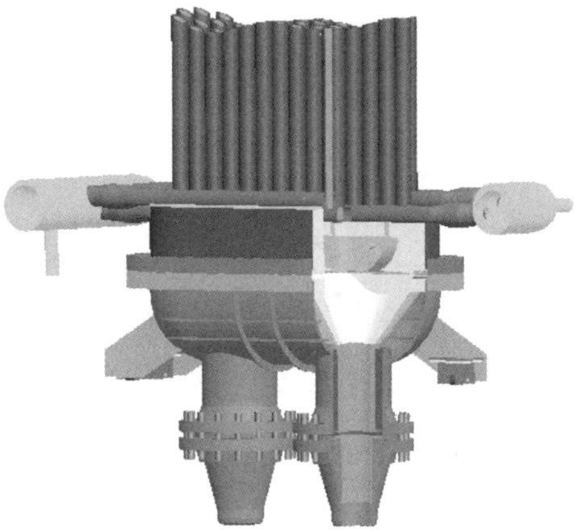

图 6. 2-3　双入口浴缸式急冷换热器封头

3）快速急冷换热器

快速急冷换热器(专利号：US5464057，CN1149310A)也是为了解决传统双套管急冷换热器流量分配不均匀的问题，由 Lummus 公司和 SHG 公司合作开发完成。其特点是具有 4 个裂解气入口，在每个入口各有一个“掌形”分布器，裂解气通过“掌形”分布器被分配到 4~5 根换热管中。为了使裂解气能均匀地分配到 4~5 根换热管中，将流动通道设计成先将裂解气减速增压，然后再加速进入换热管中，在流动方向上“掌形”分布器的截面变化是平滑的(空气动力学)，避免了死区(即流动分离区)，并且可使压力损失达到最小。由于结构的改进，快速冷却急冷换热器由入口法兰至换热段的停留时间可缩短到 12ms 左右，仅为传统 SHG 型急冷换热器入口封头停留时间的 25%。除停留时间缩短以外，快速冷却急冷换热器的压力降也小，可以控制在 10kPa 以内。从缩短停留时间和降低烃分压来看，快速冷却急冷换热器均有利于改善裂解选择性。快速冷却急冷换热器首先应用于 Lummus 公司的 SRT-Ⅵ型裂解炉，急冷换热器换热管共 16 根双套管换热管。每台快速急冷换热器共有 4 根入口管，每台裂解炉配置 6 台快速冷却急冷换热器。国内乙烯装置中，赛科项目的乙烯裂解炉采用了快速冷却急冷换热器。典型的快速冷却急冷换热器见图 6. 2-4。

4）U 型套管式急冷换热器

U 型套管式急冷换热器为双程换热结构，分前段和后段两部分，采用二级急冷换热器的设计原理，但由于 U 型套管式急冷换热器为一台完整的设备，因此往往将其划分到一级急冷换热器范围内。U 型套管式急冷换热器由若干个套管式换热单元组成，每个套管式换热单元的入口均与一个裂解炉出口管相连，不存在裂解气流量分配问题。图 6.2-5 为某裂解炉改造项目采用的国内设计、制造的双排双程 U 型急冷换热器。U 型套管式急冷换热器工艺参数见表 6.2-2。

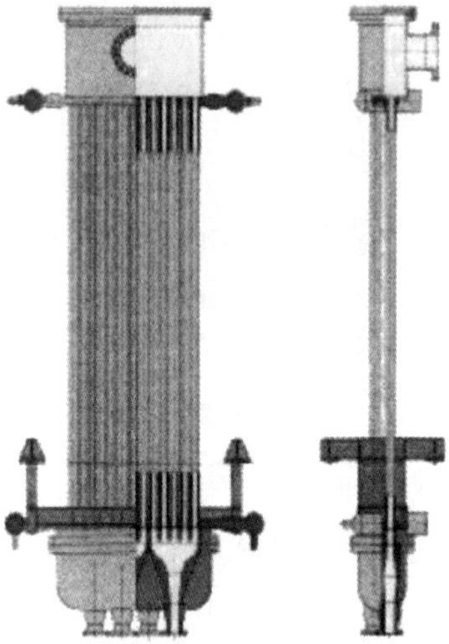

图 6.2-4　快速急冷换热器

图 6.2-5　U 型套管式急冷换热器

表 6.2-2　U 型套管式急冷换热器工艺参数实例

负荷		100%	
炉管		36 组 2-1	
投油量[kg/(h·炉)]		20000	
稀释蒸汽比		0.5	
急冷换热器型式		U 型套管式急冷换热器	
		前段	后段
入口温度/℃	初期	843	476
出口温度/℃	初期	476	388
入口压力(G)/MPa	初期	0.122	0.1170
急冷换热器台数		2	2

5）Borsig 型急冷换热器

Borsig 型急冷换热器是德国 Borsig GmbH 公司开发出来的一种固定管板管壳式换热器。它的基本构型是一种列管式换热器，由壳体、换热管、管板等组成。管内走裂解气，管外为高压沸腾水。其特殊性在于入口端管板为加强型薄管板，它被设计成薄而断面系数较大的栅板，这样就避免了在进口处由于热负荷较大，而引起厚管板温度梯度较大造成的破裂。国内乙烯装置中，上海石化、茂名石化 100~110kt/a 大型裂解炉采用了 Borsig 型急冷换热器。

从对裂解气的冷却效果来要求，管板应当薄。但从能经受水侧的高压来要求，管板应当厚。Borsig 公司开发的加强型薄管板管壳式急冷换热器兼顾了这两方面的要求，厚度只有 10~15mm 的薄管板是用厚的拉桩板来加强，作用在薄管板上的压力载荷是经过厚管板的拉筋和厚管板传到管壳上，拉筋和厚管板是由一个整体锻件机械加工出来的。这些拉筋与薄管板焊接，在圆截面上隔成了若干直通流道，使水从一端流向另一端。

垂直放置的急冷换热器的进口管板处于水系统的最低位置，为了避免出现故障，流经进气段管板的水的流速要高。除了有很好的冷却效果以外，还要使水中可能存在的小固体颗粒被水流冲走而不能滞留在管板上，否则会降低传热效果而导致事故。图 6.2-6 为 Borsig 急冷换热器入口部分三维图。

Borsig 型急冷换热器还在入口端管子和管板采用了深孔焊，是一种全熔透对接焊接结构，避免了间隙腐蚀。由于焊缝位于管板的水侧，使得温度接近于饱和水的温度，改善了焊缝的应力分布。

Borsig 型急冷换热器在出口端热负荷较小，采用的是厚管板结构，有的厚度达 180mm，这种厚管板就决定了该急冷换热器不能用于重质油品为原料的裂解装置。当使用较重质油品(如轻柴油)时，因为裂解气中重组分较多，冷却后温度不能太低，要控制在 450~550℃ 左右，这样管板本身的热应力较大，长期操作有可能导致管板破坏。

Borsig 型急冷换热器也存在入口封头因气流返混造成裂解气在高温下停留时间较长的缺点。Borsig 公司为了减少回流引起的无法控制的绝热停留时间，对急冷换热器入口锥体进行了改进(专利号：US5029637)。在传统的急冷换热器入口锥体中，速度分布极不均匀，壁面附近速度低，中心轴线处速度高。流动的不均匀带来的另一个问题是裂解气中焦粒的不均匀，焦粒主要集中在中心轴线附近，并导致管板和管子的冲蚀。Borsig 公司在急冷换热器的入口锥体中加入了锥形排列的同心圆环插件，见图 6.2-7，它不仅能使流体均匀分布，而且可以保护管板不受冲蚀。

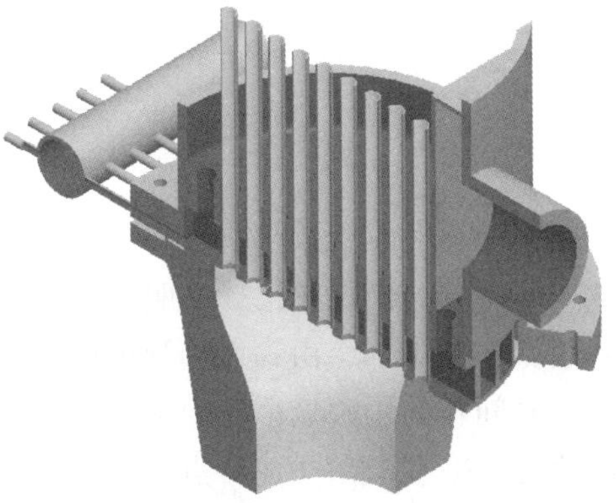

图 6.2-6　Borsig 急冷换热器入口部分三维图

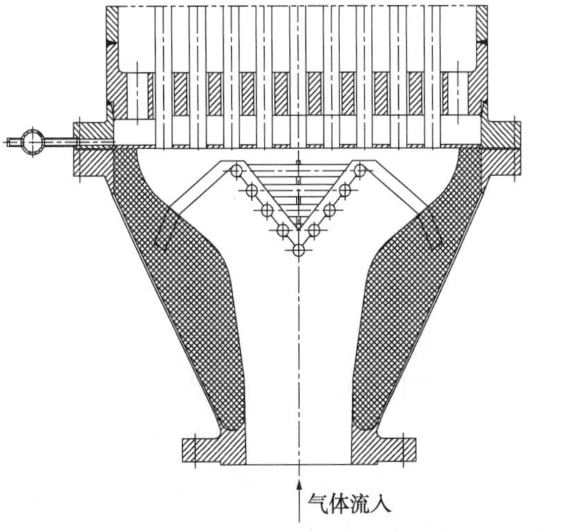

图 6.2-7　Borsig 急冷换热器入口气体分布器

由于 Borsig 型急冷换热器入口端的加强型薄管板结构较复杂，焊缝较多，需通过自动化焊接来实现，给制造带来一定的困难。

6）环形椭圆集流管的双套管急冷换热器

为了满足大容量裂解炉管的需要，Lummus 公司和 SHG 公司还合作开发了采用环形椭圆集流管的双套管急冷换热器(专利号：US5816322)，以增大单台急冷换热器的处理量或进一步降低裂解气出口温度，见图 6.2-8。为了将裂解气均匀分配到每一根换热管中，急冷换热器入口有一个专门设计的流体分布器。裂解气经过流体分布器的锥形扩散段和径向扩散段之后被减速增压，然后再加速进入换热管中，整个流道是平滑的，避免了流体的分离，使流动死区和结焦程度都最小，并使流体能均匀分配到每一根换热管中，甚至当换热管中结焦后，流体均匀分布的偏差也可以被大大减小。采用这种空气动力学光滑的分支/集中通道替代传统 SHG 型急冷换热器入口，可以大大减少入口停留时间，使流体均匀分布，减小结焦趋势，因而可以改进收率和增加运转周期。

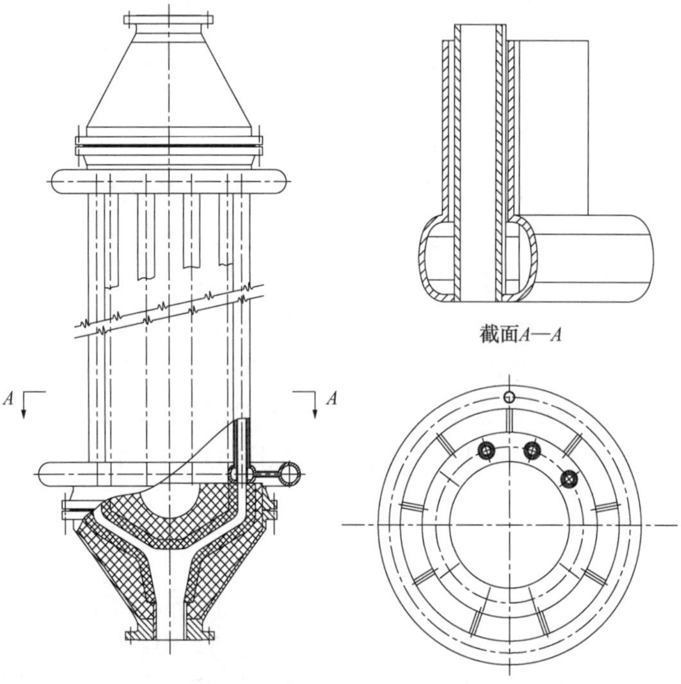

图 6.2-8　环形椭圆集流管的双套管急冷换热器

(2）二级急冷换热器

随着裂解炉向小管径短管长的方向发展，单台裂解炉辐射盘管数相应增多。由于小管径短管长辐射盘管大幅度缩短了停留时间并提高了裂解温度，使裂解选择性明显改善。但是，随着辐射盘管停留时间的缩短(0.1~0.2s)和盘管数量的增加，由辐射盘管出口至急冷换热器入口连接管以及急冷换热器入口封头处的停留时间长的矛盾显得更为突出。为克服这个矛盾，S&W 公司(现被法国 Technip 公司收购)针对 USC 型裂解炉的特点首先开发了二级急冷换热器的技术。近来，凯洛格公司的毫秒炉、布朗·路特公司的 HSLR 型裂解炉、凯洛格公司和布朗·路特公司合并后的 KBR 公司的 SCORE 型裂解炉、Technip 公司也相继采用二级急冷换热器。

采用二级急冷换热器的基本出发点是用一台套管式急冷换热器与辐射盘管出口直接连接，尽可能缩短出口连接管长度，同时避开管壳式换热器入口封头气流分布不佳形成的返混而造成停留时间的问题。由此，使裂解气在高温区停留时间大幅度缩短，在尽可能短的停留时间内将裂解气由炉出口温度尽快冷却，由此改善裂解选择性。第一急冷换热器出口温度原则上应降到裂解气二次反应基本终止的温度。一般认为裂解气冷却至600~650℃时，裂解气的二次反应甚微，可以忽略不计。因此，一般均用第一急冷换热器将裂解气冷却至低于600~650℃，然后再汇总送入第二级急冷换热器，第二急冷换热器一般采用管壳式急冷换热器。

1）S&W公司的二级急冷换热器

S&W公司的二级急冷换热器中第一急冷换热器是一种结构简单的套管式换热器，称为USX急冷换热器；第二急冷换热器为一般的管壳式急冷换热器，称为TLX急冷换热器。裂解气高速通过第一急冷换热器，使裂解气温度迅速降低，减少二次反应。裂解气第二急冷换热器系卧式，采用挠性薄管板结构。通常若干台并联的套管式第一急冷换热器与一台列管式第二急冷换热器串联使用，其特点是裂解气在USX中能很快冷却，并终止裂解气的二次反应。

每两组USC裂解炉辐射盘管出口连接一台USX急冷换热器，由于辐射段出口连接管线短，加之USX急冷换热器入口气流基本保持活塞流而无气流返混，由此使急冷换热器的绝热停留时间大幅度缩短，可控制在15ms左右。

USX急冷换热器为一根套管换热器，由于管径大，因而压力降小，生成的焦垢对阻力降影响甚微。在裂解炉烧焦的同时可将入口端管壁上的焦垢烧掉，因此其清焦周期较长。石脑油裂解时一般可在一年内不必停炉进行水力或机械清焦。

2）凯格洛公司的二级急冷换热器

凯洛格公司毫秒炉的第一急冷换热器是与USX急冷换热器类似的套管式换热器。4根辐射炉管出口的裂解气并入一台第一急冷换热器，第一急冷换热器出口的裂解气汇总进入一台第二急冷换热器。第二急冷换热器可用管壳式急冷换热器，也可采用特殊设计的插入式双套管壳管换热器（Bayonet）。

3）KBR公司的二级急冷换热器

国内某裂解装置采用了KBR公司的专利技术，裂解炉为SCORE型，全炉共有224根辐射炉管，双排布置。急冷换热器为二级急冷换热器（PQE+SQE），每两根辐射炉管合并后进入第一急冷换热器的一个换热单元，每14个换热单元并联在一起，形成一台第一急冷换热器（PQE），见图6.2-9。第二急冷换热器（SQE）是一台立式管壳式换热器，见图6.2-10。

4）Technip公司的二级急冷换热器

国内某裂解炉改造项目采用了Technip公司的专利技术，裂解炉为GK-Ⅵ型，采用二级急冷换热器技术，急冷换热器由国内设计制造。每组辐射炉管出口进入第一急冷换热器的一个换热单元，每16个换热单元并联在一起，形成一台第一急冷换热器，见图6.2-11。所有第一急冷换热器出口的裂解气汇总后进入一台第二急冷换热器，见图6.2-12，它是一台卧式管壳式换热器。二级急冷换热器总体布置方式见图6.2-13。

图 6.2-9　KBR 公司的第一急冷换热器

图 6.2-10　KBR 公司的第二急冷换热器

图 6.2-11　Technip 公司采用的第一急冷换热器

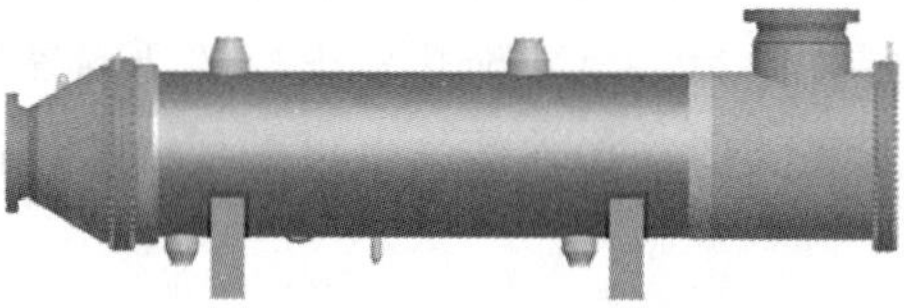

图 6.2-12　Technip 公司采用的第二急冷换热器

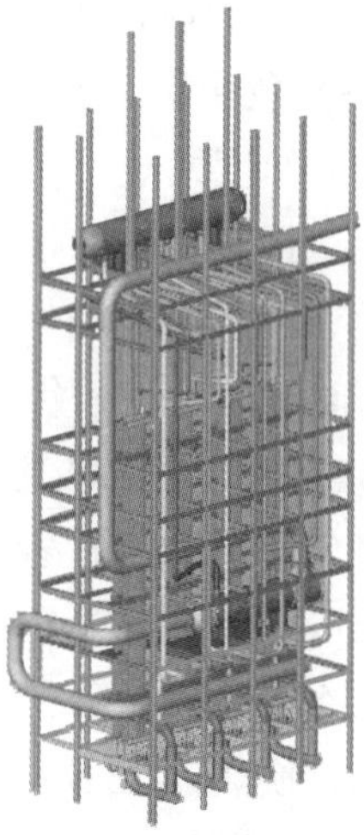

图 6.2-13　Technip 公司采用的二级急冷换热器布置方式

5）CBL 炉用二级急冷换热器

CBL 炉开发初期采用二级急冷换热器技术，第一急冷换热器采用单套管式换热器，第二急冷换热器采用卧式列管式换热器。随着 CBL 炉生产能力的不断扩大，60kt/a CBL 炉配置 2 台立式双套管第二急冷换热器，裂解气从第二急冷换热器上部进入，下部引出。为了对高温换热管口进行热保护，上部换热管入口端加装 Incoloy 800 保护套管。图 6.2-14为 CBL 炉用第一急冷换热器简图。表 6.2-3 为 CBL 炉用二级急冷换热器工艺参数实例。

表 6.2-3　CBL 炉用二级急冷换热器工艺参数实例

项　目		加氢尾油		石脑油	
		第一急冷换热器	第二急冷换热器	第一急冷换热器	第二急冷换热器
入口温度/℃	初期	826	576	838	570
出口温度/℃	初期	580	407	574	399

(3) 三级急冷换热器

轻烃裂解时有时还设置第三急冷换热器，第三急冷换热器不再副产高压蒸汽，通常利用裂解原料进料冷却裂解气，相应对裂解原料进行预热。第三急冷换热器一般为卧式管壳式换热器。

(4) 线性急冷换热器

采用二级急冷换热器虽然可以缩短裂解气在高温下的停留时间且第一急冷换热器无流量分配问题，但系统复杂，压力降大，不利于降低烃分压，第二急冷换热器仍存在流量分配问题，且投资较大。为了解决传统双套管急冷换热器和 Borsig 型急冷换热器入口封头因气流返混造成裂解气在高温下停留时间长和二级急冷换热器系统复杂、压力降大的问题，国外乙烯专利技术商与急冷换热器制造商联合推出了线性急冷换热器，如 Borsig 公司的 BLQ 线性急冷换热器、KBR 公司的线性急冷换热器、Alstom 公司的线性急冷换热器等。国内经过多年的研究，也推出了具有自主知识产权的线性急冷换热器，并得到了大量工业应用。

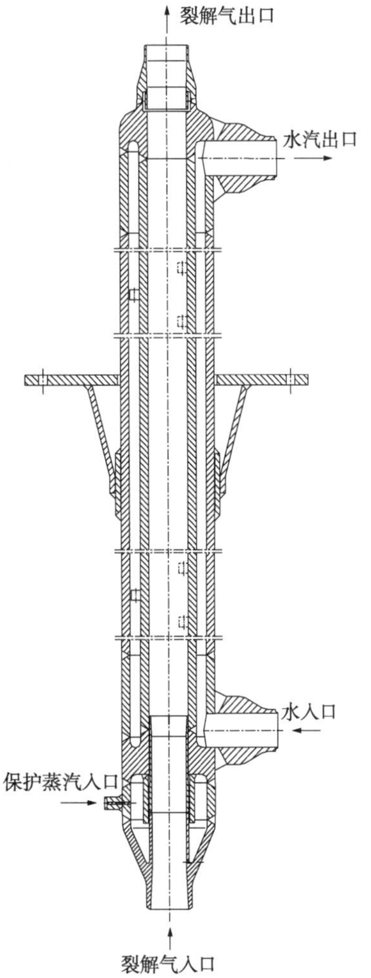

图 6.2-14　CBL 炉用第一急冷换热器

线性急冷换热器有如下工艺和结构特点：

① 绝热段停留时间短，能迅速急冷，降低了二次反应的发生。

② 无裂解气流量分配问题。

③ 流线型设计，不存在局部区域因返混合涡流而引起的二次反应结焦。

④ 大换热管内径，从辐射段中剥落的焦均可通过大管径换热管，因此无大焦块堵塞换热管而引起的压降突升问题。

⑤ 换热面积较大，运转周期长。

⑥ 线性急冷换热器换热单元的布置方式与辐射段炉管构型有直接关系。

在两次离线清焦之间，具有多次运行周期的可能性；结构简单，使得清焦比较容易。使用蒸汽-空气进行在线烧焦，工艺间断不超过 24h。

1) Borsig 公司的 BLQ 线性急冷换热器

Borsig 公司开发的 BLQ 线性急冷换热器(专利号：US5813453 和 US5579831)，它的锅炉给水经过下联箱后，分别沿切线进入相互之间分隔的环形小空间内，然后通过内外管环隙，进入上部的环形分隔小空间内，再进入上联箱。这种结构除了具有线性急冷换热器的优点之外，由于其水汽分隔小空间下部壁厚较薄，冷却介质可以对其进行良好的冷却，避免了下部过热，另外冷却介质在环隙中的分布较好。由于锅炉给水沿切线方向进入环形小空间内，旋转流动的冷却介质不仅改善了冷却效果，而且阻止了冷却介质中固体颗粒的沉积。其入口段结构简图见图 6.2-15。

国内某裂解装置采用了 BLQ 线性急冷换热器，如图 6.2-16 所示。每台急冷换热器由 20 个换热单元并联组成，全炉共四台急冷换热器。

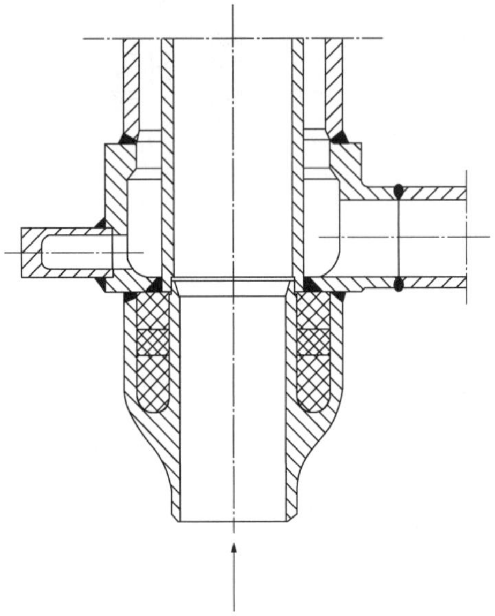

图 6.2-15　BLQ 线性急冷换热器入口段结构简图

图 6.2-16　BLQ 线性急冷换热器

图 6.2-17　KBR 公司线性急冷换热器

2）KBR 公司的线性急冷换热器

KBR 公司在其 SCORE 型裂解炉中采用了线性急冷换热器技术，既可采用一级急冷方式，也可作为二级急冷换热器中的第一急冷换热器使用。其入口段采用了一种内部带有陶瓷材料的热保护结构，陶瓷材料的长度为内管内径的 3~4 倍，这种设计在正常操作、误操作或裂解气温度突变时均有良好的可靠性。消除了原有蒸汽保护结构当蒸汽带水时对裂解气的热冲击，或因误操作而使保护蒸汽切断时引起结焦的问题，并减小了入口段的热应力。KBR 公司线性急冷换热器见图 6.2-17。

3）Alstom 公司的线性急冷换热器

S&W 公司和 SHG 公司合作开发的适用于 U 型炉管的 U 型套管式急冷换热器，又叫 SLE。此外，还开发了图 6.2-18 所示的线性急冷换热器。

4）国内开发的线性急冷换热器

国内开发的线性急冷换热器(专利号：CN2498159Y)，如图 6.2-

19所示，由进口连接部件、双套管换热元件、联箱、水力清焦孔、集气管组成，换热元件由内管和外管组成。每组换热元件的进口都设有进口连接部件，分别与一根辐射段炉管出口连接，可根据炉管出口的排列要求，设置成单排或双排。进口连接部件上设有连接件，连接件的进口端面的上端为一过渡锥体，其上端设有内环、外环，内环出口端面为一自由端，内环与外环之间为一环隙，其中填有隔热模块、耐热合金及陶瓷纤维。

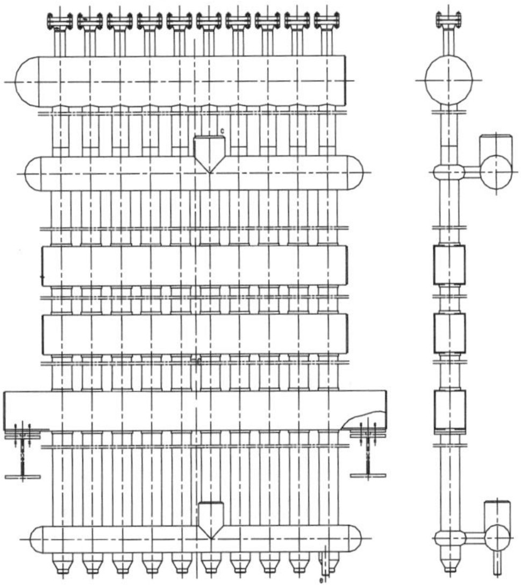

图6.2-18　Alstom线性急冷换热器

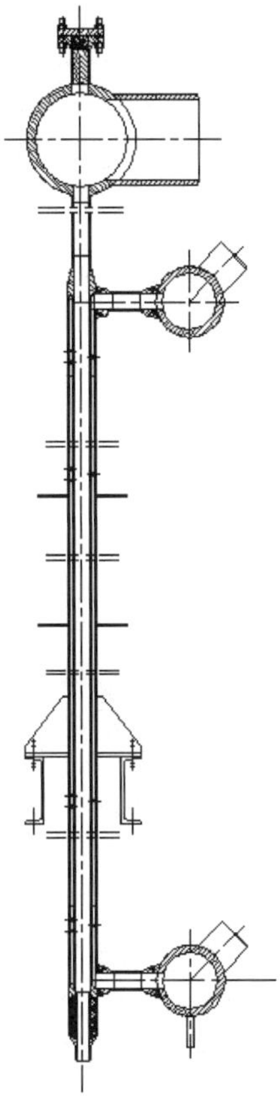

图6.2-19　国内开发的线性急冷换热器

图6.2-20为某裂解炉项目采用的国内设计、制造的线性急冷换热器，全炉共4台，每台线性急冷换热器的换热管根数为10根，单排布置。

图6.2-21为国内新建单台100kt/a裂解炉采用的双排线性急冷换热器，全炉共6台，每台线性急冷换热器的换热管根数为14根。

图6.2-22为国内新建单台100kt/a裂解炉采用的单排线性急冷换热器，全炉共6台，每台线性急冷换热器的换热管根数为10根。

2. 国内外急冷换热器技术进展

近年来，为了缩短绝热段停留时间，并改善流体分布，国内外着重对急冷换热器入口段进行了大量研究开发工作，新型急冷换热器不断出现。除了在型式上不断改进以外，为改善裂解气流量分配效果，减少结焦对压力降的影响，急冷换热器换热管直径不断增大，换热管内径已从早期的20~30mm增加到目前的100mm左右，急冷换热器出口温度可降至350℃左右。

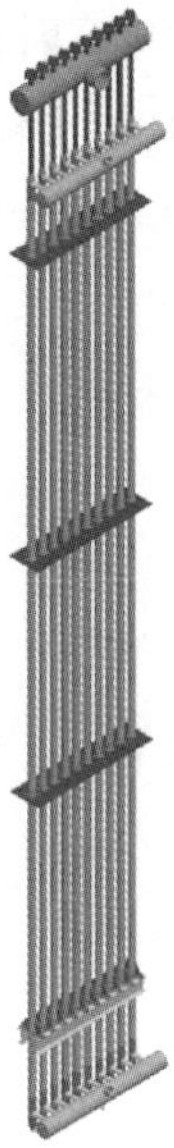

图 6.2-20　国内开发的单排线性急冷换热器

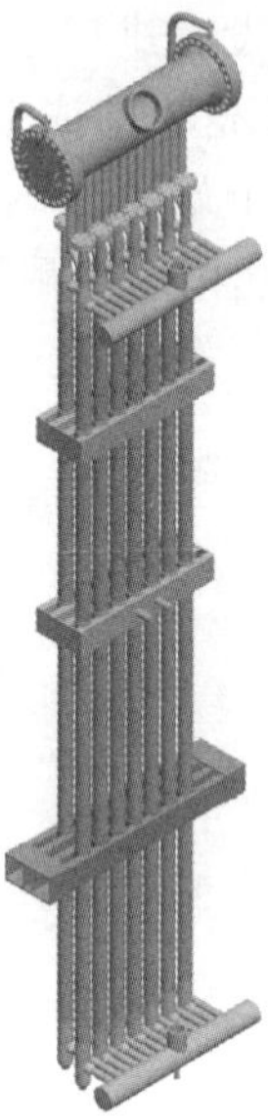

图 6.2-21　国内开发的 100kt/a 裂解炉双排线性急冷换热器

图 6.2-22　国内开发的 100kt/a 裂解炉单排线性急冷换热器

美国 Knighthawk Engineering 公司公开了一种专利技术(专利号：US6845813)，在急冷换热器入口封头内装有一“鼻状”结构的锥体和转向环，同时结合封头内部合理的流道结构，从而改善裂解气的流动分布，使得进入换热管内的流量尽可能地均匀。“鼻状”结构的锥体采用空气动力学形状，同时采用 CFD 对入口封头进行了流场分布的研究和计算，从而确定合适的几何结构尺寸。

Borsig 公司开发了一种新的急冷换热器(专利号：US6202740)。这种换热器实际上是一种“一分为四”的急冷换热器，它有一个专门设计的裂解气分布器，能将裂解气均匀分配到圆形布置的 4 根换热管中而不发生边界层的脱体，这种急冷换热器沿用了 Borsig 急冷换热器采用管壳式换热的特点，4 根换热管外有一个小的壳体，冷却介质入口为专门设计，能起到类似挠性薄管板的热补偿作用。

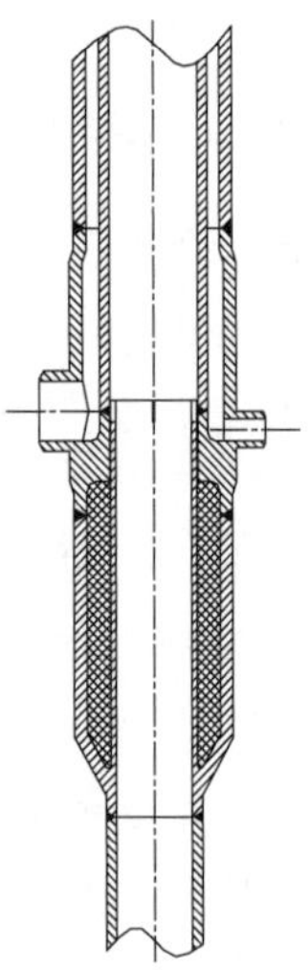

图 6.2-23　一种线性急冷换热器入口连接件

国内开发了一种线性急冷换热器入口连接件(专利号：CN203908384U)，主要由入口锥体、隔热件和冷却介质连接件组成。它的主要特点在于冷却介质连接件为双壁管板连接件结构，外壁管上部有缩口可与外管对接焊接，底部有内伸凸台形成内壁管可与内管对接焊接，与内管和外管焊后形成的腔体为冷却介质通道，腔体下部间隙大于上部间隙。其结构简单，使用寿命长，裂解气停留时间短，无须机械清焦，冷却介质连接件与内管和外管所形成腔体有助于降低入口连接件和内管热强度，且便于维护检修。其结构简图见图 6.2-23。

国内还开发了一种线性急冷换热器(专利号：CN206257999U)。它的冷却介质连接件由下管板和下弹性连接件组成，出口连接件由上管板和上弹性连接件组成，上、下弹性连接件均为变径管，上、下管板分别为上、下边缘呈凸肩的管板，上管板布管圆区域均匀分布有多个与换热管同心的通孔，下管板布管圆区域同样均匀分布有多个与换热管同心的凸台，分别与换热管上下端连接。具有该结构的急冷换热器，裂解气停留时间短，处理能力大，换热管长度较短，压降低，节省空间。另外根据裂解炉出口炉管的排布，可将换热单元布置成单排或双排。其结构简图见图 6.2-24。

国内又开发了一种急冷换热器(专利号：CN207335496U)。它是一种管壳式换热器，其主要特点是入口管板和出口管板的水侧为中心厚四周薄的坡面，便于壳程高点处水蒸气和低点处排污水的排出，对管板起到有效的保护作用；下连接件与上连接件均为变径管。连接件通过半个膨胀节形状可以很好地吸收热应力；设置入口流体分配装置也能够避免流量分配不均的问题，减缓裂解气对入口管板的冲刷，延长入口管板的使用寿命；给水入口前设有给水过滤装置，可以滤去锅炉给水中的杂质，防止因水质问题对设备造成损坏。其结构简图见图 6.2-25。

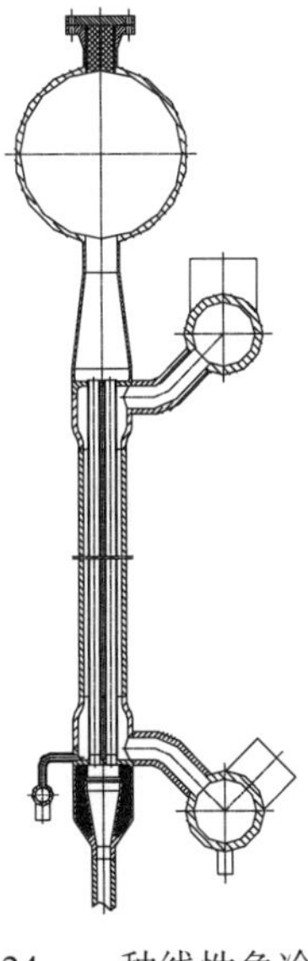

图 6.2-24　一种线性急冷换热器

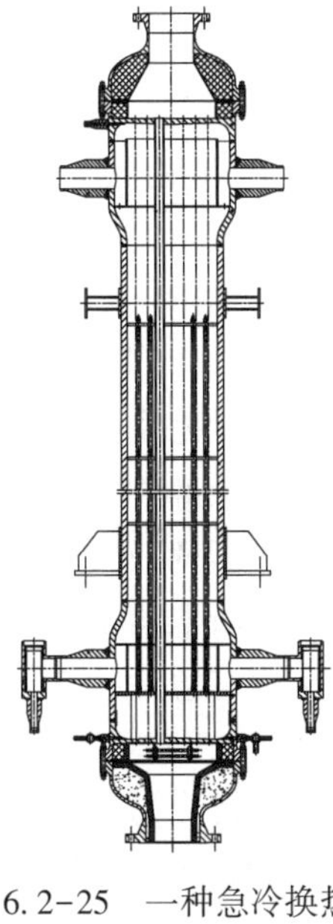

图 6.2-25　一种急冷换热器

国内还开发了一种乙烯裂解炉用急冷换热器(专利号：CN102492456B)。它是一种管壳式换热器，主要特点是急冷换热器筒体与前、后管板组成的换热器高压部分被垂直于换热管的分隔板分割为两个分腔，一个分腔的冷却介质为来自高压汽包的炉水，另一个分腔的冷却介质为温度更低的锅炉给水。通过这种方式，在一台换热器内实现了二级急冷，裂解气可以更有效地被冷却，并且结构更简单，设备投资相应也降低。其结构简图见图 6.2-26。

国内还开发了一种多功能裂解急冷换热器(专利号：CN206531413U)，能够兼顾实现液相和气体原料的急冷。其卧式壳体连通有下降管联箱和上升管联箱，壳体设有锅炉给水入口和锅炉给水出口，裂解液相原料时，关闭锅炉给水入口和锅炉给水出口，打开下降管联箱的入口和上升管联箱的出口，冷却介质经下降管联箱进入壳体并与换热管进行热交换，然后经上升管联箱排除，可实现液相原料的急冷；在裂解气体原料时，关闭下降管联箱的入口和上升管联箱的出口，打开锅炉给水入口和锅炉给水出口，冷却介质经锅炉给水入口进入壳体并与换热管进行热交换，然后经锅炉给水出口排除，可实现气体原料裂解时裂解气的急冷。其结构简图见图6.2-27。

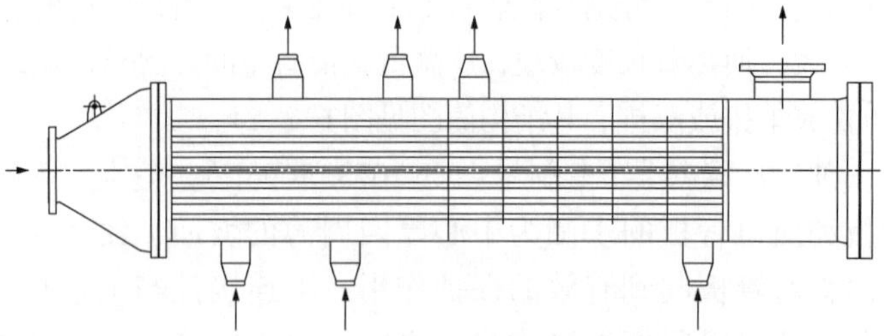

图6.2-26　一种乙烯裂解炉用急冷换热器

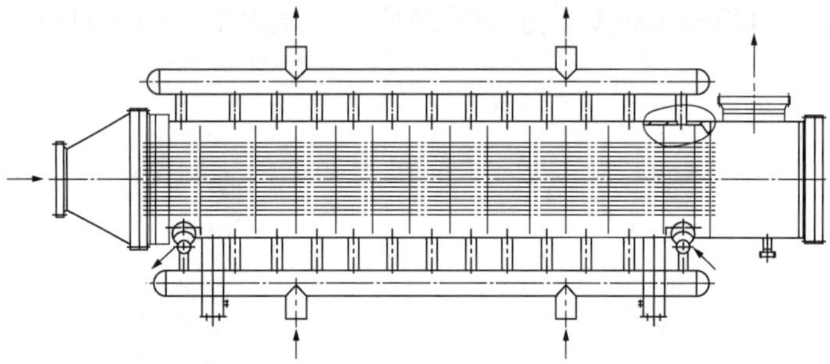

图6.2-27　一种多功能裂解急冷换热器

3. FEA和CFD模拟技术的应用

随着计算机软硬件技术的突飞猛进，计算流体动力学(CFD)和有限元分析(FEA)方法被大量应用到了急冷换热器的研发之中，从近年来发表的文献以及公开的专利中，可以看到大量采用上述两种手段所取得的研究成果。CFD主要用于急冷换热器裂解气侧和水侧的流场分布研究，尤其是确定急冷换热器入口段合理的流道结构。FEA主要用于急冷换热器的机械设计，如采用ANSYS软件对急冷换热器入口进行温度场分析，从而选择合理的材料，对急冷换热器结构进行应力分析，如管板、椭圆集流管、连接件等。图6.2-28为线性急冷换热器入口部分的FEA计算结果(应力分布)，图6.2-29为国内某新型急冷换热器出口部分的FEA计算结果(应力分布)，图6.2-30为线性急冷换热器入口部分的FEA计算结果(温度分布)，图6.2-31为带环形均流器的传统式急冷换热器的CFD计算结果(速度分布)，图6.2-32为线性急冷换热器水侧的水力分配CFD计算结果(速度分布)，图6.2-33为某管壳式急冷换热器的FEA计算结果(应力分布)。

二、上升下降管

裂解炉蒸汽发生系统的上升下降管是保证裂解炉安全高效运行以及系统内生产蒸汽的关键环节，有工作温度高(326℃)、工作压力大(12~13MPa)、布管环境复杂和受力情况多变的特点。326℃下的高压饱和蒸汽需要的循环倍率为10，布管高度长、拐点多、结构紧凑。又因为横管倾斜角度小，故需要大量非标的大弯管，在满足应力要求的情况下，同时也要满足在高阻力降下的管道中水循环的计算。

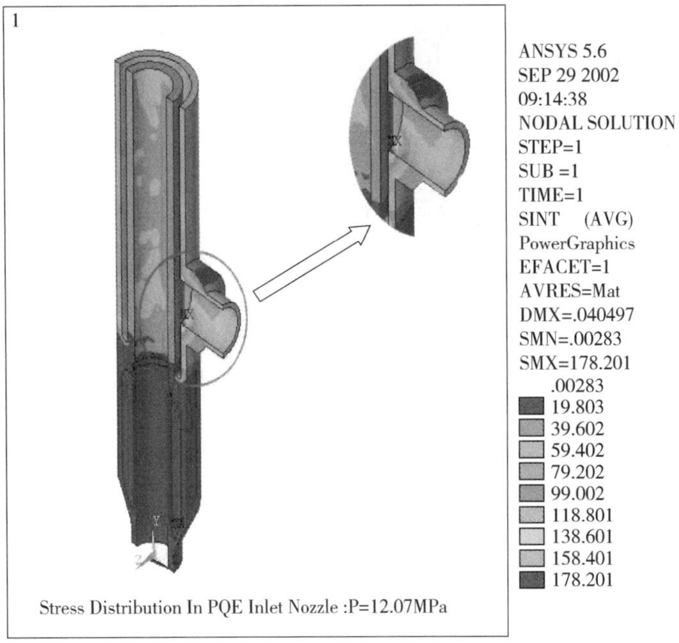

图 6.2-28 线性急冷换热器入口部分的应力分布

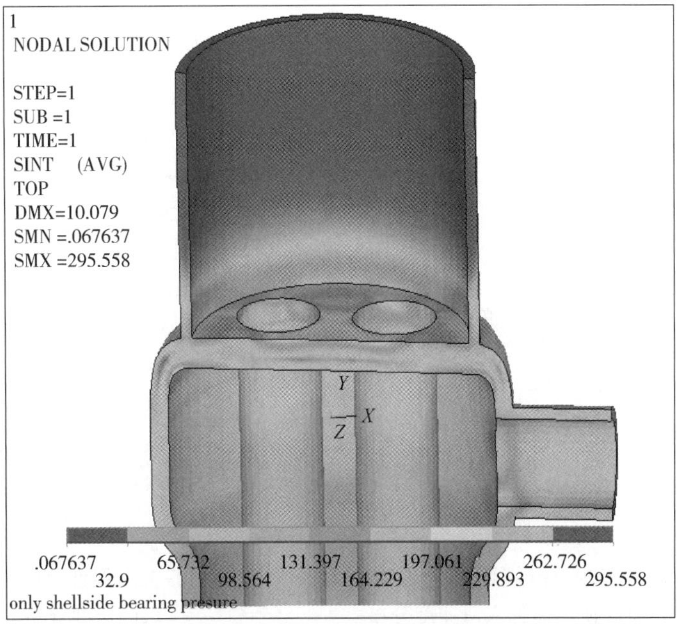

图 6.2-29 国内某新型急冷换热器出口部分的应力分布

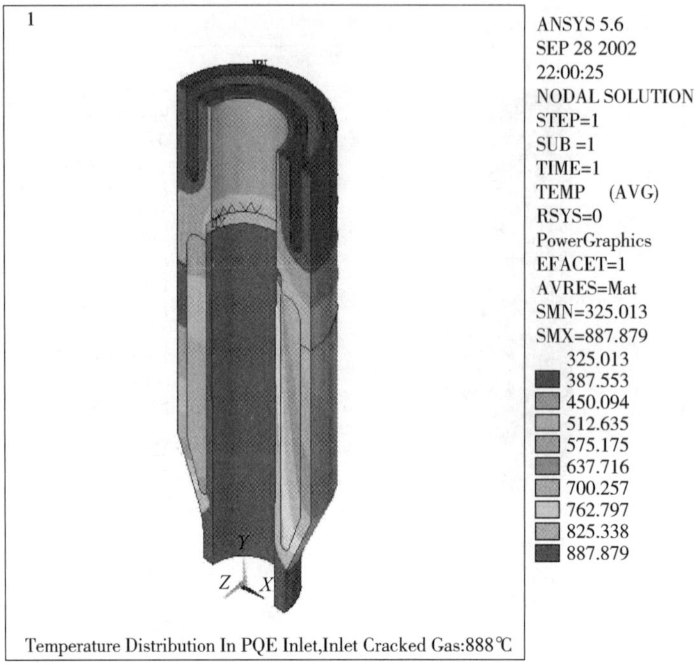

图 6.2-30　线性急冷换热器入口部分的温度分布

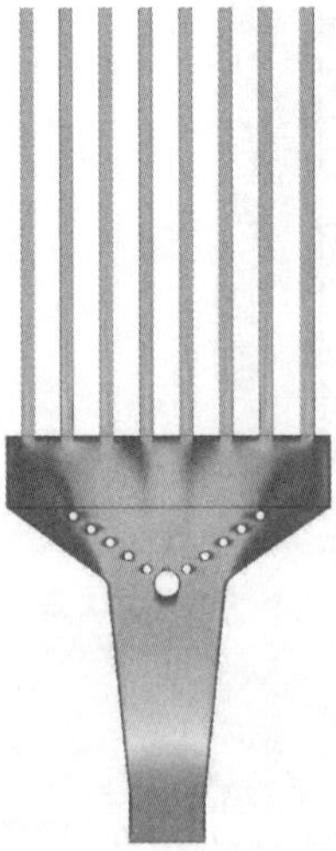

图 6.2-31　带环形均流器的传统式急冷换热器的入口速度分布

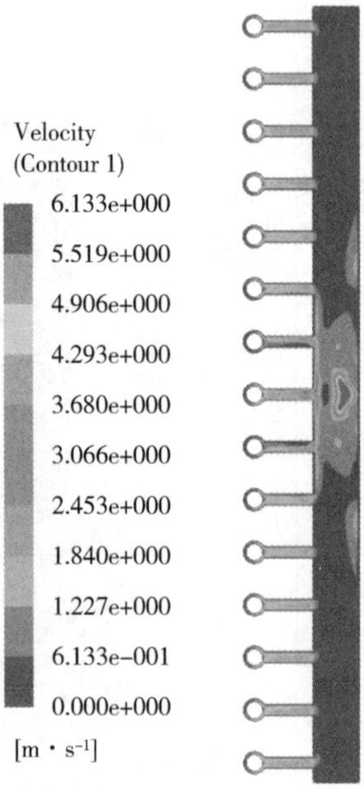

图 6.2-32　线性急冷换热器水侧速度分布

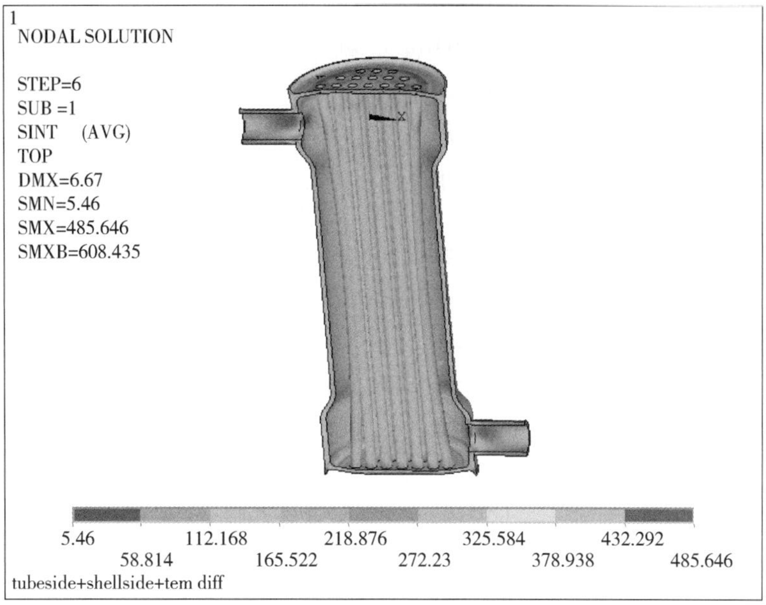

图 6.2-33　某管壳式急冷换热器的应力分布

利用商业管道应力分析软件 CAESER Ⅱ对急冷换热器和高压汽包以及连接在它们之间的上升下降管整体建立三维模型，进行管道应力分析计算；在满足力学条件的基础上优化整体布局，做到整个系统美观大方；同时确定弹簧吊架的位置和规格，提供弹簧吊架采购清单。图 6.2-34 为包含第一急冷换热器和第二急冷换热器的蒸汽发生系统管道应力分析的三维建模。

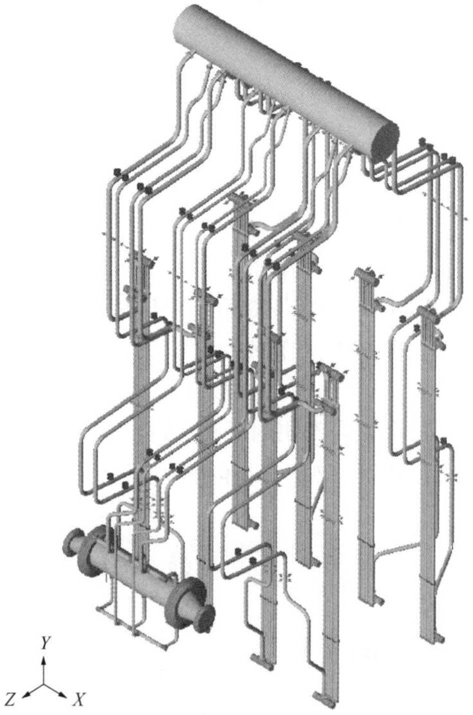

图 6.2-34　蒸汽发生系统管道应力分析的三维建模

三、高压汽包

高压汽包与急冷换热器之间由上升、下降管连接，形成汽包自身的水循环，一般循环倍率在 10～12 之间。急冷换热器产生的高压饱和水汽混合物由上升管进入汽包，汽包冷水在重力作用下经下降管补充至急冷换热器。水在虹吸作用下在汽包与急冷换热器之间形成自然循环，在充足的锅炉给水和额定的热负荷下，蒸汽的产量是确定的。汽包内部有汽水分离装置和连续排污装置，以保证锅炉蒸汽的品质。锅炉给水的水质也有一定的要求。

蒸汽、给水及炉水的质量应符合如下基本要求：

(1) 汽包出口蒸汽

25℃时的电导率	<0.20μs/cm
二氧化硅(SiO_2)	<0.02μg/g

总铁(∑Fe)	<0.02μg/g
总铜(∑Cu)	<0.003μg/g
钠(Na)	<0.01μg/g
湿度	<0.20%
总固体含量	<0.10μg/g
(2) 给水	
pH	9.2~9.4(20℃)
电导率	0.2μs/cm(最大)
二氧化硅(SiO_2)	0.02μg/g(最大)
铁总含量(∑Fe)	0.01μg/g(最大)
铜总含量(∑Cu)	0.003μg/g(最大)
氧	0.007μg/g(最大)
氯化物	0.01μg/g(最大)
不溶固体总含量	0.1μg/g(最大)
总硬度	无
二氧化碳	无
不挥发 TOC	0.2μg/g(最大)
油质	0.2μg/g(最大)
(3)炉水	
25℃时的电导率	①③
25℃时的 pH 值	<9.5~10.5
二氧化硅(SiO_2)	<0.95μg/g ②
连续排污率	2.5% ④

注：

① 在强酸阳离子交换器后取样。

② 取决于操作压力，在压力为 12.2MPa 时，蒸汽中的 SiO_2 允许值为 0.02μg/g，相应炉水中的 SiO_2 最大允许值为 0.95μg/g。

③ 在碱性操作时，仅使用挥发碱[氨(NH_3)，联氨(N_2H_4)]，炉水的电导率不得超过 3μS/cm，若使用挥发碱[氨(NH_3)，联氨(N_2H_4)]和固体碱[磷酸三钠(Na_3PO_4)，氢氧化钠(NaOH)]联合作用时，则炉水的电导率不得超过 50μS/cm。

④ 排污率根据取样结果调整。

第三节　裂解炉钢结构框架

一、概述

随着乙烯裂解炉大型化的发展，如何保证裂解炉钢结构框架的安全成为当前困扰结构设计工作者的一道难题。裂解炉钢结构框架属重大设备钢结构框架，炉体框架支承裂解炉辐射室、裂解辐射炉管、对流段模块、急冷换热器、高压汽包、风机和烟囱等设备以及十余层操作平台，必须采用合理可靠的结构体系和严格的构造措施才能保证炉体框架的安全和稳定。同时，裂解炉钢结构框架复杂，布局紧密，是乙烯装置中用钢量最大的单体结构，结构设计中开展优化设计，将对节省工程用钢量，减少工程投资具有重要意义。

二、裂解炉钢结构框架特点

裂解炉钢结构框架高度高、体积大、设备多、管线密，钢结构框架承受水平荷载大。考虑顶层附属烟囱框架，裂解炉钢结构框架总高度一般达到 50m 以上。裂解炉钢结构框架需要安装炉本体、高压汽包等十多台大型设备及各种管线，如遇到项目所在地基本风压大，风荷载的计算对框架安全产生重要影响；裂解炉本体、钢结构框架、各类设备、各种管道及电气及仪表槽板的自重荷载总计约 3000t，自重荷载大，在高烈度地区承受很大的地震荷载。由于自重荷载和水平荷载均较大，对裂解炉钢结构框架柱的承载能力要求高，钢结构柱成为钢结构设计的关键点之一。

裂解炉钢结构框架支撑设备多样，充水后重达 200t 左右的汽包设备放置在顶层，烟囱需要在顶层另起支撑框架，二者均需考虑地震作用下的鞭梢效应；并需要对风荷载进行导算，以满足设备支撑梁的荷载输入。风机设备属于振动设备，需要考虑风机工作频率避开裂解炉钢框架固有频率，以避免发生共振，且需要考虑支撑层布置，不产生局部振动。废热锅炉设备直接影响对流动平台的布置，锅炉分传统型锅炉和线性锅炉，二者支座对支撑梁要求也不尽相同，对支座的构造需要根据设备条件采取不同措施。

裂解炉钢结构框架支撑管线复杂，主要管线有高温横跨管，此管线位移大，需要避免与结构发生碰撞；裂解气管线、超高压管线为高温高压管线，应力大，支撑点位置复杂；上升管线、下降管线、急冷油管线、锅炉给水管线均为厚壁管，自重大，布置复杂，管线的布置需与结构相协调。此外裂解炉钢框架还需同时满足管线、电气槽板和仪表槽板的布置，既要经济合理又要避免碰撞。

裂解炉钢结构框架通道设计复杂，单台裂解炉框架通道要保证工业炉专业围绕炉本体进行各种操作需要，也要保证各类设备、管线、阀门、仪表、电气的操作需要，各框架之间还需保证通道畅通；各台裂解炉钢框架之间需要保证通行，因炉型分气体炉、液体炉、重油炉，导致各炉型平台标高不一致，保证通行成了一个刚性需求。

此外，裂解炉钢结构框架与炉前管廊钢结构联系紧密，需要协同设计；裂解炉的原料和产品都需经过炉前管廊，故二者之间管线为一整体；仪表、电气的槽板也需有炉前管廊主槽板引出到裂解炉，槽板也形成整体；裂解炉钢结构框架还需与炉前管廊钢结构联通，保证通行；而二者柱距布置不一致，为通道布置更是增加了难度。

三、裂解炉钢结构框架设计说明

裂解炉钢结构框架通常包括钢结构框架、炉壁板、内衬及各设备等，其中钢结构框架是裂解炉的承载骨架，炉壁板是炉本体设备的围护结构。炉壁板与钢结构框架焊接在一起，可以承担框架梁和柱周边传来的剪力，它具有较高的弹性刚度、良好的耗能能力及延性等优点，可起到可靠的侧向支撑作用。

裂解炉钢结构框架为高大的构筑物，有十几层操作平台，裂解炉大部分设备管道荷载布置在炉架上部分。根据《石油化工建(构)筑物抗震设防分类标准》(GB 50453)，裂解炉属于发生地震时可产生严重次生灾害的乙类建筑，抗震设计按抗震等级提高一度执行。

裂解炉钢结构框架需进行上部结构的承载力极限状态下的强度和稳定计算和设计；正常使用状态下的挠度和位移计算和校核；地震工况下的抗震验算和采用可靠的抗震措施；考虑温度作用下的强度和温度验算；并需进行柱脚底板、地脚螺栓、抗剪件、基础短柱、筏板基础配筋及沉降、桩基承载力等的计算和设计等；同时还需满足相关构造要求并进行节点设计。

宜采用模块化安装，安装节点宜采用高强螺栓连接为主，以保证框架的安装精度和连接节点的安装质量。各层平台铺板宜采用钢格板，为保证防腐性能钢格板宜采用专用的格栅钉固定。钢结构及钢格板如采用焊接节点和连接应注意钢结构的焊接质量和钢结构的防腐。

裂解炉框架钢结构的防腐按照《工业建筑防腐蚀设计规范》(GB 50046)相关条文执行；防火按照《石油化工企业设计防火标准》(GB 50160)和《石油化工钢结构防火保护技术规范》(SH 3137)相关条文执行。

四、裂解炉钢结构框架技术要求

① 裂解炉钢结构框架布置应力求传力明确，质量和刚度分布尽可能合理，两个主轴方向的动力特性接近。柱截面强轴方向采用刚性连接，弱轴方向采用铰接连接并设置柱间支撑，整体结构和钢构件应进行强度和稳定计算和设计，并应满足相应的变形要求。

② 柱脚底板的长度、宽度、厚度除应按计算确定外，尚应满足构造要求。

③ 钢结构连接节点可采用高强螺栓连接、焊接连接和混合连接三种形式。

④ 钢斜梯的斜度不宜大于45°，斜梯高不宜大于5m，大于5m时，宜设梯间休息平台，分段设梯。

⑤ 钢直梯梯段高度不宜大于9m。超过9m时宜设中间平台，宜分段交错设梯，平台间距宜为6m，平台应设安全防护栏杆。

⑥ 钢平台铺板首选钢格板，型号可选G255/30/100或G325/30/100，支承钢格板的平台次梁的最大间距不宜超过1.5m。

⑦ 钢结构制作安装要求：

在制作安装中应实施工序质量控制，建立质量保证体系，质量必须符合SH/T 3507《石油化工钢结构工程施工及验收规范》、GB 50205《钢结构工程施工质量验收标准》、JGJ 99《高层民用建筑钢结构技术规程》等相关标准的规定。

钢构件加工前要放大样，校核尺寸准确后方可下料，下料应采用自动切割机切割，钢构件的切口、边缘加工、坡口等质量应符合相关规范规定。与炉体相连的钢结构的允许偏差除应满足SH/T 3507和GB 50205相关标准的要求外，还应满足工业炉专业的要求。

第四节　裂解炉模块化设计

一、概述

乙烯裂解炉的传统建设方式为现场制作和安装，辐射段炉管和对流段炉管分别由专业制造厂组焊成小组盘管，现场就位后再进行组焊；钢结构、衬里等均为原材料散件到货，现场进行焊接、检验、筑炉和验收的工作。

这种方式受施工场地条件、施工人员技术水平以及环境要求等多方面的影响，炉体结构尺寸偏差控制困难，施工质量较差。同时，由于现场施工的工期长，高空作业多，带来了较多的安全隐患。近年来，随着裂解炉单体的裂解能力逐步增加，裂解装置越来越趋向集约化、大型化，传统方式已经不能适应发展的需要。现今，国内设计、制造和安装等方面的技术水平有了长足进步，一种新的建造方式——模块化技术逐渐兴起。

所谓“模块化”是指根据炉体结构特点，兼顾制造和运输等方面的限制，将裂解炉划分成若干个部件，每个部件由专业制造厂进行制造、检验和运输，到现场后以模块集成的形式进行安装。而应用模块化进行的工程设计即为“模块化设计”。

由于每个部件在专业制造厂内进行制作，程序化的生产过程以及各种专用设备的使用，可以提高生产效率，产品质量有了可靠的保证。大量的预制、焊接、检验和验收等工序在专业制造厂进行，减少了现场吊装、焊接等高空作业的工作量，同时把各种不可抗拒的自然因素对现场施工的影响降到了最低，大大缩短现场施工工期，降低高空作业量和发生人身安全隐患的可能。

因此，模块化的建造方式可以有效地克服现场施工的缺点，并逐渐取代了传统模式，成为裂解炉建造的主要方式。

二、模块化设计的方式和特点

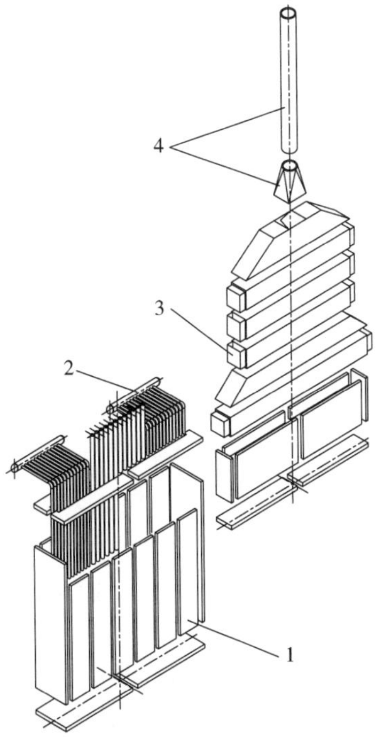

图 6.4-1 裂解炉分段模块示意图
1—辐射段模块(图示为片状)；
2—辐射盘管模块；
3—对流段模块；4—烟道模块

裂解炉模块化设计主要分为分段模块和整体模块。这两种方式各有优势和局限，在进行模块化设计时，应充分考虑运输条件、投资费用和现场情况等因素，选择适合的方式。

1. 分段模块

根据裂解炉的结构特点，一般将其划分为：辐射段模块、对流段模块、辐射盘管模块和烟道模块，见图 6.4-1。其中，辐射段模块又可分为箱式、片状两种形式；辐射盘管模块为片状形式；对流段模块为箱式形式；烟道模块为整段形式。

每个模块分别运输至现场进行组装。

(1) 辐射段模块

辐射段模块是将辐射段水平或垂直分成若干段，每段均由炉壁板、结构支撑件、加强件、锚固件和衬里(或含)等组成而成为一个模块。所有模块均在专业制造厂加工制作，在施工现场拼装组合，并以螺栓连接。

水平分段的形式见图 6.4-2，其特点是：模块数量少，现场施工快；外形尺寸公差控制严格，制造精度较高；炉体支撑立柱断开，承载能力削弱。

垂直分段的形式见图 6.4-3，其特点是：模块数量多，现场施工工期较长；对制造要求相对较低；位于炉体四角的支撑立柱完整，承载能力较大。

在进行辐射段模块化设计时，需在满足结构载荷计算的基础上，根据炉体形状和质量、运输条件和施工能力等因素来选择分段形式。

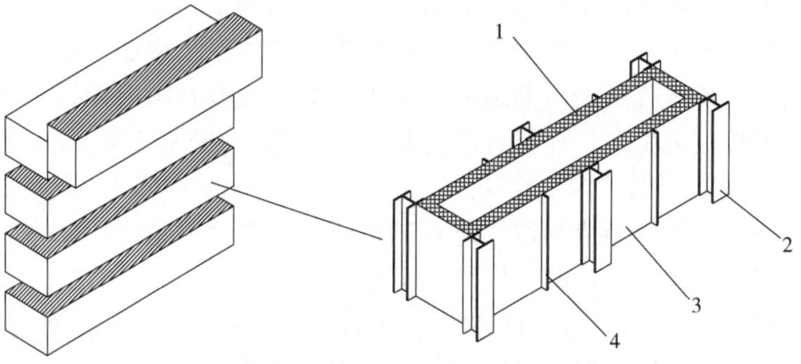

图 6.4-2　辐射段模块水平分段示意图

1—衬里；2—立柱；3—炉壁板；4—加强筋

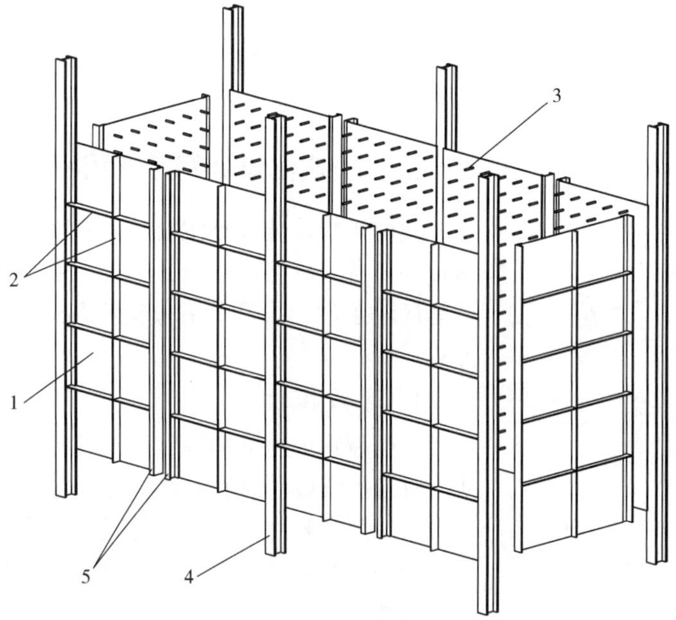

图 6.4-3　辐射段模块垂直分段示意图

1—模块连接型钢；2—加强筋；3—立柱；4—炉壁板；5—锚固件

（2）对流段模块

对流段模块是将对流段水平分成若干段，每段包含钢结构、炉壁板、加劲肋、弯头箱、衬里及锚固件、炉管、管件、集合管(联箱)、管板、管架、仪表接管、人孔以及其他接口等部件，见图 6.4-4。所有模块均在专业制造厂加工制作，现场逐一吊装以螺栓连接。

对流段模块分块的大小需要考虑运输条件。若是采用公路运输，模块的高度、长度和宽度要考虑满足经过的桥梁、涵洞等的要求。一般模块高度宜控制在 3.5m 以下。如果运输路线上没有高度的要求(如轮船运输或运输距离较短)，则可以考虑增加模块高度。

另外，对流段模块分块的大小还可能会受建设场地和现场安装方式的限制。特别是在对流段改造项目中新增对流段模块，若采用从一端平推模块就位的安装方式，就需要权衡

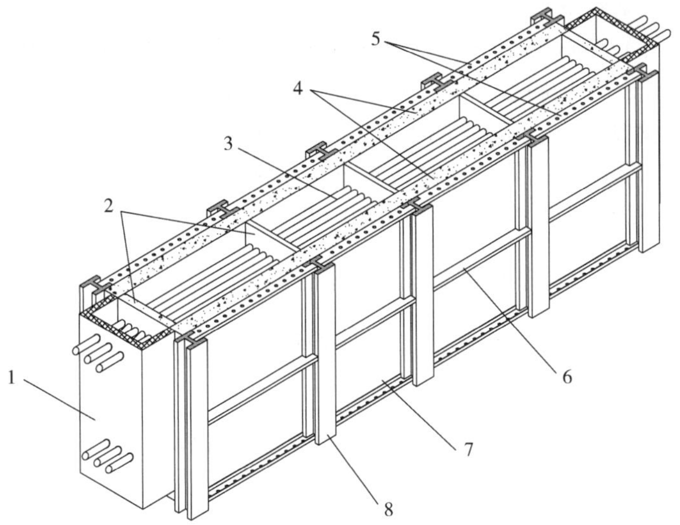

图 6.4-4　对流段模块示意图

1—弯头箱；2—管板；3—炉管；4—衬里；5—模块连接型钢；6—加强筋；7—炉壁板；8—立柱

模块的高度和重量。若模块较高或重量较大，则为平推模块的施工方式带来困难。并且，模块重量较大还需要较大承载能力的吊车和较大的作业范围。因此单个模块的高度不宜超过 2m，重量不宜超过 35~40t。

(3) 辐射盘管模块

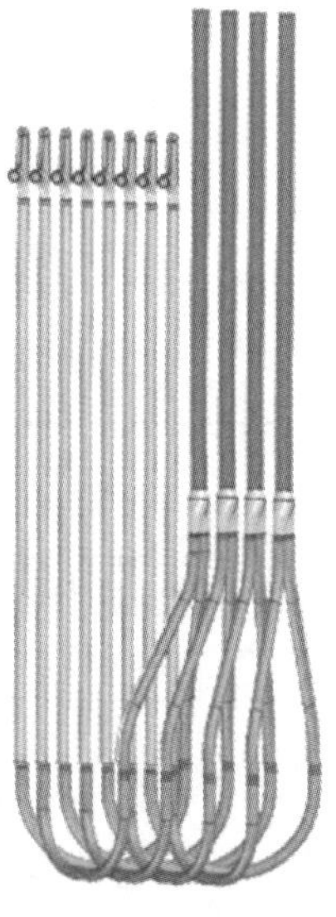

图 6.4-5　辐射盘管模块示意图

辐射盘管模块是制造厂将炉管和管件按照设计要求组焊成整组盘管，见图 6.4-5。现场将其吊装就位，盘管的进口与外部横跨管等管线焊接，盘管的出口与急冷换热器焊接。

为了便于运输和现场安装，辐射盘管模块化设计时整组盘管的炉管根数以成品(包括盘管和包装架)宽度控制在 3m 以内，长度不限。

辐射盘管模块化从设计角度来说没有难度，但对专业制造厂则要求有较高的组焊水平，同时在运输和现场安装方面，还需要有相关的设备和能力。

(4) 烟道模块

烟道、烟囱等排烟系统模块均为整体制造，包含钢结构、壁板、衬里等元件，现场吊装后以螺栓连接。

同对流段模块一样，烟道分块的大小也需要考虑运输条件和吊车的作业范围。但由于烟道模块不含炉管，其重量和外形尺寸较对流段模块要小得多，故在设计、制造和运输方面均没有难度。

2. 整体模块

裂解炉的整体模块包括辐射段整体模块和整炉模块两种。

辐射段整体模块是指辐射段不再分成片状或箱式模块，而是呈整体形式制造和运输。模块包含辐射段钢结构及其衬里，在运输条件允许的情况下，还可附带辐射盘管甚至部分平台等。

整炉模块是指裂解炉的所有部件和附件(如辐射盘管、对流盘管、炉体钢结构、衬里、引风机和烟道模块等)在制造厂或某个便于制造和运输的场地内组装成整台裂解炉。之后将裂解炉运至建造地点，现场将裂解炉立柱柱脚与基础地脚螺栓相连接。在运输条件允许、建设环境恶劣或建设投资有优势的情况下，还可将横跨管、上升下降管等设备连接管线，甚至平台、楼梯间和照明灯具等一并安装到位。裂解炉就位后仅需将整炉模块与外部接口(如工艺管线、系统管线、仪表电气等)连接即可。

三、模块化方式的比较和选择

模块化建造裂解炉涉及了设计、制造、运输和安装等多个环节。这两种模块化建造方式在上述环节中各有优劣，详见表6.4-1。

表6.4-1　两种模块化方式的比较

项　　目		整体模块	分段模块
设计	能力水平	很高	较高
	经验要求	非常丰富	一般
制造	精度	很高	一般
	工期	长	短
运输	设备	大型的拖车	常规
	辅助材料	很多	较少
	方式	多为海运	汽运
	费用	很多	较少
安装	工作量	少	较多
	施工工期	短	较长
	环境影响	少	较多
	施工费用	少	较多

1. 设计要求

两种模块化均对设计水平有很高的要求，并且整体模块化还要求设计人员具有更为丰富的制造、运输和安装等方面的经验。

2. 制造方式

分段模块化的制作是将裂解炉分段后，分别在不同的专业厂制造，再分别运输至建造现场进行安装；而整体模块化的制作是将分段模块化的建造现场改为某个靠近建造现场且方便运输的地点而已。

3. 技术难度

为了保证在建造现场的安装顺利，地脚螺栓与立柱底板的准确对接，整体模块化对制造精度、现场安装精度等的要求都很高；而分段模块化则不需要非常高的精度，一些尺寸偏差可以通过现场安装进行调整。

4. 运输要求

由于整体模块化是对裂解炉进行整体运输，运输重量和体积较大，因而对运输的要求较高，需要大型的运输设备和专业的运输公司，加固、支撑用钢材数量很多，相应的运输费用较高；分段模块化的运输重量和体积相对要小得多，对运输设备的要求不高，加固、支撑件较少。

5. 现场施工

由于整体模块化为裂解炉整体运至现场后，仅需将柱脚板与基础连接即可，故在建造现场的施工工作很少；而分段模块化还需要将每个模块进行吊装、就位和连接，故现场的施工工作较多。

通过以上比较可以看出，两种模块化的相同点是专业厂制造，现场组装或就位。主要的区别在于组装场地和运输方式。

分段模块化对运输条件的要求相对较低，运输费用不高。一台裂解炉的建造费用与传统施工的费用大体相当，投资少，非常适用于位于内陆的、不具备运输条件的项目，尤其适用于裂解炉局部进行改造的项目。

整体模块化适用于建造现场的场地太小，施工器具、设备无法展开，或现场环境苛刻，允许的建造时间很短，如：极冷地区仅有两三个月的施工时间，或者是建造当地的人工费用较贵等一些不具备制造条件的情况。同时还需要具备运输超大型设备的条件，如道路、港口等。故虽然模块整体运输成本高(因加固、支撑用钢材较多，运输设备较大)，但现场工作量较少，所需工人人数也不多，对于那种当地人工费用较高且临海的建设项目还是有优势的。

综上所述，采用哪种模块化方式需要综合考虑运输条件、成本和建造环境等各个方面的因素。

四、国外裂解炉模块化的概况

国外工程公司在裂解炉模块化设计方面起步较早，其早期多采用分段模块化的方式。到 20 世纪 90 年代，出现了整体模块化的建造方式。经过 30 多年的发展，其模块化技术已趋成熟。

1992 年 12 月，Heurtey Petrochem 公司完成了 10 台毫秒炉(M. W. Kellogg 公司设计)的整炉模块的工厂预制和运输。每 2 台裂解炉组成 1 个模块，包括了炉子整体、附属设备、设备之间的连接管线、仪表和照明灯具等。每个模块高 36.5m，宽 21.9m，长 23.1m，重量达 2300t。所有整体模块在比利时完成了裂解炉的制造、组装和检验等工作，之后船运至沙特阿拉伯。

2007 年，德国盖尔森基兴炼油厂(BP Gelsenkirchen Scholven)裂解炉改造项目，新建 5 台 Linde Pyrocrack 型裂解炉取代原有的 17 台炉子。为获得最短的现有工厂停车时间，Linde 公司在装置区外的预制场地完成裂解炉的整体制造后，通过自行式模块运输车(SPMT)将裂解炉从预制场地移入装置区内的预定位置。裂解炉模块高度 70m，包括炉子整体、带外保温的管线和仪表电缆箱等，重量 2600t。

2010 年 1 月，新加坡埃克森美孚 1000kt/a 乙烯装置，由 Heurtey Petrochem 公司制造的 7 台裂解炉及管廊以整体模块的形式交付。裂解炉模块包括炉体及其附属设备、结构平台、管线、电气、仪表、照明等，模块高度 42m，重量为 2000t。模块在泰国 Sattahip 港的预制基地制造，船运至新加坡 Jurong 岛。见图 6.4-6。

图 6.4-6 Heurtey Petrochem 公司整炉模块和管廊模块的运输

五、国内裂解炉模块化的应用

1. 对流段模块

20 世纪 70~80 年代，模块化技术随同引进的乙烯装置裂解炉一起进入中国。90 年代初，原北京石油化工工程公司(BPEC)，现重组为中国石化工程建设有限公司(SEI)开始对裂解炉对流段模块化技术进行研究。随着国内制造水平、质量控制、专业设备以及施工经验等方面的逐渐提高，专业制造厂已基本具备了制造模块的条件和能力。

2002 年在上海赛科 900kt/a 乙烯装置中的 9 台 100kt/a 裂解炉上，BPEC 采用了管束成模[管束和带衬里的炉墙组合，见图 6.4-7(a)]和穿管成模[先制作炉壁板，之后施工衬里，再安装炉管，见图 6.4-7(b)]两种方式成功制造了对流段模块(共计 62 个)，现场吊装和就位过程也十分顺利。通过对两种制作方式的比较，认为穿管成模为最佳的对流段模块制造方式。从此，所有新建裂解炉的对流段均采用了模块化技术。

(a)管束成模　(b)穿管成模

图 6.4-7　赛科项目对流段模块制造

由于对流段模块具有施工周期短、现场安装快捷且节省人工时等优势，故在裂解炉对流段改造项目上也得到了广泛应用。

通常应用方式有两种：

① 保留原炉结构立柱，在新增模块的对应位置设计特殊结构。现场安装时将新增模块的对应结构与旧有结构立柱妥善连接。见图 6.4-8。

② 拆除原炉局部立柱，在新增模块对应位置设置相同规格的立柱。现场安装时将新旧立柱对接处选用等强度节点连接。由于原炉立柱遭到临时性破坏，现场应设置临时支撑结构，以保证裂解炉整体框架承载性不受影响。见图 6.4-9。

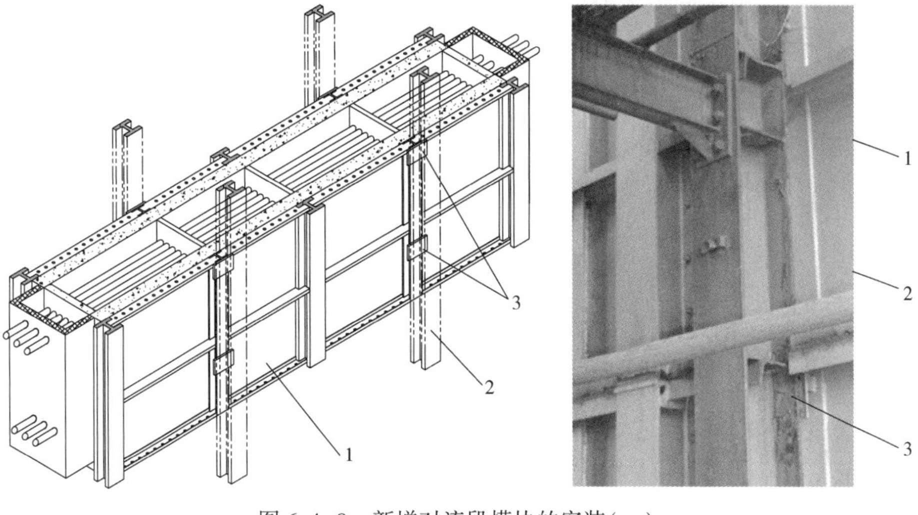

图 6.4-8 新增对流段模块的安装(一)
1—新增对流段模块；2—原有立柱；3—连接结构

2. 分段模块

从 2003 年开始，原中国石化 BPEC 在辐射段模块化方面进行了多次探索和尝试。先是将辐射段划分多个片状构件，构件尺寸宽度在 3m 左右，长度不超过 10m，包含炉体壁板、连接型钢、加强型钢以及仪表接管等附件。这些小片构件在专业厂预制成形，在现场与结构立柱拼焊，构件之间用螺栓连接。虽然还不能称之为“模块”，但是由此开拓了设计思路，探寻了制作方式，积累了实施经验。

图 6.4-9 新增对流段模块的安装(二)
1—新旧立柱连接；2—临时支撑；
3—新增对流段模块；4—原有立柱

2011 年，在中国石化工程建设有限公司(SEI)承担工程设计的马来西亚某公司 90kt/a 裂解炉上首次采用了辐射段垂直分段模块，炉侧墙中间立柱采用双槽钢，以此作为模块分界。最大模块尺寸为宽 3.1m，高 14m，重约 3t。其他部件也为模块形式(对流段为箱式模块，辐射盘管为片状模块)，均在制造厂预制成型，从中国江苏运至马来西亚某公司现场。这是中国裂解炉首次出口国外，也是一次全炉分段模块建造的成功应用。见图 6.4-10。

在总结马来西亚某项目模块化的成功经验之后，2012 年 SEI 在福建新增两台 150kt/a 裂解炉中再次采用了全炉分段模块化建造。其中辐射段模块仍采用垂直分片，但由于该裂解炉与马来西亚项目裂解炉相比体积大，载荷重，其裂解炉的分片形式已无法满足结构强度要求。因此，设计时炉体支撑立柱仍采用有良好承重性能的 H 型钢，而在相邻立柱之间设置模块分界。辐射段 2 个炉膛共分了 46 个片状模块，每个模块由立柱或连接型钢、炉体壁板、加强型钢、锚固件以及仪表接管等附件组成。到达现场后，再将模块用螺栓拼接成整面炉墙进行安装。模块的最大外形尺寸达到宽 4.9m，高 18.258m；模块最大重量为 8.7t。见图 6.4-11。

(a)单片辐射段模块　(b)对流段模块吊装　(c)辐射盘管模块吊装

图 6.4-10　马来西亚某项目 CBL 裂解炉分段模块建造

(a)多个模块拼装成侧墙　(b)整面侧墙的吊装

图 6.4-11　福建项目裂解炉辐射段模块建造

2014 年的惠州乙烯 1000kt/a 裂解炉上，因现场运输高度的限制无法进行辐射段整体模块的运输，故 SEI 将辐射段仅水平分成两段，模块尺寸为：长 27.62m，宽 12.27m，下模块高 8.7m，上模块高 7.6m。单个模块重量(包括钢结构和衬里)达 380t。见图 6.4-12。

3. 整体模块

近年来，随着制造水平和运输安装能力的提高，我国裂解炉模块化水平有了较大的提升。

2019 年，中国石化在中科 800kt/a 乙烯项目裂解炉上，采用“辐射+对流”方式进行半整炉模块化建造。模块化范围是根据场地耐力限制条件量身定制，具体包括辐射段钢结构、衬里、盘管及两个对流段模块。整体模块长 20.84m，宽 12.88m，高 19.5m，重量约 665t。模块在制造厂完成制造，通过海运整体运输至项目现场安装。炉柱脚共有 168 根地脚螺栓，现场安装一次对孔率 100%。见图 6.4-13。

(a)下模块运输

(b)上模块运输

(c)下模块与基础对接

(d)上模块与下模块对接

图 6.4-12　惠州项目裂解炉辐射段模块建造

2020 年，中国石化在古雷 800kt/a 乙烯项目裂解炉上首次完成了全炉整体模块的建造。全炉整体模块包括：炉本体部分(含钢结构、盘管、衬里及排烟系统)、附属设备(含风机、汽包及急冷换热器)、附属结构配管(含副框架、梯子平台、上升下降管、裂解气管及横跨管)以及有关电气仪表等设施。施工人员在“第二工地”完成整炉模块的组装，再将模块转运至裂解炉建造现场，并安装至基础上。见图 6.4-14。

通过上述裂解炉模块化的应用，结合国内设计、制造和建造水平和特点，我们制定了有关模块化的设计、制造和检验等一系列的标准规范，形成了我们自己的裂解炉模块化技术，并申请了若干发明和实用新型专利。这充分表明我国在模块化的设计、制造、运输及现场施工等方面与国外水平相当。

六、模型化设计

在 2014 年镇海炼化新增 BA-112 裂解炉项目的设计中，SEI 就采用了三维建模设计软件 Tekla 完成了全炉模型化设计，对裂解炉炉体钢结构构建模型，细化连接节点，直接形成了设计文件。并通过对模型进行碰撞检查，还避免了炉体钢结构与炉外框架结构和炉外管线之间发生碰撞。见图 6.4-15。

(a)半整炉模块的船运

(b)半整炉模块的陆运

(c)炉柱脚与基础地脚螺栓对孔

(d)半整炉模块就位

图 6.4-13　中科项目“辐射+对流”半整炉模块的海运及就位

图 6.4-14　古雷项目整炉模块转运

图 6.4-15　裂解炉全炉模型

利用Tekla进行裂解炉设计，不仅可以减少专业间设计界面的对接错误，利于工程项目顺利进行，还可以在模块加固及运输设计中进行辅助指导。另外，将Tekla模型与结构专业和配管专业进行共享，可避免重复建模，使设计环节得以并行和简化，提高设计效率。

总之，裂解炉设计过程中采用模型化设计，有助于提高裂解炉模块化的设计水平，促进裂解炉模块化的发展。

七、小结

裂解炉的模块化设计、制造和建设，既保证了设备建造质量，又使得现场仅为吊装和少量焊接工作，从而大大地减少了高空作业，建设工期也大为缩短，具有显著的经济和社会效益。

随着乙烯裂解炉和裂解装置向大型化、规模化的发展，模块化的应用将发挥巨大的作用。

第五节　其他设备的设计

一、引风机

1. 概述

裂解炉风机采用引风式，为裂解炉提供充足的助燃空气。作为维持裂解炉炉膛负压、保障燃料正常燃烧的重要设备，风机的运行状态将直接影响裂解炉的安全稳定运行，风机出现故障轻则会造成裂解炉停车，重则会导致炉管断裂、炉膛爆炸等事故。

引风机由主轴、叶轮、膜片联轴器、支撑轴承、止推轴承、壳体、进气箱、进风口及调节风门等组成，结构如图6.5-1所示。裂解炉引风机根据进气口数量可分为单吸和双吸引风机，单吸引风机有一个进气口，对应一个排气口，属于单进风方式。双吸引风机采用两个进气口，且为双叶轮结构，能得到更大的风量，但其结构也更为复杂。双吸引风机由于应用了双支承结构，还具备运转可靠性高、安全稳定的特点。单吸和双吸引风机分别如图6.5-2和图6.5-3所示。

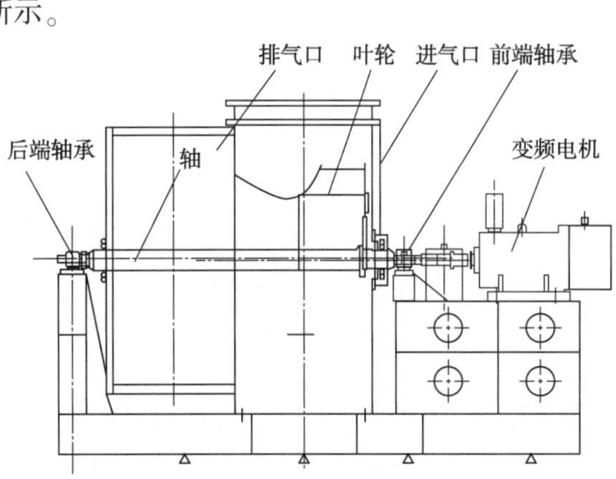

图6.5-1　风机结构示意图

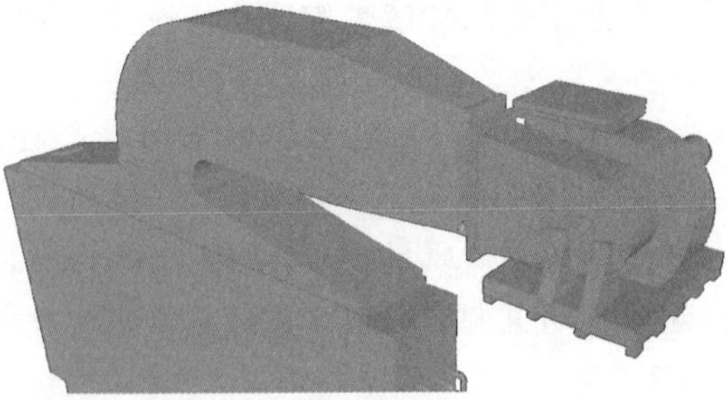

图 6.5-2　单吸风机结构示意图

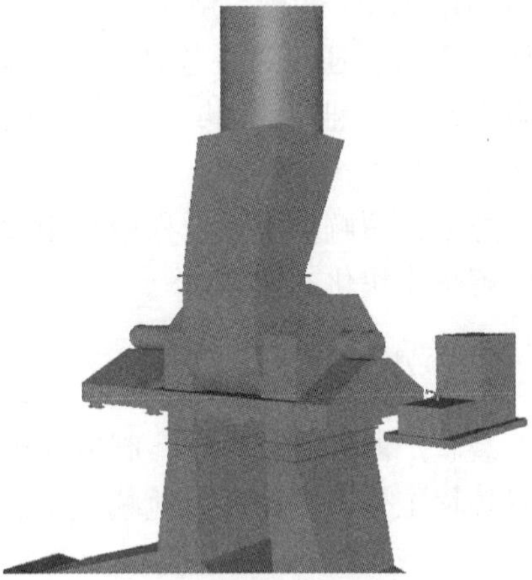

图 6.5-3　双吸风机结构示意图

为了保证裂解炉的平稳运行，工艺要求炉膛负压应保持在一定的范围内，这就需要通过对风量的调节来实现对炉膛负压的控制。传统负压调节方式为风机挡板控制，通过调节挡板开度调节风量。此种方式存在对环境要求严格、风机效率低、能量消耗大、设备故障率高、维修量大等问题。裂解炉引风机常见的故障分为非振动故障和振动问题引发故障，其中非振动故障通常表现为风量或风压不足及轴承温度异常升高，振动问题会引发轴承故障、风机部件及结构发生疲劳损伤等破坏力较强的故障。

为解决以上问题，目前新建乙烯裂解炉引风机优先采用变频调速控制方式，通过变频器对电机调速进而实现对风量的调节，具有易于控制、能耗降低的优点。永磁调速技术作为近年来专门针对风机、泵类离心负载调速节能发展的一项突破性新技术，具有高效节能、高可靠性等优势，能够极大减少整体系统振动、延长系统寿命，具备不产生高次谐波且低速下不会造成电机发热的优良调速特性。

2. 基本原理

(1) 变频调速技术

异步电动机的同步转速遵从电机学基本关系：

$$n_0 = 60f/p$$

式中　n_0——电机同步转速；

f——电源交变频率；

p——电机定子磁极对数。

电机定子绕组的磁极对数 p 一定，改变电源频率 f，即可改变转速。这种通过改变电源频率实现的速度调节过程称为变频调速。

风机风量、风压与风机转速及电机功率的关系为：风量与转速成正比，风压与转速的平方成正比，轴功率与转速的 3 次方成正比。当实际需求风量减少时，采用变频调速器来降低风机转速，其电机的输入功率可成 3 次方大幅降低，节电效果明显。

(2) 永磁调速技术

如图 6.5-4 所示，永磁调速器由永磁转子、导磁体盘(铜或铝)、气隙执行机构、转轴连接壳与紧缩盘组成。其中，气隙执行机构调整永磁转子与导磁盘之间的气隙。永磁调速器是通过调节两个非接触盘之间的距离，实现对负载无级调速的纯机械产品。在实际控制中，永磁调速器可配套电动或气动执行器，由执行器调节主动转子与从动转子之间的距离，即可对转速实现远程控制或自动控制，以响应系统运行要求。

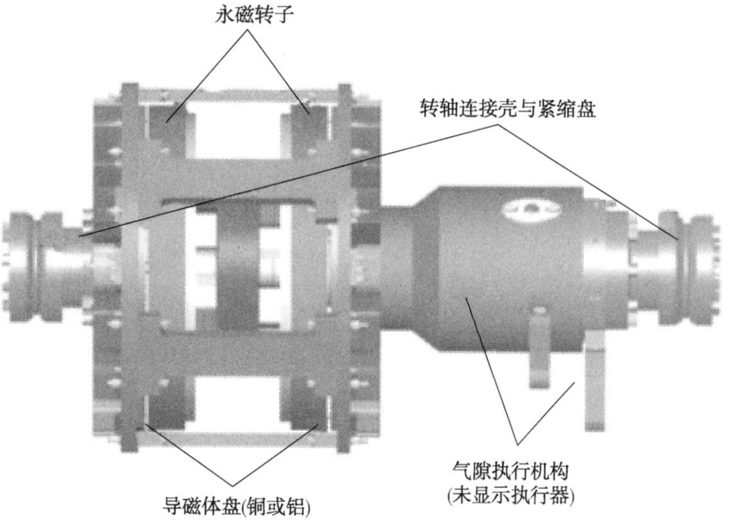

图 6.5-4　永磁调速器结构示意图

永磁调速器具有以下特点：

① 可在 30%~98%的调速范围内对负载进行无级调速。

② 可实现过程控制，响应速度快。能接收标准 4~20mA 信号，根据输入信号调节负载转速，满足系统需求，响应速度快。

③ 空载启动，启动电流冲击小。在启动时，将气隙调节到最大，实现空载启动。

④ 振动冲击小。由于永磁调速器是非机械连接的调速装置，泵和电机没有机械硬连接，完全通过气隙传递扭矩，隔离了振动的传递，减小了振动。

⑤ 可靠性高，维护少。设备结构简单，故障率低，维护成本低。

⑥ 使用寿命长。

⑦ 节能效果好。通过调节负载转速，提高效率，减少管路损失，降低电机负荷，节能效果明显，节能率达 5%~30%。

⑧ 适应于各种恶劣工作环境。如电网电压波动较大，谐波含量较高，易燃、易爆，潮湿，粉尘含量高，高温、低温等场所。

⑨ 无谐波干扰。

⑩ 安装调试简单，系统全生命周期成本低。

3. 工程应用实例

（1）变频调速技术

燕山石化对原 100kt/a 乙烯裂解炉引风机进行了变频调速改造，采用西门子公司生产的交流变频调速器，功率为 250kW，电动机功率为 220kW。风机速度调节范围宽，变频器调速范围完全满足工艺生产的要求。变频改造两年来，风机未发生过任何故障，运行平稳，大大减少了设备维护费用及工作量。电网发生波动时，电机成功再启动，工艺不停车，保证了连续生产，直接和间接经济效益十分明显。

(2) 永磁调速技术

齐鲁石化某裂解炉原设计采用变频调速方案，在2017年上半年裂解炉曾因风机变频器故障连续两次造成非计划停车，由于短时间内无法恢复，严重影响生产及设备安全。因此决定采用新型永磁调速器取代变频器作为调速控制方案。自2017年投用以来，裂解炉未发生因风机故障而导致的非计划停车事故，炉膛负压及转速控制平稳，实现了装置的安全平稳运行。

二、混合器

1. 概述

在石油化工行业中，混合是一种十分普遍但非常重要的操作手段。尽管美国在化工行业相对发达，但每年由于混合问题造成的经济损失高达几十亿美元。设计高效的混合设备，实现有效的混合，对减少管道结焦、提高裂解收率、提升经济效益、优化生产流程具有重要的意义。

对于乙烯裂解炉来说，由于裂解反应要保证很低的烃分压，通常是在原料烃中注入水蒸气或其他气体作为稀释剂，因此该混合的效果好坏对于裂解的优劣至关重要，不当的混合会使得裂解收率大大降低，亦或使炉管局部结焦，严重降低裂解炉的运行周期，影响了经济效益。

通常来说，三通管型式混合器即可满足裂解炉区绝大多数物料的混合需求。但是当裂解重质原料时，混合器的选择设置显得尤为重要。目前重原料裂解炉均采用二次注气技术，利用过热蒸汽提供的热量和烃分压降低，使得石油烃物料与蒸汽在混合器内快速混合并全部汽化，因此需要设置具有特殊结构的烃与蒸汽的混合器。该混合器解决了原料在对流段汽化过程中可能出现的结焦问题，为裂解原料的扩大提供了基础。

2. 基本原理

烃与稀释蒸汽的混合器为特殊结构的静态混合器，根据不同操作工况下(加氢尾油/石脑油等)混合器入口与出口的介质操作温度、压力、流量等来对混合器不同部位尺寸进行设计，使得介质被多次分割、复合，从而实现均匀混合。混合器结构见图6.5-5。

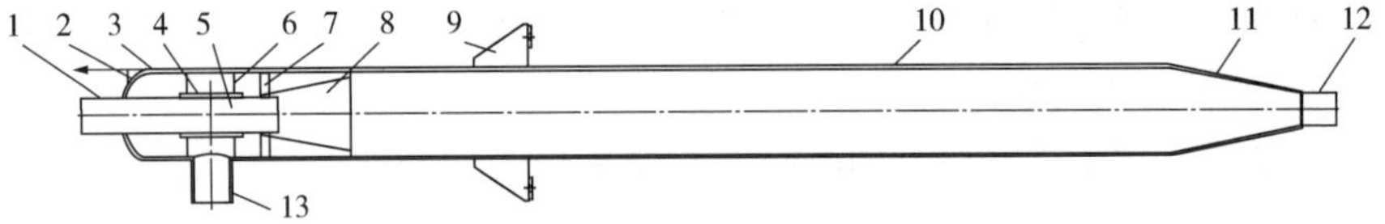

图6.5-5　混合器结构示意图

1—入口段；2—封头；3—吊耳；4—支承板；5—内部接管；6—环板；7—筋板；8—扩散异径管；9—支座；10—筒体；11—椎体；12—出口管；13—蒸汽入口管

设计满足工艺要求的混合器，确保正常操作过程中，装置安全稳定运转，尽可能提高混合效果。另外，通过合理设置混合器尺寸，可以实现占地面积小、结构紧凑、操作成本低、维修简单、能实现连续化生产等优点。

三、油急冷器

在乙烯生产过程中，辐射段出口的裂解气温度往往高达800~900℃，为了使裂解气不在高温下长时间停留而产生二次反应，需对裂解气进行迅速急冷。急冷过程可以分为直接急冷和间接急冷，工程上经裂解炉辐射段出来的裂解气先经过急冷换热器以间接换热急冷的方式将裂解气快速冷却至350~600℃，随后送至急冷器进行进一步降温。油急冷器是对裂解气进行直接急冷的降温设备。

油急冷器进行直接急冷的方法是往高温裂解气中直接喷入冷却介质，冷却介质被高温裂解气加热而部分汽化，由此吸收裂解气的热量，从而使高温裂解气迅速冷却。根据冷却介质的不同，直接急冷可以分为两种：

一是水直接急冷。一般常用文丘里喷管将水喷成雾状，直接喷入高温裂解气中，热水吸收了裂解气中大量的热量而汽化，从而使裂解气急速降温。采用水直接急冷时，为了防止含油污水的大量排出，必须考虑急冷水的闭合循环。另外，因有油水的乳化现象，必须设法提高油水的分离效果。

二是油直接急冷。一般常用机械雾化喷嘴将轻质汽油喷入高温裂解气中，急冷油裂解吸热，而使裂解炉出口的高温气体急剧降温。

常见的裂解气急冷器主要有喷嘴式急冷器和溢流式急冷器两种。

喷嘴式急冷器的结构较为简单，主要通过雾化喷嘴将较低温度的急冷介质喷入高温裂解气中，使得急冷介质与裂解气接触的比表面积增大，传热效果更好。一个急冷器一般具有多个雾化喷嘴。其总体结构从上到下主要包括急冷器入口段、急冷油入口段、急冷器变径段和急冷器出口段。

目前，急冷器喷嘴主要应用 Spraying System Co. 和美国 BETE 喷嘴公司的产品，其中 Spraying System Co. 公司生产的 Full Jet 系列喷嘴及美国 BETE 喷嘴公司的 MP 系列喷嘴应用更为广泛。喷嘴通常有空心锥形、实心锥形、扇形等型式，急冷器主要采用实心锥形喷嘴。图 6.5-6 为美国 BETE 公司 MP 系列的喷嘴雾化喷射效果示意图。

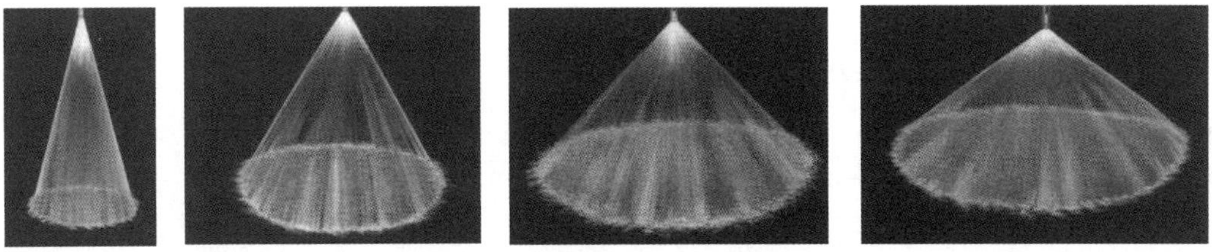

图 6.5-6　喷嘴式急冷器雾化喷射效果

溢流式急冷器的结构相对复杂，其总体结构从上至下主要由急冷油入口段、收缩段、内筒、溢流段和混合段组成。具有急冷油压降低、维护少的优点，其总装配示意图见图 6.5-7。

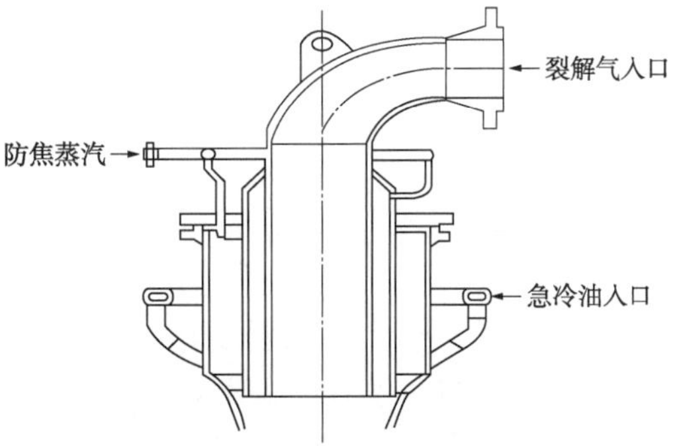

图 6.5-7　急冷器总装配示意图

四、清焦罐

1. 概述

裂解炉在正常运行一段时间之后，通常需要对裂解炉进行清焦处理，以除去辐射段炉管及急冷换热器中的焦垢，改善裂解炉的性能，降低装置的能耗及物耗，延长运行周期。裂解炉在清焦过程中会产生大量的烧焦尾气，除了蒸汽之外，还含有小粒径焦粉、CO、CO_2等污染物。目前国内各乙烯装置主要采用重力沉降罐来控制外排颗粒污染物，依靠清焦气中焦粒自身的重量沉降分离出较大粒径，小粒径焦粒及其他污染物等则从清焦罐顶部排出。

不过，随着日益严格的节能环保要求，传统式沉降罐已经不能很好地满足分离要求。小粒径焦粉即微细颗粒污染物的防治减排成为了当下的重中之重。《石油化学工业污染物排放标准》规定，自 2017 年 7 月 1 日起，裂解炉烟气中环保指标中颗粒物排放要求为小于 $20mg/Nm^3$。

传统式沉降罐的最大弊端是只能捕集粒径大于 100μm 的颗粒物，并不适合捕集粒径低于 10μm 的微细颗粒污染物。另外，传统沉降罐存在着一些随清焦气一起排入大气的未燃尽焦粒附着在管线及设备的外壁，对装置的管线、管架、设备等造成腐蚀，同时影响了装置的外观。

目前，国内外的研究人员往往将乙烯裂解炉的结构改进工作作为解决结焦问题的主要切入点，在具体实施方法上以抑制乙烯裂解炉结焦和优化乙烯裂解炉除焦工艺为主。通过对清焦罐进行改造，以提高清焦罐的分离效果，减少污染物排放，改善炉区操作环境。

2. 基本原理

(1) 传统型清焦罐

传统清焦罐可以分为干式清焦罐(图 6.5-8)与湿式清焦罐(图 6.5-9)，其原理均是利用焦粒自身的重量来沉降分离，而小粒径焦粒及其他污染物等则从清焦罐顶部排出。不过在操作方式上，二者略有区别。对于干式清焦罐，往往在清焦阀下游设置注水调节阀，将烧焦气冷却至 200~400℃后进入清焦罐。而对于湿式清焦罐，清焦产物在送至清焦罐前，通过在清焦管线上直接喷淋冷却水，将其冷却到露点温度(大约 100℃)。

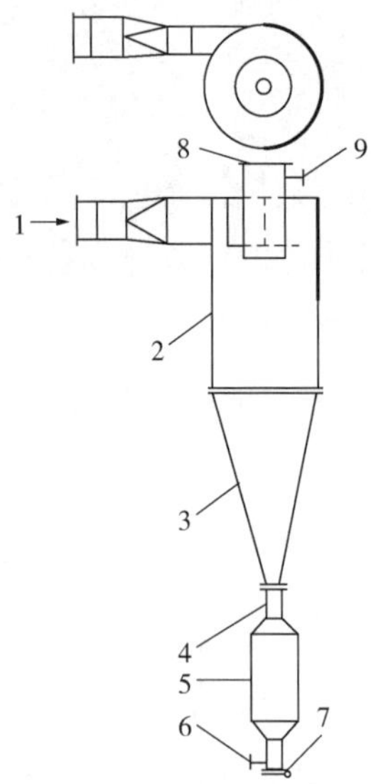

图 6.5-8 干式清焦罐结构示意图

1—清焦气入口；2—筒体段；3—锥体段；4—料腿；5—灰斗；6—排水口；7—焦粒口；8—清焦气出口；9—注水口

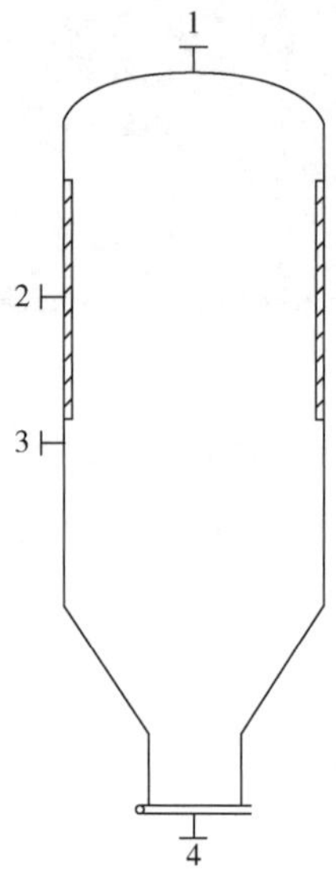

图 6.5-9 湿式清焦罐结构示意图

1—蒸汽排放口；2—清焦气入口；3—溢流口；4—放净口

（2）改进型清焦罐

华东理工大学课题组研究发现，在清焦罐内增加微旋流分离器，通过不同分离精度的旋流分离设备可以有效控制烧焦气中颗粒物的浓度和粒度。微旋流分离器的旋流分离作用原理是依靠气液两相的密度差，利用流体在旋流管内高速旋转产生的离心力将液滴和固体微粒从气体中分离出来，从而达到气液分离或气体净化的目的，其工作原理示意见图 6.5-10。

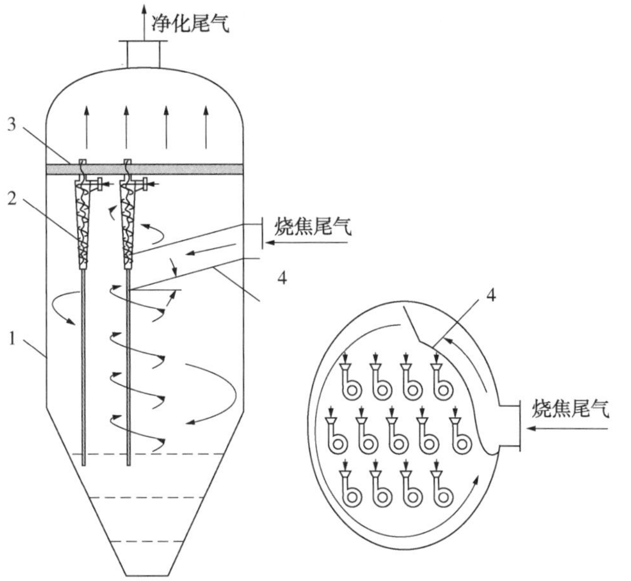

图 6.5-10　改进型清焦罐工作原理示意图

1—壳体；2—微旋流分离器；3—隔板；4—导流筒

在操作过程中，烧焦尾气夹带着焦粉和铁锈由进料口进入清焦罐内部，在进料口处向下 α 角度的导流筒驱使下，气体到达清焦罐底部锥段强化一级旋流分离效果，将大直径焦粉和铁锈进行脱除，与此同时生成稳定的上行气流，在隔板的限制下气体进入微旋流器进行二级旋流分离，将小直径焦粉和铁锈进行深度脱除，脱除下来的焦粉和铁锈通过微旋流器的底流口降落至清焦罐底部被定期排出，操作简便，而洁净的烧焦尾气通过微旋流器的溢流口进入清焦罐上部腔体并经由出料口进入烟囱外排。

3. 工程应用实例

上海石化 2# 乙烯装置 6 台清焦罐和镇海炼化 1# 乙烯装置 6 台清焦罐均为传统型清焦罐，这导致粒径小于 10μm 的颗粒物随着净化气体从罐顶部排出，焦粉散落到厂区，造成现场环境粉尘污染严重。2013 年和 2016 年，镇海炼化和上海石化分别对原有的清焦罐进行升级改造，使得改造后的清焦罐采用微旋流式与旋风式相结合的分离方式，大大提高了分离效率。改造后，清焦罐罐顶部清焦气夹带的焦粉颗粒明显减少，底部焦池中焦粉量增多，其中细微颗粒物占比显著提高，改造有效减少了清焦气排放对大气的污染，使其满足新行业标准要求，减少了区域环境的不良影响。图 6.5-11 为镇海炼化清焦罐改造前后对比图片。

图 6.5-11　镇海炼化清焦罐改造前后对比(左图：改造前；右图：改造后)

五、烧焦气返炉膛

乙烯装置裂解炉根据裂解原料、工艺流程的不同，可分为气体炉、轻油炉、重油炉等。在裂解炉日常运行生产中，需要对其定期实施在线清焦操作，以除去辐射炉管、急冷换热器中生成的焦，以此提高裂解炉的热效率及超高压蒸汽产量。裂解炉通常采用空气与蒸汽混合的方式进行清焦，在清焦过程中不可避免会产生大量清焦副产物，如小粒径的焦粒。通常做法为设置清焦罐，使烧焦气经清焦罐后进一步分离，固体废渣留在罐底，烧焦气通过罐顶排放至大气。

为满足日益严格的环保要求，在 GB 31571—2015《石油化学工业污染物排放标准》中，对工艺加热炉有机废气排放口的颗粒物指标进行了限制。为此，裂解炉烧焦气均由传统的经清焦罐顶直接接向大气排放的方式改进为返炉膛进行烧焦后再排入大气。但根据已投产的裂解炉运行情况看，返炉膛操作位操作人员的要求较高，如操作不当，会造成操作波动，影响裂解炉的正常运行。

根据遇到的实际情况，要求在烧焦气返炉膛的设计中充分考虑各种因素，以确保裂解炉返炉膛操作的平稳，最大程度降低操作人员的操作难度。李进锋等应用 CFD 技术对某裂解炉返炉膛工况下辐射炉膛内的燃烧、传热、三维湍流等进行了分析。随着单台裂解炉规模增大，占地面积的增加，清焦管线的布置也愈发重要。从工艺角度上看，返炉膛蒸汽流速越大，对炉膛燃烧影响越大，返炉膛管线管径应尽可能的扩大，且清焦管线应最大程度地对称布置，以保证烧焦气均匀地分配到每个布置在炉底的烧焦气分布口中。但在实际配管中，除返炉膛管线，还需要在炉底配置燃烧器、空气预热器等多种设备的管线，使清焦管线管径与布置受到了限制。

以某项目 200kt/a 双辐射段裂解炉为例，应用 CFD 技术，对返炉膛清焦管线的不同配管方案进行研究。3 种工程可行的返炉膛管道配置方案如图 6.5-12(a)所示，根据 CFD 模拟，3 种方案的烧焦气流速分布如图 6.5-12(b)所示。

从 3 种方案可以看出，采用多级偶数平均分配的效果远好于多级奇数分配。因此，在新建项目中，如条件允许，尽可能地采用多级偶数平均布置返炉膛管线可达到最佳效果。而如遇到在现场空间有限且必须奇数分配的情况下，采用清焦管线一头进入的方式也要优于从总管中间抽出管道的分配方式。

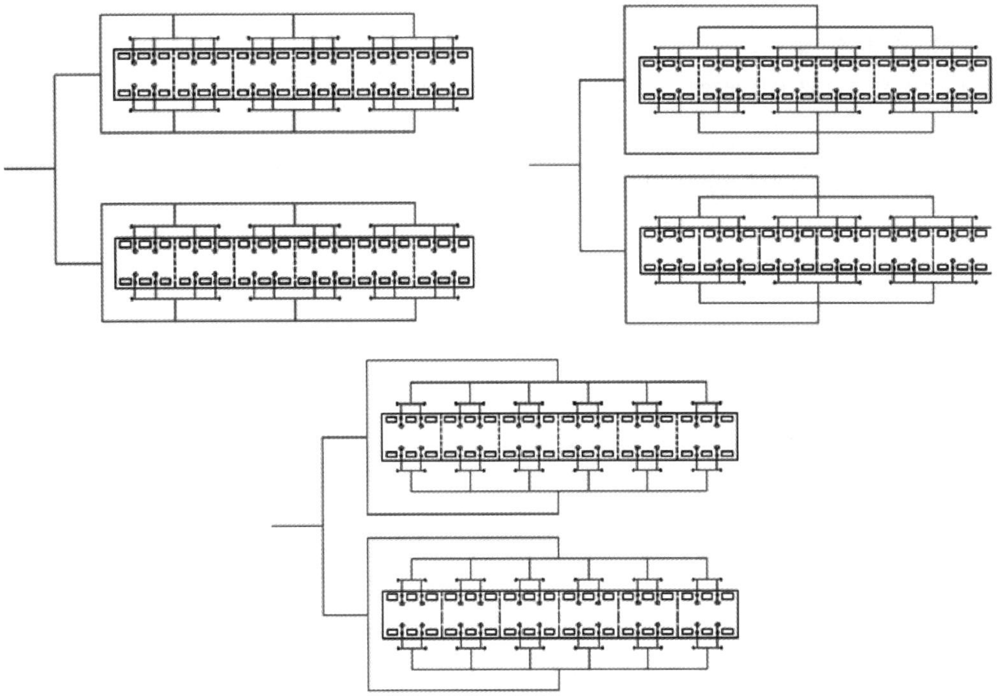

(a)3种返炉膛管道配置方案

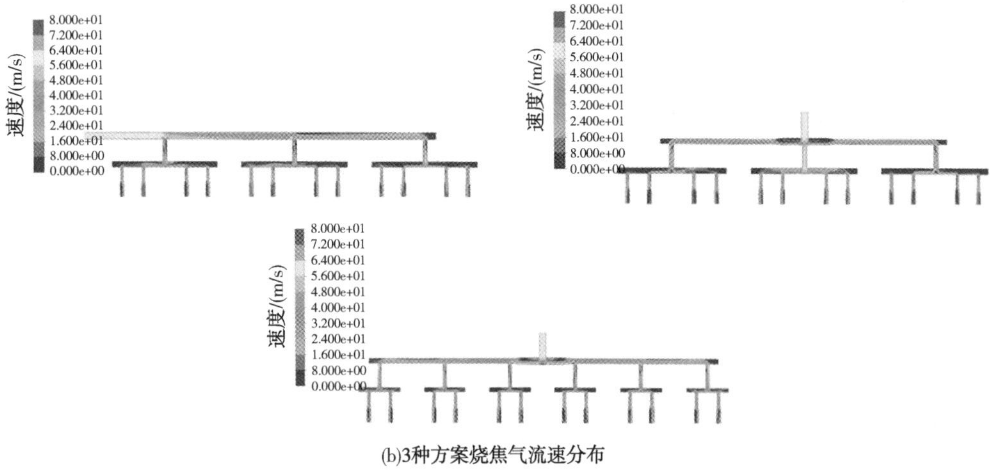

(b)3种方案烧焦气流速分布

图 6.5-12　返炉膛清焦管线的不同配管方案

六、吹灰器

由于燃料在燃烧过程中会产生烟气、烟尘，并不断被吸附，炉管积灰结垢是加热炉运行过程中的常见现象，其结果是排烟温度上升，热效率下降、设备腐蚀或损坏。我国在 20 世纪 70 年代末期引进了国外的蒸汽吹灰技术。而蒸汽吹灰存在除灰效果差、维修维护工作量大、蒸汽耗量大等诸多弊病。针对蒸汽吹灰器存在的问题，90 年代开发出多种声波除灰技术，其中使用最广泛的是一种高声强中频声波除灰器，它以显著的节能效果、免维护、安全可靠等优点，正逐步替代传统的蒸汽吹灰技术。

1. 蒸汽吹灰器

（1）蒸汽吹灰器工作原理

蒸汽吹灰器的主要吹灰原理是利用位于炉外的电机使位于炉内的吹灰管以360°方向旋转，将作为除灰介质的过热蒸汽由旋转的吹灰管上的喷口喷出，蒸汽射流直接喷射到裂解炉炉管换热面处，在高速过热蒸汽射流作用下积灰脱落，由此实现了蒸汽射流吹灰。蒸汽吹灰器示意如图6.5-13所示。

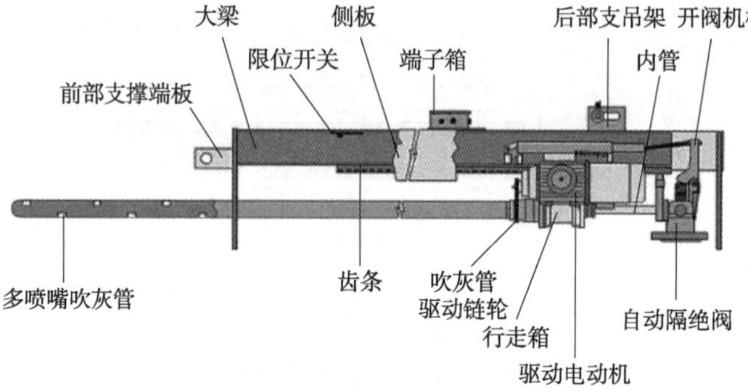

图6.5-13　蒸汽吹灰器示意图

（2）蒸汽吹灰器工作方式

蒸汽吹灰系统由蒸汽输汽管线及其连接附属设备(角阀、盘根等)、电机、吹灰管(固定式、伸缩式)及控制柜等组成。根据吹灰管的工作方式不同，又分为固定旋转式蒸汽吹灰器和长伸缩式旋转蒸汽吹灰器。其中固定旋转式蒸汽吹灰器是通过将吹灰管放置于对面炉墙的端帽而使其固定在裂解炉内，其吹灰管不能伸出炉外，吹灰时电机带动吹灰管进行360°旋转；长伸缩式旋转蒸汽吹灰器通常位于炉内高温区或前后炉墙间距较大的炉内，当需要除灰时，吹灰管可通过电机将其伸入炉内，一边伸入，一边射流吹灰，当除灰结束后，吹灰管将被拉出炉外，并放置在炉外直至下一次除灰。

（3）蒸汽吹灰器存在问题

① 除灰效果差。对于蒸汽吹灰器而言，只有蒸汽射流作用到的炉管换热面处才能实现吹灰。通常裂解炉炉管的排数都较多，炉管排列紧密，翅片间隙小，翅片高度较高，蒸汽射流只能作用到位于吹灰管上下各1~2排且面对吹灰管一侧裂解炉炉管处的换热面，而对于背对吹灰管一侧的炉管换热面处、管束里面的炉管换热面处的积灰，蒸汽射流则无法作用到。因此造成蒸汽吹灰器吹灰范围小、存在吹灰死角、吹灰效果不理想，蒸汽射流无法作用到的地方积灰尤其严重，容易出现翅片管翅片被积灰埋没、翅片管积灰搭桥现象。

② 机械故障多，维修维护工作量大。由于含有电机及其他转动、传动部件，因此蒸汽吹灰器经常出现角阀漏、弯头漏、盘根漏、吹灰管卡涩、换向开关失灵、电机烧毁等机械和电气故障，同时还需要大量的注油、润滑等日常机械和电气维护工作，以及零部件的定期更换等维修工作，装置岗位人员不得不耗费大量的维护工时来避免上述故障发生。当上述故障没有得到及时维修时，会造成积灰更加严重，影响到裂解炉的正常生产运行。

又由于蒸汽吹灰器经常出现角阀漏、弯头漏、盘根漏等机械故障，因此导致了蒸汽及冷凝水泄到炉内，造成炉管严重腐蚀；而长伸缩式蒸汽吹灰器的吹灰头具有很强的向前直流作用力，使对面炉衬的冲刷严重，甚至造成炉衬的局部损坏。

③ 吹灰介质是过热蒸汽，耗量大。蒸汽吹灰器所采用的蒸汽射流直喷的形式，靠的是大量的高速蒸汽直接喷射在炉管的表面，耗汽量大，蒸汽能源浪费严重。

2. 高声强中频声波除灰器

声波吹灰技术是以压缩气体为动力，将具有一定压力和流量的气体作用在特定的几何空腔内运动，激发空腔内气体的强烈振动而发出高强声波。这个高强声波使灰粒产生震荡，抵消灰垢的表面粘附力，阻止灰粒相互之间结合，从而脱离炉管表面，达到除灰的目的。

声波吹灰器按照动力介质可分为蒸汽声波吹灰器和压缩空气声波吹灰器，按照声波频率可分为低频声波吹灰器、中频声波吹灰器和高频声波吹灰器。声波吹灰器具有结构简单、才做方便、维护工作量小，吹灰效果好等特点。

（1）高声强中频声波除灰器工作原理

高声强中频声波除灰器工作原理是过热蒸汽经高声强中频声波除灰器内的高声强换能器调制，将汽体的内能转换成声能，激发产生频率处于 200～4000Hz 的高声强中频声波。该结构独特的声波发声装置不仅汽-声转换效率高，能量集中，而且所激发产生的单一中频声波具有较强的波动绕射能力，可顺利穿过多排炉管。多个声波除灰器经过合理布局，可使声波在炉内叠加形成高声强均匀除灰声场，其声压级高达 145dB 以上，此强声场作用在炉管换热面上，破坏了灰粒与灰粒之间、灰粒与炉管之间的结合力，使灰粒处于悬浮状态而随烟气流带走，从而达到保持炉管清洁无灰的目的。声波吹灰器示意如图 6.5-14 所示。

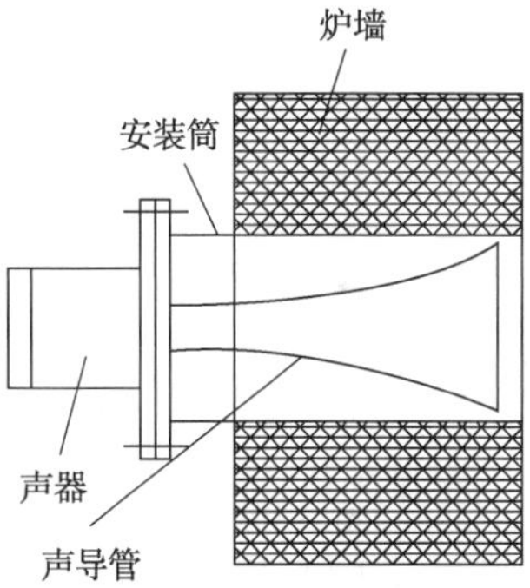

图 6.5-14　声波吹灰器示意图

（2）裂解炉声波除灰系统应用

① 声波除灰系统组成。高声强中频声波除灰系统由高声强中频声波除灰器、输汽管线防爆可编程自动控制柜组成(具体参见图 6.5-15)。通常根据裂解炉对流段炉管排布和炉体结构将声波除灰系统分成若干组，合理布局除灰声场，其中每组各个声波除灰器通过输汽支管与输汽管线的干管相连。该干管通常有 1/100～1/50 的坡度，以利于排凝，而各组声波除灰器工作则由防爆可编程自动控制柜通过控制相对应的各气动开关阀门来实现。

② 声波除灰控制系统操作。根据裂解炉燃料使用情况，声波除灰每星期投用 1～2 次即可满足其生产要求。防爆可编程自动控制柜通常置于裂解炉附近可操作处，其防爆等级为 dⅡBT4。该控制柜采用进口的可编程控制器，其控制系统抗干扰性强，稳定性高，无需更换电池等日常维护，可使系统长期处于最佳工作状态。

现场声波除灰的自动控制程序已预先输入至控制柜中的可编程控制器，而整个声波除灰运行过程中的各个参数(如：排凝时间、暖管时间、各组声波除灰时间、各组声波除灰间歇时间、蒸汽排空时间等)的改变则不必更改已设定程序，而只需通过修改可编程自动控制

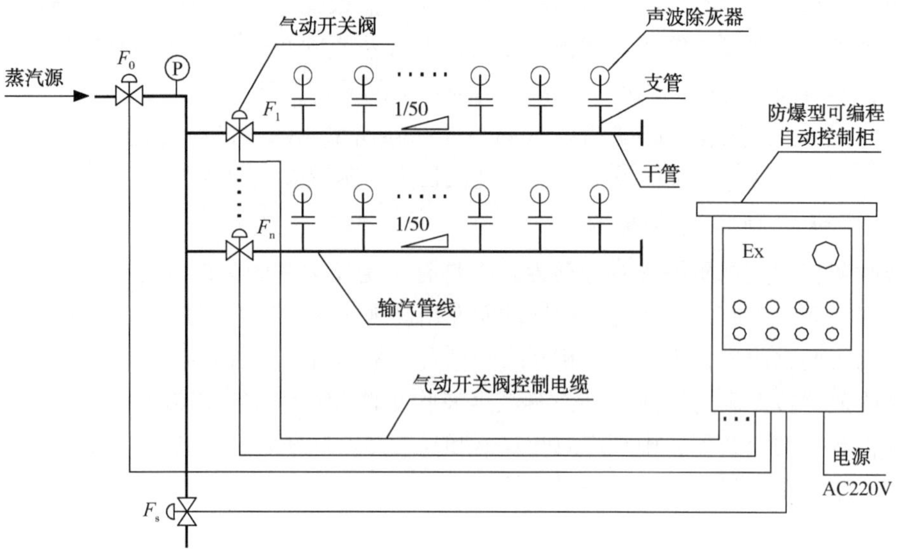

图 6.5-15　高声强中频声波除灰系统组成示意图

柜上的拨码器即可以实现，给现场实际操作带来极大的便利。

裂解炉声波除灰现场操作时首先接通控制柜电源，再接通阀门电源，按下“启动”按钮，声波除灰按设定程序自动运行完成一个声波除灰全过程，最后切断控制柜电源，声波除灰完毕。其中裂解炉声波除灰自动控制采用如下控制逻辑：首先将排凝阀 F_s 及控制声波除灰器的各组阀 $F_1 \sim F_n$ 依次打开，将管道内可能存有的少量水排净；接下来将控制声波除灰的各组阀 $F_1 \sim F_n$ 关闭，打开主汽阀 F_0，进行暖管后关闭排凝阀 F_s；然后各组声波除灰器依次工作，开始声波除灰(每次只能有一组声波除灰器工作)，直至除灰结束，再将主汽阀关闭 F_0。打开排凝阀 F_s 及控制声波除灰的各组阀 $F_1 \sim F_n$，将管道内残存的蒸汽全部排空后全部关闭，整个除灰过程全部完成。

声波除灰运行过程中如需停止除灰，则按下“启动/停止”按钮即可。运行中若遇到紧急情况，应按下“主电开关”的“停止”按钮，此时声波除灰系统停止运行。再次运行时，只需重复上述步骤即可。该控制系统含有自动及手动两种除灰方式，当裂解炉中某区段积灰较厚时，通过采用手动方式对该区段进行重复除灰，可提高除灰质量，满足生产需要。

(3) 高声强中频声波除灰器的技术特点

① 汽-声转换效率高，除灰声压级高。声波除灰器直接置于炉内，声波能量全部集中作用于炉管上的积灰，声波能量几乎没有损失和浪费。独特的声波除灰方式即：由若干台声波除灰器组成一组，共同工作时声波可以相互迭加，在一定范围内产生高声压级、完全均布的除灰声场，作用在换热面处的声压级可在 145dB 以上。由于高声强中频声波有较强的波动绕射能力，可顺利穿过多排炉管，彻底清除炉管上各个方位的积灰，没有除灰死角。

② 除灰效果显著，见效快，节能降耗显著。对于新建裂解炉可以长期保持炉管清洁无灰；对于因使用其他类型吹灰器无效或因没有设置吹灰器而造成翅片管积灰严重的裂解炉，只要投用高声强中频声波除灰器 20s 左右即可见到烟囱冒出大量积灰，并可看到声波除灰

前后排烟温度明显下降曲线。

例如，某乙烯装置裂解炉，其燃料为裂解碳五。原来使用蒸汽吹灰器，后因吹灰效果差，改用高声强中频声波除灰系统，除灰效果非常显著。与蒸汽吹灰器相比，排烟温度下降了 12℃，排烟温度对比见图 6. 5-16。

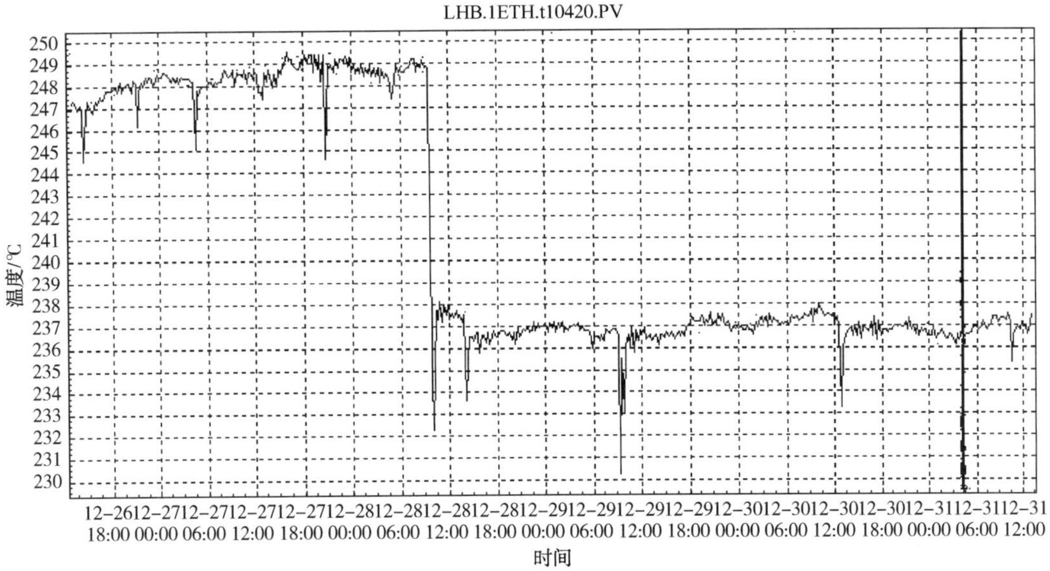

图 6. 5-16　蒸汽吹灰和中频声波除灰裂解炉排烟温度对比

③ 系统运行稳定可靠，主要部件耐用。高声强中频声波除灰器无任何转动和传动部件，且蒸汽管道连接简洁；可编程自动控制柜防爆等级满足现场安全、防护要求，并且该防爆可编程自动控制柜具备就地调试和检测、保护等功能，充分保证系统能够安全经济运行，因此整个声波除灰系统可靠性高，并能够在恶劣的环境下无故障长期稳定运行。

④ 免维护、免维修，使用寿命长；无转动、传动部件，无须日常机械和电气维护，节省维修费用，减轻操作人员的劳动强度。

⑤ 系统操作简单方便。声波除灰可按设定程序实现除灰过程中的排凝、暖管、除灰的全自动化运行。

⑥ 无蒸汽泄漏，无冷凝水进入炉内。高声强中频声波除灰系统的输气管线设计了完善的暖管、排凝、蒸汽排空子系统和控制子系统，且不存在任何机械泄漏，完全避免了蒸汽泄漏对裂解炉对流盘管造成腐蚀。

⑦ 声波除灰器除灰时所产生的声波频率处于 2000~4000Hz，而炉体等设备本身固有的频率为几十赫兹，两者频率相差甚远，因此除灰时绝不会因共振而引起炉体振动；声波除灰无蒸汽直喷的现象，因此对炉衬无冲刷，对设备无损害。

⑧ 由于高声强中频声波除灰器完全置于炉内，炉外噪声低，距炉外壁 1m 处，声波除灰噪声小于 85dB，完全符合《工业企业噪声控制设计规范》(GB/T 50087—2013)的要求。不会造成噪声环境污染，同时采用中频声波进行除灰，对人体无任何伤害。

参 考 文 献

[1] 钱家麟，于遵宏，尹朝曦，等．管式加热炉[M]. 北京：中国石化出版社，2003.

[2] SH/T 3036—2012 一般炼油装置用火焰加热炉[S]. 北京：中国石化出版社，2013.

[3] 何细藕．乙烯裂解炉技术进展[J]. 现代化工，2001，21(9)：13-17.

[4] 姜炳阳．裂解炉钢结构框架炉底钢柱设计[J]. 石油化工设备技术，2009，26(4)：5-7.

[5] 姜炳阳，冯丙阳，玉熹，等．裂解炉壁板钢框架结构综述[J]. 石油化工设备技术，2020，26(4)：5-7.

[6] GB 50009—2012 建筑结构荷载规范[S]. 北京：中国建筑工业出版社，2012.

[7] GB 51006—2014 石油化工建(构)筑物结构荷载规范[S]. 北京：中国计划出版社，2015.

[8] GB 50017—2017 钢结构设计标准[S]. 北京：中国建筑工业出版社，2018.

[9] GB 50011—2010 建筑抗震设计规范(2016 年版)[S]. 北京：中国建筑工业出版社，2016.

[10] GB 50453—2008 石油化工建(构)筑物抗震设防分类标准[S]. 北京：中国计划出版社，2008.

[11] JGJ99—2015 高层民用建筑钢结构技术规程[S]. 北京：中国建筑工业出版社，2016.

[12] GB 50046—2018 工业建筑防腐蚀设计规范[S]. 北京：中国计划出版社，2018.

[13] GB 50160—2008 石油化工企业设计防火规范[S]. 北京：中国计划出版社，2009.

[14] SH 3137—2013 石油化工钢结构防火保护技术规范[S]. 北京：中国石化出版社，2009.

[15] GB 50205—2020 钢结构工程施工质量验收标准[S]. 北京：中国计划出版社，2020.

[16] SH/T 3507—2017 石油化工钢结构工程施工及验收规范[S]. 北京：中国石化出版社，2017.

[17] SH/T 3070—2005 石油化工管式炉钢结构设计规范[S]. 北京：中国石化出版社，2005.

[18] J. V. 阿班诺，K. M. 森达兰，H. A. 赫尔曼．急冷器[P]：CN1149310A. 1997-05-07.

[19] John V，Kandasamy M. Sundaram，Hellmut A. Herrmann. Quench cooler：US5464057[P]. 1995-11-07.

[20] Brucher P，Kehrer W. Heat exchanger，especially for cooling cracked gas：US5029637[P]. 1991-07-09.

[21] Albano V J，Sundaram M K，Herrmann A H. Quench cooler：US5816322[P]. 1998-10-06.

[22] PETER B. Heat exchanger for cooling cracked gas：US5813453[P]. 1998-9-29.

[23] Brucher P. Heat exchanger for cooling cracked gas：US5579831[P]. 1996-12-03.

[24] 李金科，张松龙．线性急冷锅炉：CN2498159[P]. 2002-07-03.

[25] Knight T C，Lowry R D，Corry B J，et al. Intra-body flow distributor for heat exchanger：US6845813[P]. 2005-01-25.

[26] Brü P，Cher，Brown J D，et al. Heat exchanger with a connection：US6202740[P]. 2001-03-20.

[27] 李金科，张建，孙建兵，等．一种线性急冷换热器入口连接件：CN203908384U[P]. 2014-10-29.

[28] 李金科，张建，安发亮，等．一种线性急冷换热器：CN206257999U[P]. 2017-06-16.

[29] 李金科，张建，李宁，等．一种急冷换热器：CN207335496U[P]. 2018-05-08.

[30] 李金科，安发亮，张建，等．一种乙烯裂解炉用急冷换热器：CN102492456B[P]. 2013-12-18.

[31] 李金科，黄嗣罗，李宁，等．一种多功能裂解急冷换热器：CN206531413U[P]. 2017-09-29.

[32] 门宽亮．裂解炉模块化介绍与探讨[J]. 乙烯工业，2014，26(3)：34-37.

[33] 刘克刚．乙烯装置裂解炉对流段改造[J]. 乙烯工业，2016，28(3)：13-16.

[34] 薛磊，隋文．裂解炉全炉设计模型化及数字化工厂应用[J]. 石油化工设备技术，2019，40(1)：27-29.

[35] 茂名重力石化机械制造有限公司，中国石化工程建设有限公司．模块式石油化工加热炉：中国，ZL 200820175338. 0[P]. 2010-02-10.

[36] 中国石油化工集团公司，中国石化工程建设有限公司．一种乙烯裂解炉用的辐射盘管整体安装方法：中国，ZL 201010603998. 6[P]. 2013-11-06.

[37] 中国石化工程建设有限公司，中石化炼化工程(集团)股份有限公司．一种乙烯裂解炉对流段模块化改造方法及其对流段模块：中国，ZL 201310157905. 5[P]. 2014-11-05.

[38] HG/T 20659—2014　化学工业管式炉对流段模块技术规范[S]. 北京：中国计划出版社，2015.

[39] 蓬莱巨涛海洋工程重工有限公司(pjoe. com. cn).

[40] 石化产品——赫泰石油化工解决方案(heurtey. net).

[41] 常建朝．裂解炉风机故障分析及改造[J]. 工程技术研究，2020，2(7)：136-138.

[42] 吕庆明．裂解炉引风机故障分析及处理措施[J]. 设备管理与维修，2017，(12)：73-74.

[43] 贾哲元．乙烯装置裂解炉引风机变频调速传动系统设计[J]. 石油化工设计，2011，28(1)：4.

[44] 郑凯．交流变频调速器在裂解炉引风机改造中的应用[J]. 石化技术，2003，10(3)：3.

[45] 魏波．裂解炉引风机永磁调速控制改造[J]. 齐鲁石油化工，2018，46(4)：3.

[46] 何细藕．国外大型裂解炉的发展[J]. 乙烯工业，1999，11(3)：1-8.

[47] 吴雨．静态混合器在石油化工中的应用[J]. 油气加工，2014，32(3)：23-26.

[48] 邹仁鋆．石油化工裂解原理与技术[M]. 北京：化学工业出版社，1980：51-64.

[49] 宋天明．乙烯设备[M]. 北京：中国石化出版社，2020：32.

[50] 王松汉．乙烯装置技术与运行[M]. 北京：中国石化出版社，2009：296-401.

[51] 胡杰，王松汉．乙烯工艺与原料[M]. 北京：化学工业出版社，2017：397-422.

[52] Spraying System Co. 工业喷雾产品[R].

[53] http：//www. bete. net. cn/[OL].

[54] 古武军．GK-Ⅴ型裂解炉急冷器泄漏原因分析及措施[J]. 乙烯工业，2013，25(2)：54-57.

[55] 陈亚宽．裂解炉烧焦罐系统技术改造[J]. 石油石化绿色低碳，2021，6(4)：42-44.

[56] 瞿文华．乙烯装置烧焦罐技术改造[J]. 石油化工技术与经济，2018，34(6)：43-46.

[57] 李进锋，何细藕．CFX 软件在裂解炉返炉膛烧焦研究中的应用[J]. 石油化工设备技术，2015，36(3)：24-28.

[58] 宋斌．浅谈裂解炉返炉膛清焦管线的配管设计[J]. 科学管理，2017，(08)：289-290.

[59] 林江峰，肖佳．CFD 技术在大型化裂解炉返炉膛配管研究中的应用[J]. 乙烯工业，2024，36(01)：33~36+65-66.

[60] 解红军，曾庆峰，刘富余．炼化企业加热炉吹灰除灰技术综述[J]. 石油石化节能，2012，2(11)：3.

[61] 段巍卓，刘德华，郑红宝，等．改进丙烷预热流程提高气相裂解炉运行周期[J]. 乙烯工业，2018，30(1)：38-41+6.

[62] 聂常贵，牟效民，赵晓强．新型蒸汽声波吹灰器在燃煤锅炉上的应用[J]. 中国设备工程，2012，(12)：44-46.

[63] 龚文，冯龙，安玉忠，等．催化锅炉系统中吹灰器的应用[J]. 石油化工应用，2024，43(04)：110-114+118.

第七章　裂解炉设备布置与配管

第一节　设备布置

一、乙烯裂解炉的布置

1. 乙烯裂解炉的位置

裂解炉的位置一般需要考虑安全、经济、维修和美观等因素，安全因素是规范规定的，必须执行，而经济、维修和美观等因素是设计应考虑的。从安全方面考虑，裂解炉属于明火设备，宜位于可燃气体、液化烃和甲$_B$、乙$_A$可燃液体设备全年最小频率风向的下风侧，以免泄漏的可燃物触及明火而发生事故。另外考虑到不正常情况可能向炉外喷射火焰，以及发生爆炸和火灾，若将其分散布置，必然增加发生事故的几率，因此宜将裂解炉集中布置在装置的边缘，并靠近消防通道。国外工程公司一般按主导风向考虑，将裂解炉位于工艺单元的上风侧，也是避免将可燃物吹向明火。从经济方面考虑，在满足安全和维修的要求下，尽量将裂解炉靠近油洗塔布置，每台裂解炉间的距离尽量小。从维修方面考虑，裂解炉的一侧应有道路，检修场地的大小应能满足炉管的抽出要求，另外裂解炉与裂解炉及裂解炉与管廊之间应能满足检修要求。从美观方面考虑，几台裂解炉可按靠近管廊侧的轴线对齐成排布置，或以裂解炉的中心轴线对齐成排布置。裂解炉的布置示意如图 7. 1-1 所示。

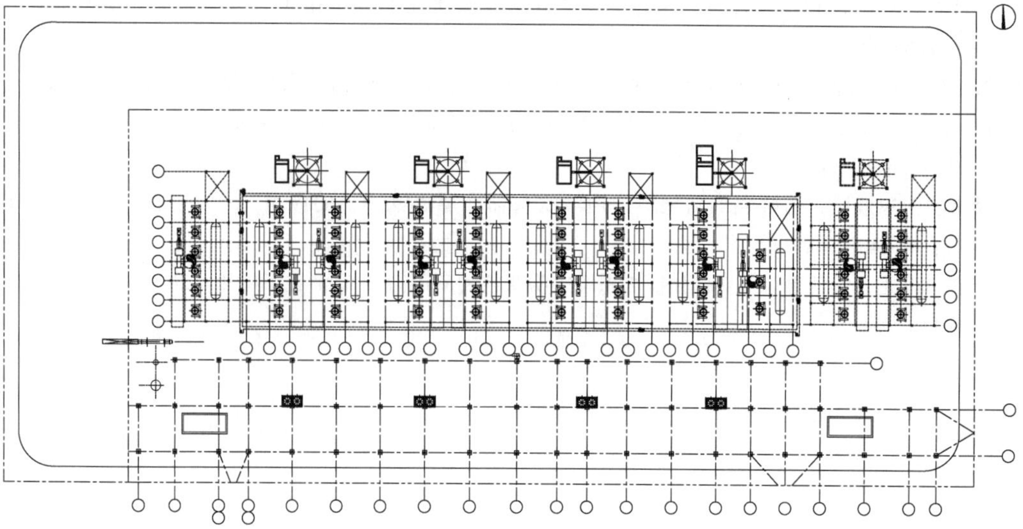

图 7. 1-1　裂解炉的布置示意

2. 乙烯裂解炉的间距

裂解炉与可燃介质设备的间距，对于国内工程，应满足 GB 50160《石油化工企业设计防火标准》的要求。即裂解炉距露天布置的液化烃设备或甲类可燃气体压缩机的距离不应小于22.5m，若在此之间设置不燃烧材料的实体墙，其防火间距可缩小，但不得小于15m。实体墙的高度不宜小于3m，距裂解炉的距离不宜大于5m，实体墙的长度应满足由露天布置的液化烃设备或甲类可燃气体压缩机经实体墙至加热炉的折线距离不小于22.5m。当封闭式液化烃设备的厂房或甲类气体压缩机厂房面向裂解炉的一面为无门窗洞口的不燃烧材料实体墙时，裂解炉距厂房的防火间距可小于22.5m，但不得小于15m。裂解炉距甲类可燃气体或$甲_B$、$乙_A$可燃液体设备的距离不应小于15m，距乙类可燃气体压缩机、乙类可燃气体或$乙_B$、$丙_A$可燃液体设备的距离不应小于9m。对于裂解炉附属的燃料气分液罐或燃料气加热器，裂解炉与其的距离不应小于6m。

两台裂解炉间的距离不宜小于3m；裂解炉外壁与检修道路边缘的间距不应小于3m。乙烯裂解炉与管廊之间的距离，应根据乙烯裂解炉的能力、裂解炉的型式等因素确定。

3. 乙烯裂解炉的高度

乙烯裂解炉的高度应根据对流段的高度、风机吸入口所需的尺寸、急冷换热器的管束长度和急冷换热器自然循环所需的高度等因素确定，同时还应考虑裂解气管线、上升管和下降管配管所需的空间。炉底的安装高度一般不小于2.45m。

4. 乙烯裂解炉的附属设备

(1) 急冷换热器

急冷换热器的位置应根据急冷方式和辐射段盘管的出口位置确定。急冷换热器可布置在辐射段的正上方，也可布置在辐射段的侧上方或侧面；对于第二级急冷换热器也可布置在管廊和裂解炉之间。

(2) 汽包

汽包应布置在乙烯裂解炉框架的平台上，且不应影响急冷换热器的吊装和检修；对于单辐射室结构，汽包可布置在辐射段的上方；对于双辐射室结构，汽包可布置在对流段的上方，汽包的中心线可与对流段的中心线平行，也可与对流段的中心线垂直。

(3) 风机

风机的位置应根据风机的型式确定，对于入口为双吸式风机，风机布置在对流段的正上方，出口方向应根据烟囱的大小和烟囱与风机轴线之间的偏心距确定；对于入口为单吸式风机，风机布置在对流段的上方，出口方向一般远离汽包。

(4) 消音器

消音器可布置在管廊或乙烯裂解炉的框架上，其位置和安装高度应满足排放的要求。

(5) 清焦罐

清焦罐的位置应根据所服务的乙烯裂解炉台数和焦的运输方式等因素确定，且不应影响辐射段盘管的安装和检修。清焦罐可布置在裂解炉的检修侧，也可布置在两座裂解炉之间或在裂解炉区的一端。

(6) 吹灰器

吹灰器布置在对流段，排数和间距应满足制造厂的要求。对于单辐射室结构，吹灰器一般朝向辐射室布置；对于双辐射室结构，吹灰器的位置可根据超高压蒸汽的管口方位确定。

(7) 脱硝装置

脱硝装置的布置应满足脱硝催化剂对温度的要求和专利商的要求。

(8) 燃烧器

燃烧器的布置应满足工艺和燃烧器厂家的要求，可布置在裂解炉的底部或底部和侧面。

(9) 空气预热器

空气预热器一般用于底部燃烧器吸入口处的空气预热，可布置在地面或平台上。

附属设备的布置示意如图 7.1-2 和图 7.1-3 所示。

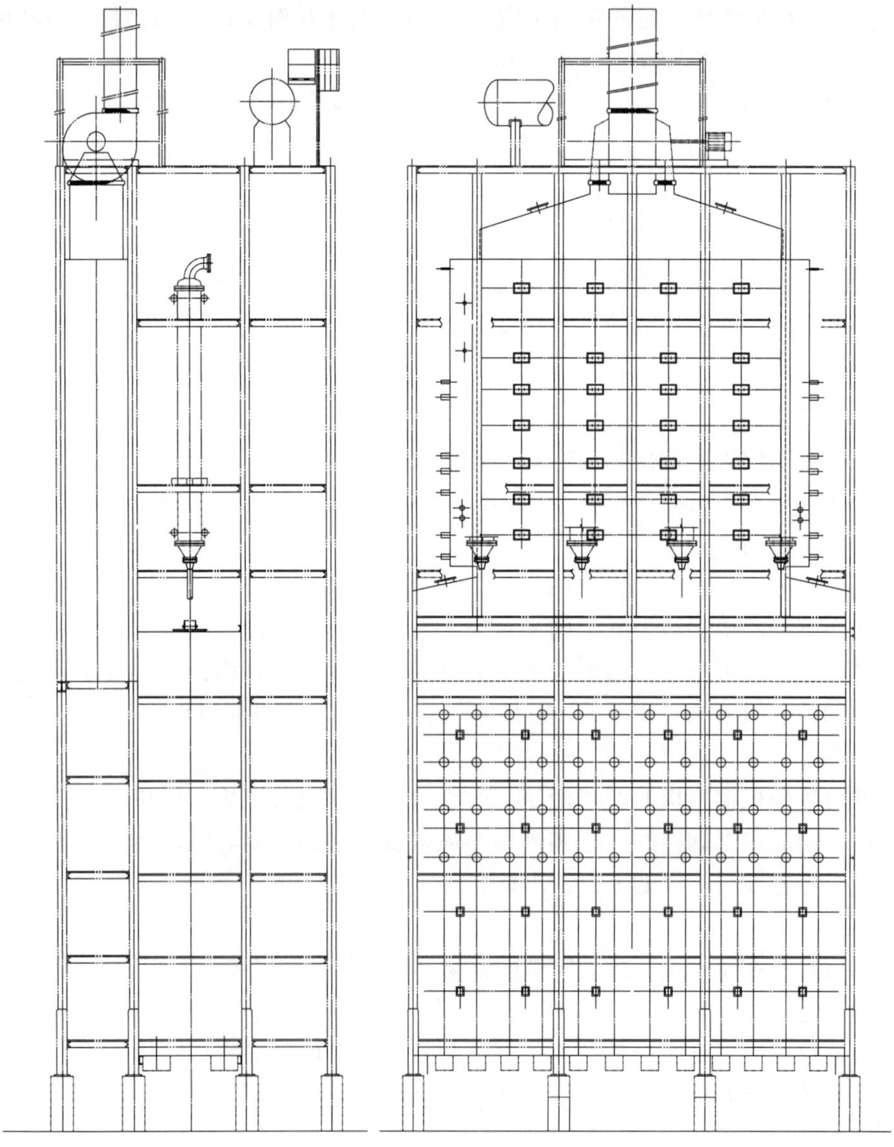

图 7.1-2　单辐射室结构裂解炉的布置示意

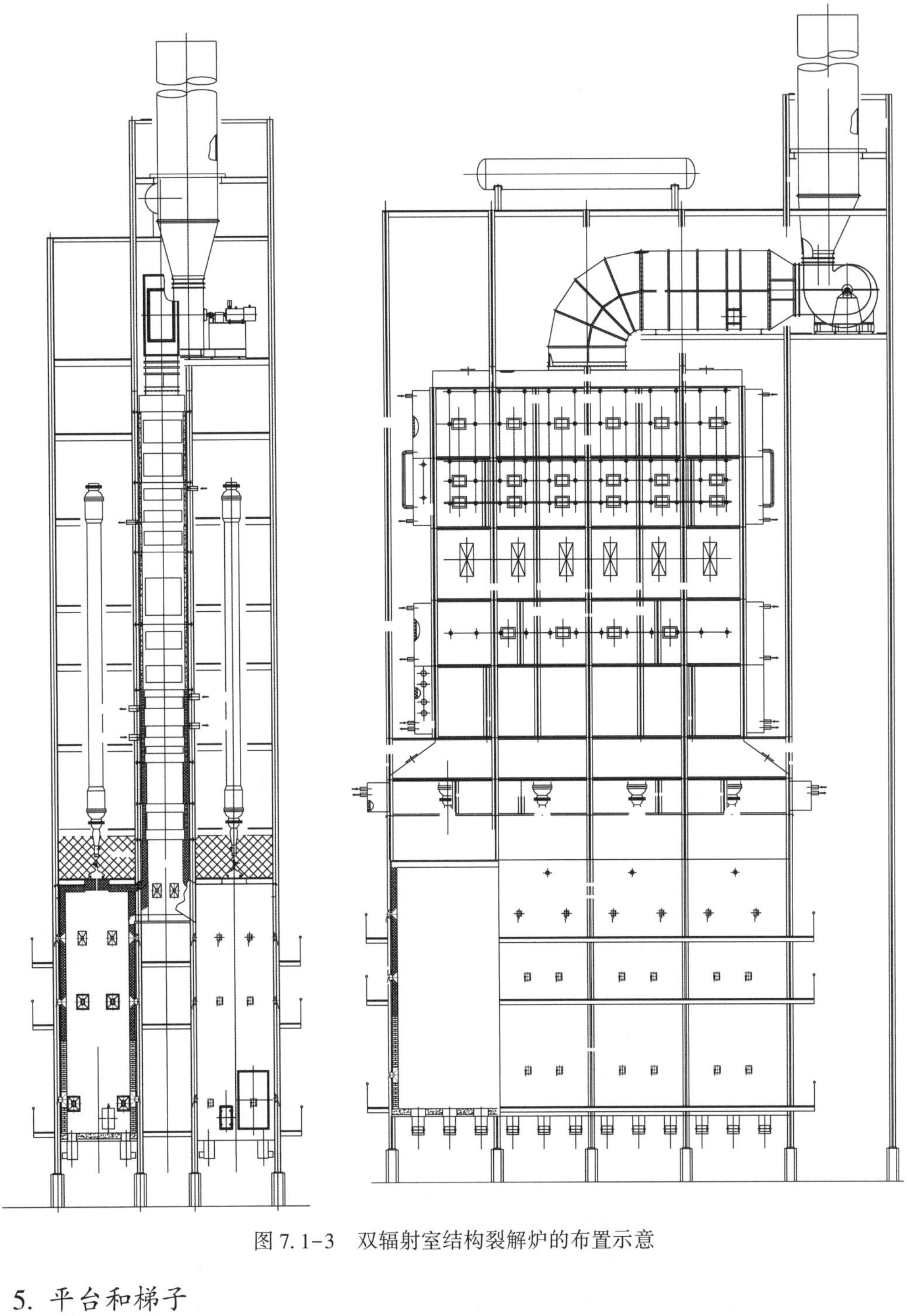

图 7.1-3 双辐射室结构裂解炉的布置示意

5. 平台和梯子

(1) 平台

一般在乙烯裂解炉上的下列场所需设置平台：

① 侧壁燃烧器的维修和操作处。

② 吹灰器的维修和操作处。

③ 观察孔和检修门所在位置。

④ 急冷换热器的入口和出口处。

⑤ 风机和汽包所在处，以及汽包上的仪表需观察处。

⑥ 烟道上的取样处。

⑦ 对流段两端需检修处。

乙烯裂解炉上操作平台的净宽度一般不小于 0.9m，检修平台的净宽度一般不小于 0.9m，通道的宽度不小于 0.8m。长度等于或大于 6m 的操作平台需要两个出入口，直梯和与相邻平台连通的走桥都可作为出入口。

（2）梯子

每段直梯的高度一般不超过 9m，若超过 9m，中间应设置休息平台。斜梯的高度一般不超过 4.5m，若超过 4.5m，中间应设置休息平台。直梯进出平台处需设置安全栅栏，一般采用侧面通向平台的型式。

二、乙烯裂解炉的配管

裂解炉的管道布置设计可分为六部分：第一部分是与裂解炉本体直接相连接的管道，如原料管道、稀释蒸汽管道、锅炉给水管道、过热的超高压蒸汽管道、燃料油管道、燃料气管道、雾化蒸汽管道、吹灰管道和脱硝管道等；第二部分是与辅助设备直接相连的管道，如裂解气管道、连续排污管道和间断排污管道等；第三部分是裂解炉本体之间相连的管道，如过热蒸汽管道、过热的超高压蒸汽管道、高温跨管和横跨管等；第四部分是裂解炉本体与辅助设备之间相连的管道，如过热的锅炉给水管道和饱和的超高压蒸汽管道等；第五部分是辅助设备之间相连的管道，如上升管和下降管等；第六部分是与裂解炉本体或辅助设备不相连接的管道，如急冷油管道、吹扫蒸汽管道、防焦蒸汽管道、清焦空气管道、清焦管道、汽幕蒸汽管道、伴热蒸汽管道及公用工程管道等。

1. 一般要求

在布置裂解炉的管道时，应对裂解炉的原料和稀释蒸汽系统、裂解气系统、急冷油系统、蒸汽发生系统、清焦系统、吹灰系统、燃料系统等管道进行统一规划，做到安全可靠、整齐美观。

由于裂解炉既有高温管道，又有高温高压管道，高温管道已超过 700℃，高温高压管道的温度达到 540℃、压力达到 14MPa，此类管道布置时，优先考虑管道的柔性，并宜利用管道的自然形状达到自行补偿。对于贵重金属管道，在保证管道柔性及管道对裂解炉管口、急冷换热器管口的作用力和力矩不超出许用值的情况下，应尽量减少管子长度，如裂解气管道、超高压管道和横跨管等。裂解炉框架上的管道布置不应妨碍急冷换热器的安装和检修，并应同时考虑管道的管架设置。

2. 裂解气系统的管道布置

裂解气系统的管道操作工况较复杂，有长期设计工况、短时设计工况、非标设计工况及真空工况等。长期设计工况有正常裂解、清焦、蒸汽热备和 B 阀排空等；短时设计工况有裂解气压缩机故障和部分急冷油失效等；非标设计工况有裂解气阀门或清焦阀门切换过程中误操作及急冷油失效等。裂解气系统管道的温度与裂解的原料有关，如裂解石脑油时的末期温度达到 525℃，裂解加氢尾油时的末期温度可达到 650℃。因此，裂解气系统的管道一般按下列原则进行布置：

① 油急冷器后的直管段长度和材料分界应符合工艺要求，急冷器与测温点间的距离应符合工艺的要求。

② 油急冷器出口至汽油分馏塔间的裂解气管道应设有坡度，且坡向汽油分馏塔。

③ 烧焦气管道从裂解气管道上的引出方式应符合工艺要求。

④ 清焦阀应尽量靠近裂解气管道的引出点布置，引出点与裂解气阀门间的距离应为最小。

⑤ 裂解气系统管道的柔性分析应分工况进行。

3. 急冷油系统的管道布置

急冷油用于冷却高温的裂解气，将裂解气冷却到工艺需要的温度后再进入油洗塔，另外急冷油比较黏稠，因此，急冷油系统的管道布置应注意下面的问题：

① 急冷油系统管道的布置应尽量减少液袋；当不可避免时，低点应设置放净，放净的尺寸应符合工艺的要求。

② 为避免存液，根部切断阀尽可能地布置在管道系统的最高处，切断阀至急冷器间的管道应布置成无袋形。

③ 急冷油返回管道应靠近根部切断阀设置，并宜从急冷油管道的底部引出。

④ 急冷油管道上阀门的位置应经工艺专业确认，确认系统的压力降是否能满足要求。

4. 原料和稀释蒸汽系统的管道布置

裂解原料的种类较多，如石脑油、加氢尾油、乙烷、丙烷和 LPG 等，管道布置应与原料的种类相适应。原料的根部切断阀应布置在便于操作的地方，一般可布置在地面或管廊操作通道旁。原料的调节阀组应按一定的规律布置在地面，以方便操作和管理；调节阀组可布置在管廊下或裂解炉与管廊之间的地面上。

稀释蒸汽的根部切断阀和调节阀组可布置在管廊上或地面；对于稀释蒸汽系统管道的布置，宜减少液袋；不可避免时，低点应设置捕集器和疏水器，避免将可能含油的凝液排入管网中，疏水器后的凝液一般不回收，可直接排至安全的地方。

5. 燃料系统的管道布置

裂解炉的燃烧系统可由底部燃烧器和侧壁燃烧器组成，或只有底部燃烧器，侧壁燃烧器一般为气燃烧器，而底部燃烧器可为气燃烧器或油气联合燃烧器。若燃烧器为气燃烧器，燃料系统只有燃料气管道；若燃烧器为油气联合燃烧器，燃料系统包含燃料气、燃料油、燃料油返回和雾化蒸汽管道等。

燃料气、燃料油或雾化蒸汽的调节阀组应位于方便观察、操作和维修处，一般布置在管廊下方的地面或裂解炉与管廊之间的地面上；燃料气、燃料油管道上的根部切断阀一般布置在地面，若按国外专利商的要求，与乙烯裂解炉之间的距离不应小于 15m，若按国内的规范要求，可缩小到 7.5m。

进底部燃烧器的燃料系统主管可布置在一层平台下或一层平台上；进侧壁燃烧器的燃料气主管，一般布置在最下排燃烧器的操作平台下，管道的净空应满足人通行的要求。

燃料系统的管道布置不应妨碍燃烧器的风道、风门调节手柄、看火孔和点火孔的观察、操作和检查；与燃烧器相连的管道应加设一段可拆卸的短管，并确保在燃烧器周围留出拆

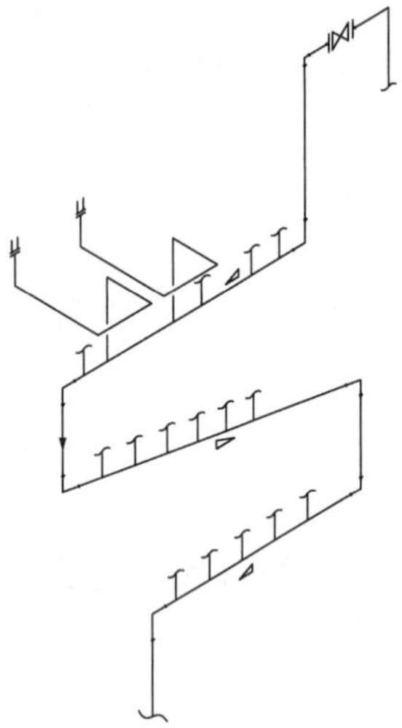

图 7.1-4　与旋转式吹灰器相连管道的布置示意

装喷嘴的空间。燃烧气器管道上的切断阀一般采用旋塞阀或球阀，对于侧壁燃烧器，切断阀门最好靠近观察孔布置，布置形式应统一；对于底部燃烧器，切断阀门不要紧靠燃烧器布置，以防喷嘴回火对操作人员造成危险。燃料油返回管一般靠近燃料油管道布置。

6. 吹灰系统的管道布置

吹灰器有声波和旋转式等型式，可采用蒸汽或空气等介质进行吹灰。吹灰系统的管道布置应留出吹灰器或声波发生器的操作、检修及拆装的空间，并不应影响人员的通行；与旋转式吹灰器相连的管道应有足够的柔性，在管口附近宜设置合适的管架。当采用蒸汽进行吹灰时，为避免蒸汽的凝液进入对流段，蒸汽总管的布置应无液袋，总管上的切断阀应布置在吹灰系统的最高处，并应有坡度，坡向介质流向的末端，坡度一般不小于1%，末端应设置疏水器；蒸汽支管应从总管顶部接出。与旋转式吹灰器相连管道的布置示意如图 7.1-4 所示。

7. 汽幕系统的管道布置

汽幕系统的管道的根部切断阀应布置在地面，并位于方便操作的地方，若按国外专利商的要求，与乙烯裂解炉之间的距离不应小于 15m，若按国内的规范要求，可缩小到 7.5m。目的是当加热炉着火时，人能安全地去开启阀门进行灭火操作。根部切断阀的上游应设置捕集器和疏水器，疏水器后凝液应返回回收系统；切断阀与阀前管段应保温，阀后距地面 2.1m 范围内应设置防烫保护，其余管段不保温，并应在切断阀下游靠近切断阀处设置泄放孔，以便及时排掉管中的凝液。泄放孔的方位应布置在阀门手轮反方向 180°的位置上。

蒸汽筛孔管设置的位置、采用的介质、供给强度、开孔的直径和开孔间距应根据相关专业提供的条件确定。

8. 蒸汽发生系统的管道布置

蒸汽发生系统包含超高压蒸汽、上升管、下降管、锅炉给水和排污等管道，管道一般按照 ASME B31.1《压力管道》的要求进行设计。

超高压蒸汽系统的管道布置应按照对流段中的管束排布确定管口方位、固定点的位置、放空和放净的位置，管道布置利用管道的自然形状达到自行补偿；减温器的布置和减温器与测温点间的距离应符合制造厂的技术要求。超高压蒸汽上的安全阀位置距上游弯头中心线的距离不小于 8 倍的管子内径，安全阀的入口管道应尽量短，出口的方向宜平行于主管，出口的支架宜设置在主管上。

上升管和下降管的走向、标高及支架的位置应根据急冷换热器厂家的资料和要求进行确认，并将修改意见返给厂家。上升管和下降管一般都有坡度，不同厂家的要求是不一致的，另外上升管和下降管是否采用弯头还是弯管，也应与厂家的要求一致。

锅炉给水管道上的调节阀可布置在地面、管廊上或裂解炉的平台上，具体的位置可根据工艺和业主的要求确定。

连续排污管道和间断排污管道为两相流，管道的布置不应有袋形，管架的设置应考虑振动的因素。

9. 清焦系统的管道布置

由于清焦罐的型式有干式和湿式，回收方式也有返回辐射段炉膛和清焦罐等，有的两台裂解炉共用一台清焦罐，有的是整个裂解炉区共用几台清焦罐，上述因素直接影响到清焦罐的布置和清焦系统的管道布置；另外不同专利商的工艺要求也区别较大，有的允许采用弯头，有的不允许采用弯头，因此，清焦系统的管道布置应考虑清焦罐的型式、清焦罐的结构、焦的回收方式和工艺的布置要求等因素。

水力清焦系统的管道应根据急冷方式和急冷换热器的型式确定，清焦水如何收集应符合工艺的要求。

第二节　管道材料

一、乙烯裂解炉管道材料选用概述

乙烯裂解炉设计条件复杂，材料选用品种多样。管道内输送介质的操作温度在大气温度~800℃以上之间变化；操作压力从全真空到 12.0MPa(G)左右；设计温度范围从极端低温~800℃以上，设计压力从全真空到 14.0MPa(G)。管道材料的品种覆盖了碳钢、合金钢、奥氏体不锈钢等。压力等级涵盖了 150~2500lb。

1. 管道材料选用原则

① 管道材料的选用应符合《压力管道安全技术监察规程—工业管道》(TSG D0001)的要求。国内管道材料按 GB/T 20801 和 SH/T 3059 等标准规范进行设计和选用，国外管道材料按 ASME B31.3、ASME B31.1 等标准规范进行设计和选用。

② 按照 GB/T 20801 和 SH/T 3059 等标准规范进行设计和选用的管道组成件，应满足现行国家、行业标准的相关要求。按照 ASME B31.3、ASME B31.1 等标准规范进行设计和选用的管道组成件，应满足 ASTM、ASME、API、MSS 等标准的相应要求。

③ 管道材料应根据管道级别、设计温度、设计压力和介质特殊要求等设计条件以及材料的耐腐蚀性能、加工工艺性能、焊接性能和经济合理性等选用。

④ 输送极度危害介质(急性毒性类别 1 介质)、高度危害介质(急性毒性类别 2 介质)及液化烃的压力管道应采用优质钢制造；输送可燃介质的管道不得采用沸腾钢制造。

⑤ 含碳量大于 0.30%的材料，不宜用于有缝管子及焊制管件。

⑥ 输送腐蚀性介质管道用材料应有耐腐蚀能力。除晶间腐蚀和其他局部性腐蚀需按具体情况考虑外，一般可根据介质对金属材料的腐蚀速率选用。

⑦ 低熔点金属材料，不得用于可燃介质管道。

⑧ 高温管道钢材，应符合下列要求：

a. 受压元件的钢材使用温度，不应超过现行《压力管道规范　工业管道》(GB/T 20801)中材料许用应力值所对应的温度上限；ASTM 材料的使用温度不应超过《工艺管道》(ASME B31.3)所规定的温度上限；ASME 材料的使用温度不应超过《动力管道》(ASME B31.1)所规定的温度上限。

b. 非受压元件的钢材使用温度，不应超过钢材的极限氧化温度。

c. 在高温条件下长期使用，碳素钢的使用温度不应超过425℃，0.5Mo钢不应超过468℃。

d. 含铬12%以上的铁素体不锈钢受压元件，使用温度不宜超过370℃。

e. 奥氏体不锈钢的使用温度高于525℃时，钢中含碳量不应小于0.04%。

⑨ 管道的设计温度低于或等于-20℃的碳素钢、低温碳钢、低合金钢、中合金钢和铁素体高合金钢，母材及其焊缝金属和热影响区应按现行国家标准《压力管道规范　工业管道》(GB/T 20801)的规定进行低温冲击试验。

⑩ 铬镍奥氏体不锈钢母材在设计温度等于或高于-196℃，且满足下列各项要求时，可免做低温冲击试验：

材料含碳量应小于或等于0.10%；

材料应为固溶热处理状态。

⑪ 对操作温度等于或高于200℃，介质中含有氢气的碳钢及低合金耐热钢管道，应根据管道最高操作温度加20~40℃的裕量和介质中氢气的分压，按临氢作业用钢防止脱碳和微裂的操作极限(Nelson曲线)选择适当的抗氢钢材。

⑫ 对操作温度等于或高于250℃，介质为H_2S+H_2的管道，在满足氢腐蚀的基础上，应根据Couper曲线中高温H_2S+H_2对各种钢材的腐蚀率来选择适当的材料。

⑬ 对于高温硫和环烷酸腐蚀介质的材料选用，应以该装置的原料、介质的实际含硫含酸量、介质的流速、介质温度等为参数，按《高硫原油加工装置设备和管道设计选材导则》(SH/T 3096)和《高酸原油加工装置设备和管道设计选材导则》(SH/T 3129)标准选取。

⑭ 管道材料的设计寿命宜为15年。

2. 乙烯裂解炉管道材料选用特点

① 由于目前国内乙烯裂解炉的工艺技术还有少部分从国外引进，所以在设计的过程中，遇到的问题就是根据工艺条件，按照国内材料的标准，重新进行材料的选用，尽可能最大程度地使用国产材料，进行国产化，以降低费用。

② 在重新进行材料的选用时，首先应对国内外的材料进行化学成分、机械性能、制造工艺、检验要求等一系列的对比，以确保国内材料在装置中的安全使用。其次，考虑到由于国内材料与国外材料在机械性能上有一定的差异，可能会在使用国内材料后，造成管线等级提高的情况，从而引起投资成本的提高。经过多年的管道材料选用的实践经验，对国内外牌号材料进行合理的搭配使用，是满足装置工艺要求和降低建设成本的有效方法。

③ 在乙烯裂解炉中，碳钢是使用最多的材料，尺寸为*DN*15~*DN*3400，按使用工况又细分为普通碳钢、高温碳钢和低温碳钢。而其中大量的材料转换工作就是针对碳钢材料进行的。常用的普通碳钢，美标牌号有：A53 Gr. B、A106 Gr. B、API 5LGr. B、A333 Gr. 6、A671-CC60 CL22 W/S2等；国标牌号有：GB/T 3087 20、GB/T 816320、GB/T 5310 Gr. 20G、GB/T 9948 20、GB 9711.1 L245等。

a. A53 Gr. B主要用于水，仪表/装置空气等公用工程系统，镀锌钢管使用的也是该牌号。该牌号的钢管有无缝的，也有焊接的。在设计中通常用国内的相应牌号GB/T 8163 Gr. 20无缝钢管来代用。

b. A106 Gr. B、API 5LGr. B无缝管主要用于工艺物料系统和蒸汽系统。一般采用GB/T

816320、GB/T 5310 20G、GB/T 9948 20 来代替 A106 Gr. B、API 5LGr. B 无缝钢管，但是，通常 GB/T 816320 设计温度不宜超过 425℃；GB/T 5310 20G、GB/T 9948 20 主要用于高温高压蒸汽和易燃、可燃、有毒系统的材料代用。在使用国内材料代用时，需要根据国内材料机械性能指标重新核算管道壁厚。

④ 随着乙烯裂解炉的大型化，大量的焊接碳钢管被采用，美标主要选用 API 5LGr. B，用于工艺物料系统。目前国内有 GB 9711. 1 L245 与 API 5LGr. B 相对应，其许用应力值与 API 5LGr. B 基本相当，在设计过程中，已大量进行代用。但从制造角度看，由于受到国内生产钢板的板宽和卷制设备的条件限制，只有为数不多的制造厂可以生产长度不小于 6m 的、中间不带环焊缝的焊接钢管，对于大口径碳钢焊管，国内制造厂还需从设备的能力上有所提高。

⑤ 合金钢钢管主要用于设计温度高于 425℃的工况。在乙烯裂解炉中，通常用于温度高于 425℃的物料系统以及高温高压的蒸汽系统，压力等级从低压到高压。常用的国外牌号有，无缝管 ASTM A335 Gr. P11、ASTM A335 Gr. P22 和焊接管 A691 Gr. 1-1/4Cr CL22。目前装置中使用过的低合金钢无缝钢管的最大直径为 *DN*600，最大壁厚可达 80mm，如乙烯裂解炉中的超高压蒸汽系统，由于国内没有和 P11、P22 完全相对应的牌号，只有性能相近的牌号 12Cr1MoV。考虑到低合金钢应用的场合都是装置中较关键部位，要么是腐蚀，要么是高温高压，所以在设计时对低合金钢材料不考虑代用。由于目前国内制造能力的限制，对于小口径薄壁无缝合金钢管国内可以生产，但对于大口径和厚壁无缝钢管，目前还是进口的较多。对于焊接合金钢管，由于目前国内还没有相应的焊接合金钢管的标准，所以对国内制造厂来讲还是一片空白。

⑥ 在目前配管材料国内国外牌号转换过程中，管线压力等级升高的问题是较突出的情况，特别是碳钢管线的材料转换过程中更为突出。法兰的标准中规定了各种材料不同压力等级法兰的温度压力额定值，其限制了法兰在某一温度下承受的不发生泄漏的最大静压力。国标锻件 20#法兰和美标锻件 A105 法兰，在 150lb 压力等级时，其温度压力额定值的差异非常明显。如果使用 20#锻件的法兰，在一些工况下，20#锻件就不能满足原有设计温度下的设计压力的要求，必然导致管线的压力等级升高，对管线的投资也相应提高。A105 材料目前在设计中已经大量使用，国内可以大量生产，价格因素的影响已经很小。但是，有一点应引起注意，按照标准，A105 的含碳量最大为 0. 35%，根据我们的经验和国外工程公司的介绍，A105 的含碳量应控制在 0. 25%以下，且碳当量最大为 0. 43，其中：对于普通碳钢的碳当量 $CE = C\% + Mn\%$。这个要求应体现在管道材料等级规定和采购规定中，而且不会对 A105 的使用产生任何影响。

二、乙烯裂解炉的管道连接

1. 乙烯裂解炉管道连接

① 管道连接形式应根据工艺物料的特性和工艺要求确定。

② 管道的连接形式通常采用下列几种类型：螺纹连接、法兰连接、卡套连接和焊接。

③ 除安装、维护、检修必须拆卸处外，管道应采用焊接连接。

④ 通常情况下，承插焊用于公称直径小于或等于 *DN*40 的管道连接；对焊用于公称直径等于或者大于 *DN*50 的管道连接；承插焊不应用于可能发生间隙腐蚀介质的管道。

⑤ 对于润滑油管道、干气密封管道和有缝隙腐蚀的管道应采用对焊连接或法兰连接。

⑥ 螺纹连接宜用于公称直径小于或等于 *DN*40 的管道，并应符合下列规定：

a. 管螺纹应符合 GB/T 12716 等规定。

b. 螺纹连接的内外管螺纹应采用锥管螺纹。当采用圆锥外螺纹与圆柱内螺纹配合时，其设计温度不得超过 150℃，设计压力不得大于 0.5MPa，且不得用于极度危害介质(急性毒性类别 1 介质)和高度危害介质(急性毒性类别 2 介质)管道。

c. 丝堵、放空及放净末端、孔板法兰的取压点和热电偶接口宜采用螺纹连接。

d. 可能发生应力腐蚀或由于振动、压力脉动及温度变化等可能产生交变荷载的部位，不应采用螺纹连接。

⑦ 当工艺有要求在螺纹连接处使用密封焊时，应在密封焊螺纹连接处除去所有的油渍，用扳手拧紧达到全螺纹啮合而不能使用密封剂或聚四氟乙烯密封带。下列介质如果采用锥管螺纹连接，应在螺纹连接处采用密封焊：

a. 有毒介质及设计压力超过 0.3MPa(G)蒸汽管道。

b. 所有漏入大气中能自燃的介质。

c. 与压力容器相接，在第一切断阀上游端的管线(包括切断阀)。

d. 对工艺介质及介质渗透性较强或对泄漏率控制较严的管道。

e. 管道试压后的水压试验管帽和丝堵。

f. 压力等级 *PN*110(*CL*600)和更高等级的管道。

⑧ 不做密封焊的螺纹连接处在安装时，应使用聚四氟乙烯密封带。

⑨ 扩口、卡箍及其他特殊管道连接，应按管接头标准规定的压力、温度等使用条件及所连接管子材料、规格要求选用。但当用于极度危害介质(急性毒性类别 1 介质)、高度危害介质(急性毒性类别 2 介质)、可燃介质或承受压力温度条件剧烈变化的管道时，应经过类似工况条件的性能试验或实际使用证明安全可靠方可采用。

⑩ 除另有规定外，活接头不宜用于有毒介质管道、可燃介质管道、设计温度等于或高于 260℃的管道、压力等级等于或高于 *CL*600 的管道。

2. 乙烯裂解炉支管连接

① 当主管公称直径小于或等于 *DN*40(*NPS* 1½)时，支管连接应使用三通管件。

② 当主管公称直径等于或大于 *DN*50(*NPS* 2)时，支管的连接形式可以采用对焊三通、支管台、开孔焊或补强板补强、半管箍或支管台等。

③ 补强板的材质宜与主管道材质相同，补强板的厚度不应小于主管的厚度。

三、乙烯裂解炉一般阀门的选用

阀门是压力管道中的重要组成部件之一，用于启闭、节流和保障管道及设备的安全运行等。阀门是管道元件中相对较复杂的一个元件，它一般是由多个零部件装配而成的组合件，因此它的技术含量较高。工程上应用的阀门种类很多，常用的阀门有闸阀、截止阀、止回阀、球阀、蝶阀、疏水阀、安全阀等。

阀门在材料的设计选用中非常重要，目前乙烯裂解炉设计中的阀门全部都采用了美国石油协会 API 标准，所以阀门的材料也都全部使用国外牌号。API 阀门和 GB 阀门相比较，API 阀门主要有以下优点：结构设计合理，例如，$DN \geq 50$ 闸阀采用了弹性闸板结构，能在高温不均匀热膨胀或制造精度较差的情况下自动调整与阀座的密封面配合，从而可防止抱死，并减少内漏；标准比较齐全、配套；有一个专门的质量和产品认证机构。

1. 闸阀、截止阀、止回阀、蝶阀、球阀的选用

（1）闸阀

闸阀的闸板由阀杆带动，沿阀座密封面作升降运动，可接通或截断流体的通路，它主要用于管道的关断。闸阀与截止阀相比，流阻小、启闭力小，密封可靠，是最常用的一种阀门。但当闸阀部分开启时，介质会在闸板背面产生涡流，易引起闸板的冲蚀和振动，阀座的密封面也易损坏，故一般不作为节流用。常用的阀门标准有 API600 和 ANSI B16. 34，前者专用于石油化工装置，后者则使用面比较广。我国的闸阀标准为 GB12232，与管道的连接可以是螺纹、承插焊、法兰或对焊连接。一般情况下，当 $DN \leqslant 40$ 时，多采用承插焊连接，特殊情况下(如需要焊后热处理或要求可拆卸时)，才用法兰连接或螺纹连接。而当 $PN \geqslant CL900$ 时，多采用对焊连接。其他情况则采用法兰连接。

（2）截止阀

截止阀是向下闭合式阀门，阀瓣由阀杆带动，沿阀座中心线做升降运动。与闸阀相比，截止阀具有一定的调节作用，故常用于调节阀组的旁路。截止阀在关闭时需要克服介质的阻力，因此，截止阀最大直径仅用到 $DN200$。

（3）止回阀

止回阀又称单向阀，只允许介质向一个方向流动，当介质顺流时阀瓣会自动开启，当介质反向流动时能自动关闭。安装止回阀时，应注意介质的流动方向应与止回阀上的箭头方向一致。

① 根据结构型式不同，止回阀有升降式止回阀($DN \leqslant 40$)和旋启式止回阀($DN \geqslant 50$)两种。升降式止回阀是靠介质压力将阀门打开，当介质逆向流动时，靠自重关闭(有时是借助于弹簧关闭)，因此升降式止回阀只能安装在水平管道上。旋启式止回阀是靠介质压力将阀门打开，靠介质压力和重力将阀门关闭，因此它既可以用在水平管道上，又可用在垂直管道上(此时介质必须是自下而上)。

② 近年来又出现了许多新型止回阀，如对夹式止回阀、梭式止回阀等。前者可以有效地减少阀门占用的空间，便于管道布置，因此它已得到推广应用。后者是解决 $DN \leqslant 40$ 的升降式止回阀不能用在竖管上的问题。

（4）蝶阀

蝶阀具有 90°旋转快速开启关闭的特点，以及重量轻、结构尺寸小(尤其是对夹式蝶阀)等优点。但它密封性能不如闸阀可靠，故在石化生产装置上应用的并不多。但随着石化生产装置的大型化，用蝶阀代替闸阀是必然趋势。目前，许多生产厂都在开发生产双偏心或三偏心高性能金属硬密封蝶阀，能较好地解决热胀补偿和磨损补偿的问题，因此，蝶阀也开始逐渐用于油品、油气管道上。但由于双偏心或三偏心蝶板在介质压力的作用下会产生逆密封方向的扭矩而导致蝶阀关闭不严，因此它仍受介质压力和管子直径的限制。可能在不久的将来，蝶阀会在一定范围内代替闸阀。

（5）球阀

球阀的最大特点是在众多的阀门类型中其流体阻力最小，流动特性最好，同时它也具有 90°旋转而快速启闭的特点。与蝶阀相比，它的重量较大，结构尺寸也比较大，故不宜用

于直径太大的管道。但球阀不存在因介质压力作用而产生逆向扭矩导致关闭不严的问题，故其密封性能较可靠。

① 与蝶阀一样，长期影响球阀不能在石化生产装置上应用的问题是热胀或磨损后会造成密封不严的问题。软密封球阀虽有较好的密封性能，但当球阀用于易燃、易爆介质管道上时，尚须经受火灾安全试验和防静电试验。因此，石化生产装置上球阀应用的也不多。近年来，许多球阀生产厂开发出了一些新型结构的球阀，如轨道球阀、偏心球阀等，一些球阀将阀座设置成金属弹性阀座，使其在热胀和磨损的情况下仍有良好的密封。因此，这些球阀也逐渐在石化生产装置上开始应用。

② 根据球阀阀体结构型式的不同，分为顶装式、两块式(也叫对分式)和三块式三种。其中顶装式是将球体从顶部装入阀体，而阀体为一整体，它一般适用于小直径球阀。两块式是将阀体分成两块以夹持球体，它适用于中档尺寸的球阀。三块式是将阀体分为三块，它适用于大尺寸球阀。

③ 根据球体的固定情况不同，球阀又分为固定球球阀和浮动球球阀两种。前者适用于大口径($DN \geqslant 100$)情况下，后者适用于小口径情况下。

④ 根据流道通径不同球阀又分为全通径型、常规型和缩径型三种。以常规型应用较多。

2. 疏水阀的选用

当蒸汽流过管道时，因传热作用会出现凝结水。凝结水留在管道的低点时，会产生水击，严重时会导致管子的破坏。蒸汽凝结水流入机械设备时(如蒸汽轮机)，会影响其工作效率或导致机械故障，留在伴热道内时，还会降低伴热效果，等等。疏水阀就是用于排除这些凝结水的管道设备。

疏水阀的种类很多，常用的有热动力式(如圆盘式)、热静力式(如双金属式)、机械式(如杠杆浮球式、自由浮球式、倒吊桶式)等型式。

① 热动力式(圆盘式)疏水阀主要是利用蒸汽和凝结水的温度不同，使变压室内的压力发生变化，从而达到启闭疏水阀的目的。此种疏水阀具有结构简单、体积小、维修简单等优点，但它同时具有空气流入后不能动作、动作噪声大、背压允许度低、不能在低压(0.03MPa 以下)使用、有蒸汽泄漏现象、不适用于大排量情况等缺点。圆盘式疏水阀仅适用于水平安装。

② 热静力式(双金属式)疏水阀的感温体是双金属板，根据凝结水的温度变化使金属板呈凸形或凹形弯曲，并以此启闭疏水阀。此种疏水阀具有排量大、体积小、动作噪声小、可靠性高、蒸汽损失少、允许背压高、有止回作用、可以在水平管道也可以在垂直管道上安装等优点，因此，它成为石化生产装置中应用最多的一种疏水阀。

③ 机械式(杠杆浮球式、自由浮球式、倒吊桶式)疏水阀主要是利用蒸汽和凝结水的密度不同而进行阀门启闭的。由于蒸汽和凝结水的密度相差很大，它们对浮子会产生不同的浮力，使浮子随凝结水位的高低而升降，从而达到启闭阀门的目的。此类疏水阀具有排除空气能力强、排液能力大等特点，适用于蒸汽用量大的加热设备的疏水，适用于安装在水平管道上。

3. 安全阀的选用

安全阀是保护装置安全生产的重要设备。通常用于化工装置的安全泄压阀的设计制造规范采用 AMSE Ⅷ篇和 API 520，同时要求安全泄压阀的制造厂必须取得 ASME 证书，以确保产品的设计、制造、材料及检验完全执行 ASME 规范的要求。

① 用于锅炉、汽包和按照 ASME B31.1 规范设计的管道上使用的安全泄压阀采用的规范是 ASME Ⅰ篇，目前只有美国的两家公司取得了相应的证书，可以生产符合 ASME Ⅰ篇的安全泄压阀。国际上取得 ASME Ⅷ证书的安全泄压阀制造厂较多，但是国内没有任何安全泄压阀制造厂取得 ASME Ⅷ证书。

② 在以往的设计中，当受到投资费用和外汇额度限制时，我们首先考虑引进的就是安全泄压阀。尽管国内不少厂家对外宣传可以生产符合 ASME Ⅷ的安全泄压阀，但是从设计角度看，取得 ASME 证书是确定其是否具有生产资格的唯一条件，就像生产 API 阀门的厂家必须取得 API 阀门证书一样。

四、乙烯裂解炉的管道特殊件选用

乙烯裂解炉中常见的管道特殊件主要有过滤器、消音器、视镜等。

① 过滤器是用于滤去管道中的固体颗粒，以达到保护机械设备或其他管道设备目的的管道设备。过滤器的种类很多，一般情况下有临时过滤器和永久性过滤器之分，从形状上分有 Y 型、三通直流、三通侧流、加长型等型式。一般情况下，当管道 $DN \leq 80$ 时，应选用 Y 型过滤器；当 $DN \geq 100$ 时，应根据管道布置情况选用直流式或侧流式三通型过滤器。当需要较大的过滤面积时，可选用加长型三通过滤器或篮式过滤器。常用的过滤器过滤等级为 30 目，当与之相连的机械对过滤器的滤网有更高的要求时，应根据要求选择相应的滤网目数。

② 消音器通常用于介质放空管的终端，以消除可能因高压高速介质的放空而产生的噪声。

③ 视镜则通常用于冷却水管道，通过其透明的视窗可以观察到管道内循环冷却水是否在流动。

第三节 应力分析

一、管道应力分析的安全评定

1. 管道应力分析的目的

管道应力分析是压力管道设计的重要内容，通过计算在静、动载荷下的管道应力及支吊架、设备或其他约束的载荷，对计算结果做出相应的安全评定，从而保证管道设计满足标准规范要求，同时确保管道系统在各种工况下具有足够的柔性，不因热胀冷缩、端点附加位移、管道支承设置不当等造成下列问题：

① 管道应力过大或金属疲劳引起管道破坏。

② 管道连接处产生泄漏。

③ 管道推力或力矩过大，使与其相连接的设备产生过大的应力或变形，影响设备正常运行。

④ 管道推力和/或力矩过大引起管道支吊架破坏。

2. 压力管道的应力分类

管道应力的校核采用将应力分类进行校核的方法。根据产生应力的载荷不同，将应力划分为一次应力和二次应力。一次应力是由于压力、重力与其他外力载荷的作用所产生的，它是平衡外力载荷所需的应力，随着外力载荷的增加而增加；一次应力特点是没有自限性。二次应力是由于热胀、冷缩、端点位移等位移载荷的作用所产生的应力，它不直接与外力平衡，而是为满足位移约束条件或管道自身变形的连续要求所必需的应力；二次应力的特点是具有自限性。

3. 管道应力评定标准

(1) 持续荷载作用下一次应力的校核

① 管道组成件的壁厚包括补强符合相关要求时，由内压产生的应力是安全的。

② 管道组成件的壁厚及其刚度符合相关要求时，由外压产生的应力是安全的。

③ 管道系统由于压力、重力等持续荷载产生的应力之和 S_L，不应超过材料在对应循环工况最高金属温度下的许用应力 S_h，应力应按公式(7.3-1)计算和评定。

$$S_L \leqslant S_h \tag{7.3-1}$$

(2) 偶然荷载与持续荷载共同作用下一次应力的校核

① 管道在工作状态下，由内压和自重等持续荷载以及风或地震等偶然载荷所产生的纵向应力之和，当偶然荷载作用时间每次不超过 10h，且每年累计不超过 100h 时，可取材料许用应力的 1.33 倍；当偶然荷载作用时间每次不超过 50h，且每年累计不超过 500h 时，可取材料许用应力的 1.2 倍。

② 管道地震验算应符合相关的规定。

③ 风荷载和地震荷载不需同时计算。

(3) 位移应力范围的校核

① 管道由于热胀、冷缩和其他位移受约束而产生的最大的计算位移应力范围 S_E 不得大于按下列公式计算的允许位移应力范围 S_A；S_c 为冷态许用应力，S_h 为热态许用应力。

$$S_E \leqslant S_A \tag{7.3-2}$$

$$S_E = \sqrt{(\left|S'_a\right| + S'_b)^2 + (2S'_t)^2} \tag{7.3-3}$$

$$S_A = f(1.25S_c + 0.25S_h) \tag{7.3-4}$$

② 当 S_h 大于 S_L 时，其差值可以加到上述公式中的 $0.25S_h$ 项上，在此情况下，许用应力范围可按公式(7.3-5)计算；

$$S_A = f[1.25(S_c + S_h) - S_L] \tag{7.3-5}$$

二、裂解炉区关键管线应力分析

裂解炉区是乙烯装置中高温、高压管道比较集中的单元，对应力分析及管架设置有较高要求。其中辐射段炉管、横跨管、裂解气管线、清焦气管线、超高压蒸汽管线、上升下降管、混合器管、锅炉给水管是裂解炉管道应力分析及管架设计中需特别关注的管系。

1. 辐射段炉管及横跨管应力分析设计

横跨管连接对流段炉管与辐射段炉管(图 7.3-1)，辐射段炉管材质为高温合金钢，横跨管材质一般为高温不锈钢，管道温度高，许用应力低、管系膨胀量大；管系柔性不足、支架设置不合理都可能造成管系应力超标，炉管局部变形，严重时可能会造成炉管局部过热，超温发生蠕变破坏。

辐射段炉管及横跨管应力分析及管架设置时应考虑以下因素：

① 重点考虑管系冷态一次应力、管系冷态位移、管系热态二次应力、管系热态位移、对流段管口截面载荷应力、集合管垂直及水平位移、辐射段管系最大弯矩、辐射段底部垂直及水平位移、辐射段中部垂直及水平位移、急冷换热器入口管口载荷等内容，同时也要考虑长期运行炉管蠕变的影响。

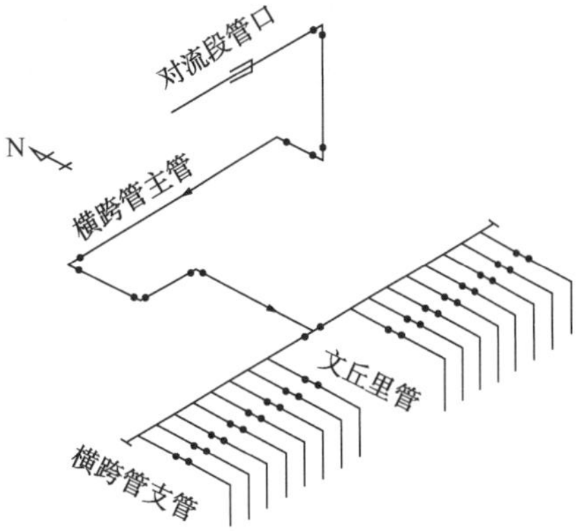

图 7.3-1　横跨管示意

② 应力设计在不影响工艺参数的前提下，应尽可能增加横跨管、横跨管支管柔性，横跨管的热应力应能自身消化吸收；保证整体管系的应力不超标，管系最大弯矩小，管口载荷符合要求。横跨管、集合管与其他相邻管道及钢结构之间应有足够的空间，保证管道在热位移时不与其他管道、钢结构发生碰撞从而限制管道的正常位移。

③ 辐射段炉管管架应根据炉管构型特点进行合理的选择。辐射段炉管工作温度高，在运行周期末期金属壁温接近最大许用温度，应确保炉管热位移没有任何阻碍。辐射段炉管管架设计关键在于保证入口管系的自由上下位移，同时辐射段各程炉管由于壁温不同，炉管热位移量、蠕变量存在差异，需要通过设置合适的管架消除这些差异。此外管架设计位移量还要充分考虑炉管蠕变量的影响。

④ 目前辐射段炉管使用较多的管架系统为恒力弹簧吊架系统和平衡配重系统(图 7.3-2)，两种管架系统都能满足设计要求，但各有利弊。恒力弹簧吊架在理论上刚度为零，当弹簧支吊点存在位移时，弹簧载荷始终保持不变，恒力弹簧一般用于垂直位移较大和受力要求苛刻的场合，恒力弹簧吊架占用空间较小，调整方便，但调节量小，对应力设计、管架制

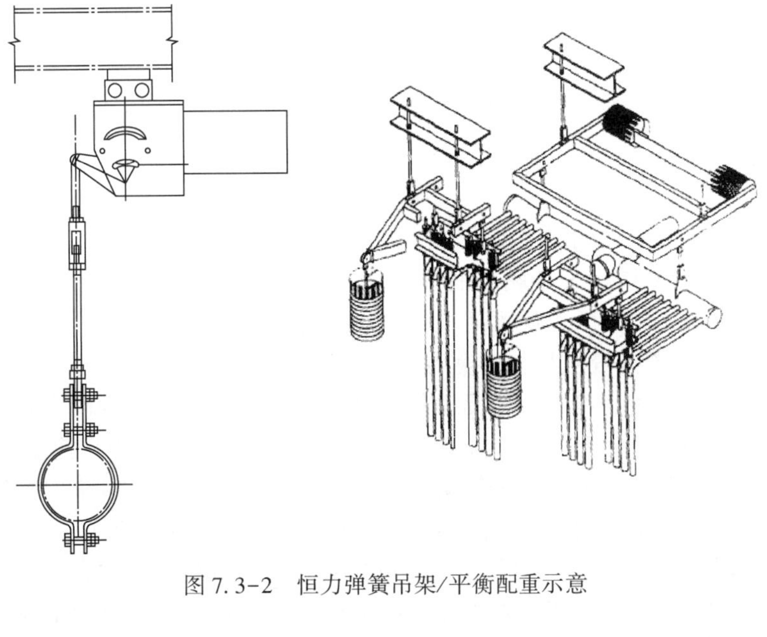

图 7.3-2　恒力弹簧吊架/平衡配重示意

造、管架安装要求高；平衡配重一般采用杠杆原理和滑轮原理，不考虑摩擦力，载荷始终保持不变，平衡配重有较大的调节范围，且可以根据炉管实际重量调整，但调节比较繁琐，占用空间大，工作时间长后系统容易卡涩。

⑤ 辐射段炉管结构密集紧凑，炉管入口、出口处管线多，设备布置集中，压力表、温度表多。设计相应管架时，应注意安装态时管架本体之间不发生碰撞，运行态时管架正常热位移无阻碍。辐射段炉管管架设置还要考虑急冷换热器水力清焦的工作空间；此外辐射段炉管管架的设计还要考虑运行期间人员观察、调整、检维修的需要。

⑥ 采用恒力弹簧吊架系统和平衡配重系统，为消除管道制造重量偏差、管系施工偏差的影响，在横跨管、集合管、辐射段炉管的管架施工期末间，需要进行一个专门的管架载荷平衡、调节过程，平衡、调节过程应在炉管与急冷换热器入口焊接之前进行调整。对于管系特殊部位，可能需要进行无应力配管施工。

2. 裂解气管系、清焦气管系应力分析设计

裂解气清焦气管系复杂(图 7.3-3)，工况多，材质多，管径大，关联设备、阀门多，管道温度高，膨胀量大。裂解气清焦气管系的应力分析、管架设置一直是乙烯装置应力设计的重点和难点。裂解气清焦气管系应力设计及管架设置时应考虑以下因素：

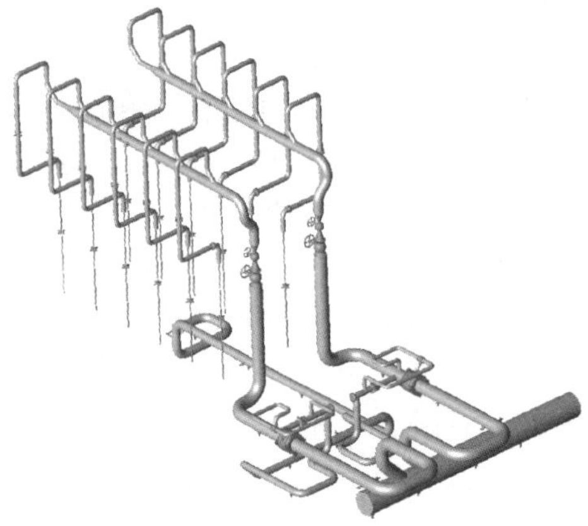

图 7.3-3　裂解气清焦管系示意

① 在应力分析时需要将各炉裂解气管系、清焦管系、裂解气总管、急冷塔、清焦罐进行整体核算。

② 裂解气清焦气管系应力设计的难点在于管系庞大，工况复杂，应根据裂解气管道规格书要求，分工况进行应力分析。

③ 裂解气清焦气管系管径大，通过调整管系走向增加柔性非常困难，裂解气清焦气管系配管方案、应力分析、管架设计应该在设计初期提前考虑。

3. 超高压蒸汽管道、上升下降管、混合器管线、锅炉给水管线应力分析设计

超高压蒸汽管道、上升下降管、混合器管线、锅炉给水管线由于温度高、压力大，管道热位移量大，部分管线运行时还存在振动可能，应力设计时在考虑管系热应力的基础上，还要考虑降低管系发生振动的可能。

① 超高压蒸汽管系连接安全阀、消音器、对流段炉管、汽包等众多设备要统筹考虑。超高压蒸汽管道壁厚、重量大、温度高，一般采用隔热低摩擦管架。

② 上升及下降管连接汽包与急冷换热器。上升及下降管温度高、壁厚，管系柔性要求高。应力分析计算时应把急冷系统作为整体来考虑，合理设置汽包的固定端、滑动端及急冷换热器固定支撑位置。上升管、下降管的垂直位移较大，通常采用弹簧支吊架进行支撑。上升管、下降管一般都有坡度，弹簧管架设置时，要考虑管道坡度对管架与管道连接处的影响。上升管及下降管的应力分析一般都由急冷换热器系统设计方完成。

③ 混合器及相关管线的应力分析也是裂解炉管系应力分析的难点，混合器及相关管线的应力分析应该按照工艺规格书，考虑多工况进行应力分析，按最恶劣工况考虑相应应力

分析及管架设置。

④ 锅炉给水管线管道温度高，压力大，管道壁较厚，需要通过增加管系柔性解决热应力问题，但同时锅炉给水管线由于工艺特性，存在振动的可能性。因此，锅炉给水管线的应力分析的难点在于综合考虑管系热应力和振动问题。管架按刚性管架、弹簧管架、导向、限位结合设置。

第四节 消防系统

消防系统是预防装置火灾和减小火灾危害、保障生产平稳运行、保护人身和财产安全的重要系统。在裂解炉炉区中，根据生产过程中的物料特性、生产运行环境、设备布置特点等因素综合考虑，水作为装置消防的最主要灭火剂，是效果最显著、经济最合理的选择。与其他灭火剂相比，水具有可大量储存、可供给时间长、可覆盖范围广、受室外环境影响小、事故后污水易于收集等特点。

一、裂解炉炉区火灾危险性特点及分析

裂解原料经管式裂解炉在高温(800℃以上)条件下反应，生成裂解气，裂解气的成分包括：氢气、甲烷、乙烷、乙烯、丙烷、丙烯、碳四烃、碳五烃、裂解汽油、裂解燃料油等，还有少量碳二和碳三炔烃等。

裂解产物大都属易燃易爆物质，裂解操作温度远远超过物料的自燃点，一旦炉管结焦过热烧穿或炉膛超温烧坏炉管或炉管焊口开裂发生裂解气泄漏，会立即发生自燃；若遇生产过程中停水、水压不足，或误操作导致气体压力高于水汽压力而冷却不下来，也会烧坏设备而引起火灾；若燃料气含氧超过3%，并带液进入炉膛会造成炉膛正压回火，使裂解炉停车，火从观火口外冒，可烧坏炉周围的仪表、电气设备，引起火灾，造成人员烫伤，严重时造成炉膛爆炸；若燃料油雾化蒸汽中断，燃料油大量进入炉膛，可造成炉管过热烧穿，导致物料大量泄漏引起火灾或爆炸；若裂解炉点火前，未对炉膛内吹扫分析合格，或燃料气夹带液体进炉膛内，点火时易发生火灾、爆炸事故。

高温裂解气通过高压废热锅炉产生超高压蒸汽，并在对流段过热至520℃。因此裂解炉既是高温裂化反应器，又是产生高压蒸汽的动力锅炉。生产过程中物料易燃易爆，属于甲类火灾危险区。若高压废热锅炉供水水质不合格，如SiO_2、Fe、Cu及微量氧和电导率等不合格，会造成透平结垢和高压废热锅炉内管腐蚀穿孔等事故。

炉膛火嘴燃烧不均匀，如火焰扑管、偏烧会使炉管局部超温、过热、变形、结焦、堵塞，甚至有烧穿、烧断炉管的危险，处理不及时，会使事故进一步扩大。裂解炉开车、停车、烧焦工况是事故多发过程，操作人员稍有不慎，就会发生烧断辐射段炉管的事故。一旦烧断炉管应迅速关闭裂解气大阀，防止裂解气返窜炉膛燃烧。烧焦过程中，若烧焦罐的气体排放口位置不合理，因烧焦气中可能含有一氧化碳，导致现场人员发生一氧化碳中毒事故。

二、裂解炉炉区消防水系统设计

通过以上的分析，我们发现，裂解炉炉体占地大，设备高度高，危险物料复杂。整个

装置的火灾危险性主要为液化烃、可燃液体、可燃气体火灾。所以，消防水系统的设计应该结合以上的各种因素，合理布置消防设施，以保证这些设施能够及时、快速地供消防人员控制并扑灭初期火灾，展开救援并有效覆盖装置内主要的危险设备及主体结构。

1. 系统选型

消防水给水系统分为高压消防给水系统、临时高压消防给水系统、稳高压消防给水系统和低压消防水系统。国内外石油化工装置均使用稳高压消防水系统，该系统与临时高压消防给水系统相仿，但是管道系统上增设了稳压设施。平时维持管网压力为0.7~1.2MPa，但此时系统不能满足消防用水量的要求。火灾时管网向外供水，系统压力下降，泵站内的消防水泵自动启动，使管网内压力和流量均达到灭火的要求。一般石油化工企业采用此类消防给水系统，既能快速、安全供水，管网又不需要长期保持高压运行，增加能耗，也避免了临时高压消防给水系统启泵达标供水时间长的问题。

2. 消防管网布置

裂解炉炉区周围设置了环状的消防道路，消防主管网沿着消防道路进行敷设，形成环状的消防水管网，保证装置内消防水供水的安全性。

3. 消火栓系统

消火栓系统是向消防车供水的主要设施，合理地布置消火栓是保证灭火时消防车供水安全的主要措施。

在装置环状消防管网上，沿装置消防道路设置室外消火栓系统，消火栓布置间距按50m进行设计，当躲避设备检修空间时，可适当加大，但间距不超过60m。由于石油化工企业采用稳高压消防系统，供水水压较高，室外消火栓应使用调压减压型。消防管网上设置相应的检修阀门以便系统检修，阀门的设置应该能够保证检修时系统被隔离出来的部分不超过全部管网的50%，消火栓不超过5个。当管网部分发生故障时，其他管网仍能通过100%的消防用水量。在裂解炉的检修侧设置有消防救援场地，消火栓的布置应避免占用消防救援场地。

4. 消防水炮

消防水炮是装置消防的主要设施，其可以向火场提供较大量的消防水，对装置的初期火灾进行控制以及灭火。

在裂解炉周围，沿消防道路设置消防水炮对炉体设备及支撑构架进行保护。消防水炮距离被保护的炉体外壁应大于15m，以避免水炮操作人员受热辐射的影响。消防水炮的射程与消防水在水炮入口处的压力、水炮的仰角有关，同时还要考虑一定的风吹影响。在初步的布置中，一般按照水炮30°仰角下的射程考虑。

由于裂解炉炉前管廊侧，管廊上设置有大量的物料管道及操作阀门，消防水炮设置在路边无法有效保护到裂解炉的外壁。这时就需要在炉前管廊的顶部靠近裂解炉一侧设置遥控消防水炮。通过水炮的交叉射击，能够在火灾工况下，有效地对炉体设备进行降温冷却，并隔绝火灾向炉前管廊蔓延，以保护物料管道及阀门的安全。

5. 消防软管卷盘

消防软管卷盘，具有操作方便的特点，能够及时控制初期火灾。当巡检人员发现设备、阀门等处发生泄漏或初期火灾时，可以使用消防软管卷盘对事故点的泄漏物料进行稀释，也可以对于初期火灾加以及时控制。

在裂解炉炉前管廊下方布置消防软管卷盘。消防软管卷盘的保护半径按20米设计。

6. 消防竖管

消防竖管是对于高大框架配置的一种灭火设施。由于石油化工装置的框架内设备、管道较密集，结构设计复杂，造成一些消防水炮的射程被遮挡，不能直接将消防水射击到框架内的设备处，所以一些火灾需要人工进行处理。

消防竖管由消防车提供消防水，救援人员可以使用布置在每层的消防接口及器材，加快控制火灾和灭火速度。消防竖管沿裂解炉检修楼梯或爬梯设置。

7. 小型灭火器

小型灭火器主要针对偶发的小型着火事件，可以快速有效地控制扑灭初起火灾，避免火灾事故扩大。小型灭火器有手提式和推车式两种形式。在裂解炉各层检修平台均设置手提式干粉灭火器。

第五节　裂解气大阀

裂解气大阀是乙烯裂解炉的关键设备之一，性能的优劣不仅影响乙烯产量，还直接影响整个乙烯装置的运行和安全。自从裂解技术在20世纪60年代末成熟应用以来，裂解气大阀和清焦阀的设计、制造和应用都有了很大的发展。

一、裂解气大阀的特殊性

裂解气大阀安装在乙烯裂解炉出口，是控制裂解炉与分离塔通断的唯一设备，一台裂解炉通常配备一个裂解气大阀和一个清焦阀，裂解气大阀用以切断裂解管线，清焦阀用以切断清焦管线，其典型的安装见图7.5-1。

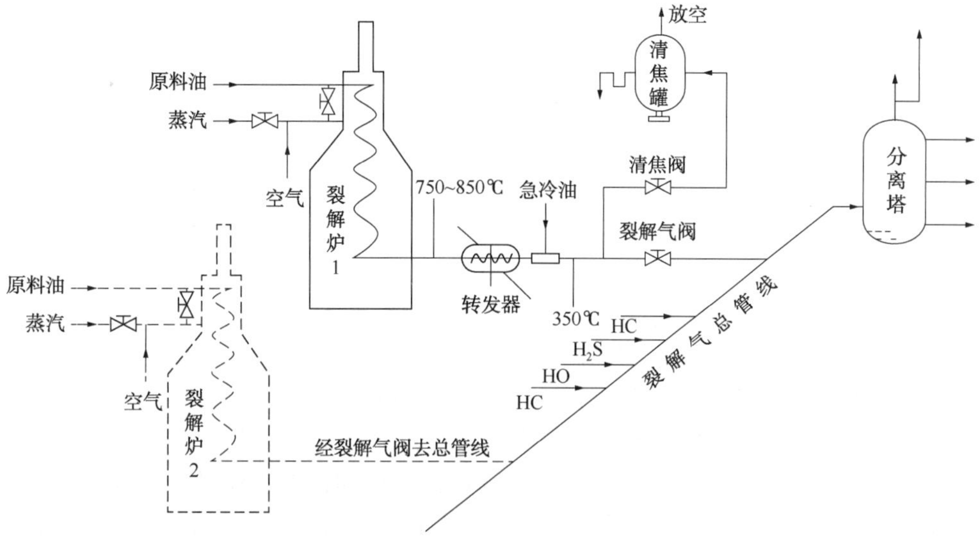

图7.5-1　裂解气大阀、清焦阀安装示意

裂解炉的工作模式分为裂解、清焦和热备三种，裂解炉裂解时，裂解气大阀开启，清焦阀关闭，裂解气和急冷油混合一起进入分离塔，此时工况压力为0.07MPa(G)左右，温度为200℃左右；工作一个周期(60天左右)后，裂解炉辐射炉管内壁结焦，传热效率降低，需要清焦，进入热备模式，急冷器停止喷油。裂解炉热备时，裂解气大阀正在“关”中，清焦阀正在“开”中，至裂解气大阀全关，清焦阀全开状态，进入清焦模式。裂解炉清焦时，含有焦炭颗粒的烟道气通过清焦阀放空或进入炉膛，此时工况压力接近大气压力，温度为400℃左右，持续1~2天后，再次切换，至裂解气大阀全开，清焦阀全关，再次进入裂解模式，如此循环往复。

为确保切换安全，需确保裂解气大阀上游压力高于下游压力。为防止裂解气大阀和清焦阀切换过程中出现误操作，导致下游压力超过上游压力而引起裂解气反窜进入烧焦管线系统，裂解气大阀和清焦阀采用三阀组设计，通过一个机械联动的清焦小阀来避免以上情况发生。

机械连杆在裂解气大阀处于部分关闭状态时才开始开启，清焦小阀开启的同时裂解气大阀继续进行关闭动作，裂解气大阀的上下游压差应当保持在14kPa，并保证上游压力大于下游压力，在清焦小阀开启前压差不低于40kPa。机械连杆保证在裂解气大阀完全关闭前将清焦小阀全开，在切换过程中保证裂解气大阀上游压力不超过200kPa。在切换全过程中都应当保证通往下游裂解气管线或者清焦管线的通路，防止辐射路管及急冷锅炉换热管超压损坏。

两种阀门结构相同，区别在于尺寸不同。下面仅介绍裂解气大阀。

① 裂解气大阀要绝对可靠。多个裂解炉共用一根总管线，裂解气大阀一旦出现故障，就会造成整个装置停车，损失非常巨大，属于重大事故。

② 裂解气大阀要严格密封。多个裂解炉并联运行，有的在裂解有的在清焦，如果裂解气进入清焦工段，就会引起爆炸。

③ 裂解气大阀的动作要准确到位。裂解炉在裂解和清焦模式之间反复切换，如果裂解气大阀卡死在关闭位置，则会造成在役裂解炉停车直至大检修；如果裂解气大阀卡死在开位或者中间位置不能关闭密封，会造成整个装置停车。

④ 裂解气大阀的防结焦性能要好，特别是开位和开关过程的防焦性能。裂解气极易结焦，造成阀门卡死失效。裂解气大阀的使用周期长，乙烯装置大检修周期长达五年，其工况十分苛刻。裂解气的成分十分复杂，有碳氢化合物、CO和CO_2气体、急冷油、水蒸气等，在清焦过程中还会产生大量的结焦颗粒，这些都影响阀门性能和寿命。裂解气大阀抗载荷能力要强，管线尺寸大，管线系统复杂，使用温度高、温度交变大，管线的应力大。

随着乙烯装置大型化的发展，裂解炉产能和数量不断增加，裂解气的管径越来越大，为了防止颗粒沉积，管线通常设计一定的坡度。裂解气管线和清焦管线温差大，特别是对于后急冷工艺的裂解炉系统，管线操作温度最高可达525℃，且工况复杂，管道载荷的问题越来越突出。裂解气大阀不仅承受介质压力还要承受管道载荷。管道载荷包括三个方向的力和扭矩，裂解气大阀都要进行有限元强度校核，施加介质力、管道载荷、温度应力，执行机构作用力、重力，利用有限元校核阀体强度，校核阀体在水压试验工况、设计工况、短时工况和非标工况下的强度，防止载荷导致内漏甚至毁坏内件。因此裂解气大阀不是按压力等级设计的标准阀门，而是根据使用工况设计的特殊阀门。

二、裂解气大阀的阀门类型

裂解气大阀的技术是随着裂解炉技术的发展而不断完善起来的，由于试用过的蝶阀、单闸板等阀门都存在一些缺陷，逐渐被双闸板阀所取代。

1. 单闸板阀

平板闸阀只有一个阀板，在业内简称为单闸板阀。单闸板阀是最早使用的裂解气大阀型，有以下几方面缺陷。

① 动作中阀板和阀座始终接触，阀板与阀座之间要有一定的弹性补偿量，从而避免热膨胀引起的卡死。补偿量很难控制，补偿量太小容易产生卡涩，过大又会产生泄漏。

② 在关位介质压力将阀板压向出口侧，在进口密封圈和阀板之间形成细小间隙，造成泄漏。连续运行后，蒸汽会吹掉密封圈，引起更大的泄漏，形成结焦，造成阀板关闭不到位。

③ 大型平板的平面度很难保障，如果阀板不平，阀座很容易“刮板”，产生卡阻。大型平板的表面硬化难度很大，硬化中的变形量不好控制，硬化层裂纹、脱落等缺陷难以修补，阀板长径比双闸板的大一倍，高温热变形大很多。

④ 单闸板阀的阀座是个薄壁圆环，极易变形，硬化、加工和装配中的变形量不好控制，大口径阀座的制造难度更大。

2. 硬密封蝶阀

蝶板和阀杆位于流道中，减小了流通面积，造成压头损失，而随着偏心数增加，阀板的厚度在增加，则阻力增加。三偏心蝶阀的阻力损失比二偏心和中线蝶阀大。

蝶阀的流通面积对开度非常敏感，开度稍不到位，压降就会急剧上升，势必影响装置产能。

蝶阀没有密封的腔体，蝶板、阀座一直暴露在介质中，遭受腐蚀和冲刷，使用寿命短，颗粒易在阀座、蝶板上堆积，造成阀门关闭不严。为了实现双截断与排放(DBB)功能，裂解气蝶阀一般采取双阀配置，串联使用，其中备阀具有事故工况下自动关闭功能。为了解决蝶阀的密封问题，国外Metso(Linde)公司开发了MAPAG蝶阀实现了双密封和蒸汽防焦与密封功能，示意见图7.5-2。

图7.5-2　双密封蝶阀示意

3. 双闸板阀

用于裂解气的双闸板阀是一种带导流孔的平行式闸阀，相对于只有一个阀板的平板闸阀，在业内简称为双闸板阀。

(1) 双闸板阀原理

如图7.5-3所示，两个闸板安装在眼镜式的阀板架中，当阀门关闭时，两闸板被楔块撑开紧密地压在阀座上，形成强制密封。在阀门开关过程中，导板始终紧贴着阀板，阀板在导板中无间隙地运动，形成浮动密封，防止介质在开关过程中进入阀腔。当阀门完全开启时，相当于直通管道，膨胀节和阀座形成弹性密封，防止介质进入阀腔。这种阀门的动作分两步，关闭时，闸板移动到位后才膨胀密封，开启时，闸板收缩后再向上移动打开。

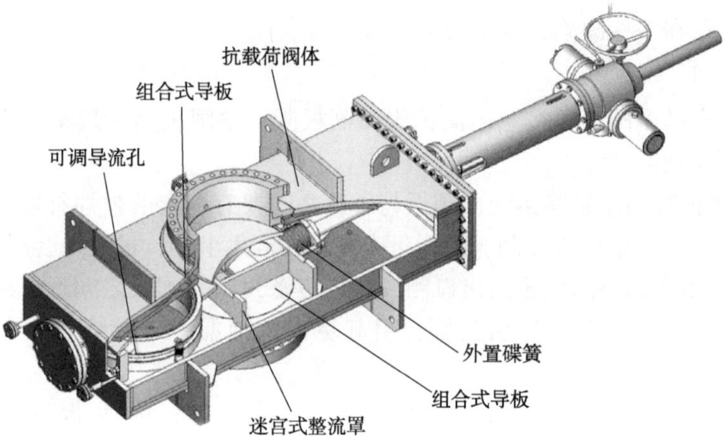

图 7.5-3　双闸板阀原理

这种阀门的特点是开位密封，其原理如图 7.5-3 所示，膨胀节由密封座、内管和波纹管组成，波纹管是弹性元件，内管一端固定另一端自由，使膨胀节具有膨胀性。膨胀节的外壁安装碟簧包，提高其密封性能。

(2) 双闸板阀的优点

双闸板阀兼有楔式闸阀和平板闸阀的优点，阀座密封面堆焊硬质合金，使用周期长；关位具有双隔离(DIB)功能，两个阀板都是双向密封；开位膨胀节弹性密封，在开位相当于直通管道，压力损失小；开关过程中全导板浮动密封；在开位和关位，阀座处于保护状态，避免颗粒在阀座上堆积；双闸板阀属于膨胀密封，阀板和阀座的摩擦小，使用寿命长；内部设置球楔机构，防胀死设计，适合于高温工况。

双闸板在关位、开位和开关过程中均防焦，结焦的概率大幅降低，得到行业的高度认可，目前使用的基本上都是双闸阀。

三、新型裂解气大阀的研制及工业应用

我国的裂解气大阀长期被国外垄断，在国际巨头的挤压下，只有极少备用阀门使用国产阀门。进口裂解气大阀在使用中存不少问题，不能满足乙烯装置长期安全运行要求，同时价格昂贵，供货周期长，售后服务跟不上。未来几年我国乙烯需求逐年提高，乙烯装置的改扩建不可避免，国内裂解气大阀的市场越来越大。

为了解决裂解气大阀使用中存在的卡涩、碟簧破碎、结焦和连杆失效等问题，保证乙烯装置可靠安全运行，由 SEI 和航天石化 11 所创新研制了新型结构裂解气大阀，大幅提高裂解气大阀性能，整体性能优于国外先进水平。

1. 关键技术

关键技术(见图 7.5-4)攻关包括抗载荷阀体、外置碟簧、可调导流孔、组装式导板、迷宫式整流罩和凸轮连杆等，采用模块化设计，达到定制化选用。

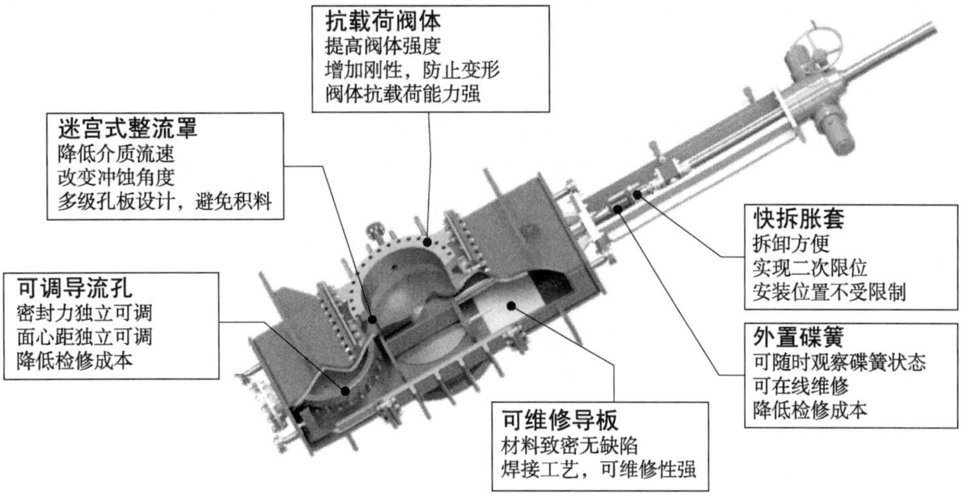

图 7.5-4　关键技术

(1) 抗载荷阀体

传统的阀体为一体板焊成型，矩形截面刚度不足，加之焊接不能圆滑过渡，容易产生应力集中，导致阀体在外部载荷作用下产生较大变形，影响阀门的密封性能。阀体变形还会引发卡涩，影响生产安全。焊接阀体需要进行整体热处理，大口径的阀体需要的热处理和加工设备大，生产难度和生产成本高。如果采用整体铸造式阀体，受铸造工艺限制，铸造壁厚一般都远大于焊接壁厚，阀体重量会成倍增加，同时大型铸造难度高，容易出现疏松等缺陷。裂解气大阀不但承受介质压力还承受管道载荷，大口径阀门载荷极大，要求阀体“厚重”，而介质压力较低，要求阀体“轻薄”，一体式阀体很难兼得。

抗载荷阀体采用分离设计原则，将一体式阀体分为上、中、下三段组成，上、下阀体仅承受介质压力，采用焊接成型，在满足强度的前提条件下，对其进行壁厚优化，降低重量。中阀体承受管道载荷，采用整体铸造成型，通过壁厚增加、肋板优化等方法，增加抗载荷能力，在不增加重量的前提下大幅提高阀体抗载荷能力，减小阀体变形，解决阀门卡涩问题。这种三段式阀体简称为抗载荷阀体(见图 7.5-5)，它兼有铸造和焊接的优点，通用性好，三段式构造，制造难度降低，维修方便。

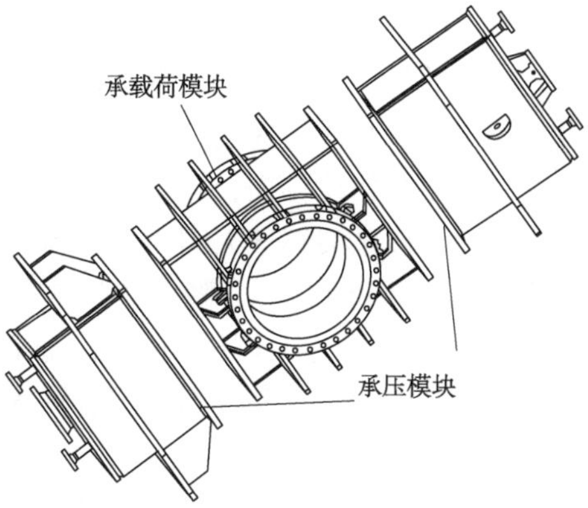

图 7.5-5　抗载荷阀体

有限元分析证明抗载荷阀体的抗载荷能力比焊接阀体提高 1.5 倍。

(2) 外置碟簧

采用外置方案，碟簧安装在阀腔外，使用温度由高温改为常温，改变了碟簧的应用环境，消除了热交变载荷影响，提高碟簧使用寿命，常温碟簧成本也远低于高温碟簧。同时能够随时观察碟簧状态，及时发现并更换碎裂碟簧，实现在线更换，有效降低维修成本。

内置碟簧的寿命只有3~4年，而外置碟簧使用寿命可达20年以上，是内置碟簧的6倍。

(3) 可调导流孔

传统的导流孔为波纹管式，波纹管易破裂，使用寿命短，损伤后维修困难。波谷内结焦聚积，波纹管失去弹性造成密封失效；面心距不能调节，密封面磨损后难以保证密封性能。

研制了可调导流孔，由上密封环、下密封环、填料压环、导流管和碟簧包组成。应用调力机构和调距机构，实现密封力及面心距的独立可调。通过调节碟簧的压缩量控制密封力大小，可控性强。面心距通过调距机构调节，调节精度高。

可调导流孔无死区不结焦，结构简单维修方便，试验证明密封性能比波纹管式提高1倍。

(4) 组装式导板

传统的导板为一体式，采用铸造或焊接成型，随着裂解气大阀口径增大，导板的尺寸不断增大，平面度不易保证，影响导板的性能。

基于此研制了组装式导板，主要由底板和侧板组成，侧板提高了到底板的刚度，两者之间用螺栓连接，材质选用耐磨钢，大幅提高使用寿命和维修性能。

同铸造导板相比，弥补了球墨铸铁难以补焊修复、大型导板逐渐成品率低的缺陷。同焊接导板相比，没有焊接不需要热处理，成本更优。

(5) 迷宫式整流罩

裂解气大阀出口阀座六点方向均存在一定的冲蚀损坏，这是由于裂解气大阀在开关过程中，阀座暴露在介质中，小开度时裂解气的速度很高，其中还夹带大量的坚硬的结焦颗粒，出口阀座六点方向冲蚀损耗最厉害。随着开度增大，流通面积迅速下降，介质速度急剧下降，冲蚀率呈现指数级减少，直至阀门全开密封面被保护免受冲刷。

物体的冲蚀率与介质速度和冲蚀角度成正比，在裂解气大阀入口阀座设置迷宫式整流罩，通过降低介质的速度和减小冲击角度来抑制冲蚀。迷宫式整流罩为一月牙形多级孔板，每一级节流孔错位排列，孔板面积逐级放大，降低介质速度的同时还减小冲击角度，抑制阀座冲蚀。以某裂解气大阀为例，流场计算显示2%开度介质流速高达到282m/s，经过三级迷宫速度降到85m/s，降幅达到70%，冲击角度由90°减小到50°，减幅达到44%，冲蚀率减低98%，阀座基本不受冲蚀，寿命得到大幅提高。另外迷宫式整流罩是一种多级多流道孔板，其体积小，基本不影响裂解气大阀的流通能力。

(6) 凸轮连杆

传统的Z字板机械连杆体积大、重量大、刚度小、不能补偿轴向和径向的位移，长期存在运行卡阻、脱轨等问题。

研制的凸轮连杆(见图7.5-6)由主动系统、传力系统和从动系统组成，主动系统由齿轮齿条构成，将裂解气大阀的往复运动转换为齿轮的圆周运动，将推力转换为扭矩。传动系统为万向联轴器，将扭矩和运动传递给从动系统，万向联轴器轴向长度可以调节，又具有较大的角向补偿能力，结构紧凑，传动效率高，能够补偿裂解气大阀和清焦小阀之间的位移和偏角，还具有不同程度的缓冲、减震和改善轴系动态性能的作用。从动系统为凸轮，凸轮上设置轨道，将回转运动转换为往复运动，控制清焦小阀开度。

同一体式的Z字板相比，凸轮连杆为分体式结构，结构小巧，重量降低30%以上；轴向长度可调，具有较大角向补偿能力，能自动适应管线的载荷及偏移量的波动，传动平稳，不卡阻不脱轨；转动凸轮可以操作清焦小阀，具备应急操作功能，降低安全风险。

2. 研制的新型阀门的性能介绍

攻关研制的裂解气大阀采用抗载荷阀体、外置碟簧、可调导流孔，是一种带导流孔双闸板平行式闸阀，具有抗载荷能力强、密封性能好、维护方便、使用寿命长等优点。抗载荷阀体、外置碟簧、可调导流孔和机械连杆具有模块化定制化的特点，可整阀替换，也可以部件替换。

以48in(1in=0.0254m)阀门为例，采用抗载荷阀体，阀体的抗载荷能力比焊接阀体提高1.5倍；采用外置碟簧可观察更换，比内置碟簧使用寿命提高5倍；采用可调导流孔，开位密封性能提高1倍，维修更方便；凸轮连杆体积小，具有轴向、径向补偿能力，适应性强，自带应急手动功能，整体性能优于进口产品。

攻关的裂解气大阀实现了多个方面的飞跃，在技术方面实现了多项创新，取得国际国内多项专利，具有完全自主知识产权，防止国外技术卡脖子；在业绩方面实现了多家成套业绩，成规模供货；在口径方面，60英寸裂解气大阀用于国内首个200kt/a单炉膛裂解炉，成为世界最大硬密封裂解气大阀，总体技术水平达到国际领先。

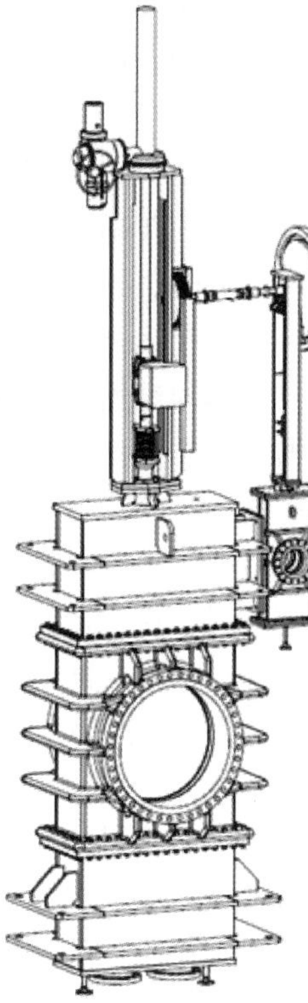

图7.5-6 凸轮连杆

3. 攻关阀门的工业应用

裂解气大阀的创新结构得到了市场的广泛认可和一致好评，至2022年应用创新的裂解气大阀共超百台，使用效果良好，其中三个项目很具有代表性。

镇海乙烯10号炉48英寸进口裂解气大阀，2013年以来多次发生卡涩，特别是2015年后卡涩尤为严重，经第三方模拟验算等，证明管线应力偏大导致阀体微变形是卡涩的原因之一，在线卡涩的裂解气大阀，线下开关力矩仅有20%，进一步证明管线应力是阀门卡涩的原因之一。2018年6月抗载荷阀体投用，连续运行超过5年，未出现卡涩。

武汉乙烯脱瓶颈改造项目10号炉是国内首个200kt/a双炉膛裂解炉，2021年4月应用抗载荷阀体和外置碟簧的48英寸裂解气大阀投用，一直运行正常。

扬子石化5号炉48英寸进口裂解气阀，2013年Z字板脱轨失效，不得已拆除机械连杆，造成严重安全隐患，2021年4月更换为凸轮联动裂解气大阀，一直切换平稳未见异常。

四、裂解气大阀的安装和维护

保证裂解气大阀的性能，阀门的正确安装和维护同样十分重要。

1. 裂解气大阀的安装

裂解气大阀的安装应符合国家相关标准要求，遵守相应的施工规程，符合制造商的安装要求。施工的顺序一般来说应先安装大阀，再加装支撑，最后配管，确保无应力安装，清除障碍，保证管线热胀冷缩自由移动。安装过程中，应检查阀门的垂直度、法兰平行度、法兰同轴度，所有法兰螺栓都能自由进出，确保安装误差在允许范围内。

做好阀体保温，防止蒸汽在阀腔冷凝堵塞蒸汽管线，影响气封效果，导致裂解气在阀腔结焦。

2. 裂解气大阀的维护

使用中要随时监控防焦蒸汽压力、开关力矩和时间等重要参数，及时掌握裂解气大阀的状态，防患于未然。

裂解气大阀的防焦蒸汽十分重要，在阀腔和流道之间建立气封，阻止裂解气进入阀腔，保持阀体的温度，防止结焦，同时清洁阀腔，将进入阀腔的裂解气经排放管吹扫出去。必须加强防焦蒸汽的监控，定期检控防焦蒸汽入口压力，根据运行情况，随季节、气温不同，防焦蒸汽压差设定值在50~80kPa之间适当调整，保证吹扫效果。定期检控防焦蒸汽出口压力和温度，出现凝液，采取适当措施排除；发现堵塞，应立即疏通，保证防焦蒸汽畅通。

阀门动作力矩直接反映阀门的阻力，监控每一次动作的全行程力矩，如果发现力矩突然增加，第一时间分析处理、排除问题，保证阀门动作灵活。

开关时间是阀门性能的重要指标之一，监控阀门开关时间，一旦阀门动作时间加长，立即分析处理，避免阀门状态恶化，出现卡涩。

阀门关位是衡量裂解气大阀结焦的直观指标，也是裂解炉联锁条件。关位通常设置两个指示：一个是关闭位置，另一个是密封位置。监控阀门密封位置，未达密封位置禁开急冷油，防止急冷油堵塞蒸汽管线，一旦出现关闭不到密封位置的情况，尽快排除故障，以防情况恶化。

参 考 文 献

[1] 陈永亮，何细藕. 乙烯裂解炉横跨管的设计探讨[J]. 石油化工设计，2011，28(2)：50-52.

[2] 杨红兵等. 裂解炉炉管弯曲的成因分析及防矫对策[J]. 石油化工设计，2001，18(3)：13-18.

[3] 陆建新，丁英仁. 裂解气阀和清焦阀的选型及使用[J]. 乙烯工业，2011，23(2)：1-4.

[4] 赵国栋. 镇海乙烯裂解气阀组运行情况浅析[J]. 乙烯工业，2012，24(4)：49-53.

[5] Marx N. Solving valve problems in the transfer and decoking line of ethylene units[J]. Valve World. 1999，4(3)：36-38，39-41.

[6] 何细藕，杨庆朝，杨帆，等. 闸阀阀体及其制造方法. 中国，ZL201810613854.5[P]. CN110608307B[P].

[7] 杨帆，刘金贤，丁英仁，等. Double-plate gate valve and use of the same. 美国，US11131395B2[P].

[8] 杨帆，丁英仁，韩静波，等. 一种阀门机械联动系统. 中国，CN201810935241.3[P].

第八章　裂解炉自动控制

第一节　裂解炉控制系统简介

近年来，随着乙烯生产装置的日趋大型化和现代化，对自动化水平的要求愈来愈高。而且，伴随着计算机网络和信息技术的飞速发展，自动化技术和装备也日新月异，裂解炉的生产操作、日常维护、生产管理经营愈来愈依赖于分散控制系统(DCS)，裂解炉的安全联锁则依赖于安全仪表系统(Safety Instrumented System，SIS)。

分散控制系统显示、操作集中，过程失控的危险则由若干台控制器或现场控制站所分散。主流分散控制系统都具有冗余结构，当某台控制器或现场控制站故障时，冗余结构的备用控制器或现场控制站就会自动取代故障的控制器或现场控制站，使过程控制不致中断，从而大大提高了分散控制系统的可靠性。迄今为止，全球大约有 60 多家制造商先后推出自己开发的分散控制系统，其中在裂解炉控制领域应用比较广泛的分散控制系统厂家有美国 Honeywell 公司、美国 Emerson 公司和日本 Yokogawa 公司等。

安全仪表系统是故障安全型可编程逻辑控制器，它是保证正常生产和人身、设备安全的必不可少的措施，已发展成为工业自动化的重要组成部分。安全仪表系统是指能实现一个或多个安全功能的系统，用于保护生产装置或独立单元的操作，如果生产过程超出安全操作范围，可以使其进入安全状态，确保装置或独立单元具有一定的安全度。仪表安全系统不同于批量控制、顺序控制及过程控制，当过程变量(温度、压力、流量、液位等)超限，机械设备故障，系统本身故障或能源中断时，安全仪表系统自动(必要时可手动)地完成预先设定的动作，使操作人员、工艺装置处于安全状态。仪表安全系统通常采用双重冗余加自诊断结构、三重冗余结构或四重冗余结构，裂解炉用仪表安全系统要求满足 IEC61508\IEC61511 SIL 3 安全等级要求并获得安全认证，如获得德国 TUV Rheinland 认证，满足 DIN AK5 级、AK6 级安全等级要求。在裂解炉控制领域应用比较广泛的安全仪表系统厂家有美国 Triconex 公司、德国 HIMA 公司等。

第二节　裂解炉主要控制方案

裂解炉主要控制包括各大组原料烃流量的控制、蒸汽/进料比率控制、裂解炉出口温度控制、汽包液位控制等。

一、各大组原料烃流量的控制

原料是通过若干大组炉管分别进入裂解炉，原料在裂解炉内被加热到热裂解的温度。

裂解炉进料流量的控制对乙烯的产量和质量有重要作用。

裂解炉进料流量控制中设置一个总进料流量控制器，由操作人员设定总进料量。为了避免出现不稳定情况，实际上该控制器的设定值以一定的速率逐渐变化。每大组进料流量分别由单独的控制器定量控制，总进料流量控制器的输出作为各组进料流量控制器的设定值来调整裂解炉进料流量。设置总进料流量控制器和各组炉管进料流量控制器的目的是保证各大组炉管进料在裂解炉中的受热一致，炉膛温度对各组炉管的影响相同，这样可以使裂解后的各大组炉管出口裂解气要求的裂解深度相同，而且各组炉管结焦程度相同，从而延长炉管使用寿命和清焦周期。

尽管采用上述手段以保证各大组炉管的流量相同，但由于各大组炉管的制造误差以及现场工艺管线安装无法保证完全相同，随着时间推移，各组炉管出口温度(COT)会出现偏差，从而导致各组炉管裂解深度有差异，结焦程度也有所不同。所以在各组炉管物料流量的控制中增加各组炉管 COT 偏差控制器，其输出和总进料流量控制器的输出一起作为单组炉管进料流量控制器的设定值。目的也是使各组炉管 COT 偏差降低，使裂解后的各大组炉管出口裂解气有相同的裂解深度。对于单炉膛裂解炉，如有分组裂解的要求，即各组裂解原料不同，则在分组裂解操作时，对应组的 COT 偏差控制器不起作用。

二、稀释蒸汽/进料比率控制

裂解炉注入稀释蒸汽的目的是减低烃分压并减少烃类原料在高温区的停留时间，使裂解反应对于副反应的相对速度增大。副反应会消耗裂解反应生成的乙烯，还会导致焦油和焦的生成，应尽量抑制。稀释蒸汽可以稳定裂解温度，防止炉管过热。蒸汽的氧化性可以抑制原料中所含硫对炉管的腐蚀。蒸汽对铁和镍有氧化作用，可抑制它们对生碳反应的催化作用。而且蒸汽和已生成的碳反应可以把碳化解为一氧化碳和氢气。

根据裂解原料的不同，对应的蒸汽/进料比率也不同。通常轻质原料和气体原料采用一次蒸汽注入，重质原料采用二次蒸汽注入。在裂解炉进行裂解操作期间，汽/烃比应保持一定，不得变化。

对于一次蒸汽注入，每大组原料都对应有稀释蒸汽流量控制器，进料流量设定值乘以设定的汽/烃比系数的结果，与预设的最小稀释蒸汽设定比较后，高选值作为稀释蒸汽流量控制器的设定值。引入最小稀释蒸汽设定的目的是保护炉管，当烃进料流量过低时，保证有一定量的稀释蒸汽，避免辐射段炉管快速结焦，炉管堵塞并造成炉管损坏。

对于二次蒸汽注入，一次稀释蒸汽先和烃进料混合进入裂解炉，其控制方案与前述一次蒸汽注入基本相同。二次稀释蒸汽进入裂解炉的过热段过热到温度足够高后，在混合器处注入，和已预热过的一次稀释蒸汽和烃进料混合物一起进入裂解炉的下部混合过热段。二次稀释蒸汽的流量控制中也有最小注入量的限制。两次注入的稀释蒸汽流量之和与重质原料流量的比值一定。

三、裂解炉出口温度控制

乙烯转化率随裂解温度升高而增加，乙烯收率相应增加。但是裂解温度升高，轻烯烃生成甲烷、双烯烃及重有机物的副反应增加，降低乙烯收率，而且副反应又导致焦油和焦炭的生成，影响裂解炉热效率。因此必须严格控制裂解炉出口温度，促进裂解反应，抑制副反应。

每组炉管出口均设置若干台温度仪表，根据对流段(TLE)形式不同，COT 仪表数量也不同，线性 TLE 的每组炉管 COT 仪表可以达到 12 台或更多。每组炉管 COT 仪表在 DCS 中取平均值作为该组炉管出口温度。各组裂解炉出口温度的平均值作为 COT 控制器的输入，该控制器的输出作为燃料气热值控制器设定值，热值控制器的输出通过调节燃料气的流量来控制炉管出口温度。采用热值作为副回路控制器输入的原因是裂解炉燃料气的组分在运行期间经常变化，因此相同流量的燃料气的热值并不一致。因此通常在燃料气总管上设置热值仪，用于实时测量燃料气的沃泊指数，该数值和燃料气的流量在 DCS 中计算得出燃料气的实时热值，作为热值控制器的输入。热值控制可以及时地稳定燃料气的热值，而不是等到裂解炉出口温度变化后再控制，有效减少整个系统的波动。

燃料气的压力过低将使烧嘴火焰熄灭，烧嘴火焰熄灭后立即重新给入燃料气则有可能引发爆炸，因此燃料气压力过低时裂解炉必须紧急停车，确保安全。为避免热值的突然波动导致燃料气压力过低引发不必要的停车，设置了燃料气压力超驰控制。燃料气压力在正常范围内时，自动选择热值控制；燃料气压力低于正常范围时，自动选择压力控制；燃料气压力恢复到正常范围时，又自动选择热值控制。

四、汽包液位控制

每台裂解炉的顶部设有高压蒸汽包，用于和对流段连接回收炉管出口高温裂解气的热量。锅炉给水通过进入裂解炉炉膛加热再进入高压蒸汽包。对于高压蒸汽包，无论是缺水还是满水事故都会给生产和人身安全带来巨大损失，所以汽包液位的控制非常重要。

汽包液位采用三冲量控制，即汽包液位、锅炉给水流量和出汽包的高压蒸汽流量，其本质上是带前馈的串级控制系统。汽包液位控制器是串级控制的主回路，可以快速克服由于锅炉给水量波动造成的汽包液位的波动。锅炉给水流量控制器是串级控制副回路。高压蒸汽量是前馈控制变量。当蒸汽流量变动时，前馈信号加在锅炉给水流量控制器的设定值上，从而锅炉给水流量控制阀超前动作，减少了汽包液位的波动，使液位控制快速平稳。引入蒸汽量前馈控制，可以显著改善调节系统的调节质量。

第三节　裂解炉主要仪表应用

裂解炉实际是管式反应器，在特定的工艺条件下，将石脑油、加氢尾油及循环乙烷/丙烷等原料在裂解炉管内进行高温裂解，生成轻烃裂解气。

乙烯裂解炉按原料性质可分为气体(乙烷、丙烷、循环乙烷/丙烷、LPG)原料裂解炉，轻质液体(石脑油、轻柴油)原料裂解炉和重质液体(加氢尾油、减压柴油)原料裂解炉。

裂解工艺流程复杂，物料易燃易爆，既有高温高压工况，也有高温负压工况，裂解工艺要求对过程变量进行高精度、高稳定、高可靠性控制，均离不开温度、压力、流量、液位、成分分析等工艺参数检测仪表以及最终控制执行元件(控制阀)，仪表和控制阀应用的好坏直接影响装置的安全生产和优良运行。

现场检测仪表和控制阀选用必须符合下列原则：

① 现场仪表为电子式仪表(智能型)。模拟量信号的仪表 4~20mA DC 标准信号叠加

HART 协议或 FF 总线信号。气信号采用 20 ~100kPa 标准信号。

② 所有现场安装的电子式仪表应根据危险区域的等级划分，选用符合 IEC 60079 或 GB 3836，并具有国家权威机构认证的符合国家防爆标准的产品。

③ 现场仪表的选用应满足当地气候的环境要求。现场安装的电子式仪表应至少满足 IEC 60529 和 GB 4208 规定的 IP65 的防护等级。

现场仪表以产品质量可靠、性能好、精度合适、维护方便为选用原则，应充分满足石油化工装置生产需要。选用的仪表必须是国家技术监督部门批准的、取得制造许可证的合格产品。优先选用通过 ISO 9000 质量管理体系认证的工厂、公司或制造商生产的产品。进口计量器具需按规定取得国务院计量行政部门颁发的《中华人民共和国进口计量器具型式批准证书》；国产计量器具需按规定取得《中华人民共和国制造计量器具许可证》。

一、温度仪表

温度仪表分为就地温度指示仪表和远程温度仪表。在裂解炉装置中温度仪表居多，大部分为远程仪表。

就地温度指示仪表一般为带外保护套管的万向型双金属温度计。

远传温度测量一般采用热电阻或热电偶温度元件。热电阻温度元件为符合 IEC 60571 的 Pt100 热电阻。热电偶温度元件为符合 IEC 60584 的热电偶，根据温度测量范围、安装场所，按温度检测元件分度号选用表，选择相应检测元件分度号。关键场合测温元件采用双支型。

套管的结构和长度应进行工艺流速状况下的频率及应力计算。套管的“谐振”频率(通常指“Strouhal”或“Van Karman Trail”)不应超过固有频率的 80%。计算标准采用 ASME PTC 19. 3。

对于炉出口温度的测量各专利商要求不同，通常有插入式传统型、插入式水力清焦型(带特殊耐磨头)以及表面式(也叫称为贴壁式)测温元件。

对于插入式温度仪表为保证测量精确，测量元件必须保证一定的插入深度。插入式热电偶套管会受到带有焦粒的高速气流冲刷磨损，影响使用寿命。对于表面式测温元件，无冲刷、结焦等问题，寿命长，维护量少，但易受测量环境的影响，对测温部分的保温要求比较高。

水力清焦型 COT 套管为特定炉管测温的专用产品，热电偶套管为 4″或 3″，带一定角度安装，套管尺寸、角度均由工艺专利商确定。这种安装形式对插入深度及套管端部的形状及材质的要求都比较严格，同时对炉管上的温度计管嘴、安装角度的加工偏差均要求严格，否则会冲刷、结焦严重，影响测温及套管的使用寿命。

二、压力仪表

裂解炉装置中有常压、负压、高压等压力测量，就地压力测量通常应用不锈钢弹簧管压力表、膜片表、膜盒压力表及高压压力表。远传压力(压差)测量应用智能压力变送器、智能差压变送器、法兰式压力(差压)变送器。

三、流量仪表

裂解炉装置中常用流量测量方式有节流装置配差压变送器、涡街流量计、质量流量计、金属转子流量计、楔型流量计等。

裂解炉装置中实际原料来源复杂，变化频繁，建议使用质量流量计。

四、物位仪表

就地指示液位仪表常用到牛眼式玻璃液位计（带照明）、磁翻板液位计等。汽包液位计的设置应符合 ASME 规范要求。

远传液位的测量通常采用差压液位变送器。

五、变送器

压力、差压、流量、液位、温度等变送器采用智能型变送器，二线制 4～20mA（DC）附加 HART 通信协议或 FF 协议，可实现远程在线量程修改等维护功能。

除特殊应用的流量差压变送器外，开方功能在现场流量差压变送器中完成。

六、调节阀

根据工艺介质及操作条件特殊要求，使用了偏心旋转阀、单座调节阀、角型阀、蝶型阀、球阀等形式。

裂解炉调节阀优先选用单座或套筒式 Globe 调节阀。大口径或低差压情况，采用蝶型阀或偏心旋转阀。对于噪声较大的情况，采用笼式阀或低噪声调节阀，对于高压差、闪蒸、空化、腐蚀、高噪声等情况，可选用特殊的阀芯和阀体设计。上阀盖型式根据设计温度要求带散热片或延长颈型。调节阀泄漏等级通常为 CLASS Ⅳ（ANSI/FCI 70-2），当工艺要求为严密关闭（TSO）时，应选用 CLASS Ⅵ 或 CLASS Ⅴ。

调节阀选用等百分比特性、线性特性或近似等百分比特性。针对不同的特性，最小流量开度、正常流量开度、最大流量开度均需在合理的控制范围内。

调节阀设计应使调节阀下游 1m 处和管道表面 1m 处的噪声等级不超过 85dB（A）。间歇使用或紧急操作的调节阀在上述位置的噪声不超过 105dB（A）。调节阀的降噪措施优先选用低噪声阀内件、改变阀门结构型式等在调节阀内部节流降噪的方法。

执行器通常选用气动薄膜式。在要求大推力的场合可选用单动作或双动作气缸执行器。对于气源故障时要求开或关的场合，推荐优先选用带弹簧返回的薄膜式或气缸执行器。选择执行机构时，应基于仪表空气的最小压力进行输出力（或力矩）计算。

七、开关阀

除非有特殊要求，开关阀的尺寸与管线尺寸相同，并且为全通径。通常采用球阀、蝶阀等。开关阀的泄漏等级为 ANSI/FCI 70-2 CLASS Ⅴ 或 CLASS Ⅵ；开关阀的动作时间应满足工艺要求（以秒计）。开关阀执行机构的输出力矩应留有一定的安全系数。开关阀的阀体应符合 API 607 或 API 6FA 耐火试验标准。

八、现场总线仪表的应用

随着分散控制系统采用现场总线技术的成熟，总线仪表在裂解装置中也获得了成功的应用。目前应用较为广泛的是采用基金会现场总线（FF），也就是 IEC-61158-2 所定义的现场总线类型1和现场总线基金会所定义的H1现场总线，通信速率为32.15kbit/s。原则上与DCS/FCS(现场总线控制系统)关联的现场变送器和阀门定位器等可采用FF现场总线协议，执行GB/T 16657.2—2008和基金会现场总线(FF)系列标准，并遵循以下基本原则：

① 单调节回路在现场总线设备中实现，PID模块配置在FF阀门定位器中。

② 复杂调节回路采用现场总线技术，其控制算法在DCS/FCS控制器中完成。

③ 安全仪表系统(SIS)、可燃/有毒气体检测报警系统(GDS)、可编程控制器(PLC)等专用控制系统不采用现场总线技术。

④ 电动阀控制不采用现场总线技术。所有开关阀的控制信号及阀位信号不采用现场总线技术。

⑤ 与安全相关的检测及控制回路不采用现场总线技术。

⑥ 顺序控制及程序控制不采用现场总线技术。

⑦ 专利商不允许采用现场总线的控制回路不采用现场总线技术。

⑧ 特殊仪表不采用现场总线技术。

第四节　裂解炉联锁

当操作失误、单个设备故障或系统故障时，需要采取安全联锁紧急停车。采取合适的措施，首先优先保护人员和裂解炉机械完整性，其次是以最小迟滞恢复到正常操作。

裂解炉紧急停车联锁一般分为所有裂解炉全部停车、单炉全部停车、单炉部分停车及其他联锁和允许条件。

一、远程所有裂解炉停车

(1) 联锁原因

当处于工厂紧急情况时，应该停止所有的裂解炉。

(2) 联锁动作

① 切断所有裂解炉的烃进料流量、常明灯燃料气流量、燃料气流量。

② 稀释蒸汽流量置预设值；切断进料，控制引风机转速，维持裂解炉炉膛负压。

二、单台裂解炉全部停车

(1) 联锁原因(满足其一)

① 远程或现场全炉停车按钮(允许控制室或现场紧急情况下触发)。

② 引风机故障联锁。

③ 汽包液位低低联锁。

④ 锅炉给水流量低联锁。

⑤ 超高压蒸汽出口温度高高联锁。

⑥ 底部燃料气压力低低联锁。

⑦ 常明灯燃料气压力低低联锁。

⑧ 急冷换热器出口裂解气温度高高联锁。

⑨ 稀释蒸汽流量低低联锁。

⑩ 横跨段温度高高联锁。

(2) 联锁动作

① 切断单台炉烃进料流量、常明灯燃料气流量。

② 稀释蒸汽流量置预设值；切断进料，控制引风机转速，维持裂解炉炉膛负压。

三、单台裂解炉部分停车

与全炉停车相比，部分停车可以使裂解炉的热冲击最小化，并能更快地重新启动裂解炉。

(1) 联锁原因(满足其一)

① 远程部分停车按钮。

② 烃进料压力低低联锁。

(2) 联锁动作

① 切断单台炉烃进料流量、二级烧嘴燃烧气流量。

② 稀释蒸汽流量置热备预设值；切断进料，控制引风机转速，维持裂解炉炉膛负压。

四、其他联锁和允许条件

其他联锁和允许条件用于防止误操作。

① 关闭裂解大阀和打开清焦大阀之前，应确认烃进料切断阀关闭，防止烃进料进入清焦系统。

② 裂解大阀全开状态时允许烃进料切断阀打开。

③ 裂解大阀全闭时允许清焦大阀和清焦空气切断阀打开。

④ 清焦大阀全闭时，允许打开烃进料切断阀和裂解大阀。

⑤ 清焦空气切断阀关闭时，裂解气大阀允许打开。

⑥ 裂解炉“热备”模式时，关闭和禁止打开烃进料切断阀和清焦空气切断阀，允许打开裂解大阀。

⑦ 裂解炉“清焦”模式时，关闭和禁止打开烃进料切断阀。

⑧ 裂解炉“允许运行”模式时，允许打开烃进料切断阀，禁止打开清焦空气切断阀。

第五节　裂解炉先进控制

随着计算机应用技术、自动控制技术以及人工智能技术的发展，过程先进控制技术对乙烯生产装置的安全高效运行起着越来越重要的作用，人们已不满足单纯从乙烯生产过程的工艺设计和生产设备改造上获取经济效益，而是综合应用化学工程技术、自动控制技术和人工智能技术对乙烯生产过程实施先进控制和优化操作，充分发挥设备的内在潜力，以低能耗、低成本消耗和高产出获得更高的装置效益。

裂解炉作为乙烯装置的“核心”和“龙头”，在高温下通过复杂的裂解反应过程完成了石脑油、加氢尾油和液化石油气等大分子物料向乙烯、丙烯、氢气、甲烷和丁二烯等小分子产品的转换。保证裂解反应过程的平稳进行是实现装置稳定运行和优化的基础。

裂解炉平稳运行的关键控制变量包括裂解深度、裂解炉出口温度、裂解炉进料负荷、进料量与稀释蒸汽(DS)的配比和炉膛烟气氧含量等，主要操作变量包括底部和侧壁燃料气流量(或压力)、各组炉管进料流量、进入各组炉管DS流量和炉膛负压等，执行机构包括进料量调节阀、燃料气调节阀、DS流量调节阀、炉膛风门挡板开度(或变频风机转速)和燃烧器风门开度等。裂解炉先进控制就是通过建立关键控制变量和操作变量的控制模型，分析变量之间的因果关联，设计变量间的复杂控制逻辑，稳定控制关键控制变量，提高对设定值变化的跟踪性能。

裂解炉先进控制主要包括：裂解炉炉管出口温度控制、裂解炉炉管温度均衡与总负荷控制、汽烃比(又称为水油比)控制以及裂解深度控制技术等。

一、裂解炉出口温度控制系统

裂解温度是裂解炉操作的关键控制变量，由于无法直接测量炉管内的温度，所以用COT来表征裂解反应的进行程度，裂解炉平均COT通常是所有炉管出口温度的平均值，也可以根据现场实际情况按需选择部分温度进行平均。平均COT控制品质，直接影响了裂解炉主要产物收率变化和比例分布。影响裂解炉平均COT变化的主要因素有：进料量、进料原料组成以及加热量。

裂解炉总进料量和进料组成受制于生产调度和原料来源，生产单元不能直接操控，因此COT的主要操作变量是提供给裂解炉的热量，在其他操作条件不变情况下，热量增加则COT上升，反之COT下降。充分燃烧时，热量与燃料气流量和热值的乘积成比例。由于燃料气热值分析仪测量存在较大滞后，因此平均COT控制不宜直接采用燃料气热量作为操作变量。燃料气流量测量实时性高，调节阀响应快速，可以作为COT的主要操作变量。为了减小燃料气流量自身波动对COT的扰动，单独设计了燃料气流量PID控制回路，及时抑制和消除燃料气流量自身波动。燃料气流量控制(副控制器)与COT控制(主控制器)构成串级控制模式，把COT稳定控制在设定值附近。为了裂解炉运行安全，还设计了燃料气阀后压力低限和高限超驰保护策略，避免异常情况下的熄火或烧穿炉管等事故。

裂解炉进料总负荷和燃料气热值是引起平均COT波动的可测干扰，燃料气热值可以通过软测量技术“及时”测量。COT控制系统把进料总负荷和热值测量值融合构成前馈控制，根据负荷或热值变化提前调整燃料气流量设定值，降低负荷或热值变化对平均COT的影响。

综上，裂解炉出口温度控制技术呈现“前馈-串级-反馈”控制逻辑结构，现场可以通过DCS复杂回路组态或在先进控制软件平台上实现。

二、裂解炉炉管温度均衡和总进料负荷控制技术

裂解炉出口温度先进控制稳定了平均COT，但由于炉膛热场分布不均(偏火)、各个烧嘴热负荷不同以及进料物料量差异等原因，各组炉管之间温度会出现偏差，温度高的炉管结焦加剧，温度低的炉管裂解深度不足，影响了产物收率和裂解炉运行周期，因此开发和实施裂解炉炉管温度均衡控制非常必要。正常工况下，裂解炉温度均衡控制的目标是保证各组炉管出口温度趋近于相同(各组炉管COT目标值相同或者与平均COT偏差目标值设为0)，也可以通过设置不同的炉管温度目标值实现对应炉管裂解温度的低控或高控。

裂解反应是强吸热反应，炉管进料流量对裂解温度影响最显著，温度均衡控制技术通过各组炉管进料流量的调节，实现对应炉管裂解温度控制。

在炉膛燃烧状况基本平稳的基础上，出口温度均衡控制以裂解炉平均 COT 为基准，对每组炉管进料量在一定范围内进行再分配，使每组炉管出口温度与平均 COT 之差最小。为了保持裂解炉总进料负荷不变，每次调整时，控制系统需保证各组炉管温度均衡控制器的输出变化量之和为 0。如果每组炉管进料量偏差超过预设上限，则需要外操人员到现场调节底部或侧壁火嘴，降低各组炉管进料量偏差，然后再投用温度均衡先进控制。

总负荷控制，即裂解炉总进料量控制。当裂解炉需要升降负荷时，总进料量控制器可以把进料负荷变化平均分配到各组炉管，操作人员只需调整总进料量的目标值，系统将自动完成升降负荷操作。

综上，由于操作变量都是各组炉管进料流量，炉管温度均衡和进料负荷控制系统呈现“反馈-加和处理-反馈”的复杂控制逻辑结构。

三、汽烃比控制

汽烃比(或水油比)控制系统的目的是，控制裂解炉烃进料和稀释蒸汽的质量流量比值稳定。汽烃比直接影响裂解炉的操作周期、能耗和裂解产品收率。为了稳定控制汽烃比例，必须根据原料烃和蒸汽的特性，准确地在线计算出它们的质量流量比，实现汽/烃质量流量比值控制。汽烃比控制系统呈现“比值+反馈”的复杂控制逻辑结构。根据各组炉管的进料流量以及给定的汽烃比，计算求出各组炉管的蒸汽流量调节器的设定值，调节蒸汽流量使各组炉管的汽烃比保持在设定值，减少炉管结焦，保证安全操作和经济合理地利用稀释蒸汽。

在进料负荷调整时，汽烃比控制系统需保证提升负荷时蒸汽量提前增加，降低负荷时蒸汽量滞后降低，保证了炉管运行安全。

四、裂解深度先进控制

裂解深度就是指裂解反应进行的程度。在裂解液体原料时，因为原料中基本不含乙烯、甲烷和丙烯等气相物料，故分析裂解产物中乙烯、甲烷和丙烯的量，用“丙乙比”或“甲丙比”表征裂解深度。裂解深度先进控制是提高装置经济效益的关键控制系统，尤其对于目前裂解原料烃特性频繁变化情况，该系统的投运尤为重要。

气相裂解原料可以采用某种组分的转化率进行表征，例如“乙烷转化率”“丙烷转化率”等，设计思想相似，在此不再单独介绍。

1. 裂解深度软测量

裂解炉裂解深度主要受进料原料属性、物料在裂解炉中停留的时间、烃分压以及裂解温度的影响。为了解决裂解炉裂解深度控制问题，必须及时测得裂解炉出口乙烯、甲烷和丙烯等气相产物浓度，然后以“丙乙比”或“甲丙比”稳定作为裂解深度控制目标。由于在线分析仪存在很大的测量滞后(一般约为 5~15min)，无法满足实时控制的要求。

为了克服炉管出口裂解气在线分析值滞后的不利影响，裂解深度测量值由“软测量+在线分析值校正”获得。首先建立裂解炉裂解一定馏程范围内石脑油(NAP)、加氢尾油、轻石脑油等油品的实时操作统计模型和过程操作的知识库，然后在此模型基础上，采用模型降阶、自校正以及人工神经网络技术，建立炉管出口裂解深度在线实时估计模型。

2. 裂解深度先进控制策略

影响裂解深度的主要因素包括 COT、汽烃比、停留时间和裂解原料属性等，其中裂解原料属性和停留时间在裂解炉操作中不可调控，COT 对裂解深度影响最为显著，故选取 COT 作为主操作变量。

裂解深度控制系统采用“推断+反馈+串级”复杂控制逻辑结构，该结构的原理如图 8.5-1 所示，图中 PV 为过程变量测量(反馈)值，SP 为过程变量控制目标值。通过分析油品特性、裂解炉负荷、汽烃比、COT 等主要参数与裂解深度因子(甲丙比或者丙乙比)的关系，采集现场运行数据，建立裂解深度预测软测量模型，实时预测当前的裂解深度，并利用在线分析值对裂解深度预测模型的输出进行校正，作为裂解深度控制器的裂解深度反馈值。深度控制器与 COT 控制器串级联结，通过改变 COT 目标值把裂解深度控制在设定值附近。

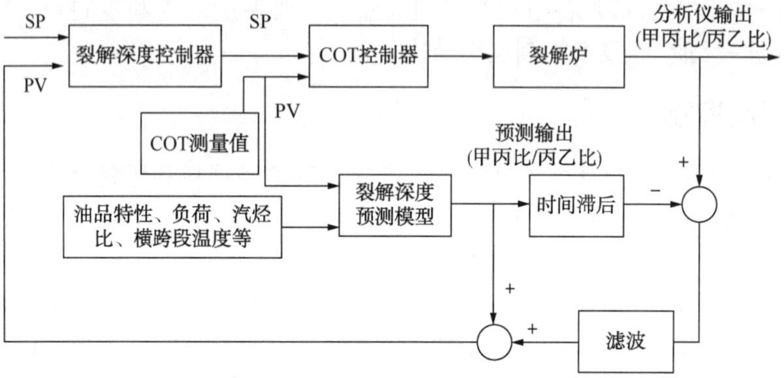

图 8.5-1　裂解深度先进控制结构

3. 裂解深度控制的实现

在工业现场实际应用中，为便于操作人员日常操作、监控和维护，华东理工大学开发了裂解深度控制专用软件，图 8.5-2 为裂解炉裂解深度控制软件的模块图，包括以下五个部分：

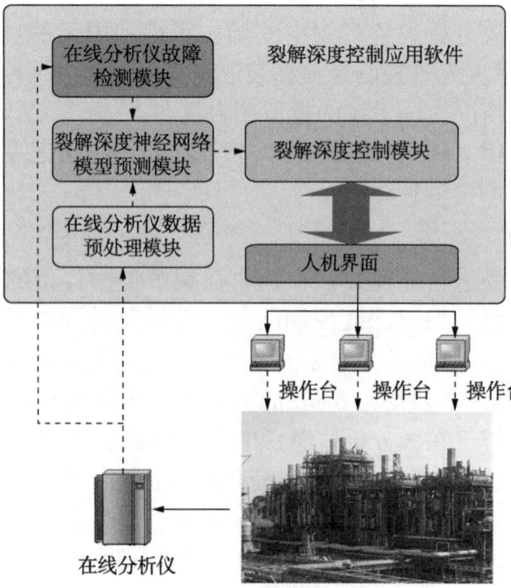

图 8.5-2　裂解深度控制软件功能模块图

① 裂解深度控制模块：包括裂解深度控制器、模型校正以及配套的控制逻辑。

② 裂解深度神经网络模型预测模块：根据不同的油品以及裂解炉运行工况预测裂解深度。

③ 在线分析仪数据预处理模块：实现在线分析数据的预处理，排除测量噪声以及信号切换对测量值的影响。

④ 在线分析仪故障检测模块：实时监控在线分析仪的运行状态，根据在线分析仪数据状态自动切换裂解深度校正信号来源。

⑤ 人机界面：为操作人员提供友好的操作界面，提供裂解炉主要运行参数和裂解深度控制系统状态监测与操作界面。

五、小结

乙烯裂解炉是乙烯装置能量消耗和物料转换的核心设备，具有结构复杂、热强度高、反应机理复杂和半连续操作等特点，通过分析裂解炉燃料气、裂解温度、裂解深度、进料流量和 DS 流量等关键变量的关联关系，设计由裂解炉出口温度控制、温度均衡与总负荷控制、汽烃比控制和裂解深度控制等组成的先进控制系统，可以从根本上提升裂解炉的平稳运行水平，为裂解炉优化运行技术实施和装置效益提升提供技术基础和系统保障。裂解炉先进控制系统的有效投用和持续运行离不开性能良好的测量仪表和调节阀，更需要专业和常态化的运行维护。

参考文献

[1] 骆敏杰，蔡宏斌，马卓．基于 BP 神经网络 PID 算法的乙烯裂解炉出口温度先进控制研究[J]．物联网技术，2022，12(12)：121-124，126.

[2] 谢磊，员鑫．COT 温度先进控制在乙烯裂解炉中的应用[J]．化工自动化及仪表，2021，48(2)：193-196.

[3] 李平，许锦，胡天生，等．百万吨级乙烯装置裂解炉先进控制系统设计与应用[J]．乙烯工业，2021，33(1)：56-61.

[4] 王长军．乙烯裂解炉裂解深度控制与实时优化[J]．石化技术，2021，28(5)：33-34，60.

[5] 王振雷，杜文莉，钱锋．乙烯装置裂解炉智能控制技术[J]．化工进展，2006，25(12)：1454-1456.

[6] 林文燕．先进控制技术在乙烯裂解炉上的开发及应用[J]．辽宁化工，2021，50(9)：1329-1332.

[7] 孙新民．乙烯裂解炉先进控制技术的应用研究[J]．江西化工，2020，(2)：151-155.

[8] 梅华，于坤杰，王振雷．乙烯裂解炉关键组分质量收率在线测量技术[J]．石油化工自动化，2015，51(1)：49-52.

[9] 姜勇，李爱萍，刘德智．裂解炉 APC 先进控制系统应用[C]．全国乙烯工业协会裂解单元的运行与优化专题研讨会论文集，2015：360-363.

[10] 袁欣，马培培，张松．裂解深度过程控制技术的应用[C]．全国乙烯工业协会裂解单元的运行与优化专题研讨会论文集，2015：36-40.

第九章　安全、环境保护（HSE）与节能减排

第一节　概　　述

安全是石油化工装置生产永恒的主题。在长期的生产实践中，石化系统已总结出“以人为本，安全第一，预防为主，综合治理”的安全生产方针和“全员、全过程、全方位、全天候”的安全监督原则，可以做到防患于未然。乙烯裂解生产过程复杂，工艺条件非常苛刻，有高温、高压的特点，介质易燃易爆，控制条件要求严格，相互制约因素较多，安全生产特别重要。

乙烯裂解炉由于存在高温燃烧供热过程，不可避免地会由于空气中的氮气在高温下氧化生成氮氧化物 NO_x。乙烯装置的大部分氮氧化物排放均由裂解炉产生，随着国家环保要求的提高，特别是 2015 年开始实施的《石油化学工业污染物排放标准》(GB 31571)，对乙烯裂解炉污染物排放提出了更高的要求。

乙烯装置是高耗能生产装置，降低乙烯装置的能耗是降低乙烯生产成本的重要途径之一。乙烯装置的设计和技术改造，重要的课题之一就是降低能耗。乙烯装置的耗能部位主要是裂解炉和压缩机，乙烯装置节能效果最明显的区域是在裂解炉区，乙烯生产的能耗很大部分消耗于裂解炉的燃料，而机泵的功耗中，绝大多数是由裂解炉回收的超高压蒸汽供给。通过提高乙烯收率、提高裂解炉热效率、提高裂解炉高温位蒸汽回收能力，可使乙烯能耗明显下降。因此，乙烯生产的节能在很大程度上取决于裂解炉系统的设计和操作。

一、术语与定义

危险源(hazard)　可能导致人身伤害、健康损害、财产损失、工作环境破坏或这些情况组合的根源或状态。

危险源辨识(hazard identification)　识别危险源的存在并确定其特性的过程。

危险和有害因素(hazardous and harmful factors)　可对人造成伤亡、影响人的身体健康甚至导致疾病的因素。

危险化学品(hazardous chemical)　具有毒害、腐蚀、爆炸、燃烧、助燃等性质对人体、设施、环境具有危害的剧毒化学品及其他化学品。

安全设施(safety facility)　在生产经营活动中用于预防、控制、减少与消除事故影响采用的设备、设施、装备及其他技术措施的总称。

风险(risk)　某一特定危险情况发生的可能性和后果的组合。

风险评价(risk assessment)　评估风险大小以及确定风险是否可容许的全过程。

可容许风险(tolerable risk)　根据法律义务和方针，已降至可接受程度的风险。

安全（safety）　免除了不可接受的损害风险的状态。

职业健康安全（occupational health and safety，OHS）　影响或可能影响场所内员工、临时工作人员、合同方人员、访问者和其他人员健康和安全的条件和因素。

环境（environment）　运行活动的外部存在，包括空气、水、土地、自然资源、植物、动物、人，以及它们之间的相互关系。

污染预防（prevention of pollution）　为了降低有害的环境影响而采用过程、惯例、技术、材料、产品、服务或能源以避免、减少或控制任何类型的污染物或废物的产生、排放或废弃。

二、安全设计基本原则

① 安全设施的设计应根据建设项目的特点和过程危险源及危险和有害因素分析的结果。

② 严格遵守国家法律法规和强制性标准规范，执行国家行业标准和相关国家标准，并执行装置所在地的地方法规和规定，以及项目合同要求的国外相关标准和业主标准。

③ 基于本质安全设计、事故预防优先、可靠性优先等设计原则，采取具有针对性、可操作性和经济合理的安全设施。

④ 生产装置设有完善的自动控制系统、独立的紧急停车自动保护系统和独立的火灾、可燃气体有毒气体报警联锁保护系统。自动控制系统、仪表系统和紧急照明等应设置 UPS 不间断电源。

⑤ 按国家规范要求设置火灾报警探测器，并设计火灾自动报警系统。可燃气体和有毒气体的检测报警设计均能满足《石油化工可燃气体和有毒气体检测报警设计标准》中的要求，并将报警信号引入中央控制室中的火灾、可燃气体/有毒气体报警联锁保护系统。

⑥ 电气系统和仪表系统的设置以及设备、材料的选型及制造均根据国家标准规范和相关的国际标准进行。

⑦ 装置区应设置符合安全要求的通信系统。

⑧ 建、构筑物均按《建筑物防雷设计规范》要求设置防雷保护装置，并防直击雷及感应雷。

⑨ 工艺和动力管架、电缆槽架等的布置严格按标准规范进行设计。

第二节　安　　全

一、危险因素分析

1. 主要火灾、爆炸危险源

乙烯装置的工艺介质包括从氢气、甲烷到燃料油的各种烃类，均属易燃易爆介质。操作单元包括有明火的高温设备如裂解炉；释放热量的 C_2 加氢反应器、C_3 加氢反应器、甲烷化反应器以及大型压缩机组，如裂解气压缩机组、三元制冷压缩机组；另外还有高低温分馏塔、换热器、冷箱和较大型低温储罐等。

从爆炸危险区域划分来讲，乙烯装置有 1 区、2 区和附加 2 区。

装置的火灾危险类别为甲类。

乙烯装置中比空气轻的工艺危险物料有氢气和甲烷，与空气密度相近的介质有乙炔、乙烯和乙烷，比空气重的介质包括碳三及更重的烃类组分。各主要区域的主要有害物质如表 9. 2-1 所示。

表 9. 2-1　装置主要区域的主要有害物质

主要危险有害部位	主要有害物质	主要危险	火灾危险性分类
裂解炉区	NAP、HCR、LPG、C_5、干气、燃料气、裂解气	火灾、爆炸、高温灼伤、噪声	甲
急冷区	裂解气、汽油、QO、PFO	火灾、爆炸、高温灼伤	甲
压缩区	H_2、C_1、C_2、C_3、C_4、C_5~205℃馏分、H_2S	火灾、爆炸、中毒、噪声	甲
冷分离区	H_2、C_1、C_2、C_3、C_4、甲醇	火灾、爆炸、低温灼伤、中毒	甲
热分离区	C_3、C_4、H_2、汽油	火灾、爆炸	甲
干气预精制区	H_2、C_1、C_2、C_3、C_4、C_5、H_2S	火灾、爆炸、低温灼伤、中毒	甲
火炬排放	H_2、C_1~C_7	火灾、爆炸	甲
废碱处理	废碱液、有机物	腐蚀、爆炸	甲

注：NAP—石脑油；HCR—加氢尾油；LPG—液化石油气；QO—急冷油；PFO—裂解燃料油。

乙烯装置属于甲类火灾危险装置，设备和管道中的介质多为不同比例下的烃混合物，物料名称见表 9. 2-2。

表 9. 2-2　主要危险物料特性

物料名称	爆炸极限/%（体积）	火灾危险性分类	爆炸危险性		时间加权平均容许浓度/(mg/m^3)	自燃温度/℃	闪点/℃
			组别	类别			
氢气	4. 1~74. 2	甲	T1	ⅡC	—	570	<-50
甲烷	5. 0~15. 0	甲	T1	ⅡA	—	537	-188
乙烷	3. 2~12. 5	甲	T1	ⅡA	—	472	<-50
乙烯	3. 1~28. 6	甲	T2	ⅡB	—	540	-136
乙炔	2. 5~80. 0	甲	T2	ⅡC	—	335	<-50
丙烷	2. 4~9. 5	甲	T1	ⅡA	—	446	-104
丙烯	2. 0~11. 0	甲	T2	ⅡA	—	410	-108
丙炔	1. 7~	甲	T1	ⅡB	—	—	-151
正丁烷	1. 6~8. 5	甲	T2	ⅡA	—	405	-60
异丁烷	1. 9~8. 4	甲	T1	ⅡA	—	465	-76
1-丁烯	1. 6~9. 3	甲	T2	—	100	371	-79
异丁烯	1. 8~9. 6	甲	T1	—	100	465	-77
顺 2-丁烯	1. 7~9. 7	甲	T2	—	100	323	-72
反 2-丁烯	1. 7~9. 7	甲	T2	—	100	324	-72

续表

物料名称	爆炸极限/%（体积）	火灾危险性分类	爆炸危险性		时间加权平均容许浓度/（mg/m^3）	自燃温度/℃	闪点/℃
			组别	类别			
1,3-丁二烯	2.0~11.5	甲	T2	ⅡB	5	415	-78
戊烷	1.4~7.8	甲B	T3	ⅡA	500	260	<-40
己烷	1.1~7.5	甲B	T3	ⅡA	250(环己烷)	244	-22.8
苯	1.3~7.1	甲B	T1	ⅡA	6	574	-11
甲苯	1.27~7.0	甲B	T1	ⅡA	50	536	4.4
汽油	1.1~5.9	甲B	T3	ⅡA	300(溶剂汽油)	225~530	<-20
柴油	—	丙A	T3	ⅡA	—	—	—
重燃料油	—	丙B	T3	ⅡA	—	—	—
轻石脑油	1.2~	甲B	T3	ⅡA	—	480~510	<-20
重石脑油	0.6~	甲B	T3	ⅡA	—		-22~20
二甲基亚砜	1.1~16	甲B	T3	ⅡA	—	>300	16

主要危险物料的火灾、爆炸特性如下：

（1）氢气

无色无味气体，具有很宽的爆炸极限。氢气与空气混合燃烧只需很少的点火能量，因此氢气需要特殊处理。氢气-空气混合物点燃，会产生爆炸。氢气发生火灾时，灭火之前首先应当切断氢气源以避免积累爆炸性混合气体。当氢气源被切断后，可采用常规的灭火方法(水，干粉)扑灭残火。

（2）甲烷

无色无味气体，与空气混合能形成爆炸性混合物，遇明火、高热时能引起燃烧爆炸。与氟、氯等能发生剧烈的化学反应。若遇高热，容器内压增大，有开裂和爆炸的危险。燃烧产物为 CO、CO_2。当着火时，应切断气源、喷水冷却容器。可用雾状水、泡沫、二氧化碳灭火。若不能立即切断气源，则不允许熄灭正在燃烧的气体。

（3）硫化氢

与空气混合能形成爆炸性混合物，遇明火、高热能引起燃烧爆炸，若遇高热，容器内压增大，有开裂和爆炸的危险。灭火方法：切断气源，喷水冷却容器，用雾状水、泡沫灭火。若不能立即切断气源，则不允许熄灭正在燃烧的气体。本装置内只在裂解气中含有微量的 H_2S，通过碱洗除掉。

（4）乙烯

无色、带甜香味气体，通常状况下无聚合危险，能与强氧化剂发生强烈反应，属易燃易爆物质。使用时应防火防爆，清除火源，注意防静电积聚，储存及工作区应注意通风。乙烯引起的火灾可采取常规的灭火方法。火灾时应用水冷却容器。

（5）乙烷

无色、无臭气体，无聚合危险，与空气混合能形成爆炸性混合物，遇明火、高热能引起燃烧爆炸。建议使用雾状水、二氧化碳和泡沫灭火。

(6) 乙炔

无色气体，与空气混合或压力下受到打击均具有极大的爆炸危险。由于本装置的乙炔均以很低的浓度稀释在物流中，因此爆炸危险性显著降低。

(7) 丙烯

可燃气体，性质活泼。丙烯的蒸气比空气重，爆炸下限低，万一装置中某点发生泄漏，这些易燃气体很容易聚集在低洼处，形成具有爆炸危险的混合物。丙烯引起的火灾可以采取常规的灭火方法。

(8) 丙烷

无色气体，不易发生化学反应，与空气可形成爆炸性混合物，遇明火、高热能引起燃烧爆炸。建议使用雾状水、二氧化碳和泡沫灭火。

(9) 丙炔

具有不快气味的气体，与空气混合或压力下受到打击均具有极大的爆炸危险，极易燃，与空气形成爆炸性气体。装置中要禁止明火。禁止火花，通风操作，采取静电接地，使用不产生火花的工具，着火时切断气源。如不可能切断气源，在不影响周围环境的情况下让其自行燃烧，否则采用二氧化碳及干粉灭火。同时喷水保持容器冷却，直至灭火结束。

(10) 丁烷

常温常压下为无色、无味的气体。丁烷气体比空气重，分布在地面，远处着火便产生危险。由于丁烷的低导电性，流动、搅拌可产生静电。丁烷极易燃，与空气形成爆炸性气体。装置中要禁止明火，禁止火花，通风操作，采取静电接地，使用不产生火花的工具，着火时切断气源。如不可能切断气源，在不影响周围环境的情况下让其自行燃烧，否则采用二氧化碳及干粉灭火。同时喷水保持容器冷却，直至灭火结束。

(11) 丁二烯

无色无臭气体，易燃，与空气混合在一定浓度范围内形成爆炸性混合物，遇明火、高热能引起燃烧爆炸。其蒸气比空气重，能在较低处扩散到相当远的地方，遇明火会引着回燃。

(12) 苯

无色透明有芳香气味的可燃性液体。正常储存条件下是一种稳定的化合物，不会聚合。与强氧化剂如臭氧、高锰酸钾、硫酸、硝酸、过氧化物等激烈反应。

(13) 甲苯

芳香烃，无色液体，有苯的气味，溶于乙醇、苯和乙醚，不溶于水，易燃，与空气形成爆炸性混合物。

(14) 二甲基亚硫

淡黄色液体，对人体有害，虽然用量很少但要防泄漏，装卸必须在氮气中进行。闪点为16℃，爆炸下限1.1%，因此严禁泄漏以免在空气中挥发扩散。可以采用泡沫、干粉和二氧化碳灭火。用水灭火效果不好。在设备附近配置移动式二氧化碳和干粉灭火器，火势较大时用泡沫消防车灭火并用水冷却设备。

2. 有毒物料

乙烯装置使用石脑油为原料，裂解出的氢气、甲烷、乙烯、丙烯及丁二烯、苯、甲苯等具有一定毒性。可能产生职业病危害因素的危险性物料性质见表9.2-3。

表 9.2-3　可能产生职业病危害因素的危险性物料性质　mg/m³

介质名称	职业接触极限			职业危害程度分级
	MPC 最高允许浓度	PC-TWA 时间加权平均允许浓度	PC-STEL 短时间接触允许浓度	
硫化氢	10			Ⅱ
1,3-丁二烯		5	12.5	Ⅱ
苯	—	6	10	Ⅰ
甲苯	—	50	100	Ⅲ
甲醇	—	25	50	Ⅲ

（1）硫化氢

强烈的神经毒物，对黏膜有强烈的刺激作用。高浓度时可直接抑制呼吸中枢，引起迅速窒息而死亡。长期接触低浓度的硫化氢，引起神经衰弱症及植物神经紊乱等症状。如果皮肤接触，脱去污染的衣着，立即用流动的清水彻底冲洗；眼睛接触，立即提起眼睑，用流动清水冲洗 10min 或用 2%碳酸氢钠溶液冲洗。本装置只在裂解气中含有很微量的硫化氢，在碱洗单元除掉。

（2）丁二烯

无色无臭气体，具有麻醉及刺激作用。较严重时，出现意志丧失和抽搐。脱离接触后，在清新的空气中可以迅速恢复意识。长期接触可引起慢性中毒症状。如果丁二烯直接作用于皮肤，会引起皮肤冻伤或炎症。1,3 丁二烯为可疑致癌物。

（3）苯

无色透明有芳香气味。长期与低浓度苯接触有潜伏的毒害作用，即对细胞组织生成造成破坏，并对血液造成不可挽回的破坏。吸入苯会导致衰老、支气管炎和肺炎。苯液体或高浓度的气相苯与眼睛接触能使眼睛发炎。因此，长期与苯接触的人员应佩戴呼吸器及合适的劳保用具。

（4）甲苯

芳香烃，无色液体，有苯的气味。对人体危害较大，急性中毒时引起头痛、恶心、呕吐、昏醉。过高浓度会引起精神错乱、失眠、剧烈恶心。长期接触会引起慢性积累中毒，对神经和肠胃系统有损害，使人感到浑身无力。

3. 腐蚀性物料的危害

在裂解气碱洗系统，应用氢氧化钠溶液对裂解气中的微量酸性气（如硫化氢、CO_2）进行洗涤脱除。装置内氢氧化钠的最大浓度为 20%，与人体接触会造成腐蚀烧伤。此外，酸性气对设备有腐蚀性。

4. 噪声危害

裂解装置内的噪声主要来自压缩机，包括裂解气压缩机、二元制冷压缩机等。根据《工业企业设计卫生标准》（GBZ1—2010）中的规定，工人每天连续接触噪声 8h，噪声限制值为 85dB（A）。

5. 其他危害

乙烯装置在冷区应用甲醇来防冻，而甲醇具有毒性。另外，其他化学品如阻聚剂也对人身具有危害。

二、安全健康措施

1. 选用可靠的设备、材料

乙烯装置主要的危险介质有乙烯、丙烯、丁二烯、甲烷、乙烷、氢气等。根据专利商工艺包文件及工艺专业的条件，按照《爆炸危险环境电力装置设计规范》等相关要求，装置区内大部分区域划为爆炸危险环境。

电气设备及其供配电线路必须与所在场所的环境特性相适应，其结构形式及防护等级必须满足现行国家标准的规定。

设备材料选择主要依据设备设计压力、设计温度和工艺介质及国内材料生产情况来确定。材料选择原则通常如下：

① $-20℃ \leq T_{设} < 420℃$，采用碳钢或低合金钢。

② $-60℃ \leq T_{设} < -20℃$，采用低温碳钢。

③ $-101℃ \leq T_{设} < -60℃$，采用3.5Ni钢。

④ $T_{设} < -101℃$，采用不锈钢。

⑤ $420℃ < T_{设} \leq 550℃$，采用耐热钢。

⑥ $550℃ < T_{设}$，采用不锈钢。

⑦ 工作介质为酸、碱、硫化物等腐蚀性物料，采用相应的耐腐蚀材料。其中对于弱酸环境，采用不锈钢；常温弱碱环境，采用碳钢；强碱环境，则采用高镍合金。

2. 泄压、防爆、防火安全措施

乙烯装置工艺物料都处在密闭系统中，设备和管线均采取严格的密闭措施，防止物料泄漏。还采取三种措施以控制危险物料，它们分别是：自动控制、联锁系统和安全阀。另外，危险系统还设有温度和压力报警。

3. 报警、停车联锁和紧急停车设施

为了保证操作人员及生产装置安全，设置安全仪表系统（SIS）。SIS系统按照IEC61508中规定的SIL3级设计，采用经TUV安全认证的双重化、三重化或四重化的可编程序控制器（Programmable Logic Controller，PLC）。SIS系统按照故障安全型设计，独立于DCS系统。与DCS系统实时数据通信，在DCS系统操作站上显示。SIS系统设工程师站、顺序事件记录站（Sequence Event Recorder，SER），显示报警及操作通过辅助操作台上的开关、按钮和DCS系统的操作站来完成。

现场仪表选用耐压防爆型或本安型，防爆等级Exd(ia/ib)IICT6。

UPS电源发生故障时，能连续供电30min。

仪表空气储罐容量按停电后连续供气30min的能力，由全厂空压站统一设置。在仪表空气供应系统发生故障时，由全厂统一提供连续30min仪表空气用量。

4. 可燃气体和有毒物质泄漏检测、报警和火灾探测措施

在可燃气体易泄漏、滞留的地方设有可燃气体检测器，可燃气体指示报警系统设置在中央控制室，采用专用DCS LCD进行监视。根据需要设置便携式H_2S有毒气体检测仪，以便操作人员及时发现H_2S泄漏情况。根据标准规范设置固定可燃气体检测器。

5. 劳保用具、事故淋浴、洗眼器等急救措施

裂解装置含有多种有害、有毒物料，为了保证安全生产，必须有针对性地配备一定数量的劳保用具及建立相应的安全卫生设施。

防护服应在任何可能出现泄漏事故处理场合使用，应按照规定要求配备。

在装置内接触酸碱等化学品、易经皮肤吸收的有害品装卸料站点以及需用水冲洗的地点均设有洗眼器及安全淋浴器，发生喷溅事故时可及时处置以减轻伤害程度。

6. 通风、除尘、降温、采暖措施

所有机械通风系统排风口位置的选择保证不污染取风，不影响人员或设备，不引起其他污染。通风、空气调节系统的风管在规定的部位设置防火阀。具体要求见相应规范。

仪表机柜间的新风采集口以及排风口均应采取抗冲击波的措施。

在仪表机柜间的新风入口处设置可燃气体探测器，当可燃气体浓度达到其爆炸下限的某限值时，设在新风入口管道上的阀门自动关闭，并且新风净化机组和排风机连锁停车，空调机组以全循环空气工况运行。各有关部件、设备运行状态在控制系统中显示。可燃气体浓度恢复正常后，各有关部件、设备运行状态手动复原。

通风、空调系统的风管采用不燃烧材料制作，但接触腐蚀性介质的风管和柔性接头，采用难燃烧材料制作。

风管和设备的保温材料、消声材料及其黏结剂，宜采用不燃材料。

风管内设有电加热器时，电加热器的开关与通风机开关联锁控制。电加热器前后各80cm范围内的风管和穿过设有火源等容易起火房间的风管，均采用非燃烧保温材料。

如通风管道必须穿过防火墙和非燃烧体楼板等防火分隔物时，在穿过处设防火阀。穿过防火墙两侧各2m范围内的风管保温材料采用非燃烧材料，穿过处的空隙应用非燃烧材料填塞。

选用低噪声设备，对噪声大的设备采取隔声、吸声措施，进出口管道及高压蒸汽放空口加消音器等设施。对较大机泵采用消声设备如隔音罩，确保装置区噪声达到标准要求。

7. 供电、防雷、防静电接地等措施

(1) 供电

乙烯装置属于连续性生产装置，大部分区域划为爆炸危险环境，生产过程对供电的可靠性、连续性要求很高。除少数属于一级特别重要负荷由应急电源供电外，大部分属于一级或二级负荷，需双回路电源供电；每回路电源进线应具有100%的供电容量。当电源故障时，两回路电源不应同时中断供电。

乙烯装置设AC UPS、DC UPS、AC EPS等应急电源，对装置内一级特别重要负荷提供电源，且具备100%的供电能力。

装置现场及机柜室(FAR)设置应急照明系统。

重要机泵，如裂解炉引风机，设计瞬间失电自启动设施。裂解炉进料泵要设计低压再启动设施。

双路电源设计，在交流电源故障时，另一路电源供电给压缩机润滑油泵和盘车装置。

(2) 防雷、防静电接地

建筑物及户外装置按国家标准划分防雷类别。

各装置街区内应有独立的接地系统，并随厂区供电外线敷设接地干线，使其联网。防雷接地、防静电接地、工作接地和保护接地共用一个接地系统。

应尽量利用土建梁、柱作为避雷网、均压线和引下线。应尽量利用土建基础作接地装置。

应尽量利用壁厚大于4mm的金属设备，作防雷接闪和引下装置，通过金属设备的接地耳，与地下接地网连接。

在装置区和建筑物内要进行总等电位联结和局部等电位联结。并注意保护线的重复接地，装置区和建筑物的重复接地电阻不大于10 Ω，变电所的工作接地电阻不大于4 Ω。

一般在电源进线附近设接地母排以利于进行等电位联结。每个单元均有自己的接地网，接地网间用接地线连接成一个整体。防雷装置应直接与接地网联结。

根据规范进行DCS系统的接地设计，如果DCS厂商对接地系统有特殊要求，则按厂商的要求设计接地系统。

8. 建构筑物泄压、安全距离、疏散、急救通道等措施

仪表机柜室为钢筋混凝土抗爆结构，新建建筑物尽量布置在爆炸危险区外(除压缩机厂房外)。建筑设计在满足电气专业及自控专业要求的前提下，符合《建筑设计防火规范》及《石油化工企业设计防火标准》的要求。钢框架、管廊、设备基础等按《建筑设计防火规范》及《石油化工企业设计防火规范》要求进行防火保护，其保护厚度等技术要求应满足防火规范，构件的耐火极限不低于1.5h。当耐火层选用防火涂料时，应采用厚型无机并能适用于烃类火灾的防火涂料，以确保工程质量。具体部位待详细设计标注。

9. 减少泄漏和降低事故后果的措施

按标准规范为设备和管线设置安全阀、安全联锁系统。在有可能发生大量危险物料泄漏的容器出口或泵的吸入管线设置紧急切断阀门，减少事故时的物料泄漏量并能在事故时快速切断物料。装置设置气体检测器以便及时发现物料的泄漏并采取措施。按标准规范设计完善的消防系统。

10. 防止泄漏的可燃液体和受污染的消防水直接排放的主要措施

事故时，装置产生的消防水和工艺物料泄漏等污染水先进入装置内的污染雨水储存池，并通过溢流进入雨水系统，汇集到全厂事故池进行储存，事故后根据水质监测情况将事故水提升送至污水处理场进行处理或外排。

第三节　环境保护

一、主要污染源

1. 废水污染物

(1) 急冷换热器水力(TLE)清焦排污

裂解炉急冷换热器水力清焦排污是各裂解工艺均要排放的一股污水。该股排污的典型污染物组成如下：

pH：7~8

BOD：100mg/L

COD：200mg/L

TSS：500g/L

清焦间隔一般是重油炉半年一次，轻油炉一年一次，气体炉3~4年一次。每台炉每次水力清焦时间约8~16h，该股污水水量约为4.5t/h。

（2）清焦罐排污

在使用ST/Lummus的清焦程序时，根据辐射段炉管及急冷换热器结焦情况不同，清焦罐排污一般在48h内。该股排污的典型污染物组成如下：

pH：6.5~7.0

BOD：200mg/L

COD：400mg/L

TSS：500mg/L

石油类：10~30mg/L

以控制所排污水温度为40℃为例，循环乙烷炉的排污量为5.9t/h，若控制排污温度提高，则排污量减少。

（3）超高压蒸汽汽包连续排污和间断排污

裂解炉超高压蒸汽汽包的连续和间断排污（含急冷换热器间断排污）是乙烯装置的清净废水的主要来源。在设计上，汽包连续排污量一般不超过单台炉进水量的2%，间断排污量不超过单台炉进水量的20%。实际操作时，从降低能耗的角度考虑，水量还可以进一步降低。

该废水COD浓度较低，一般小于15mg/L，其他如总溶解固体（TDS）、总悬浮固体（TSS）含量也不高，分别在50mg/L和20mg/L以下，因此通常在降温后，做不同用途的回用。

2. 废气污染物

（1）裂解炉烟气

裂解炉烟气来自裂解炉、急冷换热器（TLE或SLE）加热用燃料的燃烧。裂解炉烟气为乙烯装置中最大的废气污染源，该烟气中SO_2的浓度与裂解炉燃料中的含硫量密切相关。如采用乙烯装置自产甲烷氢为燃料，由于该燃料基本不含硫，故所排放烟气中基本不含SO_2；如果采用乙烯装置所产PFO、C_5、重油或外购LNG等为燃料，由于燃料中含硫且含量不同，故需根据不同情况进行计算得出对应的SO_2浓度。燃烧产生的NO_x浓度则主要与烧嘴的结构及燃烧温度有关。

（2）清焦废气

在裂解反应的同时，由于炔烃的脱氢和芳烃的脱氢缩合，还会在辐射炉管和急冷换热器管壁上生成焦垢，影响工艺控制，所以裂解炉必须进行定期清焦。清焦的介质为蒸汽和空气。先通入蒸汽，再逐渐加入空气，最后完全用空气把焦清除。

在清焦过程中会排出清焦废气，其中含有PM_{10}、CO等污染物。裂解原料不同，两次清焦操作间的时间间隔也不同，一般说来，石脑油为60天，轻柴油和加氢尾油为45天，乙烷可达70天或更长。

（3）固体废物

乙烯裂解炉生产过程中的固体废物主要是清焦时产生的焦炭。乙烯裂解焦炭的主要成分碳，含量在98%以上，氢含量极低，其余为硫、氮、无机盐等。要减少焦炭的产生，添加结焦抑制剂是一种目前采用普遍的最方便、有效的方法。

(4) 主要噪声源

在生产过程中的噪声源主要来自裂解炉、风机、蒸汽放空等。各类噪声源的A声压级约85~95dB(A)。

二、环境保护措施

1. 废水

(1) 清焦排污

清焦时已将焦渣从排污中进行分离，除渣后排入全厂污水处理场进行后续处理。

(2) 清净废水

高压蒸汽包的连续排污一般不经处理直接回到乙烯装置内的碱洗/水洗塔作为补充水。

急冷换热器及高压蒸汽包的间断排污水温度较高，一般先经换热降温后再进入凝结水回收处理系统，达到脱盐水水质后回用。

2. 废气

(1) 裂解炉烟气

裂解炉在正常操作工况下燃料燃烧后产生的烟气由引风机引至烟囱高空排放；对于裂解炉烟气中污染物的控制主要有以下两点：

1) 二氧化硫

目前裂解炉能使用液体燃料、燃料气或天然气作燃料。一般说来，如果利用乙烯装置自产的燃料气为燃料，其中含硫量很低，烟气中SO_2的含量可以控制在每标立几毫克以下；如果采用一类商品天然气为燃料，烟气中SO_2的含量可以控制在每标立十几毫克以下；如果采用重油等液体物质为燃料，烟气中SO_2的含量通过燃料中的硫含量计算得出。在工程中，为减少SO_2的排放，应尽可能选择清洁燃料。

2) 氮氧化物

为了降低燃烧废气中氮氧化物的排放量，裂解炉一般采用低氮燃烧器，这是前些年在国内石化行业应用较多的氮氧化物控制手段。现在随着地方法规要求的提高，为能满足更低的NO_x浓度要求(如≤$50mg/Nm^3$)，需要在裂解炉的对流段增设一个脱硝催化剂床层，在320~400℃的温度区间，通过氨还原剂与NO_x发生化学反应，脱除烟气中大部分NO_x，达到高的脱硝效率。

如果利用燃气轮机产生的高温烟气作为裂解炉的助燃空气，则可以显著降低裂解炉的燃料消耗，从而达到减少污染物排放的目的。

(2) 清焦废气

裂解炉清焦排放产生的颗粒物较多，如果不加以处理，将会增加空气中颗粒物的污染。对在烧焦期间排出裂解炉的颗粒污染物有三种减排处理措施：湿法、干法及返回炉膛烧焦。

湿法清焦是在清焦操作过程中，焦粒与外界注入的水在清焦罐中混合，沉降分离直径较大的焦粒，小焦粒随着气流排出清焦罐。湿式清焦罐的优点是结构简单、造价低、除尘效率高，且可净化有害气体，但不足是过程需要大量的水注入，造成二次污染及能耗。

干法清焦是基于旋风分离器原理，从高速旋转的气流中分离出一定粒径范围内的焦粒。干法清焦不会造成二次污染，但不足是焦粒在管系及清焦罐内碰撞及磨损下，破碎变小，高温干燥环境下使得旋风分离器的分离效率下降，产生 $PM_{2.5}$ 的污染物，因此在设计中必须予以重点关注，选择合适的尺寸并进行相应的优化。

采用清焦气返回炉膛的技术可减少清焦废气中少量焦粉、VOC 和 CO 对大气环境的污染。具体做法是将清焦废气返回裂解炉辐射炉膛，将未燃尽的焦粒和可燃气体烧掉，而同时注入的蒸汽也有利于 NO_x 排放量的降低，从而减少了大气污染。节省了一部分燃料的同时，也消除了清焦罐排水池产生的焦渣和污水。

另外，采用结焦抑制技术也可以减少清焦废气的产生。结焦抑制技术包括辐射炉管内表面的结焦抑制涂层和向裂解原料中加入结焦抑制剂，这两种技术均有较好的抑制结焦效果。

（3）固体废物

考虑到乙烯裂解焦炭的有毒有害特性，参考国家危险废物名录，其应被认定为危险废物，根据其理化性质，应交给有危险废物处置资质的单位，以焚烧或填埋的方式进行处置。

对于 SCR 脱硝催化剂，其主要成分中含五氧化二钒，属于国家危险废物名录中的危险废物，应交给有危险废物处置资质的单位填埋处置。

（4）噪声

降低噪声污染的措施有三类：从源头消除噪声的产生；做好个人最完善的防备；在噪声源与接收个体之间增加障碍降低噪声的危害。对于乙烯裂解炉的噪声，通过对风机、燃烧器优化设计隔声罩，放空采用逐级降低压力或增加消声器，增强个人防护等多种举措，减少及削弱噪声的危害。

3. 排放执行标准和监测要求

（1）排放标准

在没有更严格的地方标准要求的地区，乙烯装置的裂解炉排放烟气应执行《石油化学工业污染物排放标准》(GB 31571—2015)的工艺加热炉污染物排放限值。根据项目所在地的环境要求，分别执行一般排放限值或特别排放限值，如表 9.3-1 所示。

表 9.3-1　石油化学工业污染物排放标准中相关限值　mg/Nm^3

污染物种类	浓度控制限值	
	一般排放限值	特别排放限值
颗粒物	20	20
二氧化硫	100	50
氮氧化物	150	100

如果乙烯裂解炉装置所在地的地方标准对污染物允许排放浓度的要求更严格或环评有更为严格的要求，则污染物排放浓度应满足地方标准和环评的要求。例如，在北京市须执行《炼油与石油化学工业大气污染物排放标准》(DB11/447—2015)。

（2）监测要求

根据《排污许可证申请与核发技术规范　石化工业》(HJ 853—2017)的要求，热负荷超过 14MW 的裂解炉烟囱应设置氮氧化物连续在线监测(CEMS)系统，并与环保主管部门联网。同时，按照《固定污染源烟气(SO_2、NO_x、颗粒物)排放连续监测技术规范》(HJ 75—2017)要求，对 CEMS 采样平台距地高度超过 20m 的烟囱还应设置升降电梯。

按照《排污单位自行监测技术指南　石油化学工业》(HJ 947—2018)要求，裂解炉烟气量、烟气参数和污染物 SO_2、烟尘都需要进行人工采样监测，采样监测频次一般为 1 次/季度，人工采样口、采样平台和梯子等的设置应满足《固定源废气监测技术规范》(HJ 397—2007)的要求，采样点数目和采样方法需满足《固定污染源排气中颗粒物测定与气态污染物采样方法》(GB 16157—1996)的要求。

同时，地方标准还会有其他污染物在线监测方面的要求，如北京市《炼油与石油化学工业大气污染物排放标准》(DB11/447—2015)就规定，废气排放量在 40000m^3/h 及以上的燃烧、焚烧、烧焦装置排气筒，应安装大气污染物连续自动监测设备(CEMS)。

第四节　节能措施

近年来，由于裂解炉能量综合利用的整体设计被重视，热效率已提高到 94%~95%。

降低排烟温度可有效提高热效率，1975 年前裂解炉设计排烟温度为 190~240℃，热效率相应为 87%~90%，安排辅助热量回收装置回收烟道气中的热量，可使烟气温度降为 120~140℃，热效率达 92%~93%。但是，如果烟气温度低于烟气中酸性气露点温度，将出现对流段管排腐蚀问题。KTI 公司将回收的热量用于锅炉给水预热和产生稀释蒸汽，采用此项措施生产每吨乙烯可节能 1.8GJ。

为了提高裂解炉的热效率，通常采取如下措施。

一、降低对流段末端物料入口温度

在设计中，一般排烟温度低于 130℃，但该温度取决于燃料中的硫含量。烟气和末端物料的温差是 30~70℃，因此热效率就比较高，见表 9.4-1。

表 9.4-1　300kt/a 乙烯装置热效率

项　　目	装置 1	装置 2	装置 3	装置 4
烟气温度/℃	160	230	110	200
对流段物料名称	锅炉水	AGO	AGO	锅炉水
末端物料温度/℃	112	155	60	130
加热炉热效率/%	92	86	93.5	92

通常对流段末端的物料是锅炉水或裂解原料，温度较低，只要有足够的传热面积，烟气温度是可以降下来的。但应考虑烟道气的露点，以防露点腐蚀。此外，烟气温度还受对流段高度及投资的限制。

在裂解炉或加热炉燃料中常含有硫，故燃料燃烧后在低温受热面上会凝结成含有硫酸的液体，对受热面产生严重腐蚀。因为它是在温度较低的受热面上发生的腐蚀，故称低温腐蚀。由于只有在受热面上结露后才会发生这种腐蚀，所以又称露点腐蚀。

表 9.4-2 为某种燃料油(含 C 86.5%、H 12.0%、S 1%)的烟气成分。由于一般燃料油中的碳、氢含量相差不多，所以表中的各数据具有一定的代表意义。

表 9.4-2　某种燃料油的烟气成分①

烟气成分②	过剩空气系数					
	1	1.1	1.2	1.3	1.4	1.5
N_2/m^3	8.68	9.55	10.4	11.28	12.15	13.02
O_2/m^3	0	0.23	0.46	0.69	0.92	1.15
湿烟气总体积/m^3	12.14	13.24	14.32	15.43	16.53	17.63
SO_2体积含量/10^{-6}	563	516	477	443	413	387
蒸汽体积含量/%	15.2	13.9	12.8	11.9	11.1	10.4
CO_2/m^3	1.609					
SO_2/m^3	0.00683					
H_2O/m^3	1.844					

①理论空气量为 14.4kg/kg 油，雾化蒸汽量为 0.4kg/kg 油。

②以 1kg 燃料油为基准，在标准状态下的体积。

影响烟气露点温度和受热面腐蚀速度的因素较多，各个参数之间的关系如下：

燃料中含氢量高或(和)用蒸汽作雾化剂时，则烟气中的水蒸气含量多，露点温度升高。若燃料中含硫或硫化氢多，则烟气中的 SO_2量增加；若过剩氧多，则 SO_2转化成 SO_3的量增多，露点温度升高。

当烟气中的水蒸气含量一定时，燃料中含硫量越多，露点温度越高，则在受热面上冷凝液体中的硫酸浓度越大。炉膛温度越高，生成的 SO_2量越少。

低温腐蚀问题是提高加热炉热效率必须考虑的因素。在确定操作参数时，如果忽略了这个因素，就会使受热面遭受严重腐蚀，不但缩短受热面的使用寿命，而且还会影响正常的操作周期。所以，在提高加热炉热效率的同时，必须根据具体条件采取防止或减少低温腐蚀的措施。

对于管内走油品、管外走烟气的对流炉管，由于内膜传热系数比外膜传热系数大，所以管壁温度接近管内介质温度。在这种条件下，提高受热面壁温的措施主要是提高管内油品的温度。一般对流室入口油品温度应根据燃料中硫含量来确定，通常在 60~110℃之间。

在采用空气预热器时，由于烟气侧和空气侧的传热系数相近，故提高预热器出口的烟气温度，或提高预热器入口空气温度，都可达到提高受热面壁温的目的。但前者会显著降低加热炉的热效率，所以通常采用后者。提高预热器入口的空气温度，可以利用装置的其他余热将进入预热器的空气温度提高到 80℃左右。另外，也可采用热空气再循环的办法将预热器入口空气温度提高，其流程和各参数之间的关系见图 9.4-1。但热空气再循环的办法可增大通风机流量，使耗电量增加，所以采用时要进行经济比较。

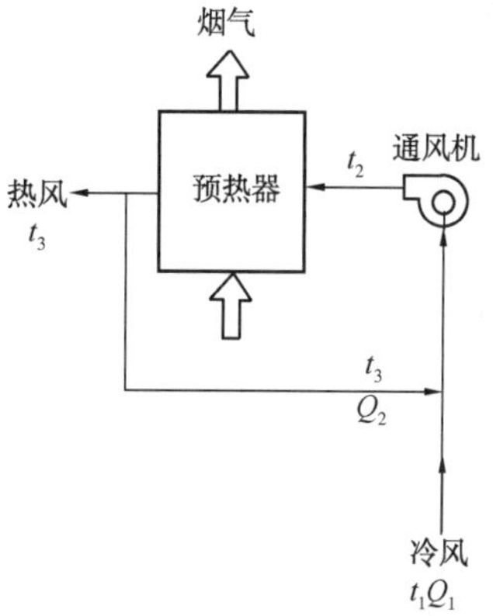

图 9.4-1　热风循环各参数关系图

$\frac{Q_2}{Q_1}=\frac{t_2-t_1}{t_3-t_2}$(设空气比热容为定值)

Q—流量；t—温度

提高管式空气预热器管壁温度的另一种方法是在低温段采用卧管式，即空气走管内，烟气走管外。卧管式空气预热器管壁温度高于立管式的管壁温度，是因为在烟气横向冲刷管子时，增大了烟气的放热系数；而空气在管内纵向流动时，放热系数较低，故管壁温度接近于烟气温度。通常，卧式空气预热器的管壁温度约比立式高 20~25℃。但是，卧式预热器空气进口处的管子，因受管材影响，壁温也可能过低，所以宜用保温材料涂敷在卧式预热器空气进口的管板上。另外，还应采取措施使空气均匀进入预热器管排，防止在空气流速偏大处壁温过低而引起腐蚀。由于卧管式预热器的管外侧与烟气接触，如管子间距适当，也为采用钢球除灰创造了良好条件。

二、改进对流段设计，提高热强度

（1）增大传热面

对流段利用翅片管增加传热面，但是烧油时翅片温度不能太高，否则清理管表面积垢发生困难。一般烧油时翅片主要要求每英寸少于4个，翅片厚度以0.105mm为宜。某300kt/a乙烯装置采用翅片管，对流段炉管4in的翅片管规格是翅片高19mm，翅片厚1.27mm，翅片数为203个/m。

（2）增加对流段管束

除工艺管排外，还可增加稀释蒸汽过热管排、高压蒸汽过热管排和锅炉给水预热管排。增加高压蒸汽过热管排，可回收高位能量，同时可大幅度降低蒸汽加热炉负荷。

（3）缩短炉管与炉墙距离

一般对流段炉管和炉墙距离，国内为1.5d，斯通-韦伯斯特公司设计的为1.5d（d为管径）。缩短炉管与炉墙距离或沿炉壁安装挡板，均可防止烟气短路。

（4）清扫传热表面的积垢

清扫传热表面的积垢可提高热效率4%~5%。烧油时翅片管积垢较严重，降低传热效率。烧油（40%~50%）的裂解炉在对流段都安装有自动吹灰器，定时吹扫，当热效率严重下降时，尚需停车用蒸汽吹扫积垢。

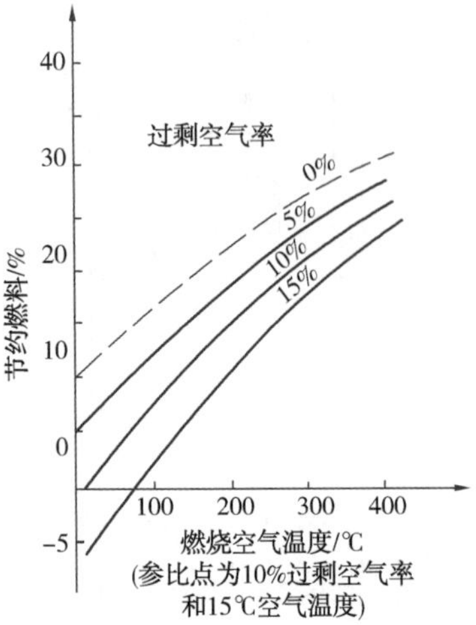

图9.4-2　燃烧空气温度与燃料节约的关系

（5）安装引风机

高热效率裂解炉都安装引风机。因为对流段管排密集，烟气温度较低，不足以维持炉箱负压，不利于烟气从辐射段向对流段转移。安装引风机可将炉子由自然通风改为强制通风，同时强制通风可使烟气质量流速较高，从而提高传热系数，相对缩小对流段管排传热面。

三、降低过剩空气率

裂解炉的过剩空气率会明显地影响热效率，降低燃烧过剩空气率，可减少排烟气量、提高热效率。通常，当过剩空气率下降10%时，裂解炉热效率可提高2%（图9.4-2）。为保证裂解炉在低过剩空气率下运转，采取以下几点措施。

（1）改进烧嘴性能

自然通风型气体烧嘴过剩空气率为15%，强制通风型气体烧嘴过剩空气率稍低。炉底油烧嘴选型与过剩空气率关系较大，自然通风型油烧嘴过剩空气率为20%~30%，强制通风型油烧嘴过剩空气率为10%~15%。此外，强制通风系统能够和空气预热器有效结合，因此应将自然通风型油烧嘴改为强制通风型。

（2）增设空气过剩率

当以气体为燃料时，过剩空气率可用计算机或DCS控制在5%~7%；当以液体为原料时，过剩空气率为10%。

（3）注意炉子密闭性

提高炉体施工质量，改善炉子密闭性，减少空气漏入，最大可能地提高热效率。

（4）安装氧分析器

设置烟气氧含量监测仪表，自动分析烟气含氧量，并驱动风量自动调节机构，随时调整风门及烟道挡板，保证裂解炉在最低过剩空气率下运转。

四、预热燃烧空气

预热燃烧空气，可增加显热、节省燃料。预热燃烧空气可以利用烟道气、低压蒸汽、急冷水、急冷油或者其他废热源。当燃烧空气由常温预热到100℃，燃料用量由100%降到95.5%，则节省燃料4.5%。裂解炉侧壁气体烧嘴数量多，供应预热空气的连接管线多，投资较高，所以只是炉底大容量油烧嘴采取空气预热措施。近来设计的裂解炉，由于多采用全底部供热或底部供热占80%左右，故使预热空气成为可能。

空气预热器技术是利用装置预热，加热燃烧器助燃空气，通过将环境温度下的空气加热来间接达到节约燃料的目的，乙烯装置存在大量的低温热源，使用这些低温热源加热裂解炉的空气，这样既可以充分利用装置的余热，还可以减少因冷却余热所需的二次能耗。

使用空气预热器案例分析：

① 中原乙烯装置利用PDV118压差阀门的前后压差引一级急冷水用户回水为热源至BA-101~106裂解炉，这样既加热了助燃空气，又节省了换热器EA130/131的冷却水量。自裂解炉空气预热器安装投用后，每台裂解炉可节省燃烧器3%~5%，裂解炉排烟温度下降约3℃，同时EA130/131节省了冷却水用量。按平时5台裂解炉运行，估算每小时至少可节省燃料气约300kg，一年可节省燃料气约2628t，按低价天然气计算，每年创造效益约541万元。

② 燕山石化乙烯装置于2007年初完成乙烯装置区共15台裂解炉的空气预热器节能改造项目。为验证空气预热器的节能效果，技术人员选取了不同炉型和不同热源的裂解炉各1台，对72h的运行数据进行记录，以测试空气预热器的性能。测试的设备为裂解老区BA-110、BA-112、BA-113和新区BA-1102的空气预热器，其热源分别为老区急冷水、老区余热锅炉排污水、低压蒸汽及新区急冷水。发现空气预热器运行后有以下有益效果：

a. 裂解炉炉膛内温度分布改善。裂解炉原存在炉膛底部温度低、中部热量过分集中的现象，投用空气预热器后，从燃烧状况看，炉膛底部比投用前明亮，火焰高度下降，火焰厚度减薄，发飘现象消失，减少了火焰飘向炉管的倾向，使炉膛底部温度升高，对流段温度下降。

b. 炉膛负压稳中有降。空气预热器投用后，炉膛负压稳中有降，这是由于助燃空气被加热带入热量，燃料消耗量减少，使烟气量减少所致，见表 9.4-3。

表 9.4-3 空气预热器投用前后裂解炉膛负压对比 kPa

裂解炉	炉膛负压		裂解炉	炉膛负压	
	预热器投用前	预热器投用后		预热器投用前	预热器投用后
BA110	-50.04	-50.30	BA113	-27.04	-28.03
	-49.85	-49.96		-27.87	-27.98
	-49.99	-50.13		-27.90	-28.09
	-49.92	-50.12		-27.91	-28.01
	-49.88	-50.10		-27.96	-28.13
BA112	-59.98	-60.07	BA1102	-12.84	-20.97
	-59.92	-60.05		-12.38	-20.95
	-59.94	-60.04		-12.70	-20.33
	-59.92	-60.07		-11.95	-19.58
	-59.9	-60.08		-11.74	-19.95

c. 排烟温度降低。空气预热器投用前后，裂解炉排烟温度见表 9.4-4。

表 9.4-4 空气预热器投用前后裂解炉排烟温度对比 ℃

裂解炉	炉膛负压		裂解炉	炉膛负压	
	预热器投用前	预热器投用后		预热器投用前	预热器投用后
BA110	136.5685	131.5945	BA113	134.919	128.6537
	136.5142	131.3696		134.8898	128.5135
	136.6355	131.3785		135.0956	127.9464
	136.8578	132.1138		135.5139	128.6161
	136.8356	133.383		135.1864	128.2332
BA112	114.547	105.7139	BA1102	99.7468	95.4176
	114.6759	105.6755		100.0135	95.4766
	114.5361	106.0660		100.1524	95.4766
	115.2896	106.5931		99.6527	94.4036
	115.6913	106.2596		99.1894	94.0230

可以看出，四台裂解炉在空气预热器投用后，排烟温度都有不同程度的下降。其中 BA-112 炉下降幅度最大，可达到 9℃；BA-110 炉下降幅度最小时也达到 3.5℃。

综上，在燕山乙烯装置裂解炉上使用空气预热器，有效地回收了装置富余热量，减少了燃料气的消耗量，降低了装置的能耗。

③ 扬子石化采用空气预热器，但是在运行过程中遇到了问题，通过操作优化改善了运行情况，达到了回收余热、降低燃料气消耗和提高裂解炉效率的目的。

运行过程中遇到的问题：

a. 炉内温度场分布发生改变。

b. 裂解炉运行周期缩短。

c. 空气预热器加热盘管表面结垢。

d. 空气预热器系统泄漏。

e. 现场风门操作难度加大。

针对以上问题，进行了下列优化措施：

a. 对加热空气的介质流量进行适当控制，将空气预热器出口风温控制在100℃以内。

b. 调整底部与侧壁烧嘴供热比例，适当提高侧壁供热比，均匀炉内温度场分布。

c. 适当增大底部烧嘴风门开度，提高过剩空气系数，确保烧嘴燃烧正常。

d. 定期使用工厂风或高压水枪吹扫、清洗空气预热器加热盘管外表面结灰，保持翅片表面清洁，防止炉膛负压升高。

e. 对底部烧嘴风门调节机构进行改造。

f. 对底部燃烧器烧嘴进行改型。

通过一系列改进措施后，成效显著。炉内温度分布场及裂解炉运行周期恢复到正常水平。

五、加强绝热保温，降低炉体热损失

选用优质保温材料，增加保温层厚度，以降低热损失。炉壁热损失约占总供热量的2.5%~3%，现在最佳保温层厚度已为1970年的15倍。目前，炉壁除使用Al_2O_3-SiO_2-CaO三组分构成的硅铝系高温耐火砖外，还开发了可塑性耐火材料衬里和陶瓷纤维衬里，陶瓷纤维衬里是较好的高温绝热保温材料。

日本昭和电工大分厂乙烯装置，裂解炉炉壁粘贴一层陶瓷纤维板，其厚度为50mm，以增加绝热性能（见图9.4-3）。增加陶瓷纤维板后，使炉膛的散热损失下降25%，热损失仅为1.2~1.3。此措施还可延迟炉壁耐火材料的使用寿命。

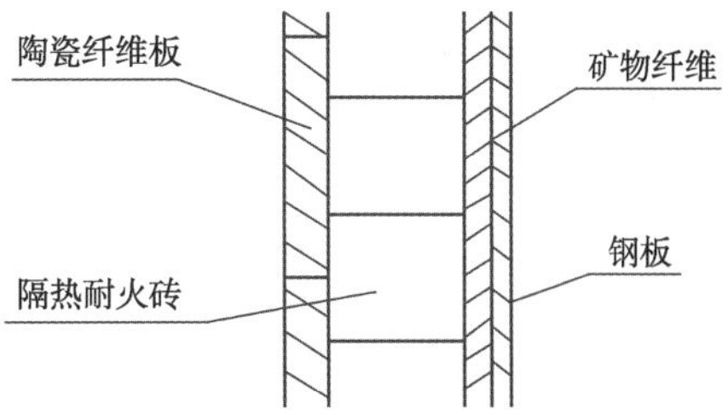

图9.4-3　炉壁结构示意图

裂解炉采取以上措施后，应注意以下几个问题：

① 改造后，烟道气要有引风机，空气要有送风机。因此。必须考虑稳定运转，即使抽风机和送风机有故障，也不会影响裂解护的操作。

② 由于空气和燃料预热，燃料减少，因而烟道气减少，而且过剩空气系数降低，也使烟道气减少，从而影响对流段的温度分布和换热量变化。

③ 裂解炉上有许多烧嘴，不仅配管时要注意空气供应均匀，而且每个烧嘴要进行空气量的控制。另外，由于空气预热，空气的体积增大，烧嘴的锐孔孔径限制空气的流量，这一点必须加以注意，因此要考虑烧嘴的变化。

④ 烟道气温度下降，会影响烟囱的抽力。例如，烟囱高120m，大气温度为20℃时，排气温度从150℃降到90℃，烟囱的抽力下降2kPa。

六、对流段吹灰和化学清洗除灰

在裂解炉内，燃料在燃烧过程中因不完全燃烧产生部分微小的焦炭颗粒，同时为燃烧器提供的空气中含有少量的灰尘颗粒，这两种颗粒随着高温的烟气被带到裂解炉上部的对流段，附着在对流段炉管上，尤其是面积较大的翅片管，随着时间的延长形成积灰。积灰影响对流段炉管吸热，降低炉子热效率。为满足工艺要求，需不断地提高燃料量，这样，增加了装置能耗，严重时甚至会影响裂解炉正常运行。

为解决裂解炉对流段积灰的问题，需要定期吹灰。对于没有设置吹灰器而积灰相当严重的裂解炉，可以考虑采用化学药剂清洗的方法进行除灰。

七、辐射段强化传热

在管式裂解炉制烯烃过程中，高温、短停留时间和低烃分压有利于乙烯、丙烯等目的产物的生成，而采用合适的裂解炉炉管构型是达到上述条件的关键。自20世纪60年代以来，从事乙烯裂解技术开发的公司均投入大量的人力和物力，致力于高选择性裂解炉管构型的开发。他们将裂解反应机理、传热学、流体力学、材料学与工程技术结合在一起，推出了一代又一代裂解炉管构型，使裂解选择性不断提高。其总趋势是通过适当缩小炉管管径来提高比表面积、提高炉管材质耐温等级，采用各种强化传热手段、减少反应炉管长度和提高质量流速来缩短裂解反应停留时间；采用变径、分枝管降低炉管阻力降、降低烃分压等措施，达到提高裂解选择性的目的。

各公司研究了不同的强化传热构件，在第五章第二节的裂解炉辐射段工艺设计的炉管传热技术中进行了详细介绍。包括鲁姆斯公司的炉管构型改进、凯洛格公司在毫秒炉上使用梅花螺旋形炉管、久保田公司推出的MERT技术、北京化工研究院的扭曲片管技术。

强化传热构建应用案例：

1. 燕山石化

燕山石化乙烯装置某裂解炉更换为扭曲片管后，于2004年11月19日投油，试验原料为石脑油(其中第一组炉管裂解乙烷)，裂解条件与石脑油的正常裂解条件相同：炉管出口温度为822℃，水油比为0.5。到2005年3月3日，个别炉管出现过热点，裂解炉停炉烧焦，本周期共运行了105天。

2. 天津石化

天津石化乙烯装置某裂解炉采用美国鲁姆斯专利技术的SRT-IV HS型裂解炉，8-1型炉管，单台设计能力为350~400kt/a。2007年7月，对炉管进行了增加扭曲片的项目改造，每组炉管中加入了36个扭曲片管，其中一程管32个，二程管4个，整台裂解炉共加入了144个扭曲片管。2007年7月14日BA104顺利投料，连续运行115天，较原来的55~60天一个周期，延长了近1倍。

强化传热原理(以扭曲片管为例)：

众所周知，裂解炉炉管附近的传热状况如下：在炉管外主要是辐射传热，受炉管面积控制；在管壁主要是热传导，由材质决定；在管内主要是对流传热，受传热系数和传热面积控制，而传热面积由炉管构型决定。因此，在炉管构型确定时，只能靠改变传热系数来增加传热。

炉管内传热又分为焦层、边界层、主流体(图9.4-4)，其中热阻主要集中在焦层和边界层(表9.4-5)。扭曲片管技术是在裂解护管中加入扭曲片管，其目的是减薄边界层，减缓结焦，增大传热系数，强化传热。对此，我们通过冷模试验得到了印证。

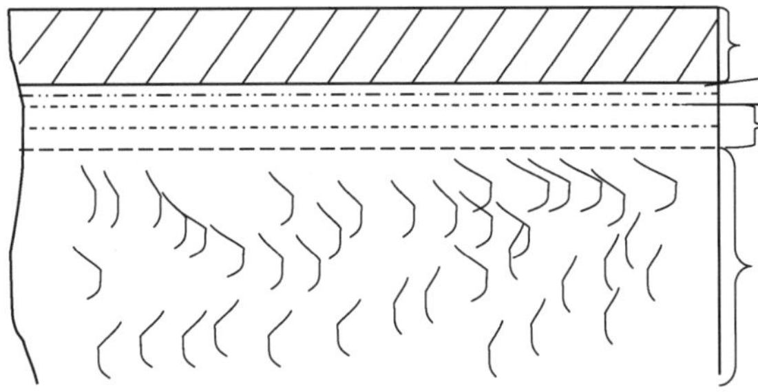

图 9.4-4　光滑裂解炉管中流体流动三个区域示意图

表 9.4-5　炉管内各部分热阻值

类别	热导率/[W/(m·℃)]	厚度/mm	热阻值/($10^{-4}m^2$·℃/W)	特点
管壁	50	10	2	整个炉管热阻基本均匀
边界层流层	0.05	0.01~0.1	2~20	
结焦层	0.5	1~10	20~200	热阻主要在出口段的局部区域

冷模试验的结果见图 9.4-5，从图中的对比分析可以看出，壁面附近，速度梯度变化比未加扭曲片管的管内的梯度大得多，定性说明扭曲片构件对管内流体壁面附近有较大影响，使得边界层厚度减薄，传热得以强化。

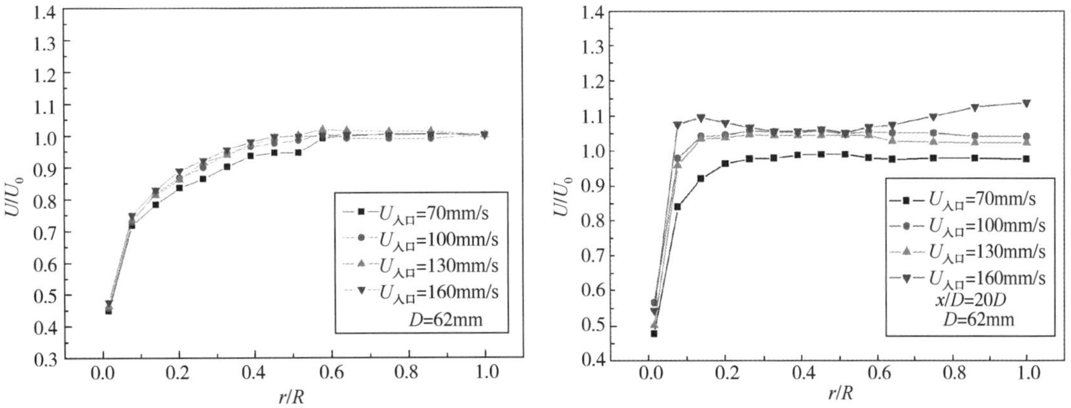

(a)加入扭曲片管前裂解炉管中流动速度示意图　(b)加入扭曲片后裂解炉管中流动速度示意图

图 9.4-5　圆管内轴向速度随管径变化曲线

U—炉管中流体瞬时速度；U_0—炉管中流体的平均速度；r—流体至管壁的距离；

R—炉管半径；D—炉管直径；x—受扰动的炉管长度

通过模拟也可以看出，当流体在扭曲片管之前时，炉管为普通光滑圆管，管内流体以平推流形式前进，切向速度近似为零；当流体流入扭曲片管之后，流型发生突变，切向速度迅速增大，由于构件处扭曲比最大，此处切向速度也最大；当流体流出扭曲片后，切向速度呈衰减性变化，沿管长方向，切向速度逐渐变小，而从管中心到管壁，切向速度逐渐增大。

实验室冷模试验表明，光滑炉管通过管壁传热至管内流体的主要热阻存在于管内的焦层和边界层流层，而强化传热炉管可以有效地减少焦层和边界层流层的厚度，从理论上说明了强化传热的作用。工业试验的结果印证了实验室冷模试验的结论，选用强化传热技术后，尽管炉管压降有所增加，但能够有效地强化传热，增大传热系数，减少结焦，延长裂解炉的运行周期。

在此基础上，对强化传热技术不断改进，在保证其强化传热效果的同时，兼具如下特点：

① 更好的通透性。裂解炉运行过程中紧急情况下脱落的焦块更易于通过扭曲片管，从而降低炉管堵塞的可能性。

② 更好的力学性能。扭曲片管一般安装在裂解炉高温部位，由于始终处于高温应力状态下，如存在制造缺陷可能会导致炉管裂纹等情况，技术改进后扭曲片管的热应力可降低60%以上，显著提高了其高温热稳定性和使用寿命。

该项技术应用效果显著，截至2024年6月，该项技术已在国内外257台次裂解炉上得到应用，乙烯年产量合计22953kt。

八、延长裂解炉运行周期

（1）优化原料组成与工艺条件

裂解原料组成与性质是影响裂解炉运行周期的重要因素，氢含量高、芳烃含量低的原料具有良好的裂解性能，是裂解炉长周期运行的必要条件。当裂解原料组成一定时，工艺条件是影响裂解炉运行周期的主要因素，低烃分压、长停留时间和低裂解温度有利于延长裂解炉的运行周期。但考虑到烯烃收率与稀释蒸汽的消耗，需要优化裂解深度及控制蒸汽与烃的比值范围。

（2）优化在线烧焦步骤、改善烧焦效果并缩短烧焦时间

裂解炉在线烧焦是在炉管蒸汽/空气烧焦结束后，继续对急冷锅炉实施烧焦，其明显的优势是裂解炉没有升降温过程，可以延长炉管的使用寿命，并可节省裂解炉升降温过程中燃料与稀释蒸汽的消耗。缩短烧焦时间可以使裂解炉离线时间缩短，提高在线率，并可增加乙烯与超高压蒸汽的产量。改善烧焦效果可大大减少急冷锅炉的机械清焦次数，有效降低乙烯装置的能耗。

（3）抑制结焦

在第五章第二节裂解炉辐射段工艺设计部分中对抑制辐射段炉管结焦技术进行了详尽的描述。

（4）新型炉管

陶瓷炉管由于不含促进结焦的镍等，抑制了结焦的形成，这种材料可在较高的裂解温度下操作且不会形成催化结焦的物质。采用这种炉管，乙烷裂解的转化率为90%，而采用普通炉管时的乙烷转化率仅为65%~70%。陶瓷炉管还可有效地控制裂解炉结焦的形成，大幅度延长裂解炉的运行周期。

九、裂解炉与燃气轮机联合

燃气轮机热电联产系统于20世纪70年代初，首先在美国Amoco石油公司得克萨斯炼油厂应用。此后，不断扩展到石油化工裂解装置、合成氨厂、天然气加工厂等。乙烯装置是石油化工装置的耗能大户，近年，乙烯装置的节能措施，取得较大成就。现在，乙烯装

置的节能已发展到应用燃气轮机联产系统。目前 Lummus、S&W 和 KBR 均有裂解炉与燃气轮机匹配的设计和应用经验。

乙烯装置裂解炉使用燃气轮机联产系统有很大的节能潜力。表 9.4-6 是燃气轮机-裂解炉联产设施的用能比较。

表 9.4-6　燃气轮机-裂解炉联产设施的节能效果　　MW

项　　目	常规系统	燃气轮机-裂解炉联产
裂解炉燃料量	593	485
燃气轮机燃料量	0	148
发电用燃料	309	156
总燃料量	902	789
燃气轮机产能	0	48
中心产能	52	4
总产能	52	52
裂解炉节约燃料	—	108
总节约燃料	—	113

Exxon 化学公司在英国苏格兰 550kt/a 乙烯装置上采用这种燃气轮机-裂解炉联产用能系统。燃气轮机排气（360℃、摩尔分数 17%的 O_2）送入裂解炉，进气压缩机由燃气轮机驱动。采用燃气轮机-裂解炉联产和燃气轮机-废热锅炉联产方案的经济性对比见表 9.4-7。

表 9.4-7　燃气轮机-裂解炉联产和燃气轮机-废热锅炉联产方案的经济性对比

项　　目	燃气轮机-废热锅炉	燃气轮机-裂解炉联产
裂解炉数量/个	10	6
锅炉数量/个	2	3
废热锅炉数量/个	1	0
能量消耗/MW		
裂解炉	256	240
燃气轮机	77	57
锅炉	10	24
废热锅炉	6	—
总计	349	321
能量节约/MW	—	28

由表 9.4-6 和表 9.4-7 可知，燃气轮机-裂解炉联产比不采用燃气轮机方案裂解炉及乙烯装置节能效果要好得多，而且如果要采用燃气轮机最好采用燃气轮机-裂解炉联产方案。

十、加强裂解炉管理

乙烯装置裂解炉管理工作是否落实到位会直接影响裂解炉的运行效率，从而影响能源的有效利用。因此，可采取加强裂解炉管理的措施实现节能降耗。加强裂解炉管理可从如下两个方面入手：

（1）设备管理

其管理内容主要包括日常处理漏风点、定期清理对流段与急冷换热器、细化检修方案。日常处理漏风点的主要目的在于减少过剩空气系数，避免烟气损失，防止燃料过度消耗；定期清理对流段的主要目的在于控制排烟温度，防止热能损失；定期清理急冷锅炉的主要目的在于提高蒸汽产量，增加高位热能的回收；细化检修方案的主要目的在于将检修职责落实到个人，防止人为因素影响乙烯裂解炉的有效利用。相关管理人员可采取改造导向器与看火孔、设计卡具等措施处理漏风点；采取化学清洗、水力烧焦等措施清理对流段与急冷锅炉；采取建立检修档案、制定检修计划、加大检查与验收工作执行力度、加强日常维护等措施细化检修方案。实践证明，使用化学清洗结合水力清焦的方式清理裂解炉对流段，裂解炉结垢状况得到明显改善，排烟温度也有了明显降低，而热效率得到了显著提高。此外，如对某乙烯裂解炉的急冷换热器进行水力清焦，同等进料情况下其蒸汽产量每小时提高了8t左右，而排烟温度降低10℃。

（2）生产、工艺管理

其管理内容主要包括优化操作参数、合理且严格控制操作参数以及加强生产操作管理，管理时需要注意标定裂解炉。在优化操作参数的过程中，管理人员可使用虚拟仿真技术模拟不同型号的裂解炉在不同环境及条件下的裂解情况，并借助数据分析软件得出裂解深度、裂解周期、乙烯收率、COT温度等方面的最优操作参数。控制操作参数时，管理人员需要充分考虑影响操作参数向设计值靠拢的重要因素，并对其进行合理控制。加强生产操作管理时，管理人员需要对裂解炉的点火时间进行合理安排，也要充分考虑环境因素对裂解炉使用效率的影响，做好定期吹灰工作以及吹灰器的检查与维修工作。

第五节　减排措施

一、裂解炉脱 NO_x 工艺概述

近年来随着我国社会经济的持续发展，大气污染问题日益严峻。氮氧化物（NO_x）作为能源、化工、电力等行业排放的有毒气体之一，是造成各个地区雾霾及大气污染的主要污染源之一。作为一种温室气体，NO_x 通过破坏臭氧层，打破臭氧平衡，给人们的身体健康带来极大危害，并且危害植物生长，破坏生态环境。NO_x 还参与形成光化学烟雾，形成酸雨，造成环境的污染。为保护生态、维护人们的身体健康，如何有效控制 NO_x 的排放、减少大气中 NO_x 的含量已经成为我们无法回避的现实问题。面对持续增长的 NO_x 排放量和日益严峻的环保形势，原国家环境保护部于2012年发布了经国务院批复的《重点区域大气污染防治“十二五”规划》，明确了包括京津冀等13个环境保护重点控制区的环保要求，并将 NO_x 作为新的考核指标纳入了总量减排体系。

乙烯装置是石油化工的“龙头”，而裂解炉又是乙烯装置的龙头。裂解炉所发生的乙烯裂解反应是强吸热反应，而反应所需能量则由燃烧器燃烧燃料提供。随着装置规模不断提高，裂解炉的热负荷也随之增大，燃料燃烧生成的烟气量也不断增加，通过高空烟囱向大气排放的 NO_x 总量也相应增长。为了减少对大气的污染，降低 NO_x 的排放量，必须采取相应的减排措施以控制裂解炉的 NO_x 排放量。原国家环境保护部2015年发布了《石油化学工

业污染物排放标准》（GB 31571—2015），根据以上标准的要求，在国土开发密度已经较高、环境承载能力开始减弱，或大气环境容量较小、生态环境脆弱，容易发生严重大气环境污染问题而需要采取特别保护措施的地区，应严格控制企业的污染排放行为，在上述地区的企业的工艺加热炉燃烧废气污染物 NO_x 排放限值为 $100mg/Nm^3$，该标准于 2017 年 7 月 1 日开始执行。2020 年，中国石化发布《中国石油化工集团有限公司总经理 1 号令》，明确要求重点企业工艺加热炉 NO_x 排放限值为 $60mg/Nm^3$。

常见的脱硝技术中，根据氮氧化物的形成机理，降氮减排的技术措施可以分为以下两种类型：采用低 NO_x 燃烧技术；采用后燃烧控制技术，也就是烟气脱硝技术。

针对抑制 NO_x 生成的途径，主要应用的低 NO_x 燃烧技术有以下几种：采用较低的过剩空气系数燃烧、将空气实行分级燃烧、将燃料进行分级燃烧、烟气再循环、超低 NO_x 燃烧；如果采用以上低 NO_x 燃烧技术仍然无法满足要求，还可以采用后燃烧控制技术，也就是烟气脱硝技术，在对流段加入反应物，破坏已形成的 NO_x，来达到降低排放的要求。

裂解炉采用的低 NO_x 燃烧技术，主要采用分级燃料、烟气再循环等技术来实现降低 NO_x 的目的。为了满足裂解炉供热通量的要求，大多采用两级燃料气喷枪，每级喷枪包含若干喷头。由于将燃料气分级，可以有效降低火焰的峰值温度，从而实现降低 NO_x 的目的。同时，对每个燃烧器喷头的开孔面积、喷射角度的优化，可以调整供热火焰形状，改善烟气流动情况，通过烟气的再循环，起到降低 NO_x 的效果。另外，还可以改进空气的进入方式，以延迟空气与燃料气的混合，降低火焰峰值温度，减少 NO_x 的生成量。

在满足裂解炉工艺要求的前提下，不同的低 NO_x 燃烧技术降低 NO_x 的效果不同，投资也不一样。由于采用分级燃料与分级空气技术的投资接近，而分级燃料比分级空气燃烧降低 NO_x 更为有效，因此在裂解炉低 NO_x 燃烧器中应用更为广泛，同时与烟气再循环技术联合使用，使 NO_x 进一步降低。

目前裂解炉应用低 NO_x 燃烧器均采用分级燃料形式，可以有效地将 NO_x 排放浓度降低至 $80mg/Nm^3$左右。

烟气脱硝技术方法主要有以下两种：SCR 脱硝技术和 SNCR 脱硝技术。SCR 脱硝技术即选择性催化还原技术，SNCR 脱硝技术即选择性非催化还原技术。目前应用最广泛的 SCR 脱硝技术是以 NH_3 为还原剂的 NH_3-SCR 脱硝技术，其原理为：向含有 NO_x 的烟气中喷入氨气介质，在催化剂的作用下，氨与烟气中的 NO_x 发生化学反应，使 NO_x 还原成 N_2 和 H_2O。化学反应方程式如下：

$$4NH_3+4NO+O_2 \longrightarrow 4N_2+6H_2O$$

$$NO+NO_2+2NH_3 \longrightarrow 2N_2+3H_2O$$

$$4NH_3+2NO_2+O_2 \longrightarrow 3N_2+6H_2O$$

SCR 脱硝反应过程见图 9.5-1，充分混合后的 NO_x、O_2、NH_3 首先扩散至催化剂表面，然后再进一步向催化剂的空隙中扩散，NH_3 被催化剂的活性物质吸附后，与 NO_x、O_2 发生化学反应，生成 N_2 和 H_2O。N_2 和 H_2O 从催化剂的微孔扩散至催化剂的表面，然后再扩散到净化气中。

催化剂是 SCR 脱硝系统中的重要组成部分。催化剂类型有蜂窝式、波纹状和平板式等。SCR 脱硝催化剂的性能与反应温度密切相关。不同类型的催化剂，适应的反应温度也各不

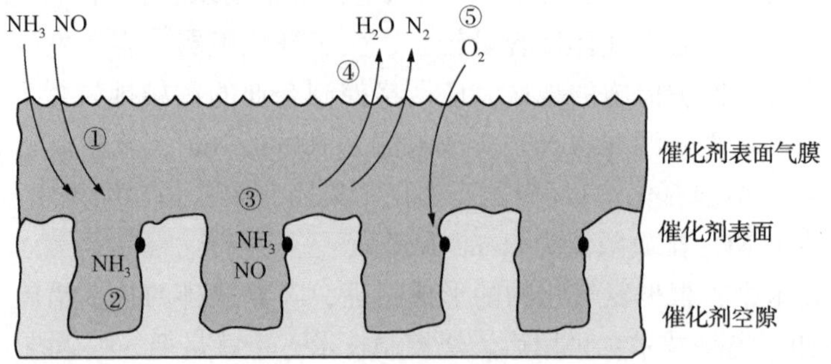

图 9.5-1　SCR 脱硝反应过程示意图

相同。按照反应温度可分为：高温催化剂、中温催化剂、低温催化剂和超低温催化剂。乙烯裂解炉中通常采用的是中温催化剂。目前常用的中、低温催化剂的主要活性物质包括钒系和锰铁系。

SCR 脱硝技术具有如下优点：脱除效率高，没有副产物，不会形成二次污染；装置结构简单，同时运行可靠、易于维护。目前国内和国外的裂解炉均已广泛应用 SCR 脱硝技术，使用该技术可将 NO_x 降低至 30~60mg/Nm^3以下，脱硝效果十分显著。

SNCR 脱硝技术，即选择性非催化还原技术。与 SCR 脱硝技术相比，不采用催化剂，在 850~1250℃范围内用含氨基的还原剂(如氨水，尿素溶液等)还原 NO_x。这种烟气脱除 NO_x 的方法，不使用催化剂，运行成本低，有很大的经济优势，但此法的脱硝效率仅为 40%~70%。二者的比较见表 9.5-1。

表 9.5-1　SCR 脱硝技术与 SNCR 脱硝技术对比

项目	选择性非催化还原脱硝(SNCR)	选择性催化还原脱硝(SCR)
NO_x 还原效率	30%~75%	70%~90%
温度范围	850~1250℃	260~450℃
还原剂	氨或尿素	氨或尿素
催化剂	不需要	催化剂
废物处理	不需要	消耗催化剂
压降	小	大
资金投入	低	高
氨逃逸	5~10mg/Nm^3	<2.5mg/Nm^3
改造	容易	难

由上表可见，SNCR 脱硝技术与 SCR 脱硝技术相比，不需要使用催化剂，因此投资低于 SCR 脱硝技术，比较适合于环保要求不高的项目。但是由于该法存在脱硝效率不高、氨泄漏量大等缺点，因此目前在国内乙烯裂解炉中均没有采用该技术。

二、燃烧器

燃烧器运行过程中主要产生噪声污染和排放物污染。

1. 燃烧器的噪声特性及控制方法

燃烧器的噪声主要由喷气噪声和燃烧噪声汇合而成，是裂解炉的主要声源之一。燃烧器的噪声频谱有两个峰值频率：高频噪声源于燃料气的喷射，称为喷气噪声；低频噪声源于燃烧吼声，称为燃烧噪声。燃料气喷气噪声为一个宽的频谱。频谱顶点的频率取决于若干因素，包括：喷孔直径，气体喷射的马赫数，观测者位置相对于喷射出口面的角度，喷射流体与周围气体的温度比。裂解炉用燃烧器喷气噪声的频谱峰值在1000~16000Hz之间。燃烧吼声的频谱形状和振幅随着很多因素而变化。这些因素包括：炉子的内部结构，燃烧器的消音器、通风和烧嘴砖的设计，炉子内衬的声学特性，燃料进气管的噪声传播，炉壁以及烟道的可传送性和反射性等。裂解炉用燃烧器燃烧噪声的频谱峰值一般在63~500Hz之间。

（1）喷气噪声

喷射气体经喷口高速喷出，与周围的低速气体发生湍流混合，使气体的稳定状态受到破坏而发生巨大扰动，从而激发出强大的噪声，叫作喷气噪声。喷气噪声与燃烧过程无关，它主要是气流高速喷射以及随之吸入的大量空气与燃料剧烈混合而产生。即使在不点燃的冷喷情况下，也会产生这种噪声。

喷气噪声的声功率与喷射气流速的八次方成正比。同时，还与喷口直径和喷射气体密度的平方成正比。因此，喷射气体的压力越大，喷射速度越高，喷气噪声就越强。从分析气流的流动状况可知，喷射气流的噪声主要是由离喷口6倍直径距离内的喷气段所产生的，此后，声功率随距离的增加而急剧下降。喷气噪声的频率特性是，在喷口附近的喷射气流主要辐射高频噪声，其频率在1000~16000Hz之间。而且由于气流的压力大，流速高，噪声声级相当高。随着离喷口距离的增加，高频噪声下降，而频率63~500Hz范围内的低频噪声逐渐增加。

各种油气烧嘴中的雾化蒸汽喷出口、燃料气喷出口、引射器混合管以及调风器的空气进口处等所产生的噪声均属于喷气噪声。

（2）燃烧噪声

燃料在炉内燃烧时，发出的噪声叫作燃烧噪声。燃烧噪声是燃烧过程本身产生的，即燃烧固有的噪声。它与燃料种类、燃烧器类型和供风方式等因素无关，而与燃料性质、燃烧剧烈程度和燃烧放热量等因素有关。一般，燃烧器的放热量越高，燃烧噪声越强。对于液体燃料，其油质越轻，燃烧噪声越大。对于气体燃料，其燃烧噪声，按氢气、城市煤气、天然气丙烷的顺序随燃料发热量的增大，燃烧噪声相应地减低。

燃烧噪声的主要特点是频率在63~500Hz的低频范围内，因此被形象地称为“燃烧吼声”。燃烧噪声的波长较长，随距离衰减较慢，传播得较远，并且较小的障碍物对它没有遮蔽作用。

（3）不同型式燃烧器的噪声特性

燃烧器的型式不同，其产生噪声的特性也不同。油气联合燃烧器（包括油燃烧器）噪声的频率特性以低频成分为主，噪声的峰值约在250Hz处；预混式、半预混式气燃烧器，其噪声频率多半为1000Hz以上的高频率；扩散式气体燃烧器的噪声级与预混式气体燃烧器相似，频率特性与油气联合燃烧器相似。

裂解炉燃烧器尽管其型式及所用燃料各不相同，但所产生的噪声并无显著的区别，而且，噪声的强弱主要由供气压力及燃烧状况决定的。

(4) 燃烧器噪声的控制方法

控制燃烧器噪声的基本原则是减少噪声源的产生和阻止噪声的传播。

1) 减少噪声的产生

采用结构合理的燃烧器，提高制造精度，改进工艺流程。

由于喷气噪声的声功率随着喷口直径平方的减少而减少。因此利用小喷孔代替大喷口，便可减少喷气噪声。当然，并不是喷孔越小越好，喷孔太小容易堵塞从而导致喷嘴烧坏。同时还需要综合考虑燃烧器的能力、火焰的成形等因素来确定喷孔的最佳尺寸和个数。

另外，从流体力学方面考虑，燃料从燃烧器喷嘴中经喷孔喷射出喷嘴的流道越圆滑，燃料流经喷嘴的压力降就越小，转化成声波形式的势能就越少，产生的噪声就越小。但是，由于制造能力和制造工艺的限制，往往加工出的喷嘴与设计者的初衷有所偏离。所以，喷嘴加工制造的质量也很重要，喷嘴加工的好坏会直接影响燃烧器的燃烧状况、使用寿命和噪声的大小。这也是燃烧器喷嘴一般选用精密铸件的原因之一。

2) 阻止噪声的传播

① 燃烧器内的声音隔绝；②在自然通风燃烧器的进风口备置消音罩；③对强制通风燃烧器的风道进行声学处理。

控制噪声的传播本质上是将噪声源隔绝，不使外传或使之衰减到允许的程度。上面所提到的三个方法都涉及一个共同的部件：消音罩。

燃烧器的消音罩一般由罩壳、吸声层和护面层构成。为防止声波与罩壳之间发生共振，一般均在罩壳内壁设阻尼材料。

消音罩的结构形状有很多，如单通路直管式、片式、折板式、声流式、蜂窝式、弯头式和迷宫式等等。消音罩的结构直接影响吸声的性能。因为实际应用中吸声能量的多少，不仅与材料的吸声系数有关，而且还与材料表面积的大小有关。所以，设计消音罩时，在考虑到空间限制、燃烧器进风量和进风速等因素下，尽可能增大吸声面的表面积是有效的。燃烧器噪声从风门外逸时，在消音罩内经多次反射吸收得到衰减。

2. 燃烧器的排放污染物及降低措施

燃烧器的燃烧会生成一些对环境有害的排放污染物，如 CO 和 NO_x 都是燃烧过程的副产物，只要进行适当的设计，可以将其降低到可接受的程度，但是想完全将其“消灭”是不可能的。CO 的排放通常是由于空气量太少，混合得不够完全或者炉膛内温度不够高造成的。在燃烧器设计时，将过剩氧气量控制在 1%~3%，并且控制炉膛内的温度高于 593℃，CO 的排放量就不是主要问题了。因此对于裂解炉而言，污染物的控制主要是针对 NO_x 的。

对于乙烯裂解炉，NO_x 的抑制技术目前主要分两大类：一类是在燃烧过程中通过改进燃烧方法控制(燃烧控制)；另一类是在燃烧完成后加装烟气脱硝装置控制(后燃烧控制)。燃烧控制主要是通过延迟燃料和空气混合、降低火焰峰值温度等方法抑制 NO_x 生成，此类技术采用最广、相对简单经济，但降低 NO_x 有限。

通过改进燃烧方法控制 NO_x 生成时，不能以牺牲裂解炉工艺性能为代价，特别要注意其对火焰稳定性、操作安全性、热通量分布和热效率的影响。

(1) 降低空气预热温度

高温容易生成 NO_x，当助燃空气温度升高时，局部火焰温度和 NO_x 浓度会增加。降低助燃空气预热温度可以显著降低 NO_x 的排放，但同时会降低裂解炉热效率。合理降低空气预热温度，可在两种需要之间求得平衡。

（2）低过剩空气系数

低过剩空气系数下的完全燃烧不仅可降低 NO_x 排放，还可以提高热效率。但是，过剩空气系数能多低有一个具体的限制，因为化学当量下的燃料和空气并不能完全混合，适量的过剩空气能保证燃料完全燃烧。CO 的排放是降低过剩空气的一个限制，如果过剩空气系数太低，CO 排放会增加。CO 不仅是一种污染，也是燃料未完全燃烧的一个标志，会降低热效率。

（3）分级燃烧

分级燃烧可分为燃料分级和空气分级。燃料分级是燃料通过多级注入燃烧区，建立了贫燃烧区并延长了燃烧的完成时间。两个原因决定了燃料分级的有效性：①火焰最高温度降低，从而降低了 NO_x；②一级燃烧区的贫燃料燃烧也降低了 NO_x。图 9.5-2 为燃料分级燃烧器简图。空气分级是助燃空气被分级注入燃烧区，建立了富燃烧区和贫燃烧区，富燃烧区内许多燃料未燃烧，这种不完全燃烧导致火焰温度较低，较低的火焰温度及有限的氧浓度有助于降低 NO_x 的生成，剩余燃料在贫燃烧区完成燃烧。图 9.5-3 为空气分级燃烧器简图。分级燃烧是乙烯裂解炉降低 NO_x 最经济的方法。

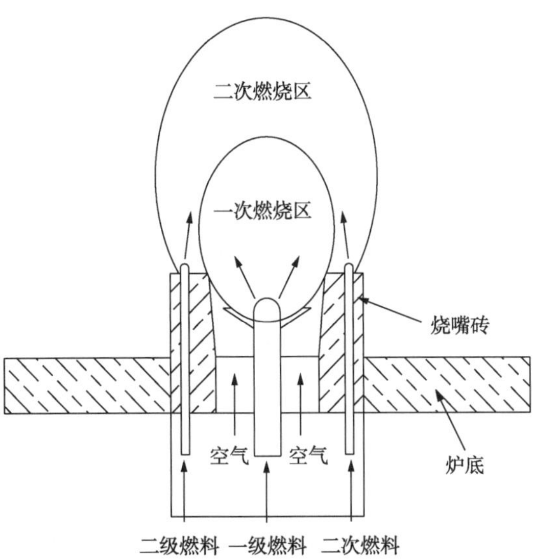

图 9.5-2　燃料分级燃烧器

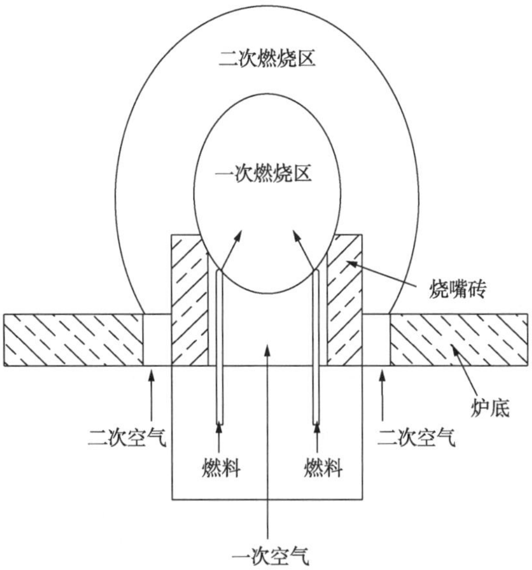

图 9.5-3　空气分级燃烧器

（4）烟气再循环

烟气再循环进助燃空气，烟气作为一种稀释剂，降低了火焰温度和氧分压，因而减少了 NO_x 的生成。烟气可以通过管道注入一次燃烧区与助燃空气混合。虽然外部烟气再循环大多数用于强制通风空气预热的燃烧器，但是它也可用于自然循环的燃烧器。在另外一些燃烧器设计中，通过燃料气、助燃空气或蒸汽的压力可实现内部烟气再循环，虽然燃烧器的几何尺寸变大了，但是简化了操作，并省去了烟气再循环风机及其控制。图 9.5-4 为内部烟气再循环燃烧器简图。通常烟气再循环率为 15%~25%，过多会使火焰不稳定并易产生

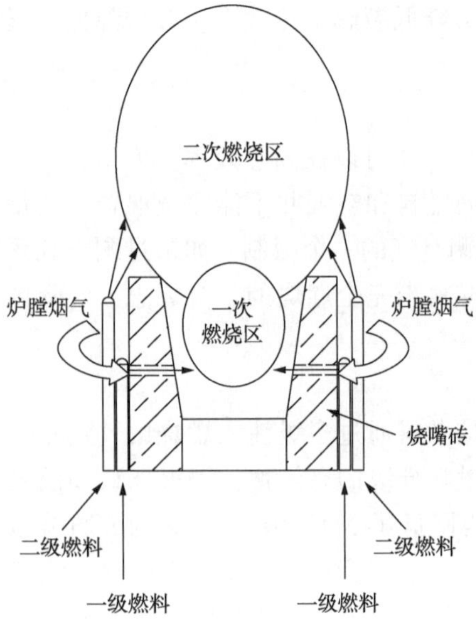

图 9.5-4　内部烟气再循环燃烧器

未燃成分。

(5) 喷射水、水蒸气

向燃烧火焰中喷射水、水蒸气，利用水的蒸发潜热和水蒸气使火焰温度降低，另外喷射水、水蒸气也会引起氧、氮分压的降低，进而降低 NO_x 排放。

(6) 低 NO_x 燃烧器组合

将一个或多个减少 NO_x 的燃烧技术组合进一台燃烧器中。这类燃烧器典型的是将空气分级或燃料分级同内部烟气再循环组合在一起。前一设计中，燃料同部分助燃空气混合，建立了一个富燃料区，液体燃料的高压雾化和燃料气产生烟气再循环，二次空气通过管道被引进烧嘴砖，使燃烧完全并优化了火焰形状。燃料分级燃烧器同内部烟气再循环组合在一起时，燃料气压力使得烟气再循环，建立了一个贫燃料区，并且减小了氧分压。表 9.5-2 为不同类型燃烧器降低 NO_x 的情况。

表 9.5-2　不同类型燃烧器降低 NO_x 的情况

燃烧器型式	与标准燃烧器比较 NO_x 减少
空气分级燃烧器	25%~35%
燃料分级燃烧器	40%~50%
低过剩空气燃烧器	20%~25%
外部烟气再循环燃烧器	50%~60%
内部烟气再循环燃烧器	40%~50%
空气或燃料分级加内部烟气再循环燃烧器	55%~75%
空气或燃料分级加外部烟气再循环燃烧器	60%~80%

三、SCR 脱硝技术

SCR 脱硝技术，即选择性催化还原技术，是由美国 Engelhard 公司于 20 世纪 50 年代率先发明并申请了专利。该技术在 20 世纪 70 年代于日本实现了工业化，随后广泛应用于热电厂等工业领域。SCR 脱硝技术的原理是利用 NH_3 和催化剂(铁、钒、铬、钴或钼等碱金属)在一定温度范围内将 NO_x 还原为 N_2。由于 NH_3 具有选择性，只与 NO_x 发生反应，基本不与 O_2 反应，所以称为选择性催化还原技术。

1996 年，在日本某乙烯装置的裂解炉上首次设置了 SCR 脱硝系统，脱除效果好，达到了当地的环保要求。近年来随着环保要求的日益提高，SCR 脱硝技术已经在乙烯裂解炉上广泛应用，可最大限度地降低 NO_x 的排放。目前国外乙烯裂解炉上应用的 SCR 脱硝技术包括丹麦 Haldor Topsoe 公司、美国 Shell 公司、德国 BASF 公司的技术，这几种技术采用的催化剂的形式以及 SCR 脱硝系统的设置位置各有特点。国内乙烯裂解炉上应用的 SCR 脱硝技术主要包括中国石化(大连)石油化工研究院有限公司与中国石化工程建设有限公司(SEI)

联合开发的技术、清新环境技术股份有限公司的技术、美斯顿科技开发有限公司的技术。

催化剂是 SCR 脱硝反应系统中的核心和关键因素，催化剂的性能对脱硝反应效果的影响至关重要。按照结构形式来分，主要有蜂窝式、波纹式和平板式等类型。三种催化剂结构如图 9.5-5 所示。

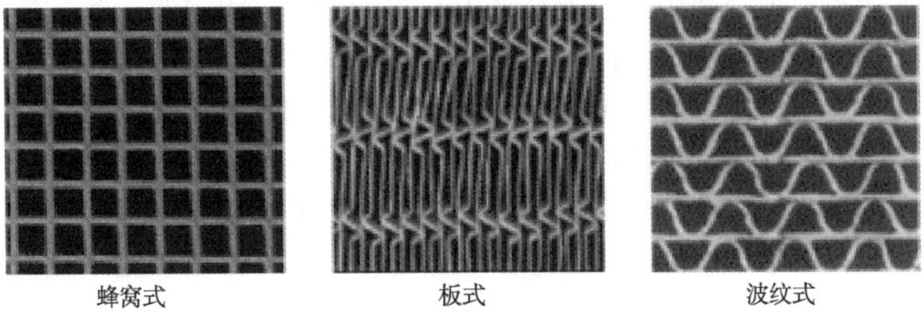

图 9.5-5　SCR 脱硝技术催化剂结构示意图

不同类型 SCR 脱硝催化剂的性能比较见表 9.5-3。

表 9.5-3　SCR 脱硝催化剂的各种结构性能对比

性能参数	蜂窝式	板式	波纹式
成型	陶制挤压，成型均匀	金属为载体	波纹状纤维做载体
特点	比表面积大，活性高，所需催化剂体积小	比表面积小，催化剂体积大，生产简便	比表面积居中，质量轻，上下模块之间易堵塞
催化剂活性	中	低	高
烟气压降	高	中	低
抗 As 中毒性	低	低	高
堵塞可能性	中	低	中
模块质量	中	重	轻
适用范围	高尘、低尘均适用	高尘、低尘均适用	主要用于低尘

由于蜂窝式催化剂具有耐腐蚀性强、活性高、可靠性好和回收利用率高等优点，目前国内乙烯裂解炉基本上都采用蜂窝式催化剂。

催化剂按照活性组分的分类包括：贵金属催化剂、金属氧化物催化剂、分子筛催化剂和活性炭催化剂。由于裂解炉的燃料大多较为“清洁”，如甲烷尾气等，燃料中硫含量较低，杂质较少，所产生的烟气也较为“干净”，这样可以有效避免 SCR 脱硝装置中催化剂的污染和中毒的问题。因此，在乙烯裂解炉中，可以采用高活性的催化剂，减少了反应器的体积，使反应器的布置更加紧凑，并且可以有效延长催化剂的使用寿命。

SCR 脱硝催化剂的性能与反应温度密切相关。不同类型的催化剂，适应的反应温度也各不相同。按照反应温度可分为：高温催化剂（450～600℃）、中温催化剂（260～450℃）、低温催化剂（150～300℃）和超低温催化剂（100～150℃）。由于中温催化剂具有脱硝率高的优点，因此目前新建的乙烯裂解炉均采用中温催化剂，反应温度在 290～450℃ 左右，常采用的是 TiO_2 作为载体负载在 V_2O_5 和 WO_3 上的金属氧化物催化剂。

对于已经建成的裂解炉，为了达到降低 NO_x 的要求，需要对对流段进行改造，在对流段增加 SCR 脱硝系统。由于这些炉子在炉内无预留空间，适合中温催化剂使用温度的现有空间通常十分有限，如果采用中温的常规催化剂，改造难度较大，投资也较高。针对这些炉子进行脱硝改造，需要考虑使用低温和超低温催化剂，工作的温度区间在 100~300℃左右。

锰基催化剂是近年来低温脱硝催化剂领域最受关注的催化剂类型之一，虽然锰基催化剂具有良好的低温脱硝活性，但该类催化剂在复杂的烟气环境中存在中毒失活的风险，包括 SO_2 中毒、水中毒、碱金属中毒和重金属中毒等问题，这也限制了锰基催化剂的实际应用。乙烯裂解炉的烟气中水含量较高，容易导致催化剂失去活性，从而影响催化剂的使用寿命。因此，裂解炉用催化剂的抗水性能要求比较高，如果采用锰基催化剂，需要解决抗水稳定性差、SO_2 和 H_2O 中毒失活的问题。

虽然存在以上技术难点，但与中高温催化剂相比，低温催化剂反应活性温度更低，使用寿命更长。同时，因中高温催化剂多采用钒基催化剂，与这些催化剂相比，作为低温催化剂的锰基催化剂，更为环保，可避免重金属污染的风险。使用低温催化剂改造已有裂解炉，工程量小，投资少，经济性较好。目前国内各个技术供应商都在积极进行适用于乙烯裂解炉的低温催化剂的研发工作。因此，如果对低温催化剂存在的技术问题进行进一步的深入研究，并逐步实现工业化应用目标，那么适用于裂解炉的低温催化剂开发成功后应用前景将十分广阔。

根据乙烯裂解炉烟气脱硝的特点和技术需求，中石化北京化工研究院有限公司通过从载体优化、元素掺杂改性、催化剂结构和形貌调节、制备方法优化等方面进行研究，开发出了具有自主知识产权的锰基低温催化剂(工作温度区间在 140~320℃)。该催化剂具有良好的低温抗水抗硫性能，经过了 4000h 的长周期脱硝试验。试验结果表明：催化剂的 NO_x 转化率下降小于 10%，催化剂相对稳定，具有广泛的工业应用前景。

针对锰基脱硝催化剂在超低温条件下脱硝活性不足、抗水蒸气性能差的问题，中石化大连石油化工研究院有限公司通过高氧化性助剂掺杂和钛硅高疏水复合载体的整体创新，开发出了适用于乙烯裂解炉和其他工艺加热炉的锰基超低温脱硝催化剂。该催化剂具有优异的抗水蒸气性能和催化活性，烟气中 H_2O 的浓度达 20%时，仍具有较高的脱硝活性(反应温度区间 110~200℃)，脱硝率大于 70%。目前，该超低温脱硝催化剂已完成定型，具备了开展工业应用的条件，正在进行工业应用的开发和设计过程中。

裂解炉 SCR 脱硝系统的设置除了需要考虑选择合适的反应温度外，还需考虑 SCR 脱硝系统的压降、布置的合理性等等因素。SCR 脱硝单元布置在裂解炉的对流段，根据不同炉型的对流段排布及不同类型催化剂适宜的反应温度要求，SCR 脱硝单元的设置位置也不同。同时，由于增加了 SCR 脱硝单元，使烟气的总压降增大，在保证裂解炉的横跨压力不变的情况下，引风机的功率会有所增加。因此，裂解炉设置 SCR 脱硝系统后，除了对对流段、引风机有所影响之外，对其他设备均无影响，亦不会影响裂解炉的正常运行。设置了 SCR 脱硝系统后，裂解炉从开工到运行末期仅需简单的维护或基本无须维护。

裂解炉存在运行和在线清焦的周期性切换，因此烟气温度和流量等工艺参数在各个工况下存在差异。SCR 脱硝技术可以在较宽的操作条件范围内，提供不同工况下的平稳过渡性能，适应裂解炉不同操作工况下的工艺操作参数，满足所有工况的脱除要求。

乙烯裂解炉中采用的 SCR 脱硝系统的流程如下：来自氨制备系统或装置外的氨气介质通过氨空混合器与稀释空气混合后，进入对流段，经过设置在对流段的喷氨格栅的整流作用，使氨气空气混合物与裂解炉的烟气充分混合并分布均匀，然后进入 SCR 脱硝反应段，在催化剂的作用下发生还原反应，脱除 NO_x。流程简图如图 9.5-6 所示。

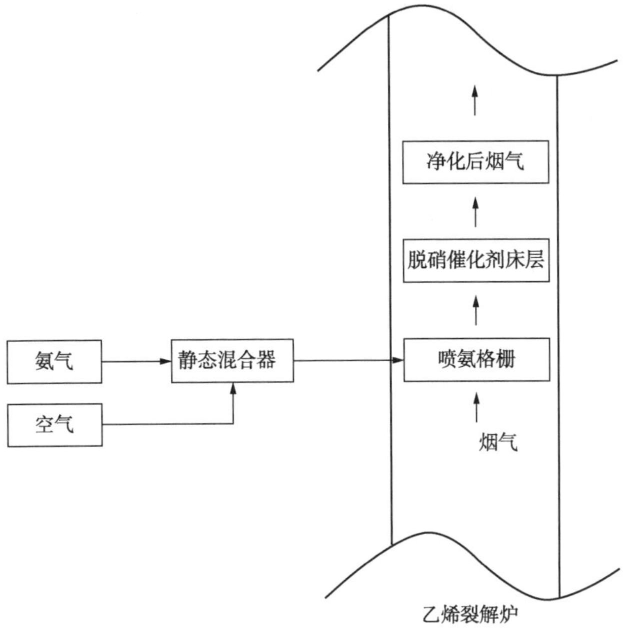

图 9.5-6　乙烯裂解炉 SCR 脱硝系统流程简图

目前新建的乙烯裂解炉的烟气脱硝均采用中温脱硝技术，将脱硝催化剂布置在裂解炉内的中温段。2014 年，大连石油化工研究院和中国石化工程建设有限公司(SEI)联合开发了乙烯裂解炉的中温 SCR 脱硝技术。2017 年，在镇海炼化建成国内首套乙烯裂解炉烟气中温 SCR 脱硝装置，脱硝反应温度在 350～450℃，出口 NO_x 低于 $30mg/Nm^3$。此后，该中温 SCR 脱硝技术已经相继被国内多套新建大型乙烯装置采用。

镇海炼化乙烯裂解炉采用 SCR 脱硝技术后，性能指标见表 9.5-4。

表 9.5-4　镇海炼化乙烯裂解炉 SCR 脱硝技术性能参数

项　　目	实际运行值
脱硝率/%	90
SCR 脱硝出口 NO_x/(mg/Nm^3)(干基，3%氧含量)	≤30
逃逸氨/(mg/Nm^3)(干基，3%氧含量)	<2.5
温度范围/℃	350～450

目前，国内几乎所有新建裂解炉均设置了 SCR 脱硝系统，有些裂解炉虽未同步设置，但也在对流段预留了 SCR 脱硝系统的安装位置，可以根据实际需要，随时增加 SCR 脱硝处理单元，以降低 NO_x 排放量。近年来新建裂解炉的 SCR 脱硝系统投用后，工业实施结果表明：脱硝效果显著，产生的烟气中 NO_x 浓度均可降低至 $30/Nm^3$(干基，3%氧含量)左右，逃逸氨浓度小于等于 $2.5mg/Nm^3$(干基，3%氧含量)。

四、SNCR 脱硝技术

对于乙烯裂解炉，氮氧化物的控制技术分两大类：一类是通过燃烧技术的改进(包括采

用先进的低 NO_x 的燃烧器)降低 NO_x 的排放量；另一类是在排烟之前加装烟气脱硝装置。脱硝装置除选择性催化还原(SCR)技术外，还有非催化还原技术(SNCR)。

SNCR 脱硝技术源于日本，国内的研究相起步较晚。近年来由于国内环境压力越来越大，SNCR 技术的应用发展迅速。中国石化也已有多套循环流化床锅炉(CFB)和燃煤锅炉引进国外技术建成并成功投运。

SNCR 技术是一种不用催化剂，在 850~1250℃范围内还原 NO_x 的方法，还原剂常用氨或尿素。该方法是把含有 NH_x 基的还原剂喷入烟气温度为 850~1100℃的区域后，迅速热分解成 NH_3 和其他副产物，随后 NH_3 与烟气中的 NO_x 进行反应而生成 N_2。

乙烯裂解炉烟气在辐射段出口烟气温度较高(正常温度 1050~1150℃，通过对流段第一段换热管后，烟气温度降为 800~900℃)，在该温度区间，可以采用 SNCR 技术来脱除烟气中的 NO_x。

尿素为还原剂反应方程式：

$$2NO+CO(NH_2)_2+1/2O_2 \longrightarrow 2N_2+CO_2+2H_2O$$

氨水为还原剂反应方程式：

$$4NH_3+4NO+O_2 \longrightarrow 4N_2+6H_2O$$

采用尿素为还原剂时，需要采购品质合格的尿素颗粒，在还原剂制备储存系统中配制为尿素溶液。制备好的尿素溶液通过循环输送系统输入计量系统。精确计量后输送到分配系统，在分配系统里，尿素溶液和氮气被分配到每一支喷枪。5%的尿素溶液经氮气雾化后通过喷枪喷射入裂解炉横跨段至对流段之间，雾化的尿素溶液液滴在烟道横截面上与烟气垂直接触，尿素在高温条件下分解，产生的 NH_3 捕捉烟气中的 NO_x 并迅速与之反应，达到脱除 NO_x 的目的。

采用氨水为还原剂时，需要设置一个稀释计量模块，位于裂解炉平台上。在稀释计量模块中，精确地计量氨水的耗量，被适量的除盐水稀释后输送到分配模块。稀氨水经过分配模块，与压缩空气混合后通过喷射组件喷入裂解炉横跨段中，氨水在解裂炉的横跨段截面上与烟气垂直接触，在氨水雾化的瞬间捕捉烟气中的 NO_x 并迅速与之反应，达到脱除 NO_x 的目的。工艺流程图见图 9.5-7。

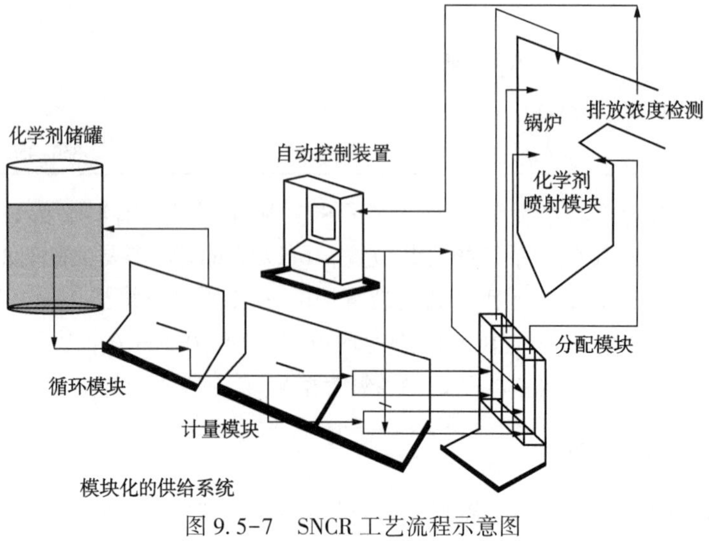

图 9.5-7　SNCR 工艺流程示意图

通常采用计算流体力学软件 CFD 研究寻找 SNCR 系统反应的合适温度窗口，在该窗口下还原剂和烟气能较好混合，并能减少裂解炉内部管道被喷到的可能性。根据实际裂解炉的结构尺寸，合理布置喷枪位置和间距，既保证还原剂在炉内的均匀分布，也要保证还原剂在炉内高温段有足够的停留时间，达到合理的脱硝效率。

国内目前在运行的裂解炉，因原设计时就没有考虑预留 SCR 催化剂的布置空间，如采用 SCR 脱硝方式，对流段改造的难度和工作量都较大，可采用施工和运行费用较低的 SNCR 工艺。

SNCR 脱硝技术主要存在如下缺点：

① 受到反应温度、混合等因素的制约，脱硝效率较低。

② 对反应温度要求严格，温度过低，NO_x 转化率低；温度过高，NH_3 则容易被氧化为 NO_x，抵消了 NH_3 的脱除效率；

③ 气相反应难以保证充分的混合，氨液消耗量大，NH_3/NO_x 摩尔比高。

④ 氨的泄漏量大，不仅污染大气，而且在燃烧含硫燃料时，由于有$(NH_4)_2SO_4$ 形成，会使空气预热器堵塞。

SNCR 烟气脱硝技术虽然具有不需要催化剂、经济实用的优点，但是由于受到反应温度、混合等因素的制约，脱硝效率不高，并有氨泄漏等问题。因此，SNCR 技术在国内乙烯裂解炉上到目前为止还没有应用实践。

目前，SNCR 技术多与其他低 NO_x 技术联合应用，可在低成本条件下进一步降低 NO_x 的排放，这是该技术的一个重要发展方向。联合应用主要包括以下几个方向：

① SNCR 和低 NO_x 燃烧器联合应用。

② SNCR 与再燃技术联合应用。

③ SNCR/SCR 联合应用。

④ SNCR 与电子束辐射技术联合应用。

⑤ SNCR 与等离子技术联合应用等。

参考文献

[1] 王松汉主编．乙烯装置技术与运行[M]．北京：中国石化出版社，2009.

[2] 张家仁，翟齐，詹鲲，等主编．石油石化环境保护技术[M]．北京：中国石化出版社，2006.

[3] 王松汉，何细藕主编．乙烯工艺与技术[M]．北京：中国石化出版社，2000.

[4] 胡杰，王松汉主编．乙烯工艺与原料[M]．北京：化学工业出版社，2017.

[5] 肖雪军，何细藕．乙烯装置裂解炉的节能技术[J]．石油化工，2003，(03)：254-257.

[6] 代森．SL-Ⅱ型乙烯裂解炉节能改造及效果分析[J]．石油化工技术与经济，2013，29(02)：27-30+35.

[7] 陈国忠．中国石化裂解炉能耗现状分析与节能改造[J]．石油化工，2012，41(12)：1394-1400.

[8] 邱雨佳，孙伟，王勇猛，等．乙烯装置裂解炉节能降耗措施分析[J]．节能与环保，2022，(05)：68-69.

[9] 张衍品，李海周．裂解炉的综合节能措施[J]．乙烯工业，2011，23(01)：43-45+68.

[10] 郭真．裂解炉空气预热技术在燕山乙烯装置上的应用[J]．乙烯工业，2008，20(04)：43-45+22.

[11] 赵锟，胡天生．裂解炉空气预热器运行与优化[J]．乙烯工业，2010，22(04)：34-38+26.

第十章 分析与化验

第一节 概　　况

乙烯装置裂解炉区分析化验是生产企业对乙烯裂解装置原料、裂解气中主要产品、其他副产品进行质量检测以及生产过程质量控制的重要步骤，也是对锅炉给水、超高压蒸汽等公用工程运行过程进行质量检测的重要手段。分析化验具有全面、精确的特点，而在线分析具有连续、及时的特点。二者各有千秋，不可相互替代。随着在线分析仪表技术的发展，装置生产过程控制水平得以改善、提高，而分析化验结果的准确性、全面性，是对在线分析仪表的检验和补充。

乙烯裂解装置的分析化验的过程设计和操作运行包括：分析名称、取样点、分析项目、控制指标、分析频率、取样系统、分析步骤、分析方法、分析仪器和分析化验室或分析化验楼以及化验室配套设施等几大部分。裂解炉区的分析化验室或分析化验楼多于乙烯装置共用。

裂解炉区的离线取样点见表 10.1-1，裂解炉区的在线取样点见表 10.1-2。

表 10.1-1　离线取样点索引表

取样号	相态	描　　述
S-x001	气体	裂解炉对流段顶部烟囱烟气组成分析
S-x002	气体	裂解炉横跨烟气氧含量分析
SC-x003	气体	EA-112C 急冷换热器出口裂解气组成分析
SC-x004	气体	EA-112I 急冷换热器出口裂解气组成分析
SC-x005	气体	EA-112A~F 急冷换热器出口裂解气或清焦气组成分析
SC-x006	气体	EA-112G~L 急冷换热器出口裂解气或清焦气组成分析
SC-x007	液体	汽包出口连续排污水
S-x008	气体	FB-107 清焦罐出口清焦气组成分析

表 10.1-2　在线取样点索引表

取样号	相态	描　　述	备注
AI-x010	气体	裂解炉横跨烟气氧含量在线分析	
AI-x060	气体	EA-112A~F/EA-112G~L 急冷换热器出口裂解气组成分析	
AI-x091	液体	汽包出口连续排污水 pH 值分析	
AI-x092	液体	汽包出口连续排污水电导率分析	
AI-x037	气体	裂解炉 NO_x 在线分析	如有
AI-x038	气体	裂解炉 NH_3在线分析	如有
AI-x100	气体	裂解炉 VOC 在线分析	如有
AI-x101	气体	裂解炉 CEMS 在线分析	如有

裂解炉区取样的分析方法见表 10.1-3。

表 10.1-3 分析方法

取样点	分析介质	取样地点	相态	样品容器	分析项目	推荐的分析方法	取样频次	备注
S-x001	烟气	烟囱	气体	不需要	CO，CO_2 NO_x 颗粒	气相色谱 ASTM D1608 ASTM D3685	AR	
AI-x037	烟气	对流段	气体		NO_x	红外分析仪		在线
AI-x038	烟气	对流段	气体		NH_3	激光分析仪		在线
AI-x100	烟气	对流段	气体		非甲烷总烃，苯，甲苯，二甲苯	气相色谱		在线
AI-x101	烟气	对流段	气体		H_2O，O_2， NO_x，SO_2，PM_{10}	CEMS		在线
S-x002	烟气	横跨段	气体	不需要	O_2	气相色谱	AR	
AI-x010	烟气	横跨段	气体		O_2	氧化锆分析仪		在线
SC-x006	裂解气	急冷换热器出口管线	气体	压力容器(1000mL)	H_2，CH_4， C_2H_4，C_2H_6， C_3H_6，C_3H_8	气相色谱	1/W	
S-x008	清焦气	清焦罐出口管线	气相	不需要	CO_2，CO， O_2，N_2 H_2O	气相色谱 湿度分析仪	AR	清焦期间
AI-x060	裂解气	急冷换热器出口管线	气相	压力容器(1000mL)	H_2，CH_4， C_2H_4，C_2H_6， C_3H_6，C_3H_8	在线质谱仪		在线
SC-x007 AI-x091 AI-x092	连续排污水	D-001 汽包连续排污管线	液体	取样瓶(1000mL)	pH 值 电导率 TDS OH 值 PO_4(磷酸盐) SiO_2(硅酸盐) 硬度 pH 值 电导率	ASTM D1293 ASTM D1125 EPA 160.1 或 GB/T 5750 SM 4500-CO2B 或 GB/T 14419—1993 EPA 365.2 或 GB/T 6913.3 ASTM D859 ASTM D1126 ASTM D1293 ASTM D1125	1/D	在线 在线

注：AR=As Required(需要时)，1/D= Once per Day(每天一次)，1/W=Once per Week(每周一次)。

第二节　在线分析

一、概述

在线分析仪器又称过程分析仪器，是指直接安装在工业生产流程现场，对被测介质的组成成分或物性参数进行自动连续测量的一类仪器。它可以准确及时反映现场装置关键生产物料及排放物的物性参数，从而对现场生产的操作和安全起到有效的指导作用。

分析仪器的种类繁多，用途各异。根据裂解炉工艺特点及检测要求，主要使用几大类在线分析仪器。

1. 光学分析仪

采用吸收光谱法的红外线、紫外线等气体分析仪器，主要用于分析清焦气中的 CO_2，烟气中的 SO_2、NO、CO、CO_2等，如红外分析仪、烟气在线分析系统等。

2. 电化学分析仪

采用电位、电导、电流分析法的各种电化学分析仪器，如 pH 计、电导仪、氧化锆氧分析仪等。

3. 色谱分析仪

采用色谱柱和检测器对混合流体先分离、后检测的定性、定量分析方法称为色谱分析法。采用色谱分离技术的分析仪器即为色谱分析仪。裂解炉中常用工业气相色谱分析仪分析裂解气组分以及进行 VOC 环境监测。

4. 质谱分析仪

通过对被测样品离子的质荷比的测定来进行分析的方法称为质谱分析法。裂解炉中常用工业质谱分析仪分析裂解气组分。

5. 其他分析仪器

氧化锆氧分析仪基于固态电化学电池的原理(利用氧化锆氧浓度差)。氧化锆夹层加热到高温后，氧离子会从相对比较高浓度的一面迁移到低浓度的一面。该迁移自然在两端之间产生一个电势差。可通过测量该电势差来测量氧含量。裂解炉中经常用于测量烟气中的氧含量。

激光分析仪的技术本质上是一种光谱吸收技术，通过分析激光被气体的选择性吸收来获得气体的浓度。半导体激光穿过被测气体的光强衰减可用朗伯-比尔(Lambert-Beer)定律表述。这个定律表明气体浓度越高，对光的衰减也越大。可通过测量气体对激光的衰减来测量气体的浓度。裂解炉中可以用激光分析仪测量烟气中的氧含量以及脱硝后的氨气(逃逸氨)含量。

二、在线分析仪器的主要性能

在线分析仪器直接安装在工业现场，对工艺流程物料连续进样分析，因此仪器对环境条件的适应性(包括防爆性能和环境防护性能等)要求比较严格，对样品条件(温度、压力、流量等)要求也比较严格。

评价在线分析仪器基本性能，除了满足工作范围和工作条件外，还有准确度、灵敏度、稳定性、重复性、线性范围、响应时间等。

1. 准确度

仪器的准确度又称为精确度，简称精度，是指仪器的指示值与被测量真值的一致程度。仪器的准确度用测量误差来表示，有绝对误差、相对误差等。在仪器样本和说明书中，相对误差一般用±%F. S. 表示。由于误差是一个受多种因素影响的综合性指标，因此一般用各种误差指标从不同的角度来描述仪器的准确度。

2. 灵敏度

灵敏度是指被测物质的含量或浓度改变一个单位时分析信号的变化量，表示仪器对被测定量变化的反应能力。这一数值越大，表示仪器越敏感，即被测组分浓度有微小变化时，仪表就能产生足够的响应信号。

3. 重复性

重复性是指用相同的方法、相同的试样，在相同的条件下测得的一系列结果之间的偏差。重复性误差用实验标准偏差来表示，它与测量的精密度是同一含义。

4. 稳定性

稳定性是指在规定的工作条件下，输入保持不变，在规定时间内仪器示值保持不变的能力。分析仪器的稳定性可用噪声和漂移两个参数来表征。噪声干扰有用信号的检测，表示了随机误差的影响。漂移是指分析信号朝某个一定的方向缓慢变化的现象，表示了系统误差的影响。

5. 线性度和线性范围

线性度是指仪器的校准曲线与规定直线(一般为被测量的线性函数直线)之间的吻合程度。线性范围是指校准曲线所跨越的最大线性区间，用来表示对被测组分含量或浓度的适用性。仪器的线性范围越宽越好。

6. 响应时间

响应时间表征仪器测量速度的快慢。通常定义为从被测量发生阶跃变化的瞬时起，到仪器的指示达到两个稳态值之差的90%处所经过的时间。这一时间称为90%响应时间，用T_{90}标注。

三、红外分析仪

1. 测量原理

红外线是电磁波谱中的一段，介于可见光区和微波区之间，因为它在可见光谱红光界限之外，所以得名红外线。

在近红外和中红外波段，红外辐射能量较小，不能引起分子中电子能级的跃迁，而只能被样品分子吸收，引起分子振动能级的跃迁，所以红外吸收光谱也称为分子振动光谱。当某一波长红外辐射的能量恰好等于某种分子振动能级的能量之差时，才会被该种分子吸收，并产生相应的振动能级跃迁，这一波长便称为该种分子的特征吸收波长。

所谓特征吸收波长是指吸收峰处的波长(中心吸收波长)。在特征吸收波长附近，有一段吸收较强的波长范围，这是由于分子振动能级跃迁时，必然伴随有分子转动能级的跃迁，即振动光谱必然伴随有转动光谱，而且相互重叠，因此，红外吸收曲线不是简单的锐线，而是一段连续的较窄的吸收带。这段波长范围可称为“特征吸收波带”。几种气体分子的特征吸收波带范围见表 10.2-1。

表 10.2-1　几种气体分子的特征吸收波带范围

气体名称	分子式	红外线特征吸收波带范围/μm	吸收率/%
一氧化碳	CO	4.5~4.7	88
二氧化碳	CO_2	2.75~2.8　4.26~4.3　14.25~14.5	90　97　88
甲烷	CH_4	3.25~3.4　7.4~7.9	75　80
二氧化硫	SO_2	4.0~4.17　7.25~7.5	92　98
氨	NH_3	7.4~7.7　13.0~14.5	96　100

2. 红外线气体分析器类型

红外线气体分析器划分为两类：采用气动检测器的不分光型红外分析器和采用固体检测器的固定分光型红外分析器。前者是红外线气体分析器的传统产品，也是目前的主流产品。

不分光型红外分析器(NDIR)光源发出的连续光谱全部都投射到被测样品上，待测组分吸收其特征吸收波带的红外光，由于待测组分往往不止一个吸收带，因而就 NDIR 的检测方式来说具有积分性质。因此不分光型仪器的灵敏度比分光型高得多，并且具有较高的信噪比和良好的稳定性。其主要缺点是待测样品各组分间有重叠的吸收峰时，会给测量带来干扰。

气动检测器，主要有薄膜电容检测器、微流量检测器。气动检测器靠气动压力差工作，薄膜电容检测器中的薄膜振动靠这种压力差驱动，微流量检测器中的流量波动也是由这种压力差引起的。这种压力差来源于红外辐射的能量差，而这种能量差是由测量光路和参比光路形成的。

NDIR 源自气动检测器。气动检测器内密封的气体和待测气体相同(通常是待测气体和氩气的混合气)，所以光源光谱的连续辐射到达检测器后，它只对待测气体特征吸收波长的光谱有灵敏度，不需要分光就能得到很好的选择性。

3. 红外线气体分析器结构

红外线气体分析器由发送器和测量电路两大部分构成。

(1) 发送器

发送器是红外分析器的“心脏”，它将被测组分的浓度变化转化为某种电参数的变化，再通过相应的测量电路转换成电压或电流输出。

发送器由光学系统和检测器两部分组成。

光学系统的构成部件主要有：红外辐射光源组件(包括红外辐射光源、反射体和切光装置)和气室、滤光元件(包括测量气室、参比气室、滤波气室和干涉滤光片)。

反射体是将红外线辐射能尽可能“收集”并全部按规定方向传送出去。切光装置的作用是把光源发出的红外光变成断续的光，即对红外光进行频率调制。调制的目的是使检测器产生的信号成为交流信号，便于放大器放大，同时可以改善检测器的响应时间特性。

测量气室连续地通过待测气体，参比气室完全密封并充有中性气体(多为 N_2)。滤波气室内部充有干扰组分气体，吸收其相对应的红外能量以减少被测气体中干扰组分的影响。采用滤光片可以改变测量气室的辐射通量和光谱成分，消除或减少散射辐射和干扰组分吸收辐射的影响，仅使具有特征吸收波长的红外辐射通过。

(2) 测量电路

红外线气体分析器中使用的检测器目前主要有：薄膜电容检测器、微流量检测器、光电导检测器和热电检测器。前两种属于气动检测器。

薄膜电容检测器是红外线气体分析器长期使用的传统检测器，目前使用仍然较多。薄膜电容检测器又称薄膜微音器，由金属薄膜片动极和定极组成电容器，当接收气室内的气体压力受红外辐射能的影响而变化时，推动电容动片相对于定片移动，把被测组分浓度变化转变成电容量变化。

4. 红外线气体分析器的特点

(1) 能测量多种气体

除了单原子的惰性气体(如 He、Ne、Ar 等)和具有对称结构无极性的双原子分子气体(如 N_2、H_2、O_2、Cl_2 等)外，CO、CO_2、NO、NO_2、SO_2、NH_3 等无机物，CH_4、C_2H_4 等烷烃、烯烃和其他烃类及有机物都可用红外分析器进行测量。

(2) 测量范围宽

可分析气体的上限达 100%，下限达百万分之几的浓度。

(3) 灵敏度高

具有很高的检测灵敏度，气体浓度有微小变化都能分辨出来。

(4) 测量精度高

一般都在±2%FS，不少产品达到或优于±1%FS。与其他分析手段相比，它的精度较高且稳定性好。

(5) 反应快

响应时间 T_{90}一般在 10s 以内。

(6) 有良好的选择性

红外分析器有很高的选择性系数，因此它特别适合于对多组分混合气体中某一待分析组分的测量，而且当混合气体中一种或几种组分的浓度发生变化时，并不影响对待分析组分的测量。因此，用红外分析器分析气体时，只要求背景气体(除待分析组分外的其他组分都叫背景气体)干燥、清洁和无腐蚀性，而对背景气体的组成及各组分的变化要求不严，特别是采取滤光技术以后效果更好。

四、烟气在线分析系统

烟气中的 SO_2、NO_x 大量排入大气，与大气中的 H_2O、O_2 发生反应，会生成硫酸、硝酸分子，是形成酸雨的主要原因。监测烟气中的氧含量，将空气过剩系数控制在合理的范围之内，可以达到经济燃烧的目的。烟气在线分析系统可对裂解炉排放烟气中的气态污染物的浓度和氧含量进行连续的、实时的跟踪测定。气态污染物包括烟气中的 SO_2、NO_x、NH_3 等。

由于烟气中需要测量的组分比较多，一般选用紫外气体分析器，红外气体分析器、顺磁氧气体分析器组合完成在线分析测量。

1. 烟气在线分析系统采样

根据测量方式不同，烟气在线分析系统一般可分为抽取采样法、直接测量法两类。

(1) 抽取采样法

直接抽取采样法是由隔膜泵抽吸，经取样探头粗过滤除尘、加热保温管线传送，再经冷凝除湿、细过滤除尘、流量调节等预处理环节后送入分析仪进行分析。见图 10.2-1。分析仪测得的是干基样品中的污染物浓度，可直接测得干烟气中污染物含量；另外由于烟尘和水汽已从样气中除去，所以分析仪的测量精度高。

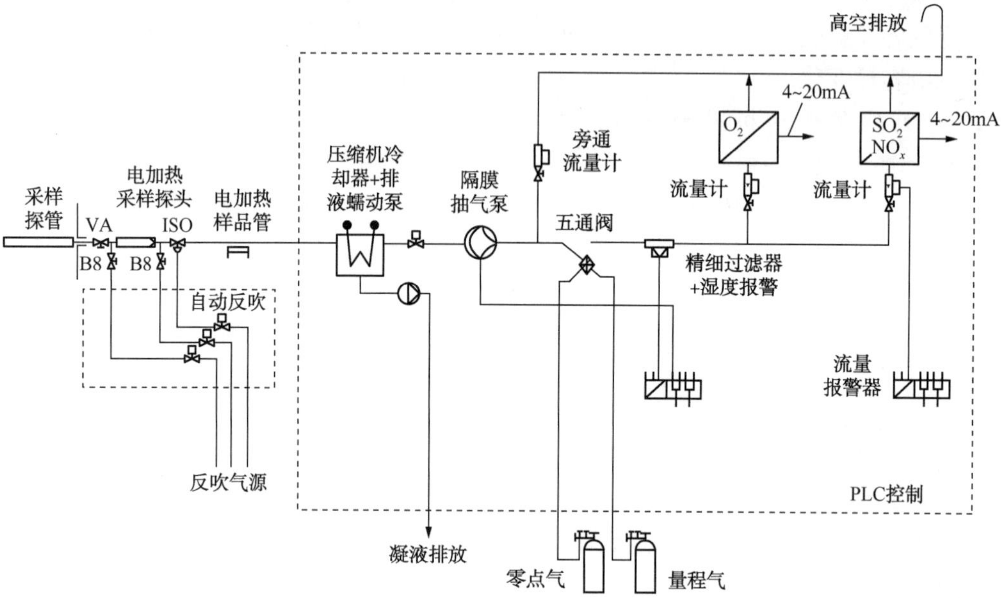

图 10.2-1　直接抽取法采样和样品处理系统流程图

但需要注意以下几点：

① 样品需伴热保温传送(温度保持在 140~160℃之间)；

② 样品需降温、除水等预处理；

③ 在高硫分场合有酸冷凝的可能，采样和预处理部件要防腐蚀；

④ 采样流量较大，过滤器易堵塞，需定期进行反吹扫。

(2) 直接测量法监测系统

直接测量法是将分析仪安装在烟道上(或烟道旁路上)，将一束红外或紫外光直接照射到烟道中，利用气体的特征吸收光谱进行分析。它不需要采用抽取法采样在烟道外进行分析，分析仪测得的是湿基样品中的污染物浓度。

由于烟道内颗粒物、水滴和水雾对吸光效应产生干扰，会影响分析精度。另外分析仪表安装在烟囱上，易遭受雷击，安装位置气候条件、环境温度的变化和振动均会影响到测量精度和可靠性。

因此绝大多数烟气在线分析系统都采用直接抽取法。

2. 烟气在线分析系统分析仪器

直接抽取采样法烟气在线分析系统使用的分析仪器，目前大多采用多组分红外或紫外气体分析器。通常增设一个顺磁式氧分析模块，同时测得烟气中的氧含量。上一节已经介绍了红外线气体分析器，在烟气在线分析系统中，红外线气体分析器主要用来测量 CO_2、NO。下面简略介绍紫外气体分析器、顺磁式氧分析器。

3. 紫外气体分析器

紫外-可见分光光度法、红外吸收光谱法均属于分子吸收光谱法。

如果用红外线照射分子，则此电磁辐射的能量不足以引起电子能级的跃迁，只能引起振动能级和转动能级的跃迁。

电子能级跃迁所需的能量较大，由于电子能级跃迁而产生的吸收光谱主要处于紫外及可见光区。这种吸收光谱称为电子光谱或紫外-可见光谱。

（1）测量原理

紫外吸收光谱是分子在紫外波段吸收能力的定量描述。当探测光束的波长与分子的特征吸收峰重合时，分子对光能的吸收会有一个极大值，根据吸收峰处的分子吸收截面，从光强的透过率可以反演出分子的浓度。

（2）紫外分光光谱仪的基本构成

紫外分光光谱仪利用一个宽带光源覆盖多种组分的吸收谱线，通过分光系统来获取光谱中各个波长的光强变化，从中分离提取出多种组分的特征吸收谱线，进行浓度反演。与固定分光式紫外光度计相比，它适用于同时检测多种特征吸收峰特别是吸收峰相互重叠的物质。

紫外分光光谱仪主要由紫外光源、测量室、分光光谱仪三大部分组成，紫外光源提供仪器工作波段内的宽带光谱，通过光纤传输，使紫外光穿透盛装在样品室内或流过样品室的待测样品，再传输到分光光谱仪，经分光元件分光后，各种不同波长的光能量由探测器采集并送至数据处理模块，通过光谱分析得到各待测组分的浓度。见图 10.2-2。

（3）紫外分光光谱仪的特点

紫外分光光谱仪采用多通道光谱和 DOAS（差分光学吸收光谱）技术，依据测量原理本身可以抗粉尘、水分等的干扰。

由于各种气体分子在不同波段对光波有不同的吸收，多通道光谱技术通过对气体吸收后的连续光谱的分析，可同时测量 SO_2、NO、NO_2 等气体的浓度（图 10.2-3）。

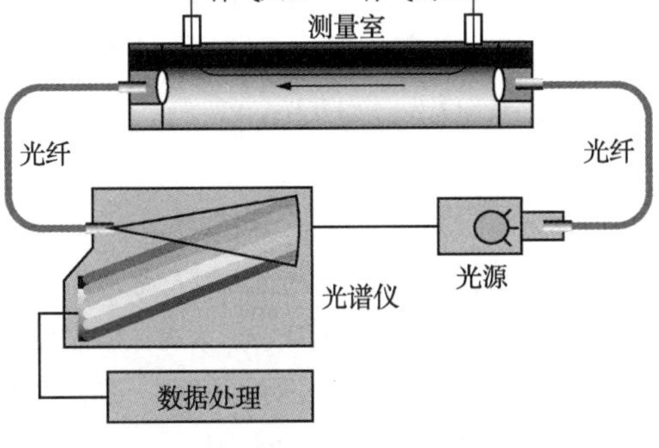

图 10.2-2　紫外分光光谱仪的基本构成

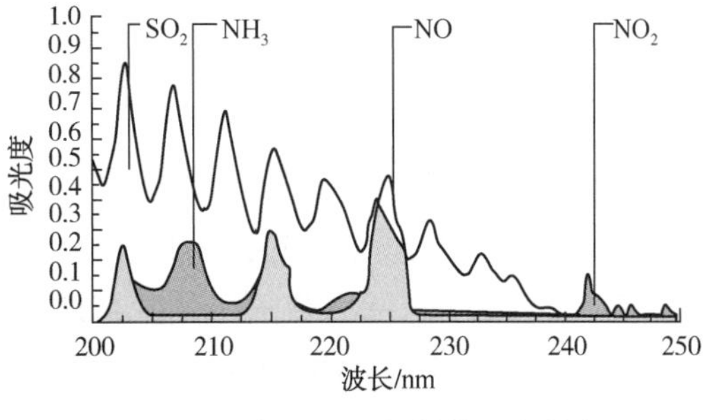

图 10.2-3　紫外波段烟气体吸收谱线图

4. 顺磁式氧分析器

顺磁式氧分析器，是根据氧气的体积磁化率比一般气体高得多，在磁场中具有极高顺磁特性的原理制成的一类测量气体中氧含量的仪器。

（1）测量原理

任何物质在外界磁场的作用下都会被磁化，呈现出一定的磁特性。气体介质处于磁场中也会被磁化，根据气体的不同也分别表现出顺磁性或逆磁性。如 O_2、NO、NO_2 等是顺磁性气体，H_2、N_2、CO_2、CH_4 等是逆磁性气体。

顺磁性气体的体积磁化率与压力成正比，而与热力学温度的平方成反比。在气体压力增高时，其体积磁化率与压力成正比相应增大；而气体温度升高时，其体积磁化率急剧下降。

（2）磁力机械式氧分析器工作原理

在一个密闭的气室中，装有两对不均匀磁场的磁极，它们的磁场强度梯度正好相反。两个空心球（内充纯净的氮气或氩气）置于两对磁极的间隙中，金属带固定在壳体上，这样，哑铃只能以金属带为轴转动而不能上下移动。在哑铃与金属带交点处装一平面反射镜。

如图 10.2-4 所示，由光源发出的光投射在平面反射镜上，反射镜再把光束反射到两个光电元件（如硅光电池）上。在被测样气不含氧时，空心球处于磁场的中间位置，此时，平面反射镜将光源发出的光束均衡地反射在两个光电元件上，两个光电元件接受的光能相等。一般两个光电元件采用差动方式连接，因此，光电组件输出为零，仪表最终输出也为零。

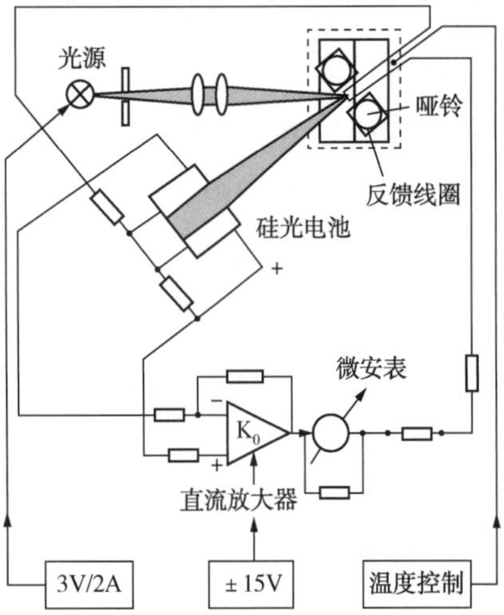

图 10.2-4　磁力机械式氧分析器原理示意图

当被测样气中有氧存在时，氧分子受磁场吸引，沿磁场强度梯度方向形成氧分压差，其大小随氧含量不同而异。该压力差驱动空心球移出磁场中心位置，于是哑铃偏转一个角度，反射镜随之偏转，反射出的光束也随之偏移，这时，两个光电元件接受到的光能量出现差值，光电组件有毫伏电压信号输出。被测气体中氧含量越高，光电组件输出信号越大。该信号经反馈放大镜放大作为仪表的输出。

（3）磁力机械式氧分析器的特点

它是对氧的顺磁性直接测量的仪器，在测量中，不受被测气样导热性变化、密度变化等影响。在 0～100% O_2 范围内线性刻度，测量精度较高，测量误差可低至±0.1% O_2。灵敏度高，除了用于常量氧的测量以外，还可用于微量氧（O_2‰级）的测量。

五、氧化锆氧分析器

当烟气中过剩空气量偏大、烟气中氧含量高时，虽然能使燃料得到充分燃烧，但过剩空气带走的热量多，导致热效率低。与此同时，因过量的 O_2 与燃料中的 S 及烟气中的 N_2 在高温下将生成 SO_2、SO_3 和 NO_x 一类的有害物质，对环境产生污染。由此可见，要达到锅炉经济燃烧，使热效率高而污染小，必须把空气过剩系数控制在合理的范围内。

采用氧化锆氧分析器监测烟气中的氧含量，将空气过剩系数控制在合理的范围之内，可以达到经济燃烧的目的。同时，当锅炉处于经济燃烧状态时，烟气中 SO_2 和 SO_3 含量低，既减少了环境污染又降低了锅炉尾部腐蚀，从而延长了炉龄。

1. 测量原理

固体电解质是离子晶体结构，靠空穴使离子运动而导电。氧化锆固体电解质具有高温导电性。

在氧化锆固体电解质的两侧，用多孔铂层作为电极，再在电极上焊上铂丝作为引线，就构成了氧浓差电池。在高温下，氧就会从分压大的一侧向分压小的一侧扩散，这种扩散是氧分子离解成氧离子后通过氧化锆的过程。这些氧离子进入电解质后，通过晶体中的空穴向前运动到达铂电极，发生氧化反应。铂电极由于大量得到电子而带负电，成为氧浓差电池的负极或阴极。这样在两个电极上由于正负电荷的堆积而形成氧浓差电动势。当用导线将两个电极连成电路时，负极上的电子就会通过外电路流到正极，再供给氧分子形成氧离子，电路中就有电流通过。见图 10. 2-5。

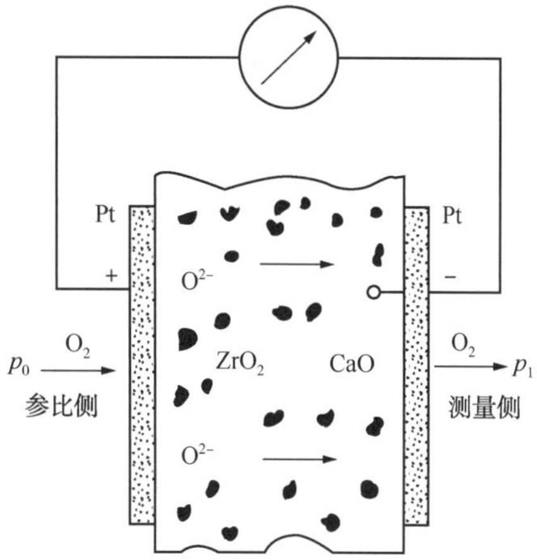

图 10. 2-5　氧浓差电池原理图

氧浓差电动势的大小，与氧化锆固体电解质两侧气体中的氧浓度有关。

2. 仪器类型和适用场合

根据氧化锆探头结构型式和安装方式的不同，可把氧化锆氧分析器分为直插式和抽吸式两类。

（1）直插式氧化锆氧分析器

将探头直接插入烟道中进行分析。高温直插式氧化锆探头本身不带加热炉，靠高温烟气加热，适用于 700～900℃的烟气测量，主要用于高温烟气分析场合。

（2）抽吸式氧化锆氧分析器

这类分析器的氧化锆探头安装在烟道壁或炉壁之外，将烟气抽出后再进行分析。它主要用于烟气温度 700～1400℃的场合。

加热炉烟气温度高达 900～1400℃，这种场合就不能采用直插式探头进行测量，而将高温烟气从炉内引出，散热后温度降低，再流过恒温的氧化锆探头就可以获得满意的结果。

如前所述，高温直插式氧化锆探头可用于 700～900℃的烟气测量，但当燃烧系统不稳定时，这种探头易受烟气温度波动和高温烟气的影响，使其应用受到一定限制。这种场合也可采用抽吸式氧化锆氧分析器进行测量，从而避免高温烟气对探头的影响。

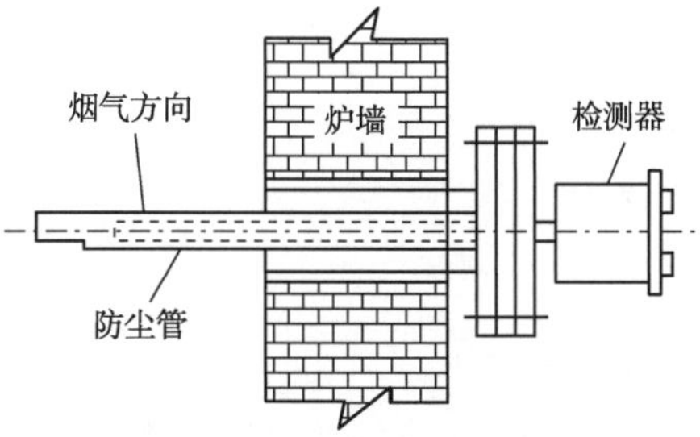

图 10. 2-6　直插式氧化锆探头示意图

3. 直插式氧化锆氧分析器

直插式氧化锆氧分析器的突出优点是：结构简单、维护方便、反应速度快和测量范围广，特别是它省去了取样和样品处理环节，从而避免了许多麻烦。

（1）分析器结构

直插式氧化锆氧分析器由氧化锆探头（检测器）和转换器（二次表）两部分组成（见图 10. 2-6），两者连接在一起的称为一体式结构，两者分开安装的称为分离式结构。

探头内侧通被测烟气，管外侧通参比气(空气)。参比气管路通参比空气，校准气管路在仪器校准时通入校准气。过滤网用于过滤烟尘。

转换器完成对检测器输出信号的放大和转换。目前在氧化锆氧分析器的转换器中已普遍采用了微处理器技术。转换器由输入处理放大电路、微处理器、温控系统、模拟量输出电路和键盘、显示器等部分组成。

(2) 分析器性能

直插式氧化锆氧分析器的主要性能指标：

测量对象：燃烧排放气体和混合气体(易燃气体除外)中的氧浓度

测量范围：0.01%~100%(体积)O_2

测量量程：在0~5%至0~100%(体积)O_2之间多挡量程

输出信号：4~20mA DC(最大负载电阻550Ω)

预热时间：大约20min

响应时间：5s内达到90%响应

重复性误差：±0.5%FS[在0~25%(体积)O_2范围内]

线性误差：±1%FS[在0~25%(体积)O_2范围内]

零点和量程漂移：±2%FS/月

4. 抽吸式氧化锆氧分析器

与直插式氧化锆探头相比，这种探头的突出特点是：不需要温度控制；不需要参比气体；校准仪器时，吸入空气就可以求得氧浓度对电流的斜率，因而其校准不需要标准气体，也无须多点校准。

(1) 分析器结构

抽吸式探头包括插入烟道中的取样管和置于烟道外的氧化锆氧传感器。高温烟气由压缩空气作动力的喷射泵从烟道中抽出，烟气从传感器入口的毛细管吸入，从空气出口排出，控制压缩空气的压力就能控制吸入的流量。氧化锆元件的两侧表面烧结了多孔金属电极，锆管的工作温度为700℃，由内腔的电加热器加热。示意图见图10.2-7。

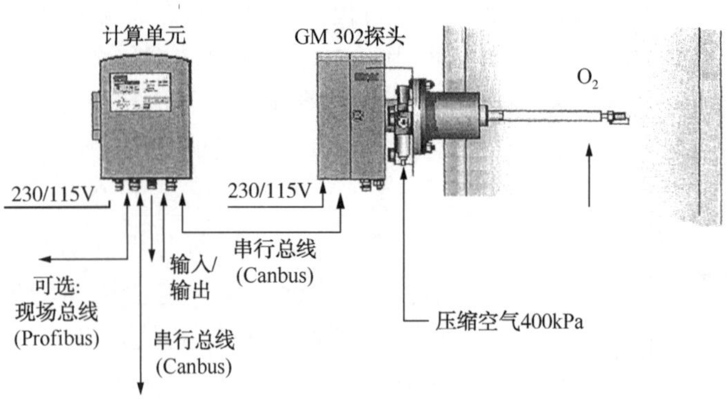

图10.2-7　抽吸式氧化锆氧分析器示意图

采样探头插入烟道中，其端部装有不锈钢或陶瓷过滤器。烟气由空气抽吸器(喷射泵)从烟道中抽出，其中大部分烟气直接返回烟道，恒定流量的一小部分烟气(样气)先后流经可燃气体探头、氧化锆探头后返回烟道。样气流经的所有部件都由电加热器加热，使样气保持在露点温度以上。

抽吸式氧化锆探头多采用一种电流型的氧传感器，它的工作原理不同于直插式氧化锆探头。直插式探头采用电势法，测量的是锆管两侧的电势差，其原理属于电位分析法；而抽吸式探头采用电流法，在多孔金属电极两侧施加一直流电压，测量通过锆管的离子流。

插入炉壁内的采样部件如采用耐用合金钢 RA330 探头/过滤器组件，可测样气温度至 1025℃；采用陶瓷探头/过滤器组件，可测样气温度至 1530℃。对于腐蚀性气体，可采用 Hastelloy 和 Inconel 材料制成的采样部件。

（2）分析器性能

氧化锆氧分析器的主要技术性能如下：

1）技术参数

- 测量范围：最小 0~10%（体积）O_2，最大 0~25%（体积）O_2
- 测量精度：±2%FS
- 响应时间：$T_{90}<15s$（对于探头长度≤1000mm）
- 被测气体温度：700℃/950℃/1400℃（取决于取样管材料）
- 被测气体压力：10~70kPa（标准型，其他根据需要）
- 环境温度：-20~+55℃
- 模拟输出：0/4~20mA
- 数据接口：RS232/RS422/Profibus/Canbus
- 防护等级：IP65/NEMA4X
- 供电：115/230VAC±10%，48~62Hz；典型功耗 310VA，过滤器加热 500VA

2）取样管的类型

- 标准型：<700℃，采用不锈钢材料；700~950℃，采用 MEV 铬镍铁合金 600；有高粉尘型可选
- 湿气型（低于露点）：过滤器和取样管是加热的
- 高温/高粉尘类型：<1400℃，采用 MEVA1203 合金，保护管用不透气的 SiC（金属陶瓷）

3）对仪表空气或压缩空气的要求

- 压力：$(3\sim4)\times10^5$Pa
- 空气消耗量：2Nm^3/h
- 露点温度：<3℃
- 含油量：<1mg/m^3

六、电极式电导率仪

在锅炉运行过程中，很重要的一个问题是给水的品质以及蒸汽中的含盐量，如果给水中盐分含量较大，就会在锅炉及过热器内壁结垢，降低其传热效率，还会使器壁过热而造成破裂，甚至于爆炸。此外，盐分随着蒸汽进入蒸汽透平，会使透平机的阀门堵塞，并沉积在透平机的叶片上，造成事故。因此测量给水或蒸汽中含盐量的多少，对保护设备及安全操作是至关重要的。

测量蒸汽中的含盐量的方法是把蒸汽冷凝成液体，通过测量冷凝液的电导率就可知道

含盐量的高低。

1. 测量原理

电导率仪基于电解质在溶液中离解成正负离子，溶液的导电能力与离子有效浓度成正比的原理工作，通过测量溶液的导电能力间接得知溶液的浓度。

电极式电导率仪的电极与溶液直接接触，因而容易发生腐蚀、污染、极化等问题，测量范围受到一定限制。它适用于低电导率(一般为 μS/cm 级)洁净介质的测量，常用于工业水处理装置的水质分析等场合。

2. 基本构成

电极式工业电导率仪一般由电导池和转换器两个部分组成。转换器又称变送器，它的作用是将电导或电阻的变化转换成直流电压或电流信号。

(1) 电导池

电导池又称检测器或发送器，它与被测溶液直接接触，将溶液的浓度变化转变为电导或电阻的变化。电导池通常由电极、温度补偿电阻、接线端子和电极保护套管等组成。根据安装场所和安装方式的不同，电导池有多种结构型式，常见的几种如图 10.2-8 所示。

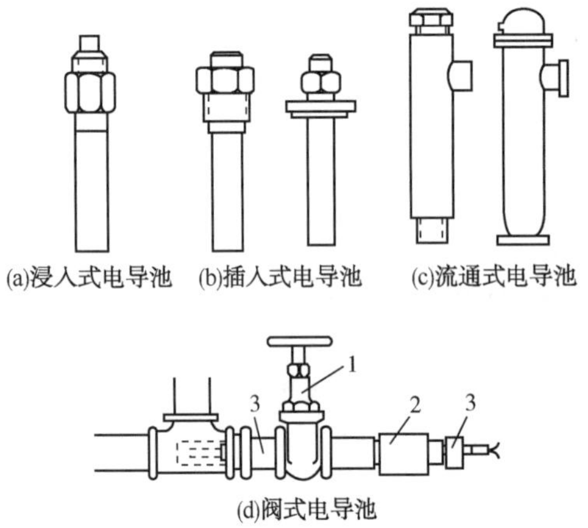

图 10.2-8　几种电导池的外形图

图 10.2-8(a)是浸入式电导池，它直接浸没在被测介质中，或通过活接头固紧在工艺设备上，一般用在要求不高的常压场合。

图 10.2-8(b)是插入式电导池，它的外套管上带有螺纹接口或法兰盘，安装时通过螺纹或法兰与工艺设备相连接，能保证一定的插入深度，垂直安装或水平安装均可，可用在有一定压力的场合。

图 10.2-8(c)是流通式电导池，它通过螺纹或法兰与工艺管道相连接，被测介质由下部进入，通过电导池后再由上部侧向流出。这种电导池安装在工艺管道系统中，由于样品是直接流过电极的，所以其响应速度比较快。

电极是电导率仪的核心部件，制作电极的材料应满足一定要求，如物理化学性质稳定，耐腐蚀，能承受一定的压力和温度以及便于加工制作等。目前普遍采用的电极材料有铂、镍镀铂、铜镀铬、不锈钢、钛合金和石墨等。

电极常数又称为电导池常数或池常数。不同型式的电极具有不同的电极常数。一般测量高电导率溶液时，采用较大电极常数的电极；测量低电导率溶液时，则采用较低电极常数的电极。

由于电导池本身结构、材料以及温度补偿范围的限制，被测样品的温度和压力不能太高，各种电导仪都规定了耐温、耐压界限。当被测样品温度和压力超出该界限时，必须先将样品冷却到规定的温度值，然后减压，再引入电导池。

(2) 转换器

工业电导仪转换器一般包括测量电路、振荡器、交流放大及整流、电容补偿、温度补偿、稳压电源等基本部分。

七、工业 pH 计

1. 测量原理

pH 计是采用电位分析法测量溶液 pH 值的仪器。电位分析法是在零电流条件下测定两电极间的电位差，即电池的电动势。

2. 基本构成

工业 pH 计由传感器和转换器两个部分构成，信号电势用特殊的低噪音同轴屏蔽电缆传送。

(1) 传感器

传感器由指示电极、参比电极组成。

测定 pH 值常用的指示电极是 pH 玻璃电极。电极电位恒定且不受待测离子影响的电极称为参比电极。常用的参比电极有甘汞电极和银-氯化银电极。

目前工业 pH 计中的传感器普遍采用将指示电极和参比电极组装在一个探头壳体中的复合电极，如图 10.2-9 所示。

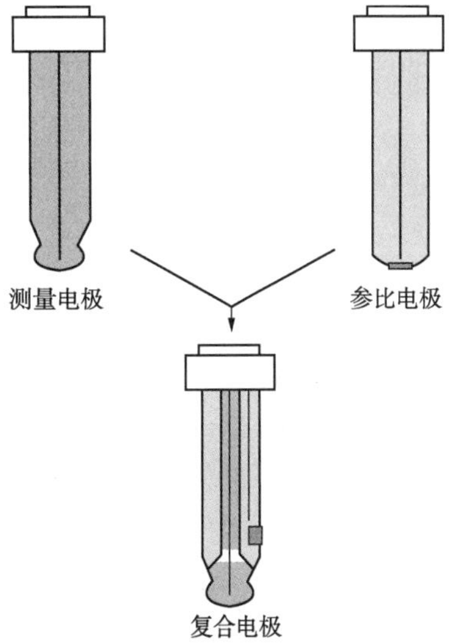

图 10.2-9 复合电极组成示意图

当被测溶液流经传感器时，两电极和被测溶液就构成了一个化学原电池，两电极间产生了一个电势差，该电势差值的大小与被测溶液的 pH 值成对数关系，它将被测溶液的 pH 值转变为电信号。

pH 玻璃电极测量结果准确，目前采用玻璃电极的工业 pH 计测量误差可达±0. 02pH；测定 pH 值时不受溶液中氧化剂或还原剂存在的影响，但是比较容易破碎。

(2) 转换器

工业 pH 计转换器由电子部件组成，其作用是将传感器检测到的电势信号放大，处理后显示测量结果，并转换为标准信号输出。

3. 汽包高温高压锅炉给水的减温减压处理

图 10.2-10 为乙烯裂解装置汽包锅炉给水水质监测系统原理结构图。该系统采用一台 pH 计和一台电导仪测量锅炉中水的酸碱度和电导率。被测水样温度 320℃，压力 11. 5MPa，经图中的减温减压器进行处理，以适合仪器的测量要求。

被测高温高压水样先后经套管式水冷器(0701)降温和液体减压阀降压，然后经压力、流量调节后，送入 pH 计(0602)和电导仪(0601)进行测量。

套管式水冷器内管中通被测样水，外管中通冷却水，内、外管液体逆向流动。液体减压阀(0201)采用间隙减压原理工作，液体流经一条狭窄的缝隙后达到减压的目的。图中的压力表(0301)和温度计(0302)用于监测减温减压效果，以免温度、压力超出仪器测量要求。

减温减压器的主要技术指标为：

样水温度：可由 320℃降至 90℃以下

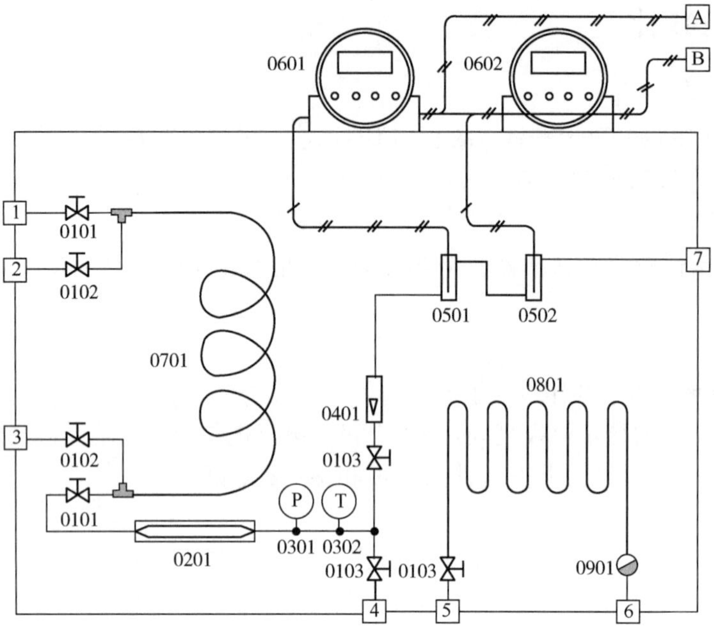

图 10.2-10　汽包锅炉给水水质监测系统原理结构图

样水压力：可由 11.5MPa 降至 0.5MPa 以下

样水流量：≤2L/min

冷却水压力：≥0.5MPa

减温减压部件材质：316 耐热不锈钢

减温减压部件压力等级：≥*PN*25MPa

减温减压部件耐温性能：≥400℃

八、工业气相色谱仪

乙烯裂解炉产生的裂解气成分复杂，包括 H_2、CO 等不凝气及 C_1 ~ C_3 组分的气相烃和 C_4 及 C_4 以上的液相烃。裂解炉采样点需要同时分析多种组分，裂解操作要求能对温度、压力、流量、组分的变化做出快速反应，有效地控制裂解深度，通常选用工业气相色谱仪。

工业气相色谱仪利用先分离、后检测的原理进行工作，是一种大型、复杂的仪器，具有选择性好、灵敏度高、分析对象广以及多组分分析等优点。

1. 测量原理

采用气相色谱分析法，多组分的混合气体通过色谱柱时，被色谱柱内的填充剂所吸收或吸附，由于气体分子种类不同，被填充剂吸收或吸附的程度也不同，因而通过柱子的速度产生差异，在柱出口处就发生了混合气体被分离成各个组分的现象。见图 10.2-11。

2. 工业气相色谱仪的构成

工业气相色谱仪由分析器、控制器和采样单元三个部分组成，分析器、采样单元均在控制器的控制下按动作程序协调工作，当出现“样品流量低”等情况时，采样单元发出报警信号，控制器指挥分析器和其信息处理部分采取相应措施加以应对。

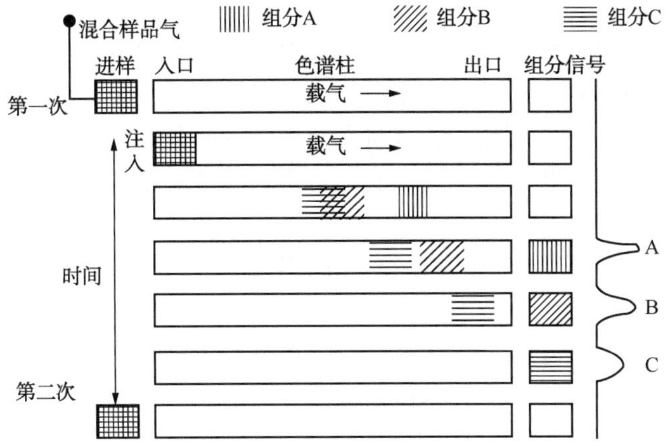

图 10.2-11　混合气体通过色谱柱后被分离成各个组分示意图

工业气相色谱仪系统的分析过程简述如下：工艺气体经取样和预处理装置变成洁净、干燥的样品连续流过定量管，取样时定量管中的样品在载气的携带下进入色谱柱系统。样品中的各组分在色谱柱中进行分离，然后依次进入检测器。检测器将组分的浓度信号转换成电信号。微弱的电信号经放大电路后进入数据处理部件，最后送主机的液晶显示器显示，并以模拟或数字信号形式输出。程序控制器按预先安排的动作程序控制系统中各部件自动、协调、周期地工作。温度控制器对恒温箱温度进行控制。见图 10.2-12。

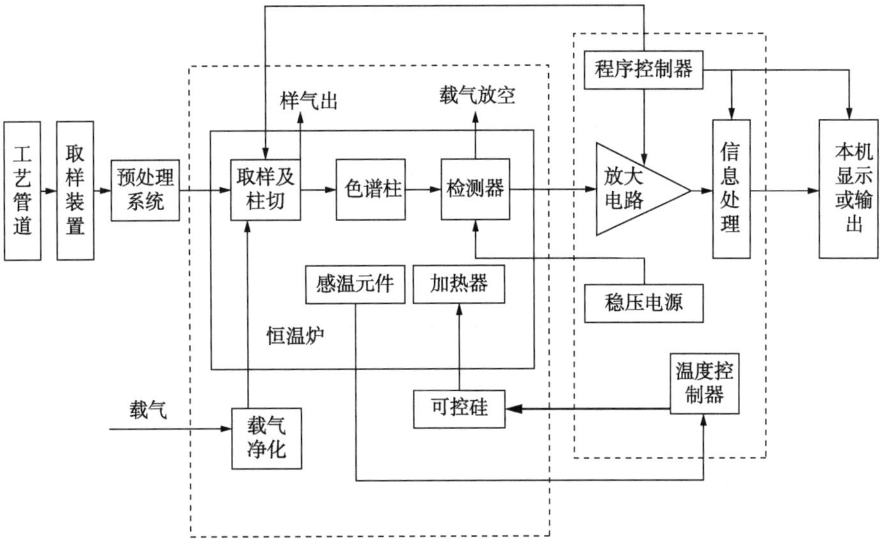

图 10.2-12　工业气相色谱仪的方框图

工业气相色谱仪的主要组成部件简介如下：

(1) 采样单元

包括样品处理、流路切换、大气平衡部件等，对样品进行流量、压力调节和过滤处理，如果样品含尘、含水量较大，或含有对分析器有害的组分，则需另设样品处理系统预先加以处理。

（2）分析器

包括进样系统、分离系统、温控系统，主要由以下部件组成：

自动进样阀：周期性向色谱柱送入定量样品。

色谱柱系统：利用各种物理化学方法将混合组分分离开。

恒温炉：给分析器提供恒定的温度，在程序升温型的色谱仪中，还需要设置程序升温炉供色谱柱按程序升温。

检测器：据某种物理或化学原理将分离后的组分浓度信号转换成电量。

（3）控制器

控制器的功能包括：炉温控制、进样、柱切和流路切换系统的程序控制、对检测器信号进行放大处理和数值计算、本机显示操作和信号输出，与 DCS 通信等。

控制器内的电路包括检测器信号的放大电路，数据处理电路，炉温控制电路，进样、柱切和流路切换系统的程序控制电路，显示操作电路，模拟和接点信号输入/输出电路，数据通信电路，电源稳压和分配电路等。控制器内装的应用软件包括各种程序控制、色谱信号处理和计算、系统故障诊断、显示操作、输入/输出、通信软件等。

除了上述部件之外，还有气路控制指示部件(其作用是对进入仪器的载气及辅助气体进行稳压、稳流控制和压力、流量指示)、防爆部件(各种隔爆、正压、本安防爆部件及其报警联锁系统)等。

3. 工业气相色谱仪的主要性能指标

（1）测量对象

工业气相色谱仪的测量对象是气体和可汽化的液体，一般以沸点来说明可测物质的限度，可测物质的沸点越高说明可分析的物质越广。目前能达到的指标见表 10. 2-2。

表 10. 2-2　过程气相色谱仪的测量对象

炉体类型	最高炉温/℃	可测物质最高沸点/℃
恒温炉	130	150
空气浴加热炉	225	270
程序升温炉	320	450

恒温炉仅适用于沸点不高、沸程较窄的样品分析。

空气浴加热炉采用不锈钢炉体，热空气加热，由于循环流动的热空气兼有吹扫(将可能泄漏的危险气体稀释)和正压防爆(防止外部危险气体进入)两种作用，因而其最高炉温不受防爆温度组别的限制。

程序升温炉可以使柱温按预定的程序逐渐上升，让样品中的每个组分都能在最佳温度下流出色谱柱，使宽沸程样品中所有组分都获得良好的峰形，并可缩短分析周期。

（2）测量范围

这是一个很重要的性能指标，能充分体现仪器的性能，测量范围主要体现在分析下限，即 10^{-6} 及 10^{-9} 级的含量可否分析。目前能达到的指标为：

TCD 检测器分析下限一般为 10×10^{-6}；

FID 检测器分析下限一般为 1×10^{-6}；

FPD 检测器分析下限一般为 50×10^{-9}。

① 热导检测器(TCD)，测量范围较广，几乎可以测量所有非腐蚀性成分，从无机物到碳氢化合物。它利用被测气体与载气间及被测气体各组分间导热系数的差别，使测量电桥产生不平衡电压，从而测出组分浓度。TCD 无论过去还是现在都是色谱仪的主要检测器，它简单、可靠、比较便宜，并且具有普遍的响应。其最低检测限一般为 10×10^{-6}，横河 HTCD 高性能热导检测器可达 1×10^{-6}数量级。

② 氢火焰离子化检测器(FID)，适用于对碳氢化合物进行高灵敏度(微量)分析。碳氢化合物在高温氢气火焰中燃烧时，发生化学电离，反应产生的正离子在电场作用下被收集到负极上，形成微弱的电离电流，此电离电流与被测组分的浓度成正比。其最低检测限一般为 1×10^{-6}。

③ 火焰光度检测器(FPD)，对含有硫和磷的化合物灵敏度高，选择性好，比 FID 高 3~4 个数量级。在 H_2 火焰燃烧时，含硫物发出特征光谱，波长为 394nm，含磷物为 526nm，经干涉滤光片滤波，用光电倍增管测定此光强，可得知硫和磷的含量。其测量范围一般在 1×10^{-6}~0.1%之间。

(3) 重复性

重复性也是过程色谱仪的一项重要指标。

目前，色谱仪的重复性误差一般为：

100%~500×10^{-6}	±1%FS
500×10^{-6}~50×10^{-6}	±2%FS
50×10^{-6}~5×10^{-6}	±3%FS
$<5\times10^{-6}$	±4%FS

(4) 分析流路数

目前，色谱仪分析流路最多为 31 个(包括标定流路)，实际使用一般为 1~3 个流路，少数情况为 4 个流路。但要说明以下几点：

① 对同一台色谱仪，各流路样品组成应大致相同，因为它们采用同一套柱子进行分析。

② 分析某一流路的间隔时间是对所有流路分析一遍所经历的时间，所以多流路分析是以加长分析周期时间为代价的。当然也可根据需要对某个流路分析频率高些，对其他流路分析频率低些。总之，多流路的分析会使分析频率降低，以致不能保证 DCS 对分析时间的要求。

③ 一般推荐一台色谱仪分析一个流路。当然对双通道的色谱仪(有两套柱系统和检测器)来说，其本身具有两台色谱仪的功效，可按两台色谱仪考虑。

(5) 分析组分数

分析组分数是指单一采样点(流路)中最多可分析的组分数，或者说软件可处理的色谱峰数，这也不是一个很重要的指标。通常的分析不会需要太多的组分，而只对工艺生产有指导意义的组分进行分析，分析组分太多会使柱系统复杂化，分析周期加长。目前，色谱仪测量组分数最多为：恒温炉 50~60 个，程序升温炉 255 个，实际使用一般不超过 6 个组分。

(6) 分析周期

分析周期是指分析一个流路所需要的时间，从控制的角度讲，分析周期越短越好。色谱仪的分析周期一般为：

填充柱：无机物3~6min，有机物6~12min；

毛细管柱：1min左右。

4. 色谱柱系统和柱切技术

(1) 色谱柱的类型

工业气相色谱仪使用的色谱柱主要有填充柱、微填充柱、毛细管柱三种类型。

填充柱是填充了固定相的色谱柱，内径一般为1.5~4.5mm，以2.5mm左右居多。微填充柱是填充了微粒固定相的色谱柱，内径一般为0.5~1mm。二者也可不加区分，统称为填充柱。填充柱的柱管采用不锈钢管。

毛细管柱是指内径一般为0.1~0.5mm的色谱柱。毛细管柱的柱管多采用石英玻璃管。

目前，工业气相色谱仪中大量使用的是填充柱，仅在分离高沸点重组分时使用毛细管柱。

(2) 色谱柱系统和柱切技术

工业气相色谱仪中使用的色谱柱是由几根短柱组合成的色谱柱系统，通过柱切换阀的动作，采用反吹、前吹、中间切割等柱切技术，提高分离速度，缩短分析时间，以适应在线分析的要求。

对色谱柱系统的要求是：

① 能对样品中所有组分进行分离，每个周期内所有组分都能从柱系统中流出。

② 要求其适应的范围较宽，在生产装置不正常时也应能连续提供可靠的数据。

③ 柱系统必须能够防止不可逆或具有过强吸附能力的组分进入。

④ 柱系统的稳定性、抗毒性好，寿命至少半年以上。

⑤ 柱系统尽可能简单，便于调整维护。

⑥ 柱系统温度应比室温高20℃以上。

色谱柱系统柱切技术的主要作用：

① 缩短分析时间，使不要的组分不经过分离柱(主分柱)。如轻烃混合气内存在重组分，完全分离要耗费很长时间。为此，当需要分析的组分从预切柱出来以后就让重组分离开系统，只让需要分析的组分进入主分柱中分离，然后在检测器内测定，这样就缩短了分析时间。

② 保护主分柱和检测器，除去样品中对主分柱和检测器造成危害的有害组分。如水或一些有机组分，由于它们的吸附特性强，会逐渐积累而使柱子活性降低甚至失效。这时，可以用气液柱作预切柱，将有害组分在主分柱前面排除出系统。

③ 改善组分分离效果，吹掉不测定的而又会因为扩展影响小峰的主峰。

④ 改变组分流径，选用不同长度和不同填充剂的柱子，进行有效分离。如某些样品内有机组分和无机组分都有，它们的选择性比较强，需要用不同长度和填充物的柱子分离，柱子之间又不能串接，以免影响分离效果和柱寿命。如炉气分析中，H_2、N_2、CH_4和CO可以用分子筛柱分离，而CO_2必须用硅胶柱分离。这就需要在柱系统设计时采取措施，改变各组分的流径，使它们分开流动，进入各自对应的色谱柱中。

九、工业质谱仪

工业质谱仪可以对工业流程中的气体进行定性、定量实时检测，可以对10多个气路，每路多达9~16种成分进行分析，通过自动气路切换、自动校准和自动数据采集处理，连续不断地给出各气路中各种成分的含量，测量范围可以达到100%~10×10^{-6}，分析速度极快，仅用几秒钟到20多秒就能对一路气流进行全面分析。一套乙烯装置中，裂解炉的数量多，且每台裂解炉需要检测裂解气的组分也多，工业质谱仪由于它的快速及可靠性，得到越来越广泛的应用。一台工业质谱仪可以完成多台工业色谱仪的分析工作。

1. 测量原理

质谱分析法是通过对被测样品离子的质荷此的测定来进行分析的一种分析方法。被分析的样品首先要离子化，然后利用不同离子在电场或磁场运动行为的不同，把离子按质荷比(m/z)分开而得到质谱，通过样品的质谱和相关信息，可以得到样品的定性定量结果。

2. 工业质谱仪的构成

工业质谱仪一般由检测系统、真空系统、电学系统和计算机数据处理系统几个部分组成。

(1) 检测系统

由进样系统、离子源、质量分析器和离子检测器组成。

1) 进样系统

进样系统的作用是将被分析样品送进离子源。工业质谱仪的进样系统常见的有以下两种。

① 多路进样阀系统。可装备16、32、48或64个取样点的多路进样阀，由气动或电动步进马达驱动样品流的选择。多路进样阀的外形如图10.2-13所示。

在任何时刻，只要选定一路气流，该气流就以一定的流量，通过加热毛细管被送到保持在特定压力的"T"形三通处，大部分样气通过减压毛细管被前级机械泵抽走，只有很小一部分样气通过分子漏孔被送入离子源。该系统的响应时间小于0.5s，这是靠使用死容积很小的阀及全部系统保持在80℃而达到的，系统加热可使不易挥发的物质的响应时间减至最小。进样系统的控制由机内处理器实现。

② 电磁阀进样系统。是指采用电磁阀进行多流路切换的进样系统。系统内气体样品的流通回路和毛细管被加热到120℃，以保持样品的气化状态。绝大部分样品由前级机械泵抽走(返回到质谱仪外部的样品管路中)，仅有很小一部分样品通过分子漏孔进入质谱仪的离子源。流路切换和进样过程由时间程序控制，每个流路进样气流的滞留时间约为5s。

图10.2-13　多路进样阀外形图

2) 离子源

离子源是用来使样品分子或原子电离生成离子的装置。离子源是质谱仪器的主要组成部件之一，其作用是使被分析的物质电离成为离子，并将离子会聚成有一定能量和一定几何形状的离子束。

利用具有一定能量的电子束使气态的样品分子或原子电离的离子源称为电子轰击型离子源。电子轰击型离子源能电离气体、挥发性化合物和金属蒸气。因其结构简单、电离效率高、通用性强、性能稳定、操作方便，是质谱仪器中广泛使用的离子源。工业质谱仪的离子源都采用电子轰击型离子源。

3）质量分析器

质量分析器是利用电磁场(包括磁场、磁场与电场组合、高频电场、高频脉冲电场等)的作用将来自离子源的离子束中不同质荷比的离子按空间位置、时间先后或运动轨道稳定与否等形式分离的装置。

目前应用于工业质谱仪的质量分析器有扇形磁场和四极杆两种型式。多采用扇形磁场型式。

① 扇形磁场质量分析器。扇形磁场质量分析器也称为磁扇形或磁场型质量分析器。其主要部件是一电磁铁。自离子源发出的离子束在加速电极电场(800~8000V)的作用下，使质量为 m 的正离子获得 v 的速度，沿直线方向运动，其动能为：

$$zU=\frac{1}{2}mv^2$$

式中，z 为离子电荷数，U 为加速电压。显然，在一定的加速电压下，离子的运动速度与质量 m 有关。

当具有一定动能的正离子进入垂直于离子速度方向的均匀磁场(质量分析器)时，正离子在磁场力(洛仑兹力)的作用下，将改变运动方向(磁场不能改变离子的运动速度)做圆周运动。连续改变 H(磁场扫描)，就可使具有不同 m/z 的离子顺序到达检测器发生信号而得到质谱图。这种质量分析器所用的磁场可以是180°的，也可以是90°或其他角度的，其形状像一把扇子，因此称为扇形磁场分析器。

这种分析器可以把从不同角度进入分析器的离子聚在一起，即具有方向聚焦作用，而且也只有方向聚焦作用，故称单聚焦分析器。图10.2-14是单聚焦质量分析器的原理示意图。

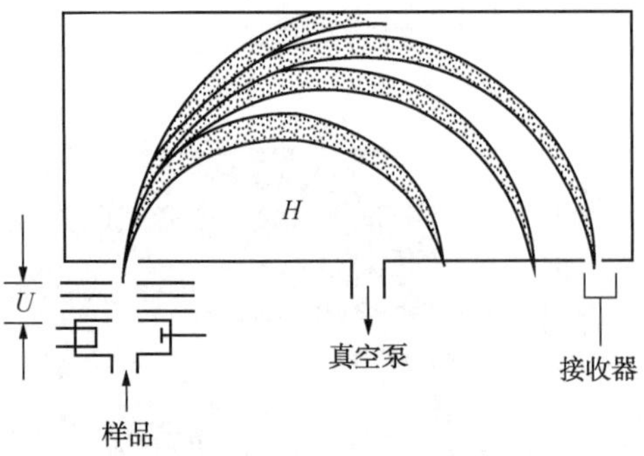

图10.2-14　单聚焦分析器原理示意图

单聚焦分析器结构简单，操作方便，但其分辨率低，不能满足有机物分析的要求。目前只用于气体分析质谱仪和同位素质谱仪中，工业质谱仪中使用的就是这种单聚焦分析器。

② 四极杆质量分析器。四极杆质量分析器由四根相互平行并均匀安置的金属杆构成，金属杆的截面是双曲线形的。

相对的两根极杆为一组，在两组极杆上分别施加极性相反的电压。电压由直流电压和频率为射频的交流电压叠加而成。因此，电压含有直流分量和交流分量。这样，在电极间形成一个对称于 z 轴的电场分布(图10.2-15)。离子束进入电场后，在交变电场作用下产生了振荡，在一定的电场强度和频率下，只有某种质量的离子能通过电场到达检测器，其他离子则由于振幅增大，最后撞到极杆上而被“过滤”掉，并被真空泵抽走。

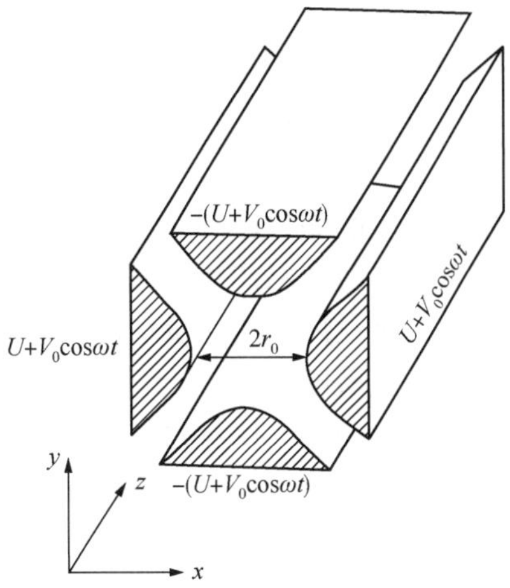

图 10.2-15 四极杆质量分析器原理图

四极杆质量分析器没有笨重的磁铁，结构简单，体积小、成本低；对入射离子的初始能量要求不高，可采用有一定能量分散的离子源；用电子学方法可方便调节质量分辨率和检测灵敏度；改变高频电压的幅度，可以进行质谱扫描，不存在滞后等问题，扫描速度快；离子源离子进入质谱仪的加速电压不高，样品表面几乎没有电荷现象；离子在质谱仪内受连续聚焦力的作用，不易受中性粒子散射的影响，因此对仪器的真空度要求不高，允许在 1.33×10^{-2}Pa 左右。与磁质谱仪器相比，四极杆质谱计的质量分辨率和检测灵敏度都比较低。

4）检测器

检测器是用来接收、检测和记录被分离后的离子信号的装置。样品由进样装置导入离子源，在离子源中被电离成正离子或负离子，离子按质荷比大小由质量分析器分离后，被检测系统接收并记录而获得质谱图。

根据工作原理的差别，离子的接收和检测方法主要有以下两种：

① 直接电测法。离子流直接为金属电极所接收，并用电学方法记录离子流。例如，用法拉第筒或平板电极作为离子接收器。

② 二次效应电测法。利用离子引起的两次效应，产生二次电子或光子，然后用相应的倍增器或电学方法记录离子流。二次电子倍增器以及闪烁检测器就属这一类。

在单聚焦式扇形磁场工业质谱仪检测系统中，有单检测器和多检测器两种配置。在单检测器配置中，离子加速电压固定时，可通过扫描磁场强度来测定 m/z。用这个方法，使特定的离子从离子源出发穿过一个固定半径的路径到达检测器。实际上，当分析很多特定组分时，磁场快速地跳扫，以给出各自的特征峰并聚焦到检测器上。在多检测器配置中，当磁场和加速电压固定时，不同质荷比的离子都有特定的运动轨道半径，并都有各自的离子聚焦点，形成聚焦平面。将离子检测器配置在需要测定的质荷比的聚焦位置上。每一种质荷比即代表所需要测定的组分。

（2）真空系统

质谱仪的离子源、质量分析器及检测器工作时，必须处于高真空状态。工业质谱仪的真空系统通常由低真空泵（前级机械真空泵）、高真空泵（主泵）、电磁阀、真空计等组成。高真空泵常选用涡轮分子泵或溅射离子泵，以获得清洁的高真空，满足质谱仪的工作条件。

3. 工业质谱仪的主要性能指标

（1）质量范围

质量范围是一台质谱仪能够测量的离子质量下限与上限之间的一个范围。实际上质量范围的下限从 0 开始，所以一台仪器的质量范围就是这台仪器所能测量的最大的 m/z 值。这是一个非常重要的参数，因为它决定了可测量的样品的分子量。

（2）分辨率

分辨率是指在给定样品的条件下，仪器对相邻两个质谱峰的区分能力，它是衡量仪器性能的一个极其重要的指标。分辨率的物理意义是仪器在质量数 m 附近能够分辨的最小相对质量差。

分辨率 100 表示在质量数 100 附近，仪器能分辨的质量差 Δm 为 1u；分辨率 1000 表示在质量数 100 附近，仪器能分辨 0.1u，而在质量数 1000 附近则只能分辨 1u 的质量差。同样是分辨 1u 的质量差，离子质量(m)越大，要求的分辨率越高；在相同离子质量数上，分辨率越高，能够分辨的质量差越小，测定的质量精度越高。这说明质量测定精度既和分辨率有关，又与被测离子的质量有关。在相同的分辨率下，测量高质量离子的质量精度低，而测量低质量离子的质量精度高。

(3) 灵敏度

灵敏度是质谱仪对样品量感测能力的评定指标，是指在规定条件下，对选定化合物产生的某一质谱峰，仪器对单位样品所产生的响应值。

(4) 检出限

检出限是指质谱仪可检出的样品最小含量或最小浓度，是表征和评价质谱仪最小检测能力的一个指标。

4. 工业质谱仪使用时需注意事项

(1) 样品处理

工业质谱仪和一般在线分析仪器一样，需要有取样和样品处理环节，其要求甚至更高一些。样品处理系统应具备过滤功能，进入质谱仪的样品不能有粒度大于 1μm 的颗粒。应尽可能减少样品传输滞后时间，因为质谱仪的分析速度极快，样品传输时间长便失去了质谱快速分析的意义。此外，还要注意稳压，特别是要保证放空背压的稳定，以提高质谱分析数据的稳定性。

(2) 校准用的标准气

工业质谱仪需要的标准气种类较多，除零点气(一般采用 N_2)外，混合气体中的每种组分(包括被测组分和其他组分)均需单独准备一瓶。标准气的误差直接影响质谱仪的测量准确度，要确保配气质量和精度，同时要随用随配，尽量减少标准气的储存时间。

第三节　离线分析

一、概述

作为石油化工装置辅助设施之一，分析化验室在生产装置的原料保证、生产控制及产品质量检测的全过程都起着重要作用。分析化验室同时可为在线分析仪表提供必要的数据对比和校验工作。

随着石油化工装置的大型化、集成化的发展，传统分析化验室的设计模式和设计理念发生了重大变革。近十多年建成的大型石油化工联合装置通常是采用全厂集中设置一个中心化验室，同时承担全厂所有工艺装置及公用工程和辅助设施的全部分析化验工作。中心化验室对全厂的分析仪器设备进行统一优化，分析仪器设备的优化配置使得投资和定员减少。

乙烯装置作为石油化工联合装置的“龙头”，其大部分产品(主要为乙烯、丙烯、C_4、汽油等)是作为下游工艺装置的原料送出，所以乙烯装置分析方法的选择和分析仪器的配置应与下游工艺装置对原料的要求结合起来统一考虑。

为了清楚说明乙烯装置分析方法的选择和分析仪器的配置，需对石油化工联合装置中心化验室的设计模式和设计特点做一介绍和说明。

1. 中心化验室设计模式的改革

在我国，早期石油化工联合装置分析化验室的设置采用两级管理模式：中心化验室和装置分析化验室。中心化验室主要负责进厂原料和出厂产品的检验，同时负责对全厂各装置化验室进行技术支持和管理；各生产装置同时设置装置分析化验室，负责本装置的进料、生产控制和产品分析。这种设置模式存在的问题是资源存在浪费，部分仪器设备重复设置，定员人数较多。

20 世纪 90 年代初，国内由中国石化首先提出工厂设计模式改革的理念，并在茂名 30 万吨/年乙烯项目进行试点，中心化验室也在设计模式改革上进行了初步探索。2000 年以后，随着上海赛科石化、中海壳牌石化等大型石化一体化合资项目的建设，中心化验室在集成化方面有了更多的借鉴。

随着天津石化、武汉石化、中海油惠州二期等百万吨级乙烯联合装置中心化验室的设计和建设，石化行业在中心化验室的集成化和信息化等方面积累了更多的经验。这些石化项目分析化验室的设置由传统的两级管理改为一级管理模式：即全厂只设一个中心化验室，负责全厂所有工艺装置及公用工程和辅助设施的全部分析工作，分析方法和分析仪器进行全厂统一优化。中心化验室的规模和仪器数量已较传统的分析化验室大为减少，百万吨级乙烯联合装置中心化验室定员已控制在百人以下。

2. 新建中心化验室的设计特点

现代石油化工联合装置中心化验室设计的主要特点可总结为：高度集成和高效、信息化管理及更高的 HSE 要求。

3. 高度集成和高效

石油化工联合装置中心化验室同时承担着多套工艺装置和辅助设施的分析化验工作。百万吨/年乙烯联合装置一般配套有 10 套左右的工艺装置，包括公用及辅助设施，中心化验室要承担十几套装置的分析化验工作。每套装置都涉及专利商提出的不同分析方法和仪器规格，如果将各装置所需的分析仪器设备进行简单叠加，最终的数量会很庞大，造成投资、定员及操作费用的巨大浪费。

中心化验室需将所有装置所需的分析仪器设备，进行统一优化，在保证完成分析任务的前提下，配置的仪器设备数量最优，投资最少，这是中心化验室设计中最重要的一个程序。

(1) 全厂仪器设备统一优化

中心化验室参照以下原则进行仪器设备的优化：

① 同一样品相同分析项目不进行重复分析。当上游装置的产品为下游装置的原料时，应统一考虑下游各工艺装置的不同要求配置分析仪器，分析数据直接用于下游装置，不进行重复分析。

② 贵重仪器的配置应满足不同的样品分析要求，在满足分析频率要求下，不重复配置。

③ 仪器的配置应要充分考虑配置的灵活性，满足不同分析标准和方法的要求，以最大程度上减少仪器设备的数量。

④ 公用工程装置所需仪器尽量依托工艺装置的仪器设备。

(2) 提高中心化验室的工作效率

① 仪器设备的配置尽可能以能够承担“多重任务”为原则。

② 跟踪技术进步，更多采用仪器分析替代传统的化学分析；采用更精确、高效的分析方法替代低效的分析方法。如用自动电位滴定替代大部分的人工滴定；用自动色度计替代目测比色法等，以提高效率和精度。

③ 投资允许前提下，提高仪器的自动化水平。

④ 提高中心化验室的信息化水平。

⑤ 中心化验室的功能分区采用大开间分区布置方式，以方便管理、提高工作效率，同时便于设置空调、供水、供气等公用设施。

4. 中心化验室管理信息化

实验室信息管理系统(Laboratory Information Management System，LIMS)应用，在实验室样品管理、数据管理、仪器管理、工作管理及人员管理方面带来了重大变革。同时 LIMS 系统能够实现实验仪器、生产过程信息管理系统和 ERP(联合装置资源计划系统)的集成。

LIMS 的应用提高了实验室的工作效率和分析数据的及时性和准确性。生产装置产品质量的提高和实验室定员的减少，同时会给联合装置带来经济效益。这一系统已在建成的大型石化联合装置中心化验室中得到广泛应用。

5. 更高的健康、安全及环境要求

健康、安全和环境已经成为设计中首先考虑的因素。由于中心化验室工作场所的特殊性，操作人员可能长时间暴露在危险、有害的工作环境中，设计过程中应充分考虑保障 HSE 的措施。

① 采用仪器分析替代人工分析；投资允许条件下，提高仪器设备的自动化水平，以减少操作人员暴露在有害环境中的机会。

② 实验区与办公区分开设置，并避免实验区的气流污染办公区。

③ 产生危险、有害物质的试验和仪器应设局部排风设施，将产生的有害物质及时排出室外，保证实验室内的换气次数。

④ 可能发生危险液体泄溅的场所设置安全淋浴和洗眼器。

⑤ 气体管道及用电的设计和安装应严格遵守相关标准和规范。

⑥ 可能产生危险或有害气体泄漏的场所应安装气体检测报警系统；实验室要设置火灾检测报警系统和消防设施。

⑦ 实验室的设备布置应充分考虑操作的安全性，确保安全的逃生间距。

⑧ 实验室产生的高浓度化学废物要统一收集，集中处理。

⑨ 危险样品要集中储存并设置相应的安全设施(如通风设施、检测系统等)。

二、裂解原料评价

裂解原料的来源主要有两个方面：一是天然气加工厂的轻烃，如乙烷、丙烷、丁烷(来自 LPG 或乙烯装置混合 C_4经丁二烯抽提、MBTE/1-丁烯装置后返回裂解炉)等；二是炼厂

的加工产品，如炼厂气、石脑油、柴油等，以及炼油厂二次加工油，如焦化加氢油、加氢尾油等。

裂解原料的性质是裂解炉的设计和操作的重要依据，同时由于不同原料裂解产物的不同，对于分离系统的设计和操作要求也不同。下面以乙烯装置常用的三种典型裂解原料：石脑油、加氢尾油和轻烃(乙烷、丙烷、丁烷)为例，说明裂解原料评价中分析方法的选择和分析仪器的配置。

1. 石脑油的评价

(1) 石脑油的性质

原油经常压蒸馏分馏出初馏点至200℃的馏分油称为全沸程石脑油，切取初馏点至130℃的前馏分油称为轻石脑油。石脑油的烃族组成由烷烃(P)、烯烃(O)、环烷烃(N)、芳香烃(A)组成。其百分含量组成了*PONA*值，是表征石脑油等馏分裂解性能最重要的指标之一。从多产乙烯、丙烯和不易生焦来看，原料优劣顺序为烷烃>环烷烃>单环芳烃>多环芳烃。*PONA*值对乙烯收率影响较大，表征了裂解原料的反应性能。

馏程和密度也反映石脑油的性质，一般轻质石脑油的乙烯收率和经济效益较好。

原料石脑油中的硫、氯、砷和重金属等杂质可能对下游催化剂有影响，一般也需要进行检测。

表10.3-1为某乙烯装置原料石脑油的规格。

表10.3-1 某乙烯装置原料石脑油的规格

项 目	测定值	项 目	测定值
相对密度	0.65~0.74	赛伯特比色	Saybolt+20min
馏程(ASTM D86)	初馏点 IBP=40℃	饱和蒸气压	≤13psi
	终馏点 EBP=193℃	汞	≤1μg/g
PONA:		铅	≤150mg/kg
烷烃(P)	67.08%(质量)	砷	≤20μg/g
烯烃(O)		总硫	≤5000mg/kg
环烷烃(N)	26.15%(质量)	氯化物	≤1mg/kg
芳烃(A)	6.77%(质量)	典型含氧化合物	实测值

注：烃族组成和杂质含量均为质量分数。

1psi=6894.757Pa。

(2) 分析方法的选择和分析仪器的配置

1) 石脑油相对密度的测定

馏分油的相对密度可以在一定程度上反映馏分油的结构性质，石油馏分的相对密度取决于组成烃类分子的大小和结构。因此，馏分油的相对密度常常作为表征馏分油性质的一个重要指标。

① 传统实验室一般按GB/T 1884、GB/T 1885和ASTM D287，即传统玻璃密度计法测定密度。此方法有以下缺点：

a. 样品用量大，操作人员可能暴露于挥发性样品。

b. 目测可能产生较大误差。

c. 操作繁琐，清洗玻璃器皿的工作量大。

② 新建实验室采用全自动密度仪测定密度，符合 ASTM D4052、ASTM D5002、ASTM D1250、DIN 51757、DIN 51757、ISO 12185 和 SH/T 0604—2000。其原理为 U 形管振荡原理：样品受力产生振荡，其振荡周期(频率)的平方与其真实密度成正比。检测充满样品的 U 形振荡管的振荡周期(频率)计算得出样品密度。全自动密度仪较玻璃密度计法有如下优点：

a. 样品量小(最小进样量约 1mL)。

b. 测定速度快，配置自动进样器，每小时可测量 10~30 个样品。

c. 自动清洗和吹干。

d. 帕尔贴控温精度高。

e. 全范围的黏度自动校正。

f. 在测量范围 0~3g/cm^{3}内可测定不同的液体样品，并且不同单位可自动进行转换。

g. 可兼容 LIMS 系统。

③ 中心化验室可根据全厂液体样品的数量统一配置自动密度计，不但提高了分析精确度和工作效率，同时减少了样品用量和玻璃器皿清洗量，也改善了实验室的工作环境。

2）石脑油馏程的测定。

馏分油是各种烃类的混合物，因此其沸点是一个较宽的温度范围，通常用馏程或沸程来表示。当馏分油在蒸馏设备中蒸馏时，流出第一滴冷凝液时的气相温度为该馏分油的初馏点(称为 IBP)，馏出物液体体积为 10%、50%、90%时相应的气相温度分别称为 10%点、50%点和 90%点，达到最高的气相温度称为终馏点或干点(称为 EBP)。馏分油的平均分子量与馏程、相对密度有一定关系，平均分子量越大，沸点和相对密度也越高。

① 传统实验室一般按 GB/T 6536 和 ASTM D86，即采用常压蒸馏法。此方法有以下缺点：

a. 样品量大(≥100mL)，操作人员可能暴露于挥发性样品。

b. 样品预处理及操作繁琐，清洗玻璃器皿的工作量大。

c. 分析时间长，蒸馏时间>30min。

d. 存在发生火灾的安全隐患。

e. 手动测定时误差较大。

② 新建实验室一般采用气相色谱法，参照用 ASTM D3710(EBP 为 260℃)和 ASTM D7096(EBP 为 280℃)模拟蒸馏测定石脑油的馏程，采用专用软件可以得到与 ASTM D86 相对应的馏程结果。实验室使用毛细管柱得到的蒸馏曲线与 ASTM D86 方法对比取得很好的一致性。

AC 公司开发了基于详细烃分析的气相色谱模拟蒸馏仪，其原理是测定出样品的详细烃组分，根据每个组分的沸点和组成进行计算得到样品的馏程。因为采用详细烃测定的方法，低沸点的组分也能得到较准确的测定。实验结果表明在 190℃以下和 D86 有很好的一致性。对温度高的部分，也可通过在数据库中添加测定组分，提高馏程测定的准确度。

气相色谱模拟蒸馏法测定石脑油的馏程有如下优点：

a. 样品量少(0.1~0.2μL)，实验过程污染少。

b. 分析的速度快，一个样品的分析时间 6~8min。

c. 自动化程度高，采用自动进样器，可处理大量样品，工作站与 LIMS 系统兼容。

d. 结果准确，大量实验数据验证了与 ASTM D86 的一致性。

③ 国外炼油和乙烯工厂已广泛采用模拟蒸馏法替代物理蒸馏法，新建项目的中心化验

室都配置模拟蒸馏仪作为石脑油馏程的常规分析。中心化验室一般会配置物理蒸馏仪作为液体产品馏程测定，这些蒸馏仪也可作为模拟蒸馏法的仲裁备用仪。

3）石脑油 *PONA* 值的测定

根据石脑油的族组成(*PONA* 值)可以定性评价原料的裂解性能(裂解收率、裂解过程中的结焦趋势)，也可根据族组成通过反应动力学模型对裂解反应进行定量预测。*PONA* 值是评价馏分油裂解性能的重要指标之一。

① 乙烯工厂的石脑油、裂解汽油和加氢汽油的 *PONA* 值一般采用单柱测定方法，参考的标准包括 ASTM D5134 和 SH/T 0714，适用于初馏点至 200℃石脑油、裂解汽油和加氢汽油的单体烃组成测定。ASTM D6729 可扩展至 250℃，C_{15}以下的烃都出结果。

色谱柱采用 50m×0. 20mm×0. 5μm 100%甲基硅酮弹性石英毛细管专用 PONA 柱。根据保留时间或保留指数与已知标准库中的组分进行比较定性，一般采用归一化法定量，得到单体烃的含量：

$$w_i = \frac{A_iB_i}{\sum(A_iB_i)} \times 100\% \tag{10.3-1}$$

式中　w_i——i 组分的质量分数，%；

A_i——i 组分的面积；

B_i——i 组分的相对质量校正因子。

分析碳数族组成是根据单体烃组分的碳数和类型进行分类加和，故石脑油单体烃的分析结果的数据处理需要专用的 PONA 数据处理软件，不同的色谱厂商和科研机构根据不同的样品开发出相应的 PONA 处理软件。

采用一根色谱柱不可能将所有组分分离开，同时对于与烯烃含量太高时(质量分数>2%)采用非极性柱会产生峰拖尾。

② 有些厂商开发出了多维气相色谱用于更准确测定 *PONA* 值，可参照的标准包括 ASTM D6839、GB/T 28768、ISO 22854、ASTM D5443 和 SH/T 0741。如 AC 公司开发了一个 7 阀 8 柱的多维 *PONA* 分析系统，可测定分析 *PONA* 值和含氧化合物。此系统是采用分类富集—释放—分离的方法，分类测定烷、烯、芳烃和含氧化合物，能够得到裂解炉设计关心的烷烃正、异比。

③ 多维色谱可以得到更准确的信息，但相对于单柱系统价格昂贵。现多维系统更多应用在炼厂的汽油质量控制，乙烯工厂更多采用单柱系统。

④ 通过石脑油的单体烃组成结果，根据文献数据库查到的各组分的平均分子量、密度、热值等常数，计算得到样品的物性参数如密度、平均分子量、碳氢含量等。计算到的物性参数，与标准方法测定的结果进行对比，有较好的线性。如对于裂解炉非常重要的参数碳氢含量可根据以下方法计算：

$$C = \sum C/(\sum C + \sum H);\ H = \sum H/(\sum C + \sum H) \tag{10.3-2}$$

$$\sum C = 12.011\sum W_iC_i;\ \sum H = 1.008\sum W_iH_i$$

式中　C、H——样品的碳元素和氢元素的质量分数，%；

W_i——样品中烃类组分质量分数，%；

C_i、H_i——烃类组分分子中含的碳原子数和氢原子数。

4）石脑油色度的测定

油品的颜色可以反映油品的精制程度和稳定性，通过颜色可直观判断油品的质量。

① 实验室一般按 GB/T 3555 和 ASTM D156 测定液体石脑油产品的 Saybolt 色度。此方法是通过样品与配置的标准色板进行观测对比，观察得到样品与标准色板颜色接近的色度值。乙烯工厂对于液体色度的测定除 Saybolt 色度外，还可能涉及 APHA、Pt-Co、Hazen、Gardener 及黄色指数等各种液体色度的测量。这些色度的测量一般采用样品液体与配制的标准色度溶液进行目测或分光对比的方法。传统测定方法存在以下缺点：

a. 样品量较大，操作人员暴露于样品。

b. 需配制标准溶液时，操作过程繁琐。

c. 目测观测时误差较大。

② 新建实验室采用自动色度计，可同时兼容测定不同的色度，如 Saybolt、APHA、Pt-Co、Hazen、Gardener、黄色指数等，满足绝大部分测定标准。采用标准光源，精确的分光光度法测定，电脑数据处理，实现一机可测定大部分液体色度的测量，较传统方法有如下优点：

a. 测定简便、快速。

b. 测定精确。

c. 样品量少，挥发样品封闭，减少对实验室的污染。

③ 采用自动色度计替代传统色度测量方法大大提高分析效率，改善实验室的工作环境，已成为新建实验室的标准配置。

5）石脑油饱和蒸气压的测定

饱和蒸气压是表示油品蒸发性能和储存时损失轻馏分多少的重要指标之一。

① 石脑油的饱和蒸气压是参照 GB/T 8017、ASTM D323 和 ISO 3007 采用雷德法测定其饱和蒸气压。

② 鉴于操作的特殊性，建议采用自动型仪器，配置超温和超压检测报警系统以保证操作的安全性。同时应注意操作过程中的通风，以改善实验室的工作环境。

6）石脑油中汞的测定

当裂解原料中汞含量高(>10μg/kg)时，可能积累于冷箱会造成冷箱损坏，同时可能会在板翘式换热器中积累引起换热器的损坏。汞含量测定常用的测定方法有原子荧光法和冷原子吸收方法。

① 理论上讲，汞的测定可能采用的分析方法包括冷原子吸收法、氢化物发生-原子吸收法、电感耦合等离子体(ICP)法和原子荧光法。但采用原子吸收法、ICP 法和原子荧光法存在以下问题：

a. 样品处理过程繁杂(需预先消解)；汞会有较大损失并且会引入外界的干扰。

b. 涉及大量化学试剂的使用。

c. 因石脑油样品基底的复杂，干扰多，很难满足 1μg/kg 的检测限。

② 新建实验室参照 UOP 938 采用冷原子吸收法，其原理为：样品在燃烧管内燃烧，有机汞转化为无机汞，并在催化剂作用下转化为汞原子，在载气(空气)携带下，通过汞捕集器以汞齐的形式被吸收。经加热后，汞释放，用低压汞灯在 253.7nm 下检测，根据朗伯-比尔定律计算出样品中的汞含量。相对于原子荧光法，其优点为：

a. 固体、液体、气体样品均可直接快速分析，可采用自动进样器进样，操作简便、快捷(分析时间约 10min)。

b. 灵敏度高，检测限低(最低可达 0.01μg/kg)。

c. 新建实验室采用专用的冷原子吸收法测汞仪，可对乙烯工厂内需测定汞含量的固体、液体、气体样品(包括环境监测样品)进行统一测定。

7) 石脑油中铅和其他金属的测定

裂解原料中铅含量过高会使催化剂中毒，同时可能引起腐蚀；钠会加速由钒引起的腐蚀。铅的测定通常采用石墨炉原子吸收光谱仪进行测定。

① 大多采用原子吸收法测定金属元素，较轻的金属元素采用火焰法，较重的金属采用石墨炉法。通常为避免日常分析中火焰和石墨炉系统的切换，大多同时配置火焰和石墨炉两种配置的原子吸收光谱仪。通常采用石墨炉原子吸收光谱仪测定石油样品中 10^{-9} 级含量的铅，除采用传统湿化学方法处理样品外，还可采用样品直接微波灰化后测定铅含量。

② 石化工厂大部分金属元素测定的样品来自水质分析，如循环水、脱盐水、化学水、锅炉水等，原子吸收或 ICP 法配置时应同时考虑不同样品对进样系统的不同要求。

8) 石脑油中砷的测定

裂解原料中砷含量太高会引起乙炔、丙炔、汽油加氢催化剂中毒。

由于石脑油样品基底复杂，干扰多，检测限低(20μg/kg)，样品处理复杂，是分析测试中的一个难点。理论上，石脑油中砷的测定可能采用的分析方法包括分光光度法、湿法消解-原子荧光法、ICP 法、氢化物发生-原子吸收法、石墨炉直接进样原子吸收法等。

① 针对石脑油中砷测定的标准方法 SH/T 0629《石脑油中砷含量测定法》，是采用硼氢化钾-硝酸银分光光度法测定石脑油中的痕量砷。其原理为：用硫酸和过氧化氢萃取试样中的砷，加热破坏萃取液中的有机物。在酒石酸介质中，用硼氢化钾发生砷化氢，经净化除去砷化氢中的杂质，用硝酸银-聚乙烯醇-乙醇溶液吸收，形成黄色银溶胶，在 410nm 处测定吸光度。此标准适用砷的范围为 550μg/kg。

另一种采用分光光度法测定砷的方法是将样品中的砷转化为三氢化砷，再被二乙基二硫氨基甲酸银吡啶显色液吸收形成红色络合物，再测其吸光度，此方法检测限低一些。

采用分光光度法的缺点为：

a. 操作繁琐，操作中涉及有毒试剂的使用。

b. 氢化物发生不完全、回收率低、测定重复性差。

c. 很难保证检测限，且测量误差大。

② 测定馏分油中的砷还可参照 UOP 992 采用 ICP-MS 的方法。此方法操作较简单，且 ICP-MS 灵敏度高，但由于 ICP-MS 仪器贵重，对实验室操作条件要求高，一般并不作为石化中心化验室经常配置的仪器。

③ 氢化物发生-原子吸收法和石墨炉直接进样原子吸收法均有人做过专门研究，但氢化物发生-原子吸收法部分金属离子可能干扰砷的测定。石墨炉直接进样原子吸收法有研究者认为能得到较好的测定结果。

④ 采用湿法消解-原子荧光法分析测定石脑油中砷。利用硼氢化钾作为还原剂，将样品中的砷还原为挥发性共价气态氢化物，用载气将其导入原子化器，在氩-氢火焰中原子化

而形成基态原子。基态原子吸收光源的能量而变成激发态，激发态原子吸收的能量以荧光的形式释放出来，荧光信号的强弱与样品中待测元素的含量呈线性关系，通过测量荧光强度就可以确定样品中被测元素的含量，实际样品的检测限可小于 0.1μg/L。部分实验室尝试采用微波灰化后处理样品，原子荧光法分析测定石脑油中砷得到更低的检测限。

⑤ 由于原子荧光法灵敏度高，最近新建成的中心化验室有结合微波消解法优化处理样品，采用湿法消解-原子荧光法测定石脑油中砷得到较理想的测定结果。

9）石脑油中硫的测定

裂解原料中硫的含量对裂解所得各类烃的收率影响很小，实际上原料中少量的硫可以抑制裂解炉管壁的催化效应。但如果原料中硫含量太高，不但增加后续精制系统的麻烦，还会增加结焦速度。

① 传统乙烯工厂大部分采用微库仑法测定样品中的硫含量，石脑油样品中硫含量较高，完全可以采用微库仑法测定。但乙烯装置产品乙烯、丙烯中总硫的控制指标一般不超过 1mg/kg（硫化物可造成下游装置的催化剂中毒），根据实际经验，采用微库仑法测定轻烃中<1mg/kg 的硫含量准确性是难以保证的。

② 根据全厂分析仪器统一配置，节约投资的原则，建议参照 SH/T 0689、ASTM D5453、ASTM D6667、UOP 987 采用紫外荧光法测定总硫，其原理为：烃类样品送至高温燃烧管，硫被氧化为 SO_2，试样燃烧生成的气体除水后被紫外光照射，SO_2吸收紫外光的能量后变为激发态 SO_2^*，当激发态的二氧化硫返回到稳定的二氧化硫时发射荧光，并由光电倍增管检测，由信号计算出样品中硫的含量。

③ 中心化验室的总硫分析仪器配置相应的进样系统，可同时满足原料、产品和中间控制液体和气体样品中痕量硫的测定任务。

10）石脑油中氯的测定

裂解原料中的氯可引起对流段及辐射段结焦，同时进入产品乙烯、丙烯中的氯化物还可以引起聚乙烯、聚丙烯催化剂中毒，原料中的氯化物进入聚合产品中也会影响产品质量。

① 氯的测定是参照 ASTM D4929、ASTM D5808、UOP910/779 采用微库仑法，其原理为：样品被载气带入裂解管中和氧气充分燃烧，其中的氯定量地转化为 HCl。HCl 被电解液吸收并发生如下反应：

$$HCl+Ag = AgCl\downarrow +H$$

反应消耗电解液中的 I_2或 Ag，引起电解池测量电极电位的变化，仪器检测出这一变化并给电解池电解电极一个相应的电解电压。在电极上电解出 I_2或 Ag，直至电解池中 I_2或 Ag 恢复到原先的浓度。仪器检测出这一电解过程所消耗电量，推算出反应消耗的 I_2或 Ag 的量，从而得到样品中氯的浓度。

② 同样，中心化验室配置的氯分析仪器配置相应的进样系统，可同时满足原料、产品和中间控制液体和气体样品中氯的测定任务。

11）石脑油中典型含氧化合物的测定

乙烯装置对裂解原料中的含氧化合物含量通常不做常规分析要求，但石脑油中含氧化合物的含量过高时，会造成乙烯裂解气中 CO 及 CO_2含量升高，故部分乙烯装置也会对石脑油中的含氧化合物的测定提出要求。

① 参考 ASTM D4864、ISO 8174、GB/T 12701 和 SH/T 1547，采用二维气相色谱测定石

脑油中微量含氧化物的含量。采用二维中心切割技术，样品通过不分流进样口导入系统中，在预柱上进行预分离，含氧化合物通过压力开关阀从烃类背景中切割出来，导入极性柱中由后检测器进行程序升温分析。

随着技术发展，现在可采用最新的零死体积的 EPC 压力点控制三通切割方法替代阀切割，能够得到更满意的分离效果。典型色谱图见图 10.3-1。

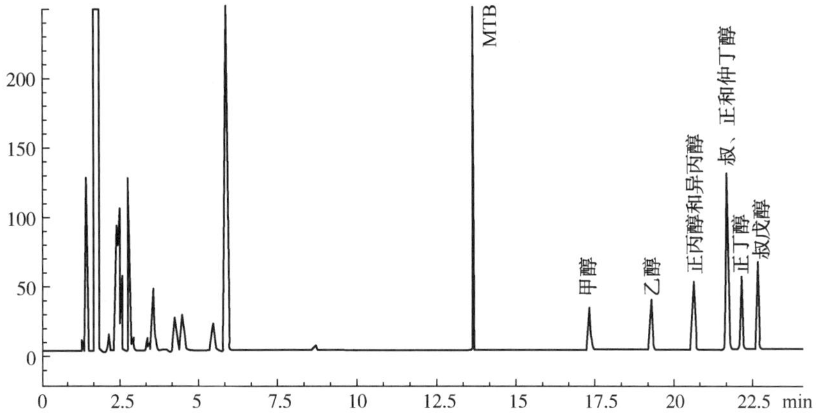

图 10.3-1　典型色谱图

② 裂解原料油中的含氧化合物测定可与产品乙烯、丙烯中含氧化合物的测定综合考虑进行测定，仪器的配置基本相同。石脑油样品采用自动进样器进样；乙烯采用气体进样阀进样；丙烯样品配置汽化器，采用气体进样阀进样。

12）石脑油其他指标的测定

除以上指标外，为预测原料的裂解性能，部分专利商还可能提出测定其他一些指标如折射率、溴价、残炭等，这些指标一般不作为常规分析项目，可根据专利商的要求和进厂原料的情况进行测定。

① 折射率

a. 折射率是油品重要物理参数之一，可用它来预测油品的裂解性能。尤其对重质油品，折射率显得更重要一些。

b. 按 ASTM D1218 采用折射率测定仪测定液体的折射率。最新设计的仪器采用内置帕尔帖恒温装置，无须外接油浴或水浴。部分厂商将 U 形管液体密度计与折射率测定仪联用设计，可同时测定液体的密度和折射率。

c. 折射率除了可直接测定外，也可由下述公式在已知沸点、密度和分子量时推算石油馏分的折射率：

$$n=[(1+2I)/(1-I)]^{0.5} \tag{10.3-3}$$

$$I=3.587\times10^{-3}T_b^{1.0848}(M/d)^{-0.4439} \tag{10.3-4}$$

式中　n——20℃折射率；

I——20℃ Huang 特性参数；

T_b——平均沸点，K；

M——石油馏分分子量；

d——20℃，1atm（101.33kPa）下液体密度，kg/dm^3 或 g/cm^3。

② 溴价。

a. 馏分油的溴价或碘值反映了油品中不饱和烃的含量，因此，馏分油的溴价或碘值也是评价裂解原料结焦性能的指标之一。溴价即每100g油样消耗溴的克数，以gBr/100g为计量单位。溴价或碘值是监测油品中烯烃含量的一项重要指标，溴价或碘值过高，甚至可能在对流段产生结焦。

b. 测定石脑油的溴价可按SH/T 0630采用库仑滴定法：

试样加入含有已知溴的电解液中，试样中不饱和烯烃和溴发生反应：

$$RCH{=\!=}CHR'+Br_2 \longrightarrow RCHBr{-}CHBrR'$$

反应消耗的溴由电解阳极补充，测量电解溴所消耗的电量，根据法拉第定律可得到溴价。

部分国外专利商按ASTM D1492或ASTM D1159采用电位滴定法，此时应配置电位滴定仪。

③ 残炭

a. 馏分油的残炭值与裂解时的结焦性能有关，残炭值越高，裂解时结焦现象越严重，作为裂解原料通常要求全馏分康氏残炭值低于0.1%(质量)。

b. 康氏残炭是按ASTM D189或GB/T 268标准进行测定，现在大多采用ASTM D4530或GB/T 17144微量法测定石脑油的残炭。相对ASTM D189或GB/T 268，由于微量法样品量少，操作更安全，更环保。

2. 加氢尾油的评价

(1) 加氢尾油的性质

加氢裂化是通过加氢方法把重油轻质化，通过脱硫、脱氮、芳烃饱和，使多环烷烃加氢开环，从而增加烷烃含量，将减压馏分油及渣油转化为汽油、中间馏分油和加氢尾油。通过加氢得到的加氢尾油是优良的裂解原料。加氢尾油较石脑油更重，沸点高(终馏点达500℃)，组分更复杂，所以测定加氢尾油的烃族组成非常困难，一般用关联指数*BMCI*值来表征加氢尾油的裂解性能。

其他关注的规格与石脑油基本相同。

表10.3-2为某乙烯装置原料加氢尾油的规格。

表10.3-2 某乙烯装置加氢尾油

项　目	测定值	项　目	测定值
相对密度	0.825	铅	≤150mg/kg
馏程(D-1160)	IBP=205℃，EBP=523℃	总硫	≤30mg/kg
*BMCI*值	10	氯化物	≤1mg/kg
汞	≤1μg/kg	赛伯特比色	Saybolt+20min
砷	≤20μg/kg	典型含氧化合物	实测值

(2) 分析方法的选择和分析仪器的配置

加氢尾油的相对密度，汞、砷、铅、总硫、氯和含氧化合物的含量及色度测定均可参照石脑油的检测方法。在分析过程中，部分与石脑油的样品处理有区别，其中测定含氧化合物时，由于加氢尾油样品的特殊性，一般采用二硫化碳对样品进行溶解。馏程的测定和*BMCI*值的计算说明如下。

1）加氢尾油馏程的测定

加氢尾油是重油加氢所得，用作裂解原料的加氢尾油的终馏点一般在500℃左右。加氢尾油的沸点范围直接与黏度、蒸气压、热值、平均分子量等物性相关。

① 因加氢尾油终馏点高，常压蒸馏高温时可能发生分解等副反应，故加氢尾油一般按GB/T 9168和ASTM D116采用减压蒸馏法测定馏程，但此方法与石脑油常压蒸馏存在相似的缺点如样品量大、分析时间长、操作繁琐等。

② 新建实验室可根据加氢尾油的馏程范围，参照ASTM D2887或ASTM D7213采用气相色谱模拟蒸馏测法测定加氢尾油的馏程，采用非极性柱进行分离，在线性程序升温条件下测定已知正构烷烃混合物组分的保留时间，再在相同条件下将试样按沸点分离，同时进行积分，获得对应的面积，以及相应的保留时间，经过温度-时间的校正，得到对应的百分收率，即馏程。采用专用软件可以得到与ASTM D1160相对应的馏程结果。

同样，气相色谱法测定石脑油的馏程有如下优点：

a. 样品量少(0.5~1.0μL)，实验过程污染少。

b. 分析的速度快。

c. 自动化程度高，采用自动进样器，可处理大量样品，工作站与LIMS系统兼容。

d. 结果准确。

③ 国外炼油和乙烯工厂已广泛采用模拟蒸馏法替代物理蒸馏法，新建项目的中心化验室都配置模拟蒸馏仪作为加氢尾油馏程的常规分析。中心化验室一般会配置物理减压蒸馏仪用于液体产品减压馏程测定，这些减压蒸馏仪也可作为模拟蒸馏法的仲裁备用仪。

2）加氢尾油的*BMCI*值

*BMCI*值常用于表征加氢尾油裂解性能，是重质裂解油裂解性能的一个重要参数。*BMCI*值愈小，表示脂肪性愈强，芳香性愈弱，乙烯产率愈高；反之，*BMCI*值愈大，表示脂肪性愈弱，芳香性愈强，乙烯产率愈低，而且炉管和急冷换热器中的结焦也愈严重。

关联指数*BMCI*是以相对密度和沸点组合起来的一个参数，定义如下：

$$BMCI=\frac{48640}{t+273}+473.6\times d_{15.6}^{15.6}-456.8 \qquad (10.3-5)$$

式中 *BMCI*——关联指数；

d——试样在15.6℃时的相对密度；

t——试样的平均沸点，℃。

由于沸点和相对密度易测，所以*BMCI*值可方便得到。正己烷的*BMCI*=0，苯的*BMCI*=100，故它是一个芳香性指标，其值越大，芳香性越高，乙烯收率越低，因此*BMCI*也称为芳香指数。

*BMCI*值增加的规律与烃类化合物芳香性增强规律是一致的，即正构链烷烃<支链烷烃<烷基单环环烷烃<无烷基单环环烷烃<双环环烷烃<烷基单环芳烃<无烷基单环芳烃(苯系)<双环芳烃<三环芳烃<多环芳烃。

3）加氢尾油其他指标的测定

根据专利商要求和进厂原料情况，如需测定其他指标可参照石脑油其他指标的测定方法。

3. 轻烃原料的评价

(1) 轻烃原料规格

一般外购轻烃分析主要的烃类组成见表10.3-3。

表 10.3-3　外购轻烃分析主要的烃类组成　%(质量)

原　料	组　成	典型值
丙烷进料	C_3H_6	5
	C_3H_8	95
LPG	C_2H_6	0.006~0.6
	C_3H_6	0.1~1
	C_3H_8	35~60
	C_4H_{10}	35~80
	C_5	0.1~1

部分从分离或下游装置返回裂解工艺装置的轻烃分析主要的烃类组成，如混合 C_4，主要测定其中的 C_3、C_4和 C_5烃类组成。

（2）分析方法的选择和分析仪器的配置

① 可参考 ASTM D2163 等方法，用气相色谱仪 FID 测定。样品经六通阀/液体进样阀导入系统后，各组分经毛细管色谱柱分离后经 FID 检测。一般采用 PLOT Al_2O_3 50m×0.53mm×15μm 分离。

② 采用外标法测定校正因子，并用下式进行计算：

$$F_i = \frac{C_s}{A_s} \tag{10.3-6}$$

式中　F_i——组分 i 的外标定量校正因子；

C_s——标样中组分 i 的浓度，mL/m^3；

A_s——标样中组分 i 的峰面积。

各组分含量用下式进行计算：

$$C_i = \frac{F_i \times A_i}{\sum_{i=1}^{n} F_i \times A_i} \times 100\% \tag{10.3-7}$$

式中　F_i——待测组分的校正因子；

C_i——试样中待测组分的含量，%(体积分数)；

A_i——试样中待测组分的峰面积。

③ 用于测定轻烃原料烃类组成的气相色谱仪是与乙烯装置分离部分共用的，同时可用于全厂其他轻烃组分的测定。

三、裂解工艺的控制分析

裂解工艺的取样控制分析主要包括裂解气的分析、清焦气的分析、烟道气的分析和排污水的分析。

1. 裂解气的取样分析

（1）裂解气的组成

裂解原料不同裂解气组成也不相同，但裂解气组成主要是甲烷、C_2~C_5烃、氢气、少量炔烃、硫化物、一氧化碳、二氧化碳、水分及惰性气体等杂质。分析裂解气的组成可以评判裂解炉的裂解性能，同时也是分离系统的设计依据。

典型的裂解气组成如表 10.3-4 所示。

表 10.3-4 典型裂解气组成 %(摩尔)

组　　成	典型值	组　　成	典型值
H_2	13~19	C_3H_6	6~12
CO	0.01~0.30	C_3H_8	0.1~0.9
CO_2	0~5μmol/mol	丁二烯	1.5~4.0
H_2S	0~1μmol/mol	丁烯	1.0~3.0
CH_4	20~30	C_4H_{10}	0.02~0.70
C_2H_2	0.4~1.5	C_5	0.5~3.0
C_2H_4	25~35	C_6~C_8 NONA	0.4~1.0
C_2H_6	2~8	苯/甲苯	1.0~3.0
MAPD	0.3~1.0	二甲苯/乙苯/苯乙烯	0.001~0.1

对裂解气的组成分析在裂解部分和分离部分要求不同。分离部分需对裂解气各组分进行分离并对杂质进行脱除，故需对表 10.3-4 中裂解气的各组分提供详细的组成分析；而在裂解部分，只需提供氢气和轻烃的组成分析，以评判裂解炉的裂解性能。在裂解工段对裂解气的取样分析，典型分析要求如表 10.3-5 所示。

表 10.3-5 裂解工段裂解气典型分析 %(摩尔)

组　　成	典型值	组　　成	典型值
H_2	10~40	C_2H_6	1~20
CH_4	2~30	C_3H_6	0~10
C_2H_4	15~40	C_3H_8	0~5

(2) 裂解气的取样点

一般在以下位置设置裂解气的离线分析取样点：

① 急冷换热器(TLE)换热器出口，温度约 350~650℃。因样品中含有较重的成分，经取样冷却器冷却后，重组分冷却后成为液相。采用特殊设计的取样系统，能够对冷却后的液相进行收集、称重。并用钢瓶对气相进行密闭取样，在实验室分析组成，结合液相质量可计算得到裂解气的组成。

② 油急冷器出口，温度 200℃左右。

(3) 裂解气组成分析仪器的配置

① 采用五阀七柱三通道气相色谱仪系统，参照标准方法 ASTM D1946、D1945、UOP539，用于测定裂解气、排放气、清焦气等其他类似气体样品中的氢气、不凝气及轻烃(C_1~C_6^+)(包括 H_2S)，并可扩展分析到苯或甲苯。其中通道一配置 FID 检测器，以氦气为载气，用于轻质烃类组成分析；通道二配置 TCD 检测器，以氦气为载气，用于不凝气含量分析；通道三配置 TCD 检测器，以氮气作载气，用于 H_2 含量分析。

② 按下式计算标气中各组分的校正因子：

$$F_i=\frac{C_i}{A_i} \tag{10.3-8}$$

式中 F_i——组分 i 的外标定量校正因子；

C_i——标样中组分 i 的浓度，mL/m³；

A_i——标样中组分 i 的峰面积。

被测组分含量由下式给出，并以%表示：

$$C_i=\frac{A_i\times F_i}{\sum_i A_i\times F_i}\times 100\% \tag{10.3-9}$$

式中 C_i——试样中某种组分 i 的含量，mL/m³；

A_i——试样中某种组分 i 的面积；

F_i——某种组分 i 的校正系数。

裂解气组成分析典型色谱图如图 10.3-2 所示。

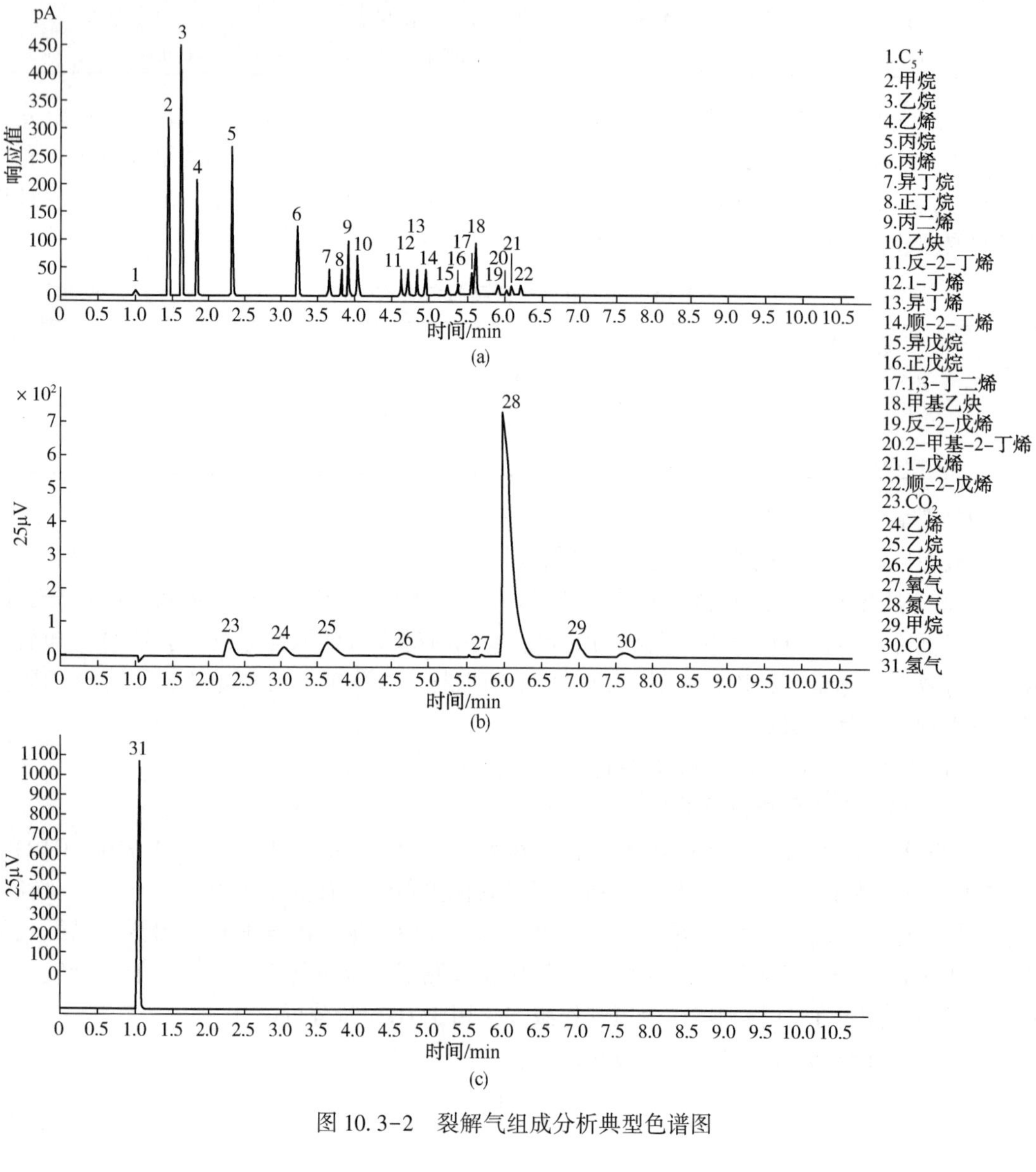

图 10.3-2 裂解气组成分析典型色谱图

③ 因裂解气中含有 H_2S，系统要做防腐处理以防止 H_2S 腐蚀。

④ 此分析系统同时适用于清焦气、烟气等混合气的组成分析。在裂解工段对裂解气的取样分析只要求测定氢及 $C_1\sim C_3$ 烃的组成，不要求提供 H_2S 和不凝气等含量。

⑤ 该气相色谱系统可同时测定裂解气、烧焦气、火炬气、汽油加氢排放气、烟道气等气体样品的组成。

2. 清焦气的取样分析

（1）清焦气的取样点

裂解炉辐射盘管和急冷换热器换热管在运转过程中有焦垢生成，必须定期进行清焦。清焦时注入空气和蒸汽时，需取样分析其中的 CO、CO_2 以判断清焦程度，一般 CO+CO_2 低于 0.2%时清焦完成。清焦气中还有 O_2［0～25%（体积）］、N_2［0～70%（体积）］和 H_2O。因清焦气中含有有水，工艺经过冷凝后取样分析。

（2）清焦气组成分析仪器的配置

① 测定清焦气中 CO、CO_2 可参照方法 ASTM D2504，用配置 TCD 的气相色谱仪进行样品中氧气、氮气、CO、CO_2、$C_1\sim C_3$ 的测定。样品导入系统后，碳三以上重组分经十通阀后被预柱反吹放空，各组分经色谱柱分离后经 TCD 检测。

② 用下式计算校正系数：

$$f_i=\frac{C_s}{A_s} \tag{10.3-10}$$

式中　f_i——组分 i 的外标定量校正因子；

C_s——标样中组分 i 的浓度，mL/m^3；

A_s——标样中组分 i 的峰面积。

按外标法计算所测组分的浓度：

$$C_i=A_i\times f_i \tag{10.3-11}$$

式中　C_i——试样中某种组分 i 的含量，mL/m^3；

A_i——试样中某种组分 i 的面积；

f_i——某种组分 i 的校正系数。

典型色谱谱图如图 10.3-3 所示。

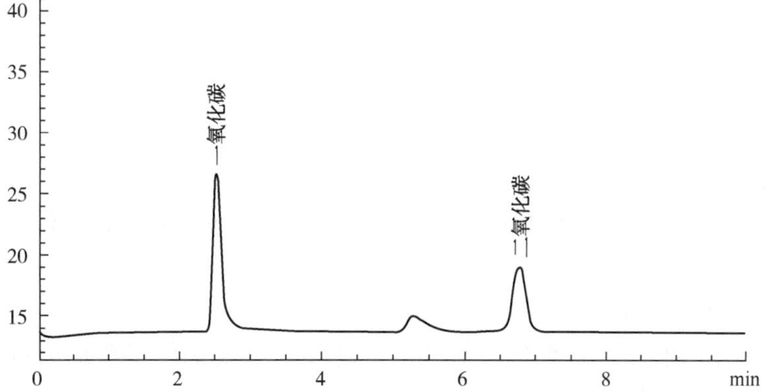

图 10.3-3　CO、CO_2 含量测定典型色谱图

③ 用于测定清焦气中 CO、CO_2的气相色谱仪是与乙烯装置分离部分共用的，同时可用于全厂其他不凝气的分析。

3. 烟气的取样分析

(1) 烟气采样分析的意义

烟气取样分析是裂解炉热性能测试中重要的内容，通过烟气成分分析可以确定裂解炉的有关运行情况。首先，通过烟气取样分析可以判别燃烧程度，进而判定化学不完全燃烧损失的大小。其次，通过在裂解炉对流段出口烟道上对烟气进行取样分析，可以测定炉膛中过剩空气系数的大小，为计算裂解炉的热效率提供依据。第三，通过测定裂解炉辐射段、横跨段和对流段出口的烟气含量，可以确定裂解炉各处的漏风量。第四，裂解炉烟气中含有 NO_x 和硫化物，会造成环境污染，通过对裂解炉横跨段和对流段出口的烟气进行取样分析，可以评估裂解炉对环境造成的影响。

(2) 烟气的采样点

通常在烟道集烟罩处设置一个取样点，样品温度约 100℃，以监测烟囱排放情况，检测的主要项目包括 NO_x、颗粒、CO 和烃。

在裂解炉排气筒的适合位置设置采样口，采样口优先选择垂直管段，避开烟道弯头和断面急剧变化的部位，气流稳定处；样品温度约 100℃，监测烟气外排环境的达标情况，检测的主要项目为气量、NO_x、颗粒物、SO_2 和 VOC 等。采样口及爬梯、平台的设置应满足《固定源废气监测技术规范》(HJT 397—2007)的要求。

在裂解炉横跨段设置一个取样点，样品温度 1100~1200℃，主要分析 O_2 含量，以判断燃料的燃烧情况。

对烟气分析的典型指标如表 10.3-6 所示。

表 10.3-6 烟气分析典型指标

取样点	检测项目	典型值
集烟罩处烟气	NO_x	0~150mg/Nm³
	微粒	0~20mg/Nm³
	CO	0~150mg/Nm³
	烃	0~10mg/Nm³
	SO_2	
横跨段烟气	O_2	0~13%(体积)

(3) 烟气组成分析仪器的配置

1) 烟气成分的测定

① 过去采用奥氏气体分析仪和气相色谱仪进行烟气成分分析。由于烟气中含有一定量的水蒸气，随着取样冷却时温度降低，水蒸气会凝结下来，给分析工作带来困难。同时奥氏气体分析仪操作繁琐，精度较差。

② 现在采用专用的便携式烟气分析仪，可现场对烟气中的多项成分进行连续自动分析，同时检测出烟气温度。可检测 O_2、CO、CO_2、SO_2、NO、NO_2、H_2S、HC 并进行烟气温度测量。其中 NO+NO_2可近似认为 NO_x。

2）烟气中微粒的测量

随着人们对大气环境中 $PM_{2.5}$ 污染的重视，需要对烟气排放中颗粒物进行监测。颗粒物的取样和测定一般参照 GB/T 16157 推荐的方法。将烟尘采样管由采样孔插入烟道中，使采样嘴置于测点上，正对气流，按颗粒物等速采样原理，利用装置在采样管中的孔板在采样抽气时产生的压差和与采样管平行放置的皮托管所测出的气体动压相等来实现等速采样。抽取一定量的含尘气体。根据采样管滤筒上所捕集到的颗粒物量和同时抽取的气体量，计算出排气中颗粒物浓度。

在线取样收集颗粒方法较为复杂，有厂家开发出便携式烟气颗粒物测定仪，可直接将探头伸至烟道气中，收集颗粒物进行测定。新建装置可关注这一测定方法和仪器。

4. 高压蒸汽排污水的取样分析

（1）高压蒸汽排污水取样点分析的意义

为保证高压蒸汽的质量，避免对透平产生腐蚀，需对高压蒸汽排污水进行监测。当蒸汽排污水中离子浓度过高时，需要补充新鲜水以保证蒸汽的质量。

（2）高压蒸汽排污水取样点

在汽包引出线上设置高压蒸汽排污水取样点，常规监测项目如表 10.3-7 所示。

表 10.3-7 常规检测项目

序号	监测项目	序号	监测项目
1	pH	5	硬度
2	电导	6	磷酸盐
3	总溶解固(TDS)	7	SiO_2
4	OH^-(碱)		

（3）高压蒸汽排污水水质分析仪器的配置

中心化验室统一考虑配置水质分析仪器，负责全厂的所有水质分析包括循环水、脱盐水、锅炉水、化学水、污水等。高压蒸汽排污水水质分析可根据中心化验室优化配置的水质分析仪器来完成。

1）pH 值和电导的测定

① 可参照 ASTM D1293、ASTM D1125、GB 6920，GB/T 6908 等标准测定 pH 值和电导。

② 中心化验室配置有 pH/电导率/溶解氧多参数分析仪，可同时检测 pH 值、电导率和溶解氧。

2）总溶解固体含量的测定

① 可参照 EPA 160.1 或 GB/T 15893.4 等标准，采用烘干称重法测定总溶解固含量。

② 总溶解固体含量可用间接方法计算：

$$RG = S \cdot K_d \tag{10.3-12}$$

式中 RG——溶解固体含量，mg/L；

S——水样在中和酚酞碱度后的电导率，μS/cm，按 GB/T 6908 测得；

K_d——固导比，(mg/L)/(μS/cm)。

3）碱度和硬度的测定

① 参照 GB/T 14419，碱度是采用指示剂滴定法和以 pH 变化指示终点的 pH 电位滴定法；参照 GB/T 6909，硬度是采用 EDTA 指示剂滴定法。

② 现中心化验室均采用电位滴定仪的方法替代人工样品分析测定碱度和硬度，由颜色突变判断终点，改为由电位滴定仪自动确定滴定终点，分析数据自动处理和传输。优点为干扰少、准确度高、分析效率高、节省人力。

4）磷酸盐和 SiO_2的测定

① 参照 GB/T 6913，磷酸盐采用磷钼蓝分光光度法测定；参照 GB/T 12149，SiO_2采用硅钼蓝分光光度法测定。

② 现中心化验室采用分光光度法多参数水质分析仪测定磷酸盐和 SiO_2，相对传统分光光度法，有如下优点：整合和储存水质分析中所有分光光度法；容易建立分析方法、提供水质分析中商品化的标准溶液和化验试剂；操作过程大大简化，使测试方法更简便、快捷；分析数据自动处理和储存等。采用这种多参数水质分析仪可集中测定涉及分光光度法的分析项目，提高分析效率，简化标液的配制，改善了实验室工作环境。

四、取样分析与在线分析的关系

乙烯装置裂解部分在裂解气、烟气、排污水等处均设有在线分析，同时在这些关键位置也都设有取样分析点。在实验室完成的取样分析能够提供更精确的分析结果，可对在线分析仪提供必要的分析结果的对比和校验。

参 考 文 献

[1] 王松汉，何细藕．乙烯工艺与技术[M]．北京：中国石化出版社，2000.
[2] 王松汉．乙烯装置技术与运行[M]．北京：中国石化出版社，2009.
[3] 陈滨．乙烯工学[M]．北京：化学工业出版社，1997.
[4] 杨海鹰，等．气相色谱在石油化工中的应用[M]．北京：化学工业出版社，2005.

第十一章 裂解炉操作、运行与维护

第一节 开工、停工

一、开车准备

为了确保装置开车成功，需要在初始操作前进行检查和准备工作。开车准备工作主要包括以下内容：

1. 管线及仪表检查

完工验收包括根据工程进展逐步进行的中间验收及整个装置完工的验收，完工验收除按规范进行逐项验收外，还要依据工艺管道及仪表流程图及配管图对管线进行检查确认。

2. 水压试验

按照相关标准规范及设计要求，对装置进行系统的、彻底的吹扫，以清除施工废料，并进行气密试压是至关重要的。在确保安全及可能的情况下，应先进行冲洗，后进行试压。

3. 吹扫与清洗

所有设备及管道、阀门、管件等在安装前均应仔细清理机械杂质及浮锈等，必要时可以进行空气吹扫及喷砂处理。安装完成后的吹扫或清洗主要是除去焊渣等杂质。所进行的工作都必须要满足设计及施工相关规范要求。

4. 化学清洗

为了防止透平等损坏，需要对高压系统进行化学清洗，化学清洗之后可以在金属表面形成钝化膜，对设备、管道具有保护作用，避免锈蚀。

二、点火与烘炉

在点火烘炉前，需确认完成以下准备工作：

① 所有设备、管线安装完毕，并进行了清洗吹扫(或化学清洗)。

② 全部仪表经过联校合格，报警联锁系统校验合格。

③ 管线上的所有阀门确认安装正确且均处于关闭状态，所有孔板安装正确，系统全部经过气密试验并确认合格。

④ 所有管线、设备的弹簧支、吊架的插销已经拆除。

⑤ 所有燃烧器经过检查。

⑥ 全部公用工程系统处于备用状态。

⑦ 裂解炉的蒸汽排污系统开始投用。

⑧ 检查炉子的阀门、风门的位置是否正确，检查所有联锁系统是否有效，并投入使用。

在裂解炉点火前，需确认：

① 按照流程图规定的流体流动顺序逐一打开管线上与点火有关且必须打开的阀门。

② 向汽包中注入锅炉给水。注意维持汽包的液位，尤其要小心不要注满汽包，因为在汽包升压之前，很难把过多的水排入排污系统。而且，应避免注水过多使部分锅炉给水带入超高压蒸汽过热段换热管。

③ 检查引风机润滑油脂，盘车要灵活，然后启动引风机，对辐射段炉膛进行置换。

④ 燃料气管线的置换。

⑤ 炉膛中可燃气体的置换。

三、裂解炉蒸汽开车

1. 开车前的检查和准备工作

① 检查确认各手动阀、导淋阀、排气阀、调节阀关闭。

② 检查 BFW(锅炉给水)系统，确认含磷及无磷高压 BFW 具备开车条件。

③ 检查裂解原料系统，确认该系统盲板拆除，根部阀关闭，具备开车条件。检查燃料气管线的置换。

④ 检查仪表系统，确认该系统正常；现场与室内调节阀动作正确一致，仪表联校完毕，检查联锁系统并确认联锁动作正确。

⑤ 检查引风机润滑油脂，盘车要灵活。

⑥ 检查稀释蒸汽系统，确认盲板已拆除，根部阀关闭，具备投用条件。

⑦ 检查燃料气线，确认盲板拆除，根部阀关闭。

⑧ 检查底部燃烧器阀门和手阀，确认关闭。风门开度适当。检查常明线阀门并确认关闭。检查并确认侧壁燃烧器阀门关闭，一次风门开度适当，二次风门关闭。

⑨ 检查导向管，确认未卡死，移动自如。

⑩ 检查炉内耐火材料、隔热材料是否完好无损。

⑪ 检查炉管弹簧吊架，记录冷态位置。

⑫ 检查炉门，确认封好；看火孔门开启灵活并关闭。

⑬ 检查高压锅炉给水调节阀现场有限位。

⑭ 检查急冷换热器和急冷器具备使用条件。检查急冷油线盲板、根部阀，确认盲板拆除，根部阀关闭。

⑮ 检查防焦蒸汽线根部阀和盲板，确认盲板拆除，根部阀关闭。

⑯ 检查清焦电动阀开，裂解气电动阀关，确认盲板拆除。

⑰ 现场开 SS 并网阀前去消音器放空的两个闸阀。确认汽包液面计上下阀、液位引压阀、压力表阀开。现场关急冷换热器降液管、集合管导淋阀。

⑱ 确认好接收连续排污及间断排污。

2. 汽包充水

全开汽包锅炉给水调节阀的旁通线上游阀、节流下游阀向汽包充水，当汽包液面达50%时，顺序打开下列各阀进行冲洗：汽包排污阀、液面计排污阀、急冷换热器下集合管导淋阀。在进行上述冲洗前，打开汽包的连续排污和间断排污阀并将高压蒸汽排水冷却器投用，将高压蒸汽排污罐的大气放空阀打开。汽包充水过程中，监视并比较现场液位计与室内的液位计，检查液位低低报警、液位低报警、液位高高报警正确。检查确认液面高高联锁复位后，关2″排污阀，控制汽包液面为45%~50%。

3. 炉膛置换

控制风机在最小转速下并打开足够数量的看火孔进行炉膛置换，用风机控制炉膛负压。调整炉膛负压为设计值后，将炉膛负压调节阀投自动。

4. 点火升温

① 底部和/或侧壁和常明线燃料气管线接氮气，由各燃烧器逐一排放2~3min后关闭各燃烧器，关闭氮气保压。用测爆仪检测炉膛内可燃气含量，合格后方可点火。现场对燃料切断阀进行检查，确认开启。用点火器点燃常明线后按点火顺序点燃燃烧器。

② 控制底部燃料气量，根据点燃的燃烧器个数控制横跨烟气温度以10~15℃/h的速度升温，升温至200℃，检查炉管位移、吊架、导向管的变化情况，炉内耐火材料是否有裂缝等。现场调节燃烧器及风门使各组温度接近。

③ 通入DS，通入量为每大组设计量的50%，保证DS过热器出口温度<500℃。DS通入后改为COT控制，控制炉出口温度为200℃。向TLE、烧焦大阀、裂解气大阀等处通入防焦蒸汽。检查炉管位移、吊架、导向管的变化情况，炉内耐火材料是否有裂缝等。现场调节燃烧器及风门使其各组温度接近。

④ 继续按点火顺序点燃燃烧器，当COT到400℃时，关闭汽包放空阀，DS量提至设计量的100%，检查炉管位移、吊架、导向管的变化情况及炉内耐火材料是否有裂缝等，各有关法兰热把紧。由SS去消音器的调节阀控制汽包缓慢升压至4.0MPa(G)(注意：不得全关，至少留有20%，防止SS系统超压)。开BFW进水调节阀的上下游阀，关闭旁通阀，控制汽包液面。

⑤ 继续按点火顺序点燃燃烧器，400℃以后可根据实际情况点燃侧壁燃烧器的个数，以50℃/h的速度升温至600℃，DS量增至正常设计流量的120%。检查炉管位移、吊架、导向管的变化情况，炉内耐火材料是否有裂缝等。对有关法兰进行热把紧。现场开无磷BW的根部阀，将BW水引至调节阀前。调节阀给定520℃投自动。继续关SS去消音器阀，汽包升压至10.0MPa(G)，SS出对流段温度为500~520℃后进行SS并网。并网期间注意SS流量不得低于最小流量，SS温度不得低于500℃，汽包液面不得过高或过低。调节底部燃烧器风门控制过剩氧含量为2%~3%，使排烟温度为80~200℃。继续升温到COT为760℃，进行烧焦阀、裂解气大阀的切换。切换时裂解气阀前压力控制在0.1MPa(G)将蒸汽切入急冷油塔。

四、投油

1. 裂解炉投油应具备的条件

① 根据汽油分馏塔正常运行的下限负荷，确定投油炉台数，待投油炉处于DS开车状态，其他裂解炉升温至600℃。投油前，投用裂解炉急冷器。

② 急冷区已全面运行。急冷油、急冷水、稀释蒸汽系统已运行。

③ 压缩、分离已具备接收裂解气的条件。

④ 由界区外提供的燃料能够稳定供应。

⑤ 原料系统已循环运行且由界区外提供的原料能够稳定供应。

⑥ 蒸汽系统运行正常，外供蒸汽供应稳定。

2. 裂解炉投料步骤

(1) 液体炉投料

手动打开原料烃进料调节阀，使原料分别进入到各大组中去，在10~15min之内，将原料投入量由0提高到所要求的负荷。也可以分两步进行，第一步将原料流量在5~10min内由0提高到60%左右；第二步为在第一步完成后稳定几分钟，再将原料流量提高至100%。在进行一步投料操作时，当投料量提高到70%以后，要一边提高原料的流量，一边降低稀释蒸汽的流量，当投油量达到100%时，稀释蒸汽流量降至设计值。投油时应调整底部、侧壁燃料(如果有)，确保炉温稳定。投油完成后，应逐步提高裂解炉出口温度至设计值。投油后调整和检查，调整燃烧器的风门，使燃烧器燃烧情况良好并维持烟气氧含量在2%~3%；调整出口温度偏差，使各组炉管出口温度尽量接近；对整个裂解炉进行全面检查，联系仪表人员将所有联锁投用。继续下一台炉的投油。

(2) 乙烷炉投料

乙烷炉的投油应在乙烯精馏塔操作稳定后。乙烷切到乙烷炉后，应注意调整燃料系统，防止燃料气不足造成系统波动。乙烷通入乙烷炉，应立即开始注硫，注硫量按进料中含硫50×10^{-6}注入。应根据裂解气中CO、CO_2的含量调整注硫量，使乙烷炉出口裂解气中CO、CO_2的含量保持在0.002%~0.5%以内。CO、CO_2的含量大则加大注硫量，反之亦然。根据乙烯精馏塔的乙烷采出量确定乙烷炉的转化率，由此确定乙烷量和炉出口温度，保证乙烷的平衡。其他操作与原料油炉相同。

第二节 正常运行

为了实现“安、满、长、稳、优”的生产目标，必须定期对各操作参数及设备运转情况进行调整和检查，其中包括投油负荷、稀释比、裂解炉出口温度、排烟温度、烟气氧含量等。炉区的日常操作包括严格控制工艺参数，裂解炉的切换、清焦和单台炉的升降温等。

一、裂解炉的运行检查

1. 投油负荷

裂解原料与稀释蒸汽混合后，在裂解炉中进行裂解反应。为了保证原料量在各组炉管中均匀分配，原料量一般不应低于设计流量的70%。当原料进料量低于满负荷时，需适当提高稀释蒸汽比，以保证裂解炉仍在原设计的裂解温度和停留时间下操作。

2. 裂解炉出口温度

① 将炉出口温度控制器设定在接近设计值。

② 通过裂解气在线分析的分析结果($C_3^=/C_2^=$或$C_1^0/C_2^=$)来判断目前的裂解深度，并以此作为裂解炉出口温度调节的依据，决定裂解炉的最佳炉出口温度。

③ 尽可能地将各大组之间的温度差降低。

3. 调整稀释比

当裂解不同原料，裂解炉满负荷操作时，稀释蒸汽与原料的比例如表 11. 2-1 所示。

表 11. 2-1　稀释蒸汽与原料的比例

原料种类	稀释蒸汽/原料质量比	原料种类	稀释蒸汽/原料质量比
乙烷	0. 30～0. 35	柴油	0. 70～0. 80
LPG	0. 35～0. 40	加氢尾油	0. 75～0. 85
石脑油	0. 45～0. 55		

4. 辐射段炉管表面温度

要定期地检测辐射段炉管的表面温度，检测炉管表面是否有局部热点，至少每周要检测一次。

5. 排烟温度

正常生产时的各工况运行初期设计排烟温度均较低，在操作的初期或末期，其排烟温度可以在一定范围内变化。

二、裂解炉的清焦

管式裂解炉辐射盘管和急冷换热器换热管均在运转过程中有焦垢生成，必须定期进行清焦。

对管式裂解炉而言，下面任一情况出现均应停止烃进料而进行清焦：

① 裂解炉辐射盘管管壁温度超过设计规定值。使用 HK-40 作为辐射盘管时，其管壁温度限制在 1050℃左右；使用 HP-40 作为辐射盘管时，其管壁温度限制在 1115℃左右；使用 Cr35-Ni45 辐射炉管时，其管壁温度限制在 1125℃左右，通常控制至少小于限制温度 15℃开始烧焦。

② 裂解炉辐射段入口压力增加值超过设计值。一般限定其值低于 60～70kPa。

③ 文丘里分配器出口与入口压力比(p_2/p_1)小于一定值，这个数值通常由专利商提供。

④ 裂解炉计划停车、紧急停车。

⑤ 急冷换热器出口温度超过设计规定允许值，或急冷换热器进出口压差超过设计允许值。

对于急冷换热器而言，下面任一情况出现均应对急冷换热器进行清焦：

① 急冷换热器出口温度超过设计允许值。此值与裂解原料性质有关，一般，在轻烃和石脑油裂解时此值可限定在 450℃左右，轻柴油裂解时此值限定在 560℃左右，减压柴油裂解时此值限定在小于 650℃左右。

② 急冷换热器进出口压差超过设计允许值。

裂解炉辐射管的焦垢均用蒸汽清焦法或蒸汽-空气清焦法、空气清焦法进行清理。从理论上分析：这些清焦方法的原理是利用蒸汽或空气中的氧与焦垢反应气化而达到清焦的目的：

$$C+O_2 \longrightarrow CO_2+Q$$

$$2C+O_2 \longrightarrow 2CO+Q$$

$$C+H_2O \longrightarrow CO+H_2-Q$$

实际清焦过程中，裂解炉辐射盘管中的焦垢相当部分是剥落为碎焦块，经吹扫后而得以清理。尤其在清焦操作前停止烃进料的过程中，当辐射盘管由投油操作切换为清焦操作的蒸汽开车状态时，炉膛总热负荷仅为投油操作的85%左右，炉管温度相应急剧下降。此时炉管内焦垢将大量剥落。

在裂解炉进行清焦操作时，急冷换热器炉管均可以在一定程度上清理部分焦垢。其清焦的程度取决于急冷换热器的结构设计和裂解炉的清焦方法。当裂解炉采用蒸汽清焦或低空气量蒸汽-空气清焦方法时，如急冷换热器结构采用 Borsig 或 SHG 型非在线清焦急冷换热器，急冷换热器在裂解炉清焦期间换热管焦垢清理效果甚微。此时，一般需在裂解炉 1~2 次清焦周期内对急冷换热器进行水力清焦或机械清焦。采用三菱或三井等在线清焦急冷换热器时，可以在裂解炉 3 次清焦周期以上进行急冷换热器水力清焦或机械清焦。近期，多采用大空气量空气清焦法，除裂解炉辐射管清焦效果可以改善外，急冷换热器焦垢也可以同时在线清焦。此时，一般可以将急冷换热器水力清焦或机械清焦的周期延长到半年以上。

图 11.2-1 是曾推荐的毫秒裂解炉蒸汽清焦曲线。蒸汽清焦的主要优点是不必加入空气，因此，裂解炉清焦时可以不必将清焦气切除裂解气总管系统。清焦操做切换过程少，操作简便，并有可能做到一台裂解炉中部分盘管进行清焦，部分炉管进行裂解。但是，由于蒸汽清焦效果较差，且清焦气带入后系统对急冷、碱洗、甲烷化反应等过程均有较大影响，目前应用较少。

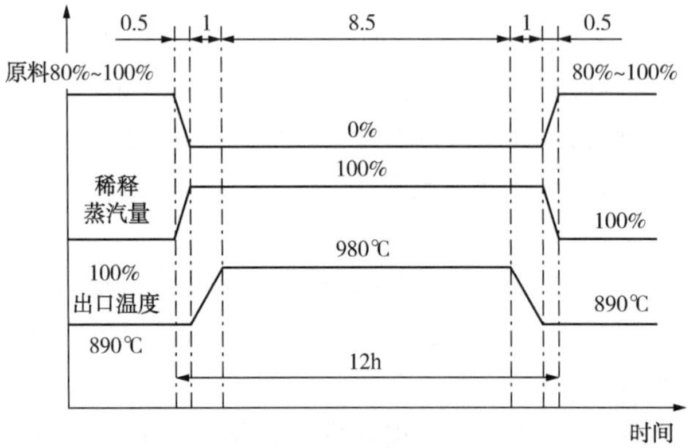

图 11.2-1　毫秒裂解炉蒸汽清焦曲线

图 11.2-2 是 20 世纪 80 年代以前采用较为广泛的蒸汽-空气清焦曲线。此法在裂解炉停止烃进料后，维持裂解炉蒸汽开车工况，然后将炉出口气体切除裂解气总管(采用单台裂解炉设置急冷器时，应在此之前停止急冷油的供给)，将出口稀释蒸汽由清焦罐放空。然后可按图中所示条件逐步加入空气，每次增大空气量之前应对炉出口气体进行分折，当出口干气中 $CO+CO_2$ 含量低于 0.2%~0.5%(体积)之后，方可加大空气量。当空气量加至最大后，当出口干气中 $CO+CO_2$ 含量低于 0.2%~0.5%(体积)之后，认为清焦完成。

在图 11.2-3 所示蒸汽-空气清焦曲线的基础上增大空气量、减少稀释蒸汽量，提高清焦时炉出口温度，可以改善裂解炉清焦效果，并可在一定程度使急冷换热器取得在线清焦的效果，由此减少急冷换热器水力清焦或机械清焦的次数。

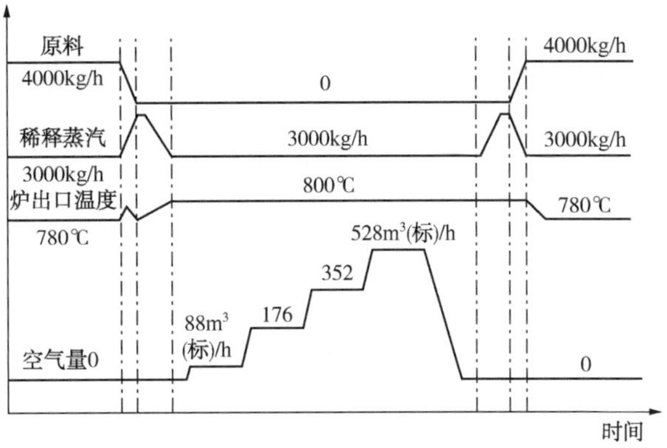

图 11.2-2　蒸汽-空气清焦曲线

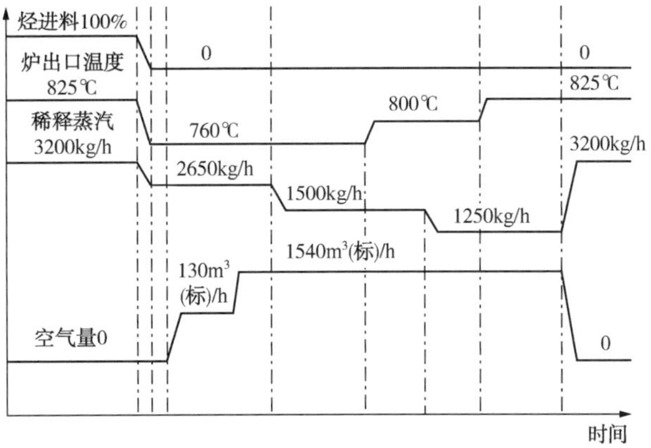

图 11.2-3　大空气量蒸汽-空气清焦曲线

近来越来越多的乙烯工厂采用空气清焦法。此法除在蒸汽-空气清焦法的基础上提高清焦空气量和炉出口温度外，逐步将稀释蒸汽量降为零，主要清焦过程为纯空气清焦（图 11.2-4）。此法不仅可以进一步改善裂解炉辐射管清焦效果，而且可使急冷换热器在保持锅炉给水的操作条件下获得明显的在线清焦效果。采用这种空气清焦方法，可以使急冷换热器水力清焦或机械清焦的周期延长到半年以上。

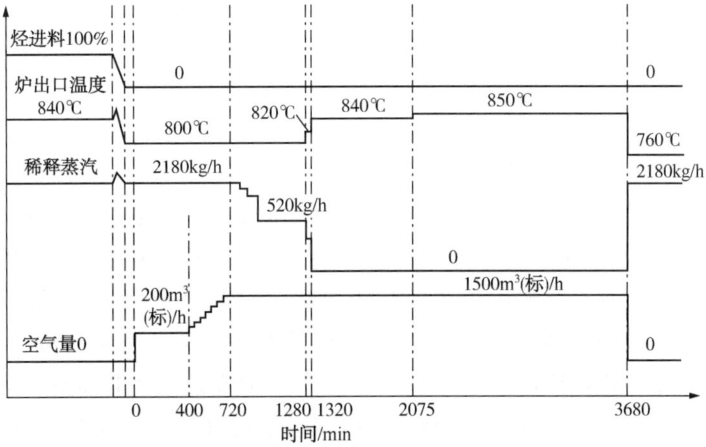

图 11.2-4　空气清焦曲线

第三节　紧急停车

裂解炉发生事故时，往往需要进行紧急停车处理。按照装置停车范围的不同，可将紧急停车分为全炉紧急停车和部分紧急停车。本节将分全部紧急停车和部分紧急停车来介绍裂解炉的故障处理。

近年来，随着对安全的日益重视，裂解炉的安全联锁方案也更加完备。裂解炉的全炉紧急停车通常分为全部裂解炉停车和单台裂解炉停车。在整个乙烯装置处于非常危险的情况下，启动全部裂解炉停车按钮使裂解炉全部停车。在个别裂解炉处于紧急情况下，启动单台裂解炉停车按钮。只要启动全部裂解炉停车按钮，联锁系统将关闭各台裂解炉的所有进料阀、燃料阀，稀释蒸汽保持当前的流量设定值或最小流量设定值，使全部裂解炉逐渐缓慢冷却。另外，当单台裂解炉的燃料气压力低、超高压蒸汽温度高、原料进料流量低、锅炉给水流量低、急冷器出口温度高等因素之一出现时，该裂解炉也会在安全联锁系统的作用下停炉。

裂解炉部分停车通常指裂解炉仅切断原料进料和部分燃料气供应，相对于裂解炉进入热备状态，裂解炉的稀释蒸汽和超高压蒸汽发生系统保持允许。此联锁停车仅当裂解炉出现允许进入部分停车的工况时发生，有利于保持辐射炉管的降温速度，防止炉管降温过快导则炉管损伤，也有利于故障处理完成后裂解炉重新投入生产运行。

一、紧急停车的处理原则

事故的出现一般是有先兆的，往往会先发生诸如振动、泄漏、偏离正常的压力、温度和流量的报警等。及时地发现这些信号并采取适当的调整措施，可以避免许多事故的发生。

采取保护性的措施可以避免停车，或至少可进行有秩序的停车。在任何事故的情况下，操作人员都必须迅速对情况进行分析，在保证人员和设备安全的前提下，尽可能避免所有裂解炉全部停车及单台裂解炉全部停车。

紧急停车应遵循以下原则：①尽最大可能保证操作人员的安全，尽可能保证设备、管线不超温超压，特别是关键设备不受损坏。②尽快准确、安全、无误地将装置停车。③尽可能保证下游装置的平稳运行。④尽最大努力保证裂解炉不超温。⑤尽最大可能避免或减少事故范围的扩大，避免发生火灾、爆炸事故。⑥尽最大可能回收物料，减少排放损失，避免环境污染。⑦尽快查明停车原因，进行适当处理，以便开车。

二、所有裂解炉全部停车及单台裂解炉全部停车

通常，当乙烯装置发生整个电源故障、锅炉给水故障、仪表空气故障，严重的设备泄漏、火灾、爆炸事故，严重的自然灾害(洪水、地震)时，乙烯装置所有裂解炉将全部停车。

通常裂解炉设置有所有裂解炉全部停车按钮和单台裂解炉全部停车按钮。当发生全厂性事故或者灾害时，可通过按下全部停车按钮停所有裂解炉。此时应确认所有联锁动作，切断所有裂解炉的原料和燃料供应；裂解炉稀释蒸汽应保持通入以保护对流段和辐射段炉管，一般应在稀释蒸汽发生系统通过补充 MS(中压蒸汽)尽可能维持系统稀释蒸汽供应。检查炉膛负压，控制辐射炉膛和炉管的降温速度，防止降温过快导致焦块脱落。

当出现以下情况时，通常裂解炉将进入全炉停车。

① 燃料中断或燃料压力低；

② 锅炉给水中断、锅炉给水流量低或汽包液位低；

③ 停电或风机故障；

④ 油急冷后裂解气温度高；

⑤ 超高压蒸汽过热温度高；

⑥ 稀释蒸汽中断、稀释蒸汽流量或压力低。

裂解炉进入全部停车时，所有原料紧急切断阀关闭；燃料系统包括长明灯的紧急切断阀关闭；稀释蒸汽流量自动至预设值；操作人员应密切关注炉膛温度变化，如有可能通过风机转速或风门挡板控制炉膛负压，尽可能缓慢冷却。

除非稀释蒸汽中断且无中压蒸汽补入，无法保证裂解炉稀释蒸汽供应，发生全炉联锁停车时，均应保证裂解炉的稀释蒸汽流量，控制物料横跨温度、辐射段出口温度，缓慢降温。

当锅炉给水中断或汽包液位低联锁发生后，应特别注意如无法保持汽包液位，应主动切断稀释蒸汽以保护急冷换热器。

当稀释蒸汽中断时，需要操作人员立即做出紧急反应，由于无法通过稀释蒸汽保护炉管，需尽快切换裂解气大阀和清焦阀，将裂解炉切出系统，必要时可紧急关断裂解气大阀，避免管网中的裂解气倒流。

三、裂解炉部分停车

当裂解炉进料供应故障，导致裂解炉原料流量降低到一定程度后，由于流速降低导致文丘里分配器前后压差过小，使文丘里分配器失去流量分配作用，同时原料在炉管内停留时间延长，裂解反应深度增加，导致炉管内迅速结焦，局部管壁温度升高，缩短裂解炉运行周期和炉管使用寿命。通常，裂解炉设置有原料进料压力低联锁进入到部分停车状态，此时仅关闭原料进料的切断阀，底部燃料仅部分切断，保持稀释蒸汽流量到预设值，风机维持控制以保证炉膛负压。此时裂解炉进入热备状态。如可以短时间消除故障，则可以重新投料；否则，裂解炉应进入全部停车状态。

四、其他事故工况

1. 炉管破裂

当裂解炉出现辐射炉管或者对流段炉管破裂时，烃类进入炉膛由于不完全燃烧，可观察到烟道中浓烟冒出，另外还将出现炉出口温度急剧升高，炉膛氧含量降低等现象。操作人员可根据事故严重情况，通过辅助操作台上的单炉停车按钮来实现全炉停车。

如果仅是微小泄漏，通过流量偏差或者炉出口温度偏差发现，一般不需要裂解炉紧急停车，但需要密切观察。如为微小泄漏，建议在停炉检修前进行烧焦操作，防止降温过快造成炉管损伤。

2. 急冷换热器换热管故障

急冷换热器换热管破裂将导致大量锅炉给水进入工艺管线，一般可通过以下现象判断：锅炉给水流量增大、急冷换热器出口温度下降、下游急冷操作变化等。操作人员可根据事故情况通过紧急停车按钮实现全炉停车。

3. 炉膛或者炉外着火

一般炉膛内着火不设置自动停车。操作人员应尽可能判断着火原因，炉膛内有一根辐射炉管破裂较小、泄漏着火时，衬里可适度承受，不需要紧急停车。如火势较大或者发生不完全燃烧导致烟囱有黑烟冒出，可能引起炉膛正压等不安全工况，此时操作人员应通过紧急停车按钮将裂解炉停车。

当裂解炉炉外出现泄漏且物料温度高于自燃点时，少量烃类或者裂解气的泄漏将造成着火自燃。此种情况无法通过自动紧急停车停炉。可通过可燃气体监测、火灾探测器或者CCTV(集中电视监控系统)监测发现，操作人员应在确认泄漏着火情况后，根据实际情况确定将裂解炉正常切出检修或者紧急停车。

第四节　维　　护

裂解炉无论在操作中还是在备用状态，操作及维护人员对裂解炉进行细致的检查及维护都是非常必要的，目的是发现裂解炉的潜在问题。

裂解炉维护：裂解炉定期清焦属于裂解炉的特殊维护，可以保持裂解炉的良好性能。两次清焦之间的运行周期长，可以降低清焦次数，降低清焦成本，从而提高裂解炉的在线生产率，提高裂解炉的经济效益。

裂解炉横跨管维护：裂解炉横跨管是连接对流段与辐射段的高温管线，横跨管的维护非常重要。在对流段对应设置恒力弹簧的横跨管，日常维护时应注意记录弹簧的刻度，以便掌握横跨管的位移情况。横跨管在热态下会向下位移，属于正常现象。如果某根辐射段炉管发生堵塞需要割开时，应将与这根炉管或这组炉管有关的恒力弹簧的销子插上，以免损坏集合管支管。在施工过程中严禁踩踏横跨管。

裂解气大阀维护：加大检查力度和频次，确保防焦蒸汽的畅通，为确保防焦管线畅通，阀体底部返回蒸汽线上设置温度计，每天观察检测温度情况，一旦温度下降，第一时间分析、及时处理；同时对阀体进行保温，维持好阀体温度，定期排放阀体底部积液及防焦蒸汽的凝液。

仪表维护：仪表维护是一项基础且特别重要的工作，一个仪表出现故障就可能引起停车、误差。仪表正常运行是保障工艺装置平稳操作、安全生产的重要因素，企业要引起足够重视。

对于常规仪表，定期查看仪表指示是否正常，检查仪表保温、伴热情况，出现问题及时处理。对于压力、差压测量的仪表导压管应定期进行排污，对气源管线也应注意排污。比如流量误差或裂解炉出口温度的误差可能会导致每个炉管的裂解条件不同，结焦速率不一致，使裂解炉运行周期缩短，严重情况使裂解炉发生停车，影响裂解炉稳定运行。若某一个仪表指示裂解炉异常，则需要将它同其他仪表相比较以确定是仪表本身的故障，还是裂解炉操作有问题。有时炉管出口的热电偶也会出现数据漂移，经过几个周期后要一只一只地进行检查更换，记录更换前及更换后的温度数据以做比较。

对于分析仪表应定期检查取样是否正常，压力、流量是否正常；定期对冷却、减压、除尘、除水、除雾等设备进行维护；定期检查仪表取样设备保温、取样管线的保温、伴热情况，保证处理过的样品满足分析仪表的安全稳定运行要求；加强对分析本体的正常维护、保养。由于分析仪表专业性强，建议组建或委托专业队伍进行维修保养，确保在线分析仪表的投用率，正确指导工艺操作。

一、急冷换热器系统的维护

1. 急冷换热器清焦

急冷换热器在运行过程中有焦垢生成，必须定期进行清焦。在裂解炉进行清焦操作时，急冷换热器中的焦垢可以在一定程度上得到清理。

当发生以下几种情况时，必须进行清焦：

① 急冷换热器出口温度达到设计极限。

② 急冷换热器气侧阻力降明显增加或者超出末期允许阻力降。

一般急冷换热器在下列情况下需进行水力清焦：

① 当裂解炉进行数次在线烧焦之后，再次投料操作时，急冷换热器出口温度不能恢复到设计的初始温度，且较设计的初始温度高25℃以上，或操作周期明显缩短，此时要考虑对急冷换热器进行水力清焦。

② 全装置大检修时，应对急冷换热器进行水力清焦。

急冷换热器的水力清焦是在裂解炉停炉以后，利用高压清焦水车进行的，高压清焦水车可提供50~70MPa的高压水。用高压水逐根清洗急冷换热器内管内壁，破碎硬的焦层，并将之冲走，这种方法可彻底除去换热管内的焦垢。注意别让清焦水进入裂解炉炉管。此操作要特别小心，因高压水容易引起人身或设备的损伤。清焦水经过滤后流入清焦水池或下水道，与原装置的清焦水一并进行集中处理。

水力清焦结束以后，应对急冷换热器进行全面检查，确保换热管内壁清洁、无损，重新组装后，以备再次开车使用。

清焦水温度：环境温度；

清焦水pH值：7~8。

2. 系统的停车保护

在急冷换热器系统停车期间，应采取必要的保护措施防止腐蚀发生。如果装置是在寒冷的季节停车，还应采取适当的措施防止装置和附件结冰。

根据情况和操作条件，水侧系统有湿法或干法保护。选择哪种保护方法取决于环境条件，在不结霜的季节采用湿法更好，如果是结霜的季节，则必须采用干法保护。

湿法保护的原理是：系统仍充满水，在水中加入适当的药品以中和其携带的氧。

干法保护则必须彻底地排净系统的水，使用除湿剂长期保持系统内的干燥。

（1）干法保护

1）无保护气体的干法保护

干法保护的防腐蚀作用是靠消除水和湿气来完成的。不使用保护气体的干法保护适用于：停车后能将装置中的水彻底排尽，并保持系统内部的相对湿度长期在60%以下。如果炉水中的含盐量较大，则彻底排尽水并干燥是非常重要的。否则，炉水排出并蒸发后，盐层浓缩在设备内表面上，将极大地促进氧化腐蚀。为消除这种危险，停车前必须对汽包进行彻底的排污。

此方法的第一个步骤就是停车后系统的干燥：当工作压力降到1MPa以下时，急冷换热器开始尽可能快速地排水，同时将加热到100℃以上的压缩空气通入汽包，压缩空气携带的热量必须足以将系统的存水彻底蒸发。当系统出口处的空气相对湿度小于60%时，可将热空气改为室温下的空气，此时空气的相对湿度也必须小于60%。

用此方法干燥过的急冷换热器系统必须用干燥剂保护，常用的干燥剂有硅胶、生石灰、无水氧化钙、活性三氧化二钼等。

干燥剂的用量一般为：

生石灰：2~3kg/m^3；

硅胶：1kg/m^3；

其余：1.3kg/m^3。

干燥剂应盛在容器中从人孔放入汽包，放入后关闭所有出口。一周后打开人孔检查，如已吸湿饱和，则应更换新的干燥剂或对原药剂进行再生，把药剂加热到120~125℃即可再生。一般1~2月检查一次。

当开车时，被干燥保护的急冷换热器系统加入氧含量饱和的给水时，应采取适当的措施避免氧腐蚀。可在给水中加入100mg/L的联氨(N_2H_4)。

2）用氨气(NH_3)进行干法保护

此方法适用于急冷换热器系统排水不彻底，或排水彻底但系统仍是潮湿的情况。在这种情况下，应尽快地排水，从上部充入氨气(倾斜气瓶)，直到氨气从底部打开的排水阀放出。然后，关闭此阀继续充气，直到系统压力达到0.01~0.02MPa为止。在整个装置停车期间必须保持此压力。

用此方法进行保护时应注意，将含有铜、镍及其合金的内件和仪表取走或隔离。

3）用氮气(N_2)进行干法保护

在系统停车时应尽快地彻底排水，从上部充入氧含量小于0.1%的工业纯氮气，并从底部打开的排水阀放出氮气。然后，关闭此阀继续充气，直到系统压力达到0.05MPa为止。在整个装置停车期间必须保持此压力。

（2）湿法保护

干法保护是通过取走系统的水来达到防止氧腐蚀的目的；与此相反，湿法保护则是在没有取走系统水的情况下，来消除氧的影响。这种方法的基本原理有两种：第一是通过物理的方法阻止氧；第二是通过加入化学药剂来阻止溶解在水中的氧对金属表面的腐蚀。这两种方法一般常用于短期停车保护。

1）用物理的方法防止氧腐蚀

干法保护适用于装置长期和短期停车保护。当装置停车只有几天时，可用辅助蒸汽或低负荷加热来保持水侧压力为0.2~0.5MPa，系统再启动时，将不需采取特殊的措施。此方法具有启动迅速及不需准备的优点，缺点是成本较高。在停车周期为几星期或几个月时，应采用其他的方法，以降低成本。

停车后，急冷换热器系统及管道必须用除氧水(必要时用除盐水)充满，注意不使空气侵入。当系统冷却到约120℃时，通过从过热器加水，使系统压力仍保持在0.2~0.5MPa，在此期间，应在系统的最高点排除少量的水(每日几吨)。为了保证完全密封，可在系统最高点设置一个膨胀罐，以适应微小的超压，气体膨胀罐可通过减压阀与氮气瓶相连。为了保证可靠的保护，应根据化学检测来进行监督。当系统再次启动时，必须考虑以下几点：

开车时，为了保持汽包水位而排水，通常不可能防止氧气的侵入，由于开车期间炉水在压力下循环较长的时间，若炉水中携带氧，则无疑是非常有害的。因而，需采取特殊的措施来减少腐蚀的危害，特别是对于装置每年都要以此方法开车多次的情况。一种方法是在氮气压力下进行排水，防止氧气进入系统；也可在水位下降时，通过辅助加热防止氧渗透。另一种方法是在炉水中加入联氨（N_2H_4），使其与氧结合，建议联氨浓度为100mg/L，用此方法仅对联氨流过的部件有效。

2）使用联氨（N_2H_4）的湿法保护

使用联氨（N_2H_4）的湿法保护可适用于停车周期从几天到几个星期的各种装置上。停车后装置用含联氨的水注满，应选用合适的除氧水。在开车时，应防止大气中的氧渗透进系统。

联氨可用加药泵加入，联氨的用量取决于停车周期的长短，可按表11.4-1推荐的用量。在pH值超过10时，如需要可加入氨气。

表11.4-1 联氨用量推荐 mg/L

停车时间	联氨用量	停车时间	联氨用量
50小时	20~30	长期停车	100~300
一个月	50~100		

注：此表适用于脱盐水的情况。如果是含盐水时，则上表的联氨用量就不合适了，根据经验，建议此时的联氨用量为表中的2~3倍。

由于在较长的停车周期下，联氨有一定的消耗，因此，加药量应比正常值大。水中的联氨含量应定期在各点检测，当查明联氨含量降至正常值的50%以下时，需要再补充联氨，并与水混合好。可通过用泵强制炉水循环来实现，还可通过在系统最低点加入辅助蒸汽实现循环。如果系统在停车期间全部或部分地排水，则应按“干法保护”的方法进行处理。再充水时，水中的联氨含量应根据停车时间来确定。

（3）辅助设备的保护

停车腐蚀不仅发生在蒸汽发生系统，在所有水侧设备都可能发生（如预热器、给水箱等），这比仅在蒸汽发生系统发生腐蚀更危险。因此，对所有设备都进行适当的保护是非常重要的，特别是急冷换热器前面的设备（如预热器、给水箱、给水泵及连接管道等），在热的条件下应彻底地排尽水，使其保持干燥。

二、燃烧器的维护

1. 燃烧器故障

（1）燃烧器点不着

检查确认所有的燃料供应阀到燃烧器是开的。确认管线系统无泄漏，燃料管线未堵塞。如无以上问题，燃烧器点不着大多是因为杂物堵塞了喷孔，一旦发生这种情况应切断该燃烧器的燃料供应，拆下燃料喷头进行处理。

（2）火焰不稳定

如果火焰软而冒黑烟，表明空气量不足，可通过开启风门来解决。火焰脉动或与喷嘴分离是空气过量的标志，可慢慢关闭风门直至火焰不再分离并稳定为止。如以上不能解决问题，关闭燃烧器并检查引射器或喷头是否堵塞。

(3) 喷嘴过热

对于侧壁燃烧器有时会发生火焰突然熄灭的情况，从而引起燃烧器喷嘴过热。发生这种情况的主要原因有以下两方面：

① 如果燃气燃烧器的外缘显示出很高的温度(发红)，可能是由于燃料喷嘴堵塞引起，必须拆卸并清洗，否则导致燃烧器烧坏。

② 如果燃气燃烧器的中心发红，这是由于引射器/燃烧器组件内部在燃烧所致，这时应切断燃料，同时开启一次及二次风门，等5min或直至红色高温区消失后再次点火。

(4) 燃料压力与性能曲线不一致

① 确认燃料气组成与设计值是否相同；

② 检查燃料压力表位置是否正确，压力表要尽可能靠近燃烧器燃料接口，在压力表和燃烧器之间不能有阀门，性能曲线上的压力是燃烧器的入口压力，不包括管道、阀门、管件的压力损失。

③ 检查喷头的钻孔是否与设计一致。

④ 检查喷头或喷嘴是否被杂物堵塞。

(5) 燃烧器的热释放量受助燃空气限制

① 燃烧器风门开度太小。

② 风机不能提供燃料燃烧所需的风量。

③ 燃烧器风门被外界杂物阻塞。

④ 用于检查烟气氧含量的仪表是否准确。

⑤ 炉子漏风。

2. 维护

① 侧壁燃烧器和底部燃烧器有时需要清洗或更换，主要是燃气喷头，特别是燃料气带液严重应经常进行燃料喷头的清理。如需进行以上操作，应按以下步骤进行：

切断燃烧器燃料；卸开燃料气接口的燃料管道或法兰；取出需要清洗的燃气喷头；对燃气喷头进行清洗或更换，清洗喷嘴时要小心不要扩大孔径，否则会影响燃烧器性能；将清洗过的燃气喷头安装复位；按点火说明再次点燃燃烧器。

② 在燃烧器烧嘴砖达到使用寿命或出现重大裂纹和破损时，必须及时进行燃烧器烧嘴砖的更换。更换侧壁燃烧器烧嘴砖时，必须确保侧壁燃烧器下方和炉膛内底部不得有人。

参 考 文 献

[1] 王松汉主编．乙烯装置技术与运行[M]．北京：中国石化出版社，2009.

[2] 胡杰，王松汉主编．乙烯工艺与原料[M]．北京：化学工业出版社，2017.

[3] 中国石油化工集团公司人事部、中国石油天然气集团公司人事服务中心编．乙烯装置操作工[M]．北京：中国石化出版社，2008.

[4] 王少南．浅谈裂解炉横跨管系统设计、施工及运行维护[J]．乙烯工业，2015，27(3)：42.

第十二章 裂解炉制造与施工

第一节 制　　造

一、概述

乙烯裂解炉本体设备包括：辐射段、对流段、烟道和烟囱等。辐射段位于裂解炉下部，辐射盘管悬吊于炉膛中部，位于炉底或炉壁的燃烧器所产生的热量以辐射传热的形式传递给辐射盘管内的介质，以满足裂解反应所需的热量。对流段位于辐射段上部的一侧，其中水平排布多组对流盘管。从辐射段流动过来的热烟气以对流传热的形式将热能传递给对流盘管内的介质，以满足介质预热或过热所需的热量。对流段顶部设置烟道、引风机和烟囱。裂解炉采用强制通风。炉内烟气的流动由引风机的抽力来形成，使得炉内呈微负压状态。引风机既克服烟气压降，使燃烧空气由炉内负压吸入，同时又帮助烟气从烟囱排出炉外。

通常，辐射段中的辐射盘管为独立设备，需单独制造；而辐射段钢结构采用辐射段模块的形式制造，可带衬里一起运输。对流段则是采用盘管、钢结构和衬里组成对流段模块的方式进行制造和施工。烟道和烟囱也采用模块的形式（包括钢结构和衬里）进行制造和施工。

裂解炉附属设备包括：提供热量的燃烧器、控制烟气流动的引风机，以及冷却裂解气和产生超高压蒸汽的急冷换热器和汽包等。其中，急冷换热器和汽包属于压力容器，布置在炉体外的框架上。

上述这些附属设备均由专业公司进行制造，运输至建设场地进行现场安装。下面就主要设备辐射盘管、辐射段模块、对流段模块以及急冷换热器和汽包的制造进行介绍。

二、辐射炉管

1. 辐射炉管材料介绍

从早期的锻造材质 SUS304、310 及耐热镍铬铁合金 800H 系列无缝钢管到离心铸管 HK40、HISi - HK40 和 HP 系列的 HP - Nb、ZHR35CT、KHR35CW、ManauriteXT、KHR35CT-HISi、KHR45A 等，炉管成分设计从单纯提高 Cr、Ni 含量到日益重视发挥其他微量合金元素的作用，使炉管的允许温度由 950℃提高到 1150℃。

裂解炉辐射炉管的材料广泛使用离心铸造高铬高镍耐热合金，常用的两种材质分别为 25Cr35NiNb 和 35Cr45NiNb。对于 25Cr35NiNb 炉管，主要化学成分见表 12.1-1；对于 35Cr45NiNb 炉管，主要化学成分见表 12.1-2。

表 12.1-1　25Cr35NiNb 炉管化学成分　%

元素	C	Si	Mn	Cr	Ni	Nb	P	S
数值	0.40~0.50	≤1.50	≤1.0	23~27	33~37	0.7~1.5	≤0.03	≤0.03

表 12.1-2　35Cr45NiNb 炉管化学成分　%

元素	C	Si	Mn	Cr	Ni	Nb	P	S
数值	0.40~0.60	1.0~2.0	1.0~2.0	30~37	40~47	0.5~1.8	≤0.03	≤0.03

炉管材料的这种发展，不仅提高了炉管的高温力学性能，也一定程度地改善了管材的抗渗碳性能。

由于裂解炉炉管长期处于内部高渗碳气氛的运行环境中，服役过程常常出现内表面大量结焦和内部严重渗碳的现象。结焦层增加了热阻，可降低炉管的导热能力而导致设备热效率降低，造成能源浪费。虽然采用清焦可以消除炉管内壁焦炭的影响，但周期性的清焦又会引起热疲劳现象，致使炉管在后续运行过程中的结焦与渗碳现象更加严重，并导致炉管材料的性能弱化及缩短炉管的使用寿命，结焦已成为乙烯裂解炉管损伤的主要形式之一。

要减少和防止渗碳结焦，应从炉管材料、炉管的表面处理、乙烯裂解工艺的控制等方面着手解决。随着裂解技术的不断提高，为了延长炉管的使用寿命，对炉管材料从改善合金组织出发进行了大量的合金化研究工作。炉管中主要成分有 C、Si、Mn、Cr、Ni、Nb、W 等合金元素，它们的主要作用如下：

(1) C 的作用

碳(C)在高温合金中与合金元素形成细小的碳化物，弥散分布于奥氏体基体中，以提高高温下的持久强度。按合金元素在钢中与 C 相互作用的情况，它们可以分为两大类：①非碳化物形成元素，包括 Ni、Si(Al、Co、Cu)等。由于这些元素与 C 的结合力比 Fe 小，因此在钢中它们不能与 C 化合，对钢中碳化物的结构也无明显的影响。②碳化物形成元素，根据其与 C 结合力的强弱，可分为三类。一类是弱碳化物形成元素：Mn。Mn 对 C 的结合力仅略强于 Fe。Mn 加入钢中，一般不形成特殊碳化物(结构与 Fe_3C 不同的碳化物称为特殊碳化物)，而是融入渗碳体中。二类是中强碳化物形成元素：Cr、Mo、W。三类是强碳化物形成元素：V、Ti、Nb 等，有极高的稳定性。另外，增加 C 含量还能抑制 σ 相的析出。但 C 含量过高，随着二次碳化物大量析出，会降低合金的韧性、恶化焊接性能。

(2) Si 的作用

硅(Si)是冶炼时必要的脱氧剂，可以提高钢液在铸造时的流动性。适当的 Si 含量对抗氧化有一定的作用，因为 Si 与 O 的结合力要大于 Cr，在氧化气氛中加热时，表面也将形成 SiO_2 薄膜，而且它的扩散系数小，从而提高钢在高温时的抗氧化性和抗渗碳能力。但 SiO_2 的熔点较低，导致耐热性能差。Si 在 Ni 含量较高的环境中易于产生偏析，在晶界上形成低熔点共晶物，容易导致焊接热裂纹倾向，恶化钢的焊接性能。Si 是促进 σ 相析出元素在“在 H-H(26Cr-12Ni)合金中，达到 3 倍含 Si 量的作用”，加入量过多将降低钢的持久寿命。对裂解炉管 Si 含量一般控制在 1.50%~2.00%。

(3) Mn 的作用

锰(Mn)是扩大奥氏体相区的元素，与 S 生成球化的 MnS，可消除 S 的危害，也能改善焊接性能。但促进 σ 相析出，加入量过多能降低合金的抗氧化性能，一般控制在 1.5%以下。

(4) Cr 的作用

铬(Cr)在材料表面形成致密的 Cr_2O_3保护膜，对合金的抗氧化、高温强度、抗渗碳性能起着决定性作用，是合金中主要的固溶强化元素和碳化物形成元素。但含量过高会导致 σ 相析出，因而降低合金的强度和韧性。其防渗碳的最高含量不超过 25%。

(5) Ni 的作用

镍(Ni)是形成和稳定奥氏体基体的主要元素，也是提高合金抗渗碳、抗氧化、高温强度和韧性的主要元素。可提高钢的强度而不显著降低其韧性，改善钢的加工性和可焊性。可以提高钢的抗腐蚀能力，不仅能耐酸，而且能抗碱和大气的腐蚀。Ni 原子将会降低 C 原子在合金中的溶解度，过量加入会导致超量的碳化物析出，其防渗碳的最高量不超过 35%。

(6) Nb 的作用

铌部分溶入固溶体，起固溶强化作用。铌溶入奥氏体时显著提高钢的淬透性，但以碳化物和氧化物微粒形式存在时，细化晶粒并降低钢的淬透性。它能增加钢的回火稳定性，有二次硬化作用。微量铌可以在不影响钢的塑性或韧性的情况下提高钢的强度。由于有细化晶粒的作用，能提高钢的冲击韧性并降低其脆性转变温度。当含量大于碳的 8 倍时，几乎可以固定钢中所有的碳，使钢具有良好的抗氢性能。在奥氏体钢中可以防止氧化介质对钢的晶间腐蚀。铌具有固定碳和沉淀硬化作用，能提高热强钢的高温性能，如蠕变强度等。

(7) W 的作用

钨(W)可提高高温合金高温强度，但同时降低延伸率。

(8) Ti 的作用

钛(Ti)是强 Fe 形成元素，同时又是强碳化物形成元素之一。在高温合金中其主要形成极细小而又弥散分布的硬度极高碳化物、氮化物和金属间化合物。这些 MC 型和 MN 型微粒稳定性很高，在 1300℃以下也不会完全溶解，可很有效地阻碍高温下材料晶粒长大，阻止高温下 $M_{23}C_6$在晶界形核并长大成网状结构，形成的 $M_{23}C_6$是不连续杆状或颗粒状，可阻碍晶界滑移，提高合金的热强性和持久强度，减少蠕变和裂纹的产生。钢中加入少量的 Ti，还能显著地改善钢的焊接性能。但钛量过多，会降低钢的韧性。

(9) 微合金元素的作用

一般在 Cr-Ni-Fe 合金中添加的微量元素有 Nb、Ti、V、Zr、W、Mo 和稀土元素。它们优先于 Cr 形成碳化物，预防碳化铬等低熔点、低强度 σ 相的大量析出，细化 $M_{23}C_6$，使其均匀弥散分布，起到固溶强化作用。抑制 C 的扩散速度、改变晶界碳化物形态(强化晶界)、延迟碳化物粗化过程，从而提高合金的高温蠕变强度。但是加入过量则会影响合金的抗氧化性能，并促进 σ 相析出，降低合金的强度和韧性。尤其是 Mo，任何含 Mo 量对 σ 相析出的影响相当于含 Cr 量 4 倍的作用。

2. 铸造工艺

不同于普通不锈钢管和管件，裂解炉辐射段炉管和静态连接件一般采用卧式离心铸造和精密铸造。原材料基本采用中频冶炼工艺，部分结构复杂或浇铸难度较复杂的静态铸件采用真空冶炼工艺。

卧式离心铸造是将液体金属水平注入高速旋转的铸型内，使其做离心运动充满铸型和形成铸件的技术和方法。由于离心运动使液体金属在径向能很好地充满铸型并形成铸件的自由表面；不用型芯能获得圆柱形的内孔；有助于液体金属中气体和夹杂物的排除；影响金属的结晶过程，从而改善铸件的机械性能和物理性能。浇注温度、铸型转速、脱氧除杂、涂料使用、铸件脱型、浇注系统、浇注定量等是在离心铸造生产中必须确定或解决的工艺问题，因为它们直接影响着铸件的质量和生产效率。

铸型转速是直接卧式离心铸造工艺中最重要的工艺参数，行业中一般将铸型转速称为回转速。回转速设置一般为两级，一个最高回转速和一个低回转速。最高回转速为钢液所受最大离心力时的转速，转速最低要保证有足够离心力让钢液成型后组织致密并尽量最低限度地控制“雨淋”现象的发生。高回转速保持时间应该使钢液具备基本凝固的时间，低回转速的保持时间应使成型炉管温度降低到一定温度而增大其强度。

对于铸管的质量来讲，最终关注的应该是铸型的实际转速，它才是决定铸管质量的真正转速因素，因此必须掌握实际铸型转速。

最高回转速计算采用布鲁佐夫计算公式：

$$n = 29.9\sqrt{G/R} \tag{12.1-1}$$

式中 n——铸型转速，r/min；

G——重力系数；

R——炉管毛坯内表面半径，m。

在乙烯裂解炉高温合金炉管铸造中，G 一般取 280~320。

工艺设计时，应合理计算回转速，转速过低，没有足够的离心力，会使离心铸件充型不良，铸件内产生疏松、夹杂、内表面凹凸不平等缺陷，并且在浇铸过程中出现飞溅，造成巨大安全隐患，管端造成飞边现象。如果转速过快，容易造成离心机不良振动，破坏炉管冷却凝固时柱状晶的生长，造成宏观组织不合格。

3. 裂解炉辐射盘管通用制造流程

辐射炉管制造过程大致分铸造、机加工和焊接组装三大部分，无损检验和理化检验始终贯穿于全制造过程。制造过程中，炉管的缺陷只能通过机加工方式去除，母材缺陷禁止焊接返修。焊接前后，母材和焊缝均不需要进行热处理来改善金相组织和消除应力。目前，国内大多数离心铸造炉管生产厂商还是以人工操作为主，但是从 2015 年开始规模较大的生产厂商进行了自动化改造，生产效率和产品质量有较大提升。以下是裂解炉辐射炉管一般制造和检验流程：

金属模筒→烘烤→刷涂料 ↓

原材料检验(复验、查材质证书)→配料→烘烤→熔炼→合金成分分析→离心浇铸→脱模→标记→喷丸→清理→切头、尾→表面目视、PT 检查→内外径尺寸检查→取样→成品化学成分分析→力学性能检验→低倍金相检验→校直→预加工→拉镗内孔→机加工检验(尺寸、粗糙度、壁厚测定)→涡流检测→加工坡口→尺寸检查→PT 检测→耐压试验→内壁清理→直管预制焊接→焊缝无损检测→组盘工装制作→组盘焊接→焊缝无损检测→耐压试验→盘管悬挂试验

三、对流段模块

对流段是裂解炉中的核心部件之一，其主要作用是回收高温烟气中的热量以预热原料和蒸汽，进而降低排烟温度，提高裂解炉的热效率。对流段主要由对流段钢结构、衬里、

对流盘管(集合管)、铸造管板、焊接管板、弯头箱等组成。

为满足乙烯裂解炉大型化、集成化、工厂化的需要，目前对流段均在工厂车间进行制造、组装，最终以模块化方式供货至施工现场。

1. 对流段钢结构预制

① 对流段钢结构预制前需准备预制平台，预制平台平整度需满足制作要求。

② 对流段墙板钢结构应采用整炉单侧制作，单个模块的主立柱一般不得拼接(图 12.1-1)。

③ 预制过程中应防止由于焊接而产生的变形或收缩。

④ 模块钢结构施焊前，应按照有关设计文件的要求进行焊接工艺评定。焊接完成后需进行校正，保证立柱垂直度以及墙板的水平度，合格后方能焊接锚固件(图 12.1-2、图 12.1-3)。

⑤ 钢结构螺栓孔加工应符合如下要求：

a. 相邻模块间连接螺栓孔应配对钻孔，能减少模块预组装工作，提高模块间的吻合度，提高模块安装效率。

b. 模块之间螺栓和弯头箱螺栓孔均不得采用气割。

图 12.1-1　钢结构预制

图 12.1-2　锚固钉焊接

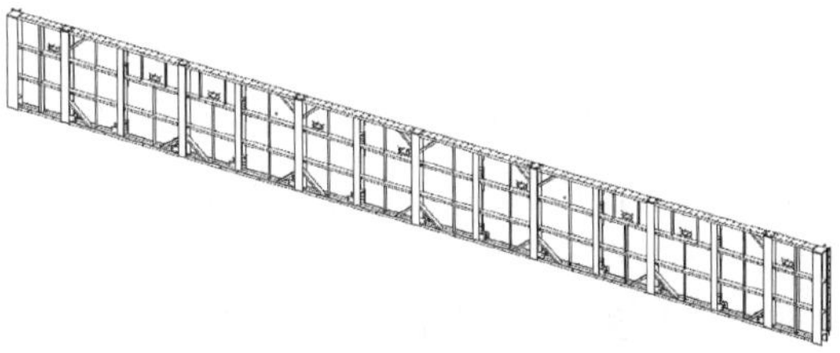

图 12.1-3　对流段单侧墙板

2. 对流段模块组装

① 模块应在工装平台上组装，工装的水平度需满足组装要求，且按立柱对称布置。

② 墙板吊运时采用多吊点或专用工装吊装，防止墙板结构变形。

③ 单侧墙板定位之后需临时固定，期间调整墙板变形量直线度和垂直度(图 12.1-4)。

④ 两侧墙板定位之后加装顶部工装以及拉杆。模块固定后按顺序进行端管板、管板托架、铸造管板的安装，至此模块初步成型。

⑤ 管板安装结束后要求管板孔中心在同一直线上，并再次复检模块对角线、水平度和垂直度，报验合格后进行衬里施工(图 12.1-5)。

图 12.1-4　墙板组立

图 12.1-5　管板安装

3. 对流段模块衬里施工

① 衬里的施工和质量验收应符合 GB 50211《工业炉砌筑工程施工与验收规范》，HG/T 20543《化学工业炉砌筑技术条件》及设计文件的要求。

② 砌筑前应清理与砌体接触的金属表面，使表面无油污、铁锈、水及其他污物。

③ 纤维类材料应尽量保持来料尺寸，减少裁切。穿过套管或锚固钉时应现场定位开孔，并使用专用开孔工具，使切口平齐。多层铺设时相邻 2 层应错缝。

④ 以纤维制品作为背衬时，在浇注料施工前应进行防水保护。

⑤ 对流段衬里可水平或立式施工(图 12.1-6)。

a. 水平浇筑时应对钢结构采取加强措施，以防翻身时衬里开裂。

b. 立式浇筑时宜采用模板支撑，浇筑过程中可采取人工或机械振捣方法，使浇注料均匀、密实、连续。当无法避免施工缝时，接缝处应采取梯形结构。

⑥折流块应支模板与主体部分整体浇筑，不得单独浇筑，拆模后检验浇注料折流块的尺寸偏差，并应对表面进行修整、养护。浇注料衬里施工后，应静置 72h，期间不得搬运或试验。养护结束后应及时切割膨胀缝，在衬里表面按图标记位置，用切割机进行切割(图 12.1-7、图 12.1-8)。

⑦ 衬里结束后按照技术协议要求对模块进行烘炉，去除衬里内的游离水。衬里结束后将模块整体吊运至烘炉区域，可以多个模块叠加烘炉。烘炉后需复检衬里质量，并报验合格，至此模块衬里施工完成。

图 12.1-6　浇注料施工

图 12.1-7　衬里完工

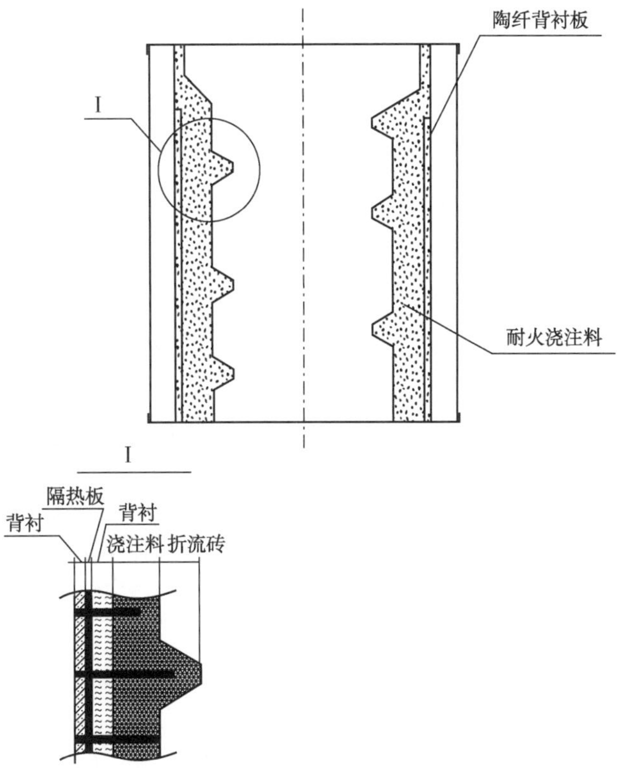

图 12.1-8　对流段衬里

4. 对流段模块组盘

(1) 翅片管加工

① 翅片管绕制之前需对炉管外表面进行清洁(表面打磨或抛丸处理)。

② 翅片管加工和检验应符合图纸要求以及 NB/T 47030—2013《锅炉用高频电阻焊螺旋翅片管技术条件》、SH/T 3415—2005《高频电阻焊螺旋翅片管》、HG/T 3181—2009《高频电阻焊螺旋翅片管》等相关标准的规定。

③ 翅片管应按照工艺进行水压试验，水压结束后用压缩空气将积水吹扫干净。

④ 翅片管在穿管前需按图纸尺寸定尺坡口，坡口加工应采用机械方法加工。

(2) 炉管组盘焊接(图 12.1-9~图 12.1-11)

① 按照图纸要求将翅片管穿入对流段模块中，翅片管端部需安装导向工装、管板孔。

② 应清洁并涂润滑油润滑。穿管时严格控制速度，保证翅片管不受损伤。

③ 穿管完成后，应调整翅片管端部与端管板的距离，以便弯头组对焊接。

④ 集合管组对时，应保持足够的支撑以抵消其自重的影响，直至所有焊缝完成打底及部分填充后，能够承受集合管重量时再移除支撑。

⑤ 盘管焊接前，应按 NB/T 47014 进行焊接工艺评定，并应编制焊接工艺指导书。炉管焊接需严格执行焊接工艺文件，并做好焊接过程控制。

⑥ 盘管的焊前预热及焊后热处理应符合材料制造标准及设计文件的要求。

⑦ 所有焊缝应按设计文件进行无损检测，热处理后进行返修的焊缝应重新进行无损检测及热处理。

⑧ 对于承压元件及其焊接接头应按设计文件的规定进行材料可靠性鉴定(PMI)验证。

⑨ 所有合金炉管的焊接接头应根据设计文件的要求进行硬度测试。

图 12.1-9 模块组盘焊接一

图 12.1-10 模块组盘焊接二

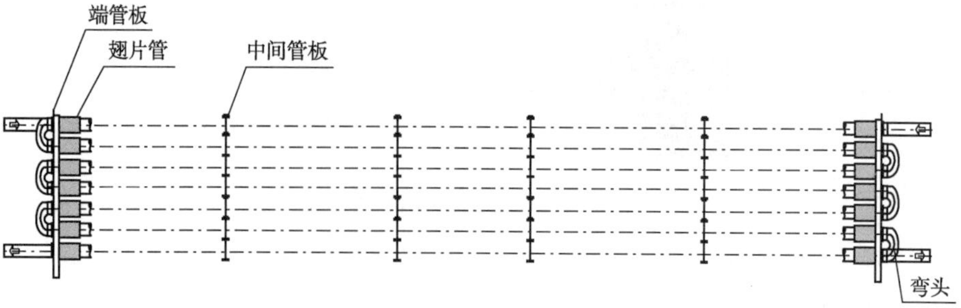

图 12.1-11 对流段盘管

(3) 盘管耐压试验

① 对流段盘管组焊完成，且无损检测合格后，应进行耐压试验。

② 耐压试验应按设计文件及 HG/T 20545《化学工业炉受压元件制造技术条件》的要求

进行。试验介质为洁净水，涉及奥氏体不锈钢材料的盘管，试验用水的氯离子含量不应超过 25mg/L。冬季试压应采取防冻措施。

③ 水压试验合格后应立即将水排净并吹干，并对管口进行封口保护。

5. 弯头箱及门类安装

① 相邻端管板的间隙，需填充密封材料后进行挡板的焊接。

② 弯头箱安装前，应检查盘管与端管板的间隙，按照图纸要求填充保温材料以保证模块的密封性。

③ 弯头箱安装过程中，相邻弯头箱之间及弯头箱与模块本体间需填充陶瓷纤维带。弯头箱螺栓的规格和材质需符合图纸要求，并应注意螺栓的安装方向。

④ 弯头箱安装后，需检查内部纤维毯，对破损及有缝隙的位置进行修补，集合管与弯头箱的缝隙应填充衬里材料，以保证弯头箱的保温密封性。

⑤ 吹灰门、人孔门需按编号安装，门类与墙板间需填充陶瓷纤维带。

6. 对流段模块包装运输

① 对流段模块最终完工后，需在模块显著位置进行标识，标识应不易脱落，内容清晰完整，至少包含设备名称、位号、模块编号、方位、体积、重量及重心等内容。

② 炉管及集合管敞口处需加盖保护(图 12.1-12)。

③ 盘管两端应设置可拆除的临时防窜动设施(图 12.1-13)。

④ 模块发货前需进行防雨并采取加固措施，对于宽度较大的模块，需有防弯曲措施。

⑤ 模块底部横梁应使用筋板加强，避免在运输过程中模块出现弯曲变形从而损坏衬里。

图 12.1-12 集合管保护

图 12.1-13 运输加固及包装

四、辐射段模块

辐射室是裂解炉进行热交换的主要场所，其热负荷约占全炉的 70%~80%。裂解炉的反应和裂解过程全部由辐射室完成。辐射室主要由炉本体、辐射炉管、衬里、外部框架等几部分组成。

辐射室是由炉墙、炉底、炉顶围成的空间，是裂解盘管的保温和强度壳体。裂解盘管是对裂解原料进行裂解反应的地方。辐射室都安装着耐火衬里材料，一般由耐火层、保温层、防护层几部分组成。耐火层直接承受炉膛内的高温气流冲刷和侵蚀；保温层能最大限度地减少炉衬的散热损失；防护层在于保持炉衬的气密性，保护多孔保温材料形成的保温层免于损坏。

辐射段炉膛中央，垂直设置着辐射炉管组成的裂解盘管。炉底布置有燃烧器，受高温烟气辐射热的作用，裂解原料在辐射炉管内发生裂解反应。

裂解炉框架用于支承裂解炉的所有重量，保证在设备重量负荷、风载荷、地震载荷等情况下安全可靠，便于人员检修。图 12. 1-14 为裂解炉辐射段模块模型示意图。

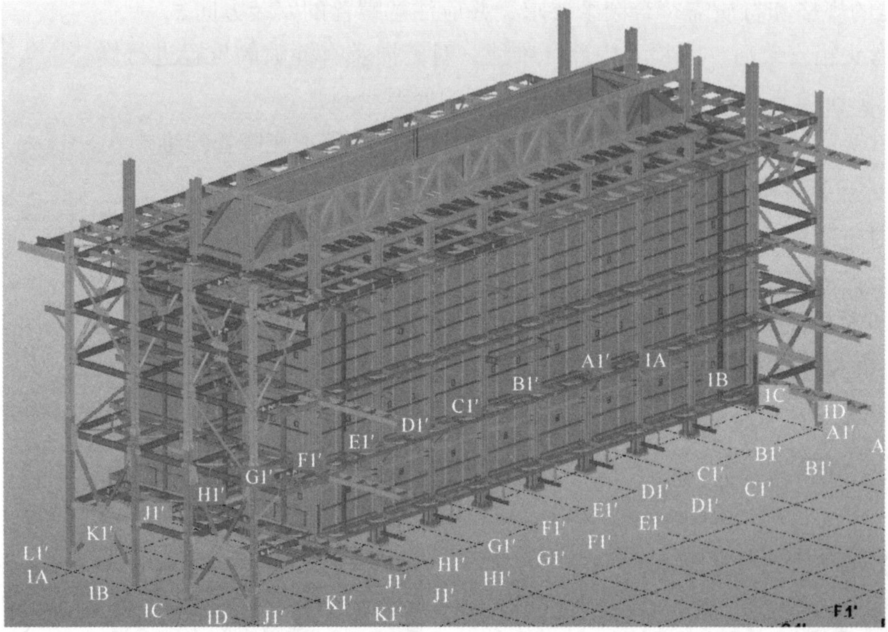

图 12. 1-14　辐射段模块模型示意图

1. 钢结构

辐射室壳体由炉底板、端侧墙、炉顶板组成，工厂制造多采用分片制造后合拢组装。每个辐射段炉膛片体墙板等均需要在 H 型钢铺设的钢胎架上进行，其胎架整体平面度控制在±3mm；按钢结构构件编号，依次将立柱、横梁、斜拉撑及扶强材等构件吊装在胎具架上，然后，进行几何尺寸调整，尺寸调整合格后，通过点焊的方式与胎架之间固定。辐射段墙板的框架结构，几何尺寸调整合格后进行焊接，尺寸调整时应考虑焊接收缩量。

在尺寸验收合格的炉膛片体结构上，进行墙板的铺设与调整，并完成上表面墙板对接缝的焊接与反面定位焊接，然后进行炉膛片体翻身，并完成下表面墙板的焊接。辐射段片体自身纵向强度较低，翻身吊装过程中需严格控制吊装变形。炉墙板较薄，而焊接工作量大，但安装精度要求高，需严格控制焊接变形。墙板焊接时，应采取对称焊、分段焊、加设防变形板等方法防止焊接变形；墙板组焊完毕后进行调整和矫形，墙板宽度尺寸偏差应控制在正偏差范围内。

辐射室钢结构制造流程见图 12. 1-15。

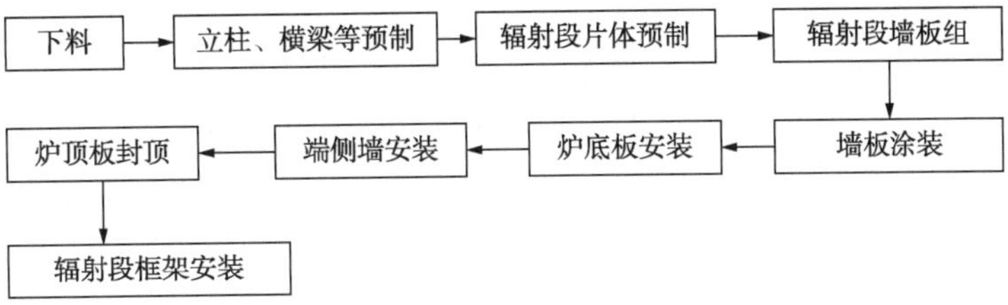

图 12.1-15　辐射室钢构制造流程图

辐射段炉膛模块在合拢时，以内侧片体(B/C 轴片体)为基准进行安装。合拢区域的地面上，为每个门型钢架做出标记。然后把门型钢架逐个摆放到位。检测平面度，合拢胎架整体平面度小于 3mm。平面度超差区域，需把地面垫平以减小误差。把辐射段炉膛内片体吊到胎架上，并检测片体整体平面度，水平度超差区域，用垫铁来进行调整；安装辐射段炉膛内外侧墙板、上下炉底与炉顶板，以及临时支撑并进行焊接。吊装辐射段炉膛外墙板(A/D 轴片体)就位并焊接，完成炉膛组装；炉膛外墙板上的走道等附件，在片体阶段就焊接完成。

2. 衬里

辐射室衬里材料主要为纤维模块、纤维毯、纤维板等。炉壁板铺设陶瓷纤维模块，下端砌耐火砖，炉底进行浇注料施工。

(1) 陶瓷纤维模块(图 12.1-16)

图 12.1-16　陶瓷纤维模块施工流程简图

首先对炉内壁板进行除锈防腐处理，然后铺设背衬毯，一般平铺二层 25mm 厚的纤维毯，再铺设 0.1mm 铝箔，再平铺一层 19mm 厚的背衬板，最后铺设纤维模块。

模块安装采用并列式的结构形式，即顺排加补偿条样式，首先明确不同型号、不同规格模块的安装位置。然后从一侧开始逐块施工，施工时将模块内导向管对准锚固螺栓垂直靠紧后，用专用扳手将螺母从模块热面沿塑料管送入旋紧(严禁出现丝扣未下底而产生虚挂现象)。

安装完成一排模块后，加入补偿条，施工时用与热面模块同等级的 20mm 厚纤维针刺毯对折后压缩到图纸设计尺寸。首排模块与补偿条安装完成后，再进行第二排模块的安装，依次类推，直至完成。

在施工炉顶时，模块与模块之间的补偿条用 U 形钉固定。模块安装完成并检验符合图纸设计要求后，剪掉打包带、抽出夹板，并用拍板整平表面。

完成整个面的安装后，经检验纤维模块布置符合设计要求，模块安装牢固后，可以抽掉导向管、保护片及捆扎带。塑料导向管留下的孔洞依靠纤维模块的自身膨胀复原；然后用平板轻压模块热面，最后用扫帚清扫模块表面。表面处理完毕，全面检查模块间是否存在缝隙，发现宽度超过 5mm 的贯通缝隙和小于 5mm 的缝隙时应用薄钢板将对折的纤维毯塞入修补。

(2) 炉底耐火砖

炉底耐火砖保温厚度 65mm，一般采用干砌，用耐火干粉填缝。

（3）炉底浇注料

浇注料应用强制式搅拌机搅拌。搅拌时，应先干拌均匀，然后加水湿拌；加水时，应先加规定加水量的2/3，然后再视干湿程度加余水，搅拌3~5min，拌至颜色一致时为止。

膨胀缝应按照设计要求留设，应均匀平直，缝内不得有杂物，用规定材料填充时，填充料不宜太密实。

浇注料的施工应连续进行，间隙超过初凝时间，应按施工缝要求进行处理，可留成阶梯形直茬，且施工缝宜留在两排锚固件之间，下次施工前，应将结合面划出沟痕、清除浮粒、淋水润湿后方可继续施工。

3. 辐射盘管

辐射盘管由制造厂预制成盘管，然后安装，如一个辐射室内共8组16片。制造厂完成盘管试验及验收合格后进行盘管的防护，防护选用防水塑料布，对盘管中的每根炉管进行全面包裹，然后运至现场或组装场地。

① 盘管的吊装利用厂家配套的包装，将每个盘管牢牢紧固在包装框架上，以防止在吊装过程中对盘管造成损坏及潜在变形，盘管与金属接触部位应用木块等缓冲非刚性材料进行隔离。

② 用75t汽车吊主吊，25t汽车吊溜尾将盘管立起，盘管竖直状态稳定后，溜尾吊车松钩，而后主吊车起钩、调整方向后将辐射盘管吊入辐射炉膛。见图12.1-17。

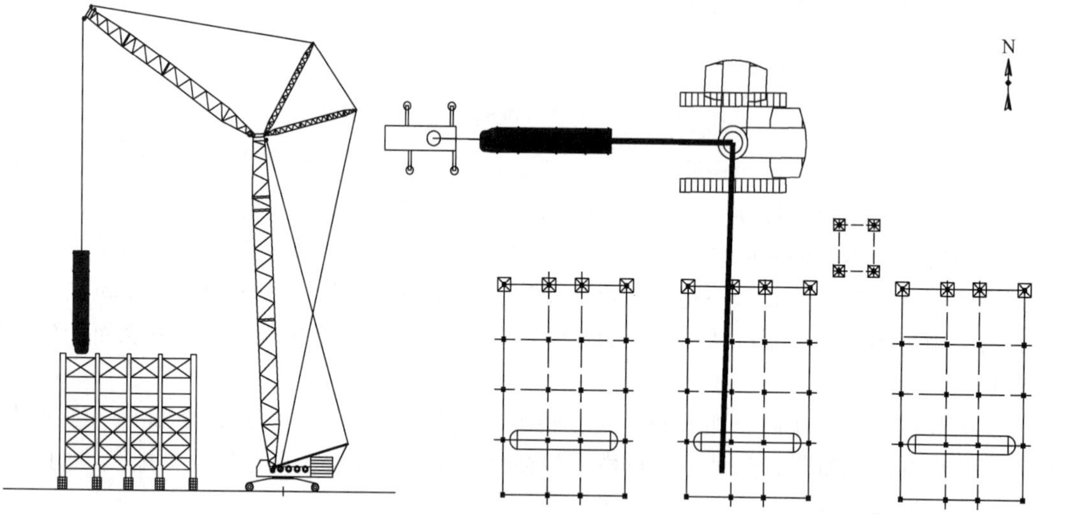

图12.1-17 辐射盘管吊装示意图

③ 盘管吊装时应平稳，不得撞击炉墙和衬里。

④ 辐射段炉管的恒力弹簧吊架应按设计文件安装、调整，并使弹簧吊架的锁固销钉固定在盘管水压试验的位置上。

⑤ 裂解炉辐射段盘管应达到无应力安装，并符合下述要求：

a. 在炉膛水平面和急冷换热器入口锥体中心线上设置水平和垂直基准点，按设计文件要求安装辐射段炉管的底部导向结构，并保证辐射段炉管的自由上、下移动。

b. 盘管吊装进辐射室炉膛后，在最终就位前应用临时支架支撑，并应确保辐射段盘管不与其他金属接触。

c. 盘管就位时，支撑悬吊系统的弹簧吊架或配重平衡系统应进行初调。调整时应拆除所有临时支架，但弹簧吊架的销钉或卡板不得拆除。

d. 盘管的支撑悬吊系统初次调整合格后，应及时进行辐射段炉管与炉外管线和设备的焊接以及相关支撑的固定。

e. 检查和记录炉管的安装位置，炉管在辐射室内的位置、垂直度及中心偏差应符合设计文件的规定。

f. 调整弹簧吊架时，各弹簧吊架的受力应均衡。

g. 裂解炉辐射段盘管安装后应进行下列检查和确认：

a）炉管上临时加固的夹具已拆除，炉管应垂直，并处于冷态位置和自由悬挂状态；

b）炉管下部导向系统以及炉管出口与急冷换热器入口的相对位置应符合设计文件规定；

c）炉管外壁已清理干净，无任何残留物。

4. 组装顺序

支墩就位→炉底板铺设→内侧墙安装→外侧墙安装→两侧端墙安装→四周密封焊接→过渡段底板吊装→炉顶板安装→衬里施工→过渡段墙板安装→盘管吊装、加固→两侧框架安装→外观处理→SPMT 车顶升→装船发货。

（1）支墩就位(图 12. 1-18)

（2）炉底板

炉底板可以在支墩上直接制作，见图 12. 1-19。

图 12. 1-18 支墩就位布置图

图 12. 1-19 炉底板制作组装示意图

（3）内侧墙

制造厂可以根据实际资源条件，选择整面制造或按运输和制造资源允许的极限尺寸分片制造侧墙。组装时，用 400t 或足够起重能力的龙门吊或吊机主吊，起钩将墙板吊到支墩上缓缓落下，定位固定，组装。见图 12. 1-20。

（4）外侧墙

吊装外侧墙，就位，固定，见图 12. 1-21。

（5）两侧端墙合拢就位(图 12. 1-22)

图 12.1-20　内侧墙吊装示意图

图 12.1-21　外侧墙吊装示意图

图 12.1-22　端墙吊装就位固定示意图

(6) 盘管吊装(图 12.1-23)

图 12.1-23　盘管吊装示意图

(7) 衬里施工(图 12.1-24)

(8) 两侧框架安装(图 12.1-25)

(9) SPMT 顶升运输(图 12.1-26)

图 12.1-24　衬里施工图

图 12.1-25　端墙副框架吊装示意图

图 12.1-26　运输装船示意图

五、急冷换热器

1. 概述

急冷换热器是乙烯装置中一种工艺性非常强的关键设备，主要承担两个任务：其一，将裂解炉出来的高温(800℃左右)裂解气迅速冷却至二次反应温度以下，避免二次反应，减少烯烃损失和结焦；其二，把裂解气中的高温热能以超高压蒸汽(12MPa 左右)的形式回收下来，降低能耗，提高乙烯装置的经济性。

急冷换热器采用间壁换热方式，即高温裂解气走管内，冷却介质走管外，使高温裂解气迅速冷却，同时产生高压蒸汽。急冷换热器在运行过程中，裂解气体通过进口分配器一路减速(一般<10m/s)扩压，使气体的动能尽量转变成静压，这样可以减小各换热管入口处由于气体流速过高和入口气流冲角不等而造成气体进入换热管的流量分配不均匀性。分配器应该把气体均匀地分配到各个换热管中，一般流量的最大偏差应低于±10%，同时尽量减少气体在分配器内的停留时间、避免出现死滞旋涡区，以抑制裂解气的二次反应，但不可避免地还会存在换热管内结焦。结焦导致了急冷换热器的阻力降和出口温度升高，使辐射

炉管中烃分压增加，选择性下降，裂解深度加深，回收热量也相应减少，到达一定程度后，必须进行烧焦或水力清焦。

急冷换热器工艺设计特点如下：

① 绝热段体积小，绝热停留时间短，烯烃损失少。

② 冷却段比表面积大，可迅速将高温裂解气冷却至二次反应温度以下。

③ 大换热管直径，较少的换热管数量，改善了裂解气的流体分布，减小了结焦对压降的影响，提高了在线清焦效果和裂解炉的在线率。

④ 换热面积较大，急冷换热器出口温度低，蒸汽产量高，运转周期长。

由于操作条件恶劣，制造工艺难度大，以前急冷换热器长期依赖进口，作为乙烯装置中的关键设备，进口的急冷换热器对装置的投资和建设周期造成了诸多限制。目前国内有能力制造的厂家不多，其中茂名重力通过科技创新，成功开发并掌握了急冷换热器的制造工艺，并在近年为国内各大石化企业提供了数百台急冷换热器，积累了丰富的制造经验。

2. 分类

随着国内乙烯产业大型化的快速发展，单台裂解炉的能力大大增加，200kt/a 及以上的轻质原料裂解炉、300kt/a 及其以上的气体原料裂解炉工业应用成功，对急冷换热器的处理量要求大大增加，对急冷换热器的停留时间、换热面积、出口温度、周期要求更加严格。一般要求具有以下性能特点：

① 结焦轻微、能长周期运转。

② 热回收效率高，对裂解气急速冷却，经济性能好。

③ 结构简单，便于操作维修，稳定性好。

④ 尽可能延长烧焦周期，提高烧焦温度。

⑤ 除轻质油外，重质油品也能使用。

⑥ 投料量要大，便于提高生产能力。

从结构上讲，目前主要有线性急冷换热器(LQC，Linear Quench Cooler)、倒 U 型线性急冷换热器、传统型(薄管板)急冷换热器和扁圆管型急冷换热器等；从工艺上讲，目前主要有一级急冷技术和二级急冷技术，对于气体原料有时也采用三级急冷技术。

目前广泛使用的是一级急冷技术，它具有压降低及布置简单的优点，大都采用传统型(薄管板)急冷换热器和扁圆管型急冷换热器等。但这类急冷换热器入口绝热段裂解气停留时间较长，烯烃损失较大，存在流体分配问题；中间部位的换热管束中，裂解气流速大，停留时间短；周边部位的换热管束中，裂解气流速小，停留时间长，易结焦，甚至将换热管堵死；且高温裂解气需经过多次合并才能进入急冷换热器。为了改进裂解气流体分配问题和缩短裂解气在绝热段的停留时间，国外各开发商均在急冷换热器入口处进行了改进，将传统的单头进料方式，改为多头进料或直接采用线性急冷换热器。

其中线性急冷换热器具有易与炉管连接、绝热段停留时间短、操作周期长等优点而被广泛采用。每根辐射炉管的出口均与一根换热管相连，入口裂解气无须多次合并直接进入，呈流线型分布，从根本上解决了裂解气流量分配问题；尽可能缩短了出口连接管长度，由此使裂解气在高温区停留时间大幅度缩短；在尽可能短的停留时间内将裂解气由炉出口温度尽快冷却，由此改善裂解选择性。并采用大换热管径，质量流速低，阻力降小，裂解气出口温度低，蒸汽产量高，整个周期出口升温慢，运行周期长。

对于大处理量的炉管，还需要采用二级急冷技术或三级急冷技术。通常二级急冷技术或三级急冷技术，只是将上述急冷换热器结构中的任何一种或两种型式进行二级或三级串联。目前第二急冷换热器应用最为广泛的是卧式或立式大换热面积传统型(薄管板)急冷换热器。

为了更多地回收超高压蒸汽，开发和应用大型二级急冷换热器技术势在必行，国外专利商通常对10万吨/年及其以上级轻质原料裂解炉采用二级急冷技术。为了简化工艺管线布置，往往采用一台大型挠性薄管板管壳式换热器，立式设计，裂解气上进下出，大幅度增加换热面积，提高换热器的处理量，可以把换热器出口温度设计得比较低，蒸汽产量高，运行周期长。

这种大能力第二急冷换热器给设计带来了很高的要求，如挠性薄管板的设计、流体的分配问题、管头连接形式、薄管板焊接变形问题等，要求既能解决裂解气停留时间和流量分配问题，又能实现大处理量和换热面积，降低急冷换热器出口温度，从而提高急冷换热器的运转周期。

(1) 线性急冷换热器、倒U型线性急冷换热器

1) 总体描述

线性急冷换热器是乙烯裂解装置中的关键设备，其特点是高温、高压、进出口温差大、操作负荷大、工艺和工况设计复杂。线性急冷换热器采用套管结构，管程侧介质为裂解炉流出的乙烯裂解气，壳程侧介质为高温高压水(或水蒸气)，二者同向流动。其管程入口与炉管一对一相连，入口裂解气呈流线型分布，从根本上解决了传统式急冷换热器入口存在的流体分配不均匀问题，并且减少了裂解气结焦的敏感性。在国外，德国BORSIG公司、ARVOS SCHMIDTSCHE公司都有线性急冷换热器的专利技术，得到了大量应用，但价格昂贵且供货周期长。随着国内制造水平的提高，在湛江、泉州、舟山等乙烯装置用线性急冷换热器相继实现了国产化。

2) 主体材料

线性急冷换热器带叉锥体入口处的操作温度在850℃左右，其所使用的材料为高铬镍合金，该材料在长期高温环境中具有较好的持久能力和抗断裂强度。管程的工作温度在350~850℃，所走介质为裂解气，一般管程的材料为Cr-Mo钢和不锈钢，壳程的工作温度在300℃左右，所走介质为水、水蒸气，一般使用材料为碳钢。

某线性急冷换热器的主体材料详见表12.1-3。

表12.1-3　主体材料表

工件名		线性急冷换热器	
		材质	材料标准
入口锥体	带叉锥体	高铬镍合金	
套管管束	内管	Cr-Mo钢	GB/T 5310或EN 10216.2
	外管	碳钢	ASME SA-106
	连接件	Cr-Mo钢	ASME SA-336/SA-336M
进水/出水联箱	主管	碳钢	ASME SA-106/SA-106M
	端盖	合金结构钢	GB/T 17107

续表

工件名		线性急冷换热器	
		材质	材料标准
裂解气联箱	主管	Cr-Mo 钢或不锈钢	ASME SA-335/SA-335M ASME SA-312/SA-312M
	端盖	Cr-Mo 钢或不锈钢	ASME SA-182/SA-182M ASME SA-336/SA-336M
(单排)	清焦结构	Cr-Mo 钢或不锈钢	
(倒 U)	顶部弯头	Cr-Mo 钢或不锈钢	

3）结构特点

线性急冷换热器按结构主要分为：单排线性急冷换热器、倒 U 型(双排、错排线性急冷换热器)。单排的一般用在比较新的装置，产能比较大，倒 U 型的那种一般是老装置升级、小产能的项目。

单排线性急冷换热器的典型结构由入口锥体、套管管束、进水/出水联箱及裂解气联箱四大部分组成。其入口锥体采用锻造或离心铸造成坯料后加工而成内外叉，内外叉之间填充隔热体。套管管束(图 12.1-27)由同心的内、外管与上、下连接件组装而成，内管与连接件为内坡口焊接，并且上连接件与内管的焊接采用预应力伸长内孔焊接，使得内管间存在一定的拉应力，进而减小设备在使用过程中由于较大温差而产生的压应力，保证设备制造质量。裂解气联箱筒体凸台采用拔制工艺加工制造，与裂解气联箱接管连接位置为对接焊缝，该连接方式可以更好地控制焊接质量。裂解气联箱顶部与内管对应位置有清焦接口，内管结焦时，可通过拆除清焦接口上的盲法兰，即可实现从上部进行清焦。套管管束平行布置成单排，下连接件下端连接入口锥体，进水/出水联箱通过排管与上下连接件的开孔位置垂直连接，上连接件的出口与裂解气联箱连接，这样形成一个单管程单壳程的整体线性急冷换热器，如图 12.1-28 所示。

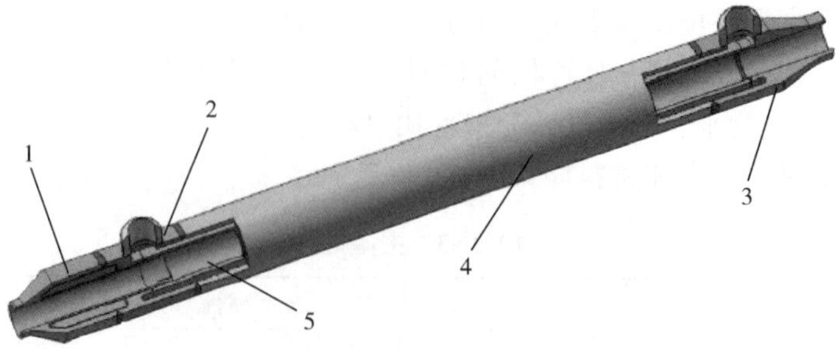

图 12.1-27　套管管束单元换热体

1—入口锥体；2—下连接件；3—上连接件；4—外管；5—内管

倒 U 型线性急冷换热器的典型结构，由入口锥体、前段套管管束、后段套管管束、进水/出水联箱、裂解气联箱及顶部 180°弯头六大部分组成。倒 U 型线性急冷换热器的套管管束分成前后两段，入口锥体与顶部弯头之间的为前段，顶部弯头与裂解气联箱之间的为后段，前段的两程介质是同向流动，后段的两程介质是反向流动。裂解气联箱位于底部，不设清焦结构，但裂解气联箱筒体也加工拔口凸台。套管管束平行布置成单排，单排再通过叠装成多排，前段的下连接件的下端连接入口锥体，前后两段的连接件的开孔位置与进水/出水联箱连接，后段的下连接件的底部与裂解气联箱连接，前后段的上连接件通过法兰连接顶部弯头，这样形成一个整体的倒U型线性急冷换热器，如图12.1-29所示。

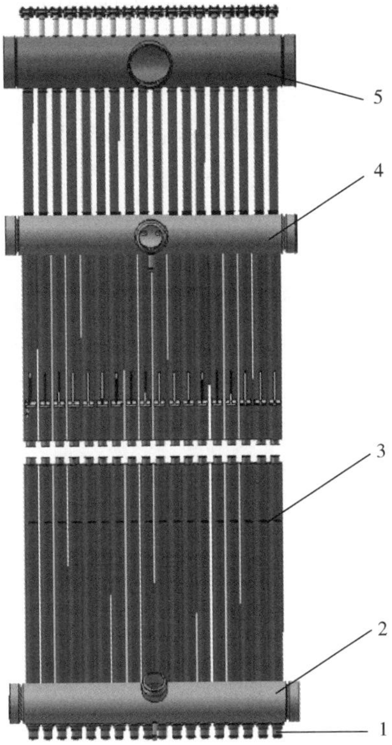

图12.1-28　单排线性急冷换热器

1—入口锥体；2—进水联箱；
3—套管管束；4—出水联箱；
5—裂解气联箱

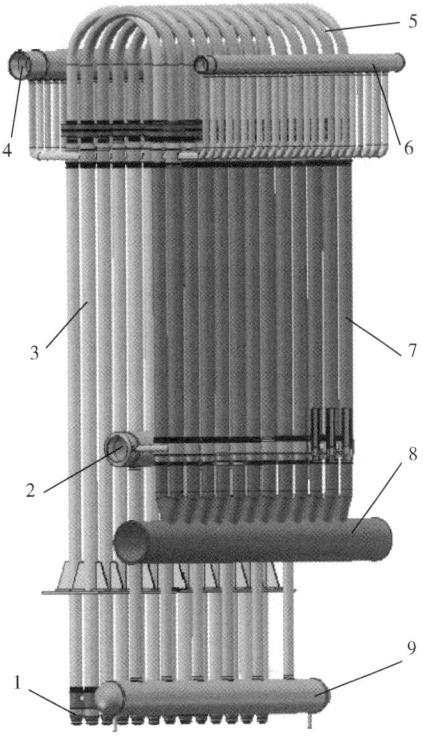

图12.1-29　倒U型线性急冷换热器

1—入口锥体；2—进水联箱1；3—前段套管管束；
4—出水联箱1；5—顶部弯头；6—出水联箱2；
7—后段套管管束；8—裂解气联箱；9—进水联箱2

4)制造要点

① 保证管程内壁光洁与平滑。由于管程内为高速介质，对管内壁的光洁和平滑要求非常高，管程焊缝内壁微小的错边或者焊瘤以及管中心线轴线的偏离等，均可能导致产品性能的急剧下降。内管内孔径相对较小，且通孔较长，打磨难度较大，国内制造厂家例如茂名重力不断进行攻关，研制出内管专用的拼接胎膜及内焊缝打磨工装，还获得了专利授权(ZL201420458381.3)。

② 预拉伸量尺寸控制。套管换热元件内管和外管之间的热膨胀差应力要通过内管预拉伸来消减，为保证预拉伸尺寸，使能达到降低工作时应力的目的，需从以下三个方面进行控制：一是控制内、外管下料尺寸；二是控制内、外管与连接件的组对尺寸；三是控制外管与上连接件焊接过程中的焊缝收缩。

③ 入口锥体与下连接件接头焊接质量。线性急冷换热器的裂解气入口，温度可达800℃左右，工况异常恶劣，该焊接接头质量尤为关键。入口锥体材质为高铬镍合金，下连接件材质为Cr-Mo钢，二者母材之间物理、化学性能及化学成分有显著差异，这使得该异

种材料焊接接头，无论是从焊接性还是操作技术上都比同种材料难度高很多。为了保证异种材料焊接接头在使用中的可靠和安全，选择焊接材料时，不仅要保证焊接接头强度，而且还应保证具有较高的塑韧性。因此，在焊材选择时，需选择熔敷金属具有较高塑韧性的焊材。此外，焊接异种材料时，必定会产生一个成分、组织及性能与两侧母材各不相同的过渡层，过渡层的性能对焊接接头的整体性能有很大的影响。因此，需要采取相应的工艺措施来控制过渡层，以保证接头的性能。

④ 内管与连接件接头焊接质量。内管与连接件的焊缝为内坡口形式，焊接过程焊工难以观察熔池，焊接过程靠机器自适应控制。因此，需根据内管规格变换适合的坡口型式、保证组对质量、使用适合的焊接工艺等来确保焊接质量。

（2）传统型（薄管板型）急冷换热器

1）总体描述

薄管板型急冷换热器，也称 Borsig 型急冷换热器。Borsig 型急冷换热器是德国 BORSIG 公司开发出来的一种固定管板管壳式换热器。它的基本构型是一种列管式换热器，由壳体、换热管、管板等组成，管程走裂解气，壳程为水和蒸汽。它的主要特点是其上管板和下管板均为薄管板（也称挠性管板），入口端管头为深孔对接焊，出口端管头为嵌入式深孔焊，采用薄管板结构可以使得整台设备在高温差的状态下正常运行，达到应力释放的目的，即起到膨胀节的作用。此种设计大大地降低了设备由于热应力过大导致设备损坏的可能性。

某薄管板型急冷换热器的工艺参数详见表 12.1-4。

表 12.1-4　工艺参数表

项目	某薄管板型急冷换热器	
	管程	壳程
介质	裂解气	水、蒸汽
介质毒性和爆炸危害程度	易爆、中度危害	—
操作压力/MPa	0.085	12.1
入口工作温度/℃	841	350
出口工作温度/℃	354	326
主要规格/mm	换热管 ϕ63.5×7.1	壳体内径 780，厚度 45
换热面积/m^2	180.1	

2）主体材料

由于薄管板型急冷换热器的入口温度和壳程压力较高，与介质接触的材料普遍采用铬钼钢。铬钼钢具有足够的蠕变强度、持久强度和良好的高温组织稳定性、高温抗氧化性（耐热性），同时兼具良好的制管、焊接等加工工艺性能。在性能上，要求在设计温度下规定的非比例延伸强度试验 $R_p0.2$ 的值都不允许小于材料标准的要求。同时，由于薄管板为挠性管板，在实际工况中要发生形变，所以对薄管板的原材料的供货状态、金相组织、材料性能等都提出了明确的要求。

某薄管板型急冷换热器的主体材料详见表 12.1-5。

表 12.1-5　主体材料表

工件名	某薄管板型急冷换热器	
	材质	材料标准
换热管	13CrMo4-5	GB/T 5310 或 EN 10216.2
壳体	10CrMo9-10	
薄管板	12Cr2Mo1	NB/T 47008 或 ASME SA-182
锻件	20MnMoNb	
入口封头	15CrMoR	GB 713 或 ASME SA-387
出口封头	15CrMoR	

3）结构特点

① 典型结构。图 12.2-30 为薄管板型急冷换热器的典型结构，由上封头、上管板、壳体、换热管、下管板、下封头等几部分组成。布局为立式，上管板和下管板都是薄管板，上下封封头内壁有耐高温浇注料。其中上下管板与壳体组成壳程，上下封头与换热管组成管程，乙烯裂解炉流出的高温裂解气（温度高达 800~900℃）经过进口锥形管箱进行分配后，进入换热管。高压冷却水从设备下部的给水入口进入下筒节，沿着导流筒向入口端管板流动，能在快速回收下管板及内管的高温裂解气的热量的同时，可以一定程度地防止污垢淤积在管板。

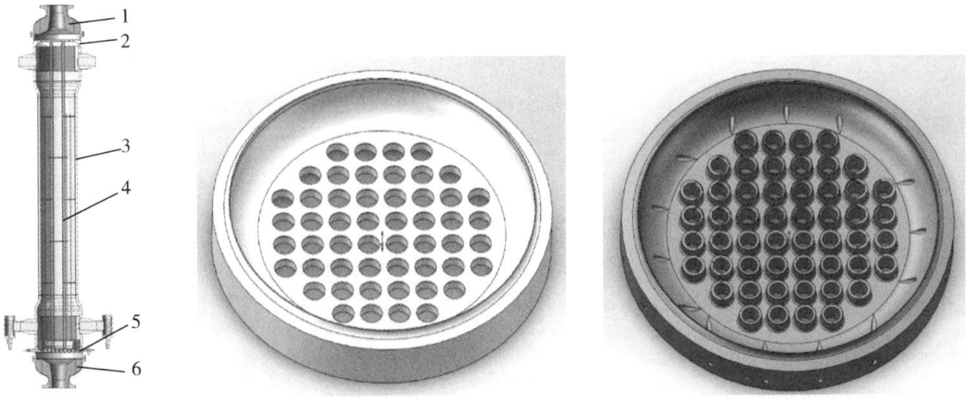

(a)典型结构　(b)上管板　(c)下管板

图 12.1-30　传统型（薄管板型）急冷换热器

1—上封头；2—上管板；3—壳体；4—换热管；5—下管板；6—下封头

② 工艺特点与结构优势。薄管板急冷换热器是化工装置中余热回收系统的主要设备，其工作原理是利用高温裂解气加热锅炉水产生中压蒸汽达到能量回收的目的，在节能减排、提高能源利用率等方面发挥重要作用。

薄管板急冷换热器通过利用锥体所具有类椭圆结构的可挠性特点，可以吸收管束、壳体在不同金属壁温的热膨胀差带来的温差应力，并且可以通过对内管进行预变形来平衡由管程和壳程之间的温差引起的热膨胀变形差和较高的壳程压力引起扁圆管的鼓圆变形，同时可以改善高压高温条件下对筒体和管板壁厚度大的要求带来的高材料成本。

薄管板（挠性管板）与传统固定厚管板相比，有如下特点或者优势：第一，薄管板在边缘有大圆弧过渡区。当壳程与管程有较大温差时，薄管板的圆弧过渡区能产生一定量的弹性变形，能够补偿换热管和壳体之间的热膨胀变形差，减小设备的温差应力，并且在一定程度上减小管板的应力集中现象。第二，薄管板与固定厚管板相比，管板厚度比较薄，管板内外的温差小。若在同样的操作条件下，薄管板相对固定厚管板，内外壁由于温度差引起的膨胀差小，从而产生的温差应力也会小。

4）制造要点

① 换热管预伸长和低应力焊接。薄管板型急冷换热器的薄管板形变和换热管预伸长的精准程度对该设备吸收温差应力能力起到极为关键的作用，这是设备制造的要点之一。国内制造厂家例如茂名重力不断进行攻关，研制出了换热管整体预伸长技术，使出口端管头焊接时管板处于低应力状态，管板形变均匀，降低了薄管板工作时的应力水平。

图 12.1-31 全焊透式深孔对接焊

② 全焊透式深孔对接焊和嵌入式管头结构。入口端采用深孔对接焊，深孔对接焊是全熔透对接焊结构，如图 12.1-31 所示，采用合理的焊接工艺和焊接坡口确保深孔对接焊背面熔透。通过电子仪器协助 100% 目视、无损检测等检查手段确保焊缝全熔透。焊透式对接深孔焊结构避免了焊接容易造成未熔合的缺点，提高了焊缝的可靠性，延长设备使用寿命。

出口管头嵌入式管头结构是一种全熔透式焊接结构。嵌入式深孔焊结构不仅有好的焊接强度，而且消除了管子与管板之间的间隙，不会发生间隙腐蚀失效。嵌入式深孔焊结构还可以使焊缝处于水侧的冷却之下，降低了焊缝温度，避免管板与换热管焊接接头处于直接经受高温等恶劣工况，防止高温失效，提高了焊缝的可靠性，延长设备使用寿命。

目前，国内大部分制造厂只能制造常规管头结构的薄管板急冷换热器，只有国外少数几家和国内的茂名重力能制造嵌入式管头结构薄管板急冷换热器，如图 12.1-32 所示。

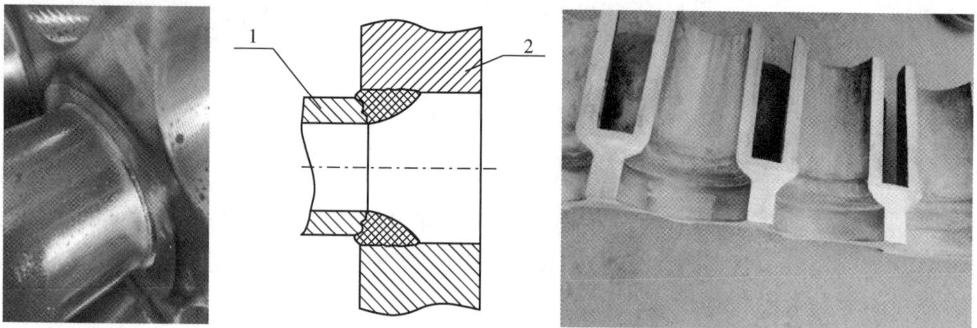

(a)管头外观　　(b)管头结构　　(c)管头剖视

图 12.1-32 嵌入式管头结构

1—换热管；2—管板

③ 壳体制造尺寸精度。壳体制造的直线度、同心度、椭圆度等尺寸的控制是制造的要点之一，通过数据的积累分析，采取相应的措施控制组对、焊接的过程，保证准确的壳体

尺寸是管束入壳后换热管与管板距离控制的关键，这个距离是影响换热管预伸长管头焊接质量的重要尺寸。

（3）扁圆管型急冷换热器

1）总体描述

扁圆管型急冷换热器，也称施密特(Schmidt)型急冷换热器，是德国施密特公司自1959年设计开发的专利产品，并且跟随世界石化行业水平的发展不断进行改进，是一种比较成熟、使用范围较广且运行较为理想的急冷换热器。

某扁圆管型急冷换热器的工艺参数详见表12.1-6。

表12.1-6　工艺参数表

项目	某Schmidt型急冷换热器	
	管程	壳程
介质	裂解气	水、蒸汽
介质毒性和爆炸危害程度	易爆、中度危害	—
操作压力/MPa	0.2	12.85
入口工作温度/℃	850	330
出口工作温度/℃	367	330
管内径/mm	35.5	54.5
换热面积/m^2	76	

2）主体材料

由于扁圆管型急冷换热器的入口温度和壳程压力较高，与介质接触的材料普遍采用1Cr-0.5Mo珠光体耐热钢。1Cr-0.5Mo珠光体耐热钢具有足够的蠕变强度、持久强度和良好的高温组织稳定性、高温抗氧化性(耐热性)，同时兼具良好的制管、焊接等加工工艺性能，同时具有一定的抗氢腐蚀性能。

在性能上，要求在设计温度下规定的非比例延伸强度试验$R_p0.2$的值都不允许小于材料标准的要求。同时，由于扁圆管的热冲压成型工艺对其材料性能会造成一定的影响，所以对扁圆管的原材料的供货状态、金相组织、材料性能等都提出了明确的要求。

某扁圆管型急冷换热器的主体材料详见表12.1-7。

表12.1-7　主体材料表

工件名	某Schmidt型急冷换热器	
	材质	材料标准
扁圆管	13CrMo4-5	EN 10216.2
内管	13CrMo4-5	
锻件	15CrMo	NB/T 47008
入口封头	S32168或15CrMoR	GB 24511或GB 713
出口封头	15CrMoR	GB 713
外管	SA-106/13CrMo4-5	ASME SA-106或EN 10216.2

3）结构特点

① 典型结构。图 12.1-33 为扁圆管型急冷换热器的典型结构，由进口锥形管箱、出口管箱、急冷器内管、急冷器外管、急冷器扁圆管等几部分组成。其中扁圆管与外管连接的内腔构成扁圆管型急冷换热器换热单元的壳程，内管从外管内穿过并伸出扁圆管外表面构成其换热单元的管程。

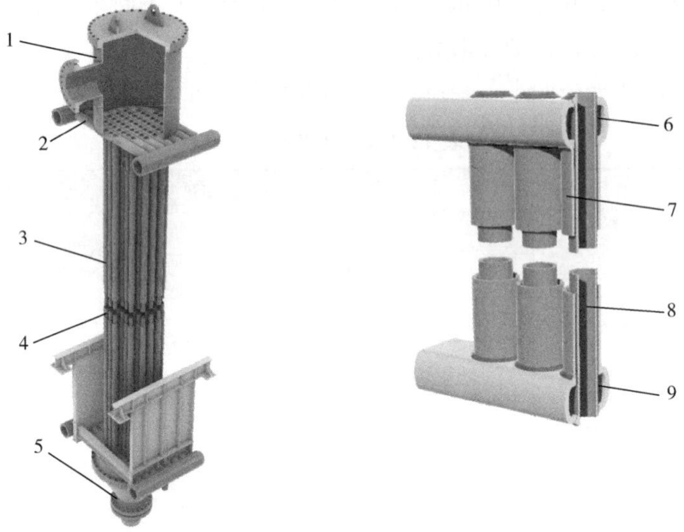

(a)典型结构　　(b)扁圆管详图

图 12.1-33　扁圆管型急冷换热器

1—出口管箱；2—急冷器扁圆管；3—急冷器外管；4—急冷器内管；5—进口锥形管箱；6—上扁圆管；7—外管；8—内管；9—下扁圆管

② 工艺特点与结构优势。从乙烯裂解炉流出的高温裂解气（温度高达 800～900℃）经过进口锥形管箱进行分配后，进入内管。高压冷却水从设备下部的给水入口进入扁圆管集流，沿着内管与外管的环隙向上流动，快速回收内管的高温裂解气的热量，变成汽水混合物后再次在设备上部的扁圆管集流引出，进入高压汽包。

扁圆管型急冷换热器通过利用扁圆管所具有类椭圆结构的可挠性特点，可以吸收内、外管在不同金属壁温的热膨胀差带来的温差应力，并且可以通过对内管进行预变形来平衡由管程和壳程之间的温差引起的热膨胀变形差和较高的壳程压力引起扁圆管的鼓圆变形，同时可以改善高压高温条件下对筒体和管板壁厚度大的要求带来的高材料成本。

4）制造要点

① 扁圆管成型和内管预伸长。扁圆管型急冷换热器的扁圆管成型和内管预伸长的精准程度对该设备吸收温差应力能力起到极为关键的作用，这是设备制造的要点之一。国内制造厂家例如茂名重力研制出了专用成型胎膜和相应的成型工艺，还发明了预伸长专用加热装置并获得了专利授权（ZL201110458775.X、ZL201821500922.9），降低了内管与扁圆管工作时的应力水平。

② 入口锥形管箱制造精度。由于扁圆管型急冷换热器的入口输送管的横截面小于扁圆管构成管板的面积，容易造成裂解气进入内管的气量不均匀。而且没有专门的气体分配器

对进口裂解气进行分配，在结构上只能通过入口锥形管箱的形状进行分配，例如改变入口管箱的内保温层形状来避免流动死区。如果制造精度不足导致锥形的开角过大或者过小，裂解气在入口管箱流动过程中容易出现边界层脱离和气体返混的现象，导致高温裂解气在入口管箱停留的时间较长，从而容易结焦，且加剧二次反应，降低烯烃的产率。所以入口锥形管箱制造精度是设备制造的要点之二。良好的入口锥形管箱制造精度，可以保证进口气体分布均匀，缩短裂解气在入口高温区的停留时间。

六、汽包

1. 概述

乙烯装置中汽包是急冷换热器与裂解炉紧密关联的设备，承担着冷却裂解反应产物和产生超高压蒸汽、实现能量回收的重任。汽包的主要作用是借助热虹吸循环将锅炉给水从汽包循环至急冷换热器，快速有效地冷却来自高温裂解反应的产物的同时，以产生超高压蒸汽的形式进行热量回收。裂解炉辖射盘管出口的高温裂解气进入急冷换热器被锅炉给水冷却，并产生蒸汽。裂解气经进一步冷却后送入预分馏系统，而高压蒸汽则进入汽包。因锅炉内产生的是汽水混合物，需要有一个使蒸汽和水分离和净化的过程，以提高蒸汽的品质。汽包的主要作用是容水、容汽、汽水分离及排污。

2. 主体材料

乙烯装置汽包是吸收裂解气热量、产生蒸汽用于热量循环利用的重要设备，设备的工作压力较高，主体材质为13MnNiMoR。这类材质是GB/T 713—2014中的一种锰镍钼系低合金高强钢，具有较高的中温屈服强度，良好的塑性和韧性，且焊接工艺性能良好。某汽包的主体材料详见表12.1-8。

表12.1-8　主体材料表

工件名	某汽包	
	材质	材料标准
筒体	13MnNiMoR	GB 713
封头	13MnNiMoR	
人孔	20MnMoNb	NB/T 47008
接管	20MnMoNb	
内件	碳钢或不锈钢管	

3. 结构特点

汽包由封头、筒体、人孔、接管、内件等组成，如图12.1-34所示。人孔在两侧的封头上，人孔一般采用强制固定密封的型式，如果压力较高，人孔盖设在封头内侧，可利用汽包较高的工作压力进行自紧闭密封。筒体上有较多的接管，下半部主要是连接上升下降管的接管与排污口等，这部分接管的外部接口主要是焊接型式，上半部主要是多种水位计、压力表、事故放水门、安全阀等附属设备的接口，外部接口型式主要为环连接面法兰连接。内件主要分为以下两个部分：汽水分离装置、排污装置，可有效地进行汽水分离、排污等，用以保证蒸汽品质和达到节能的目的。

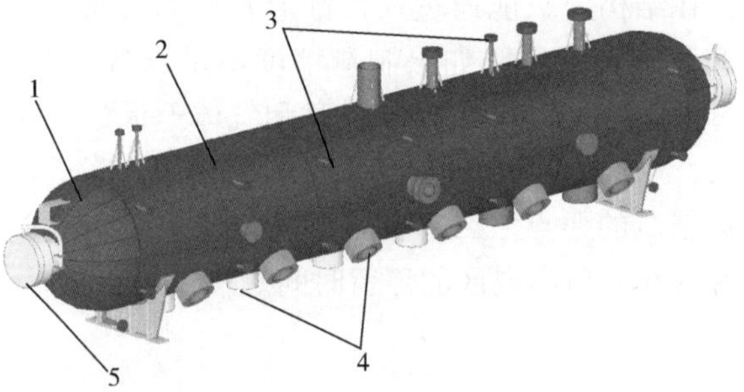

(a)外部组成

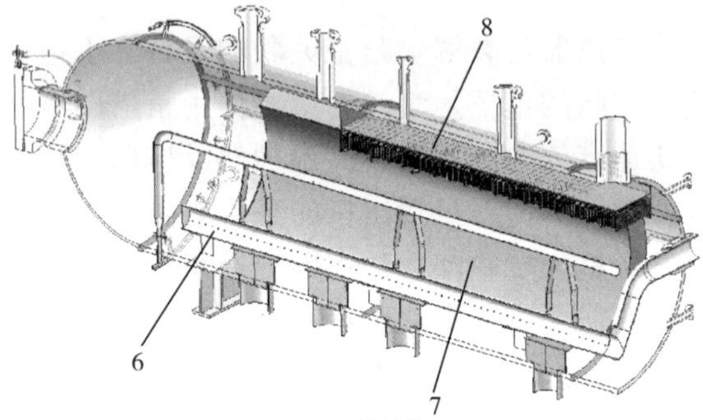

(b)内部组成

图 12.1-34　汽包典型图

1—封头；2—筒体；3—仪表接管；4—上升下降管接管；5—人孔；6—排污装置；7——一级汽水分离装置；8—二级汽水分离装置

4. 制造要点

① 13MnNiMoR 材质的焊接工艺。13MnNiMoR 是低合金高强钢，焊接时有较大的淬硬倾向，易产生冷裂纹。其焊接接头在焊接、焊后热处理及长期高温使用过程中，有一定的软化倾向和再热裂纹倾向，焊接困难大，另外焊接接头需要满足规定的力学性能要求。因此，应进行充分的理论分析和工艺试验，选择合理的工艺参数、工艺措施和焊接材料，制定出适合产品的焊接工艺，使制造出来的产品满足设计、使用的要求。

② 壳体的制造精度。壳体的直线度、椭圆度会影响汽包内件的安装，内件的安装精度会影响蒸汽的品质，而壳体的汽包的壳体接管较多，接管角焊缝的焊接对壳体的椭圆度影响较大，制造过程需要采取相应的措施控制坡口尺寸、组对尺寸与焊接过程。

第二节　施　　工

一、裂解炉安装

1. 裂解炉安装

(1) 技术方面工作准备

① 认真做好设计交底和图纸会审工作。

② 熟悉图纸和资料，编制切实可行的施工方案。

③ 详细向施工班组进行技术交底。

（2）现场准备

① 施工现场“三通一平”，确定材料、构件存放场地。

② 施工临设已完成。

③ 铺设制造拼装平台。

④ 起重机械已就位。

⑤ 在安装工作开始之前，对设备构件的数量、外观、几何尺寸等进行清点和检查。

（3）基础

① 基础验收：对基础坐标位置、外形尺寸、标高、表面平整度等项检查，并做好记录。

② 基础处理：基础表面铲平整，清除浮土、沙砂、划好中心线，测量好各基础的标高及之间对角线。

③ 垫铁准备（斜垫铁、平垫铁等）。

2. 施工顺序

准备工作→辐射段和过渡段炉体施工→对流段钢结构施工→对流段盘管施工→对流段墙板、烟道箱和筑炉交叉施工→辐射段炉顶及对流段炉顶以上钢结构施工→视孔、燃烧器等附件检查及施工→弹簧支吊架及配重系统安装→辐射盘管安装→辐射段筑炉→对流段连接管的施工→连接梁的施工→烟道及风机安装→急冷换热器安装→汽包安装→炉体配管→跨越管道及汽包配管施工→急冷换热器与汽包连接管安装→梯子、平台、栏杆随各段安装→防腐随各工序施工→水压试验和气压试验→弯头箱安装→风机试车→管及设备保温→烟囱安装→检查、验收、交工存档。

3. 裂解炉安装技术要求

（1）一般要求

① 炉壳、框架、梯子、平台、附件、设备等，应具有质量证明书。

② 到货进厂后应根据设计文件和装箱单进行检查，缺件、损坏件、变形件及其他不符合要求的设备、材料都必须做好详细记录。

③ 施工前应组织施工人员认真熟悉图纸及技术文件。

④ 施工时要严格按照图样及有关文件要求施工。

⑤ 变形构件必须修理符合要求后才能组装。

⑥ 施工过程中要认真做好施工记录及自检记录。

⑦ 要建立质量保证体系，确保高质量施工。

（2）炉墙板及钢结构的焊接要求

① 焊工必须具备焊接资格。

② 点固焊和正式施焊的焊条都必须具有质量证明书。

③ 施焊环境温度不宜低于-10℃，低于-10℃时，点固焊前必须采取有效的防护措施。

④ 雪、雨天气及五级以上强风时不得施焊。

⑤ 辐射室炉壳在内壁密封焊接；对流室炉壳在外壁密封焊接。

⑥ 角焊缝焊肉高度不应低于较薄工件的厚度。

⑦ 炉壳焊接必须采取分层、分段、对称退焊法；构架的焊接以少变形为原则，常用分层跳焊方法施工。

⑧ 焊缝质量应符合下列要求：

a. 焊缝宽度应均匀一致，表面成型良好，焊缝与母材应圆滑过渡。

b. 焊缝表面应无裂纹、气孔、夹渣等缺陷。

c. 焊缝表面及周围的焊渣、飞溅等应清理干净。

（3）炉体附件及耐火材料锚固件安装要求

1）侧墙燃烧器技术要求

① 位置偏差应小于 6mm。

② 一次风门转动灵活。

③ 喷嘴不得有污物，经调整后喷嘴管应垂直，其全长偏斜应小于 5mm，应用塑料布包好，保持内部清洁。

④ 喷头的环向间隙不应小于 10mm，且最大值和最小值之差不应大于 10mm，喷头露出耐火衬里表面的尺寸允许偏差为±6mm。

2）炉底燃烧器安装技术要求

① 安装方位及管口位置应正确。

② 油枪导管应处于中心位置，允许偏差为 3mm。

③ 油枪垂直度的允许偏差应小于 5mm。

④ 安装以后对喷头应采取保护措施，以防污物进入导管及喷头。

其他附件安装要按照图纸要求施工。

3）耐火材料锚固件安装要求

① 锚固件的型式和材质应符合图纸要求，焊条应根据锚固件材质选用。

② 锚固件的排列应符合图纸规定，其中心位置偏差不得大于 5mm。

③ 耐火纤维锚固件的安装间距不宜大于 250mm；锚固件距耐火纤维边缘的间距为 50～75mm；用陶瓷杯的方形锚固钉的小面必须方向一致。

④ 锚固件不得有缺位及未焊现象，焊后必须逐个检查焊缝饱满程度，并用 0.5kg 小锤轻击，不得有脱落或焊缝开裂现象。

⑤ 高镍铬锚固件焊前必须垂直于炉壁，不得焊后校正。

（4）裂解炉附属设备安装技术要求

1）一般规定

① 安装前必须检查设备的规格、型号及安装位置尺寸是否符合要求，并确定安装方位，划出安装基准线。

② 检查支撑梁的标高、水平度及位置情况，并划出中心线及安装基准点等。

③ 设备上不得焊接任何结构件。

④ 其他要求应符合有关现行规范规定。

2）急冷换热器安装技术要求

① 急冷换热器的安装应考虑辐射段炉管上位置和汽包安装位置。

② 急冷换热器安装后，其标高允许偏差为±3mm；垂直允差为 5mm；中心位移允差为±5mm。

3）汽包安装技术要求

① 汽包安装前，内部应进行清理，检查无异物，并装好内件。

② 安装后滑动支座应留有设计规定的最大位移量，固定螺栓位置应正确，松紧应适度；滑座与滑板之间应有良好的接触面。

③ 汽包安装后，其标高允差为±5mm；轴向水平度允差为 5mm；径向水平度允差为 1.6mm；中心位移量允差为±5mm。

4）引风机安装技术要求

① 风机找正时应检查风机与电动机轴的不同轴度，径向位移不应超过 0.05mm；轴向倾斜不应超过 0.1/1000。

② 风机安装后应检查进风挡板等件的灵活情况。

其他附件的安装应按有关规范要求施工。

4. 施工方法及措施

① 基础垫铁采用压浆法施工。

② 吊装机械应通过计算采用适合的起重设备。

③ 辐射段、对流段及附属构架宜采用在地面平台上组装，并焊接成大片状，然后吊装就位。

④ 主柱螺栓紧固均采用电动扳手把紧，且在焊接后再均匀把紧一次。

⑤ 炉壳的焊接宜采用分层、分段、对称退焊的施焊方法。

⑥ 大片构件就位的用经纬仪找正，并设手拉葫芦进行调整。

⑦ 墙板和钢结构的焊接采用手工电弧焊；配管及炉管的焊接，2″以下口径采用氩弧焊接；2″及 2″以上口径的采用氩弧焊打底，手工电弧焊填充以及盖面的氩电联焊。

⑧ 侧墙板上安装的燃烧器，在墙板和燃烧器壳体间用垫片调整燃烧器的安装位置。

⑨ 炉底燃烧器安装时，位置可通过其面板导管凸面进行调整。

⑩ 辐射盘管的位置调整，应和对流段与辐射盘管上集气管之间的连接管及辐射管出口总管口法兰与急冷换热器下法兰的尺寸、位置统筹考虑调整。

⑪ 炉壳大片拼装要用型钢加固，以防焊接变形和吊装时产生变形。

⑫ 炉壳的大片构件吊装要设平衡横梁，以防构件吊装时产生变形。

⑬ 辐射盘管吊装要采取加固措施或利用运输架加固，待就位找正后方可拆除，以防盘管变形。

⑭ 对流盘管吊装时要高平衡梁和多吊点吊装，以防盘管变形。

5. 施工注意事项

① 施工顺序可根据到货情况，在不影响下道工序施工的情况下进行调整。

② 注意小件及易损件的保管和使用，不得丢失和损坏。

③ 构件组对时要注意焊接收缩问题，根据不同情况考虑焊接收缩余量，保证焊接后构件几何形状和尺寸符合设计要求。

④ 侧墙安装时，炉底宽度偏差在+3/-5mm 之间，不得出现负值，以防炉底焊接后收缩使炉底宽度低于设计要求。

⑤ 炉壳两侧墙间的横梁与炉壳立柱的连接，当采用焊接时，应预留 3~5mm 的收缩余量，待炉壳各部位尺寸调整合格后施工焊。

⑥ 炉顶安装找正时，炉顶板管板中心位置应以辐射段炉管进出口管中心为基准。

⑦ 辐射段钢结构整体共检合格后，及时将立柱垫铁点焊牢固，并进行二次灌浆。

⑧ 安装对流室管板导向支架时，应检查调整导向支架的间距和垂直度，以符合炉管的安装要求。

⑨ 辐射段炉顶以上的结构安装，要考虑辐射盘管安装的问题，有碍盘管吊装的横梁要待盘管就位后施工。

⑩ 炉底燃烧器的施工要和筑炉交叉施工。

⑪ 对流段墙板、筑炉铁件的施工，必须和筑炉交叉进行。

⑫ 工艺配管不得强行组对，安装在燃烧器及设备上的管口的配管要特别注意，以防拉偏燃烧器设备。

6. 安全技术条例及措施

① 施工人员在施工前必须参加安全培训。

② 炉区施工期间，非工作人员不得入内。

③ 施工现场的构件材料要摆放整齐，经常清理打扫现场，确保文明施工。

④ 参加施工人员必须进行身体检查，患有高血压、心脏病、癫痫病的人员和其他不适于高空作业的人员，不得从事高空作业。

⑤ 施工人员要认真做好“三戴一网”。

⑥ 塔吊司机必须经过学习，取得操作资格后才能操作，每次下班前，要将塔吊锁死在轨道上。

⑦ 裂解炉是多层结构，上下层进行工作时必须设有专用防护隔离设施。否则不许工人在同一垂直线的下方施工。

⑧ 五级以上强风的时候，不得进行吊装工作和高空作业。

⑨ 现场使用的车辆、机具、工具等，在使用前必须严格检查，确认安全可靠后才能使用。

⑩ 裂解炉安装到标高 33m 时，要及时安装避雷针和接地装置，以防意外事故发生。

⑪ 冬雨季施工要有充足的防滑、防冻设施。

⑫ 脚手架的搭设要安全可靠。

⑬ 辐射室内作业要有低压照明设施，夜间不宜高空作业，必要时要有充足的照明。

⑭ 车辆司机要和起重指挥统一号令；吊装构件时必须统一指挥，做到忙而不乱。

⑮ 构件吊装时必须高溜绳，防止构件滑动以便安全就位。

⑯ 大片构件安装就位必须设四根(两个方向)缆风绳，以防起风发生事故。

二、裂解炉筑炉

1. 施工准备

(1) 施工准备内容

① 搭设临时材料库房和耐火砖、陶瓷纤维模块的预排场地。

② 接通施工现场水、电源。

③ 准备各种施工用工机具，设置现场搅拌站。

④ 做好辐射室下排浇注窥视孔的模板设计、制作和预制件的加工。

⑤ 加工制作辐射段防雨棚，准备好对流段防雨帆布棚。

⑥ 搭设炉内脚手架，设置垂直运输机具，打通水平运输道路。

⑦ 做好筑炉前工序交接与检查工作。

⑧ 进炉内预排耐火砖和挂设垂直线。

（2）辐射段脚手架的搭拆

① 每层架子高度不宜超过 1700mm，架杆的最外边缘距炉墙板的距离不大于 400mm。

② 架子立杆与炉底板点焊上，拆架后将点焊部位用砂轮打平。

③ 脚手架的拆除更应小心谨慎，不得碰到炉墙，保证炉墙的完整无损。

（3）防雨施设

1）对流段的防雨

① 采取尼龙编织布防护，4m×6m 雨布穿过对流管捆扎在钢柱上，随筑炉衬里，逐步调换升高位置。

② 及时浇注完毕对流段顶罩，一旦炉墙板衬里完毕，就将顶罩吊装就位。

2）辐射段的防雨

辐射段的防雨分为两个阶段：一是筑炉衬里过程的防雨，防雨棚离开遮蔽箱口，高出 200mm；二是衬里完毕，辐射管就位完毕，遮蔽箱盖陶瓷纤维衬里和辐射管的保温未施工的情况下的防雨。防雨材料应采用不燃材料。安装防雨棚时，离开遮蔽箱口 200mm 以上，以利通风。

2. 筑炉施工工艺流程图(图 12.2-1)

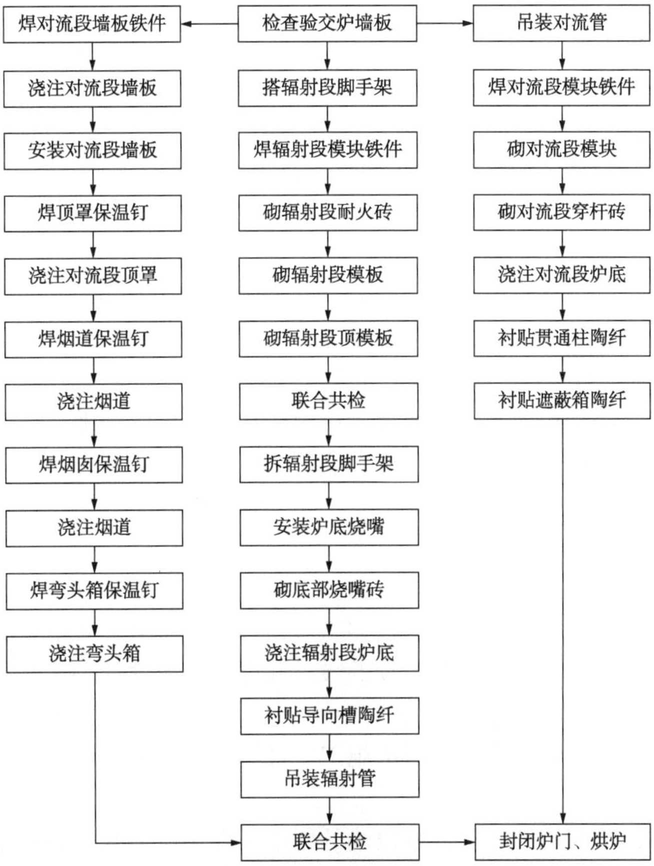

图 12.2-1　筑炉施工工艺流程图

3. 主要部位施工方法

(1) 衬里铁件的焊接

需要焊接的衬里铁件主要有：固定轻质砖用的“挂钩方板”和“陶瓷模块螺柱”、浇注料需用的“Y 型锚固钉”和“V 型锚固钉”，施工时应注意以下几点：

① 认真熟悉图纸，认准各铁件种类和尺寸精度，使其一次施焊成功。

② 铁件应焊接牢固，四边满焊，注意按材质选用焊条，不得漏焊和咬边。

焊件位移不大于 5m/m，除特殊要求外，铁件应与墙板垂直。

③ 用于陶瓷杯的方型锚固钉，其小面必须朝向一致。

④ 在焊接“陶瓷纤维模块”铁件时，应首先找出既水平、又垂直的基准线，以此按图纸尺寸放线。

⑤ 在没有专用“螺柱焊机”的情况下，可以不焊“小螺栓”，改焊“陶瓷纤维模块活动夹”。此时，应注意图纸标明的陶瓷纤维模块皱折的方向，并准备磁铁卡具和氩弧焊机等工具。

⑥ “Y 型锚固钉”焊后，需复原，应无任何损伤。

⑦ 焊接“V 型锚固钉”时，钉与钉之间要交错排列，并呈“燕式”，各边缘部位，必须有钉。

(2) 辐射段轻质耐火砖砌筑

辐射段炉底砌筑轻质耐火砖。此部分要承受底部烧嘴的高温作用。砌筑时应在炉膛净孔尺寸、炉墙厚度、垂直度、水平度、灰缝厚度、水平与垂直膨胀缝宽度等方面严格控制，可以采取如下方法：

① 将砖墙按垂直伸缩缝分 10 个砌砖部位，放线到炉底上，在每道伸缩缝的交点处，焊上螺帽，垂直拉设两根 10#铁丝，上部连“拉线器”。一根控制伸缩缝的垂直度，一根做砌砖时拉粉线用。

② 垂直与水平膨胀缝的宽度必须保证。为控制其宽度，可制作 600m/m 长的板条，夹在伸缩缝处，砌砖后能看见的部位，全部砌筑完毕，统一填塞陶瓷纤维毡，看不见的部位，将陶瓷纤维毡剪成条，垂直挂上，随砌随夹入里层砖中。

③ 砌筑轻质砖，必须用橡皮锤或木锤。砖拉钩挂设位置应正确，轻轻打入砖内。

④ 轻质耐火砖背后的“高温板”，允许提前贴上，砖与高温板之间不得有间隙，因有预埋件，而加工“高温板”造成的空洞，应用陶瓷纤维散棉填实。

(3) 陶瓷纤维模块的施工

① 检查陶瓷纤维模块活动夹的焊接方向，有与图纸不符的，应及时改正。

② 陶瓷纤维模块的施工顺序，注意按端墙→顶→侧墙的施工顺序收尾。

③ 各部位均要求挤压严密，在距炉顶的最后几层，如果太紧使模块按不下去时，可以用“小型千斤顶”(1~5t 千斤顶)协助作业。

④ 陶瓷纤维模块的位置，严格按图纸施工，最好由责任工程师画出“排列图”，参照施工，方便易懂。

⑤ 施工过程中，不得拆掉陶瓷纤维模块的硬纸壳保护板，只进行初步找平调整，待全部施工完毕，再从上至下一边拆掉，一边整平。

⑥ 整平工作是比较关键的一步。施工时用 10cm×10cm 方木垫板捣打凸出处，尽量不使

陶瓷纤维模块表面起毛。

（4）对流段穿杆砖的施工

① 进行对流段钢结构安装时，除第一道“托砖梁”可以先行焊上外，其他托砖梁均按设计尺寸找线，但应提高 200m/m 临时固定，与砌砖工序交叉施工。

② 测量“折流砖”位置，使与炉管间的净距，不得小于 25m/m，否则应进行加工处理。

砖缝要严密均匀，伸缩缝尺寸要留足，陶瓷纤维毡要塞严。

（5）耐火浇注料的施工

① 国外引进的浇注料，必须经过商检、现场复验、配方试验项目，在满足各项性能指标的前提下，方可使用。

② 浇注料品种达七种之多，注意使用部位，事先计算好需用数量，避免搅拌过多用不完而造成浪费。

③ 清除墙板表面的浮锈和油污，如果制造商为了防锈目的涂上了一层底漆，可不用打掉。

④ 浇注料的搅拌，应使用“强制式搅拌机”，容量为 200～250L，搅拌机应就近布置在炉墙板附近，减少水平运输或垂直运输距离。

⑤ 施工环境温度最好在 10～30℃之间，否则应采取相应措施，严格控制加水量，保证浇注各项性能。

⑥ 浇注料表面抹平后，可用湿布轻轻擦一下，或用条把扫一下，以产生纹理，减少裂纹。

⑦ 施工后认真用湿袋子覆盖，洒水养生 24h，风干 24h，不得直接遭受日晒、雨淋。

⑧ 浇注料表面每隔 1～1.5m，用手动切割机切出 25m/m 深的膨胀缝，不能切割之处，可预埋三合板。

4. 典型的筑炉施工网络计划(图 12.2-2)

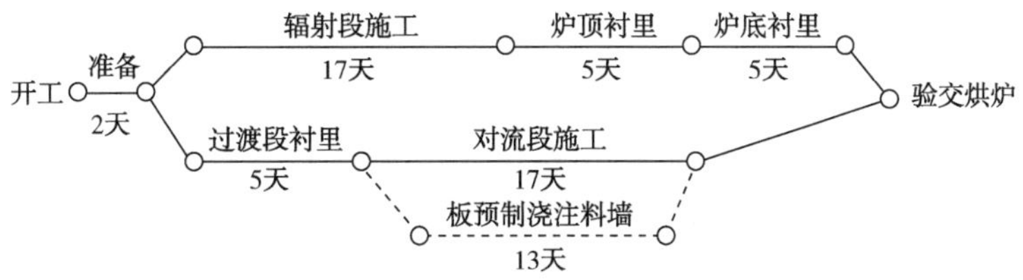

图 12.2-2　筑炉施工网络计划

参　考　文　献

[1] 中石化第十建设有限公司．SH/T 3506—2020 管式炉安装工程施工及验收规范[S]. 北京：中华人民共和国工业化和信息部，2020：2-15.

[2] 中国寰球工程公司．HG/T 20659—2014 化学工业管式炉对流段模块技术规范[S]. 北京：中国计划出版社，2014：20-31.

[3] 中石化第十建设有限公司．SH/T 3511—2020 石油化工乙烯裂解炉和制氢转化炉施工技术规程[S]. 北京：中华人民共和国工业化和信息部，2020：6-12.

[4] 中石化洛阳工程有限公司．SH/T 3086—2017 石油化工管式炉钢结构工程及部件安装技术条件[S]. 北京：中华人民共和国工业化和信息部，2017：2-16.

[5] 中国冶金建设协会 . GB 50211—2014 工业炉砌筑工程施工与验收规范[S]. 北京：中华人民共和国住房和城乡建设部，2014：4-28.
[6] 上海化工设计院有限公司，全国化工工业炉设计技术中心站 . HG/T 20543—2006 化学工业炉砌筑技术要求[S]. 北京：中国计划出版社，2006：3-31.
[7] 全国锅炉压力容器标准化技术委员会 . NB/T 47030—2013. 锅炉用高频电阻焊螺旋翅片管技术条件[S]. 北京：国家能源局，2013：1-8.
[8] 茂名重力石化机械制造有限公司 . SH/T 3415—2005 高频电阻焊螺旋翅片管[S]. 北京：中华人民共和国国家发展和改革委员会，2005：1-6.
[9] 梁文彬，张韶伟 . 大型裂解炉模块化制造与安装[J]. 中国造船，2014，55(增 1)：229-233.
[10] 王昌冕 . 石油化工装置裂解炉模块化设计[J]. 企业技术开发，2012，31(25)：36-37.
[11] 吴亦挥 . 裂解炉模块化施工技术在石化装置中的应用[J]. 化工装备技术，2016，(1)：48-52.
[12] 蔡建光 . 裂解炉的模块化设计与工厂制造[J]. 石油化工设备技术，2003，24(5)：34-36.
[13] 黄卫明 . 石油化工装置模块化施工[J]. 化工设备与管道，2013，(1)：33-37.
[14] 安发亮，李金科，康翼 . 线性急冷换热器的技术改进[J]. 化工机械，2013，40(01)：118-120+127.
[15] 赵福瑞，侯胜利，蒋莱 . 乙烯装置线性急冷换热器结构改进[J]. 设备管理与维修，2013，(S2)：106-107.
[16] 璩健 . 乙烯装置线性急冷换热器结构改进[J]. 化工管理，2014，(36)：91.
[17] 康龙基，韩秀兰，王静 . 双套管急冷换热管束制造工艺技术研究[J]. 科学技术创新，2021，(01)：165-166.
[18] 韩冰，毛家才，等 . 压力容器先进技术：第九届全国压力容器学术会议论文集[C]. 合肥：合肥工业大学出版社，2017：926-934.
[19] 顾付伟，董金善，张维 . 基于预应力技术立式夹套换热器结构应力分析[J]. 压力容器，2017，34(02)：41-46.
[20] 郭超 . 废热锅炉气体均布器优化研究[D]. 上海：华东理工大学，2013.
[21] 吕桂海 . 裂解炉汽包产汽系统运行分析[J]. 河南化工，2011，28(11)：62-63.
[22] 唐亚梅 . 13MnNiMoR 汽包的焊接工艺[J]. 中国金属通报，2019，(12)：232-233.